信息技术和电气工程学科国际知名教材中译本系列

Field and Wave Electromagnetics
(Second Edition)

电磁场与电磁波
（第2版）

David K. Cheng 著
Life Fellow，IEEE；Fellow，IEE；C.Eng

何业军 桂良启 译
薛泉 审

清华大学出版社
北京

北京市版权局著作权合同登记号　图字：01-2005-4799

图书在版编目（CIP）数据

电磁场与电磁波：第 2 版/（美）程（Cheng，D. K.）著；何业军，桂良启译. —北京：清华大学出版社，2013. 2（2022. 3重印）

书名原文：Field and Wave Electromagnetics，Second Edition

（信息技术和电气工程学科国际知名教材中译本系列）

ISBN 978-7-302-30267-4

Ⅰ. ①电…　Ⅱ. ①程…　②何…　③桂…　Ⅲ. ①电磁场—高等学校—教材　②电磁波—高等学校—教材　Ⅳ. ①O441. 4

中国版本图书馆 CIP 数据核字（2012）第 236599 号

责任编辑：盛东亮
封面设计：常雪影
责任校对：焦丽丽
责任印制：杨　艳

出版发行：清华大学出版社

网　　址：http://www. tup. com. cn，http://www. wqbook. com
地　　址：北京清华大学学研大厦 A 座　　**邮　　编**：100084
社 总 机：010-83470000　　**邮　　购**：010-83470235
投稿与读者服务：010-62776969，c-service@tup. tsinghua. edu. cn
质量反馈：010-62772015，zhiliang@tup. tsinghua. edu. cn
课件下载：http://www. tup. com. cn，010-83470236

印 装 者：三河市铭诚印务有限公司
经　　销：全国新华书店
开　　本：185mm×260mm　　**印　　张**：32. 25　　**字　　数**：779 千字
版　　次：2013 年 2 月第 1 版　　**印　　次**：2022 年 3 月第 10 次印刷
定　　价：99. 00 元

产品编号：040989-03

前　言

介绍电磁学的书籍大致可分为两大类。第一类采用传统的方法：从实验定律开始，逐步推广，最后将它们归纳为麦克斯韦方程的形式。这种方法称为归纳法。第二类采用公理方法：从麦克斯韦方程开始，利用合适的实验定律去证明每一个方程，将一般方程特殊化为静态和时变情况来分析。这种方法称为演绎法。有几本书从讨论狭义相对论开始，由力的库仑定律得出所有的电磁理论；但这种方法首先要求理解狭义相对论，这也许更适用于高年级课程。

传统方法的支持者认为，这种方法是顺应电磁理论历史发展的方法（从特定实验定律到麦克斯韦方程），同时与其他方法相比，学生更容易理解这种方法。然而，我觉得将整体的知识分解开来授课的方法未必是最好的方法。由于主题比较分散，因而不能充分利用矢量运算的简明性。学生对后面介绍的梯度、散度和旋度运算感到困惑，往往对其形成抵触心理。在构建电磁模型的过程中，这种方法缺乏凝聚力和优雅性。

公理的方法通常将四个麦克斯韦方程作为基本公理，采用积分或微分形式。这些方程相当复杂，且很难掌握。学生在书本的一开始就面对这些复杂的公式，很有可能惊惶失措并且产生抵触心理。机灵的学生会对场矢量的含义和一般方程的必要性和充分性感到好奇。初学阶段，学生往往对电磁模型的概念不理解，且对相关的数学推导感到无所适从。不管怎样，一般麦克斯韦方程可以简化以应用于静态场中，允许单独考虑静态电场和静态磁场。那么为什么一开始就要引入完整的四个麦克斯韦方程呢？

论据表明：尽管库仑定律是以实验证明为基础，但事实上它也是一个公理。考虑库仑定律的两个约束条件：一是带电体要远小于它们之间的距离，二是带电体间的作用力与它们之间的距离的平方成反比。由第一个假设得出问题：与带电体之间距离相比，带电体尺寸到底应当多小才可认为是“足够小”。在实际情况中，带电体不可能小到可忽略（理想点电荷），且很难确定有限尺寸的带电体间的“真实”距离。对大小已知的带电体，当距离较大时，测量距离的相对准确性高。但是，实验室中实际情况（作用力比较弱，外在带电体的存在等）限制了可用的间距，同时实验的误差不能完全避免。那么第二个约束中的平方反比关系导致另一个更重要的问题——即使带电体小到可忽略，不管实验者多么熟练和细致，实验测量不可能做到无限精确。那么，库仑怎么知道作用力精确到与距离的平方成反比（而不是2.0000001或1.999999次幂）呢？这个问题不可能从实验的角度得到答案，因为在库仑的时代，实验不可能精确到第七位。因此，我们可以得出结论：库仑定律本身就是一个公理，它是在有限精确的实验基础上发现和假设的自然规律（见3.2节）。

本书采用公理法逐步建立电磁模型：首先介绍静电场（第3章），然后是静磁场（第6章），最后由时变场得出麦克斯韦方程（第7章）。每一步的数学基础都是亥姆霍兹定理，亥姆霍兹定理表明，如果一个矢量场在任何地方的散度和旋度都给定了，那么这个矢量场就确定了，最多附加了一个常量。因此，建立真空中的静电模型，只需通过将矢量的散度和旋度设为已知，来定义该矢量（即电场强度 $\boldsymbol{E}$）。真空中静电场的所有其他关系式，包括库仑定律和高斯定律,都可以根据这两个非常简单的公理导出。介质中的关系可以由极化电介质的等效电荷分布的概念得出。

类似地,建立真空中的静磁场模型,需通过定义磁通密度的散度和旋度,来定义该磁通密度矢量 $\boldsymbol{B}$;所有其他公式都可以根据这两个公理导出。介质中的其他关系式可由等效电流密度导出。当然,公理的有效性取决于是否得出与实验依据相符的结果。

对于时变电磁场,电场强度和磁场强度是相伴的。必须修改静电模型中 $\boldsymbol{E}$ 的旋度公理,以便与法拉第定律一致。另外,也必须修改静磁模型中 $\boldsymbol{B}$ 的旋度公理以便与连续性方程一致。然后我们就得到了构造电磁模型的四个麦克斯韦方程。我认为根据亥姆霍兹定理得出电磁模型的方法新颖、成体系,适合教学,学生也更容易接受。

在内容表述时,我努力保持其简洁性和连贯性,同时遵循思维的平滑性和逻辑性。很多例题既强调基本概念,又说明解决典型问题的方法。并对与有用的技术有关的一些应用(如喷墨打印机、避雷针、驻极体话筒、电缆设计、多导体系统、静电屏蔽、多普勒雷达、天线罩设计、极化滤波器、卫星通信系统、光纤和微带线)作了讨论。每章的末尾都安排有复习题,用来测试学生对该章内容的理解程度。设计习题的目的在于加深学生对公式中的各个量之间相互关系的理解,同时拓展他们应用公式解决实际问题的能力。在教学过程中,我发现复习题对激发学生的兴趣和活跃课堂非常有用。

除了电磁场的基本原理,本书还包括传输线理论及其应用、波导与谐振腔以及天线与雷达系统。在介绍新的电磁器件时,电磁学的基本概念和服从的理论仍然适用。1.1节介绍了学习电磁学基本原理的原因和目的。我希望本书的内容,在新颖方法的加强下,将给学生提供充足的背景知识来理解和分析基本的电磁现象,同时也为学习电磁理论的高级课程做好准备。

本书的内容可用于两个学期的课程。第1章到第7章,介绍场的内容,第8章到第11章,介绍波及其应用。在只有一个学期开设电磁学课程的学校,学习第1到第7章,加上第8章的前四部分内容,就能对场知识和无界媒质中的波的介绍打下很好的基础。其余内容可以作为参考书或作为后续选修课教材。实行一年四学期制的学校可以根据电磁学课程分配的总学时数调整上课的内容。当然,各位老师有权强调和拓展某些内容,也可略简或跳过某些内容。

我仔细考虑过包括利用计算机编程等来解某些问题的可行性,但最终决定不采用这些方法。因为这会分散学生的注意力,会将学生的注意力由电磁理论基础知识的学习转移到数值方法和计算机软件上。在合适的地方,对依赖于一个参数的值的重要结果可以用曲线来强调。比如用图说明场分布和天线方向图,同时画出了典型模式下波导的方向图。利用计算机编程得到这些曲线、图和模式方向图并不简单。这要求工科的学生能熟练使用计算机编程工具,如果在电磁场和电磁波的基本原理的教科书上加上一些食谱式的计算机程序,这对理解课程内容贡献不大。

本书第1版于1983年出版。教授和学生的良好反映和友善的鼓励给了我撰写新版的动力。在本书的第2版中,增加了很多新的内容,包括霍尔效应、直流电机、变压器、电涡流、波导中宽带信号的能量传输速度、雷达方程和散射横截面、传输线的瞬态、贝塞尔函数、圆形波导和圆形谐振腔、波导不连续性、电离层和地球表面的波的传播、螺旋天线、对数周期偶极阵列以及天线有效长度和有效面积。习题的总数也扩展了近35%。

Addison-Wesley 出版社将把本书第 2 版印成双色。我相信读者也会认为本书非常美观。我想借此机会表达我的感谢，感谢对新版给予帮助的所有担任本书编辑、出版和销售的人员。我要特别感谢 Thomas Robbins，Barbara Rifkind，Karen Myer，Joseph K. Vetere 和 Katherine Harutunian。

Chevy Chase，Maryland

D. K. C.

译 者 序

《电磁场与电磁波》是国内外高校学生普遍感到十分畏惧、难学的课程之一。其理由是：公式繁多、内容抽象。国内外著名高校常选用原书作为经典英文教材，其取材新颖、笔法灵活、逻辑性强。教材从矢量分析入手，以通俗易懂的方式建立电磁模型，然后全面系统地阐述电磁场和电磁波的基本理论，具体内容如下：静电场、静电问题的求解、稳恒电流、静磁场、时变电磁场和麦克斯韦方程、平面电磁波、传输线理论及应用、波导和谐振腔、天线和辐射系统。

目前，国内很多高校在《电磁场与电磁波》课程中采用双语教学，为了帮助教师更好地授课、学生更好地学习该课程，我们翻译了这本英文著作。本译著主要适用于理工科高校相关专业的本科生、研究生作为中文教材或参考书。另外，对希望掌握电磁场理论的工程技术人员也是不可多得的重要工具书。

本书特点各举一例详述如下：(1)书中附有大量插图，版面整洁美观。例如图 3-23 用立体的方式说明两种媒质分界面；(2)全书公式书写规范，整齐划一，重要公式加有方框。例如各章的微分线元都使用相同符号 dl；(3)理论与实际相结合，实用性强，大量例题及习题源于电磁工程实际。例如例题 6-27 的带空气隙的螺线管铁芯就来自实际电磁应用；(4)内容丰富，教师可根据学时数及专业设置对部分章节予以取舍。例如对开设有专门的天线课程的高校可跳过第 11 章天线与辐射系统。

本书的翻译工作由深圳大学的何业军教授，华中科技大学的桂良启副教授二位老师共同完成。何业军翻译前言及第 1、2、3、4、5、6、7、8、9、11 章(包括附录、索引)，并负责全书的统稿、修改工作。桂良启翻译第 10 章。何业军教授指导的研究生杨杰、汤晓荣、敖杰峰、赵冰、张华夏、汪小叶、贺卫、刘航、潘筝筝、孙桂圆、杨洁、贺渊也参与了本书的校对工作。

本书受 2011 年深圳大学学术著作出版基金资助，特此感谢！译者还要感谢国家自然科学基金(No. 60972037)、广东省教育部产学研项目基金(N0. 2011B090400512)、深圳市基础研究计划项目基金(No. JC200903120101A，No. JC201005250067A)、深圳市国际科技合作项目基金 No. (ZYA201106090040A)的资助。本书在出版过程中，得到清华大学出版社盛东亮编辑的大力支持，在此一并表示感谢。

虽然我们在翻译过程中尽了最大努力，但是由于译者水平有限，疏漏和不当之处在所难免，恳请读者批评指正。我们的邮箱为 heyejun@126.com。

译　者
2013 年 1 月

目　　录

第1章　电磁模型

1.1　引言

电磁学可以简单地表述为研究静止电荷和运动电荷效应的学科。从基础物理学中，我们知道存在两种电荷：正电荷和负电荷。这两种电荷都是电场的源。运动电荷形成电流，电流产生磁场。这里，先宏观地论述电场和磁场；之后再对这些术语给予确切的定义。**场**是一个空间分布的量，可以是时间的函数也可以不是。时变电场伴随时变磁场，反之亦然。换句话说，时变电场和时变磁场是成对出现的，从而形成电磁场。在某些条件下，时变电磁场将产生电磁波，该波从场源辐射出去。

在解释远距离的作用时，场和波的概念是必不可少的。例如，从基础力学中得知物体会互相吸引，这就是为什么物体会掉在地面上的原因。但是既然没有弹性绳将自由落下的物体和地面连接，那我们又怎么解释这种现象呢？通过假设重力场的存在，可解释这种距离作用的现象。卫星通信的可能性以及从几百万英里远处空间探测器传来接收信号的可能性，只能通过电磁场以及电磁波的存在来解释。在《电磁场和电磁波》这本书中，我们将研究解释电磁现象的电磁学定律的原理及应用。

对于物理学家、电气和计算机工程师而言，电磁学至关重要。在理解核粒子加速器、阴极射线示波器、雷达、卫星通信、电视接收、遥感、无线电天文学、微波设备、光纤通信、传输线中的暂态、电磁兼容问题、仪器导航着陆系统、机电能量转换等的原理时，电磁理论是必不可少的。电路概念是电磁概念的一个特例。正如第7章所见，当场源的频率非常低以至于导体网络的尺寸比波长小很多时，我们应用准静态条件，可以将电磁问题简化为电路问题。然而，必须指出电路理论本身是一门非常完善、成熟的学科。电路理论应用于各种不同的电气工程问题中，并且其本身就很重要。

以下两种情况说明了电路理论概念的不足以及电磁场概念的需要。图1-1描绘了一种手提无线电话机上的单极天线。在发射端，基底的源将携带信息的电流馈给天线，采用合适的载频发射。从电路理论的观点来看，源给一个开路馈电，因为天线的上部尖端没有连接任何东西，因此没有电流流过，而且没有任何事情发生。当然，这个观点不能解释为什么在远距离的两个手提无线电话之间可建立通信。这就必须用到电磁概念。第11章将看到，当天线的长度是载波波长可估计的一部分时[①]，不均匀的电流会沿着末端开口的天线流动。这个电流会在空间发射出一个时变电磁场，这个电磁场作为电磁波传播，而且在远处

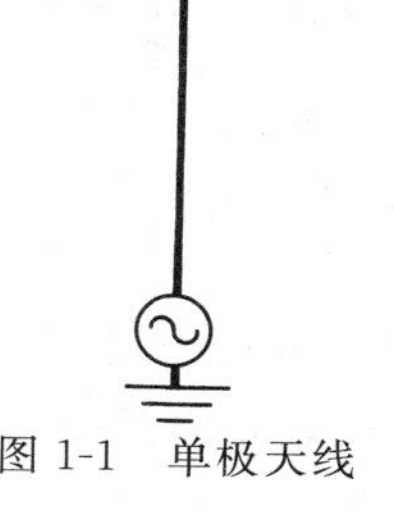

图1-1　单极天线

① 交流源的波长和频率的乘积是波的传播速度。

的其他天线处产生电流。

图 1-2 给出一个例子,电磁波从左边入射到一块开有一个小洞(孔)的大导电壁。导电壁右边的点会存在电磁波,例如图示的点 P,点 P 没有必要在孔的正后方。电路理论对于计算点 P 的场(或者解释其存在)明显是不适用的。然而,图 1-2 的情况代表一个实际的重要的问题,因为该问题的解与计算导电壁的屏蔽效应有关。

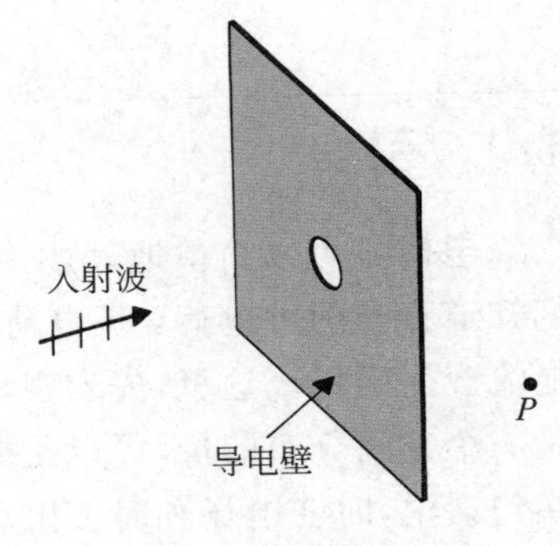

图 1-2 电磁问题

一般来说,电路理论涉及集总参数系统——以电阻、电感、电容集总参数为特征组成的电路系统。电压和电流是主要的系统变量。对于直流电路,系统变量是常数,而且控制方程是代数方程。在交流电路中的系统变量是时变的,它们是标量而且不依赖于空间坐标。控制方程是常微分方程。另一方面,大多数电磁变量是时间以及空间坐标的函数。许多电磁变量是有大小和方向的矢量,而且它们的表示和运算需要矢量代数和矢量微积分的知识。一般来说,即使在静电场中约束方程也都是偏微分方程。掌握与时间和空间有关的矢量和变量是必要的。矢量代数和矢量微积分的基本原理将在第 2 章研究。在处理某类电磁问题时需要解偏微分方程的技巧。这些技巧将在第 4 章讨论。在研究电磁学时不用过分强调获得使用这些数学工具的能力的重要性。

已经掌握了电路理论的学生也许最初会认为电磁理论很抽象,事实上,电磁理论不如电路理论抽象,两种理论的有效性都可通过实验测量结果得到验证。在电磁学中,为了形成逻辑和完整的理论来解释更广泛的各种现象,需要定义更多的基本量和使用更多的数学运算。学习电磁场和电磁波的挑战不在于学科问题的抽象,而在于掌握电磁模型和有关运算规则的过程。专注于掌握该课程将有助于迎接挑战并获得无限的满足感。

1.2 电磁模型简介

研究一门科学学科有两种方法:归纳法和演绎法。使用归纳法,人们紧随学科的历史发展,先观察一些简单的实验,再从实验中推断出定律和定理,这是从特殊现象到一般原理的推理过程。而演绎法则是对理想化模型,假定存在许多基本关系,这些关系是可以从特定的定律和定理中得到的公理。模型和公理的正确性要通过实验观察的结果来证实。本书采用演绎法或公理法,因为这样更为简要明确,而且使得电磁学学科的论述井然有序。

学习科学学科所采用的理想化模型必须与现实世界情况有关,而且能够解释物理现象;否则,我们会忙于无目的的脑力劳动。例如,建立一个理论模型,从中可以获得许多数学关系;但是如果这些数学关系与观察到的结果不一致,这个模型就没用了。数学上也许是正确的,但是模型的基本假设却是错的,或者隐含的近似值可能是不合理的。

建立理想化模型的理论包括三个基本步骤。第一,要定义与所研究的学科密切相关的一些基本量;第二,要说明这些量的运算规则(数学);第三,要假定一些基本关系。这些条件或定律总是基于许多受控条件而获得的实验观察结果,并且综合了杰出的想法。一个熟悉的例子是建立在理想源和纯电阻、电感和电容的电路模型上的电路理论。在这个例子中,基本量是电压(V)、电流(I)、电阻(R)、电感(L)和电容(C)；运算规则是代数、常微分方程和拉普拉斯变换；基本原理是基尔霍夫电压、电流定律。许多关系和公式能从基本的简单模型中推导出来，并且能计算复杂网络的响应。模型的正确性和价值已得到了充分的证明。

采用类似的方式，适当地选择电磁模型可以建立电磁理论。在本节中，我们将按以下步骤。展开第一步：定义电磁学的基本量。第二步：确定数学运算规则，包括矢量代数，矢量微积分和偏微分方程。矢量代数和矢量微积分的原理将在第2章(矢量分析)中讨论，而解偏微分方程的技巧将会在书中出现这些方程时介绍。第三步：提出基本原理，该步骤中将分三个子步骤在第3章、第6章、第7章涉及静电场、稳恒磁场和电磁场时分别介绍。

电磁模型中的量可以粗略地划分为两类：源量和场量。电磁场的源总是静止或者运动电荷。然而电磁场可能引起电荷重新分配，这样电荷又会改变场，周而复始。因此原因和结果之间并不总是可以清晰地区分开来的。

用符号q(或Q)来表示**电荷**。电荷是物质的基本特性，它以一个电子电荷$-e$①的正整数倍或负整数倍存在。

$$e = 1.60 \times 10^{-19} \quad (\mathrm{C}) \tag{1-1}$$

其中C是电荷的单位库仑②的缩写。它是以法国物理学家Charles A. de Coulomb的名字命名的，他于1785年提出了库仑定律(库仑定律将在第3章讨论)。库仑是一个非常大的电荷单位；需要$1/(1.6\times10^{-19})$或者625万万亿个电子才能构成$-1\mathrm{C}$的电量。事实上，两个相距1m的1C电荷会互相施加大约1百万吨的力。附录B.2中列出了电子的其他一些物理常数。

电荷守恒定律同动量守恒定律一样，是一项基本的物理定律。电荷是守恒的，也就是说它不会被创造也不会被消灭。这是自然规律，并不能依据其他原理或者关系得到。这个真理从来没有在实践中被怀疑过。

电荷能够从一处移动到另一处，并能在电磁场的作用下重新分布；但是在封闭的(孤立的)系统中正电荷和负电荷的代数和仍然不变。**在任何时刻任何条件下都满足电荷守恒定律**。它可用**连续性方程**在数学上表示出来，在5.4节中将对此进行讨论。任何违背电荷守恒定律的电磁问题的公式和解都是不正确的。回顾电路理论中的基尔霍夫电流定律：在一个节点上，流出节点的电流之和等于流入节点的电流之和。这就是电荷守恒性质的一种表述(电流定律中假设节点上没有电荷的积累)。

虽然在微观意义上看，电荷以离散的方式或有或无地存在在一点，但是当考虑大量聚集电荷的电磁效应时，这些原子尺度上的突变并不重要。在构建宏观电磁学理论或者大规模电磁学理论时，发现使用平滑的平均密度函数产生了良好效果(力学中平滑的物质密度函数的定义也是采用同样的方法，虽然在原子尺度上，质量只与以离散形式存在的基本微粒有关)。**电荷体密度**ρ定义为如下的源量

$$\rho = \lim_{\Delta v \to 0} \frac{\Delta q}{\Delta v} \quad (\mathrm{C/m^3}) \tag{1-2}$$

---

① 1962年，Murray Gell-Mann假设夸克是物质的基本构成块。预测**夸克**是电子电荷的一部分，并且其存在性已经通过实验证实。

② 单位制将在1.3节中讨论。

其中,Δq 是很小体积 Δv 中的电荷量。Δv 应该小到什么程度呢？它应该足够小到能够表示 ρ 的精确变化,但是又应该足够大以便能够包含大量的离散电荷。例如,一个边长为1微米(10^{-6}m 或 1μm)的立方体微粒的体积为$10^{-18}\,m^3$,它仍然包含了大约10^{11}(1000亿)个原子。空间坐标中的平滑函数 ρ,用如此小的 Δv 定义,事实上是期望得到精确的宏观结果。

在一些物理情况下,大量电荷 Δq 可视为面元 Δs 或者线元 Δl。在这种情况下,更适合定义**电荷面密度** ρ_s 或者**电荷线密度** ρ_l

$$\rho_s = \lim_{\Delta v \to 0} \frac{\Delta q}{\Delta s} \quad (\mathrm{C/m^2}) \tag{1-3}$$

$$\rho_l = \lim_{\Delta v \to 0} \frac{\Delta q}{\Delta l} \quad (\mathrm{C/m}) \tag{1-4}$$

除了某些特殊情况外,电荷密度在各点各不相同,所以,ρ,ρ_s 和 ρ_l 通常是空间坐标中的点函数。

电流是电荷随时间的变化率,即

$$I = \frac{\mathrm{d}q}{\mathrm{d}t} \quad (\mathrm{C/s}\ 或\ \mathrm{A}) \tag{1-5}$$

其中 I 本身可能与时间有关。电流的单位是库仑每秒(C/s),或者是安培(A)。电流流经有限的区域(如一根流经一定区域的导线),因此它不是点函数。在电磁学中,定义了一个矢量点函数**体电流密度**(或简称**电流密度**)$\boldsymbol{J}$,它表示流经与电流方向垂直的单位面积上的电流量。黑体 $\boldsymbol{J}$ 是矢量,其大小是单位面积上的电流($\mathrm{A/m^2}$),其方向是电流流动的方向。第5章将详细阐述 I 与 $\boldsymbol{J}$ 之间的关系。对于良导体而言,高频交流电仅仅只会流经导体表面并形成电流层,而不会流经导体的内部。所以有必要定义**面电流密度** $\boldsymbol{J}_s$,它是流经导体表面与电流流动的方向垂直的每单位宽度的电流,单位为安培每米(A/m)。

电磁学中有四个基本矢量场量:**电场强度** $\boldsymbol{E}$、**电通密度**(**或电位移**)$\boldsymbol{D}$、**磁通密度** $\boldsymbol{B}$ 以及**磁场强度** $\boldsymbol{H}$。这些量的定义以及物理意义将会在本书后面章节中详细解释。现在只需要明确以下问题。在讨论自由空间中的静电学(静止电荷的效应)时,电场强度 $\boldsymbol{E}$ 是唯一需要的矢量;它被定义为单位试验电荷所受的作用力。电位移矢量 $\boldsymbol{D}$ 在研究介质中的电场时有用,将会在第3章中讨论。类似地,在讨论自由空间的静磁学(稳定电流的效应)时,磁通密度 $\boldsymbol{B}$ 是唯一需要的场量,它与以某一特定速率运动的电荷所受的磁力有关。磁场强度矢量 $\boldsymbol{H}$ 在研究介质中的磁场时非常重要。$\boldsymbol{B}$ 与 $\boldsymbol{H}$ 的定义及意义将在第6章讨论。

这四个基本的电磁场量,连同它们的单位一并列于表1-1中。在表1-1中,V/m 是伏特每米,T 表示特斯拉或者伏特秒每平方米。当不随时间变化时,电场场量 $\boldsymbol{E}$ 和 $\boldsymbol{D}$ 以及磁场场量 $\boldsymbol{B}$ 和 $\boldsymbol{H}$ 形成了两对单独的矢量。然而,在随时间变化的情况下,电场场量和磁场场量互相关联;也就是时变的 $\boldsymbol{E}$ 和 $\boldsymbol{D}$ 将产生 $\boldsymbol{B}$ 和 $\boldsymbol{H}$,反之亦然。所有的四个场量都是点函数;通常,它们定义在空间中的每个点,而且是空间坐标的函数。材料(或介质)特性决定了 $\boldsymbol{E}$ 和 $\boldsymbol{D}$ 之间以及 $\boldsymbol{B}$ 和 $\boldsymbol{H}$ 之间的关系。这种关系称为介质的**本构关系**,将会在后面进行分析。

表 1-1　电磁场的基本量

场量的符号及单位	场　量	符号	单位
电场	电场强度	$\boldsymbol{E}$	V/m
	电通量密度(电位移)	$\boldsymbol{D}$	C/m^2
磁场	磁通量密度	$\boldsymbol{B}$	T
	磁场强度	$\boldsymbol{H}$	A/m

学习电磁学的主要目的，是根据电磁模型获知一定距离处电荷之间以及电流之间的相互作用。电磁场与电磁波(与时间和空间有关的场)是这个模型中的概念性基本量。基本假设将 $\boldsymbol{E}$、$\boldsymbol{D}$、$\boldsymbol{B}$、$\boldsymbol{H}$ 和源量联系起来；由此导出的关系将解释和预测电磁现象。

1.3　国际单位制单位与普适常数

测量任何物理量必须用带单位的数字来表示。这样可以说长度为 3 米、质量为 2 千克、时间为 2 秒。为了实用，单位制应该基于一些大小合适的(实际的)基本单位。在力学中，所有的物理量都可以用三个(长度、质量和时间)基本单位来表示。在电磁学中，需要第四个基本单位(表示电流)。SI(**国际单位制或乐德国际单位制**)是由表 1-2 所列的四个基本单位组成的。电磁学中的所有其他单位，包括表 1-1 中出现的，都是由米、千克、秒及安培表示的导出单位。例如，电荷的单位库仑(C)，是安培秒(A·s)；电场强度的单位(V/m)是 $kg \cdot m/A \cdot s^3$；还有磁通密度的单位特斯拉(T)是 $kg/A \cdot s^2$。更多各种物理量的单位完整列表，见附录 A。

表 1-2　基本的国际单位制单位

量	单位	缩写	量	单位	缩写
长度	米	m	时间	秒	s
质量	千克	kg	电流	安培	A

国际度量衡委员会采用的官方国际单位制定义如下①：

米。曾经是一个铂铱条上两划痕之间的长度(起初是以北极与赤道间穿过法国巴黎的距离的一千万分之一作为米)，现在的定义与秒(见下文)及光速有关，光在真空中的传播速度为 299 792 458m/s。

千克。是一个标准的铂铱合金条的质量，它被放在一个密封的容器内，防止其被污染和质量变化。它被收藏在靠近巴黎的塞夫勒国际度量衡局。

秒。一个铯原子特定的跃迁对应辐射的 9 192 631 770 个周期的持续时间。

安培。如果在两个无限长且忽略圆形截面的直平行导体中保持恒定电流，并放置在 1 米远的真空中，则两个导体间所产生的力等于 2×10^{-7} N/m(1N 是让 1 千克质量的物体产生 $1m/s^2$ 加速度所需的力)。

除了表 1-1 的场量外，电磁模型中还有 3 个普适常数。这些常数与自由空间(真空)的

① P. Wallich. Volts and Amps are not What They Used to be. IEEE Spectrum, vol. 24, pp. 44-49, March 1987.

性质有关。这些常数如下：真空中**电磁波**(包括光)的**速度** c；真空的**介电常数** ε_0 和真空的**磁导率** μ_0。已经有过许多实验来精确测量光速，精确到许多小数位。为此记住下式就足够了

$$c \cong 3\times 10^8 (\text{m/s}) \quad (\text{在真空中}) \tag{1-6}$$

另外两个常数，ε_0 和 μ_0 分别涉及电现象和磁现象：ε_0 是真空中电通量密度 $\boldsymbol{D}$ 和电场强度 $\boldsymbol{E}$ 之间的比例常数，即

$$\boldsymbol{D} = \varepsilon_0 \boldsymbol{E} \quad (\text{在真空中}) \tag{1-7}$$

μ_0 是真空中磁通密度 $\boldsymbol{B}$ 和磁场强度 $\boldsymbol{H}$ 之间的比例常数，即

$$\boldsymbol{H} = \frac{1}{\mu_0}\boldsymbol{B} \quad (\text{在真空中}) \tag{1-8}$$

ε_0 和 μ_0 的取值取决于所选的单位制，并且他们不是相互独立的。电磁学著作几乎都采用**国际单位制**(MKSA 有理制[①])，真空中的磁导率为

$$\mu_0 = 4\pi\times 10^{-7} \quad (\text{H/m}) \quad (\text{在真空中}) \tag{1-9}$$

其中 H/m 表示亨利每米。采用式(1-6)和式(1-9)固定的取值 c 和 μ_0，自由空间介电常数的值由下面关系得出

$$c = \frac{1}{\sqrt{\varepsilon_0\mu_0}} \quad (\text{m/s}) \tag{1-10}$$

或

$$\begin{aligned}\varepsilon_0 &= \frac{1}{c^2\mu_0} \cong \frac{1}{36\pi}\times 10^{-9} \\ &\cong 8.854\times 10^{-12} \quad (\text{F/m})\end{aligned} \tag{1-11}$$

其中 F/m 为法拉每米的缩写。三个普适常数和其值见表 1-3。

表 1-3 国际单位制单位表示的普适常数

普适常数	符号	取值	单位
真空光速	c	3×10^8	m/s
真空的磁导率	μ_0	$4\pi\times 10^{-7}$	H/m
真空的介电常数	ε_0	$\frac{1}{36\pi}\times 10^{-9}$	F/m

既然已经定义了电磁模型的基本量和普适常数，那么就可以研究电磁学中的各种话题了。但在此之前，必须掌握适当的数学工具。下一章将讨论矢量代数和矢量微积分的基本运算规则。

复习题

R.1-1 什么是电磁学？

R.1-2 描述两种不同于图 1-1 和图 1-2 所示的现象，说明它们是不能用电路理论充分解释的。

① 由于因子 4π 未出现在麦克斯韦方程(电磁学的基本原理)中，故称该单位制是**有理制**。然而该因子出现在许多导出关系中。在 MKSA 非有理制中，μ_0 是 10^{-7}(H/m)，而因子 4π 出现在麦克斯韦方程中。

R. 1-3　为研究科学学科而建立一种理想化模型的三个主要步骤是什么？

R. 1-4　电磁学中四个基本国际单位制单位是什么？

R. 1-5　电磁模型中的四个基本场量是什么？它们的单位是什么？

R. 1-6　电磁模型中的三个普适常数是什么，它们的关系是什么？

R. 1-7　什么是电磁模型中的源量？

第2章 矢量分析

2.1 引言

正如第1章中所述，电磁学中的一些量（比如电荷、电流和能量）是标量；其他一些量（如电场强度和磁场强度）是矢量。标量和矢量都可以是时间和位置的函数。在给定的时间和位置，一个**标量**完全可以用其大小（正的或负的，连同它的单位）来说明。例如，这样可以说明在 $t=0$ 的某个位置的电荷为 $-1\mu C$。另一方面，在给定的位置和时间定义一个**矢量**，则同时需要知道其大小和方向。如何描述一个矢量的方向呢？在三维空间中，需要三个数据，并且这些数据是取决于所选择的坐标系。当一个矢量从一个坐标系变换到另一个坐标系时，这些数据将会改变。然而，物理定律和定理涉及各种标量和矢量，当然必须与坐标系无关。因此，电磁学定律的一般表达式，并不要求说明坐标系。只有当分析特定的几何问题时，才选择具体的坐标系。例如，如果要计算一个载流线圈中心的磁场，若线圈是矩形的，使用直角坐标就更方便，而如果线圈是圆形的，则使用极坐标（二维的）将更合适。但决定这个问题的解的基本电磁关系，在两种几何坐标中都是相同的。

本章讨论矢量分析的三个主要问题：

(1) 矢量代数——矢量的加法、减法和乘法。

(2) 正交坐标系——直角坐标系、圆柱坐标系和球面坐标系。

(3) 矢量微积分——矢量的微分和积分；线积分、面积分和体积分；"del"运算符；梯度、散度和旋度的运算。

本书其余部分将从矢量的分解、合成、微分、积分及其他方面分析矢量。熟练掌握矢量代数和矢量微积分是很有必要的。事实上，在三维空间中一个矢量关系就是三个标量关系。在电磁学中运用矢量分析方法使得公式简明确切。没学好电磁学矢量分析类似于没学好物理学的代数和微积分；显然，这些不足将不能获得丰硕的成果。

在解实际问题时，总要处理给定形状的区域或物体，并且必须用与已知的几何体一致的坐标系来表达一般公式。例如，在涉及圆柱或球体的问题时，采用熟悉的直角坐标 (x,y,z) 显然是很难使用的，这是因为圆柱和球体的边界无法用常数值 x,y,z 来描述。本章讨论三种最常用的正交（垂直）坐标系以及这些坐标系中的矢量表示与矢量运算。熟悉这些坐标系对解决电磁问题是必要的。

矢量微积分涉及矢量的微分和积分。通过定义某些微分算子，可以将电磁学的基本定律用简洁的形式来表示，该形式不随坐标系的选择而改变。本章将介绍不同类型矢量积分的计算方法，并定义和讨论各种微分算子。

2.2 矢量的加法和减法

矢量有大小和方向。矢量 $\boldsymbol{A}$ 可以表示为

$$\boldsymbol{A}=\boldsymbol{a}_A A \tag{2-1}$$

式中 A 是 $\boldsymbol{A}$ 的大小(并且有单位和量纲)

$$A=|\boldsymbol{A}| \tag{2-2}$$

而 $\boldsymbol{a}_A$ 是沿 $\boldsymbol{A}$ 的方向且大小等于 1 的无量纲的单位矢量[①]。因此

$$\boldsymbol{a}_A=\frac{\boldsymbol{A}}{|\boldsymbol{A}|}=\frac{\boldsymbol{A}}{A} \tag{2-3}$$

矢量 $\boldsymbol{A}$ 可以用一个长度为 $|\boldsymbol{A}|=A$ 且箭头沿着 $\boldsymbol{a}_A$ 的方向的有向直线段来表示,如图 2-1 所示。如果两个矢量的大小和方向相同,则它们就是相等的,即使它们可能在空间相互分开也如此。

因为用手写表示黑体字母比较困难,所以通常是将一个箭头或一个横杠写在字母的上面($\vec{A}$ 或 $\bar{A}$)或者用一个波浪线写在字母的下面($\underset{\sim}{A}$)来区分矢量和标量。一旦选择了这个区分记号,无论何时何地写矢量都不能省略它。

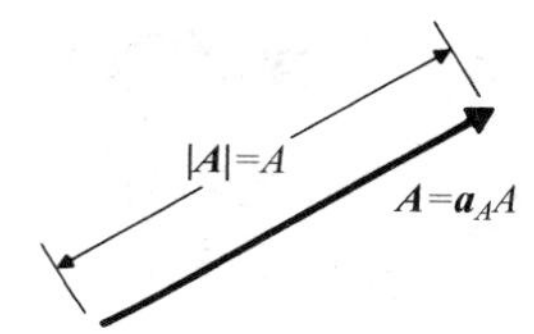

图 2-1 矢量 $\boldsymbol{A}$ 的图示

既不在同一个方向也不在相反的方向的矢量 $\boldsymbol{A}$ 和矢量 $\boldsymbol{B}$ 确定一个平面,如图 2-2(a)中所示。同一个平面中的另一个矢量 $\boldsymbol{C}$ 是上述两个矢量的和。$\boldsymbol{C}=\boldsymbol{A}+\boldsymbol{B}$ 可以用两种作图法获得。

(1) 由平行四边形法则:合成的 $\boldsymbol{C}$ 是从同一点画 $\boldsymbol{A}$ 和 $\boldsymbol{B}$ 形成的平行四边形对角线矢量,如图 2-2(b)所示。

(2) 由"头到尾"法则:$\boldsymbol{A}$ 的头连接到 $\boldsymbol{B}$ 的尾。两矢量的和 $\boldsymbol{C}$ 是由 $\boldsymbol{A}$ 的尾连接 $\boldsymbol{B}$ 的头形成的;并且矢量 $\boldsymbol{A}$、$\boldsymbol{B}$、$\boldsymbol{C}$ 形成一个三角形,如图 2-2(c)所示。

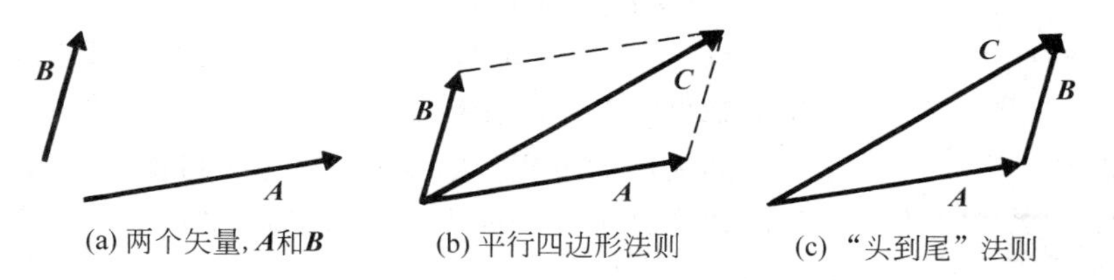

图 2-2 矢量加法,$\boldsymbol{C}=\boldsymbol{A}+\boldsymbol{B}$

显然,矢量加法服从交换律和结合律。

$$\text{交换律:}\boldsymbol{A}+\boldsymbol{B}=\boldsymbol{B}+\boldsymbol{A} \tag{2-4}$$

$$\text{结合律:}\boldsymbol{A}+(\boldsymbol{B}+\boldsymbol{C})=(\boldsymbol{A}+\boldsymbol{B})+\boldsymbol{C} \tag{2-5}$$

矢量减法可以由以下的矢量加法来定义

$$\boldsymbol{A}-\boldsymbol{B}=\boldsymbol{A}+(-\boldsymbol{B}) \tag{2-6}$$

---

① 在一些书中,在 $\boldsymbol{A}$ 的方向的单位矢量可表示为 $\widehat{\boldsymbol{A}}$,$\boldsymbol{u}_A$ 或 $\boldsymbol{i}_A$。我们更倾向式(2-1)中的表示,而不是 $\boldsymbol{A}=\widehat{\boldsymbol{A}}A$。由点 P_1 移动到点 P_2 的矢量 $\boldsymbol{A}$ 写成 $\boldsymbol{a}_{P_1P_2}(\overline{P_1P_2})$ 而不是写成 $\widehat{\boldsymbol{P_1P_2}}$ (P_1P_2),后者有些累赘。符号 $\boldsymbol{u}$ 和 $\boldsymbol{i}$ 分别用来表示速度和电流。

式中$-\boldsymbol{B}$是矢量$\boldsymbol{B}$的负值；也就是说，$-\boldsymbol{B}$的大小与$\boldsymbol{B}$相同，但其方向相反，因此

$$-\boldsymbol{B} = (-\boldsymbol{a}_B)B \tag{2-7}$$

式(2-6)所表示的运算如图2-3所示。

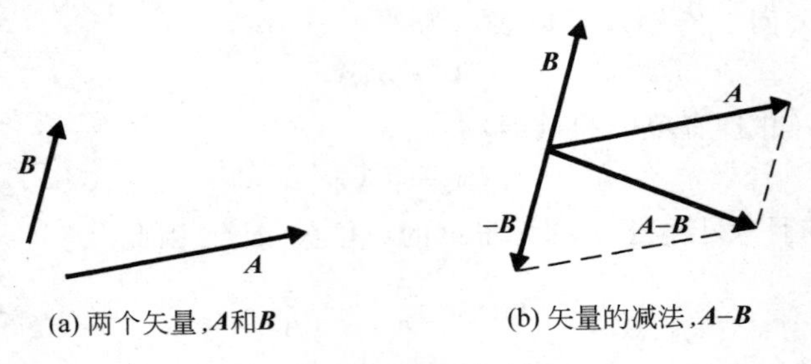

(a) 两个矢量，$\boldsymbol{A}$和$\boldsymbol{B}$ (b) 矢量的减法，$\boldsymbol{A}-\boldsymbol{B}$

图 2-3 矢量减法

2.3 矢量的乘积

一个矢量$\boldsymbol{A}$与一个正的标量k相乘就是使$\boldsymbol{A}$的大小变为k倍而其方向不变(k可以大于1也可以小于1)

$$k\boldsymbol{A} = \boldsymbol{a}_A(kA) \tag{2-8}$$

说"一个矢量乘以另一个矢量"或"两个矢量的乘积"是不确切的，因为存在两种明显的且完全不同类型的矢量乘积。它们是：①标量积或点积，②矢量积或叉积。这些将在下面小节定义。

2.3.1 标量积或点积

两个矢量$\boldsymbol{A}$与$\boldsymbol{B}$的标量积或点积，记为$\boldsymbol{A}\cdot\boldsymbol{B}$，它是一个标量，其大小等于$\boldsymbol{A}$的大小与$\boldsymbol{B}$的大小以及它们之间的夹角的余弦三者之积。因而

$$\boldsymbol{A}\cdot\boldsymbol{B} \triangleq AB\cos\theta_{AB} \tag{2-9}$$

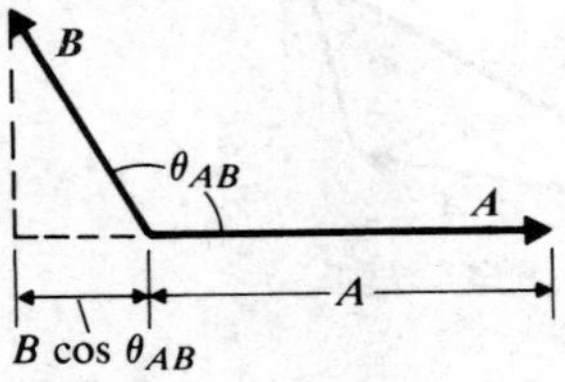

式(2-9)中符号$\triangleq$表示"定义为"，且θ是$\boldsymbol{A}$和$\boldsymbol{B}$之间较小的角，小于π弧度(180°)，如图2-4所示。两个矢量的点积①小于或等于它们的大小的乘积；②可能是负值也可能是正值，取决于它们之间的角度是否小于或大于$\pi/2$弧度(90°)；③等于一个矢量的大小和另一个矢量在第一个矢量上投影的大小的乘积；④当矢量相互垂直时为零。

图 2-4 矢量$\boldsymbol{A}$和$\boldsymbol{B}$的点积的图示

显然

$$\boldsymbol{A}\cdot\boldsymbol{A} = A^2 \tag{2-10}$$

或

$$A = +\sqrt{\boldsymbol{A}\cdot\boldsymbol{A}} \tag{2-11}$$

当矢量在任何坐标系中表示时，式(2-11)可以得出矢量的大小。

矢量的点积服从交换律和分配律。

$$\text{交换律：}\boldsymbol{A}\cdot\boldsymbol{B} = \boldsymbol{B}\cdot\boldsymbol{A} \tag{2-12}$$

$$\text{分配律：}\boldsymbol{A}\cdot(\boldsymbol{B}+\boldsymbol{C}) = \boldsymbol{A}\cdot\boldsymbol{B}+\boldsymbol{A}\cdot\boldsymbol{C} \tag{2-13}$$

交换律显然可由式(2-9)中的点积定义得出，式(2-13)的证明留下做练习。结合律不适用

于点积，因为两个以上的矢量不可以这样相乘，例如表达式 $\boldsymbol{A}\cdot\boldsymbol{B}\cdot\boldsymbol{C}$ 则是无意义的。

例 2-1　证明三角形的余弦定理。

解：余弦定理是一个标量关系，它用三角形另外两条边的长度及其夹角来表示第三条边的长度。如图 2-5 所示，余弦定理表示为

$$C=\sqrt{A^2+B^2-2AB\cos\alpha}$$

证明余弦定理时将边长视为矢量；也就是

$$\boldsymbol{C}=\boldsymbol{A}+\boldsymbol{B}$$

将 $\boldsymbol{C}$ 和自身作点积，由式(2-10)和式(2-13)可得到

$$\begin{aligned}C^2&=\boldsymbol{C}\cdot\boldsymbol{C}=(\boldsymbol{A}+\boldsymbol{B})\cdot(\boldsymbol{A}+\boldsymbol{B})\\&=\boldsymbol{A}\cdot\boldsymbol{A}+\boldsymbol{B}\cdot\boldsymbol{B}+2\boldsymbol{A}\cdot\boldsymbol{B}\\&=A^2+B^2+2AB\cos\theta_{AB}\end{aligned}$$

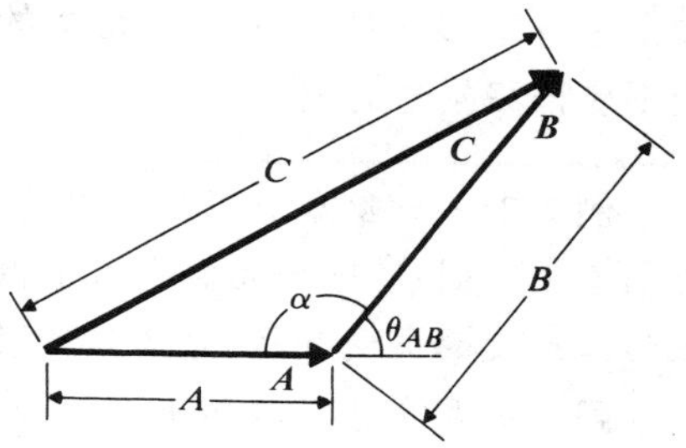

图 2-5　例 2-1 的图示

据定义，θ_{AB} 是 $\boldsymbol{A}$ 和 $\boldsymbol{B}$ 之间较小的夹角，等于$(180°-\alpha)$；故 $\cos\theta_{AB}=\cos(180°-\alpha)=-\cos\alpha$。因此

$$C^2=A^2+B^2-2AB\cos\alpha$$

因此，余弦定理直接得证。

2.3.2　矢量积或叉积

两个矢量 $\boldsymbol{A}$ 和 $\boldsymbol{B}$ 的矢量积或叉积，记为 $\boldsymbol{A}\times\boldsymbol{B}$，是一个与 $\boldsymbol{A}$ 和 $\boldsymbol{B}$ 所构成的平面垂直的矢量；其大小为 $AB\sin\theta_{AB}$，其中 θ_{AB} 是 $\boldsymbol{A}$ 和 $\boldsymbol{B}$ 之间较小的夹角，其方向为四指由 $\boldsymbol{A}$ 旋转至 $\boldsymbol{B}$ 绕过角度 θ_{AB} 时，右手大拇指所指的方向（右手定则）。

$$\boldsymbol{A}\times\boldsymbol{B}\triangleq\boldsymbol{a}_n\,|AB\sin\theta_{AB}|\tag{2-14}$$

如图 2-6 所示。因为 $B\sin\theta_{AB}$ 是矢量 $\boldsymbol{A}$ 和 $\boldsymbol{B}$ 形成的平行四边形的高，$\boldsymbol{A}\times\boldsymbol{B}$ 的大小为 $|AB\sin\theta_{AB}|$，其值总是正的，数值等于平行四边形的面积。

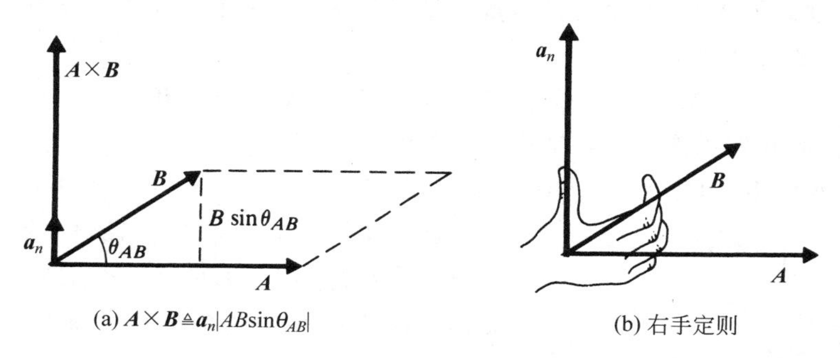

(a) $\boldsymbol{A}\times\boldsymbol{B}\triangleq\boldsymbol{a}_n|AB\sin\theta_{AB}|$　　(b) 右手定则

图 2-6　$\boldsymbol{A}$ 和 $\boldsymbol{B}$ 的叉积，$\boldsymbol{A}\times\boldsymbol{B}$

运用式(2-14)中的定义并遵循右手定则，可得

$$\boldsymbol{B}\times\boldsymbol{A}=-\boldsymbol{A}\times\boldsymbol{B}\tag{2-15}$$

因此叉积不服从交换律。但可以看到叉积服从分配律

$$\boldsymbol{A}\times(\boldsymbol{B}+\boldsymbol{C})=\boldsymbol{A}\times\boldsymbol{B}+\boldsymbol{A}\times\boldsymbol{C}\tag{2-16}$$

如果不把矢量分解成正交分量,可以大致解释吗?

显然矢量积不服从结合律;也就是

$$\boldsymbol{A}\times(\boldsymbol{B}\times\boldsymbol{C})\neq(\boldsymbol{A}\times\boldsymbol{B})\times\boldsymbol{C} \tag{2-17}$$

上式的左边表示三重积矢量是垂直于 $\boldsymbol{A}$ 并位于 $\boldsymbol{B}$ 与 $\boldsymbol{C}$ 形成的平面上,而右边表示三重积矢量是垂直于 $\boldsymbol{C}$ 并位于 $\boldsymbol{A}$ 与 $\boldsymbol{B}$ 形成的平面上。两个矢量乘积的运算顺序是至关重要的,并且绝不应该将括号省略。

例 2-2 一硬盘沿图 2-7 中的轴线以角速度矢量 $\boldsymbol{\omega}$ 旋转。$\boldsymbol{\omega}$ 的方向是沿着轴的方向并遵循右手定则;即,如果右手的手指弯向旋转的方向,则大拇指指向 $\boldsymbol{\omega}$ 的方向。求圆盘上一点的线速度的矢量表达,该点离旋转轴的距离为 d。

解:从力学中可以知道距离旋转轴为 d 的点 P 的线速度 v 的大小是 ωd,而方向总是跟旋转圆相切。然而,由于 P 点是运动的,$\boldsymbol{v}$ 的方向随 P 点位置而变化。如何写 $\boldsymbol{v}$ 的矢量表示呢?

设 O 是所选坐标系的原点。点 P 的位置矢量记为 $\boldsymbol{R}$,如图 2-7(b)所示。有

$$|\boldsymbol{v}|=\omega d=\omega R\sin\theta$$

不管点 P 在哪里,$\boldsymbol{v}$ 的方向总是垂直于矢量 $\boldsymbol{\omega}$ 和 $\boldsymbol{R}$ 构成的平面,因此

$$\boldsymbol{v}=\boldsymbol{\omega}\times\boldsymbol{R}$$

上式正确地表示出 P 点的线速度大小和方向。

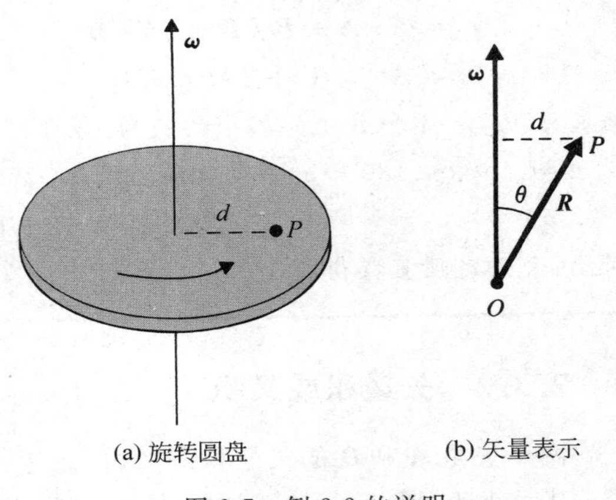

图 2-7 例 2-2 的说明

2.3.3 三个矢量的乘积

三个矢量的乘积有两种,也就是**标量三重积**和**矢量三重积**。标量三重积是很简单的两个矢量积,而且有以下性质

$$\boldsymbol{A}\cdot(\boldsymbol{B}\times\boldsymbol{C})=\boldsymbol{B}\cdot(\boldsymbol{C}\times\boldsymbol{A})=\boldsymbol{C}\cdot(\boldsymbol{A}\times\boldsymbol{B}) \tag{2-18}$$

注意三个矢量 $\boldsymbol{A},\boldsymbol{B},\boldsymbol{C}$ 的次序循环排列。所以有

$$\boldsymbol{A}\cdot(\boldsymbol{B}\times\boldsymbol{C})=-\boldsymbol{A}\cdot(\boldsymbol{C}\times\boldsymbol{B})=-\boldsymbol{B}\cdot(\boldsymbol{A}\times\boldsymbol{C})=-\boldsymbol{C}\cdot(\boldsymbol{B}\times\boldsymbol{A}) \tag{2-19}$$

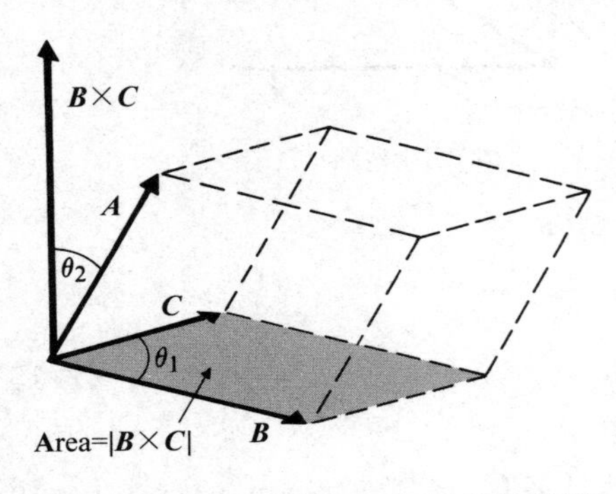

图 2-8 标量三重积 $\boldsymbol{A}\cdot(\boldsymbol{B}\times\boldsymbol{C})$ 的图示

从图 2-8 中可以看出,式(2-18)中的三个表达式中每个的大小都与 $\boldsymbol{A},\boldsymbol{B},\boldsymbol{C}$ 这三个矢量组成的平行六面体的体积相等。这个平行六面体的底面积等于 $|\boldsymbol{B}\times\boldsymbol{C}|=|BC\sin\theta_1|$,高等于 $|A\cos\theta_2|$;因此,其体积为 $|ABC\sin\theta_1\cos\theta_2|$。

矢量三重积 $\boldsymbol{A}\times(\boldsymbol{B}\times\boldsymbol{C})$ 可以展开为两个简单矢量的差,表示如下

$$\boldsymbol{A}\times(\boldsymbol{B}\times\boldsymbol{C})=\boldsymbol{B}\cdot(\boldsymbol{A}\cdot\boldsymbol{C})-\boldsymbol{C}\cdot(\boldsymbol{A}\cdot\boldsymbol{B}) \tag{2-20}$$

式(2-20)被称为 **back-cab 法则**，它是一个很有用的恒等式。（注意等式右边为“$BAC-CAB$”!）

例 2-3[1]　证明矢量三重积的“back-cab”法则。

解：要证明式(2-20)，先把 $\boldsymbol{A}$ 分成两部分，即

$$\boldsymbol{A}=\boldsymbol{A}_{\parallel}+\boldsymbol{A}_{\perp}$$

式中 $\boldsymbol{A}_{\parallel}$ 和 $\boldsymbol{A}_{\perp}$ 分别与包含 $\boldsymbol{B}$ 和 $\boldsymbol{C}$ 的平面平行和垂直。因为($\boldsymbol{B}\times\boldsymbol{C}$)所表示的矢量也垂直于该平面，所以 $\boldsymbol{A}_{\perp}$ 和($\boldsymbol{B}\times\boldsymbol{C}$)的叉积为零。令 $\boldsymbol{D}=\boldsymbol{A}\times(\boldsymbol{B}\times\boldsymbol{C})$。因为只有 $\boldsymbol{A}_{\parallel}$ 这一项有效，所以得到

$$\boldsymbol{D}=\boldsymbol{A}_{\parallel}\times(\boldsymbol{B}\times\boldsymbol{C})$$

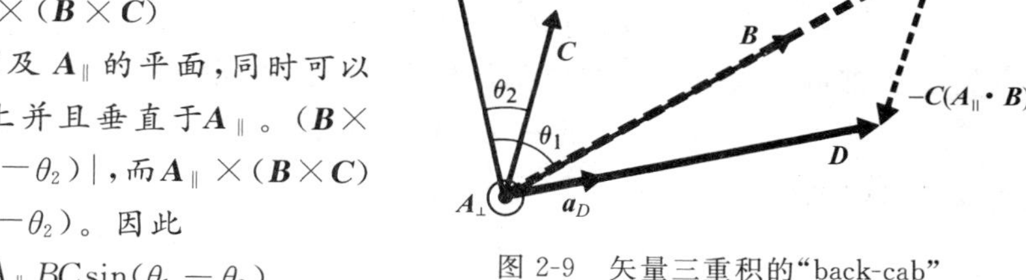

图 2-9　矢量三重积的“back-cab”法则的说明

图 2-9 给出了包含 $\boldsymbol{B}$，$\boldsymbol{C}$ 及 $\boldsymbol{A}_{\parallel}$ 的平面，同时可以看到 $\boldsymbol{D}$ 也在这个平面上并且垂直于 $\boldsymbol{A}_{\parallel}$。($\boldsymbol{B}\times\boldsymbol{C}$)的大小是 $|BC\sin(\theta_1-\theta_2)|$，而 $\boldsymbol{A}_{\parallel}\times(\boldsymbol{B}\times\boldsymbol{C})$ 的大小是 $A_{\parallel}BC\sin(\theta_1-\theta_2)$。因此

$$\begin{aligned}D&=\boldsymbol{D}\cdot\boldsymbol{a}_D=A_{\parallel}BC\sin(\theta_1-\theta_2)\\&=(B\sin\theta_1)(A_{\parallel}C\cos\theta_2)-(C\sin\theta_2)(A_{\parallel}B\cos\theta_1)\\&=[\boldsymbol{B}(\boldsymbol{A}_{\parallel}\cdot\boldsymbol{C})-\boldsymbol{C}(\boldsymbol{A}_{\parallel}\cdot\boldsymbol{B})]\cdot\boldsymbol{a}_D\end{aligned}$$

仅靠上式并不能保证方括号里面的矢量就是 $\boldsymbol{D}$，因为方括号中的量可能会包含一个垂直于 $\boldsymbol{D}$(与 $\boldsymbol{A}_{\parallel}$ 平行)的矢量；也就是 $\boldsymbol{D}\cdot\boldsymbol{a}_D=\boldsymbol{E}\cdot\boldsymbol{a}_D$ 并不能保证 $\boldsymbol{E}=\boldsymbol{D}$。通常，可写出

$$\boldsymbol{B}(\boldsymbol{A}_{\parallel}\cdot\boldsymbol{C})-\boldsymbol{C}(\boldsymbol{A}_{\parallel}\cdot\boldsymbol{B})=\boldsymbol{D}+k\boldsymbol{A}_{\parallel}$$

其中 k 是标量。要确定 k 的值，可以将上式两边同时与 $\boldsymbol{A}_{\parallel}$ 进行标量积，并得

$$(\boldsymbol{A}_{\parallel}\cdot\boldsymbol{B})(\boldsymbol{A}_{\parallel}\cdot\boldsymbol{C})-(\boldsymbol{A}_{\parallel}\cdot\boldsymbol{C})(\boldsymbol{A}_{\parallel}\cdot\boldsymbol{B})=0=\boldsymbol{A}_{\parallel}\cdot\boldsymbol{D}+k\boldsymbol{A}_{\parallel}^2$$

由于 $\boldsymbol{A}_{\parallel}\cdot\boldsymbol{D}=0$，所以 $k=0$，并有：$\boldsymbol{D}=\boldsymbol{B}(\boldsymbol{A}_{\parallel}\cdot\boldsymbol{C})-\boldsymbol{C}(\boldsymbol{A}_{\parallel}\cdot\boldsymbol{B})$。

因为 $\boldsymbol{A}_{\parallel}\cdot\boldsymbol{C}=\boldsymbol{A}\cdot\boldsymbol{C}$ 且 $\boldsymbol{A}_{\parallel}\cdot\boldsymbol{B}=\boldsymbol{A}\cdot\boldsymbol{B}$，所以“back-cab”法则得证。

没有定义矢量的除法，诸如 $k/\boldsymbol{A}$ 和 $\boldsymbol{B}/\boldsymbol{A}$ 的表达式是没有意义的。

2.4　正交坐标系

前面已经指出，虽然电磁学定律不随坐标系变化，但是在求解实际问题时，还需要将这些定律得出的关系用一个跟已知问题的几何特征合适的坐标系来表达。例如，如果要计算空间中某点的电场，那么至少要说明场源的位置以及这个点在坐标系中的位置。在三维空间中，一个点相当于三个面的交点。假定三个面用 $u_1=$常数，$u_2=$常数，$u_3=$常数来描述，其中 u 的值不必都是长度（在常用的笛卡儿或直角坐标系中，u_1、u_2 和 u_3 分别对应 x、y 和 z）。当这三个面两两垂直时，便得到**正交坐标系**。因为非正交坐标系会使问题变复杂故不采用。

在坐标系中 $u_i=$常数($i=1,2$ 或者 3)所代表的一些面可能不是平面；它们可能是曲

[1] back-cab 法则可以简单的方式在笛卡儿坐标系中展开矢量来证明（习题 P.2-12）。只有对一般的证明感兴趣的读者需要学习这个例子。

面。令 $\boldsymbol{a}_{u_1}$,$\boldsymbol{a}_{u_2}$ 和 $\boldsymbol{a}_{u_3}$ 为三个坐标轴方向上的单位矢量,它们称为**基矢量**。在一般的右手、正交、曲线坐标系中,基矢量排列满足以下关系

$$\boldsymbol{a}_{u_1} \times \boldsymbol{a}_{u_2} = \boldsymbol{a}_{u_3} \tag{2-21a}$$

$$\boldsymbol{a}_{u_2} \times \boldsymbol{a}_{u_3} = \boldsymbol{a}_{u_1} \tag{2-21b}$$

$$\boldsymbol{a}_{u_3} \times \boldsymbol{a}_{u_1} = \boldsymbol{a}_{u_2} \tag{2-21c}$$

这三个式子并不是独立的,因为定义一个就自动隐含另外两个。所以有

$$\boldsymbol{a}_{u_1} \cdot \boldsymbol{a}_{u_2} = \boldsymbol{a}_{u_2} \cdot \boldsymbol{a}_{u_3} = \boldsymbol{a}_{u_3} \cdot \boldsymbol{a}_{u_1} = 0 \tag{2-22}$$

和

$$\boldsymbol{a}_{u_1} \cdot \boldsymbol{a}_{u_1} = \boldsymbol{a}_{u_2} \cdot \boldsymbol{a}_{u_2} = \boldsymbol{a}_{u_3} \cdot \boldsymbol{a}_{u_3} = 1 \tag{2-23}$$

任意矢量 $\boldsymbol{A}$ 都可以写成三个正交方向上的分量之和,如下

$$A = \boldsymbol{a}_{u_1} A_{u_1} + \boldsymbol{a}_{u_2} A_{u_2} + \boldsymbol{a}_{u_3} A_{u_3} \tag{2-24}$$

从式(2-24)中可得 $\boldsymbol{A}$ 的大小为

$$A = |\boldsymbol{A}| = (A_{u_1}^2 + A_{u_2}^2 + A_{u_3}^2)^{1/2} \tag{2-25}$$

例 2-4 已知三个矢量 $\boldsymbol{A}$,$\boldsymbol{B}$ 和 $\boldsymbol{C}$,用正交曲线坐标系(u_1,u_2,u_3)表示。

(1)$\boldsymbol{A}\cdot\boldsymbol{B}$;(2)$\boldsymbol{A}\times\boldsymbol{B}$;(3)$\boldsymbol{C}\cdot(\boldsymbol{A}\times\boldsymbol{B})$。

解: 首先用正交坐标系(u_1,u_2,u_3)表示 $\boldsymbol{A}$,$\boldsymbol{B}$ 和 $\boldsymbol{C}$

$$\boldsymbol{A} = \boldsymbol{a}_{u_1} A_{u_1} + \boldsymbol{a}_{u_2} A_{u_2} + \boldsymbol{a}_{u_3} A_{u_3}$$

$$\boldsymbol{B} = \boldsymbol{a}_{u_1} B_{u_1} + \boldsymbol{a}_{u_2} B_{u_2} + \boldsymbol{a}_{u_3} B_{u_3}$$

$$\boldsymbol{C} = \boldsymbol{a}_{u_1} C_{u_1} + \boldsymbol{a}_{u_2} C_{u_2} + \boldsymbol{a}_{u_3} C_{u_3}$$

(1) 由式(2-22)和式(2-23)可得

$$\begin{aligned}\boldsymbol{A}\cdot\boldsymbol{B} &= (\boldsymbol{a}_{u_1} A_{u_1} + \boldsymbol{a}_{u_2} A_{u_2} + \boldsymbol{a}_{u_3} A_{u_3}) \cdot (\boldsymbol{a}_{u_1} B_{u_1} + \boldsymbol{a}_{u_2} B_{u_2} + \boldsymbol{a}_{u_3} B_{u_3}) \\ &= A_{u_1} B_{u_1} + A_{u_2} B_{u_2} + A_{u_3} B_{u_3}\end{aligned} \tag{2-26}$$

(2)
$$\begin{aligned}\boldsymbol{A}\times\boldsymbol{B} &= (\boldsymbol{a}_{u_1} A_{u_1} + \boldsymbol{a}_{u_2} A_{u_2} + \boldsymbol{a}_{u_3} A_{u_3}) \times (\boldsymbol{a}_{u_1} B_{u_1} + \boldsymbol{a}_{u_2} B_{u_2} + \boldsymbol{a}_{u_3} B_{u_3}) \\ &= \boldsymbol{a}_{u_1}(A_{u_2} B_{u_3} - A_{u_3} B_{u_2}) + \boldsymbol{a}_{u_2}(A_{u_3} B_{u_1} - A_{u_1} B_{u_3}) + \boldsymbol{a}_{u_3}(A_{u_1} B_{u_2} - A_{u_2} B_{u_1}) \\ &= \begin{vmatrix} \boldsymbol{a}_{u_1} & \boldsymbol{a}_{u_2} & \boldsymbol{a}_{u_3} \\ A_{u_1} & A_{u_2} & A_{u_3} \\ B_{u_1} & B_{u_2} & B_{u_3} \end{vmatrix}\end{aligned} \tag{2-27}$$

式(2-26)和式(2-27)分别表示在正交曲线坐标系中两个矢量的点积和叉积。它们很重要并且应该记住。

(3) 由式(2-26)和式(2-27)可以迅速得到 $\boldsymbol{C}\cdot(\boldsymbol{A}\times\boldsymbol{B})$ 的表达式

$$\begin{aligned}\boldsymbol{C}\cdot(\boldsymbol{A}\times\boldsymbol{B}) &= C_{u_1}(A_{u_2} B_{u_3} - A_{u_3} B_{u_2}) + C_{u_2}(A_{u_3} B_{u_1} - A_{u_1} B_{u_3}) + C_{u_3}(A_{u_1} B_{u_2} - A_{u_2} B_{u_1}) \\ &= \begin{vmatrix} C_{u_1} & C_{u_2} & C_{u_3} \\ A_{u_1} & A_{u_2} & A_{u_3} \\ B_{u_1} & B_{u_2} & B_{u_3} \end{vmatrix}\end{aligned} \tag{2-28}$$

式(2-28)可用来证明式(2-18)和式(2-19),由观察知,左边矢量顺序的排列会导致右边行

列式中行的重新排列。

在矢量微积分(和电磁学著作)中,经常要计算线积分、面积分和体积分。每一种情况都需要表示与一个坐标微分变化相对应的微分长度变化。然而,有些坐标,如 u_i($i=1,2$ 或者 3),也许并不是长度;而且需要一个变换因子将微分变化 $\mathrm{d}u_i$ 转换成长度变化 $\mathrm{d}l_i$

$$\mathrm{d}l_i = h_i \mathrm{d}u_i \tag{2-29}$$

式中 h_i 称为**度量系数**,而且它本身可能是关于 u_1,u_2 和 u_3 的一个函数。例如,在二维极坐标$(u_1,u_2)=(r,\phi)$中,在$\phi(=u_2)$的微分变化 $\mathrm{d}\phi(=\mathrm{d}u_2)$与在 $\boldsymbol{a}_\phi(=\boldsymbol{a}_{u_2})$方向上的微分长度变化 $\mathrm{d}l_2=r\mathrm{d}\phi(h_2=r=u_1)$相对应。

任意方向上所指的微分长度变化都可以写成长度变化分量的矢量和

$$\mathrm{d}\boldsymbol{l} = \boldsymbol{a}_{u_1}\mathrm{d}l_1 + \boldsymbol{a}_{u_2}\mathrm{d}l_2 + \boldsymbol{a}_{u_3}\mathrm{d}l_3 \tag{2-30}$$ ①

或

$$\mathrm{d}\boldsymbol{l} = \boldsymbol{a}_{u_1}(h_1\mathrm{d}u_1) + \boldsymbol{a}_{u_2}(h_2\mathrm{d}u_2) + \boldsymbol{a}_{u_3}(h_3\mathrm{d}u_3) \tag{2-31}$$

由式(2-25)得 $\mathrm{d}\boldsymbol{l}$ 的大小为

$$\begin{aligned}\mathrm{d}l &= [(\mathrm{d}l_1)^2 + (\mathrm{d}l_2)^2 + (\mathrm{d}l_3)^2]^{1/2} \\ &= [(h_1\mathrm{d}u_1)^2 + (h_2\mathrm{d}u_2)^2 + (h_3\mathrm{d}u_3)^2]^{1/2}\end{aligned} \tag{2-32}$$

在方向 $\boldsymbol{a}_{u_1}$,$\boldsymbol{a}_{u_2}$,$\boldsymbol{a}_{u_3}$ 上分别得到的坐标微分变化 $\mathrm{d}u_1$,$\mathrm{d}u_2$ 和 $\mathrm{d}u_3$ 构成的体积元 $\mathrm{d}v$ 为$(\mathrm{d}l_1\mathrm{d}l_2\mathrm{d}l_3)$,或

$$\mathrm{d}v = h_1h_2h_3\mathrm{d}u_1\mathrm{d}u_2\mathrm{d}u_3 \tag{2-33}$$

稍后将有机会表示流过微分面积的电流或通量。在这些情况下,必须使用垂直于电流或通量的横截面积,并很容易把面微分看成一个垂直于表面方向的矢量,即

$$\mathrm{d}\boldsymbol{s} = \boldsymbol{a}_n\mathrm{d}s \tag{2-34}$$

例如,如果电流密度 $\boldsymbol{J}$ 不垂直于大小为 $\mathrm{d}s$ 的面微分,通过 $\mathrm{d}s$ 的电流 $\mathrm{d}I$ 必定是 $\boldsymbol{J}$ 在面积法向上的分量乘以这个面积,利用式(2-34)的表示方法,可以简写成

$$\mathrm{d}I = \boldsymbol{J}\cdot\mathrm{d}\boldsymbol{s} = \boldsymbol{J}\cdot\boldsymbol{a}_n\mathrm{d}s \tag{2-35}$$

在一般的正交曲线坐标中,垂直于单位矢量 $\boldsymbol{a}_{u_1}$ 的面微分 $\mathrm{d}s_1$ 为

$$\mathrm{d}s_1 = \mathrm{d}l_2\mathrm{d}l_3$$

或

$$\mathrm{d}s_1 = h_2h_3\mathrm{d}u_2\mathrm{d}u_3 \tag{2-36}$$

类似地,以单位矢量 $\boldsymbol{a}_{u_2}$ 和 $\boldsymbol{a}_{u_3}$ 为法线的面微分分别为

$$\mathrm{d}s_2 = h_1h_3\mathrm{d}u_1\mathrm{d}u_3 \tag{2-37}$$

和

$$\mathrm{d}s_3 = h_1h_2\mathrm{d}u_1\mathrm{d}u_2 \tag{2-38}$$

有许多正交坐标系,但只须考虑最常见且最有用的三种正交坐标系:

(1) 笛卡儿(或直角)坐标系②。

(2) 圆柱坐标系。

---

① 这里 $\boldsymbol{l}$ 是长度 l 的矢量符号。

② 倾向使用“笛卡儿坐标”,因为“笛卡儿坐标”习惯于跟二维几何图形联系使用。

(3) 球坐标系。

接下来的2.4.1节将对它们分别加以讨论。

2.4.1 直角坐标系

$$(u_1,u_2,u_3)=(x,y,z)$$

直角坐标系中的点 $P(x_1,y_1,z_1)$ 是三个平面 $x=x_1$,$y=y_1$,$z=z_1$ 的交点,如图2-10所示。它是右手坐标系,其基矢量 $\boldsymbol{a}_x$,$\boldsymbol{a}_y$ 和 $\boldsymbol{a}_z$ 满足下列关系

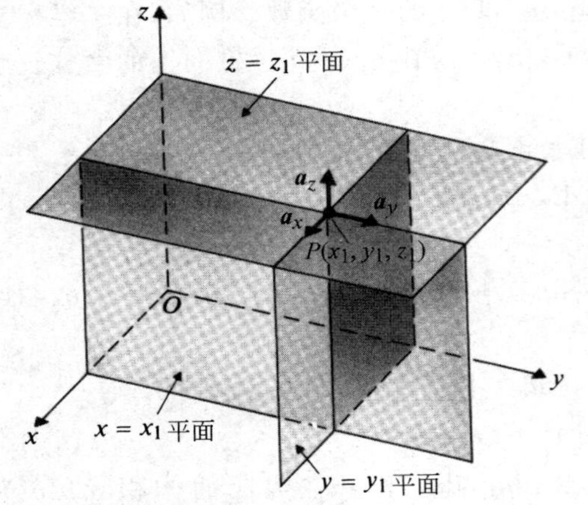

图 2-10 直角坐标

$$\boldsymbol{a}_x\times\boldsymbol{a}_y=\boldsymbol{a}_z \tag{2-39a}$$

$$\boldsymbol{a}_y\times\boldsymbol{a}_z=\boldsymbol{a}_x \tag{2-39b}$$

$$\boldsymbol{a}_z\times\boldsymbol{a}_x=\boldsymbol{a}_y \tag{2-39c}$$

点 $P(x_1,x_2,x_3)$ 的位置矢量是

$$\overrightarrow{OP}=\boldsymbol{a}_x x_1+\boldsymbol{a}_y y_1+\boldsymbol{a}_z z_1 \tag{2-40}$$

在直角坐标系中的矢量 $\boldsymbol{A}$ 可写成

$$\boldsymbol{A}=\boldsymbol{a}_x A_x+\boldsymbol{a}_y A_y+\boldsymbol{a}_z A_z \tag{2-41}$$

由式(2-26),得两个矢量 $\boldsymbol{A}$ 和 $\boldsymbol{B}$ 的点积为

$$\boldsymbol{A}\cdot\boldsymbol{B}=A_xB_x+A_yB_y+A_zB_z \tag{2-42}$$

由式(2-27),得矢量 $\boldsymbol{A}$ 和 $\boldsymbol{B}$ 的叉积为

$$\begin{aligned}\boldsymbol{A}\times\boldsymbol{B}&=\boldsymbol{a}_x(A_yB_z-A_zB_y)+\boldsymbol{a}_y(A_zB_x-A_xB_z)+\boldsymbol{a}_z(A_xB_y-A_yB_x)\\&=\begin{vmatrix}\boldsymbol{a}_x & \boldsymbol{a}_y & \boldsymbol{a}_z\\ A_x & A_y & A_z\\ B_x & B_y & B_z\end{vmatrix}\end{aligned} \tag{2-43}$$

因为 x、y 和 z 自身就是长度,所以三个度量系数都是单位长度,即 $h_1=h_2=h_3=1$。由式(2-31)、式(2-36)、式(2-37)、式(2-38)和式(2-33)可得线元、面积元、体积元的表达式分别为

$$\mathrm{d}\boldsymbol{l}=\boldsymbol{a}_x\mathrm{d}x+\boldsymbol{a}_y\mathrm{d}y+\boldsymbol{a}_z\mathrm{d}z \tag{2-44}$$

$$\mathrm{d}s_x=\mathrm{d}y\mathrm{d}z \tag{2-45a}$$

$$\mathrm{d}s_y=\mathrm{d}x\mathrm{d}z \tag{2-45b}$$

$$\mathrm{d}s_z=\mathrm{d}x\mathrm{d}y \tag{2-45c}$$

和

$$\mathrm{d}v=\mathrm{d}x\mathrm{d}y\mathrm{d}z \tag{2-46}$$

点 (x,y,z) 的微分变化 $\mathrm{d}x$,$\mathrm{d}y$ 和 $\mathrm{d}z$ 所形成的典型体积元如图2-11所示。图2-11中给出了以 $\boldsymbol{a}_x$,$\boldsymbol{a}_y$,$\boldsymbol{a}_z$ 的方向为表面法线的面积元 $\mathrm{d}s_x$,$\mathrm{d}s_y$ 和 $\mathrm{d}s_z$。

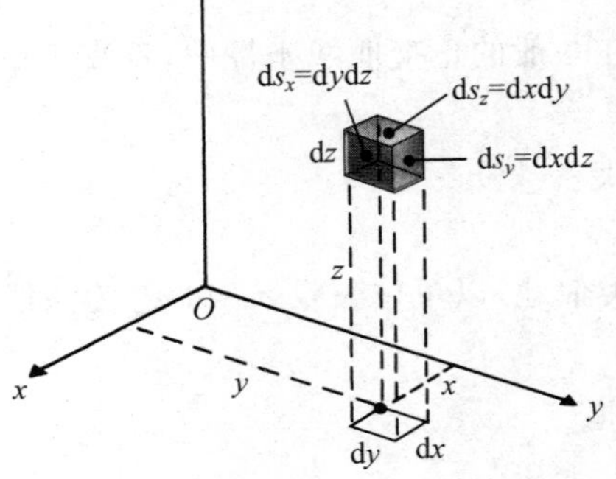

图 2-11 直角坐标系中的一个体积元

例 2-5 已知 $\boldsymbol{A}=\boldsymbol{a}_x5-\boldsymbol{a}_y2+\boldsymbol{a}_z$,求符合以下条件的单位矢量 $\boldsymbol{B}$ 的表达式。

(1) $\boldsymbol{B}\parallel\boldsymbol{A}$

(2) $\boldsymbol{B}\perp\boldsymbol{A}$,若 $\boldsymbol{B}$ 处于 xy 平面内。

解：令 $\boldsymbol{B}=\boldsymbol{a}_x B_x+\boldsymbol{a}_y B_y+\boldsymbol{a}_z B_z$，有

$$|\boldsymbol{B}|=(B_x^2+B_y^2+B_z^2)^{1/2}=1 \tag{2-47}$$

（1）$\boldsymbol{B}\parallel \boldsymbol{A}$ 需满足 $\boldsymbol{B}\times\boldsymbol{A}=0$，由式(2-43)得

$$-2B_z-B_y=0 \tag{2-48a}$$

$$B_x-5B_z=0 \tag{2-48b}$$

$$5B_y+2B_x=0 \tag{2-48c}$$

上述三式都不是相互独立的，例如式(2-48b)的 2 倍减去式(2-48c)能得式(2-48a)，同时解式(2-48a)、式(2-48b)和式(2-48c)，得

$$B_x=\frac{5}{\sqrt{30}},\quad B_y=-\frac{2}{\sqrt{30}} \text{ 和 } B_z=\frac{1}{\sqrt{30}}$$

因此

$$\boldsymbol{B}=\frac{1}{\sqrt{30}}(\boldsymbol{a}_x 5-\boldsymbol{a}_y 2+\boldsymbol{a}_z)$$

（2）$\boldsymbol{B}\perp\boldsymbol{A}$ 需满足 $\boldsymbol{B}\cdot\boldsymbol{A}=0$，由式(2-42)得

$$5B_x-2B_y=0 \tag{2-49}$$

因为 $\boldsymbol{B}$ 在 xy 平面，这里设 $B_z=0$。解式(2-47)和式(2-49)得

$$B_x=\frac{2}{\sqrt{29}} \text{ 和 } B_y=\frac{5}{\sqrt{29}}$$

因此

$$\boldsymbol{B}=\frac{1}{\sqrt{29}}(\boldsymbol{a}_x 2+\boldsymbol{a}_y 5)$$

例 2-6　(1)在直角坐标系中写出从点 $P_1(1,3,2)$ 到点 $P_2(3,-2,4)$ 的矢量表达式。(2)这条线的长度是多少？

解：

（1）由图 2-12 可得

$$\begin{aligned}\overrightarrow{P_1P_2}&=\overrightarrow{OP_2}-\overrightarrow{OP_1}\\&=(\boldsymbol{a}_x 3-\boldsymbol{a}_y 2+\boldsymbol{a}_z 4)-(\boldsymbol{a}_x+\boldsymbol{a}_y 3+\boldsymbol{a}_z 2)\\&=\boldsymbol{a}_x 2-\boldsymbol{a}_y 5+\boldsymbol{a}_z 2\end{aligned}$$

（2）这条线的长度为

$$\begin{aligned}P_1P_2&=|\overrightarrow{P_1P_2}|\\&=\sqrt{2^2+(-5)^2+2^2}\\&=\sqrt{33}\end{aligned}$$

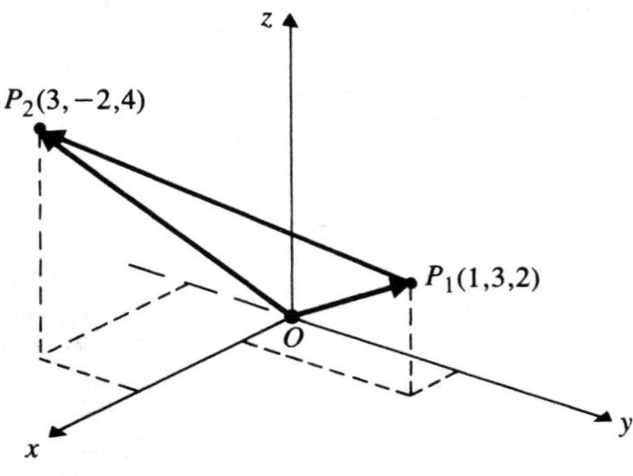

图 2-12　例 2-6 的说明

例 2-7　已知 xy 平面中一直线方程为 $2x+y=4$。

（1）求从原点到该直线的单位法线的矢量方程。

（2）求过点 $P(0,2)$ 且垂直于该直线的直线方程。

解：由题意，直线 $y=-2x+4$ 是一条斜率为 -2，在 y 轴上截距为 $+4$ 的直线，如图 2-13 中的 L_1(实线)。

(1) 如果将直线向下平移 4 个单位，可得到一条与原直线平行且过原点的平行线 L_1'：$2x+y=0$。设在 L_1' 上的点的位置矢量为

$$\boldsymbol{r}=\boldsymbol{a}_x x+\boldsymbol{a}_y y$$

则矢量 $\boldsymbol{N}=\boldsymbol{a}_x 2+\boldsymbol{a}_y$ 垂直于 L_1'，因为

$$\boldsymbol{N}\cdot\boldsymbol{r}=2x+y=0$$

显然，矢量 $\boldsymbol{N}$ 也垂直于 L_1。所以，在原点的单位法线的矢量方程为

$$\boldsymbol{a}_N=\frac{\boldsymbol{N}}{|\boldsymbol{N}|}=\frac{1}{\sqrt{5}}(\boldsymbol{a}_x 2+\boldsymbol{a}_y)$$

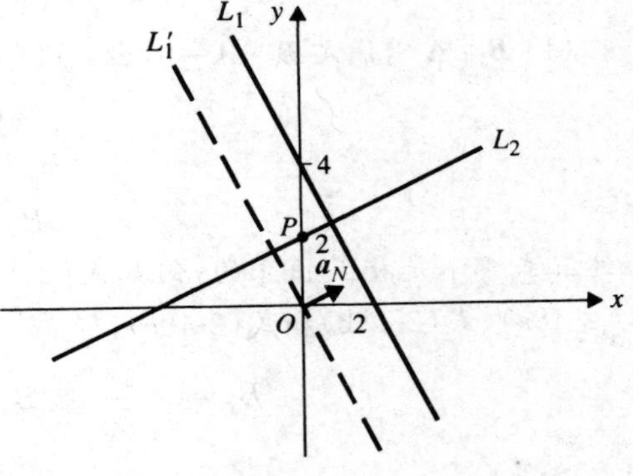

图 2-13　例 2-7 的说明

注意 $\boldsymbol{a}_N$ 的斜率$(=\frac{1}{2})$与直线 L_1 和 $L_1'(=-2)$的斜率互为负倒数。

(2) 设过点 $P(0,2)$且垂直于 L_1 的直线是 L_2。L_2 平行于 $\boldsymbol{a}_N$ 且与 $\boldsymbol{a}_N$ 有同样的斜率。则 L_2 的方程为

$$y=\frac{x}{2}+2\quad 或\quad x-2y=-4$$

因为 L_2 要求穿过点 $P(0,2)$。

2.4.2　圆柱坐标系

$$(u_1,u_2,u_3)=(r,\phi,z)$$

在圆柱坐标系中，点 $P(r_1,\phi_1,z_1)$是圆柱面 $r=r_1$，包含 z 轴且在 xz 面上转过角度$\phi=\phi_1$ 的半个平面以及平行于 xy 面的平面 $z=z_1$ 在圆柱表面的交点。如图 2-14 所示，角度ϕ从正 x 轴开始度量，而基矢量 $\boldsymbol{a}_\phi$ 与圆柱相切。下面的右手关系适用

$$\boldsymbol{a}_r\times\boldsymbol{a}_\phi=\boldsymbol{a}_z \tag{2-50a}$$

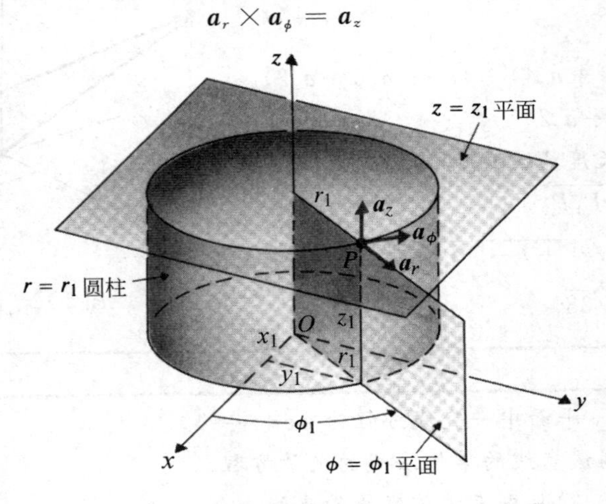

图 2-14　圆柱坐标系

$$\boldsymbol{a}_\phi \times \boldsymbol{a}_z = \boldsymbol{a}_r \tag{2-50b}$$

$$\boldsymbol{a}_z \times \boldsymbol{a}_r = \boldsymbol{a}_\phi \tag{2-50c}$$

圆柱坐标系对于无限长线电荷或电流的问题以及存在圆柱或圆形边界的地方是重要的。二维极坐标是特殊情况，即 $z=0$。

圆柱坐标系中的矢量 $\boldsymbol{A}$ 写为

$$\boldsymbol{A} = \boldsymbol{a}_r A_r + \boldsymbol{a}_\phi A_\phi + \boldsymbol{a}_z A_z \tag{2-51}$$

圆柱坐标系中的两个矢量的点积、叉积的表达式直接由式(2-26)和式(2-27)可得。

三个坐标中的两个坐标 r 和 z(u_1 和 u_3)本身就是长度，因此 $h_1=h_3=1$。然而 ϕ 是角度，需要用度量系数 $h_2=r$ 将 $\mathrm{d}\phi$ 转换为 $\mathrm{d}l$。由式(2-31)可得圆柱坐标系中线元的一般表达式为

$$\mathrm{d}\boldsymbol{l} = \boldsymbol{a}_r \mathrm{d}r + \boldsymbol{a}_\phi r\mathrm{d}\phi + \boldsymbol{a}_z \mathrm{d}z \tag{2-52}$$

面元和体积元的表达式为

$$\mathrm{d}s_r = r\mathrm{d}\phi\mathrm{d}z \tag{2-53a}$$

$$\mathrm{d}s_\phi = \mathrm{d}r\mathrm{d}z \tag{2-53b}$$

$$\mathrm{d}s_z = r\mathrm{d}r\mathrm{d}\phi \tag{2-53c}$$

和

$$\mathrm{d}v = r\mathrm{d}r\mathrm{d}\phi\mathrm{d}z \tag{2-54}$$

在三个正交坐标方向上，由点(r,ϕ,z)的微分变化 $\mathrm{d}r,\mathrm{d}\phi,\mathrm{d}z$ 得出的典型体积元如图 2-15 所示。

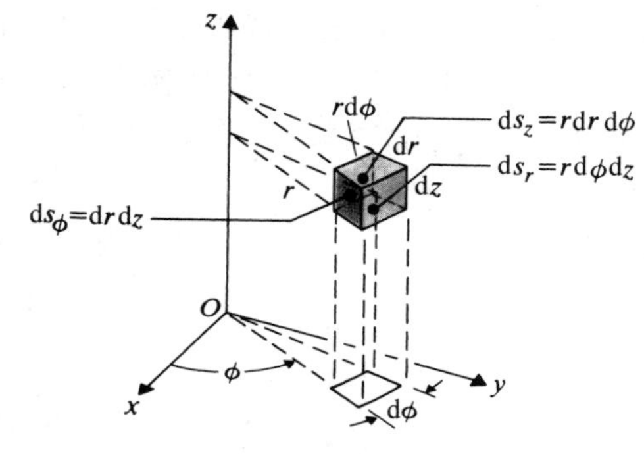

图 2-15　圆柱坐标系中的一个体积元

圆柱坐标系中的矢量可以转化到直角坐标系中，反之亦然。假设要用直角坐标表示 $\boldsymbol{A}=\boldsymbol{a}_r A_r+\boldsymbol{a}_\phi A_\phi+\boldsymbol{a}_z A_z$；也就是将 $\boldsymbol{A}$ 写成 $\boldsymbol{a}_x A_x+\boldsymbol{a}_y A_y+\boldsymbol{a}_z A_z$ 并计算 A_x,A_y 和 A_z。首先，注意到 A_z 是 $\boldsymbol{A}$ 的 z 轴分量，不随圆柱坐标转化成直角坐标而改变。为了求 A_x，将 $\boldsymbol{A}$ 与 $\boldsymbol{a}_x$ 作点积，因而

$$\begin{aligned} A_x &= \boldsymbol{A}\cdot\boldsymbol{a}_x \\ &= A_r\boldsymbol{a}_r\cdot\boldsymbol{a}_x + A_\phi\boldsymbol{a}_\phi\cdot\boldsymbol{a}_x \end{aligned}$$

因为 $\boldsymbol{a}_z\cdot\boldsymbol{a}_x=0$，所以含有 A_z 的项消掉。由图 2-16 所给的基矢量 $\boldsymbol{a}_x,\boldsymbol{a}_y,\boldsymbol{a}_r$ 和 $\boldsymbol{a}_\phi$ 的位置关系，可得

$$\boldsymbol{a}_r\cdot\boldsymbol{a}_x = \cos\phi \tag{2-55}$$

且

$$\boldsymbol{a}_\phi\cdot\boldsymbol{a}_x = \cos\left(\frac{\pi}{2}+\phi\right) = -\sin\phi \tag{2-56}$$

因此

$$A_x = A_r\cos\phi - A_\phi\sin\phi \tag{2-57}$$

类似地，为了求 A_y，将矢量 $\boldsymbol{A}$ 与矢量 $\boldsymbol{a}_y$ 作点积

$$\begin{aligned} A_y &= \boldsymbol{A}\cdot\boldsymbol{a}_y \\ &= A_r\boldsymbol{a}_r\cdot\boldsymbol{a}_y + A_\phi\boldsymbol{a}_\phi\cdot\boldsymbol{a}_y \end{aligned}$$

由图 2-16 可得

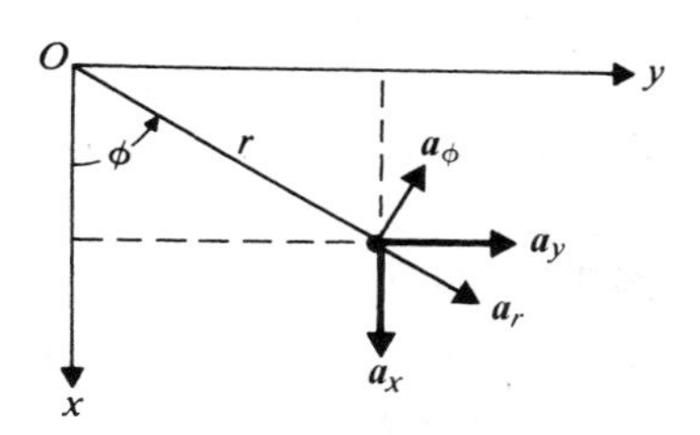

图 2-16　$\boldsymbol{a}_x,\boldsymbol{a}_y,\boldsymbol{a}_r$ 和 $\boldsymbol{a}_\phi$ 之间的关系

$$\boldsymbol{a}_r \cdot \boldsymbol{a}_y = \cos\left(\frac{\pi}{2} - \phi\right) = \sin\phi \tag{2-58}$$

和

$$\boldsymbol{a}_\phi \cdot \boldsymbol{a}_y = \cos\phi \tag{2-59}$$

于是可得

$$A_y = A_r \sin\phi + A_\phi \cos\phi \tag{2-60}$$

为了方便,将直角坐标和圆柱坐标之间的矢量分量的关系表示成矩阵形式

$$\begin{bmatrix} A_x \\ A_y \\ A_z \end{bmatrix} = \begin{bmatrix} \cos\phi & -\sin\phi & 0 \\ \sin\phi & \cos\phi & 0 \\ 0 & 0 & 1 \end{bmatrix} \begin{bmatrix} A_r \\ A_\phi \\ A_z \end{bmatrix} \tag{2-61}$$

除了把式(2-61)中的 $\cos\phi$ 和 $\sin\phi$ 转换为直角坐标以外,问题都已经解决了。而且,由于 A_r,A_ϕ 和 A_z 本身可能是 r,ϕ,z 的函数,在这种情况下,它们最后也应该被转换成 x,y,z 的函数。由图 2-16 很容易得到以下变换公式。从圆柱坐标到直角坐标

$$x = r\cos\phi \tag{2-62a}$$

$$y = r\sin\phi \tag{2-62b}$$

$$z = z \tag{2-62c}$$

反函数(从直角坐标到圆柱坐标)为

$$r = \sqrt{x^2 + y^2} \tag{2-63a}$$

$$\phi = \arctan\frac{y}{x} \tag{2-63b}$$

$$z = z \tag{2-63c}$$

例 2-8 任意一点 P 在 $z=0$ 的平面上的圆柱坐标是 $(r,\phi,0)$。求 z 轴上的点 $z=h$ 指向点 P 的单位矢量。

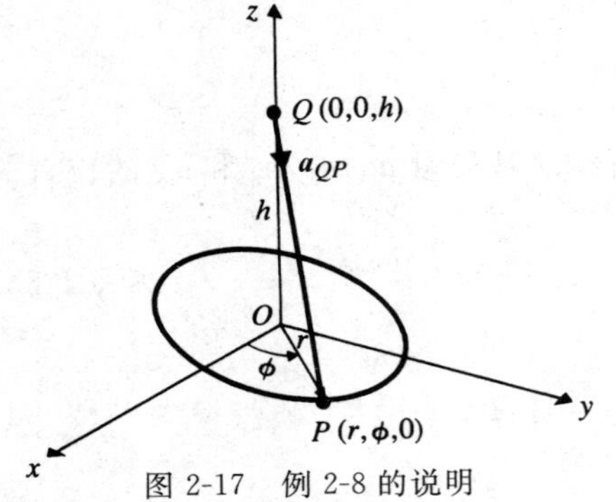

图 2-17 例 2-8 的说明

解:由图 2-17 可知

$$\overrightarrow{QP} = \overrightarrow{OP} - \overrightarrow{OQ} = (\boldsymbol{a}_r r) - (\boldsymbol{a}_z h)$$

因此

$$\boldsymbol{a}_{QP} = \frac{\overrightarrow{QP}}{|\overrightarrow{QP}|} = \frac{1}{\sqrt{r^2 + h^2}}(\boldsymbol{a}_r r - \boldsymbol{a}_z h)$$

例 2-9 用直角坐标表示矢量

$$\boldsymbol{A} = \boldsymbol{a}_r(3\cos\phi) - \boldsymbol{a}_\phi 2r + \boldsymbol{a}_z 5$$

解:直接由式(2-61)可知

$$\begin{bmatrix} A_x \\ A_y \\ A_z \end{bmatrix} = \begin{bmatrix} \cos\phi & -\sin\phi & 0 \\ \sin\phi & \cos\phi & 0 \\ 0 & 0 & 1 \end{bmatrix} \begin{bmatrix} 3\cos\phi \\ -2r \\ 5 \end{bmatrix}$$

或

$$\boldsymbol{A} = \boldsymbol{a}_x(3\cos^2\phi + 2r\sin\phi) + \boldsymbol{a}_y(3\sin\phi\cos\phi - 2r\cos\phi) + \boldsymbol{a}_z 5$$

但是，由式(2-62)和式(2-63)可得

$$\cos\phi = \frac{x}{\sqrt{x^2 + y^2}}$$

和

$$\sin\phi = \frac{y}{\sqrt{x^2 + y^2}}$$

因此

$$\boldsymbol{A} = \boldsymbol{a}_x\left(\frac{3x^2}{x^2 + y^2} + 2y\right) + \boldsymbol{a}_y\left(\frac{3xy}{x^2 + y^2} - 2x\right) + \boldsymbol{a}_z 5$$

即所求。

2.4.3　球坐标系

$$(u_1, u_2, u_3) = (R, \theta, \phi)$$

球坐标系中的点 $P(R_1, \theta_1, \phi_1)$是下面三个面的交点：以原点为中心、$R=R_1$ 为半径的球面；以原点为顶点、z 轴正向为轴、$\theta=\theta_1$ 为圆锥半角的圆锥面；以 z 轴为界，与 xz 平面的夹角为 $\phi=\phi_1$ 的半平面。P 点上的基矢量 $\boldsymbol{a}_R$ 是距原点的半径，跟圆柱坐标系中的 $\boldsymbol{a}_r$ 完全不同，后者是垂直于 z 轴的。基矢量 $\boldsymbol{a}_\theta$ 位于$\phi=\phi_1$ 平面内并与球表面相切，而基矢量 $\boldsymbol{a}_\phi$ 与圆柱坐标中的基矢量一样。如图 2-18 所示，由右手定则可以得到

$$\boldsymbol{a}_R \times \boldsymbol{a}_\theta = \boldsymbol{a}_\phi \tag{2-64a}$$

$$\boldsymbol{a}_\theta \times \boldsymbol{a}_\phi = \boldsymbol{a}_R \tag{2-64b}$$

$$\boldsymbol{a}_\phi \times \boldsymbol{a}_R = \boldsymbol{a}_\theta \tag{2-64c}$$

球坐标对于解决涉及点源跟球形边界地区的问题是很重要的，如果一个观察者离范围有限的源区很远，那么后者就能被认为是球坐标系的原点，进行适当的简化，可以得到近似的结果，这就是为什么球坐标可以用于解决远场天线的问题了。

一个球坐标矢量表示为

$$\boldsymbol{A} = \boldsymbol{a}_R A_R + \boldsymbol{a}_\theta A_\theta + \boldsymbol{a}_\phi A_\phi \tag{2-65}$$

由式(2-26)与式(2-27)可得球坐标系中两个矢量的点积和叉积的表达式。

在球坐标中，只有 $R(u_1)$是长度，其他两个坐标 θ 和$\phi(u_2, u_3)$是角度。根据图 2-19 所示的一个典型的体积元，可以看出需要度量系数 $h_2=R$ 和$h_3=R\sin\theta$ 将 $\mathrm{d}\theta$ 和 $\mathrm{d}\phi$分别转换成 $\mathrm{d}l_2$ 和 $\mathrm{d}l_3$。由式(2-31)得，线元的一般表达式是

$$\mathrm{d}\boldsymbol{l} = \boldsymbol{a}_R \mathrm{d}R + \boldsymbol{a}_\theta R\,\mathrm{d}\theta + \boldsymbol{a}_\phi R\sin\theta\mathrm{d}\phi \tag{2-66}$$

在三个坐标方向上由微分变化 $\mathrm{d}R$、$\mathrm{d}\theta$ 和 $\mathrm{d}\phi$所得的面积元和体积元表达式是

$$ds_R = R^2\sin\theta d\theta d\phi \tag{2-67a}$$

$$ds_\theta = R\sin\theta dR d\phi \tag{2-67b}$$

$$ds_\phi = R dR d\theta \tag{2-67c}$$

和

$$dv = R^2\sin\theta dR d\theta d\phi \tag{2-68}$$

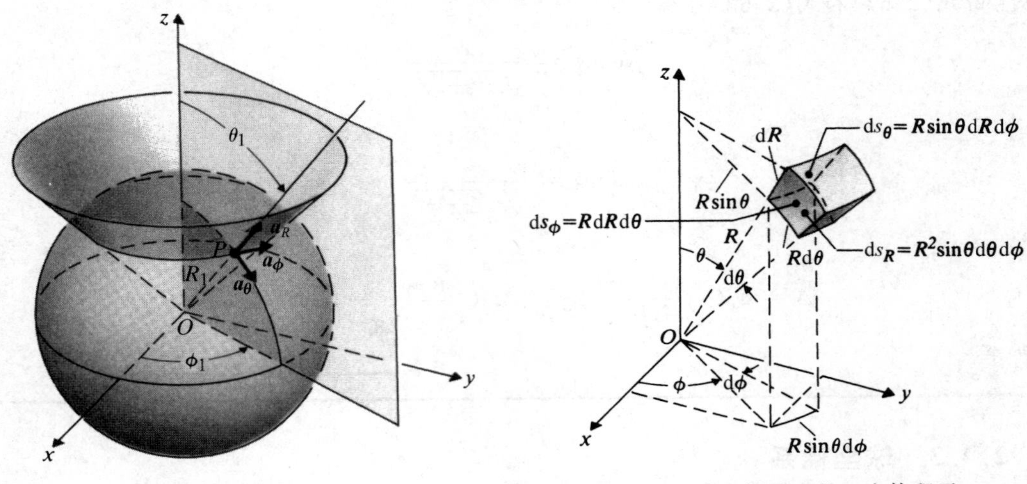

图 2-18　球坐标系　　　　图 2-19　球坐标系中的一个体积元

为方便起见,将基矢量、度量系数以及体积元的表达式列于表 2-1。

表 2-1　三个基本的正交坐标系

坐标系关系		直角坐标系(x,y,z)	圆柱坐标系(r,ϕ,z)	球坐标系(R,θ,ϕ)
基矢量	$\boldsymbol{a}_{u_1}$	$\boldsymbol{a}_x$	$\boldsymbol{a}_r$	$\boldsymbol{a}_R$
	$\boldsymbol{a}_{u_2}$	$\boldsymbol{a}_y$	$\boldsymbol{a}_\phi$	$\boldsymbol{a}_\theta$
	$\boldsymbol{a}_{u_3}$	$\boldsymbol{a}_z$	$\boldsymbol{a}_z$	$\boldsymbol{a}_\phi$
度量系数	h_1	1	1	1
	h_2	1	r	R
	h_3	1	1	$R\sin\theta$
体积元	dv	$dxdydz$	$rdrd\phi dz$	$R^2\sin\theta dR d\theta d\phi$

用球坐标表示的矢量可以转换成直角坐标或圆柱坐标表示,反之亦然。由图 2-19 容易看出

$$x = R\sin\theta\cos\phi \tag{2-69a}$$

$$y = R\sin\theta\sin\phi \tag{2-69b}$$

$$z = R\cos\theta \tag{2-69c}$$

相反,在直角坐标系中的矢量可以转换成球坐标

$$R = \sqrt{x^2 + y^2 + z^2} \tag{2-70a}$$

$$\theta = \arctan\frac{\sqrt{x^2 + y^2}}{z} \tag{2-70b}$$

$$\phi = \arctan \frac{y}{x} \tag{2-70c}$$

例 2-10　点 P 在球坐标系中的位置为(8,120°,330°)。确定其(1)在直角坐标系中和(2)在圆柱坐标系中的位置。

解：已知点 P 的球坐标是 $R=8,\theta=120°$ 以及 $\phi=330°$。

(1) 在直角坐标中。利用式(2-69a,b,c)得

$$x = 8\sin120°\cos330° = 6$$

$$y = 8\sin120°\sin330° = -2\sqrt{3}$$

$$z = 8\cos120° = -4$$

因此，点的位置为 $P(6,-2\sqrt{3},-4)$，**位置矢量**(由原点指向该点的矢量)为

$$\overrightarrow{OP} = \boldsymbol{a}_x 6 - \boldsymbol{a}_y 2\sqrt{3} - \boldsymbol{a}_z 4$$

(2) 在圆柱坐标中。将(1)中的结果代入式(2-63a,b,c)可得 P 点的圆柱坐标，但通过以下关系可由已知的球坐标直接计算出柱坐标，比较图 2-14 和图 2-18 可知道它们之间的关系

$$r = R\sin\theta \tag{2-71a}$$

$$\phi = \phi \tag{2-71b}$$

$$z = R\cos\theta \tag{2-71c}$$

得到 $P(\sqrt{3},330°,-4)$；而在圆柱坐标系中的位置矢量为

$$\overrightarrow{OP} = \boldsymbol{a}_r 4\sqrt{3} - \boldsymbol{a}_z 4$$

这里注意到圆柱坐标中的点的位置矢量显然不包含角度 $\phi=300°$。然而，$\boldsymbol{a}_r$ 的准确方向取决于 ϕ。用球坐标表示，位置矢量(矢量从原点到 P 点)由唯一的单独一项构成

$$\overrightarrow{OP} = \boldsymbol{a}_R 8$$

这里 $\boldsymbol{a}_R$ 的方向随点 P 的坐标 θ 和 ϕ 改变而改变。

例 2-11　将矢量 $\boldsymbol{A}=\boldsymbol{a}_R A_R+\boldsymbol{a}_\theta A_\theta+\boldsymbol{a}_\phi A_\phi$ 转换成直角坐标。

解：本题要求把 $\boldsymbol{A}$ 写成 $A=\boldsymbol{a}_x A_x+\boldsymbol{a}_y A_y+\boldsymbol{a}_z A_z$ 的形式。这完全不同于上题中点的坐标变换。首先，假定已知矢量的表达式对所有感兴趣的点适用，并且所有三个已知分量 A_R、A_θ 和 A_ϕ 都是坐标变量的函数。其次，在已知点处，A_R、A_θ 和 A_ϕ 的值将确定，但是，通常这些值用来计算 $\boldsymbol{A}$ 的方向，它们完全不同于某点的坐标值。将 $\boldsymbol{a}_x$ 和 $\boldsymbol{A}$ 作点积得

$$\begin{aligned} A_x &= \boldsymbol{A} \cdot \boldsymbol{a}_x \\ &= A_R \boldsymbol{a}_R \cdot \boldsymbol{a}_x + A_\theta \boldsymbol{a}_\theta \cdot \boldsymbol{a}_x + A_\phi \boldsymbol{a}_\phi \cdot \boldsymbol{a}_x \end{aligned}$$

即得 $\boldsymbol{a}_R \cdot \boldsymbol{a}_x$，$\boldsymbol{a}_\theta \cdot \boldsymbol{a}_x$ 和 $\boldsymbol{a}_\phi \cdot \boldsymbol{a}_x$ 分别为单位矢量 $\boldsymbol{a}_R$，$\boldsymbol{a}_\theta$ 和 $\boldsymbol{a}_\phi$ 在 $\boldsymbol{a}_x$ 方向的分量，由图 2-19 和式(2-69a,b,c)可得

$$\boldsymbol{a}_R \cdot \boldsymbol{a}_x = \sin\theta\cos\phi = \frac{x}{\sqrt{x^2+y^2+z^2}} \tag{2-72}$$

$$\boldsymbol{a}_\theta \cdot \boldsymbol{a}_x = \cos\theta\cos\phi = \frac{xz}{\sqrt{(x^2+y^2)(x^2+y^2+z^2)}} \tag{2-73}$$

$$\boldsymbol{a}_{\phi}\cdot\boldsymbol{a}_{x}=-\sin\phi=-\frac{y}{\sqrt{x^{2}+y^{2}}} \tag{2-74}$$

因此

$$\begin{aligned}A_{x}&=A_{R}\sin\theta\cos\phi+A_{\theta}\cos\theta\cos\phi-A_{\phi}\sin\phi\\&=\frac{A_{R}x}{\sqrt{x^{2}+y^{2}+z^{2}}}+\frac{A_{\theta}xz}{\sqrt{(x^{2}+y^{2})(x^{2}+y^{2}+z^{2})}}-\frac{A_{\phi}y}{\sqrt{x^{2}+y^{2}}}\end{aligned} \tag{2-75}$$

同样地

$$\begin{aligned}A_{y}&=A_{R}\sin\theta\sin\phi+A_{\theta}\cos\theta\sin\phi+A_{\phi}\cos\phi\\&=\frac{A_{R}y}{\sqrt{x^{2}+y^{2}+z^{2}}}+\frac{A_{\theta}yz}{\sqrt{(x^{2}+y^{2})(x^{2}+y^{2}+z^{2})}}+\frac{A_{\phi}x}{\sqrt{x^{2}+y^{2}}}\end{aligned} \tag{2-76}$$

且

$$A_{z}=A_{R}\cos\theta-A_{\theta}\sin\theta=\frac{A_{R}z}{\sqrt{x^{2}+y^{2}+z^{2}}}-\frac{A_{\theta}\sqrt{x^{2}+y^{2}}}{\sqrt{x^{2}+y^{2}+z^{2}}} \tag{2-77}$$

如果 A_R、A_θ 和 A_ϕ 分别是 R、θ 和 ϕ 本身的函数,也同样需要用式(2-70a,b,c)将它们转化成 x、y 和 z 的函数。式(2-75)、式(2-76)和式(2-77)说明这样一个事实:当矢量在一个坐标系中有简单形式时,则变换成另一个坐标系通常是更复杂的表达式。

例 2-12 假设一层电子位于两个半径为 2cm 和 5cm 的球之间,其电荷密度为

$$\frac{-3\times10^{-8}}{R^{2}}\cos^{2}\phi\quad(\mathrm{C/m^{3}})$$

求该区域中所包含的总电荷量。

解:据题意有

$$\rho=-\frac{3\times10^{-8}}{R^{4}}\cos^{2}\phi$$

$$Q=\int\rho\mathrm{d}v$$

例题中的已知条件显然指明需用球坐标。利用式(2-68)中 $\mathrm{d}v$ 的表达式,可计算三重积分

$$Q=\int_{0}^{2\pi}\int_{0}^{\pi}\int_{0.02}^{0.05}\rho R^{2}\sin\theta\mathrm{d}R\mathrm{d}\theta\mathrm{d}\phi$$

这里有两点很重要,需要注意。首先,由于 ρ 的单位是 $\mathrm{C/m^3}$,所以 R 的积分限必须转换为以米(m)为单位。其次,θ 的积分限是从$(0\sim\pi)$rad,而不是从$(0\sim2\pi)$rad。毫无疑问,半圆(不是整个圆)关于 z 轴旋转 2πrad(ϕ从 0 到 2π)可生成一个球。于是有

$$\begin{aligned}Q&=-3\times10^{-8}\int_{0}^{2\pi}\int_{0}^{\pi}\int_{0.02}^{0.05}\frac{1}{R^{2}}\cos^{2}\phi\sin\theta\mathrm{d}R\mathrm{d}\theta\mathrm{d}\phi\\&=-3\times10^{-8}\int_{0}^{2\pi}\int_{0}^{\pi}\left(-\frac{1}{0.05}+\frac{1}{0.02}\right)\sin\theta\mathrm{d}\theta\cos^{2}\phi\mathrm{d}\phi\\&=-0.9\times10^{-6}\int_{0}^{2\pi}(-\cos\theta)\Big|_{0}^{\pi}\cos^{2}\phi\mathrm{d}\phi\\&=-1.8\times10^{-6}\left(\frac{\phi}{2}+\frac{\sin2\phi}{4}\right)\Big|_{0}^{2\pi}=-1.8\pi\quad(\mu\mathrm{c})\end{aligned}$$

2.5 矢量函数的积分

在电磁学著作中，会遇到矢量函数的积分，比如

$$\int_V \boldsymbol{F}\mathrm{d}v \tag{2-78}$$

$$\int_C V\mathrm{d}\boldsymbol{l} \tag{2-79}$$

$$\int_C \boldsymbol{F}\cdot\mathrm{d}\boldsymbol{l} \tag{2-80}$$

$$\int_S \boldsymbol{A}\cdot\mathrm{d}\boldsymbol{s} \tag{2-81}$$

式(2-78)中的体积积分可先将矢量 $\boldsymbol{F}$ 分解成适当坐标系中的三个分量，由三个标量积分的和来计算。如果 $\mathrm{d}v$ 代表体积元，则式(2-78)实际上表示三维三重积分的简写方式。

在式(2-79) 第二个积分中，V 是空间位置的标量函数，$\mathrm{d}\boldsymbol{l}$ 表示长度的微分增量，而 C 是积分路径。如果从点 P_1 到另一个点 P_2 进行积分，则记为$\int_{P_1}^{P_2} V\mathrm{d}\boldsymbol{l}$。如果围绕闭合路径 C 求积分，则记为$\oint_C V\mathrm{d}\boldsymbol{l}$。在直角坐标系中，根据式(2-44)，则式(2-79) 可写为

$$\int_C V\mathrm{d}\boldsymbol{l} = \int_C V(x,y,z)[\boldsymbol{a}_x\mathrm{d}x + \boldsymbol{a}_y\mathrm{d}y + \boldsymbol{a}_z\mathrm{d}z] \tag{2-82}$$

由于直角坐标中单位向量的大小和方向都是常数，所以可将单位向量从积分符号中取出，式(2-82)变为

$$\int_C V\mathrm{d}\boldsymbol{l} = \boldsymbol{a}_x\int_C V(x,y,z)\mathrm{d}x + \boldsymbol{a}_y\int_C V(x,y,z)\mathrm{d}y + \boldsymbol{a}_z\int_C V(x,y,z)\mathrm{d}z \tag{2-83}$$

式(2-83)右边的三个积分是通常遇到的标量积分；对 $V(x,y,z)$ 围绕路径 C 可求标量积分。

例 2-13 计算积分 $\int_O^P r^2\mathrm{d}\boldsymbol{r}$，其中 $r^2=x^2+y^2$，积分沿以下路径从原点到 P 点(1,1)，如图 2-20 所示：(1)沿直线路径 OP；(2)沿路径 OP_1P；(3)沿路径 OP_2P。

解：

(1) 沿直线路径 OP

$$\int_O^P r^2\mathrm{d}\boldsymbol{r} = \boldsymbol{a}_r\int_0^{\sqrt{2}} r^2\mathrm{d}r = \boldsymbol{a}_r\frac{2\sqrt{2}}{3}$$

$$= \frac{2\sqrt{2}}{3}(\boldsymbol{a}_x\cos 45° + \boldsymbol{a}_y\sin 45°)$$

$$= \boldsymbol{a}_x\frac{2}{3} + \boldsymbol{a}_y\frac{2}{3}$$

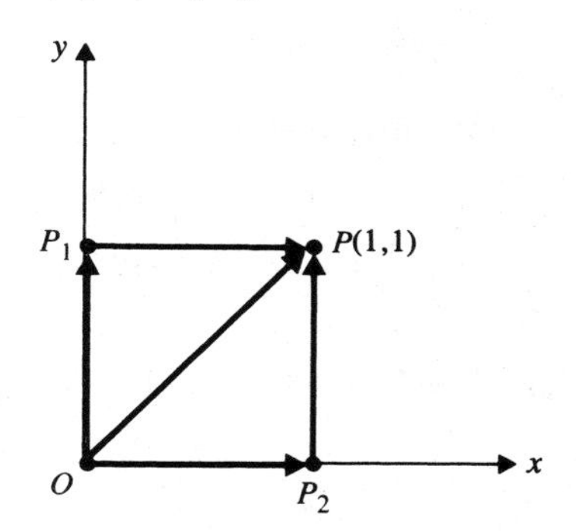

图 2-20 例 2-13 的说明

(2) 沿路径 OP_1P

$$\int_O^P (x^2+y^2)\mathrm{d}\boldsymbol{r} = \boldsymbol{a}_y\int_O^{P_1} y^2\mathrm{d}y + \boldsymbol{a}_x\int_{P_1}^P (x^2+1)\mathrm{d}x$$

$$= \boldsymbol{a}_y \frac{1}{3}y^3 \Big|_0^1 + \boldsymbol{a}_x \left(\frac{1}{3}x^3 + x\right)\Big|_0^1 = \boldsymbol{a}_x \frac{4}{3} + \boldsymbol{a}_y \frac{1}{3}$$

(3) 沿路径 OP_2P

$$\int_O^P (x^2 + y^2)\,\mathrm{d}\boldsymbol{r} = \boldsymbol{a}_x \int_O^{P_2} x^2\,\mathrm{d}x + \boldsymbol{a}_y \int_{P_2}^P (y^2 + 1)\,\mathrm{d}y$$

$$= \boldsymbol{a}_x \frac{1}{3}x^3 \Big|_0^1 + \boldsymbol{a}_y \left(\frac{1}{3}y^3 + y\right)\Big|_0^1$$

$$= \boldsymbol{a}_x \frac{1}{3} + \boldsymbol{a}_y \frac{4}{3}$$

显然,积分值取决于积分路径,因为(1)、(2)、(3)的积分值都不相同。

式(2-80)和式(2-81)的积分具有相同的数学形式;它们得出的结果都是标量。式(2-80)是线积分,其中被积函数表示矢量 $\boldsymbol{F}$ 沿积分路径的分量。标量线积分在物理学和电磁学中非常重要(如果 $\boldsymbol{F}$ 是力,则积分表示力将物体从起点 P_1 沿路径 C 移动到终点 P_2 所做的功;如果 $\boldsymbol{F}$ 替换为电场强度 $\boldsymbol{E}$,则积分表示电场强度将单位电荷从 P_1 点移动到 P_2 点所做的功)。在本章后面和本书其他部分都将遇到标量线积分。

例 2-14 已知 $\boldsymbol{F} = \boldsymbol{a}_x xy - \boldsymbol{a}_y 2x$,计算沿图 2-21 所示的四分之一圆周的标量线积分。

$$\int_A^B \boldsymbol{F} \cdot \mathrm{d}\boldsymbol{l}$$

解:有两种解法:一种是使用直角坐标,另一种是使用圆柱坐标。

(1) 在直角坐标中:由已知的 $\boldsymbol{F}$ 和式(2-44)中对 $\mathrm{d}\boldsymbol{l}$ 的表达式,可得

$$\boldsymbol{F} \cdot \mathrm{d}\boldsymbol{l} = xy\,\mathrm{d}x - 2x\,\mathrm{d}y$$

四分之一圆环的方程式为 $x^2 + y^2 = 9(0 \leqslant x, y \leqslant 3)$。因此

$$\int_A^B \boldsymbol{F} \cdot \mathrm{d}\boldsymbol{l} = \int_3^0 x\sqrt{9 - x^2}\,\mathrm{d}x - 2\int_0^3 \sqrt{9 - y^2}\,\mathrm{d}y$$

$$= -\frac{1}{3}(9 - x^2)^{3/2}\Big|_3^0 - \left[y\sqrt{9 - y^2} + 9\arcsin\frac{y}{3}\right]_0^3$$

$$= -9\left(1 + \frac{\pi}{2}\right)$$

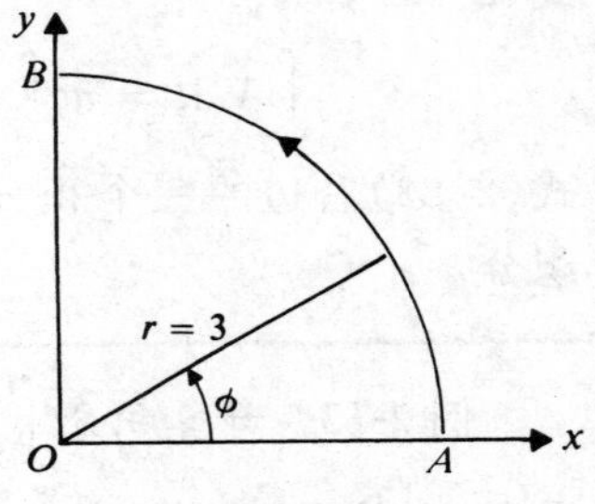

图 2-21 线积分的路径

(2) 在圆柱坐标中:首先将 $\boldsymbol{F}$ 转换成圆柱坐标。对式(2-61)求逆,得

$$\begin{bmatrix} A_r \\ A_\phi \\ A_z \end{bmatrix} = \begin{bmatrix} \cos\phi & -\sin\phi & 0 \\ \sin\phi & \cos\phi & 0 \\ 0 & 0 & 1 \end{bmatrix}^{-1} \begin{bmatrix} A_x \\ A_y \\ A_z \end{bmatrix} = \begin{bmatrix} \cos\phi & \sin\phi & 0 \\ -\sin\phi & \cos\phi & 0 \\ 0 & 0 & 1 \end{bmatrix} \begin{bmatrix} A_x \\ A_y \\ A_z \end{bmatrix} \tag{2-84}$$

采用已知的 $\boldsymbol{F}$,式(2-84)变为

$$\begin{bmatrix} F_r \\ F_\phi \\ F_z \end{bmatrix} = \begin{bmatrix} \cos\phi & \sin\phi & 0 \\ -\sin\phi & \cos\phi & 0 \\ 0 & 0 & 1 \end{bmatrix} \begin{bmatrix} xy \\ -2x \\ 0 \end{bmatrix}$$

得到

$$\boldsymbol{F} = \boldsymbol{a}_r(xy\cos\phi - 2x\sin\phi) - \boldsymbol{a}_\phi(xy\sin\phi + 2x\cos\phi)$$

目前问题中积分路径是沿着半径为3的四分之一圆周。所沿路径的 r 和 z 没有变化($\mathrm{d}r=0$ 且 $\mathrm{d}z=0$)；因此式(2-52)简化为

$$\mathrm{d}\boldsymbol{l}=\boldsymbol{a}_{\phi}3\mathrm{d}\phi$$

而

$$\boldsymbol{F}\cdot\mathrm{d}\boldsymbol{l}=-3(xy\sin\phi+2x\cos\phi)\mathrm{d}\phi$$

因为路径为圆，所以 F_r 对这个积分影响不大。沿该路径，$x=3\cos\phi$ 且 $y=3\sin\phi$。因此

$$\begin{aligned}\int_A^B\boldsymbol{F}\cdot\mathrm{d}\boldsymbol{l}&=\int_0^{\pi/2}-3(9\sin^2\phi\cos\phi+6\cos^2\phi)\mathrm{d}\phi\\&=-9(\sin^3\phi+\phi+\sin\phi\cos\phi)\Big|_0^{\pi/2}\\&=-9\left(1+\frac{\pi}{2}\right)\end{aligned}$$

这和前面的结果相同。

此例中，已知 $\boldsymbol{F}$ 用直角坐标表示，积分路径是圆。不得不接受的理由是在一个坐标系下或其他的坐标系下都可解此题，已经说明了两种坐标系下的矢量变换和解题过程。

式(2-81)中，$\int_s\boldsymbol{A}\cdot\mathrm{d}\boldsymbol{s}$ 是一个面积分。实际上是二维平面的二重积分；但是为了简化用单个积分符号来表示。积分计算出通过曲面 S 的矢量场 $\boldsymbol{A}$ 的通量。在该积分中，矢量微分面积元 $\mathrm{d}\boldsymbol{s}=\boldsymbol{a}_n\mathrm{d}s$ 的大小是 $\mathrm{d}s$，方向用单位矢量 $\boldsymbol{a}_n$ 来表示。对 $\mathrm{d}s$ 或 $\boldsymbol{a}_n$ 的正方向约定如下：

(1) 如果积分的面 S 是包围一个体积的封闭面，则 $\boldsymbol{a}_n$ 的正方向总是由该体积朝外的指向。如图2-22(a)所示。由图可见 $\boldsymbol{a}_n$ 的正方向取决于 $\mathrm{d}s$ 的位置。如果积分在封闭面上进行，则将一个小圆圈加在积分符号上表示，即

$$\oint_s\boldsymbol{A}\cdot\mathrm{d}\boldsymbol{s}=\oint_s\boldsymbol{A}\cdot\boldsymbol{a}_n\mathrm{d}s$$

(2) 如果 S 是一个开曲面，则 $\boldsymbol{a}_n$ 的正方向取决于开曲面周长所经过的方向。如图2-22(b)的杯形(没有盖子)曲面所示。使用右手定则：若右手手指环绕周界方向，则拇指指向正的 $\boldsymbol{a}_n$ 方向。$\boldsymbol{a}_n$ 的正方向取决于 $\mathrm{d}s$ 的位置。如图2-22(c)中圆盘的平面，是开曲面的一个特例，其中 $\boldsymbol{a}_n$ 是常数。

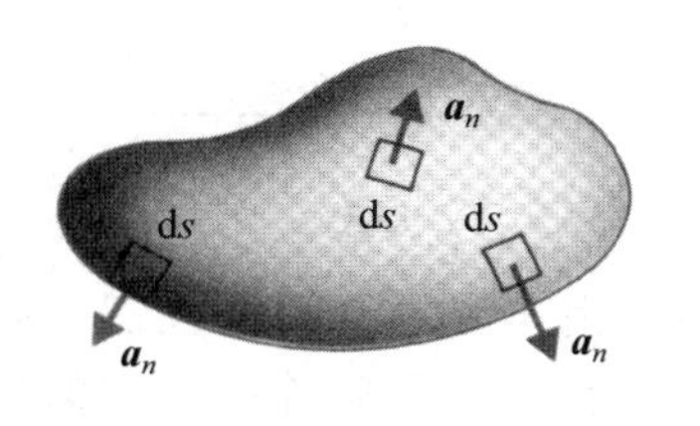

(a) 封闭面

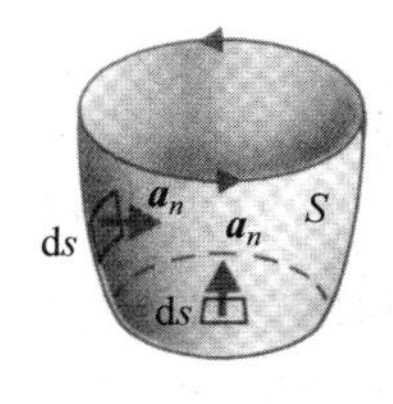

(b) 开曲面

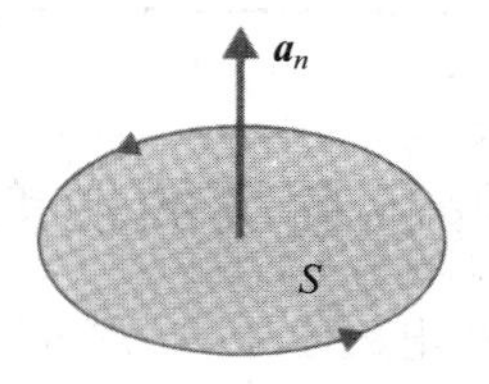

(c) 圆盘

图2-22　标量面积分中 $\boldsymbol{a}_n$ 的正方向示意图

例2-15　已知 $\boldsymbol{F}=\boldsymbol{a}_rk_1/r+\boldsymbol{a}_zk_2z$，计算关于 z 轴的封闭圆柱体表面的标量面积分 $\oint_s\boldsymbol{F}\cdot\mathrm{d}\boldsymbol{s}$，圆柱体由 $z=\pm3$，$r=2$ 表示。

解：积分表面 S 是一个封闭的圆柱体，如图2-23所示。圆柱体有三个面：顶面、底面

和侧面。记为

$$\oint_S \boldsymbol{F} \cdot \mathrm{d}\boldsymbol{s} = \oint_S \boldsymbol{F} \cdot \boldsymbol{a}_n \mathrm{d}s = \oint_{\text{顶面}} \boldsymbol{F} \cdot \boldsymbol{a}_n \mathrm{d}s + \oint_{\text{底面}} \boldsymbol{F} \cdot \boldsymbol{a}_n \mathrm{d}s + \oint_{\text{侧面}} \boldsymbol{F} \cdot \boldsymbol{a}_n \mathrm{d}s$$

其中 $\boldsymbol{a}_n$ 是各个表面的单位外法线方向。等式右边的三个积分可以分别计算。

(1) 顶面

$$z = 3, \boldsymbol{a}_n = \boldsymbol{a}_z$$

$$\boldsymbol{F} \cdot \boldsymbol{a}_n = k_2 z = 3k_2$$

$$\mathrm{d}s = r\mathrm{d}r\mathrm{d}\phi \text{(根据式(2-53c))}$$

$$\int_{\text{顶面}} \boldsymbol{F} \cdot \boldsymbol{a}_n \mathrm{d}s = \int_0^{2\pi} \int_0^2 3k_2 r\mathrm{d}r\mathrm{d}\phi = 12\pi k_2$$

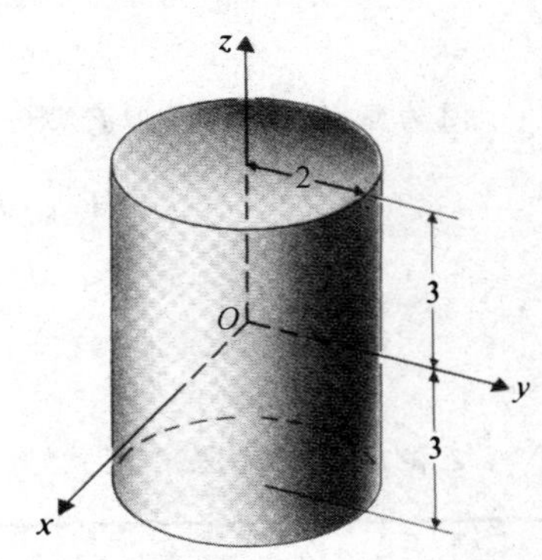

图 2-23 圆柱体面

(2) 底面

$$z = -3, \boldsymbol{a}_n = \boldsymbol{a}_z$$

$$\boldsymbol{F} \cdot \boldsymbol{a}_n = -k_2 z = 3k_2$$

$$\mathrm{d}s = r\mathrm{d}r\mathrm{d}\phi$$

$$\int_{\text{底面}} \boldsymbol{F} \cdot \boldsymbol{a}_n \mathrm{d}s = 12\pi k_2$$

与顶面的积分完全相等。

(3) 侧面

$$r = 2, \boldsymbol{a}_n = \boldsymbol{a}_r$$

$$\boldsymbol{F} \cdot \boldsymbol{a}_n = \frac{k_1}{r} = \frac{k_1}{2}$$

$$\mathrm{d}s = r\mathrm{d}\phi\mathrm{d}z = 2\mathrm{d}\phi\mathrm{d}z \text{ (根据式(2-53a))}$$

$$\int_{\text{侧面}} \boldsymbol{F} \cdot \boldsymbol{a}_n \mathrm{d}s = \int_{-3}^{3} \int_0^{2\pi} k_1 \mathrm{d}\phi\mathrm{d}z = 12\pi k_1$$

因此

$$\oint_s \boldsymbol{F} \cdot \mathrm{d}\boldsymbol{s} = 12\pi k_2 + 12\pi k_2 + 12\pi k_1 = 12\pi(k_1 + 2k_2)$$

这个面积分给出矢量 $\boldsymbol{F}$ 通过封闭圆柱面向外的净通量。

2.6 标量场的梯度

在电磁学中,必须处理与时间和位置都有关的一些量。由于三维空间涉及三个坐标变量,可以预料标量场和矢量场是四个变量 (t, u_1, u_2, u_3) 的函数。通常,四个变量中的任一个发生变化都可能会使场发生改变。现在介绍在给定时间情况下描述标量场的空间变化率的方法。该方法涉及三个空间坐标轴变量的偏导数,而且,因为在不同方向上的变化率可能不同,所以需要一个矢量来定义给定点和给定时间上标量场的变化率。

考虑空间坐标的一个标量函数 $V(u_1, u_2, u_3)$,它可以表示一个建筑中的温度分布、一座山地的高度或者一个区域中的电位。通常,V 的大小取决于空间中的位置,但沿某些特定的线或面可能是常数。图 2-24 给出 V 的大小,分别是 V_1 和 $V_1 + \mathrm{d}V$ 的两个常数,其中 $\mathrm{d}V$ 表示 V 的一个微小变化。注意,V 为常数的面不必和定义具体坐标系的任何坐标面重合。点

P_1 在 V_1 面上；P_2 是既在 $V_1+\mathrm{d}V$ 面上也在法向矢量 $\mathrm{d}\boldsymbol{n}$ 上；P_3 是 $V_1+\mathrm{d}V$ 面上靠近 P_2 并沿着另外一个矢量 $\mathrm{d}\boldsymbol{l}\neq\mathrm{d}\boldsymbol{n}$ 方向的点。当 V 有同样的变化 $\mathrm{d}V$ 时，显然沿 $\mathrm{d}\boldsymbol{n}$ 方向的空间变化率 $\mathrm{d}V/\mathrm{d}l$ 最大，这是因为 $\mathrm{d}\boldsymbol{n}$ 是两个面间的最短距离[①]。由于 $\mathrm{d}V/\mathrm{d}l$ 的大小取决于 $\mathrm{d}\boldsymbol{l}$ 的方向，所以 $\mathrm{d}V/\mathrm{d}l$ 是方向导数。**标量的梯度定义为一矢量，其大小为标量的空间最大变化率，其方向为标量增加率最大的方向**。记为

$$\mathbf{grad}V \triangleq \boldsymbol{a}_n \frac{\mathrm{d}V}{\mathrm{d}n} \tag{2-85}$$

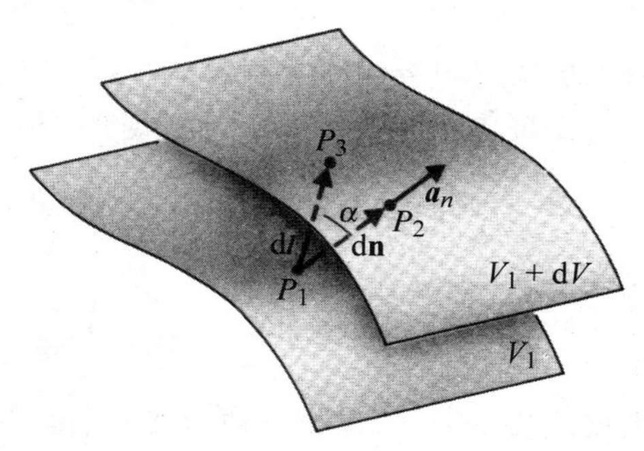

图 2-24　标量的梯度

为了简洁起见，习惯于使用 del 算子，用∇符号来表示，并用∇V 来代替 $\mathbf{grad}V$。因此

$$\nabla V \triangleq \boldsymbol{a}_n \frac{\mathrm{d}V}{\mathrm{d}n} \tag{2-86}$$

上面已假设 $\mathrm{d}V$ 是正的(V 增加)；如果 $\mathrm{d}V$ 是负的(V 从 P_1 到 P_2 减少)，则∇V 将是 $\boldsymbol{a}_n$ 的反方向。

沿 $\mathrm{d}\boldsymbol{l}$ 的方向导数为

$$\frac{\mathrm{d}V}{\mathrm{d}l}=\frac{\mathrm{d}V}{\mathrm{d}n}\frac{\mathrm{d}n}{\mathrm{d}l}=\frac{\mathrm{d}V}{\mathrm{d}n}\cos\alpha=\frac{\mathrm{d}V}{\mathrm{d}n}\boldsymbol{a}_n\cdot\boldsymbol{a}_l=(\nabla V)\cdot\boldsymbol{a}_l \tag{2-87}$$

式(2-87)表明 V 在 $\boldsymbol{a}_l$ 方向上的空间增长率等于 V 的梯度在 $\boldsymbol{a}_l$ 方向上的投影(分量)。式(2-87) 也可写成

$$\mathrm{d}V=(\nabla V)\cdot\mathrm{d}\boldsymbol{l} \tag{2-88}$$

其中 $\mathrm{d}\boldsymbol{l}=\boldsymbol{a}_l\mathrm{d}l$。式(2-88)中的 $\mathrm{d}V$ 是由于位置变化(图 2-24 中从 P_1 到 P_3)所产生的 V 的全微分；其可用坐标上的微分变化表示

$$\mathrm{d}V=\frac{\partial V}{\partial l_1}\mathrm{d}l_1+\frac{\partial V}{\partial l_2}\mathrm{d}l_2+\frac{\partial V}{\partial l_3}\mathrm{d}l_3 \tag{2-89}$$

其中 $\mathrm{d}l_1$,$\mathrm{d}l_2$ 和 $\mathrm{d}l_3$ 是矢量微分位移 $\mathrm{d}\boldsymbol{l}$ 在所选坐标系中的分量。根据广义的正交曲线坐标(u_1,u_2,u_3)，$\mathrm{d}\boldsymbol{l}$ 为(据式 2-31)

$$\mathrm{d}\boldsymbol{l}=\boldsymbol{a}_{u_1}\mathrm{d}l_1+\boldsymbol{a}_{u_2}\mathrm{d}l_2+\boldsymbol{a}_{u_3}\mathrm{d}l_3=\boldsymbol{a}_{u_1}(h_1\mathrm{d}u_1)+\boldsymbol{a}_{u_2}(h_2\mathrm{d}u_2)+\boldsymbol{a}_{u_3}(h_3\mathrm{d}u_3) \tag{2-90}$$

把式(2-89)中的 $\mathrm{d}V$ 写成如下两个矢量的点积：

$$\begin{aligned}\mathrm{d}V&=\left(\boldsymbol{a}_{u_1}\frac{\partial V}{\partial l_1}+\boldsymbol{a}_{u_2}\frac{\partial V}{\partial l_2}+\boldsymbol{a}_{u_3}\frac{\partial V}{\partial l_3}\right)\cdot(\boldsymbol{a}_{u_1}\mathrm{d}l_1+\boldsymbol{a}_{u_2}\mathrm{d}l_2+\boldsymbol{a}_{u_3}\mathrm{d}l_3)\\&=\left(\boldsymbol{a}_{u_1}\frac{\partial V}{\partial l_1}+\boldsymbol{a}_{u_2}\frac{\partial V}{\partial l_2}+\boldsymbol{a}_{u_3}\frac{\partial V}{\partial l_3}\right)\cdot\mathrm{d}\boldsymbol{l}\end{aligned} \tag{2-91}$$

比较式(2-91)和式(2-88)得

$$\nabla V=\boldsymbol{a}_{u_1}\frac{\partial V}{\partial l_1}+\boldsymbol{a}_{u_2}\frac{\partial V}{\partial l_2}+\boldsymbol{a}_{u_3}\frac{\partial V}{\partial l_3} \tag{2-92}$$

或

① 在更加正式的论述中，使用变化量 ΔV 和 Δl，当 Δl 趋于零时变化率 $\Delta V/\Delta l$ 就变成导数 $\mathrm{d}V/\mathrm{d}l$。为避免过于正式，我们选择了简化方式。

$$\nabla V = \boldsymbol{a}_{u_1}\frac{\partial V}{h_1\partial u_1} + \boldsymbol{a}_{u_2}\frac{\partial V}{h_2\partial u_2} + \boldsymbol{a}_{u_3}\frac{\partial V}{h_3\partial u_3} \tag{2-93}$$

当标量用空间坐标的函数表示时,式(2-93)是一个用来计算标量梯度的实用公式。

在直角坐标系,$(u_1, u_2, u_3) = (x, y, z)$ 且 $h_1 = h_2 = h_3 = 1$,有

$$\nabla V = \boldsymbol{a}_x\frac{\partial V}{\partial x} + \boldsymbol{a}_y\frac{\partial V}{\partial y} + \boldsymbol{a}_z\frac{\partial V}{\partial z} \tag{2-94}$$

或

$$\nabla V = \left(\boldsymbol{a}_x\frac{\partial}{\partial x} + \boldsymbol{a}_y\frac{\partial}{\partial y} + \boldsymbol{a}_z\frac{\partial}{\partial z}\right)V \tag{2-95}$$

根据式(2-95),可以很方便地将直角坐标中的∇看做矢量微分算子,即

$$\nabla \equiv \boldsymbol{a}_x\frac{\partial}{\partial x} + \boldsymbol{a}_y\frac{\partial}{\partial y} + \boldsymbol{a}_z\frac{\partial}{\partial z} \tag{2-96}$$

由式(2-93),可定义∇为

$$\nabla \equiv \left(\boldsymbol{a}_{u_1}\frac{\partial}{h_1\partial u_1} + \boldsymbol{a}_{u_2}\frac{\partial}{h_2\partial u_2} + \boldsymbol{a}_{u_3}\frac{\partial}{h_3\partial u_3}\right) \tag{2-97}$$

正如本章稍后将看到的,同样的矢量微分算子也用来表示矢量的散度($\nabla\cdot$)和旋度($\nabla\times$)运算。此时,要谨记:在曲线坐标系中一个基矢量的微分可能得到一个不同方向的新矢量(例如,$\partial\boldsymbol{a}_r/\partial\phi = \boldsymbol{a}_\phi$ 和$\partial\boldsymbol{a}_\phi/\partial\phi = -\boldsymbol{a}_r$)。当采用式(2-97)中定义的$\nabla$对曲线坐标系中的一些矢量进行运算时,必须谨慎应用。

例 2-16 静电场强度 $\boldsymbol{E}$ 可由标量电位 V 的负梯度导出,即 $\boldsymbol{E} = -\nabla V$。计算点(1,1,0)的 $\boldsymbol{E}$,如果

(1) $V = V_0 e^{-x}\sin\frac{\pi y}{4}$

(2) $V = E_0 R\cos\theta$

解:用式(2-93)计算 $\boldsymbol{E} = -\nabla V$,对(1)采用直角坐标,对(2)采用圆柱坐标。

(1) $\boldsymbol{E} = -\left[\boldsymbol{a}_x\frac{\partial}{\partial x} + \boldsymbol{a}_y\frac{\partial}{\partial y} + \boldsymbol{a}_z\frac{\partial}{\partial z}\right]V_0 e^{-x}\sin\frac{\pi y}{4} = \left(\boldsymbol{a}_x\sin\frac{\pi y}{4} - \boldsymbol{a}_y\frac{\pi}{4}\cos\frac{\pi y}{4}\right)V_0 e^{-x}$

因此

$$\boldsymbol{E}(1,1,0) = \left(\boldsymbol{a}_x - \boldsymbol{a}_y\frac{\pi}{4}\right)\frac{E_0}{\sqrt{2}} = \boldsymbol{a}_E E$$

其中

$$E = E_0\sqrt{\frac{1}{2}\left(1 + \frac{\pi^2}{16}\right)}$$

$$\boldsymbol{a}_E = \frac{1}{\sqrt{1 + \frac{\pi^2}{16}}}\left(\boldsymbol{a}_x - \boldsymbol{a}_y\frac{\pi}{4}\right)$$

(2)
$$\begin{aligned}\boldsymbol{E} &= -\left[\boldsymbol{a}_R\frac{\partial}{\partial R} + \boldsymbol{a}_\theta\frac{\partial}{R\partial\theta} + \boldsymbol{a}_\phi\frac{\partial}{R\sin\theta\partial\phi}\right]E_0 R\cos\theta \\ &= -(\boldsymbol{a}_R\cos\theta - \boldsymbol{a}_\theta\sin\theta)E_0\end{aligned}$$

根据式(2-77),以上结果可以在直角坐标系中简化为 $\boldsymbol{E} = -\boldsymbol{a}_z E_0$。这并不奇怪,因为,仔细观察所给的 V,就会看到 $E_0 R\cos\theta$ 实际上等于 $E_0 z$。在直角坐标系中

$$\boldsymbol{E} = -\nabla V = -\boldsymbol{a}_z \frac{\partial}{\partial z}(E_0 z) = -\boldsymbol{a}_z E_0$$

2.7　矢量场的散度

前面介绍了标量场的空间导数，从而得出梯度的定义。现在把注意力集中在矢量场的空间导数上。这将会引出矢量的**散度**和**旋度**的概念。本节将讨论散度的含义，2.9 节将讨论旋度的概念。学习电磁学时，这两个概念很重要。

在学习矢量场时，通过有方向的场线如**磁通线**或者**流线**来表示空间场的变化，是很方便的。它们是有方向的直线或曲线，在每一个点上指明矢量场的方向，如图 2-25 所示。某点的场的大小是要么用该点附近的有向线段的密度描述要么用其长度来描述。图 2-25(a)中区域 A 的场要比区域 B 的场强，因为区域 A 处有着更密集平行等长的场线。在图 2-25(b)中，远离 q 点的箭头长度逐渐减小，说明越靠近 q 点的区域径向场越强。而图 2-25(c)描述的是一个均匀的场。

图 2-25(a)中的矢量场强度是由穿过垂直于该矢量的单位面的磁通线数量来度量的。矢量场的通量类似于不可压缩的流体(如水)的流动。对一个闭合面的体积而言，只有当体积内分别含有源或沟时，才可能有穿过封闭面的净流出量或净流入量；也就是正的散度表明体积内存在流体的源，负的散度则表明体积内存在流体的沟。因此用单位体积内流体净流量可测量闭合源的强度。在图 2-25(c)的均匀场中，流入和流出的通量相等，封闭的体积内没有源或沟，因此散度为零。

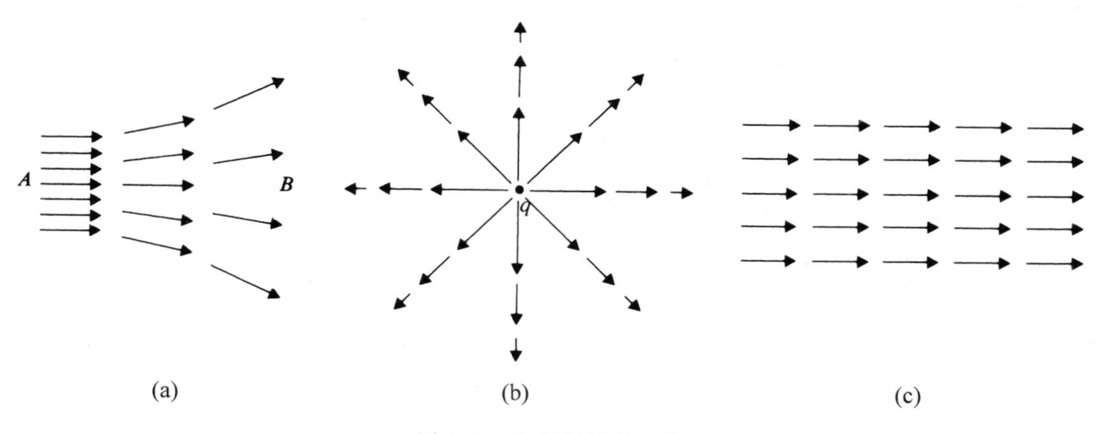

图 2-25　矢量场的磁通线

矢量场 $\boldsymbol{A}$ 中某点的散度定义为包围该点的体积趋于零时，单位体积内流出的 $\boldsymbol{A}$ 的净通量，缩写为 div$\boldsymbol{A}$

$$\text{div}\boldsymbol{A} \triangleq \lim_{\Delta v \to 0} \frac{\oint_S \boldsymbol{A} \cdot \mathrm{d}\boldsymbol{s}}{\Delta v} \tag{2-98}$$

式(2-98)中的分子表示流出的净通量，它是对包围该体积的整个表面 S 的积分。例 2-15 中曾接触过这类面积分。式(2-98)是 div$\boldsymbol{A}$ 的一般定义，它是一个标量，当 $\boldsymbol{A}$ 本身变化时，其大小可能随点的位置而变化。该定义对任何坐标系都适用;当然,像 $\boldsymbol{A}$ 的表达式一样,div$\boldsymbol{A}$ 的表达式取决于所选的坐标系。

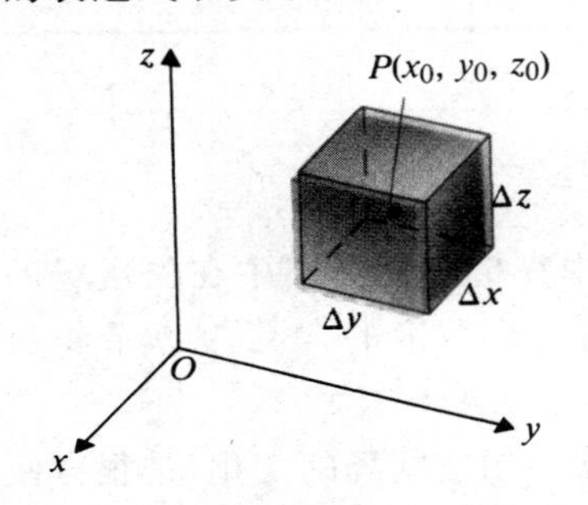

图 2-26 直角坐标系中的体积元

本节一开始曾明确提出矢量的散度是一种空间导数。读者可能会对式(2-98)出现的积分左思右想;但是当体积趋近零时,二维面积分除以三维体积就得到空间导数。现在将推导 div$\boldsymbol{A}$ 在直角坐标系中的表达式。

以矢量场 $\boldsymbol{A}$ 中的点 $P(x_0,y_0,z_0)$ 为中心,取边长为 Δx、Δy 和 Δz 的体积元,如图 2-26 所示。在直角坐标系中,$\boldsymbol{A}=\boldsymbol{a}_x A_x+\boldsymbol{a}_y A_y+\boldsymbol{a}_z A_z$。希望求点 $P(x_0,y_0,z_0)$ 的 div$\boldsymbol{A}$。由于体积元有六个面,所以式(2-98)中分子的面积分可以分解成六部分

$$\oint_S \boldsymbol{A}\cdot \mathrm{d}\boldsymbol{s}=\left[\int_{前面}+\int_{后面}+\int_{右面}+\int_{左面}+\int_{顶面}+\int_{底面}\right]\boldsymbol{A}\cdot \mathrm{d}\boldsymbol{s} \tag{2-99}$$

前面部分

$$\begin{aligned}\int_{前面}\boldsymbol{A}\cdot \mathrm{d}\boldsymbol{s}&=\boldsymbol{A}_{前面}\cdot \Delta\boldsymbol{s}_{前面}=\boldsymbol{A}_{前面}\cdot\boldsymbol{a}_x(\Delta y\Delta z)\\&=A_x\left(x_0+\frac{\Delta x}{2},y_0,z_0\right)\Delta y\Delta z\end{aligned} \tag{2-100}$$

量$A_x\left(x_0+\dfrac{\Delta x}{2},y_0,z_0\right)$可在$(x_0,y_0,z_0)$取值处展开为泰勒级数

$$A_x\left(x_0+\frac{\Delta x}{2},y_0,z_0\right)=A_x(x_0,y_0,z_0)+\frac{\Delta x}{2}\frac{\partial A_x}{\partial x}\bigg|_{(x_0,y_0,z_0)}+高次项 \tag{2-101}$$

其中高次项(H. O. T)包含因子$(\Delta x/2)^2$,$(\Delta x/2)^3$ 等。类似地,在后面部分

$$\begin{aligned}\int_{后面}\boldsymbol{A}\cdot \mathrm{d}\boldsymbol{s}&=\boldsymbol{A}_{后面}\cdot \Delta\boldsymbol{s}_{后面}=\boldsymbol{A}_{后面}\cdot(-\boldsymbol{a}_x\Delta y\Delta z)\\&=-A_x\left(x_0-\frac{\Delta x}{2},y_0,z_0\right)\Delta y\Delta z\end{aligned} \tag{2-102}$$

$A_x\left(x_0-\dfrac{\Delta x}{2},y_0,z_0\right)$的泰勒级数展开式为

$$A_x\left(x_0-\frac{\Delta x}{2},y_0,z_0\right)=A_x(x_0,y_0,z_0)-\frac{\Delta x}{2}\frac{\partial A_x}{\partial x}\bigg|_{(x_0,y_0,z_0)}+高次项 \tag{2-103}$$

将式(2-101)代入式(2-100),式(2-103)代入式(2-102),并将两式相加合并得

$$\left[\int_{前面}+\int_{后面}\right]A\cdot \mathrm{d}\boldsymbol{s}=\left(\frac{\partial A_x}{\partial x}+高次项\right)\bigg|_{(x_0,y_0,z_0)}\Delta x\Delta y\Delta z \tag{2-104}$$

这里 Δx 已从式(2-101)和式(2-103)的高次项中提出,但式(2-104)中高次项的所有项仍然含有 Δx 的幂。

右面和左面遵循同样的步骤,坐标变化分别为$+\Delta y/2$ 和$-\Delta y/2$,且 $\Delta s=\Delta x\Delta z$,得

$$\left[\int_{右面}+\int_{左面}\right]\boldsymbol{A}\cdot \mathrm{d}\boldsymbol{s}=\left(\frac{\partial A_y}{\partial y}+高次项\right)\bigg|_{(x_0,y_0,z_0)}\Delta x\Delta y\Delta z \tag{2-105}$$

这里高次项含有因子 Δy,Δy^2 等。对顶面和底面有

$$\left[\int_{顶面}+\int_{底面}\right]\boldsymbol{A}\cdot \mathrm{d}\boldsymbol{s}=\left(\frac{\partial A_z}{\partial z}+高次项\right)\bigg|_{(x_0,y_0,z_0)}\Delta x\Delta y\Delta z \tag{2-106}$$

这里高次项含有 $\Delta z, \Delta z^2$ 等因子。现在将式(2-104)，式(2-105)和式(2-106)的结果代入式(2-99)可得

$$\oint_S \boldsymbol{A}\cdot \mathrm{d}\boldsymbol{s} = \left(\frac{\partial A_x}{\partial x}+\frac{\partial A_y}{\partial y}+\frac{\partial A_z}{\partial z}\right)\Bigg|_{(x_0,y_0,z_0)} \Delta x\Delta y\Delta z + \Delta x,\Delta y,\Delta z\ \text{的高次项} \tag{2-107}$$

既然 $\Delta v = \Delta x\Delta y\Delta z$，将式(2-107)代入式(2-98)得直角坐标系中的 div$\boldsymbol{A}$ 表达式

$$\mathrm{div}\boldsymbol{A} = \frac{\partial A_x}{\partial x}+\frac{\partial A_y}{\partial y}+\frac{\partial A_z}{\partial z} \tag{2-108}$$

当体积元 Δx、Δy、Δz 趋近于零时，高次项成为零。一般情况下，div$\boldsymbol{A}$ 的值取决于这个点所在的位置。式(2-108)中省略了(x_0,y_0,z_0)标记，因为该式适用于定义 $\boldsymbol{A}$ 及其偏导数的任何一点。

利用矢量微分算子 del，即式(2-96)所定义的∇，可以将式(2-108)又写成$\nabla\cdot\boldsymbol{A}$；即

$$\nabla\cdot\boldsymbol{A} \equiv \mathrm{div}\boldsymbol{A} \tag{2-109}$$

在广义的正交曲线坐标系(u_1,u_2,u_3)中，式(2-98)将导出为

$$\nabla\cdot\boldsymbol{A} = \frac{1}{h_1h_2h_3}\left[\frac{\partial}{\partial u_1}(h_2h_3A_1)+\frac{\partial}{\partial u_2}(h_1h_3A_2)+\frac{\partial}{\partial u_3}(h_1h_2A_3)\right] \tag{2-110}$$

例 2-17 求任意点的位置矢量的散度。

解：可在直角坐标系和球面坐标系中求解。

(1) 直角坐标系。任意一点(x,y,z)的位置矢量的表达式为

$$\overrightarrow{OP} = \boldsymbol{a}_x x + \boldsymbol{a}_y y + \boldsymbol{a}_z z \tag{2-111}$$

利用式(2-108)，有

$$\nabla\cdot(\overrightarrow{OP}) = \frac{\partial x}{\partial x}+\frac{\partial y}{\partial y}+\frac{\partial z}{\partial z} = 3$$

(2) 球面坐标系。此处位置矢量简化为

$$\overrightarrow{OP} = \boldsymbol{a}_R R \tag{2-112}$$

在球面坐标(R,θ,ϕ)上的散度可由式(2-110)和表2-1得到

$$\nabla\cdot\boldsymbol{A} = \frac{1}{R^2}\frac{\partial}{\partial R}(R^2A_R)+\frac{1}{R\sin\theta}\frac{\partial}{\partial\theta}(A_\theta\sin\theta)+\frac{1}{R\sin\theta}\frac{\partial A_\phi}{\partial\phi} \tag{2-113}$$

将式(2-112)代入式(2-113)，同样能得到$\nabla\cdot(\overrightarrow{OP})=3$。

例 2-18 非常长的载流导线外的磁感应强度 $\boldsymbol{B}$ 是沿圆周的方向的，且与到导线轴线的距离成反比。求$\nabla\cdot\boldsymbol{B}$。

解：设长载流导线位于圆柱坐标系中的 z 轴上，例题已知

$$\boldsymbol{B} = \boldsymbol{a}_\phi \frac{k}{r}$$

柱坐标(r,ϕ,z)中矢量场的散度可以由式(2-110)得到

$$\nabla\cdot\boldsymbol{B} = \frac{1}{r}\frac{\partial}{\partial r}(rB_r)+\frac{1}{r}\frac{\partial B_\phi}{\partial\phi}+\frac{\partial B_z}{\partial z} \tag{2-114}$$

此时 $B_\phi = k/r$，而 $B_r = B_z = 0$。则式(2-114)转化为

$$\nabla\cdot\boldsymbol{B} = 0$$

这里得出一个本身不是常量,但其散度却为0的矢量。这个性质表明磁通线本身是闭合的,且没有磁源或磁沟。无散场称为**螺线管场**。关于这类场的更多内容将在以后的章节中阐述。

2.8 散度定理

2.7节将矢量场的散度定义为每单位体积流出的净通量。直观地认为**矢量场的散度的体积积分等于该矢量穿过包围该体积封闭面流出的总通量**,即

$$\int_V \nabla\cdot \mathbf{A}\mathrm{d}v = \oint_S \mathbf{A}\cdot \mathrm{d}\mathbf{s} \tag{2-115}$$

该恒等式称为**散度定理**[①],下面将证明它。该定理适用于封闭面 S 所围的任何体积 V。$\mathrm{d}\mathbf{s}$ 的方向总是外法线方向,垂直于表面 $\mathrm{d}s$ 且方向远离体积。

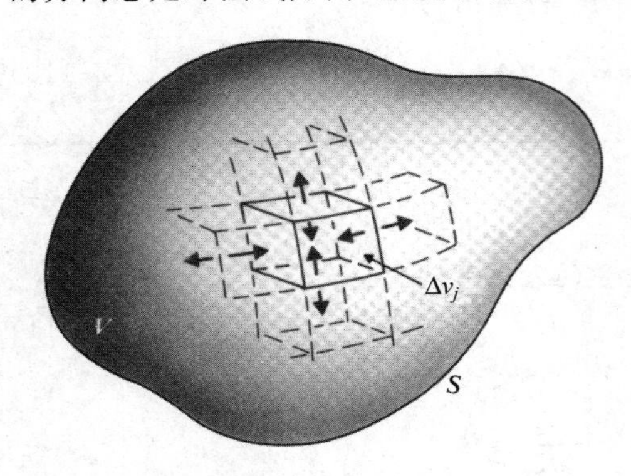

图 2-27 细分体积以证明散度定理

对于表面 s_j 所围的非常小的体积元 Δv_j,式(2-98)中 $\nabla\cdot\mathbf{A}$ 的定义直接得

$$(\nabla\cdot \mathbf{A})_j \Delta v_j = \oint_{s_j} \mathbf{A}\cdot \mathrm{d}\mathbf{s} \tag{2-116}$$

如果是任意体积 V,可以将其再分为 N 个小体积元,表示为 Δv_j,如图2-27所示。现在将式(2-116)的两边所有这些体积元合并,可得

$$\lim_{\Delta v_j\to 0}\left[\sum_{j=1}^{N}(\nabla\cdot \mathbf{A})_j \Delta v_j\right] = \lim_{\Delta v_j\to 0}\left[\sum_{j=1}^{N}\oint_{s_j}\mathbf{A}\cdot \mathrm{d}\mathbf{s}\right] \tag{2-117}$$

根据定义,式(2-117)的左边是 $\nabla\cdot\mathbf{A}$ 的体积积分

$$\lim_{\Delta v_j\to 0}\left[\sum_{j=1}^{N}(\nabla\cdot \mathbf{A})_j \Delta v_j\right] = \int_V (\nabla\cdot \mathbf{A})\mathrm{d}v \tag{2-118}$$

式(2-117)右边的面积分是在所有体积元的面上相加。然而,两个相邻体积元的公共面的面积分将相互抵消,因为公共面上相邻体积元的外法线的指向是相反的。因此式(2-117)右边的净贡献仅剩下最外面的包围体积 V 的外表面 S;即

$$\lim_{\Delta v_j\to 0}\left[\sum_{j=1}^{N}\int_{s_j}\mathbf{A}\cdot \mathrm{d}\mathbf{s}\right] = \oint_S \mathbf{A}\cdot \mathrm{d}\mathbf{s} \tag{2-119}$$

将式(2-118)和式(2-119)代入式(2-117)则得到式(2-115)的散度定理。

为使证明散度定理时取极限过程正确,要求矢量场 $\mathbf{A}$ 及其一阶导数在体积 V 和表面 S 上存在且连续。散度定理是矢量分析中一个重要恒等式,其将矢量的散度的体积积分转换成该矢量闭合曲面积分,反之亦然。在电磁学中,常用它来证明其他定理和关系。需强调的是:为了简化,虽然将单个积分符号用于式(2-115)的两边,但是其中的体积分和面积分分别代表三重积分和二重积分。

① 它又名高斯定理。

例 2-19　已知 $\boldsymbol{A}=\boldsymbol{a}_x x^2+\boldsymbol{a}_y xy+\boldsymbol{a}_z yz$，在边长为一个单位的立方体上证明散度定理。该立方体位于直角坐标系的第一卦限且一个顶点在原点上。

解：参考图 2-28。首先对六个面求面积分值。

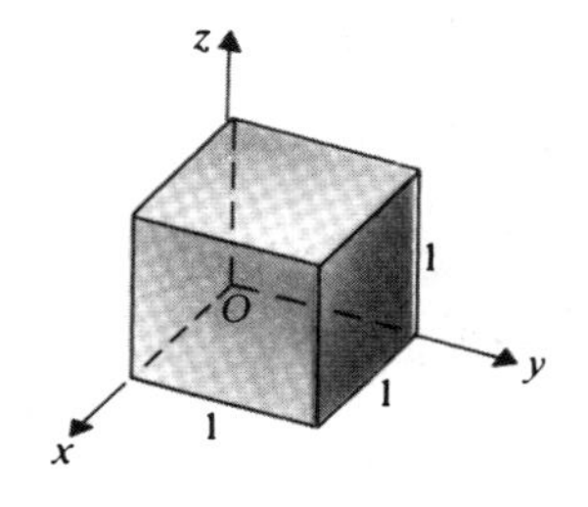

图 2-28　一个单位立方体

(1) 前面 $x=1$，$\mathrm{d}\boldsymbol{s}=\boldsymbol{a}_x\mathrm{d}y\mathrm{d}z$

$$\int_{\text{前面}}\boldsymbol{A}\cdot\mathrm{d}\boldsymbol{s}=\int_0^1\int_0^1\mathrm{d}y\mathrm{d}z=1$$

(2) 后面 $x=0$，$\mathrm{d}\boldsymbol{s}=-\boldsymbol{a}_x\mathrm{d}y\mathrm{d}z$

$$\int_{\text{后面}}\boldsymbol{A}\cdot\mathrm{d}\boldsymbol{s}=0$$

(3) 左面 $y=0$，$\mathrm{d}\boldsymbol{s}=-\boldsymbol{a}_y\mathrm{d}x\mathrm{d}z$

$$\int_{\text{左面}}\boldsymbol{A}\cdot\mathrm{d}\boldsymbol{s}=0$$

(4) 右面 $y=1$，$\mathrm{d}\boldsymbol{s}=\boldsymbol{a}_y\mathrm{d}x\mathrm{d}z$

$$\int_{\text{右面}}\boldsymbol{A}\cdot\mathrm{d}\boldsymbol{s}=\int_0^1\int_0^1 x\mathrm{d}x\mathrm{d}z=\frac{1}{2}$$

(5) 顶面 $z=1$；$\mathrm{d}\boldsymbol{s}=\boldsymbol{a}_z\mathrm{d}x\mathrm{d}y$

$$\int_{\text{顶面}}\boldsymbol{A}\cdot\mathrm{d}\boldsymbol{s}=\int_0^1\int_0^1 y\mathrm{d}x\mathrm{d}y=\frac{1}{2}$$

(6) 底面 $z=0$；$\mathrm{d}\boldsymbol{s}=-\boldsymbol{a}_z\mathrm{d}x\mathrm{d}y$

$$\int_{\text{底面}}\boldsymbol{A}\cdot\mathrm{d}\boldsymbol{s}=0$$

上面六个值相加得

$$\oint_s\boldsymbol{A}\cdot\mathrm{d}\boldsymbol{s}=1+0+0+\frac{1}{2}+\frac{1}{2}+0=2 \tag{2-120}$$

此时 $\boldsymbol{A}$ 的散度为

$$\nabla\cdot\boldsymbol{A}=\frac{\partial}{\partial x}(x^2)+\frac{\partial}{\partial y}(xy)+\frac{\partial}{\partial z}(yz)=3x+y$$

因此

$$\int_V\nabla\cdot\boldsymbol{A}\mathrm{d}v=\int_0^1\int_0^1\int_0^1(3x+y)\mathrm{d}x\mathrm{d}y\mathrm{d}z=2 \tag{2-121}$$

这与式(2-120)所计算的封闭面积分结果相同。从而散度定理得证。

例 2-20　已知 $\boldsymbol{F}=\boldsymbol{a}_R kR$，试判定散度定理是否对以原点为圆心，内、外半径分别为 R_1 和 R_2 $(R_2>R_1)$ 的球面围成的区域适用(如图 2-29 所示)。

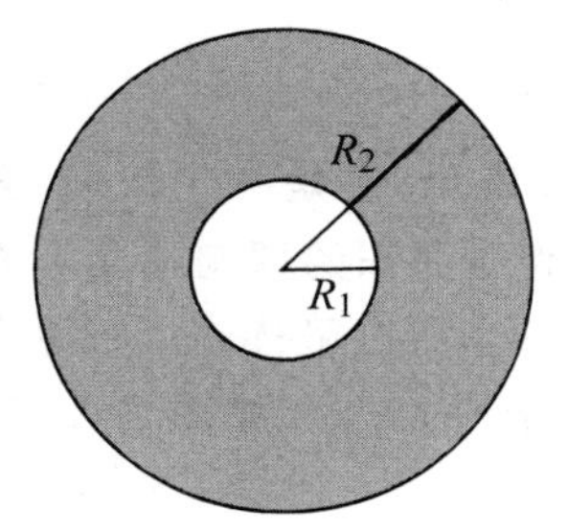

图 2-29　球壳区域

解：题中给定的区域有两个表面，分别是 $R=R_1$ 和 $R=R_2$ 球面。

外表面处：$R=R_2$，$\mathrm{d}\boldsymbol{s}=\boldsymbol{a}_R R_2^2\sin\theta\mathrm{d}\theta\mathrm{d}\phi$；

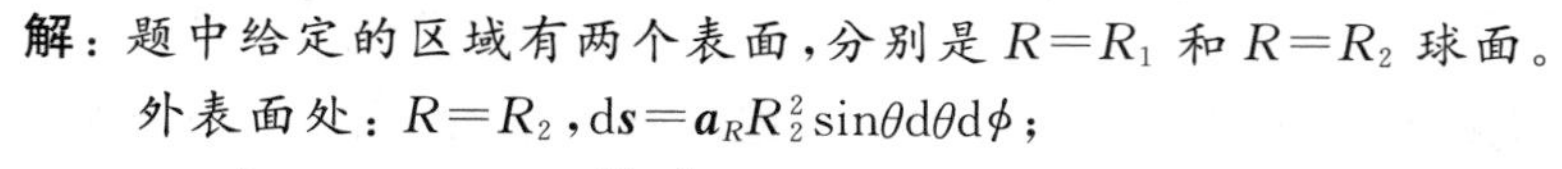

$$\int_{\text{外表面}}\boldsymbol{F}\cdot\mathrm{d}\boldsymbol{s}=\int_0^{2\pi}\int_0^{\pi}(kR_2)R_2^2\sin\theta\mathrm{d}\theta\mathrm{d}\phi=4\pi kR_2^3$$

内表面处：$R=R_1$，$\mathrm{d}\boldsymbol{s}=-\boldsymbol{a}_R R_1^2\sin\theta\mathrm{d}\theta\mathrm{d}\phi$；

$$\int_{\text{内表面}}\boldsymbol{F}\cdot\mathrm{d}\boldsymbol{s}=-\int_0^{2\pi}\int_0^{\pi}(kR_1)R_1^2\sin\theta\mathrm{d}\theta\mathrm{d}\phi=-4\pi kR_1^3$$

事实上，因为上述两种情况的被积函数都与 θ 和 ϕ 无关，所以球面上对常数积分只是该常数乘以表面的面积(外表面面积是 $4\pi R_2^2$,而内表面面积是 $4\pi R_1^2$)的乘积,不必作任何积分。将以上两个结果相加,可得

$$\oint_S \boldsymbol{F} \cdot \mathrm{d}\boldsymbol{s} = 4\pi k(R_2^3 - R_1^3) \tag{2-122}$$

为了计算体积积分,需先对只有一个分量 F_R 的 $\boldsymbol{F}$ 求 $\nabla\cdot\boldsymbol{F}$。由式(2-113),可得

$$\nabla\cdot \boldsymbol{F} = \frac{1}{R^2}\frac{\partial}{\partial R}(R^2 F_R) = \frac{1}{R^2}\frac{\partial}{\partial R}(kR^3) = 3k$$

既然 $\nabla\cdot\boldsymbol{F}$ 是常数,则其体积积分就等于该常数与体积的乘积。在半径为 R_1 和 R_2 的两个球面之间的球壳区域的体积为 $4\pi(R_2^3-R_1^3)/3$。因此

$$\int_V \nabla\cdot \boldsymbol{F}\mathrm{d}v = (\nabla\cdot \boldsymbol{F})V = 4\pi k(R_2^3 - R_1^3) \tag{2-123}$$

这与式(2-122)的结果相同。

该例子表明:散度定理仍然适用于体积内有空穴的情况,也就是说,散度定理对于被多连通面所包围的体积仍然适用。

2.9 矢量场的旋度

2.7 节指出:矢量 $\boldsymbol{A}$ 穿过包围体积的表面流出的净通量表示该体积内存在源。这种源称之为**流量源**,矢量 $\boldsymbol{A}$ 的散度可以度量流量源的强度。另外有一种源,称之为**漩涡源**,在它周围引起矢量场的环流。矢量场通过一闭合路径的**净环流**(或简称**环流**)被定义为该矢量沿闭合路径的标量线积分。可以得到

$$\text{矢量 } \boldsymbol{A} \text{ 围绕周线 } C \text{ 的环流} \triangleq \oint_C \boldsymbol{A}\cdot \mathrm{d}\boldsymbol{l} \tag{2-124}$$

式(2-124)是种数学定义。环流的物理意义取决于矢量 $\boldsymbol{A}$ 所代表的场。若 $\boldsymbol{A}$ 是作用在物体上的力,则其环流为物体围绕周线移动一周时该力所做的功;若 $\boldsymbol{A}$ 表示电场强度,则其环流将是围绕闭合路径的电动势,本书后面将会看到这种情况。水旋转流入排水道这一熟悉的现象就是漩涡沟的例子,漩涡沟引起流体速度的环流。即使 $\mathrm{div}\boldsymbol{A}=0$ 时(即无流量源时),$\boldsymbol{A}$ 的环流也可能存在。

既然式(2-124)所定义的环流为点积的线积分,显然,其值取决于周线 C 相对于矢量 $\boldsymbol{A}$ 的方向。为了定义点函数以度量漩涡源的强度,必须使 C 非常小,且确定其方向使得环流取最大值。定义[①]

$$\begin{aligned}\mathrm{curl}\,\boldsymbol{A} &\equiv \nabla\times\boldsymbol{A} \\ &\triangleq \lim_{\Delta s\to 0}\frac{1}{\Delta s}\left[\boldsymbol{a}_n \oint_C \boldsymbol{A}\cdot \mathrm{d}\boldsymbol{l}\right]_{\max}\end{aligned} \tag{2-125}$$

用文字表述,式(2-125)表明:**矢量场 $\boldsymbol{A}$ 的旋度,用 curl $\boldsymbol{A}$ 或 $\nabla\times\boldsymbol{A}$ 表示,它是一个矢量,其大小是当面积趋于 0 时单位面积上矢量 $\boldsymbol{A}$ 的最大净环流,其方向为当面积的取向使净环流最大时,该面积的法线方向**。因为面积的法线可以有两个相反的方向,所以坚持使用右手定则——当右手的 4 个手指沿 $\mathrm{d}\boldsymbol{l}$ 的方向时,大拇指所指的方向即为 $\boldsymbol{a}_n$ 的方向,如图 2-30 所

① 在欧洲出版的书中,$\boldsymbol{A}$ 的旋度常称为 rotation 并写为 rot A。

示。curl $\boldsymbol{A}$ 是一个矢量点函数，习惯上写为$\nabla\times\boldsymbol{A}$(del 叉乘 $\boldsymbol{A}$)。$\nabla\times\boldsymbol{A}$ 在任意方向 $\boldsymbol{a}_u$ 上的分量是 $\boldsymbol{a}_u\cdot(\nabla\times\boldsymbol{A})$，其可这样计算：当面积趋于 0 时垂直于 $\boldsymbol{a}_u$ 的单位面积的环流，即

$$(\nabla\times\boldsymbol{A})_u=\boldsymbol{a}_u\cdot(\nabla\times\boldsymbol{A})=\lim_{\Delta S_u\to 0}\frac{1}{\Delta S_u}\left(\oint_{C_u}\boldsymbol{A}\cdot\mathrm{d}\boldsymbol{l}\right)\qquad(2\text{-}126)$$

其中沿包围面积 ΔS_u 的周线 C_u 的线积分方向和 $\boldsymbol{a}_u$ 的方向遵循右手定则。

现在，由式(2-126)求$\nabla\times\boldsymbol{A}$ 在直角坐标系中的三个分量。参见图 2-31，其中画出了一个围绕点 $P(x_0,y_0,z_0)$ 的边长为 Δy 和 Δz 且平行于 yz 平面的微分矩形面积(矩形面积元)。可得 $\boldsymbol{a}_u=\boldsymbol{a}_x$，$\Delta S_u=\Delta y\Delta z$，而周线 C_u 由四条边 1、2、3、4 构成。因此

$$(\nabla\times\boldsymbol{A})_x=\lim_{\Delta y\Delta z\to 0}\frac{1}{\Delta y\Delta z}\left(\oint_{边1,2,3,4}\boldsymbol{A}\cdot\mathrm{d}\boldsymbol{l}\right)\qquad(2\text{-}127)$$

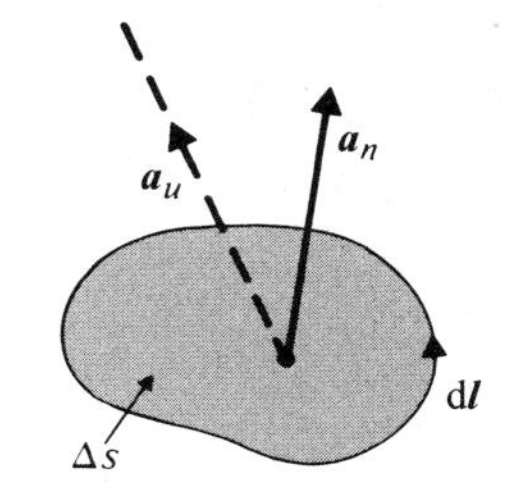

图 2-30　定义旋度时 $\boldsymbol{a}_n$ 与 $\mathrm{d}\boldsymbol{l}$ 的关系

在直角坐标系中，$\boldsymbol{A}=\boldsymbol{a}_xA_x+\boldsymbol{a}_yA_y+\boldsymbol{a}_zA_z$。上述四条边对该线积分的贡献如下：

边 1：$\mathrm{d}\boldsymbol{l}=\boldsymbol{a}_z\Delta z,\boldsymbol{A}\cdot\mathrm{d}\boldsymbol{l}=A_z\left(x_0,y_0+\dfrac{\Delta y}{2},z_0\right)\Delta z$

其中，$A_z\left(x_0,y_0+\dfrac{\Delta y}{2},z_0\right)$可以展开成泰勒级数

$$A_z\left(x_0,y_0+\frac{\Delta y}{2},z_0\right)=A_z(x_0,y_0,z_0)+\frac{\Delta y}{2}\frac{\partial A_z}{\partial y}\bigg|_{(x_0,y_0,z_0)}+\text{高次项}\qquad(2\text{-}128)$$

其中高次项包含了$(\Delta y)^2$，$(\Delta y)^3$ 等因子。因此

$$\int_{边1}\boldsymbol{A}\cdot\mathrm{d}\boldsymbol{l}=\left\{A_z(x_0,y_0,z_0)+\frac{\Delta y}{2}\frac{\partial A_z}{\partial y}\bigg|_{(x_0,y_0,z_0)}+\text{高次项}\right\}\Delta z\qquad(2\text{-}129)$$

边 3：$\qquad\mathrm{d}\boldsymbol{l}=-\boldsymbol{a}_z\Delta z,\boldsymbol{A}\cdot\mathrm{d}\boldsymbol{l}=A_z\left(x_0,y_0-\dfrac{\Delta y}{2},z_0\right)\Delta z$

其中

$$A_z\left(x_0,y_0-\frac{\Delta y}{2},z_0\right)=A_z(x_0,y_0,z_0)-\frac{\Delta y}{2}\frac{\partial A_z}{\partial y}\bigg|_{(x_0,y_0,z_0)}+\text{高次项}\qquad(2\text{-}130)$$

$$\int_{边3}\boldsymbol{A}\cdot\mathrm{d}\boldsymbol{l}=\left\{A_z(x_0,y_0,z_0)-\frac{\Delta y}{2}\frac{\partial A_z}{\partial y}\bigg|_{(x_0,y_0,z_0)}+\text{高次项}\right\}(-\Delta z)\qquad(2\text{-}131)$$

将式(2-129)和式(2-131)相加，可得

$$\int_{边1和边3}\boldsymbol{A}\cdot\mathrm{d}\boldsymbol{l}=\left(\frac{\partial A_z}{\partial y}+\text{高次项}\right)\bigg|_{(x_0,y_0,z_0)}\Delta y\Delta z\qquad(2\text{-}132)$$

式(2-132)中的高次项仍然包含 Δy 的幂。类似地，可证明

$$\int_{边2和边4}\boldsymbol{A}\cdot\mathrm{d}\boldsymbol{l}=\left(-\frac{\partial A_y}{\partial z}+\text{高次项}\right)\bigg|_{(x_0,y_0,z_0)}\Delta y\Delta z\qquad(2\text{-}133)$$

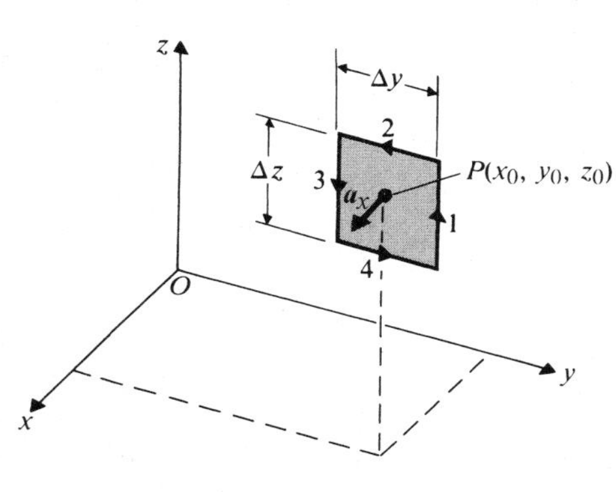

图 2-31　计算$(\nabla\times\boldsymbol{A})_x$

将式(2-132)和式(2-133)代入式(2-127)，并注意到当 $\Delta y\to 0$ 及 $\Delta z\to 0$ 时，高次项趋于零，可以

得到$\nabla\times\boldsymbol{A}$的$x$分量

$$(\nabla\times\boldsymbol{A})_x=\frac{\partial A_z}{\partial y}-\frac{\partial A_y}{\partial z} \tag{2-134}$$

仔细观察式(2-134)将会发现x、y和z的循环次序,并写出$\nabla\times\boldsymbol{A}$的$y$分量和$z$分量。在直角坐标系中,$\boldsymbol{A}$的旋度的整个表达式为

$$\nabla\times\boldsymbol{A}=\boldsymbol{a}_x\left(\frac{\partial A_z}{\partial y}-\frac{\partial A_y}{\partial z}\right)+\boldsymbol{a}_y\left(\frac{\partial A_x}{\partial z}-\frac{\partial A_z}{\partial x}\right)+\boldsymbol{a}_z\left(\frac{\partial A_y}{\partial x}-\frac{\partial A_x}{\partial y}\right) \tag{2-135}$$

与式(2-108)中$\nabla\cdot\boldsymbol{A}$的表达式相比,式(2-135)中的$\nabla\times\boldsymbol{A}$的表达式更复杂,这是预料中的,因为它是一个包含三个分量的矢量,而$\nabla\cdot\boldsymbol{A}$是一个标量。幸运的是,式(2-135)可以用式(2-43)所表示的叉积方式写成行列式形式,来方便记忆

$$\nabla\times\boldsymbol{A}=\begin{vmatrix}\boldsymbol{a}_x & \boldsymbol{a}_y & \boldsymbol{a}_z\\ \dfrac{\partial}{\partial x} & \dfrac{\partial}{\partial y} & \dfrac{\partial}{\partial z}\\ A_x & A_y & A_z\end{vmatrix} \tag{2-136}$$

$\nabla\times\boldsymbol{A}$在别的坐标系中的推导也遵循同样的步骤。然而,过程会更复杂,因为在曲线坐标中,当$\boldsymbol{A}\cdot\mathrm{d}\boldsymbol{l}$沿曲线矩形的对边进行积分时,不仅$\boldsymbol{A}$在变化,$\mathrm{d}\boldsymbol{l}$的大小也在变化。在广义正交曲线坐标$(u_1,u_2,u_3)$中,$\nabla\times\boldsymbol{A}$的表达式如下

$$\nabla\times\boldsymbol{A}=\frac{1}{h_1h_2h_3}\begin{vmatrix}\boldsymbol{a}_{u_1}h_1 & \boldsymbol{a}_{u_2}h_2 & \boldsymbol{a}_{u_3}h_3\\ \dfrac{\partial}{\partial u_1} & \dfrac{\partial}{\partial u_2} & \dfrac{\partial}{\partial u_3}\\ h_1A_1 & h_2A_2 & h_3A_3\end{vmatrix} \tag{2-137}$$

利用表2-1中所列相称的u_1、u_2和u_3以及它们的度量系数h_1、h_2和h_3,由式(2-137)可以很容易得到$\nabla\times\boldsymbol{A}$在圆柱坐标和球坐标中的表达式。

例2-21 证明$\nabla\times\boldsymbol{A}=0$,若

(1) 在圆柱坐标中$\boldsymbol{A}=\boldsymbol{a}_\phi(k/r)$,其中$k$是常数;

(2) 在球坐标中$\boldsymbol{A}=\boldsymbol{a}_Rf(R)$,其中$f(R)$是径向距离$R$的任何函数。

解:(1) 在圆柱坐标系中,如下条件适用:$(u_1,u_2,u_3)=(r,\phi,z)$;$h_1=1,h_2=r$和$h_3=1$。据式(2-137)可得

$$\nabla\times\boldsymbol{A}=\frac{1}{r}\begin{vmatrix}\boldsymbol{a}_r & \boldsymbol{a}_\phi r & \boldsymbol{a}_z\\ \dfrac{\partial}{\partial r} & \dfrac{\partial}{\partial\phi} & \dfrac{\partial}{\partial z}\\ A_r & rA_\phi & A_z\end{vmatrix} \tag{2-138}$$

对于给定的$\boldsymbol{A}$,有

$$\nabla\times\boldsymbol{A}=\frac{1}{r}\begin{vmatrix}\boldsymbol{a}_r & \boldsymbol{a}_\phi r & \boldsymbol{a}_z\\ \dfrac{\partial}{\partial r} & \dfrac{\partial}{\partial\phi} & \dfrac{\partial}{\partial z}\\ 0 & k & 0\end{vmatrix}=0$$

(2) 在球坐标系中,如下条件适用:$(u_1,u_2,u_3)=(R,\theta,\phi)$;$h_1=1,h_2=R$和$h_3=R\sin\theta$,因此

$$\nabla\times\boldsymbol{A}=\frac{1}{R^{2}\sin\theta}\begin{vmatrix}\boldsymbol{a}_R & \boldsymbol{a}_\theta R & \boldsymbol{a}_\phi R\sin\theta \\ \dfrac{\partial}{\partial R} & \dfrac{\partial}{\partial\theta} & \dfrac{\partial}{\partial\phi} \\ A_R & RA_\theta & R\sin\theta A_\phi\end{vmatrix} \tag{2-139}$$

对于给定的 $\boldsymbol{A}$,可得

$$\nabla\times\boldsymbol{A}=\frac{1}{R^{2}\sin\theta}\begin{vmatrix}\boldsymbol{a}_R & \boldsymbol{a}_\theta R & \boldsymbol{a}_\phi R\sin\theta \\ \dfrac{\partial}{\partial R} & \dfrac{\partial}{\partial\theta} & \dfrac{\partial}{\partial\phi} \\ f(R) & 0 & 0\end{vmatrix}=0$$

旋度为零的矢量场称为**无旋场**或**保守场**。第 3 章中将看到静电场是无旋的(或保守的)。式(2-138)和式(2-139)分别是 $\nabla\times\boldsymbol{A}$ 在圆柱坐标系和球坐标系中的表达式,它们对于后面的学习将是很有用的。

2.10　斯托克斯定理

对于一个非常小的被周线 C_j 所包围的微分面积 Δs_j,式(2-125)中 $\nabla\times\boldsymbol{A}$ 的定义使得

$$(\nabla\times\boldsymbol{A})_j\cdot(\Delta\boldsymbol{s}_j)=\oint_{C_j}\boldsymbol{A}\cdot\mathrm{d}\boldsymbol{l} \tag{2-140}$$

在求式(2-140)时,曾用 $\boldsymbol{a}_n\Delta s_j$ 或 $\Delta\boldsymbol{s}_j$ 对式(2-125)的两边做点乘。对于任意曲面 S,可以将其分成许多小的微分面积,比如 N 个。图 2-32 所示为这样一种画法,其中 Δs_j 是典型的微分面积。式(2-140)的左边是矢量 $\nabla\times\boldsymbol{A}$ 穿过面积 Δs_j 的通量。将所有这些微分面积对通量的贡献叠加,得到

$$\lim_{\Delta s_j\to 0}\sum_{j=1}^{N}(\nabla\times\boldsymbol{A})_j\cdot(\Delta\boldsymbol{s}_j)=\int_S(\nabla\times\boldsymbol{A})\cdot\mathrm{d}\boldsymbol{s} \tag{2-141}$$

现在,将式(2-140)的右边沿所有微分面积的周线的线积分叠加。既然两个相邻微分面积的周线的公共部分对两条周线而言其方向相反,则所有内部的公共边界部分对全部线积分的净贡献为零,叠加以后剩下的只有包围整个面积 S 的外部周线 $\boldsymbol{C}$ 的贡献

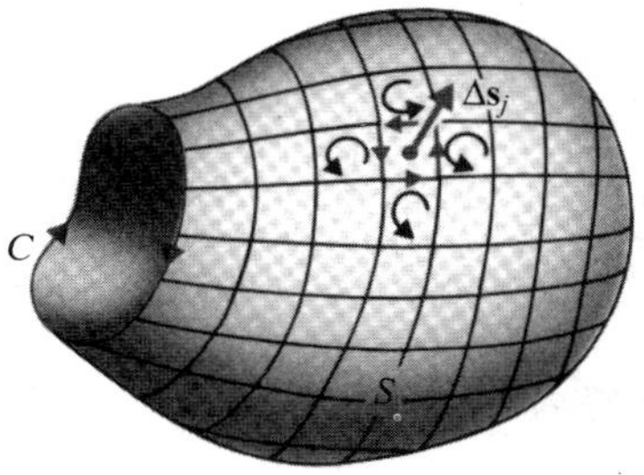

$$\lim_{\Delta s_j\to 0}\sum_{j=1}^{N}\left(\oint_{c_j}\boldsymbol{A}\cdot\mathrm{d}\boldsymbol{l}\right)=\oint_C\boldsymbol{A}\cdot\mathrm{d}\boldsymbol{l} \tag{2-142}$$

图 2-32　证明斯托克斯定理所划分的面积

将式(2-141)和式(2-142)结合在一起,即得**斯托克斯定理**

$$\int_S(\nabla\times\boldsymbol{A})\cdot\mathrm{d}\boldsymbol{s}=\oint_C\boldsymbol{A}\cdot\mathrm{d}\boldsymbol{l} \tag{2-143}$$

此式表明:**矢量场的旋度在一开放曲面上的面积分,等于该矢量沿包围该曲面的周线的闭合线积分**。

与散度定理一样,为使得推导斯托克斯定理时所用的求极限过程有效,要求在 S 面上和沿周线 $\boldsymbol{C}$ 上,矢量场 $\boldsymbol{A}$ 及其一阶导数都存在且连续。斯托克斯定理可以将一个矢量的旋度的曲面积分转换成该矢量的线积分,反之亦然。和散度定理一样,斯托克斯定理也是矢量

分析的重要恒等式,在电磁学中常常利用它来证明其他的定理和关系。

如果$\nabla\times\mathbf{A}$的曲面积分是在闭合曲面上的,那么将不存在包围该表面的外部周线,对任何闭合曲面S,由式(2-143)得

$$\oint_S (\nabla\times\mathbf{A})\cdot \mathrm{d}\mathbf{s} = 0 \tag{2-144}$$

图2-32中的几何体是故意选择的,目的是为了强调如下事实:应用斯托克斯定理的场合,总是意味着有一个带环形边界的开放曲面存在。最简单的开放曲面是二维的平面或者带有圆周作周线的圆盘。这里,$\mathrm{d}\mathbf{l}$与$\mathrm{d}\mathbf{s}(\mathbf{a}_n)$的方向遵循右手定则。

例2-22 已知$\boldsymbol{F}=\boldsymbol{a}_x xy-\boldsymbol{a}_y 2x$,就图2-21(例2-14)中所示,第一象限内半径为3的四分之一圆盘的情况,验证斯托克斯定理。

解: 首先计算$\nabla\times\boldsymbol{F}$的面积分。由式(2-136)得

$$\nabla\times\boldsymbol{F}=\begin{vmatrix}\boldsymbol{a}_x & \boldsymbol{a}_y & \boldsymbol{a}_z\\ \dfrac{\partial}{\partial x} & \dfrac{\partial}{\partial y} & \dfrac{\partial}{\partial z}\\ xy & -2x & 0\end{vmatrix}=-\boldsymbol{a}_z(2+x)$$

因此

$$\begin{aligned}\int_S(\nabla\times\boldsymbol{F})\cdot\mathrm{d}\boldsymbol{s}&=\int_0^3\int_0^{\sqrt{9-x^2}}(\nabla\times\boldsymbol{F})\cdot(\boldsymbol{a}_z\mathrm{d}x\mathrm{d}y)=\int_0^3\left[\int_0^{\sqrt{9-y^2}}-(2+x)\mathrm{d}x\right]\mathrm{d}y\\&=-\int_0^3\left[2\sqrt{9-y^2}+\frac{1}{2}(9-y^2)\right]\mathrm{d}y\\&=-\left[y\sqrt{9-y^2}+9\arcsin\frac{y}{3}+\frac{9}{2}y-\frac{y^3}{6}\right]\Bigg|_0^3\\&=-9\left(1+\frac{\pi}{2}\right)\end{aligned}$$

对两个积分变量,使用合适积分限是很重要的。可以交换积分的顺序写成

$$\int_S(\nabla\times\boldsymbol{F})\cdot\mathrm{d}\boldsymbol{s}=\int_0^3\left[\int_0^{\sqrt{9-x^2}}-(2+x)\mathrm{d}y\right]\mathrm{d}x$$

且得到同样的结果。但是,如果将x和y的积分限全部写成0到3那就错了。(你知道为什么吗?)

对于环绕$ABOA$的线积分,在例2-14中已经求过一部分,即沿A到B那段圆弧。

从B到O:$x=0$,而

$$\boldsymbol{F}\cdot\mathrm{d}\boldsymbol{l}=\boldsymbol{F}\cdot(-\boldsymbol{a}_y\mathrm{d}y)=2x\mathrm{d}y=0$$

从O到A:$y=0$,而

$$\boldsymbol{F}\cdot\mathrm{d}\boldsymbol{l}=\boldsymbol{F}\cdot(\boldsymbol{a}_x\mathrm{d}x)=xy\mathrm{d}x=0$$

于是由例2-14得

$$\oint_{ABOA}\boldsymbol{F}\cdot\mathrm{d}\boldsymbol{l}=\int_A^B\boldsymbol{F}\cdot\mathrm{d}\boldsymbol{l}=-9\left(1+\frac{\pi}{2}\right)$$

斯托克斯定理得证。

当然,斯托克斯定理作为一个普通恒等式已由式(2-143)确立;没有必要再用一个特例来证明它。以上例子是为了练习下面积分和线积分(注意,这里矢量场及其一阶空间导数在

感兴趣的表面和周线上都是有限且连续的)。

2.11　两个零恒等式

研究电磁学,尤其是在介绍电位函数时,包含 del 的重复运算的两个恒等式是非常重要的。下面将分别予以讨论。

2.11.1　恒等式Ⅰ

$$\nabla\times(\nabla V)\equiv 0 \tag{2-145}$$

用文字表述,**任一标量场的梯度的旋度恒等于零**。(这里隐含 V 及其一阶导数到处存在)

在直角坐标系中,利用∇的表达式(2-96)并做指定的运算可证明式(2-145)。一般情况下,如果在任意曲面上对$\nabla\times(\nabla V)$取面积分,则根据斯托克斯定理可知,其结果等于∇V沿围绕该曲面的闭合路径的线积分

$$\int_S[\nabla\times(\nabla V)]\cdot d\boldsymbol{s}=\oint_C(\nabla V)\cdot d\boldsymbol{l} \tag{2-146}$$

然而,由式(2-88)得

$$\oint_C(\nabla V)\cdot d\boldsymbol{l}=\oint_C dV=0 \tag{2-147}$$

结合式(2-146)和式(2-147)可知:$\nabla\times(\nabla V)$在任何曲面上的曲面积分为零。因此被积函数本身必须为零,就导出了恒等式(2-145)。因为该推导并未指定某坐标系,所以该恒等式是普遍存立的,并不随坐标系的选择而改变。

恒等式Ⅰ相反的表述:**如果一个矢量场的旋度为零,则该矢量场可以表示为一个标量场的梯度**。设一个矢量场为 $\boldsymbol{E}$。如果$\nabla\times\boldsymbol{E}=0$,则可定义一标量场 V 使得

$$\boldsymbol{E}=-\nabla V \tag{2-148}$$

这里的负号对于恒等式Ⅰ来说不是很重要(式(2-148)中包括这个负号,理由是让此式与电磁学中电场强度 $\boldsymbol{E}$ 和标量电位 V 之间的基本关系一致,第 3 章中将详细讨论该问题。本章 $\boldsymbol{E}$ 和 V 代表什么并不重要)。从 2-9 节可知,无旋矢量场是保守场;因此**一个无旋(保守)矢量场总可以表示成一个标量场的梯度**。

2.11.2　恒等式Ⅱ

$$\nabla\cdot(\nabla\times\boldsymbol{A})\equiv 0 \tag{2-149}$$

用文字表述,**任一矢量场的旋度的散度恒等于零**。

同样,在直角坐标系中,利用∇的表达式(2-96)并做指定的运算可证明式(2-149)。通过对左边$\nabla\cdot(\nabla\times\boldsymbol{A})$取体积积分,可对该式作一般性地证明,而不考虑特定的坐标系。运用散度定理,得

$$\int_V\nabla\cdot(\nabla\times\boldsymbol{A})dv=\oint_S(\nabla\times\boldsymbol{A})\cdot d\boldsymbol{s} \tag{2-150}$$

例如,选择由曲面 S 围成的任意体积 V,如图 2-33 所示。闭合曲面 S 可以分成两个开放曲面 S_1 和 S_2,以公共边界相连,公共边界画了两次,标为 C_1 和 C_2。然后,在边界为 C_1 的

曲面 S_1 和边界为 C_2 的曲面 S_2 上应用斯托克斯定理，这样式(2-150)的右边可写成

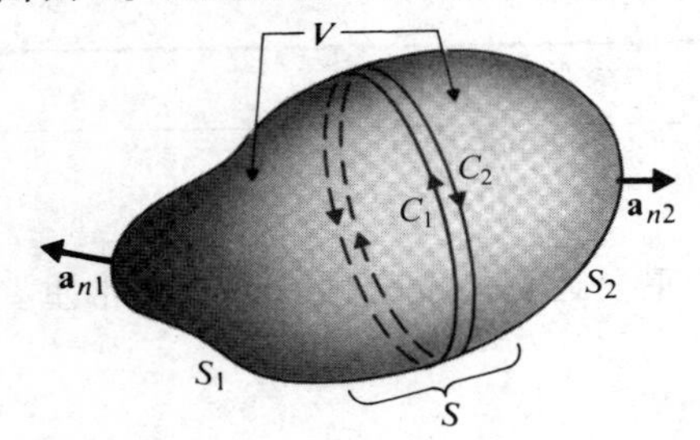

图 2-33　任意体积 V 围成曲面 S

$$\oint_S(\nabla\times\boldsymbol{A})\cdot\mathrm{d}\boldsymbol{s}=\int_{S_1}(\nabla\times\boldsymbol{A})\cdot\boldsymbol{a}_{n1}\mathrm{d}s+\int_{S_2}(\nabla\times\boldsymbol{A})\cdot\boldsymbol{a}_{n2}\mathrm{d}s=\oint_{C_1}\boldsymbol{A}\cdot\mathrm{d}\boldsymbol{l}+\oint_{C_2}\boldsymbol{A}\cdot\mathrm{d}\boldsymbol{l}\tag{2-151}$$

法线矢量$\boldsymbol{a}_{n1}$和$\boldsymbol{a}_{n2}$是曲面 S_1 和 S_2 的外法线，且它们和 C_1、C_2 的路径方向关系遵循右手定则。因为边界 C_1 和 C_2 实际是同一根周线，即 S_1 和 S_2 之间的公共边界，式(2-151)右边的这两个线积分，沿相反方向走过同一条路径。因此它们的和为零，于是式(2-150)左边$\nabla\cdot(\nabla\times\boldsymbol{A})$的体积积分为零。因为该结论对任何体积都成立，所以被积函数本身必定为零，如式(2-149)中所述。

恒等式Ⅱ相反的表述：**如果一个矢量场是无散的，则它可以表示为另一个矢量场的旋度**。设一矢量场为 $\boldsymbol{B}$。这个相反的陈述表明：如果$\nabla\cdot\boldsymbol{B}=0$，则可定义一个矢量场 $\boldsymbol{A}$ 使得

$$\boldsymbol{B}=\nabla\times\boldsymbol{A}\tag{2-152}$$

2.7 节论述了无散场也称为螺线场。螺线场与流量源或沟无关。螺线场通过任意闭合曲面穿出的净通量为零，并且通量线本身是闭合的。于是想到螺线管或电感器的圈形磁通线。第6章将看到，磁通密度 $\boldsymbol{B}$ 是螺线场，它可以用另一个称为矢量磁位 $\boldsymbol{A}$ 的矢量场的旋度来表示。

2.12　亥姆霍兹定理

前面几节曾论述了散度为零的场是无散场，旋度为零的场是无旋场。矢量场可以按照它们是无散的或/和无旋的来分类。一个矢量场 $\boldsymbol{F}$ 为

(1) 无散且无旋的，若

$$\nabla\cdot\boldsymbol{F}=0\ \text{和}\ \nabla\times\boldsymbol{F}=0$$

例子：在无电荷区域中的静电场。

(2) 无散但非无旋的，若

$$\nabla\cdot\boldsymbol{F}=0\ \text{和}\ \nabla\times\boldsymbol{F}\neq0$$

例子：载流导体中的稳定磁场。

(3) 无旋但非无散的，若

$$\nabla\times\boldsymbol{F}=0\ \text{和}\ \nabla\cdot\boldsymbol{F}\neq0$$

例子：在有电荷区域中的静电场。

(4) 既非无散的也非无旋的，若

$$\nabla\times\boldsymbol{F}\neq0\ \text{和}\ \nabla\cdot\boldsymbol{F}\neq0$$

例子：有电荷又有时变磁场的媒质中的电场。

于是，最一般的矢量场既有非零的散度，又有非零的旋度，且可以表示成螺线场和无旋场之和。

亥姆霍兹定理：如果一个矢量场的散度和旋度处处都已经给定，那么这个矢量场(矢量点函数)就确定了，最多附加一个常量。在一个无边界的区域中，假设矢量场的散度和旋度

在无穷远处为零。如果矢量场被限定于由封闭面所围成的区域，那么，只要它在该区域的散度和旋度以及在封闭面上的法线分量给定，则这个矢量场就可以确定。这里假定矢量函数是单值函数，且其导数具有有限值并连续。

亥姆霍兹定理可以像数学定理一样用一般的方法①加以证明。为此，回想下（见 2.9 节）：矢量的散度是度量流量源的强度的，矢量的旋度是度量漩涡源的强度的。当流量源和漩涡源的强度都给定时，可预见该矢量场就确定了。于是，一般的矢量场 $\boldsymbol{F}$ 可分解成无旋分量$\boldsymbol{F}_i$ 和无散分量$\boldsymbol{F}_s$

$$\boldsymbol{F}=\boldsymbol{F}_i+\boldsymbol{F}_s \tag{2-153}$$

其中

$$\begin{cases}\nabla\times\boldsymbol{F}_i=0 & \text{(2-154a)}\\ \nabla\cdot\boldsymbol{F}_i=g & \text{(2-154b)}\end{cases}$$

和

$$\begin{cases}\nabla\cdot\boldsymbol{F}_s=0 & \text{(2-155a)}\\ \nabla\times\boldsymbol{F}_s=\boldsymbol{G} & \text{(2-155b)}\end{cases}$$

其中假设 g 和 $\boldsymbol{G}$ 是已知的。于是有

$$\nabla\cdot\boldsymbol{F}=\nabla\cdot\boldsymbol{F}_i=g \tag{2-156}$$

和

$$\nabla\times\boldsymbol{F}=\nabla\times\boldsymbol{F}_s=\boldsymbol{G} \tag{2-157}$$

亥姆霍兹定理声称：当 g 和 $\boldsymbol{G}$ 给定时，矢量函数 $\boldsymbol{F}$ 就可以确定。因为$\nabla\cdot$ 和$\nabla\times$是微分算子，所以 $\boldsymbol{F}$ 一定可从有关 g 和 $\boldsymbol{G}$ 的积分中获得，这样将导出积分常数。求这些附加常数需要一些边界条件的知识。目前，从给定的 g 和 $\boldsymbol{G}$ 来求 $\boldsymbol{F}$ 的过程不是很清楚；这将在后面的章节中逐步研究。

由于$\boldsymbol{F}_i$ 是无旋的，根据恒等式(2-145)可定义一个标量(位)函数 V，使得

$$\boldsymbol{F}_i=-\nabla V \tag{2-158}$$

同理，由恒等式(2-149)和式(2-155a)可定义一个矢量(位)函数 $\boldsymbol{A}$，使得

$$\boldsymbol{F}_s=\nabla\times\boldsymbol{A} \tag{2-159}$$

亥姆霍兹定理表明：一个一般的矢量函数 $\boldsymbol{F}$ 可以写成一个标量函数的梯度和一个矢量函数的旋度之和。因此

$$\boldsymbol{F}=-\nabla V+\nabla\times\boldsymbol{A} \tag{2-160}$$

在接下来的几章中，可将亥姆霍兹定理作为一个基本工具，用于电磁学的公理化描述中。

例 2-23　已知矢量函数

$$\boldsymbol{F}=\boldsymbol{a}_x(3y-c_1z)+\boldsymbol{a}_y(c_2x-2z)-\boldsymbol{a}_z(c_3y+z)$$

(1) 如果 $\boldsymbol{F}$ 是无旋的，求常数 c_1、c_2 和 c_3。

(2) 求标量位函数 V，其负梯度等于 $\boldsymbol{F}$。

解

---

① 例如，G. Arfken 著，《物理上的数学方法》，章节 1.15，科学出版社，纽约，1966.

(1) 对无旋的 $\boldsymbol{F}$，$\nabla\times\boldsymbol{F}=0$；即

$$\nabla\times\boldsymbol{F}=\begin{vmatrix}\boldsymbol{a}_x & \boldsymbol{a}_y & \boldsymbol{a}_z\\ \dfrac{\partial}{\partial x} & \dfrac{\partial}{\partial y} & \dfrac{\partial}{\partial z}\\ 3y-c_1z & c_2x-2z & -(c_3y+z)\end{vmatrix}$$

$$=\boldsymbol{a}_x(-c_3+2)-\boldsymbol{a}_yc_1+\boldsymbol{a}_z(c_2-3)=0$$

$\nabla\times\boldsymbol{F}$ 的每个分量必须为 0，因此 $c_1=0$，$c_2=3$ 且 $c_3=2$。

(2) 因为 $\boldsymbol{F}$ 是无旋的，故可将它表示为标量函数 V 的负梯度；即

$$\boldsymbol{F}=-\nabla V=-\boldsymbol{a}_x\frac{\partial V}{\partial x}-\boldsymbol{a}_y\frac{\partial V}{\partial y}-\boldsymbol{a}_z\frac{\partial V}{\partial z}=\boldsymbol{a}_x3y+\boldsymbol{a}_y(3x-2z)-\boldsymbol{a}_z(2y+z)$$

可得三个方程

$$\frac{\partial V}{\partial x}=-3y \tag{2-161}$$

$$\frac{\partial V}{\partial y}=-3x+2z \tag{2-162}$$

$$\frac{\partial V}{\partial z}=2y+z \tag{2-163}$$

对式(2-161)关于 x 求积分，得

$$V=-3xy+f_1(y,z) \tag{2-164}$$

其中 $f_1(y,z)$是 y 和 z 的待定函数。同理，对式(2-162)关于 y 求积分，对式(2-163)关于 z 求积分，得

$$V=-3xy+2yz+f_2(x,z) \tag{2-165}$$

和

$$V=2yz+\frac{z^2}{2}+f_3(x,y) \tag{2-166}$$

观察式(2-164)、式(2-165)和式(2-166)可以写出标量位函数为

$$V=-3xy+2yz+\frac{z^2}{2} \tag{2-167}$$

将任意常数加入式(2-167)中，得到的 V 仍然为所求。该常量将由边界条件或无穷远条件来确定。

复习题

R.2-1 三个矢量 $\boldsymbol{A}$、$\boldsymbol{B}$ 和 $\boldsymbol{C}$，头尾相接画在一起，形成三角形的三条边。求 $\boldsymbol{A}+\boldsymbol{B}+\boldsymbol{C}$ 和 $\boldsymbol{A}+\boldsymbol{B}-\boldsymbol{C}$ 各等于什么？

R.2-2 在什么条件下两个矢量的点积是负数？

R.2-3 如果(1) $\boldsymbol{A}\parallel\boldsymbol{B}$，(2) $\boldsymbol{A}\perp\boldsymbol{B}$，求 $\boldsymbol{A}\cdot\boldsymbol{B}$ 和 $\boldsymbol{A}\times\boldsymbol{B}$。

R.2-4 以下哪些矢量的乘积没有意义，并解释。

(1) $(\boldsymbol{A}\cdot\boldsymbol{B})\times\boldsymbol{C}$　(2) $\boldsymbol{A}(\boldsymbol{B}\cdot\boldsymbol{C})$　(3) $\boldsymbol{A}\times\boldsymbol{B}\times\boldsymbol{C}$　(4) $\boldsymbol{A}/\boldsymbol{B}$　(5) $\boldsymbol{A}/\boldsymbol{a}_A$

(6) $(\boldsymbol{A}\times\boldsymbol{B})\cdot\boldsymbol{C}$

R. 2-5　$(\mathbf{A}\cdot\mathbf{B})\mathbf{C}$ 是否等于 $\mathbf{A}(\mathbf{B}\cdot\mathbf{C})$？

R. 2-6　$\mathbf{A}\cdot\mathbf{B}=\mathbf{A}\cdot\mathbf{C}$ 可以说明 $\mathbf{B}=\mathbf{C}$ 吗？解释之。

R. 2-7　$\mathbf{A}\times\mathbf{B}=\mathbf{A}\times\mathbf{C}$ 可以说明 $\mathbf{B}=\mathbf{C}$ 吗？解释之。

R. 2-8　已知矢量 $\mathbf{A}$ 和 $\mathbf{B}$，如何求(1) $\mathbf{A}$ 在 $\mathbf{B}$ 的方向上的分量，(2) $\mathbf{B}$ 在 $\mathbf{A}$ 的方向上的分量？

R. 2-9　坐标系是(1)正交坐标、(2)曲线坐标和(3)右手坐标的条件是什么？

R. 2-10　已知正交曲线坐标系(u_1,u_2,u_3)中的矢量 $\mathbf{F}$，解释如何求(1) $\mathbf{F}$ 和(2) $\mathbf{a}_F$。

R. 2-11　什么是度量系数？

R. 2-12　已知直角坐标系中的两个点 $P_1(1,2,3)$ 和 $P_2(-1,0,2)$，写出矢量 $\overrightarrow{P_1P_2}$ 和 $\overrightarrow{P_2P_1}$ 的表达式。

R. 2-13　在直角坐标系中，$\mathbf{A}\cdot\mathbf{B}$ 和 $\mathbf{A}\times\mathbf{B}$ 的表达式是什么？

R. 2-14　标量和标量场的区别是什么？矢量和矢量场的区别是什么？

R. 2-15　标量场的梯度的物理定义是什么？

R. 2-16　用标量的梯度表示标量在给定方向的空间变化率。

R. 2-17　在直角坐标中 ∇ 算子表示什么？

R. 2-18　矢量场的散度的物理定义是什么？

R. 2-19　一个只有径向通量线的矢量场不能是无散的。是否正确？解释之。

R. 2-20　一个只有弯曲的通量线的矢量场可以有一个非零的散度。是否正确？解释之。

R. 2-21　用文字表述散度定理。

R. 2-22　矢量场的旋度的物理定义是什么？

R. 2-23　一个只有弯曲通量线的矢量场不能无旋。是否正确？解释之。

R. 2-24　一个只有直的通量线的矢量场可以无散。是否正确？解释之。

R. 2-25　用文字叙述斯托克斯定理。

R. 2-26　无旋场和无散场区别是什么？

R. 2-27　用文字叙述亥姆霍兹定理。

R. 2-28　说明如何将一般的矢量函数用一标量电位函数和一矢量电位函数表示。

习题

P. 2-1　已知如下三个矢量 $\mathbf{A}$、$\mathbf{B}$ 和 $\mathbf{C}$

$$\mathbf{A}=\mathbf{a}_x+\mathbf{a}_y2-\mathbf{a}_z3$$

$$\mathbf{B}=-\mathbf{a}_y4+\mathbf{a}_z$$

$$\mathbf{C}=\mathbf{a}_x5-\mathbf{a}_z2$$

求下列各项

(1) $\mathbf{a}_A$　(2) $|\mathbf{A}-\mathbf{B}|$　(3) $\mathbf{A}\cdot\mathbf{B}$　(4) θ_{AB}　(5) $\mathbf{A}$ 在 $\mathbf{C}$ 方向上的分量　(6) $\mathbf{A}\times\mathbf{C}$

(7) $\mathbf{A}\cdot(\mathbf{B}\times\mathbf{C})$ 和 $(\mathbf{A}\times\mathbf{B})\cdot\mathbf{C}$　(8) $(\mathbf{A}\times\mathbf{B})\times\mathbf{C}$ 和 $\mathbf{A}\times(\mathbf{B}\times\mathbf{C})$

P. 2-2　已知

$$\mathbf{A}=\mathbf{a}_x-\mathbf{a}_y2+\mathbf{a}_z3$$

$$\mathbf{B}=\mathbf{a}_x+\mathbf{a}_y-\mathbf{a}_z2$$

求垂直于矢量 $\boldsymbol{A}$ 和 $\boldsymbol{B}$ 的单位矢量 $\boldsymbol{C}$ 的表达式。

P.2-3 已知两个矢量场 $\boldsymbol{A}=\boldsymbol{a}_xA_x+\boldsymbol{a}_yA_y+\boldsymbol{a}_zA_z$ 和 $\boldsymbol{B}=\boldsymbol{a}_xB_x+\boldsymbol{a}_yB_y+\boldsymbol{a}_zB_z$，其中所有分量可能是空间坐标的函数。如果这两个场是相互平行的，那么它们分量之间的关系是什么？

P.2-4 证明：如果 $\boldsymbol{A}\cdot\boldsymbol{B}=\boldsymbol{A}\cdot\boldsymbol{C}$ 和 $\boldsymbol{A}\times\boldsymbol{B}=\boldsymbol{A}\times\boldsymbol{C}$，其中 $\boldsymbol{A}$ 不是零矢量，则 $\boldsymbol{B}=\boldsymbol{C}$。

P.2-5 如果一个已知矢量与另一未知矢量的标量积和矢量积给定，则可求另一未知矢量。假设 $\boldsymbol{A}$ 是一个已知矢量，同时已知 p 和 $\boldsymbol{B}$，其中 $p=\boldsymbol{A}\cdot\boldsymbol{X}$ 和 $\boldsymbol{B}=\boldsymbol{A}\times\boldsymbol{X}$，试求未知矢量 $\boldsymbol{X}$。

P.2-6 三角形的三个顶点是 $P_1(0,-1,2)$，$P_2(4,1,3)$ 和 $P_3(6,2,5)$。

(1) 确定 $\Delta P_1P_2P_3$ 是否是直角三角形。

(2) 求三角形的面积。

P.2-7 证明菱形的两条对角线互相垂直(菱形是一个等边平行四边形)。

P.2-8 证明三角形两条边的中点的连线和第三条边平行，并且是第三条边长度的一半。

P.2-9 单位矢量 $\boldsymbol{a}_A$ 和 $\boldsymbol{a}_B$ 分别表示二维矢量 $\boldsymbol{A}$ 和 $\boldsymbol{B}$ 与 x 轴的夹角为 α 和 β 的方向，如图 2-34 所示。

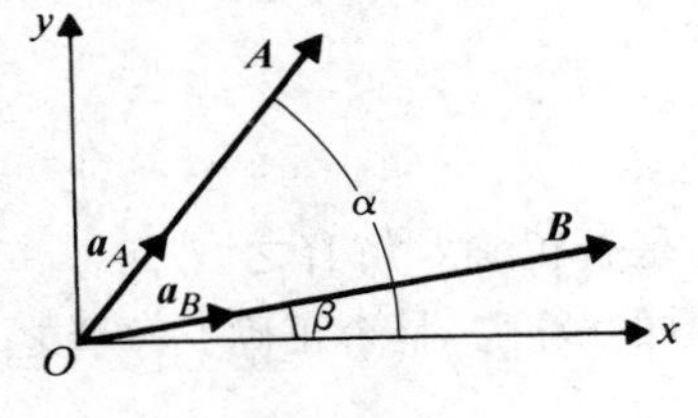

图 2-34 习题 P.2-9

(1) 通过算标量积 $\boldsymbol{a}_A\cdot\boldsymbol{a}_B$，求两个角度差的余弦表达式 $\cos(\alpha-\beta)$。

(2) 求两个角度差的正弦表达式 $\sin(\alpha-\beta)$。

P.2-10 证明三角形的正弦定理。

P.2-11 证明半圆内接的角为直角。

P.2-12 证明三个矢量的矢量三重积的 back-cab 法则，如直角坐标系中式(2-20)。

P.2-13 由矢量关系证明，如果 xy 平面($L_1: b_1x+b_2y=c$；$L_2: b_1'x+b_2'y=c'$)中两条直线的斜率互为负倒数，则它们互相垂直。

P.2-14

(1) 证明空间任何平面方程可以写成如下形式 $b_1x+b_2y+b_3z=c$(提示：证明平面中任意点的位置矢量和法矢量的点积是常数。)

(2) 写出通过原点的单位法向矢量的表达式。

(3) 对于平面 $3x-2y+6z=5$，写出从原点到该平面的垂直距离。

P.2-15 计算矢量 $\boldsymbol{A}=-\boldsymbol{a}_yz+\boldsymbol{a}_zy$ 在由点 $P_1(0,-2,3)$ 到点 $P_2(\sqrt{3},-60°,1)$ 的方向的分量。

P.2-16 一个点在圆柱坐标系中的位置是$(4,2\pi/3,3)$。则该点在如下坐标系中的位置是什么？

(1) 在直角坐标系中；

(2) 在球坐标系中。

P.2-17 一个场矢量在球坐标系中表示为 $\boldsymbol{E}=\boldsymbol{a}_R(25/R^2)$。

(1) 计算在点 $P(-3,4,-5)$ 的 $|\boldsymbol{E}|$ 和 E_x。

(2) 在点 P 找到 $\boldsymbol{E}$ 的角度使得 $\boldsymbol{B}=\boldsymbol{a}_x2-\boldsymbol{a}_y2+\boldsymbol{a}_z$。

P.2-18 用直角坐标表示球面坐标系中的基矢量 $\boldsymbol{a}_R$、$\boldsymbol{a}_\theta$ 和 $\boldsymbol{a}_\phi$。

P.2-19 求以下基矢量乘积的值

(1) $\boldsymbol{a}_x\cdot\boldsymbol{a}_\phi$ (2) $\boldsymbol{a}_\theta\cdot\boldsymbol{a}_y$ (3) $\boldsymbol{a}_r\times\boldsymbol{a}_x$ (4) $\boldsymbol{a}_R\cdot\boldsymbol{a}_r$ (5) $\boldsymbol{a}_y\cdot\boldsymbol{a}_R$ (6) $\boldsymbol{a}_R\cdot\boldsymbol{a}_z$

(7) $\boldsymbol{a}_R \times \boldsymbol{a}_z$　(8) $\boldsymbol{a}_\theta \cdot \boldsymbol{a}_z$　(9) $\boldsymbol{a}_z \times \boldsymbol{a}_\theta$

P. 2-20　已知一个矢量函数 $\boldsymbol{F}=\boldsymbol{a}_x xy+\boldsymbol{a}_y(3x-y^2)$，求图 2-35 中从 $P_1(5,6)$ 到 $P_2(3,3)$ 的积分 $\int \boldsymbol{F}\cdot \mathrm{d}\boldsymbol{l}$。

(1) 沿直线路径 P_1P_2。

(2) 沿路径 P_1AP_2。

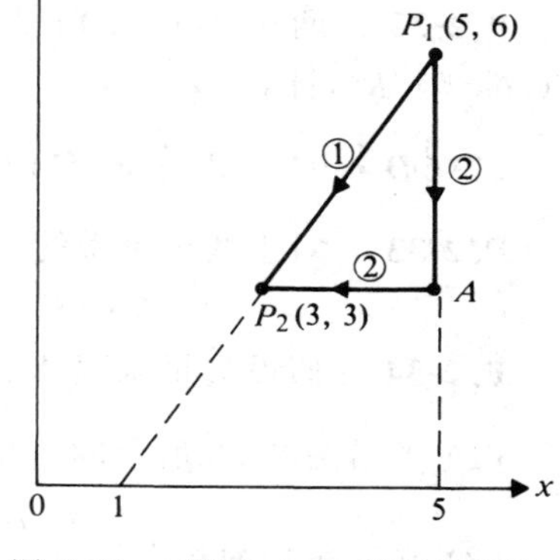

图 2-35　习题 P. 2-20 的积分路径

P. 2-21　已知矢量函数 $\boldsymbol{E}=\boldsymbol{a}_x y+\boldsymbol{a}_y x$，计算从点 $P_1(2,1,-1)$ 到点 $P_2(8,2,-1)$ 的标量线积分 $\int \boldsymbol{E}\cdot \mathrm{d}\boldsymbol{l}$。

(1) 沿抛物线 $x=2y^2$。

(2) 沿连接这两个点的直线。

场 $\boldsymbol{E}$ 是保守场吗？

P. 2-22　对于习题 P. 2-21 中的 $\boldsymbol{E}$，计算直角坐标系中从点 $P_3(3,4,-1)$ 到点 $P_4(4,-3,-1)$ 的 $\int \boldsymbol{E}\cdot \mathrm{d}\boldsymbol{l}$。

P. 2-23　已知标量函数

$$V=\left(\sin\frac{\pi}{2}x\right)\left(\sin\frac{\pi}{3}y\right)\mathrm{e}^{-z}$$

求：

(1) 在点 $P(1,2,3)$ 处 V 的最大增长率的大小和方向。

(2) 在点 P 处 V 在原点方向增长率。

P. 2-24　计算球心在原点、半径为 5 的球表面的面积分

$$\oint_S (\boldsymbol{a}_R 3\sin\theta)\cdot \mathrm{d}\boldsymbol{s}$$

P. 2-25　一个包含点 (x_1,y_1,z_1) 的平面空间方程为

$$l(x-x_1)+m(y-y_1)+p(z-z_1)$$

其中 l，m 和 p 是平面的单位法线的方向余弦

$$\boldsymbol{a}_n=\boldsymbol{a}_x l+\boldsymbol{a}_y m+\boldsymbol{a}_z p$$

已知矢量场 $\boldsymbol{F}=\boldsymbol{a}_x+\boldsymbol{a}_y 2+\boldsymbol{a}_z 3$，计算在正方形平面上的积分 $\int_s \boldsymbol{F}\cdot \mathrm{d}\boldsymbol{s}$，正方形的四顶点为 $(0,0,2)$，$(2,0,2)$，$(2,2,0)$ 和 $(0,2,0)$。

P. 2-26　求出以下径向矢量场的散度：

(1) $f_1(\boldsymbol{R})=\boldsymbol{a}_R R^n$

(2) $f_2(\boldsymbol{R})=\boldsymbol{a}_R \dfrac{k}{R^2}$

P. 2-27　证明 $\dfrac{1}{3}\oint_S \boldsymbol{R}\cdot \mathrm{d}\boldsymbol{s}=V$，其中 $\boldsymbol{R}$ 是径向矢量，V 是曲面 S 围成的区域的体积。

P. 2-28　对于标量函数 f 和矢量函数 $\boldsymbol{A}$，用直角坐标证明

$$\nabla\cdot(fA)=f\,\nabla\cdot A+A\cdot\nabla f$$

P. 2-29　在圆柱体 $r=5$，$z=0$ 和 $z=4$ 所围成的区域中，对矢量函数 $\boldsymbol{A}=\boldsymbol{a}_r r^2+\boldsymbol{a}_z 2z$ 验证散度定理。

P. 2-30　对于例 2-15(27 页)中所给的矢量函数 $\boldsymbol{F}=\boldsymbol{a}_x k_1/r+\boldsymbol{a}_z k_z z$，在此例所给的体积上计算 $\int \nabla\cdot \boldsymbol{F}\mathrm{d}v$。解释散度定理为什么在这里不适用。

P. 2-31　对于圆柱坐标系中的矢量场 $\boldsymbol{A}=\boldsymbol{a}_r A_r+\boldsymbol{a}_\phi A_\phi+\boldsymbol{a}_z A_z$，利用式(2-98)中的定义来导出 $\nabla\cdot\boldsymbol{A}$ 的表达式。

P. 2-32　两个半径分别是 $R=1$ 和 $R=2$ 的球壳之间的区域有一个矢量场 $\boldsymbol{D}=\boldsymbol{a}_R(\cos^2\phi)/R^3$，计算

(1) $\oint \boldsymbol{D}\cdot\mathrm{d}\boldsymbol{s}$　(2) $\int \nabla\cdot \boldsymbol{D}\mathrm{d}v$

P. 2-33　对于两个可微的矢量函数 $\boldsymbol{E}$ 和 $\boldsymbol{H}$，证明

$$\nabla\cdot(\boldsymbol{E}\times\boldsymbol{H})=\boldsymbol{H}\cdot(\nabla\times\boldsymbol{E})-\boldsymbol{E}\cdot(\nabla\times\boldsymbol{H})$$

P. 2-34　假设矢量函数 $\boldsymbol{A}=\boldsymbol{a}_x 3x^2y^3-\boldsymbol{a}_y x^3y^2$

(1) 求沿图 2-36 所示的三角形边界的 $\oint \boldsymbol{A}\cdot\mathrm{d}\boldsymbol{l}$。

(2) 在三角形面积上计算 $\int(\nabla\times\boldsymbol{A})\cdot\mathrm{d}\boldsymbol{s}$。

(3) $\boldsymbol{A}$ 可以表示成一个标量的梯度吗？试解释。

P. 2-35　对于矢量场 $\boldsymbol{A}=\boldsymbol{a}_R A_R+\boldsymbol{a}_\theta A_\theta+\boldsymbol{a}_\phi A_\phi$，利用式(2-126)中的定义导出 $\nabla\times\boldsymbol{A}$ 在球坐标系中的 $\boldsymbol{a}_R$ 分量表达式。

P. 2-36　已知矢量函数 $\boldsymbol{A}=\boldsymbol{a}_\phi\sin(\phi/2)$，在如图 2-37 所示半球面和其圆周边界上，验证斯托克斯定理。

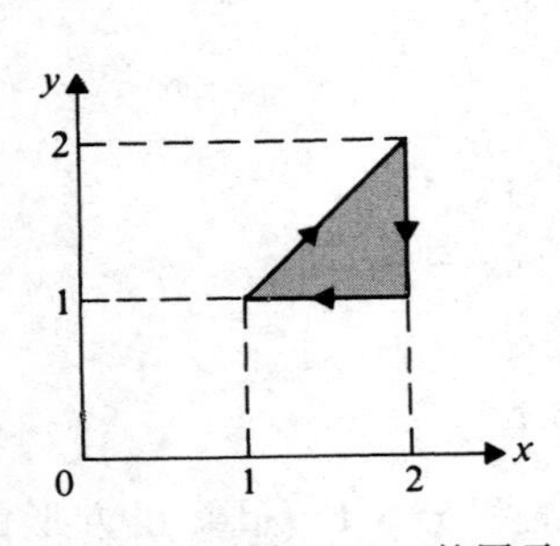

图 2-36　习题 P. 2-34 的图示

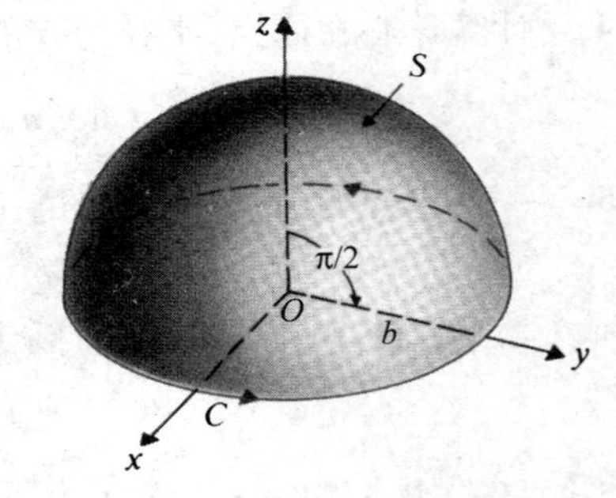

图 2-37　习题 P. 2-36 的图示

P. 2-37　对于标量函数 f 和矢量函数 $\boldsymbol{G}$，用直角坐标证明

$$\nabla\times(f\boldsymbol{G})=f\,\nabla\times\boldsymbol{G}+(\nabla f)\times\boldsymbol{G}$$

P. 2-38　用一般的正交曲线坐标展开证明零恒等式：

(1) $\nabla\times(\nabla V)\equiv 0$

(2) $\nabla\cdot(\nabla\times\boldsymbol{A})\equiv 0$

P. 2-39　已知矢量函数 $\boldsymbol{F}=\boldsymbol{a}_x(x+c_1 z)+\boldsymbol{a}_y(c_2 x-3z)+\boldsymbol{a}_z(x+c_3 y+c_4 z)$。

(1) 若 $\boldsymbol{F}$ 是无旋度的，求常数 c_1、c_2 和 c_3。

(2) 若 $\boldsymbol{F}$ 是有散度的，求常数 c_4。

(3) 求标量电位函数 V，其负梯度等于 $\boldsymbol{F}$。

第3章 静 电 场

3.1 引言

1.2节曾提到，为了研究科学学科而构建演绎理论，包括三个基本步骤。它们是：基本量的定义，运算规则的研究，基本关系的假设。第1章定义了电磁模型的源量和场量，在第2章阐述了矢量代数和矢量微积分基础。现在，为了学习静电学中的源场关系，介绍一些基本公理。

场是标量或矢量的空间分布，可以是时间的函数，也可以不是时间的函数。相对于海平面的山上位置的高度就是一个标量的例子。如果忽略长期侵蚀和地震的影响，相对于海平面的位置高度是一个标量，它不是时间的函数。山上不同的位置有着不同的高度，构成高度场。高度的梯度是矢量，在此方向上高度增加(向上倾斜)速率最大。在平坦的山顶或平地，高度是一个常数，它的梯度为0。地球的引力场代表单位质量的引力，是指向地球中心的矢量，大小取决于质量的高度。电场强度和磁场强度是矢量场。

在静电学中，电荷(源)是静止的，电场不随时间改变。这里没有磁场，因此我们处理的情况相对简单。学习完静电场的性质并掌握了静电场边值问题的求解方法之后，接下来将继续学习磁场和时变电磁场。虽然静电场在电磁学中相对简单，但它是理解更复杂电磁模型的基础。此外，很多自然现象(如闪电，电晕，圣艾尔摩之火，火药爆炸)的解释和一些重要的工业应用(如示波器，喷墨打印机，静电复印，驻极体话筒)都是基于静电学的。文献中还有很多基于静电学的特殊应用的文章，关于静电学的许多书也已出版①。

在基础物理学中，静电学的发展通常起始于两个点电荷之间作用力的实验库仑定律(发表于1785年)，该定律指出两个带电体 q_1 和 q_2(与他们之间的距离 R_{12} 相比非常小)之间的作用力，与它们的电荷乘积成正比，与距离的平方成反比，其力的方向在两点的连线上。另外，库仑还发现了同种电荷相互排斥，异种电荷相互吸引。使用矢量符号，**库仑定律**可用数学形式写成

$$\boldsymbol{F}_{12} = \boldsymbol{a}_{R_{12}} k \frac{q_1 q_2}{R_{12}^2} \tag{3-1}$$

其中，$\boldsymbol{F}_{12}$ 是 q_1 施加在 q_2 上的力，$\boldsymbol{a}_{R_{12}}$ 是从 q_1 指向 q_2 的单位矢量，k 是比例常数，取决于介质和单位制。注意：如果 q_1 和 q_2 符号相同(同为正或同为负)，则 $\boldsymbol{F}_{12}$ 是正的(相斥)；如果 q_1

---

① A. Klinkenberg and J. L. van der Minne, *Electrostatics in the Petroleum Industry*, Elsevier, Amsterdam, 1958. J. H. Dessauer and H. E. Clark, *Xerography and Related Processes*, Focal Press, London, 1965. A. D. Moore(Ed.), *Electrostatics and Its Applications*, John Wiley, New York, 1973. C. E. Jewett, *Electrostatics in the Electronics Environment*, John Wiley, New York, 1976. J. C. Crowley, *Fundamentals of Applied Electrostatics*, John Wiley, New York, 1986.

和 q_2 符号相反，则$\boldsymbol{F}_{12}$是负的(相吸)。静电学由库仑定律出发，进而定义电场强度 $\boldsymbol{E}$，电位 $\boldsymbol{V}$ 和电通密度 $\boldsymbol{D}$，然后导出高斯定律和其他关系。该方法是符合逻辑的，也许因为该方法起始于实验室中观察到的实验定律，而不是从抽象的公理开始。

尽管根据实验得出库仑定律，我们认为其事实上仍是公理。考虑库仑定律中的两个约束条件：带电体的大小与它们间的距离相比足够小；作用力与距离的平方成反比。关于第一个约束条件的疑问是：带电体的大小到底与它们之间的距离相比多小才是足够小？实际上带电体不可能没有尺寸(理想点电荷)，而且求两个有限尺寸带电体之间的真正距离是非常困难的。对于给定尺寸的物体，当它们相距很远时测量的精确性相对要更好。然而，实际上考虑(弱相互作用力，外壳带电体存在等等)的约束是，实验室中关于距离的测量误差是不可能完全避免的。这样，第二个约束条件中关于距离平方成反比的假设成为严重的问题。即使带电体没有了尺寸，无论一个实验者其技术性多么强，操作时多么小心，实验中的测量也不可能无限准确。当时库仑知道静电力确实与两物体距离的平方成反比吗？在18世纪库仑那个时代的实验结果是不可能足够精确的①，所以这个问题无法回答。因此得出库仑定律本身就是一个公理，且式(3-1)所表示的正确关系是库仑根据其有限精度实验发现的自然规律。

我们并不介绍静电学理论的历史发展，而是通过真空中电场强度的散度和旋度来介绍静电学。由2.12节亥姆霍兹定理可知，如果确定了矢量场的散度和旋度，那么这个矢量场就确定下来。由散度和旋度关系导出库仑定律和高斯定律，而不把这两个定律当作独立的公理。由矢量恒等式自然得出标量位的概念。研究媒质中场的特性并得出静电能和静电力的表达式。

3.2 真空中静电学的基本公理

我们从真空中静止的电荷产生的电场开始学习电磁学。真空中的静电学是电磁学中最简单的特例。现在只需考虑1.2节中讨论的电磁模型中四个基本矢量场量中的一个，即电场强度 $\boldsymbol{E}$。而且，在1.3节中提到的三个普适常数，只有真空中的介电常数 ε_0 运用到我们的公式中。

电场强度定义为非常小的静止试验电荷放在电场存在的区域时，每单位电荷所受的力。即

$$\boldsymbol{E} = \lim_{q \to 0} \frac{\boldsymbol{F}}{q} \tag{3-2}$$

那么，电场强度 $\boldsymbol{E}$ 与 $\boldsymbol{F}$ 成正比，其方向与 $\boldsymbol{F}$ 相同。如果 $\boldsymbol{F}$ 的单位是牛顿(N)，电荷 q 的单位是库仑(C)，那么电场强度的单位就是牛顿每库仑(N/C)，也就是伏特每米(V/m)。当然试验电荷 q 在实际中不可能为零；事实上，试验电荷不可能小于电子的电荷。然而，如果试验电荷足够小不足以影响源的电荷的分布，那么有限量试验电荷不会使电场强度的测量值与计算值有明显差别。式(3-2)变换可得电场 $\boldsymbol{E}$ 中静止电荷 q 的静电力 $\boldsymbol{F}$

---

① 库仑定律中的距离的指数被间接的实验证明为 2 ± 10^{-15}。(见 E. R. Williams, J. E. Faller, and H. A. Hall, *phys. Rev. Letters*, vol. 26, 1971, p. 751.)

$$\boldsymbol{F}=q\boldsymbol{E} \tag{3-3}$$

真空中静电学的两个基本公理由电场强度 $\boldsymbol{E}$ 的散度和旋度描述。它们为

$$\nabla\cdot\boldsymbol{E}=\frac{\rho}{\varepsilon_0} \tag{3-4}$$

和

$$\nabla\times\boldsymbol{E}=0 \tag{3-5}$$

在式(3-4)中，ρ 为真空中的体电荷密度(C/m^3)，而 ε_0 是真空中的介电常数，它是一个普适常数①。式(3-5)表明**静电场是无旋场**，而式(3-4)意指静电场不是无散度的，除非 $\rho=0$。这两个公理简单明了，与任何坐标系无关；并且它们还可以用来推导静电学中的所有其他关系、定律和定理！这就是演绎的公理化方法的优点。

式(3-4)和式(3-5)是点关系，也就是说它们对空间中的每个点都适用。因为散度和旋度的运算涉及空间导数，所以它们被称为静电学中公理的微分形式。实际应用中，通常对全部电荷或者分布电荷的总电场感兴趣，该电场可由式(3-4)积分更方便地求得。在任意体积上对式(3-4)的两边取体积分，可得

$$\int_V\nabla\cdot\boldsymbol{E}\mathrm{d}v=\frac{1}{\varepsilon_0}\int_V\rho\mathrm{d}v \tag{3-6}$$

考虑式(2-115)的散度定理，式(3-6)变为

$$\oint_S\boldsymbol{E}\cdot\mathrm{d}\boldsymbol{s}=\frac{Q}{\varepsilon_0} \tag{3-7}$$

其中 Q 是包含于表面积为 S、体积为 V 内的全部电荷。式(3-7)是高斯定理的一种形式，它表明**真空中任意闭合面上电场强度向外的总通量等于该闭合面所包围的总电荷与介电常数之比**。高斯定律是静电学中最重要的关系之一。我们将在3.4节结合例子来进一步讨论。

在开曲面上对 $\nabla\times\boldsymbol{E}$ 积分并引入式(2-143)所述的斯托克斯定理，可得式(3-5)中旋度关系的积分形式

$$\oint_C\boldsymbol{E}\cdot\mathrm{d}\boldsymbol{l}=0 \tag{3-8}$$

这个线积分在围绕任意表面的闭合周线 C 上进行。事实上，这个表面不包括在式(3-8)中，该式表明**围绕任意闭合路径的静电场强度的标量线积分为零**。沿任意路径积分的标量积 $\boldsymbol{E}\cdot\mathrm{d}\boldsymbol{l}$ 即为电压。因此式(3-8)是电路理论中**基尔霍夫电压定律的表达式，即沿任意闭合电路的电压降的代数和为零**。这将在5.3章中再讨论。

式(3-8)是用另一种方法来说明电场 $\boldsymbol{E}$ 是无旋场(保守场)。参考图3-1可见，如果电场中任意闭合周线 C_1C_2 中的电场强度 $\boldsymbol{E}$ 的标量线积分为零，则

$$\int_{C_1}\boldsymbol{E}\cdot\mathrm{d}\boldsymbol{l}+\int_{C_2}\boldsymbol{E}\cdot\mathrm{d}\boldsymbol{l}=0 \tag{3-9}$$

或

$$\underset{\text{沿着 }C_1}{\int_{P_1}^{P_2}\boldsymbol{E}\cdot\mathrm{d}\boldsymbol{l}}=-\underset{\text{沿着 }C_2}{\int_{P_2}^{P_1}\boldsymbol{E}\cdot\mathrm{d}\boldsymbol{l}} \tag{3-10}$$

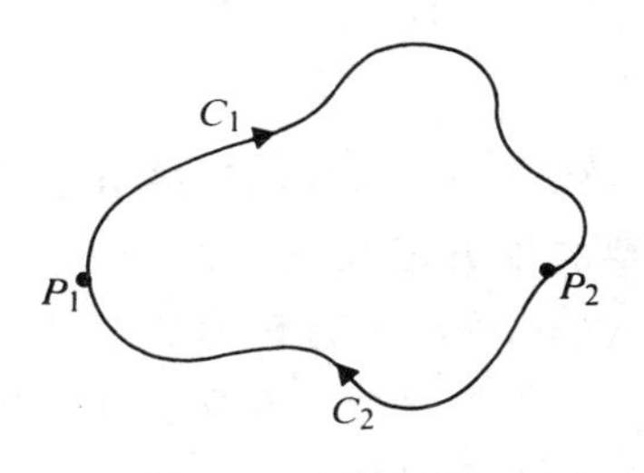

图3-1　任意周线

① 真空中的介电常数为 $\varepsilon_0\cong\frac{1}{36\pi}\times10^{-9}$(F/m)。见式(1-11)。

或

$$\underset{\text{沿着 } C_1}{\int_{P_1}^{P_2} \boldsymbol{E} \cdot \mathrm{d}\boldsymbol{l}} = \underset{\text{沿着 } C_2}{\int_{P_1}^{P_2} \boldsymbol{E} \cdot \mathrm{d}\boldsymbol{l}} \tag{3-11}$$

式(3-11)表示无旋场 $\boldsymbol{E}$ 的标量线积分与路径无关,只取决于起点和终点。在3.5节中将看到,式(3-11)中的积分表示电场把单位电荷从点 P_1 移到点 P_2 所做的功,因此式(3-8)和式(3-9)说明功或能在静电场中守恒。

下表重列真空中静电场的两个基本公理,因为它们是构建静电学理论结构的基础。

真空中静电学的基本公理

微分形式	积分形式
$\nabla \cdot \boldsymbol{E} = \dfrac{\rho}{\varepsilon_0}$	$\oint_S \boldsymbol{E} \cdot \mathrm{d}\boldsymbol{s} = \dfrac{Q}{\varepsilon_0}$
$\nabla \times \boldsymbol{E} = 0$	$\oint_C \boldsymbol{E} \cdot \mathrm{d}\boldsymbol{l} = 0$

我们考虑的这些公理像电荷守恒定律一样,代表自然规律。下一节将推导库仑定律。

3.3 库仑定律

下面论述最简单的静电问题——静止于无界真空中的单个点电荷 q。为了找到由 q 产生的电场强度,可假设 q 处于半径为 R 的球面的圆心。因为点电荷没有首选方向,所以它的电场一定到处是径向的,且在球面上的所有点有同样的强度。将式(3-7)应用于图3-2(a),有

$$\oint_S \boldsymbol{E} \cdot \mathrm{d}\boldsymbol{s} = \oint_S (\boldsymbol{a}_R E_R) \cdot \boldsymbol{a}_R \mathrm{d}s = \frac{q}{\varepsilon_0}$$

或

$$E_R \oint_S \mathrm{d}s = E_R (4\pi R^2) = \frac{q}{\varepsilon_0}$$

因此

$$\boldsymbol{E} = \boldsymbol{a}_R E_R = \boldsymbol{a}_R \frac{q}{4\pi\varepsilon_0 R^2} \quad (\mathrm{V/m}) \tag{3-12}$$

式(3-12)告诉我们**正的点电荷的电场强度是径直向外的,其大小与电荷成正比,与离电荷距离的平方成反比**。这是静电学中的一个非常重要的基本公式。利用式(2-139),可证明式(3-12)给定的 $\boldsymbol{E}$ 满足 $\nabla \times \boldsymbol{E} = 0$。正的点电荷 q 的电场强度的通量线图看起来像图2-25(b)。

如果电荷 q 不位于所选坐标系的原点,则应对单位矢量 $\boldsymbol{a}_R$、反应电荷位置和所求电场 $\boldsymbol{E}$ 的场点位置的距离 R 做适当的修改。令点 q 的位置矢量为 $\boldsymbol{R}'$,场点 P 的位置矢量为 $\boldsymbol{R}$,如图3-2(b)所示。然后,由式(3-12)可得

$$\boldsymbol{E}_P = \boldsymbol{a}_{qP} \frac{q}{4\pi\varepsilon_0 |\boldsymbol{R} - \boldsymbol{R}'|^2} \tag{3-13}$$

其中 $\boldsymbol{a}_{qP}$ 是从 q 到 P 所画的单位矢量。由于

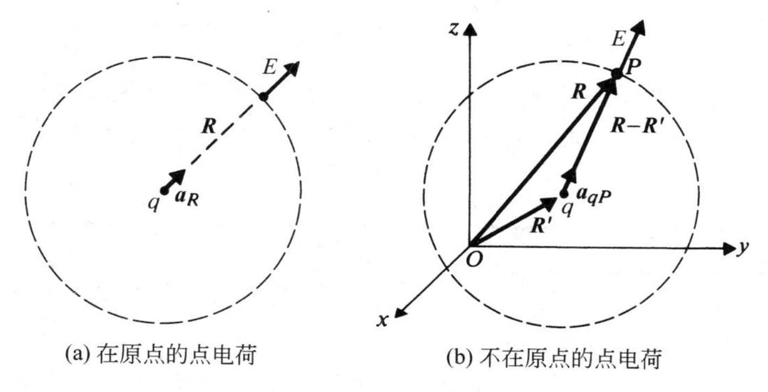

(a) 在原点的点电荷　　(b) 不在原点的点电荷

图 3-2　由点电荷产生的电场强度

$$\boldsymbol{a}_{qP} = \frac{\boldsymbol{R}-\boldsymbol{R}'}{|\boldsymbol{R}-\boldsymbol{R}'|} \tag{3-14}$$

有

$$\boldsymbol{E}_P = \frac{q(\boldsymbol{R}-\boldsymbol{R}')}{4\pi\varepsilon_0 |\boldsymbol{R}-\boldsymbol{R}'|^3} \quad (\text{V/m}) \tag{3-15}$$

例 3-1　空气中位于点 $Q(0.2,0.1,-2.5)$处有一个$+5$(nC)的点电荷，求其在点$P(-0.2,0,-2.3)$处产生的电场强度。所有单位为 m。

解：场点 P 的位置矢量为

$$\boldsymbol{R} = \overrightarrow{OP} = -\boldsymbol{a}_x 0.2 - \boldsymbol{a}_z 2.3$$

点电荷 Q 的位置矢量为

$$\boldsymbol{R}' = \overrightarrow{OQ} = \boldsymbol{a}_x 0.2 + \boldsymbol{a}_y 0.1 - \boldsymbol{a}_z 2.5$$

两个位置矢量的差为

$$\boldsymbol{R}-\boldsymbol{R}' = -\boldsymbol{a}_x 0.4 - \boldsymbol{a}_y 0.1 + \boldsymbol{a}_z 0.2$$

其大小为

$$|\boldsymbol{R}-\boldsymbol{R}'| = [(-0.4)^2 + (-0.1)^2 + (0.2)^2]^{\frac{1}{2}} = 0.458 \quad (\text{m})$$

代入式(3-15)，有

$$\begin{aligned}\boldsymbol{E}_P &= \left(\frac{1}{4\pi\varepsilon_0}\right)\frac{q(\boldsymbol{R}-\boldsymbol{R}')}{|\boldsymbol{R}-\boldsymbol{R}'|^3} \\ &= (9\times10^9)\frac{5\times10^{-9}}{0.458^3}(-\boldsymbol{a}_x 0.4 - \boldsymbol{a}_y 0.1 + \boldsymbol{a}_z 0.2) \\ &= 214.5(-\boldsymbol{a}_x 0.873 - \boldsymbol{a}_y 0.218 + \boldsymbol{a}_z 0.437) \quad (\text{V/m})\end{aligned}$$

圆括号内的量是单位矢量 $\boldsymbol{a}_{qP} = (\boldsymbol{R}-\boldsymbol{R}')/|\boldsymbol{R}-\boldsymbol{R}'|$，$\boldsymbol{E}_P$ 的大小为 214.5(V/m)。

注意：空气的介电常数与真空的介电常数相同。因子 $1/(4\pi\varepsilon_0)$在静电学中频繁出现。由式(1-11)可知 $\varepsilon_0 = 1/(c^2\mu_0)$。但是在国际单位制中 $\mu_0 = 4\pi\times10^{-7}$(H/m)，所以准确地说

$$\frac{1}{4\pi\varepsilon_0} = \frac{c^2\mu_0}{4\pi} = 10^{-7}c^2 \quad (\text{m/F}) \tag{3-16}$$

如果利用近似值 $c = 3\times10^8$(m/s)，则 $1/(4\pi\varepsilon_0) = 9\times10^9$(m/F)。

当点电荷 q_2 放置在另一个处于原点的点电荷 q_1 的场中时，q_2 受到 q_1 在 q_2 处产生的电场强度$\boldsymbol{E}_{12}$的作用力是$\boldsymbol{F}_{12}$。结合式(3-3)和式(3-12)得

$$\boldsymbol{F}_{12} = q_2 \boldsymbol{E}_{12} = \boldsymbol{a}_R \frac{q_1 q_2}{4\pi\varepsilon_0 R^2} \quad (\mathrm{N}) \tag{3-17}$$

式(3-17)是**库仑定律**的数学表达式,已经在3.1节结合式(3-1)得以阐述。注意R的幂准确来说为2,其由式(3-4)这一基本公理得出。在国际单位制中,比例常数k等于$1/(4\pi\varepsilon_0)$,力的单位是牛顿(N)。

例 3-2 总电荷Q放在半径为b的薄球壳上,试求该球壳内任意点的电场强度。

解:有两种方法解这个问题。

(1) 如图3-3所示,比如空心壳体里面的任意点P,可画出任意假定的封闭面(**高斯面**),在该封闭面应用式(3-7)的高斯定理。因为球壳内没有电荷存在且封闭面是任意的,所以容易得出球壳内的任意点$E=0$。

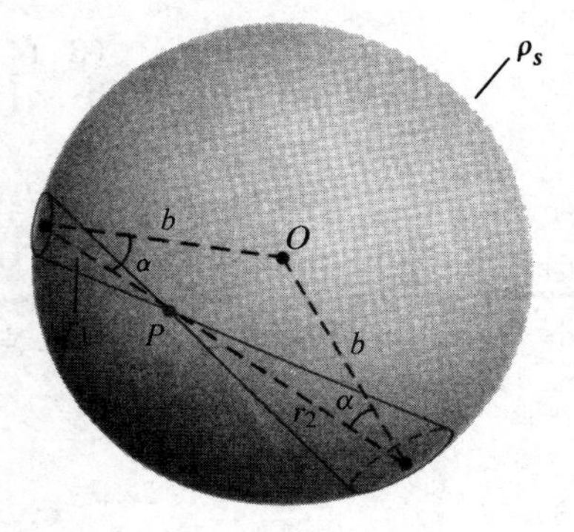

图 3-3 带电荷的壳

(2) 现在详细分析此问题。以任意点P为顶点,画一个立体角为$\mathrm{d}\Omega$的一对圆锥。该圆锥在两个方向上延伸,在与点P距离为r_1和r_2处与球壳相交的面积分别为$\mathrm{d}s_1$和$\mathrm{d}s_2$。由于电荷Q均匀分布在球壳上,所以存在均匀的面电荷密度

$$\rho_s = \frac{Q}{4\pi b^2} \tag{3-18}$$

由于微元表面$\mathrm{d}s_1$和$\mathrm{d}s_2$上有电荷,由式(3-12)得点P处的电场强度大小

$$\mathrm{d}E = \frac{\rho_s}{4\pi\varepsilon_0}\left(\frac{\mathrm{d}s_1}{r_1^2} - \frac{\mathrm{d}s_2}{r_2^2}\right) \tag{3-19}$$

但是立体角$\mathrm{d}\Omega$等于

$$\mathrm{d}\Omega = \frac{\mathrm{d}s_1}{r_1^2}\cos\alpha = \frac{\mathrm{d}s_2}{r_2^2}\cos\alpha \tag{3-20}$$

结合$\mathrm{d}E$和$\mathrm{d}\Omega$的表达式,可得

$$\mathrm{d}E = \frac{\rho_s}{4\pi\varepsilon_0}\left(\frac{\mathrm{d}\Omega}{\cos\alpha} - \frac{\mathrm{d}\Omega}{\cos\alpha}\right) = 0 \tag{3-21}$$

由于上式用于每对立体角,所以得出与前面一样的结论:在导电球壳内的任何地方$\boldsymbol{E}=0$。

注意:如果式(3-12)中所表达的库仑定律及式(3-19)所用的库仑定律,与平方反比关系略有不同,那么用几何关系式(3-20)代入式(3-19)就不能得到$\mathrm{d}E=0$,因此,球壳内的电场强度不为0;实际上,电场强度随点P的位置而变化。库仑最早使用扭秤来做实验,这就必然限制了其精度。然而他非常聪明,提出平方反比律。很多科学家随后利用这个例子所述的球壳中不存在电场来验证平方反比律。如果带电球壳内部存在电场,就能用探针通过一个小孔精确测得。

例 3-3 一个阴极射线示波器的静电偏转系统如图3-4所示。加热的阴极产生的电子运动到带正电的阳极(图中没有显示),其初速度为$\boldsymbol{u}_0=\boldsymbol{a}_z u_0$。电子在$z=0$处进入均匀电场为$\boldsymbol{E}_d=-\boldsymbol{a}_y E_d$,宽度为$w$的偏转板区域。忽略重力作用,求在$z=L$处的荧光屏上电子的垂直偏转距离。

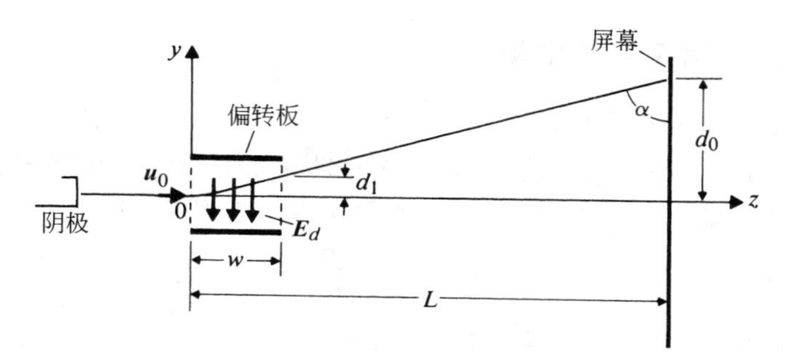

图 3-4　阴极射线示波器的静电偏转系统

解：因为在 z 方向上 $z>0$ 的区域没有力，所以水平速率 u_0 恒定。电场 $\boldsymbol{E}_d$ 施加的力使得每个带有电荷量 $-e$ 的电子在 y 方向上产生偏转

$$\boldsymbol{F}=(-e)\,\boldsymbol{E}_d=\boldsymbol{a}_y eE_d$$

由牛顿第二运动定律，在垂直方向上有

$$m\frac{\mathrm{d}u_y}{\mathrm{d}t}=eE_d$$

这里 m 为电子质量。两边积分得

$$u_y=\frac{\mathrm{d}y}{\mathrm{d}t}=\frac{e}{m}E_d t$$

因为 $t=0$ 时 $u_y=0$，所以积分常数为 0。再次积分得

$$y=\frac{e}{2m}E_d t^2$$

因为 $t=0$ 时 $y=0$，所以积分常数再次为零。注意：在偏转板间的电子有一条抛物线轨迹。在偏转板的出口处，$t=w/u_0$

$$d_1=\frac{eE_d}{2m}\left(\frac{w}{u_0}\right)^2$$

而且

$$u_{y1}=u_y\big|_{t=\frac{w}{u_0}}=\frac{eE_d}{m}\left(\frac{w}{u_0}\right)$$

当电子到达荧光屏时，它们又花了 $(L-w)/u_0$ 秒，进一步走过水平距离 $L-w$。在此期间，垂直方向上产生的偏转为

$$d_2=u_{y1}\left(\frac{L-w}{u_0}\right)=\frac{eE_d}{m}\frac{w(L-w)}{u_0^2}$$

因此荧光屏上的总偏转距离为

$$d_0=d_1+d_2=\frac{eE_d}{mu_0^2}w\left(L-\frac{w}{2}\right)$$

在计算机输出中所用的喷墨式打印机，类似于阴极射线示波器，就是基于带电粒子流的静电偏转原理制作的器件。压电传感器控制振动的喷嘴来给微小的墨粒施加力。计算机输出赋予墨粒不同的电荷量，然后这些墨粒穿过一对存在均匀电场的偏转板。墨粒的偏转取决于它所带的电荷量，当打印头在水平方向上移动时，使得喷墨击打在打印表面并形成图像。

3.3.1 离散电荷系统的电场

假设静电场由处于不同位置的 n 个离散点电荷 $q_1, q_2, \cdots, q_n$ 产生。既然电场强度是线性函数(正比于)$\boldsymbol{a}_R q/R^2$,那么可应用叠加原理,并且某点的总电场强度 $\boldsymbol{E}$ 为所有单个离散电荷产生的场强的矢量和。由式(3-15)可得位置矢量为 $\boldsymbol{R}$ 的场点的电场强度为

$$\boldsymbol{E} = \frac{1}{4\pi\varepsilon_0}\sum_{k=1}^{n}\frac{q_k(\boldsymbol{R}-\boldsymbol{R}'_k)}{|\boldsymbol{R}-\boldsymbol{R}'_k|^3} \quad (\text{V/m}) \tag{3-22}$$

虽然式(3-22)很简单,但是由于需要对不同大小和方向的矢量求和,使用起来有些不方便。

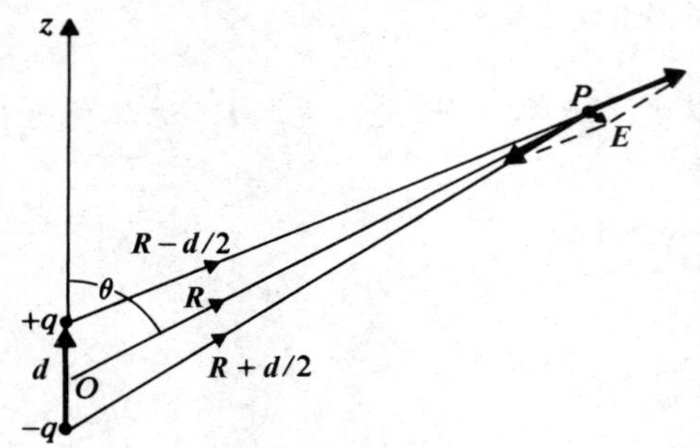

图 3-5 电偶极子产生的电场

考虑如图 3-5 所示的**电偶极子**这一简单例子,它由一对相距为 d 的等量异种电荷 $+q$ 和 $-q$ 构成。令电偶极子的中点为球坐标的原点。点 P 的电场强度 $\boldsymbol{E}$ 是 $+q$ 和 $-q$ 产生的电场强度之和。因此

$$\boldsymbol{E} = \frac{q}{4\pi\varepsilon_0}\left\{\frac{\boldsymbol{R}-\frac{\boldsymbol{d}}{2}}{\left|\boldsymbol{R}-\frac{\boldsymbol{d}}{2}\right|^3}-\frac{\boldsymbol{R}+\frac{\boldsymbol{d}}{2}}{\left|\boldsymbol{R}+\frac{\boldsymbol{d}}{2}\right|^3}\right\} \tag{3-23}$$

如果 $d \ll R$,式(3-23)中右边第一项可简化。写为

$$\left|\boldsymbol{R}-\frac{\boldsymbol{d}}{2}\right|^{-3} = \left[\left(\boldsymbol{R}-\frac{\boldsymbol{d}}{2}\right)\cdot\left(\boldsymbol{R}-\frac{\boldsymbol{d}}{2}\right)\right]^{-3/2} = \left[R^2-\boldsymbol{R}\cdot\boldsymbol{d}+\frac{d^2}{4}\right]^{-3/2}$$

$$\cong R^{-3}\left[1-\frac{\boldsymbol{R}\cdot\boldsymbol{d}}{R^2}\right]^{-3/2} \cong R^{-3}\left(1+\frac{3}{2}\frac{\boldsymbol{R}\cdot\boldsymbol{d}}{R^2}\right) \tag{3-24}$$

这里运用了二项式展开,并忽略所有含有(d/R)的二次方或更高次方的项。类似地,对式(3-23)右边的第二项有

$$\left|\boldsymbol{R}+\frac{\boldsymbol{d}}{2}\right|^{-3} \cong R^{-3}\left(1-\frac{3}{2}\frac{\boldsymbol{R}\cdot\boldsymbol{d}}{\boldsymbol{R}^2}\right) \tag{3-25}$$

将式(3-24)和式(3-25)代入式(3-23)得

$$\boldsymbol{E} \cong \frac{q}{4\pi\varepsilon_0 R^3}\left(3\frac{\boldsymbol{R}\cdot\boldsymbol{d}}{R^2}\boldsymbol{R}-\boldsymbol{d}\right) \tag{3-26}$$

式(3-26)的推导需要矢量运算。我们认为求三个或更多个离散电荷产生的电场将更繁琐。3.5 节中将会介绍标量电位的概念,采用标量电位更易求得分布电荷产生的电场强度。

在研究电介质中的电磁场时,电偶极子是个重要模型。定义电荷量 q 与矢量 $\boldsymbol{d}$(从 $-q$ 到 $+q$)的乘积为**电偶极距** $\boldsymbol{p}$

$$\boldsymbol{p} = q\boldsymbol{d} \tag{3-27}$$

式(3-26)又可写为

$$\boldsymbol{E} = \frac{1}{4\pi\varepsilon_0 R^3}\left(3\frac{\boldsymbol{R}\cdot\boldsymbol{p}}{R^2}\boldsymbol{R}-\boldsymbol{p}\right) \tag{3-28}$$

为了简化,这里省去了等号上面的近似符号。如果电偶极子沿着图 3-5 中 z 轴放置,则有(见式 2-77)

$$\mathbf{p} = \mathbf{a}_z p = p(\mathbf{a}_R \cos\theta - \mathbf{a}_\theta \sin\theta) \tag{3-29}$$

$$\mathbf{R} \cdot \mathbf{p} = Rp\cos\theta \tag{3-30}$$

且式(3-28)变为

$$\mathbf{E} = \frac{p}{4\pi\varepsilon_0 R^3}(\mathbf{a}_R 2\cos\theta + \mathbf{a}_\theta \sin\theta) \quad (\text{V/m}) \tag{3-31}$$

式(3-31)给出了电偶极子在球坐标下的电场强度。可见电偶极子的 $\mathbf{E}$ 与距离 R 的立方成反比。因为当 R 增加时，由于电荷 $-q$ 和 $+q$ 相距非常近，所以电场几乎相互抵消，因此比单个点电荷的电场减弱得更快，这也是合理的。

3.3.2 连续分布电荷的电场

连续分布的电荷产生的电场可以通过电荷分布上的元电荷积分(叠加)来得到。如图 3-6 所示的体电荷分布。体电荷密度 $\rho(\text{C/m}^3)$为坐标的函数。因为电荷的微分元表现得像点电荷，所以微元体积 dv'中的电荷 $\rho dv'$在场点 P 的电场强度为

$$d\mathbf{E} = \mathbf{a}_R \frac{\rho dv'}{4\pi\varepsilon_0 R^2} \tag{3-32}$$

有

$$\mathbf{E} = \frac{1}{4\pi\varepsilon_0}\int_{V'} \mathbf{a}_R \frac{\rho}{R^2} dv' \quad (\text{V/m}) \tag{3-33}$$

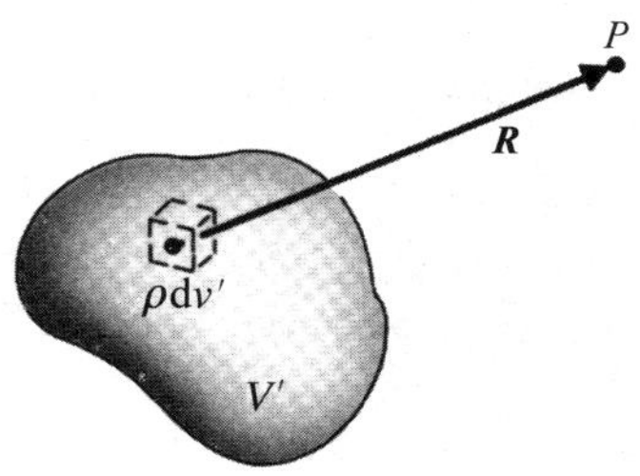

由于 $\mathbf{a}_R = \mathbf{R}/R$，可得

$$\mathbf{E} = \frac{1}{4\pi\varepsilon_0}\int_{V'} \rho \frac{\mathbf{R}}{R^3} dv' \quad (\text{V/m}) \tag{3-34}$$

P
R
ρdv′
V′

图 3-6 连续分布电荷的电场

除了一些特殊的简单情况，式(3-33)或式(3-34)中的三重积分很难求得，因为一般情况下，积分中的三个量($\mathbf{a}_R$、ρ 和 R)随着微分体积 dv'的位置而变化。

如果面电荷密度为 $\rho_s(\text{C/m}^2)$的电荷分布在表面上，就可以进行表面积分(未必是平面)。有

$$\mathbf{E} = \frac{1}{4\pi\varepsilon_0}\int_{S'} \mathbf{a}_R \frac{\rho_s}{R^2} ds' \quad (\text{V/m}) \tag{3-35}$$

对于线电荷有

$$\mathbf{E} = \frac{1}{4\pi\varepsilon_0}\int_{L'} \mathbf{a}_R \frac{\rho_l}{R^2} dl' \quad (\text{V/m}) \tag{3-36}$$

其中 $\rho_l(\text{C/m}^2)$是线电荷密度，L'是沿着电荷分布的线(未必是直线)。

例 3-4 确定一个无限长、直的均匀密度为 ρ_l 的线电荷的电场强度。

解：假设线电荷位于 z'轴上，如图 3-7 所示(完全能这样做，因为场不依赖于我们指定的线。避免混淆，传统上球坐标表示源点，柱坐标表示场点)。为了解决这个问题，要求找出点 P 的电场强度。该点与线的距离为 r。由于该题具有圆柱对称性(电场独立于方位角 ϕ)，因此采用圆柱坐标来处理很方便。重写式(3-36)可得

$$\mathbf{E} = \frac{1}{4\pi\varepsilon_0}\int_{L'} \rho_l \frac{\mathbf{R}}{R^3} dl' \quad (\text{V/m}) \tag{3-37}$$

ρ_l 是常数，线元 $d\mathbf{l}' = dz'$选在离原点为任意距离的 z'处。重要的是记住，$\mathbf{R}$ 是从源点到场点

的距离矢量，而不是相反的方向。有

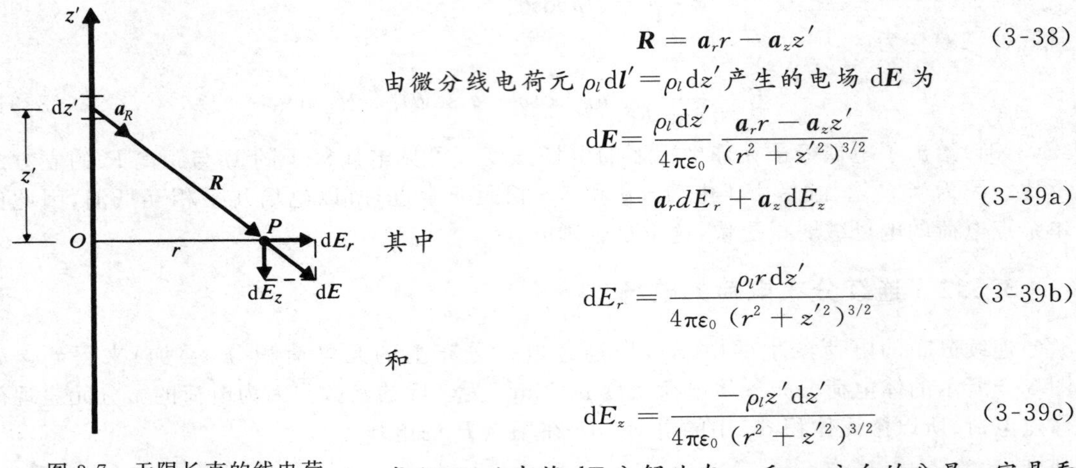

$$\boldsymbol{R}=\boldsymbol{a}_r r-\boldsymbol{a}_z z' \tag{3-38}$$

由微分线电荷元 $\rho_l \mathrm{d}l'=\rho_l \mathrm{d}z'$ 产生的电场 $\mathrm{d}\boldsymbol{E}$ 为

$$\mathrm{d}\boldsymbol{E}=\frac{\rho_l \mathrm{d}z'}{4\pi\varepsilon_0}\frac{\boldsymbol{a}_r r-\boldsymbol{a}_z z'}{(r^2+z'^2)^{3/2}}=\boldsymbol{a}_r dE_r+\boldsymbol{a}_z \mathrm{d}E_z \tag{3-39a}$$

其中

$$\mathrm{d}E_r=\frac{\rho_l r\,\mathrm{d}z'}{4\pi\varepsilon_0\,(r^2+z'^2)^{3/2}} \tag{3-39b}$$

和

$$\mathrm{d}E_z=\frac{-\rho_l z'\mathrm{d}z'}{4\pi\varepsilon_0\,(r^2+z'^2)^{3/2}} \tag{3-39c}$$

图 3-7 无限长直的线电荷

式(3-39a)中将 $\mathrm{d}\boldsymbol{E}$ 分解为在 $\boldsymbol{a}_r$ 和 $\boldsymbol{a}_z$ 方向的分量。容易看出对于 $+z'$ 方向上的每个 $\rho_l \mathrm{d}z'$，在 $-z'$ 方向上都有一个与之对称的线电荷元 $\rho_l \mathrm{d}z'$，它将产生拥有分量 $-\mathrm{d}E_r$ 和 $-\mathrm{d}E_z$ 的 $\mathrm{d}\boldsymbol{E}$。因此积分过程中 $\boldsymbol{a}_z$ 分量将相互抵消，仅需要对式(3-39b)中的 $\mathrm{d}E_r$ 积分

$$\boldsymbol{E}=\boldsymbol{a}_r E_r=\boldsymbol{a}_r\frac{\rho_l r}{4\pi\varepsilon_0}\int_{-\infty}^{+\infty}\frac{\mathrm{d}z'}{(r^2+z'^2)^{3/2}}$$

或

$$\boldsymbol{E}=\boldsymbol{a}_r\frac{\rho_l}{2\pi\varepsilon_0 r}\quad(\mathrm{V/m}) \tag{3-40}$$

式(3-40)对于无限长线电荷是一个重要的结论。当然，实际上不存在无限长的线电荷，然而，式(3-40)给出了长直线电荷在线电荷附近的点的近似 $\boldsymbol{E}$ 场。

3.4 高斯定理及其应用

由式(3-4)中静电学的散度公理，并应用散度定理可直接导出高斯定理。其已在3.2节中推导得出，如式(3-7)所示，由于其重要性，这里重写如下

$$\oint_S \boldsymbol{E}\cdot \mathrm{d}\boldsymbol{s}=\frac{Q}{\varepsilon_0} \tag{3-41}$$

高斯定理表明：真空中任何闭合面上，$\boldsymbol{E}$ 场总的向外通量等于该闭合面所包围的总电荷除以 ε_0。注意：面 S 可以是任何假想的(数学的)封闭面，方便选择就行，不必是且通常不是一个物理表面。

在计算具有一些对称条件的电荷分布的 $\boldsymbol{E}$ 场时，如封闭面上电场强度的法线分量是常数，高斯定理特别有用。在这种情况下，式(3-41)左边的表面积分会很容易求得，高斯定理求解电场强度是比式(3-33)～式(3-37)求解电场强度更有效的方式；相反，当对称条件不存在时，高斯定理就发挥不了作用。应用高斯定理的要素在于：首先弄清对称条件；其次是选择合适的表面，在该表面上由给定的电荷分布产生的 $\boldsymbol{E}$ 的法线分量是常量。这样的表面

叫做**高斯面**。这个基本理论可以推导出具有球对称的点电荷的电场强度公式式(3-12)；所以合适的高斯面是以点电荷为球心的球面。高斯定理不能用来推导电偶极子的电场强度公式式(3-26)或式(3-31)，因为我们无法知道一对分离的等量异种电荷的表面，能使该表面上电场 $\boldsymbol{E}$ 的法向分量是常数。

例 3-5 利用高斯定理，计算空气中均匀密度为 ρ_l 的无限长且直的线电荷的电场强度。

解：例 3-4 中利用式(3-36)已经求解了这个题。由于这个线电荷是无限长的，产生的 $\boldsymbol{E}$ 场必须是径向的，并且垂直于线电荷($\boldsymbol{E}=\boldsymbol{a}_rE_r$)，$\boldsymbol{E}$ 沿着线的分量也不能存在。很明显要利用圆柱对称，我们构造一个半径为 r 和任意长 L 的线电荷作为轴线的圆柱高斯面，如图 3-8 所示。在这个表面上，E_r 是常数，并且 $\mathrm{d}\boldsymbol{s}=\boldsymbol{a}_r r\mathrm{d}\phi\mathrm{d}z$(由式(2-53a))。我们有

$$\oint_S \boldsymbol{E}\cdot\mathrm{d}\boldsymbol{s}=\int_0^L\int_0^{2\pi}E_r r\,\mathrm{d}\phi\,\mathrm{d}z=2\pi rLE_r$$

圆柱的顶部和底部没有电荷分布，因为在顶部 $\mathrm{d}\boldsymbol{s}=\boldsymbol{a}_z r\mathrm{d}r\mathrm{d}\phi$，但是 $\boldsymbol{E}$ 没有 z 方向的分量，所以有 $\boldsymbol{E}\cdot\mathrm{d}\boldsymbol{s}=0$。而底面也是一样。圆柱所包含的总电荷量为 $Q=\rho_l L$。代入式(3-41)即得

$$2\pi rLE_r=\frac{\rho_l L}{\varepsilon_0}$$

或

$$\boldsymbol{E}=\boldsymbol{a}_rE_r=\boldsymbol{a}_r\frac{\rho_l}{2\pi\varepsilon_0 r}$$

当然，这个结果与式(3-40)给出的一样，但是在这里用的方法更加简单。我们注意最终的表达式中没有出现圆柱高斯面的长度 L，因此可以选择单位长度的圆柱体。

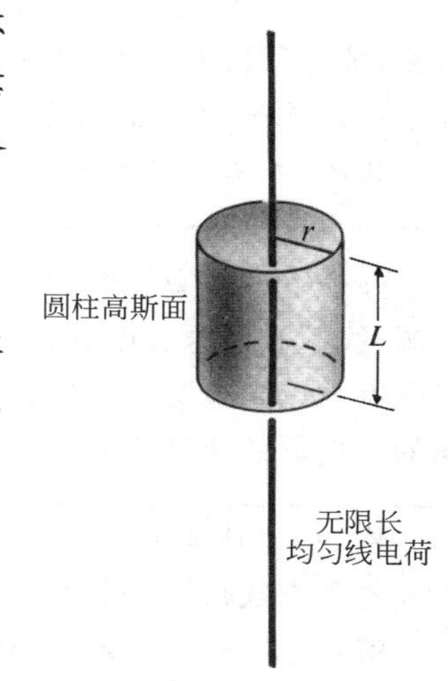

图 3-8 高斯定理应用到无限长线电荷中

例 3-6 求均匀面电荷密度为 ρ_s 的无限大平面电荷的电场强度。

解：显然，由无限大的带电薄板产生的电场强度 $\boldsymbol{E}$ 是垂直于薄板，虽然利用式(3-35)可以求得 $\boldsymbol{E}$，但是这将涉及 $1/R^2$ 的一般表达式在无限积分限之间的二重积分。因此在这里利用高斯定律就有诸多优势。

我们选取一顶面和底面为任意面积 A 的矩形盒子作为高斯平面，并且其顶面和底面与电荷面的距离相等，如图 3-9 所示，这个盒子的侧面垂直于带电薄板，如果这些带电薄板与 xy 平面重合，则对于顶面有

$$\boldsymbol{E}\cdot\mathrm{d}\boldsymbol{s}=(\boldsymbol{a}_zE_z)\cdot(\boldsymbol{a}_z\mathrm{d}s)=E_z\mathrm{d}s$$

对于底面

$$\boldsymbol{E}\cdot\mathrm{d}\boldsymbol{s}=(-\boldsymbol{a}_zE_z)\cdot(-\boldsymbol{a}_z\mathrm{d}s)=E_z\mathrm{d}s$$

由于侧面没有电荷，所以有

$$\oint_s\boldsymbol{E}\cdot\mathrm{d}\boldsymbol{s}=2E_z\int_A\mathrm{d}s=2E_zA$$

这个盒子包围的总电荷为 $Q=\rho_sA$，因此

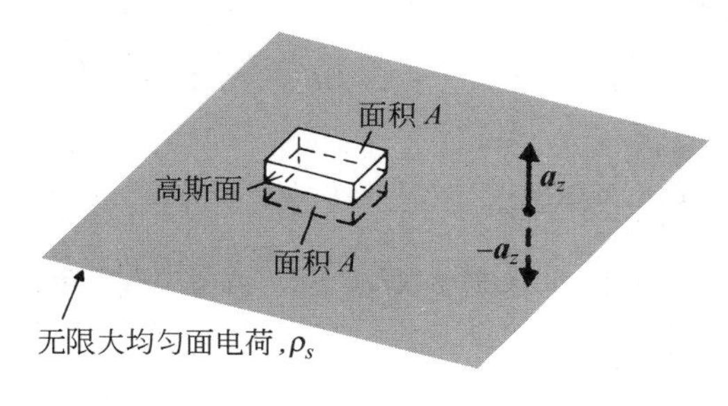

图 3-9 高斯定理应用于无限大带电平面电荷

$$2E_zA = \frac{\rho_s A}{\varepsilon_0}$$

由此可得

$$\boldsymbol{E} = \boldsymbol{a}_z E_z = \boldsymbol{a}_z \frac{\rho_s}{2\varepsilon_0}, \quad z > 0 \tag{3-42a}$$

和

$$\boldsymbol{E} = -\boldsymbol{a}_z E_z = -\boldsymbol{a}_z \frac{\rho_s}{2\varepsilon_0}, \quad z < 0 \tag{3-42b}$$

当然,带电薄板可以不与 xy 平面重合(在这种情况下,我们就不说位于平面上方和平面下方了),但是如果 ρ_s 是正的,那么电场 $\boldsymbol{E}$ 的方向总是背向薄板。很明显,高斯表面可以是任何形状的,并不一定是矩形的。

办公室或教室的照明物可由白炽灯泡、长灯管、或平顶镶板灯组成。这些各自分别对应点源、线源和面源。由式(3-12)、式(3-40)和式(3-42),我们能够判断,在白炽灯照条件下光强度会以到光源距离的二次方的速度快速减弱,在长灯管光照条件下光强度以到光源距离的一次方的速度减弱,在平顶镶板灯照条件下光强度不随到光源的距离减弱。

例 3-7 计算由球状电子云产生的电场强度 $\boldsymbol{E}$,当 $0 \leqslant R \leqslant b$ 时,体电荷密度 $\rho = -\rho_0$(ρ_0 和 b 都是正数);当 $R > b$ 时,$\rho = 0$。

解:首先可以看到,给定的源条件具有球对称性质,所以合适的高斯面是同心球面。我们必须求出两个区域中的 $\boldsymbol{E}$ 场,参照图 3-10。

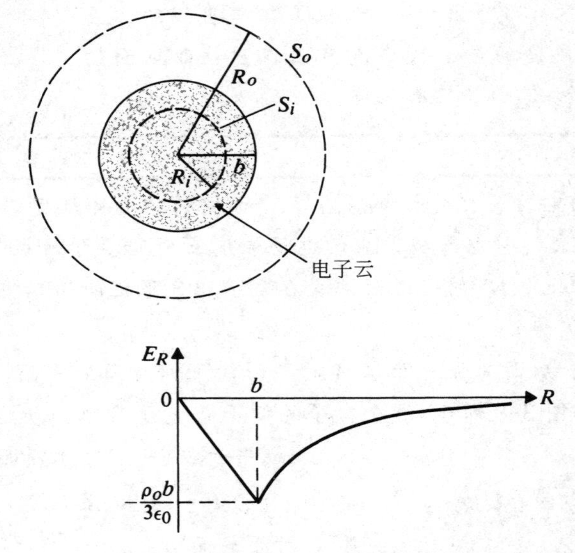

图 3-10 球状电子云的电场强度

(1) $0 \leqslant R \leqslant b$。在电子云中建立一个半径 $R < b$ 的假想球形高斯面 S_i。在这个表面上,$\boldsymbol{E}$ 是径向的且大小为常量

$$\boldsymbol{E} = \boldsymbol{a}_R E_R, \mathrm{d}\boldsymbol{s} = \boldsymbol{a}_R \mathrm{d}s$$

总的向外的 E 通量为

$$\oint_{S_i} \boldsymbol{E} \cdot \mathrm{d}\boldsymbol{s} = E_R \int_{S_i} \mathrm{d}s = E_R 4\pi R^2$$

高斯面内的总电荷量为

$$Q = \int_V \rho \mathrm{d}v = -\rho_0 \int_V \mathrm{d}v = -\rho_0 \frac{4\pi}{3} R^3$$

代入式(3-7)得

$$\boldsymbol{E} = -\boldsymbol{a}_R \frac{\rho_0}{3\varepsilon_0} R, \quad 0 \leqslant R \leqslant b$$

由此可见,均匀分布的电子云中的 $\boldsymbol{E}$ 场是指向球心的,其大小与到球心的距离成正比。

(2) $R \geqslant b$。基于这种情况,我们在电子云外部构建了半径 $R > b$ 的球形高斯面 S_o。于是得到了类似于(1)中的 $\oint_{S_o} E \cdot \mathrm{d}s$ 的表达式。高斯面内的整个电荷量为

$$Q = -\rho_0 \frac{4\pi}{3} b^3$$

因此

$$\boldsymbol{E} = -\boldsymbol{a}_R \frac{\rho_0 b^3}{3\varepsilon_0 R^2}, \quad R \geqslant b$$

上式符合平方反比定律,并且可以由式(3-12)直接推导出。我们观察到,电子云外部的 $\boldsymbol{E}$ 场和总电荷集中在球心的单个点电荷的情况是完全相同的。一般来说,对于球对称带电区域,这是正确的,即使 ρ 是关于 R 的函数也如此。

图 3-10 描述了 E_R 随 R 的变化。注意此问题的正规求解——如果不使用高斯定律,则必须做到:

(1) 选取一个位于电子云中任意的微分体积元;

(2) 在选取的坐标系中,表示出体积元到场点的距离矢量 $\boldsymbol{R}$;

(3) 如式(3-33)所指,计算三重积分。

这是一个难解的过程。我们得到的启示是:对于给定的电荷分布,如果存在对称的条件,尽量应用高斯定理。

3.5 电位

关于式(2-145)中的零恒等式,我们注意到,一个无旋矢量场总是可以表示为一个标量场的梯度。这使我们可定义一个**标量电位** V,满足

$$\boldsymbol{E} = -\nabla V \tag{3-43}$$

因为标量比矢量更容易处理。如果可以更容易地确定 V,那么 $\boldsymbol{E}$ 就可以通过梯度运算得到,在正交坐标系中这是一种直截了当的过程。对于式(3-43)引入负号的原因将稍后解释。

电位具有物理意义,并且它与把电荷从一个点移动到另一个点所做的功有关。在 3.2 节中我们把电场强度定义为作用在单位试验电荷上的力。因此在电场中将单位电荷从点 P_1 移动到点 P_2 必须克服电场力做功,即有

$$\frac{W}{q}=-\int_{P_1}^{P_2}\boldsymbol{E}\cdot \mathrm{d}\boldsymbol{l} \quad (\mathrm{J/C}\ 或\ \mathrm{V}) \tag{3-44}$$

从点 P_1 移到点 P_2 有许多不同的路径，图 3-11 只画出了其中两条路径。由于式(3-44)中 P_1 到 P_2 之间的路径没有指明，很自然地就会有这样的问题，所做的功与路径有什么依赖关系？稍作思考就可知道式(3-44)中 W/q 不依赖于路径。如果它依赖于路径，从 P_1 到 P_2 就可以沿着一条 W 较小的路径，然后沿着另一条路径返回 P_1，从而达到功或能量的净增益。但是这将会违反能量守恒定律。在讨论式(3-8)时已经暗示过无旋(保守)的 $\boldsymbol{E}$ 场的标量线积分与路径无关这一性质。

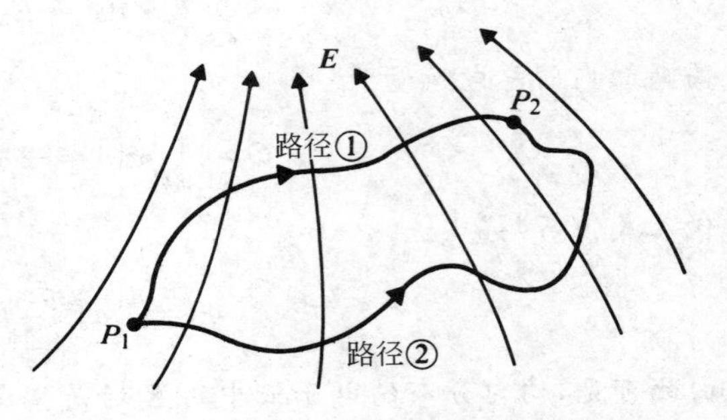

图 3-11 在电场中从 P_1 到 P_2 的两条路径

与力学中的势能概念类似，式(3-44)表示单位电荷在点 P_2 和点 P_1 之间的电位能之差。用 V 表示每单位电荷的**电位能**，有

$$V_2-V_1=-\int_{P_1}^{P_2}\boldsymbol{E}\cdot \mathrm{d}\boldsymbol{l} \tag{3-45}$$

在数学上，将式(3-43)代入到(3-44)得到式(3-45)。因此，基于式(2-88)有

$$-\int_{P_1}^{P_2}\boldsymbol{E}\cdot \mathrm{d}\boldsymbol{l}=\int_{P_1}^{P_2}(\nabla V)\cdot(\boldsymbol{a}_l\mathrm{d}\boldsymbol{l})=\int_{P_1}^{P_2}\mathrm{d}V=V_2-V_1$$

在式(3-45)中我们所定义的是点 P_2 和点 P_1 之间的**电位差(静电电压)**。谈论某点的绝对电位，与谈论绝对相位或地理位置的绝对高度一样，是没有意义的，必须首先规定参考零电位点、零相位(一般在 $t=0$)或零高度(一般在海平面)。在很多情况下(并不是所有)，零电位点选取在无穷远处，当参考零电位点不是在无穷远处时，应该特别说明。

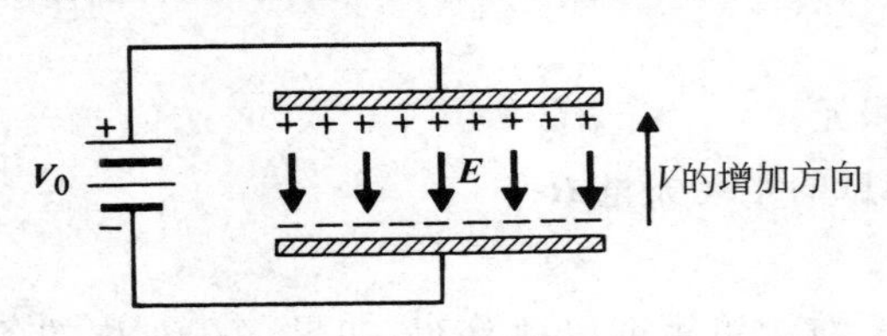

图 3-12 $\boldsymbol{E}$ 和 V 增加的相对方向

关于式(3-43)还要说明两点：首先，式中的负号是必要的，这是为了符合在 $\boldsymbol{E}$ 场相反的方向电位 V 增加的习惯相一致。例如，当电压为 V_0 的直流电池连接在平行导电板上时，如图 3-12 所示，正负电荷分别积累在顶板和底板。$\boldsymbol{E}$ 场方向是从正电荷指向负电荷，而电位增加的方向却与此相反；其次，从 2.6 节中可知，一旦定义了标量场的梯度，∇V 的方向垂直于等 V 面。如果利用**场线**或**流线**方向来指明 $\boldsymbol{E}$ 场的方向的话，则它们处处都垂直于**等电位线**或**等电位面**。

分布电荷的电位

以无穷远处为参考零电位时，容易由式(3-45)得到离点电荷 q 的距离为 R 的点的电位：

$$V=-\int_{\infty}^{R}\left(\boldsymbol{a}_R\frac{q}{4\pi\varepsilon_0 R^2}\right)\cdot(\boldsymbol{a}_R\mathrm{d}R) \tag{3-46}$$

它可表示为

$$V=\frac{q}{4\pi\varepsilon_0 R} \tag{3-47}$$

V 是一个标量，且除了电荷量 q 以外仅取决于距离 R。在距离 q 分别为 R_2 和 R_1 的任何两

点 P_2 和 P_1 之间的电位差为

$$V_{21}=V_{P_2}-V_{P_1}=\frac{q}{4\pi\varepsilon_0}\left(\frac{1}{R_2}-\frac{1}{R_1}\right) \tag{3-48}$$

初看这个结果可能有点奇怪，因为 P_2 和 P_1 可能不在通过 q 的同一条径向线上，如图 3-13 所示。然而，通过 P_2 和 P_1 的同心圆（球）是等电位线（面），且 $V_{P_2}-V_{P_1}$ 与 $V_{P_2}-V_{P_3}$ 是一样的。从式(3-45)的观点看，可选择从 P_1 到 P_3，然后从 P_3 到 P_2 的路径。而从 P_1 到 P_3 没有做功，因为沿着圆形路径，$\boldsymbol{F}$ 垂直于 $\mathrm{d}\boldsymbol{l}=\boldsymbol{a}_\phi R_1\mathrm{d}\phi$（$\boldsymbol{E}\cdot\mathrm{d}\boldsymbol{l}=0$）。

根据叠加原理，位于 $\boldsymbol{R}'_1,\boldsymbol{R}'_2,\cdots,\boldsymbol{R}'_n$ 的 n 个离散点电荷系统 $q_1,q_2,\cdots,q_n$ 在 $\boldsymbol{R}$ 处产生的电位是各个电荷产生的电位总和

$$V=\frac{1}{4\pi\varepsilon_0}\sum_{k=1}^{n}\frac{q_k}{|\boldsymbol{R}-\boldsymbol{R}'_k|} \tag{3-49}$$

因为这是一个标量和，在一般情况下，对 V 求负梯度来确定 $\boldsymbol{E}$ 比利用式(3-22)直接求矢量和更加容易。

举个例子，再次考虑 $+q$ 和 $-q$ 组成的电偶极子，电荷相距很小的一段距离 d。两个电荷到场点 P 的距离为 R_+ 和 R_-，如图 3-14 所示。P 点的电位可以直接写为

$$V=\frac{q}{4\pi\varepsilon_0}\left(\frac{1}{R_+}-\frac{1}{R_-}\right) \tag{3-50}$$

如果 $d\ll R$，有

$$\frac{1}{R_+}\cong\left(R-\frac{d}{2}\cos\theta\right)^{-1}\cong R^{-1}\left(1+\frac{d}{2R}\cos\theta\right) \tag{3-51}$$

和

$$\frac{1}{R_-}\cong\left(R+\frac{d}{2}\cos\theta\right)^{-1}\cong R^{-1}\left(1-\frac{d}{2R}\cos\theta\right) \tag{3-52}$$

将式(3-51)和式(3-52)代入式(3-50)得到

$$V=\frac{qd\cos\theta}{4\pi\varepsilon_0R^2} \tag{3-53a}$$

或者

$$V=\frac{\boldsymbol{p}\cdot\boldsymbol{a}_R}{4\pi\varepsilon_0R^2} \tag{3-53b}$$

其中 $\boldsymbol{p}=q\boldsymbol{d}$（为了简单起见，省略掉约等号(～)）。

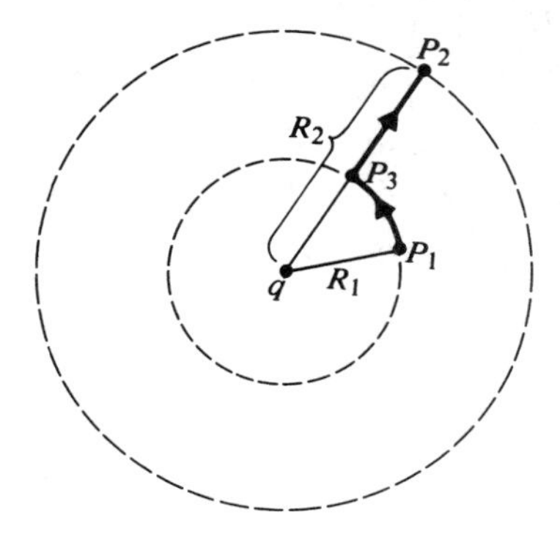

图 3-13　点电荷的路径积分

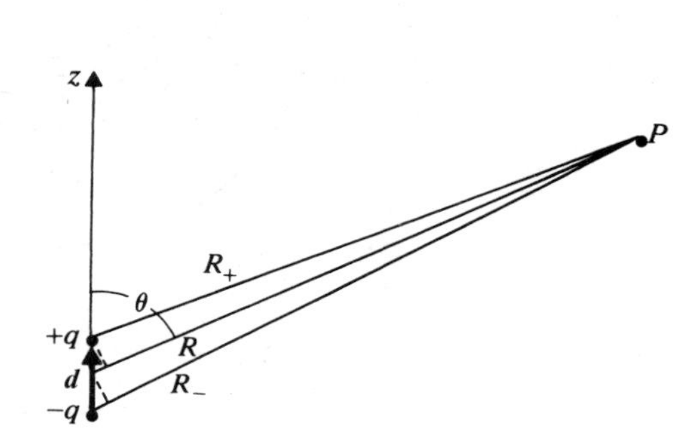

图 3-14　电偶极子

可以由$-\nabla V$得到$\boldsymbol{E}$场。在球面坐标中有

$$\boldsymbol{E}=-\nabla V=-\boldsymbol{a}_R\frac{\partial V}{\partial R}-\boldsymbol{a}_\theta\frac{\partial V}{R\partial\theta}=\frac{p}{4\pi\varepsilon_0 R^3}(\boldsymbol{a}_R 2\cos\theta+\boldsymbol{a}_\theta\sin\theta) \tag{3-54}$$

式(3-54)和式(3-31)是一样的,但是它是在没有位置矢量运算的情况下通过简单的步骤求得的。

例 3-8 画出电偶极子的等电位线和电场线的二维简图。

解:分布电荷的等电位面方程可通过设置一个V等于常数的表达式来获得。因为对于电偶极子来说在式(3-53a)中q、d和ε_0是固定的量,所以要得到常量V就需要一个恒定的比率$(\cos\theta/R^2)$。因此等位面方程可表示为

$$R=c_V\sqrt{\cos\theta} \tag{3-55}$$

其中c_V是一个常数。选定不同的c_V值,画出如图3-15所示的R对θ的等电位线,我们得到了等势线图3-15。在$0\leqslant\theta\leqslant\pi/2$的范围内,$V$是正值,$R$在$\theta=0$时取最大值,在$\theta=90°$时等于零。在$\pi/2\leqslant\theta\leqslant\pi$范围内可得到上述曲线的镜像,其中$V$是负值。

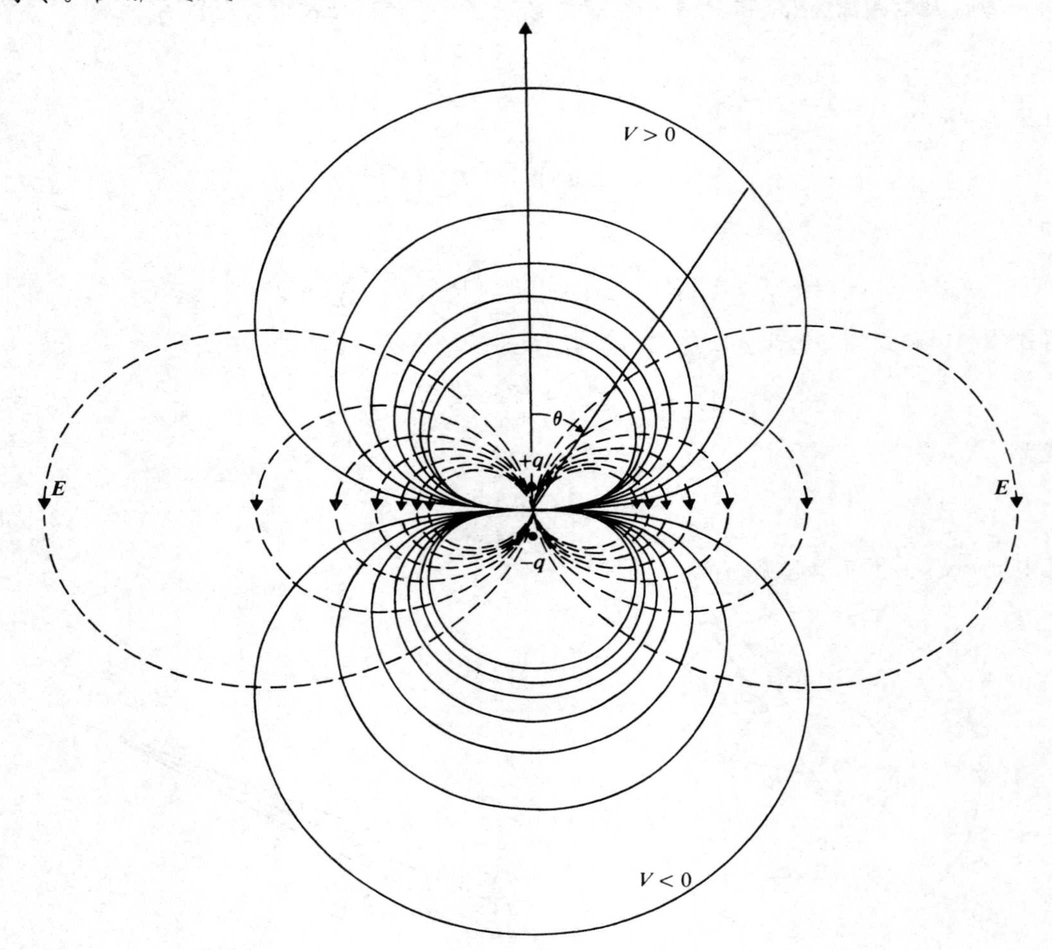

图 3-15 电偶极子的等势线和电场线

电场线或流线表示空间中 $\boldsymbol{E}$ 场的方向，设

$$\mathrm{d}\boldsymbol{l} = k\boldsymbol{E} \tag{3-56}$$

其中 k 是一个常数。在球坐标中，式(3-56)变成(式 2-66)

$$\boldsymbol{a}_R \mathrm{d}R + \boldsymbol{a}_\theta R \mathrm{d}\theta + \boldsymbol{a}_\phi R \sin\theta \mathrm{d}\phi = k(\boldsymbol{a}_R E_R + \boldsymbol{a}_\theta E_\theta + \boldsymbol{a}_\phi E_\phi) \tag{3-57}$$

也可写成

$$\frac{\mathrm{d}R}{E_R} = \frac{R\mathrm{d}\theta}{E_\theta} = \frac{R\sin\theta\mathrm{d}\phi}{E_\phi} \tag{3-58}$$

对于图 3-15 中的电偶极子，没有 E_ϕ 分量，并且

$$\frac{\mathrm{d}R}{2\cos\theta} = \frac{R\mathrm{d}\theta}{\sin\theta}$$

或者

$$\frac{\mathrm{d}R}{R} = \frac{2\mathrm{d}(\sin\theta)}{\sin\theta} \tag{3-59}$$

对式(3-59)两边求积分得

$$R = c_E \sin^2\theta \tag{3-60}$$

其中 c_E 是一个常数。在图 3-15 中，虚线代表电场线，这些电场线关于 z 轴旋转对称(与 ϕ 无关)，并且处处垂直于等位线。

局限于给定区域内连续分布电荷的，电位可以通过对带电区域中的电荷元的贡献进行积分获得。对于体电荷分布，有

$$V = \frac{1}{4\pi\varepsilon_0}\int_{V'} \frac{\rho}{R}\mathrm{d}v' \tag{3-61}$$

对于面电荷分布，有

$$V = \frac{1}{4\pi\varepsilon_0}\int_{S'} \frac{\rho_s}{R}\mathrm{d}s' \tag{3-62}$$

对于线电荷分布，有

$$V = \frac{1}{4\pi\varepsilon_0}\int_{L'} \frac{\rho_s}{R}\mathrm{d}l' \tag{3-63}$$

再次注意式(3-61)和式(3-62)中的积分分别表示二维和三维的积分。

例 3-9 求均匀面电荷密度为 ρ_s、半径为 b 的圆盘轴上的电场强度的表达式。

解：尽管圆盘有圆对称性，但是我们无法找出这样一个包围它的表面，且表面上 $\boldsymbol{E}$ 的法向分量是常量，因此高斯定理对解决这个问题并不适用。结合图 3-16 的柱坐标，利用式(3-62)得

$$\mathrm{d}s' = r'\mathrm{d}r'\mathrm{d}\phi'$$

以及

$$R = \sqrt{z^2 + r'^2}$$

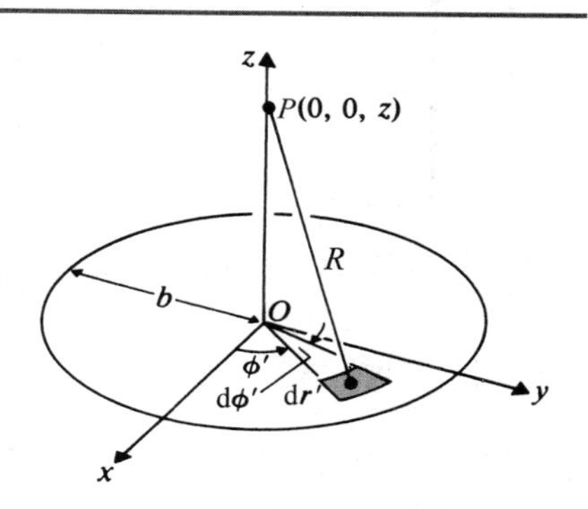

图 3-16 均匀带电圆盘

以无穷远处为参考零电位，点 $P(0,0,z)$ 的电位为

$$V=\frac{\rho_s}{4\pi\varepsilon_0}\int_0^{2\pi}\int_0^b\frac{r'}{(z^2+r'^2)^{1/2}}\mathrm{d}r'\mathrm{d}\phi'=\frac{\rho_s}{2\varepsilon_0}[(z^2+b^2)^{1/2}-|z|] \tag{3-64}$$

因此

$$\boldsymbol{E}=-\nabla V=-\boldsymbol{a}_z\frac{\partial V}{\partial z}=\begin{cases}\boldsymbol{a}_z\dfrac{\rho_s}{2\varepsilon_0}[1-z(z^2+b^2)^{-1/2}],z>0 & (3\text{-}65\text{a})\\ -\boldsymbol{a}_z\dfrac{\rho_s}{2\varepsilon_0}[1+z(z^2+b^2)^{-1/2}],z<0 & (3\text{-}65\text{b})\end{cases}$$

然而确定轴线外的点的电场 $\boldsymbol{E}$ 却是非常困难的,你知道为什么吗?

当 z 很大时,很方便就可以把式(3-65a)和式(3-65b)的第二项扩展为二项式,同时忽略比率(b^2/z^2)的二次项以及其他更高次项。有

$$z(z^2+b^2)^{-1/2}=\left(1+\frac{b^2}{z^2}\right)^{-1/2}\cong1-\frac{b^2}{2z^2}$$

把上式代入式(3-65a)和式(3-65b),可得

$$\boldsymbol{E}=\boldsymbol{a}_z\frac{(\pi b^2\rho_s)}{4\pi\varepsilon_0 z^2}=\begin{cases}\boldsymbol{a}_z\dfrac{Q}{4\pi\varepsilon_0 z^2},z>0 & (3\text{-}66\text{a})\\ -\boldsymbol{a}_z\dfrac{Q}{4\pi\varepsilon_0 z^2},z<0 & (3\text{-}66\text{b})\end{cases}$$

其中 Q 是圆盘上的总电荷。因此,当观测点远离带电圆盘时,电场 $\boldsymbol{E}$ 近似遵循平方反比定律,这时就好像所有的电荷集中在一个点。

例 3-10 求出沿着长度为 L 的均匀线电荷的轴线上的电场强度公式,该均匀线电荷的密度为 ρ_l。

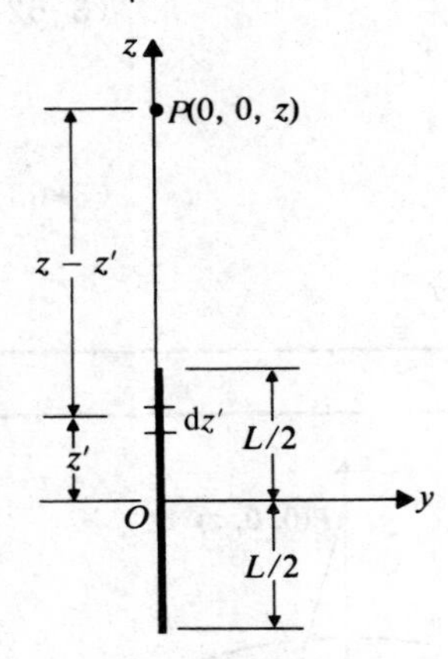

图 3-17 均匀线电荷密度为 ρ_l 的有限长线电荷

解:对于无限长的线电荷,用高斯定理能很容易得到电场 $\boldsymbol{E}$,如在求解例 3-5 中。但是,对于有限长的线电荷,如图 3-17 所示,我们无法构造出一个 $\boldsymbol{E}\cdot\mathrm{d}\boldsymbol{s}$ 为常量的高斯面。因此高斯定理不能适用于此。

但是,我们可以通过在 z' 处取电荷元 $\mathrm{d}l'=\mathrm{d}z'$ 来利用式(3-63)求解。沿着线电荷的轴线,从电荷元到点 $P(0,0,z)$ 的距离 R 为

$$R=(z-z'),z>L/2$$

在这里,分清楚场点位置(不加撇的坐标)和源点位置(加撇的坐标)是非常重要的。对源区域积分可得

$$V=\frac{\rho_l}{4\pi\varepsilon_0}\int_{-L/2}^{L/2}\frac{\mathrm{d}z'}{z-z'}=\frac{\rho_l}{4\pi\varepsilon_0}\ln\left[\frac{z+(L/2)}{z-(L/2)}\right],\quad z>\frac{L}{2} \tag{3-67}$$

点 P 的电场 $\boldsymbol{E}$ 在不带撇的场坐标中求 V 的负梯度。对于此题有

$$\boldsymbol{E}=-\boldsymbol{a}_z\frac{\mathrm{d}V}{\mathrm{d}z}=\boldsymbol{a}_z\frac{\rho_l L}{4\pi\varepsilon_0[z^2-(L/2)^2]},\quad z>\frac{L}{2} \tag{3-68}$$

前面的两个例子说明:当高斯定理不能方便地应用于求解 $\boldsymbol{E}$ 时,则应该首先求 V。然而,我们强调,如果存在对称条件可以构造出 $\boldsymbol{E}\cdot\mathrm{d}\boldsymbol{s}$ 是常数的高斯面时,那么就可以很容易

地直接求出 $\boldsymbol{E}$。如果有需要，可以通过对 $\boldsymbol{E}$ 积分来得到电位 V。

3.6 静电场中的导体

到目前为止，我们仅仅讨论了在真空或空气中静止分布电荷的电场。现在我们研究在媒质中电场的特性。一般来说，我们根据它们的导电特性将元件分为三种类型：**导体、半导体和绝缘体（或电介质）**。根据粗略的原子模型，我们知道原子由带正电的原子核和绕其旋转的电子组成，**导体**原子的最外层电子与原子核结合非常松散，并且很容易从一个原子转移到另一个原子中。大多数金属都是这样的。但是，在**绝缘体**或电介质的原子里的电子却被牢牢地限制在它们的轨道上，它们在正常情况下不能被释放，甚至在外部电场中的影响下也不能释放。**半导体**的导电性能介于导体和绝缘体之间，因为半导体所具有的能自由移动的电荷相对较少。

根据固体的能带理论，我们发现存在电子能带，每个能带由若干距离相近的离散能状态组成。这些能带之间可能有一些禁区或空隙，固体原子的电子不能停留其中。导体有一个充满电子的上能带或者上层重叠能带对，所以可以用很小的能量使这些能带上的电子从一个能带跃迁至另一个能带。绝缘体或电介质的上层能带是完全填充电子的，这层能带与下一个更高的能带存在着较大的能量间隔，所以一般很难发生导电现象。如果禁区的能量间隔相对较小，那么少量的外在能量或许能充分地激发上能带的电子使之跃迁到下一个能带，从而引起导电现象，这种材料称为半导体。

媒质的宏观导电特性是由称为**电导率**的本构参数来描述的，这个参数将在第5章中进行定义。电导率的定义在这一章并不重要，因为我们现在并不讨论电流问题，而只是对媒质中静电场的性质感兴趣。在本节中，我们将研究电场和电荷在导体内部和表面的分布。

假设在导体内部引入一些正（或负）电荷，则导体内将建立起电场，电场对电荷将施加力，使它们彼此分开。这种运动将持续下去，直至所有的电荷都到达导体表面，并以使导体内部的电荷和场都为零的方式重新分配它们自己。因此，导体内（在静态条件下）

$$\rho = 0 \tag{3-69}$$

$$\boldsymbol{E} = 0 \tag{3-70}$$

当导体内不存在电荷（$\rho=0$）时，那么 $\boldsymbol{E}$ 必为零，因为根据高斯定理，通过导体内部任何封闭曲面的总流出的电通量必然为零。

导体表面的电荷分布取决于表面的形状。显然，如果电场强度有一个切向分量，那么将产生切向力使电荷移动从而无法处于平衡状态。所以，**在静态条件下，导体表面的电场 $\boldsymbol{E}$ 处处都垂直于表面**。换句话说，**在静态条件下，导体的表面是个等位面**。事实上，因为在导体内部处处 $\boldsymbol{E}=0$，因此整个导体都具有相同的静电位。导体表面的电荷重新分配，需要一定的时间才能达到平衡，这个时间取决于材料的导电性。对于良导体，如铜所需的时间是 10^{-19}(s)的数量级，这个时间非常短暂（这一点将在5.4节中讲述）。

如图3-18所示为导体和真空之间的分界面。考虑周线 $abcda$，宽是 $ab=cd=\Delta w$，高是 $bc=da=\Delta h$，侧边 ab 和 cd 平行于分界面。运用式(3-8)[①]，令 $\Delta h \to 0$，并且注意在导体内部

① 假设式(3-7)和式(3-8)对包含不连续媒质的区域同样适用。

E 为零,可以很快得出

$$\oint_{abcda} \boldsymbol{E} \cdot \mathrm{d}\boldsymbol{l} = E_t \Delta w = 0$$

或者

$$E_t = 0 \tag{3-71}$$

上式表明,**在导体表面上电场 E 的切向分量为零**。为了求得导体表面上 $\boldsymbol{E}$ 的法向分量 $\boldsymbol{E}_n$,构造了一个形似盒子的高斯面,顶面在真空里,底面在 $\boldsymbol{E}=0$ 的导体内。利用式(3-7)得到

$$\oint_S \boldsymbol{E} \cdot \mathrm{d}\boldsymbol{s} = E_n \Delta S = \frac{\rho_S \Delta S}{\varepsilon_0}$$

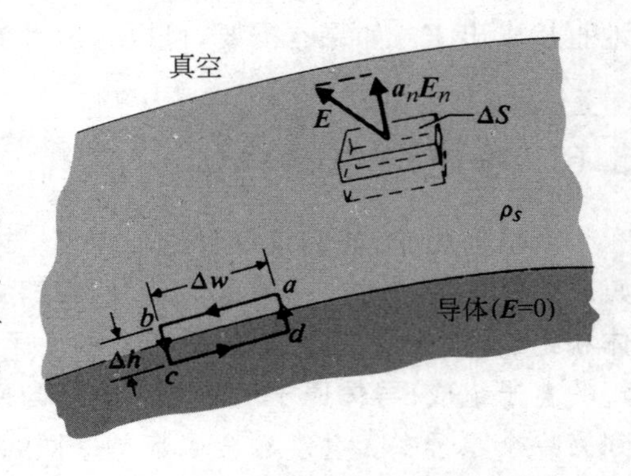

图 3-18 导体和真空的界面

或者

$$E_n = \frac{\rho_S}{\varepsilon_0} \tag{3-72}$$

因此,**在导体或真空的边界中电场 E 的法向分量等于导体表面电荷密度除以真空的介电常数**。总结导体表面的边界条件有

导体或真空界面的边界条件
$E_t = 0$
$E_n = \dfrac{\rho_s}{\varepsilon_0}$

当一个不带电的导体位于静电场中时,外场将会使导体中松弛的电子向场的相反方向移动,从而导致净正电荷沿着场方向移动。这些感应的自由电荷分布在导体表面,并建立起一个**感应场**:它们同时抵消导体内部的及与导体表面相切的外电场。当表面电荷分布达到平衡时,四个关系式式(3-69)~式(3-72)将全部成立,并且导体将会再次成为等电位体。

例 3-11 正的点电荷 Q 位于内半径为 R_i、外半径为 R_o 的导电球壳的中心,确定关于径向距离 R 的函数 $\boldsymbol{E}$ 和 V。

解:问题的几何形状如图 3-19(a)所示,因为具有球对称性,最简单的方法是使用高斯定理,通过积分确定 $\boldsymbol{E}$ 和 V。这里有三个不同的区域:(1)$R>R_o$;(2)$R_i<R<R_o$ 和 (3)$R<R_i$。我们将在这几个区域构建合适的球形高斯面。显然,在这三个区域里 $\boldsymbol{E}=\boldsymbol{a}_R E_R$。

(1) $R>R_o$(高斯面 S_1)

$$\oint_S \boldsymbol{E} \cdot \mathrm{d}\boldsymbol{s} = E_{R1} 4\pi R^2 = \frac{Q}{\varepsilon_0}$$

或

$$E_{R1} = \frac{Q}{4\pi\varepsilon_0 R^2} \tag{3-73}$$

电场 $\boldsymbol{E}$ 与没有球壳存在的点电荷 Q 相同。在无穷远处为参考点的电位是

$$V_1 = -\int_{\infty}^{R} (E_{R1})\mathrm{d}R = \frac{Q}{4\pi\varepsilon_0 R} \tag{3-74}$$

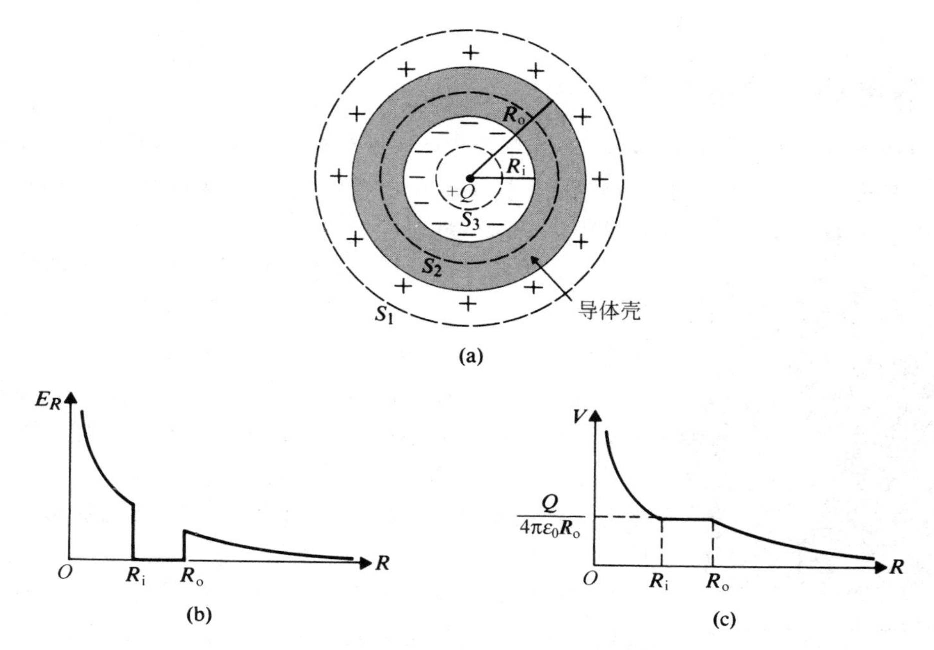

图 3-19　位于导体壳中心的点电荷＋Q 的电场强度和电位变化

(2) $R_i<R<R_o$(高斯面 S_2)：由式(3-70)得知

$$E_{R2}=0 \tag{3-75}$$

因为在导体壳中 $\rho=0$ 且表面 S_2 内包含的总电荷为 0，电荷量等于 $-Q$ 的负电荷一定是在 $R=R_i$ 的内壳表面上产生(这也意味着电荷量等于 $+Q$ 的正电荷是在 $R=R_o$ 的外壳表面产生)。导体壳是一个等电位体。因此

$$V_2=V_1\big|_{R=R_o}=\frac{Q}{4\pi\varepsilon_0 R_o} \tag{3-76}$$

(3) $R<R_i$(高斯曲面 S_3)：如第一区域中关于 E_{R1} 的式(3-73)，应用高斯定理同样可以得到关于 E_{R3} 的公式，如下

$$E_{R3}=\frac{Q}{4\pi\varepsilon_0 R^2} \tag{3-77}$$

这一区域中的电位为

$$V_3=-\int E_{R3}\,\mathrm{d}R+C=\frac{Q}{4\pi\varepsilon_0 R}+C$$

其中积分常数 C 由 $R=R_i$ 处的 V_3 等于式(3-76)的 V_2 来求。可得

$$C=\frac{Q}{4\pi\varepsilon_0}\left(\frac{1}{R_o}-\frac{1}{R_i}\right)$$

和

$$V_3=\frac{Q}{4\pi\varepsilon_0}\left(\frac{1}{R}+\frac{1}{R_o}-\frac{1}{R_i}\right) \tag{3-78}$$

在图 3-19(b)和 3-19(c)中画出了所有三个区域中 E_R 和 V 随 R 的变化。注意当电场强度不连续跳跃时，电位仍然保持连续，而电位的不连续的跳跃将意味着有无限大的电场强度。

3.7 静电场中的电介质

理想的电介质不包含自由电荷,当电介质体放置在外部电场中时,不存在像导体那样移向表面而导致内部电荷密度和电场消失的感应自由电荷。然而,因为电介质含有**束缚电荷**,所以我们也不能认为当它们放置其中不会对电场产生影响。

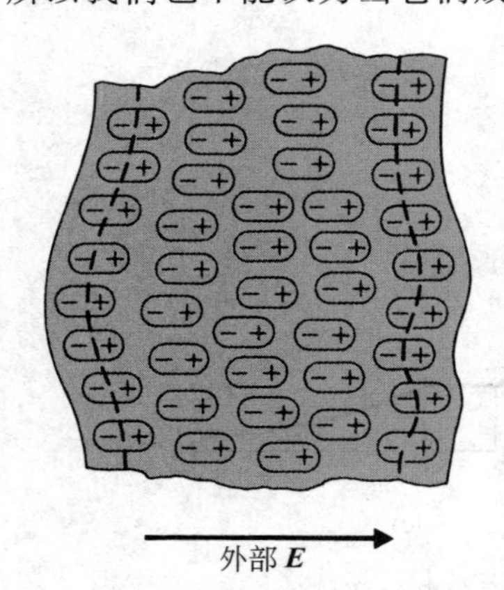

图 3-20 极化的电介质界面

所有媒质都是由原子组成,原子又由带正电的原子核以及围绕它的带负电的电子组成。尽管在宏观上电介质的分子是中性的,但是外部电场的存在会施加作用力给每个带电粒子,从而导致正、负电荷向相反方向产生小的位移。虽然这些位移相对于原子尺寸很小,但是极化的电媒质材料可产生电偶极子,如图 3-20 所描述的情况。因为电偶极子确实具有非零电位和电场强度,因此能够预期这些**感应电偶极子**将改变电介质材料内部和外部的电场。

即使没有外部极化场,一些电介质的分子也具有永久偶极矩。这种分子通常由两个或两个以上不同的原子组成,称为**极化分子**;相反,不具有永久偶极矩的分子称为**非极化分子**。

举个水分子 H_2O 的例子,水分子由两个氢原子和一个氧原子组成。这些原子并没有按使分子具有零偶极矩的方式排列,这是由于氢原子并不是恰好位于与氧原子相对的方向。

极化分子的偶极矩为10^{-30}(C·m)量级。在没有外部场的情况下,极化电介质中的各个偶极子是任意取向的,从宏观上说不产生净偶极矩。外加的电场将对各个偶极子产生一个扭矩,并用与图 3-20 中相似的方法将它们调整到与场相对的方向。

一些电介质材料即使在外部施加电场的情况下也可呈现永久偶极矩,这种材料被称为驻极体。驻极体可通过加热(软化)某些蜡或者塑料并把它们置于电场中得到。在这些材料中,极化分子与外加的场作用,并在它们恢复正常温度后,极化分子将固定在新的位置上。永久极化没有外部电场。驻极体是永久磁铁的电当量,我们已经发现驻极体在高保真驻极体传声器中的重要应用①。

极化电介质的等效电荷分布

为了能更好地分析感应偶极子的宏观效应,定义**极化矢量 $\boldsymbol{P}$** 如下

$$\boldsymbol{P} = \lim_{\Delta v \to 0} \frac{\sum_{k=1}^{n\Delta v} \boldsymbol{p}_k}{\Delta v} \quad (\mathrm{C/m^2}) \tag{3-79}$$

其中 n 为单位体积的分子数,分子表示在非常小的体积 Δv 内的感应偶极矩的矢量和。平滑点函数矢量 $\boldsymbol{P}$ 是电偶极矩的体积密度。体积元 $\mathrm{d}v'$的偶极矩量 $\mathrm{d}\boldsymbol{p}$ 为 $\mathrm{d}\boldsymbol{p}=\boldsymbol{P}\mathrm{d}v'$,其产生的静电位为(见式 3-53b)

① 比如:见 J. M. Crowley, *Fundamentals o Applied Electrostatics*, Section 8—3, Wiley, New York, 1986.

$$dV = \frac{\boldsymbol{P} \cdot \boldsymbol{a}_R}{4\pi\varepsilon_0 R^2} dv' \tag{3-80}$$

对电介质的体积 V' 进行积分，可得由极化电介质产生的电位

$$V = \frac{1}{4\pi\varepsilon_0}\int_{V'} \frac{\boldsymbol{P} \cdot \boldsymbol{a}_R}{R^2} dv \tag{3-81}$$ [①]

其中 R 是从体积元 dv' 到固定场点的距离。在笛卡儿坐标系中

$$R^2 = (x - x')^2 + (y - y')^2 + (z - z')^2 \tag{3-82}$$

很容易验证 $1/R$ 在加撇的坐标系中的梯度为

$$\nabla'\left(\frac{1}{R}\right) = \frac{\boldsymbol{a}_R}{R^2} \tag{3-83}$$

因此式(3-81)可以写成

$$V = \frac{1}{4\pi\varepsilon_0}\int_{V'} \boldsymbol{P} \cdot \boldsymbol{V}'\left(\frac{1}{R}\right) dv' \tag{3-84}$$

回顾矢量恒等式(习题 2-28)

$$\nabla' \cdot (f\boldsymbol{A}) = f\,\nabla' \cdot \boldsymbol{A} + \boldsymbol{A} \cdot \nabla' f \tag{3-85}$$

令 $\boldsymbol{A}=\boldsymbol{P}, f=1/R$，可以将式(3-84)改写为

$$V = \frac{1}{4\pi\varepsilon_0}\left[\int_{V'} \nabla' \cdot \left(\frac{\boldsymbol{P}}{R}\right) dv' - \int_{V'} \frac{\nabla' \cdot \boldsymbol{P}}{R} dv'\right] \tag{3-86}$$

式(3-86)右侧的第一个体积分依据散度定理可以转换成封闭面积分。有

$$V = \frac{1}{4\pi\varepsilon_0}\oint_{S'} \frac{\boldsymbol{P} \cdot \boldsymbol{a}'_n}{R} ds' + \frac{1}{4\pi\varepsilon_0}\int_{V'} \frac{(-\nabla' \cdot \boldsymbol{P})}{R} dv' \tag{3-87}$$

其中 $\boldsymbol{a}'_n$ 是电介质的面积元 ds' 的外法线单位矢量。将式(3-87) 右侧的两个积分分别与式(3-62)和式(3-61) 进行比较，说明了由极化电介质产生的电位(且电场强度也如此)可以从面电荷分布和体电荷分布计算出来，它们的分布密度分别为

$$\rho_{ps} = \boldsymbol{P} \cdot \boldsymbol{a}_n \tag{3-88}$$ [②]

和

$$\rho_p = -\nabla \cdot \boldsymbol{P} \tag{3-89}$$

这些称为**极化电荷密度或束缚电荷密度**。换句话说，进行场的计算时，极化电介质可以用一个等效极化面电荷密度 ρ_{ps} 和一个等效极化体电荷密度 ρ_p 替代

$$V = \frac{1}{4\pi\varepsilon_0}\oint_{S'} \frac{\rho_{ps}}{R} ds' + \frac{1}{4\pi\varepsilon_0}\int_{V'} \frac{\rho_p}{R} dv' \tag{3-90}$$

虽然式(3-88)和式(3-89)是借助矢量恒等式推导出来的，但可以给这些电荷分布以物理解释。图 3-20 清楚地表明，由相似取向的电偶极子末端所产生的电荷存在于与极化方向不平行的表面上。考虑非极性电介质的假想表面元 Δs。外加垂直于 Δs 的电场会导致束缚电荷分离并产生距离 d：正电荷 $+q$ 在场方向上移动距离 $d/2$，负电荷 $-q$ 在相反方向上移动同样的距离。在场方向上穿过表面 Δs 的总净电荷 ΔQ 为 $nqd(\Delta s)$，其中 n 是每单位体积的分子数。如果外加电场不垂直于 Δs，则沿 $\boldsymbol{a}_n$ 方向的束缚电荷的分离距离将变为 $\boldsymbol{d} \cdot \boldsymbol{a}_n$，

① 注意式(3-81) 左边的 V 表示场点的电位，而右边的 V' 表示极化电介质的体积。

② 为了方便起见，省略 $\boldsymbol{a}_n$ 和∇的撇号，因为式(3-88) 和式(3-89) 只包含源坐标而不会产生混乱。

并且

$$\Delta Q = nq(\boldsymbol{d} \cdot \boldsymbol{a}_n)(\Delta s) \tag{3-91}$$

而根据定义,单位体积的偶极矩 $nq\boldsymbol{d}$ 就是极化矢量 $\boldsymbol{P}$。则

$$\Delta Q = \boldsymbol{P} \cdot \boldsymbol{a}_n(\Delta s) \tag{3-92}$$

和

$$\rho_{ps} = \frac{\Delta Q}{\Delta s} = \boldsymbol{P} \cdot \boldsymbol{a}_n$$

如式(3-88)所给出。记住 $\boldsymbol{a}_n$ 一直都是向外的法线。这个关系可得图 3-20 中右表面带正电的面电荷和左表面带负电的面电荷。

对于包围体积 V 的面 S,对式(3-92)取积分可得到由极化产生并流出 V 的总净电荷。体积 V 中所含的净电荷为这一积分的负值

$$Q = -\oint_S \boldsymbol{P} \cdot \boldsymbol{a}_n \mathrm{d}s = \int_V (-\nabla \cdot \boldsymbol{P}) \mathrm{d}v = \int_V \rho_p \mathrm{d}v \tag{3-93}$$

从而推导出式(3-89)中关于体电荷密度的表达式。因此,当 $\boldsymbol{P}$ 的散度不为零时,大部分极化电介质都是带电荷的。然而,由于我们是从电中性的电介质体出发的,所以极化后的总电荷必须保持为零。这一点很容易验证,只需注意

$$\text{总电荷} = \oint_S \rho_{ps} \mathrm{d}s + \int_V \rho_p \mathrm{d}v = \oint_S \boldsymbol{P} \cdot \boldsymbol{a}_n \mathrm{d}s - \int_V \nabla \cdot \boldsymbol{P} \mathrm{d}v = 0 \tag{3-94}$$

这里再次应用了散度定理。

3.8　电通密度和介电常数

因为极化电介质会引起等效体电荷密度 ρ_p,所以我们可以预想到由电介质中给定的源分布产生的电场强度将与真空中的不同。特别是式(3-4)中的散度定理必须修正,以包含 ρ_p 的作用,也就是说

$$\nabla \cdot \boldsymbol{E} = \frac{1}{\varepsilon_0}(\rho + \rho_p) \tag{3-95}$$

利用式(3-89)有

$$\nabla \cdot (\varepsilon_0 \boldsymbol{E} + \boldsymbol{P}) = \rho \tag{3-96}$$

现在我们定义一个新的基本场量,**电通密度或电位移 $\boldsymbol{D}$**,写作

$$\boldsymbol{D} = \varepsilon_0 \boldsymbol{E} + \boldsymbol{P} \quad (\mathrm{C/m^2}) \tag{3-97}$$

利用矢量 $\boldsymbol{D}$ 就能够在未明确涉及极化矢量 $\boldsymbol{P}$ 或极化电荷密度 ρ_p 的情况下,写出任何媒质中电场和自由电荷分布之间的散度关系。合并式(3-96)和式(3-97),可得新的方程

$$\nabla \cdot \boldsymbol{D} = \rho \quad (\mathrm{C/m^3}) \tag{3-98}$$

其中 ρ 是自由电荷体密度。式(3-98)和式(3-5)是任何媒质中两个基本的约束微分方程。注意真空的介电常数 ε_0 不会直接出现在这两个方程中。

式(3-98)相应的积分形式是通过对两边取体积分得到的。有

$$\int_V \nabla \cdot \boldsymbol{D} \mathrm{d}v = \int_V \rho \mathrm{d}v \tag{3-99}$$

或

$$\oint_S \boldsymbol{D} \cdot \mathrm{d}\boldsymbol{s} = Q \quad (\mathrm{C}) \tag{3-100}$$

式(3-100)是**高斯定律**的另一种形式，**穿过任何闭合曲面向外的总电位移通量**(或简称**总向外电通量**)**等于封闭面包围的总自由电荷**。正如3.4节中所述，在求对称条件下电荷分布产生的电场时，高斯定理是非常有用的。

当介质的介电性质是线性且各向同性时，则极化强度正比于电场强度，比例常数与场方向无关。可写为

$$\boldsymbol{P}=\varepsilon_0\chi_e\boldsymbol{E} \tag{3-101}$$

其中 χ_e 是无量纲的量，称为**电极化率**。若 χ_e 与 $\boldsymbol{E}$ 无关，则电介质是线性的；若 χ_e 与坐标空间无关，则介质是均匀的。将式(3-101)代入式(3-97)得

$$\mathrm{D}=\varepsilon_0(1+\chi_e)\boldsymbol{E}=\varepsilon_0\varepsilon_r\boldsymbol{E}=\varepsilon\boldsymbol{E}\quad(\mathrm{C/m^2}) \tag{3-102}$$

其中

$$\varepsilon_r=1+\chi_e=\frac{\varepsilon}{\varepsilon_0} \tag{3-103}$$

是个无量纲量，称为媒质的**相对介电常数**或介质的**介电常数**。系数 $\varepsilon=\varepsilon_0\varepsilon_r$ 是媒质的**绝对介电常数**(通常简称为**介电常数**)，单位是法拉每米(F/m)。空气的介电常数是1.00059，因此其介电常数通常被认为与真空相同。一些常见材料的介电常数见表3-1和附录B.3。

注意 ε_r 可以是关于空间坐标的函数。如果 ε_r 与位置无关，则该媒质被认为是**均匀的**。线性、均匀、各向同性的媒质称为**简单媒质**。简单媒质的相对介电常数为常数。

下面将学习可由复介电常数表示的有损媒质的影响，其虚部表明了在媒质中功率损耗的程度，一般来说只与频率有关。各向异性材料的介电常数在电场的不同方向是不同的，而矢量 $\boldsymbol{D}$ 与 $\boldsymbol{E}$ 通常有不同的方向；介电常数是张量。用矩阵形式，可写出

$$\begin{bmatrix}D_x\\D_y\\D_z\end{bmatrix}=\begin{bmatrix}\varepsilon_{11}&\varepsilon_{12}&\varepsilon_{13}\\\varepsilon_{21}&\varepsilon_{22}&\varepsilon_{23}\\\varepsilon_{31}&\varepsilon_{32}&\varepsilon_{33}\end{bmatrix}\begin{bmatrix}E_x\\E_y\\E_z\end{bmatrix} \tag{3-104}$$

对于晶体，参考坐标可以选择为沿着晶体的主轴，从而使式(3-104)中介电常数矩阵的非对角线上值为零

$$\begin{bmatrix}D_x\\D_y\\D_z\end{bmatrix}=\begin{bmatrix}\varepsilon_1&0&0\\0&\varepsilon_2&0\\0&0&\varepsilon_3\end{bmatrix}\begin{bmatrix}E_x\\E_y\\E_z\end{bmatrix} \tag{3-105}$$

具有式(3-105)所表示的性质的媒质称为**双轴**的媒质。可以写成

$$D_x=\varepsilon_1E_x \tag{3-106a}$$

$$D_y=\varepsilon_2E_y \tag{3-106b}$$

$$D_z=\varepsilon_3E_z \tag{3-106c}$$

进一步说明，如果 $\varepsilon_1=\varepsilon_2$，那么媒质是**单轴**的。当然，如果 $\varepsilon_1=\varepsilon_2=\varepsilon_3$，则媒质为各向同性的。本书只涉及各向同性介质。

例3-12　正的点电荷 Q 位于内半径为 R_i、外半径为 R_o 的球壳电介质的中心，介电常数为 ε_r。确定关于径向距离 R 的函数 $\boldsymbol{E},V,\boldsymbol{D}$ 和 $\boldsymbol{P}$。

解：这个问题的几何形状与例3-11是一样的。导电外壳换成了电介质外壳，但求解过程是相似的。由于球对称性，在三个区域：(1) $R>R_o$；(2) $R_i<R<R_o$；(3) $R<R_i$ 中应用

高斯定律来找到 $\boldsymbol{E}$ 和 $\boldsymbol{D}$。对 $\boldsymbol{E}$ 进行负线积分可得电位 V，而极化强度矢量 $\boldsymbol{P}$ 的由下式决定

$$\boldsymbol{P} = \boldsymbol{D} - \varepsilon_0 \boldsymbol{E} = \varepsilon_0(\varepsilon_r - 1)\boldsymbol{E} \tag{3-107}$$

矢量 $\boldsymbol{E}$,$\boldsymbol{D}$,$\boldsymbol{P}$ 只有径向分量。参考图 3-21(a)，其中未画出高斯面，以避免图太杂乱。

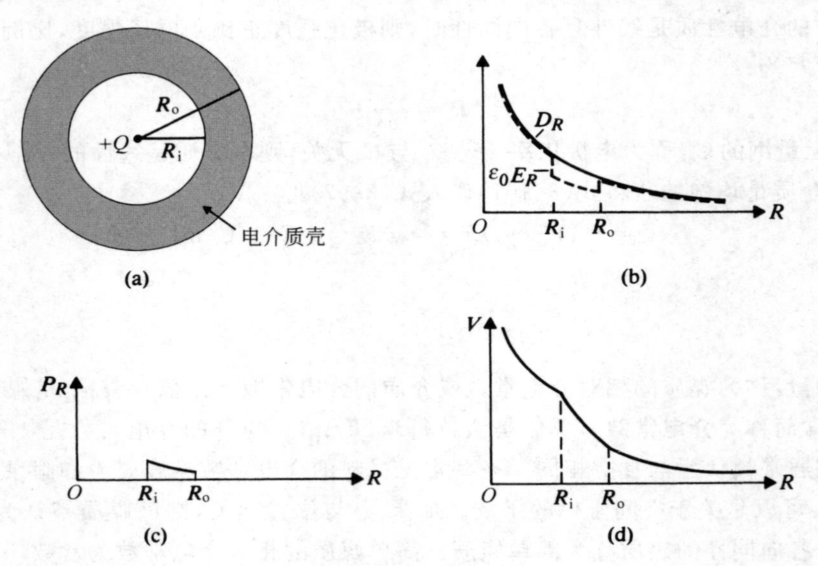

图 3-21 在电介质壳中心的点电荷 $+Q$ 的场变化(例 3-12)

(1) $R > R_o$。这个区域的情况与例 3-11 完全一样。参考式(3-73)和式(3-74)可得

$$E_{R1} = \frac{Q}{4\pi\varepsilon_0 R^2}$$

$$V_1 = \frac{Q}{4\pi\varepsilon_0 R}$$

由式(3-102)和式(3-107)得到

$$D_{R1} = \varepsilon_0 E_{R1} = \frac{Q}{4\pi R^2} \tag{3-108}$$

和

$$P_{R1} = 0 \tag{3-109}$$

(2) $R_i < R < R_o$。在这个区域应用高斯定理可直接得到

$$E_{R2} = \frac{Q}{4\pi\varepsilon_0\varepsilon_r R^2} = \frac{Q}{4\pi\varepsilon R^2} \tag{3-110}$$

$$D_{R2} = \frac{Q}{4\pi R^2} \tag{3-111}$$

$$P_{R2} = \left(1 - \frac{1}{\varepsilon_r}\right)\frac{Q}{4\pi R^2} \tag{3-112}$$

注意到 D_{R2} 和 D_{R1} 具有相同的表达式，并且 E_R 和 P_R 在 $R=R_o$ 这一点处不连续。在这个区域内

$$V_2 = -\int_{\infty}^{R_o} E_{R1}\,\mathrm{d}R - \int_{R_o}^{R} E_{R2}\,\mathrm{d}R = V_1\big|_{R=R_o} - \frac{Q}{4\pi\varepsilon}\int_{R_o}^{R}\frac{1}{R^2}\mathrm{d}R$$

$$= \frac{Q}{4\pi\varepsilon_0}\left[\left(1 - \frac{1}{\varepsilon_r}\right)\frac{1}{R_o} + \frac{1}{\varepsilon_r R}\right] \tag{3-113}$$

(3) $R < R_i$。由于这个区域中的介质与区域 $R > R_o$ 中相同，在这两个区域中运用高斯

定理可得到相同的 E_R、D_R 和 P_R 表达式：

$$E_{R3} = \frac{Q}{4\pi\varepsilon_0 R^2}$$

$$D_{R3} = \frac{Q}{4\pi R^2}$$

$$P_{R3} = 0$$

为了求出 V_3，必须将 $R=R_i$ 处的电位 V_2 加上 E_{R3} 的负线积分，即

$$V_3 = V_2 \big|_{R=R_i} - \int_{R_i}^{R} E_{R3} \mathrm{d}R = \frac{Q}{4\pi\varepsilon_0}\left[\left(1-\frac{1}{\varepsilon_r}\right)\frac{1}{R_o} - \left(1-\frac{1}{\varepsilon_r}\right)\frac{1}{R_i} + \frac{1}{R}\right] \quad (3\text{-}114)$$

图 3-21(b)描绘了 $\varepsilon_0 E_R$ 和 D_R 随 R 的变化。差值($D_R - \varepsilon_0 E_R$)为 P_R，如图 3-21(c)所示。图 3-21(d)中关于 V 的绘图是三个区域 V_1、V_2 和 V_3 的总图。注意 D_R 是一条连续曲线，D_R 从一种媒质到另一种媒质不会有突变，并且 P_R 只存在于电介质区域中。

将本例的图 3-21(b)和图 3-21(d)分别与例 3-11 的图 3-19(b)和图 3-19(c)比较是有启发的。由式(3-88)和式(3-89)可知

$$\rho_{ps} \big|_{R=R_i} = \boldsymbol{p} \cdot (-\boldsymbol{a}_R) \big|_{R=R_i} = -P_{R2} \big|_{R=R_i} = -\left(1-\frac{1}{\varepsilon_r}\right)\frac{Q}{4\pi R_i^2} \quad (3\text{-}115)$$

在内壳表面上

$$\rho_{ps} \big|_{R=R_o} = \boldsymbol{p} \cdot \boldsymbol{a}_R \big|_{R=R_o} = P_{R2} \big|_{R=R_o} = \left(1-\frac{1}{\varepsilon_r}\right)\frac{Q}{4\pi R_o^2} \quad (3\text{-}116)$$

而在外壳表面上

$$\rho = -\nabla \cdot \boldsymbol{P} = -\frac{1}{R^2}\frac{\partial}{\partial R}(R^2 P_{R2}) = 0 \quad (3\text{-}117)$$

式(3-115)、式(3-116)和式(3-117)表明了在电介质壳内没有净极化体电荷。但是，在内表面上存在负极化面电荷，在外表面上存在正极化面电荷。这些面电荷产生方向沿着径向向内的电场强度，从而减弱了中心处的点电荷 $+Q$ 在区域 2 中产生的电场 $\boldsymbol{E}$。

表 3-1　一些常见材料的介电常数和电介质强度

材　　料	介电常数	电介质强度(V/m)
空气(大气压下)	1.0	3×10^6
矿物油	2.3	15×10^6
纸	2～4	15×10^6
聚苯乙烯	2.6	20×10^6
橡皮	2.3～4.0	25×10^6
玻璃	4～10	30×10^6
云母	6.0	200×10^6

电介质强度

前面已经解释过，电场引起电介质材料中束缚电荷的小位移，从而导致极化现象。如果电场很强将会使电子完全脱离分子，这些电子会在电场的作用下加速，并和晶体结构分子发生猛烈碰撞，从而引起永久性错位并对材料造成损坏。由于发生碰撞而产生雪崩电离效应，

这些材料将变成导体并产生大量的电流，这种现象叫做**电介质击穿**。电介质材料在未被击穿的情况下所能承受的最大的电场强度，就是此材料的**电介质强度**。表3-1给出了一些常见材料的近似电介质强度。注意一定不能把电介质强度和介电常数混淆了。

一个便于记忆的数字是标准大气压下空气的电介质强度3kV/mm，当电场强度超过这个值的时候，就会击穿空气，发生大规模的电离，并伴随着火花(电晕放电)。电荷倾向于集中在尖端，见式(3-72)，尖端附近的电场强度远远高于在小曲率且相对平坦的表面的点。在高层建筑顶部安装的一根锋利金属避雷针的避雷器运用的就是这个原理。当一朵充满大量电荷的云接近装备有连接到地面上的避雷针的高层建筑时，负电荷会从地面被吸引到避雷针的尖端，即电场强度最强的地方。当电场强度超过潮湿空气的电介质强度时，就会发生击穿现象，并且在避雷针尖端附近的空气会被电离而能够导电。然后这些云层中的电荷会通过导电路径安全地引到地面。

下面的例子会定量地分析说明这样的事实，电场强度在曲率较大的导体表面附近往往变得更强。

例 3-13　考虑半径分别为b_1和$b_2(b_2>b_1)$并用导线连接的两个球形导体。假设导线之间的距离远远大于b_2，从而导体球上的电荷能够看做是均匀分布的。导体球上的总电荷是Q。求(1)两个球上的电荷；(2)球体表面的电场强度。

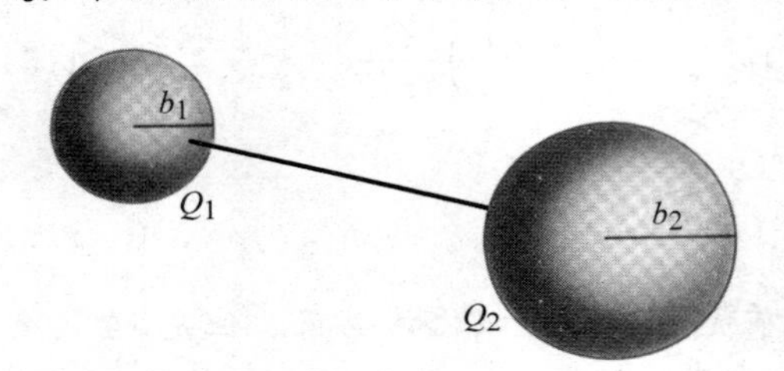

图3-22　两个连接的导电球体

解：

(1) 如图3-22所示。因为这两个导体处于相同的电位上，所以有

$$\frac{Q_1}{4\pi\varepsilon_0 b_1}=\frac{Q_2}{4\pi\varepsilon_0 b_2}$$

或者

$$\frac{Q_1}{Q_2}=\frac{b_1}{b_2}$$

因此导体上的电荷和它们的半径成正比。但是，由于

$$Q_1+Q_2=Q$$

可以求得

$$Q_1=\frac{b_1}{b_1+b_2}Q \quad Q_2=\frac{b_2}{b_1+b_2}Q$$

(2) 两个导体表面的电场强度为

$$E_{1n}=\frac{Q_1}{4\pi\varepsilon_0 b_1^2}$$

和

$$E_{2n}=\frac{Q_2}{4\pi\varepsilon_0 b_2^2}$$

所以

$$\frac{E_{1n}}{E_{2n}}=\left(\frac{b_2}{b_1}\right)^2\frac{Q_1}{Q_2}=\frac{b_2}{b_1}$$

因此电场强度和半径成反比，并且在曲率较大的较小球体的表面有更高的电场强度。

3.9　静电场的边界条件

电磁问题通常涉及具有不同物理特性的媒质，并且需要关于两种媒质之间分界面的场量关系的知识。例如，我们希望知道矢量 $\boldsymbol{E}$ 和 $\boldsymbol{D}$ 在穿过两个界面时是如何变化的，之前已经知道导体与真空的分界面必须满足的边界条件。这些条件已经在式(3-71)和式(3-72)中给出。下面考虑图 3-23 所示的两种一般媒质之间的分界面。

让我们构造一个小的路径 $abcda$，其中边 ab 和 cd 分别处于媒质 1 和媒质 2 中，两边都平行于分界面，长度等于 Δw。式(3-8)适用于这个路径，如果令边 $bc=da=\Delta h$ 且趋近于 0，它们对 $\boldsymbol{E}$ 环绕该路径的线积分的影响可以忽略，表示为

$$\oint_{abcda}\boldsymbol{E}\cdot \mathrm{d}\boldsymbol{l}=\boldsymbol{E}_1\cdot\Delta \boldsymbol{w}+\boldsymbol{E}_2\cdot(-\Delta \boldsymbol{w})$$

$$=E_{1t}\Delta w-E_{2t}\Delta w$$

$$=0$$

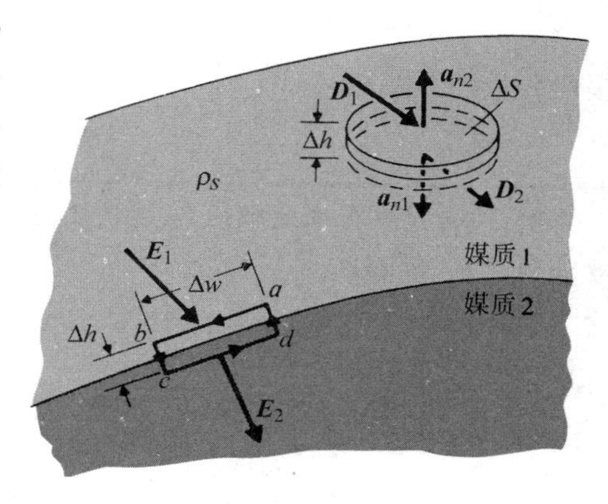

图 3-23　两种媒质的界面

因此

$$E_{1t}=E_{2t}\qquad(3\text{-}118)$$

上式说明，**穿过分界面的电场 $\boldsymbol{E}$ 的切向分量是连续的**。如果其中一种媒质是导体，则式(3-118)可以简化为式(3-71)。当媒质 1 和媒质 2 是介电常数分别为 ε_1 和 ε_2 的电介质时，则有

$$\frac{D_{1t}}{\varepsilon_1}=\frac{D_{2t}}{\varepsilon_2}\qquad(3\text{-}119)$$

为了求出边界上场的法向分量之间的关系，我们构造一个顶部位于媒质 1 且底部位于媒质 2 中的小盒子，如图 3-23 所示。这个面的面积为 ΔS，并且盒子的高度 Δh 趋向于 0。对盒子运用高斯定理式(3-100)[①]，可得

$$\oint_S\boldsymbol{D}\cdot \mathrm{d}\boldsymbol{s}=(\boldsymbol{D}_1\cdot\boldsymbol{a}_{n2}+\boldsymbol{D}_2\cdot\boldsymbol{a}_{n1})\Delta S=\boldsymbol{a}_{n2}\cdot(\boldsymbol{D}_1-\boldsymbol{D}_2)\Delta S=\rho_s\Delta S\qquad(3\text{-}120)$$

其中用到了关系式 $\boldsymbol{a}_{n2}=-\boldsymbol{a}_{n1}$，单位矢量 $\boldsymbol{a}_{n1}$ 和 $\boldsymbol{a}_{n2}$ 分别是媒质 1 和媒质 2 向外的单位法线。由式(3-120)可得

$$\boldsymbol{a}_{n2}\cdot(\boldsymbol{D}_1-\boldsymbol{D}_2)=\rho_s\qquad(3\text{-}121\text{a})$$

或者

$$D_{1n}-D_{2n}=\rho_s\quad(\mathrm{C/m^2})\qquad(3\text{-}121\text{b})$$

其中单位法线的参考方向是由媒质 2 向外。

式(3-121)表明，**$\boldsymbol{D}$ 场的法向分量在通过存在面电荷的分界面时是不连续的——不连续的量等于面电荷密度**。如果媒质 2 是导体，则 $\boldsymbol{D}_2=0$，而式(3-121b)就变为

$$D_{1n}=\varepsilon_1E_{1n}=\rho_s\qquad(3\text{-}122)$$

① 对于包含不连续媒质的区域式(3-8)和式(3-100)的假设有效。见 C. T. Tai, "On the presentation of Maxwell's theory," *Proceedings of the IEEE*, vol. 60, pp. 936—945, August 1972.

当媒质1为真空时,上式可简化为式(3-72)。

当两种电介质的分界面上没有自由电荷时,即 $\rho_s=0$,则有

$$D_{1n}=D_{2n} \tag{3-123}$$

或者

$$\varepsilon_1 E_{1n}=\varepsilon_2 E_{2n} \tag{3-124}$$

重述一下,静电场必须满足的边界条件如下

切向分量

$$E_{1t}=E_{2t} \tag{3-125}$$

法向分量

$$\boldsymbol{a}_{n2}\cdot(\boldsymbol{D}_1-\boldsymbol{D}_2)=\rho_s \tag{3-126}$$

例 3-14 一有机玻璃板($\varepsilon_r=3.2$)垂直放置在真空中的均匀电场$\boldsymbol{E}_o=\boldsymbol{a}_x E_o$内。求有机玻璃内的$\boldsymbol{E}_i$、$D_i$和$\boldsymbol{P}_i$。

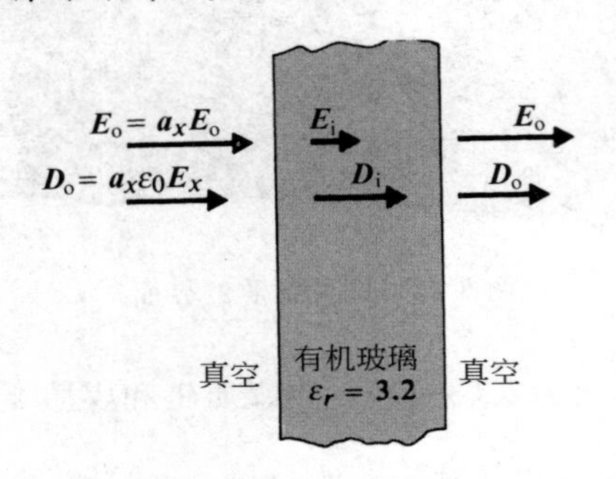

图 3-24 均匀电场中的玻璃板

解:我们假设有机玻璃板不改变原有的均匀电场$\boldsymbol{E}_o$,如图3-24所示,因为表面垂直于静电场,所以只需考虑法向场分量。此处不存在自由电荷。

根据式(3-123),左边界面的边界条件为

$$\boldsymbol{D}_i=\boldsymbol{a}_x D_i=\boldsymbol{a}_x D_o$$

或者

$$\boldsymbol{D}_i=\boldsymbol{a}_x\varepsilon_0 E_o$$

穿过界面时电通密度没有变化,有机玻璃板内的电场强度为

$$\boldsymbol{E}_i=\frac{1}{\varepsilon}\boldsymbol{D}_i=\frac{1}{\varepsilon_0\varepsilon_r}\boldsymbol{D}_i=\boldsymbol{a}_x\frac{E_o}{3.2}$$

在有机玻璃板外的极化矢量为0($\boldsymbol{P}_o=0$),在板内有

$$\boldsymbol{P}_i=\boldsymbol{D}_i-\varepsilon_0\boldsymbol{E}_i=\boldsymbol{a}_x\left(1-\frac{1}{3.2}\right)\varepsilon_0 E_o=\boldsymbol{a}_x 0.6875\varepsilon_0 E_o$$

显然,在右边界面使用同样的边界条件式(3-123),这样将在玻璃板右边的真空中得到原始的$\boldsymbol{E}_o$和$\boldsymbol{D}_o$。如果原始电场是非均匀的,即假设$\boldsymbol{E}_o=\boldsymbol{a}_x E(y)$,问题的求解会有怎样的变化呢?

例 3-15 电容率分别为ε_1和ε_2的两种电介质被不带电的边界分隔开,如图3-25所示。在媒质1中P_1点电场强度的大小为E_1,方向与法线呈α_1角。求媒质2中P_2点电场强度的大小和方向。

解:需要两个方程来求解未知量E_{2t}和E_{2n}。求得E_{2t}和E_{2n}之后,就能直接得到E_2和α_2。应用式(3-118)和式(3-123)可得

$$E_2\sin\alpha_2=E_1\sin\alpha_1 \tag{3-127}$$

和

$$\varepsilon_2 E_2\cos\alpha_2=\varepsilon_1 E_1\cos\alpha_1 \tag{3-128}$$

式(3-127)除以式(3-128)得

$$\frac{\tan\alpha_1}{\tan\alpha_2}=\frac{\varepsilon_1}{\varepsilon_2} \tag{3-129}$$

所以 E_2 的大小为

$$\begin{aligned}E_2&=\sqrt{E_{2t}^2+E_{2n}^2}\\&=\sqrt{(E_2\sin\alpha_2)^2+(E_2\cos\alpha_2)^2}\\&=\left[(E_1\sin\alpha_1)^2+\left(\frac{\varepsilon_1}{\varepsilon_2}E_1\cos\alpha_1\right)^2\right]^{1/2}\end{aligned}$$

或者

$$E_2=E_1\left[\sin^2\alpha_1+\left(\frac{\varepsilon_1}{\varepsilon_2}\cos\alpha_1\right)^2\right]^{1/2} \tag{3-130}$$

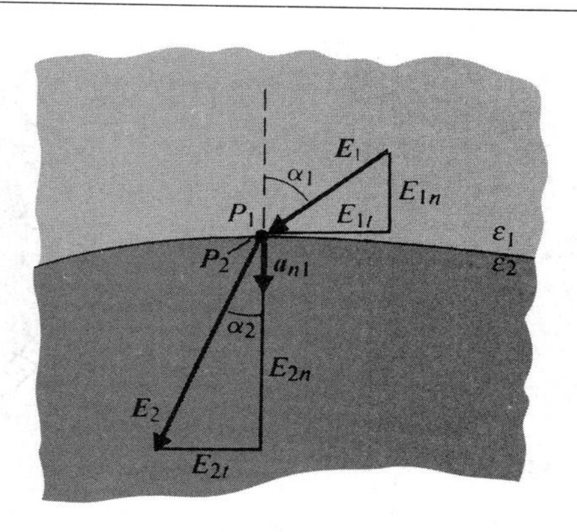

图 3-25 两个电介质之间界面的边界条件

观察图 3-25,你能说出 ε_1 是大于 ε_2 还是小于 ε_2 呢?

例 3-16 当使用同轴电缆来运送电力时,内导体的半径由负载电流决定,总尺寸由电压和所用绝缘材料的类型决定。假设内导体的半径为 0.4(cm),且橡胶同心层($\varepsilon_{rr}=3.2$)和聚苯乙烯($\varepsilon_{rp}=2.6$)作为绝缘材料,设计一个工作在额定电压 20(kV)的同轴电缆。为了避免由于雷击和其他异常的外部条件引起的电压上升而导致的故障,绝缘材料中电场强度最大值不得超过电介质强度的 25%。

解:由表 3-1 可得橡胶和聚苯乙烯的电介质强度分别是 25×10^6(V/m)和 20×10^6(V/m)。利用式(3-40),对于特定的电介质强度的 25%,可得

在橡胶中

$$\text{最大}E_r=0.25\times25\times10^6=\frac{\rho_l}{2\pi\varepsilon_0}\left(\frac{1}{3.2r_i}\right) \tag{3-131a}$$

在聚苯乙烯中

$$\text{最大}E_p=0.25\times20\times10^6=\frac{\rho_l}{2\pi\varepsilon_0}\left(\frac{1}{2.6r_p}\right) \tag{3-131b}$$

合并式(3-131a)和式(3-131b)得

$$r_p=1.54r_i=0.616\quad(\text{cm}) \tag{3-132}$$

式(3-132)表明聚苯乙烯绝缘层应该位于橡胶外面,如图 3-26(a)所示(如果聚苯乙烯层内置于橡胶层将会怎样?这值得思考)。

电缆工作在导体内部和外部之间的电位差为 20000(V)。设

$$-\int_{r_o}^{r_p}E_p\mathrm{d}r-\int_{r_p}^{r_i}E_r\mathrm{d}r=20000$$

其中 E_p 和 E_r 与式(3-40)所给的一样。通过上面的关系式可得

$$\frac{\rho_l}{2\pi\varepsilon_0}\left(\frac{1}{\varepsilon_{rp}}\ln\frac{r_o}{r_p}+\frac{1}{\varepsilon_{rr}}\ln\frac{r_p}{r_i}\right)=20000$$

或

$$\frac{\rho_l}{2\pi\varepsilon_0}\left(\frac{1}{2.6}\ln\frac{r_o}{1.54r_i}+\frac{1}{3.2}\ln1.54\right)=20000 \tag{3-133}$$

已知 $r_i=0.4$(cm),可由式(3-131a)中的因子 $\rho_l/2\pi\varepsilon_0$ 确定 r_o,再把 r_o 代入式(3-133)中,从而可以得到 $\rho_l/2\pi\varepsilon_0=8\times10^4$ 和 $r_o=2.08r_i=0.832$(cm)。

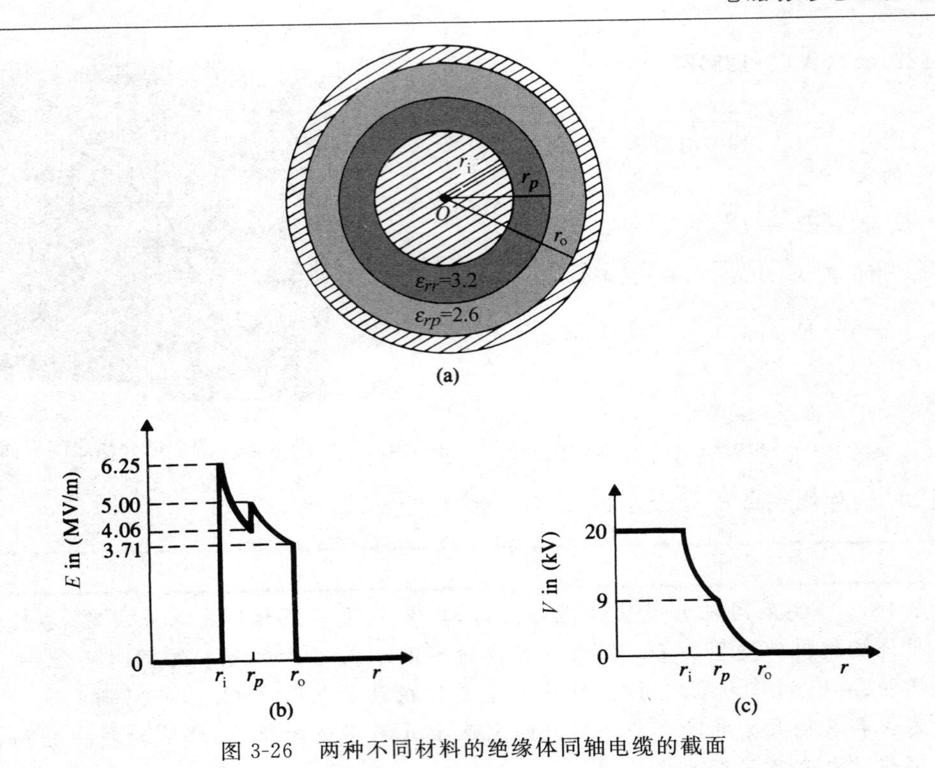

图 3-26　两种不同材料的绝缘体同轴电缆的截面

图 3-26(b)和图 3-26(c)描绘了径向电场强度 E 和关于外护套的电位 V 的变化。值得注意的是,当 V 曲线连续时,E 存在不连续的跳跃。其中所有的数值表示留给读者自己去验证。

3.10　电容和电容器

由 3.6 节可知导体在静电场中是等势体,导体中的电荷会散布在表面,因此导体内部电场为零。假设电荷 Q 的电势是 V,显然,通过一些因子 k 来增加总电荷仅仅是增加了表面电荷密度 ρ_s,但不会影响电荷分布,因为导体在静电场环境中仍然是等势体。由式(3-62)可以得出孤立导体的电势和它所带的总电荷是成正比的。还可以发现,电压 V 增加 k 倍会使 $\boldsymbol{E}=-\nabla V$ 也随之增加 k 倍。但由式(3-72)可知,$\boldsymbol{E}=\boldsymbol{a}_n\rho_s/\varepsilon_0$,因此 ρ_s 和相应的总电荷 Q 也会增加 k 倍。所以比率 Q/V 仍然不变,可表示为

$$Q = CV \tag{3-134}$$

其中比例常数 C 称为孤立导体的**电容**。电容是指电位每增加一单位所必须施加于物体的电荷量,其单位是库仑每伏特,或法拉(F)。

实际应用中**电容器**是颇为重要的,它由两块分隔的导体组成,导体之间是真空或者电媒质,导体可以是任意形状的,如图 3-27 所示。当有直流电压源连接两导体时,会有电荷转移,导致电荷 $+Q$ 转移到一个导体,而电荷 $-Q$ 转移到另外一个导体,电场线由正电荷出发终止于负电荷,见图 3-27。注意,电场线垂直于作为等位面的导体表面。如果 V 用两导体间的电位差 V_{12} 取代,则式(3-134)在此适用,可得

$$C = \frac{Q}{V_{12}} \quad (\mathrm{F}) \tag{3-135}$$

电容器的电容是双导体系统的一种物理性质，其依赖于导体的形状和它们之间媒质的介电常数，与电荷 Q 和导体之间的电势差 V_{12} 都无关。电容器即使没有电压提供或者导体上没有自由电荷它也存在电容。电容 C 可以用式(3-135)来确定：(1)假设已知 V_{12}，根据 V_{12} 可得 Q；(2)假设已知 Q，根据 Q 可求出 V_{12}。现阶段，因为我们还没有研究边值问题的解决方法(将在第 4 章中介绍)。因此可以通过另外一种方法求出电容 C。步骤如下：

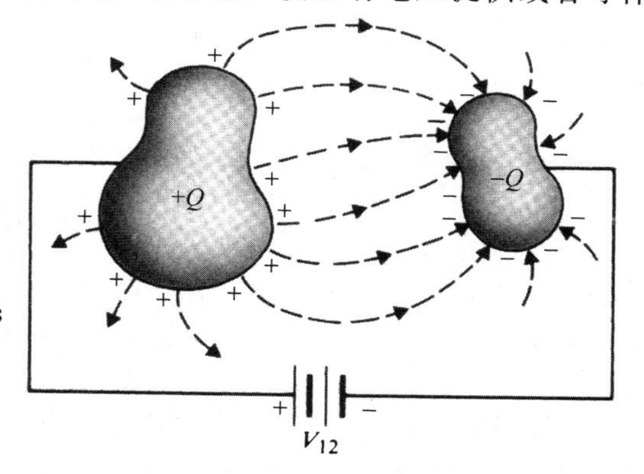

图 3-27　双导体电容器

(1) 对已知的几何形状，选择合适的坐标系；

(2) 假设导体上的电荷 $+Q$ 和 $-Q$；

(3) 通过式(3-122)、高斯定理或其他关系根据 Q 来确定 $\boldsymbol{E}$；

(4) 通过对携带 $-Q$ 的导体到携带 $+Q$ 端导体积分计算可求得 V_{12}

$$V_{12} = -\int_{2}^{1} \boldsymbol{E} \cdot \mathrm{d}\boldsymbol{l}$$

(5) 使用关系式 Q/V_{12} 来求 C。

例 3-17　由相隔距离为 d、面积为 S 的两个平行导电平板组成的平行板电容器，板之间充满恒定介电常数为 ε 的电介质。确定其电容。

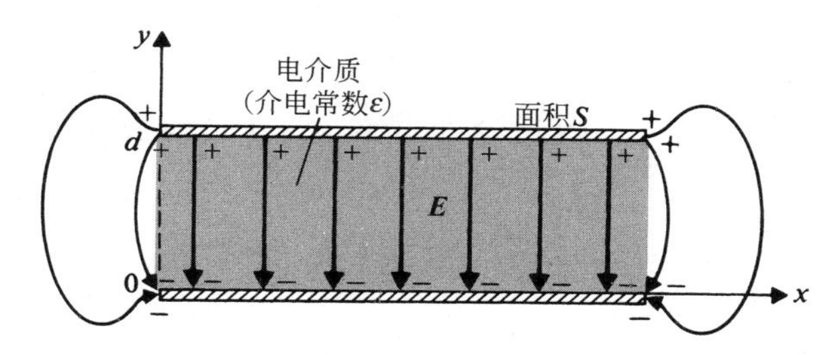

图 3-28　平板电容器的横截面

解：如图 3-28 所示为电容器的横截面。显然，使用直角坐标系最合适。如上所述，将电荷 $+Q$ 和 $-Q$ 分别放到上面和下面的板上。假定电荷均匀分布在面密度为 $+\rho_s$ 和 $-\rho_s$ 的带电板上，其中

$$\rho_s = \frac{Q}{S}$$

由式(3-122)可知

$$\boldsymbol{E} = -\boldsymbol{a}_y \frac{\rho_s}{\varepsilon} = -\boldsymbol{a}_y \frac{Q}{\varepsilon S}$$

如果可以忽略板边缘的电场，则电介质内的电场强度为常量。现有

$$V_{12} = -\int_{y=0}^{y=d} \boldsymbol{E} \cdot \mathrm{d}\boldsymbol{l} = -\int_{0}^{d} \left(-\boldsymbol{a}_y \frac{Q}{\varepsilon S}\right) \cdot (\boldsymbol{a}_y \mathrm{d}y) = \frac{Q}{\varepsilon S} d$$

因此，平板电容器的电容为

$$C = \frac{Q}{V_{12}} = \varepsilon \frac{S}{d} \tag{3-136}$$

其值不依赖于 Q 或 V_{12}。

对此问题可先假设上板和下板之间的电位差为 V_{12}。平行板之间的电场强度是均匀的且等于

$$\boldsymbol{E}=-\boldsymbol{a}_y\frac{V_{12}}{d}$$

上导电板和下导电板的面电荷密度分别为 $+\rho_s$ 和 $-\rho_s$,其中考虑到式(3-72)有

$$\rho_s=\varepsilon E_y=\varepsilon\frac{V_{12}}{d}$$

因此,可得,$Q=\rho_s S=(\varepsilon S/d)V_{12}$ 和 $C=Q/V_{12}=\varepsilon S/d$。

例 3-18 圆柱电容器由半径为 a 的内导体和内半径为 b 的外导体组成。导体之间填充介电常数为 ε 的电介质,电容器的长度为 L。确定电容器的电容。

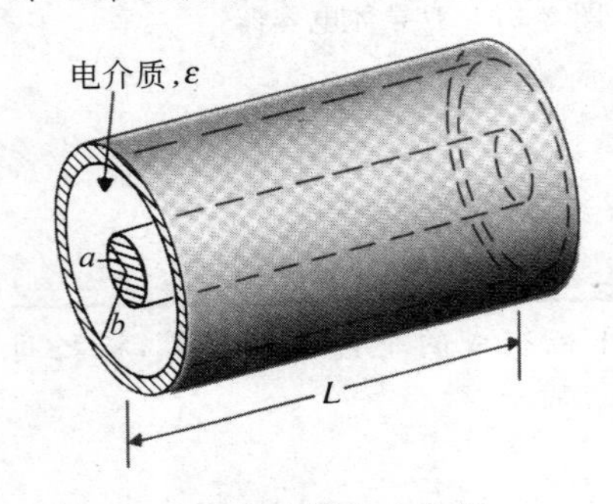

图 3-29 圆柱电容器

解:利用圆柱坐标来解此题。首先假设内导体表面和外导体内表面的电荷分别为 $+Q$ 和 $-Q$。通过对电介质内部 $a<r<b$ 的圆柱高斯面应用高斯定理,可得电介质内的 $\boldsymbol{E}$ 场(注意式(3-122)仅给出了导体表面的 $\boldsymbol{E}$ 场的法向分量。由于此处导体表面不是平面,因此电介质中的 $\boldsymbol{E}$ 场不是常量,且式(3-122)不能用于求 $a<r<b$ 区域中 $\boldsymbol{E}$)。参考图 3-29 并应用高斯定理,可得

$$\boldsymbol{E}=\boldsymbol{a}_r E_r=\boldsymbol{a}_r\frac{Q}{2\pi\varepsilon Lr} \tag{3-137}$$

再次忽略靠近导体边缘的场的作用。内导体和外导体之间的电位差为

$$\begin{aligned}V_{ab}&=-\int_{r=b}^{r=a}\boldsymbol{E}\cdot\mathrm{d}\boldsymbol{l}\\&=-\int_b^a\left(\boldsymbol{a}_r\frac{Q}{2\pi\varepsilon Lr}\right)\cdot(\boldsymbol{a}_r\mathrm{d}r)\\&=\frac{Q}{2\pi\varepsilon L}\ln\left(\frac{b}{a}\right)\end{aligned} \tag{3-138}$$

因此,对于圆柱电容器有

$$C=\frac{Q}{V_{ab}}=\frac{2\pi\varepsilon L}{\ln\left(\dfrac{b}{a}\right)} \tag{3-139}$$

因为内导体和外导体之间的电场不是均匀的,所以不能通过设定 V_{ab} 的办法来解此题。只有知道如何解决边界值的问题才能用 V_{ab} 去表示 $\boldsymbol{E}$ 和 Q。

例 3-19 一球形电容器由一个半径为 R_i 的内导体球和一个内壁为球形、半径为 R_o 的外导体组成,导体之间填充介电常数为 ε 的电介质。求电容。

解:假设在内导体和外导体上的电荷分别为 $+Q$ 和 $-Q$,如图 3-30 所示的球形电容器。对半径为 $R(R_\mathrm{i}<R<R_\mathrm{o})$ 的球形高斯面应用高斯定理,有

$$\boldsymbol{E} = \boldsymbol{a}_R E_R = \boldsymbol{a}_R \frac{Q}{4\pi\varepsilon R^2}$$

$$V = -\int_{R_o}^{R_i} \boldsymbol{E} \cdot (\boldsymbol{a}_R \mathrm{d}R) = -\int_{R_o}^{R_i} \frac{Q}{4\pi\varepsilon R^2} \mathrm{d}R$$

$$= \frac{Q}{4\pi\varepsilon}\left(\frac{1}{R_i} - \frac{1}{R_o}\right)$$

因此，对球形电容器有

$$C = \frac{Q}{V} = \frac{4\pi\varepsilon}{\dfrac{1}{R_i} - \dfrac{1}{R_o}} \tag{3-140}$$

对于半径为 R_i 的孤立导体球，当 $R_o \to \infty$ 时，$C = 4\pi\varepsilon R_i$。

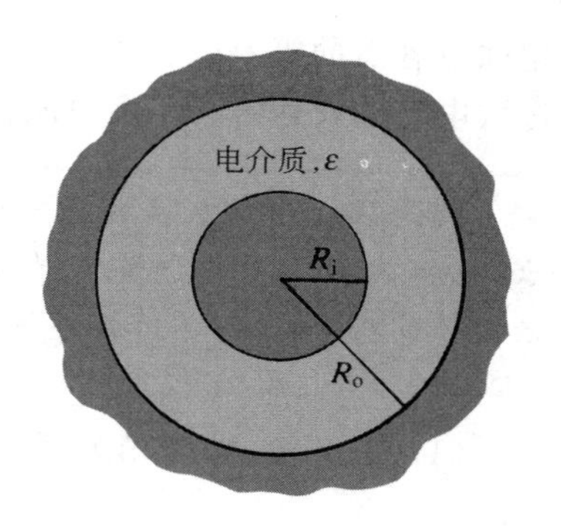

图 3-30　球形电容器

3.10.1　电容器的串联和并联

在电路中，电容器以不同的方式连接起来，两种常用的基本连接方式是串联和并联。对于如图 3-31 所示①的串联或首尾相接，外接端点仅引自第一个和最后一个电容器。当串联电容器两端所加的电位差或静电压为 V 时，在与外接端点相连的导体上积累的电荷量是 $+Q$ 和 $-Q$。在相连接的导体内部将感应出电荷，因此，无论电容量为多少，$+Q$ 和 $-Q$ 将会独立地出现在每个电容器上。每个电容器的电位差分别为 $Q/C_1, Q/C_2, \cdots, Q/C_n$，且

$$V = \frac{Q}{C_{sr}} = \frac{Q}{C_1} + \frac{Q}{C_2} + \cdots + \frac{Q}{C_n}$$

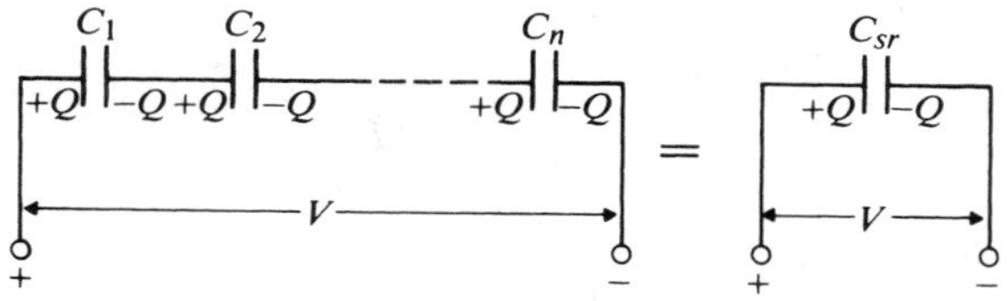

图 3-31　电容器的串联

其中 C_{sr} 是串联电容器的等效电容。有

$$\frac{1}{C_{sr}} = \frac{1}{C_1} + \frac{1}{C_2} + \cdots + \frac{1}{C_n} \tag{3-141}$$

电容器的并联电路中，外接端点与所有电容器的导体相连，如图 3-32 所示。当两端施加电位差 V 时，累积在电容器的电荷量依赖于其电容的大小。总的电荷量是所有电容器上的电荷量的和

$$Q = Q_1 + Q_2 + \cdots + Q_n$$
$$= C_1 V + C_2 V + \cdots + C_n V = C_{\parallel} V$$

因此，并联电容器的等效电容是

$$C_{\parallel} = C_1 + C_2 + \cdots + C_n \tag{3-142}$$

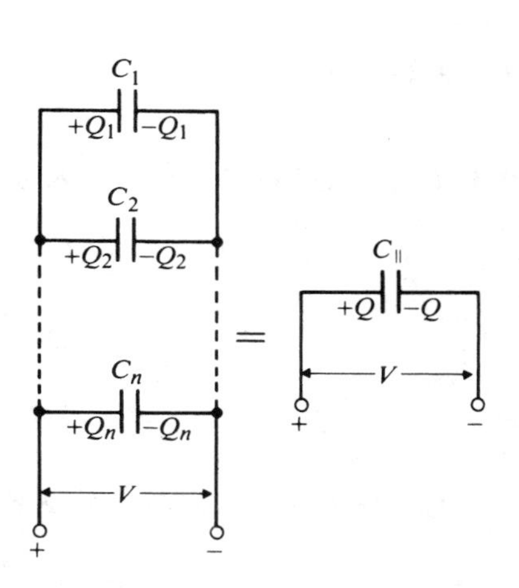

图 3-32　电容器并联

① 不管电容器的实际外形是怎样的，还是习惯于用一对平行竖杠来表示电容器。

串联电容器的等效电容的表达式与并联电阻器的等效电阻的表达式类似，且并联电容器的等效电容的表达式与串联电阻器的等效电阻表达式类似。你能解释吗?

例 3-20 四个电容器 $C_1=1(\mu F)$、$C_2=2(\mu F)$、$C_3=3(\mu F)$和 $C_4=4(\mu F)$相连，如图 3-33 所示，施加在 ab 端的直流电压为 100(V)。确定：(1)端口 ab 之间的总等效电容；(2)每个电容器的电荷量；(3)穿过每个电容器的电位差。

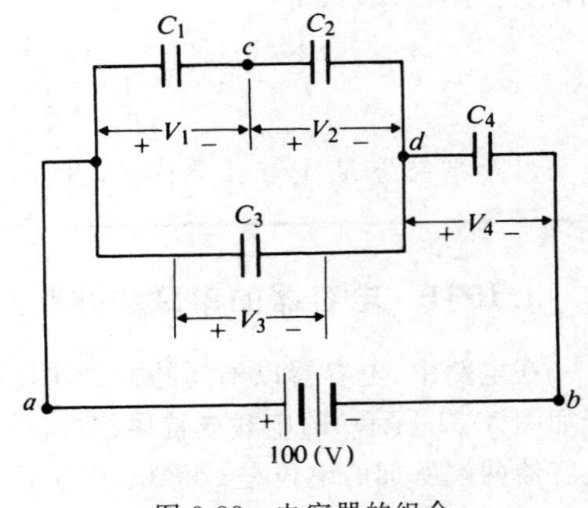

图 3-33 电容器的组合

解：

(1) C_1 和 C_2 串联后的等效电容 C_{12} 为

$$C_{12}=\frac{1}{(1/C_1)+(1/C_2)}=\frac{C_1C_2}{C_1+C_2}=\frac{2}{3}(\mu F)$$

C_{12}和 C_3 并联后的电容为

$$C_{123}=C_{12}+C_3=\frac{11}{3}(\mu F)$$

总的等效电容 C_{ab} 为

$$C_{ab}=\frac{C_{123}C_4}{C_{123}+C_4}=\frac{44}{23}=1.913(\mu F)$$

(2) 由于已知电容值，一旦确定电荷，就可求出电压。我们有四个未知量 Q_1、Q_2、Q_3 和 Q_4，需要 4 个方程进行求解。

C_1 和 C_2 串联

$$Q_1=Q_2$$

由基尔霍夫电压定律，$V_1+V_2=V_3$ 得

$$\frac{Q_1}{C_1}+\frac{Q_2}{C_2}=\frac{Q_3}{C_3}$$

由基尔霍夫电压定律，$V_3+V_4=100$ 得

$$\frac{Q_3}{C_3}+\frac{Q_4}{C_4}=100$$

d 处串联

$$Q_2+Q_3=Q_4$$

已知 C_1、C_2、C_3 和 C_4 的值，代入方程求解，得到

$$Q_1=Q_2=\frac{800}{23}=34.8\quad(\mu C)$$

$$Q_3=\frac{3600}{23}=156.5\quad(\mu C)$$

$$Q_4=\frac{4400}{23}=191.3\quad(\mu C)$$

(3) 将电荷量除以对应的电容，可得

$$V_1=\frac{Q_1}{C_1}=34.8\quad(V)$$

$$V_2=\frac{Q_2}{C_2}=17.4\quad(V)$$

$$V_3 = \frac{Q_3}{C_3} = 52.2 \quad (\mathrm{V})$$

$$V_4 = \frac{Q_4}{C_4} = 47.8 \quad (\mathrm{V})$$

通过计算 $V_1 + V_2 = V_3$ 和 $V_3 + V_4 = 100(\mathrm{V})$，可验证上述结果。

3.10.2　多导体系统的电容

下面考虑在孤立系统中存在两种以上导体的情况，如图 3-34 所示。导体的位置是任意的，并且其中的任何一种导体都可以代表这个区域。显然，任意一个导体的电荷量都可能影响其他导体的电位。由于电荷量和电位的关系是线性的，因此可以写出如下关于 V_1，V_2，…，V_N 和 Q_1，Q_2，…，Q_N 的 N 个方程组

$$\begin{cases} V_1 = p_{11}Q_1 + p_{12}Q_2 + \cdots + p_{1N}Q_N \\ V_2 = p_{21}Q_1 + p_{22}Q_2 + \cdots + p_{2N}Q_N \\ \vdots \\ V_N = p_{N1}Q_1 + p_{N2}Q_2 + \cdots + p_{NN}Q_N \end{cases} \tag{3-143}$$

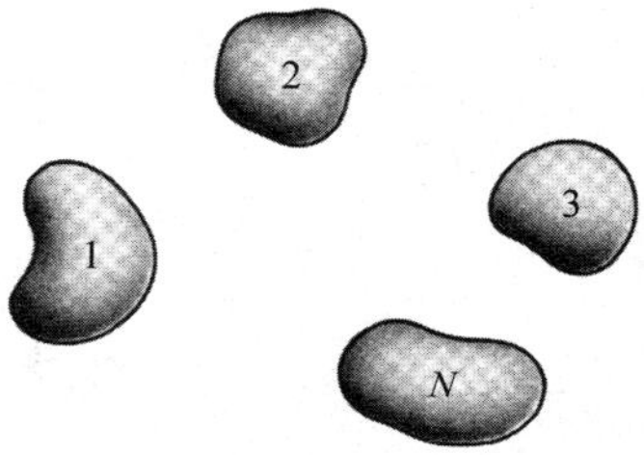

图 3-34　多导体系统

在式(3-143)中，p_{ij} 称为**电位系数**，其值与导体的位置和形状及周围媒质的介电常数有关，注意在孤立系统中

$$Q_1 + Q_2 + Q_3 + \cdots + Q_N = 0 \tag{3-144}$$

式(3-143)的 N 个线性方程可以转化为关于电位的电荷量方程

$$\begin{cases} Q_1 = c_{11}V_1 + c_{12}V_2 + \cdots + c_{1N}V_N \\ Q_2 = c_{21}V_1 + c_{22}V_2 + \cdots + c_{2N}V_N \\ \vdots \\ Q_N = c_{N1}V_1 + c_{N2}V_2 + \cdots + c_{NN}V_N \end{cases} \tag{3-145}$$

其中 c_{ij} 为常数，其值仅由式(3-143)中的 p_{ij} 决定，系数 c_{ii} 称为**电容系数**，其值等于给出的电量 Q_i 与第 $i(i=1,2,\cdots,N)$ 个导体关于在这个区域中所有其他导体的电位 $V_i(i=1,2,\cdots,N)$ 的比率。$c_{ij}(i \neq j)$ 称为**感应系数**。如果第 i 个导体上存在正电荷 Q_i，则 V_i 也为正，但是第 j 个导体上的感应电荷 Q_j 将是负的。因此，电容器系数 c_{ii} 为正的，而感应系数 c_{ij} 为负的。在对等条件下可以保证 $p_{ij} = p_{ji}$ 和 $c_{ij} = c_{ji}$。

为了得到电容系数和感应系数的物理意义，考虑如图 3-34 所示的四个导体的系统，把标号为 N 的导体规定为导电地面，电位指定为 0。这四个导体系统的原理图见图 3-35，其中导体 1、2 和 3 视为简单点(节点)。耦合电容出现在各对节点之间以及三个节点和地面之间。如果 Q_1、Q_2、Q_3 和 V_1、V_2、V_3 分别表示导体 1、2、3 的电荷量和电位，则式 (3-145)的前三个方程变为

$$Q_1 = c_{11}V_1 + c_{12}V_2 + c_{13}V_3 \tag{3-146a}$$

$$Q_2 = c_{21}V_1 + c_{22}V_2 + c_{23}V_3 \tag{3-146b}$$

$$Q_3 = c_{31}V_1 + c_{32}V_2 + c_{33}V_3 \tag{3-146c}$$

其中用到了对称关系 $c_{ij} = c_{ji}$，另一方面，基于如图 3-35 所示的原理图，可以写出其他三个关于 $Q \sim V$ 表达式

$$Q_1 = C_{10}V_1 + C_{12}(V_1 - V_2) + C_{13}(V_1 - V_3) \tag{3-147a}$$

$$Q_2 = C_{20}V_2 + C_{12}(V_2 - V_1) + C_{23}(V_2 - V_3) \tag{3-147b}$$

$$Q_3 = C_{30}V_2 + C_{13}(V_3 - V_1) + C_{23}(V_3 - V_2) \tag{3-147c}$$

其中 C_{10}、C_{20} 和 C_{30} 是自有部分电容，$C_{ij}\ (i \neq j)$ 是互有部分电容。式(3-147a)、式(3-147b)和式(3-147c)可以重组为

$$Q_1 = (C_{10} + C_{12} + C_{13})V_1 - C_{12}V_2 - C_{13}V_3 \tag{3-148a}$$

$$Q_2 = -C_{12}V_1 + (C_{20} + C_{12} + C_{23})V_2 - C_{23}V_3 \tag{3-148b}$$

$$Q_3 = -C_{13}V_1 - C_{23}V_2 + (C_{30} + C_{13} + C_{23})V_3 \tag{3-148c}$$

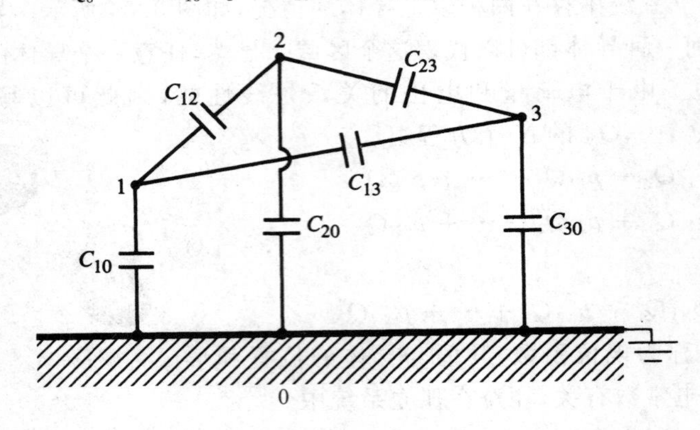

图 3-35　关于三个导体和地面的原理图

比较式(3-148)和式(3-146)可得

$$c_{11} = C_{10} + C_{12} + C_{13} \tag{3-149a}$$

$$c_{22} = C_{20} + C_{12} + C_{23} \tag{3-149b}$$

$$c_{13} = C_{30} + C_{13} + C_{23} \tag{3-149c}$$

和

$$c_{12} = -C_{12} \tag{3-150a}$$

$$c_{23} = -C_{23} \tag{3-150b}$$

$$c_{13} = -C_{13} \tag{3-150c}$$

根据式(3-149a)可以把电容器系数 c_{11} 解释为导体1和其他所有与地面连接的导体之间的总电容；c_{22} 和 c_{33} 也一样。式(3-150)说明感应系数是互有部分电容的相反数，对式(3-149)进行转化，根据电容系数和感应系数即可得导体对地的电容为

$$C_{10} = c_{11} + c_{12} + c_{13} \tag{3-151a}$$

$$C_{20} = c_{22} + c_{12} + c_{23} \tag{3-151b}$$

$$C_{30} = c_{33} + c_{13} + c_{23} \tag{3-151c}$$

例 3-21　三根互相平行、半径为 a 的导线，相互分离且孤立于地面，如图 3-36 所示。假定 $d \gg a$，计算导线之间每单位长度的部分电容。

解：把导线标号为 0、1 和 2，如图 3-36 所示，选择导线 0 为参考点。利用式(3-138)可以得出由三根导线引起的电位差 V_{10} 和 V_{20} 的表达式

$$V_{10}=\frac{\rho_{l0}}{2\pi\varepsilon_0}\ln\frac{a}{d}+\frac{\rho_{l1}}{2\pi\varepsilon_0}\ln\frac{d}{a}+\frac{\rho_{l2}}{2\pi\varepsilon_0}\ln\frac{3d}{2d}$$

或

$$2\pi\varepsilon_0 V_{10}=\rho_{l0}\ln\frac{a}{d}+\rho_{l1}\ln\frac{d}{a}+\rho_{l2}\ln\frac{3}{2} \tag{3-152a}$$

其中 ρ_{l0}、ρ_{l1} 和 ρ_{l2} 分别表示导线 0、1 和 2 每单位长度的电荷量。同理

$$2\pi\varepsilon_0 V_{20}=\rho_{l0}\ln\frac{a}{3d}+\rho_{l1}\ln\frac{d}{2d}+\rho_{l2}\ln\frac{3d}{a} \tag{3-152b}$$

对于三根导线的孤立系统，有 $\rho_{l0}+\rho_{l1}+\rho_{l2}=0$，或

$$\rho_{l0}=-(\rho_{l1}+\rho_{l2}) \tag{3-153}$$

结合式(3-152a)、式(3-152b)和式 (3-153)可得

$$2\pi\varepsilon_0 V_{10}=\rho_{l1}2\ln\frac{d}{a}+\rho_{l2}\ln\frac{3d}{2a} \tag{3-154a}$$

$$2\pi\varepsilon_0 V_{20}=\rho_{l1}\ln\frac{3d}{2a}+\rho_{l2}2\ln\frac{3d}{a} \tag{3-154b}$$

可以利用式(3-154a)和式(3-154b)得到关于 V_{10} 和 V_{20} 的函数 ρ_{l1} 和 ρ_{l2}

$$\rho_{l1}=\Delta_0\left(V_{10}2\ln\frac{3d}{a}-V_{20}\ln\frac{3d}{2a}\right) \tag{3-155a}$$

$$\rho_{l2}=\Delta_0\left(-V_{10}\ln\frac{3d}{2a}+V_{20}2\ln\frac{d}{a}\right) \tag{3-155b}$$

其中

$$\Delta_0=\frac{2\pi\varepsilon_0}{4\ln\frac{d}{a}\ln\frac{3d}{a}-\left(\ln\frac{3d}{2a}\right)^2} \tag{3-156}$$

比较式(3-155)与式(3-146)、式(3-148)和式(3-151)，可得到三导线系统中每单位长度的部分电容

$$C_{12}=-c_{12}=\Delta_0\ln\frac{3d}{2a} \tag{3-157a}$$

$$C_{10}=c_{11}+c_{12}=\Delta_0\left(2\ln\frac{3d}{a}-\ln\frac{3d}{2a}\right) \tag{3-157b}$$

$$C_{20}=c_{22}+c_{12}=\Delta_0\left(2\ln\frac{d}{a}-\ln\frac{3d}{2a}\right) \tag{3-157c}$$

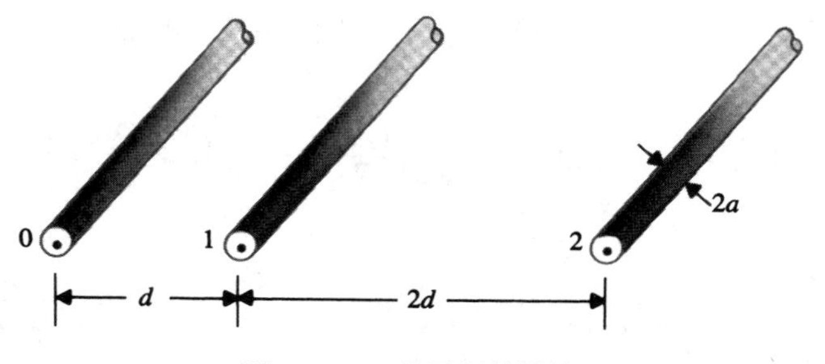

图 3-36 三根平行的导线

3.10.3 静电屏蔽

静电屏蔽是一种减少导体之间的电容耦合的技术,其在实际应用中非常重要。考虑图3-37所示的情况,其中接地导体壳2完全包围导体1。在式(3-147)中设 $V_2=0$,有

$$Q_1 = C_{10}V_1 + C_{12}V_1 + C_{13}(V_1 - V_3) \tag{3-158}$$

当 $Q_1=0$ 时,壳2内无电场,因此导体1和壳2具有相同的电势,$V_1=V_2=0$。由式(3-158)可以看到,由于 V_3 为任意值,耦合电容 C_{13} 必为零。这意味着 V_3 的改变不会影响 Q_1,反之亦然。因此导体1和导体3之间具有了静电屏蔽。显然,当接地导体壳2包围导体3而不是导体1时,也会具有相同的屏蔽效果。

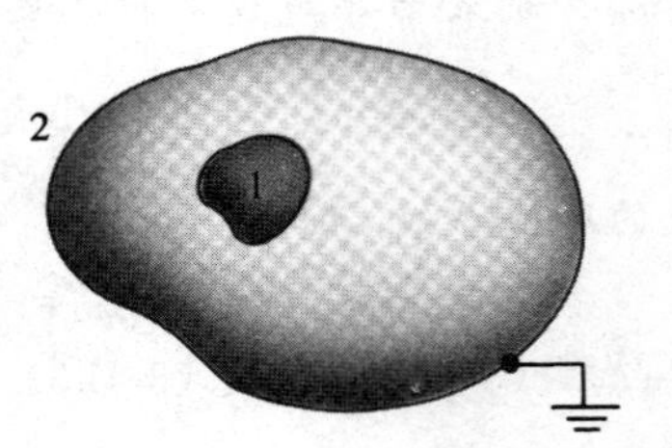

图3-37 阐述静电屏蔽

3.11 静电能量和静电力

3.5节中已经指出,电场中某点处的电位是将单位正电荷从无限远处(参考零电位)移动到此点所做的功。将电荷 Q_2 从无限远处克服真空中电荷 Q_1 的电场移动(速度要很慢以至于能够忽略动能和辐射的影响)到距离 R_{12} 处,所做的功为

$$W_2 = Q_2V_2 = Q_2\frac{Q_1}{4\pi\varepsilon_0 R_{12}} \tag{3-159}$$

由于静电场是保守场,W_2 与 Q_2 的路径无关。式(3-159)的另一种形式是

$$W_2 = Q_1\frac{Q_2}{4\pi\varepsilon_0 R_{12}} = Q_1V_1 \tag{3-160}$$

这个功以位能的形式存储在两个电荷的构成中。结合式(3-159)和式(3-160),可以写成

$$W_2 = \frac{1}{2}(Q_1V_1 + Q_2V_2) \tag{3-161}$$

假设另一个电荷 Q_3 从无限远处移动到与 Q_1 相距 R_{13} 且与 Q_2 相距 R_{23} 的点处,这需要额外做的功为

$$\Delta W = Q_3V_3 = Q_3\left(\frac{Q_1}{4\pi\varepsilon_0 R_{13}} + \frac{Q_2}{4\pi\varepsilon_0 R_{23}}\right) \tag{3-162}$$

式(3-162)中的 ΔW 与式(3-159)中的 W_2 之和即为位能 W_3,其储存在 Q_1、Q_2 和 Q_3 所组成的集合中。于是

$$W_3 = W_2 + \Delta W = \frac{1}{4\pi\varepsilon_0}\left(\frac{Q_1Q_2}{R_{12}} + \frac{Q_1Q_3}{R_{13}} + \frac{Q_2Q_3}{R_{23}}\right) \tag{3-163}$$

可以改写 W_3 如下

$$\begin{aligned} W_3 &= \frac{1}{2}\left[Q_1\left(\frac{Q_2}{4\pi\varepsilon_0 R_{12}} + \frac{Q_3}{4\pi\varepsilon_0 R_{13}}\right) + Q_2\left(\frac{Q_1}{4\pi\varepsilon_0 R_{12}} + \frac{Q_3}{4\pi\varepsilon_0 R_{23}}\right) + Q_3\left(\frac{Q_1}{4\pi\varepsilon_0 R_{13}} + \frac{Q_2}{4\pi\varepsilon_0 R_{23}}\right)\right] \\ &= \frac{1}{2}(Q_1V_1 + Q_2V_2 + Q_3V_3) \end{aligned} \tag{3-164}$$

在式(3-164)中,Q_1 处的电位为 V_1,是由 Q_2 和 Q_3 引起的;其与两电荷情况下的式(3-160)

中的 V_1 是不同的。同理,三电荷集合中,Q_2 和 Q_3 的电位分别是 V_2 和 V_3。

将此延伸到更多电荷的推导过程中去,可以得到静止的 N 组离散点电荷的位能的表达式(W_e 的下标 e 表示此能量具有电特性)。有

$$W_e = \frac{1}{2}\sum_{k=1}^{N} Q_k V_k \quad (\mathrm{J}) \tag{3-165}$$

其中 V_k 是 Q_k 处的电位,且是由其他电荷引起的,并有如下的表达式

$$V_k = \frac{1}{4\pi\varepsilon_0}\sum_{\substack{j=1\\(j\neq k)}}^{N}\frac{Q_j}{R_{jk}} \tag{3-166}$$

在此,需要注意两点:首先 W_e 可以是负的。例如,在式(3-159)中,如果 Q_1 和 Q_2 的符号相反,则 W_2 将是负的。在这种情况下,把 Q_2 从无穷远处移来时,所做的功为 Q_1 建立的场所做的功(不是克服电场力做的功)。其次,在式(3-165)中的 W_e 仅代表相互作用的能量(互有能),不包括构成各自的点电荷本身需要做的功(自有能)。

能量的国际单位制单位为焦耳(J),是基本粒子物理学中较大的单位,利用称为电子伏特(eV)的较小的单位来度量能量是非常方便的。电子伏特就是移动电子克服电压的电位差所需的功或能。有

$$1(\mathrm{eV}) = (1.60\times10^{-19})\times1 = 1.60\times10^{-19} \quad (\mathrm{J}) \tag{3-167}$$

本质上单位电子伏特(eV)的能量是每单位电荷的能量(J)。世界上最强大的高能粒子加速器的两个质子束相碰撞,具有两万亿电子伏特(2TeV)或$(2\times10^{12})\times(1.60\times10^{-19})=3.2\times10^{-7}$(J)的动能。在离子晶体中 $W=5\times10^{-19}$(J)的结合能等于 $W/e=5\times10^{-19}/1.60\times10^{-19}=3.125$(eV),比使用焦耳更为方便。

例 3-22　求组建半径为 b、体电荷密度为 ρ 的均匀球体所需的能量。

解: 由于对称性,简单起见,假设带电球体是由连续的、厚度为 $\mathrm{d}R$ 的球层构建而成。如图 3-38 所示,半径为 R,电势为

$$V_R = \frac{Q_R}{4\pi\varepsilon_0 R}$$

其中 Q_R 为半径为 R 的球体所包含的总电荷量

$$Q_R = \rho\frac{4}{3}R^3$$

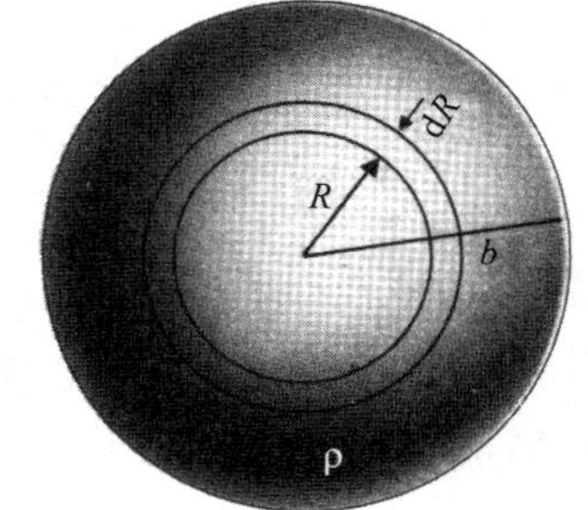

图 3-38　组建一个带电均匀球体

厚度为 $\mathrm{d}R$ 的球层中的微分电荷量为

$$\mathrm{d}Q_R = \rho 4\pi R^2\,\mathrm{d}R$$

且构建 $\mathrm{d}Q_R$ 所做的功或所需的能量为

$$\mathrm{d}W = V_R\,\mathrm{d}Q_R = \frac{4\pi}{3\varepsilon_0}\rho^2 R^4\,\mathrm{d}R$$

因此,组建半径为 b、电荷密度为 ρ 的均匀球体所做的总功或所需的总能量是

$$W = \int \mathrm{d}W = \frac{4\pi}{3\varepsilon_0}\rho^2\int_0^b R^4\,\mathrm{d}R = \frac{4\pi\rho^2 b^5}{15\varepsilon_0} \tag{3-168}$$

依据总电荷量

$$Q = \rho\frac{4\pi}{3}b^3$$

有

$$W=\frac{3Q^2}{20\pi\varepsilon_0 b}\quad(\mathrm{J})\tag{3-169}$$

式(3-169)表明能量与总电荷的平方成正比,与半径成反比。图3-38中的电荷球可以是一团电子云。

对于电荷密度为ρ的连续分布电荷,需要将用于离散电荷的W_e的公式即式(3-165)进行修改。不用另外证明,用$\rho\mathrm{d}v$替换Q_k,用积分代替求和得到

$$W_e=\frac{1}{2}\int_{V'}\rho V\mathrm{d}v\tag{3-170}$$

在式(3-170)中,V是体电荷密度为ρ的点的电位,V'为ρ所在区域的体积。

例3-23 用式(3-170)求解例3-22。

解:在例3-22中,利用不同厚度的连续球层所构建的带电球体去求解问题。假设已经存在带电球体。因为ρ是个常数,故可移到积分号外。对于对称球体而言

$$W_e=\frac{\rho}{2}\int_{V'}V\mathrm{d}v=\frac{\rho}{2}\int_0^b V4\pi R^2\mathrm{d}R\tag{3-171}$$

其中V是离中心点为R处的电位。为了求R处的V,必须求$\boldsymbol{E}$在两个区域中的负线积分。(1) $\boldsymbol{E}_1=\boldsymbol{a}_R E_{R1}$,从$R=\infty$到$R=b$;(2) $\boldsymbol{E}_2=\boldsymbol{a}_R E_{R2}$,从$R=b$到$R=R$。有

$$\boldsymbol{E}_{R1}=\boldsymbol{a}_R\frac{Q}{4\pi\varepsilon_0 R^2}=\boldsymbol{a}_R\frac{\rho b^3}{3\varepsilon_0 R^2}\quad R\geqslant b$$

和

$$\boldsymbol{E}_{R2}=\boldsymbol{a}_R\frac{Q_R}{4\pi\varepsilon_0 R^2}=\boldsymbol{a}_R\frac{\rho R}{3\varepsilon_0}\quad 0<R\leqslant b$$

因此可得

$$\begin{aligned}V&=-\int_\infty^R\boldsymbol{E}\cdot\mathrm{d}\boldsymbol{R}=-\left[\int_\infty^b E_{R1}\mathrm{d}R+\int_b^R E_{R2}\mathrm{d}R\right]\\&=-\left[\int_\infty^b\frac{\rho b^3}{3\varepsilon_0 R^2}\mathrm{d}R+\int_b^R\frac{\rho R}{3\varepsilon_0}\mathrm{d}R\right]\\&=\frac{\rho}{3\varepsilon_0}\left(b^2+\frac{b^2}{2}-\frac{R^2}{2}\right)=\frac{\rho}{3\varepsilon_0}\left(\frac{3}{2}b^2-\frac{R^2}{2}\right)\end{aligned}\tag{3-172}$$

将式(3-172)代入式(3-171)中,得

$$W_e=\frac{\rho}{2}\int_0^b\frac{\rho}{3\varepsilon_0}\left(\frac{3}{2}b^2-\frac{R^2}{2}\right)4\pi R^2\mathrm{d}R=\frac{4\pi\rho^2 b^5}{15\varepsilon_0}$$

与式(3-168)的结果一样。

注意式(3-170)中的W_e包含构建宏观分布电荷所需的功(自能),因为它是每个无穷小电荷元和其他无穷小电荷元相互作用的能量。事实上,在例3-23中曾利用式(3-170)得到均匀球体电荷的自能。当半径b趋于零时,给定电荷Q的(数学上的)点电荷的自能是无限大的(见式3-169)。式(3-165)不包括点电荷Q_k的自能。当然,严格来说,不存在点电荷,因为最小的电荷单位——电子,其本身就是一种分布电荷。

3.11.1　场量表示的静电场能量

在式(3-170)中，电荷分布的静电能的表达式包含源电荷密度ρ和电位函数V。经常会发现如果用场量$\boldsymbol{E}$或$\boldsymbol{D}$表示W_e时，能方便得到W_e的表达式，而不需要知道ρ。为此，用$\nabla\cdot\boldsymbol{D}$替代式(3-170)中的$\rho$

$$W_e=\frac{1}{2}\int_{V'}(\nabla\cdot\boldsymbol{D})V\mathrm{d}v \tag{3-173}$$

下面利用矢量恒等式(习题P.2-28)有

$$\nabla\cdot(V\boldsymbol{D})=V\nabla\cdot\boldsymbol{D}+\boldsymbol{D}\cdot\nabla V \tag{3-174}$$

可以把式(3-173)写成

$$\begin{aligned}W_e&=\frac{1}{2}\int_{V'}\nabla\cdot(V\boldsymbol{D})\mathrm{d}v-\frac{1}{2}\int_{V'}\boldsymbol{D}\cdot\nabla V\mathrm{d}v\\&=\frac{1}{2}\oint_{S'}V\boldsymbol{D}\cdot\boldsymbol{a}_n\mathrm{d}s+\frac{1}{2}\int_{V'}\boldsymbol{D}\cdot\boldsymbol{E}\mathrm{d}v\end{aligned} \tag{3-175}$$

其中，使用散度定理把第一个体积分变换成闭合曲面积分，用$\boldsymbol{E}$替换第二个体积分中的$-\nabla V$。因为V'可能是任意包含所有电荷的体积，因此可以将其看做半径为R的一个很大的球。令$R\to\infty$时，电位V的大小和电位移$\boldsymbol{D}$的大小以$1/R$和$1/R^2$①的速度减少。边界面S'的面积以R^2的速度增加。因此，式(3-175)中的面积分至少以$1/R$的速度减少，并且当$R\to\infty$时，它趋于零。然后式(3-175)的右边仅剩下第二个积分，即

$$W_e=\frac{1}{2}\int_{V'}\boldsymbol{D}\cdot\boldsymbol{E}\mathrm{d}v \tag{3-176a}$$

对于线性媒质，使用关系$\boldsymbol{D}=\varepsilon\boldsymbol{E}$，式(3-176a)可以写成其他两种形式

$$W_e=\frac{1}{2}\int_{V'}\varepsilon E^2\mathrm{d}v \tag{3-176b}$$

和

$$W_e=\frac{1}{2}\int_{V'}\frac{D^2}{\varepsilon}\mathrm{d}v \tag{3-176c}$$

从数学观点，可以定义**静电能量密度**w_e，使其体积分就等于总的静电能量

$$W_e=\int_{V'}w_e\mathrm{d}v \tag{3-177}$$

因此，可以写出

$$W_e=\frac{1}{2}\boldsymbol{D}\cdot\boldsymbol{E}\quad(\mathrm{J/m^3}) \tag{3-178a}$$

或

$$W_e=\frac{1}{2}\varepsilon E^2\quad(\mathrm{J/m^3}) \tag{3-178b}$$

或

$$W_e=\frac{D^2}{2\varepsilon}\quad(\mathrm{J/m^3}) \tag{3-178c}$$

---

①　对于点电荷$V\propto1/R$且$D\propto1/R^2$；对于偶极子$V\propto1/R^2$且$D\propto1/R^3$。

然而,这个能量密度的定义是人为的,因为还没有找到物理例证利用电场将能量局部化。可以知道的只是:式(3-176a,b,c)中的体积分给出了正确的总静电能量。

例 3-24 如图 3-39 中所示,给面积为 S、相距为 d 的平行板电容器施加电压 V,电介质的介电常数为 ε。求电容器存储的静电能量。

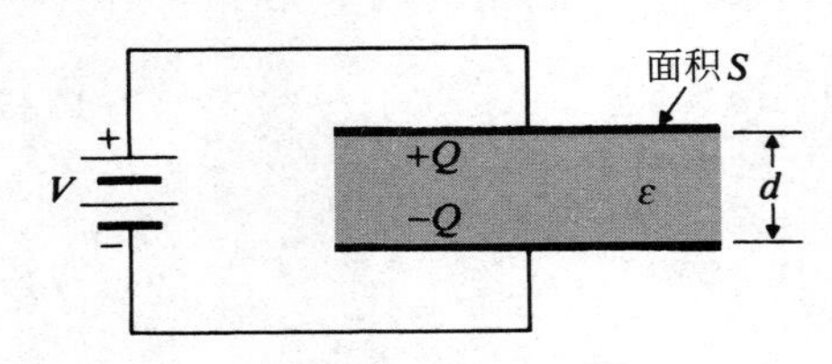

图 3-39 带电平行板电容器

解:用直流电源(电池)连接电容器,上下极板分别带正电荷和负电荷。忽略带电平行板电容器的边缘效应,则电介质中的电场是均匀的(在板上)、恒定的(穿过电介质),且大小为

$$E = \frac{V}{d}$$

利用式(3-176b),有

$$W_e = \frac{1}{2}\int_{V'} \varepsilon\left(\frac{V}{d}\right)^2 \mathrm{d}v = \frac{1}{2}\varepsilon\left(\frac{V}{d}\right)^2 (Sd) = \frac{1}{2}\left(\varepsilon\frac{S}{d}\right)V^2 \tag{3-179}$$

表达式中最后括号内的量 $\varepsilon S/d$,是平行板电容器的电容,(见式 3-180a)。因此

$$W_e = \frac{1}{2}CV^2 \quad (\mathrm{J}) \tag{3-180a}$$

由于 $Q=CV$,式(3-180a)可以写成其他两种形式

$$W_e = \frac{1}{2}QV \quad (\mathrm{J}) \tag{3-180b}$$

和

$$W_e = \frac{Q^2}{2C} \quad (\mathrm{J}) \tag{3-180c}$$

注意式(3-180a,b,c)适用于任何双导体电容器(见习题 P. 3-43)。

例 3-25 利用能量表达式式(3-176)和式(3-180)求长为 L、内导体半径为 a、外导体内半径为 b,电介质的介电常数为 ε 的圆柱电容器的电容,如图 3-29 所示。

解:运用高斯定理,可知

$$\boldsymbol{E} = \boldsymbol{a}_r E_r = \boldsymbol{a}_r \frac{Q}{2\pi\varepsilon L r}, \quad a < r < b$$

由式(3-176b)可得电介质区域中储存的静电能量为

$$W_e = \frac{1}{2}\int_b^a \varepsilon\left(\frac{Q}{2\pi\varepsilon L r}\right)^2 (L2\pi r\mathrm{d}r) = \frac{Q^2}{4\pi\varepsilon L}\int_b^a \frac{\mathrm{d}r}{r} = \frac{Q^2}{4\pi\varepsilon L}\ln\frac{b}{a} \tag{3-181}$$

另一方面,W_e 也可以表示成式(3-180c)的形式,联立式(3-180c)和式(3-181),可得

$$\frac{Q^2}{2C} = \frac{Q^2}{4\pi\varepsilon L}\ln\frac{b}{a}$$

或

$$C = \frac{2\pi\varepsilon L}{\ln\frac{b}{a}}$$

与式(3-139)的结果相同。

3.11.2　静电力

库仑定律可计算两个点电荷之间的作用力，但在更复杂的带电体系统中，利用库仑定律求其中一个带电体受到另外一个带电体的作用力是很烦琐的。即使是求两块带电平行板电容器极板之间的力这样简单的情况也是如此。下面从系统的静电能量讨论，计算带电系统中的某一物体上的力的方法。这种方法基于**虚位移原理**。考虑以下两种情况：①由带固定电荷的物体组成的孤立系统；②由带固定电位的导体组成的系统。

带固定电荷的物体组成的系统　考虑由导体、电介质组成的孤立系统，物体彼此分离，且与外界没有联系，物体上的电荷为常量。假想电场力将其中一个物体移动了微分距离 $\mathrm{d}\boldsymbol{l}$（虚拟位移），则系统做的机械功为

$$\mathrm{d}W = \boldsymbol{F}_Q \cdot \mathrm{d}\boldsymbol{l} \tag{3-182}$$

其中 $\boldsymbol{F}_Q$ 是在恒定电荷条件下，作用于物体的总静电力，由于该孤立系统不存在任何的外部能源，故该机械做功是以储存静电能为代价的，即

$$\mathrm{d}W = -\mathrm{d}W_e = \boldsymbol{F}_Q \cdot \mathrm{d}\boldsymbol{l} \tag{3-183}$$

注意由2.6节中的式(2-88)可知，由位置变化量 $\mathrm{d}\boldsymbol{l}$ 引起的标量微分变化量，为该标量的梯度与 $\mathrm{d}\boldsymbol{l}$ 的点积，写为

$$\mathrm{d}W_e = (\nabla W_e) \cdot \mathrm{d}\boldsymbol{l} \tag{3-184}$$

因为 $\mathrm{d}\boldsymbol{l}$ 是任意的，所以比较式(3-183)和式(3-184)可以得到

$$\boldsymbol{F}_Q = -\nabla W_e \quad (\mathrm{N}) \tag{3-185}$$

式(3-185)是以系统的静电能计算静电力 $\boldsymbol{F}_Q$ 的简单公式。在直角坐标系中，力的分量是

$$(F_Q)_x = -\frac{\partial W_e}{\partial x} \tag{3-186a}$$

$$(F_Q)_y = -\frac{\partial W_e}{\partial y} \tag{3-186b}$$

$$(F_Q)_z = -\frac{\partial W_e}{\partial z} \tag{3-186c}$$

如果考虑物体围绕一个轴旋转，比如 z 轴，则系统为产生虚拟角位移 $\mathrm{d}\phi$ 而做的机械功将变为

$$\mathrm{d}W = (T_Q)_Z \mathrm{d}\phi \tag{3-187}$$

其中 $(T_Q)_Z$ 是恒定电荷条件下作用于物体的扭矩的 z 方向分量，通过上述过程可得

$$(T_Q)_Z = -\frac{\partial W_e}{\partial \phi} \quad (\mathrm{N \cdot m}) \tag{3-188}$$

具有固定电位的导体组成的系统　下面考虑通过与外部电源（如电池）相连接而得到固定电位的导体系统。系统中存在不带电的电介质体。导体的位移 $\mathrm{d}\boldsymbol{l}$ 会引起总静电能量的变化，并需要电源将电荷转移到导体中，从而保持电位不变。电荷 $\mathrm{d}Q_k$（可能为正或为负）加到第 k 个电位为 V_k 的导体上，则电源所做的功或提供的能量为 $V_k\mathrm{d}Q_k$。电源所提供给该系统的总能量是

$$\mathrm{d}W_s = \sum_k V_k \mathrm{d}Q_k \tag{3-189}$$

系统做的机械功用虚位移表示为

$$\mathrm{d}W = \boldsymbol{F}_V \cdot \mathrm{d}\boldsymbol{l} \tag{3-190}$$

其中$\boldsymbol{F}_V$是在恒定电位条件下,作用于导体上的静电力。电荷转移改变了系统的静电能量,改变量为$\mathrm{d}W_e$,基于式(3-165),有

$$\mathrm{d}W_e = \frac{1}{2}\sum_k V_k \mathrm{d}Q_k = \frac{1}{2}\mathrm{d}W_s \tag{3-191}$$

由能量守恒定律得

$$\mathrm{d}W + \mathrm{d}W_e = \mathrm{d}W_s \tag{3-192}$$

把式(3-189)、式(3-190)和式(3-191)代入式(3-192),可得

$$\boldsymbol{F}_V \cdot \mathrm{d}\boldsymbol{l} = dW_e = (\nabla W_e) \cdot \mathrm{d}\boldsymbol{l}$$

或者

$$\boldsymbol{F}_V = \nabla W_e \tag{3-193}$$

比较式(3-193)和式(3-185)可知,在这两种情况下的静电力的唯一不同是符号。显然,如果导电体绕着z轴旋转,则力矩的z方向分量为

$$(T_V)_z = \frac{\partial W_e}{\partial \phi} \quad (\mathrm{N} \cdot \mathrm{m}) \tag{3-194}$$

与式(3-188)的不同之处也只是符号的改变。

例 3-26 求带电平行板电容器的导电板上的静电力。平行板面积为S,相距为x,中间为空气。

解:可用两种方法来求解此问题:(1)假定电荷固定;(2)假定电位固定。忽略板边缘周围的边缘场。

(1) 电荷固定。两极板上的固定电荷为$\pm Q$,无论板间的距离为多少(不为虚位移所改变),存在于板间的空气中的电场强度$E_x = Q/(\varepsilon_0 S) = V/xS$,由式(3-180b),可得

$$W_e = \frac{1}{2}QV = \frac{1}{2}QE_x x$$

其中Q和E_x为常量,利用式(3-186a),可得

$$(F_Q)_x = -\frac{\partial}{\partial x}\left(\frac{1}{2}QE_x x\right) = -\frac{1}{2}QE_x = -\frac{Q^2}{2\varepsilon_0 S} \tag{3-195}$$

其中负号表明静电力的方向与x增加的方向相反。它是一个吸引力。

(2) 电位固定。由于电位固定,很方便利用关于W_e的表达式式(3-180a)。平行板空气电容器的电容C为$\varepsilon_0 S/x$。由式(3-193)得

$$(F_V)_x = \frac{\partial W_e}{\partial x} = \frac{\partial}{\partial x}\left(\frac{1}{2}CV^2\right) = \frac{V^2}{2}\frac{\partial}{\partial x}\left(\frac{\varepsilon_0 S}{x}\right) = -\frac{\varepsilon_0 SV^2}{2x^2} \tag{3-196}$$

式(3-195)中的$(F_Q)_x$和式(3-196)中的$(F_V)_x$有何不同点?回顾关系式

$$Q = CV = \frac{\varepsilon_0 SV}{x}$$

发现

$$(F_Q)_x = (F_V)_x \tag{3-197}$$

尽管式(3-185)和式(3-193)有明显的差异,但在两种情况下的静电力是相等的。稍微思考下这个物理问题,就能相信这一结论。因为带电的电容器具有固定的尺寸,给定的Q引起固定的V,反之亦然。因此无论Q或V是否给定,两极板间存在唯一的力,该力不取决于虚

位移。改变概念性的约束条件(固定 Q 或固定 V)不能使两平行板间唯一的力发生改变。

对于电容为 C 的一般带电二导体电容器,上述讨论也是正确的。在固定电荷情况下,沿虚位移 $\mathrm{d}\boldsymbol{l}$ 方向上的静电力 F_l 为

$$(F_Q)_l = -\frac{\partial W_e}{\partial l} = -\frac{\partial}{\partial l}\left(\frac{Q^2}{2C}\right) = \frac{Q^2}{2C^2}\frac{\partial C}{\partial l} \tag{3-198}$$

对于固定电位情况

$$(F_V)_l = \frac{\partial W_e}{\partial l} = \frac{\partial}{\partial l}\left(\frac{1}{2}CV^2\right) = \frac{V^2}{2}\frac{\partial C}{\partial l} = \frac{Q^2}{2C^2}\frac{\partial C}{\partial l} \tag{3-199}$$

显然,当在同一个带电电容器上施加不同的约束条件时,两种情况下得出的静电力是相等的。

复习题

R. 3-1　写出真空中静电学基本公理的微分形式。

R. 3-2　在什么条件下,电场强度既是管形场又是无旋场的?

R. 3-3　写出真空静电学基本公理的积分形式,并说明其含义。

R. 3-4　利用式(3-12)推导点电荷的电场强度公式时,(1)为什么要规定 q 所处的空间是真空?(2)为什么我们不在 q 周围建立一个立方体或圆柱面?

R. 3-5　在以下情形中电场强度随距离如何变化:(1)点电荷;(2)电偶极子。

R. 3-6　简述库仑定律。

R. 3-7　解释喷墨打印机的工作原理。

R. 3-8　简述高斯定律。在什么条件下,高斯定律对确定电荷分布的电场强度特别有用?

R. 3-9　描述具有均匀密度的无限长的直线电荷的电场强度随距离变化的规律。

R. 3-10　高斯定律对求有限线电荷的电场 $\boldsymbol{E}$ 有用吗?为什么?

R. 3-11　例 3-6 中的图 3-9 可以选择圆顶和底面的圆柱作为高斯面吗?试解释。

R. 3-12　画二维图说明场线和等电位。

R. 3-13　当 θ 为何值时,z 方向的电偶极子的 $\boldsymbol{E}$ 场指向负 z 方向?

R. 3-14　在式(3-64)中,z 为什么要加绝对值?

R. 3-15　如果某点的电位为零,那么这一点的电场强度是否也为零?试解释。

R. 3-16　如果某点电场强度为零,那么这一点的电位是否也为零?试解释。

R. 3-17　如果有限厚度的不带电球形导体壳放于外电场 $\boldsymbol{E}_0$ 中,球壳中心的电场强度是多少?描述球壳内、外表面的电荷分布。

R. 3-18　驻极体是什么?它们是怎么实现的?

R. 3-19　能将式(3-84)中的 $\nabla'(1/R)$ 换成 $\nabla(1/R)$ 吗?试解释。

R. 3-20　定义极化矢量。其国际单位是什么?

R. 3-21　极化电荷密度是什么?$\boldsymbol{P}\cdot\boldsymbol{a}_n$ 和 $\nabla\cdot\boldsymbol{P}$ 的国际单位是什么?

R. 3-22　简单媒质指的是什么?

R. 3-23　各向异性材料有哪些特性?

R.3-24 单轴媒质的特点是什么？

R.3-25 定义电位移矢量。其国际单位是什么？

R.3-26 定义电极化率。其国际单位是什么？

R.3-27 媒质的介电常数和电介质强度之间的区别？

R.3-28 给定电荷分布的电通密度与媒质的性质有关吗？电场强度呢？为什么？

R.3-29 介电常数和绝缘强度有什么区别？

R.3-30 解释避雷器的工作原理。

R.3-31 两个不同电介质之间界面的静电场的边界条件是什么？

R.3-32 静电场中导体与介电常数为 ϵ 的电介质之间有怎样的边界条件？

R.3-33 在两种不同媒质之间的界面处静位的边界条件是什么？

R.3-34 点电荷和电介质体之间是否存在力？试解释。

R.3-35 定义电容和电容器。

R.3-36 假设平行板电容器中的电介质的介电常数不是常量的。若用介电常数的平均值代替式(3-163)中的 ϵ,该式仍然正确吗？试解释。

R.3-37 已知三个 1μF 的电容器,试说明如何连接可使其总电容值如下：

(1)$\frac{1}{3}(\mu\text{F})$；(2)$\frac{2}{3}(\mu\text{F})$；(3)$\frac{3}{2}(\mu\text{F})$；(4)$3(\mu\text{F})$。

R.3-38 什么是电位系数、电容系数和电感系数？

R.3-39 什么是部分电容？如何区别部分电容和电容系数？

R.3-40 解释静电屏蔽原理。

R.3-41 电子伏的定义是什么？怎样将它与焦耳比较？

R.3-42 四个离散点电荷的静电总能量表达式是什么？

R.3-43 连续分布的体电荷、面电荷和线电荷的静电能的表达式是什么？

R.3-44 用 $\boldsymbol{E}$ 或 $\boldsymbol{D}$ 表示静电能的数学表达式。

R.3-45 讨论虚位移原理的意义及应用。

R.3-46 在恒定电场下,带固定电荷的物体所受的力与所存储的能量之间的关系是什么？恒定电位条件下的情况如何？

习题

P.3-1 根据图3-4：

(1) 求电子束到达荧光屏时的到达角 α 与偏转电场强度 E_d 之间的关系；

(2) 求 w 和 L 的关系式,假设 $d_1=d_0/20$。

P.3-2 如图3-4所示,阴极射线示波器(CRO)是用来测量施加于平行偏转板的电压的：

(1) 假设在绝缘处无击穿,若板之间的间距为 h,求可测的最大电压？

(2) 如果屏幕的直径为 D,对 L 的限制是什么？

(3) 在固定的几何形状下,如何使CRO的最大可测量电压增加一倍？

P.3-3 阴极射线示波器偏转系统通常由两对产正交电场的平行板组成。假设图3-4

中存在另一组板块，在偏转区域构建均匀电场$\boldsymbol{E}_x=\boldsymbol{a}_xE_x$。偏转电压$v_x(t)$和$v_y(t)$分别产生$E_x$和$E_y$。如果电子在荧光屏上的轨迹图如下，确定$v_x(t)$和$v_y(t)$的波形类型：

(1) 水平线；

(2) 斜率为负的一条直线；

(3) 圆；

(4) 两个周期的正弦波。

P. 3-4　详细解释静电复印工作原理(若有需要可以利用图书馆资源)。

P. 3-5　已知两个点电荷Q_1和Q_2分别处于点(1,2,0)和点(2,0,0)。找出Q_1和Q_2之间的关系，使得检验电荷在点$P(-1,1,0)$的总受力：

(1)无x分量；(2)无y分量。

P. 3-6　两个质量都为1.0×10^{-4}kg的导体小球，用长为0.2m的绝缘线将两球悬挂在一公共点上。每个球带电荷Q电场力的排斥作用使两球分离。当一根悬线与垂直方向的角度为10°时到达平衡。假设重力为9.80N/kg，并忽略线的质量，求Q。

P. 3-7　确定半径为b、均匀电荷密度为ρ_l的带电线圈与点电荷Q之间的作用力，点电荷位于距离线圈平面为h的线圈中心轴上。当$h\gg b$和$h=0$时力分别是多少？画出关于h函数的作用力图。

P. 3-8　在真空中，均匀电荷密度为ρ_l的线电荷构成半径为b的半圆。求半圆中心的电场强度的大小和方向。

P. 3-9　三根长度都为L、线电荷密度分别为ρ_{l1}、ρ_{l2}和ρ_{l3}的均匀线电荷构成等边三角形。假设$\rho_{l1}=2\rho_{l2}=2\rho_{l3}$，求三角形中心的电场强度。

P. 3-10　假设电场强度$\boldsymbol{E}=\boldsymbol{a}_x100x$(V/m)。求包含在以下物体内的总电荷：

(1) 以原点为中心、边长为100mm的立方体；

(2) 围绕z轴、中心在原点、半径为50mm、高为100mm的圆柱体。

P. 3-11　一球形电荷分布$\rho=\rho_0[1-(R^2/b^2)]$存在于区域$0\leqslant R\leqslant b$中，该电荷分布由内半径为$R_i(>b)$、外半径为R_o的导电壳所包围，求各处的$\boldsymbol{E}$。

P. 3-12　两个半径分别为$r=a$和$r=b(b>a)$、面电荷密度分别为ρ_{sa}和ρ_{sb}的无限长同轴圆柱面：

(1) 求各处的$\boldsymbol{E}$。

(2) 当$r>b$时，a和b必须满足什么关系时，可使$\boldsymbol{E}$为零？

P. 3-13　在电场$\boldsymbol{E}=\boldsymbol{a}_xy+\boldsymbol{a}_yx$中，求把电荷量为$-2(\mu\text{C})$的电荷从点$P_1(2,1,-1)$移到点$P_2(8,2,-1)$所做的功：

(1) 沿抛物线$x=2y^2$；

(2) 沿连接P_1到P_2的直线。

P. 3-14　当θ为何值时，z方向的偶极子的电场强度没有z分量？

P. 3-15　三个电荷$(+q,-2q,+q)$沿z轴分别放置在$z=d/2$、$z=0$和$z=-d/2$处：

(1) 求远处点$P(R,\theta,\phi)$的V和$\boldsymbol{E}$。

(2) 求等位面和流线的方程。

(3) 画出等电位线簇和流线簇。

P. 3-16　有沿着x轴的长度为L、均匀电荷密度为ρ_l的有限长线电荷：

(1) 求线电荷平分面上的 V。

(2) 使用库仑定律由 ρ_l 确定 $\boldsymbol{E}$。

(3) 用 $-\nabla V$ 验证(2)的结果。

P.3-17 例 3-5 中,应用高斯定律可以简单地得到电荷密度均匀分布的无限长线电荷的电场强度,因为 $|\boldsymbol{E}|$ 只是 r 的函数,任何线电荷同周围的轴圆柱是等电位的。在实践应用中,所有导线的长度都是有限的。沿坐标轴的有限长线电荷,带有恒定的电荷密度 P,然而同轴圆柱表面上却不存在恒定电位。图 3-40 给出长度为 L 的有限长线电荷 ρ_l,求半径为 b 的圆柱体表面的电位,用 x 的函数表示并描绘出来。

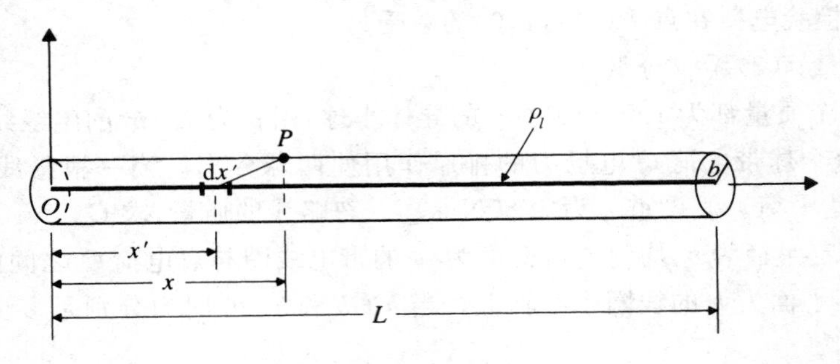

图 3-40 有限长度的线电荷

提示:求出在 P 点处由 $\rho_l \mathrm{d}x'$ 产生的 $\mathrm{d}V$,然后进行积分。

P.3-18 电荷 Q 均匀分布在 $L \times L$ 的方板上,求通过靶平板中心且垂直于平板轴线上某点的 $\boldsymbol{E}$ 和 V。

P.3-19 电荷 Q 均匀分布于半径为 b、高为 h 的圆形管壁上,求下列圆形管轴线上点的 V 和 $\boldsymbol{E}$:

(1) 管外轴线上的点;(2) 管内轴线上的点。

P.3-20 早期的化学元素的原子结构模型是均匀分布的正电荷 Ne 形成的球形电子云,其中 N 为原子数而 e 为电子电荷的大小。考虑电子云中的电子带有 $-e$ 的负电荷,假设球形电子云的半径为 R_0,忽略碰撞影响:

(1) 求距中心为 r 的电子所受的力;

(2) 描述电子的运动;

(3) 解释为什么原子模型不完善。

P.3-21 典型的原子模型由带正电荷 Ne 的原子核与其周围带同样负电荷的电子云构成(N 是原子数,e 是电荷大小)。外部电场 $\boldsymbol{E}_0$ 将会使原子核发生距电子云中心为 r_0 的位移,这样使得原子发生极化。假定半径为 b 的电子云中的电荷均匀分布,求 r_0。

P.3-22 中心位于原点、边长为 L 的电介质立方体内的极化强度为 $\boldsymbol{P} = P_0(\boldsymbol{a}_x x + \boldsymbol{a}_y y + \boldsymbol{a}_z z)$:

(1) 计算束缚面电荷密度及束缚体电荷密度。

(2) 证明总束缚电荷为 0。

P.3-23 切掉球腔中极化强度为 $\boldsymbol{P}$ 的一大块电介质,计算该球腔中心的电场强度。

P.3-24 求以下问题:

(1) 假定相距为 50mm 的两导体板,中间的媒质为空气,求平行板电容器的击穿电压。

(2) 如果平行板中充有媒质为介电常数为 3、介电强度为 20kV/mm 的有机玻璃，求击穿电压。

(3) 如果厚 10mm 的有机玻璃插于上述两块导体板之间，那么该平行板电容器能承受的最大不击穿电压是多少？

P. 3-25　假设 $z=0$ 平面隔开两个无损电介质区域，介电常数分别为 $\varepsilon_{r1}=2$ 和 $\varepsilon_{r2}=3$。如果已知区域 1 中的 $\boldsymbol{E}_1$ 为 $\boldsymbol{a}_x 2y-\boldsymbol{a}_y 3x+\boldsymbol{a}_z(5+z)$，如何得知区域 2 中的 $\boldsymbol{E}_2$ 和 D_2？能求得区域 2 中任何一点的 $\boldsymbol{E}_2$ 和 D_2 吗？请解释。

P. 3-26　已知两个理想电介质介电常数为 ε_{r1} 和 ε_{r2}，计算它们之间分界面上极化强度 $\boldsymbol{P}$ 的切向和法向分量边界条件。

P. 3-27　已知两个理想电介质介电常数为 ε_{r1} 和 ε_{r2}，它们之间分界面上电位满足的边界条件是什么？

P. 3-28　电介质透镜用来使电磁场平直化。图 3-41 中的透镜的左表面是圆柱面，而右表面是平面。如果区域 1 中的点 $P(r_o,45°,z)$ 处的 $\boldsymbol{E}_1$ 为 $\boldsymbol{a}_r 5-\boldsymbol{a}_\phi 3$，为了使在区域 3 中的 $\boldsymbol{E}_3$ 与 x 轴平行，则透镜的介电常数必须为多少？

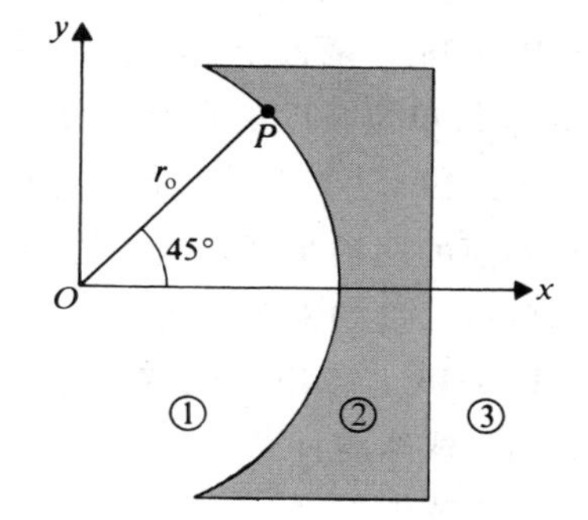

图 3-41　电介质透镜

P. 3-29　参考例 3-16，假设 r_o 和 r_i 相同，且要求绝缘材料中的最大电场强度不超过电介质强度的 25%，计算同轴电缆的额定电压：

(1) 如果 $r_p=1.75r_i$；

(2) 如果 $r_p=1.35r_i$；

(3) 画出(1)和(2)中 $\boldsymbol{E}_r$ 和 V 随 r 变化的关系图。

P. 3-30　面积为 S 的平行板电容器之间填充电介质，其介电常数呈线性变化，从一极板($y=0$)处的 ε_1 一直变到另一极板($y=d$)处的 ε_2。忽视边缘效应，求其电容。

P. 3-31　假设例 3-18 中的圆柱形电容器的外导体是接地的，内部导体维持的电位为 V_0：

(1) 求出内导体表面的电场强度 $\boldsymbol{E}(a)$。

(2) 内半径为 b、外导体不变，找到使 $\boldsymbol{E}(a)$ 达到最小的 a。

(3) 求出最小的 $\boldsymbol{E}(a)$。

(4) 求出题(2)条件下的电容。

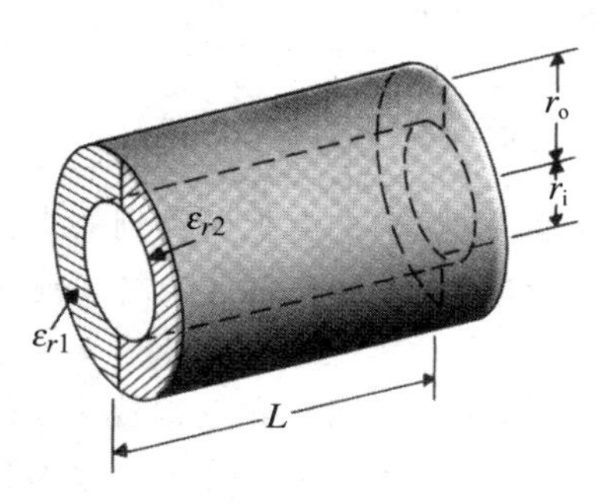

图 3-42　两介质的圆柱体

P. 3-32　长同轴传输线的芯子半径和外导体内半径分别为 r_i 和 r_o。导体之间填充两种电介质的同轴层。在 $r_i<r<b$ 区域，电介质的介电常数为 ε_{r1}；在 $b<r<r_o$ 区域，介电常数为 ε_{r2}。求该传输线单位长度的电容。

P. 3-33　长度为 L 的圆柱形电容器由半径为 r_i 和 r_o 的同轴导体表面构成。导体面之间填充介电常数为 ε_{r1} 和 ε_{r2} 的两种电介质。求其电容。

P. 3-34　一个电容器由两个长为 30mm、半径分别为 5mm 和 7mm 的同轴金属柱表面组成。两表面之间的电介质的相对介电常数为$\varepsilon_r=2+(4/r)$，其中r的单位为毫米。求电容器的电容。

P.3-35 假设地球是被空气包围着的大导体球（半径$=6.37\times10^3$ km）。求：

（1）地球的电容；

（2）存在于地球上而又不引起周围空气击穿的最大电荷。

P.3-36 求半径为b、覆盖一层厚度为d的均匀电介质的孤立导电球的电容。其电极化率为χ_e。

P.3-37 电容器由两个半径分别为R_i和R_o的同心球壳组成。球壳之间从R_i到$b(R_i<b<R_o)$间填充相对介电常数为ε_r的介质、从b到R_o间填充相对介电常数为$2\varepsilon_r$的另一种介质。

（1）用外加电压V求各处的$\boldsymbol{E}$和$\boldsymbol{D}$。

（2）求其电容。

P.3-38 两根半径为a、相距为d的平行导线，位于高地面为h处。假设d和h都远大于a，求每单位长度的自有部分电容和互有部分电容。

P.3-39 一孤立系统由三根非常长的并联导线构成。三根导线位于同一个平面上。位于外面的两根半径都为b的导线，与另一根位于中间的半径为$2b$的导线相距$d=500b$。求每单位长度的部分电容。

P.3-40 按以下区域计算半径为b、体电荷密度为ρ的均匀球体的静电场的电荷量：

（1）球体内；

（2）球体外。

P.3-41 爱因斯坦的相对论规定，集结电荷所要做的功以物质的能量形式储存，物质的能量等于mc^2，其中m为质量，$c\cong3\times10^8$ m/s为光速。假设电子是理想球体，由电子的电荷和质量（9.1×10^{-31} kg），求电子的半径。

P.3-42 有一偶极矩为p的电偶极子，求其周围$R>b$的区域中储存的静电能。

P.3-43 证明式（3-180）适用于任何储存静电能的双导体电容器。

P.3-44 宽为w、长为L、相距为d的平行板电容器，其中一部分填充介电常数为ε_r的电介质，如图3-43所示。用电压为V_0伏的电池连接两板。

（1）求每个区域的$\boldsymbol{D}$和$\boldsymbol{E}$和ρ_s；

（2）求使得每个地区储存的静电能都相同的距离x。

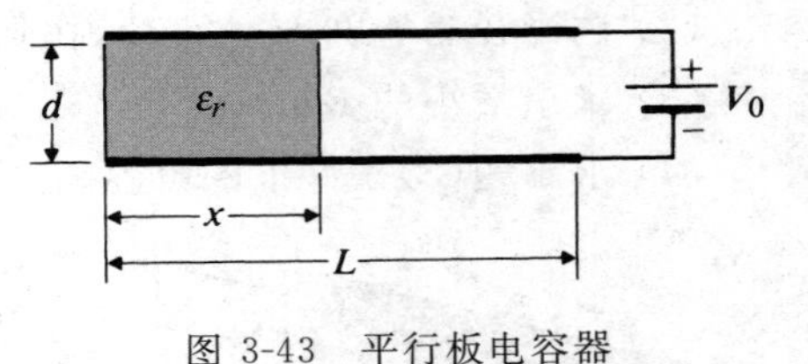

图3-43 平行板电容器

P.3-45 使用虚位移原理，导出真空中相距为x的点电荷$-Q$和$+Q$之间作用力的表达式。

P.3-46 恒定电压V_0施加于填充有部分电介质的平行板电容器上，如图3-44所示，其介电常数为ε、平板面积为S，求上板所受到的力。

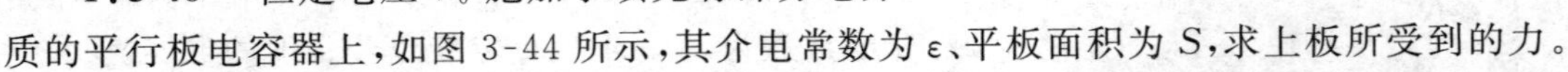

P.3-47 半径都为b、相距为D的双线传输线的孤立导体，假设$D\gg d$，且线之间通有电压V_0。求线上每单位长度受到的力。

P.3-48 宽为w、长为L、两板间隔为d的平行板电容器，两板之间有介电常数为ε的固体电介质平板。电容器由电池充电到电压V_0，如图3-45所示。假设电介质平板被移到如图所示的位置，求作用于电介质平板上的静电力：

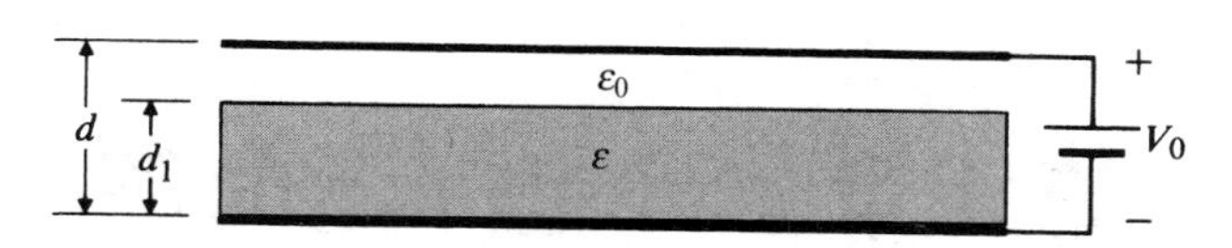

图 3-44 平行板电容器

(1) 开关接通情况下；

(2) 开关第一次断开后。

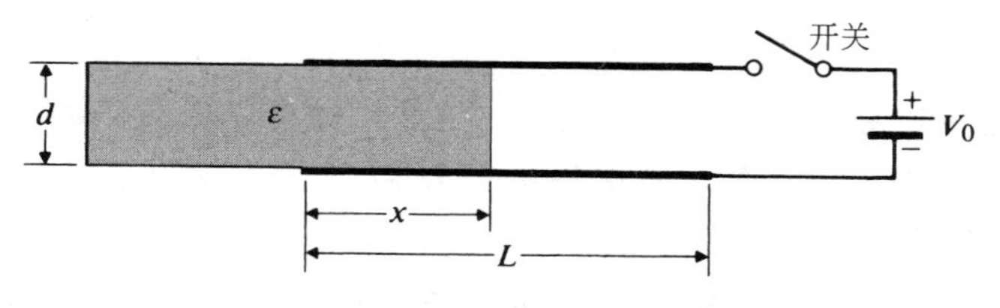

图 3-45 部分填充的平行板电容器

第 4 章　静电问题的解

4.1　引言

静电问题就是论述静止电荷的效应问题。这些问题可以根据初始的已知条件以不同的方式来表示。这些问题的求解通常需要求电位、电场强度和(或)电荷分布。如果已知电荷分布，由第 3 章公式可求得电位和电场强度。然而在许多实际问题中，电荷分布是未知的，由第 3 章中的公式不能直接求得电位和电场强度。例如，如果只给定空间中某些离散点的电荷和一些导体的电位，则很难得出导体表面电荷分布和(或)空间电场强度。当导体的边界为简单的几何体时，采用**镜像法**会有较大优势。该方法将在 4.4 节中讨论。

另一类问题是：已知导体的电位，希望求出周围空间的电位和电场强度以及导体边界的表面电荷分布。在适当的边界条件下求解微分方程。这些就是**边值问题**。在不同的坐标系中解边值问题的方法将在 4.5～4.7 节中讨论。

4.2　泊松方程和拉普拉斯方程

3.8 节中阐明式(3-98)和式(3-5)是任何媒质中静电学的两个基本微分方程。为了方便，将两式重写如下

$$\nabla\cdot \boldsymbol{D} = \rho \tag{4-1}$$

$$\nabla\times \boldsymbol{E} = 0 \tag{4-2}$$

式(4-2)中所指 $\boldsymbol{E}$ 的无旋特性，让我们定义了标量电位 V，见式(3-43)，即

$$\boldsymbol{E} = -\nabla V \tag{4-3}$$

在各向同性的线性介质中 $\boldsymbol{D}=\varepsilon\boldsymbol{E}$，则式(4-1)变为

$$\nabla\cdot \varepsilon\boldsymbol{E} = \rho \tag{4-4}$$

把式(4-3)代入式(4-4)得

$$\nabla\cdot(\varepsilon\nabla V) = -\rho \tag{4-5}$$

其中 ε 可以是位置的函数。对于一个简单介质(也就是均匀介质)来说，ε 是一个常数，且可以由散度运算得出。有

$$\nabla^2 V = -\frac{\rho}{\varepsilon} \tag{4-6}$$

式(4-6)中引入了新的算子 ∇^2(del 平方)，即**拉普拉斯算子**，其表示“梯度的散度”或 $\nabla\cdot\nabla$。式(4-6)称为**泊松方程**，该方程表明均匀媒质中，V 的拉普拉斯运算(梯度的散度)等于 $-\rho/\varepsilon$，其中 ε 是介质的介电常数(它是常数)，ρ 是自由电荷体密度(它是空间坐标的函数)。

因为散度运算和梯度运算都涉及一阶空间导数，所以泊松方程是一个二阶偏微分方程，

在二阶导数存在的空间中每一点,二阶偏微分方程都成立。在直角坐标系中

$$\nabla^2 V=\nabla\cdot\nabla V=\left(\boldsymbol{a}_x\frac{\partial}{\partial x}+\boldsymbol{a}_y\frac{\partial}{\partial y}+\boldsymbol{a}_z\frac{\partial}{\partial z}\right)\cdot\left(\boldsymbol{a}_x\frac{\partial V}{\partial x}+\boldsymbol{a}_y\frac{\partial V}{\partial y}+\boldsymbol{a}_z\frac{\partial V}{\partial z}\right)$$

则式(4-6)变成

$$\frac{\partial^2 V}{\partial x^2}+\frac{\partial^2 V}{\partial y^2}+\frac{\partial^2 V}{\partial z^2}=-\frac{\rho}{\varepsilon}\quad(\mathrm{V/m^2})\tag{4-7}$$

同理,利用式(2-93)和式(2-110)可以容易验证圆柱坐标和球坐标下的$\nabla^2 V$。

圆柱坐标

$$\nabla^2 V=\frac{1}{r}\frac{\partial}{\partial r}\left(r\frac{\partial V}{\partial r}\right)+\frac{1}{r^2}\frac{\partial^2 V}{\partial \phi^2}+\frac{\partial^2 V}{\partial z^2}\tag{4-8}$$

球坐标

$$\nabla^2 V=\frac{1}{R^2}\frac{\partial}{\partial R}\left(R^2\frac{\partial V}{\partial R}\right)+\frac{1}{R^2\sin\theta}\frac{\partial}{\partial\theta}\left(\sin\theta\frac{\partial V}{\partial\theta}\right)+\frac{1}{R^2\sin^2\theta}\frac{\partial^2 V}{\partial\phi^2}\tag{4-9}$$

一般来说,在给定的边界条件下,在三维空间中求泊松方程的解不是件容易的事情。

在没有自由电荷的均匀媒质中的各点,$\rho=0$,则式(4-6)简化为

$$\nabla^2 V=0\tag{4-10}$$

该式称为**拉普拉斯方程**。拉普拉斯方程在电磁学中占有十分重要的地位。对涉及不同电位的导体(如电容器)的问题,它是约束方程。一旦由式(4-10)求出 V,则由$-\nabla V$ 可以求出 $\boldsymbol{E}$,而且由 $\rho_s=\varepsilon E_n$(式 3-72)可求导体表面的电荷分布。

例 4-1　一个平行板电容器的两个极板间相距 d,且两个极板电位分别为 0 和 V_0,如图 4-1 所示。假设忽略边缘效应,求(1)两极板间任意点的电位;(2)极板的面电荷密度。

解:(1) 因为 $\rho=0$,所以可用拉普拉斯方程求极板之间电位。忽略电场边缘效应相当于假定极板间电场分布相同,就像极板是无限大的且在 x 方向和 z 方向 V 没有变化。式(4-7)则简化为

$$\frac{\mathrm{d}^2 V}{\mathrm{d}y^2}=0\tag{4-11}$$

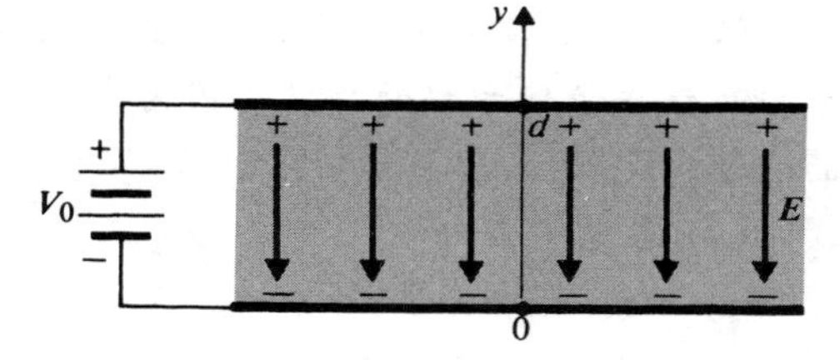

图 4-1　平行板电容器

其中用 $\mathrm{d}^2/\mathrm{d}y^2$ 来代替$\partial^2/\partial y^2$,因为这里 y 是唯一的空间变量。将式(4-11)对 y 求积分得

$$\frac{\mathrm{d}V}{\mathrm{d}y}=C_1$$

其中积分常数 C_1 还求不出。再进行一次积分,得到

$$V=C_1 y+C_2\tag{4-12}$$

要求积分常数 C_1 和 C_2,需要两个边界条件

$$在\ y=0\ 处,\quad V=0\tag{4-13a}$$

$$在\ y=d\ 处,\quad V=V_0\tag{4-13b}$$

将式(4-13a)和式(4-13b)代入式(4-12),立即可求得 $C_1=V_0/d$ 和 $C_2=0$。因此,由式(4-12)得极板间任意点 y 的电位为

$$V=\frac{V_0}{d}y \tag{4-14}$$

从 $y=0$ 到 $y=d$ 电位线性增加。

(2) 为了求面电荷密度,必须先求 $y=0$ 和 $y=d$ 处导体板的电场强度$\boldsymbol{E}$。由式(4-3)和式(4-14)可得

$$\boldsymbol{E}=-\boldsymbol{a}_y\frac{\mathrm{d}V}{\mathrm{d}y}=-\boldsymbol{a}_y\frac{V_0}{d} \tag{4-15}$$

这是一个常数,与 y 无关。注意:$\boldsymbol{E}$ 的方向和 V 的增量方向相反。利用式(3-72)可得导体极板的面电荷密度为

$$E_n=\boldsymbol{a}_n\cdot\boldsymbol{E}=\frac{\rho_s}{\varepsilon}$$

在下极板处

$$\boldsymbol{a}_n=\boldsymbol{a}_y,\quad E_{nl}=-\frac{V_0}{d},\quad \rho_{sl}=-\frac{\varepsilon V_0}{d}$$

在上极板处

$$\boldsymbol{a}_n=-\boldsymbol{a}_y,\quad E_{nu}=\frac{V_0}{d},\quad \rho_{su}=\frac{\varepsilon V_0}{d}$$

静电场中的电场线起始于正电荷终止于负电荷。

例 4-2 求一个球形电子云内外的电场强度 $\boldsymbol{E}$:当 $0\leqslant R\leqslant b$ 时,其均匀体电荷密度为 $\rho=-\rho_0$(其中 ρ_0 是正电荷数量);当 $R>b$ 时,其均匀体电荷密度为 $\rho=0$,通过解泊松方程和拉普拉斯方程求 V。

解:在第3章(例3-7)中曾用高斯定理来求过此题。现在用同样的题来说明一维泊松方程和拉普拉斯方程的求解。因为在 θ 方向和 ϕ 方向没有变化,所以只涉及球面坐标中 R 的函数。

(1) 在电子云内

$$0\leqslant R\leqslant b,\quad \rho=-\rho_0$$

在此区域,泊松方程($\nabla^2 V_{\mathrm{i}}=-\rho/\varepsilon_0$)成立。消去式(4-9)中的项$\partial/\partial\theta$和$\partial/\partial\phi$,得到

$$\frac{1}{R^2}\frac{\mathrm{d}}{\mathrm{d}R}\left(R^2\frac{\mathrm{d}V_{\mathrm{i}}}{\mathrm{d}R}\right)=\frac{\rho_0}{\varepsilon_0}$$

化简为

$$\frac{\mathrm{d}}{\mathrm{d}R}\left(R^2\frac{\mathrm{d}V_{\mathrm{i}}}{\mathrm{d}R}\right)=\frac{\rho_0}{\varepsilon_0}R^2 \tag{4-16}$$

对式(4-16)求积分得

$$\frac{\mathrm{d}V_{\mathrm{i}}}{\mathrm{d}R}=\frac{\rho_0}{3\varepsilon_0}R+\frac{C_1}{R^2} \tag{4-17}$$

电子云区域内的电场强度为

$$\boldsymbol{E}_{\mathrm{i}}=-\nabla V_{\mathrm{i}}=-\boldsymbol{a}_R\left(\frac{\mathrm{d}V_{\mathrm{i}}}{\mathrm{d}R}\right)$$

因为在 $R=0$ 时,$\boldsymbol{E}_{\mathrm{i}}$ 不可能是无限的,所以式(4-17)中的积分常数 C_1 必须为0,得

$$\boldsymbol{E}_{\mathrm{i}}=-\boldsymbol{a}_R\frac{\rho_0}{3\varepsilon_0}R,\quad 0\leqslant R\leqslant b \tag{4-18}$$

(2) 在电子云区域外

$$R\geqslant b,\quad \rho=0$$

在这个区域拉普拉斯方程成立。有$\nabla^2V_{\mathrm{o}}=0$或

$$\frac{1}{R^2}\frac{\partial}{\partial R}\left(R^2\frac{\mathrm{d}V_{\mathrm{o}}}{\mathrm{d}R}\right)=0 \tag{4-19}$$

对式(4-19)积分，得

$$\frac{\mathrm{d}V_{\mathrm{o}}}{\mathrm{d}R}=\frac{C_2}{R^2} \tag{4-20}$$

或

$$\boldsymbol{E}_{\mathrm{o}}=-\nabla V_{\mathrm{o}}=-\boldsymbol{a}_R\frac{\mathrm{d}V_{\mathrm{o}}}{\mathrm{d}R}=-\boldsymbol{a}_R\frac{C_2}{R^2} \tag{4-21}$$

在$R=b$处，令$\boldsymbol{E}_{\mathrm{o}}$等于$\boldsymbol{E}_{\mathrm{i}}$，可求得积分常数$C_2$，这里介质特性具有连续性

$$\frac{C_2}{b^2}=\frac{\rho_0}{3\varepsilon_0}b$$

由此得

$$C_2=\frac{\rho_0b^3}{3\varepsilon_0} \tag{4-22}$$

和

$$\boldsymbol{E}_{\mathrm{o}}=-\boldsymbol{a}_R\frac{\rho_0b^3}{3\varepsilon_0R^2},\quad R\geqslant b \tag{4-23}$$

因为电子云中所包含的总电荷量为

$$Q=-\rho_0\frac{4\pi}{3}b^3$$

所以式(4-23)可以写成

$$\boldsymbol{E}_{\mathrm{o}}=\boldsymbol{a}_R\frac{Q}{4\pi\varepsilon_0R^2} \tag{4-24}$$

这是常见的与点电荷Q相距为R处的电场强度的表达式。

通过分析关于R的电位函数，可以进一步理解这个例题。记住$C_1=0$，对式(4-17)求积分可得

$$V_{\mathrm{i}}=\frac{\rho_0R^2}{6\varepsilon_0}+C_1' \tag{4-25}$$

注意C_1'是一个不同于C_1的新的积分常数。将式(4-22)代入式(4-20)并求积分，得

$$V_{\mathrm{o}}=-\frac{\rho_0b^3}{3\varepsilon_0R}+C_2' \tag{4-26}$$

然而，因为在无穷远处($R\to\infty$)V_{o}为零，所以式(4-26)中C_2'必须为0。由于静电电位在边界上连续，故由$R=b$处的V_{i}等于V_{o}求C_1'：

$$\frac{\rho_0b^2}{6\varepsilon_0}+C_1'=-\frac{\rho_0b^2}{3\varepsilon_0}$$

或

$$C_1' = -\frac{\rho_0 b^2}{2\varepsilon_0} \tag{4-27}$$

并且根据式(4-25)可得

$$V_i = -\frac{\rho_0}{3\varepsilon_0}\left(\frac{3b^2}{2} - \frac{R^2}{2}\right) \tag{4-28}$$

可见当 $\rho = -\rho_0$ 时,式(4-28)中的 V_i 与式(3-172)中的 V 相同。

4.3 静电问题解的唯一性

4.2 节两个相对简单的例子,是通过直接积分方法求解的。对更复杂的情况,我们必须使用其他的求解方法。阐述这些方法之前,重要的是知道**满足给定边界条件的泊松方程**(其中拉普拉斯方程是特例)的**解是唯一解**。这就是所谓的**唯一性定理**。唯一性定理的含义是:无论以何种方法求解,满足边界条件的静电问题的解是唯一可能的解。在4.4节中阐述镜像法时,将会体会到该定理的重要性。

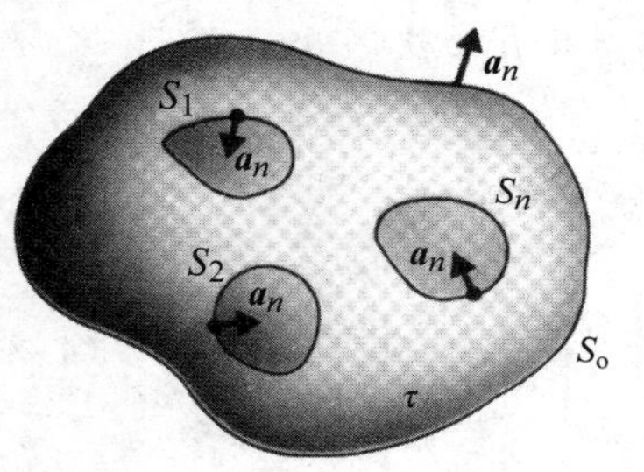

图 4-2 曲面 S_o 所围成的体积为 τ 的导电体

为了证明唯一性定理,假设一个体积为 τ 的导体被曲面 S_o 所围,该曲面可能是无穷大的表面。在闭合曲面 S_o 内有许多具有确定电位的带电导体,其曲面分别为 S_1,S_2,…,S_n,如图 4-2 所示。与唯一性定理相反,现假定在 τ 内,泊松方程有两个解 V_1 和 V_2

$$\nabla^2 V_1 = -\frac{\rho}{\varepsilon} \tag{4-29a}$$

$$\nabla^2 V_2 = -\frac{\rho}{\varepsilon} \tag{4-29b}$$

同时假设 V_1 和 V_2 在 S_1,S_2,…,S_n 和 S_o 上满足相同的边界条件。试定义一个新的电位差

$$V_d = V_1 - V_2 \tag{4-30}$$

由式(4-29a)和式(4-29b)可见,V_d 在 τ 内满足拉普拉斯方程

$$\nabla^2 V_d = 0 \tag{4-31}$$

导体边界电位已知,且 $V_d = 0$。

回顾矢量恒等式(习题 P.2-28)

$$\nabla\cdot(f\mathbf{A}) = f\,\nabla\cdot\mathbf{A} + \mathbf{A}\cdot\nabla f \tag{4-32}$$

令 $f = V_d$ 且 $\mathbf{A} = \nabla V_d$,可得

$$\nabla\cdot(V_d\,\nabla V_d) = V_d\,\nabla^2 V_d + |\nabla V_d|^2 \tag{4-33}$$

由式(4-31),上式等号右边的第一项为零。对式(4-33)在体积 τ 上求积分,得到

$$\oint_s (V_d\,\nabla V_d)\cdot\boldsymbol{a}_n \mathrm{d}s = \int_\tau |\nabla V_d|^2 \mathrm{d}v \tag{4-34}$$

其中 $\boldsymbol{a}_n$ 表示由 τ 向外的单位法线。曲面 S 由 S_o 以及 S_1,S_2,…,S_n 组成。在导体边界上,$V_d = 0$。在包围整个系统的大曲面 S_o 上,式(4-34)左边的曲面积分可以将 S_o 看成半径为 R 的非常大的球面来计算。当 R 增加时,V_1 和 V_2(并由此得 V_d)随 $1/R$ 减小;因而∇V_d 随

$1/R^2$ 减小，使得被积函数（$V_d\ \nabla V_d$）随 $1/R^3$ 减小，然而，曲面面积 S_0 则随 R^2 增加。因此式(4-34)左边的曲面积分随 $1/R$ 减少，并在无穷远处趋近于零。右边的体积积分也必定是这样，得

$$\int_\tau |\nabla V_d|^2 \mathrm{d}v = 0 \tag{4-35}$$

因为被积函数 $|\nabla V_d|^2$ 在任何情况下都是非负的，所以式(4-35)只在 $|\nabla V_d|$ 恒为 0 时成立。梯度到处为 0 意味着在 τ 内所有点上 V_d 的值与边界曲面 $S_1, S_2, \cdots, S_n$ 上的值都相同，其中 $V_d=0$。由此可见，整个体积 τ 上 $V_d=0$。因此 $V_1=V_2$，即只有一种可能的解。

容易看出：如果导体的表面电荷分布（$\rho_s=\varepsilon E_n=-\varepsilon\partial V/\partial n$）给定而不是电位给定时，唯一性定理也成立。在这种情况下，∇V_d 为零，转而式(4-34)的左边为 0，进而得出同样的结论。事实上，唯一性定理也同样适用于有非均匀介质（介电常数随位置而改变）存在时的情况。然而，证明比较复杂，这里不再叙述。

4.4　镜像法

有一类静电问题，如果用泊松方程或拉普拉斯方程直接求解，其边界条件明显很难满足，但是这些问题中的边界表面条件，可以通过适当的**镜像**（相等）**电荷**建立，然后电位分布可以用直接的方式来求。这种利用合适的镜像电荷代替边界面，代替正规的求解泊松方程和拉普拉斯方程的方法叫做**镜像法**。

考虑一个正的点电荷 Q 与无限大的接地（零电位）导体平面相距为 d 的情况，如图 4-3(a)所示。求导体平面（$y>0$）上每一个点的电位。正规的解法是在直角坐标系中解拉普拉斯方程

$$\nabla^2 V=\frac{\partial^2 V}{\partial x^2}+\frac{\partial^2 V}{\partial y^2}+\frac{\partial^2 V}{\partial z^2}=0 \tag{4-36}$$

其对除去点电荷处之外的 $y>0$ 的点必定成立。其解 $V(x,y,z)$ 应满足以下条件：

(1) 在接地导体平面上所有点的电位为零；也就是

$$V(x,0,z)=0$$

(2) 非常靠近点电荷 Q 处的电位近似为孤立的点电荷的电位，即

$$V\to\frac{Q}{4\pi\varepsilon_0 R},\quad 当\ R\to 0\ 时$$

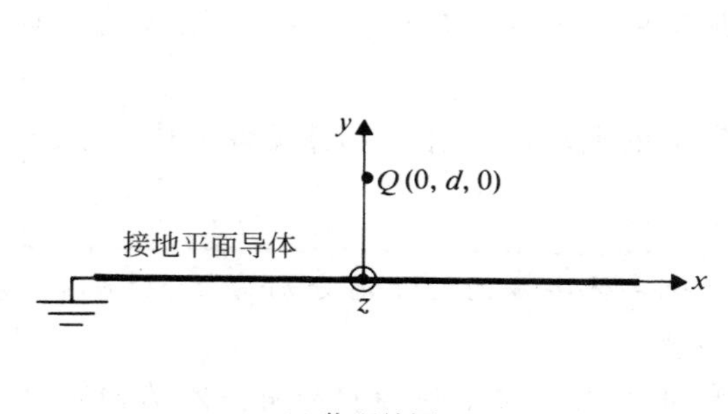

(a) 物理放置

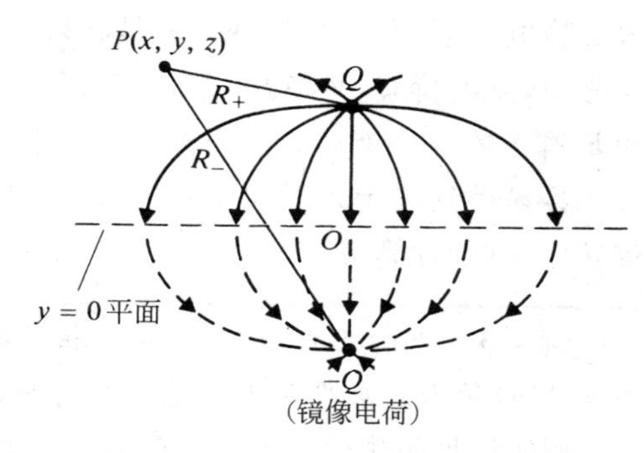

(b) 镜像电荷和电场线

图 4-3　点电荷和接地平面导体

其中 R 是离 Q 的距离。

(3) 离 Q 非常远的点($x\to\pm\infty, y\to\pm\infty$ 或 $z\to\pm\infty$),其电位趋于零。

(4) 电位函数是关于 x 轴和 z 轴对称的偶函数;即

$$V(x,y,z)=V(-x,y,z)$$

和

$$V(x,y,z)=V(x,y,-z)$$

要构造满足所有这些条件的解 V,看起来很难。

从另一个角度看,可推得:在 $y=d$ 处的正电荷,会在导体平面的表面感应出负电荷,产生面电荷密度 ρ_s,因此导体平面上方的点的电位是

$$V(x,y,z)=\frac{Q}{4\pi\varepsilon_0\sqrt{x^2+(y-d)^2+z^2}}+\frac{1}{4\pi\varepsilon_0}\int_S\frac{\rho_s}{R_1}\mathrm{d}s$$

其中 R_1 是 $\mathrm{d}s$ 到所计算点的距离,S 是整个导体平面的表面。问题是必须首先由边界条件 $V(x,0,z)=0$ 确定 ρ_s。此外,即使已经求得导体平面上每一个点的 ρ_s,也很难计算上面所表示的曲面积分。下面几节将说明镜像法是如何大大简化这些问题的。

4.4.1　点电荷和导体平面

图 4-3(a)中的问题是:距离无限大的平面导体(电位为 0)d 处有一正的点电荷 Q,如果移去该平面导体,在 $y=-d$ 处用镜像电荷 $-Q$ 替代,则 $y>0$ 区域上点 $P(x,y,z)$ 的电位为

$$V(x,y,z)=\frac{Q}{4\pi\varepsilon_0}\left(\frac{1}{R_+}-\frac{1}{R_-}\right)\tag{4-37}$$

其中 R_+ 和 R_- 分别是点 P 离 Q 和 $-Q$ 的距离。

$$R_+=[x^2+(y-d)^2+z^2]^{1/2}$$

$$R_-=[x^2+(y+d)^2+z^2]^{1/2}$$

采用直接代入方法容易证明(习题 P. 4-5(1)):式(4-37)中的 $V(x,y,z)$ 满足式(4-36)中的拉普拉斯方程,而且显然满足式(4-36)后面所列的四个条件。因此,式(4-37)是这个问题的解,并且,根据唯一性定理,它是唯一解。

$y>0$ 区域的电场强度 $\boldsymbol{E}$,由 $-\nabla V$ 结合式(4-37)很容易就能得出。它正好等于两个相距为 $2d$ 的点电荷 $+Q$ 和 $-Q$ 的电场强度。图 4-3(b)中给出了部分电场线。使用镜像法来解决静电问题是非常简单的,但是必须强调的是镜像电荷位于所求的电场区域之外。在该问题中,点电荷 Q 和 $-Q$ 不能用来计算 $y<0$ 区域上的 V 或 $\boldsymbol{E}$。实际上,在 $y<0$ 区域上 V 和 $\boldsymbol{E}$ 都为零。你能解释它吗?

容易得到位于无限大导体平面之上的线电荷 ρ_l 的电场可以由 ρ_l 和其镜像电荷 $-\rho_l$(代替导体平面)计算得出。

例 4-3　正的点电荷 Q 与两个相互垂直的接地导体半平面的距离分别为 d_1 和 d_2,如图 4-4(a)所示。求平面上的感应电荷对 Q 的电场力。

解:根据导体的半个平面的零电位边界条件,很难正式求泊松方程的解。在第四象限中的镜像电荷 $-Q$ 将使得水平的半个平面(而不是垂直的半个平面)电位为零;同样的,第二象限中的镜像电荷 $-Q$ 将使得垂直的半个平面(而不是水平的半个平面)电位为零。但是

如果在第三象限加上一个镜像电荷$+Q$，由对称性知：如图4-4(b)所示的镜像电荷排列，在两个半平面满足零电位边界条件，且其从电特性上讲等效于图4-4(a)中的物理排列。

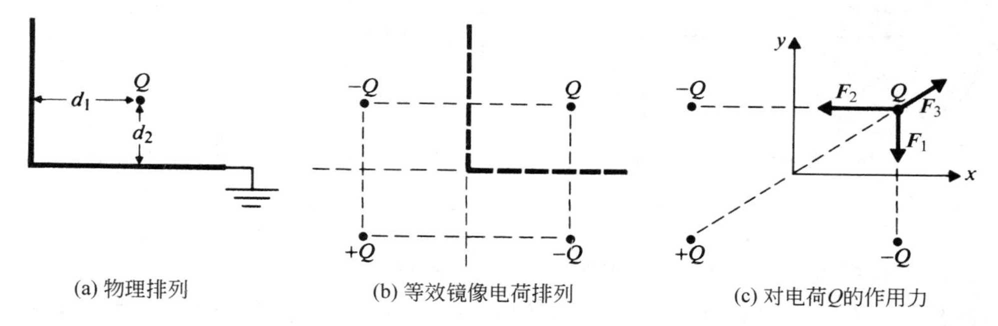

(a) 物理排列　(b) 等效镜像电荷排列　(c) 对电荷Q的作用力

图4-4　点电荷和垂直导体平面

两个半平面上将感应出负的面电荷，但它们对Q的作用可以由三个镜像电荷的作用来确定。参照图4-4(c)，得电荷Q所受作用力的合力为

$$\boldsymbol{F}=\boldsymbol{F}_1+\boldsymbol{F}_2+\boldsymbol{F}_3$$

其中

$$\boldsymbol{F}_1=-\boldsymbol{a}_y\frac{Q^2}{4\pi\varepsilon_0(2d_2)^2}$$

$$\boldsymbol{F}_2=-\boldsymbol{a}_x\frac{Q^2}{4\pi\varepsilon_0(2d_1)^2}$$

$$\boldsymbol{F}_3=\frac{Q^2}{4\pi\varepsilon_0[(2d_1)^2+(2d_2)^2]^{3/2}}(\boldsymbol{a}_x2d_1+\boldsymbol{a}_y2d_2)$$

因此

$$\boldsymbol{F}=\frac{Q^2}{16\pi\varepsilon_0}\left\{\boldsymbol{a}_x\left[\frac{d_1}{(d_1^2+d_2^2)^{3/2}}-\frac{1}{d_1^2}\right]+\boldsymbol{a}_y\left[\frac{d_2}{(d_1^2+d_2^2)^{3/2}}-\frac{1}{d_2^2}\right]\right\}$$

从这四个电荷组成的系统还可求得：第一象限中各点的电位和电场强度以及两个半平面上所感应的面电荷密度(习题P.4-8)。

4.4.2　线电荷和平行导体圆柱

现在考虑线电荷ρ_l(C/m)问题，该线电荷与半径为a的平行导体圆柱的轴线距离为d。假定线电荷和导体圆柱都是无限长的。图4-5(a)给出了这种排列的截面。用镜像法解这个问题之前，我们要注意以下几点：(1)为了使$r=a$处的圆柱表面是等位面，镜像电荷必须是圆柱体内的平行线电荷，称其为镜像线电荷ρ_i。(2)由于镜像线电荷关于连线OP对称，镜像线电荷必须位于OP线上某处，如与轴线相距d_i的p_i点(图4-5(b))。需要求两个未知量ρ_i和d_i。

首先假设

$$\rho_i=-\rho_l \tag{4-38}$$

在此，式(4-38)只是一个临时解(假想的解)，还不能确定其一定成立。一方面，在找出上式不满足边界条件之前，一直使用上述临时解。另一方面，如果式(4-38)得到的解满足所有

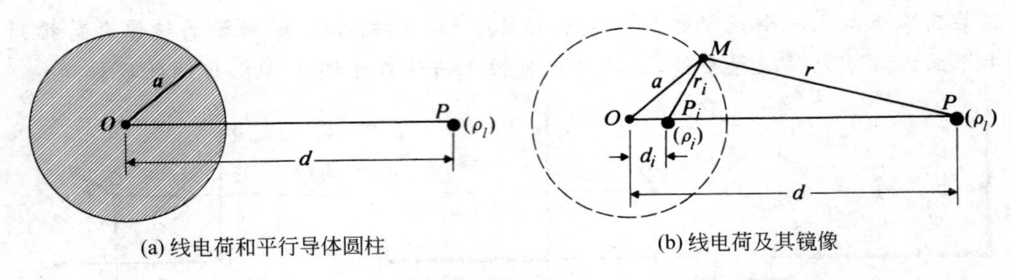

图 4-5　线电荷及其在平行导体圆柱中镜像的截面

边界条件,则根据唯一性定理知其为唯一解。其次看能否求出 d_i。

通过对式(3-40)所给的电场强度 $\boldsymbol{E}$ 求积分,可得与密度为 ρ_l 的线电荷相距 r 处的电位

$$V=-\int_{r_0}^{r}E_r\mathrm{d}r=-\frac{\rho_l}{2\pi\varepsilon_0}\int_{r_0}^{r}\frac{1}{r}\mathrm{d}r=\frac{\rho_l}{2\pi\varepsilon_0}\ln\frac{r_0}{r} \tag{4-39}$$

注意:零电位的参考点 r_0 不能是无穷大,因为在式(4-39)中,$r_0=\infty$会使得 V 无穷大。我们暂时不指定 r_0 的值。圆柱体面上和圆柱体外的点的电位由 ρ_l 和 ρ_i 作用相加得到。特别地,取图 4-5(b)所示的圆柱体表面上的点 M,有

$$V_M=\frac{\rho_l}{2\pi\varepsilon_0}\ln\frac{r_0}{r}-\frac{\rho_l}{2\pi\varepsilon_0}\ln\frac{r_0}{r_i}=\frac{\rho_l}{2\pi\varepsilon_0}\ln\frac{r_i}{r} \tag{4-40}$$

为了简化式(4-40),选择与 ρ_l 和 ρ_i 等距离的点作为零电位的参考点,以便消去 $\ln r_0$ 项。否则,在式(4-40)的右边应包含一个常数项,但其不会影响下面的结果。等电位面定义为

$$\frac{r_i}{r}=常数 \tag{4-41}$$

如果等电位面就是圆柱表面($\overline{OM}=a$),则点 P_i 必须位于使三角形 OMP_i 和 OPM 相似的点上。注意:这两个三角形已经有一个共同的角$\angle MOP_i$,选择点 P_i,使其满足$\angle OMP_i=\angle OPM$。有

$$\frac{\overline{P_iM}}{\overline{PM}}=\frac{\overline{OP_i}}{\overline{OM}}=\frac{\overline{OM}}{\overline{OP}}$$

或

$$\frac{r_i}{r}=\frac{d_i}{a}=\frac{a}{d}=常数 \tag{4-42}$$

由式(4-42)可得,如果

$$d_i=\frac{a^2}{d} \tag{4-43}$$

则镜像线电荷$-\rho_l$ 与线电荷 ρ_l 将使图 4-5(b)中的虚线圆柱表面为等电位。改变点 M 在虚线圆上的位置,r_i 和 r 也会改变,不过它们的比仍然是一个等于 a/d 的常数。点 P_i 称为点 P 关于半径为 a 的圆的**逆点**。

镜像线电荷$-\rho_l$ 可以代替导体圆柱面,且表面外任意点的 V 和 $\boldsymbol{E}$ 都可以由线电荷 ρ_l 和 $-\rho_l$ 来确定。由于对称性,我们得到围绕原来线电荷 ρ_l 的平行圆柱表面也是等电位表面,该平行圆柱表面半径为 a、轴在点 P 右边并与其相距 d_i。该结论使我们能够计算裸线传输线的每单位长度的电容,该裸线传输线由两根平行的圆截面导体组成。

例 4-4　求半径为 a 的两根平行长圆导线之间每单位长度的电容。导线的轴线相距为 D。

解：图 4-6 是双线传输线的截面。两根导线的等电位面可以看作是由一对相距 $(D-2d_i)=d-d_i$ 的线电荷 $+\rho_l$ 和 $-\rho_l$ 产生。两根导线之间的电位差是各自导线上任意两点间的电位差。用 1 和 2 分别表示等效线电荷 $+\rho_l$ 和 $-\rho_l$ 周围的导线。由式(4-40)和式(4-42)得

$$V_2 = \frac{\rho_l}{2\pi\varepsilon_0}\ln\frac{a}{d}$$

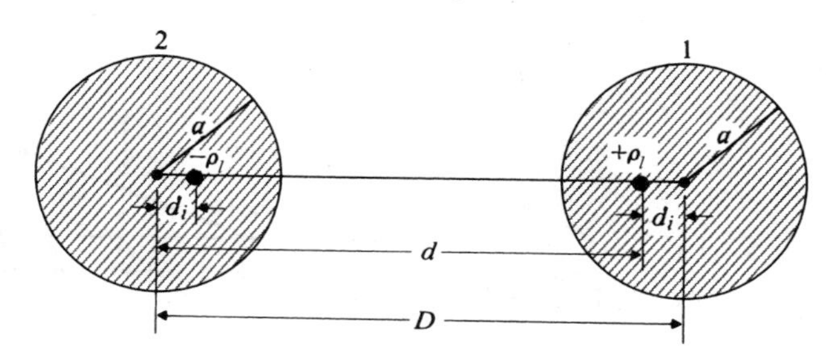

图 4-6　双向传输线的截面和等效线电荷

同理

$$V_1 = -\frac{\rho_l}{2\pi\varepsilon_0}\ln\frac{a}{d}$$

注意：因为 $a<d$，所以 V_1 是正数，而 V_2 是负数。每单位长度电容为

$$C = \frac{\rho_l}{V_1 - V_2} = \frac{\pi\varepsilon_0}{\ln(d/a)} \tag{4-44}$$

其中

$$d = D - d_i = D - \frac{a^2}{d}$$

由此可得[①]

$$d = \frac{1}{2}(D + \sqrt{D^2 - 4a^2}) \tag{4-45}$$

将式(4-45)代入式(4-44)得

$$C = \frac{\pi\varepsilon_0}{\ln[(D/2a) + \sqrt{(D/2a)^2 - 1}]} \quad (\text{F/m}) \tag{4-46}$$

因为

$$\ln[x + \sqrt{x^2 - 1}] = \text{arcosh}x$$

对于 $x>1$，式(4-46)可写为

$$C = \frac{\pi\varepsilon_0}{\text{arcosh}(D/2a)} \quad (\text{F/m}) \tag{4-47}$$

图 4-6 中双线传输线周围的电位分布和电场强度也可以很容易地由等效线电荷确定。

---

① 因为 D 和 d 通常比 a 大得多，所以另一个解 $d=\frac{1}{2}(D-\sqrt{D^2-4a^2})$ 被舍弃掉。

现在考虑不同半径的双线传输线更一般情况。如果能够找出使导线表面等电位的等效线电荷的位置，则我们的问题就能解决。首先研究一对正负线电荷周围的电位分布，其截面如图4-7中所示。由于$+\rho_l$和$-\rho_l$的作用，在任意点$P(x,y)$处的电位可由式(4-40)得到

$$V_P = \frac{\rho_l}{2\pi\varepsilon_0}\ln\frac{r_2}{r_1} \tag{4-48}$$

在xy平面上，等电位线由$r_2/r_1=k$(常数)来定义。有

$$\frac{r_2}{r_1} = \frac{\sqrt{(x+b)^2+y^2}}{\sqrt{(x-b)^2+y^2}} = k \tag{4-49}$$

其化简为

$$\left(x-\frac{k^2+1}{k^2-1}b\right)^2 + y^2 = \left(\frac{2k}{k^2-1}b\right)^2 \tag{4-50}$$

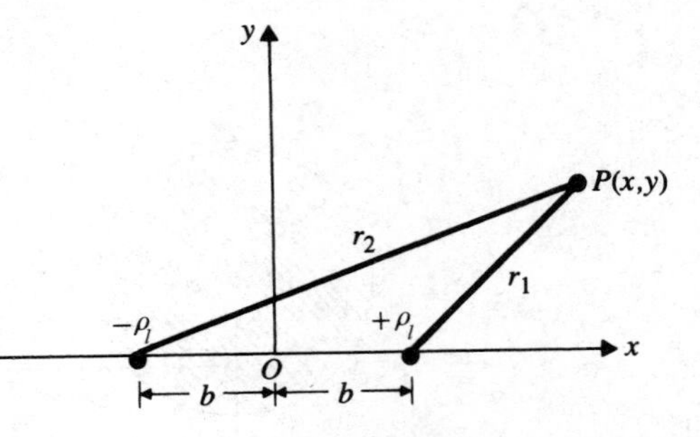

图4-7　一对线电荷的截面

式(4-49)代表xy平面上一簇圆，其半径为

$$a = \left|\frac{2kb}{k^2-1}\right| \tag{4-51}$$

其中绝对值符号是必需的，因为式(4-49)中的k可能比1小，且a必须是正数。圆心从原点移到点$(c,0)$，其中

$$c = \frac{k^2+1}{k^2-1}b \tag{4-52}$$

a、b和c之间存在一个特别简单的关系

$$c^2 = a^2 + b^2 \tag{4-53}$$

或

$$b = \sqrt{c^2 - a^2} \tag{4-54}$$

图4-8中给出了两簇偏离原点的圆形等电位线：一簇等电位线围绕$+\rho_l$，此时$k>1$；另一簇等电位线围绕$-\rho_l$，此时$k<1$。y轴是对应$k=1$时的零电位线(半径为无限大的圆)。图4-8中的虚线圆表示电场线，它和等电位线处处垂直(习题P.4-12)。因此不同半径的双线传输线的静电问题就是两个不同半径的等电位圆的静电问题，图4-8中y轴每边各有一个等电位圆；此问题可以根据通过等效线电荷的位置来求解。

假设两根导线的半径为a_1和a_2，其轴线相距D，如图4-9所示。已知线电荷与原点的距离为b。

由a_1、a_2和D可首先表示出c_1和c_2。由式(4-54)得

$$b^2 = c_1^2 - a_1^2 \tag{4-55}$$

和

$$b^2 = c_2^2 - a_2^2 \tag{4-56}$$

而

$$c_1 + c_2 = D \tag{4-57}$$

由式(4-55)、式(4-56)和式(4-57)求解得

$$c_1 = \frac{1}{2D}(D^2 + a_1^2 - a_2^2) \tag{4-58}$$

和

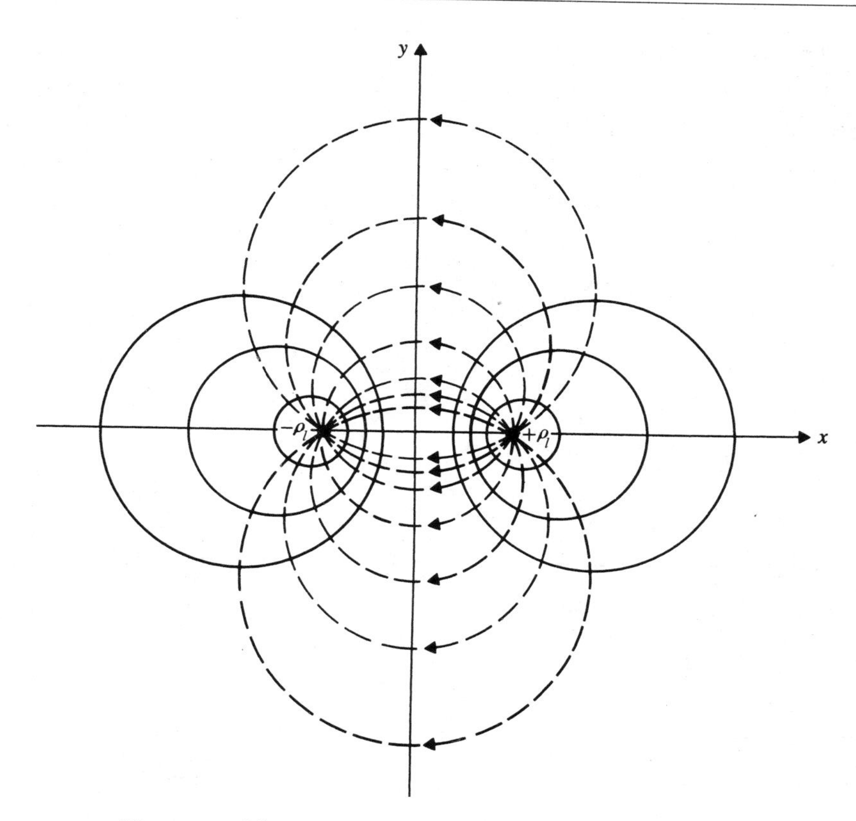

图 4-8　一对线电荷周围的等电位线(实线)和电场线(虚线)

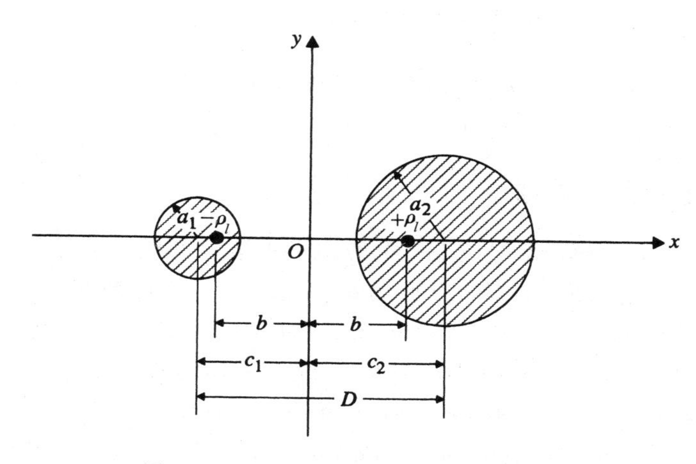

图 4-9　不同半径的两根平行导线的截面

$$c_2 = \frac{1}{2D}(D^2 + a_2^2 - a_1^2) \tag{4-59}$$

距离 b 可以由式(4-55)或式(4-56)来求得。

如图 4-10(a)所示，对双线传输线问题做一个有趣的变化，在圆柱导体管内偏离中心处放置一根导线，这里两个等电位面处于一对等量相反线电荷的同一侧，如图 4-10(b)所示。

除了式(4-55)和式(4-56)外,还有

$$c_2 - c_1 = D \tag{4-60}$$

联立式(4-55)、式(4-56)和式(4-60)得

$$c_1 = \frac{1}{2D}(a_2^2 - a_1^2 - D^2) \tag{4-61}$$

和

$$c_2 = \frac{1}{2D}(a_2^2 - a_1^2 + D^2) \tag{4-62}$$

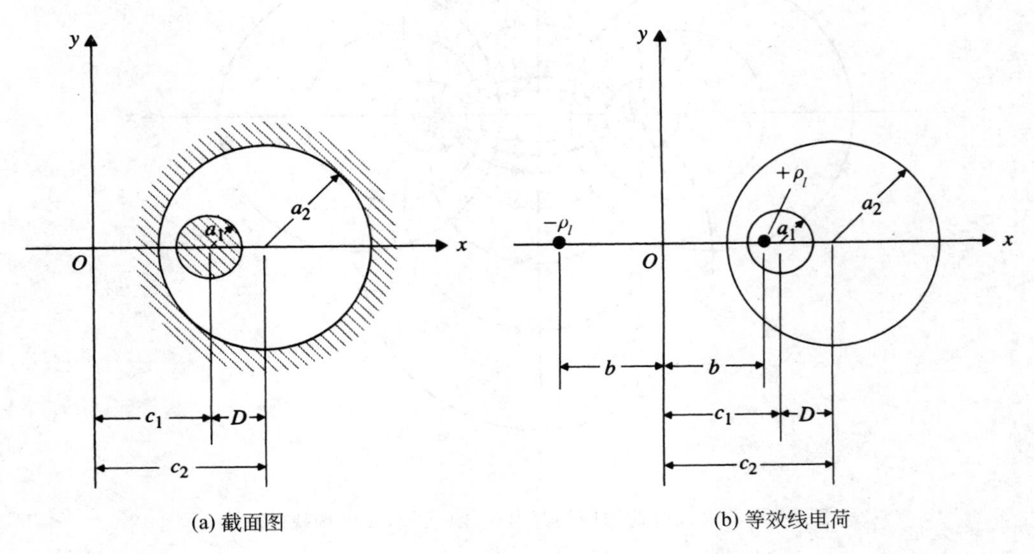

图 4-10 圆柱管道内放置一偏离中心的导线

距离 b 可以由式(4-55)或式(4-56)来求得。已知等效线电荷的位置,求电位和电场强度及每单位长度导线间的电容都变得简单了(习题 P. 4-13 和习题 P. 4-14)。

4.4.3 点电荷和导体球

镜像法同样可用来求解球形导体存在时点电荷的静电问题。参考图 4-11(a),正的点电荷 Q 与半径为 a 的接地导体球球心相距为 $d(a<d)$,现在求球外点的 V 和 $\boldsymbol{E}$。由于对称性,我们期望镜像电荷 Q_i 为负的点电荷,位于球内且在 OQ 的连线上。其与点 O 相距为 d_i。显然 Q_i 与 Q 不相等,因为 $-Q$ 和 Q 不能使 $R=a$ 的球表面为所需要的零电位面(如果 $Q_i=-Q$,则零电位面会是什么?)。因此,我们将 d_i 和 Q_i 都当成是未知的。

在图 4-11(b)中,用镜像点电荷 Q_i 来代替导体球,使 $R=a$ 的球面上所有点的电位都为零。在点 M 处,由 Q 和 Q_i 产生的电位为

$$V_M = \frac{1}{4\pi\varepsilon_0}\left(\frac{Q}{r} + \frac{Q_i}{r_i}\right) = 0 \tag{4-63}$$

上式要求

$$\frac{r_i}{r} = -\frac{Q_i}{Q} = 常数 \tag{4-64}$$

注意:对比值 r_i/r 的要求和式(4-41)中的一样,由式(4-42)、式(4-43)和式(4-64)得

$$-\frac{Q_i}{Q} = \frac{a}{d}$$

或

$$Q_i = -\frac{a}{d}Q \tag{4-65}$$

和

$$d_i = \frac{a^2}{d} \tag{4-66}$$

因此点 Q_i 是点 Q 关于半径为 a 的球的**逆点**。接地导体球外所有点的 V 和 $\boldsymbol{E}$ 可以由两个点电荷 Q 和 $-aQ/d$ 产生的 V 和 $\boldsymbol{E}$ 来求得。

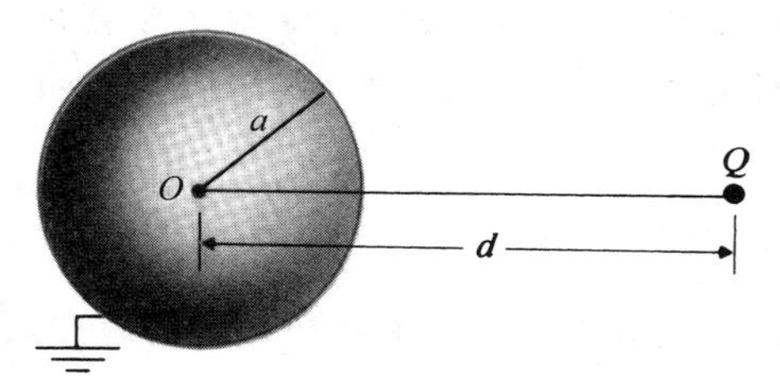

(a) 点电荷和接地导体球

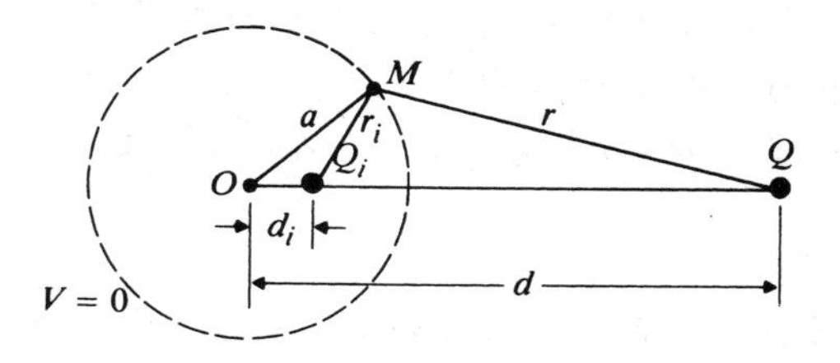

(b) 点电荷和其镜像电荷

图 4-11　在接地球体中的点电荷和其镜像电荷

例 4-5　点电荷 Q 与半径为 a 的接地导体球球心相距为 $d(a<d)$。求(1)球面上所感应的电荷分布;(2)球面上总的感应电荷。

解:物理模型如图 4-11(a)所示,应用镜像法解此题,并用与球心相距为 $d_i = a^2/d$ 处的镜像电荷 $Q_i = -aQ/d$ 来代替接地导体球,如图 4-12 所示。在任意点 $P(R,\theta)$ 的电位 V 为

$$V(R,\theta) = \frac{Q}{4\pi\varepsilon_0}\left(\frac{1}{R_Q} - \frac{a}{dR_{Q_i}}\right) \tag{4-67}$$

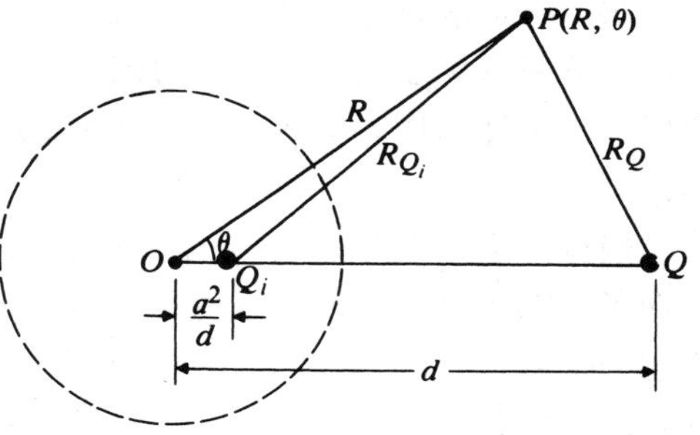

图 4-12　计算感应电荷分布的图

其中,由余弦定理得

$$R_Q = [R^2 + d^2 - 2Rd\cos\theta]^{1/2} \tag{4-68}$$

和

$$R_{Q_i} = \left[R^2 + \left(\frac{a^2}{d}\right)^2 - 2R\left(\frac{a^2}{d}\right)\cos\theta\right]^{1/2} \tag{4-69}$$

注意:θ 是 OP 和 OQ 之间的夹角。电场强度的 R 分量 E_R 为

$$E_R(R,\theta) = -\frac{\partial V(R,\theta)}{\partial R} \tag{4-70}$$

将式(4-67)代入式(4-70)并注意式(4-68)和式(4-69)得

$$E_R(R,\theta) = \frac{Q}{4\pi\varepsilon_0}\left\{\frac{R - d\cos\theta}{(R^2 + d^2 - 2Rd\cos\theta)^{3/2}} - \frac{a[R - (a^2/d)\cos\theta]}{d[R^2 + (a^2/d)^2 - 2R(a^2/d)\cos\theta]^{3/2}}\right\} \tag{4-71}$$

(1) 为了求出球面上感应的面电荷,令式(4-71)中的 $R=a$ 并计算

$$\rho_s = \varepsilon_0 E_R(a,\theta) \tag{4-72}$$

其化简后得下式

$$\rho_s = -\frac{Q(d^2-a^2)}{4\pi a(a^2+d^2-2ad\cos\theta)^{3/2}} \tag{4-73}$$

式(4-73)说明感应面电荷是负的,其大小在 $\theta=0$ 时取最大值,在 $\theta=\pi$ 时取最小值。

(2) 球面上总的感应电荷在球面上对 ρ_s 积分求得。有

$$\text{总的感应电荷} = \oint \rho_s \mathrm{d}s = \int_0^{2\pi}\int_0^{\pi} \rho_s a^2 \sin\theta \mathrm{d}\theta \mathrm{d}\phi = -\frac{a}{d}Q = Q_i \tag{4-74}$$

注意到总的感应电荷完全等于取代球体的镜像电荷 Q_i,能解释这吗?

如果导体球呈电中性,也不接地,则与球的中心距离为 d 的点电荷 Q 的镜像电荷,仍然是在与球心相距 d_i 处的点电荷 Q_i,Q_i 和 d_i 分别由式(4-65)和式(4-66)给定。然而,为了使得球面 $R=a$ 为等电位面,需要在球心处增加一个点电荷

$$Q' = -Q_i = \frac{a}{d}Q \tag{4-75}$$

使所替代球面的净电荷为零。一个呈电中性的导体球存在时的点电荷的静电问题可以视作三个点电荷的问题来求解,这三个点电荷分别是:在 $R=0$ 处的 Q'、在 $R=a^2/d$ 处的 Q_i 和在 $R=d$ 处的 Q。

4.4.4 带电球和接地平面

当一个带电导体球靠近一个大的接地导体平面时,如图 4-13(a)所示,导体上电荷分布以及导体间电场显然都是非均匀的。因为几何体包含球坐标和直角坐标,所以通过解拉普拉斯方程来计算场和电容是非常困难的。接下来将说明如何反复应用镜像法来求解这个问题。

假设一个点电荷 Q_0 位于球的中心,期望找出一个由镜像电荷与 Q_0 组成的系统使得球面和平面都为等电位面。这种靠近接地平面的带电球体的问题可以由点电荷组成的更简单系统来代替。xy 平面上的截面如图 4-13(b)所示。在点$(-c,0)$处的 Q_0 需要在点$(c,0)$处存在一个镜像电荷 $-Q_0$ 以使 yz 平面为等电位面;但是这对电荷 Q_0 和 $-Q_0$ 破坏了球的等电位特性,除非根据式(4-65)和式(4-66),在虚线圆内的点$(-c+a^2/2c,0)$处放置镜像电荷 $Q_1=(a/2c)Q_0$。这样反过来需要一个镜像电荷 $-Q_1$ 以使 yz 平面为等电位面。应用镜像法的过程不断继续,就会得到两组镜像点电荷:一组位于 y 轴右侧的$(-Q_0,-Q_1,-Q_2,\cdots)$,另一组位于球内的$(Q_1,Q_2,\cdots)$。有

$$Q_1 = \left(\frac{a}{2c}\right)Q_0 = \alpha Q_0 \tag{4-76a}$$

$$Q_2 = \frac{a}{\left(2c-\dfrac{a^2}{2c}\right)}Q_1 = \frac{\alpha^2}{1-\alpha^2}Q_0 \tag{4-76b}$$

$$Q_3 = \frac{a}{2c-\dfrac{a^2}{\left(2c-\dfrac{a^2}{2c}\right)}}Q_2 = \frac{\alpha^3}{(1-\alpha^2)\left(1-\dfrac{\alpha^3}{1-\alpha^3}\right)}Q_0 \tag{4-76c}$$

其中

$$\alpha = \frac{a}{2c} \tag{4-77}$$

球上总电荷为

$$Q = Q_0 + Q_1 + Q_2 + \cdots = Q_0\left(1 + \alpha + \frac{\alpha^2}{1-\alpha^2} + \cdots\right) \tag{4-78}$$

式(4-78)中的级数通常收敛很快($\alpha<1/2$)。因为电荷对($-Q_0,Q_1$),($-Q_1,Q_2$),…使球面上产生的电位为零,所以只有原来的 Q_0 对球面上电位有贡献,即

$$V_0 = \frac{Q_0}{4\pi\varepsilon_0 a} \tag{4-79}$$

因此,由式(4-78)和式(4-79)得导体球和导体平面间的电容为

$$C = \frac{Q}{V_0} = 4\pi\varepsilon_0 a\left(1 + \alpha + \frac{\alpha^2}{1-\alpha^2} + \cdots\right) \tag{4-80}$$

显然,上式比半径为 a 的孤立导体球的电容要大,正如我们预期的一样。由镜像点电荷可求得球体和导体面之间的电位和电场分布。

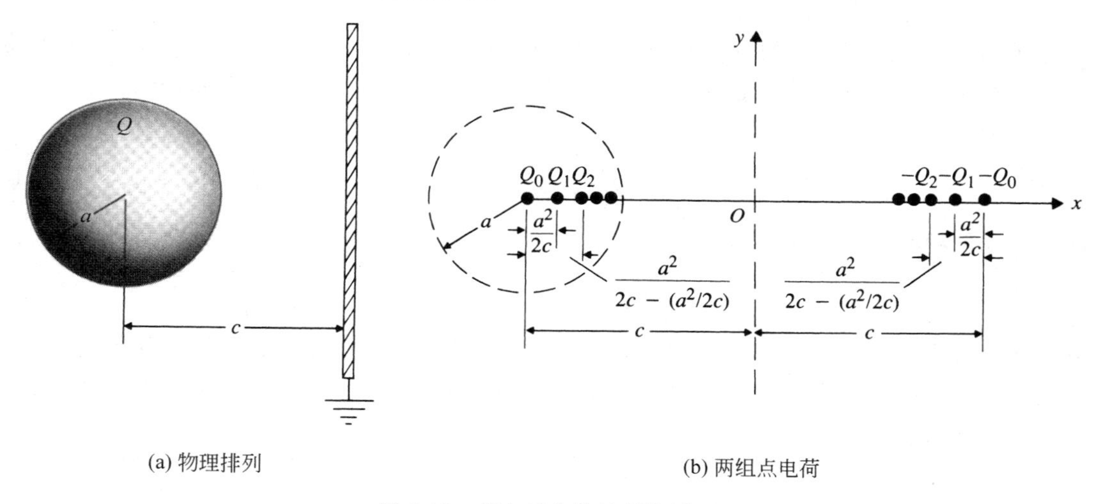

(a) 物理排列　　(b) 两组点电荷

图 4-13　带电球和接地导体平面

4.5　直角坐标中的边值问题

由 4.4 节镜像法可知,在涉及靠近简单几何体形状的导体边界的自由电荷时,镜像法在求解这些类型的静电问题时是很有用的。然而,如果静电问题由带具体电位的导体系统组成,且没有孤立自由电荷时,则不能用镜像法来求解。此类问题需要解拉普拉斯方程,例 4-1 就是这类问题,其中电位仅是一个坐标的函数。当然,用于三维的拉普拉斯方程是一个偏微分方程,这里电位通常是三个坐标的函数。现在将要研究一种解三维问题的方法,其中边界上的电位或其法向导数都已给定,边界与正交曲面坐标系的坐标面一致。这种情况下,问题的解可以表示为三个一维函数的乘积,每个函数只取决于一个坐标变量。该方法叫**分离变量法**。

由给定的边界条件和偏微分方程所约束的问题(电磁学或其他)称为**边值问题**。电位函数的边值问题可分成三类:(1)**狄利克雷(Dirichlet)问题**:在该问题中,给定边界上每处的

电位值；(2)**诺曼(Neumann)**问题：在该问题中，给定边界上每处电位的法向导数；(3)**混合边值问题**：在该问题中，某些边界上的电位已知，其余边界上的电位法向导数已知。给定不同的边界条件，将要选择不同的电位函数，但是求解这三类问题的方法都是一样的，即应用分离变量法。拉普拉斯方程的解通常称为**调和函数**。

在直角坐标中，标量电位 V 的拉普拉斯方程为

$$\frac{\partial^2 V}{\partial x^2}+\frac{\partial^2 V}{\partial y^2}+\frac{\partial^2 V}{\partial z^2}=0 \tag{4-81}$$

为了应用分离变量法，假设解 $V(x,y,z)$ 可以表示成以下乘积的形式

$$V(x,y,z)=X(x)Y(y)Z(z) \tag{4-82}$$

其中 $X(x)$、$Y(y)$ 和 $Z(z)$ 都分别只是 x、y 和 z 的函数。将式(4-82)代入式(4-81)得

$$Y(y)Z(z)\frac{\mathrm{d}^2 X(x)}{\mathrm{d}x^2}+X(x)Z(z)\frac{\mathrm{d}^2 Y(y)}{\mathrm{d}y^2}+X(x)Y(y)\frac{\mathrm{d}^2 Z(z)}{\mathrm{d}z^2}=0$$

上式除以 $X(x)Y(y)Z(z)$ 得到

$$\frac{1}{X(x)}\frac{\mathrm{d}^2 X(x)}{\mathrm{d}x^2}+\frac{1}{Y(y)}\frac{\mathrm{d}^2 Y(y)}{\mathrm{d}y^2}+\frac{1}{Z(z)}\frac{\mathrm{d}^2 Z(z)}{\mathrm{d}z^2}=0 \tag{4-83}$$

注意式(4-83)左边三项中每一项都只是一个坐标变量的函数，并且只涉及常微分。为了使式(4-83)对 x、y 和 z 的所有值都成立，三项中每一项都必须为常数。例如，若将式(4-83)对 x 求导，得

$$\frac{\mathrm{d}}{\mathrm{d}x}\left[\frac{1}{X(x)}\frac{\mathrm{d}^2 X(x)}{\mathrm{d}x^2}\right]=0 \tag{4-84}$$

因为其他两项都和 x 无关。式(4-84)要求

$$\frac{1}{X(x)}\frac{\mathrm{d}^2 X(x)}{\mathrm{d}x^2}=-k_x^2 \tag{4-85}$$

其中 $-k_x^2$ 是积分常数，由问题的边界条件来确定。式(4-85)右边的负号是任意的，就像 k_x 上的平方符号也是任意的。**分离常数** k_x 可以是实数也可以是虚数。如果 k_x 是虚数，则 k_x^2 是一个负实数，从而 $-k_x^2$ 为一个正实数。很方便将式(4-85)重写为

$$\frac{\mathrm{d}^2 X(x)}{\mathrm{d}x^2}+k_x^2 X(x)=0 \tag{4-86}$$

同理，有

$$\frac{\mathrm{d}^2 Y(y)}{\mathrm{d}y^2}+k_y^2 Y(y)=0 \tag{4-87}$$

和

$$\frac{\mathrm{d}^2 Z(z)}{\mathrm{d}z^2}+k_z^2 Z(z)=0 \tag{4-88}$$

其中分离常数 k_y 和 k_z 通常与 k_x 不同；但是因为式(4-83)，所以必须满足以下条件

$$k_x^2+k_y^2+k_z^2=0 \tag{4-89}$$

现在问题简化为求合适的解——$X(x)$、$Y(y)$ 和 $Z(z)$——分别由二阶常微分方程式(4-86)、式(4-87)和式(4-88)来求。通过研究常系数的常微分方程可确定式(4-86)的可能解，见表4-1。通过直接代入很容易验证表中的解满足式(4-86)。

表4-1列出的解中，$k_x=0$ 时第一个解 A_0x+B_0，是一条斜率为 A_0，$x=0$ 处的截距为 B_0 的直线。当 $A_0=0$ 时 $X(x)=B_0$，意味着拉普拉斯方程的解 V 和 x 无关。

表 4-1　$X''(x)+k_x^2X(x)=0$ 的可能解

$k_x{}^2$	k_x	$X(x)$	$X(x)$的指数形式*
0	0	A_0x+B_0	
+	k	$A_1\sin kx+B_1\cos kx$	$C_1e^{jkx}+D_1e^{-jkx}$
−	jk	$A_2\sinh kx+B_2\cosh kx$	$C_2e^{kx}+D_2e^{-kx}$

* $X(x)$的指数形式是关于三角形和双曲线的形式，见表格的第三列，并由下列公式得出

$e^{\pm jkx}=\cos kx\pm j\sin kx$，$\cos kx=\frac{1}{2}(e^{jkx}+e^{-jkx})$，$\sin kx=\frac{1}{2j}(e^{jkx}-e^{-jkx})$

$e^{\pm kx}=\cosh kx\pm\sinh kx$，$\cosh kx=\frac{1}{2}(e^{kx}+e^{-kx})$，$\sinh kx=\frac{1}{2}(e^{kx}-e^{-kx})$

当然，我们对正弦函数和余弦函数都是很熟悉的，它们的周期都是 2π。如果相对于 x 画图，则 $\sin kx$ 和 $\cos kx$ 的周期为 $2\pi/k$。通常，仔细观察一个给定的问题，能够使我们判定正弦函数或余弦函数哪个是合适的选择。例如，当 $x=0$ 时解为 0，则必须选择 $\sin kx$；另一方面，如果这个解期望关于 $x=0$ 对称，则 $\cos kx$ 就是正确解。一般情况下，两项都需要满足。有时可以把 $A_1\sin kx+B_1\cos kx$ 写作 $A_s\sin(kx+\psi_s)$或 $A_c\cos(kx+\psi_c)$①。

对于 $k_x=jk$，其解转换为双曲函数

$$\sin jkx=-j\sinh kx$$

和

$$\cos jkx=\cosh kx$$

双曲函数是指数函数和实指数的合成，且是非周期的，图 4-14 中绘出双曲函数为便于参考。$\sinh kx$ 的重要性质是：$\sinh kx$ 是关于 x 的奇函数，且其值随着 x 趋向$\pm\infty$也趋于$\pm\infty$。函数 $\cosh kx$ 是关于 x 的偶函数，在 $x=0$ 时其值等于 1，且随着 x 趋向$+\infty$或$-\infty$，其值趋于$+\infty$。

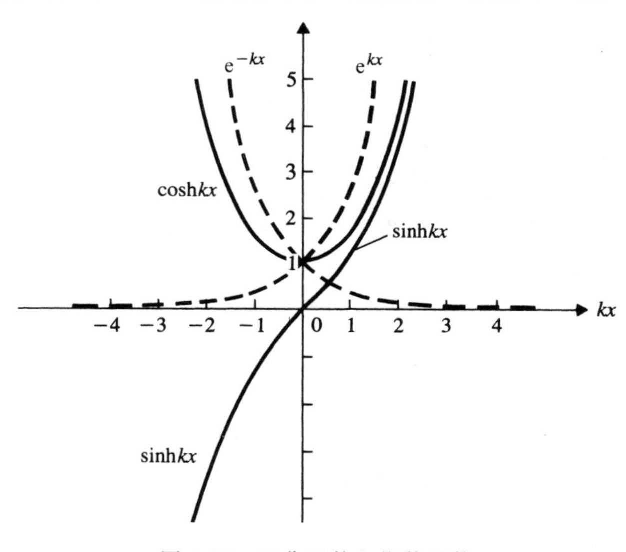

图 4-14　双曲函数和指数函数

① $A_s\sin(kx+\psi_s)=(A_s\cos\psi_s)\sin kx+(A_s\sin\psi_s)\cos kx$；$A_1=A_s\cos\psi_s$，$B_1=A_s\sin\psi_s$；$A_s=(A_1^2+B_1^2)^{1/2}$，$\psi_s=\arctan(B_1/A_1)$。$A_c\cos(kx+\psi_c)=(-A_c\sin\psi_c)\sin kx+(A_c\cos\psi_c)\cos kx$；$A_1=-A_c\sin\psi_c$，$B_1=A_c\cos\psi_c$；$A_c=(A_1^2+B_1^2)^{1/2}$，$\psi_c=\arctan(-A_1/B_1)$。

已知的边界条件将决定恰当的解的形式及常数 A 和 B 或 C 和 D 的选取。对于 $Y(y)$ 和 $Z(z)$,式(4-87)和式(4-88)的解完全类似。

例 4-6 两块接地的半无限大平行电极板相距 b。与这两块电极板垂直且绝缘的第三块电极板保持恒定电位 V_0(见图 4-15)。求由电极板围成区域内的电位分布。

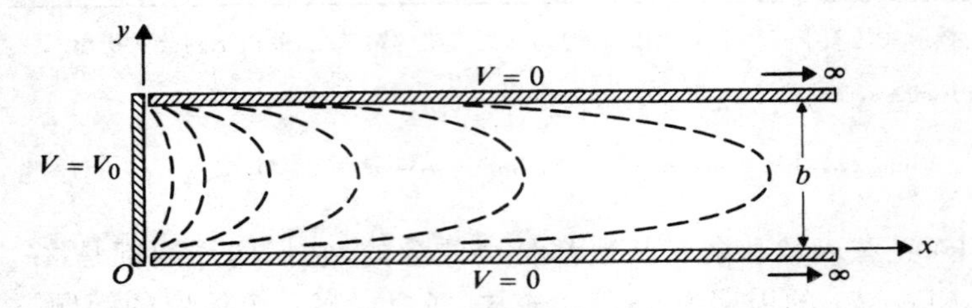

图 4-15 例 4-6 的截面图。电极板平面在 z 方向为无限大

解:参考图 4-15 中的坐标,电位函数的边界条件如下:

V 与 z 无关

$$V(x,y,z)=V(x,y) \tag{4-90a}$$

在 x 方向上

$$V(0,y)=V_0 \tag{4-90b}$$

$$V(\infty,y)=0 \tag{4-90c}$$

在 y 方向上

$$V(x,0)=0 \tag{4-90d}$$

$$V(x,b)=0 \tag{4-90e}$$

条件式(4-90a)表明 $k_z=0$,由表 4-1 得

$$Z(z)=B_0 \tag{4-91}$$

因为 Z 与 z 无关,所以常数 A_0 为 0。由式(4-89)得

$$k_y^2=-k_x^2=k^2 \tag{4-92}$$

其中 k 是实数。k 的选择意味着 k_x 是虚数,k_y 是实数。$k_x=\mathrm{j}k$ 和式(4-90c)的条件,要求对 $X(x)$ 选择指数衰减形式,即

$$X(x)=D_2\mathrm{e}^{-kx} \tag{4-93}$$

在 y 方向,$k_y=y$。条件(4-90d)要求表 4-1 中 $Y(y)$ 的合适形式为

$$Y(y)=A_1\sin ky \tag{4-94}$$

将式(4-91)、式(4-93)和式(4-94)所给的解合并到式(4-82)中,得以下形式的合适解

$$\begin{aligned}V_n(x,y)&=(B_0D_2A_1)\mathrm{e}^{-kx}\sin ky\\&=C_n\mathrm{e}^{-kx}\sin ky\end{aligned} \tag{4-95}$$

其中乘积 B_0D_2A 写作任意常数 C_n。

现在,在式(4-90a)~式(4-90e)所列的五个边界条件中,已经使用了条件式(4-90a)、式(4-90c)和式(4-90d)。为了满足条件式(4-90e),要求

$$V_n(x,b)=C_n\mathrm{e}^{-kx}\sin kb=0 \tag{4-96}$$

对于所有的 x 值，要满足上式，只有当

$$\sin kb = 0$$

或

$$kb = n\pi$$

或

$$k = \frac{n\pi}{b} \quad n = 1,2,3,\cdots \tag{4-97}$$

因此，式(4-95)变为

$$V_n(x,y) = C_n \mathrm{e}^{-n\pi x/b} \sin \frac{n\pi}{b} y \tag{4-98}$$

问题：为什么式(4-97)中的 n 值不包括 0 和负的整数呢？

通过直接代入，可以验证式(4-98)中的 $V_n(x,y)$ 满足式(4-81)的拉普拉斯方程。然而，当 $x=0$，y 的取值为 $0\sim b$ 时，单个 $V_n(x,y)$ 不能满足余下的边界条件式(4-90b)。因为拉普拉斯方程是一个线性偏微分方程，对于不同的 n，式(4-98)中的 $V_n(x,y)$ 的和(叠加)也是一个解。在 $x=0$ 时，写为

$$V(0,y) = \sum_{n=1}^{\infty} V_n(0,y) = \sum_{n=1}^{\infty} C_n \sin \frac{n\pi}{b} y = V_0, \quad 0 < y < b \tag{4-99}$$

式(4-99)实际上是 $x=0$ 时周期矩形波的傅里叶级数展开式，如图 4-16 所示，在区间 $0<y<b$ 的值为常数 V_0。

为了计算系数 C_n，在式(4-99)两边都乘以 $\sin \frac{m\pi}{b} y$，并对这些乘积从 $y=0$ 到 $y=b$ 取积分

$$\sum_{n=1}^{\infty} \int_0^b C_n \sin \frac{n\pi}{b} y \sin \frac{m\pi}{b} y \, \mathrm{d}y = \int_0^b V_0 \sin \frac{m\pi}{b} y \, \mathrm{d}y \tag{4-100}$$

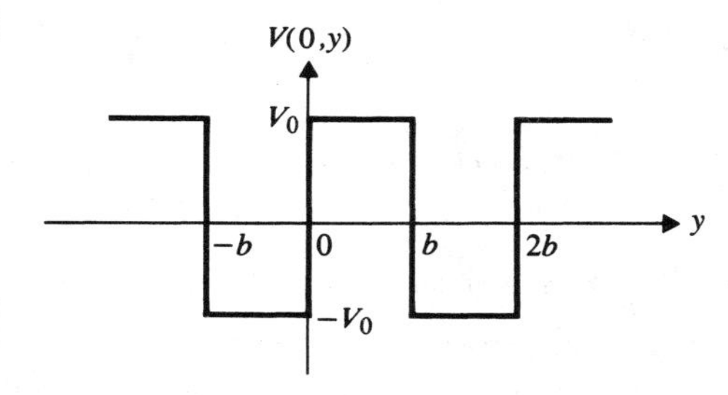

图 4-16　在 $x=0$ 处边界条件的傅里叶级数展开式

式(4-100)右边的积分很容易计算

$$\int_0^b V_0 \sin \frac{m\pi}{b} y \, \mathrm{d}y = \begin{cases} \dfrac{2bV_0}{m\pi}, & \text{如果 } m \text{ 为奇数} \\ 0, & \text{如果 } m \text{ 为偶数} \end{cases} \tag{4-101}$$

式(4-100)左边的每个积分为

$$\begin{aligned} \int_0^b C_n \sin \frac{n\pi}{b} y \sin \frac{m\pi}{b} y \, \mathrm{d}y &= \frac{C_n}{2} \int_0^b \left[\cos \frac{(n-m)\pi}{b} y - \cos \frac{(n+m)\pi}{b} y \right] \mathrm{d}y \\ &= \begin{cases} \dfrac{C_n}{2} b, & \text{如果 } m = n \\ 0, & \text{如果 } m \neq n \end{cases} \end{aligned} \tag{4-102}$$

将式(4-101)和式(4-102)代入式(4-100)得

$$C_n = \begin{cases} \dfrac{4V_0}{n\pi}, & \text{如果 } n \text{ 为奇数} \\ 0, & \text{如果 } n \text{ 为偶数} \end{cases} \tag{4-103}$$

那么，所求的电位分布就是式(4-98)中的 $V_n(x,y)$ 的叠加，即

$$V(x,y)=\sum_{n=1}^{\infty}C_n e^{-n\pi x/b}\sin\frac{n\pi}{b}y=\frac{4V_0}{\pi}\sum_{n=\text{奇数}}^{\infty}\frac{1}{n}e^{-n\pi x/b}\sin\frac{n\pi}{b}y \tag{4-104}$$

式中，$n=1,3,5,\cdots,x>0$ 且 $0<y<b$。

式(4-104)是一个非常复杂的表达式，很难画成二维的图形；但是由于在该级数中正弦项的幅值随着 n 的增加迅速下降，所以只需前面几项就可得到很好的近似值。图4-15中画出了几条等电位线。

例 4-7　考虑三个面为接地导体平面所围的区域，如图4-17，左边最后一块板与接地面绝缘，且其电位为 V_0。假设所有面在 z 方向就面积而言为无限大。求此区域内的电位分布。

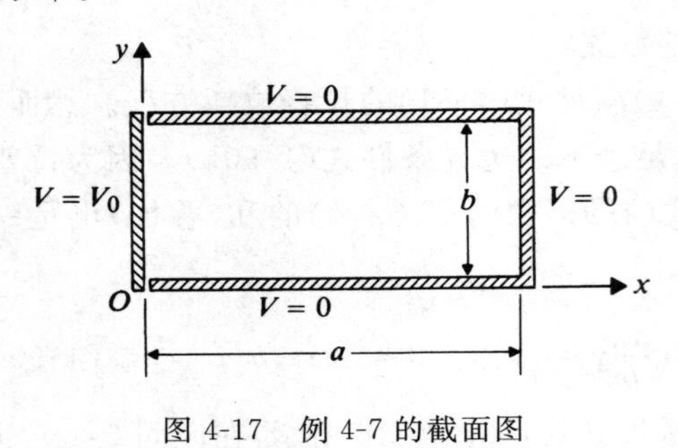

图4-17　例4-7的截面图

解：电位函数 $V(x,y,z)$ 的边界条件如下：

V 与 z 无关

$$V(x,y,z)=V(x,y) \tag{4-105a}$$

在 x 方向上

$$V(0,y)=V_0 \tag{4-105b}$$

$$V(a,y)=0 \tag{4-105c}$$

在 y 方向上

$$V(x,0)=0 \tag{4-105d}$$

$$V(x,b)=0 \tag{4-105e}$$

条件式(4-105a)表明 $k_z=0$，据表4-1，有

$$Z(z)=B_0 \tag{4-106}$$

因此，式(4-89)简化为

$$k_y^2=-k_x^2=k^2 \tag{4-107}$$

上式与例4-6中的式(4-92)一样。

式(4-105d)和式(4-195e)在 y 方向的边界条件，与式(4-90d)和式(4-90e)所给定的边界条件一样。对于 x 在0和 a 之间所有的值，为使 $V(x,0)=0$，$Y(0)$ 必须为零，得

$$Y(y)=A_1\sin ky \tag{4-108}$$

如同式(4-94)。然而，式(4-93)给定的 $X(x)$ 显然不是这里的解，因为其不满足边界条件式(4-105c)。这种情况下，采用表4-1中 $k_x=\mathrm{j}k$ 时，第三列所给的一般形式是很方便的(最后一列给定的指数解形式也可以采用，但不是那么方便，因为找 $x=a$ 处两个指数项之和为零的条件，不像使双曲正弦项为零那么容易)，可得

$$X(x)=A_2\sinh kx+B_2\cosh kx \tag{4-109}$$

由于式(4-105c)中的边界条件，就要求 $X(a)=0$，任意常数 A_2 和 B_2 之间存在联系；即

$$0=A_2\sinh ka+B_2\cosh ka$$

或

$$B_2=-A_2\frac{\sinh ka}{\cosh ka}$$

由式(4-109)得

$$
\begin{aligned}
X(x) &= A_2\left[\sinh kx - \frac{\sinh ka}{\cosh ka}\cosh kx\right] \\
&= \frac{A_2}{\cosh ka}[\cosh ka\sinh kx - \sinh ka\cosh kx] \\
&= A_3\sinh k(x-a) \qquad (4\text{-}110)
\end{aligned}
$$

其中 $A_3 = A_2/\cosh ka$。显然，式(4-110)满足条件 $X(a)=0$。凭经验应该能直接写出式(4-110)所给的解，并不需要多余的步骤来推导，因为在 $x=a$ 处，只需要改变双曲正弦函数就可以使其为零。

由式(4-106)、式(4-108)和式(4-110)，得合适的乘积解

$$
\begin{aligned}
V_n(x,y) &= B_0A_1A_3\sinh k(x-a)\sin ky \\
&= C'_n\sinh\frac{n\pi}{b}(x-a)\sin\frac{n\pi}{b}y, \quad n=1,2,3,\cdots \qquad (4\text{-}111)
\end{aligned}
$$

其中 $C'=B_0A_1A_3$，为了满足边界条件式(4-105e)，令 $k=n\pi/b$。

现在已经利用了除式(4-105b)以外的所有边界条件，在 $y=0$ 到 $y=b$ 区间，$V(0,y)=V_0$ 的傅里叶级数展开式上可能满足其余边界条件，得

$$
V_0 = \sum_{n=1}^{\infty}V_n(0,y) = -\sum_{n=1}^{\infty}C'_n\sinh\frac{n\pi}{b}a\sin\frac{n\pi}{b}y \quad 0<y<b \qquad (4\text{-}112)
$$

注意：除了用 $-C''\sinh(n\pi a/b)$ 代替 C_n 以外，式(4-112)与式(4-99)具有相同的形式。系数 C'_n 的值可以由式(4-103)写出

$$
C'_n = \begin{cases} -\dfrac{4V_0}{n\pi\sinh(n\pi a/b)}, & \text{若 } n \text{ 是奇数} \\ 0, & \text{若 } n \text{ 是偶数} \end{cases} \qquad (4\text{-}113)
$$

图 4-17 中所围区域内期望的电位分布就是式(4-111)中 $V_n(x,y)$ 的和

$$
\begin{aligned}
V(x,y) &= \sum_{n=1}^{\infty}C'_n\sinh\frac{n\pi}{b}(x-a)\sin\frac{n\pi}{b}y \\
&= \frac{4V_0}{\pi}\sum_{n=\text{奇数}}^{\infty}\frac{\sinh[n\pi(a-x)/b]}{n\sinh(n\pi a/b)}\sin\frac{n\pi}{b}y \qquad (4\text{-}114)
\end{aligned}
$$

式中，$n=1,3,5,\cdots$，$0<x<a$ 和 $0<y<b$。

该区域内电场分布由下面关系式求得

$$
\boldsymbol{E}(x,y) = -\nabla V(x,y)
$$

4.6　圆柱坐标中的边值问题

对于具有圆柱边界的问题，在圆柱坐标系中写出求解方程。由式(4-8)，圆柱坐标的标量电位 V 的拉普拉斯方程为

$$
\frac{1}{r}\frac{\partial}{\partial r}\left(r\frac{\partial V}{\partial r}\right)+\frac{1}{r^2}\frac{\partial^2 V}{\partial\phi^2}+\frac{\partial^2 V}{\partial z^2}=0 \qquad (4\text{-}115)
$$

求式(4-115)的通解要求知道**贝塞尔函数**，这将在第 10 章中介绍。当圆柱几何体的纵向维度比其半径大时，相关场量可认为与 z 近似无关，这时 $\partial^2V/\partial z^2=0$ 且式(4-115)变为二维的求解方程

$$
\frac{1}{r}\frac{\partial}{\partial r}\left(r\frac{\partial V}{\partial r}\right)+\frac{1}{r^2}\frac{\partial^2 V}{\partial\phi^2}=0 \qquad (4\text{-}116)
$$

应用分离变量法,假设乘积解

$$V(r,\phi)=R(r)\Phi(\phi) \tag{4-117}$$

其中$R(r)$和$\Phi(\phi)$分别只是r和ϕ的函数。将式(4-117)的解代入式(4-116)并除以$R(r)\Phi(\phi)$,得

$$\frac{r}{R(r)}\frac{\mathrm{d}}{\mathrm{d}r}\left[r\frac{\mathrm{d}R(r)}{\mathrm{d}r}\right]+\frac{1}{\Phi(\phi)}\frac{\mathrm{d}^2\Phi(\phi)}{\mathrm{d}\phi^2}=0 \tag{4-118}$$

在式(4-118)中,左边的第一项只是r的函数,第二项只是ϕ的函数(注意常微分代替了偏微分)。为了使式(4-118)对于所有r和ϕ值都成立,每一项必须是常数,且是另一项的相反数,得

$$\frac{r}{R(r)}\frac{\mathrm{d}}{\mathrm{d}r}\left[r\frac{\mathrm{d}R(r)}{\mathrm{d}r}\right]=k^2 \tag{4-119}$$

和

$$\frac{1}{\Phi(\phi)}\frac{\mathrm{d}^2\Phi(\phi)}{\mathrm{d}\phi^2}=-k^2 \tag{4-120}$$

其中k是分离常数。

式(4-120)可以重写为

$$\frac{\mathrm{d}^2\Phi(\phi)}{\mathrm{d}\phi^2}+k^2\Phi(\phi)=0 \tag{4-121}$$

该式具有与式(4-86)一样的形式,且其解可以是表4-1中列出的任意一个。对于圆柱形结构,电位函数以及因此得的$\Phi(\phi)$都以ϕ为周期,因此双曲线函数不适用。实际上,ϕ的范围不受限制,k必须是整数。设k等于n,则合适的解为

$$\Phi(\phi)=A_\phi\sin n\phi+B_\phi\cos n\phi \tag{4-122}$$

其中A_ϕ和B_ϕ是任意常数。

现在再看式(4-119),它可重新整理为

$$r^2\frac{\mathrm{d}^2R(r)}{\mathrm{d}r^2}+r\frac{\mathrm{d}R(r)}{\mathrm{d}r}-n^2R(r)=0 \tag{4-123}$$

其中整数n替代k,暗示ϕ的范围是2π。式(4-123)的解为

$$R(r)=A_r r^n+B_r r^{-n} \tag{4-124}$$

该式可通过直接代入来验证。将式(4-122)和式(4-124)的解求乘积,可以得到不限制ϕ的范围的圆柱区域中与z轴无关的拉普拉斯方程式(4-116)的通解

$$V_n(r,\phi)=r^n(A_n\sin n\phi+B_n\cos n\phi)+r^{-n}(A'_n\sin n\phi+B'_n\cos n\phi),\quad n\neq 0 \tag{4-125}$$

依照边界条件,问题的完整的解可以是式(4-125)中的各项求和。需要注意的是,当感兴趣的区域包括圆柱轴,即$r=0$时,含有r^{-n}因子的项不能出现。另一方面,如果感兴趣的区域包括无穷大的点,含有r^n因子的项不能出现,因为当$r\to\infty$时,电位必须为零。

当$k=0$时,式(4-121)有最简的形式

$$\frac{\mathrm{d}^2\Phi(\phi)}{\mathrm{d}\phi^2}=0 \tag{4-126}$$

式(4-126)的通解是$\Phi(\phi)=A_0\phi+B_0$。如果圆周没有变化,则$A_0=0$①,得

---

① 如果圆周有变化,比如楔形问题,则$A_0\phi$应该保留(见习题P.4-23)。

$$\Phi(\phi)=B_0,\quad k=0 \tag{4-127}$$

当 $k=0$ 时，$R(r)$的方程也可以简化。从式(4-119)中可以得到

$$\frac{\mathrm{d}}{\mathrm{d}r}\left[r\frac{\mathrm{d}R(r)}{\mathrm{d}r}\right]=0 \tag{4-128}$$

解得

$$R(r)=C_0\ln r+D_0,\quad k=0 \tag{4-129}$$

式(4-127)与式(4-129)的乘积得到的是一个与 z 或ϕ无关的解

$$V(r)=C_1\ln r+C_2 \tag{4-130}$$

其中任意常数 C_1 和 C_2 由边界条件确定。

现在将用两个例子来说明上述过程。第一个例子(例 4-8)涉及圆对称的情况，第二个例子(例 4-9)求解圆周变化的问题。

例 4-8　考虑一根很长的同轴电缆。内部导体的半径为 a，具有电位 V_0。外部导体内半径为 b，且接地。求两导体之间的空间电位分布。

解：图 4-18 给出了同轴电缆的截面。假设电位与 z 无关，由对称性知，与ϕ也无关($k=0$)。因此，电位只是关于 r 的函数并且由式(4-130)给出。

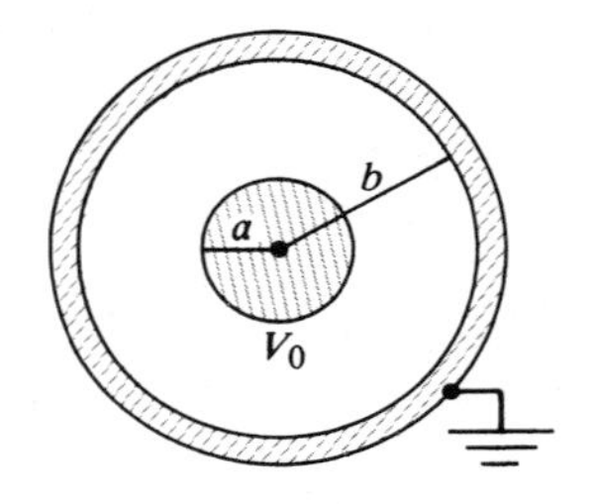

图 4-18　同轴电缆的截面

边界条件为

$$V(b)=0 \tag{4-131a}$$

$$V(a)=V_0 \tag{4-131b}$$

把式(4-131a)和式(4-131b)代入式(4-130)得到两个关系式

$$C_1\ln b+C_2=0 \tag{4-132a}$$

$$C_1\ln a+C_2=V_0 \tag{4-132b}$$

由式(4-132a)和式(4-132b) 很容易确定 C_1 和 C_2

$$C_1=-\frac{V_0}{\ln(b/a)},\quad C_2=\frac{V_0\ln b}{\ln(b/a)}$$

因此，在 $a\leqslant r\leqslant b$ 空间的电位分布是

$$V(r)=\frac{V_0}{\ln(b/a)}\ln\left(\frac{b}{r}\right) \tag{4-133}$$

显然，同轴圆柱面是等电位面。

例 4-9　将一根无限长的薄导电圆管(半径为 b)切开成两半。上半部分的电位为 $V=V_0$，下半部分的电位 $V=-V_0$。求圆管内外的电位分布。

解：切开的圆柱管的截面如图 4-19 所示。既然假设圆柱管无限长，则电位和 z 无关，此时，二维拉普拉斯方程式(4-116)适用。边界条件为

$$V(b,\phi)=\begin{cases}V_0 & 0<\phi<\pi\\ -V_0 & \pi<\phi<2\pi\end{cases} \tag{4-134}$$

这些条件如图 4-20 所示。显然，$V(r,\phi)$是关于ϕ的奇函数。我们需要分别确定管内和管外的 $V(r,\phi)$。

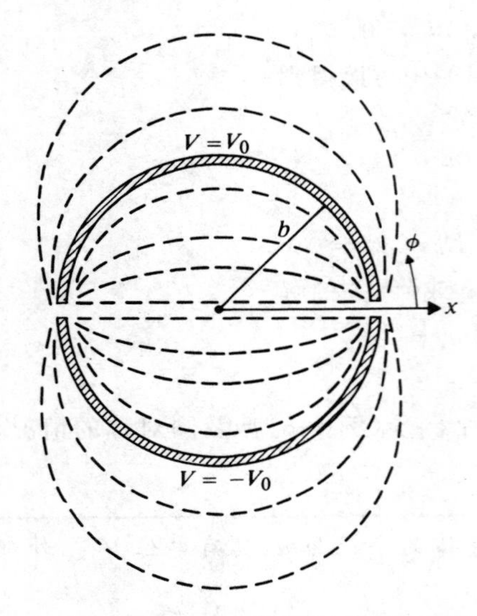

图 4-19　切开的圆柱管的截面和等电位线

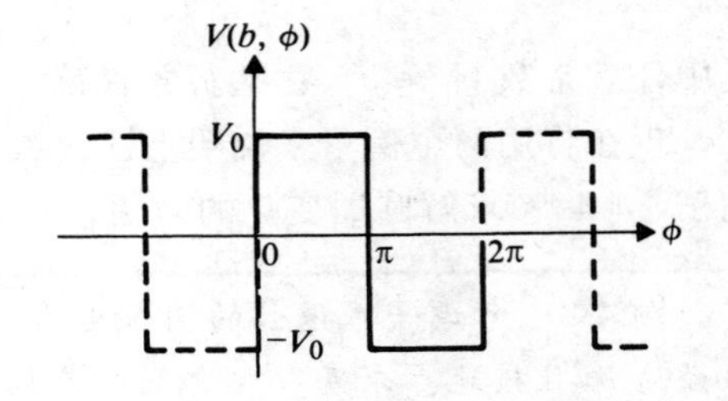

图 4-20　例 4-9 的边界条件

(1) 管内

$$r<b$$

因为该区域包含 $r=0$，所以含有 r^{-n} 因子的项不能出现。而且，因为 $V(r,\phi)$ 是关于 ϕ 的奇函数，由式(4-125)可得合适解的形式为

$$V_n(r,\phi)=A_n r^n \sin n\phi \tag{4-135}$$

然而，单独这项不满足式(4-134)给定的边界条件。构造一个级数解

$$V(r,\phi)=\sum_{n=1}^{\infty}V_n(r,\phi)=\sum_{n=1}^{\infty}A_n r^n \sin n\phi \tag{4-136}$$

并要求当 $r=b$ 时，上述级数解满足式(4-134)。这相当于将图 4-20 所示的矩形波(周期$=2\pi$)展开为傅里叶正弦级数

$$\sum_{n=1}^{\infty}A_n b^n \sin n\phi=\begin{cases}V_0 & 0<\phi<\pi\\ -V_0 & \pi<\phi<2\pi\end{cases} \tag{4-137}$$

系数 A_n 可以用例 4-6 中的方法来求得。事实上，因为已经有式(4-103)的结果，可以直接写出

$$A_n=\begin{cases}\dfrac{4V_0}{n\pi b^n}, & \text{若 } n \text{ 是奇数}\\ 0, & \text{若 } n \text{ 是偶数}\end{cases} \tag{4-138}$$

将式(4-138)代入式(4-136)可得管内的电位分布

$$V(r,\phi)=\frac{4V_0}{\pi}\sum_{n=\text{奇数}}^{\infty}\frac{1}{n}\left(\frac{r}{b}\right)^n \sin n\phi,\quad r<b \tag{4-139}$$

(2) 管外

$$r>b$$

在该区域，当 $r\to\infty$ 时，电位一定减小到零。含有 r^n 因子的项不能出现，由式(4-125)得解的合适形式为

$$V(r,\phi)=\sum_{n=1}^{\infty}V_n(r,\phi)=\sum_{n=1}^{\infty}B_n' r^{-n}\sin n\phi \tag{4-140}$$

当 $r=b$ 时

$$V(b,\phi)=\sum_{n=1}^{\infty}B_n' b^{-n}\sin n\phi=\begin{cases}V_0, & 0<\phi<\pi\\ -V_0, & \pi<\phi<2\pi\end{cases} \tag{4-141}$$

式(4-141)中的系数 B_n' 类似于式(4-137)中的系数 A_n。由式(4-138)可得

$$B_n'=\begin{cases}\dfrac{4V_0 b^n}{n\pi}, & 若\ n\ 是奇数\\ 0, & 若\ n\ 是偶数\end{cases} \tag{4-142}$$

因此,由式(4-140)得管外的电位分布为

$$V(r,\phi)=\frac{4V_0}{\pi}\sum_{n=奇数}^{\infty}\frac{1}{n}\left(\frac{b}{r}\right)^n\sin n\phi, \quad r>b \tag{4-143}$$

管内和管外的几根等电位线如图 4-19 所示。

4.7 球坐标中的边值问题

求球坐标系中拉普拉斯方程通解的过程非常复杂,所以我们只讨论电位与方位角 ϕ 无关的情况。即使有了这个限制,也需要引入一些新的函数。由式(4-9)得

$$\frac{1}{R^2}\frac{\partial}{\partial R}\left(R^2\frac{\partial V}{\partial R}\right)+\frac{1}{R^2\sin\theta}\frac{\partial}{\partial\theta}\left(\sin\theta\frac{\partial V}{\partial\theta}\right)=0 \tag{4-144}$$

应用分离变量法,假设有一个乘积解

$$V(R,\theta)=\Gamma(R)\Theta(\theta) \tag{4-145}$$

将这个解代入式(4-144),整理得

$$\frac{1}{\Gamma(R)}\frac{\mathrm{d}}{\mathrm{d}R}\left[R^2\frac{\mathrm{d}\Gamma(R)}{\mathrm{d}R}\right]+\frac{1}{\Theta(\theta)\sin\theta}\frac{\mathrm{d}}{\mathrm{d}\theta}\left[\sin\theta\frac{\mathrm{d}\Theta(\theta)}{\mathrm{d}\theta}\right]=0 \tag{4-146}$$

在式(4-146)中,左边第一项只是关于 R 的函数,第二项式只是关于 θ 的函数。如果对于 R 和 θ 的所有值方程都成立,则每项必须是常数且与另一项互为相反数。令

$$\frac{1}{\Gamma(R)}\frac{\mathrm{d}}{\mathrm{d}R}\left[R^2\frac{\mathrm{d}\Gamma(R)}{\mathrm{d}R}\right]=k^2 \tag{4-147}$$

且

$$\frac{1}{\Theta(\theta)\sin\theta}\frac{\mathrm{d}}{\mathrm{d}\theta}\left[\sin\theta\frac{\mathrm{d}\Theta(\theta)}{\mathrm{d}\theta}\right]=-k^2 \tag{4-148}$$

其中 k 是分离常数。现在得求解式(4-147)和式(4-148)这两个二阶常微分方程。

式(4-147)可改写为

$$R^2\frac{\mathrm{d}^2\Gamma(R)}{\mathrm{d}R^2}+2R\frac{\mathrm{d}\Gamma(R)}{\mathrm{d}R}-k^2\Gamma(R)=0 \tag{4-149}$$

其解的形式为

$$\Gamma_n(R)=A_nR^n+B_nR^{-(n+1)} \tag{4-150}$$

在式(4-150)中,A_n 和 B_n 是任意常数,用代入法可验证以下 n 和 k 的关系

$$n(n+1)=k^2 \tag{4-151}$$

其中 $n=0,1,2,\cdots$为正整数。

用式(4-151)所给 k^2 的值代入式(4-148)可得

$$\frac{\mathrm{d}}{\mathrm{d}\theta}\left[\sin\theta\frac{\mathrm{d}\Theta(\theta)}{\mathrm{d}\theta}\right]+n(n+1)\Theta(\theta)\sin\theta=0 \tag{4-152}$$

其是**勒让德方程**的形式。对涉及 θ 从 $0\sim\pi$ 的整个范围问题,勒让德方程式(4-152)的解称为**勒让德函数**,通常用 $P(\cos\theta)$表示。既然整数值 n 的勒让德函数为 $\cos\theta$ 的多项式,所以又称它们为**勒让德多项式**。令

$$\Theta_n(\theta)=P_n(\cos\theta) \tag{4-153}$$

表 4-2 列出了在 n 取几个值时,勒让德多项式[①]的表达式。

表 4-2 几个勒让德多项式

N	$P_n(\cos\theta)$	N	$P_n(\cos\theta)$
0	1	2	$\frac{1}{2}(3\cos^2\theta-1)$
1	$\cos\theta$	3	$\frac{1}{2}(5\cos^3\theta-3\cos\theta)$

将式(4-150)和式(4-153)代入式(4-145),对方位角不变的球的边值问题,得

$$V_n(R,\theta)=[A_nR^n+B_nR^{-(n+1)}]P_n(\cos\theta) \tag{4-154}$$

完整的解取决于所给问题的边界条件,该解也许是式(4-154)各项的和。

下面的例子说明勒让德多项式在求解简单边值问题中的应用。

例 4-10 一个半径为 b 的不带电导体球置于原先均匀的电场 $\boldsymbol{E}_0=\boldsymbol{a}_zE_0$ 中。求:(1)电位分布 $V(R,\theta)$;(2)引入导体球后的电场强度 $\boldsymbol{E}(R,\theta)$。

解:导体球放进电场后,将出现电荷的分离和重新分布,使得球面保持等电位。球内的电场强度为零。球外的电场线与球面法向相交,而远离导体球的点的电场强度将不会受到明显的影响。该问题的几何模型如图 4-21 所示。显然,电位与方位角ϕ无关,本节所得的解是适用的。

(1) 为了求 $R\geqslant b$ 时的电位分布 $V(R,\theta)$,注意如下边界条件:

$$V(b,\theta)=0^{②} \tag{4-155a}$$

$$V(R,\theta)=-E_0z=-E_0R\cos\theta \quad 对于 R\gg b \tag{4-155b}$$

式(4-155b)表明,在离球很远的点,原先的 $\boldsymbol{E}_0$ 未受到影响。利用式(4-154)将通解写成

$$V(R,\theta)=\sum_{n=0}^{\infty}[A_nR^n+B_nR^{-(n+1)}]P_n(\cos\theta),\quad R\geqslant b \tag{4-156}$$

然而,根据式(4-155b),除了 $A_1=-E_0$ 外,其余所有 A_n 都为 0。由式(4-156)和表 4-2 得

---

① 实际上,勒让德多项式是勒让德函数的第一类多项式。勒让德方程还有另外一种解,称为第二类勒让德函数;但是在 $\theta=0$ 和 π 时,是发散的;如果在有效区域中极轴存在,则这两种情况必须排除掉。

② 在这个问题中,为了方便起见假设在 $\theta=\pi/2$ 时 $V=0$;由于导体球的表面是等电位的,所以得 $V(b,\theta)=0$。(当 $V(b,\theta)=V_0$ 时见习题 P.4-28)

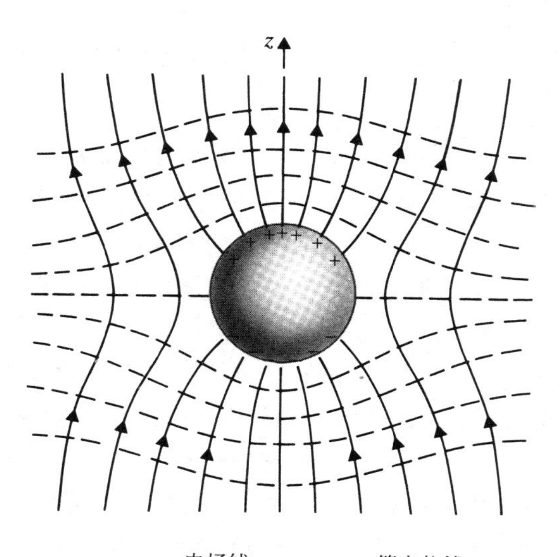

图 4-21　均匀电场中的导体球

$$V(R,\theta)=-E_0RP_1(\cos\theta)+\sum_{n=0}^{\infty}B_nR^{-(n+1)}P_n(\cos\theta)$$

$$=B_0R^{-1}+(B_1R^{-2}-E_0R)\cos\theta+\sum_{n=2}^{\infty}B_nR^{-(n+1)}P_n(\cos\theta)\quad R\geqslant b \tag{4-157}$$

事实上，式(4-157)右边的第一项等于导体球的电位。由于球是不带电的，所以 $B_0=0$，且式(4-157)变成

$$V(R,\theta)=\left(\frac{B_1}{R^2}-E_0R\right)\cos\theta+\sum_{n=2}^{\infty}B_nR^{-(n+1)}P_n(\cos\theta)\quad R\geqslant b \tag{4-158}$$

当 $R=b$ 时，现在应用式 (4-155a) 的边界条件，得

$$0=\left(\frac{B_1}{b^2}-E_0b\right)\cos\theta+\sum_{n=2}^{\infty}B_nR^{-(n+1)}P_n(\cos\theta)$$

由此得

$$B_1=E_0b^3$$

且

$$B_n=0,\quad n\geqslant 2$$

最后，由式(4-158)得

$$V(R,\theta)=-E_0\left[1-\left(\frac{b}{R}\right)^3\right]R\cos\theta,\quad R\geqslant b \tag{4-159}$$

(2) $R\geqslant b$ 时的电场强度 $\boldsymbol{E}(R,\theta)$ 可以很容易由 $-\nabla V(R,\theta)$ 求得

$$\boldsymbol{E}(R,\theta)=\boldsymbol{a}_RE_R+\boldsymbol{a}_\theta E_\theta \tag{4-160a}$$

其中

$$E_R=-\frac{\partial V}{\partial R}=E_0\left[1+2\left(\frac{b}{R}\right)^3\right]\cos\theta,\quad R\geqslant b \tag{4-160b}$$

且

$$E_\theta = -\frac{\partial V}{R\partial\theta} = -E_0\left[1-\left(\frac{b}{R}\right)^3\right]\sin\theta, \quad R \geqslant b \tag{4-160c}$$

导体球的面电荷密度可求,得

$$\rho_s(\theta) = \varepsilon_0 E_R\,|_{R=b} = 3\varepsilon_0 E_0 \cos\theta \tag{4-161}$$

该式与 $\cos\theta$ 成正比,且当 $\theta=\pi/2$ 时为零。一些等电位线和电场线如图4-21所示。

有趣的是,由式(4-159)知电位是两项之和:由所处的均匀电场产生的电位 $-E_0 R\cos\theta$ 和由位于球心的电偶极子产生的电位 $(E_0 b^3\cos\theta)/R^2$,其电偶极矩为

$$\boldsymbol{p} = \boldsymbol{a}_z 4\pi\varepsilon_0 b^3 E_0 \tag{4-162}$$

等效偶极子的作用可以参考式(3-53)来验证。在式(4-160b)和式(4-160c)中,由电位导出的电场强度表达式,显然也表示所处的均匀电场和等效偶极子的电场的结合,如式(3-54)。

本章通过镜像法和直接求解拉普拉斯方程,论述了静电问题的解析法。镜像法适用于电荷处于简单几何形状导体附近的情况:点电荷靠近导体球或无限大的导体面;线电荷靠近平行导体圆柱或者平行导体面。由分离变量法求解拉普拉斯方程要求边界和坐标面一致。这些要求限制了这两种方法的有用性。在实际问题中,常常面临更复杂的边界,不能简单用解析法。此时,必须采取近似图解法或数值法。这些方法超出了本书的范围。[①]

复习题

R.4-1　用矢量符号写出下列媒质的泊松方程:

(1) 简单媒质;

(2) 线性、各向同性,但非均匀媒质。

R.4-2　在直角坐标系中重做题R.4-1中的两个小题。

R.4-3　写出简单媒质的拉普拉斯方程:

(1) 用矢量表示法;

(2) 用直角坐标。

R.4-4　如果 $\nabla^2 U=0$,为什么并不因此而说明 U 恒等于零?

R.4-5　在平行板电容器上加一恒定电压:

(1) 两板间的电场强度与介质的介电常数有关吗?

(2) 电通密度与介质的介电常数有关吗?

解释之。

R.4-6　假设固定电荷 $+Q$ 和 $-Q$ 放置于孤立的平行板电容器中:

(1) 两板间的电场强度与介质的介电常数有关吗?

(2) 电通密度与介质的介电常数有关吗?

解释之。

R.4-7　为什么静电电位在边界是连续的?

---

① 例如,见B. D. Popovic, *Introductory Engineering Electromagnetics*, Chapter 5, Addison-Wesley Publishing Co., Reading, Mass., 1971.

R. 4-8　阐述静电场的唯一性定理。

R. 4-9　球形电子云关于无限大的导体平面的镜像是怎样的？

R. 4-10　为什么无穷远点对于无限长线电荷不能视为零电位参考点，而对于点电荷可以视作零电位参考点？该区别的物理原因是什么？

R. 4-11　线电荷密度为 ρ_l 的无限长线电荷关于平行导体圆柱的镜像是什么？

R. 4-12　图 4-6 中的双线传输线的零电位面在哪里？

R. 4-13　在求被点电荷感应的接地球体的表面电荷时，可以设式(4-67)中的 $R=a$，然后用 $-\varepsilon_0 \partial V(a,\theta)/\partial R$ 求 ρ_s？解释之。

R. 4-14　什么是分离变量法？在什么条件下可以用来求解拉普拉斯方程？

R. 4-15　什么是边界值问题？

R. 4-16　三个分离常数(k_x, k_y, k_z)在直角坐标系中都是实数吗？都是虚数吗？解释之。

R. 4-17　分离常数 k 在求解二维拉普拉斯方程时是虚数吗？解释之。

R. 4-18　如果同轴电缆的内导体接地而外导体保持电位 V_0，应该对例题 4-8 中式(4-133) 的解做何修改？

R. 4-19　如果导体圆柱被垂直分成两半，一半在 $-\pi/2<\phi<\pi/2$ 中 $V=V_0$，一半在 $\pi/2<\phi<3\pi/2$ 中 $V=-V_0$，应该对例题 4-9 中式(4-139) 的解做何修改？

R. 4-20　函数 $V_1(R,\theta)=C_1R\cos\theta$ 和 $V_2(R,\theta)=C_2R^{-2}\cos\theta$ 是球坐标中拉普拉斯方程的解吗？其中 C_1 和 C_2 为任意常数。解释之。

习题

P. 4-1　无限大平行板电容器上下导体板相距为 d，电位分别为 V_0 和 0。介电常数为 6.0，厚度为 $0.8d$ 的电介质板置于下极板上。假设忽略边缘效应，求

(1) 电介质板的电位和电场分布；

(2) 电介质板和电容器上极板之间的电位和电场分布；

(3) 上下极板的面电荷密度；

(4) 将(2)的结果与没有电介质板时得到的结果相比较。

P. 4-2　证明：式(3-61)中的标量电位 V 满足泊松方程式(4-6)。

P. 4-3　证明：在一个给定区域满足拉普拉斯方程的电位函数在该区域没有最大值或最小值。

P. 4-4　验证

$$V_1 = C_1/R \quad \text{和} \quad V_2 = C_2 z(x^2+y^2+z^2)^{3/2}$$

是拉普拉斯方程的解，其中 C_1 和 C_2 为任意常数。

P. 4-5　假设一个点电荷置于无限大的导体平面 $y=0$ 之上：

(1) 证明：如果导体面保持零电位，则式(4-37)中的 $V(x,y,z)$ 满足拉普拉斯方程。

(2) 如果导体平面具有非零电位 V_0，则 $V(x,y,z)$ 的表达式应该是什么？

(3) 电荷 Q 和导体平面间的静电引力是多少？

P. 4-6　假设长同轴圆柱结构的内导体和外导体之间充满体电荷密度为 $\rho=A/r(a<r<b)$

的电子云，其中 a 和 b 分别是内导体和外导体的半径。内导体电位为 V_0，外导体接地。通过求解泊松方程来计算 $a<r<b$ 区域内的电位分布。

P.4-7 点电荷 Q 位于无限大接地导体平面上方距离为 d 处。求：

(1) 面电荷密度 ρ_s；

(2) 导体平面上总的感应电荷。

P.4-8 一个正的点电荷 Q 与两个接地且相互垂直的半平面相距分别为 d_1 和 d_2，如图 4-4(a)所示，求如下问题的表达式：

(1) 第一象限内任意点 $P(x,y)$ 的电位和电场强度；

(2) 在两个半平面上感应的面电荷密度。画出 xy 平面中的面电荷密度的变化。

P.4-9 求满足如下条件的镜像电荷系统，该镜像电荷将代替电位为零的导体边界：

(1) 位于两个无限大、接地、平行导体平面之间的点电荷 Q，如图 4-22(a)所示；

(2) 位于两个无限大、相交成 60°角的导体平面的中间的无限长线电荷 ρ_l，如 4-22(b)所示。

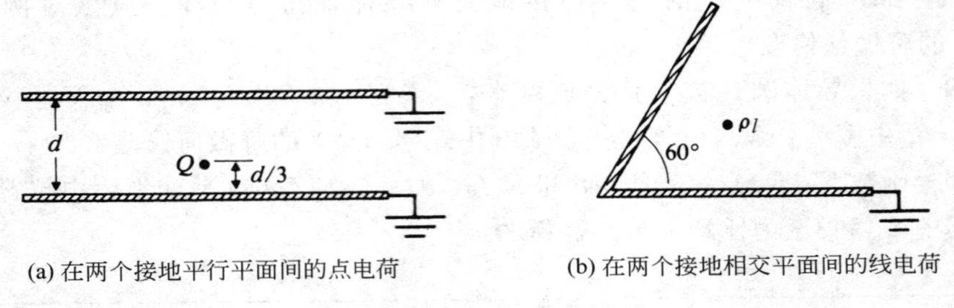

(a) 在两个接地平行平面间的点电荷 (b) 在两个接地相交平面间的线电荷

图 4-22 习题 P.4-9 的图示

P.4-10 一根半径为 a 的直导线与地面平行且与地面相距 h。假设地面完全导电，求导线与地面之间每单位长度的电容和电场力。

P.4-11 一根非常长的双线传输线，被支撑于平坦的导体地面上方 h 处，每根导线的半径为 a，其相距为 d。假设 d 和 h 都远大于 a，求该双线传输线每单位长度的电容。

P.4-12 对如图 4-7 所示这对等值相反的线电荷：

(1) 写出直角坐标系中点 $P(x,y)$处的电场强度 E 的表达式；

(2) 求图 4-8 中电场线的方程。

P.4-13 半径为 a_1 和 a_2 的平行导体圆柱构成的双线传输线，导体圆柱轴线之间相距为 D，求该双线传输线每单位长度的电容(其中 $D>a_1+a_2$)。

P.4-14 一根半径为 a_1 的长导线置于半径为 a_2 的导体管中，如图 4-10(a)所示。它们的轴线相距为 D。

(1) 求每单位长度的电容；

(2) 如果导线和导体管带有等量相反且大小为 ρ_l 的线电荷，求导线每单位长度上受到的力。

P.4-15 一点电荷 Q 置于半径为 b 的接地导体球壳内，与球壳中心相距为 d(其中 $b>d$)。用镜像法求：

(1) 球壳内的电位分布；

（2）球壳内表面的电荷密度 ρ_s。

P.4-16　两个半径都为 a 的导体球带电位分别为 V_0 和 0。其球心相距为 D：

（1）求能代替两个导体球的镜像电荷及其位置；

（2）求两个导体球间的电容。

P.4-17　两个介电常数分别为 ε_1 和 ε_2 的电介质被 $x=0$ 的平面边界隔开，如图 4-23 所示。点电荷 Q 存在于介质 1 中且与边界距离为 d：

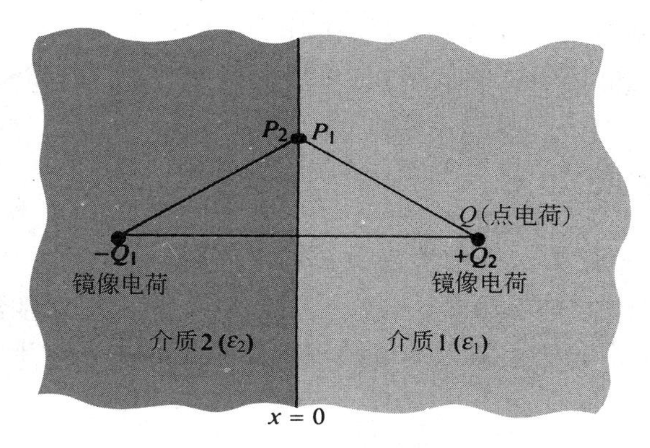

图 4-23　电介质中的镜像电荷

（1）验证介质 1 中的场可以由电荷 Q 和镜像电荷 $-Q_1$ 的作用来获得；

（2）验证介质 2 中的场可以由电荷 Q 和镜像电荷 $+Q_2$ 的作用来获得；

（3）求 Q_1 和 Q_2。（提示：考虑相邻的点 P_1 和 P_2 分别在质 1 和介质 2 中，要求 $\boldsymbol{E}$ 场的切向分量连续、$\boldsymbol{D}$ 场的法向分量连续。）

P.4-18　区域的几何体的电位函数用单独两项表示，描述如下：

（1）$V(x,y)=c_1xy$；

（2）$V(x,y)=c_2\sin kx\sinh ky$。

由维数和固定电位 V_0，求 c_1、c_2 和 k 值。

P.4-19　如果图 4-17 中的顶面、底面、右面的边界条件为 $\partial V/\partial n=0$，则应该对例 4-7 中式(4-114)的解做何修改？

P.4-20　如果图 4-17 中的顶面、底面、左面都接地，而右面放置的最后一块板为恒定电位 V_0，则应该对例 4-7 中式(4-114)的解做何修改？

P.4-21　将图 4-17 所示的矩形区域看成是四个导体板构成的封闭区域的截面。其左板和右板接地，而顶板和底板的电位分别保持恒定电位 V_1 和 V_2。求封闭区域内的电位分布。

P.4-22　设一金属矩形盒的边长为 a 和 b，高为 c。侧面和底面接地。顶面分离开并保持恒定电位 V_0。求盒内的电位分布。

P.4-23　两个无限大隔离的导体平面形成一个楔形结构，电位分别为 0 和 V_0，如图 4-24 所示。求以下区域的电位分布：（1）$0<\phi<\alpha$；（2）$\alpha<\phi<2\pi$。

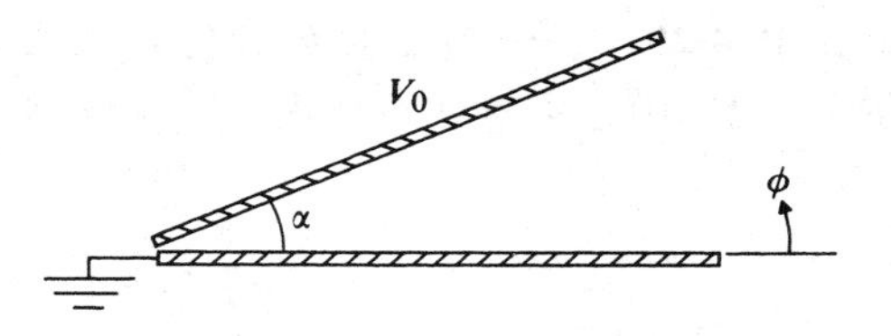

图 4-24　保持恒定电位的两个无限大绝缘导体平面

P. 4-24 一根无限长、半径为 b 的薄导体圆筒分成四个四分之一柱面,如图 4-25 所示。第二象限和第四象限中的四分之一柱面接地,而第一象限和第三象限中的四分之一柱面电位分别保持为 V_0 和 $-V_0$。求该圆筒内外的电位分布。

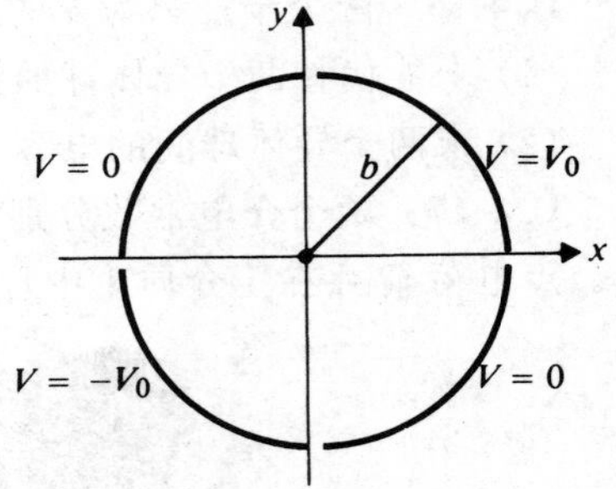

图 4-25 长圆柱分成四个象限的截面

P. 4-25 一根长的半径为 b 的接地导体圆柱,沿 z 轴放置于一个原先均匀的电场 $\boldsymbol{E}_0=\boldsymbol{a}_xE_0$ 中。求圆柱外的电位分布 $V(r,\phi)$ 和电场强度 $\boldsymbol{E}(r,\phi)$。证明圆柱表面的电场强度可以高到远处电场强度的 2 倍,这可以引起空气局部击穿或电晕(这种发生在暴风雨附近,沿船的桅杆和吊杆以及在飞机表面的电晕放电现象,称为**圣艾尔摩之火**[①])。

P. 4-26 一根长的半径为 b、介电常数为 ϵ_r 的电介质圆柱,沿 z 轴放置于原先均匀的电场 $\boldsymbol{E}_0=\boldsymbol{a}_xE_0$ 中。求电介质圆柱内外的 $V(r,\phi)$ 和 $\boldsymbol{E}(r,\phi)$。

P. 4-27 一个半角为 α 的无限大导体圆锥的电位保持为 V_0,并与接地的导体平面隔离,如图 4-26 所示。求:

(1) 区域 $\alpha<\phi<\pi/2$ 中的电位分布 $V(\theta)$;

(2) 区域 $\alpha<\phi<\pi/2$ 中的电场强度;

(3) 圆锥表面和接地平面的电荷密度。

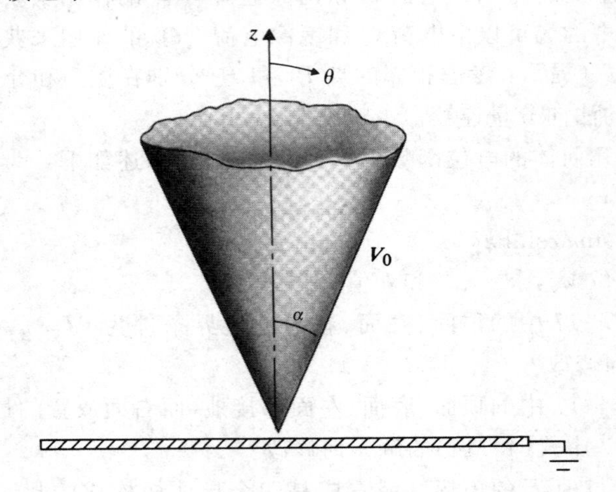

图 4-26 无限大导体圆锥和接地导体平面

P. 4-28 假设式(4-155a)中 $V(b,\theta)=V_0$,重做例题 4-10。

P. 4-29 一个半径为 b、介电常数为 ϵ_r 的电介质球,置于介质为空气、原先均匀的电场 $\boldsymbol{E}_0=\boldsymbol{a}_zE_0$ 中。求电介质球内外的 $V(r,\phi)$ 和 $\boldsymbol{E}(r,\phi)$。

---

① R. H. Golde (Ed.), *Lightning*, Academic Press, New York, 1977, vol. 2, Chap. 21.

第5章 稳恒电流

5.1 引言

第3章和第4章论述了静电问题，即与静止电荷有关的场的问题。本章将考虑形成电流的运动电荷。自由电荷运动引起的电流有几种①：由导电电子和(或)空穴的漂移运动而引起的导体和半导体中的**传导电流**；由正负离子的移动而引起的**电解电流**；由电子或离子在真空中运动而引起的**运流电流**。本章将主要讨论传导电流，其服从欧姆定律。从将电流密度与电场强度联系起来的欧姆定律的点函数关系开始叙述，然后得出电路理论中的关系$V=IR$。还将引入电动势的概念，并推导大家熟悉的基尔霍夫电压定律。运用**电荷守恒原理**，将说明如何得到电流密度和电荷密度之间的点函数关系，这种点函数关系称为**连续性方程**，由连续性方程可导出基尔霍夫电流定律。

当电流流过两种有不同电导率的介质的分界面时，必须满足一定的边界条件，且电流流动的方向也将改变。后面将会讨论这些边界条件，同时还将证明：对均匀的导电介质，电流密度可以表示为一个标量场的梯度，此标量场满足拉普拉斯方程。因此，稳恒电流和静电场之间存在相似性，这种相似性是描绘**电解槽**中静电问题的电位分布的基础。

电解槽中的电解质实质上是低电导率的液体介质，通常是稀释的盐溶液。在该溶液中插入两个高电导率的金属电极。当金属电极上加上电压或电位差时，溶液中便会建立电场，而名为**电解**的化学过程会将电解质中的分子分解为带相反电荷的离子。正离子沿着电场的方向运动，负离子逆着电场的方向运动，二者都对电场方向的电流有贡献。用适当几何形状的电极模拟静电问题的边界，就能在电解槽中建立起一个实验模型。于是电解质中所测得的电位分布，就是难解的解析问题的拉普拉斯方程的解，该解析问题在均匀介质中具有复杂的边界而难于求解。

运流电流是由带正电或带负电的粒子在真空或者稀薄气体中运动引起的。熟悉的例子有阴极射线管中的电子束和雷雨中带电粒子的剧烈运动。运流电流是由与质量传递有关的流体运动引起的，不服从欧姆定律。

传导电流的机理不同于电解电流和运流电流。正常状态下，导体的原子在晶体结构中有固定的位置。原子是由带正电的原子核及其周围呈层状分布的电子组成。内层电子被原子核紧紧地束缚，不能自由离开。导体原子的最外层电子并没有完全填满该层，它们是价电子或导电电子，只是被原子核松弛地束缚着，后面的这些电子可以随机地从一个原子漂移到另一个原子中去。平均起来，原子保持电中性，并不存在纯粹的电子漂移运动。当把外部电

① 在时变情况下，存在另外一种由束缚电荷引起的电流。电位移的时间变化率引起位移电流。这将在第7章中讨论。

场加在导体上时,就会引起导电电子有规律的运动,从而产生了电流。即使在良导体中,电子的平均漂移速度也是很低的(在 10^{-4} 或 10^{-3} m/s 数量级),因为电子在运动的过程中,会与原子发生碰撞,一部分动能转化为热量耗散。尽管有导电电子的漂移运动,导体仍保持电中性。电场力阻止多余的电子积累于导体中任何一点。解析法将证明,导体中的电荷密度随时间呈指数下降。在良导体中,其电荷密度非常快地衰减到零,达到平衡状态。

5.2 电流密度和欧姆定律

考虑一种电荷载体的稳定运动,每个电荷载体的电荷为 q(电子所带电荷为负),其以速度 $\boldsymbol{u}$ 穿过面元 Δs,如图 5-1 所示。如果单位体积内的电荷载体数量为 N,那么每个电荷载体在 Δt 时间内移动的距离为 $\boldsymbol{u}\Delta t$,穿过面元 Δs 的电荷量为

$$\Delta Q = Nq\boldsymbol{u} \cdot \boldsymbol{a}_n \Delta s \Delta t \quad (\text{C}) \tag{5-1}$$

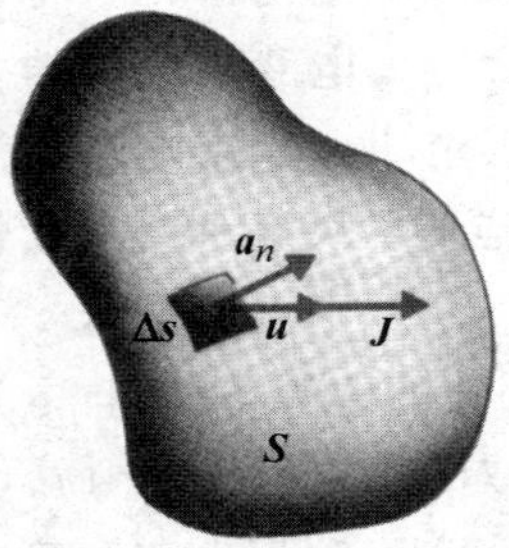

由于电流是电荷的时间变化率,因此有

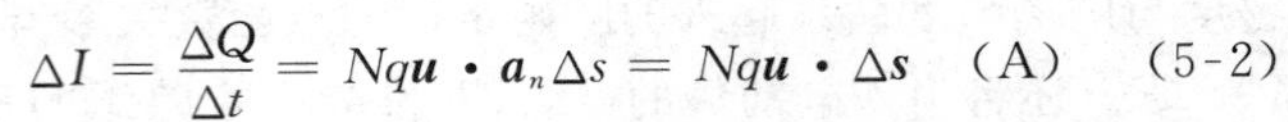

$$\Delta I = \frac{\Delta Q}{\Delta t} = Nq\boldsymbol{u} \cdot \boldsymbol{a}_n \Delta s = Nq\boldsymbol{u} \cdot \Delta \boldsymbol{s} \quad (\text{A}) \tag{5-2}$$

式(5-2)中,把 $\Delta \boldsymbol{s} = \boldsymbol{a}_n \Delta s$ 写成矢量的形式,为方便起见,定义一个矢量点函数——**体电流密度**,或者简称为**电流密度 $\boldsymbol{J}$**,单位为安培每平方米

$$\boldsymbol{J} = Nq\boldsymbol{u} \quad (\text{A/m}^2) \tag{5-3}$$

因此,式(5-2)可以写成

$$\Delta I = \boldsymbol{J} \cdot \Delta \boldsymbol{s} \tag{5-4}$$

那么,流过任意面积 S 的总电流 I 就是矢量 $\boldsymbol{J}$ 穿过 S 的通量

$$I = \int_S \boldsymbol{J} \cdot \mathrm{d}\boldsymbol{s} \quad (\text{A}) \tag{5-5}$$

图 5-1 由电荷载体穿过表面的漂移运动引成的传导电流

注意:乘积 Nq 实际上是单位体积内的自由电荷。式(5-3)可重写成

$$\boldsymbol{J} = \rho \boldsymbol{u} \quad (\text{A/m}^2) \tag{5-6}$$

上式表示**运流电流密度**和电荷载体速率之间的关系。

例 5-1 在真空二极管中,电子从电位为零的热阴极发射出去,被电位为 V_0 的阳极接收,从而产生运流电流。假设阴极和阳极是两块平行的导电金属板,电子以初速度 0 离开阴极(空间电荷限制条件),求电流强度 $\boldsymbol{J}$ 与 V_0 之间的关系。

解:阴极与阳极之间的区域如图 5-2 所示,由于该区域存在电子云(负的空间电荷),它们的相互排斥作用力,使得热阴极蒸发出的电子基本上以速度 0 离开。也就是说,阴极上的电场为 0。忽略边缘效应,得

$$\boldsymbol{E}(0) = \boldsymbol{a}_y E_y(0) = -\boldsymbol{a}_y \left.\frac{\mathrm{d}V(y)}{\mathrm{d}y}\right|_{y=0} = 0 \tag{5-7}$$

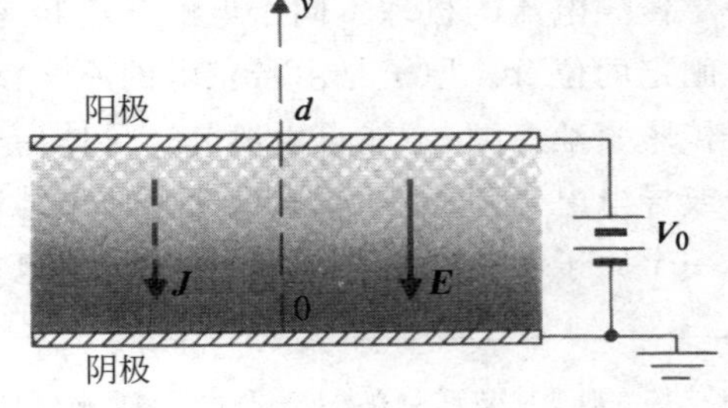

图 5-2 空间电荷限制的真空二极管

稳态下,电流密度为常数,与 y 无关:

$$\boldsymbol{J} = -\boldsymbol{a}_y J = \boldsymbol{a}_y \rho(y) u(y) \tag{5-8}$$

上式中，电荷密度 $\rho(y)$ 是负数。速度 $\boldsymbol{u}=\boldsymbol{a}_y u(y)$ 与电场强度 $\boldsymbol{E}(y)=\boldsymbol{a}_y E(y)$ 有关。由牛顿运动定律有

$$m\frac{\mathrm{d}u(y)}{\mathrm{d}t}=-eE(y)=e\frac{\mathrm{d}V(y)}{\mathrm{d}y} \tag{5-9}$$

其中，$m=9.11\times10^{-31}$(kg)和 $-e=-1.60\times10^{-19}$(C)分别表示电子的质量和电荷量，注意

$$m\frac{\mathrm{d}u}{\mathrm{d}t}=m\frac{\mathrm{d}u}{\mathrm{d}y}\frac{\mathrm{d}y}{\mathrm{d}t}=mu\frac{\mathrm{d}u}{\mathrm{d}y}=\frac{\mathrm{d}}{\mathrm{d}y}\left(\frac{1}{2}mu^2\right)$$

式(5-9)重写为

$$\frac{\mathrm{d}}{\mathrm{d}y}\left(\frac{1}{2}mu^2\right)=e\frac{\mathrm{d}V}{\mathrm{d}y} \tag{5-10}$$

对式(5-10)积分得

$$\frac{1}{2}mu^2=eV \tag{5-11}$$

其中，积分常数已经设为0，这是因为当 $y=0$ 时，$u(0)=V(0)=0$。由式(5-11)可得

$$u=\left(\frac{2e}{m}V\right)^{1/2} \tag{5-12}$$

为了求出极间区域中的 $V(y)$，必须解泊松方程，用 $V(y)$ 表示 ρ，由式(5-8)得

$$\rho=-\frac{J}{u}=-J\sqrt{\frac{m}{2e}}V^{-1/2} \tag{5-13}$$

由式(4-6)得

$$\frac{\mathrm{d}^2V}{\mathrm{d}y^2}=-\frac{\rho}{\varepsilon_0}=\frac{J}{\varepsilon_0}\sqrt{\frac{m}{2e}}V^{-1/2} \tag{5-14}$$

上式两边同时乘以 $2\mathrm{d}V/\mathrm{d}y$，然后积分得

$$\left(\frac{\mathrm{d}V}{\mathrm{d}y}\right)^2=\frac{4J}{\varepsilon_0}\sqrt{\frac{m}{2e}}V^{-1/2}+c \tag{5-15}$$

由于式(5-7)中，当 $y=0$ 时，$v=0$，且 $\mathrm{d}V/\mathrm{d}y=0$，所以 $c=0$。式(5-15)变为

$$V^{-1/4}\mathrm{d}V=2\sqrt{\frac{J}{\varepsilon_0}}\left(\frac{m}{2e}\right)^{-1/4}\mathrm{d}y \tag{5-16}$$

式(5-16)左边对 $V=0$ 到 $V=V_0$ 进行积分，同时右边从 $y=0$ 到 $y=d$ 进行积分，得

$$\frac{4}{3}V_0^{3/4}=2\sqrt{\frac{J}{\varepsilon_0}}\left(\frac{m}{2e}\right)^{1/4}d$$

或

$$J=\frac{4\varepsilon_0}{9d^2}\sqrt{\frac{2e}{m}}V_0^{3/2}\quad(\mathrm{A/m^2}) \tag{5-17}$$

式(5-17)说明，空间电荷限制的真空二极管中的运流电流密度，与阳极和阴极之间电位差的二分之三次方成正比，这种非线性关系称为**查尔德-朗缪尔(Child-Langmuir)定律**。

在传导电流情况下，可能有不止一种电荷载体(电子，空穴，离子)，它们以不同速度漂移。式(5-3)可推广为

$$\boldsymbol{J}=\sum_i N_i q_i \boldsymbol{u}_i\quad(\mathrm{A/m^2}) \tag{5-18}$$

如5.1节所指出,传导电流是由电荷载体在外加电场的作用下发生漂移运动的结果。原子呈中性($\rho=0$)。可以分析证明:对大多数导电材料而言,电荷载体的平均漂移速度与电场强度成正比。对金属导体而言,电荷载体的平均漂移速度可以表示为

$$\boldsymbol{u}=-\mu_e\boldsymbol{E}\quad(\text{m/s})\tag{5-19}$$

其中,μ_e 是**电子迁移率**,单位是($\text{m}^2/\text{V}\cdot\text{s}$)。铜的电子迁移率为 3.2×10^{-3}($\text{m}^2/\text{V}\cdot\text{s}$),铝的电子迁移率是 1.4×10^{-4}($\text{m}^2/\text{V}\cdot\text{s}$),银的电子迁移率是 5.2×10^{-3}($\text{m}^2/\text{V}\cdot\text{s}$)。由式(5-3)和式(5-19)可得

$$\boldsymbol{J}=-\rho_e\mu_e\boldsymbol{E}\tag{5-20}$$

其中 $\rho_e=-Ne$ 为漂移电子的电荷密度,为负值。式(5-20)可改写为

$$\boldsymbol{J}=\sigma\boldsymbol{E}\quad(\text{A/m}^2)\tag{5-21}$$

其中比例常数 $\sigma=-\rho_e\mu_e$,是介质的宏观本构参数,称为**电导率**。

对于半导体,电导率取决于电子和空穴的浓度和迁移率

$$\sigma=-\rho_e\mu_e+\rho_h\mu_h\tag{5-22}$$

其中下标 h 表示空穴。一般情况下,$\mu_e\neq\mu_h$。对于锗,$\mu_e=0.38$($\text{m}^2/\text{V}\cdot\text{s}$),$\mu_h=0.18$($\text{m}^2/\text{V}\cdot\text{s}$),对于硅,$\mu_e=0.12$($\text{m}^2/\text{V}\cdot\text{s}$),$\mu_h=0.03$($\text{m}^2/\text{V}\cdot\text{s}$)。

式(5-21)为导电介质的本构关系。满足线性关系式(5-21)的各向同性材料称为欧姆介质。σ 的单位是安培每伏特米(A/V·m)或西门子每米(S/m)。最常用的铜导体的电导率为 5.80×10^7(S/m),而锗的电导率约为2.2(S/m),硅的电导率为 1.6×10^{-3}(S/m)。半导体的电导率与温度密切相关,随温度的升高而增加。硬质橡胶是良好的绝缘体,其电导率只有 10^{-15}(S/m)。附录B.4列出了一些其他常用材料的电导率。但是,要注意材料的电导率与介电常数不同,它的变化范围相当大。电导率的倒数称为电阻率,单位是欧姆米(Ω·m)。我们更偏向于使用电导率,没有必要同时使用电导率和电阻率。

回顾电路理论中的**欧姆定律**,若电流 I 从点1流到点2,则电阻 R 两端电压 V_{12} 就等于 RI,即

$$V_{12}=RI\tag{5-23}$$

这里 R 通常是一块给定长度的导电材料,V_{12} 是端点1和端点2之间的电压,而电流 I 是从端点1到端点2流过有限截面的总电流。

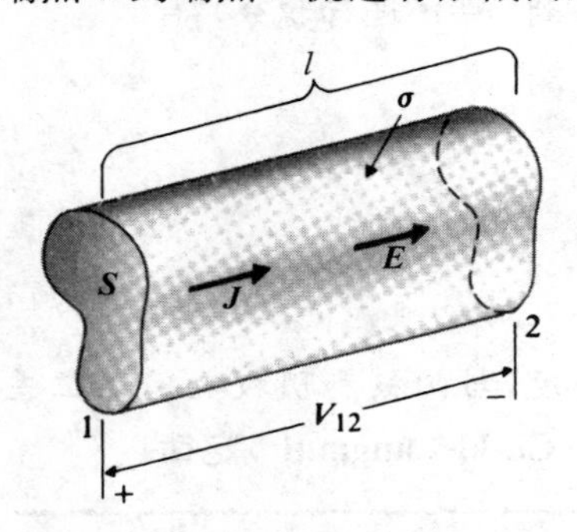

图5-3 恒定截面的均匀导体

式(5-23)不是点函数关系式。尽管式(5-21)和式(5-23)几乎没有什么相似之处,但普遍地称前者为**欧姆定律的点函数形式**。它适用于空间所有的点,而且 σ 可以是空间坐标的函数。

下面用欧姆定律的点函数形式,推导电导率为 σ、长度为 l、截面积为 S 的一块均匀材料的电压电流之间的关系,如图5-3所示。在导电材料内部,$\boldsymbol{J}=\sigma\boldsymbol{E}$,其中 $\boldsymbol{J}$ 和 $\boldsymbol{E}$ 的方向与电流的流动方向相同。端点1和端点2之间的电位差或电压为[①]

① 我们将在5.3节中详细讨论 V_{12} 和 E 的含义。

$$V_{12}=El$$

或

$$E=\frac{V_{12}}{l} \tag{5-24}$$

总电流为

$$I=\int_S \boldsymbol{J}\cdot \mathrm{d}\boldsymbol{s}=JS$$

或

$$J=\frac{I}{S} \tag{5-25}$$

将式(5-24)和式(5-25)代入式(5-21)，得

$$\frac{I}{S}=\sigma\frac{V_{12}}{l}$$

或

$$V_{12}=\left(\frac{l}{\sigma S}\right)I=RI \tag{5-26}$$

上式与式(5-23)相同。由式(5-26)，可得一段恒定截面均匀材料稳恒电流(直流)的**电阻**公式

$$R=\frac{l}{\sigma S} \tag{5-27}$$

我们已经从式(5-23)这个实验性欧姆定律开始分析，并已将其应用于长度为 l、恒定截面为 S 的均匀导体中。运用式(5-27)可以推导出式(5-21)的点函数关系式。

例 5-2　一根长为 1(km)、截面半径为 1(mm)的导线，如果 (1)导线材料为铜；(2)导线材料为铝，分别求其直流电阻。

解：由于我们讨论的导体是恒定截面，所以式(5-27)适用。

(1) 对于铜导线，$\sigma_{cu}=5.80\times10^7$(S/m)，$l=10^3$(m)，$S=\pi(10^{-3})^2=10^{-6}\pi(\mathrm{m}^2)$，得

$$R_{cu}=\frac{l}{\sigma_{cu}S}=\frac{10^3}{5.80\times10^7\times10^{-6}\pi}=5.49\quad(\Omega)$$

(2) 对于铝导线，$\sigma_{al}=3.54\times10^7$(S/m)，得

$$R_{al}=\frac{l}{\sigma_{al}S}=\frac{\sigma_{cu}}{\sigma_{al}}R_{cu}=\frac{5.80}{3.54}\times5.49=8.99\quad(\Omega)$$

电导 G 或电阻的倒数，在计算并联电阻时很有用。电导的单位为(Ω^{-1})或者西门子(S)

$$G=\frac{1}{R}=\sigma\frac{S}{l} \tag{5-28}$$

由电路理论可知：

(1) 当电阻 R_1 与 R_2 串联时(电流相同)，总电阻 R 为

$$R_{sr}=R_1+R_2 \tag{5-29}$$

(2) 当电阻 R_1 与 R_2 并联时(电压相同)，可得

$$\frac{1}{R_{\parallel}}=\frac{1}{R_1}+\frac{1}{R_2} \tag{5-30a}$$

或

$$G_{\parallel} = G_1 + G_2 \tag{5-30b}$$

5.3 电动势和基尔霍夫电压定律

在3.2节中已指出,静电场是保守场,电场强度沿任何封闭路径的标量线积分恒为零,即

$$\oint_C \boldsymbol{E} \cdot \mathrm{d}\boldsymbol{l} = 0 \tag{5-31}$$

对于欧姆材料,$\boldsymbol{J}=\sigma\boldsymbol{E}$,式(5-31)变为

$$\oint_C \frac{1}{\sigma}\boldsymbol{J} \cdot \mathrm{d}\boldsymbol{l} = 0 \tag{5-32}$$

由式(5-32)可知:**在闭合电路中静电场不能使稳恒电流维持在同一方向**。电路中的稳恒电流是电荷载体运动的结果,电荷载体在运动路径中与原子碰撞,并在电路中耗散能量。这种能量必须来自非保守场,因为在保守场中走完一次闭合回路的电荷载体,既不获得能量也不损失能量。非保守场的源可以是电池(化学能转化为电能)、发电机(机械能转化为电能)、热电偶(热能转换为电能)、光电池(光能转换为电能)或者其他器件。当这些电源接入电路时,其为电荷载体提供动力。这种动力表明自身为等效的**外加电场强度 $\boldsymbol{E}_i$**。

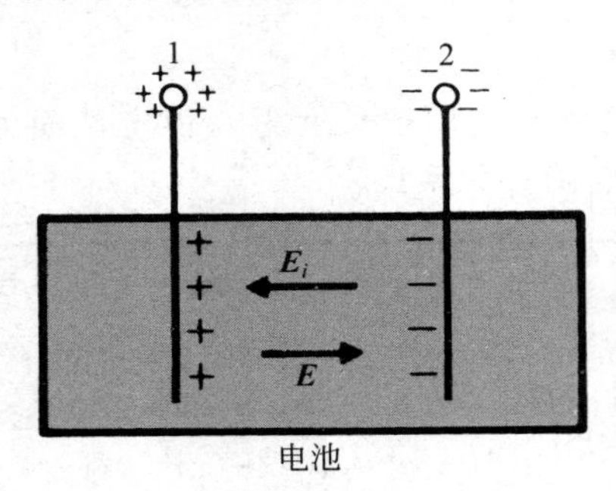

图5-4 电池内部的电场

考虑有电极1和电极2的电池,其原理如图5-4所示。化学作用使正负电荷分别在电极1和电极2积聚。这些电荷在电池外部和内部都产生了静电场强度 $\boldsymbol{E}$。在电池内部,$\boldsymbol{E}$ 必须与化学作用产生的非保守场 $\boldsymbol{E}_i$ 的大小相等、方向相反,因为电池在开路时没有电流,且作用于电荷载体的净力必须为0。在电池内部,外加的电场强度 $\boldsymbol{E}_i$ 由负极到正极的线积分(由图5-4中的电极2到电极1)习惯上称为电池的**电动势**(electromotive force[①], emf)。电动势的国际单位制单位为伏特,不是以牛顿作为单位的力。电动势用$\mathcal{V}$表示,电动势用来衡量非保守源的强度,可得

$$\mathcal{V} = \int_2^1 \boldsymbol{E}_i \cdot \mathrm{d}\boldsymbol{l} = -\int_2^1 \boldsymbol{E} \cdot \mathrm{d}\boldsymbol{l} \tag{5-33}$$

电源内部

保守静电场强度 $\boldsymbol{E}$ 满足式(5-31),即

$$\oint_C \boldsymbol{E} \cdot \mathrm{d}\boldsymbol{l} = \int_1^2 \boldsymbol{E} \cdot \mathrm{d}\boldsymbol{l} + \int_2^1 \boldsymbol{E} \cdot \mathrm{d}\boldsymbol{l} = 0 \tag{5-34}$$

电源外部　　电源内部

合并式(5-33)和式(5-34),可得

$$\mathcal{V} = \int_1^2 \boldsymbol{E} \cdot \mathrm{d}\boldsymbol{l} \tag{5-35}$$

电源外部

① 也可写为 electromotance。

或

$$\mathcal{V}=V_{12}=V_1-V_2 \tag{5-36}$$

在式(5-35)和式(5-36)中,已将电源的电动势表示为保守场 $\boldsymbol{E}$ 的线积分,并将其解释为电压升。尽管电场强度 $\boldsymbol{E}_i$ 有非保守性,电动势仍可以表示为电池正极和负极间的电位差。这就是前面推导式(5-24)所用的电位差。

当以图 5-3 形式的电阻连接到电池的端点 1 和端点 2 之间时,就构成回路,欧姆定律的点函数形式中必须用总的电场强度(电荷累积产生的静电场 $\boldsymbol{E}$ 和化学作用产生的外加电场 $\boldsymbol{E}_i$)代入那里的 $\boldsymbol{E}$。代替式(5-21),得

$$\boldsymbol{J}=\sigma(\boldsymbol{E}+\boldsymbol{E}_i) \tag{5-37}$$

其中,$\boldsymbol{E}_i$ 只存在于电池内部,而 $\boldsymbol{E}$ 在电源内、外部都有非零值。由式(5-37)可得

$$\boldsymbol{E}+\boldsymbol{E}_i=\frac{\boldsymbol{J}}{\sigma} \tag{5-38}$$

根据式(5-31)和式(5-33),沿闭合回路求式(5-38)的标量线积分,得

$$\mathcal{V}=\oint_C(\boldsymbol{E}+\boldsymbol{E}_i)\mathrm{d}\boldsymbol{l}=\oint_C\frac{1}{\sigma}\boldsymbol{J}\cdot\mathrm{d}\boldsymbol{l} \tag{5-39}$$

式(5-39)应该与式(5-32)相比较,式(5-32)适用于没有非保守场源的情况。如果电阻的电导率为 σ、长度为 l、恒定截面为 S,则 $J=I/S$,式(5-39)右边变为 RI,得①

$$\mathcal{V}=RI \tag{5-40}$$

如果在封闭的回路中有多个电源激励和多个电阻(包括电源的内电阻),则式(5-40)可推广为

$$\sum_j\mathcal{V}_j=\sum_k R_kI_k \tag{5-41}$$

式(5-41)为**基尔霍夫电压定律**的表达式。该式表明:**沿电路中一闭合路径,电动势(电压升)的代数和等于所有电阻上电压降的代数和**。它适用于网络中任何闭合路径,路径的方向可任意指定,而不同电阻上的电流不必相同。基尔霍夫电压定律是电路理论中回路分析的基础。

5.4 连续性方程和基尔霍夫电流定律

电荷守恒定律是物理学的基本公理之一。电荷不会被创造或毁灭;但不论在什么时候都应考虑所有电荷,不管它是静止的或运动的。考虑由表面 S 所包围的任意体积 V。在该区域存在净电荷 Q。如果净电流 I 穿过表面流出该区域,则体积内的电荷必定按等于电流的速率减少。相反,如果净电流穿过表面流入该区域,则体积内的电荷必须按电流的速率增加。离开该区域的电流就是电流密度矢量通过表面 S 的总的向外的通量,得

$$I=\oint_S\boldsymbol{J}\cdot\mathrm{d}\boldsymbol{s}=-\frac{\mathrm{d}Q}{\mathrm{d}t}=-\frac{\mathrm{d}}{\mathrm{d}t}\int_V\rho\mathrm{d}v \tag{5-42}$$

利用式(2-115)的散度定理,将 $\boldsymbol{J}$ 的面积分转化为 $\nabla\cdot\boldsymbol{J}$ 的体积分。对于一个静止的体积有

① 假设电池的内阻忽略不计;否则,其影响必须包括在式(5-40)中。理想电压源就是其路端电压等于它的电动势,并且与流经它的电流无关的电压源。这就意味着理想电压源的内阻为零。

$$\int_V \nabla\cdot \boldsymbol{J}\mathrm{d}v = -\int_V \frac{\partial \rho}{\partial t}\mathrm{d}v \tag{5-43}$$

将 ρ 的时间导数移入体积分内时，需要使用偏导数，因为 ρ 可以是时间及空间坐标的函数。由于不管 V 取何值，式(5-43)都成立，所以两边的被积函数必须相等。因此得

$$\nabla\cdot \boldsymbol{J} = -\frac{\partial \rho}{\partial t} \quad (\mathrm{A/m^3}) \tag{5-44}$$

这个由电荷守恒定律得出的点函数关系称为**连续性方程**。

对于稳恒电流，电荷密度不随时间变化，$\frac{\partial \rho}{\partial t}=0$。式(5-44)变为

$$\nabla\cdot \boldsymbol{J} = 0 \tag{5-45}$$

所以，稳恒电流是无散的。式(5-45)是一个点函数关系，$\rho=0$ 处的所有点无流量源也满足这个关系式。这意味着稳恒电流的场线或流线自行闭合，其与起始于和终止于电荷的静电场场线不同。在任何封闭面上，式(5-45)可导出以下积分形式

$$\oint_S \boldsymbol{J}\cdot \mathrm{d}\boldsymbol{s} = 0 \tag{5-46}$$

可写为

$$\sum_j I_j = 0 \quad (\mathrm{A}) \tag{5-47}$$

式(5-47)是**基尔霍夫电流定律**的表达式。其表明：**从电路中一个节点流出的所有电流的代数和为零**①。基尔霍夫电流定律是电路理论中节点分析的基础。

3.6 节阐述了导体内部感应的电荷将向导体表面运动，且重新分布，使得平衡条件下导体内部 $\rho=0$ 且 $\boldsymbol{E}=0$。现在来证明该结论，并计算其达到平衡所需的时间。将式(5-21)的欧姆定律和连续性方程联合起来，并假定 σ 为常数，得

$$\sigma\,\nabla\cdot \boldsymbol{E} = -\frac{\partial \rho}{\partial t} \tag{5-48}$$

在简单介质中，$\nabla\cdot\boldsymbol{E}=\rho/\varepsilon$，因此式(5-48)变为

$$\frac{\partial \rho}{\partial t} + \frac{\sigma}{\varepsilon}\rho = 0 \tag{5-49}$$

式(5-49)的解为

$$\rho = \rho_0 \mathrm{e}^{-(\sigma/\varepsilon)t} \quad (\mathrm{C/m^3}) \tag{5-50}$$

其中，ρ_0 是 $t=0$ 时的初始电荷密度。ρ 和 ρ_0 都是关于空间坐标的函数，式(5-50)表明，给定位置的电荷密度将随时间呈指数减小。初始电荷密度 ρ_0 衰减到其值的 $1/\mathrm{e}$ 或 36.8%所用时间等于

$$\tau = \frac{\varepsilon}{\sigma} \quad (\mathrm{s}) \tag{5-51}$$

时间常数 τ 称为**弛豫时间**。对于良导体，如铜：$\sigma=5.80\times10^7\,(\mathrm{S/m})$，$\varepsilon\cong\varepsilon_0=8.85\times10^{-12}\,(\mathrm{F/m})$，则 $\tau=1.52\times10^{-19}\,(\mathrm{s})$，这确实是非常短的时间。过渡时间非常短，以致对所有实际应用而言，导体内部的 ρ 可认为是零(见 3.6 节的式(3-69))。好的绝缘体的弛豫时间虽不是无限长，但也可能是几个小时或几天。

---

① 这里包括节点处电流源的电流(如果有的话)。**理想电流源**的电流与其端电压无关，这意味着理想电流源具有无穷大的内阻。

5.5 功耗和焦耳定律

5.1节表明，导体中的导电电子受电场的影响，在宏观上发生了漂移运动；在微观上，这些电子与晶格上的原子发生碰撞。因此，能量从电场传到作热振动的原子上。将电荷 q 移动一段距离 $\Delta \boldsymbol{l}$，电场 $\boldsymbol{E}$ 所做的功为 $q\boldsymbol{E}\cdot(\Delta \boldsymbol{l})$，其对应的功率为

$$p = \lim_{\Delta t \to 0} \frac{\Delta w}{\Delta t} = q\boldsymbol{E}\cdot\boldsymbol{u} \tag{5-52}$$

其中 $\boldsymbol{u}$ 为漂移速度。传递到体积 $\mathrm{d}v$ 内的所有电荷载体的总功率为

$$\mathrm{d}P = \sum_i p_i = \boldsymbol{E}\cdot\left(\sum_i N_i q_i \boldsymbol{u}_i\right)\mathrm{d}v$$

根据式(5-18)，上式可简化成

$$\mathrm{d}P = \boldsymbol{E}\cdot\boldsymbol{J}\mathrm{d}v$$

或

$$\frac{\mathrm{d}P}{\mathrm{d}v} = \boldsymbol{E}\cdot\boldsymbol{J} \quad (\mathrm{W/m^3}) \tag{5-53}$$

因此，点函数 $\boldsymbol{E}\cdot\boldsymbol{J}$ 是稳恒电流条件下的**功率密度**。对给定的体积 V，转化成热能的总电功率为

$$P = \int_V \boldsymbol{E}\cdot\boldsymbol{J}\mathrm{d}v \quad (\mathrm{W}) \tag{5-54}$$

这就是**焦耳定理**(注意：P 的国际单位制单位是瓦特，不是能或功的单位焦耳)。式(5-53)是对应的点函数关系。

在恒定截面的导体中，$\mathrm{d}v=\mathrm{d}s\mathrm{d}l$，其中 $\mathrm{d}l$ 是沿 $\boldsymbol{J}$ 的方向度量的。式(5-54)可写为

$$P = \int_L E\,\mathrm{d}l \int_S J\,\mathrm{d}s = VI$$

其中 I 为导体中的电流。由于 $V=RI$，所以有

$$P = I^2 R \quad (\mathrm{W}) \tag{5-55}$$

当然，式(5-55)是常见的欧姆功率表达式，它表示单位时间内电阻 R 消耗的热量。

5.6 电流密度的边界条件

当电流斜穿过两种具有不同电导率的介质间的分界面时，电流密度矢量的方向和大小都将改变。$\boldsymbol{J}$ 的一组边界条件，可以利用类似于3.9节中求 $\boldsymbol{D}$ 和 $\boldsymbol{E}$ 的边界条件的方法得到。在没有非保守能源情况下，稳恒电流密度 $\boldsymbol{J}$ 的约束方程为

稳恒电流密度的约束方程		
微分形式	积分形式	
$\nabla\cdot\boldsymbol{J}=0$	$\oint_S \boldsymbol{J}\cdot\mathrm{d}\boldsymbol{s}=0$	(5-56)
$\nabla\times\left(\dfrac{\boldsymbol{J}}{\sigma}\right)=0$	$\oint_C \dfrac{1}{\sigma}\boldsymbol{J}\cdot\mathrm{d}\boldsymbol{l}=0$	(5-57)

散度方程与式(5-45)相同，旋度方程是联立欧姆定律($\boldsymbol{J}=\sigma\boldsymbol{E}$)和$\nabla\times\boldsymbol{E}=0$得到的。将式(5-56)和式(5-57)应用于两种电导率分别为σ_1和σ_2的欧姆介质之间的分界面，得到$\boldsymbol{J}$的法向分量和切向分量的边界条件。

实际上，不用像图3-23那样在分界面处构建一小扁盒子，由3.9节可知，**无散矢量场的法向分量是连续的**。因此，由$\nabla\cdot\boldsymbol{J}=0$，得

$$J_{1n}=J_{2n}\quad(\mathrm{A/m^2})\tag{5-58}$$

类似地，**无旋矢量场的切向分量在分界面是连续的**。由$\nabla\times(\boldsymbol{J}/\sigma)=0$，可得出结论

$$\frac{J_{1t}}{J_{2t}}=\frac{\sigma_1}{\sigma_2}\tag{5-59}$$

式(5-59)表明，**在分界面两边$\boldsymbol{J}$的切向分量之比等于两介质电导率之比**。在没有自由电荷的电介质分界面，将欧姆介质中恒定电流密度的边界条件式(5-58)和式(5-59)与没有自由电荷的电介质中的静电通量密度的边界条件式(3-123)和式(3-199)分别对比可知，$\boldsymbol{J}$与$\boldsymbol{D}$非常相似、σ与ε非常相似。

例5-3 电导率分别为σ_1和σ_2的两导电介质间有一分界面，如图5-5所示。介质1中点P_1处的稳恒电流密度的大小为J_1，且与法线的夹角为α_1。试求在介质2中点P_2处的电流密度的大小和方向。

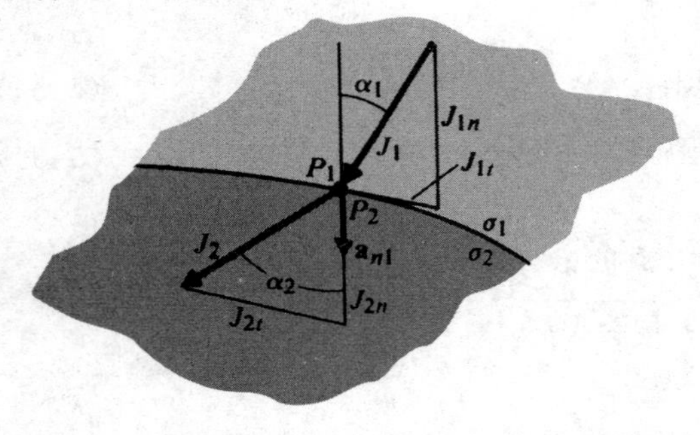

图5-5 两导电介质间分界面的边界条件

解：利用式(5-58)和式(5-59)，有

$$J_1\cos\alpha_1=J_2\cos\alpha_2\tag{5-60}$$

和

$$\sigma_2J_1\sin\alpha_1=\sigma_1J_2\sin\alpha_2\tag{5-61}$$

将式(5-61)除以式(5-60)得

$$\frac{\tan\alpha_2}{\tan\alpha_1}=\frac{\sigma_2}{\sigma_1}\tag{5-62}$$

如果介质1的导电性远好于介质2($\sigma_1\gg\sigma_2$或$\sigma_2/\sigma_1\to0$)，则α_2接近0，$\boldsymbol{J}_2$几乎垂直于分界面(垂直于良导体的表面)。$\boldsymbol{J}_2$的大小为

$$J_2=\sqrt{J_{2t}^2+J_{2n}^2}=\sqrt{(J_2\sin\alpha_2)^2+(J_2\cos\alpha_2)^2}=\left[\left(\frac{\sigma_2}{\sigma_1}J_1\sin\alpha_1\right)^2+(J_1\cos\alpha_1)^2\right]^{1/2}$$

或

$$J_2=J_1\left[\left(\frac{\sigma_2}{\sigma_1}\sin\alpha_1\right)^2+\cos^2\alpha_1\right]^{1/2}\tag{5-63}$$

通过分析图5-5，你知道介质1和介质2哪个是更好的导体吗？

对均匀导电介质，式(5-57)的微分形式简化为

$$\nabla\times\boldsymbol{J}=0\tag{5-64}$$

由2.11节可知，无旋矢量场可以表示为标量电位场的梯度，可写为

$$\boldsymbol{J}=-\nabla\psi\tag{5-65}$$

将式(5-65)代入$\nabla\cdot\boldsymbol{J}=0$，得$\psi$的拉普拉斯方程，即

$$\nabla^2\psi=0\tag{5-66}$$

因此，稳恒电流流动问题的求解，与静电学问题的求解方法完全相同，先根据合适的边界条

件，由式(5-66)求得ψ，然后由其负梯度求得$\boldsymbol{J}$。实际上，ψ和静电位的关系很简单：$\psi=\sigma V$。如5.1节中所述，静电场和稳恒电流场之间的相似性，是利用电解槽描绘难以求解的静电场边值问题的电位分布的基础。[①]

当稳恒电流流经两个不同的有损电介质之间的边界时(电介质的介电常数为ε_1和ε_2，有限电导率为σ_1和σ_2)，穿过分界面的电场切向分量通常是连续的，即$E_{2t}=E_{1t}$，与式(5-59)等价。然而，电场的法向分量必须同时满足式(5-58)和式(3-121b)。这就要求

$$J_{1n}=J_{2n}\rightarrow\sigma_1E_{1n}=\sigma_2E_{2n} \tag{5-67}$$

$$D_{1n}-D_{2n}=\rho_s\rightarrow\varepsilon_1E_{1n}-\varepsilon_2E_{2n}=\rho_s \tag{5-68}$$

其中参考单位法线由介质2向外。因此，除非$\sigma_2/\sigma_1=\varepsilon_2/\varepsilon_1$，否则面电荷一定存在于分界面上。由式(5-67)和式(5-68)可知

$$\rho_s=\left(\varepsilon_1\frac{\sigma_2}{\sigma_1}-\varepsilon_2\right)E_{2n}=\left(\varepsilon_1-\varepsilon_2\frac{\sigma_1}{\sigma_2}\right)E_{1n} \tag{5-69}$$

同样，如果介质2的导电性远好于介质1($\sigma_2\gg\sigma_1$或$\sigma_1/\sigma_2\rightarrow0$)，则式(5-69)近似为

$$\rho_s=\varepsilon_1E_{1n}=D_{1n} \tag{5-70}$$

其与式(3-122)相同。

例5-4　电动势$\mathcal{V}$施加于面积为S的平行板电容器间，两块导体金属板间填充两种厚度分别为d_1和d_2，介电常数分别为ε_1和ε_2，电导率分别为σ_1和σ_2的有损电介质。求(1)两平行板间的电流密度；(2)两种电介质中的电场强度；(3)两平行板上和分界面上的面电荷密度。

解：参考图5-6。

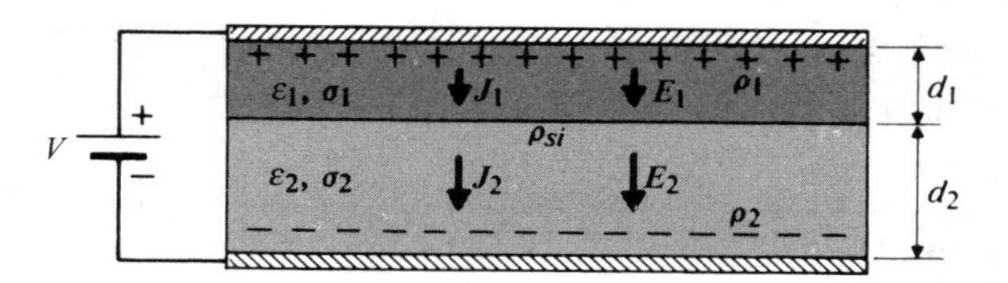

图5-6　两个有损电介质平行板电容器

(1) $\boldsymbol{J}$的法向分量的连续性保证两种介质中的电流密度以致电流都相同。由基尔霍夫电压定律得

$$\mathcal{V}=(R_1+R_2)I=\left(\frac{d_1}{\sigma_1S}+\frac{d_2}{\sigma_2S}\right)I$$

因此

$$J=\frac{I}{S}=\frac{\mathcal{V}}{(d_1/\sigma_1)+(d_2/\sigma_2)}=\frac{\sigma_1\sigma_2\mathcal{V}}{\sigma_2d_1+\sigma_1d_2}\quad(\mathrm{A/m^2}) \tag{5-71}$$

(2) 为了求两种介质中的电场强度E_1和E_2，需要两个方程。忽略两板边缘的边缘效应，得

---

① 例如：E. Weber, Electromagnetic, Vol. I: Mapping of Fields, pp. 187-193, John Wiley and Sons, 1950

$$\mathcal{V} = E_1 d_1 + E_2 d_2 \tag{5-72}$$

和

$$\sigma_1 E_1 = \sigma_2 E_2 \tag{5-73}$$

式(5-73)由 $J_1 = J_2$ 得出。解式(5-72)和式(5-73)，得

$$E_1 = \frac{\sigma_2 \mathcal{V}}{\sigma_2 d_1 + \sigma_1 d_2} \tag{5-74}$$

和

$$E_2 = \frac{\sigma_1 \mathcal{V}}{\sigma_2 d_1 + \sigma_1 d_2} \tag{5-75}$$

(3) 由式(5-70)可求上板和下金属板的面电荷密度

$$\rho_{s1} = \varepsilon_1 E_1 = \frac{\varepsilon_1 \sigma_2 \mathcal{V}}{\sigma_2 d_1 + \sigma_1 d_2} \tag{5-76}$$

$$\rho_{s2} = -\varepsilon_2 E_2 = -\frac{\varepsilon_2 \sigma_1 \mathcal{V}}{\sigma_2 d_1 + \sigma_1 d_2} \tag{5-77}$$

由于 $\boldsymbol{E}_2$ 和下金属板的外法线方向相反，所以式(5-77)中有负号。

式(5-69)可以用来求电介质分界面上的面电荷密度，得

$$\begin{aligned}\rho_{si} &= \left(\varepsilon_2 \frac{\sigma_1}{\sigma_2} - \varepsilon_1\right) \frac{\sigma_2 \mathcal{V}}{\sigma_2 d_1 + \sigma_1 d_2} \\ &= \frac{(\varepsilon_2 \sigma_1 - \varepsilon_1 \sigma_2) \mathcal{V}}{\sigma_2 d_1 + \sigma_1 d_2} \quad (\mathrm{C/m^2})\end{aligned} \tag{5-78}$$

由这些结果可知，$\rho_{s2} \neq -\rho_{s1}$，但 $\rho_{s1} + \rho_{s2} + \rho_{si} = 0$。

例 5-4 中我们遇到同时存在静电荷和稳恒电流的情况。第 6 章将知道，稳恒电流产生稳恒的磁场。那么，就会同时存在静电场和恒定磁场，共同组成**静态电磁场**。静态电磁场的电场和磁场是通过导电介质的本构关系 $J = \sigma E$ 结合在一起的。

5.7　电阻的计算

3.10 节已经讨论了求解由电介质隔开的两个导体间电容的方法。这些导体可以是任意形状，如图 3-27 所示，这里重新画出如图 5-7 所示。用电场量表示，电容的基本公式可写为

$$C = \frac{Q}{V} = \frac{\oint_S \boldsymbol{D} \cdot \mathrm{d}\boldsymbol{s}}{-\int_L \boldsymbol{E} \cdot \mathrm{d}\boldsymbol{l}} = \frac{\oint_S \varepsilon \boldsymbol{E} \cdot \mathrm{d}\boldsymbol{s}}{-\int_L \boldsymbol{E} \cdot \mathrm{d}\boldsymbol{l}} \tag{5-79}$$

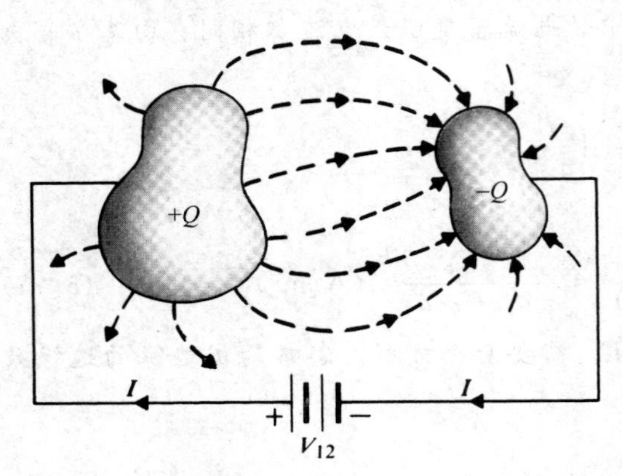

图 5-7　在有损介质中的两导体

其中，分子的面积分是在带正电荷的导体的封闭面上完成的，而分母中的线积分是从负导体(低电位)到正导体(高电位)进行的(见式(5-35))。

当电介质有损时(具有很小的但非零的电导率),电流将由正导体流向负导体,且在介质中建立电流密度场。欧姆定律 $\boldsymbol{J}=\sigma\boldsymbol{E}$,确保 $\boldsymbol{J}$ 和 $\boldsymbol{E}$ 的流线在各向同性介质中相同。两导体之间的电阻为

$$R=\frac{V}{I}=\frac{-\int_L \boldsymbol{E}\cdot \mathrm{d}\boldsymbol{l}}{\oint_S \boldsymbol{J}\cdot \mathrm{d}\boldsymbol{s}}=\frac{-\int_L \boldsymbol{E}\cdot \mathrm{d}\boldsymbol{l}}{\oint_S \sigma\boldsymbol{E}\cdot \mathrm{d}\boldsymbol{s}} \tag{5-80}$$

其中线积分和面积分的 L 和 S 与式(5-79)中的 L 和 S 相同。比较式(5-79)和式(5-80)可得以下有趣的关系

$$RC=\frac{C}{G}=\frac{\varepsilon}{\sigma} \tag{5-81}$$

如果介质的 ε 和 σ 具有相同的空间依赖性,或者介质是均匀的(与空间坐标无关),则式(5-81)成立。在这些情况下,如果已知两导体间的电容,则电阻(或电导)就可以直接由比值 ε/σ 得到,不必重新计算。

例 5-5　求以下情况每单位长度的漏电阻:(1)同轴电缆内外导体之间,其内导体半径为 a、外导体半径为 b,介质电导率为 σ;(2)平行导线传输线,其中导线半径为 a,介质电导率为 σ,两导线之间的间距为 D。

解:(1) 同轴电缆每单位长度的电容可由例 3-18 中的式(3-139)求得

$$C_1=\frac{2\pi\varepsilon}{\ln(b/a)}$$

因此,由式(5-81)可知每单位长度的漏电阻是

$$R_1=\frac{\varepsilon}{\sigma}\left(\frac{1}{C_1}\right)=\frac{1}{2\pi\sigma}\ln\left(\frac{b}{a}\right) \tag{5-82}$$

每单位长度的电导为 $G_1=1/R_1$。

(2) 对于平行导线传输线,由例 4-4 的式(4-47)可得每单位长度的电容

$$C_1'=\frac{\pi\varepsilon}{\operatorname{arcosh}\left(\dfrac{D}{2a}\right)}$$

因此,无需其他计算,可知每单位长度的漏电阻为

$$R_1'=\frac{\varepsilon}{\sigma}\left(\frac{1}{C_1'}\right)=\frac{1}{\pi\sigma}\operatorname{arcosh}\left(\frac{D}{2a}\right)=\frac{1}{\pi\sigma}\ln\left[\frac{D}{2a}+\sqrt{\left(\frac{D}{2a}\right)^2-1}\right] \tag{5-83}$$

每单位长度的电导为 $G_1'=1/R_1'$。

这里必须强调的是,长度为 l 的同轴电缆的两个导体之间的电阻为 R_1/l,而不是 lR_1;同样,长度为 l 的平行导线传输线的漏电阻是 R_1'/l,而不是 lR_1'。你知道这是为什么吗?

在某些情况下,静电问题和稳恒电流问题并不完全相似,即使它们的几何结构相同的情况下也是如此。这是因为电流可严格地限制在导体中(与其周围的介质相比,导体有非常大的 σ),而电通量通常不可能限制在有限尺寸的电介质中。可用材料的介电常数范围非常有限(见附录 B.3),而且围绕导体边缘的边缘通量使得电容的计算也不准确。

计算两具体等电位面(或两端)间一块导电材料的电阻的步骤如下:

(1) 为给定的几何图形选取恰当的坐标系。

(2) 假设导体两端之间的电位差为 V_0。

(3) 求导体中的电场强度 $\boldsymbol{E}$。(如果材料是均匀的,电导率为常数,通常的方法是在选定的坐标系中求解 V 的拉普拉斯方程 $\nabla^2 V=0$,然后得到 $\boldsymbol{E}=-\nabla V$。)

(4) 求总电流

$$I=\int_S \boldsymbol{J}\cdot \mathrm{d}\boldsymbol{s}=\int_S \sigma\boldsymbol{E}\cdot \mathrm{d}\boldsymbol{s}$$

其中 S 是 I 流经的截面面积。

(5) 通过计算比值 V_0/I,求得电阻 R。

重要的是要注意:如果导电材料是不均匀的,且如果电导率是空间坐标的函数,那么 V 的拉普拉斯方程将不成立。你能解释为什么吗,并说明在这种情况下如何求得 $\boldsymbol{E}$?

当给定的几何形状使得 $\boldsymbol{J}$ 可以很容易由总电流 I 求得时,我们可以先从假设 I 开始求解;由 I 求得 $\boldsymbol{J}$ 和 $\boldsymbol{E}=\boldsymbol{J}/\sigma$。然后由如下关系求得电位差 V_0

$$V_0=-\int \boldsymbol{E}\cdot \mathrm{d}\boldsymbol{l}$$

其中积分是从低电位端到高电位端。电阻 $R=V_0/I$ 与假定的 I 无关,因为假定的 I 在计算过程中会消去。

例 5-6　一导电材料形状是四分之一的扁平圆垫圈,其均匀厚度为 h,电导率为 σ,垫圈内半径为 a,外半径为 b,如图 5-8 所示,求端面之间的电阻。

解:显然,该问题用柱坐标系比较合适。按照上述步骤,首先假设端面之间的电位差为 V_0,在端面 $y=0(\phi=0)$ 处令 $V=0$,在端面 $x=0(\phi=\pi/2)$ 处令 $V=V_0$。根据以下边界条件求解关于 V 的拉普拉斯方程

$$V=0 \quad 当 \quad \phi=0 \tag{5-84a}$$

$$V=V_0 \quad 当 \quad \phi=\pi/2 \tag{5-84b}$$

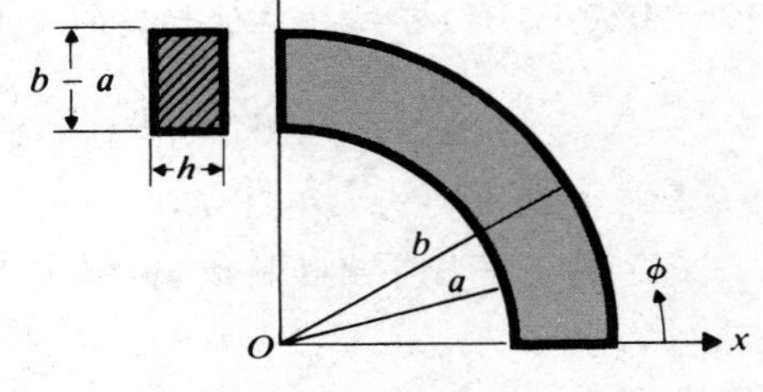

图 5-8　四分之一的扁平导电圆垫圈

由于电位 V 仅是 ϕ 的函数,柱坐标的拉普拉斯方程简化为

$$\frac{\mathrm{d}^2 V}{\mathrm{d}\phi^2}=0 \tag{5-85}$$

式(5-85)的通解为

$$V=c_1\phi+c_2$$

应用式(5-84a)和式(5-84b)的边界条件,上式变为

$$V=\frac{2V_0}{\pi}\phi \tag{5-86}$$

电流密度是

$$\boldsymbol{J}=\sigma\boldsymbol{E}=-\sigma\nabla V=-\boldsymbol{a}_\phi\sigma\frac{\partial V}{r\partial\phi}=-\boldsymbol{a}_\phi\frac{2\sigma V_0}{\pi r} \tag{5-87}$$

总电流 I 可在 $\phi=\pi/2$ 的表面上通过对 $\boldsymbol{J}$ 积分求得,其中 $\mathrm{d}\boldsymbol{s}=-\boldsymbol{a}_\phi h\,\mathrm{d}r$。则有

$$I=\int_S \boldsymbol{J}\cdot \mathrm{d}\boldsymbol{s}=\frac{2\sigma V_0}{\pi}h\int_a^b \frac{\mathrm{d}r}{r}$$

$$= \frac{2\sigma h V_0}{\pi} \ln \frac{b}{a} \tag{5-88}$$

因此

$$R = \frac{V_0}{I} = \frac{\pi}{2\sigma h \ln(b/a)} \tag{5-89}$$

注意：对该问题，先假定总电流 I 是不方便的，因为对于给定的 I，$\boldsymbol{J}$ 随 r 的变化不清楚。不知道 $\boldsymbol{J}$，就求不出 $\boldsymbol{E}$ 和 V_0。

复习题

R.5-1　解释传导电流和运流电流之间的区别。

R.5-2　解释一个电解槽的作用。电解电流与传导电流和运流电流有哪些不同？

R.5-3　定义导体中电子的迁移率。其国际单位制单位是什么？

R.5-4　什么是查尔德-朗缪尔(Child-Langmuir)定律？

R.5-5　什么是欧姆定律的点函数形式？

R.5-6　定义电导率。其国际单位制单位是什么？

R.5-7　为什么式(5-27)中的电阻公式要求的材料是均匀的、直的且为恒定的截面？

R.5-8　证明式(5-29)和式(5-30b)。

R.5-9　用文字定义电动势。

R.5-10　外加电场强度和静电场强度之间的区别是什么？

R.5-11　用文字阐述基尔霍夫电压定律。

R.5-12　理想电压源的特点是什么？

R.5-13　电网络中闭合回路的不同支路(电阻)的电流能够流向相反的方向吗？解释之。

R.5-14　连续性方程的物理意义是什么？

R.5-15　用文字阐述基尔霍夫电流定理。

R.5-16　理想电流源的特点是什么？

R.5-17　定义弛豫时间。铜的弛豫时间的数量级是什么？

R.5-18　当 σ 是关于空间坐标的函数时，应该如何修改式(5-48)？

R.5-19　阐述焦耳定律。写出体积内的功耗表达式。

(1) 用 $\boldsymbol{E}$ 与 σ 描述；

(2) 用 $\boldsymbol{J}$ 与 σ 描述。

R.5-20　在电导率不是常数的介质中，关系式 $\nabla\times\boldsymbol{J}=0$ 成立吗？解释之。

R.5-21　在电导率不同的两种介质分界面上，稳恒电流的法向分量和切向分量的边界条件是什么？

R.5-22　在静电学中，什么量与欧姆介质中的稳恒电流密度矢量和电导率相似？

R.5-23　利用电解槽描绘静电场边值问题的电位分布的基础是什么？

R.5-24　两个导体浸入介电常数为 ε、电导率为 σ 的有损电介质中，由这两个导体构成的电阻和电容之间的关系是什么?

R. 5-25 在什么情况下,R. 5-24 中的 R 和 C 之间的关系只是近似正确的?举一个特例。

习题

P. 5-1 在图 5-2 的空间电荷限制的真空电子二极管中,假设电极的面积为 S,求

(1) 电极间区域内的 $V(y)$ 和 $E(y)$;

(2) 电极间区域中的总电荷量;

(3) 阴极和阳极上的总面电荷;

(4) 电子从阴极到阳极经过的时间,其中 $V_0=200\text{V}$,$d=1\text{cm}$。

P. 5-2 从式(5-26)的欧姆定律开始,将其应用于长度为 l、电导率为 σ、均匀横截面为 S 的电阻上,证明欧姆定律的点函数形式可用式(5-21)表示。

P. 5-3 一根半径为 a、电导率为 σ 的长圆导线,涂上一层电导率为 0.1σ 的材料。

(1) 涂层的厚度应该为多大,才能使未涂之前的导线每单位长度的电阻减小 50%。

(2) 假设涂层导线中的总电流为 I,求中心导体和涂层材料中的 $\boldsymbol{J}$ 和 $\boldsymbol{E}$。

P. 5-4 求如图 5-9 所示网络的五个电阻中每个的电流和消耗的热量。已知

$$R_1=\frac{1}{3}\Omega,\quad R_2=20\Omega,\quad R_3=30\Omega,\quad R_4=8\Omega,\quad R_5=10\Omega$$

如果电源是一个 0.7V 的理想直流电压源,且端点 1 为正极。那么在端点 1-2 处,从电源看过去的总电阻是多少?

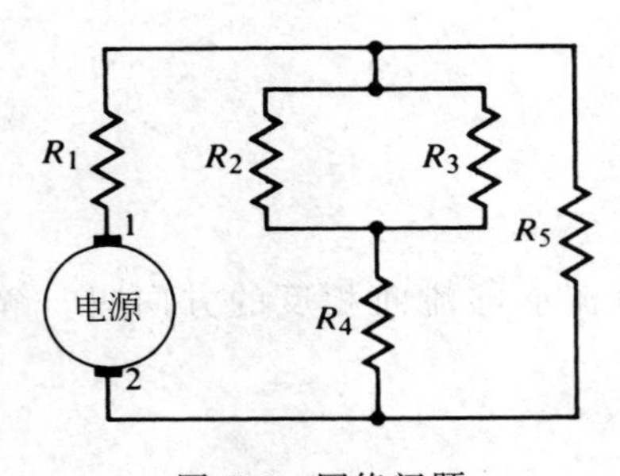

图 5-9 网络问题

P. 5-5 解习题 P. 5-4,假设电源是一个理想的电流源,其提供的 0.7A 的直流从端点 1 流出。

P. 5-6 闪电在时刻 $t=0$ 时击中一半径为 0.1m 有损电介质球体,如 $\varepsilon=1.2\varepsilon_0$,$\sigma=10\text{S/m}$,并将 1mC 的总电荷均匀置于球体上。对于所有的 t,求:

(1) 球体内部和外部的电场强度;

(2) 球内的电流密度。

P. 5-7 参考习题 P. 5-6:

(1) 计算球内的电荷密度减少至其初始值的 1%所需的时间。

(2) 当球体内的电荷密度减少至其初始值的 1%时,计算存储在球体里的静电能量的变化量。能量发生了什么变化?

(3) 求存储在球体外空间的静电能量。这个能量随时间变化吗?

P. 5-8 6V 的直流电压施加于半径为 0.5mm,长为 1km 的导线两端,产生 1/6A 的电流。求

(1) 导线的电导率。

(2) 导线中的电场强度。

(3) 导线中的消耗的功率。

(4) 电子的漂移速度,假定导线中电子迁移率为 $1.4\times10^{-3}\text{m}^2/\text{V}\cdot\text{s}$。

P. 5-9 两个介电常数和电导率为(ε_1,σ_1)，(ε_2,σ_2)的有损电介质相接触。大小为 $\boldsymbol{E}_1$ 的电场从介质 1 以与法线夹角为 α_1 入射到分界面上，如图 5-10 所示。

(1) 求介质 2 中 $\boldsymbol{E}_2$ 的大小和方向。

(2) 求分界面上的面电荷密度。

(3) 在两种介质都是理想电介质的情况下，比较(1)和(2)中的结果。

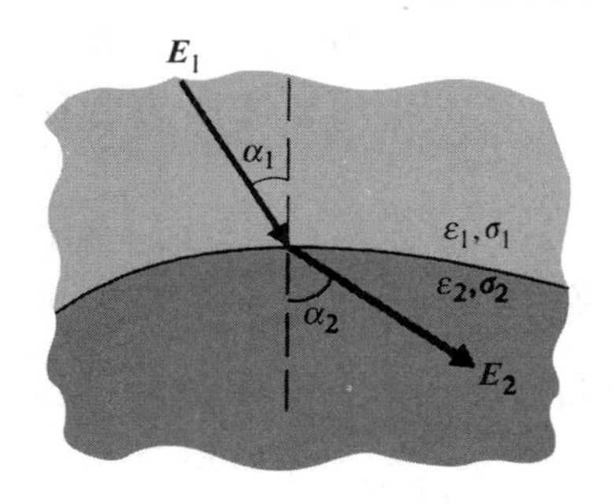

图 5-10 两有损电介质之间的边界

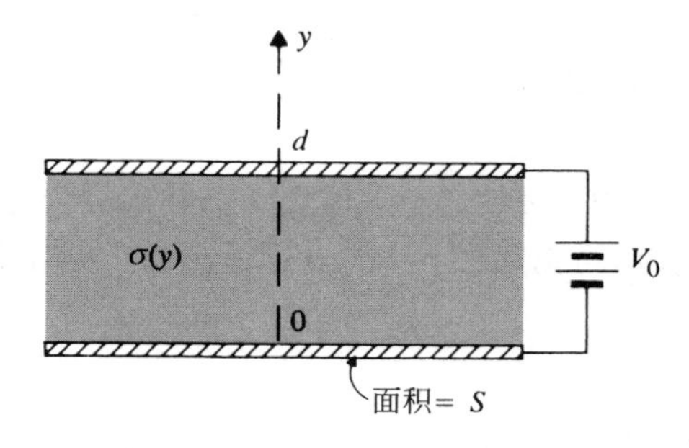

图 5-11 导电率为 $\sigma(y)$的非均匀欧姆介质

P. 5-10 在面积都为 S 的两平行导电金属板之间填充非均匀的欧姆介质，该介质的电导率从一个金属板($y=0$)上的 σ_1 线性变化至另外一个金属板($y=d$)上的 σ_2。加在两板间的直流电压为 V_0，如图 5-11 所示。求：

(1) 两金属板间总电阻。

(2) 两金属板上的面电荷密度。

(3) 两板间的体电荷密度和总电荷量。

P. 5-11 参考例题 5-4：

(1) 平板电容器中充有两层有损电介质，画出其等效电路，并确定每个元件的大小。

(2) 求电容器消耗的功率。

P. 5-12 再次参考例题 5-4。假定在 $t=0$ 时，加在充有两层不同有损电介质的平行板电容器上的电压为 V_0：

(1) 将电介质分界面上面电荷密度 ρ_{si} 用 t 的函数表示。

(2) 将电场强度 $\boldsymbol{E}_1$ 和 $\boldsymbol{E}_2$ 用 t 的函数表示。

P. 5-13 直流电压 V_0 加在长度为 L 的圆柱电容上，其内外半径分别为 a 和 b。两导体之间的空间充有两种不同的有损电介质：在 $a<r<c$ 区域内，介质的介电常数和电导率为 ε_1 和 σ_1；在 $c<r<b$ 区域内，介质的介电常数和电导率为 ε_2 和 σ_2。求：

(1) 每个区域的电流密度。

(2) 内导体上、外导体上、两种电介质间分界面上的面电荷密度。

P. 5-14 参考例题 5-6 和图 5-8 中的四分之一的扁平圆垫圈。求出弧形边之间的电阻。

P. 5-15 求半径为 R_1 和 R_2($R_1<R_2$)的两同心球面之间的电阻，设这两个同心球面之间充有电导率为 σ 的均匀、各向同性的介质。

P. 5-16 求半径为 R_1 和 R_2($R_1<R_2$)的两同心球面之间的电阻，设这两个同心球面之间充有电导率为 $\sigma=\sigma_0(1+k/R)$的材料。(注意：这里 V 的拉普拉斯方程不适用。)

P. 5-17 一块恒定电导率为 σ 的均匀材料，形如截了顶的圆锥块，在球坐标中定义

$$R_1 \leqslant R \leqslant R_2 \text{ 和 } 0 \leqslant \theta \leqslant \theta_0$$

求两个面$R=R_1$和$R=R_2$之间的电阻。

P.5-18　重做习题P.5-17,假设无顶圆锥体由非恒定的电导率$\sigma(R)=\sigma_0 R_1/R$的非均匀材料组成,其中$R_1 \leqslant R \leqslant R_2$。

P.5-19　两个导电球的半径为b_1和b_2,其具有非常高的电导率,将它们浸入电导率为σ、介电常数为ϵ的弱导电介质中(例如,将它们深埋在地下)。两球体之间的距离d比其半径大很多。求两导电球之间的电阻(提示:依据3.10节求出球体之间的电容并利用式(5-81))。

P.5-20　证明:一导体埋于弱导电介质中,如图5-12(a)所示靠近空气的平面边界稳恒电流问题,可以用图5-12(b)所示均浸于弱导电介质中的导体和其镜像来代替。

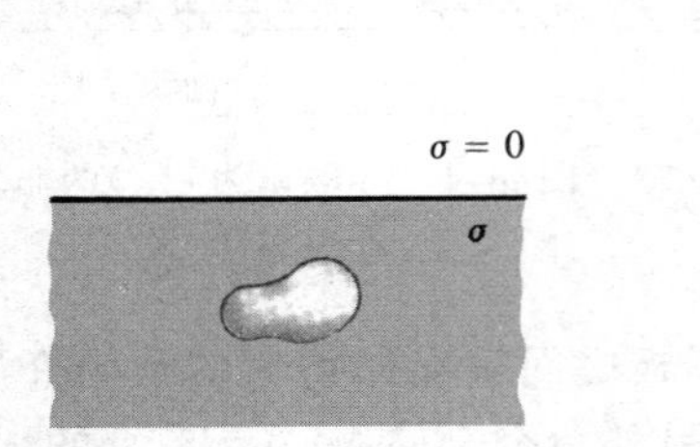

(a) 靠近平面边界的弱电介质中的导体

(b) 导电介质中的镜像导体代替平面边界

图5-12　平面边界的稳定电流问题

P.5-21　将半径为25mm的半球形导体埋于地中做成接地线,该半球形导体底面朝上,如图5-13所示。假设地面的电导率为10^{-6}S/m,求导体到地下很远的点的电阻(提示:利用习题P.5-20中的镜像法)。

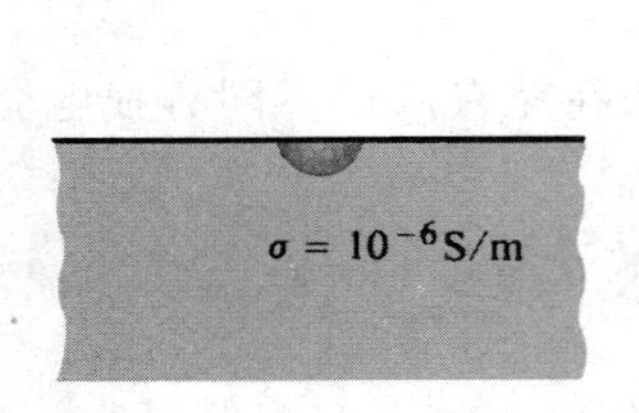

图5-13　半球形接地导体

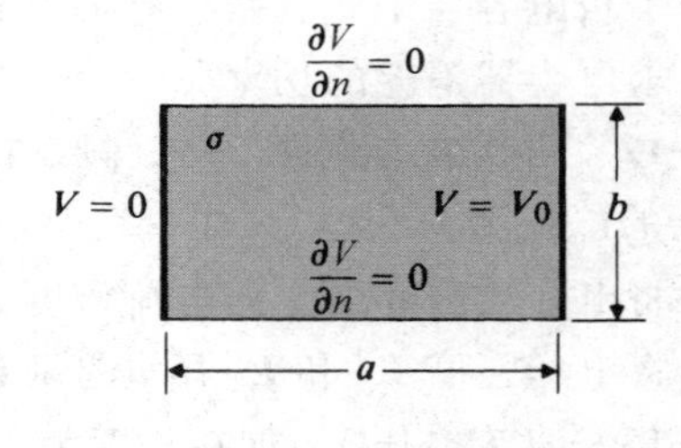

图5-14　导电薄片

P.5-22　假设一矩形导电薄片,其电导率为σ、宽度为a、高度为b。两个侧边上的电位差为V_0,如图5-14所示。试求:

(1) 电位分布。

(2) 薄片中任一位置的电流密度(提示:根据恰当的边界条件求解直角坐标中的拉普拉斯方程)。

P.5-23　均匀电流密度为$\boldsymbol{J}=\boldsymbol{a}_x J_0$的电流在一块非常大的、电导率为$\sigma$、厚度相同的均质材料的矩形块中流动。在该材料上钻一个半径为b的孔。求导体材料中新的电流密度$\boldsymbol{J}'$(提示:在柱坐标下求解拉普拉斯方程,并注意当$r\to\infty$时,V趋于$-(J_0 r/\sigma)\cos\phi$,其中ϕ是与x轴的夹角)。

第6章 静 磁 场

6.1 引言

第3章论述了静止电荷引起的静电场。已经注意到电场强度 $\boldsymbol{E}$ 是研究真空静电学时所需的唯一基本矢量场量。在媒质中，为了解释极化效应而定义第二个矢量场量——电通密度(或电位移)$\boldsymbol{D}$ 是很方便的。以下两个方程构成静电模型的基础

$$\nabla\cdot\boldsymbol{D}=\rho \tag{6-1}$$

$$\nabla\cdot\boldsymbol{E}=0 \tag{6-2}$$

媒质的电特性决定了 $\boldsymbol{D}$ 和 $\boldsymbol{E}$ 之间的关系。如果媒质是线性和各向同性的，则有简单的**本构关系** $\boldsymbol{D}=\varepsilon\boldsymbol{E}$，其中介电常数 ε 是标量。

当一个小的试验电荷 q 放入电场强度为 $\boldsymbol{E}$ 的电场中时，它受到的**电场力** $\boldsymbol{F}_e$ 是 q 的位置的函数，有

$$\boldsymbol{F}_e=q\boldsymbol{E}\quad(\mathrm{N}) \tag{6-3}$$

实验表明，当试验电荷在磁场(稍后将被定义)中运动时，该试验电荷受到另一个力为 $\boldsymbol{F}_m$，它具有以下特点：(1)$\boldsymbol{F}_m$ 的大小与 q 成正比；(2)$\boldsymbol{F}_m$ 在任意一点的方向，与试验电荷的速度矢量以及该点的既定方向垂直；(3)$\boldsymbol{F}_m$ 的大小也与垂直于既定方向的速度分量成正比。力 $\boldsymbol{F}_m$ 是**磁场力**，它不能用 $\boldsymbol{E}$ 或者 $\boldsymbol{D}$ 表示。通过定义一个新的矢量场量——**磁通密度** $\boldsymbol{B}$，可描述 $\boldsymbol{F}_m$ 的特性，磁通密度指明了上述既定方向和比例系数。

在国际单位制单位中，磁场力可以表示为

$$\boldsymbol{F}_m=q\boldsymbol{u}\times\boldsymbol{B}\quad(\mathrm{N}) \tag{6-4}$$

其中，$\boldsymbol{u}$(米/秒)是速度矢量；$\boldsymbol{B}$ 的单位是韦伯每平方米($\mathrm{Wb/m^2}$)或特斯拉(T)[①]；电荷 q 所受的总**电磁力**为 $\boldsymbol{F}=\boldsymbol{F}_e+\boldsymbol{F}_m$，即

$$\boldsymbol{F}=q(\boldsymbol{E}+\boldsymbol{u}\times\boldsymbol{B})\quad(\mathrm{N}) \tag{6-5}$$

该式称为**洛仑兹力方程**。毫无疑问，其正确性已经通过实验验证。当 q 很小时，可以认为 $\boldsymbol{F}_e/q$ 是电场强度 $\boldsymbol{E}$ 的定义(如式(3-2)中所定义的)，而将 $\boldsymbol{F}_m/q=\boldsymbol{u}\times\boldsymbol{B}$ 作为磁通密度 $\boldsymbol{B}$ 的定义关系式。另外，我们可以认为洛伦兹力方程是电磁模型的基本公理；该方程不能由其他公理导出。

通过定义 $\boldsymbol{B}$ 的旋度和散度这两个公理，来开始学习真空中的静磁场。由 $\boldsymbol{B}$ 的螺线管特性，定义矢量磁位，可证明其服从矢量泊松方程。然后，推导毕奥-萨伐定律，该定律可以用来求载流回路的磁场。从假设的旋度关系直接导出安培环路定律，当存在对称情况时，安培

① 在厘米·克·秒制中，1韦伯每平方米或1特斯拉等于 10^4 高斯。地球磁场约为1/2高斯或 0.5×10^{-4} T(1韦伯与1伏特·秒相同)。

环路定律是非常有用的。

在磁场中,通过定义磁化矢量来学习磁性材料的宏观效应。此处将介绍第四个矢量场量——磁场强度 **H**。由 **B** 和 **H** 之间的关系,定义磁性材料的磁导率。然后讨论磁路及磁性材料的微观性质。接着,研究两个不同的磁介质分界面上的 **B** 和 **H** 的边界条件;自感和互感;以及磁能、磁力和磁转矩。

6.2 真空中静磁学的基本公理

为了研究真空中的静磁学(稳定磁场),只需要考虑磁通密度矢量 **B**。在真空中,定义 **B** 的旋度和散度这两个静磁场的基本公理为

$$\nabla \cdot \boldsymbol{B} = 0 \tag{6-6}$$

$$\nabla \times \boldsymbol{B} = \mu_0 \boldsymbol{J} \tag{6-7}$$

在式(6-7)中,μ_0 是真空的磁导率

$$\mu_0 = 4\pi \times 10^{-7} \quad (\mathrm{H/m})$$

(见式 1-9),而 **J** 是电流密度。因为任何矢量场的旋度的散度为零(见式(2-149)),由式(6-7)得

$$\nabla \cdot \boldsymbol{J} = 0 \tag{6-8}$$

该式与稳恒电流中的式(5-44)一样。

将式(6-6)与真空中静电学的类似式$\nabla \cdot \boldsymbol{E} = \rho/\varepsilon_0$(式 3-4)相比可得,不存在与电荷密度 ρ 相似的磁荷密度。对式(6-6)求体积积分,并运用散度定理,得

$$\oint_S \boldsymbol{B} \cdot \mathrm{d}\boldsymbol{s} = 0 \tag{6-9}$$

其中面积分是在包围任意体积的表面上进行的。将式(6-9)和式(3-7)比较,再次否定了孤立磁荷的存在。**没有磁流源,磁通线自身总是闭合的**。式(6-9)也被称为**磁通量守恒定律**的表达式,因为它说明穿过任何闭合曲面向外的总磁通量为零。

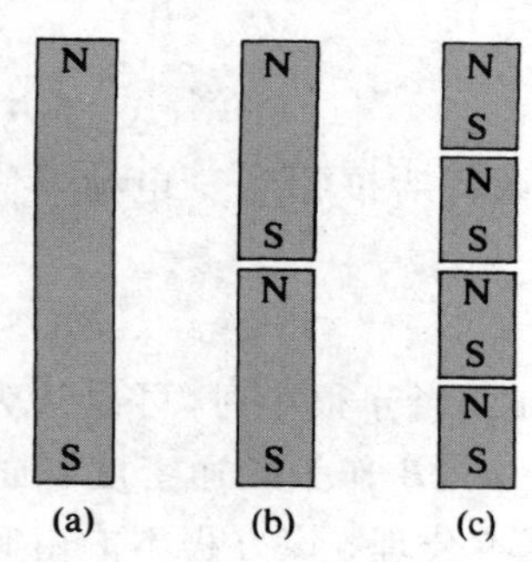

图 6-1 条形磁铁的逐次分割

对永久条形磁铁习惯标为南北两极,并不意味着在北极存在孤立的正磁荷,而在南极存在相应数量的孤立负磁荷。考虑图 6-1(a)中有南北极的条形磁铁。如果将该磁铁分成两段,则会出现新的南极和北极,且得到图 6-1(b)中两个更短的磁铁。如果这两个短磁体每个再被分成两段,则得到四根磁铁,每根都有北极和南极,如图 6-1(c)。这个过程可持续到磁铁被分至原子尺寸时,但每个无穷小的磁铁仍然有北极和南极。显然,磁极是不能孤立存在的。磁力线遵循闭合路径,在磁铁外部,它从磁铁的一个端到另一端,而在磁铁内部则继续回到始端。北极和南极的标记按如下事实约定:自由悬挂在地球磁场中的磁棒的北极端和南极端,分别指向地球的北极方向和南极方向①。

① 顺便提及,对一些史前岩石地层的考察可知,每千万年左右地球磁场就发生逆转。地球的磁场被认为是由地球外核中滚动运动的铁水产生,但是磁场逆转准确的原因还无人知晓。下一个逆转预测会发生在从现在起 2000 年后。人们不可能推测逆转的所有可怕的结果,但其中会有全球导航的混乱和鸟类迁徙的急剧改变。

通过对开曲面两边取积分，并运用斯托克斯定理，可得式(6-7)的旋度关系的积分形式，即

$$\int_S (\nabla\times \boldsymbol{B})\cdot \mathrm{d}\boldsymbol{s} = \mu_0 \int_S \boldsymbol{J}\cdot \mathrm{d}\boldsymbol{s}$$

或

$$\oint_C \boldsymbol{B}\cdot \mathrm{d}\boldsymbol{l} = \mu_0 I \tag{6-10}$$

其中线积分路径 C 为围绕表面 S 的周线，I 是穿过 S 的总电流。路径 C 的方向和电流流动的方向遵循右手螺旋定则。式(6-10)是**安培环路定律的积分形式**，其表明：**磁通密度在真空中围绕任何闭合路径的环量等于 μ_0 乘以流过该路径所围表面的总电流**。当电流周围有一条闭合路径 C，以致 $\boldsymbol{B}$ 的大小在该路径是恒量时，安培环路定律在求由电流 I 产生的磁通密度 $\boldsymbol{B}$ 时是非常有用的。

以下总结了真空中静磁学的两个基本公理

真空中静磁学的公理	
微分形式	积分形式
$\nabla\cdot \boldsymbol{B} = 0$	$\oint_S \boldsymbol{B}\cdot \mathrm{d}\boldsymbol{s} = 0$
$\nabla\times \boldsymbol{B} = \mu_0 \boldsymbol{J}$	$\oint_C \boldsymbol{B}\cdot \mathrm{d}\boldsymbol{l} = \mu_0 I$

例 6-1　一根无限长直导体载有稳恒电流 I，导体的圆截面半径为 b。求导体内部和外部的磁通密度。

解：首先应注意到这是一个轴对称的问题，利于采用安培环路定律。如果导体沿着 z 轴放置，磁通密度 $\boldsymbol{B}$ 将在 ϕ 方向，且沿围绕 z 轴的任何圆形路径的值是常数。图 6-2(a)所示为导体的横截面以及载流导体内部与外部的两个积分圆环路径 C_1 和 C_2。再次注意 C_1、C_2 的方向和 I 的方向都遵循右手定则。(当右手的手指沿着 C_1、C_2 的方向时，则右手大拇指的方向即是 I 的方向。)

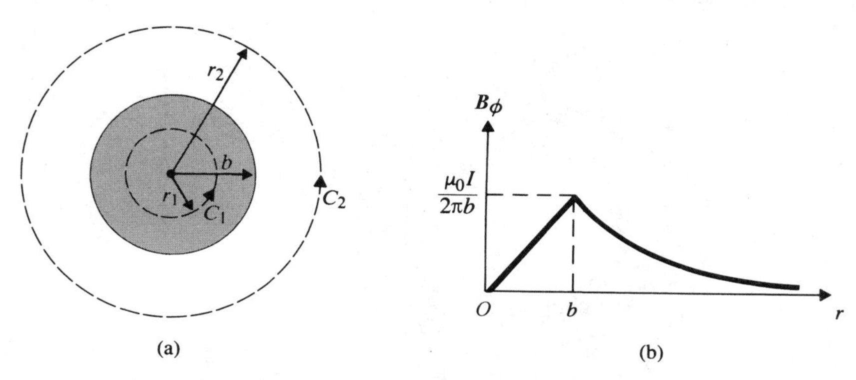

图 6-2　载有从纸面流出的电流 I 的无限长圆形导体的磁通密度

(1) 在导体内部

$$\boldsymbol{B}_1 = \boldsymbol{a}_\phi B_{\phi 1} \quad \mathrm{d}\boldsymbol{l} = \boldsymbol{a}_\phi r_1 \mathrm{d}\phi$$

$$\oint_{C_1} \boldsymbol{B}_1 \cdot \mathrm{d}\boldsymbol{l} = \int_0^{2\pi} B_{\phi 1} r_1 \mathrm{d}\phi = 2\pi r_1 B_{\phi 1}$$

通过 C_1 所围的面积的电流为

$$I_1 = \frac{\pi r_1^2}{\pi b^2} I = \left(\frac{r_1}{b}\right)^2 I$$

因此,由安培环路定律

$$\boldsymbol{B}_1 = \boldsymbol{a}_\phi B_{\phi 1} = \boldsymbol{a}_\phi \frac{\mu_0 r_1 I}{2\pi b^2}, \quad r_1 \leqslant b \tag{6-11a}$$

(2) 在导体外部

$$\boldsymbol{B}_2 = \boldsymbol{a}_\phi \boldsymbol{B}_{\phi 2} \quad \mathrm{d}\boldsymbol{l} = \boldsymbol{a}_\phi r_2 \mathrm{d}\phi$$

$$\oint_{C_2} \boldsymbol{B}_2 \cdot \mathrm{d}\boldsymbol{l} = 2\pi r_2 B_{\phi 2}$$

导体外部路径 C_2 环绕着总电流 I。因此

$$\boldsymbol{B}_2 = \boldsymbol{a}_\phi B_{\phi 2} = \boldsymbol{a}_\phi \frac{\mu_0 I}{2\pi r_2}, \quad r_2 \geqslant b \tag{6-11b}$$

观察式(6-11a)和式(6-11b)可知,从 $r_1=0$ 到 $r_1=b$,$\boldsymbol{B}$ 的大小线性增加,在那以后,随 r_2 呈反比例减小。$\boldsymbol{B}$ 随 r 的变化曲线如图 6-2(b)。

如果这个题不是一根载有稳恒电流的实心圆柱导体,而是载有面电流的薄圆管,显然,由安培环路定律得,管内的 $\boldsymbol{B}=0$。在管外,式(6-11b)仍然适用,I 等于管中流过的总电流。因此,对于无穷长,载有面电流密度为 $\boldsymbol{J}_s=\boldsymbol{a}_z J_s$(A/m),$I=2\pi b J_s$ 的空心圆柱,可得

$$\boldsymbol{B} = \begin{cases} 0 & r < b \\ \boldsymbol{a}_\phi \dfrac{\mu_0 b}{r} J_s & r > b \end{cases} \tag{6-12}$$

例 6-2 空气芯环形线圈密绕 N 匝,所载电流为 I,求环形线圈内部的磁通密度 $\boldsymbol{B}$。螺线管的平均半径为 b,每一匝的半径为 a。

解:图 6-3 描述了此问题的几何形状。圆柱对称性保证 $\boldsymbol{B}$ 只有ϕ分量,且沿围绕环形线

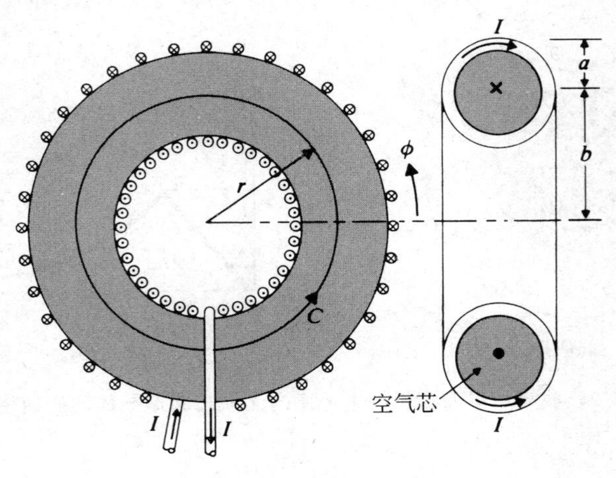

图 6-3 载流环形线圈

圈的轴的任何圆路径的值是常数。如图所示，构造一个半径为 r 的圆周 C。对$(b-a)<r<(b+a)$，由式(6-10) 可直接得

$$\oint \boldsymbol{B} \cdot \mathrm{d}\boldsymbol{l} = 2\pi r B_{\phi} = \mu_0 NI$$

其中已假定环形线圈为磁导率为 μ_0 的空气芯。因此

$$\boldsymbol{B} = \boldsymbol{a}_{\phi} B_{\phi} = \boldsymbol{a}_{\phi} \frac{\mu_0 NI}{2\pi r}, \quad (b-a) < r < (b+a) \tag{6-13}$$

显然，当 $r<(b-a)$和 $r>(b+a)$时，因为这两个区域所构建的圆周所包围的总的净电流为零，所以 $\boldsymbol{B}=0$。

例 6-3　求无限长空气芯螺线管内部的磁通密度，螺线管每单位长度密绕 N 匝，载有电流 I，如图 6-4 所示。

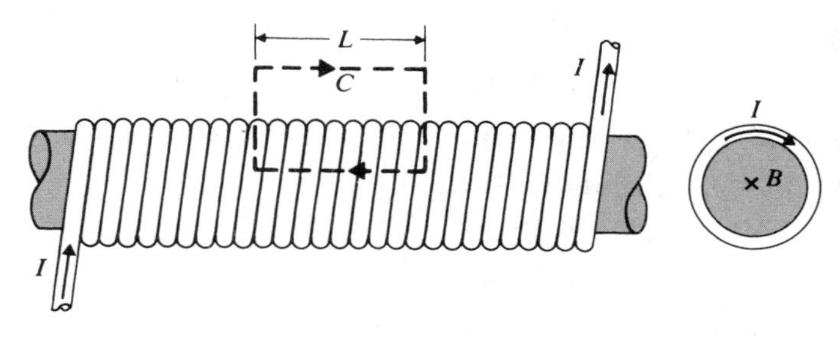

图 6-4　载流的长螺线管

解：此题可用两种方法求解。

(1) **直接运用安培环路定律**。可知在螺线管外没有磁场。为了求内部的磁通密度，构建了长度为 L 的矩形 C，其部分在螺线管里面，部分螺线管在外面。由于对称性，内部的磁场必须平行于轴，由安培环路定律可得

$$BL = \mu_0 nLI$$
$$B = \mu_0 nI \tag{6-14}$$

如图 6-4 所示，$\boldsymbol{B}$ 的方向是由右向左，关于螺线管内电流方向，符合右手定则。

(2) **作为环形管的特例**。直螺线管可视为例 6-2 中半径为无穷大($b\rightarrow\infty$)的环形线圈的特例。在这种情况下，芯的横截面尺寸和 b 相比非常小，芯内的磁通密度近似为常数，由式(6-13)，可得

$$B = \mu_0 \left(\frac{N}{2\pi b}\right) I = \mu_0 nI$$

其与式(6-14)相同。

6.3　矢量磁位

式(6-6)的 $\boldsymbol{B}$ 的无散度公理，$\nabla \cdot \boldsymbol{B}=0$，表明 $\boldsymbol{B}$ 是螺线管场。因此，$\boldsymbol{B}$ 能表示成另一个矢量场 $\boldsymbol{A}$ 的旋度(见 2.11 节中的恒等式Ⅱ，即式(2-149))

$$\boldsymbol{B}=\nabla\times\boldsymbol{A}\quad(\mathrm{T})\tag{6-15}$$

如此定义的矢量场 $\boldsymbol{A}$ 称为**矢量磁位**，其国际单位制单位是韦伯每米(Wb/m)。因此如果得到电流分布的 $\boldsymbol{A}$，则对 $\boldsymbol{A}$ 作微分(旋度)运算可以得到 $\boldsymbol{B}$。这与静电学中介绍无旋度 $\boldsymbol{E}$ 的标量电位 $\boldsymbol{V}$ 方法非常相似(3.5节)，并由关系式 $\boldsymbol{E}=-\nabla\boldsymbol{V}$ 得到 $\boldsymbol{E}$。然而，定义一个矢量需要同时说明其旋度和散度。因此，仅有式(6-15)不能充分定义 $\boldsymbol{A}$，还必须说明其散度。

如何选择 $\nabla\cdot\boldsymbol{A}$？在回答这个问题前，取式(6-15)中 $\boldsymbol{B}$ 的旋度并代入式(6-7)中，可得

$$\nabla\times\nabla\times\boldsymbol{A}=\mu_0\boldsymbol{J}\tag{6-16}$$

这里插入一个矢量旋度的旋度公式

$$\nabla\times\nabla\times\boldsymbol{A}=\nabla(\nabla\cdot\boldsymbol{A})-\nabla^2\boldsymbol{A}\tag{6-17a}$$

或

$$\nabla^2\boldsymbol{A}=\nabla(\nabla\cdot\boldsymbol{A})-\nabla\times\nabla\times\boldsymbol{A}\tag{6-17b}$$

式(6-17a)①或者式(6-17b)可看成是对 $\boldsymbol{A}$ 的拉普拉斯运算 $\nabla^2\boldsymbol{A}$ 的定义。对直角坐标，用直接替代法很容易验证(见习题P.6-16)

$$\nabla^2\boldsymbol{A}=\boldsymbol{a}_x\nabla^2A_x+\boldsymbol{a}_y\nabla^2A_y+\boldsymbol{a}_z\nabla^2A_z\tag{6-18}$$

因此，对直角坐标，矢量场 $\boldsymbol{A}$ 的拉普拉斯运算是另一个矢量场，其分量是 $\boldsymbol{A}$ 的相应分量的拉普拉斯运算(梯度的散度)。但对其他坐标系，此结论不正确。

现在根据式(6-17a)，将式(6-16)中的 $\nabla\times\nabla\times\boldsymbol{A}$ 展开，并得

$$\nabla(\nabla\cdot\boldsymbol{A})-\nabla^2\boldsymbol{A}=\mu_0\boldsymbol{J}\tag{6-19}$$

为了最大限度简化式(6-19)，选定

$$\nabla\cdot\boldsymbol{A}=0\tag{6-20}$$②

所以式(6-19)变为

$$\nabla^2\boldsymbol{A}=-\mu_0\boldsymbol{J}\tag{6-21}$$

这就是**矢量泊松方程**。在直角坐标中，式(6-21)等价为三个标量泊松方程

$$\nabla^2A_x=\mu_0J_x\tag{6-22a}$$

$$\nabla^2A_y=\mu_0J_y\tag{6-22b}$$

$$\nabla^2A_z=\mu_0J_z\tag{6-22c}$$

这三个方程在数学形式上和静电学中的标量泊松方程式(4-6)一样。在真空中，方程

$$\nabla^2V=-\frac{\rho}{\varepsilon_0}$$

有一个特解(见式(3-61))

$$V=\frac{1}{4\pi\varepsilon_0}\int_{V'}\frac{\rho}{R}\mathrm{d}v'$$

因此式(6-22a)的解为

$$\boldsymbol{A}_x=\frac{\mu_0}{4\pi}\int_{V'}\frac{\boldsymbol{J}_x}{R}\mathrm{d}v'$$

---

① 式(6-17a)可以从式(2-20)中的矢量三重积公式的启发而得到，即把del算子 ∇ 看做一个矢量，有

$$\nabla\times(\nabla\times\boldsymbol{A})=\nabla(\nabla\cdot\boldsymbol{A})-(\nabla\cdot\nabla)\boldsymbol{A}=\nabla(\nabla\cdot\boldsymbol{A})-\nabla^2\boldsymbol{A}$$

② 这个关系叫做**库仑条件**或**库仑规范**。

可得出 A_y 和 A_z 的类似的解，结合这三个分量，得式(6-21)的解

$$\boldsymbol{A}=\frac{\mu_0}{4\pi}\int_{V'}\frac{\boldsymbol{J}}{R}\mathrm{d}v' \quad (\mathrm{Wb/m}) \tag{6-23}$$

式(6-23)使我们能由体电流密度 $\boldsymbol{J}$ 求得矢量磁位 $\boldsymbol{A}$。然后，经微分运算，由 $\nabla\times\boldsymbol{A}$ 可得到磁通密度 $\boldsymbol{B}$，其方法类似于利用 $-\nabla V$ 求静电场 $\boldsymbol{E}$。

矢量磁位 $\boldsymbol{A}$ 与穿过封闭周线 C 所围绕的给定面积 S 的磁通量有关，可用简单方式表示

$$\Phi=\int_S\boldsymbol{B}\cdot\mathrm{d}\boldsymbol{s} \tag{6-24}$$

磁通量的国际单位是韦伯(Wb)，其等价于特斯拉平方米($\mathrm{T\cdot m^2}$)。利用式(6-15)和斯托克斯定律，可得

$$\Phi=\int_S(\nabla\times\boldsymbol{A})\cdot\mathrm{d}\boldsymbol{s}=\oint_C\boldsymbol{A}\cdot\mathrm{d}\boldsymbol{l} \quad (\mathrm{Wb}) \tag{6-25}$$

因此，矢量磁位 $\boldsymbol{A}$ 的物理意义在于，围绕任意闭合路径的 $\boldsymbol{A}$ 的线积分等于穿过这个路径所围面积的总磁通量。

6.4　毕奥-萨伐定律及应用

在很多应用中，我们对求解载流电路产生的磁场感兴趣。对一根截面面积为 S 的细导线，$\mathrm{d}v'$ 等于 $S\mathrm{d}\boldsymbol{l}'$，而电流全部沿导线流动，可得

$$\boldsymbol{J}\mathrm{d}v'=\boldsymbol{J}S\mathrm{d}\boldsymbol{l}'=I\mathrm{d}\boldsymbol{l}' \tag{6-26}$$

而式(6-23)变成

$$\boldsymbol{A}=\frac{\mu_0 I}{4\pi}\oint_{C'}\frac{\mathrm{d}\boldsymbol{l}'}{R} \tag{6-27}$$

其中已把一个圆圈加在积分号上，因为电流必须在由 C' 表示的闭合路径中流动[①]。于是磁通密度为

$$\boldsymbol{B}=\nabla\times\boldsymbol{A}=\nabla\times\left[\frac{\mu_0 I}{4\pi}\oint_{C'}\frac{\mathrm{d}\boldsymbol{l}'}{R}\right]=\frac{\mu_0 I}{4\pi}\oint_{C'}\nabla\times\left(\frac{\mathrm{d}\boldsymbol{l}'}{R}\right) \tag{6-28}$$

在式(6-28)中值得注意的是，无撇的旋度运算是关于场点的空间坐标进行微分的，而积分运算是关于带撇的源坐标的。采用下面的恒等式(见习题 P.2-37)，式(6-28)的被积函数可以展开成两项

$$\nabla\times(f\boldsymbol{G})=f\,\nabla\times\boldsymbol{G}+(\nabla f)\times\boldsymbol{G} \tag{6-29}$$

令 $f=1/R$，$\boldsymbol{G}=\mathrm{d}\boldsymbol{l}'$，可得

$$\boldsymbol{B}=\frac{\mu_0 I}{4\pi}\oint_{C'}\left[\frac{1}{R}\nabla\times\mathrm{d}\boldsymbol{l}'+\left(\nabla\frac{1}{R}\right)\times\mathrm{d}\boldsymbol{l}'\right] \tag{6-30}$$

现在，既然无撇坐标和有撇坐标都是独立的，所以 $\nabla\times\mathrm{d}\boldsymbol{l}'$ 等于零，于是式(6-30)右边的第一项为零。距离 R 是由点 (x',y',z') 的 $\mathrm{d}\boldsymbol{l}'$ 到场点 (x,y,z) 度量得出的，因此有

$$\frac{1}{R}=[(x-x')^2+(y-y')^2+(z-z')^2]^{-1/2}$$

---

① 现在讨论产生稳定磁场的直流(不随时间变化)。包含时变场源的电路可沿着开路线输送时变电流，并在其末端聚集电荷。天线就是一个实例。

$$\nabla\left(\frac{1}{R}\right)=\boldsymbol{a}_x\frac{\partial}{\partial_x}\left(\frac{1}{R}\right)+\boldsymbol{a}_y\frac{\partial}{\partial_y}\left(\frac{1}{R}\right)+\boldsymbol{a}_z\frac{\partial}{\partial_z}\left(\frac{1}{R}\right)$$
$$=-\frac{\boldsymbol{a}_x(x-x')+\boldsymbol{a}_y(y-y')+\boldsymbol{a}_z(z-z')}{[(x-x')^2+(y-y')^2+(z-z')^2]^{3/2}}$$
$$=-\frac{\boldsymbol{R}}{R^3}=-\boldsymbol{a}_R\frac{1}{R^2}\tag{6-31}$$

其中 $\boldsymbol{a}_R$ 是由源点指向场点的单位矢量。将式(6-31)代入式(6-30),可得

$$\boldsymbol{B}=\frac{\mu_0 I}{4\pi}\oint_{C'}\frac{\mathrm{d}\boldsymbol{l}'\times\boldsymbol{a}_R}{R^2}\quad(\mathrm{T})\tag{6-32}$$

式(6-32)称为**毕奥-萨伐定律**。该式用于计算闭合路径 C' 中的电流所产生的 $\boldsymbol{B}$,它是通过对式(6-27)中 $\boldsymbol{A}$ 取旋度得到的。有时分两步得出式(6-32)较为方便

$$\boldsymbol{B}=\oint_{C'}\mathrm{d}\boldsymbol{B}\quad(\mathrm{T})\tag{6-33a}$$

和

$$\mathrm{d}\boldsymbol{B}=\frac{\mu_0 I}{4\pi}\left(\frac{\mathrm{d}\boldsymbol{l}'\times\boldsymbol{a}_R}{R^2}\right)\quad(\mathrm{T})\tag{6-33b}$$

它是电流元 $I\mathrm{d}\boldsymbol{l}'$ 产生的磁通密度。式(6-33b)的另一种更方便的形式是

$$\mathrm{d}\boldsymbol{B}=\frac{\mu_0 I}{4\pi}\left(\frac{\mathrm{d}\boldsymbol{l}'\times\boldsymbol{R}}{R^3}\right)\quad(\mathrm{T})\tag{6-33c}$$

将式(6-32)和式(6-10)比较可知,应用毕奥-萨伐定律通常比应用安培环路定律更困难。不过,在求电路中 I 产生的 $\boldsymbol{B}$ 时,如果找不到有恒定值 $\boldsymbol{B}$ 的闭合路径,安培环路定律就没有用。

例 6-4　在长度为 $2L$ 的直导线上有电流强度为 I 的电流。求在导线平分的平面上,距离导线 r 处的磁通密度 $\boldsymbol{B}$?(1)先求矢量磁位 $\boldsymbol{A}$,再求之;(2)运用毕奥-萨伐定律求。

解:电流只存在于环路内。因此,题中的导线是几条直线边组成的载流回路的一部分。由于不知道其他的电路,安培环路定律不适用于解该题。参考图 6-5,电流方向沿着 z 轴。导线上的线元为 $\mathrm{d}l'=\boldsymbol{a}_z\mathrm{d}z'$,坐标系中的点 P 为 $(r,0,0)$。

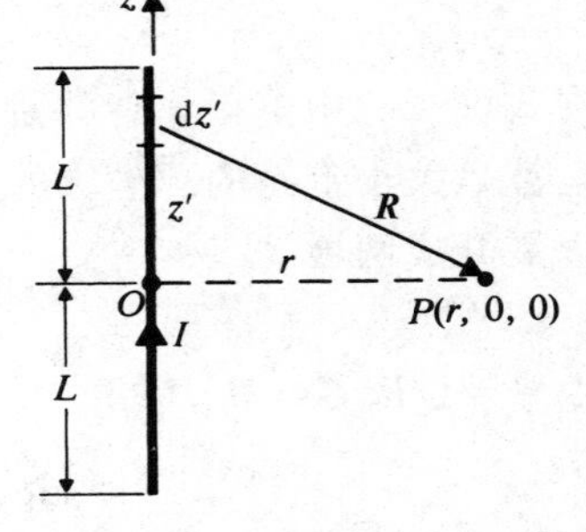

图 6-5　载流直导线

(1) 通过 $\nabla\times\boldsymbol{A}$ 求 $\boldsymbol{B}$,把 $R=\sqrt{z'^2+r^2}$ 代入式(6-27),有

$$\boldsymbol{A}=\boldsymbol{a}_z\frac{\mu_0 I}{4\pi}\int_{-L}^{L}\frac{\mathrm{d}z'}{\sqrt{z'^2+r^2}}$$
$$=\boldsymbol{a}_z\frac{\mu_0 I}{4\pi}\left[\ln(z'+\sqrt{z'^2+r^2})\right]\Big|_{-L}^{L}$$
$$=\boldsymbol{a}_z\frac{\mu_0 I}{4\pi}\ln\frac{\sqrt{L^2+r^2}+L}{\sqrt{L^2+r^2}-L}\tag{6-34}$$

因此

$$\boldsymbol{B}=\nabla\times\boldsymbol{A}=\nabla\times(\boldsymbol{a}_zA_z)=\boldsymbol{a}_r\frac{1}{r}\frac{\partial A_z}{\partial\phi}-\boldsymbol{a}_\phi\frac{\partial A_z}{\partial r}$$

围绕直导线的轴对称特性表明 $\partial A_z/\partial\phi=0$,因此

$$\boldsymbol{B}=-\boldsymbol{a}_{\phi}\frac{\partial}{\partial r}\left[\frac{\mu_0 I}{4\pi}\ln\frac{\sqrt{L^2+r^2}+L}{\sqrt{L^2+r^2}-L}\right]=\boldsymbol{a}_{\phi}\frac{\mu_0 IL}{2\pi r\sqrt{L^2+r^2}} \tag{6-35}$$

当 $r\ll L$，式(6-35)可简化为

$$\boldsymbol{B}_{\phi}=\boldsymbol{a}_{\phi}\frac{\mu_0 I}{2\pi r} \tag{6-36}$$

上式为距离无线长载流为 I 的直导线 r 处的 $\boldsymbol{B}$ 的表达式，如式(6-11b)所给。

(2) 运用毕奥-萨伐定律，从图6-5中可知，从源点 $\mathrm{d}z'$ 到场中一点 P 的距离矢量为

$$\boldsymbol{R}=\boldsymbol{a}_r r-\boldsymbol{a}_z z'$$

$$\mathrm{d}\boldsymbol{l}'\times\boldsymbol{R}=\boldsymbol{a}_z\mathrm{d}z'\times(\boldsymbol{a}_r r-\boldsymbol{a}_z z')=\boldsymbol{a}_{\phi}r\,\mathrm{d}z'$$

代入式(6-33c)，得

$$\boldsymbol{B}=\int\mathrm{d}\boldsymbol{B}=\boldsymbol{a}_{\phi}\frac{\mu_0 I}{4\pi}\int_{-L}^{L}\frac{r\,\mathrm{d}z'}{(z'^2+r^2)^{3/2}}=\boldsymbol{a}_{\phi}\frac{\mu_0 IL}{2\pi r\sqrt{L^2+r^2}}$$

这与式(6-35)相同。

例 6-5　在边长为 w 的正方形回路中，流过的电流为 I，求该回路中心处的磁通密度。

解：假设回路位于 xy 平面，如图6-6所示。回路中心处的磁通密度等于长度为 w 的单条边产生的磁通密度的4倍。在式(6-35)中，设 $L=r=w/2$，得

$$\boldsymbol{B}=\boldsymbol{a}_z\frac{\mu_0 I}{\sqrt{2}\pi w}\times 4=\boldsymbol{a}_z\frac{2\sqrt{2}\mu_0 I}{\pi w} \tag{6-37}$$

其中 $\boldsymbol{B}$ 的方向和回路中电流的方向遵循右手定则。

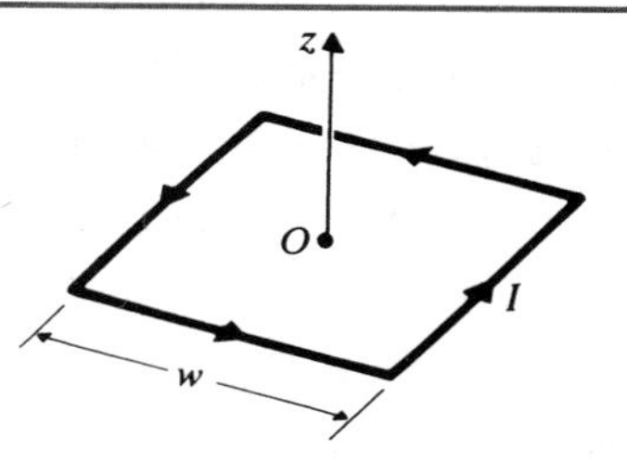

图 6-6　载有电流 I 的正方形回路

例 6-6　在半径为 b 的圆形回路上通有电流 I，求圆形回路轴线上一点的磁通密度。

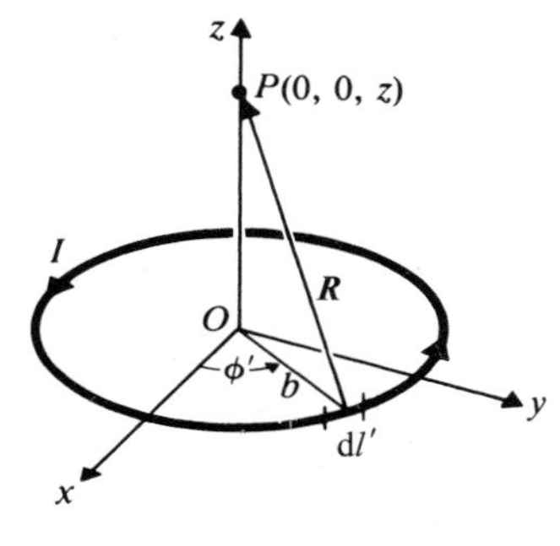

图 6-7　载有电流 I 的圆形回路

解：对图6-7所示的圆形回路应用毕奥-萨伐定律

$$\mathrm{d}\boldsymbol{l}'=\boldsymbol{a}_{\phi}b\,\mathrm{d}\phi'$$

$$\boldsymbol{R}=\boldsymbol{a}_z z-\boldsymbol{a}_r b$$

$$R=(z^2+b^2)^{1/2}$$

记住，$\boldsymbol{R}$ 是一个从线元 $\mathrm{d}\boldsymbol{l}'$ 的源到场点 P 的矢量。有

$$\mathrm{d}\boldsymbol{l}'\times\boldsymbol{R}=\boldsymbol{a}_{\phi}b\,\mathrm{d}\phi'\times(\boldsymbol{a}_z z-\boldsymbol{a}_r b)=\boldsymbol{a}_r bz\,\mathrm{d}\phi'+\boldsymbol{a}_z b^2\mathrm{d}\phi'$$

由于圆柱对称性，容易得知 $\boldsymbol{a}_r$ 分量被穿过直径位于线元 $\mathrm{d}l'$ 对面的线元的贡献抵消。所以仅仅需要考虑叉积中的 $\boldsymbol{a}_z$ 分量。

由式(6-33a)和式(6-33c)，写出

$$\boldsymbol{B}=\frac{\mu_0 I}{4\pi}\int_0^{2\pi}\boldsymbol{a}_z\frac{b^2\mathrm{d}\phi'}{(z^2+b^2)^{3/2}}$$

或

$$\boldsymbol{B}=\boldsymbol{a}_z\frac{\mu_0 Ib^2}{2(z^2+b^2)^{3/2}} \tag{6-38}$$

6.5 磁偶极子

用一个例子开始本节的学习。

例 6-7 一半径为 b 的小圆形回路中通有电流 I(**磁偶极子**),求该回路在远处一点的磁通密度。

解:根据题意,显然感兴趣的是求距离回路中心为 R,满足 $R \gg b$ 情况的点的 $\boldsymbol{B}$;在此情况下,可做某些简化近似计算。

如图 6-8 所示,选回路中心为球面坐标的原点。源坐标是带撇的。先求矢量磁位 $\boldsymbol{A}$,然后根据 $\nabla \times \boldsymbol{A}$ 求 $\boldsymbol{B}$

$$\boldsymbol{A} = \frac{\mu_0 I}{4\pi}\oint_{C'} \frac{\mathrm{d}\boldsymbol{l}'}{R_1} \tag{6-39}$$

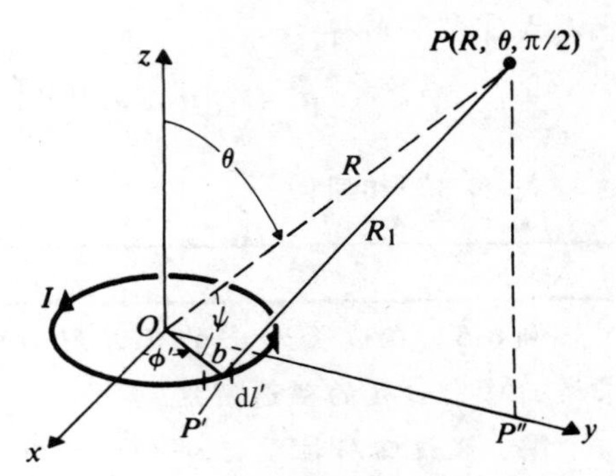

图 6-8 载有电流 I 的小圆形回路

式(6-39)与式(6-27)相同,除了重要的一点例外:式(6-27)中的 R 表示 P' 点的线元 $\mathrm{d}\boldsymbol{l}'$ 与场点 P 的距离,根据图 6-8 中的符号,它必须用 R_1 代替。由于对称性,显然磁场是与场点的角度 ϕ 无关的。为了方便,选取 yz 平面的点 $P(R,\theta,\pi/2)$ 来分析。

另一个重要之点是:$\mathrm{d}\boldsymbol{l}'$ 处的 $\boldsymbol{a}_{\phi'}$ 和 P 点的 $\boldsymbol{a}_\phi$ 是不同的。事实上,图 6-8 中所示 P 点的 $\boldsymbol{a}_\phi$ 为 $-\boldsymbol{a}_x$,且有

$$\mathrm{d}\boldsymbol{l}' = (-\boldsymbol{a}_x \sin\phi' + \boldsymbol{a}_y \cos\phi')b\,\mathrm{d}\phi' \tag{6-40}$$

对于每一个 $I\mathrm{d}\boldsymbol{l}'$,在 y 轴的另一侧,都存在与其对称的微分电流元,它将对 $\boldsymbol{A}$ 在 $-\boldsymbol{a}_x$ 方向产生等量的贡献,但将抵消 $I\mathrm{d}\boldsymbol{l}'$ 在 $\boldsymbol{a}_y$ 方向的贡献。式(6-39)可以写成

$$\boldsymbol{A} = -\boldsymbol{a}_x \frac{\mu_0 I}{4\pi}\int_0^{2\pi} \frac{b\sin\phi'}{R_1}\mathrm{d}\phi'$$

$$\boldsymbol{A} = \boldsymbol{a}_\phi \frac{\mu_0 Ib}{4\pi}\int_{-\pi/2}^{\pi/2} \frac{\sin\phi'}{R_1}\mathrm{d}\phi' \tag{6-41}$$

对三角形 OPP' 运用余弦定理得

$$R_1^2 = R^2 + b^2 - 2bR\cos\psi$$

其中 $R\cos\psi$ 是 R 在半径 OP' 上的投影,它与 $OP''(OP''=R\sin\theta)$ 在 OP' 上的投影相同。因此

$$R_1^2 = R^2 + b^2 - 2bR\sin\theta\sin\phi'$$

而

$$\frac{1}{R_1} = \frac{1}{R}\left(1 + \frac{b^2}{R^2} - \frac{2b}{R}\sin\theta\sin\phi'\right)^{-1/2}$$

当 $R^2 \gg b^2$ 时,b^2/R^2 与 1 相比可以忽略,则

$$\frac{1}{R_1} \cong \frac{1}{R}\left(1 - \frac{2b}{R}\sin\theta\sin\phi'\right)^{-1/2} \cong \frac{1}{R}\left(1 + \frac{b}{R}\sin\theta\sin\phi'\right) \tag{6-42}$$

将式(6-42)代入式(6-41)得

$$\boldsymbol{A} = \boldsymbol{a}_\phi \frac{\mu_0 Ib}{2\pi R}\int_{-\pi/2}^{\pi/2}\left(1 + \frac{b}{R}\sin\theta\sin\phi'\right)\sin\phi'\,\mathrm{d}\phi'$$

或

$$\boldsymbol{A}=\boldsymbol{a}_\phi\frac{\mu_0 Ib^2}{4R^2}\sin\theta \tag{6-43}$$

磁通密度是$\boldsymbol{B}=\nabla\times\boldsymbol{A}$。利用式(2-139)可得

$$\boldsymbol{B}=\frac{\mu_0 Ib^2}{4R^3}(\boldsymbol{a}_R 2\cos\theta+\boldsymbol{a}_\theta\sin\theta) \tag{6-44}$$

即为所求。

在此，看出式(6-44)与式(3-54)给出的静电偶极子远场的电场强度表达式相似。因此，如图6-8所示，在远点，磁偶极子的磁通线(位于xy平面)和图3-15中给出的电偶极子的电场虚线(位于z方向上)形式相同。然而，由图6-9可知，在磁偶极子附近，磁偶极子的磁通线是连续的，然而电偶极子的电场线终止于电荷，总是从正电荷指向负电荷。

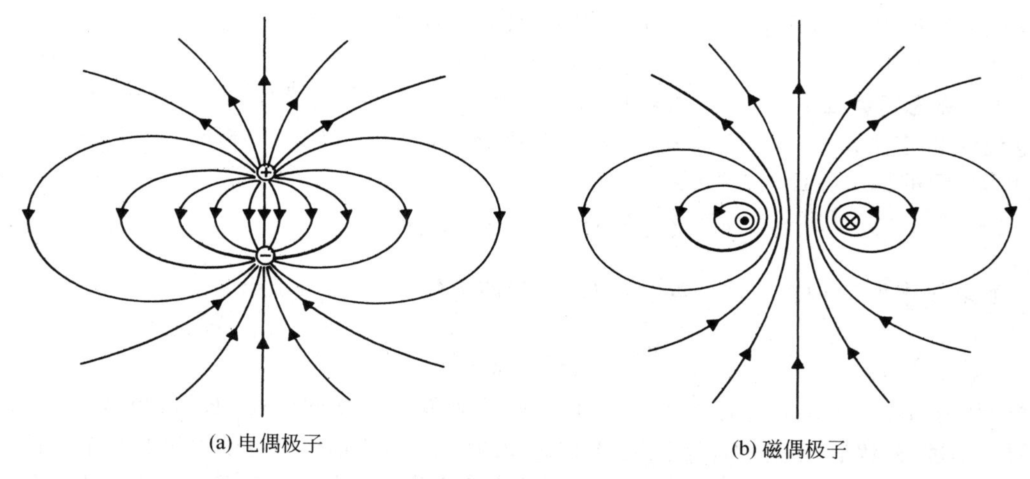

图6-9　电偶极子的电场线和磁偶极子的磁通线

重新整理式(6-43)中的矢量磁位的表达式为

$$\boldsymbol{A}=\boldsymbol{a}_\phi\frac{\mu_0(I\pi b^2)}{4\pi R^2}\sin\theta$$

或

$$\boldsymbol{A}=\frac{\mu_0\boldsymbol{m}\times\boldsymbol{a}_R}{4\pi R^2}\quad(\text{Wb/m}) \tag{6-45}$$

其中

$$\boldsymbol{m}=\boldsymbol{a}_z I\pi b^2=\boldsymbol{a}_z IS=\boldsymbol{a}_z m\quad(\text{A/m}^2) \tag{6-46}$$

被定义为**磁偶极矩**，它是一个矢量，其大小为回路中电流与回路面积的乘积。其方向是当右手的四指指向电流方向时的大拇指方向。比较式(6-45)和式(3-53b)中电偶极子的标量电位表达式

$$V=\frac{\boldsymbol{p}\cdot\boldsymbol{a}_R}{4\pi\epsilon_0 R^2}\quad(\text{V}) \tag{6-47}$$

表明：对这两种情况，$\boldsymbol{A}$类似于V。称这小载流回路为**磁偶极子**。

用类似的方法,也可将式(6-44)改写为

$$\boldsymbol{B}=\frac{\mu_0 m}{4\pi R^3}(\boldsymbol{a}_R 2\cos\theta+\boldsymbol{a}_\theta\sin\theta)\quad(\mathrm{T})\tag{6-48}$$

除了 p 改为 m,以及 ε_0 改为 $1/\mu_0$ 外,式(6-48)与电偶极子的远区 $\boldsymbol{E}$ 的表达式(3-54)具有相同形式。因此,正如前面所提到的,在 xy 平面的磁偶极子的磁通线与沿 z 轴放置的电偶极子的电场线有相同的形状。

虽然例 6-7 中的磁偶极子是一个圆形回路,但能得出(习题 P.6-19):当回路为矩形形状,有式(6-46)所给的 $m=IS$ 时,可得到相同的表达式,即式(6-45)和式(6-48)。

标量磁位

在 $\boldsymbol{J}=0$ 的无电流区域,式(6-7)变为

$$\nabla\times\boldsymbol{B}=0\tag{6-49}$$

于是磁通密度 $\boldsymbol{B}$ 是无旋度的,且能表示为一个标量场的梯度。令

$$\boldsymbol{B}=-\mu_0\nabla V_m\tag{6-50}$$

其中 V_m 称为**标量磁位**(单位为安培)。式(6-50)中的负号是习惯添加的(见式(3-43)中标量电位 V 的定义)。真空的磁导率 μ_0 只是个比例常数。和式(3-45)相似,可将真空中两点 P_2 和 P_1 间的标量磁位的差写为

$$V_{m2}-V_{m1}=-\int_{p_1}^{p_2}\frac{1}{\mu_0}\boldsymbol{B}\cdot\mathrm{d}\boldsymbol{l}\tag{6-51}$$

如果在体积 V' 内存在体密度为 $\rho_m(\mathrm{A/m^2})$ 的磁荷,由下式可求出 V_m

$$V_m=\frac{1}{4\pi}\int_{V'}\frac{\rho_m}{R}\mathrm{d}v'\quad(\mathrm{A})\tag{6-52}$$

接着,由式(6-50)可求磁通密度 $\boldsymbol{B}$。然而,实验从未发现孤立的磁荷,必须把它们看成是虚拟的。不过,在数学(不是物理)模型中考虑虚构的磁荷,对于借用静电学的知识去探讨静磁学关系以及建立磁学中的传统磁极观点与作为磁性源的微观环流概念之间的桥梁,都是有利的。

小磁棒的磁场和磁偶极子产生的磁场相同,这可以通过观察磁棒周围铁屑的轮廓来证实。传统的理解是,永久磁铁的两端(北极和南极)分别存在正磁荷和负磁荷。对磁棒来说,虚构的磁荷 $+q_m$ 和 $-q_m$ 被认为相隔距离为 d,并形成等效磁偶极矩

$$\boldsymbol{m}=q_m\boldsymbol{d}=\boldsymbol{a}_n IS\tag{6-53}$$

按 3.5.1 节中的步骤,可求由磁偶极子形成的标量磁位 V_m,那些步骤是为了求电偶极子产生的标量电位而列出的。与式(3-53b)类似,可得

$$V_m=\frac{\boldsymbol{m}\cdot\boldsymbol{a}_R}{4\pi R^2}\quad(\mathrm{A})\tag{6-54}$$

将式(6-54)代入式(6-50)中,便得与式(6-48)相同的磁通密度 $\boldsymbol{B}$。

注意:式(6-54)中磁偶极子的标量磁位 V_m 的表达式和式(6-47)中电偶极子的标量电位 V 完全相似。但是,式(6-45)中的矢量磁位 $\mathbf{A}$ 和式(6-47)中的 V 却不是很相似。注意,式(6-49)中所表明的 $\boldsymbol{B}$ 的无旋特性(由此定义标量磁位 V_m),仅仅在没有电流的点才是正确的。在电流存在的区域,磁场不是保守场,于是标量磁位不是单值函数;因此,由式(6-51)求的磁位差就取决于积分路径。基于上述原因,研究磁性材料的磁场时,常常用环流和矢量电位方法,而不用虚构的磁荷和标量电位方法。磁棒的宏观特性归因于电子的轨道公转和自

旋产生的环形原子电流(安培电流)。一些等效(虚拟)磁荷密度的知识将在6.6.1节讨论。

6.6 磁化强度和等效电流密度

根据物质的基本原子模型,所有材料由原子组成,每个原子又由一个带正电的原子核和一些环绕它作轨道运动的带负电的电子组成。作轨道运动的电子产生环路电流,进而构成微观的磁偶极子。另外,原子中的电子和原子核都绕各自的轴旋转(自旋)而具有一定的磁偶极矩。因为原子核的质量大得多且角速度也低得多,所以原子核自旋的磁偶极矩与电子轨道运动或自旋的磁偶极矩相比,通常是可以忽略的。完全理解材料的磁效应要求量子力学的知识。(6.9节将对各种磁性材料的性质加以定性描述。)

在没有外部磁场时,大多数材料(永久磁铁除外)的原子的磁偶极子方向是随机的,因此不产生净磁矩。施加外部磁场,会引起电子自旋磁矩的规则排列,同时由于改变了电子的轨道运动而产生感应磁矩。为了得到公式,求由于磁性材料的存在而引起的磁通密度定量变化,令 m_k 为一个原子的磁偶极矩。如果每单位体积中有 n 个原子,定义**磁化矢量 $\boldsymbol{M}$** 为

$$\boldsymbol{M}=\lim_{\Delta v\to 0}\frac{\sum_{k=1}^{n\Delta v}\boldsymbol{m}_k}{\Delta v}\quad(\mathrm{A/m})\tag{6-55}$$

上式是磁偶极矩的体密度。一个体积元为 $\mathrm{d}v'$ 的磁偶极矩 $\mathrm{d}\boldsymbol{m}$,满足 $\mathrm{d}\boldsymbol{m}=\boldsymbol{M}\mathrm{d}v'$,根据式(6-45),将产生一矢量磁位

$$\mathrm{d}\boldsymbol{A}=\frac{\mu_0\boldsymbol{M}\times\boldsymbol{a}_R}{4\pi R^2}\mathrm{d}v'\tag{6-56}$$

运用式(3-83),可将式(6-56)写为

$$\mathrm{d}\boldsymbol{A}=\frac{\mu_0}{4\pi}\boldsymbol{M}\times\nabla'\left(\frac{1}{R}\right)\mathrm{d}v'$$

因此

$$\boldsymbol{A}=\int_{V'}\mathrm{d}\boldsymbol{A}=\frac{\mu_0}{4\pi}\int_{V'}\boldsymbol{M}\times\nabla'\left(\frac{1}{R}\right)\mathrm{d}v'\tag{6-57}$$

其中,V' 是磁化材料的体积。

利用式(6-29)的矢量恒等式,写出

$$\boldsymbol{M}\times\nabla'\left(\frac{1}{R}\right)=\frac{1}{R}\nabla'\times\boldsymbol{M}-\nabla'\times\left(\frac{\boldsymbol{M}}{R}\right)\tag{6-58}$$

并将式(6-57)的右边展开成两项

$$\boldsymbol{A}=\frac{\mu_0}{4\pi}\int_{V'}\frac{\nabla'\times\boldsymbol{M}}{R}\mathrm{d}v'-\frac{\mu_0}{4\pi}\int_{V'}\nabla'\times\left(\frac{\boldsymbol{M}}{R}\right)\mathrm{d}v'\tag{6-59}$$

下面的矢量恒等式(见习题P.6-20)让我们能够把矢量旋度的体积分化为一个面积分

$$\int_{V'}v'\times\boldsymbol{F}\mathrm{d}v'=-\oint_{S'}\boldsymbol{F}\times\mathrm{d}\boldsymbol{s}'\tag{6-60}$$

其中 $\boldsymbol{F}$ 为有连续一阶导数的任何矢量,由式(6-59)可得

$$\boldsymbol{A}=\frac{\mu_0}{4\pi}\int_{V'}\frac{\nabla'\times\boldsymbol{M}}{R}\mathrm{d}v'+\frac{\mu_0}{4\pi}\oint_{S'}\frac{\boldsymbol{M}\times\boldsymbol{a}_n'}{R}\mathrm{d}s'\tag{6-61}$$

其中,$\boldsymbol{a}_n'$ 是由 $\mathrm{d}s'$ 向外的单位法线矢量,而 S' 为包围体积 V' 的表面。

将式(6-61)中右边的表达式与式(6-23)中用体电流密度 $\boldsymbol{J}$ 表示 $\boldsymbol{A}$ 的表达式作一比较，可知磁化强度矢量的效应等效于一个体电流密度

$$\boldsymbol{J}_m = \nabla\times\boldsymbol{M} \quad (\text{A/m}^2) \tag{6-62}$$

和一个面电流密度

$$\boldsymbol{J}_{ms} = \boldsymbol{M}\times\boldsymbol{a}_n \quad (\text{A/m}) \tag{6-63}$$

为简单起见，在式(6-62)和式(6-63)中，已省略了∇和 $\boldsymbol{a}_n$ 上的撇号，因为二者显然都指的是磁化矢量 $\boldsymbol{M}$ 存在处的源点坐标。然而，当源点坐标和场点坐标之间有可能产生混淆时，撇号就应该保留。

于是，求给定磁偶极矩的体密度 $\boldsymbol{M}$ 产生的磁通密度 $\boldsymbol{B}$ 的问题，就简化为如下问题：先用式(6-62)和式(6-23)求等效磁化电流密度 $\boldsymbol{J}_m$ 和 $\boldsymbol{J}_{ms}$，再用式(6-61)求 $\boldsymbol{A}$，然后对 $\boldsymbol{A}$ 取旋度而求得 $\boldsymbol{B}$。如果同时还存在外加磁场，那么必须分开计算。

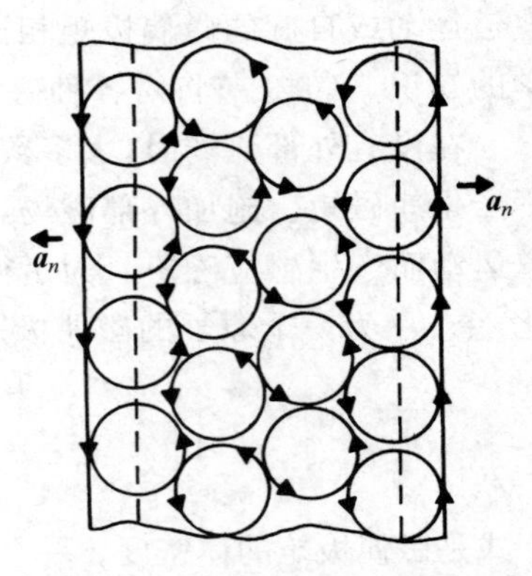

图 6-10 磁化材料的横截面

式(6-62)和式(6-63)的数学推导很简单。参考图 6-10 所示磁化材料的横截面图，可知磁偶极矩的体密度与一个体电流密度和一个面电流密度等效。假设外加磁场已经使原子环形电流与它取向一致，因此磁化了这块材料。这种磁化效应的强度由磁化矢量 $\boldsymbol{M}$ 来度量。在磁化材料的表面存在面电流密度 $\boldsymbol{J}_{ms}$，其方向由叉积 $\boldsymbol{M}\times\boldsymbol{a}_n$ 的方向确定。如果在材料内部 $\boldsymbol{M}$ 是均匀的，流动方向相反的相邻原子偶极子电流将处处互相抵消，在材料内部将没有任何净电流。这是由式(6-62)推知的，因为常量 $\boldsymbol{M}$ 的空间导数(以及旋度)为0。但是，如果 $\boldsymbol{M}$ 是随空间变化的，内部的原子电流就不会完全抵消，将产生净的体电流密度 $\boldsymbol{J}_m$。推导材料表面和内部的原子电流，可以证明 $\boldsymbol{M}$ 和电流密度之间的定量关系。不过，这种额外的推导实在没必要，而且过程冗长，在此就不尝试了。

例 6-8 求均匀磁化的圆柱形磁性材料轴线上的磁通密度。该圆柱半径为 b，长度为 L，轴向磁化矢量为 $\boldsymbol{M}=\boldsymbol{a}_z M_0$。

解：该问题涉及圆柱形磁棒，令磁化圆柱的轴线与圆柱坐标系的 z 轴重合，如图 6-11 所示。在磁棒内部，由于磁体的磁化强度 $\boldsymbol{M}$ 为常数，$\boldsymbol{J}_m=\nabla'\times\boldsymbol{M}=0$，所以没有等效体电流密度。侧面上的等效磁化面电流密度为

$$\boldsymbol{J}_{ms} = \boldsymbol{M}\times\boldsymbol{a}'_n = (\boldsymbol{a}_z M_0)\times\boldsymbol{a}_r = \boldsymbol{a}_\phi M_0 \tag{6-64}$$

于是，磁体就像是一个载有面电流密度为 M_0(A/m)的圆柱形薄层，在顶面和底面上没有面电流。为求 $P(0,0,z)$ 处的 $\boldsymbol{B}$，考虑载有电流为 $\boldsymbol{a}_\phi M_0\,\mathrm{d}z'$的微分长度 $\mathrm{d}z'$，并运用式(6-38)，得

$$\mathrm{d}\boldsymbol{B} = \boldsymbol{a}_z \frac{\mu_0 M_0 b^2\,\mathrm{d}z'}{2[(z-z')^2+b^2]^{3/2}}$$

和

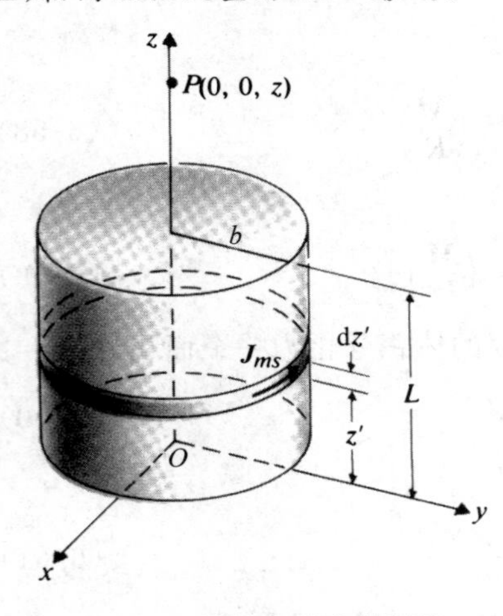

图 6-11 被均匀磁化的圆柱

$$\boldsymbol{B}=\int \mathrm{d}\boldsymbol{B}=\boldsymbol{a}_z\int_0^L \frac{\mu_0 M_0 b^2 \mathrm{d}z'}{2[(z-z')^2+b^2]^{3/2}}$$

$$=\boldsymbol{a}_z \frac{\mu_0 M_0}{2}\left[\frac{z}{\sqrt{z^2+b^2}}-\frac{z-L}{\sqrt{(z-L)^2+b^2}}\right] \tag{6-65}$$

等效磁化电荷密度

在 6.5.1 节，我们注意到：在无电流的区域，可定义标量磁位 V_m，对其求微分，可得磁通密度 $\boldsymbol{B}$，如式(6-50)。用磁化矢量 $\boldsymbol{M}$(磁偶极矩的体密度)代替式(6-54)，可写出

$$\mathrm{d}V_m=\frac{\boldsymbol{M}\cdot\boldsymbol{a}_R}{4\pi R^2} \tag{6-66}$$

在无载流的磁体中，对式(6-66)积分，可得

$$V_m=\frac{1}{4\pi}\int_{V'}\frac{\boldsymbol{M}\cdot\boldsymbol{a}_R}{R^2}\mathrm{d}v' \tag{6-67}$$

式(6-67)与表示极化电介质的标量电位的式(3-81)的形式完全相同。运用导出式(3-87)的步骤，得

$$V_m=\frac{1}{4\pi}\oint_{S'}\frac{\boldsymbol{M}\cdot\boldsymbol{a}_n'}{R}\mathrm{d}s'+\frac{1}{4\pi}\int_{V'}\frac{-(\nabla'\cdot\boldsymbol{M})}{R}\mathrm{d}v' \tag{6-68}$$

其中 $\boldsymbol{a}_n'$ 是磁体面元 $\mathrm{d}s'$ 的外法线矢量。在 3.7 节中可见：为计算电场，用式(3-88)中的等效极化面电荷密度和式(3-89)中的等效极化体电荷密度代替极化电介质。类似地，可以得出结论：为计算磁场，可以用等效(虚拟的)面磁荷密度 ρ_{ms} 和等效(虚拟的)体磁荷密度 ρ_m 来替代磁体，使得

$$\rho_{ms}=\boldsymbol{M}\cdot\boldsymbol{a}_n \quad (\mathrm{A/m}) \tag{6-69}$$

$$\rho_m=-\nabla\cdot\boldsymbol{M} \quad (\mathrm{A/m^2}) \tag{6-70}$$

利用等效磁荷密度的概念求磁体的磁通密度，将用下面的例子说明。

例 6-9　一根半径为 b，长为 L 的圆柱形磁棒，沿其轴线上有均匀的磁化矢量 $\boldsymbol{M}=\boldsymbol{a}_z M_0$。利用等效磁荷密度概念求任意距离点处的磁通密度。

解：参考图 6-12，根据式(6-69)、式(6-70)，$\boldsymbol{M}=\boldsymbol{a}_z M_0$ 的等效磁荷密度为

$$\rho_{ms}=\begin{cases} M_0, & \text{顶面} \\ -M_0, & \text{底面} \\ 0, & \text{侧面} \end{cases}$$

$$\rho_m=0, \quad \text{内部}$$

在一远点处，顶面和底面上总的等效磁荷显得像点电荷：$q_m=\pi b^2\rho_{ms}=\pi b^2 M_0$。在点 $P(x,y,z)$ 处，得

$$V_m=\frac{q_m}{4\pi}\left(\frac{1}{R_+}-\frac{1}{R_-}\right) \quad (\mathrm{A}) \tag{6-71}$$

上式与电偶极子的式(3-50)相似。如果 $R\gg b$，式(6-71)可简化为(见式(3-53a))

$$V_m=\frac{q_m L\cos\theta}{4\pi R^2}=\frac{(\pi b^2 M_0)L\cos\theta}{4\pi R^2}=\frac{M_T\cos\theta}{4\pi R^2} \tag{6-72}$$

其中 $M_T=\pi b^2 LM_0$ 是圆柱磁体的总磁偶极矩。于是，用式(6-50)可求得磁通密度 $\boldsymbol{B}$

$$\boldsymbol{B}=-\mu_0\ \nabla V_m=\frac{\mu_0 M_T}{4\pi R^3}(\boldsymbol{a}_R 2\cos\theta+\boldsymbol{a}_\theta\sin\theta) \tag{6-73}$$

对远处的点 $\boldsymbol{B}$，上式与式(6-44)的表达式相同，由于单个磁偶极子的磁偶极矩为 $I\pi b^2$。

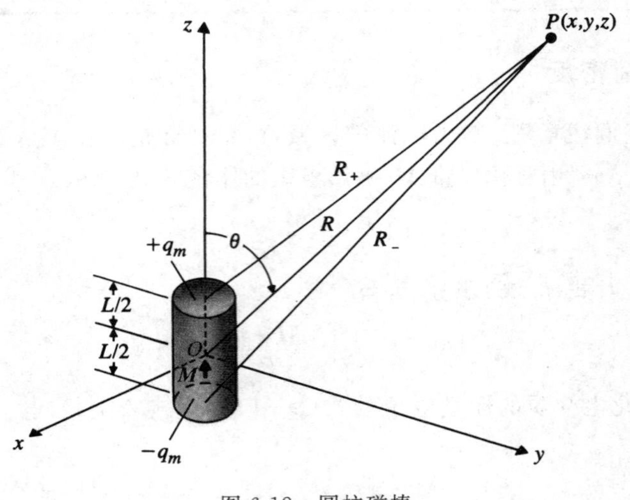

图 6-12　圆柱磁棒

运用等效磁化电流密度概念(见习题 P.6-25)，可以很容易求解此题。

6.7　磁场强度和相对磁导率

由于外部磁场的作用，会引起内部磁偶极矩的规则排列，并在磁性材料中产生感应磁矩，所以我们预期，存在磁性材料时合成的磁通密度与真空中的值不同。式(6-62)中的等效体电流密度 $\boldsymbol{J}_m$ 代入基本的旋度方程式(6-7)中，可研究磁化的宏观效应，于是有

$$\frac{1}{\mu_0}\nabla\times\boldsymbol{B}=\boldsymbol{J}+\boldsymbol{J}_m=\boldsymbol{J}+\nabla\times\boldsymbol{M}$$

或

$$\nabla\times\left(\frac{\boldsymbol{B}}{\mu_0}-\boldsymbol{M}\right)=\boldsymbol{J} \tag{6-74}$$

现在，定义一个新的基本场量，磁场强度 $\boldsymbol{H}$，使得

$$\boldsymbol{H}=\frac{\boldsymbol{B}}{\mu_0}-\boldsymbol{M} \tag{6-75}$$

使用矢量 $\boldsymbol{H}$ 可写出旋度方程，把磁场与任何媒质中自由电流分布相联系。这样不必直接涉及磁化矢量 $\boldsymbol{M}$ 或等效体电流密度 $\boldsymbol{J}_m$。结合式(6-74)和式(6-75)，得新的方程

$$\nabla\times\boldsymbol{H}=\boldsymbol{J} \tag{6-76}$$

其中 $\boldsymbol{J}(\mathrm{A/m^2})$ 是自由电流的体密度。式(6-6)和式(6-76)是任何媒质中静磁场的两个基本约束微分方程。媒质的磁导率未明确显示在这两个方程中。

对式(6-76)的两边取标量面积分，得其相应的积分形式

$$\int_S (\nabla\times \boldsymbol{H}) \cdot \mathrm{d}\boldsymbol{s} = \int_S \boldsymbol{J} \cdot \mathrm{d}\boldsymbol{s} \tag{6-77}$$

或根据斯托克斯定理,写成

$$\oint_C \boldsymbol{H} \cdot \mathrm{d}\boldsymbol{l} = I \quad (\mathrm{A}) \tag{6-78}$$

其中 C 是包围表面 S 的周线(闭合路径),I 是通过 S 的总自由电流(闭合路径)。C 的方向和电流 $\boldsymbol{I}$ 的流动方向之间的相对方向遵循右手定则。式(6-78)是**安培环路定理**的另一种形式:它说明**磁场强度环绕任何闭合路径的环流,等于穿过此路径为边界的表面的自由电流**。正如6.2节所指出那样,当存在圆柱对称性时,即当环绕电流的闭合路径上磁场为常量时,安培环路定律对于求解电流产生的磁场是最有用的。

当媒质的磁特性是线性的和各向同性时,磁化强度正比于磁场强度

$$\boldsymbol{M} = \chi_m \boldsymbol{H} \tag{6-79}$$

其中 χ_m 是一个无量纲的量,称为**磁化率**。将式(6-79)代入式(6-75)得

$$\boldsymbol{B} = \mu_0(1+\chi_m)\boldsymbol{H} = \mu_0\mu_r\boldsymbol{H} = \mu\boldsymbol{H} \tag{6-80a}$$

或

$$\boldsymbol{H} = \frac{1}{\mu}\boldsymbol{B} \quad (\mathrm{A/m}) \tag{6-80b}$$

其中

$$\mu_r = 1+\chi_m = \frac{\mu}{\mu_0} \tag{6-81}$$

是另一个无量纲的量,称为媒质的**相对磁导率**。参数 $\mu=\mu_0\mu_r$ 是媒质的**绝对磁导率**(有时仅称为**磁导率**),其单位为 H/m;χ_m 和 μ_r 可以是空间坐标的函数。对于简单媒质——线性、各向同性且均匀,χ_m 和 μ_r 均为常数。

大多数材料的磁导率与真空的磁导率 μ_0 很接近。对于铁磁性材料如铁、镍、钴等,μ_r 可以很大(50～5000,某些特殊合金甚至高达 10^6 以上);磁导率不仅与 $\boldsymbol{H}$ 的大小有关,而且也与材料的以前历史有关。6.9节将对磁性材料的宏观特性作一些定性讨论。

此时,注意到静电学中的量和静磁学中的量之间有如下表所示的一些可比拟的关系。

静电学	静磁学	静电学	静磁学
$\boldsymbol{E}$	$\boldsymbol{B}$	ρ	$\boldsymbol{J}$
$\boldsymbol{D}$	$\boldsymbol{H}$	V	$\boldsymbol{A}$
ϵ	$\frac{1}{\mu}$	$\cdot$	$\times$
$\boldsymbol{P}$	$-\boldsymbol{M}$	$\times$	$\cdot$

用上表,可将静电学中与基本量相关的大多数方程,转换为静磁学中对应的类似方程。

6.8　磁路

在电路问题中,需要求电压源和/或电流源激励的电网络中各个支路和元件的电压和通过的电流。处理磁路时涉及类似的问题。在磁路中,通常关心如何求围绕铁芯的载流线圈

所产生的各种磁路部分的磁通量和磁场强度。磁路问题出现在变压器,发电机,马达,继电器,磁记录设备等装置中。

分析磁路是基于式(6-6)和式(6-76)这两个静磁学的基本方程,为方便起见,重复如下

$$\nabla\times \boldsymbol{B} = 0 \tag{6-82}$$

$$\nabla\times \boldsymbol{H} = \boldsymbol{J} \tag{6-83}$$

由式(6-78)可见,式(6-83)转换成了安培环路定理。如果选闭合路径 C,围绕激励磁路的载流为 $\boldsymbol{I}$ 的 N 匝线圈,得

$$\oint_C \boldsymbol{H}\cdot \mathrm{d}\boldsymbol{l} = NI = \mathcal{V}_m \tag{6-84}$$

量 $\mathcal{V}_m$(=NI)在这里起的作用类似于电路中的电动势(emf),并因此称为**磁动势**(mmf),其国际单位制单位是安培(A)。但是,由于式(6-84)中的磁动势通常以安培匝为单位。磁动势不是以牛顿为单位的力。

例 6-10　假设 N 匝线圈缠绕在磁导率为 μ 的铁磁材料的环形铁芯上。磁芯的平均半径为 r_0,圆形横截面半径为 a ($a\ll r_0$),窄的空气间隙长度为 l_g,如图 6-13 所示。导线内流过稳恒电流 I_0。求(1)铁磁芯中的磁通密度 $\boldsymbol{B}_f$;(2)铁磁芯中的磁场强度 $\boldsymbol{H}_f$;(3)空气隙中的磁场强度 $\boldsymbol{H}_g$。

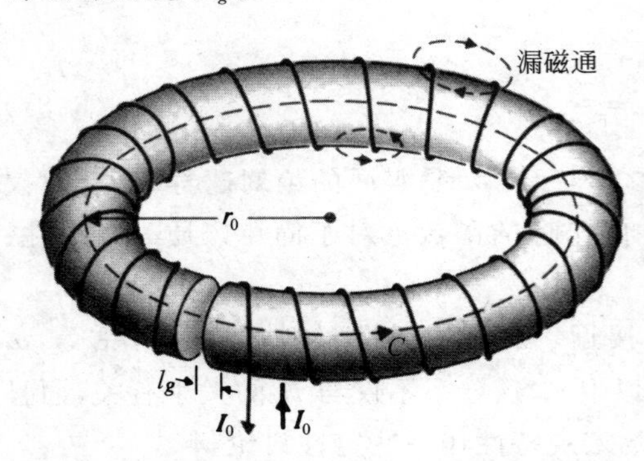

图 6-13　空气隙铁磁体圆环上的线圈

解:(1) 围绕图 6-13 中平均半径为 r_0 的圆形周线 C,运用安培环路定理式(6-84),得

$$\oint_C \boldsymbol{H}\cdot \mathrm{d}\boldsymbol{l} = NI_0 \tag{6-85}$$

如果忽略漏磁,相同的总磁通将流过铁磁芯和空气隙。如果忽略空气隙中磁通的边缘效应,那么铁磁芯与空气隙中的磁通密度 $\boldsymbol{B}$ 也将相同。然而,由于磁导率不同,这两部分的磁场强度将会有所不同。得

$$\boldsymbol{B}_f = \boldsymbol{B}_g = \boldsymbol{a}_\phi B_f \tag{6-86}$$

其中,下标 f 和 g 分别表示铁磁和空气隙。在铁磁芯中

$$\boldsymbol{H}_f = \boldsymbol{a}_\phi \frac{B_f}{\mu} \tag{6-87}$$

而在空气隙中

$$\boldsymbol{H}_g = \boldsymbol{a}_\phi \frac{B_f}{\mu_0} \tag{6-88}$$

将式(6-87)和式(6-88)代入式(6-85)中,得

$$\frac{B_f}{\mu}(2\pi r_0 - l_g) + \frac{B_f}{\mu_0} l_g = NI_0$$

而

$$\boldsymbol{B}_f = \boldsymbol{a}_\phi \frac{\mu_0 \mu N I_0}{\mu_0(2\pi r_0 - l_g) + \mu l_g} \tag{6-89}$$

(2) 由式(6-87)和式(6-89)可得

$$\boldsymbol{H}_f=\boldsymbol{a}_\phi\frac{\mu NI_0}{\mu_0(2\pi r_0-l_g)+\mu l_g} \tag{6-90}$$

(3) 同理，由式(6-88)和式(6-89)可得

$$\boldsymbol{H}_g=\boldsymbol{a}_\phi\frac{\mu NI_0}{\mu_0(2\pi r_0-l_g)+\mu l_g} \tag{6-91}$$

由于 $H_g/H_f=\mu/\mu_0$，所以空气隙中的磁场强度远强于铁磁芯中的磁场强度。如果铁芯的截面半径远小于环的平均半径，那么铁磁芯的磁通密度 $\boldsymbol{B}$ 近似为常量，电路中的磁通量为

$$\Phi\cong BS \tag{6-92}$$

其中 S 是磁芯的横截面积。联立式(6-92)和式(6-89)得

$$\Phi=\frac{NI_0}{(2\pi r_0-l_g)/\mu S+l_g/\mu_0 S} \tag{6-93}$$

式(6-93)可重写成

$$\Phi=\frac{\mathcal{V}_m}{\mathcal{R}_f+\mathcal{R}_g} \tag{6-94}$$

且

$$\mathcal{R}_f=\frac{2\pi r_0-l_g}{\mu S}=\frac{l_f}{\mu S} \tag{6-95}$$

其中 $l_f=2\pi r_0-l_g$ 是铁磁芯的长度，且

$$\mathcal{R}_g=\frac{l_g}{\mu_0 S} \tag{6-96}$$

$\mathcal{R}_f$和$\mathcal{R}_g$与一段恒定横截面为 S 的直均匀材料的直流电阻公式(5-27)具有相同的形式，两者都称作**磁阻**：$\mathcal{R}_f$是铁磁芯的磁阻；$\mathcal{R}_g$是空气隙的磁阻。磁阻的国际单位为亨利的倒数(H^{-1})。尽管铁芯不是直的，但是式(6-95)和式(6-96)仍然适用，这是由于假设在整个芯子横截面上 $\boldsymbol{B}$ 近似等于常量。

式(6-94)与电路中电流 $\boldsymbol{I}$ 的表达式类似，在电路中一个电动势为 V 的理想电压源，和两个电阻 R_f 和 R_g 串联在一起，电流为

$$I=\frac{\mathcal{V}}{R_f+R_g} \tag{6-97}$$

相似的磁路和电路分别如图 6-14(a)和图 6-14(b)所示。根据这种相似性，磁路问题可以用类似分析电路的方法来分析。相似量如下表所示。

磁　　路	电　　路
磁动势 $\mathcal{V}_m\{=NI\}$	电动势$\mathcal{V}$
磁通 Φ	电流 I
磁阻 $\mathcal{R}_m$	电阻 R
磁导率 μ	电导率 τ

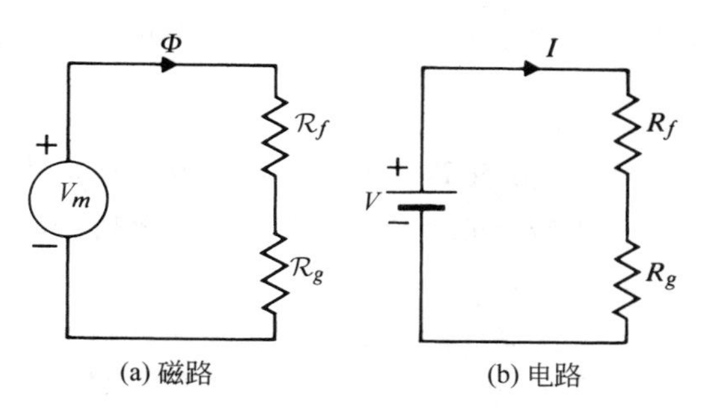

图 6-14　图 6-13 中带空气隙的环形线圈的等效磁路和类似电路

尽管有如此方便的相似性，要严格分析磁路仍然很困难。

首先，很难计算漏磁通，即从磁路的主磁通路径偏离或漏出的磁通。对图6-13的环形线圈，漏磁通的路径环绕每一匝绕阻；如图所示，由于空气的磁导率不为零，它们部分地横越芯子周围的空间。(在通以直流的电路中，几乎不必考虑导体通路外的漏电流。其理由是，空气的电导率与良导体的电导率相比，空气的导电率几乎为零。)

第二个困难是边缘效应，其引起空气隙处磁通线的分散和鼓起[①](在例6-10中，指定的“窄空气隙”的目的就是为了尽量减小这一边缘效应)。

第三个困难是铁磁材料的磁导率与磁场强度有关，也就是说，$\boldsymbol{B}$ 和 $\boldsymbol{H}$ 之间有非线性关系。(它们甚至可以不在同一方向上)例6-10中，在得出 $\boldsymbol{B}_c$ 或 $\boldsymbol{H}_c$ 前就已给定了 μ，因此这不是真实情况。

在实际问题中，应该给出铁磁材料的 $\boldsymbol{B}$-$\boldsymbol{H}$ 曲线，如图6-17所示。显然，$\boldsymbol{B}$ 对 $\boldsymbol{H}$ 的比率不是一个常数，只有知道 H_f 之后才能知道 B_f。那么，如何解决这个问题？必须满足两个条件。第一，$H_g l_g$ 与 $H_f l_f$ 的和必须等于总磁动势 NI_0，即

$$H_g l_g + H_f l_f = NI_0 \tag{6-98}$$

第二，如果假设没有漏磁通，铁磁芯子中和空气隙中的总磁通 Φ 必须相同，或 $B_f = B_g$[②]

$$B_f = \mu_0 H_g \tag{6-99}$$

将式(6-99)代入式(6-98)得铁芯中的 B_f 和 H_f 关系方程

$$B_f + \mu_0 \frac{l_f}{l_g} H_f = \frac{\mu_0}{l_g} NI_0 \tag{6-100}$$

这是在 $\boldsymbol{B}$-$\boldsymbol{H}$ 平面内的一条直线方程，其斜率为 $(-\mu_0 l_f / l_g)$。这条直线和已知的 $\boldsymbol{B}$-$\boldsymbol{H}$ 曲线的交点确定了工作点。一旦找到了工作点，μ、H_f 和其他所有的量就可求了。

式(6-94)和式(6-97)之间的相似性可以加以推广，以便写出磁路的两个基本方程，它们相当于电路中的基尔霍夫电压定律和基尔霍夫电流定律。类似于式(5-41)中的基尔霍夫电压定律，对于磁路中任何闭合路径，可以写出

$$\sum_j N_j I_j = \sum_k R_k \Phi_k \tag{6-101}$$

式(6-101)表明：**环绕磁路中的闭合路径，安培匝数的代数和等于磁阻与磁通乘积的代数和。**

由 $\nabla \cdot \boldsymbol{J} = 0$，可得式(5-47)所述电路中节点的基尔霍夫电流定律。同理，由式(6-82)的基本公理 $\nabla \cdot \boldsymbol{B} = 0$，可导出式(6-9)。因此，可得

$$\sum_j \Phi_j = 0 \tag{6-102}$$

上式表明：**从磁路中一个节点流出的所有磁通量的代数和为零。**式(6-101)和式(6-102)分别构成了磁路的回路分析法和节点分析法的基础。

---

① 为了得到更精确的计算结果，通常把空气隙的有效面积看做比铁磁芯的横截面积稍大一些，方法是将芯子截面的每个线性尺寸加上空气隙的长度。如果做出像式(6-86)的修正，B_g 变为

$$B_g = \frac{a^2 B_f}{(a + l_g)^2} < B_f$$

② 假定铁磁芯子和空气隙的横截面积相等。如果芯子由铁磁性材料的绝缘叠层构成，则芯子的磁通通路的有效面积将小于几何横截面积，而 B_c 将比 B_g 大一个倍数因子。这个倍数因子可以通过绝缘叠层的数据确定。

例 6-11 考虑图 6-15(a)中的磁路。匝数为 N_1 和 N_2 的两个绕组绕在铁磁芯子的两个外臂上，分别载有稳恒电流 I_1 和 I_2。芯子的横截面积为 S_c，磁导率为 μ。求中心臂上的磁通量。

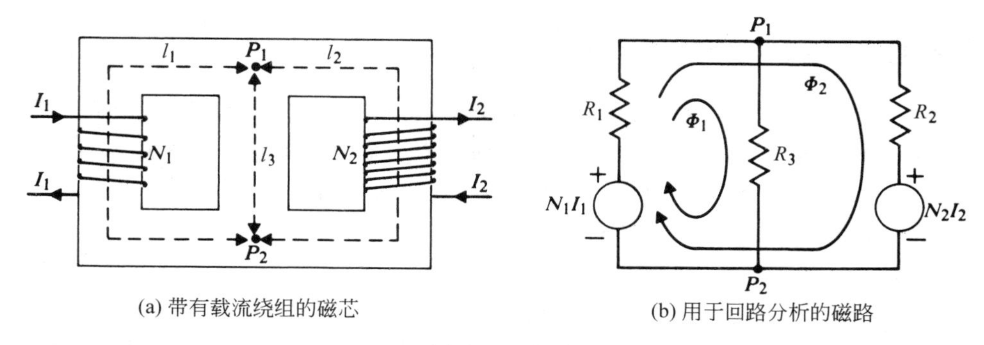

(a) 带有载流绕组的磁芯　　(b) 用于回路分析的磁路

图 6-15　磁路

解：用于回路分析的等效磁路如图 6-15(b)所示。图中给出磁动势为 N_1I_1 和 N_2I_2 的两个源，并标出了相应的极性，它们分别与磁阻 R_1 和 R_2 串联。显然，这是一个双回路网络。由于要求的是中心臂 p_1p_2 上的磁通，因此，选择双回路是比较方便的，只有一个回路的磁通(Φ_1)流过中心臂。磁阻是根据平均路径长度计算的。当然，这些都是近似值。得

$$R_1 = \frac{l_1}{\mu S_c} \tag{6-103a}$$

$$R_2 = \frac{l_2}{\mu S_c} \tag{6-103b}$$

$$R_3 = \frac{l_3}{\mu S_c} \tag{6-103c}$$

由式(6-101)，可知两个回路方程为

回路 1　　$N_1I_1 = (R_1 + R_3)\Phi_1 + R_1\Phi_2$　　(6-104)

回路 2　　$N_1I_1 - N_2I_2 = R_1\Phi_1 + (R_1 + R_2)\Phi_2$　　(6-105)

解两个方程，得

$$\Phi_1 = \frac{R_2N_1I_1 + R_1N_2I_2}{R_1R_2 + R_1R_3 + R_2R_3} \tag{6-106}$$

即为所求。

实际上，由于磁通量和磁通密度在三个臂中是不同的，因此利用式(6-103a)、式(6-103b)和式(6-103c)计算磁阻时，应采用不同的磁导率。而磁导率的值，是由磁通密度来决定。假定芯子材料的 ***B-H*** 曲线已知，提高解的精度的唯一途径是利用连续近似法。例如，根据假设的 μ 和从式(6-103)的三个分式计算出来的磁阻，首先求出 Φ_1, Φ_2, Φ_3(以及随之而得的 B_1, B_2, B_3)。根据求出的 B_1, B_2, B_3，从 ***B-H*** 曲线就可以求出相应的 μ_1, μ_2, μ_3。这些 μ 值将修正磁阻值。用修正的磁阻，可求 B_1, B_2, B_3 的第二次近似值。根据这些新的磁通密度，又可求新的磁导率和新的磁阻。这一过程不断重复，直到进一步的迭代几乎不带来计算值的变化为止。

这里注意：图6-15(a)中绕组上的电流与时间无关，那么例6-11严格来说是直流磁路问题。如果电流随着时间而改变，必须考虑电磁感应的影响，并且存在变压器的问题。还涉及其他基本定律，第7章将讨论这些问题。

6.9 磁性材料的性质

在6.7节的式(6-79)中，已通过定义磁化率 χ_m 来描述线性、各向同性媒质的宏观磁特性，χ_m 是磁化强度 $\boldsymbol{M}$ 和磁场强度 $\boldsymbol{H}$ 之间无量纲的比例系数。相对磁导率 μ_r 可简单表示成 $1+\chi_m$。根据其 μ_r 值，磁性材料可大致分成三大类。它们称为：

抗磁性的，如果 $\mu_r \leqslant 1$（χ_m 是一个很小的负数）；

顺磁性的，如果 $\mu_r \geqslant 1$（χ_m 是一个很小的正数）；

铁磁性的，如果 $\mu_r \gg 1$（χ_m 是一个很大的正数）。

正如前面所提及，全面理解微观磁现象，需要量子力学的知识。下面，根据经典的原子模型，定性地描述各种磁性材料的性质。

在抗磁性材料中，当不存在外加磁场时，任何一个特定原子的电子轨道和自旋运动产生的净磁矩等于零。由式(6-4)可预见，给这种材料施加外部磁场时，外部磁场将对作轨道运动的电子施加力，会引起角速度微扰，结果产生净磁矩。这就是感应磁化过程。依照电磁感应的**楞次定律**（见7.2节），感应磁矩总是反对外加场的，于是降低了磁通密度。该过程的宏观效应等效于负磁化效应，负磁化可用负磁化率来描述。这种效应通常是很小的，大部分已知的抗磁性材料（铋、铜、铅、汞、银、锗、金、钻石）的 χ_m 都在 -10^{-5} 数量级范围内。

抗磁性主要由原子内电子的轨道运动产生，抗磁性在所有材料中都存在。在大多数材料中，它太弱而没有什么实用价值。在顺磁性材料和铁磁性材料中，抗磁效应被其他效应淹没了。抗磁性材料不呈现任何永久磁性，当外加场一撤除，这种感应磁矩也会消失。

在某些材料中，作轨道运动和自旋运动的电子产生的磁矩并不完全抵消，原子和分子具有净平均磁矩。外加磁场除了引起非常弱的抗磁效应外，还使分子磁矩也沿外加场的方向规则排列，于是增强了磁通密度。因此，宏观效应等效于正磁化效应，正磁化可用正磁化率描述。然而，这个排列过程会受随机热振动力的阻碍。这里很少有相干的相互作用，磁通密度的增加也很小，具有这种性质的材料称为顺磁性材料。顺磁性材料通常有很小的正值磁化率。铝、镁、钛、钨的磁化率均在 10^{-5} 数量级范围内。

顺磁性主要来源于自旋电子的磁偶极矩。外加磁场作用于分子偶极子而使其规则排列的力，要受到热扰的错乱效应的抵消。抗磁性与温度无关，顺磁性效应与温度有关，温度较低时热碰撞较小，顺磁性效应就较强。

铁磁性材料的磁化强度可以比顺磁性材料大几个数量级（见附录B.5所列的典型相对磁导率）。**铁磁性**可以用**磁畴**来解释。根据这种已被实验证实的模型，铁磁性材料（如钴、镍、铁）由许多小畴区组成，其线性尺寸在几微米到大约1毫米范围内。每个这样的畴区包含有大约 10^{15} 或 10^{r6} 个原子，从如下角度上讲它们被完全磁化：即使不存在外加磁场，它们也含有自旋电子所形成的排列整齐的磁偶极子。量子理论认为，在畴区内的原子的磁偶极矩之间存在着很强的耦合力，这种力使极矩保持平行。在邻近畴区之间有大约100个原子厚的过渡区，称为**畴壁**。在非磁化状态中，铁磁性材料中相邻的一些畴区的磁矩具有不同的方向，图 6-16 给出多晶样品的例子。从整体上看，由于各磁畴取向的随机性，因此并不产生净磁化效应。

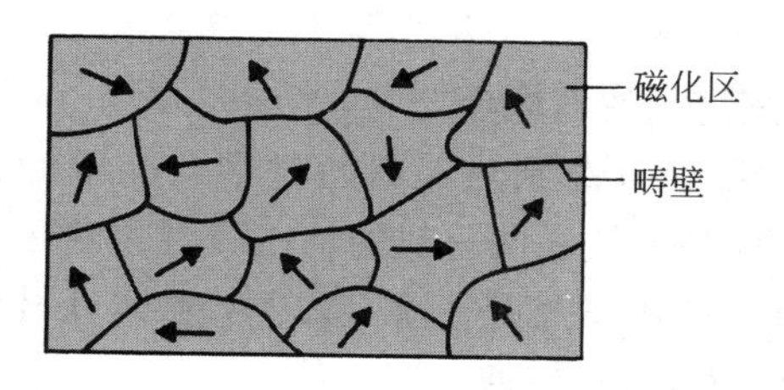

图 6-16　多晶铁磁样品的磁畴结构

当外磁场施加于铁磁性材料时，那些具有与外加磁场同方向磁矩的磁畴的畴壁就产生这样的移动：使这类磁畴的体积增大，而把其他磁畴的体积压小。结果，磁通密度增强。对于弱外加磁场，比如最高只到达图 6-17 中的 P_1 点，这时畴壁的移动是可逆的。但是，当外加磁场变强时（过 P_1 点），畴壁的运动就不再可逆了，同时还会产生磁畴向外加场方向的转动。例如，在 P_2 点，如果外加磁场减少到 0，**B**-**H** 关系将不会沿实曲线 P_2P_1O 变化，而是沿图中的虚线从 P_2 下降到 P_2'。这种磁化滞后于产生它的场的现象称为**磁滞现象**，这个名称来源于希腊字"滞后"。当外加磁场变得非常大时（过 P_2 到达 P_3），畴壁的移动和磁畴的转动实际上将使微观磁矩与外加场的取向完全一致，这时就说磁性材料已经达到饱和。**B**-**H** 平面上的曲线 $OP_1P_2P_3$ 称为**常规磁化曲线**。

如果外加的磁场从 P_3 处的值减少为 0，那么磁通密度并不会变为 0，而只到达某一个 B_r 值。该值称为**残留磁通密度**或**剩余磁通密度**（单位为 $\mathrm{Wb/m^2}$），它与外加的最大磁场强度有关。铁磁性材料中存在剩余磁通密度，使永久磁铁成为可能。

为使样品的磁通密度变为 0，必须施加一个反方向的磁场强度 H_c。这个所需的 H_c 称为**矫顽力**，但更合适的名称是**矫顽磁场强度**（单位为 A/m）。和 B_r 一样，H_c 也与外加磁场强度的最大值有关。

从图 6-17 明显看出，铁磁性材料的 **B**-**H** 关系是非线性的。因此，如果像式(6-80a)那样写成 $\boldsymbol{B}=\mu\boldsymbol{H}$，磁导率 μ 本身就是磁场 **H** 的大小的函数。磁导率 μ 也与材料的磁化历史有关，即使在同样的 **H** 条件下，为了准确地求 μ 的值，必须知道工作点在特定的磁滞回线的特定分支线上的位置。在某些应用中，小的交流电流可重叠在大的稳定磁化电流上。稳定的磁化场强确定工作点，而工作点处磁滞回线的局部斜率确定**微分磁导率**。

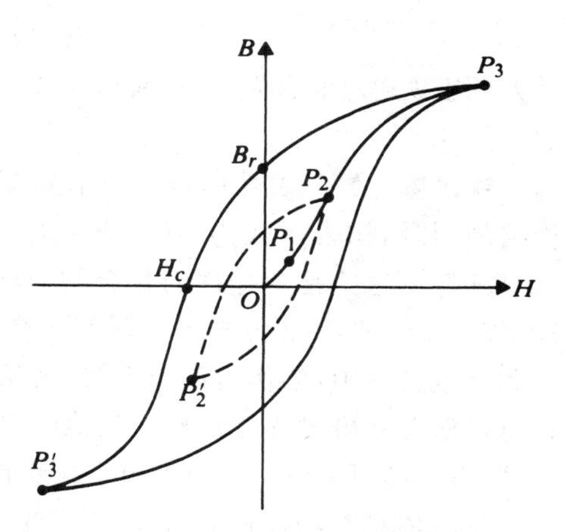

图 6-17　铁磁性材料在 **B**-**H** 平面上的磁滞回线

发电机、电动机和变压器中应用的铁磁性材料，会对很小的外加磁场产生大的磁化强度；它们有高而窄的磁滞回线。当外加磁场在 $\pm H_{\max}$ 之间作周期性变化时，每一周期，工作点将沿磁滞回线循环一次。磁滞回线的面积相当于每周期单位体积内的能量损失（**磁滞损耗**，见习题 P. 6-29）。磁滞损耗是克服摩擦力而以热能形式损耗掉的能量，这种摩擦力是铁畴壁移动和铁畴转动时所遇到的。具有高而窄的小回路面积磁滞回线的铁磁性材料，被称为"软"铁磁性材料，它们通常是经过很好退火的材料，很少有错位和杂质，所以磁畴很容易移动。

相反，优良的永久磁铁应该对退磁呈现出很大的阻力。这就要求他们用大矫顽磁场强

度 H_c 和宽磁滞回线的材料做成。这些材料被称之为“硬”铁磁性材料。硬铁磁性材料(如铝镍合金)的矫顽磁场强度可达 10^5(A/m)或更高,而软铁磁性材料通常为 50(A/m)或更低。

正如前面所指出的,铁磁性是磁畴中原子磁偶极矩之间的强耦合效应的结果。图 6-18(a)表示铁磁性材料的原子自旋结构。当铁磁性材料的温度升高到热能量超过耦合能量的程度,磁畴就被破坏。高于这个称为居里温度的临界温度时,铁磁性材料的性能表现像顺磁性物质。因此,当永久磁铁加热到它的居里温度之上时,它就失去了磁性。大多数铁磁性材料的居里温度在摄氏几百度到一千度之间,铁的居里温度是 770℃。

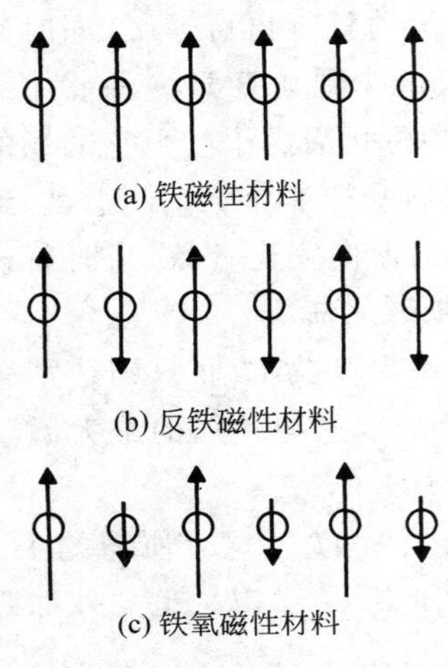

图 6-18 原子自旋结构示意图

有些元素,如铬和锰,它们的原子数靠近铁磁性元素,在元素周期表中又是铁的近邻。它们的原子磁偶极矩之间也有很强的耦合力,但是,它们的耦合力引起了电子自旋的反向平行排列,如图 6-18(b)中所示。从一个原子到另一个原子,其自旋方向是交替变化的,不产生净磁矩。具有这种性质的材料被称为**反铁磁性材料**。**反铁磁性**也与温度有关,当反铁磁性材料加热到它的居里温度以上时,自旋方向突然变为随机,而材料也就变为顺磁性的了。

还有一类磁性材料,它们的性能介于铁磁性和反铁磁性之间。这里,量子力学效应使规则自旋结构中磁矩的方向交替,大小不相等,从而产生不为零的净磁矩,如图 6-18(c)所示。这类材料被称为**铁氧磁性材料**。由于部分的抵消作用,铁氧磁性物质中所能达到的最大磁通密度大大低于铁磁性样品的最大磁通密度。典型值大约是 0.3(Wb/m^2),约为铁磁性材料的 1/10。

铁氧体是铁氧磁性材料的一个分支。一种称为磁尖晶石的铁氧体,以复杂的尖晶石结构结晶,其结构表示式为 $XO \cdot Fe_2O_3$,其中 X 表示二价金属离子,如 Fe、Co、Ni、Mn、Mg、Zn、Cd 等。这些是陶瓷样的化合物,有很低的电导率(例如在 10^{-4} 到 1(S/m)之间,比铁的 10^7(S/m)小很多)。低电导率限制了高频下的涡流损耗。因此,铁氧体广泛应用于高频器件和微波器件中,如作为调频天线、高频变压器和移相器的芯子。铁氧体材料也扩展应用于计算机磁芯和磁盘存储器件。其他的铁氧体包括磁氧化物石榴石,其中典型的是钇铁石榴石(“YIG”,$Y_3Fe_5O_{12}$)。石榴石多用于微波多口接头。

铁氧体在磁场存在的情况下,不是各向同性的。这意味着铁氧体中的 $\boldsymbol{H}$ 和 $\boldsymbol{B}$ 矢量通常有着不同的方向,磁导率是张量。$\boldsymbol{H}$ 和 $\boldsymbol{B}$ 的分量间的关系可以用矩阵形式表示,这与非各向同性的电媒质中 $\boldsymbol{D}$ 和 $\boldsymbol{E}$ 的分量间关系相似,如式(3-104)和式(3-105)所给。对非各向同性和非线性媒质问题的分析超出了本书的范围。

6.10 静磁场的边界条件

为了求解含有不同物理性质媒质的区域中的磁场问题,必须研究不同媒质分界面上 $\boldsymbol{B}$ 和 $\boldsymbol{H}$ 矢量必须满足的条件(边界条件)。利用类似于 3.9 节使用的获得静电场边界条件的方法，将两个基本约束方程式(6-82)和式(6-83)分别应用于包括分界面在内的小扁盒子和小闭合路径上，从而导出静磁场的边界条件。由式(6-82)中 $\boldsymbol{B}$ 场的无散性质，根据以往经验，可以直接得出结论：**在分界面处 $\boldsymbol{B}$ 的法向分量是连续的**，即

$$B_{1n} = B_{2n} \quad (\mathrm{T}) \tag{6-107}$$

对线性媒质，$\boldsymbol{B}_1=\mu_1\boldsymbol{H}$ 且 $\boldsymbol{B}_2=\mu_2\boldsymbol{H}$，式(6-107)变为

$$\mu_1 H_{1n} = \mu_2 H_{2n} \tag{6-108}$$

静磁场的切向分量的边界条件，是由 $\boldsymbol{H}$ 的旋度方程的积分形式——式(6-78)求得，为了方便起见，重写该式

$$\oint_C \boldsymbol{H}\cdot \mathrm{d}\boldsymbol{l} = I \tag{6-109}$$

现在选择图6-19中的闭合路径 $abcda$ 作为周线 C。运用式(6-109)，并使 $bc=da=\Delta h$ 趋近于0，得[①]

$$\oint_{abcda} \boldsymbol{H}\cdot \mathrm{d}\boldsymbol{l} = \boldsymbol{H}_1\cdot\Delta w + \boldsymbol{H}_2\cdot(-\Delta w) = J_{sn}\Delta w$$

或

$$H_{1t} - H_{2t} = J_{sn} \quad (\mathrm{A/m}) \tag{6-110}$$

其中 J_{sn} 是分界面上垂直于周线 C 的面电流密度。当右手的四个手指沿着路径的方向时，大拇指所指的方向就是 J_{sn} 的方向。在图6-19中，对所选择的路径，J_{sn} 的正方向是穿出纸面向外的。下面是 $\boldsymbol{H}$ 切向分量的边界条件更简洁的表达式，它同时包括了大小关系和方向关系(习题P.6-30)。

$$\boldsymbol{a}_{n2}\times(\boldsymbol{H}_1-\boldsymbol{H}_2) = \boldsymbol{J}_s \tag{6-111}$$

其中 $\boldsymbol{a}_{n2}$ 是分界面处从媒质2向外的单位法线。因此，**$\boldsymbol{H}$ 场的切向分量在跨越存在面电流的分界面时，是不连续的，不连续值由式(6-111)求得。**

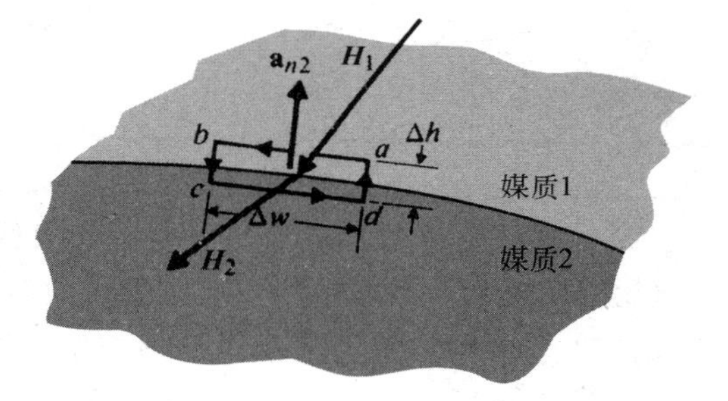

图6-19 为了求 H_t 的边界条件，在两种媒质分界面所作的闭合线路

当两种媒质的电导率都是有限值时，电流由体电流密度定义，在分界面上不存在自由面电流。因此 J_s 等于零，**在跨越几乎所有物理媒质的边界时，$\boldsymbol{H}$ 的切向分量都是连续的；只有当分界面为理想导体或超导体时，它才不连续。**

例6-12 磁导率为 μ_1 和 μ_2 的两种磁性媒质有一共同边界，如图6-20所示。媒质1中 P_1 点处的磁场强度大小为 H_1，且与法线的夹角为 α_1。求媒质2中点 P_2 处的磁场强度的大小和方向。

解：要求的未知量为 H_2 和 α_2。由式(6-108)，$\boldsymbol{B}$ 场的法向分量连续性要求

$$\mu_2 H_2\cos\alpha_2 = \mu_1 H_1\cos\alpha_1 \tag{6-112}$$

由于两种媒质都不是理想导体，$\boldsymbol{H}$ 的切向分量是连续的，得

$$H_2\sin\alpha_2 = H_1\sin\alpha_1 \tag{6-113}$$

---

① 式(6-109)被认为对含不连续媒质的区域是有效的。

用式(6-113)除以式(6-112)得

$$\frac{\tan\alpha_2}{\tan\alpha_1}=\frac{\mu_2}{\mu_1} \tag{6-114}$$

或

$$\alpha_2=\arctan\left(\frac{\mu_2}{\mu_1}\tan\alpha_1\right) \tag{6-115}$$

上式描述了磁场的折射性质。$\boldsymbol{H}_2$ 的大小为

$$H_2=\sqrt{H_{2t}^2+H_{2n}^2}=\sqrt{(H_2\sin\alpha_2)^2+(H_2\cos\alpha_2)^2}$$

由式(6-112)和式(6-113),得

$$H_2=H_1\left[\sin^2\alpha_1+\left(\frac{\mu_1}{\mu_2}\cos\alpha_1\right)^2\right]^{1/2} \tag{6-116}$$

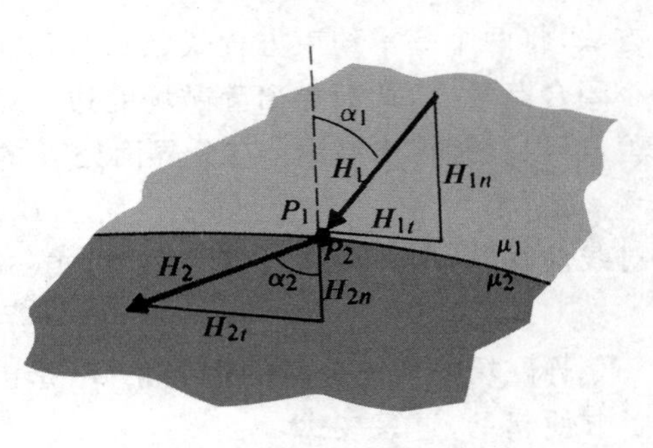

图 6-20 分界面上静磁场的边界条件

在此,我们作三点注释:第一,除去磁场情况下使用磁导率(而不是介电常数)以外,式(6-114)和式(6-116)分别与电介质分界面处电场的边界条件式(3-129)和式(3-130)完全类似。第二,如果媒质1是非磁性(如空气),而媒质2是铁磁性(如铁),那么 $\mu_2\gg\mu_1$,而根据式(6-114)知 α_2 近似等于90°。这意味着,对任意一个不接近于零的角度 α_1,在铁磁性媒质中的磁场几乎变得与分界面平行。第三,如果媒质1是铁磁性媒质,媒质2是空气($\mu_1\gg\mu_2$),则 α_2 将近似等于零;也就是说,如果磁场起源于铁磁性媒质,磁通线将沿几乎垂直于分界面的方向透入空气中。

例 6-13 画出圆柱磁棒内部和外部的磁通线,其轴线上的均匀磁化强度为 $\boldsymbol{M}=\boldsymbol{a}_zM_0$。

解:在例6-8中,注意到,圆柱磁棒的问题可以用面电流密度为 $\boldsymbol{J}_{ms}=\boldsymbol{a}_\phi M_0$(等效的体电流密度为0)的磁化电流薄片问题来代替。求磁棒内部和外部的任意一点的 $\boldsymbol{B}$ 涉及积分,而积分很难求解。因此将利用例6-8中磁棒轴线上一点的结果,求 $\boldsymbol{B}$ 磁通线的粗略图。

半径为 b、长度为 L 的圆柱磁棒的横截面如图6-21所示。由式(6-65)得

$$\boldsymbol{B}_{P_0}=\boldsymbol{a}_z\frac{\mu_0M_0}{2}\left[\frac{L}{\sqrt{(L/2)^2+b^2}}\right] \tag{6-117}$$

$$\boldsymbol{B}_{P_1}=\boldsymbol{a}_z\frac{\mu_0M_0}{2}\left[\frac{L}{\sqrt{(L)^2+b^2}}\right]=\boldsymbol{B}_{P_1'} \tag{6-118}$$

显然,由式(6-117)和式(6-118)得 $\boldsymbol{B}_{P_1}=\boldsymbol{B}_{P_1'}<\boldsymbol{B}_{P_0}$;即在磁棒两端的面上,沿轴线的磁通密度比中心处的磁通密度要小。这是因为,磁通线在两端的表面趋于张开。我们知道在远离轴线的点处,$\boldsymbol{B}$ 呈有径向分量。我们也知道 $\boldsymbol{B}$ 磁通线在两端的表面并没有发生折射,而是形成闭合的曲线。

在磁棒的侧面,存在由式(6-64)给出的面电流

$$\boldsymbol{J}_{ms}=\boldsymbol{a}_\phi M_0 \tag{6-119}$$

因此,根据式(6-111),$\boldsymbol{B}$ 的轴向分量变为 μ_0M_0。由式(6-117)和式(6-118)可见,磁棒内部的 $\boldsymbol{B}_z$ 比 μ_0M_0 要小。因此,由于 B_z 穿过了侧壁,故它的大小和方向都发生了变化。那么假定磁通线如图6-21所示。

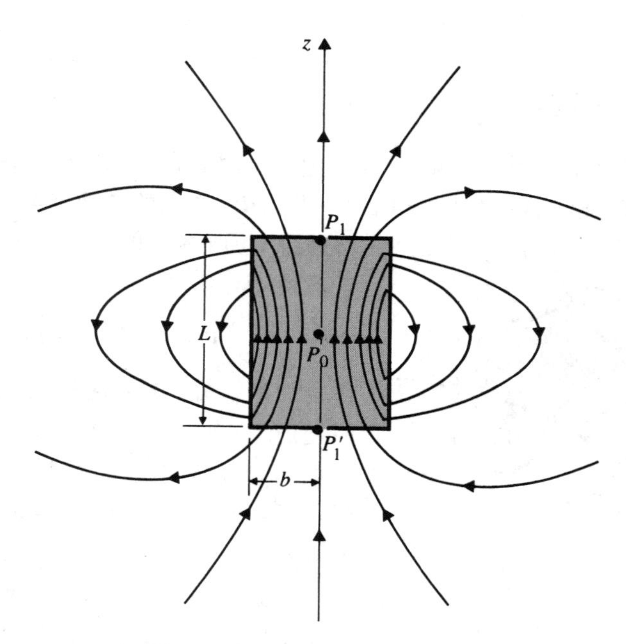

图 6-21 圆柱磁棒周围的磁通线

这里必须注意：当磁棒外部的 $\boldsymbol{H}=\boldsymbol{B}/\mu_0$ 时，磁棒内部的 $\boldsymbol{H}$ 和 $\boldsymbol{B}$ 在同一方向上完全不是正比例矢量。由式(6-75)得

$$\boldsymbol{H}=\frac{\boldsymbol{B}}{\mu_0}-\boldsymbol{M} \tag{6-120}$$

实际上，磁棒内部沿轴线方向的 B/μ_0 比 M_0 小，可以观察到，$\boldsymbol{H}$ 和 $\boldsymbol{B}$ 在磁棒内部沿轴线方向上方向相反。对于细长的磁棒，$L\gg b$，式(6-117)给出了近似值 $B_{P_0}=\mu_0 M_0$。由式(6-120)得，$H_{P_0}\cong 0$。因此，$\boldsymbol{H}$ 在细长的磁棒中心处近似为零，而此处 $\boldsymbol{B}$ 最大。由已知可得，磁化矢量 $\boldsymbol{M}$ 在磁棒外部为零，而在磁棒内部各处为恒定矢量。

在无电流区域，磁通密度 $\boldsymbol{B}$ 是无旋的，可以表示成标量磁位 V_m 的梯度，如 6.5.1 节所指出

$$\boldsymbol{B}=-\mu\nabla V_m \tag{6-121}$$

假设 μ 为常量，把式(6-121)代入式(6-6)的 $\nabla\cdot\boldsymbol{B}=0$，得 V_m 的拉普拉斯方程

$$\nabla^2 V_m=0 \tag{6-122}$$

式(6-122)和无电荷区域标量电位 V 所满足的拉普拉斯方程式(4-10)完全相似。满足已知边界条件的式(6-122)的解是唯一的，这可以用证明式(4-10)的同样方法来证明(见 4.3 节)。于是，在第 4 章讨论过的求解静电场边值问题的那些方法(镜像法和分离变量法)，都可用来解相似的静磁场边值问题。然而，虽然在实际中经常遇到含有维持固定电位的导电边界的静电问题，但是与此相似的含有恒定磁位的边界的静磁场问题却没有什么实际意义(回顾孤立磁荷不存在且磁通线总是构成闭合路径)。在铁磁性材料中 $\boldsymbol{B}$ 和 $\boldsymbol{H}$ 之间关系的非线性，也使解析法求解静磁学边值问题变得复杂化。

6.11 电感和电感器

考虑两个相邻的闭合回路 C_1 和 C_2，它们分别围绕表面 S_1 和 S_2，如图6-22所示。如果电流 I_1 在 C_1 中流通，则它将产生磁场 $\boldsymbol{B}_1$。一些由 $\boldsymbol{B}_1$ 产生的磁通将与 C_2 交链，也就是说，将通过 C_2 所围绕的表面 S_2，把这部分磁通称为互磁通 Φ_{12}，得

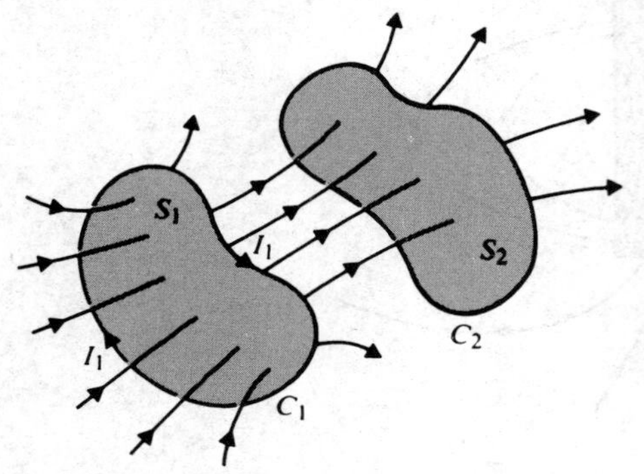

图6-22 两个磁耦合回路

$$\Phi_{12}=\int_{S_2}\boldsymbol{B}_1\cdot \mathrm{d}\boldsymbol{s}_2 \quad (\text{Wb}) \tag{6-123}$$

由物理学可知，因为法拉第电磁感应定律，所以时变的 I_1(和随之时变的 Φ_{12})将在 C_2 中产生感应电动势或感应电压(法拉第定律推迟到第7章讨论)。然而，即使 I_1 是稳定的直流电流，Φ_{12} 依然存在。

由式(6-32)的毕奥-萨伐定律，可知 $\boldsymbol{B}_1$ 正比于 I_1；因此 Φ_{12} 也正比于 I_1，写出

$$\Phi_{12}=L_{12}I_1 \tag{6-124}$$

其中，比例常数 L_{12} 称为回路 C_1 和 C_2 之间的**互感**，其国际单位为亨利(H)。若 C_2 有 N_2 匝时，则由 Φ_{12} 产生的**磁链** Λ_{12} 为

$$\Lambda_{12}=N_2\Phi_{12} \quad (\text{Wb}) \tag{6-125}$$

而式(6-124)推广为

$$\Lambda_{12}=L_{12}I_1 \quad (\text{Wb}) \tag{6-126}$$

或

$$L_{12}=\frac{\Lambda_{12}}{I_1} \quad (\text{H}) \tag{6-127}$$

那么，**两个电路之间的互感**是一电路通以单位电流时，另一电路所交链的磁通链。在式(6-124)中，隐含着媒质的磁导率不随 I_1 而发生变化。换句话说，式(6-124)和式(6-127)只适用于线性媒质。L_{12} 的更一般的定义为

$$L_{12}=\frac{\mathrm{d}\Lambda_{12}}{\mathrm{d}I_1} \quad (\text{H}) \tag{6-128}$$

I_1 所产生的某些磁通量只与回路 C_1 自身交链，而不与 C_2 交链。由 I_1 产生而与 C_1 交链的总磁链是

$$\Lambda_{11}=N_1\Phi_{11}>N_1\Phi_{12} \tag{6-129}$$

回路 C_1 的**自感**定义为在回路本身通以单位电流时所产生的磁链；即，对线性媒质

$$L_{11}=\frac{\Lambda_{11}}{I_1} \quad (\text{H}) \tag{6-130}$$

通常

$$L_{11}=\frac{\mathrm{d}\Lambda_{11}}{\mathrm{d}I_1} \quad (\text{H}) \tag{6-131}$$

一个回路或电路的自感，取决于构成这个回路或电路的导体的几何形状和物理排列以及媒

质的磁导率。在线性媒质中,自感与回路或电路的电流无关。事实上,无论回路或电路是开路还是闭路的,也无论它是否靠近另一回路或电路,其自感总是存在的。

排列成适当形状(例如由导线缠绕而成的线圈)以提供一定数量自感的导体称为**电感器**。就像电容器可以储存电能一样,在 6.12 节将看到,电感器能够储存磁能。当只考虑一个回路或一个线圈时,式(6-130)或(6-131)中不必标上角标,不带形容词的电感通常被理解成普通的自感。求一个导体的自感的步骤如下:

(1) 对于给定的几何形状选择适当的坐标系。

(2) 假设导线中的电流为 I。

(3) 如果存在对称性,就根据式(6-10)的安培环路定理,由 I 求 $\boldsymbol{B}$;如果不存在对称性,就必须用式(6-32)的毕奥-萨伐定律求 $\boldsymbol{B}$。

(4) 用积分方法,由 $\boldsymbol{B}$ 求出每一圈所交链的磁通 Φ

$$\Phi=\int_S \boldsymbol{B}\cdot \mathrm{d}\boldsymbol{s}$$

其中 S 为面积,在该面积上 $\boldsymbol{B}$ 存在且与假设的电流交链。

(5) 用磁通量 Φ 乘以匝数,得到回路的磁链 Λ。

(6) 通过求比率 $L=\Lambda/I$,从而求出自感 L。

只要对上述步骤稍作修改,就可用来计算两个电路之间的互感 L_{12}。选择好合适的坐标系后,进行以下各步骤:假设 I_1→求 $\boldsymbol{B}_1$→将 $\boldsymbol{B}_1$ 在表面 S_2 上积分,求 Φ_{12}→求磁链 $\Lambda_{12}=N_2\Phi_{12}$→求互感 $L_{12}=\Lambda_{12}/I_1$。

例 6-14　假设 N 匝导线紧密地缠绕在一个截面为矩形的环形框架上,其尺寸如图 6-23 所示。又假设媒质的磁导率为 μ_0,求这个环形线圈的自感。

解:很显然,因为环形线圈是轴对称的,故柱坐标系适用于本例。设导线中的电流为 I,将式(6-10)应用于半径为 $r(a<r<b)$ 的圆形路径,得

$$\boldsymbol{B}=\boldsymbol{a}_\phi B_\phi$$

$$\mathrm{d}\boldsymbol{l}=\boldsymbol{a}_\phi r\,\mathrm{d}\phi$$

$$\oint_C \boldsymbol{B}\mathrm{d}\boldsymbol{l}=\int_0^{2\pi} B_\phi r\,\mathrm{d}\phi=2\pi r B_\phi$$

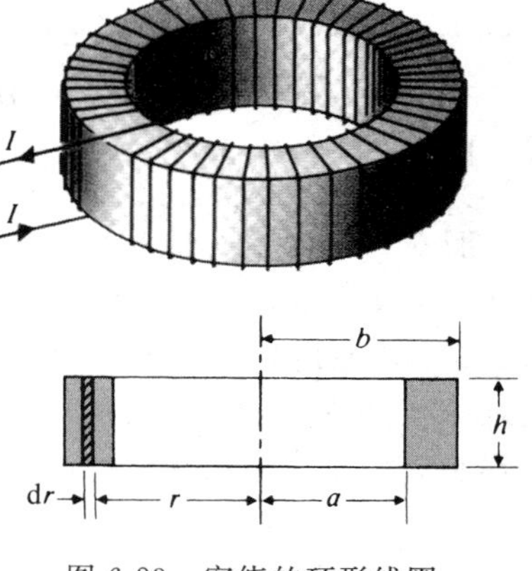

图 6-23　密绕的环形线圈

得到上述结果是因为围绕圆形路径 C 的 B_Φ 和 r 都是常数。又由于这个路径包围的总电流为 NI,因此得

$$2\pi r\boldsymbol{B}_\phi=\mu_0 NI$$

和

$$B_\phi=\frac{\mu_0 NI}{2\pi r}$$

接下来得

$$\Phi=\int_S \boldsymbol{B}\cdot \mathrm{d}\boldsymbol{s}=\int_S\left(\boldsymbol{a}_\phi\frac{\mu_0 NI}{2\pi r}\right)\cdot(\boldsymbol{a}_\phi h\,\mathrm{d}r)=\frac{\mu_0 NIh}{2\pi}\int_a^b\frac{\mathrm{d}r}{r}=\frac{\mu_0 NIh}{2\pi}\ln\frac{b}{a}$$

磁链 Λ 是 $N\Phi$ 或者

$$\Lambda = \frac{\mu_0 N^2 Ih}{2\pi}\ln\frac{b}{a}$$

最后得

$$L = \frac{\Lambda}{I} = \frac{\mu_0 N^2 h}{2\pi}\ln\frac{b}{a} \quad (\mathrm{H}) \tag{6-132}$$

注意:自感并不是电流 I 的函数(对磁导率为常数的媒质)。条件“线圈密绕在环形框架上”,是为了减少与个别匝导线交链的磁链。

例 6-15 求一很长的螺线管每单位长度的电感量,已知螺线管内为空气芯,每单位长度有 n 匝。

解:在例 6-3 中已求出无限长螺线管内部的磁通密度。对于电流 I,由式(6-14)得

$$B = \mu_0 nI$$

上式在螺线管内部是恒定的。因此

$$\Phi = BS = \mu_0 nSI \tag{6-133}$$

其中 S 是螺线管的横截面积。每单位长度的磁链为

$$\Lambda' = n\Phi = \mu_0 n^2 SI \tag{6-134}$$

所以每单位长度的电感为

$$L' = \mu_0 n^2 S \quad (\mathrm{H/m}) \tag{6-135}$$

式(6-135)是一个近似式,其成立的条件是螺线管的长度远远大于其横截面的线性尺寸。在有限长螺线管两端附近,对磁通密度和每单位长度磁链更精确地推导,将发现它们分别比式(6-14)和式(6-134)所给的值小。因此,有限长螺线管的总电感会稍微少于式(6-135)所给出的 L' 值与其长度的乘积。

对于前面两个例题的结果,有如下重要结论:线绕电感器的自感与其线圈匝数的平方成正比。

例 6-16 一空气填充的同轴传输线,其实心内导体半径为 a,而非常薄的外导体内径为 b,求每单位长度传输线的电感。

解:参照图 6-24。假设电流 $\boldsymbol{I}$ 流过内导体,并从相反的方向流经外导体返回。由于圆柱对称性,$\boldsymbol{B}$ 只有 Φ 分量,但两个区域内有不同的表达式:(1)在内导体内部,(2)在内导体与外导体之间。我们还假设电流 $\boldsymbol{I}$ 在整个内导体横截面上是均匀分布的。

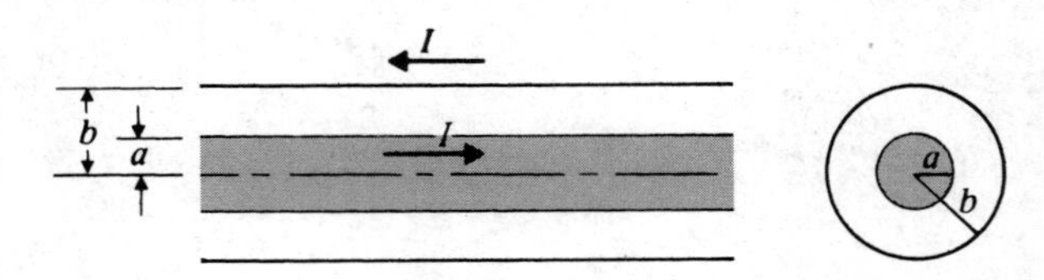

图 6-24 同轴传输线的两个视图

(1) 在内导体内部

$$0 \leqslant r \leqslant a$$

由式(6-11a)得

$$\boldsymbol{B}_1=\boldsymbol{a}_\phi B_{\phi 1}=\boldsymbol{a}_\phi\frac{\mu_0 rI}{2\pi a^2}\tag{6-136}$$

(2) 在内导体与外导体之间

$$a\leqslant r\leqslant b$$

由式(6-11b)得

$$\boldsymbol{B}_2=\boldsymbol{a}_\phi B_{\phi 2}=\boldsymbol{a}_\phi\frac{\mu_0 I}{2\pi r}\tag{6-137}$$

现在,考虑内导体中半径 r 和 $r+\mathrm{d}r$ 之间的圆环柱。对式(6-136)和式(6-137)求积分,可得磁通,该磁通与每单位长度圆环柱的电流相交链。得

$$\begin{aligned}\mathrm{d}\Phi'&=\int_r^a B_{\phi 1}\,\mathrm{d}r+\int_a^b B_{\phi 2}\,\mathrm{d}r=\frac{\mu_0 I}{2\pi a^2}\int_r^a r\,\mathrm{d}r+\frac{\mu_0 I}{2\pi}\int_a^b\frac{\mathrm{d}r}{r}\\&=\frac{\mu_0 I}{42a^2}(a^2-r^2)+\frac{\mu_0 I}{2\pi}\ln\frac{b}{a}\end{aligned}\tag{6-138}$$

但是,圆环柱中的电流只是总电流 I 的一部分($2\pi r\mathrm{d}r/\pi a^2=2r\mathrm{d}r/a^2$)。[①] 因此,该圆环的磁链是

$$\mathrm{d}\Lambda'=\frac{2r\mathrm{d}r}{a^2}\mathrm{d}\Phi'\tag{6-139}$$

每单位长度的总磁链是

$$\Lambda'=\int_{r=0}^{r=a}\mathrm{d}\Lambda'=\frac{\mu_0 I}{\pi a^2}\left[\frac{1}{\pi a^2}\int_0^a(a^2-r^2)r\mathrm{d}r+\left(\ln\frac{b}{a}\right)\int_0^a r\mathrm{d}r\right]=\frac{\mu_0 I}{2\pi}\left(\frac{1}{4}+\ln\frac{b}{a}\right)$$

所以,同轴传输线单位长度的电感是

$$L'=\frac{\Lambda'}{I}=\frac{\mu_0}{8\pi}+\frac{\mu_0}{2\pi}\ln\frac{b}{a}\quad(\mathrm{H/m})\tag{6-140}$$

第一项$\frac{\mu_0}{8\pi}$是由实心内导体内部的磁链产生的,称为内导体每单位长度的**内电感**。第二项来自内导体与外导体之间的磁链,称为同轴线每单位长度的**外电感**。

在高频应用中,良导体中的电流往往会转移到该导体的表面(由于**趋肤效应**,将在第8章见到),这会造成内导体的电流不均匀的分布,从而改变内电感的值。在极端情况下,电流可能集中在内导体的“外壳”上成为表面电流,此时内部的自感将减少到零。

例 6-17　一传输线由两根半径为 a 的长平行导线组成,两根导线中的电流方向相反,计算每单位长度传输线的内电感和外电感。导线的轴线距离相隔为 d,d 远大于 a。

解:由式(6-140)得每根导线每单位长度的内自感是$\frac{\mu_0}{8\pi}$。因此,对于两根导线得

$$L_i'=2\times\frac{\mu_0}{8\pi}=\frac{\mu_0}{4\pi}\quad(\mathrm{H/m})\tag{6-141}$$

为了求每单位长度的外自感,首先计算导线中所设电流为 I 的传输线单位长度的磁链。

---

① 假定电流均匀分布在导体内。这个假设对于高频率交流电流是不正确的。

如图6-25所示，两导线处于 xz 平面上，由两导线中大小相等方向相反的电流产生的有贡献的矢量 $\boldsymbol{B}$ 只有 y 分量

$$B_{y1}=\frac{\mu_0 I}{2\pi x} \tag{6-142}$$

$$B_{y2}=\frac{\mu_0 I}{2\pi(d-x)} \tag{6-143}$$

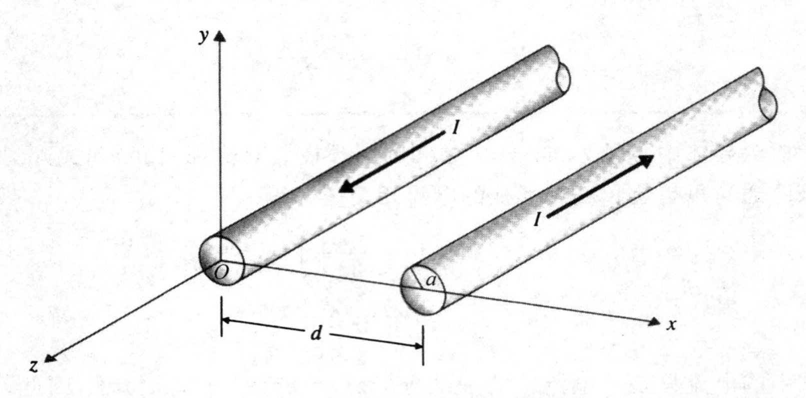

图6-25 两根导线的传输线

则单位长度的磁链是

$$\begin{aligned}\Phi'&=\int_a^{d-a}(B_{y1}+B_{y2})\mathrm{d}x=\int_a^{d-a}\frac{\mu_0 I}{2\pi}\left[\frac{1}{x}+\frac{1}{d-x}\right]\mathrm{d}x\\&=\frac{\mu_0 I}{\pi}\ln\left(\frac{d-a}{a}\right)\cong\frac{\mu_0 I}{\pi}\ln\frac{d}{a}\quad(\mathrm{Wb/m})\end{aligned}$$

因此

$$L'_e=\frac{\Phi'}{I}=\frac{\mu_0}{\pi}\ln\frac{d}{a}\quad(\mathrm{H/m}) \tag{6-144}$$

这两根导线每单位长度的总自感为

$$L'=L'_i+L'_e=\frac{\mu_0}{\pi}\left(\frac{1}{4}+\ln\frac{d}{a}\right)\quad(\mathrm{H/m}) \tag{6-145}$$

在介绍一些例题来说明如何求两个电路之间的互感之前，先就图6-22和式(6-127)提出下面的问题：由回路 C_1 中的单位电流产生而与回路 C_2 交链的磁链，是否等于由回路 C_2 中的单位电流产生而与回路 C_1 交链的磁链？也就是说

$$L_{12}=L_{21} \tag{6-146}$$

是正确的吗？我们可能会直观地、模糊地想象："根据互易性"，答案是肯定的。但是，如何去证明它？可以按照如下步骤进行。联立式(6-123)、式(6-125)和式(6-127)，得

$$L_{12}=\frac{N_2}{I_1}\int_{S_2}\boldsymbol{B}_1\mathrm{d}\boldsymbol{s}_2 \tag{6-147}$$

但是，根据式(6-15)，$\boldsymbol{B}_1$ 可以写成矢量磁位 $\boldsymbol{A}_1$ 的旋度，即 $\boldsymbol{B}_1=\nabla\times\boldsymbol{A}_1$，得

$$L_{12}=\frac{N_2}{I_1}\int_{S_2}(\nabla\times\boldsymbol{A}_1)\cdot\mathrm{d}\boldsymbol{s}_2=\frac{N_2}{I_1}\oint_{C_2}\boldsymbol{A}_1\cdot\mathrm{d}\boldsymbol{l}_2 \tag{6-148}$$

现在，由式(6-27)得

$$\boldsymbol{A}_1=\frac{\mu_0 N_1 I_1}{4\pi}\oint_{C_1}\frac{\mathrm{d}\boldsymbol{l}_1}{R} \tag{6-149}$$

在式(6-148)和式(6-149)中，周线积分只分别沿回路 C_2 和 C_1 的外围各计算一次，多匝的影响已经分别由 N_2 和 N_1 这两个因子考虑进去了。式(6-149)代入式(6-148)，得

$$L_{12}=\frac{\mu_0 N_1 N_2}{4\pi}\oint_{C_1}\oint_{C_2}\frac{\mathrm{d}\boldsymbol{l}_1\cdot\mathrm{d}\boldsymbol{l}_2}{R} \tag{6-150a}$$

其中 R 是微分长度 $\mathrm{d}\boldsymbol{l}_1$ 与 $\mathrm{d}\boldsymbol{l}_2$ 之间的距离，习惯将式(6-150a)写为

$$L_{12}=\frac{\mu_0}{4\pi}\oint_{C_1}\oint_{C_2}\frac{\mathrm{d}\boldsymbol{l}_1\cdot\mathrm{d}\boldsymbol{l}_2}{R} \tag{6-150b}$$

其中 N_1 和 N_2 已被归并到沿电路 C_1 和 C_2，从电路一端到另一端的周线积分中。式(6-150b)就是计算互感的**纽曼公式**。它是需要计算二重线积分的一般式。对于任意给定的问题，总是首先寻找对称条件，用它来简化磁链和互感的计算，而不是直接使用式(6-105b)。

由式(6-150b)可清楚看出，互感表示了耦合电路的几何形状和物理排列的性质。对于线性媒质，互感与媒质的磁导率成正比，而与电路中的电流无关。显然，交换脚标1和2并不改变二重线积分的值；因此，得出对式(6-146)所提出的问题的肯定回答。这是一个很重要的结论，因为这允许我们用两种方法中更简单的一种(求 L_{12} 和 L_{21})来求互感。[①]

例 6-18　两个匝数分别为 N_1 和 N_2 的线圈，同心地绕在半径为 a、磁导率为 μ 的直圆柱形芯子上。两个线圈的长度分别为 l_1 和 l_2。求两个线圈之间的互感。

解：图6-26表示有两个同心线圈的螺线管。假设内线圈中通以电流 I_1。由式(6-133)可知，在螺线管芯子中与外线圈交链的磁通 Φ_{12} 为

$$\Phi_{12}=\mu\left(\frac{N_1}{l_1}\right)(\pi a^2)I_1$$

因为外线圈有 N_2 匝，所以得

$$\Lambda_{12}=N_2\Phi_{12}=\frac{\mu}{l_1}N_1N_2\pi a^2 I_1$$

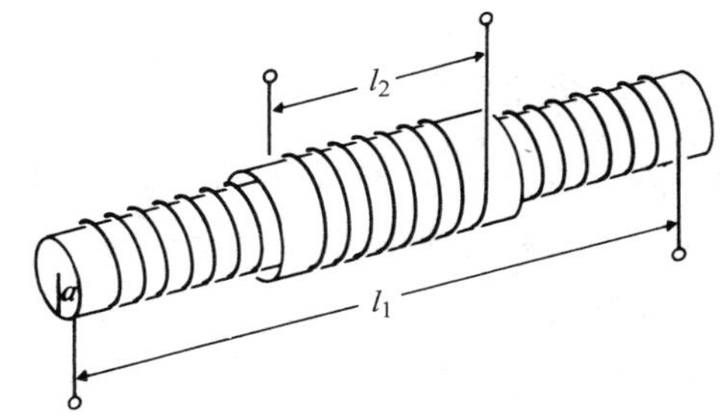

图 6-26　有两个线圈的螺线管

因此，互感为

$$L_{12}=\frac{\Lambda_{12}}{I_1}=\frac{\mu}{l_1}N_1N_2\pi a^2 \tag{6-151}$$

漏磁已被忽略。

例 6-19　如图6-27所示，求导电三角形回路与很长的直导线之间的互感。

解：标记三角形回路为电路1，长导线为电路2。如果假设三角形回路中的电流为 I_1，则难以求出各处的磁通密度 $\boldsymbol{B}_1$。因此，也就难以由式(6-127)中 Λ_{12}/I_1 求互感 L_{12}。然而，可以运用安培环路定律，迅速地写出长直导线中的电流 I_2 所产生的 $\boldsymbol{B}_2$ 的表达式

---

① 在电路理论书籍中，符号 M 经常用于表示互感。

$$\boldsymbol{B}_2 = \boldsymbol{a}_\phi \frac{\mu_0 I_2}{2\pi r} \tag{6-152}$$

磁链 $\Lambda_{21}=\Phi_{21}$ 为

$$\Lambda_{21} = \int_{S_1} \boldsymbol{B}_2 \cdot \mathrm{d}\boldsymbol{s}_1 \tag{6-153}$$

其中

$$\mathrm{d}\boldsymbol{s}_1 = \boldsymbol{a}_\phi z \,\mathrm{d}r \tag{6-154}$$

三角形斜边的公式得出 z 和 r 之间的关系

$$\begin{aligned} z &= -[r-(d+b)]\tan 60^\circ \\ &= -\sqrt{3}[r-(d+b)] \end{aligned} \tag{6-155}$$

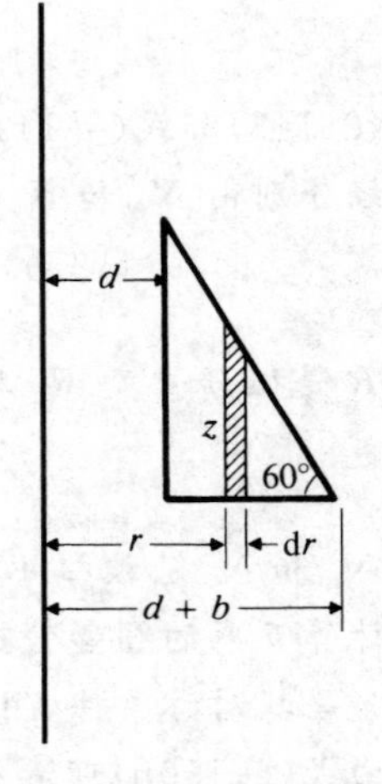

图 6-27 导电三角形回路和长直导线

将式(6-152)、式(6-154)和式(6-155)代入式(6-153),得

$$\begin{aligned} \Lambda_{21} &= -\frac{\sqrt{3}\mu_0 I_2}{2\pi}\int_d^{d+b} \frac{1}{r}[r-(d+b)]\mathrm{d}r \\ &= \frac{\sqrt{3}\mu_0 I_2}{2\pi}\left[(d+b)\ln\left(1+\frac{b}{d}\right)-b\right] \end{aligned}$$

因此,互感是

$$L_{21} = \frac{\Lambda_{21}}{I_2} = \frac{\sqrt{3}\mu_0}{2\pi}\left[(d+b)\ln\left(1+\frac{b}{d}\right)-b\right] \quad (\mathrm{H}) \tag{6-156}$$

6.12 磁能

到目前为止,已经讨论了静态情况下的自感和互感。因为电感取决于组成电路的导体的几何形状和物理排列,而且对于线状媒质,电感不取决于电流,因此在定义电感时,并未涉及非稳恒电流。然而我们知道,无电阻的电感器对稳恒(直流)电流呈现短路;当研究电感对电路以及磁场的效应时,显然必须考虑交流电。对时变电磁场(电动力学)的一般讨论将推迟到第7章。现在,我们只考虑**准静态情况**,这意味着电流随时间变化很慢(低频),而电路的尺寸与波长相比时很小。在第8章讨论电磁波时将看到,这些条件相当于忽略滞后效应和辐射效应。

3.11节讨论过,将一组电荷集合起来需要做功,且功是以电能的形式储存起来的。当然可预言:传送电流给导电线圈时也需要做功,并且功以磁能的形式储存起来。考虑一个自感为 L_1 的单独闭合回路,其初始电流为零。将电流源与回路连接,电流从零增加到 I_1。从物理学知道回路中将感应出电动势,它阻碍电流的变化。[①] 要克服这个感应电动势,必须做一定数量的功。设 $v_1=L_1\mathrm{d}i_1/I_1$ 为电感两端的电压。所需的功是

$$W_1 = \int v_1 i_1 \mathrm{d}t = L_1\int_0^{I_1} i_1 \mathrm{d}i_1 = \frac{1}{2}L_1 I_1^2 \tag{6-157}$$

既然对线性媒质 $L_1=\Phi_1/I_1$,则式(6-157)用磁链表示,可以改写为

① 电磁感应的内容将在第7章讨论。

$$W_1 = \frac{1}{2}I_1\Phi_1 \qquad (6\text{-}158)$$

这个功以磁能形式储存起来。

现在考虑两个载流分别为 i_1 和 i_2 的闭合回路 C_1 和 C_2。电流初始为零，分别增至 I_1 和 I_2。为了求所需要的功，首先保持 $i_2=0$，把 i_1 从零增加到 I_1。这就需要在回路 C_1 中做功 W_1，如式(6-157)或式(6-158)所示；这时在 C_2 环路中并未做功，因为 $i_2=0$。接着保持 i_1 为 I_1，将 i_2 从 0 增加到 I_2。因为互耦，某些由 i_2 产生的磁通将会与回路 C_1 交链，在 C_1 中产生感应电动势，这个感应电动势必须用电压 $v_{21}=L_{21}\mathrm{d}i_2/\mathrm{d}t$ 来克服以便保持 i_1 为恒定值 I_1。所涉及的功是

$$W_{21} = \int v_{21}I_1\mathrm{d}t = L_{21}I_1\int_0^{I_2}\mathrm{d}i_2 = L_{21}I_1I_2 \qquad (6\text{-}159)$$

同时，在回路 C_2 中为了阻碍感应电动势，并将 i_2 增加至 I_2，必做的功 W_{22} 为

$$W_{22} = \frac{1}{2}L_2I_2^2 \qquad (6\text{-}160)$$

这样，使回路 C_1 和 C_2 中的电流由 0 分别增至 I_1 和 I_2，所做的总功为 W_1、W_{21} 和 W_{22} 的和

$$W_2 = \frac{1}{2}L_1I_1^2 + L_{21}I_1I_2 + \frac{1}{2}L_2I_2^2 = \frac{1}{2}\sum_{j=1}^{2}\sum_{k=1}^{2}L_{jk}I_jI_k \qquad (6\text{-}161)$$

把这个结果推广到一个载有电流为 $I_1, I_2, \cdots, I_n$ 的 N 个回路的系统，可得

$$W_m = \frac{1}{2}\sum_{j=1}^{N}\sum_{k=1}^{N}L_{jk}I_jI_k \quad (\mathrm{J}) \qquad (6\text{-}162)$$

它是存储在磁场中的能量。对于流过电感为 L 的单个电感器的电流，储存的磁能为

$$W_m = \frac{1}{2}LI^2 \quad (\mathrm{J}) \qquad (6\text{-}163)$$

用另一种方法推导式(6-162)具有启发意义。考虑 N 个磁耦合回路中的第 k 个回路。令 v_k 和 i_k 分别为回路两端的电压值和流经回路的电流值，则在 $\mathrm{d}t$ 时间内对第 k 个回路所做的功为

$$\mathrm{d}W_k = v_ki_k\mathrm{d}t = i_k\mathrm{d}\phi_k \qquad (6\text{-}164)$$

其中使用了关系 $v_k=\mathrm{d}\phi_k/\mathrm{d}t$。注意：与第 k 个回路交链的磁通 ϕ_k 的增量 $\mathrm{d}\phi_k$，是所有耦合回路中电流变化的结果。这样，对系统做的微分功或者储藏在系统中的微分磁能是

$$\mathrm{d}W_m = \sum_{k=1}^{N}\mathrm{d}W_k = \sum_{k=1}^{N}i_k\mathrm{d}\phi_k \qquad (6\text{-}165)$$

存储的总能量为 $\mathrm{d}W_m$ 的积分，且与电流和磁通达到其最后值的方式无关。假设所有电流值和磁通量都以相等的分数因子 α 从 0 到 1 协调到它们的最后值；即在任何时刻，$i_k=\alpha I_k$ 且 $\phi_k=\alpha\Phi_k$。得总**磁能**为

$$W_m = \int\mathrm{d}W_m = \sum_{k=1}^{N}I_k\Phi_k\int_0^1\alpha\mathrm{d}\alpha$$

或

$$W_m = \frac{1}{2}\sum_{k=1}^{N}I_k\Phi_k \quad (\mathrm{J}) \qquad (6\text{-}166)$$

正如所期望的，当 $N=1$ 时，它简化为式(6-158)。注意，对线性媒质

$$\Phi_k = \sum_{j=1}^{N}L_{jk}I_j$$

立即得式(6-162)。

用场量表示磁能

式(6-166)可以加以推广,用以求体积内连续分布的电流的磁能。单载流回路可视为由 N 个沿各个闭合路径 C_k 的大量连续丝状电流元组成,每个电流元带有电流 ΔI_k,流过无穷小横截面积 $\Delta a_k'$,它所交链的磁通为 Φ_k。

$$\Phi_k = \int_{S_k} \boldsymbol{B} \cdot \boldsymbol{a}_n \mathrm{d}s_k' = \oint_{C_k} \boldsymbol{A} \cdot \mathrm{d}\boldsymbol{l}_k' \tag{6-167}$$

其中 S_k 是 C_k 所包围的表面。将式(6-167)代入式(6-166)得

$$W_m = \frac{1}{2}\sum_{k=1}^{N} \Delta I_k \oint_{C_k} \boldsymbol{A} \cdot \mathrm{d}\boldsymbol{l}_k' \tag{6-168}$$

现在

$$\Delta I_k \mathrm{d}\boldsymbol{l}_k' = \boldsymbol{J}(\Delta a_k')\mathrm{d}l_k' = \boldsymbol{J}\Delta v_k'$$

当 $N\to\infty$ 时,$\Delta v_k{}'$ 变为 $\mathrm{d}v'$,则式(6-168)中的求和可写成一个积分,得

$$W_m = \frac{1}{2}\int_{V'} \boldsymbol{A} \cdot \boldsymbol{J} \mathrm{d}v' \tag{6-169}$$

其中 V' 是回路的体积或存在 $\boldsymbol{J}$ 的线性媒质的体积。该体积可以扩大,以包括整个空间,因为包含了 $\boldsymbol{J}=0$ 的区域并不改变 W_m。式(6-169)应该与式(3-170)中电场能 W_e 的表达式进行比较。

通常希望用场量 $\boldsymbol{B}$ 和 $\boldsymbol{H}$ 代替电流密度 $\boldsymbol{J}$ 及用矢量磁位 $\boldsymbol{A}$ 来表示磁能。运用矢量恒等式

$$\nabla\cdot(\boldsymbol{A}\times\boldsymbol{H}) = \boldsymbol{H}\cdot(\nabla\times\boldsymbol{A}) - \boldsymbol{A}\cdot(\nabla\times\boldsymbol{H})$$

(见习题 P.2-33 或者本书最后的表),得

$$\boldsymbol{A}\cdot(\nabla\times\boldsymbol{H}) = \boldsymbol{H}\cdot(\nabla\times\boldsymbol{A}) - \nabla\cdot(\boldsymbol{A}\times\boldsymbol{H})$$

或

$$\boldsymbol{A}\cdot\boldsymbol{J} = \boldsymbol{H}\cdot\boldsymbol{B} - \nabla\cdot(\boldsymbol{A}\times\boldsymbol{H}) \tag{6-170}$$

把式(6-170)代入式(6-169),得

$$W_m = \frac{1}{2}\int_{V'} \boldsymbol{H}\cdot\boldsymbol{B}\mathrm{d}v' - \frac{1}{2}\oint_{S'}(\boldsymbol{A}\times\boldsymbol{H})\cdot\boldsymbol{a}_n \mathrm{d}s' \tag{6-171}$$

在式(6-171)中已应用了散度定理,S' 是包围 V' 的表面。如果 V' 足够大,则其表面 S' 上的点会离电流很远。在那些非常远的点上,式(6-171)中面积分的贡献趋于零。因为 $|A|$ 以 $1/R$ 的速率下降,而 $|H|$ 以 $1/R^2$ 的速率下降,这可以分别从式(6-23)和式(6-32)中看出。因此,$\boldsymbol{A}\times\boldsymbol{H}$ 的值以 $1/R^3$ 的速率减少,而与此同时,面 S' 只以 R^2 的速率增加。当 R 趋于无穷大,式(6-171)中的面积分为 0。于是得

$$W_m = \frac{1}{2}\int_{V'} \boldsymbol{H}\cdot\boldsymbol{B}\mathrm{d}v' \tag{6-172a}$$

注意 $\boldsymbol{H}=\boldsymbol{B}/\mu$,可将式(6-172a)写成另外两种形式

$$W_m = \frac{1}{2}\int_{V'} \frac{B^2}{\mu}\mathrm{d}v' \tag{6-172b}$$

和

$$W_m = \frac{1}{2}\int_{V'} \mu H^2 \mathrm{d}v' \tag{6-172c}$$

在线性媒质中，磁能 W_m 的表达式(6-172a)、式(6-172b)和式(6-172c)，分别和静电能 W_e 的表达式(3-176a)、式(3-176b)和式(3-176c)相似。

如果定义一个**磁能密度** w_m，使其体积分等于总磁能

$$W_m = \int_{V'} w_m \mathrm{d}v' \tag{6-173}$$

那么，可以将 w_m(单位为 $\mathrm{J/m^3}$)写成三种不同形式

$$w_m = \frac{1}{2}\boldsymbol{H}\cdot\boldsymbol{B} \tag{6-174a}$$

或

$$w_m = \frac{B^2}{2\mu} \tag{6-174b}$$

或

$$w_m = \frac{1}{2}\mu H^2 \tag{6-174c}$$

运用式(6-163)，可由 $\boldsymbol{B}$ 或者 $\boldsymbol{H}$ 计算出的磁场储能来求自感，这样常比用磁链来计算更容易。于是得

$$L = \frac{2W_m}{I_2} \tag{6-175}$$

例 6-20　利用磁场储能，求空气同轴传输线每单位长度的电感，同轴传输线有一半径为 a 的实心内导体和很薄的内半径为 b 的外导体。

解：该例题与例 6-16 相同，例 6-16 中是由磁链求自感。再次参考图 6-24。假设均匀电流 I 流过内导体并从外导体流回。由式(6-136)和式(6-172b)，内导体中每单位长度所储藏的磁能是

$$W'_{m1} = \frac{1}{2\mu_0}\int_0^a B_{\phi1}^2 2\pi r\mathrm{d}r = \frac{\mu_0 I^2}{4\pi a^4}\int_0^a r^3\mathrm{d}r = \frac{\mu_0 I^2}{16\pi} \quad (\mathrm{J/m}) \tag{6-176a}$$

由式(6-137)和式(6-172b)知，在内导体和外导体之间的区域，每单位长度储存的磁能为

$$W'_{m2} = \frac{1}{2\mu_0}\int_a^b B_{\phi2}^2 2\pi r\mathrm{d}r = \frac{\mu_0 I^2}{4\pi}\int_a^b \frac{1}{r}\mathrm{d}r = \frac{\mu_0 I^2}{4\pi}\ln\frac{b}{a} \quad (\mathrm{J/m}) \tag{6-176b}$$

因此，由式(6-175)得

$$L' = \frac{2}{I^2}(W'_{m1} + W'_{m2}) = \frac{\mu_0}{8\pi} + \frac{\mu_0}{2\pi}\ln\frac{b}{a} \quad (\mathrm{H/m})$$

这与式(6-140)一样。本解答所用的步骤与例 6-16 相比更简单，尤其是求内电感 $\frac{\mu_0}{8\pi}$ 那部分。

6.13　磁场力和磁转矩

在 6.1 节，电荷 q 在磁通密度为 $\boldsymbol{B}$ 的磁场中以速度 $\boldsymbol{u}$ 运动的电荷 q，会受到由式(6-4)表示的磁场力 $\boldsymbol{F}_m$ 的作用，将该式重写如下

$$\boldsymbol{F}_m = q\boldsymbol{u}\times\boldsymbol{B} \quad (\mathrm{N}) \tag{6-177}$$

本节将讨论静磁场中几种磁力和磁转矩。

6.13.1 霍尔效应

考虑均匀磁场 $\boldsymbol{B}=\boldsymbol{a}_z B_0$ 中有一个矩形截面为 $d\times b$ 的导电材料,如图 6-28 所示。有一均匀直流电流在 y 方向流动

$$\boldsymbol{J}=\boldsymbol{a}_y J_0=Nq\boldsymbol{u} \tag{6-178}$$

其中 N 是每单位体积的电荷载体数,电荷载体运动速度为 $\boldsymbol{u}$,q 是每个电荷载体的电荷量。因为式(6-177),电荷载体受到垂直于 $\boldsymbol{B}$ 和 $\boldsymbol{u}$ 的力。如果材料是导体或是 N 型半导体,那么电荷载体是电子,且 q 是负的。磁力使得电子向 x 轴正方向移动,产生一个横向电场。这样持续下去,直到横向电场足够阻止电荷载体的漂移。在稳定状态下,电荷载体受到的净力为零

$$\boldsymbol{E}_h+\boldsymbol{u}\times\boldsymbol{B}=0 \tag{6-179a}$$

或

$$\boldsymbol{E}_h=-\boldsymbol{u}\times\boldsymbol{B} \tag{6-179b}$$

这就是**霍尔效应**,而 $\boldsymbol{E}_h$ 是霍尔场。对于导体和 N 型半导体及正的 J_0,有 $\boldsymbol{u}=-\boldsymbol{a}_y u_0$,且

$$\boldsymbol{E}_h=-(-\boldsymbol{a}_y u_0)\times\boldsymbol{a}_z B_0=\boldsymbol{a}_x u_0 B_0 \tag{6-180}$$

一个横向电压便出现在材料两侧。因此,对于电子载体得

$$V_h=-\int_0^d E_h\,\mathrm{d}x=u_0 B_0 d \tag{6-181}$$

在式(6-181)中,V_h 称为**霍尔电压**。比率 $E_x/J_y B_z=1/Nq$ 是材料的特性,称为**霍尔系数**。

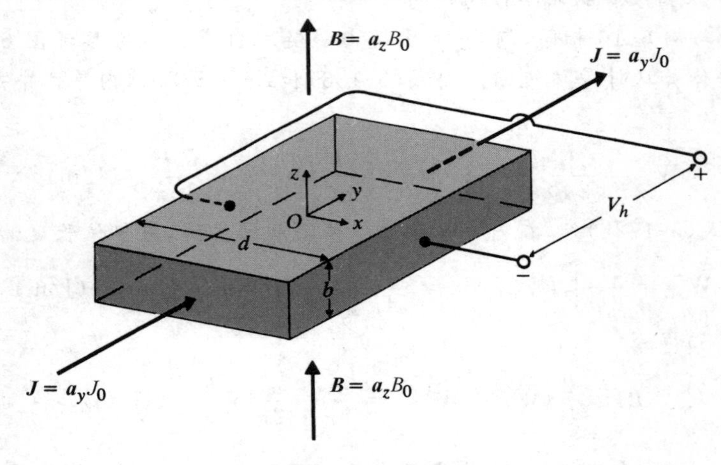

图 6-28 霍尔效应例子

如果电荷载体是空穴,例如在 P 型半导体中,霍尔场会反向,式(6-181)中的霍尔电压与图 6-28 所示的参考极性相反。

霍尔效应可以用于测量磁场和求主要的电荷载体的符号(区分 N 型和 P 型半导体)。这里给出了一种简单形式的霍尔效应。实际上这是一个涉及量子理论概念的复杂问题。

6.13.2 载流导体上的磁场力和磁转矩

考虑一个横截面积为 S 的导体元 $\mathrm{d}\boldsymbol{l}$。如果每单位体积有 N 个电荷载体(电子)以速度

$\boldsymbol{u}$沿 $\mathrm{d}\boldsymbol{l}$ 方向运动,那么作用于微分元的磁场力是

$$\mathrm{d}\boldsymbol{F}_m = -NeS \mid \mathrm{d}\boldsymbol{l} \mid \boldsymbol{u}\times\boldsymbol{B} = -NeS \mid \boldsymbol{u} \mid \mathrm{d}\boldsymbol{l}\times\boldsymbol{B} \tag{6-182}$$

其中 e 是电子的电荷。式(6-182)中的两个表达式是等价的,因为 $\boldsymbol{u}$ 和 $\mathrm{d}\boldsymbol{l}$ 有相同的方向。现在,由于$-NeS|\boldsymbol{u}|$等于导体的电流,可以把式(6-182)写成

$$\mathrm{d}\boldsymbol{F}_m = I\mathrm{d}\boldsymbol{l}\times\boldsymbol{B} \quad (\mathrm{N}) \tag{6-183}$$

于是,在磁场 $\boldsymbol{B}$ 中,作用在载流为 I、周线为 C 的完全(闭合)电路上的磁场力为

$$\boldsymbol{F}_m = I\oint_C \mathrm{d}\boldsymbol{l}\times\boldsymbol{B} \quad (\mathrm{N}) \tag{6-184}$$

当两个电路分别载有电流 I_1 和 I_2 时,这种情况就是一个载流电路位于另一载流电路产生的磁场之中。当 C_2 中的电流 I_2 产生的磁场为 $\boldsymbol{B}_{21}$时,作用在电路 C_1 中的磁场力 $\boldsymbol{F}_{21}$可以写成

$$\boldsymbol{F}_{21} = I_1\oint_{C_1} \mathrm{d}\boldsymbol{l}_1\times\boldsymbol{B}_{21} \tag{6-185a}$$

其中 $\boldsymbol{B}_{21}$根据式(6-32)中的毕奥-萨伐尔定律,得

$$\boldsymbol{B}_{21} = \frac{\mu_0 I_2}{4\pi}\oint_{C_1} \frac{\mathrm{d}\boldsymbol{l}_2\times\boldsymbol{a}_{R_{21}}}{R_{21}^2} \tag{6-185b}$$

结合式(6-185a)和式(6-185b),得

$$\boldsymbol{F}_{21} = \frac{\mu_0}{4\pi}I_1 I_2\oint_{C_1}\oint_{C_2} \frac{\mathrm{d}\boldsymbol{l}_1\times(\mathrm{d}\boldsymbol{l}_2\times\boldsymbol{a}_{R_{21}})}{R_{21}^2} \quad (\mathrm{N}) \tag{6-186a}$$

这就是两个载流电路之间的**安培力定理**。它是反比平方关系,并且和式(3-17)中两个静止电荷之间的力的库仑定律做比较,后者更为简单。

当电路 C_1 的电流 I_1 产生的磁场存在时,在式(6-186a)中交换下标 1 和 2,可写出作用于电路 C_2 的力 $\boldsymbol{F}_{12}$为

$$\boldsymbol{F}_{12} = \frac{\mu_0}{4\pi}I_2 I_1\oint_{C_2}\oint_{C_1} \frac{\mathrm{d}\boldsymbol{l}_2\times(\mathrm{d}\boldsymbol{l}_1\times\boldsymbol{a}_{R_{12}})}{R_{12}^2} \tag{6-186b}$$

然而,因为 $\mathrm{d}\boldsymbol{l}_2\times(\mathrm{d}\boldsymbol{l}_1\times\boldsymbol{a}_{R_{12}})\neq-\mathrm{d}\boldsymbol{l}_1\times(\mathrm{d}\boldsymbol{l}_2\times\boldsymbol{a}_{R_{21}})$,我们要问,这是否意味着 $F_{21}\neq-F_{12}$——也就是说服从作用力和反作用力的牛顿第三定律是否在这里失效?运用式(2-20)的 back-cab 规则,将式(6-186a)中被积函数的矢量三重积加以展开

$$\frac{\mathrm{d}\boldsymbol{l}_1\times(\mathrm{d}\boldsymbol{l}_2\times\boldsymbol{a}_{R_{21}})}{R_{21}^2} = \frac{\mathrm{d}\boldsymbol{l}_2(\mathrm{d}\boldsymbol{l}_1\cdot\boldsymbol{a}_{R_{21}})}{R_{21}^2} - \frac{\boldsymbol{a}_{R_{21}}(\mathrm{d}\boldsymbol{l}_1\cdot\mathrm{d}\boldsymbol{l}_2)}{R_{21}^2} \tag{6-187}$$

现在,对式(6-187)右边的第一项进行二重闭合线积分,得

$$\begin{aligned}\oint_{C_1}\oint_{C_2}\frac{\mathrm{d}\boldsymbol{l}_2(\mathrm{d}\boldsymbol{l}_1\cdot\boldsymbol{a}_{R_{21}})}{R_{21}^2} &= \oint_{C_2}\mathrm{d}\boldsymbol{l}_2\oint_{C_1}\frac{\mathrm{d}\boldsymbol{l}_1\cdot\boldsymbol{a}_{R_{21}}}{R_{21}^2} = \oint_{C_2}\mathrm{d}\boldsymbol{l}_2\oint_{C_1}\mathrm{d}\boldsymbol{l}_1\cdot\left(-\nabla_1\frac{1}{R_{21}}\right)\\ &= -\oint_{C_2}\mathrm{d}\boldsymbol{l}_2\oint_{C_1}\mathrm{d}\left(\frac{1}{R_{21}}\right) = 0\end{aligned} \tag{6-188}$$

在式(6-188)中,已利用了式(2-88)和关系式$\nabla_1(1/R_{21})=-\boldsymbol{a}_{R_{21}}/R_{21}^2$。$\mathrm{d}(1/R_{21})$围绕电路 C_1 的闭合线积分(由于上限和下限相同)为 0。把式(6-187)代入式(6-186a)并利用式(6-188),得

$$\boldsymbol{F}_{21} = -\frac{\mu_0}{4\pi}I_1 I_2\oint_{C_1}\oint_{C_2} \frac{\boldsymbol{a}_{R_{21}}(\mathrm{d}\boldsymbol{l}_1\cdot\mathrm{d}\boldsymbol{l}_2)}{R_{21}^2} \tag{6-189}$$

上式显然等于$-\boldsymbol{F}_{12}$，因为$\boldsymbol{a}_{R_{12}}=-\boldsymbol{a}_{R_{21}}$。由此可得牛顿第三定律在这里也是适用的，正如所期望的。

例 6-21　两根无限长的平行导线分别载有相同方向的电流I_1和I_2，导线之间的距离为d。求单位长度导线之间的磁场力。

解：令导线位于yz平面，且平行于z轴，如图6-29所示。本例题是式(6-185a)的直接应用。用$\boldsymbol{F}'_{12}$表示作用于单位长度导线2上的力，得

$$\boldsymbol{F}'_{12}=I_2(\boldsymbol{a}_z\times\boldsymbol{B}_{12}) \tag{6-190}$$

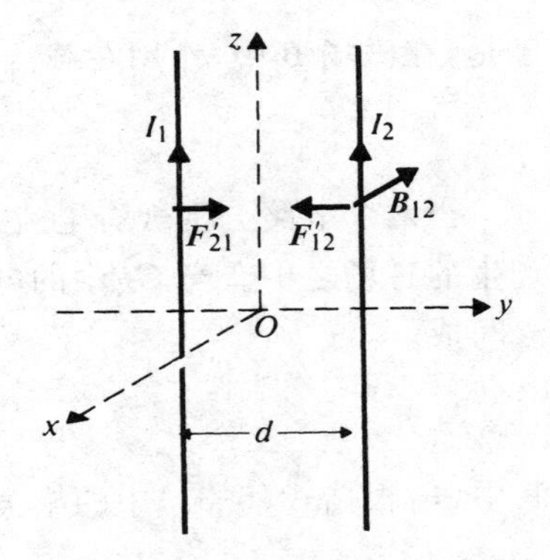

图 6-29　两根平行载流导线之间的力

其中导线1中电流I_1在导线2处产生的磁通密度为$\boldsymbol{B}_{12}$，它在导线2上是常数。因为假设导线是无限长的，且存在圆柱对称性，故可不用式(6-185b)求$\boldsymbol{B}_{12}$。运用安培环路定律，根据式(6-11b)，写为

$$\boldsymbol{B}_{12}=-\boldsymbol{a}_x\frac{\mu_0 I_1}{2\pi d} \tag{6-191}$$

将式(6-191)代入式(6-190)，得

$$\boldsymbol{F}'_{12}=-\boldsymbol{a}_y\frac{\mu_0 I_1 I_2}{2\pi d}\quad(\mathrm{N/m}) \tag{6-192}$$

由此可见，作用在导线2上的力把它拉向导线1，因此，作用于两根通有同方向电流的导线的磁场力是吸引力(不像两个相同极性的电荷之间的力，它是排斥力)。证明$\boldsymbol{F}'_{21}=-\boldsymbol{F}'_{12}=\boldsymbol{a}_y(\mu_0 I_1 I_2/2\pi d)$以及载有相反方向电流的两根导线之间的磁场力为排斥力并不困难。

现在考虑磁通密度为$\boldsymbol{B}$的均匀磁场中，有一半径为b、载流为I的小圆形回路。为方便起见，将$\boldsymbol{B}$分解成两个分量，$\boldsymbol{B}=\boldsymbol{B}_\perp+\boldsymbol{B}_\parallel$，其中$\boldsymbol{B}_\perp$和$\boldsymbol{B}_\parallel$分别是垂直和平行于回路所在的平面的分量。如图6-30(a)所示，垂直分量$\boldsymbol{B}_\perp$企图扩大回路(或者使他压缩，如果I的方向反过来)，但$\boldsymbol{B}_\perp$没有施加净力使回路运动。平行分量$\boldsymbol{B}_\parallel$对回路元$\mathrm{d}l_1$产生向上的力$\mathrm{d}\boldsymbol{F}_1$(垂直纸面向外)，而对与其对称的回路元$\mathrm{d}l_2$产生向下的力(垂直纸面向里)$\mathrm{d}\boldsymbol{F}_2=-\mathrm{d}\boldsymbol{F}_1$，如图6-30(b)所示。虽然在整个环路上由$\boldsymbol{B}_\parallel$产生的净力也为零，但是存在使回路绕$x$轴旋转的磁转矩，其方向企图使由$I$产生的磁场与外部的$\boldsymbol{B}_\parallel$场方向一致。由$\mathrm{d}\boldsymbol{F}_1$和$\mathrm{d}\boldsymbol{F}_2$产生的微分磁转矩为

$$\mathrm{d}\boldsymbol{T}=\boldsymbol{a}_x(\mathrm{d}F)2b\sin\phi=\boldsymbol{a}_x(I\mathrm{d}lB_\parallel\sin\phi)2b\sin\phi=\boldsymbol{a}_x 2Ib^2B_\parallel\sin^2\phi\,\mathrm{d}\phi \tag{6-193}$$

其中$\mathrm{d}F=|\mathrm{d}\boldsymbol{F}_1|=|\mathrm{d}\boldsymbol{F}_2|$，而$\mathrm{d}l=|\mathrm{d}\boldsymbol{l}_1|=|\mathrm{d}\boldsymbol{l}_2|=b\mathrm{d}\phi$。于是作用于回路的总磁转矩为

$$\boldsymbol{T}=\int\mathrm{d}\boldsymbol{T}=\boldsymbol{a}_x 2Ib^2B_\parallel\int_0^\pi\sin^2\phi\,\mathrm{d}\phi=\boldsymbol{a}_x I(\pi b^2)B_\parallel \tag{6-194}$$

如果采用式(6-46)关于磁偶极矩的定义

$$\boldsymbol{m}=\boldsymbol{a}_n I(\pi b^2)=\boldsymbol{a}_n IS$$

其中$\boldsymbol{a}_n$是单位矢量(垂直于回路所在的平面)，其方向是当右手四指指向电流的方向时，右手大拇指所指的方向，则式(6-194)可以写为

$$\boldsymbol{T}=\boldsymbol{m}\times\boldsymbol{B}\quad(\mathrm{N\cdot m}) \tag{6-195}$$

在式(6-195)中用矢量$\boldsymbol{B}$(代替$\boldsymbol{B}_\parallel$)，因为$\boldsymbol{m}\times(\boldsymbol{B}_\perp+\boldsymbol{B}_\parallel)=\boldsymbol{m}\times\boldsymbol{B}_\parallel$。这就是磁性材料中使

微观磁偶极子作规则排列，并使材料在外加磁场作用下产生磁化的转矩。应记住：如果在整个载流回路中 $\boldsymbol{B}$ 不是均匀的，则式(6-195)将不成立。

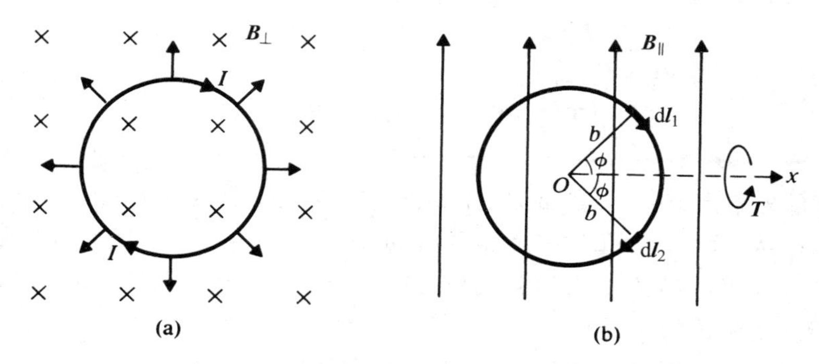

图 6-30　均匀磁场 $\boldsymbol{B}=\boldsymbol{B}_\perp+\boldsymbol{B}_\parallel$ 中的圆形回路

例 6-22　xy 平面内边长为 b_1 和 b_2，载流为 I 的矩形回路，置于均匀磁场 $\boldsymbol{B}=\boldsymbol{a}_xB_x+\boldsymbol{a}_yB_y+\boldsymbol{a}_zB_z$ 中，求作用于回路上的磁场力和磁转矩。

解：把 $\boldsymbol{B}$ 分解为垂直分量 $\boldsymbol{B}_\perp$ 和水平分量 $\boldsymbol{B}_\parallel$，得

$$\boldsymbol{B}_\perp=\boldsymbol{a}_zB_z \tag{6-196a}$$

$$\boldsymbol{B}_\parallel=\boldsymbol{a}_xB_x+\boldsymbol{a}_yB_y \tag{6-196b}$$

假设电流以顺时针方向流动，如图 6-31 所示，可知垂直分量 $\boldsymbol{a}_zB_z$ 在边(1)及边(3)上产生的力大小为 Ib_1B_z，在边(2)及边(4)上产生的力大小为 Ib_2B_z，所有的力都指向回路中心。这四个使回路收缩的力的矢量和为零，并且不产生任何磁转矩。

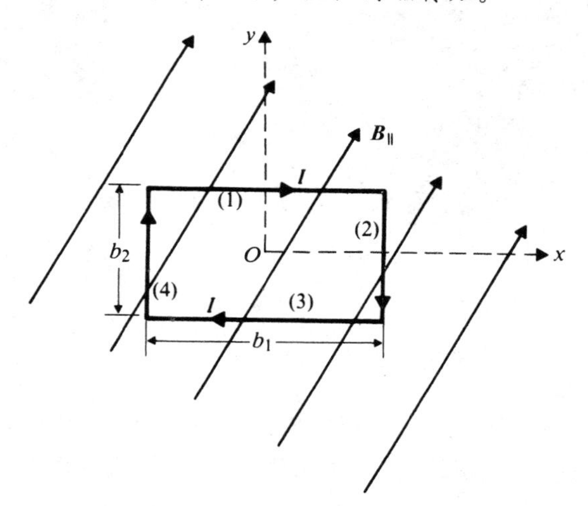

图 6-31　均匀磁场中的矩形回路

磁通密度的水平分量 $\boldsymbol{B}_\parallel$ 在四个边上产生了以下的力

$$\boldsymbol{F}_1=Ib_1\boldsymbol{a}_x\times(\boldsymbol{a}_xB_x+\boldsymbol{a}_yB_y)=\boldsymbol{a}_zIb_1B_y=-\boldsymbol{F}_3 \tag{6-197a}$$

$$\boldsymbol{F}_2=Ib_2(-\boldsymbol{a}_y)\times(\boldsymbol{a}_xB_x+\boldsymbol{a}_yB_y)=\boldsymbol{a}_zIb_2B_x=-\boldsymbol{F}_4 \tag{6-197b}$$

此外，作用于回路的净力为 $\boldsymbol{F}_1+\boldsymbol{F}_2+\boldsymbol{F}_3+\boldsymbol{F}_4=0$。然而，这些力产生了一个净磁转矩，其计算如下：作用于边(1)和边(3)的力 $\boldsymbol{F}_1$ 和 $\boldsymbol{F}_3$ 产生的磁转矩 $\boldsymbol{T}_{13}$ 为

$$\boldsymbol{T}_{13} = \boldsymbol{a}_x I b_1 b_2 B_y \tag{6-198a}$$

作用于边(2)和边(4)的力 $\boldsymbol{F}_2$ 和 $\boldsymbol{F}_4$ 产生的磁转矩 $\boldsymbol{T}_{24}$ 为

$$\boldsymbol{T}_{24} = \boldsymbol{a}_y I b_1 b_2 B_x \tag{6-198b}$$

于是,作用于矩形回路的总磁转矩为

$$\boldsymbol{T} = \boldsymbol{T}_{13} + \boldsymbol{T}_{24} = I b_1 b_2 (\boldsymbol{a}_x B_y - \boldsymbol{a}_y B_x) \tag{6-199}$$

由于回路的磁矩是 $\boldsymbol{m} = -\boldsymbol{a}_z I b_1 b_2$,因此式(6-199)中的结果正是 $\boldsymbol{T} = \boldsymbol{m} \times (\boldsymbol{a}_x B_x + \boldsymbol{a}_y B_y) = \boldsymbol{m} \times \boldsymbol{B}$。因此,虽然式(6-195)由圆形回路导出,但该磁转矩公式对于矩形回路也成立。事实上,可以证明,只要该回路位于均匀磁场中,式(6-195)对于任何形状的平面回路都成立。能否给出最后这条陈述的证明?

直流电动机的工作原理是基于式(6-195)的。图6-32(a)给出了该电机的示意图。磁场 $\boldsymbol{B}$ 是由缠绕在两电极周围的场电流 I_f 产生的。当矩形回路中通有电流 $\boldsymbol{I}$ 时,就产生磁转矩从 x 方向看去,磁转矩使回路沿顺时针方向旋转。如图6-32(b)所示。带电刷的环分成两半是有必要的,这样线圈两端的电流会每转半圈就改变一次方向,使得磁转矩 $\boldsymbol{T}$ 总是在相同的方向;而回路的磁矩 $\boldsymbol{m}$ 一定有一个正的 z 分量。

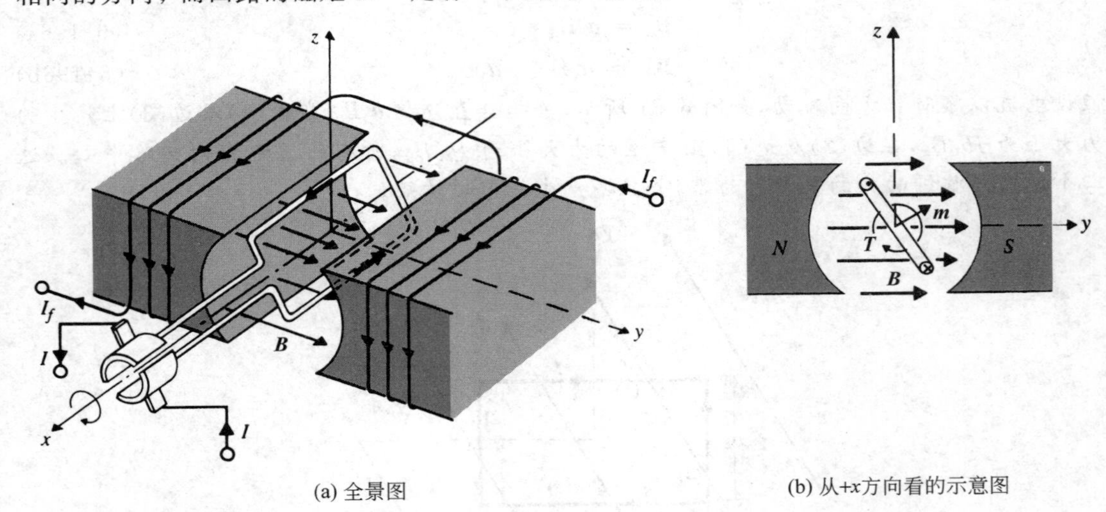

(a) 全景图　　(b) 从+x方向看的示意图

图6-32　直流电动机工作原理示意图

为了使机器运转平稳,实际的直流电动机有很多这样的矩形回路,并分布于电枢周围。每个回路的两端与一对导电条相连,导电条做成小圆筒,称为**换向器**。换向器拥有的彼此绝缘的平行导电条是回路的2倍。

6.13.3　用存储的磁能表示磁场力和磁转矩

所有载流导体和电路置于磁场之中时,都会受到磁力的作用。只有当存在与磁力等值而反向的机械力时,它们才能在空间保持静止。除了一些特殊对称情况外(如例6-2中的两条无限长的平行载流导线),运用安培定律计算载流电路间的磁力并非易事。现在讨论根据**虚位移原理**求磁力和磁转矩的另一种方法。该原理已用在3.11.2节中求带电导体之间的静电力。这里,考虑两种情况:第一,具有恒定磁链的电路系统;第二,具有恒定电流的电路系统。

具有恒定磁链的电路系统　如果假设一个载流电路的虚微分位移 $d\boldsymbol{l}$ 没有引起磁链的变化，那么就没有感应电动势，源就不会给系统提供能量。系统所做的机械功($\boldsymbol{F}_\Phi \cdot d\boldsymbol{l}$)是以储存的磁能的减小为代价的，其中 $\boldsymbol{F}_\Phi$ 表示在恒定磁通量条件下的力。因此

$$\boldsymbol{F}_\Phi \cdot d\boldsymbol{l} = -dW_m = -(\nabla W_m) \cdot d\boldsymbol{l} \tag{6-200}$$

由此得

$$\boldsymbol{F}_\Phi = -\nabla W_m \quad (\mathrm{N}) \tag{6-201}$$

在直角坐标系中，力的分量为

$$(F_\Phi)_x = -\frac{\partial W_m}{\partial x} \tag{6-202a}$$

$$(F_\Phi)_y = -\frac{\partial W_m}{\partial y} \tag{6-202b}$$

$$(F_\Phi)_z = -\frac{\partial W_m}{\partial z} \tag{6-202c}$$

如果电路受到约束，只允许绕轴，比如说绕 z 轴旋转，则系统所做的机械功为$(T_{\Phi_z})d\phi$，因此

$$(T_\Phi)_z = -\frac{\partial W_m}{\partial \phi} \quad (\mathrm{N \cdot m}) \tag{6-203}$$

这就是在恒定磁链条件下，作用在电路上的磁转矩的 z 分量。

例 6-23　考虑图 6-33 中的电磁铁，其中流过 N 匝线圈的电流为 I，在磁路中产生的磁通为 Φ。其横截面积为 S。求对衔铁的举力。

解：令衔铁产生一个虚位移 dy(y 轴上的微分增量)，同时调整源以保持磁通 Φ 为恒定。衔铁位移只会改变空气隙的长度；因此，位移只是改变了两个空气隙中储存的磁能。由式(6-172b)有

$$dW_m = d(W_m)_{空气隙} = 2\left(\frac{B^2}{2\mu_0}S dy\right) = \frac{\Phi^2}{\mu_0 S}dy \tag{6-204}$$

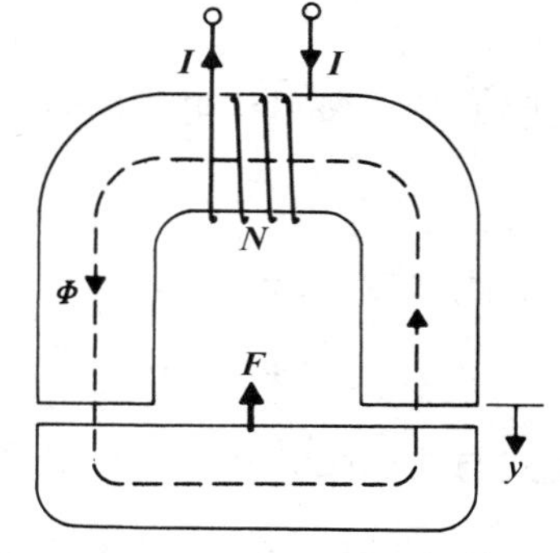

图 6-33　电磁铁

如果 Φ 恒定，增加空气隙长度(dy 为正)，也就增加存储的磁能。利用式(6-202b)可得

$$\boldsymbol{F}_\Phi = \boldsymbol{a}_y (F_\Phi)_y = -\boldsymbol{a}_y \frac{\Phi^2}{\mu_0 S} \tag{6-205}$$

这里，负号表示这个力企图减小空气隙长度；也就是说，它是一种吸引力。

具有恒定电流的电路系统　在这种情况下，电路连接到电流源，用以抵消由于虚位移 $d\boldsymbol{l}$ 所引起的磁链的变化而产生的感应电动势。所做功或源所提供的能量为(见式(6-165))

$$dW_s = \sum_k I_k d\Phi_k \tag{6-206}$$

这种能量一定等于该系统所做的机械功 dW($dW = \boldsymbol{F}_I \cdot d\boldsymbol{l}$，其中 $\boldsymbol{F}_I$ 表示在恒定电流条件下，作用在被移动电路上的力)和储存的磁能的增量 dW_m 之和。即

$$\mathrm{d}W_s = \mathrm{d}W + \mathrm{d}W_m \tag{6-207}$$

由式(6-166)得

$$\mathrm{d}W_m = \frac{1}{2}\sum_k I_k \mathrm{d}\Phi_k = \frac{1}{2}\mathrm{d}W_s \tag{6-208}$$

式(6-207)和式(6-208)联立得

$$\mathrm{d}W = \boldsymbol{F}_I \cdot \mathrm{d}\boldsymbol{l} = \mathrm{d}W_m = (\nabla W_m)\cdot \mathrm{d}\boldsymbol{l}$$

或

$$\boldsymbol{F}_I = \nabla W_m \quad (\mathrm{N}) \tag{6-209}$$

它与式(6-201)中 $\boldsymbol{F}_\Phi$ 的表达式的区别是只有一个符号不同。如果电路受到约束,只允许绕 z 轴旋转,则作用在电路上的磁转矩的 z 轴分量为

$$(T_I)_z = \frac{\partial W_m}{\partial \phi} \quad (\mathrm{N \cdot m}) \tag{6-210}$$

上式与式(6-203)中$(T_\Phi)_z$ 的表达式的区别也只在符号上。尽管只有一个符号不同,但必须认识到,对于给定的问题,式(6-201)和式(6-203)得到的结果分别与式(6-209)和式(6-210)得到的一样。运用虚位移法,在磁链恒定和电流稳定的条件下得到的两种表述,仅仅是求解同一问题的两种方法而已。

在恒定电流的条件下假设一虚位移,求解例 6-23 中的电磁问题。为此,用电流 I 来表示 W_m

$$W_m = \frac{1}{2}LI^2 \tag{6-211}$$

其中 L 是线圈的自感。电磁铁中的磁通 Φ,应该等于外加的磁动势(NI)除以芯子磁阻(R_c)和两个空气隙磁阻($2y/\mu_0 S$)之和,因此

$$\Phi = \frac{NI}{R_c + 2y/\mu_0 S} \tag{6-212}$$

电感 L 等于每单位电流的磁链

$$L = \frac{N\Phi}{I} = \frac{N^2}{R_c + 2y/\mu_0 S} \tag{6-213}$$

联立式(6-209)和式(6-211),运用式(6-213)得

$$\boldsymbol{F}_I = \boldsymbol{a}_y \frac{I^2}{2}\frac{\mathrm{d}L}{\mathrm{d}y} = -\boldsymbol{a}_y \frac{1}{\mu_0 S}\left(\frac{NI}{R_c + 2y/\mu_0 S}\right)^2 = -\boldsymbol{a}_y \frac{\Phi^2}{\mu_0 S} \quad (\mathrm{N}) \tag{6-214}$$

上式与式(6-205)中的 $\boldsymbol{F}_\Phi$ 完全一样。

6.13.4 用互感表示磁场力和磁转矩

稳恒电流情况下的虚位移法,为求两个刚性载流电路之间的磁力和磁转矩提供了一种有效的方法。对于载有电流 I_1 和电流 I_2,自感为 L_1 和 L_2,以及互感为 L_{12} 的两个电路,由式(6-161),磁能为

$$W_m = \frac{1}{2}L_1 I_1^2 + L_{12} I_1 I_2 + \frac{1}{2}L_2 I_2^2 \tag{6-215}$$

如果其中一个电路在稳恒电流条件下,被给予一虚位移,那么 W_m 将会有变化,则可应用式(6-209)。将式(6-215)代入式(6-209),得

$$\boldsymbol{F}_I = I_1 I_2 (\nabla L_{12}) \quad (\mathrm{N}) \tag{6-216}$$

同样地,由式(6-210)得

$$(T_I)_z = I_1 I_2 \frac{\partial L_{12}}{\partial \phi} \quad (\text{N}\cdot\text{m}) \tag{6-217}$$

例 6-24 求两个同轴圆形线圈之间的磁场力，两线圈半径为 b_1 和 b_2，其相距为 d，比它们的半径大得多（$d \gg b_1, b_2$）。两线圈分别由载有电流 I_1 和 I_2 的 N_1 匝和 N_2 匝绕线组成。

解：如果尝试运用式(6-185a)表示的安培力定律去求解，将是很困难的。因此，我们利用式(6-216)解决问题。首先，求两个线圈之间的互感。在例 6-7 中，已经求得载有电流 I 的单匝圆线圈形成的远处的矢量位（见式(6-43)）。参考本例题的图 6-34，求出由 N_1 匝线圈 1 中的电流 I_1 产生在线圈 2 上 P 点的 A_{12} 如下

$$\boldsymbol{A}_{12} = \boldsymbol{a}_\phi \frac{\mu_0 N_1 I_1 b_1^2}{4R^2}\sin\theta = \boldsymbol{a}_\phi \frac{\mu_0 N_1 I_1 b_1^2}{4R^2}\left(\frac{b_2}{R}\right) = \boldsymbol{a}_\phi \frac{\mu_0 N_1 I_1 b_1^2 b_2}{4(z^2 + b_2^2)^{3/2}} \tag{6-218}$$

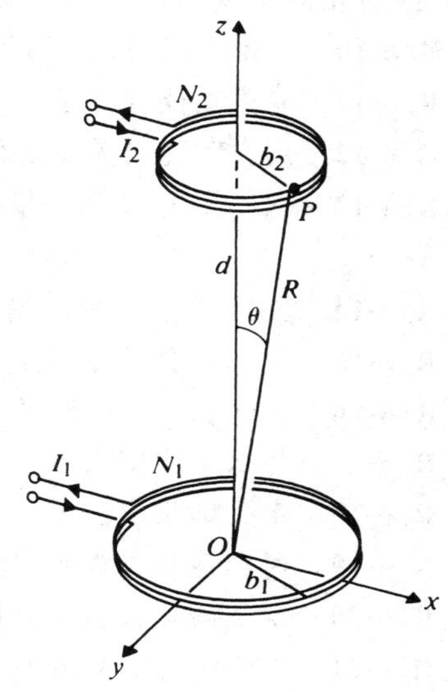

图 6-34 同轴载流圆形回路

在式(6-218)中，用 z 替代了 d，因为预期了一个虚位移，而且暂时把 z 看做一个变量。将式(6-218)运用到式(6-25)中，求得互磁通

$$\Phi_{12} = \oint_{C_2} \boldsymbol{A}_{12} \cdot \mathrm{d}\boldsymbol{l}_2 = \int_0^{2\pi} A_{12} b_2 \mathrm{d}\phi = \frac{\mu_0 N_1 I_1 b_1^2 b_2^2 \pi}{2(z^2 + b_2^2)^{3/2}} \tag{6-219}$$

于是由式(6-217)，得到互感

$$L_{12} = \frac{N_2 \Phi_{12}}{I_1} = \frac{\mu_0 N_1 N_2 \pi b_1^2 b_2^2}{2(z^2 + b_2^2)^{3/2}} \tag{6-220}$$

将式(6-220)直接代入式(6-216)，可以得出线圈 2 由线圈 1 的磁场产生的力

$$\boldsymbol{F}_{12} = \boldsymbol{a}_z I_1 I_2 \left.\frac{\mathrm{d}L_{12}}{\mathrm{d}z}\right|_{z=d} = -\boldsymbol{a}_z I_1 I_2 \frac{3\mu_0 N_1 N_2 \pi b_1^2 b_2^2 d}{2(d^2 + b_2^2)^{5/2}}$$

上式可写成

$$\boldsymbol{F}_{12} \cong -\boldsymbol{a}_z \frac{3\mu_0 m_1 m_2}{2\pi d^4} \tag{6-221}$$

其中已经用 d^2 近似代替 $d^2 + b_2^2$，m_1 和 m_2 分别为线圈 1 和线圈 2 的磁矩的大小

$$m_1 = N_1 I_1 \pi b_1^2, \quad m_2 = N_2 I_2 \pi b_2^2$$

式(6-221)中的负号表示当两个线圈的电流方向相同时，$\boldsymbol{F}_{12}$ 是吸引力。这个力按距离的四次方的倒数迅速减小。

复习题

R. 6-1 试验电荷 q 以速度 $\boldsymbol{u}$ 在磁通密度为 $\boldsymbol{B}$ 的磁场中运动时，作用在这个试验电荷上的力的表达式是什么？

R. 6-2 证明磁通密度的单位特斯拉(T)与伏特秒每平方米（$\text{V}\cdot\text{s/m}^2$）相同。

R.6-3 写出洛伦兹力公式。

R.6-4 静磁学的哪一个假设否定了孤立磁荷的存在。

R.6-5 叙述磁通量守恒定律。

R.6-6 叙述安培环路定律。

R.6-7 在应用安培环路定律时,积分路径必须是圆吗?解释之。

R.6-8 为什么无限长直载流导体的 $\boldsymbol{B}$ 场,在电流方向上不可能有分量?

R.6-9 从圆形导体导出的关于 $\boldsymbol{B}$ 的公式式(6-11)和式(6-12),适用于具有相同截面积,并载有相同电流的正方形横截面的导体吗?为什么?

R.6-10 一根无限长载有直流电流 I 的直导体丝的 $\boldsymbol{B}$ 场,随距离而变化的规律是什么?

R.6-11 静磁场能存在于良导体中吗?解释之。

R.6-12 用文字定义矢量磁位 $\boldsymbol{A}$,其国际单位制单位是什么?

R.6-13 磁通密度 $\boldsymbol{B}$ 和矢量磁位 $\boldsymbol{A}$ 之间的关系是什么?给出一个 $\boldsymbol{B}$ 为零而 $\boldsymbol{A}$ 不为零的例子。

R.6-14 矢量磁位 $\boldsymbol{A}$ 和穿过给定面积的磁通之间的关系是什么?

R.6-15 叙述毕奥-萨伐定律。

R.6-16 在计算载流电路的 $\boldsymbol{B}$ 时,比较安培环路定律和毕奥-萨伐定律的用处。

R.6-17 什么是磁偶极子?定义磁偶极矩。其国际单位制单位是什么?

R.6-18 定义标量磁位 V_m。其国际单位制单位是什么?

R.6-19 讨论在静磁学中,使用矢量磁位和标量磁位的相对优点。

R.6-20 定义磁化矢量。其国际单位制单位是什么?

R.6-21 “等效磁化电流密度”是什么意思?$\nabla\times\boldsymbol{M}$ 和 $\boldsymbol{M}\cdot\boldsymbol{a}_\phi$ 的国际单位制单位是什么?

R.6-22 定义磁场强度矢量。其国际单位制单位是什么?

R.6-23 什么是磁化电荷密度?$\boldsymbol{M}\cdot\boldsymbol{a}_\phi$ 和 $-\nabla\cdot\boldsymbol{M}$ 的国际单位制单位是什么?

R.6-24 描述在已知偶极矩的体密度的条形磁铁中,求外部磁场的过程。

R.6-25 定义磁化率和相对导磁率。它们的国际单位制单位是什么?

R.6-26 由电流分布产生的磁场强度是否和媒质的特性有关?磁通密度呢?

R.6-27 定义磁动势。其国际单位制单位是什么?

R.6-28 一块磁导率为 μ,长度为 l 而恒定横截面积为 S 的磁性材料的磁阻是多少?其国际单位制单位是什么?

R.6-29 在环形铁磁芯子上割去一小段形成空气隙,芯子受 NI 安匝的磁动势激励。空气隙中的磁场强度是高于还是低于芯子中的磁场强度?

R.6-30 定义顺磁性材料,抗磁性材料和铁磁性材料。

R.6-31 什么是磁畴?

R.6-32 定义剩余磁通密度和矫顽磁场强度。

R.6-33 讨论软铁磁性材料和硬铁磁性材料之间的区别。

R.6-34 居里温度是什么?

R.6-35 铁氧体的特点是什么?

R.6-36 在两种不同的磁性媒质之间的分界面处,静磁场的边界条件是什么?

R. 6-37　解释为什么磁通线垂直地离开铁磁媒质的表面。

R. 6-38　定性解释沿圆柱磁棒轴线的 $\boldsymbol{H}$ 和 $\boldsymbol{B}$ 的方向相反。

R. 6-39　定义(1)两个电路之间的互感；(2)单个线圈的自感。

R. 6-40　说明线绕电感器的自感是如何取决于匝数的。

R. 6-41　在例 6-16 中，如果外导体不是“很薄”，答案会一样么？为什么？

R. 6-42　在电磁学中，什么被“准静态条件”隐含？

R. 6-43　写出由 $\boldsymbol{B}$ 或 $\boldsymbol{H}$ 表示的磁能公式。

R. 6-44　解释霍尔效应。

R. 6-45　写出在磁场 $\boldsymbol{B}$ 中载流为 I 的闭合电路所受力的积分表达式。

R. 6-46　依次讨论作用在均匀磁场中的载流电路上的净力及净转矩。

R. 6-47　解释直流电动机的工作原理。

R. 6-48　在磁链恒定的情况下，力和载流电路系统中的磁场储能之间的关系是什么？在电流稳定的情况下，这种关系又是什么呢？

习题

P. 6-1　一个质量为 m 的正点电荷 q，以 $\boldsymbol{u}_0=\boldsymbol{a}_y u_0$ 的速度射入 $y>0$ 的区域，区域内存在均匀磁场 $\boldsymbol{B}=\boldsymbol{a}_x B_0$。求电荷的运动方程，并描述电荷所走的路径。

P. 6-2　一个电子以速度 $\boldsymbol{u}_0=\boldsymbol{a}_y u_0$ 射入同时存在电场 $\boldsymbol{E}$ 和磁场 $\boldsymbol{B}$ 的区域，如果

(1) $\boldsymbol{E}=\boldsymbol{a}_z E_0$ 且 $\boldsymbol{B}=\boldsymbol{a}_x B_0$

(2) $\boldsymbol{E}=-\boldsymbol{a}_z E_0$ 且 $\boldsymbol{B}=-\boldsymbol{a}_z B_0$

描述电子的运动，讨论 B_0 和 E_0 的相对大小对情况(1)下及情况(2)下的电子运动路径的影响。

P. 6-3　电流 I 流经无限长同轴线的内导体，且沿外导体流回。内导体的半径是 a，外导体的内半径和外半径分别是 b 和 c。求所有区域内的磁通量密度 $\boldsymbol{B}$，并画出 $|\boldsymbol{B}|$ 随 r 的变化曲线。

P. 6-4　一细长且宽度为 w 的导电薄片，其沿长度方向所流的电流为 I，如图 6-35 所示。

(1) 假定电流流入纸内，求 $P_1(0,d)$ 处的磁通密度 $\boldsymbol{B}_1$；

(2) 用(1)中得到的结果去求 $P_2\left(\frac{2}{3}w,d\right)$ 处的磁通密度 $\boldsymbol{B}_2$。

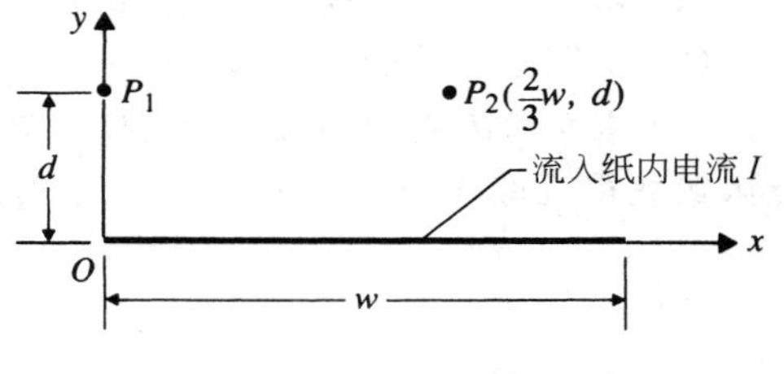

图 6-35　载流为 I 的薄导电片

P. 6-5　在 $w\times w$ 的正方形回路中流有电流 I，如图 6-36 所示，求在偏离中心的点 $P\left(\frac{w}{4},\frac{w}{2}\right)$ 处的磁通密度。

P. 6-6　图 6-37 所示一无限长空气芯螺线管，其半径为 b，每单位长度密绕 N 匝。线圈的倾角为 α，载流为 I。求螺线管内部和外部的磁通密度。

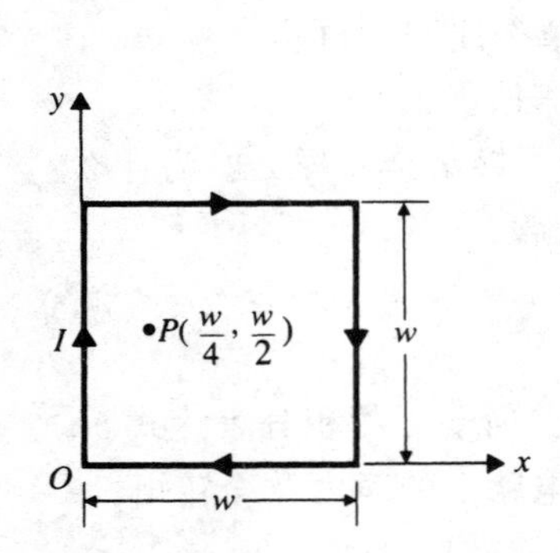

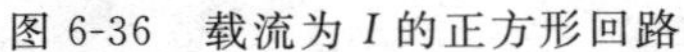

图 6-36 载流为 I 的正方形回路

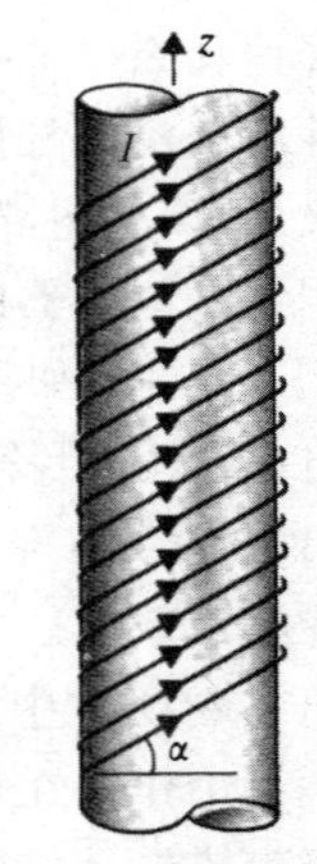

图 6-37 载流为 I 的密绕线圈的长螺线管

P. 6-7 求螺线管轴线上某点的磁通密度,已知螺线管半径为 b,长度为 L,在密绕的 N 匝线圈中载流为 I。证明:当 L 趋近于无穷大时,结果会简化为式(6-14)所示。

P. 6-8 由式(6-23)中的矢量磁位 **A** 的表达式,证明

$$\boldsymbol{B} = \frac{\mu_0}{4\pi}\int_{V'} \frac{\boldsymbol{J} \times \boldsymbol{a}_R}{R^2} \mathrm{d}v' \tag{6-222}$$

而且,证明式(6-222)中的 $\boldsymbol{B}$ 满足真空中静磁学的基本公理:式(6-6)和式(6-7)。

P. 6-9 联立式(6-4)和式(6-33),求以速度 $\boldsymbol{u}_1$ 运动的电荷 q_1,施加给以速度 $\boldsymbol{u}_2$ 运动的电荷 q_2 的磁力 $\boldsymbol{F}_{12}$ 的公式。

P. 6-10 在 xz 平面上,$x=-w/2$ 和 $x=+w/2$ 之间有一宽度为 w 的长导电薄片。面电流 $\boldsymbol{J}_s=\boldsymbol{a}_z J_{s0}$ 流经该薄片,求薄片外任意一点处的磁通密度。

P. 6-11 载流为 I 的长导线,折叠成半径为 b 的半圆弯管,如图 6-38 所示,求该弯管的中心点 P 的磁通密度。

P. 6-12 两个相同的同轴线圈,其半径为 b,每个 N 匝,两线圈之间的距离为 d,如图 6-39 所示。电流 I 以相同的方向流过这两个线圈。

(1) 求两个线圈之间的中点处的磁通密度 $\boldsymbol{B}=\boldsymbol{a}_x B_x$。

(2) 证明中点处的 $\mathrm{d}B_x/\mathrm{d}x$ 为 0。

(3) 求 b 和 d 之间的关系使得中点处的 $\mathrm{d}^2 B_x/\mathrm{d}x^2$ 也为 0。这样的一对线圈可用于在中点区域获得近似均匀的磁场,它们被称为**亥姆霍兹线圈**。

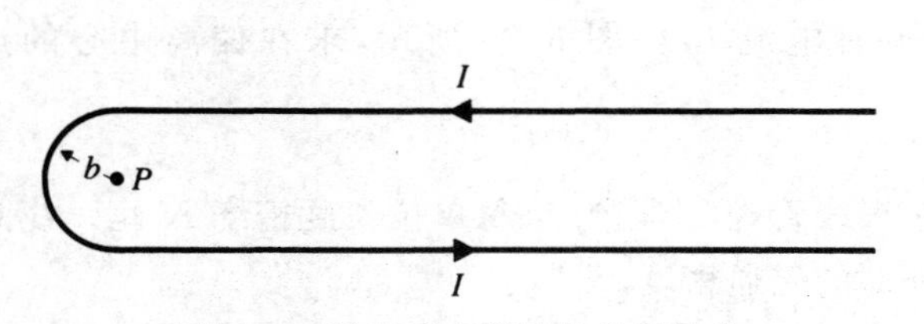

图 6-38 带半圆弯管的非常长导线

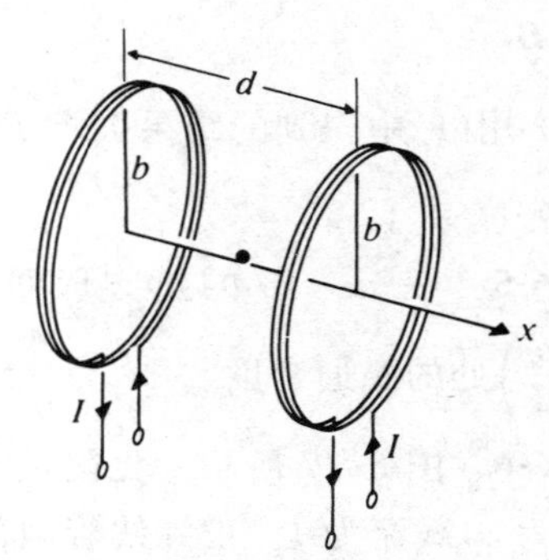

图 6-39 亥姆霍兹线圈

P.6-13　一根细导线弯曲成 N 边的正多边形，导线中流过的电流为 I，证明正多边形中心处的磁通密度为

$$\boldsymbol{B}=\boldsymbol{a}_n\frac{\mu_0 NI}{2\pi b}\tan\frac{\pi}{N}$$

其中 b 是多边形的外接圆的半径，而 $\boldsymbol{a}_n$ 是垂直于多边形平面的单位矢量。试证明，当 N 变得很大时，这个结果简化为式(6-23)中令 $z=0$ 而得的形式。

P.6-14　求通过一个圆形环的总磁通，圆形环的横截面是高为 h 的矩形，环的内半径和外半径分别为 a，b。环上密绕 N 匝线圈，并通有电流 I。如果磁通用平均半径处的磁通密度乘截面积来求，求误差的百分比。

P.6-15　在某些实验中，希望有一个恒定磁通密度的区域。这可以在一个偏心圆柱形空腔中得到。这个空腔可由一根很长的载有均匀电流密度的圆柱形导体切割而成。参考图6-40的横截面。均匀的轴向电流密度为 $\boldsymbol{J}=\boldsymbol{a}_z J$。空腔的轴离开导体圆柱轴的距离为 d，求腔中 $\boldsymbol{B}$ 的大小和方向。（提示：运用叠加原理，把空腔中的 $\boldsymbol{B}$ 看做是由两根长圆柱形导体产生的，这两个导体的半径分别为 a 和 b，且通过的电流密度分别为 $\boldsymbol{J}$ 和 $-\boldsymbol{J}$）

P.6-16　证明：

(1) 在直角坐标系中，式(6-18)适用于矢量场的拉普拉斯运算。

(2) 在柱坐标系中，$\nabla^2\boldsymbol{A}\neq\boldsymbol{a}_r\nabla^2 A_r+\boldsymbol{a}_\phi\nabla^2 A_\phi+\boldsymbol{a}_z\nabla^2 A_z$。

P.6-17　无限长的圆柱形通电导体产生的磁通密度 $\boldsymbol{B}$ 已在例6-1中求出，试由关系 $\boldsymbol{B}=\nabla\times\boldsymbol{A}$，求导体内部和外部的矢量磁位 $\boldsymbol{A}$。

P.6-18　从式(6-34)中 $\boldsymbol{A}$ 的表达式开始，该式表示在长度为 $2L$，载流为 I 的直导线的平分平面上一点处的矢量磁位：

(1) 求两根平行导线的平分平面上一点 $p(x,y,0)$ 处的 $\boldsymbol{A}$，这两根平行导线的长度均为 $2L$，分别位于 $y=\pm d/2$ 处，它们载有等值反向的电流，如图6-41所示。

(2) 求很长的双线传输线中的等值反向电流产生的 $\boldsymbol{A}$。

(3) 由(2)中的 $\boldsymbol{A}$ 求 $\boldsymbol{B}$。并将所得结果与应用安培环路定律得到的结果进行核对。

(4) 求 xy 平面磁通线的表达式。

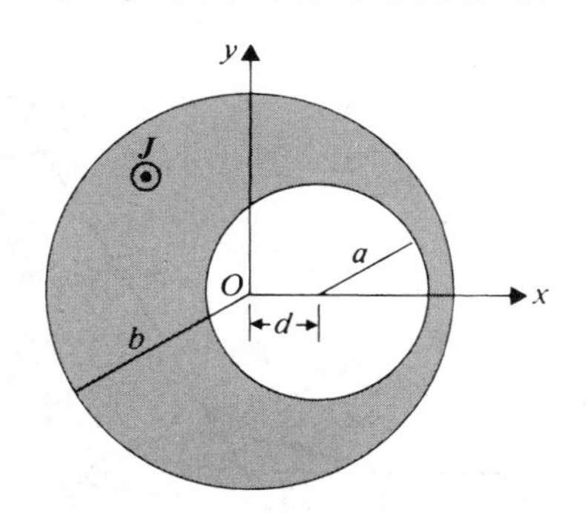

图6-40　带空腔的长圆柱形导体的横截面

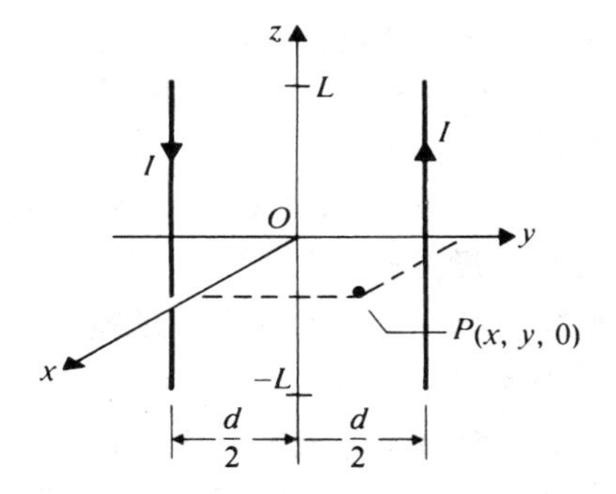

图6-41　载有等值反向电流的平行导线

P.6-19　对于载流为 I，边长为 a 和 b 的小矩形回路，如图6-42所示。

(1) 求远处点 $p(x,y,z)$ 的矢量磁位 $\boldsymbol{A}$。证明它可以写成式(6-45)的形式。

(2) 由 $\boldsymbol{A}$ 求磁通量密度 $\boldsymbol{B}$,证明它与式(6-48)的结果相同。

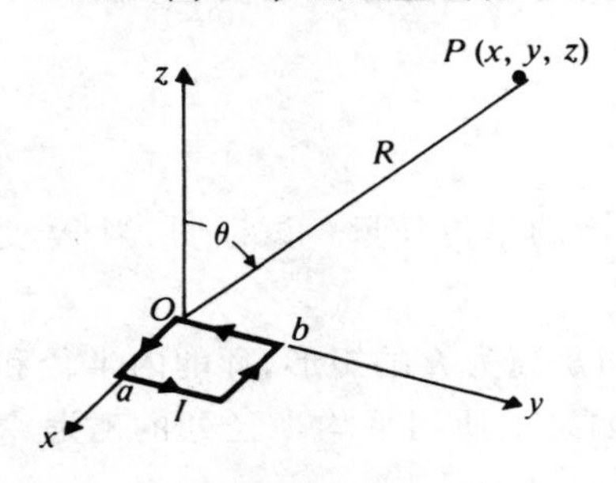

图 6-42 载有电流 I 的小矩形环路

P. 6-20 对具有一阶连续导数的矢量场 $\boldsymbol{F}$,证明

$$\int_V (\nabla \times \boldsymbol{F}) \mathrm{d}v = -\oint_S \boldsymbol{F} \times \mathrm{d}\boldsymbol{s}$$

其中 S 是包围体积 V 的表面(提示:对($F \times C$)运用散度定理,其中 C 是常矢量)。

P. 6-21 一厚度为 d 的非常大的平板,放于垂直于强度为 $\boldsymbol{H}_0 = \boldsymbol{a}_z H_0$ 的匀强磁场中,忽略边缘效应,求如下情形下平板的磁场强度:

(1) 如果平板材料的磁导率为 μ。

(2) 如果平板是磁化矢量为 $\boldsymbol{M}_i = \boldsymbol{a}_z \boldsymbol{M}_i$ 的永久磁铁。

P. 6-22 把一根磁导率为 μ 的磁性材料圆棒同轴地插入如图 6-4 中的螺线管中。棒的半径 a 小于螺线管的内半径 b。螺线管的绕组是每单位长度 N 匝,通以电流 I:

(1) 求螺线管内部两个区域 $r<a$ 和 $a<r<b$ 中的 $\boldsymbol{B}$, $\boldsymbol{H}$ 和 $\boldsymbol{M}$ 值。

(2) 磁化棒的等效磁化电流密度 $\boldsymbol{J}_m$ 和 $\boldsymbol{J}_{ms}$ 是多少?

P. 6-23 电流回路产生的标量磁位 V_m 可用以下方式求得:先把回路的面积分成许多小的回路,然后把这些小回路(磁偶极子)的贡献加起来,即

$$V_m = \int \mathrm{d}V_m = \int \frac{\mathrm{d}\boldsymbol{m} \cdot \boldsymbol{a}_R}{4\pi R^2} \tag{6-223a}$$

其中

$$\mathrm{d}\boldsymbol{m} = \boldsymbol{a}_n I \,\mathrm{d}s \tag{6-223b}$$

证明

$$V_m = -\frac{1}{4\pi}\Omega \tag{6-224}$$

其中,Ω 是回路表面对场点 P 张开的立体角(见图 6-43)。

P. 6-24 利用式(6-224):

(1) 求圆形回路轴线上一点的标量磁位。圆形回路半径为 b,且载有电流 I。

(2) 由 $-\mu_0 \nabla V_m$ 求磁通密度 $\boldsymbol{B}$,并将结果和式(6-38)进行比较。

P. 6-25 运用等效磁化电流密度的概念,求例 6-9 中圆柱形磁棒的问题。

P. 6-26 半径为 b 的铁磁性球被均匀磁化,其磁化矢量为 $\boldsymbol{M} = \boldsymbol{a}_z M_0$:

(1) 求等效磁化电流密度 $\boldsymbol{J}_m$ 和 $\boldsymbol{J}_{ms}$。

(2) 求球心处的磁通密度。

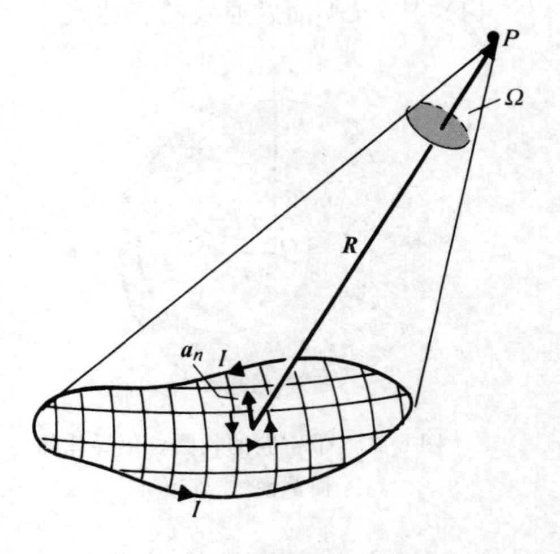

图 6-43 为求标量磁位而细分的电流回路

P. 6-27 一相对磁导率为 3000 的环形铁芯,其平均半径 $R=80\text{mm}$,圆形截面半径 $b=25\text{mm}$。空气隙长度 $l_g=3\text{mm}$,电流流经 500 匝的线圈以产生 10^{-5} Wb 的磁通(见图 6-44)。忽略漏磁并运

用平均路径长度，求：

(1) 空气隙和铁芯的磁阻；

(2) 空气隙中的 $\boldsymbol{B}_g$ 和 $\boldsymbol{H}_g$ 以及铁芯中的 $\boldsymbol{B}_c$ 和 $\boldsymbol{H}_c$；

(3) 所需的电流 I。

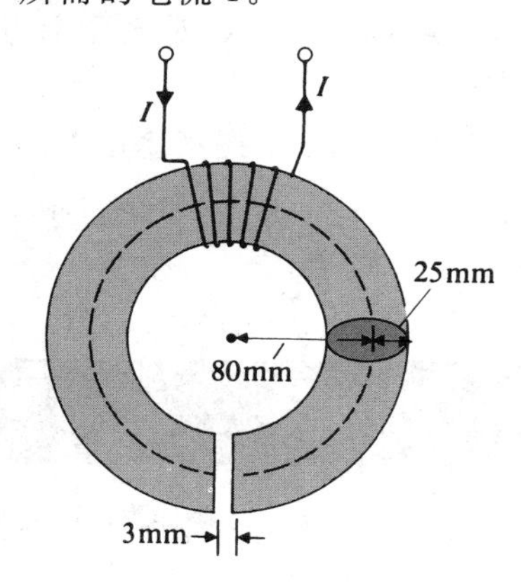

图 6-44　有空气隙的环形铁芯

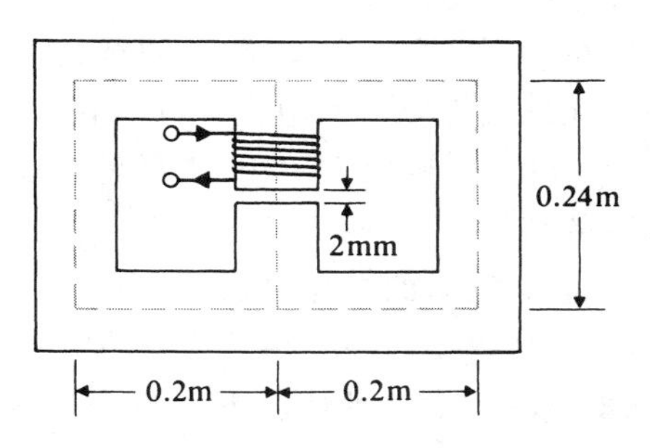

图 6-45　有空气隙的磁路

P. 6-28　考虑图 6-45 中的磁路，3A 的电流流过绕在中心臂上的 200 匝导线。假设芯子的恒定面积为 $10^{-3}\mathrm{m}^2$，其相对磁导率为 5000：

(1) 求每个臂中的磁通。

(2) 求每个臂中的磁场强度和空气隙中的磁场强度。

P. 6-29　考虑一截面积为 S 的无限长铁磁性芯子螺线管，其每单位长度有 N 匝线圈。当把电流输进线圈产生磁场时，每单位长度将会产生感应电压 $v_1=-n\mathrm{d}\Phi/\mathrm{d}t$，它阻碍电流的变化。为了使电流增加到 I，必须对单位长度的螺线管供给功率 $P_1=-v_1 I$ 来克服这种电压：

(1) 证明为了产生最终的磁通密度 B_f，每单位体积所做的功为

$$W_1=\int_0^{B_f} H\mathrm{d}B \tag{6-225}$$

(2) 假设电流是周期性变化的，B 从 B_f 减小到 $-B_f$，然后又增加到 B_f。试证明在一周的变化期间，对单位体积的铁磁性芯子所做的功，可以用芯子材料的磁滞回线的面积来表示。

P. 6-30　证明：由关系式 $\nabla\times\boldsymbol{H}=\boldsymbol{J}$ 可推导出两种媒质之间的分界面处的边界条件式(6-111)。

P. 6-31　在两种不同磁性媒质之间的分界面处，标量磁位 V_m 必须满足什么样的边界条件？

P. 6-32　考虑到空间（区域 1，$\mu_{r1}=1$）和铁（区域 2，$\mu_{r2}=5000$）之间的平面边界（$y=0$）：

(1) 假设 $\boldsymbol{B}_1=\boldsymbol{a}_x 0.5-\boldsymbol{a}_y 10(\mathrm{mT})$，求 $\boldsymbol{B}_2$ 以及 $\boldsymbol{B}_2$ 和分界面之间的夹角。

(2) 假设 $\boldsymbol{B}_2=\boldsymbol{a}_x 10-\boldsymbol{a}_y 0.5(\mathrm{mT})$，求 $\boldsymbol{B}_1$ 以及 $\boldsymbol{B}_1$ 与分界面法线所成的夹角。

P. 6-33　镜像法也可以运用到某些静磁问题中。考虑一根在空气中的细直导体，它与磁导率为 μ_r 的磁性材料的平面分界面平行，与平面的距离为 d，导体中流过电流 I：

(1) 证明所有边界条件都会被满足，如果：

① 空气中的磁场是由 I 和镜像电流 I_i 计算出来的,

$$I_i=\left(\frac{\mu_r-1}{\mu_r+1}\right)I$$

且这些电流处于空气中,并与分界面等间距。

② 边界面下的磁场是通过 I 和 $-I_i$ 计算出来的。这些电流处于相对磁导率为 μ_r 的无限大磁性材料中。

(2) 对于载流为 I 的长导体,如果 $\mu_r \gg 1$,求图 6-46 中 P 点处的磁通密度 $\boldsymbol{B}$。

P. 6-34 真空中一非常长的载流为 I 的导体与一无线大媒质平面边界平行,相距为 d:

(1) 讨论分界面上 $\boldsymbol{B}$ 和 $\boldsymbol{H}$ 的法向分量和切向分量的特性:

① 假如媒质的电导率是无限的;

② 假如媒质的磁导率是无限的。

(2) 求(1)中两种情况下真空中任意点的磁场强度 $\boldsymbol{H}$ 并加以比较。

(3) 若有,求这两种情况分界面处的面电流密度。

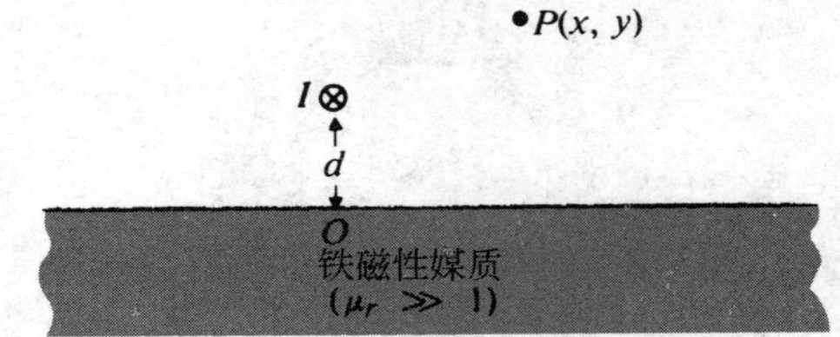

图 6-46 靠近铁磁性媒质的载流导体

P. 6-35 求 N 匝环形线圈的自感,该线圈绕在平均半径为 r_0,横截面半径为 b 的空气芯框架上。假设 $b \ll r_0$,求近似表达式。

P. 6-36 参考例 6-16。求空气芯同轴传输线每单位长度的电感,假设其外导体不是很薄,而是具有厚度 d。

P. 6-37 如图 6-47 所示,两根平行的双线传输线 $A-A'$ 和 $B-B'$ 之间的距离为 D,计算它们之间每单位长度的互感。假设线的半径远远小于 D 和线距 d。

P. 6-38 求如图 6-48 所示的非常长直导线和等边三角形导体回路之间的互感。

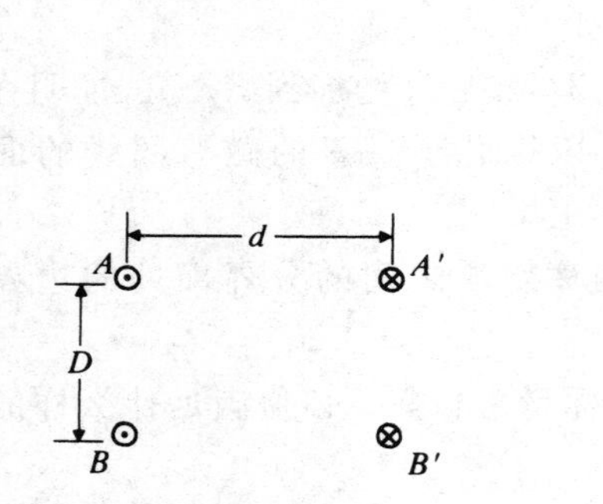

图 6-47 耦合的双线传输线

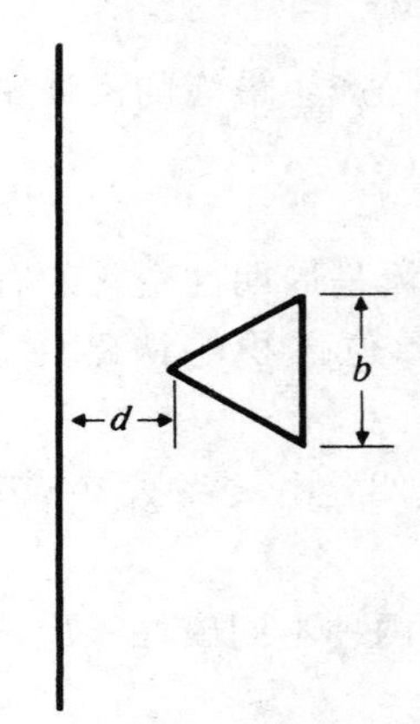

图 6-48 长直导线和等边三角形导体回路

P. 6-39 求如图 6-49 所示长直导线和圆形回路之间的互感。

P. 6-40 求如图 6-50 所示对应边互相平行的两共面矩形回路之间的互感。假设 $h_1 \geqslant h_2(h_2 > w_2 > d)$。

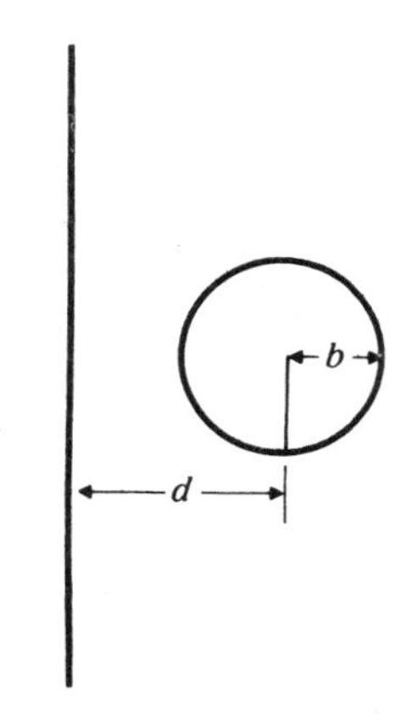

图 6-49　长直导线和圆形导电回路

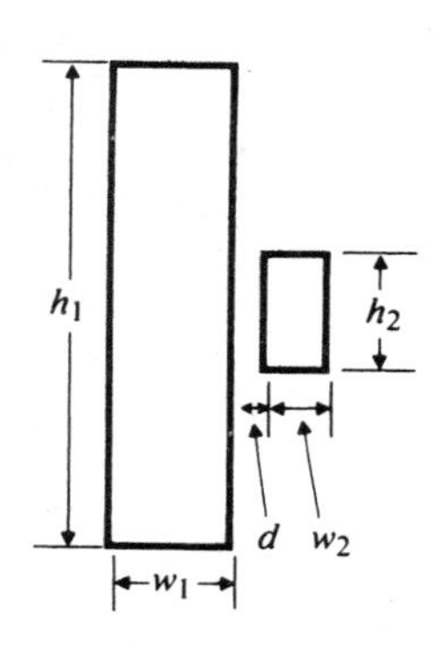

图 6-50　两个共面的矩形回路，$h_1 \gg h_2$

P.6-41　考虑两个耦合电路，其自感分别为 L_1, L_2，分别载有电流 I_1, I_2。两电路之间的互感为 M：

(1) 使用式(6-161)，求使存储的磁能 W_2 为最小时 I_1/I_2 的比值。

(2) 证明 $M \leqslant \sqrt{L_1 L_2}$。

P.6-42　三根等距、无限长、互相平行的导线，相距为 0.15m，每条导线上流经相同方向的电流 25A，计算每根导线每单位长度上所受到的力，并指出力的方向。

P.6-43　一薄而长的金属片与一根与之平行的导线的截面如图 6-51 所示。这两个导体中流过等值反向的电流 I，求作用于每单位长度导体上的力。

P.6-44　求两根等宽度为 w 的长而薄的平行导电片上单位长度所受到的力，两导电片相距 d，流经等值反向的电流 I_1, I_2，如图 6-52 所示。

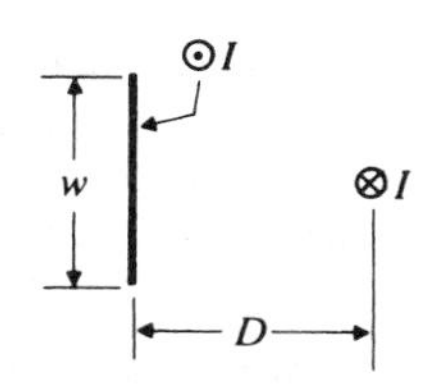

图 6-51　相互平行的导电片和导线的横截面

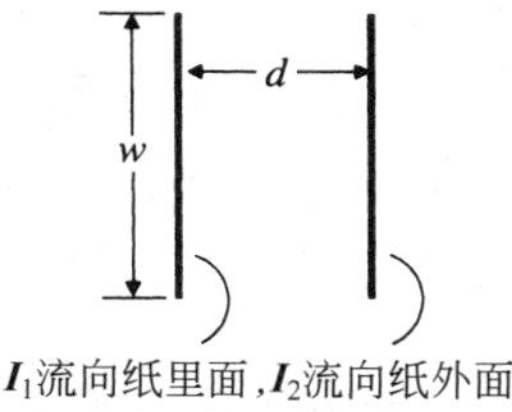

图 6-52　两个载有相反方向电流的平行带的横截面

P.6-45　参考习题 P.6-39 和图 6-49，求作用在圆形回路上的力，该力由长直导线中向上的电流 I_1 产生的磁场施加。圆形回路中载有逆时针方向电流 I_2。

P.6-46　图 6-53 中的导电棒 AA'(如电路断路器中的开关)接于载流为 I 的两根非常长的平行直导线导电回路中。导线半径为 b，相距为 d，求导电棒受到的磁力大小和方向。

P.6-47　如图 6-54，xy 平面内，直流电流 $I=10\text{A}$ 流过三角形回路。假设区域内均匀磁通密度为 $\boldsymbol{B}=\boldsymbol{a}_y 0.5\text{T}$，求回路受到的磁力和磁转矩，单位都是厘米(cm)。

P.6-48　一个长的空气芯同轴传输线，其内导体半径为 a，外导体内径为 b，它的一端被一薄的紧贴的垫圈短路。当导线中通有电流 I 时，求出垫圈上磁力的大小和方向。

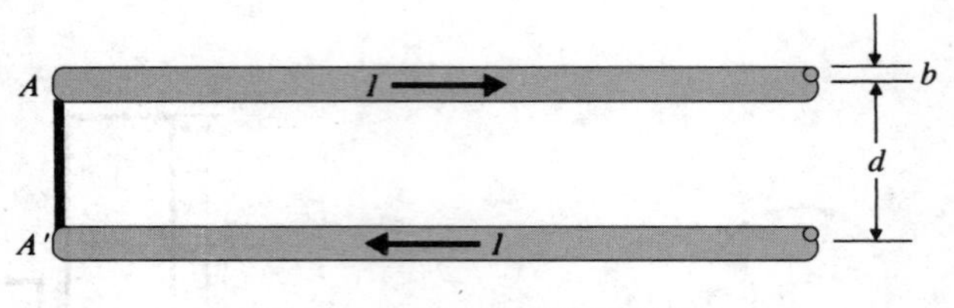

图 6-53 对导体棒的作用力

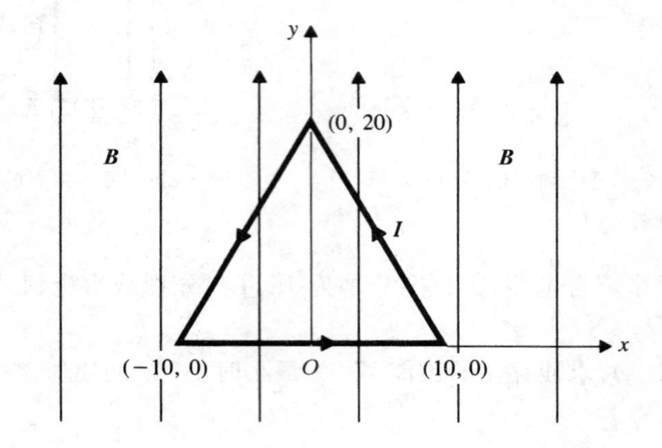

图 6-54 均匀磁场中的三角形回路

P. 6-49 假设如题 P. 6-45 的圆形回路,绕其水平轴转动一个角度 α,求施加于这个回路上的磁转矩。

P. 6-50 一半径为 r_1,载有稳恒电流为 I_1 的小圆形线圈,被置于一个大得多的半径为 $r_2(r_2 \gg r_1)$的导线圆圈的中心处。两电路法线之间的夹角为 θ,小圆线圈可绕自身直径自由转动,求作用在小圆线圈的磁转矩的大小和方向。

P. 6-51 磁化了的指南针会和地球的磁场取平行方向。一磁矩为 $2\text{A}\cdot\text{m}^2$ 的小磁铁棒(磁偶极子)放置在离指南针中心 0.15m 的地方。假设指针所在处地球的磁通密度为 0.1mT,求磁铁棒能使指针偏离南北方向的最大角度。为了达到这个目的,磁棒应该按何方向摆放?

P. 6-52 图 6-33 中的电磁铁的总平均磁通路径长度为 3m,磁轭棒接触面积为0.01m^2。假设铁的磁导率为 $4000\mu_0$,每个空气隙为 2mm,计算需要多少磁动势才能来将 100kg 的物体举起。

P. 6-53 电流 I 流过每单位长度密绕 n 匝线圈的长螺线管。铁芯的磁导率为 μ,截面积为 S。当铁芯抽出到图 6-55 所示位置时,求作用在它上面的力。

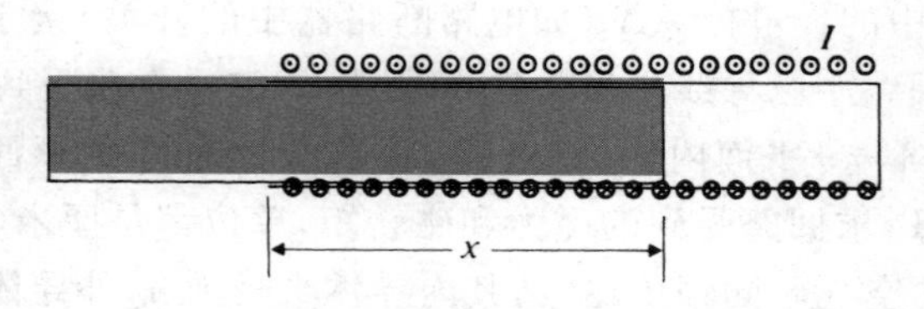

图 6-55 抽出部分铁芯的长螺线管

第7章 时变电磁场和麦克斯韦方程

7.1 引言

在构建静电模型时，已定义电场强度矢量 $\boldsymbol{E}$ 和电通密度(电位移)矢量 $\boldsymbol{D}$。其服从的基本微分方程为

$$\nabla\times\boldsymbol{E}=0 \tag{3-5}$$

$$\nabla\cdot\boldsymbol{D}=\rho \tag{3-98}$$

对于线性且各向同性(不一定是均匀)的媒质，$\boldsymbol{E}$ 和 $\boldsymbol{D}$ 存在本构关系

$$\boldsymbol{D}=\varepsilon\boldsymbol{E} \tag{3-102}$$

对于静磁模型，已定义磁通密度矢量 $\boldsymbol{B}$ 和磁场强度矢量 $\boldsymbol{H}$。其服从的基本微分方程为

$$\nabla\cdot\boldsymbol{B}=0 \tag{6-6}$$

$$\nabla\times\boldsymbol{H}=\boldsymbol{J} \tag{6-76}$$

在线性且各向同性的媒质中，$\boldsymbol{B}$ 和 $\boldsymbol{H}$ 之间的本构关系为

$$\boldsymbol{H}=\frac{1}{\mu}\boldsymbol{B} \tag{6-80b}$$

表 7-1 总结了这些基本关系。

表 7-1 静电模型与静磁模型的基本关系

基本关系	静电模型	静磁模型
微分方程	$\nabla\times\boldsymbol{E}=0$ $\nabla\cdot\boldsymbol{D}=\rho$	$\nabla\cdot\boldsymbol{B}=0$ $\nabla\times\boldsymbol{H}=\boldsymbol{J}$
本构关系 (线性和各向同性媒质)	$\boldsymbol{D}=\varepsilon\boldsymbol{E}$	$\boldsymbol{H}=\frac{1}{\mu}\boldsymbol{B}$

在静态(非时变)模型中，电场矢量 $\boldsymbol{E}$ 和 $\boldsymbol{D}$ 及磁场矢量 $\boldsymbol{B}$ 和 $\boldsymbol{H}$ 形成相互分离且独立的矢量对。换句话说，静电模型中的 $\boldsymbol{E}$ 和 $\boldsymbol{D}$ 与静磁模型中的 $\boldsymbol{B}$ 和 $\boldsymbol{H}$ 无关。在导电媒质中，静电场和静磁场可能同时存在，并形成**静态电磁场**(参见 145 页例 5-4 的说明)。在导电媒质中静电场会形成稳恒电流，进而产生静磁场。然而，电场完全可以由静电荷或者电位的分布来确定。磁场只是一个结果，它不出现在电场的计算中。

本章将看到变化的磁场可以产生电场，反之亦然。为了解释时变条件下的电磁现象，需要构建电磁模型，在该模型中，电场矢量 $\boldsymbol{E}$ 和 $\boldsymbol{D}$ 与磁场矢量 $\boldsymbol{B}$ 和 $\boldsymbol{H}$ 之间有关系。为了说明时变条件下电场和磁场间相互依赖的关系，需要修改表 7-1 中的两对约束方程。

先从基本公理开始，修改表 7-1 中的方程 $\nabla\times\boldsymbol{E}$，由此推导法拉第电磁感应定律。将讨论变压器电动势和动生电动势的概念。用这个新的公理，需要修改方程 $\nabla\times\boldsymbol{H}$，以使得服从方程和连续性方程保持一致(电荷守恒定律)。两个修改后的旋度方程和表 7-1 中的两个散

度方程称为麦克斯韦方程,并构成了电磁理论的基础。当所有的场量都不随时间变化时,静电场和静磁场的服从方程是麦克斯韦方程的特殊形式。麦克斯韦方程的组合可导出波动方程,预示了以光速传播的电磁波的存在。波动方程的解,尤其是时谐场的解,将在本章予以讨论。

7.2 法拉第电磁感应定律

1831年迈克尔·法拉第通过实验发现,当导体回路的磁通量发生变化时,回路中就会产生感应电流,使电磁场理论取得了重大的进展。基于实验观察,感生电动势与磁通量的变化率之间的定量关系称为**法拉第定律**。这是一个实验定律,也可被认为是一种假设。然而,并未采用与有限回路有关的实验关系式作为研究电磁感应理论的出发点。相反,我们沿用第3章静电场和第6章静磁场采用的方法,提出以下基本公理并由此研究法拉第定律的积分形式。

电磁感应的基本公理

$$\nabla\times \boldsymbol{E}=-\frac{\partial \boldsymbol{B}}{\partial t} \tag{7-1}$$

式(7-1)表示点函数关系;它适用于空间中的每一个点,无论该点是在无源空间中还是在媒质中。在磁通密度随时间变化的区域,电场强度是非保守的,此时电场强度不能表示为一个标量位的梯度。

在开曲面上对式(7-1)两边取面积分并应用斯托克斯定理,可得

$$\oint \boldsymbol{E}\cdot \mathrm{d}\boldsymbol{l}=-\int_{s}\frac{\partial \boldsymbol{B}}{\partial t}\cdot \mathrm{d}\boldsymbol{s} \tag{7-2}$$

无论是否存在环绕C的实际回路,式(7-2)对任意边界为C的面S都有效。当然场不随时间变化,即$\partial \boldsymbol{B}/\partial t=0$,式(7-1)和式(7-2)就分别简化为静电场的式(3-5)和式(3-8)。

在下面几节将分别讨论以下情况:时变磁场中的静止回路,静磁场中的运动导体以及时变磁场中的运动回路。

7.2.1 时变磁场中的静止回路

对于一个周界为C表面为S的静止回路,式(7-2)可以写成

$$\oint_{C}\boldsymbol{E}\cdot \mathrm{d}\boldsymbol{l}=-\frac{\mathrm{d}}{\mathrm{d}t}\int_{s}\boldsymbol{B}\cdot \mathrm{d}\boldsymbol{s} \tag{7-3}$$

如果定义周线C的回路的感生电动势为

$$V=\oint_{C}\boldsymbol{E}\cdot \mathrm{d}\boldsymbol{l}\quad (\mathrm{V}) \tag{7-4}$$

且穿过表面S的磁通量为

$$\Phi=\int_{S}\boldsymbol{B}\cdot \mathrm{d}\boldsymbol{s}\quad (\mathrm{Wb}) \tag{7-5}$$

则式(7-3)改写为

$$V=-\frac{\mathrm{d}\Phi}{\mathrm{d}t}\quad (\mathrm{V}) \tag{7-6}$$

式(7-6)表示**在静止闭合回路中产生的感生电动势等于与回路交链的磁通量增加率的负值**。这就是**法拉第电磁感应定律**。根据式(7-3),即使没有实际的闭合回路,随时间变化

的磁通也会感应出电场。式(7-6)中的负号表明：**感生电动势在闭合回路中产生的电流的方向总是阻碍回路中磁通量的变化**。该结论就是**楞次定律**。在静止回路中，由时变磁场产生的感生电动势叫做**变压器电动势**。

例 7-1　一个 N 匝导线的圆环位于 xy 平面内，圆环的中心位于磁场 $\boldsymbol{B}=\boldsymbol{a}_zB_0\cos(\pi r/2b)\sin\omega t$ 的原点，其中 b 是圆环的半径，ω 是角频率。求圆环的感生电动势。

解：该问题表明这是一个在时变磁场中的静止回路，因此式(7-6)可以直接用来求感生电动势 V。环路中每匝线圈的磁通量为

$$\Phi=\int_s \boldsymbol{B}\cdot \mathrm{d}\boldsymbol{s}=\int_0^b\left[\boldsymbol{a}_zB_0\cos\left(\frac{\pi r}{2b}\right)\sin\omega t\right]\cdot(\boldsymbol{a}_z2\pi r\mathrm{d}r)=\frac{8b^2}{\pi}\left(\frac{\pi}{2}-1\right)B_0\sin\omega t$$

因为有 N 匝，所以总的磁链为 $N\Phi$，可得

$$V=-N\frac{\mathrm{d}\Phi}{\mathrm{d}t}=-\frac{8N}{\pi}b^2\left(\frac{\pi}{2}-1\right)B_0\omega\cos\omega t\quad(\mathrm{V})$$

由此可知，感生电动势和磁通量的时间相位相差 90 度。

7.2.2　变压器

变压器是用来变换电压、电流和阻抗的交流电装置，它一般是由两个或更多个磁性耦合的线圈环绕一个铁芯构成，如图 7-1 所示。法拉第电磁感应定律是变压器的工作原理。

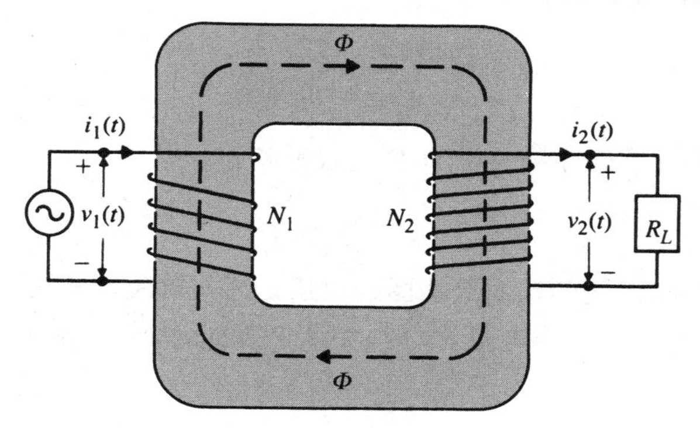

(a) 变压器原理图

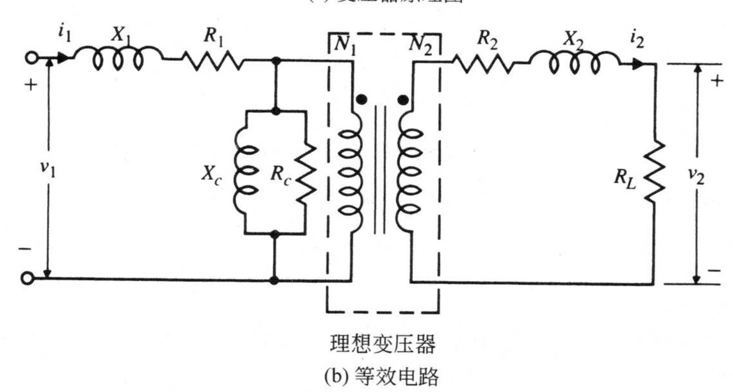

(b) 等效电路

图 7-1　变压器示意图和等效电路

对于图7-1(a)中磁通量Φ所描绘的磁路的闭合路径,依式(6-101),可得

$$N_1 i_1 - N_2 i_2 = R\Phi \tag{7-7}$$

其中N_1、N_2和i_1、i_2分别是初级电路和次级电路中线圈的匝数和电流,R表示磁路的阻抗。在式(7-7)中,与楞次定律相对应,次级电路的感生磁动势为$N_2 i_2$阻碍初级电路中的磁动势$N_1 i_1$所产生的磁通量Φ的流动。由6.8节可知,磁导率为μ、横截面积为S、长度为l的铁磁芯的阻抗为

$$R = \frac{l}{\mu S} \tag{7-8}$$

把式(7-8)代入式(7-7)中,可得

$$N_1 i_1 - N_2 i_2 = \frac{l}{\mu S}\Phi \tag{7-9}$$

1. 理想变压器

对于一个理想的变压器,假设μ趋于无穷大,则式(7-9)变为

$$\frac{i_1}{i_2} = \frac{N_2}{N_1} \tag{7-10}$$

式(7-10)表明**理想变压器的初级线圈和次级线圈的电流之比与其匝数成反比**。由法拉第定律知

$$v_1 = N_1 \frac{\mathrm{d}\Phi}{\mathrm{d}t} \tag{7-11}$$

且

$$v_2 = N_2 \frac{\mathrm{d}\Phi}{\mathrm{d}t} \tag{7-12}$$

v_1和v_2的正确符号已由图7-1(a)所指定的极性给出。从式(7-11)和式(7-12)可得

$$\frac{v_1}{v_2} = \frac{N_1}{N_2} \tag{7-13}$$

因此,**理想变压器的初级线圈和次级线圈的电压之比与其匝数成正比**。

当次级线圈连有一个负载电阻R_L时,如图7-1(a)中所示,从电压源看过去连接到初级线圈的等效负载是

$$(R_1)_{\text{eff}} = \frac{v_1}{i_1} = \frac{(N_1/N_2)v_2}{(N_2/N_1)i_2}$$

或

$$(R_1)_{\text{eff}} = \left(\frac{N_1}{N_2}\right)^2 R_L \tag{7-14a}$$

它是负载电阻乘以匝数比的平方。很显然,对于正弦电压源$v_1(t)$和负载阻抗Z_L而言,从电压源看过去的有效负载是对Z_L的阻抗变换$(N_1/N_2)^2 Z_L$,则

$$(Z_1)_{\text{eff}} = \left(\frac{N_1}{N_2}\right)^2 Z_L \tag{7-14b}$$

2. 实际变压器

参考式(7-9),可以求出初级线圈和次级线圈的磁链

$$\Lambda_1 = N_1\Phi = \frac{\mu S}{l}(N_1^2 i_1 - N_1 N_2 i_2) \tag{7-15}$$

$$\Lambda_2 = N_2\Phi = \frac{\mu S}{l}(N_1N_2i_1 - N_2^2i_2) \tag{7-16}$$

将式(7-15)和式(7-16)代入式(7-11)和式(7-12)中,可得

$$v_1 = L_1\frac{\mathrm{d}i_1}{\mathrm{d}t} - L_{12}\frac{\mathrm{d}i_2}{\mathrm{d}t} \tag{7-17}$$

$$v_2 = L_{12}\frac{\mathrm{d}i_1}{\mathrm{d}t} - L_2\frac{\mathrm{d}i_2}{\mathrm{d}t} \tag{7-18}$$

其中

$$L_1 = \frac{\mu S}{l}N_1^2 \tag{7-19}$$

$$L_2 = \frac{\mu S}{l}N_2^2 \tag{7-20}$$

$$L_{12} = \frac{\mu S}{l}N_1N_2 \tag{7-21}$$

L_1,L_2 分别是初级线圈的自感和次级线圈的自感,L_{12}是两者之间的互感。对于理想变压器,是没有漏磁的,且 $L_{12}=\sqrt{L_1L_2}$,对于实际变压器

$$L_{12} = k\sqrt{L_1L_2},\quad k<1 \tag{7-22}$$

其中 k 称为**耦合系数**。可见式(7-19)、式(7-20)、式(7-21)中的表达式和式(6-135)中长螺线管的单位长度的电感的公式是一致的。在这两种情况下,都假设没有漏磁。注意:假设理想变压器的 μ 无限大,则隐含电感也为无穷大。

实际变压器遵循下面几个现实条件:存在磁漏($k<1$),电感为有限值,线圈的电阻不为零,存在滞后和涡流损耗(涡流损耗见下文)。铁芯的非线性属性(磁导率取决于磁场强度),加大了对实际变压器准确分析的难度。图 7-1(b)是图 7-1(a)中变压器的一个近似等效电路。在图 7-1(b)中,R_1 和 R_2 是线圈的电阻,X_1 和 X_2 是漏感阻抗,R_c 代表由于滞后和涡流效应带来的能量损失,X_c 代表铁芯非线性磁化作用的非线性的感抗,对这些量的分析是一个非常困难的任务。在理想变压器线圈端点出现的 2 个点,表示由于电磁感应引起的这些端点电位的升或降。同名端法则是一种表明变压器铁芯上线圈相互关系的简单方法[①]。

当时变磁通量在铁芯内部穿过时,依照法拉第定律,会产生感生电动势。感生电动势会在导体内产生垂直于磁通量的局部电流,这种电流称为**涡流**。涡流引起欧姆功率损耗,同时产生局部热量。事实上,这就是感应生热的原理。感应炉产生足够高的温度用来熔化金属。在变压器中,这种涡流能量损失是不期望的,通过使用具有较高的磁导率且具有较低的导电性(高 μ 和低 σ)的铁芯材料可以减少这种现象,铁氧体就是这样的材料。对于低频率、高能量的应用,一种减少涡流能量损耗比较经济的办法就是使用叠片铁芯。也就是说,用堆叠的铁磁(铁)片制成变压器铁芯,每个铁片由于薄的清漆或者氧化膜与其相邻的铁片绝缘。绝缘层和磁通量的方向平行,以便垂直于电通量的涡流约束到堆叠的铁片中。这证明总的涡流能量损耗随着叠片数量的增加而减少(见习题 P.7-6)。能量损耗减少的总量取决于横截面的形状和尺寸,也同样取决于分层的方法。例如,图 7-12(a)的圆形铁芯可以制成堆叠的

---

① 见 D. K. Cheng, *Analysis of Linear Systems*, Addison-Wesley, Reading, Mass. 1959, p. 50。

绝缘层，用来取代图7-12(b)中的细丝部分。

7.2.3 静磁场中的运动导体

如图7-2所示，当一段导体以速度 $\boldsymbol{u}$ 在静磁场(非时变) $\boldsymbol{B}$ 中运动时，力 $\boldsymbol{F}_m = q\boldsymbol{u}\times\boldsymbol{B}$ 会使导体中的自由电子移向导体的一端，而使另一端带正电荷。

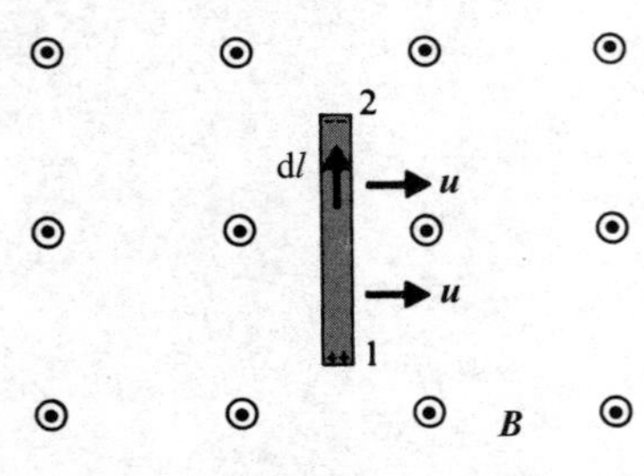

图7-2 磁场中运动的导体棒

正电荷和负电荷的分离会产生库仑引力，且电荷的分离一直会持续到电场力和磁场力互相平衡为止。这种平衡状态很快就能达到，所以在运动导体中自由电荷的净力为0。

对于随导体运动的观察者来说，没有视在的运动，作用于每单位电荷的磁力 $\boldsymbol{F}_m/q = \boldsymbol{u}\times\boldsymbol{B}$ 可以解释为作用于沿导体的感应电场，并产生电压

$$V_{21} = \int_1^2 (\boldsymbol{u}\times\boldsymbol{B})\cdot \mathrm{d}\boldsymbol{l} \tag{7-23}$$

如果移动的导体是闭合回路 C 的一部分，那么回路中产生的电动势为

$$V' = \oint_C (\boldsymbol{u}\times\boldsymbol{B})\cdot \mathrm{d}\boldsymbol{l} \quad (\mathrm{V}) \tag{7-24}$$

这被称为**切割磁通电动势或动生电动势**。显然，只有不是平行于(形象地称为"切割")磁通量方向运动的电路部分才会产生式(7-24)中的 V。

例7-2 在一个 $\boldsymbol{B} = \boldsymbol{a}_z B_0$ 的均匀磁场中，金属棒以匀速 $\boldsymbol{u}$ 在导体轨道上运动，如图7-3所示。

(1) 确定端点1、2处的开路电压 V_0。

(2) 假设一个电阻 R 接在端点1、2之间，求出 R 中消耗的电能。

(3) 证明电能等于以速度 $\boldsymbol{u}$ 运动的金属棒所需要的机械能。忽略金属棒和轨道的阻值。也忽略连接点处的机械摩擦。

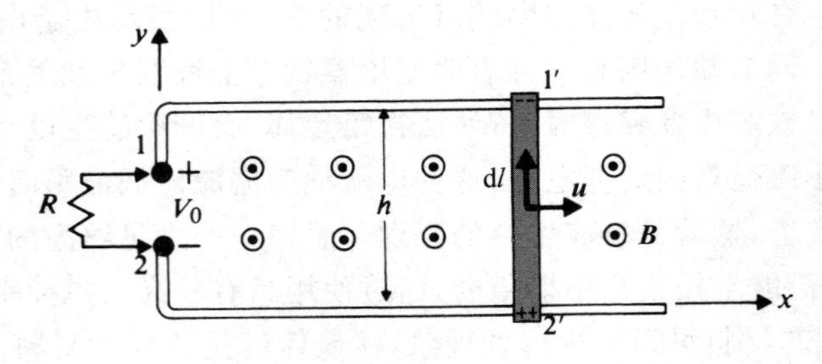

图7-3 导体轨道上滑动的金属棒

解：(1) 运动的金属棒产生了一个切割磁通电动势。为了求出开路电压 V_0，运用式(7-24)

$$V_0 = V_1 - V_2 = \oint_C (\boldsymbol{u}\times\boldsymbol{B})\cdot \mathrm{d}\boldsymbol{l} = \int_{2'}^{1'} (\boldsymbol{a}_x u \times \boldsymbol{a}_z B_0)\cdot(\boldsymbol{a}_y \mathrm{d}l) = -uB_0 h \quad (\mathrm{V}) \tag{7-25}$$

(2) 当有一个电阻 R 接在端点1、2间时，将会有电流 $I = uB_0 h/R$ 从接点2流过接点1，所以在电阻 R 中消耗的电能 P_e 为

$$P_e = I^2R = \frac{(uB_0h)^2}{R} \quad \text{(W)} \tag{7-26}$$

(3) 移动滑动棒所需的机械能 P_m 为

$$P_m = \boldsymbol{F} \cdot \boldsymbol{u} \quad \text{(W)} \tag{7-27}$$

其中，$\boldsymbol{F}$ 是用来抵消磁场力 $\boldsymbol{F}_m$ 所需的机械力，F_m 是磁场作用在载流金属棒的力。由式(6-184)可知

$$\boldsymbol{F}_m = I\int_{2'}^{1'} \mathrm{d}\boldsymbol{l} \times \boldsymbol{B} = -\boldsymbol{a}_x IB_0h \quad \text{(N)} \tag{7-28}$$

式(7-28)中的负号，是因为电流 I 的流向与 $\mathrm{d}\boldsymbol{l}$ 的方向相反。因此

$$\boldsymbol{F} = -\boldsymbol{F}_m = \boldsymbol{a}_x IB_0h = \boldsymbol{a}_x uB_0^2h^2/R \quad \text{(N)} \tag{7-29}$$

把式(7-29)代入式(7-27)，即可证明 $P_e = P_m$，这也符合能量守恒定律。

例 7-3　法拉第圆盘发电机由一个以恒定角速度 ω 旋转的圆形金属碟片组成，它处于磁场密度为 $\boldsymbol{B} = \boldsymbol{a}_z B_0$，方向和旋转轴平行的恒定磁场中。如图 7-4 所示，电刷触点位于碟片边缘和轴上。如果碟片的半径是 b，确定发电机的开路电压。

解：考虑回路 $122'341'1$。随着圆盘转动，$2'34$ 部分中只有直线段 34“切割”磁通，由式(7-24)，可知

$$\begin{aligned} V_0 &= \oint (\boldsymbol{u} \times \boldsymbol{B}) \cdot \mathrm{d}\boldsymbol{l} \\ &= \int_3^4 [(\boldsymbol{a}_\phi r\omega) \times \boldsymbol{a}_z B_0] \cdot (\boldsymbol{a}_r \mathrm{d}r) \\ &= \omega B_0 \int_b^0 r\mathrm{d}r = -\frac{\omega B_0 b^2}{2} \quad \text{(V)} \end{aligned} \tag{7-30}$$

这就是法拉第圆盘发电机的电动势。为了测量 V_0，必须用一个高内阻的电压表，以便没有明显的感应电流在回路中流过，而不会改变外部所施加的磁场。

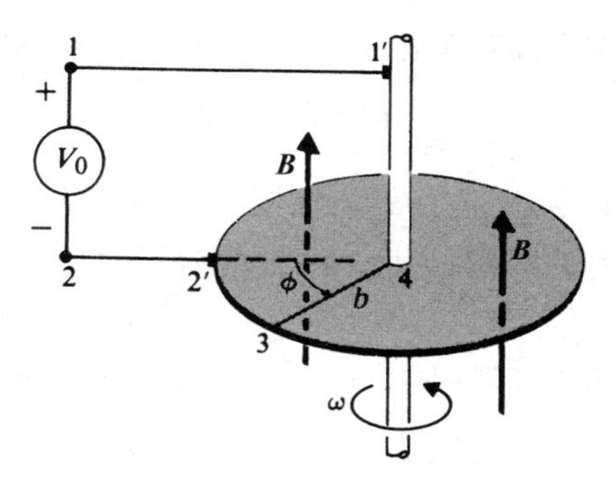

图 7-4　法拉第圆盘发电机

7.2.4　时变磁场中的运动回路

当电荷 q 以速度 $\boldsymbol{u}$ 在电场 $\boldsymbol{E}$ 和磁场 $\boldsymbol{B}$ 均存在的区域中运动时，正如实验观察者所检测到的那样，由洛伦兹力方程式(6-5)可得到作用在 $\boldsymbol{q}$ 上的电磁力 $\boldsymbol{F}$，重写如下

$$\boldsymbol{F} = q(\boldsymbol{E} + \boldsymbol{u} \times \boldsymbol{B}) \tag{7-31}$$

对于随着 q 运动的观察者来说，q 没有明显的运动，作用在 q 上的力可以理解为电场 $\boldsymbol{E}'$ 产生的，其中

$$\boldsymbol{E}' = \boldsymbol{E} + \boldsymbol{u} \times \boldsymbol{B} \tag{7-32}$$

或

$$\boldsymbol{E} = \boldsymbol{E}' - \boldsymbol{u} \times \boldsymbol{B} \tag{7-33}$$

因此，当一个周线为 C、表面为 S 的导电回路在场($\boldsymbol{E}, \boldsymbol{B}$)中以速度 $\boldsymbol{u}$ 运动时，把式(7-33)代入式(7-2)可得

$$\oint_C \boldsymbol{E}' \cdot \mathrm{d}\boldsymbol{l} = -\int_S \frac{\partial \boldsymbol{B}}{\partial t} \cdot \mathrm{d}\boldsymbol{s} + \oint_C (\boldsymbol{u} \times \boldsymbol{B}) \cdot \mathrm{d}\boldsymbol{l} \quad (\mathrm{V}) \tag{7-34}$$

式(7-34)是时变磁场中运动回路的**法拉第定律**的一般形式。左边的线积分是在运动参考的框架中的感生电动势。右边的第一部分代表由于时变的 $\boldsymbol{B}$ 而产生的变压器电动势,第二部分代表由于 $\boldsymbol{B}$ 中回路的运动所产生的动生电动势。变压器电动势和动生电动势在感生电动势中所占的比例取决于参考框架的选择。

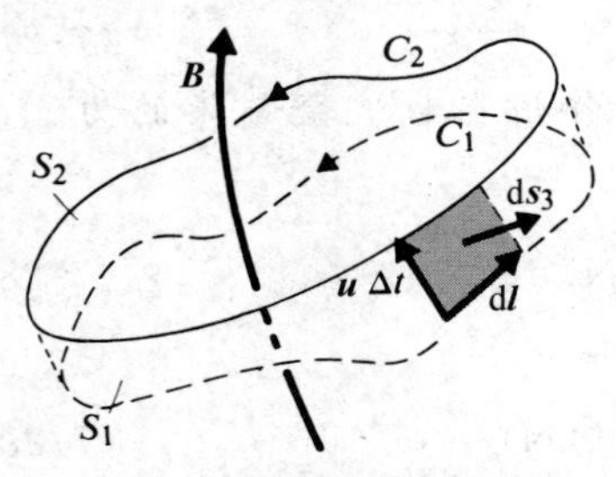

图 7-5 时变磁场中的运动回路

考虑在变化的磁场 $\boldsymbol{B}$ 中,周线为 C 的回路:在 t 时刻它在 C_1,在 $t+\Delta t$ 时刻它运动到 C_2。运动可以有任意方式,包括平移、旋转和扭曲。图 7-5 说明了上述情况。穿过周线的磁通量随时间的变化率为

$$\frac{\mathrm{d}\Phi}{\mathrm{d}t} = \frac{\mathrm{d}}{\mathrm{d}t}\int_S \boldsymbol{B} \cdot \mathrm{d}\boldsymbol{s} = \lim_{\Delta t \to 0} \frac{1}{\Delta t}\left[\int_{S_2} \boldsymbol{B}(t+\Delta t) \cdot \mathrm{d}\boldsymbol{s}_2 - \int_{S_1} \boldsymbol{B}(t) \cdot \mathrm{d}\boldsymbol{s}_1\right] \tag{7-35}$$

式(7-35)中的 $\boldsymbol{B}(t+\Delta t)$ 可以展开为泰勒级数

$$\boldsymbol{B}(t+\Delta t) = \boldsymbol{B}(t) + \frac{\partial \boldsymbol{B}(t)}{\partial t}\Delta t + \text{高次项} \tag{7-36}$$

其中高阶项包括了 (Δt) 的二次幂和更高次幂。把式(7-36)代入式(7-35)得

$$\frac{\mathrm{d}}{\mathrm{d}t}\int_S \boldsymbol{B} \cdot \mathrm{d}\boldsymbol{s} = \int_S \frac{\partial \boldsymbol{B}}{\partial t} \cdot \mathrm{d}\boldsymbol{s} + \lim_{\Delta t \to 0} \frac{1}{\Delta t}\left[\int_{S_2} \boldsymbol{B} \cdot \mathrm{d}\boldsymbol{s}_2 - \int_{S_1} \boldsymbol{B} \cdot \mathrm{d}\boldsymbol{s}_1 + \text{高次项}\right] \tag{7-37}$$

其中,$\boldsymbol{B}$ 是 $\boldsymbol{B}(t)$ 的简写。在回路从 C_1 运动到 C_2 的过程中,它覆盖了一个以 S_1、S_2、S_3 为边界的区域,侧面 S_3 是回路的周线在时间 Δt 内扫过的区域。侧面的面积元为

$$\mathrm{d}\boldsymbol{s}_3 = \mathrm{d}\boldsymbol{l} \times \boldsymbol{u}\Delta t \tag{7-38}$$

在 t 时刻,对图 7-5 中区域应用 $\boldsymbol{B}$ 的散度定理

$$\int_V \nabla \cdot \boldsymbol{B}\mathrm{d}v = \int_{S_2} \boldsymbol{B} \cdot \mathrm{d}\boldsymbol{s}_2 - \int_{S_1} \boldsymbol{B} \cdot \mathrm{d}\boldsymbol{s}_1 + \int_{S_3} \boldsymbol{B} \cdot \mathrm{d}\boldsymbol{s}_3 \tag{7-39}$$

其中,涉及 $\mathrm{d}\boldsymbol{s}_1$ 的项包含有负号是因为散度定理中必须使用外法线,把式(7-38)代入式(7-39)中并考虑到 $\nabla \cdot \boldsymbol{B}=0$,则有

$$\int_{S_2} \boldsymbol{B} \cdot \mathrm{d}\boldsymbol{s}_2 - \int_{S_1} \boldsymbol{B} \cdot \mathrm{d}\boldsymbol{s}_1 = -\Delta t \oint_C (\boldsymbol{u} \times \boldsymbol{B}) \cdot \mathrm{d}\boldsymbol{l} \tag{7-40}$$

联合式(7-37)和式(7-40),可得

$$\frac{\mathrm{d}}{\mathrm{d}t}\int_S \boldsymbol{B} \cdot \mathrm{d}\boldsymbol{s} = \int_S \frac{\partial \boldsymbol{B}}{\partial t} \cdot \mathrm{d}\boldsymbol{s} - \oint_C (\boldsymbol{u} \times \boldsymbol{B}) \cdot \mathrm{d}\boldsymbol{l} \tag{7-41}$$

它可以认为是式(7-34)的右边取负值。

如果令运动框架中所测回路 C 上的感生电动势为

$$V' = \oint_C \boldsymbol{E}' \cdot \mathrm{d}\boldsymbol{l} \tag{7-42}$$

则式(7-34)可以简写为

$$V' = -\frac{\mathrm{d}}{\mathrm{d}t}\int_S \boldsymbol{B} \cdot \mathrm{d}\boldsymbol{s} = -\frac{\mathrm{d}\Phi}{\mathrm{d}t} \quad (\mathrm{V}) \tag{7-43}$$

它和式(7-6)具有同样的形式。当然,如果回路不处于运动状态,V' 就等于 V,并且式(7-43)和式(7-6)就完全相同。因此,法拉第定律关于闭合回路中的感生电动势等于回路磁通量随时

间增加率的负值的阐述，既适用于静止回路也适用于运动回路。式(7-34)或式(7-43)都可以用来计算一般情况下的感生电动势。如果将一个高阻抗的电压表接到导体回路中，无论回路是静止的还是运动的，都能读出由电磁感应产生的开路电压。已经知道式(7-34)中变压器电动势和动生电动势所占感生电动势的比例并不是相等的，但是它们的和总是等于式(7-43)所计算的结果。

在例7-2(图7-3)中，运用式(7-24)已确定了开路电压V_0。如果运用式(7-43)，则有

$$\Phi=\int_S \boldsymbol{B}\cdot \mathrm{d}\boldsymbol{s}=B_0\quad (hut)$$

和

$$V_0=-\frac{\mathrm{d}\Phi}{\mathrm{d}t}=-uB_0h\quad (\mathrm{V})$$

上述结果与式(7-25)是一样的。

同理，对于例7-3中法拉第圆盘发电机，回路122′341′1的磁通量就是通过楔形区域2′342′的磁通量

$$\Phi=\int_S \boldsymbol{B}\cdot \mathrm{d}\boldsymbol{s}=B_0\int_0^b\int_0^{\omega t} r\mathrm{d}\phi \mathrm{d}r=B_0(\omega t)\frac{b^2}{2}$$

且

$$V_0=-\frac{\mathrm{d}\Phi}{\mathrm{d}t}=-\frac{\omega B_0 b^2}{2}$$

上述结果和式(7-30)是相同的。

例7-4　一个$h\times w$的矩形导体环路放置在变化的磁场$\boldsymbol{B}=\boldsymbol{a}_yB_0\sin\omega t$中。环的法线方向与$\boldsymbol{a}_y$方向的夹角为$\alpha$，如图7-6所示。试求下列情况中环路的感生电动势：

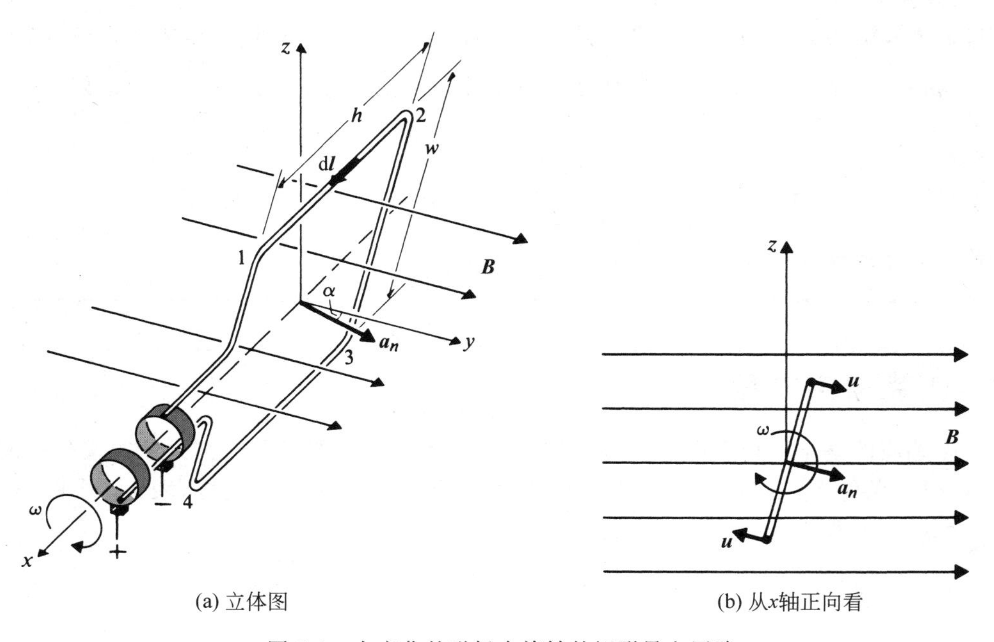

(a) 立体图　　(b) 从x轴正向看

图7-6　在变化的磁场中旋转的矩形导电回路

(1) 环静止的时候;

(2) 环以角速度 ω 绕着 x 轴旋转时。

解:(1) 当环静止时,运用式(7-6)

$$\Phi=\int \boldsymbol{B}\cdot \mathrm{d}\boldsymbol{s}=(\boldsymbol{a}_y B_0 \sin\omega t)\cdot(\boldsymbol{a}_n h w)=B_0 h w \sin\omega t\cos\alpha$$

因此

$$V_a=-\frac{\mathrm{d}\Phi}{\mathrm{d}t}=-B_0 S\omega\cos\omega t\cos\alpha \tag{7-44}$$

其中,$S=h\times w$ 是环的面积。环端点的相对极性如图 7-6 所示。如果环通过一个外部负载形成回路,则 V_a 会产生一个阻止 Φ 变化的感生电流。

(2) 当环绕着 x 轴旋转时,式(7-34)中的两项均有贡献:第一项贡献出式(7-44)中的变压器电动势 V_a,第二项贡献出动生电动势 V_a',其中

$$\begin{aligned}V_a'&=\oint_C(\boldsymbol{u}\times\boldsymbol{B})\cdot\mathrm{d}\boldsymbol{l}\\&=\int_2^1\left[\left(\boldsymbol{a}_n\frac{w}{2}\omega\right)\times(\boldsymbol{a}_y B_0\sin\omega t)\right]\cdot(\boldsymbol{a}_x\mathrm{d}x)+\int_4^3\left[\left(-\boldsymbol{a}_n\frac{w}{2}\omega\right)\times(\boldsymbol{a}_y B_0\sin\omega t)\right]\cdot(\boldsymbol{a}_x\mathrm{d}x)\\&=2\left(\frac{w}{2}\omega B_0\sin\omega t\sin\alpha\right)h\end{aligned}$$

注意环的边 23 和 41 对 V_a' 没有作出贡献,而边 12 和 34 对 V_a' 的贡献是大小相等的,方向相同。如果在 $t=0$ 时刻 $\alpha=0$,那么 $\alpha=\omega t$,于是上式可写成

$$V_a'=B_0 S\omega\sin\omega t\sin\omega t \tag{7-45}$$

旋转环中感生的总的感生电动势,等于式(7-44)中 V_a 和式(7-45)中 V_a' 之和:

$$V_t'=-B_0 S\omega(\cos^2\omega t-\sin^2\omega t)=-B_0 S\omega\cos 2\omega t \tag{7-46}$$

其中,角频率为 2ω。

通过直接运用式(7-43)可确定总感生电动势 V_t',在任意时刻 t,和环交链的磁通量为

$$\Phi(t)=\boldsymbol{B}(t)\cdot[\boldsymbol{a}_n(t)S]=B_0 S\sin\omega t\cos\alpha=B_0 S\sin\omega t\cos\omega t=\frac{1}{2}B_0 S\sin 2\omega t$$

因此

$$V_t'=-\frac{\mathrm{d}\Phi}{\mathrm{d}t}=-\frac{\mathrm{d}}{\mathrm{d}t}\left(\frac{1}{2}B_0 S\sin 2\omega t\right)=-B_0 S\omega\cos 2\omega t$$

这与前面的叙述结果一致。

7.3 麦克斯韦方程

电磁感应的基本假设表明,时变磁场会产生电场。这个假设已经被大量的实验所证明。因此,在时变条件下,表 7-1 中的式$\nabla\times\boldsymbol{E}=0$ 必须用式(7-1)替代。这样,表 7-1 中的两个散度和两个旋度方程将变为

$$\nabla\times\boldsymbol{E}=-\frac{\partial\boldsymbol{B}}{\partial t} \tag{7-47a}$$

$$\nabla\times\boldsymbol{H}=\boldsymbol{J} \tag{7-47b}$$

$$\nabla\cdot\boldsymbol{D}=\rho \tag{7-47c}$$

$$\nabla \cdot \boldsymbol{B} = 0 \tag{7-47d}$$

此外，知道在任意时刻都必须满足电荷守恒定律。电荷守恒定理的数学表达式是连续性方程式(5-44)，现重写如下

$$\nabla \cdot \boldsymbol{J} = -\frac{\partial \rho}{\partial t} \tag{7-48}$$

这里最关键的问题是，在时变情况下式(7-47a,b,c,d)中的四个方程是否和式(7-48)指定的要求相一致。对式(7-47b)简单的取散度可知答案是否定的

$$\nabla \cdot (\nabla \times \boldsymbol{H}) = 0 = \nabla \cdot \boldsymbol{J} \tag{7-49}$$

上式由零恒等式(2-149)得来，回顾任意保守矢量场的旋度的散度都为 0。由于式(7-48)指出$\nabla \cdot \boldsymbol{J}$在时变情况下不为 0，这样式(7-49)一般是不成立的。

怎样修改式(7-47a,b,c,d)才能使它们和式(7-48)一致呢？首先，在式(7-49)的右边必须加上$\partial \rho / \partial t$

$$\nabla \cdot (\nabla \times \boldsymbol{H}) = 0 = \nabla \cdot \boldsymbol{J} + \frac{\partial \rho}{\partial t} \tag{7-50}$$

把式(7-47c)代入式(7-50)，有

$$\nabla \cdot (\nabla \times \boldsymbol{H}) = \nabla \cdot \left(\boldsymbol{J} + \frac{\partial \boldsymbol{D}}{\partial t}\right) \tag{7-51}$$

即

$$\nabla \times \boldsymbol{H} = \boldsymbol{J} + \frac{\partial \boldsymbol{D}}{\partial t} \tag{7-52}$$ [①]

式(7-52)表明，即使没有电流流过，时变电场也会产生磁场。附加项$\frac{\partial \boldsymbol{D}}{\partial t}$是式(7-52)满足电荷守恒定律所必需的。

很容易验证$\frac{\partial \boldsymbol{D}}{\partial t}$的单位和电流密度的单位一致(国际单位制单位：$A/m^2$)。$\frac{\partial \boldsymbol{D}}{\partial t}$称为位移电流密度，在$\nabla \times \boldsymbol{H}$的方程中引入**位移电流密度**是詹姆斯·克拉克·麦克斯韦(1831—1879)的重要贡献之一。为了在时变情况下与连续性方程保持一致，应将表 7-1 中的两个旋度方程推广。用一组四个相容性方程来取代式(7-47a,b,c,d)的四个非相容方程，即

$$\nabla \times \boldsymbol{E} = -\frac{\partial \boldsymbol{B}}{\partial t} \tag{7-53a}$$

$$\nabla \times \boldsymbol{H} = \boldsymbol{J} + \frac{\partial \boldsymbol{D}}{\partial t} \tag{7-53b}$$

$$\nabla \cdot \boldsymbol{D} = \rho \tag{7-53c}$$

$$\nabla \cdot \boldsymbol{B} = 0 \tag{7-53d}$$

它们就是**麦克斯韦方程**。注意式(7-53c)中的ρ是自由电荷的体密度，式(7-53b)中的$\boldsymbol{J}$是自由电流的密度，自由电流可以包含对流电流(ρu)和传导电流(σE)。这四个方程与式(7-48)的连续性方程以及式(6-5)的洛伦兹力方程一起构成了电磁理论的基础。利用这些方程便可以解释和预示所有的宏观电磁现象。

虽然麦克斯韦方程的四个方程式(7-53a,b,c,d)是相容的，但并不完全独立。事实上，运用

---

① 积分常数可以加到式(7-52)中，与式(7-51)不冲突，但该常数必须是0以便在静态情况下式(7-52)简化为式(7-47b)。

式(7-48)的连续性方程可以从式(7-53a,b)中的两个旋度方程导出式(5-53c,d)的两个散度方程(见习题 P.7-11)。四个基本的场矢量 $\boldsymbol{E},\boldsymbol{D},\boldsymbol{B},\boldsymbol{H}$(每个都含有3个分量)表示12个未知数。对于12个未知数,就需要12个标量方程来确定。这12个方程可由两个旋度矢量方程和两个矢量本构关系式 $\boldsymbol{D}=\varepsilon\boldsymbol{E}$ 和 $\boldsymbol{H}=\boldsymbol{B}/\mu$ 提供,其中每个矢量方程都等价于三个标量方程。

麦克斯韦方程的积分形式

式(7-53a,b,c,d)中的四个麦克斯韦方程都是微分方程,适用于空间中的每一个点。在解释现实环境中的电磁现象时,必须处理具有特定形状和边界的有限物体,把上述微分形式转化为他们的积分形式是十分简便的。把式(7-53a)和式(7-53b)中的旋度公式两边在一个以 C 为边界的开曲面 S 上取面积分,运用斯托克斯理论,可得

$$\oint_C \boldsymbol{E}\cdot \mathrm{d}\boldsymbol{l}=-\int_S \frac{\partial \boldsymbol{B}}{\partial t}\cdot \mathrm{d}\boldsymbol{s} \tag{7-54a}$$

和

$$\oint_C \boldsymbol{H}\cdot \mathrm{d}\boldsymbol{l}=\int_S \left(\boldsymbol{J}+\frac{\partial \boldsymbol{D}}{\partial t}\right)\cdot \mathrm{d}\boldsymbol{s} \tag{7-54b}$$

对式(7-53c)和式(7-53d)中的散度方程两边在一个具有封闭曲面 S 的体积 V 内取其体积分,运用散度定理,可得

$$\oint_S \boldsymbol{D}\cdot \mathrm{d}\boldsymbol{s}=\int_V \rho \mathrm{d}v \tag{7-54c}$$

和

$$\oint_S \boldsymbol{B}\cdot \mathrm{d}\boldsymbol{s}=0 \tag{7-54d}$$

这一组的四个方程式(7-54a,b,c,d)是麦克斯韦方程的积分形式。可见式(7-54a)和式(7-2)是相同的,这就是法拉第电磁感应定律的表达式。式(7-54b)是式(6-78)给出的安培环路定律的推广,后者只能用于静磁场中。注意:电流密度 $\boldsymbol{J}$ 包括由自由电荷分布的运动形成的对流电流密度 $\rho\boldsymbol{u}$ 和导电介质中存在电场所产生的传导电流密度 $\sigma\boldsymbol{E}$。$\boldsymbol{J}$ 的面积分就是流过开曲面 S 的电流 I。

式(7-54c)可以看作是静电学中广泛应用的高斯定理。在时变情况下,它仍保持相同的形式。ρ 的体积分等于封闭面 S 包围的总电荷 Q。式(7-54d)并不表示某一特定的定律。但是,和式(7-54c)比较,可得出以下结论:不存在任何孤立的磁电荷以及通过一个闭合面向外的总磁通量等于0。麦克斯韦方程的微分和积分形式已总结在表7-2中,以便参考。很显然,在时不变条件下,这些等式可简化为表7-1中静电模型和静磁模型的基本关系。

表7-2 麦克斯韦方程

微分形式	积分形式	意义
$\nabla\times\boldsymbol{E}=-\frac{\partial \boldsymbol{B}}{\partial t}$	$\oint_C \boldsymbol{E}\cdot \mathrm{d}\boldsymbol{l}=-\frac{\partial \Phi}{\partial t}$	法拉第定律
$\nabla\times\boldsymbol{H}=\boldsymbol{J}+\frac{\partial \boldsymbol{D}}{\partial t}$	$\oint_C \boldsymbol{H}\cdot \mathrm{d}\boldsymbol{l}=I+\int_S \frac{\partial \boldsymbol{D}}{\partial t}\cdot \mathrm{d}\boldsymbol{s}$	安培环路定律
$\nabla\cdot\boldsymbol{D}=\rho$	$\oint_S \boldsymbol{D}\cdot \mathrm{d}\boldsymbol{s}=Q$	高斯定理
$\nabla\cdot\boldsymbol{B}=0$	$\oint_S \boldsymbol{B}\cdot \mathrm{d}\boldsymbol{s}=0$	无孤立的磁电荷

例 7-5　一个振幅为 V_0，角频率为 ω 的交流电压源 $v_c=V_0\sin\omega t$ 连接在一个平行板电容器 C_1 的两端，如图 7-7 所示。

(1) 证明电容器中的位移电流和导线中的传导电流相等；

(2) 求出距离导线 r 处的磁场强度。

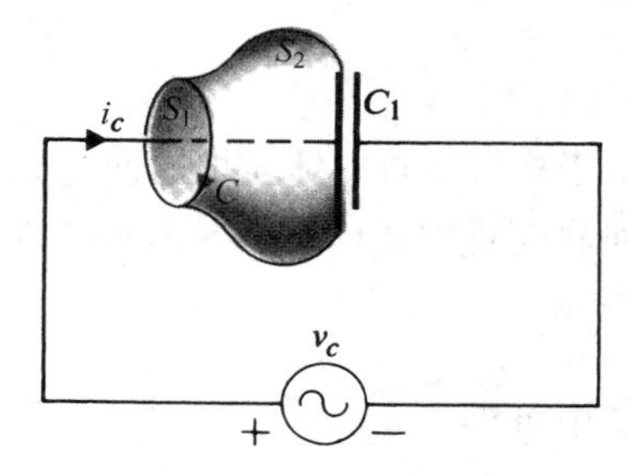

图 7-7　与交流电压源相连的平行板电容器

解：(1) 导线中的传导电流为

$$i_C = C_1\frac{\mathrm{d}v_C}{\mathrm{d}t} = C_1V_0\omega\cos\omega t \quad (\mathrm{A})$$

对于面积为 A 的平行板电容器，板间的距离为 d，介电常数为 ε，那么电容为

$$C_1 = \varepsilon\frac{A}{d}$$

板间会产生电压 v_C，绝缘体中的均匀电场强度等于 $E=v_C/d$(忽略边缘效应)，则

$$D = \varepsilon E = \varepsilon\frac{V_0}{d}\sin\omega t$$

那么，位移电流为

$$i_D=\int_A\frac{\partial \boldsymbol{D}}{\partial t}\cdot \mathrm{d}\boldsymbol{s} = \left(\varepsilon\frac{A}{d}\right)V_0\omega\cos\omega t = C_1V_0\omega\cos\omega t = i_C$$

(2) 距离导线 r 处的磁场强度可以利用式(7-54b)的广义安培环路定律求出，作出图 7-7所示的周线 C，但是以 C 为边缘的开曲面可能有两种：①圆盘状平面 S_1；②通过电介质区域的曲面 S_2。围绕导线的周线 C 对称，确保了沿着周线 C 的 H_ϕ 是恒定的。式(7-54b)左边的线积分为

$$\oint_C \boldsymbol{H}\cdot \mathrm{d}\boldsymbol{l} = 2\pi rH_\phi$$

对于面 S_1，式(7-54b)右边只有第一项不等于零，那是因为沿导线没有电荷积累，因此 $\boldsymbol{D}=0$，即

$$\int_{S_1}\boldsymbol{J}\cdot \mathrm{d}\boldsymbol{s} = i_C = C_1V_0\omega\cos\omega t$$

对于曲面 S_2，由于穿过电介质，所以没有传导电流流过 S_2。假如第二项面积分没有了，式(7-54b)的右边将等于 0，这样会产生矛盾。而麦克斯韦引入位移电流后，使得上述矛盾迎刃而解。正如(1)中已经证明的那样，$i_D=i_C$。因此，无论选择面 S_1 或 S_2，都会得到同样的结果。令上述两个积分相等，可得

$$H_\phi = \frac{C_1V_0}{2\pi r}\omega\cos\omega t \quad (\mathrm{A/m})$$

7.4　位函数

在 6.3 节中，由于磁通密度 $\boldsymbol{B}$ 的无散特性($\nabla\cdot\boldsymbol{B}=0$)，提出了矢量磁位 $\boldsymbol{A}$ 的概念

$$\boldsymbol{B} = \nabla\times\boldsymbol{A} \quad (\mathrm{T}) \tag{7-55}$$

如果将式(7-55)代入法拉第定律的微分形式式(7-1)中，可得

$$\nabla\times \boldsymbol{E} = -\frac{\partial}{\partial t}(\nabla\times \boldsymbol{A})$$

或

$$\nabla\times \left(\boldsymbol{E} + \frac{\partial \boldsymbol{A}}{\partial t}\right) = 0 \tag{7-56}$$

由于式(7-56)的括号内的两个矢量和是无旋度的,所以它可表示为一个标量的梯度。为了和静电场中式(3-43)的标量电位 V 的定义保持一致,写出

$$\boldsymbol{E} + \frac{\partial \boldsymbol{A}}{\partial t} = -\nabla V$$

从中可得

$$\boldsymbol{E} = -\nabla V - \frac{\partial \boldsymbol{A}}{\partial t} \quad (\mathrm{V/m}) \tag{7-57}$$

在静态场中,$\partial \boldsymbol{A}/\partial t=0$,则式(7-57)简化为 $\boldsymbol{E}=-\nabla V$。因此 $\boldsymbol{E}$ 可以由 V 单独确定,而 B 可由式(7-55)得到的 $\boldsymbol{A}$ 所确定。对于时变场,$\boldsymbol{E}$ 取决于 V 和 $\boldsymbol{A}$。也就是说,电场强度既可以由电荷累积通过 $-\nabla V$ 项求出,也可以由时变磁场通过 $-\partial \boldsymbol{A}/\partial t$ 项得到。因为 $\boldsymbol{B}$ 同样取决于 $\boldsymbol{A}$,所以 $\boldsymbol{E}$ 和 $\boldsymbol{B}$ 是相互耦合的。

式(7-57)中的电场可以理解为由两部分构成:第一部分 $-\nabla V$,是由电荷分布 ρ 而产生的;第二部分 $-\partial \boldsymbol{A}/\partial t$,是由时变电流 $\boldsymbol{J}$ 产生的。可以试着通过式(3-61)从 ρ 中得出 V

$$V = \frac{1}{4\pi\varepsilon_0}\int_{V'} \frac{\rho}{R}\mathrm{d}v' \tag{7-58}$$

及通过式(6-23)得到 $\boldsymbol{A}$

$$\boldsymbol{A} = \frac{\mu_0}{4\pi}\int_{V'} \frac{J}{R}\mathrm{d}v' \tag{7-59}$$

但是,前面两个等式是在静态条件下获得的,实际上,这里所给的 V 和 A 分别是泊松方程式(4-6)和式(6-21)的解。因为 ρ 和 $\boldsymbol{J}$ 是时间的函数,所以这些解本身可能都与时间相关;但是它们忽略了由于时变电磁场以有限速度传播所引起的时间滞后效应。当 ρ 和 $\boldsymbol{J}$ 随时间缓慢变化(以非常低的频率)以及所影响范围的尺寸 R 小于波长时,可以通过在式(7-55)、式(7-57)中使用式(7-58)、式(7-59)得出**准静态场**。在 7.7.2 节中将再次讨论这个问题。

准静态场只是近似的,它的引出来自于电路理论中的场理论。然而,当源频率很高且影响范围的尺寸不再小于波长时,准静态场的解就不能满足了。然后,必须考虑时间滞后效应,就像天线产生的电磁辐射一样。这几点在研究波动方程的解的时候会进行更全面地讨论。

把式(7-55)和式(7-57)代入式(7-53b),并利用本构关系 $\boldsymbol{H}=\boldsymbol{B}/\mu$ 和 $\boldsymbol{D}=\varepsilon\boldsymbol{E}$,可得

$$\nabla\times\nabla\times \boldsymbol{A} = \mu\boldsymbol{J} + \mu\varepsilon \frac{\partial}{\partial t}\left(-\nabla V - \frac{\partial \boldsymbol{A}}{\partial t}\right) \tag{7-60}$$

其中假设介质是均匀的。回顾式(6-17a)中的矢量恒等式 $\nabla\times\nabla\times\boldsymbol{A}$,可以将式(7-60)写为

$$\nabla(\nabla\cdot \boldsymbol{A}) - \nabla^2\boldsymbol{A} = \mu\boldsymbol{J} - \nabla\left(\mu\varepsilon \frac{\partial V}{\partial t}\right) - \mu\varepsilon \frac{\partial^2 \boldsymbol{A}}{\partial t^2}$$

或

$$\nabla^2\boldsymbol{A} - \mu\varepsilon \frac{\partial^2 \boldsymbol{A}}{\partial t^2} = -\mu\boldsymbol{J} + \nabla\left(\nabla\cdot \boldsymbol{A} + \mu\varepsilon \frac{\partial V}{\partial t}\right) \tag{7-61}$$

现在，定义一个矢量需要说明它的旋度和散度。尽管 $\boldsymbol{A}$ 的旋度在方程式(7-55)中被定为 $\boldsymbol{B}$，但依然可以自由选择 $\boldsymbol{A}$ 的散度。设

$$\nabla \cdot \boldsymbol{A} + \mu\varepsilon \frac{\partial V}{\partial t} = 0 \tag{7-62}$$

它使得方程式(7-61)中右边的第二项为零，因此得

$$\nabla^2 \boldsymbol{A} - \mu\varepsilon \frac{\partial^2 \boldsymbol{A}}{\partial t^2} = -\mu \boldsymbol{J} \tag{7-63}$$

方程式(7-63)是**矢量磁位 A 的非齐次波动方程**。之所以称为波动方程是因为它的解描述了以速度 $1/\sqrt{\mu\varepsilon}$ 行进的波。这部分在 7.6 节讨论波动方程的解时再加以探讨。在式(7-62)中 $\boldsymbol{A}$ 和 V 之间的关系称为**位函数的洛伦兹条件(或洛伦兹规范)**。对于静态场，它简化为方程式(6-20)中的条件 $\nabla \cdot \boldsymbol{A}=0$。可以证明洛伦兹条件与连续性方程一致(见习题 P.7-12)。

把式(7-57)代入式(7-53c)可得到对应于标量位 V 的波动方程。即

$$-\nabla \cdot \varepsilon\left(\nabla V + \frac{\partial \boldsymbol{A}}{\partial t}\right) = \rho$$

对于常数 ε，上式成为

$$\nabla^2 V + \frac{\partial}{\partial t}(\nabla \cdot \boldsymbol{A}) = -\frac{\rho}{\varepsilon} \tag{7-64}$$

利用式(7-62)，得

$$\nabla^2 V - \mu\varepsilon \frac{\partial^2 V}{\partial t^2} = -\frac{\rho}{\varepsilon} \tag{7-65}$$

这就是**标量电位 V 的非齐次波动方程**。因此，式(7-62)的洛伦兹条件分解出 $\boldsymbol{A}$ 和 V 的波动方程分解了。式(7-63)和式(7-65)中的非齐次波动方程在静态条件下便简化为泊松方程。由于式(7-58)和式(7-59)中给定的位函数为泊松方程的解，若不进行修正，它们就无法成为在时变条件下非齐次波动方程的解。

7.5　电磁边界条件

为了解涉及不同本构参数的媒质构成的相邻区域内的电磁问题，必须知道场矢量 $\boldsymbol{E}$、$\boldsymbol{D}$、$\boldsymbol{B}$ 和 $\boldsymbol{H}$ 在分界面上应满足的边界条件。在两种媒质分界面上的一个小区域内，通过运用麦克斯韦方程的积分形式，式(7-54a,b,c,d)可以推导出边界条件，这与求得静电场和静磁场边界条件的方法相类似。假设该积分方程也适用于包含不连续媒质的区域。读者可回顾 3.9 节和 6.10 节中所采用的步骤。一般来说，在边界上取一个顶边和底边分别位于两种相邻媒质中的扁平的矩形闭合回路，对其应用旋度方程的积分形式，可得出切向分量的边界条件；而在分界面上取一个顶面和底面分别位于两种相邻媒质中的矮平圆柱体，对其应用散度方程的积分形式，可得出法向分量的边界条件。

$\boldsymbol{E}$ 和 $\boldsymbol{H}$ 的切向分量的边界条件可以由式(7-54a)和式(7-54b)得到，分别为

$$E_{1t} = E_{2t} \tag{7-66a}$$

$$\boldsymbol{a}_{n2} \times (\boldsymbol{H}_1 - \boldsymbol{H}_2) = \boldsymbol{J}_s \tag{7-66b}$$

由此可知,尽管式(7-54a)和式(7-54b)含有时变项,在时变条件下式(7-66a)和式(7-66b)仍分别与对应的静电场的式(3-118)和静磁场的式(6-111)的形式一样。其原因在于,当矩形闭合路径(图 3-23 和图 6-19 中的 abcda)的高趋近于零时,该路径所包围的面积也趋近于零,使得$\partial \boldsymbol{B}/\partial t$和$\partial \boldsymbol{D}/\partial t$的面积分为零。

同理,对于 $\boldsymbol{D}$ 和 $\boldsymbol{B}$ 的法向分量的边界条件,可以由式(7-54c)和式(7-54d)得到

$$\boldsymbol{a}_{n2} \cdot (\boldsymbol{D}_1 - \boldsymbol{D}_2) = \rho_s \quad (\mathrm{C/m^2}) \tag{7-66c}$$

$$B_{1n} = B_{2n} \quad (\mathrm{T}) \tag{7-66d}$$

这分别与静电场的式(3-121a)和静磁场的式(6-107)相同,因为它们都起源于相同的散度方程。

关于电磁边界条件,可得出如下的一般结论:

(1) **在分界面上场矢量 $\boldsymbol{E}$ 的切向分量连续。**

(2) **在分界面上当面电流存在时,场矢量 $\boldsymbol{H}$ 的切向分量不连续,其不连续量由式(7-66b)确定。**

(3) **在分界面上当有面电荷存在时,场矢量 $\boldsymbol{D}$ 的法向分量不连续,其不连续量由式(7-66c)确定。**

(4) **在分界面上场矢量 $\boldsymbol{B}$ 的法向分量连续。**

如前所述,两个散度方程可以由两个旋度方程和连续性方程得到;因此,由两个散度方程得到的式(7-66c)和式(7-66d)的边界条件,与由两个旋度方程得到的式(7-66a)和式(7-66b)的边界条件并不是相互独立的。事实上,在时变情况下,$\boldsymbol{E}$ 的切向分量的边界条件式(7-66a)等价于 $\boldsymbol{B}$ 的法向分量的边界条件式(7-66d),而 $\boldsymbol{H}$ 的切向分量的边界条件式(7-66b)等价于 $\boldsymbol{D}$ 的法向分量的边界条件式(7-66c)。例如在时变情况下,同时规定边界面上 $\boldsymbol{E}$ 的切向分量和 $\boldsymbol{B}$ 的法向分量,就会显得多余,如果稍不小心,便会产生矛盾。

现在来研究两种重要的特殊情况:(1)两种无损耗线性媒质之间的边界;(2)良电介质和良导体之间的边界。

7.5.1 两种无损耗线性媒质之间的分界面

无损耗线性媒质可以由介电常数 ε 和磁导率 μ 描述,且电导率 $\sigma=0$。在两种无损耗媒质之间的分界面上,通常不会存在自由电荷和面电流。设式(7-66a,b,c,d)中 $\rho_s=0$ 和 $\boldsymbol{J}_s=0$,即可得出表 7-3 列出的边界条件。

表 7-3 两种无损耗媒质间的边界条件

$E_{1t}=E_{2t} \rightarrow \dfrac{D_{1t}}{D_{2t}}=\dfrac{\varepsilon_1}{\varepsilon_2}$	(7-67a)	$D_{1n}=D_{2n} \rightarrow \varepsilon_1 E_{1n}=\varepsilon_2 E_{2n}$	(7-67c)
$H_{1t}=H_{2t} \rightarrow \dfrac{B_{1t}}{B_{2t}}=\dfrac{\mu_1}{\mu_2}$	(7-67b)	$B_{1n}=B_{2n} \rightarrow \mu_1 H_{1n}=\mu_2 H_{2n}$	(7-67d)

7.5.2 电介质和理想导体之间的分界面

理想导体是一种电导率为无穷大的导体。在现实世界中存在着大量的“良导体”,例如银、铜、金和铝,它们的电导率具有 $10^7\,\mathrm{S/m}$ 的量级(参考附录 B.4 的表)。超导材料的电导

率在低温下接近无穷(大于 10^{20} S/m)，称为**超导体**。由于需要极低的温度，它们没有太大的实际应用(1973 年超导体的转变温度上限为 23K，需要昂贵的液态氦进行冷却)。然而，在不久的将来情况会有所改变，科学家最近已经发现陶瓷在较高的转变温度下，呈现超导特性(比氮沸点高 20～30K，提高了使用液态氮作为冷却剂的可能性)。目前，陶瓷材料的脆性和可用电流密度和磁场强度的限制，仍然是工业应用的障碍①。室温下的超导体，依然只是梦想。

为了简化场问题的解析解，在考虑边界条件时，良导体通常会被认为是理想导体。理想导体的内部电场为零(否则它将产生无限大的电流密度)，并且导体的任何电荷都只存在于表面上。($\boldsymbol{E},\boldsymbol{D}$)和($\boldsymbol{B},\boldsymbol{H}$)之间由麦克斯韦方程描述的内在关系保证了：在时变情况下导体内部的 $\boldsymbol{B}$ 和 $\boldsymbol{H}$ 也为零②。考虑无损耗电介质(媒质 1)和理想导体(媒质 2)之间的分界面。在媒质 2 中，$\boldsymbol{E}_2=0$，$\boldsymbol{H}_2=0$，$\boldsymbol{D}_2=0$ 和 $\boldsymbol{B}_2=0$。式(7-66a,b,c,d)中的一般边界条件就简化为如表 7-4 所示。当应用式(7-68b)和式(7-68c)时，为了避免符号错误，要注意参考单位法向量应设为由媒质 2 向外的法线方向。如同 6.10 节所提到的，在有限电导率媒质上的电流可以依据体电流密度来描述，所以定义在厚度无穷小的分界面上流动的面电流密度就为零。在这种情况下，式(7-68b)将导出在两种电导率为有限值的导体的分界面上 $\boldsymbol{H}$ 的切向分量连续。

表 7-4　电介质(媒质 1)和理想导体(媒质 2)之间的边界条件(时变条件下)

媒质 1 的边界	媒质 2 的边界		媒质 1 的边界	媒质 2 的边界	
$E_{1t}=0$	$E_{2t}=0$	(7-68a)	$\boldsymbol{a}_{n2}\cdot\boldsymbol{D}_1=\rho_s$	$D_{2n}=0$	(7-68c)
$\boldsymbol{a}_{n2}\times\boldsymbol{H}_1=\boldsymbol{J}_s$	$H_{2t}=0$	(7-68b)	$B_{1n}=0$	$B_{2n}=0$	(7-68d)

在电介质和理想导体的分界面上，由式(7-68a)和式(7-68c)可得出，当面电荷为正(负)时，如图 7-8(a)和(b)所示，电场强度 $\boldsymbol{E}$ 垂直于导体表面且指向外(内)。在分界面上 $\boldsymbol{E}_1$ 的大小 E_{1n} 与 ρ_s 的关系可表示为

$$|\boldsymbol{E}_1| = E_{1n} = \frac{\rho_s}{\varepsilon_1} \tag{7-69}$$

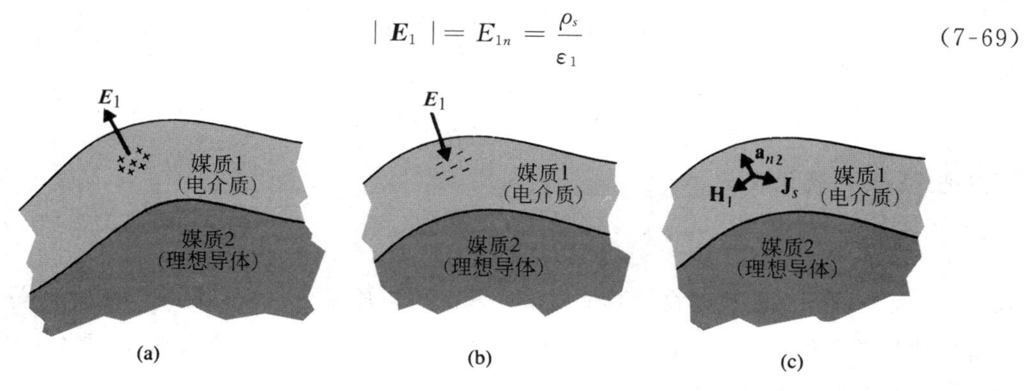

图 7-8　电介质(媒质 1)和理想导体(媒质 2)之间的分界面的边界条件

① R. K. Jurgent, "Technology'98—The main event," *IEEE Spectrum*, vol. 25, pp. 27-28, January 1988。

② 在静态情况下，导体中稳恒电流产生的静磁场不会影响电场。因此，良导体中的 $\boldsymbol{E}$ 和 $\boldsymbol{D}$ 可以是 0，但是 $\boldsymbol{B}$ 和 $\boldsymbol{H}$ 可以不是 0。

同样地,式(7-68b)和式(7-68d)表明磁场强度 $\boldsymbol{H}_1$ 和分界面相切,其大小等于该面电流密度的大小:

$$|\boldsymbol{H}_1| = |\boldsymbol{H}_{1t}| = |\boldsymbol{J}_s| \tag{7-70}$$

$\boldsymbol{H}_{1t}$ 的方向由式(7-68b)确定,如图 7-8(c)所示。式(7-69)和式(7-70)是很简单的关系。

本节讨论了在不同媒质的分界面上场矢量必须满足的关系。在解决电磁场问题时,边界条件是至关重要的,因为麦克斯韦方程组的通解只有应用在给定范围和相关边界条件的实际问题上,才具有意义。麦克斯韦方程组是偏微分方程,它们的解包含由边界条件提供的附加信息所决定的积分常数,因此对每个给定的问题,其解是唯一的。

7.6 波动方程及其解

至此,已具备了电磁理论基本结构的基本知识。麦克斯韦方程组完整地描述了电磁场与电荷分布及电流分布的关系。它们的解提供了关于所有电磁问题的解答,尽管在某些情况下,求得这些解比较困难。设计专门的解析法和数值法有助于求解过程;但是它们不能增加或精炼电磁理论的基本结构。这就是麦克斯韦方程如此重要的根本所在。

对于给定电荷和电流分布 ρ 和 $\boldsymbol{J}$,先求出关于位函数 $\boldsymbol{A}$ 和 V 的非齐次波动方程式(7-63)和式(7-65)的解。当 $\boldsymbol{A}$ 和 V 确定后,可以分别由式(7-57)和式(7-55)通过微分求出 $\boldsymbol{E}$ 和 $\boldsymbol{B}$。

7.6.1 位函数的波动方程的解

现在,考虑标量电位 V 的非齐次波动方程式(7-65)的解。可以首先求出在时刻 t 位于坐标原点的点电荷元 $\rho(t)\Delta v'$ 的解,然后求出给定区域里所有电荷元所产生的效应的叠加。对于一个位于原点处的点电荷,利用球坐标求解会比较方便。由于球的对称性,V 只与 R 和 t 有关(与 θ 或 Φ 无关)。除了原点外,V 满足下列齐次方程

$$\frac{1}{R^2}\frac{\partial}{\partial R}\left(R^2\frac{\partial V}{\partial R}\right) - \mu\varepsilon\frac{\partial^2 V}{\partial t^2} = 0 \tag{7-71}$$

引入一个新的变量

$$V(R,t) = \frac{1}{R}U(R,t) \tag{7-72}$$

可以把式(7-71)转化成

$$\frac{\partial^2 U}{\partial R^2} - \mu\varepsilon\frac{\partial^2 U}{\partial t^2} = 0 \tag{7-73}$$

式(7-73)是一阶齐次波动方程。通过直接代入法可以验证任何$(t-R\sqrt{\mu\varepsilon})$或$(t+R\sqrt{\mu\varepsilon})$的二阶导数都是方程式(7-73)的解(见习题 P. 7-20)。在这节的后面将看到$(t+R\sqrt{\mu\varepsilon})$的函数属于没有实际意义的解。于是,有

$$U(R,t) = f(t-R\sqrt{\mu\varepsilon}) \tag{7-74}$$

式(7-74)表示在 R 的正方向以速度 $1/\sqrt{\mu\varepsilon}$ 行进的波。正如所见,该函数在 $R+\Delta R$ 处和在稍后的时刻 $t+\Delta t$ 为

$$U(R+\Delta R, t+\Delta t) = f[t+\Delta t-(R+\Delta R)\sqrt{\mu\varepsilon}] = f(t-R\sqrt{\mu\varepsilon})$$

因此如果 $\Delta t=\Delta R\sqrt{\mu\varepsilon}=\Delta R/u$，那么上述函数仍然保持其原来的形式，其中 $u=1/\sqrt{\mu\varepsilon}$ 为**传播速率**，它表征了媒质的一个特性。由式(7-72)可得

$$V(R,t)=\frac{1}{R}f(t-R/u) \tag{7-75}$$

为了确定特定函数 $f(t-R/u)$ 所必须具有的形式，由式(3-47)注意到位于坐标原点处的静态点电荷 $\rho(t)\Delta v'$，有

$$\Delta V(R)=\frac{\rho(t)\Delta v'}{4\pi\varepsilon R} \tag{7-76}$$

比较式(7-75)和式(7-76)，可知

$$\Delta f(t-R/u)=\frac{\rho(t-R/u)\Delta v'}{4\pi\varepsilon}$$

由分布于体积 V' 内的电荷所产生的标量电位为

$$V(R,t)=\frac{1}{4\pi\varepsilon}\int_{V'}\frac{\rho(t-R/u)}{R}\mathrm{d}v' \quad (\mathrm{V}) \tag{7-77}$$

式(7-77)表明：在 t 时刻距离源 R 处的标量电位是由稍早时刻 $(t-R/u)$ 时的电荷密度决定的。要在距离 R 处感受到 ρ 的影响，需要 R/u 的时间。由于这个原因，式(7-77)中的 $V(R,t)$ 称为**标量滞后位**。现在明白函数 $(t+R/u)$ 为什么是一个没有实际意义的解，因为这个解意味着位于远处的观察点在源 ρ 尚未产生之前就已经感受到了它的影响，这显然是不可能的。

求解矢量磁位 $\boldsymbol{A}$ 的非齐次波动方程式(7-63)，可以采用与求解 V 完全相同的方法。矢量方程式(7-63)可以分解为三个标量方程，每个标量方程都与关于 V 的式(7-65)相似。因此**矢量滞后位**由下式给出

$$\boldsymbol{A}(R,t)=\frac{\mu}{4\pi}\int_{V'}\frac{\boldsymbol{J}(t-R/u)}{R}\mathrm{d}v' \quad (\mathrm{Wb/m}) \tag{7-78}$$

通过对 $\boldsymbol{A}$、$\boldsymbol{V}$ 的微分导出的电场和磁场也必将是 $(t+R/u)$ 的函数，因此在时间上也是滞后的。滞后的时间是电磁波传播的时间以及在远处的观察点感受到时变电荷及电流的影响所用的时间。在准静态近似中，忽略这种时间滞后效应，并且假定为瞬时响应。这个假定在处理电路问题时无需讲明。

7.6.2　无源波动方程

在波的传播问题中，关心的是在 $\boldsymbol{J}$ 和 ρ 两者均为零的无源区域中电磁波的特性。换句话说，所感兴趣的不是电磁波是怎么产生的，而是它是如何传播的。如果波在特性为 ε 和 $\mu(\sigma=0)$ 的简单(线性，各向同性，均匀)的不导电媒质中传播，这时麦克斯韦方程式(7-53a，b，c，d)简化为

$$\nabla\times\boldsymbol{E}=-\mu\frac{\partial\boldsymbol{H}}{\partial t} \tag{7-79a}$$

$$\nabla\times\boldsymbol{H}=\varepsilon\frac{\partial\boldsymbol{E}}{\partial t} \tag{7-79b}$$

$$\nabla\cdot\boldsymbol{E}=0 \tag{7-79c}$$

$$\nabla\cdot\boldsymbol{H}=0 \tag{7-79d}$$

式(7-79a，b，c，d)是两个变量 $\boldsymbol{E}$ 和 $\boldsymbol{H}$ 的一阶微分方程，合并它们便可得到只含有 $\boldsymbol{E}$ 或 $\boldsymbol{H}$ 的

二阶微分方程。为此对式(7-79a)取旋度,并利用式(7-79b)可得

$$\nabla\times\nabla\times\boldsymbol{E}=-\mu\varepsilon\frac{\partial}{\partial t}(\nabla\times\boldsymbol{H})=-\mu\varepsilon\frac{\partial^2\boldsymbol{E}}{\partial t^2}$$

因为式(7-79c),则有$\nabla\times\nabla\times\boldsymbol{E}=\nabla(\nabla\cdot\boldsymbol{E})-\nabla^2\boldsymbol{E}=-\nabla^2\boldsymbol{E}$。由此可得

$$\nabla^2\boldsymbol{E}-\mu\varepsilon\frac{\partial^2\boldsymbol{E}}{\partial t^2}=0 \tag{7-80}$$

或者,因为$u=1/\sqrt{\mu\varepsilon}$,上式可写为

$$\nabla^2\boldsymbol{E}-\frac{1}{u^2}\frac{\partial^2\boldsymbol{E}}{\partial t^2}=0 \tag{7-81}$$

可以用类似的方法得到$\boldsymbol{H}$的波动方程:

$$\nabla^2\boldsymbol{H}-\frac{1}{u^2}\frac{\partial^2\boldsymbol{H}}{\partial t^2}=0 \tag{7-82}$$

式(7-81)和式(7-82)是**齐次矢量波动方程**。

可以看到在直角坐标系中,式(7-81)和式(7-82)均可分解为三个一阶标量齐次波动方程。$\boldsymbol{E}$和$\boldsymbol{H}$的每个分量都满足一个与式(7-73)完全相似的方程,该方程的解表示波在下面两章中将广泛讨论波在不同环境中的特性。

7.7 时谐场

麦克斯韦方程及本章中到目前为止所有由其推导出来的方程,都适用于与时间任意相关的电磁量。场量所呈现的时间函数的实际类型取决于源函数ρ和$\boldsymbol{J}$。在工程上,正弦的时间函数占据独一无二的地位。它们易于生成。任意周期的时间函数都可以展开为正弦谐波分量的傅里叶级数;并且瞬时的非周期函数可以表示为傅里叶积分①。由于麦克斯韦方程是线性微分方程,所以,在稳态时给定频率的源函数的正弦时间变化,将使$\boldsymbol{E}$和$\boldsymbol{H}$产生相同频率的正弦变化。对与时间任意相关的源函数,根据源函数的各种频率分量所产生的场便能确定电动力学场。应用叠加原理能得出总场,本节只研究时谐(稳态的正弦)场的关系。

7.7.1 相量的应用

在时谐场中使用相量表示法很方便。现在,暂时偏离主题,简要回顾一下相量的用法。在概念上,讨论标量相量是比较简单的。正弦标量的瞬时表达式(与时间相关),例如电流i,既可写成余弦函数也可写成正弦函数。如果选择余弦函数作为参考(这通常取决于激励的函数形式),那么所有得出的结果都将与余弦函数有关。描述正弦量需要知道三个参数:振幅、频率和相位。例如

$$i(t)=I\cos(\omega t+\phi) \tag{7-83}$$

其中I是振幅;ω是角频率(rad/s),ω总是等于$2\pi f$,f是频率,以赫兹为单位;ϕ是余弦函数的相位。如果有需要,也可以把式(7-83)的$i(t)$写为正弦函数:$i(t)=I\sin(\omega t+\phi')$,这里$\phi'=\phi+\pi/2$。因此在一开始的时候决定参照是正弦函数还是余弦函数非常重要,并将该参照贯穿于整个问题中。

---

① D. K. Cheng, *op. cit.*, Chapter 5.

当进行包含 $i(t)$ 的微分或者积分运算时，如果要直接写出其瞬时表达式，比如以余弦函数作参照，这十分不方便，因为积分或微分将导致正弦(一阶积分或微分)和余弦(二阶积分或微分)函数同时存在，并且正弦函数和余弦函数的组合运算也很繁琐。例如，外加电压为 $e(t)=E\cos\omega t$ 的串联 RLC 电路的回路方程为

$$L\frac{\mathrm{d}i}{\mathrm{d}t}+Ri+\frac{1}{C}\int i\mathrm{d}t=e(t) \tag{7-84}$$

假如将 $i(t)$ 写成式(7-83)的形式，式(7-84)变为

$$I\left[-\omega L\sin(\omega t+\phi)+R\cos(\omega t+\phi)+\frac{1}{\omega C}\sin(\omega t+\phi)\right]=E\cos\omega t \tag{7-85}$$

为了确定式(7-85)中的未知量 I 和 ϕ，必须进行复杂的数学运算。

用指数函数将外加电压写成

$$e(t)=E\cos\omega t=\mathrm{Re}[(E\mathrm{e}^{\mathrm{j}0})\mathrm{e}^{\mathrm{j}\omega t}]=\mathrm{Re}(E_s\mathrm{e}^{\mathrm{j}\omega t}) \tag{7-86}$$

和将式(7-83)中的 $i(t)$ 写为

$$\begin{aligned}i(t)&=\mathrm{Re}[(I\mathrm{e}^{\mathrm{j}\phi})\mathrm{e}^{\mathrm{j}\omega t}]\\&=\mathrm{Re}(I_s\mathrm{e}^{\mathrm{j}\omega t})\end{aligned} \tag{7-87}$$

是更简单的。其中，Re 表示“取实部”在式(7-86)和式(7-87)中，

$$E_s=E\mathrm{e}^{\mathrm{j}0}=E \tag{7-88a}$$

$$I_s=I\mathrm{e}^{\mathrm{j}\phi} \tag{7-88b}$$

称为(标量)**相量**，它包括振幅和相位信息，但是与时间 t 无关。式(7-88a)中相角为零的相量 E_s 是参考相量。现在

$$\frac{\mathrm{d}i}{\mathrm{d}t}=\mathrm{Re}(\mathrm{j}\omega I_S\mathrm{e}^{\mathrm{j}\omega t}) \tag{7-89}$$

$$\int i\mathrm{d}t=\mathrm{Re}\left(\frac{I_S}{\mathrm{j}\omega}\mathrm{e}^{\mathrm{j}\omega t}\right) \tag{7-90}$$

将式(7-86)～式(7-90)代入式(7-84)得

$$\left[R+\mathrm{j}\left(\omega L-\frac{1}{\omega C}\right)\right]I_S=E_S \tag{7-91}$$

由此求解电流相量 I_S 就十分简单了。注意式(7-91)中与时间相关的因子 $\mathrm{e}^{\mathrm{j}\omega t}$ 都消失了，这是因为在代换之后在式(7-84)中的每一项都有该因子，因而消去了。这就是在分析时谐激励的线性系统时运用相量的本质所在。在 I_S 被确定了之后，由式(7-87)可以通过以下步骤：(1) I_S 乘以 $\mathrm{e}^{\mathrm{j}\omega t}$；(2)取上述乘积的实部来求出瞬时电流响应 $i(t)$。

如果外加电压是一个**正弦函数**，例如 $e(t)=E\sin\omega t$，那么 RLC 串联电路问题可以依据相量以完全相同的方法求解，只是其瞬时表达式要通过取相量和 $\mathrm{e}^{\mathrm{j}\omega t}$ 的乘积的虚部得到。在时谐问题的解中复数相量表示了场量的振幅和场量的相移。

例 7-6　若将 $3\cos\omega t-4\sin\omega t$ 表示为(1) $A_1\cos\omega t(\omega t+\theta_1)$；(2) $A_2\sin(\omega t+\theta_2)$。求 A_1，θ_1，A_2 和 θ_2。

解：用相量可以很方便地求解此题。

(1) 为了用 $A_1\cos\omega t(\omega t+\theta_1)$ 的形式表示 $3\cos\omega t-4\sin\omega t$，将 $\cos\omega t$ 作为参照，并且考虑两个相量 3 与 $-4\mathrm{e}^{-\mathrm{j}\pi/2}$ $(=\mathrm{j}4)$ 的和，因为 $\sin\omega t=\cos(\omega t-\pi/2)$ 比 $\cos\omega t$ 延迟 $\pi/2\mathrm{rad}$

$$3+\mathrm{j}4=5\mathrm{e}^{\mathrm{j}\arctan(4/3)}=5\mathrm{e}^{\mathrm{j}53.1^\circ}$$

取这个相量与 $\mathrm{e}^{\mathrm{j}\omega t}$ 的乘积的实部,可得

$$3\cos\omega t-4\sin\omega t=\mathrm{Re}[(5\mathrm{e}^{\mathrm{j}53.1^\circ})\mathrm{e}^{\mathrm{j}\omega t}]=5\cos(\omega t+53.1^\circ) \tag{7-92a}$$

所以,$A_1=5$, $\theta_1=53.1^\circ=0.927(\mathrm{rad})$

(2) 为了用 $A_2\sin(\omega t+\theta_2)$ 的形式表示 $3\cos\omega t-4\sin\omega t$,选择 $\sin\omega t$ 作为参照,并且考虑两个相量 $3^{\mathrm{e}^{\mathrm{j}\cdot\pi/2}}$ $(=\mathrm{j}3)$ 与 -4 的和

$$\mathrm{j}3-4=5\mathrm{e}^{\mathrm{j}\arctan 3/(-4)}=5\mathrm{e}^{\mathrm{j}143.1^\circ}$$

(请读者注意上述相角是143.1°而不是−36.9°。)现在取上述相量与 $\mathrm{e}^{\mathrm{j}\omega t}$ 乘积的虚部,可得

$$3\cos\omega t-4\sin\omega t=\mathrm{Im}[(5\mathrm{e}^{\mathrm{j}143.1^\circ})\mathrm{e}^{\mathrm{j}\omega t}]=5\sin(\omega t+143.1^\circ) \tag{7-92b}$$

因此,$A_2=5$, $\theta_2=143.1^\circ=2.5(\mathrm{rad})$

读者应该能看出式(7-92a)和式(7-92b)是相同的。

7.7.2 时谐电磁学

随空间坐标变化同时又是时间的正弦函数的场矢量,也可以用类似的矢量相量来表示,该相量矢量只依赖于空间坐标,而与时间无关。举个例子,可以将以 $\cos\omega t$ 为参考的时谐场 $\boldsymbol{E}$ 写为①

$$\boldsymbol{E}(x,y,z,t)=\mathrm{Re}[\boldsymbol{E}(x,y,z)\mathrm{e}^{\mathrm{j}\omega t}] \tag{7-93}$$

其中 $\boldsymbol{E}(x,y,z)$ 是**矢量相量**,它包括方向、振幅和相位的信息。通常,相量是复数。从式(7-93)、式(7-87)、式(7-89)和式(7-90)可见:如果 $\boldsymbol{E}(x,y,z,t)$ 用相量 $\boldsymbol{E}(x,y,z)$ 表示,那么 $\partial\boldsymbol{E}(x,y,z,t)/\partial t$ 和 $\int\boldsymbol{E}(x,y,z,t)\mathrm{d}t$ 可以分别用矢量相量 $\mathrm{j}\omega\boldsymbol{E}(x,y,z)$ 和 $\boldsymbol{E}(x,y,z)/\mathrm{j}\omega$ 表示。对 t 的高阶微分和积分可以分别表示为相量 $\boldsymbol{E}(x,y,z)$ 与 $\mathrm{j}\omega$ 的高次方相乘和相除。

现在将简单(线性、各向同性且均匀)媒质中的时谐麦克斯韦方程组式(7-53a,b,c,d)用矢量场相量($\boldsymbol{E},\boldsymbol{H}$)和源相量($\rho,\boldsymbol{J}$)表示如下

$$\nabla\times\boldsymbol{E}=-\mathrm{j}\omega\mu\boldsymbol{H} \tag{7-94a}$$

$$\nabla\times\boldsymbol{H}=\boldsymbol{J}+\mathrm{j}\omega\varepsilon\boldsymbol{E} \tag{7-94b}$$

$$\nabla\cdot\boldsymbol{E}=\rho/\varepsilon \tag{7-94c}$$

$$\nabla\cdot\boldsymbol{H}=0 \tag{7-94d}$$

为了简便起见,以上各式省略了空间坐标的自变量。事实上,对相量以及与其相对应的时间相关量使用相同的符号几乎不会造成混淆,因为这本书的其余部分研究几乎的都是时谐场(包括其相量)。当需要区别相量与瞬时量时,与时间相关的瞬时量会被其变量中包含的 t 明确指出。相量不是 t 的函数。而含有 j 的任何量一定是相量,牢记这一点是很有用的。

标量电位 V 以及矢量磁位 $\boldsymbol{A}$ 的波动方程——式(7-65)和式(7-63)——时谐波形式分别变为

$$\nabla^2V+k^2V=-\frac{\rho}{\varepsilon} \tag{7-95}$$

---

① 如果没有规定时间参照,习惯上取 $\cos\omega t$ 作为参照。

和

$$\nabla^2 \boldsymbol{A} + k^2 \boldsymbol{A} = -\mu \boldsymbol{J} \tag{7-96}$$

其中

$$k = \omega\sqrt{\mu\varepsilon} = \frac{\omega}{u} \tag{7-97}$$

称为**波数**。式(7-95)和式(7-96)称为**非齐次亥姆霍兹方程**。关于位函数的洛伦兹条件式(7-62)为

$$\nabla\cdot \boldsymbol{A} + \mathrm{j}\omega\mu\varepsilon V = 0 \tag{7-98}$$

由式(7-77)和式(7-78),可分别求得式(7-95)和式(7-96)的相量解为

$$V(R) = \frac{1}{4\pi\varepsilon}\int_{V'}\frac{\rho \mathrm{e}^{-\mathrm{j}kR}}{R}\mathrm{d}v' \tag{7-99}$$

$$\boldsymbol{A}(R) = \frac{\mu}{4\pi}\int_{V'}\frac{\boldsymbol{J}\mathrm{e}^{-\mathrm{j}kR}}{R}\mathrm{d}v' \tag{7-100}$$

这就是由时谐源产生的滞后标量位和滞后矢量位的表达式。现在将指数因子 $\mathrm{e}^{-\mathrm{j}kR}$ 用泰勒级数展开为

$$\mathrm{e}^{-\mathrm{j}kR} = 1 - \mathrm{j}kR + \frac{k^2R^2}{2} + \cdots \tag{7-101}$$

其中,k 在式(7-97)中已定义,它可用媒质中的波长 $\lambda=\mu/f$ 表示。可得

$$k = \frac{2\pi f}{u} = \frac{2\pi}{\lambda} \tag{7-102}$$

因此,如果

$$kR = 2\pi\frac{R}{\lambda} \ll 1 \tag{7-103}$$

或者如果距离 R 远小于波长 λ 时,可以将 $\mathrm{e}^{-\mathrm{j}kR}$ 近似为1。此时式(7-99)和式(7-100)简化为式(7-58)和式(7-59)中的静电场表达式,将其代入式(7-55)和式(7-57)可求得准静态场。

求解时谐电荷和电流分布产生的电场和磁场的一般步骤如下:①

(1) 由式(7-99)和式(7-100)求出相量 $V(R)$ 和 $\boldsymbol{A}(R)$;

(2) 求出相量 $\boldsymbol{E}(R)=-\nabla V-\mathrm{j}\omega\boldsymbol{A}$ 和 $\boldsymbol{B}(R)=\nabla\times\boldsymbol{A}$;

(3) 求出以余弦函数为参照的瞬时式 $\boldsymbol{E}(R,t)=\mathrm{Re}[\boldsymbol{E}(R)\mathrm{e}^{\mathrm{j}\omega t}]$ 及 $\boldsymbol{B}(R,t)=\mathrm{Re}[\boldsymbol{B}(R)\mathrm{e}^{\mathrm{j}\omega t}]$。

这个问题的困难程度取决于第(1)步的积分计算的难度。

7.7.3　简单媒质中的无源场

在以 $\rho=0$,$\boldsymbol{J}=0$,$\sigma=0$ 表征的简单、非导电的无源媒质中,时谐麦克斯韦方程组式(7-94a,b,c,d)变为

$$\nabla\times\boldsymbol{E} = -\mathrm{j}\omega\mu\boldsymbol{H} \tag{7-104a}$$

$$\nabla\times\boldsymbol{H} = \mathrm{j}\omega\varepsilon\boldsymbol{E} \tag{7-104b}$$

---

① 步骤(1)和步骤(2)可以由以下步骤代替:(1′)由式(7-100)求矢量 $A(R)$,(2′)由式(7-94b)求得 $\boldsymbol{H}(R)=\frac{1}{\mu}\nabla\times\boldsymbol{A}$ 和 $\boldsymbol{E}(R)=\frac{1}{\mathrm{j}\omega\varepsilon}(\nabla\times\boldsymbol{H}-\boldsymbol{J})$。

$$\nabla\cdot \boldsymbol{E}=0 \tag{7-104c}$$

$$\nabla\cdot \boldsymbol{H}=0 \tag{7-104d}$$

式(7-104a,b,c,d)可以合并得到关于 $\boldsymbol{H}$ 和 $\boldsymbol{E}$ 的二阶偏微分方程。由式(7-81)和式(7-82)可知

$$\nabla^2\boldsymbol{E}+k^2\boldsymbol{E}=0 \tag{7-105}$$

$$\nabla^2\boldsymbol{H}+k^2\boldsymbol{H}=0 \tag{7-106}$$

这就是**齐次矢量亥姆霍兹方程组**。具有不同边界条件的齐次亥姆霍兹方程组的求解是第8章和第10章所主要涉及的内容。

例 7-7 证明:如果($\boldsymbol{E},\boldsymbol{H}$)是简单媒质(由 μ 和 ε 表征)中无源麦克斯韦方程的解,那么($\boldsymbol{E}',\boldsymbol{H}'$)也是其解。其中

$$\boldsymbol{E}'=\eta\boldsymbol{H} \tag{7-107a}$$

$$\boldsymbol{H}'=-\frac{\boldsymbol{E}}{\eta} \tag{7-107b}$$

在上述方程中,$\eta=\sqrt{\mu/\varepsilon}$ 称为媒质的**本征阻抗**。

解:取 $\boldsymbol{E}'$ 和 $\boldsymbol{H}'$ 的旋度和散度,并利用式(7-104a,b,c,d),可证明该结论

$$\nabla\times\boldsymbol{E}'=\eta(\nabla\times\boldsymbol{H})=\eta(\mathrm{j}\omega\varepsilon\boldsymbol{E})=-\mathrm{j}\omega\varepsilon\eta^2\left(-\frac{\boldsymbol{E}}{\eta}\right)=-\mathrm{j}\omega\mu\boldsymbol{H}' \tag{7-108a}$$

$$\nabla\times\boldsymbol{H}'=-\frac{1}{\eta}(\nabla\times\boldsymbol{E})=-\frac{1}{\eta}(-\mathrm{j}\omega\mu\boldsymbol{H})=\mathrm{j}\omega\mu\frac{1}{\eta^2}(\eta\boldsymbol{H})=\mathrm{j}\omega\mu\boldsymbol{E}' \tag{7-108b}$$

$$\nabla\cdot\boldsymbol{E}'=\eta(\nabla\cdot\boldsymbol{H})=0 \tag{7-108c}$$

$$\nabla\cdot\boldsymbol{H}'=-\frac{1}{\eta}(\nabla\cdot\boldsymbol{E})=0 \tag{7-108d}$$

式(7-108a,b,c,d)是 $\boldsymbol{E}'$ 和 $\boldsymbol{H}'$ 的无源麦克斯韦方程(证毕)。

这个例子说明,通过式(7-107a)和式(7-107b)的线性变换,简单媒质中的无源麦克斯韦方程仍然保持不变。这就是**"对偶原理"**的阐述。该原理是由麦克斯韦方程的对称性推导出的。对偶原理以及对偶元件的解释可以在11.2.2节中找到。

如果简单媒质是导电的($\sigma\neq0$),那么将会有电流 $\boldsymbol{J}=\sigma\boldsymbol{E}$ 流动,式(7-104)应该改成

$$\nabla\times\boldsymbol{H}=(\sigma+\mathrm{j}\omega\varepsilon)\boldsymbol{E}=\mathrm{j}\omega\left(\varepsilon+\frac{\sigma}{\mathrm{j}\omega}\right)\boldsymbol{E}=\mathrm{j}\omega\varepsilon_c\boldsymbol{E} \tag{7-109}$$

其中

$$\varepsilon_c=\varepsilon-\mathrm{j}\frac{\sigma}{\omega} \tag{7-110}$$

另外三个方程式(7-104a,c,d)没有变。因此,假如 ε 替换成**复介电常数** ε_c,前面所有的非导电媒质中的方程都可应用于导电媒质中。

正如3.7节所讨论的,当外部时变电场加到物体中时,束缚电荷会产生微小的位移变化,并会引起体积密度的极化。极化矢量的变化频率与外加电场的频率一样。当频率增加时,带电粒子的惯性往往会阻止粒子位移与场的变化保持相同的相位,从而导致摩擦阻尼机理,并引起能量损耗,这是因为克服阻尼力要做功。这种异相位极化现象可以用复电极化率和由此产生的复介电常数来描绘。此外,如果物质或者媒质拥有可估数量的自由电荷载体,例如导体中的电子、半导体中的电子和空穴、电解质中的离子,都会出现欧姆损耗。在处理

类似媒质时，习惯于将阻尼损耗和欧姆损耗的影响都包括在复介电常数 ε_c 的虚部中，即

$$\varepsilon_c = \varepsilon' - \mathrm{j}\varepsilon'' \quad (\mathrm{F/m}) \tag{7-111}$$

其中 ε' 和 ε'' 都是频率的函数。或者，可以定义一个等效电导率表示所有的损耗，并记作

$$\sigma = \omega\varepsilon'' \quad (\mathrm{S/m}) \tag{7-112}$$

联立式(7-111)和式(7-112)可得出式(7-110)。在低损耗媒质中，阻尼损耗是很小的，而且方程式(7-110)中 ε_c 的实部通常写成 ε。

类似的损耗参数还可以应用于外部时变磁场影响下的磁化异相分量存在的情况。在高频条件下，期望磁导率依然是复数：

$$\mu = \mu' - \mathrm{j}\mu'' \tag{7-113}$$

对于磁性材料，实部 μ' 的值远大于虚部 μ''，并且后者的影响通常可以忽略。由此看来，在亥姆霍兹方程式(7-105)和式(7-106)中，实波数 k 应该改成复波数：

$$k_c = \omega\sqrt{\mu\varepsilon_c} = \omega\sqrt{\mu(\varepsilon' - \mathrm{j}\varepsilon'')} \tag{7-114}$$

上述情况是在有损媒质中。

比值 $\varepsilon''/\varepsilon'$ 称为**损耗角正切**，因为它是衡量媒质中能量损耗的一种方法

$$\tan\delta_c = \frac{\varepsilon''}{\varepsilon'} \cong \frac{\sigma}{\omega\varepsilon} \tag{7-115}$$

式(7-115)中的量 δ_c 叫做**损耗角**。

基于式(7-110)可知，$\sigma \gg \omega\varepsilon$ 的媒质称为**良导体**，$\omega\varepsilon \gg \sigma$ 的媒质称为**良绝缘体**。因此，一种材料在低频时是良导体，但在高频时就可能具有损耗电介质的特性。例如，潮湿地面的相对介电常数 ε_r、电导率 σ，其值分别大约为 10 和 10^{-2}(S/m)。当频率为 1kHz 时，潮湿地面的损耗角正切值 $\frac{\sigma}{\omega\varepsilon}$ 为 1.8×10^4，使其呈良导体特性。但是当频率为 10GHz 时，$\frac{\sigma}{\omega\varepsilon}$ 变为 1.8×10^{-3}，此时潮湿地面就变得更像绝缘体①。

例 7-8　振幅为 250V/m，频率为 1GHz 的正弦电场强度，存在于有耗电介质的媒质中，其相对介电常数为 2.5，损耗角正切值为 0.001。求每立方米的媒质中损耗的平均能量。

解：首先必须求损耗媒质的有效电导率

$$\tan\delta_c = 0.001 = \frac{\sigma}{\omega\varepsilon_0\varepsilon_r}$$

$$\sigma = 0.001(2\pi10^9)\left(\frac{10^{-9}}{36\pi}\right)(2.5) = 1.39\times10^{-4} \quad (\mathrm{S/m})$$

单位体积内损耗的平均能量为

$$p = \frac{1}{2}JE = \frac{1}{2}\sigma E^2 = \frac{1}{2}\times(1.39\times10^{-4})\times250^2 = 4.34 \quad (\mathrm{W/m^3})$$

微波炉依靠磁控管产生的微波能量辐射来烹饪食物，它的工作频率通常在 2.45GHz (2.45×10^9 Hz)。对于一块牛排，其相对介电常数大约为 40，在 2.45GHz 下其损耗角正切值为 0.35。根据例 7-8 可计算出 σ=1.91S/m，p=56.9kW/m³。然而，由于导体中的高频

---

① 实际上，介质材料的损耗机理是非常复杂的过程，恒定电导率的假设只是一个粗略的近似。

电流常常会集中在导体表层(由于趋肤效应,见8.3.2节),所以在这里求得的 p 值只是一个粗略估计值。

7.7.4 电磁波谱

已经知道 $\boldsymbol{E}$ 和 $\boldsymbol{H}$ 在无源区域中分别满足齐次波动方程式(7-81)和式(7-82)。如果场源是时谐波,那么这些方程就简化为齐次亥姆霍兹方程式(7-105)和式(7-106)。表示传播波的方程式(7-105)和式(7-106)的解将会在第8章阐明。目前要注意两个重点:一是麦克斯韦方程,并且因此得到的波动方程和亥姆霍兹方程,不受到波频率的限制。实验中已经研究过的电磁波谱非常低的功率频率经无线电、微波、红外线、可见光、紫外线、X射线、伽马射线频率延伸到超过 10^{24} Hz 的频率。二是所有的电磁波无论在什么样的频率范围在媒质中传播,其速率 u 都是相同的,即 $u=1/\sqrt{\mu\varepsilon}$(在空气中 $c\cong3\times10^{8}$ m/s)。

图7-9所示为电磁波谱,根据应用和自然存在的波,将其按对数刻度分成不同的频率范围和波长范围。"微波"这个词有点含糊且不准确,它可以是频率高于1GHz,而低于红外线波段的下限的电磁波,包括UHF、SHF、EHF以及毫米波范围。超过可见光频率范围的电

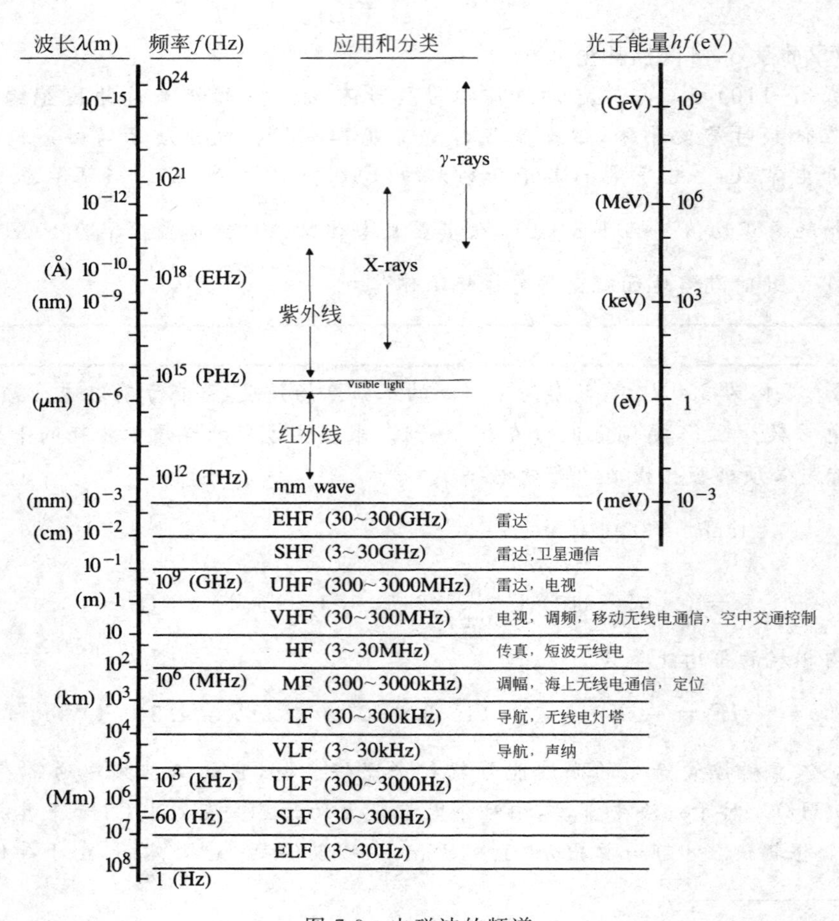

图7-9 电磁波的频谱

磁波通常用伏特来表示其能量等级，hf 以电子伏（eV）为单位，其中 h = 普朗克常数 = 6.63×10^{-34}（J·s），如图 7-9[①] 所示。可见光的波长范围是由深红（720nm）到紫色（380nm），或者说从 0.72～0.38μm，对应的频率范围为 $4.2\times10^{14}\sim7.9\times10^{14}$ Hz，该频带用于雷达、卫星通信、导航、电视（TV）、FM 和 AM 收音机、民用波段无线电（CB）、声纳等。因为有效地发射电磁波需要大型天线，且低频条件下数据速率非常低，所以频率低于 VLF 范围的电磁波很少用于无线传输。已经有很多提案建议将这些频段的电磁波与潜入导电海水中的潜艇进行战略性全球通信。在雷达工作中发现，给不同的微波频段分配全为字母的名字会非常方便。这些名字列于表 7-5 中。

表 7-5 微波频率范围的波段名称

旧的[①]	新的	频率范围（GHz）	旧的[①]	新的	频率范围（GHz）
Ka	K	26.5～40	C	H	6～8
K	K	20～26.5	C	G	4～6
K	J	18～20	S	F	3～4
Ku	J	12.4～18	S	E	2～3
X	J	10～12.4	L	D	1～2
X	I	8～10	UHF	C	0.5～1

① 由于习惯，旧的波段名称仍在使用。

第 8 章将讨论平面电磁波的特性，并研究它们穿过不连续边界时的特性。

复习题

R. 7-1 静态电磁场是由什么构成的？在静态条件下，导电媒质中的 $\boldsymbol{E}$ 和 $\boldsymbol{B}$ 有什么联系？

R. 7-2 写出电磁感应的基础假设，并解释它是如何导出法拉第定律的。

R. 7-3 阐述楞次定律。

R. 7-4 写出变压器电动势的表达式。

R. 7-5 理想变压器具有什么特性？

R. 7-6 电感电路中耦合系数的定义是什么？

R. 7-7 什么是涡流？

R. 7-8 什么是超导体？

R. 7-9 为什么具有高磁导率和低电导率的材料是变压器磁芯的首选？

R. 7-10 电力变压器的磁芯分成薄片的原因是什么？

R. 7-11 写出切割磁通电动势的表达式。

R. 7-12 闭合回路在变化的电磁场中运动，写出闭合回路中感生电动势的表达式。

R. 7-13 什么是法拉第圆盘发电机？

R. 7-14 写出麦克斯韦方程的微分形式。

R. 7-15 所有 4 个麦克斯韦方程是相互独立的吗？请解释。

① 转换关系：1Hz↔4.14×10^{-15}eV↔3×10^{8}m 或 2.42×10^{14}Hz↔1eV↔1.24×10^{-6}m。

R. 7-16 写出麦克斯韦方程的积分形式，并将每个方程用适当的实验定理来对应。

R. 7-17 说明位移电流的含义。

R. 7-18 为什么位函数被应用于电磁学中？

R. 7-19 用位函数 $\boldsymbol{V}$ 和 $\boldsymbol{A}$ 来表示 $\boldsymbol{E}$ 和 $\boldsymbol{B}$。

R. 7-20 准静态场的含义是什么？它们是否是麦克斯韦方程的精确解？请解释。

R. 7-21 位函数的洛伦兹条件是什么？其物理意义是什么？

R. 7-22 写出标量位 $\boldsymbol{V}$ 和矢量位 $\boldsymbol{A}$ 的非齐次波动方程。

R. 7-23 阐述 $\boldsymbol{E}$ 的切向分量和 $\boldsymbol{B}$ 的法向分量的边界条件。

R. 7-24 写出 $\boldsymbol{H}$ 的切向分量和 $\boldsymbol{D}$ 的法向分量的边界条件。

R. 7-25 为什么场 $\boldsymbol{E}$ 会由理想导体向外并恰好垂直于导体表面？

R. 7-26 为什么场 $\boldsymbol{H}$ 会由理想导体向外并恰好正切于导体表面？

R. 7-27 理想导体内部会存在静态磁场吗？请解释；会存在时变磁场吗？请解释。

R. 7-28 什么是滞后电位？

R. 7-29 滞后时间和波的传播速度是如何取决于媒质的本构参数的？

R. 7-30 写出自由空间中 $\boldsymbol{E}$ 和 $\boldsymbol{H}$ 的无源波动方程。

R. 7-31 什么是相量？相量是否为 t 的函数？是否为 ω 的函数？

R. 7-32 相量和矢量之间的区别是什么？

R. 7-33 讨论在电磁学中使用相量的优点。

R. 7-34 在时谐场中传导电流和位移电流是否同相？请解释。

R. 7-35 依据相量写出简单媒质中的时谐麦克斯韦方程。

R. 7-36 试定义波数。

R. 7-37 写出由电荷和电流分布表示的时谐滞后标量位和时谐滞后矢量位的表达式。

R. 7-38 写出在简单的、非导电的、无源的媒质中 $\boldsymbol{E}$ 的齐次矢量亥姆霍兹方程。

R. 7-39 写出由介电常数和磁导率表示的有损媒质的波数表达式。

R. 7-40 媒质的损耗角正切是指什么？

R. 7-41 在时变条件下，如何定义良导体？如何定义有损电介质？

R. 7-42 什么是电磁波的传播速率？在空气中和真空中的传播速率相同吗？请解释。

R. 7-43 可见光的波长范围是什么？

R. 7-44 为什么低于 VLF 范围的频率极少用于无线传播？

习题

P. 7-1 用时变矢量位 $\boldsymbol{A}$ 表示静止回路中感应的变压器电动势。

P. 7-2 图 7-10 中的电路位于磁场中

$$\boldsymbol{B} = \boldsymbol{a}_z 3\cos\left(5\pi 10^7 t - \frac{2}{3}\pi x\right) \quad (\mu\mathrm{T})$$

设 $R=15\Omega$，求电流 i。

P. 7-3 宽为 w 高为 h 的矩形回路位于一根无限长的导线附近，如图 7-11 所示。导线中的电流为 i_1。假设电流 i_1 为如图 7-11(b)所示的矩形脉冲：

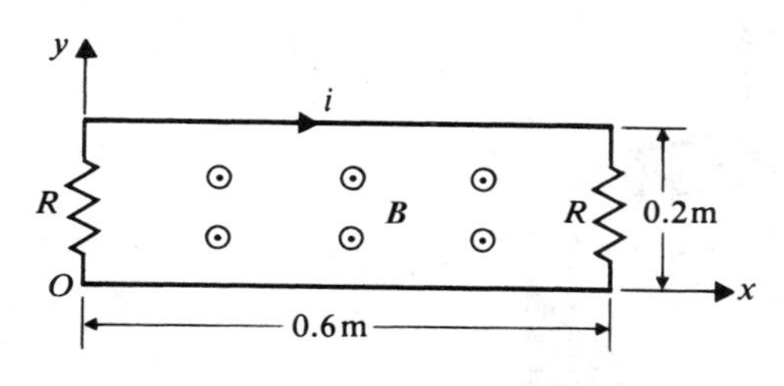

图 7-10 时变磁场中的回路

(1) 求自感为 L 的矩形回路中的感应电流 i_2。

(2) 如果 $T \gg L/R$,求电阻 R 中消耗的能量。

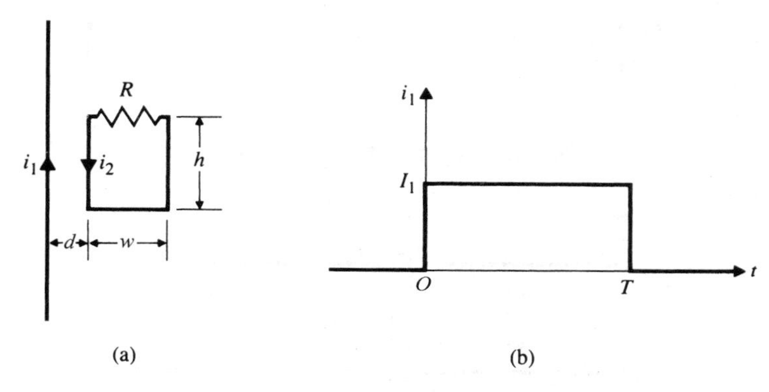

图 7-11 长载流导线附近的矩形回路

P.7-4 图 6-48 是一个等边三角形导体回路,位于一条长直导线附近,其中 $d=b/2$。流经直导线的电流为 $i(t)=I\sin\omega t$。

(1) 求串联在回路中的高内阻有效值电压表记录的电压。

(2) 确定当三角形回路绕着穿过其中心的垂直轴旋转 60°时,求电压表的读数。

P.7-5 半径为 0.1m 的圆形导体回路位于一条频率为 60Hz 电流的长电源线附近,如图 6-49 所示。其中 $d=0.15$m,串入回路的交流毫安表读数为 0.3mA。设包括毫安表在内的回路总的阻抗为 0.01Ω。

(1) 求电源线中电流的大小。

(2) 要使毫安表的读数降为 0.2mA,圆形回路要绕水平轴旋转多少度?

P.7-6 有一个减少变压器磁芯的涡流能量损耗的建议方案,是用圆形截面将磁芯分割成大量的小绝缘细丝,如图 7-12 中所示:将(a)中的截面用(b)代替。设 $B(t)=B_0\sin\omega t$,N 条细丝状绝缘体的面积占原来截面积的 95%,试求:

(1) 高为 h 的磁芯部分的平均涡流能量损耗,如图 7-12(a)所示。

(2) N 条细丝状截面中总平均涡流能量损耗,如图 7-12(b)所示。

P.7-7 有一导体滑片在两根平行的导体铁轨上滑动,整个装置位于 $\boldsymbol{B}=\boldsymbol{a}_z 5\cos\omega t$(mT)正弦时变磁场中,如图 7-13 所示。滑片的位置由 $x=0.35(1-\cos\omega t)$m 给定,在铁轨的终端连接有一个 $R=0.2\Omega$ 的电阻。求电流 i。

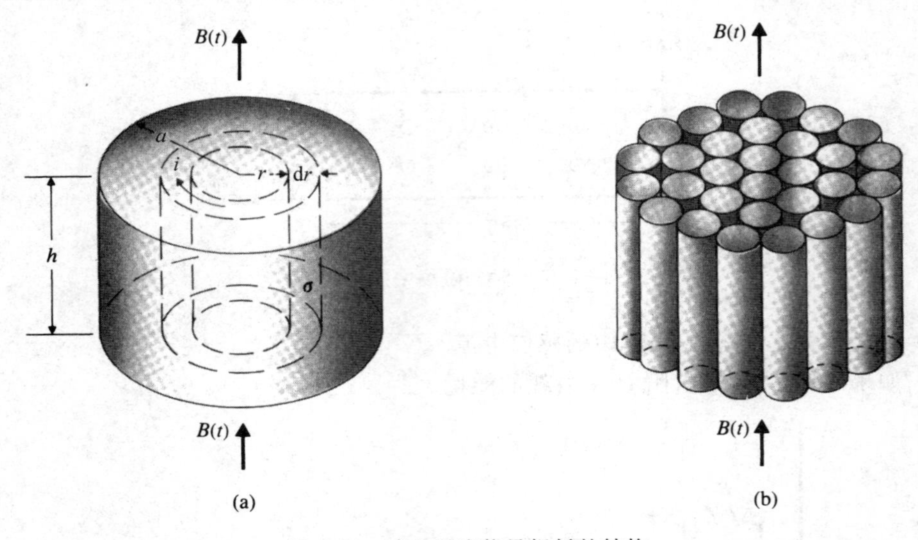

图 7-12　减少涡流能量损耗的结构

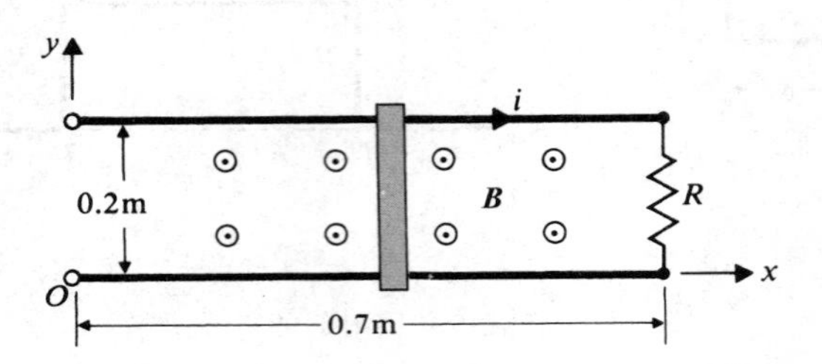

图 7-13　时变磁场中，平行铁轨上滑行的导体棒

P.7-8　在如图 6-32 所示的直流电动机中，当磁场 $\boldsymbol{B}$ 中的回路有电流 I 流过时，会产生磁转矩使得回路旋转起来。当回路转动时，跟回路交链的磁通量也发生改变，从而产生感生电动势。外部电源必须要通过消耗能量来阻碍感生电动势，并使回路中产生电流。证明：消耗的电能等于旋转回路所做的机械功。(提示：考虑回路的法线与磁场 $\boldsymbol{B}$ 的任意夹角为 α，回路旋转角度为 $\Delta\alpha$)

P.7-9　设电阻 R 连接在矩形导体回路中的滑环上，导体回路在一个 $\boldsymbol{B}=\boldsymbol{a}_y B_0$ 的恒定磁场中旋转，如图 7-6 所示。证明在电阻 R 上消耗的功率等于回路以角频率 ω 旋转所需的功率。

P.7-10　一个空心圆柱磁体，内径为 a，外径为 b，以角频率为 ω 绕轴旋转。磁体有均匀轴向的磁化强度 $\boldsymbol{M}=\boldsymbol{a}_z M_0$。一对滑刷连接着内外表面，如图 7-14 所示。设磁体 $\mu_r=5000$，$\sigma=10^7\,\text{S/m}$，试求：

(1) 磁体中的 $\boldsymbol{H}$ 和 $\boldsymbol{B}$；

(2) 开路电压 V_0；

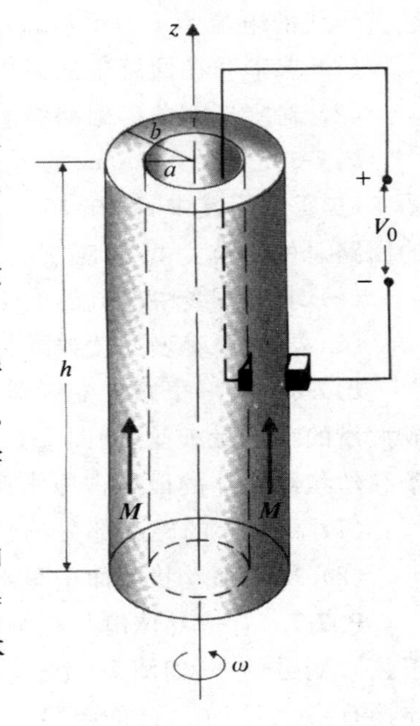

图 7-14　旋转的空心圆柱磁体

（3）短路电流。

P.7-11　根据两个旋度方程式(7-53a)和式(7-53b)以及连续性方程式(7-48)推导出两个散度方程式(7-53c)和式(7-53d)。

P.7-12　证明位函数的洛伦兹条件式(7-62)与连续性方程相一致。

P.7-13　在7.4节中定义的磁矢量位 $\boldsymbol{A}$ 和标量电位 V 并不是唯一的，因为不改变式(7-55)中的 $\boldsymbol{B}$，也可以给 $\boldsymbol{A}$ 添加一个标量 ψ 的梯度 $\nabla\psi$

$$\boldsymbol{A}' = \boldsymbol{A} + \nabla\psi \tag{7-116}$$

为了在使用式(7-57)时不改变 $\boldsymbol{E}$，V 必须修改为 V'：

（1）找出 V' 和 V 之间的关系。

（2）讨论 ψ 必须满足什么条件，才能使新的位函数 $\boldsymbol{A}'$ 和 V' 仍然适用于分解的波动方程式(7-63)和式(7-65)。

P.7-14　将式(7-55)和式(7-57)代入麦克斯韦方程中，从而得到在线性、各向同性但不均匀的媒质中标量电位 V 和矢量电位 $\boldsymbol{A}$ 的波动方程。证明：这些波动方程在简单媒质中可以简化为式(7-65)和式(7-63)。提示：在不均匀媒质中 使用下面位函数的规范条件为

$$\nabla\cdot(\varepsilon\boldsymbol{A})+\mu\varepsilon^{2}\frac{\partial V}{\partial t}=0 \tag{7-117}$$

P.7-15　试将四个麦克斯韦方程式(7-53a,b,c,d)写成八个标量方程：

（1）在直角坐标系。

（2）在柱坐标系。

（3）在球坐标系。

P.7-16　提供推导电磁边界条件式(7-66a,b,c,d)的详细步骤。

P.7-17　讨论：

（1）$\boldsymbol{E}$ 的切向分量边界条件和 $\boldsymbol{B}$ 的法向分量边界条件之间的关系。

（2）$\boldsymbol{H}$ 的切向分量边界条件和 $\boldsymbol{D}$ 的法向分量边界条件之间的关系。

P.7-18　式(3-88)和式(3-89)指出：计算场的问题时，极化电介质可以用等效极化面电荷密度 ρ_{ps} 和等效极化体电荷密度 ρ_p 来替代。求下述两种不同媒质分界面的边界条件：

（1）$\boldsymbol{P}$ 的法向分量。

（2）$\boldsymbol{E}$ 的法向分量。

P.7-19　写出在自由空间和磁导率为无限大的磁体材料之间的分界面上存在的边界条件。

P.7-20　用直接代入法证明任何 $(t-R\sqrt{\mu\varepsilon})$ 或 $(t+R\sqrt{\mu\varepsilon})$ 的两次可微函数都是齐次波动方程式(7-73)的解。

P.7-21　证明方程式(7-77)中的滞后电位满足非齐次波动方程式(7-65)。

P.7-22　设 $f(t)$ 在 $R=0$ 处，如图7-15所示，画出：

（1）$f(t-R/u)$ 随 t 变化关系曲线。

（2）在 $t>T$ 时，$f(t-R/u)$ 随 R 变化的关系曲线。

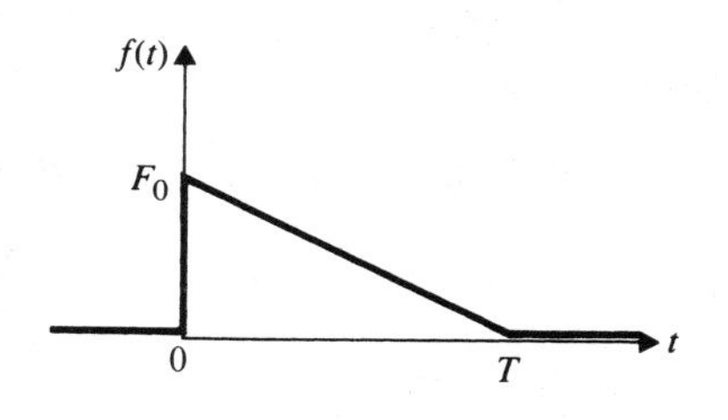

图7-15　三角形时间函数

P.7-23　电磁波的电场为

$$\boldsymbol{E}=\boldsymbol{a}_x E_0 \cos\left[10^8\pi\left(t-\frac{z}{c}\right)+\theta\right]$$

是 $\boldsymbol{E}_1=\boldsymbol{a}_x 0.03\sin 10^8\pi\left(t-\frac{z}{c}\right)$ 及 $\boldsymbol{E}_2=\boldsymbol{a}_x 0.04\cos\left[10^8\pi\left(t-\frac{z}{c}\right)-\frac{\pi}{3}\right]$ 的和。求 E_0 和 θ。

P.7-24　在非导电简单媒质中，推导 $\boldsymbol{E}$ 和 $\boldsymbol{H}$ 的一般波动方程，其中电荷密度分布为 ρ，电流密度分布为 $\boldsymbol{J}$。将波动方程转化为与正弦时间相关的亥姆霍兹方程。写出由 ρ 和 $\boldsymbol{J}$ 表示的 $\boldsymbol{E}(R,t)$ 和 $\boldsymbol{H}(R,t)$ 的通解。

P.7-25　已知空气中

$$\boldsymbol{E}=\boldsymbol{a}_y 0.1\sin(10\pi x)\cos(6\pi 10^9 t-\beta z)\quad (\mathrm{V/m})$$

求出 $\boldsymbol{H}$ 和 β。

P.7-26　已知空气中

$$\boldsymbol{H}=\boldsymbol{a}_y 2\cos(15\pi x)\sin(6\pi 10^9 t-\beta z)\quad (\mathrm{A/m})$$

求出 $\boldsymbol{E}$ 和 β。

P.7-27　已知在自由空间中一球面波的电场强度为

$$\boldsymbol{E}=\boldsymbol{a}_\theta \frac{E_0}{R}\sin\theta\cos(\omega t-kR)$$

求磁场强度 $\boldsymbol{H}$ 和 k 的值。

P.7-28　7.4 节指出 $\boldsymbol{E}$ 和 $\boldsymbol{B}$ 可以由位函数 V 和 $\boldsymbol{A}$ 确定，在时谐条件下，它们都和洛伦兹条件式(7-98)有关。因为 $\boldsymbol{B}$ 无散特性，矢量位 $\boldsymbol{A}$ 通过关系 $\boldsymbol{B}=\nabla\times\boldsymbol{A}$ 被引入。在无源区域，$\nabla\cdot\boldsymbol{E}=0$，于是可以定义另一种类型的矢量位 $\boldsymbol{A}_e$，使得 $\boldsymbol{E}=\nabla\times\boldsymbol{A}_e$。假设场量为时谐相关：

(1) 用 $\boldsymbol{A}_e$ 来表示 $\boldsymbol{H}$。

(2) 证明 $\boldsymbol{A}_e$ 是齐次亥姆霍兹方程的解。

P.7-29　对于 $\rho=0$，$\boldsymbol{J}=0$，$\mu=\mu_0$ 无源极化媒质，其中极化强度体密度为 $\boldsymbol{P}$，则可定义一个单独的矢量位 $\boldsymbol{\pi}_e$ 使得

$$\boldsymbol{H}=\mathrm{j}\omega\varepsilon_0\nabla\times\boldsymbol{\pi}_e \tag{7-118}$$

(1) 用 $\boldsymbol{\pi}_e$ 和 $\boldsymbol{P}$ 表示电场强度 $\boldsymbol{E}$。

(2) 证明 $\boldsymbol{\pi}_e$ 满足非齐次亥姆霍兹方程

$$\nabla^2\boldsymbol{\pi}_e+k_0^2\boldsymbol{\pi}_e=-\frac{\boldsymbol{P}}{\varepsilon_0} \tag{7-119}$$

$\boldsymbol{\pi}_e$ 称作**赫兹电矢位**。

P.7-30　计算良导体中电流的电磁效应时，即使在微波频率也常都忽略了位移电流：

(1) 假设铜的 $\varepsilon_r=1$ 且 $\sigma=5.70\times10^7\,\mathrm{S/m}$，比较 100GHz 条件下位移电流密度和传导电流密度的大小。

(2) 写出在无源良导体中，磁场强度 $\boldsymbol{H}$ 的微分方程。

第8章 平面电磁波

8.1 引言

第7章已证明：在无源不导电的简单媒质中，将麦克斯韦方程式(7-79a,b,c,d)组合可以得到 $\boldsymbol{E}$ 和 $\boldsymbol{H}$ 的齐次矢量波动方程。式(7-81)与式(7-82)的形式完全相同。在真空中，$\boldsymbol{E}$ 的无源波动方程为

$$\nabla^2 \boldsymbol{E} - \frac{1}{c^2}\frac{\partial^2 \boldsymbol{E}}{\partial t^2} = 0 \tag{8-1}$$

其中

$$c = \frac{1}{\sqrt{\mu_0 \varepsilon_0}} \cong 3 \times 10^8 (\mathrm{m/s}) = 300 \quad (\mathrm{Mm/s}) \tag{8-2}$$

是波在真空中的传播速度(光速)。式(8-1)的解表示波。本章主要研究与一维空间相关的波(**平面波**)的特性。

本章从学习无限均匀媒质中的时谐平面波的场的传播开始，将介绍媒质的参数如本征阻抗、衰减常数以及相位常数。并解释**趋肤深度**的含义，即波穿透进入良导体的深度。电磁波传播中携带电磁能量，故将讨论**坡印廷矢量**，即能流密度矢量的概念。

本章将研究平面波垂直入射到平面边界的特性。还将讨论平面波斜入射到平面边界所服从的反射和折射定律，并研究无反射和全反射的条件。

均匀平面波是 $\boldsymbol{E}$(也是 $\boldsymbol{H}$)的麦克斯韦方程的一个特解，其中假设在与波传播方向垂直的无限大平面内，波的电场和磁场具有相同的方向、相同的幅度和相同的相位。严格来讲，均匀平面波实际上是不存在的，因为只有无限大的源才能产生均匀平面波，然而实际波源的尺寸总是有限的。但是，如果离源足够远，波前(等相位面)几乎成球面，于是巨大球面上非常小的一部分可近似为平面。虽然均匀平面波的特性非常简单，但对平面波的研究仍具有重要的理论和实际意义。

8.2 无损耗媒质中的平面波

在本节以及后面几节中，将注意力放在正弦稳态情况下波的特性上，利用相量讨论会有优势。真空中的无源波动方程式(8-1)就变为齐次矢量亥姆霍兹方程(见式(7-105))

$$\nabla^2 \boldsymbol{E} + k_0^2 \boldsymbol{E} = 0 \tag{8-3}$$

其中 k_0 是**真空的波数**，且

$$k_0 = \omega \sqrt{\mu_0 \varepsilon_0} = \frac{\omega}{c} \quad (\mathrm{rad/m}) \tag{8-4}$$

在直角坐标中，式(8-3)等价于三个标量亥姆霍兹方程，每个方程中有一个分量 E_x，E_y

和 E_z。写分量 E_x 的亥姆霍兹方程,可得

$$\left(\frac{\partial^2}{\partial x^2}+\frac{\partial^2}{\partial y^2}+\frac{\partial^2}{\partial z^2}+k_0^2\right)E_x=0 \tag{8-5}$$

考虑一个均匀平面波的特性:在垂直于 z 的平面上 E_x 是均匀的(幅度均匀且相位恒定),即

$$\partial^2 E_x/\partial x^2=0 \quad \text{和} \quad \partial^2 E_x/\partial y^2=0$$

于是式(8-5)简化为

$$\frac{\mathrm{d}^2 E_x}{\mathrm{d}z^2}+k_0^2 E_x=0 \tag{8-6}$$

上式是一个常微分方程,因为 E_x 是一个仅与 z 有关的相量。

容易看出式(8-6)的解为

$$\begin{aligned}E_x(z)&=E_x^+(z)+E_x^-(z)\\&=E_0^+\mathrm{e}^{-\mathrm{j}k_0 z}+E_0^-\mathrm{e}^{\mathrm{j}k_0 z}\end{aligned} \tag{8-7}$$

其中 E_0^+ 和 E_0^- 是由边界条件确定的任意(且通常是复数)常量。注意:因为式(8-6)是一个二阶微分方程,所以式(8-7)的通解含有两个积分常数。

现在来分析式(8-7)右边的第一个相量项在瞬时代表什么。以 $\cos\omega t$ 为参考,假设 E_0^+ 为一个实常数(在 $z=0$ 时,参考相位为0),则有

$$\begin{aligned}E_x^+(z,t)&=\mathrm{Re}[E_x^+(z)\mathrm{e}^{\mathrm{j}\omega t}]\\&=\mathrm{Re}[E_0^+\mathrm{e}^{\mathrm{j}(\omega t-k_0 z)}]\\&=E_0^+\cos(\omega t-k_0 z)\quad (\mathrm{V/m})\end{aligned} \tag{8-8}$$

图8-1画出了式(8-8)在几个不同 t 值时的图形。当 $t=0$ 时,$E_x^+(z,0)=E_0^+\cos k_0 z$ 是振幅为 E_0^+ 的余弦曲线。在随后的时间里,曲线沿着 z 轴正方向匀速行进,从而得到行波。如果只关注波上的特定的点(恒定相位的点),设 $\cos(\omega t-k_0 z)=$ 常数或者

$$\omega t-k_0 z=\text{恒定相位}$$

由此得

$$u_p=\frac{\mathrm{d}z}{\mathrm{d}t}=\frac{\omega}{k_0}=\frac{1}{\sqrt{\mu_0\varepsilon_0}}=c \tag{8-9}$$

式(8-9)表明:在真空中,等相位面的传播速度(**相速**)等于光速,其在真空中约为 3×10^8(m/s)。

波数 k_0 与波长有一定的关系。由式(8-4)得,$k_0=2\pi f/c$ 或

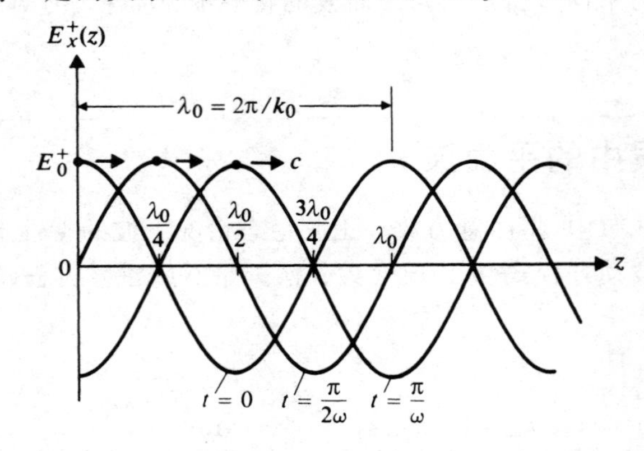

图8-1 几个时刻 t 沿 z 轴正方向传播的波 $E_x^+(z,t)=E_0^+\cos(\omega t-k_0 z)$

$$k_0 = \frac{2\pi}{\lambda_0} \quad (\mathrm{rad/m}) \tag{8-10}$$

其表示一个完整周期内的波长数，因而得名。式(8-10)的逆关系为

$$\lambda_0 = \frac{2\pi}{k_0} \quad (\mathrm{m}) \tag{8-11}$$

如果媒质是无损耗材料，比如是理想电介质，而不是真空，那么没有下标 0 的式(8-10)和式(8-11)同样有效。

显然，即使不将式(8-7)右边的第二个相量项 $E_0^- \mathrm{e}^{\mathrm{j}k_0 z}$ 再画出，也知道它表示以相同速度 c 沿 $-z$ 方向传播的余弦波。如果只关心 $+z$ 方向上传播的波，则 $E_0^-=0$。然而，本节稍后会看到，如果媒质不连续，还必须考虑在相反方向上传播的反射波。

由式(7-104a)可求得与 $\boldsymbol{E}$ 相伴的磁场 $\boldsymbol{H}$

$$\nabla\times\boldsymbol{E} = \begin{vmatrix} \boldsymbol{a}_x & \boldsymbol{a}_y & \boldsymbol{a}_z \\ 0 & 0 & \dfrac{\partial}{\partial z} \\ E_x^+(z) & 0 & 0 \end{vmatrix} = -\mathrm{j}\omega\mu_0(\boldsymbol{a}_x H_x^+ + \boldsymbol{a}_y H_y^+ + \boldsymbol{a}_z H_z^+)$$

由此得

$$H_x^+ = 0 \tag{8-12a}$$

$$H_y^+ = \frac{1}{-\mathrm{j}\omega\mu_0}\frac{\partial E_x^+(z)}{\partial z} \tag{8-12b}$$

$$H_z^+ = 0 \tag{8-12c}$$

因此 H_y^+ 是 $\boldsymbol{H}$ 的唯一非零分量；又因为

$$\frac{\partial E_x^+(z)}{\partial z} = \frac{\partial}{\partial z}(E_0^+ \mathrm{e}^{-\mathrm{j}k_0 z}) = -\mathrm{j}k_0 E_x^+(z)$$

则式(8-12b)为

$$H_y^+(z) = \frac{k_0}{\omega\mu_0}E_x^+(z) = \frac{1}{\eta_0}E_x^+(z) \quad (\mathrm{A/m}) \tag{8-13}$$ ①

在式(8-13)中引入一个新的量 η_0

$$\eta_0 = \sqrt{\frac{\mu_0}{\varepsilon_0}} \cong 120\pi \cong 377 \quad (\Omega) \tag{8-14}$$

其称为真空中的**本征阻抗**。因为 η_0 是实数，所以 $H_y^+(z)$ 和 $E_x^+(z)$ 同相，于是 $\boldsymbol{H}$ 的瞬时表达式可写为

$$\begin{aligned} \boldsymbol{H}(z,t) &= \boldsymbol{a}_y H_y^+(z,t) = \boldsymbol{a}_y \mathrm{Re}[H_y^+(z)\mathrm{e}^{\mathrm{j}\omega t}] \\ &= \boldsymbol{a}_y \frac{E_0^+}{\eta_0}\cos(\omega t - k_0 z) \quad (\mathrm{A/m}) \end{aligned} \tag{8-15}$$

因此，均匀平面波的 $\boldsymbol{E}$ 和 $\boldsymbol{H}$ 振幅之比就是媒质的本征阻抗。注意：$\boldsymbol{H}$ 垂直于 $\boldsymbol{E}$，且二者都垂直于波的传播方向。定义 $\boldsymbol{E}=\boldsymbol{a}_x E_x$ 并非像它所表示的那样作为限制条件，而是任意指定 $\boldsymbol{E}$ 的方向为与传播方向 $\boldsymbol{a}_z$ 相垂直的 $+x$ 方向。

---

① 如果开始时采用 $E_x^-(z) = E_0^- \mathrm{e}^{\mathrm{j}k_0 z}$，那么就会得到 $H_y^-(z) = -\dfrac{1}{\eta_0}E_x^-(z)$。

例 8-1　一均匀平面波沿$+z$方向在无损简单媒质($\varepsilon_r=4,\mu_r=1,\sigma=0$)中传播,其$\boldsymbol{E}=\boldsymbol{a}_xE_x$。假设$E_x$是频率为100MHz的正弦波,当$t=0$,且$z=\dfrac{1}{8}$m时,其最大值为$+10^{-4}$V/m。

(1) 写出$\boldsymbol{E}$在任意t和z时的瞬时表达式。

(2) 写出$\boldsymbol{H}$的瞬时表达式。

(3) 当$t=10^{-8}$s时,求E_x为正的最大值时的位置。

解:首先求k

$$k=\omega\sqrt{\mu\varepsilon}=\frac{\omega}{c}\sqrt{\mu_r\varepsilon_r}=\frac{2\pi10^8}{3\times10^8}\sqrt{4}=\frac{4\pi}{3}\quad(\text{rad/m})$$

(1) 以$\cos\omega t$为参考,$\boldsymbol{E}$的瞬时表达式为

$$\boldsymbol{E}(z,t)=\boldsymbol{a}_xE_x=\boldsymbol{a}_x10^{-4}\cos(2\pi10^8t-kz+\psi)$$

因为当余弦函数相角为零时,也就是当

$$2\pi10^8t-kz+\psi=0$$

时,E_x为$+10^{-4}$。则在$t=0,z=1/8$,可得

$$\psi=kz=\left(\frac{4\pi}{3}\right)\left(\frac{1}{8}\right)=\frac{\pi}{6}\quad(\text{rad})$$

因此

$$\begin{aligned}\boldsymbol{E}(z,t)&=\boldsymbol{a}_x10^{-4}\cos\left(2\pi10^8t-\frac{4\pi}{3}z+\frac{\pi}{6}\right)\\&=\boldsymbol{a}_x10^{-4}\cos\left[2\pi10^8t-\frac{4\pi}{3}\left(z-\frac{1}{8}\right)\right]\quad(\text{V/m})\end{aligned}$$

该式表明,波形在$+z$方向偏移了(1/8)m,根据例题的已知条件可以直接写出该表达式。

(2) $\boldsymbol{H}$的相量表达式为

$$\boldsymbol{H}=\boldsymbol{a}_yH_y=\boldsymbol{a}_y\frac{E_x}{\eta}$$

其中

$$\eta=\sqrt{\frac{\mu}{\varepsilon}}=\frac{\eta_0}{\sqrt{\varepsilon_r}}=60\pi\quad(\Omega)$$

因此

$$\boldsymbol{H}(z,t)=\boldsymbol{a}_y\frac{10^{-4}}{60\pi}\cos\left[2\pi10^8t-\frac{4\pi}{3}\left(z-\frac{1}{8}\right)\right]\quad(\text{A/m})$$

(3) 当$t=10^{-8}$时,为了使E_x为正的最大值,令余弦函数的相角等于$\pm2n\pi$

$$2\pi10^8(10^{-8})-\frac{4\pi}{3}\left(z_m-\frac{1}{8}\right)=\pm2n\pi$$

由此得

$$z_m=\frac{13}{8}\pm\frac{3}{2}n(\text{m})\quad n=0,1,2,\cdots\quad z_m>0$$

进一步分析该结果,发现给定媒质中的波长为

$$\lambda=\frac{2\pi}{k}=\frac{3}{2}\quad(\text{m})$$

因此,E_x的正的最大值处于

$$z_m = \frac{13}{8} \pm n\lambda \quad (\mathrm{m})$$

如图 8-2 所示为 $\boldsymbol{E}$ 场和 $\boldsymbol{H}$ 场，它们都是 z 的函数，且以 $t=0$ 为参考时间。

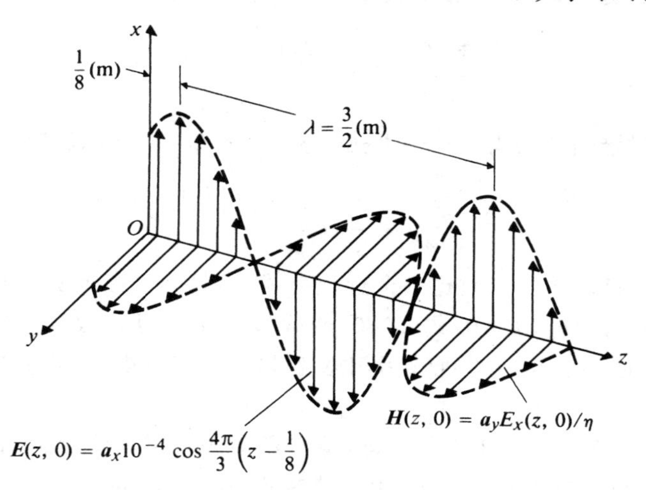

图 8-2　在 $t=0$ 时，均匀平面波的 $\boldsymbol{E}$ 场和 $\boldsymbol{H}$ 场

8.2.1　多普勒效应

当时谐信源和接收机间有相对运动时，接收机检测到的波的频率会与信源发出的频率不同，这种现象称为**多普勒效应**①。多普勒效应不仅在声学中有用，在电磁学中也很有用。也许大家都感受过快速运动的机车汽笛强度的变化。下面解释多普勒效应。

假设频率为 f 的时谐波的信源(发射机)T 的运动速度为 $\boldsymbol{u}$，其运动方向相对于发射机与静止接收机 R 的连线方向的角度为 θ，如图 8-3(a)所示。在参考时刻 $t=0$ 时，T 发出的电磁波到达 R 的时刻为

$$t_1 = \frac{r_0}{c} \tag{8-16}$$

在稍后的 $t=\Delta t$ 时刻，T 运动到新位置 T'，T' 在 Δt 时刻发出的波将在 t_2 时刻到达 R

$$t_2 = \Delta t + \frac{r'}{c} = \Delta t + \frac{1}{c}\left[r_0^2 - 2r_0(u\Delta t)\cos\theta + (u\Delta t)^2\right]^{1/2} \tag{8-17}$$

如果 $(u\Delta t)^2 \ll r_0^2$，则式(8-17)变为

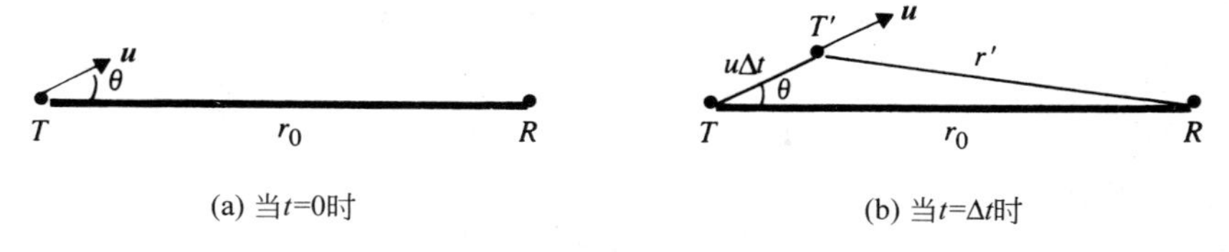

图 8-3　多普勒效应的说明

① C. Doppler (1803—1853)

$$t_2 \cong \Delta t + \frac{r_0}{c}\left(1 - \frac{u\Delta t}{r_0}\cos\theta\right) \tag{8-18}$$

因此,与发射机 T 经过的时间 Δt 相对应,接收机 R 经过的时间 $\Delta t'$ 为

$$\Delta t' = t_2 - t_1 = \Delta t\left(1 - \frac{u}{c}\cos\theta\right) \tag{8-19}$$

上式与 Δt 不相等。

如果 Δt 表示时谐信源的周期——也就是说,如果 $\Delta t = 1/f$,则 R 处接收波的频率为

$$f' = \frac{1}{\Delta t'} = \frac{f}{1 - \frac{u}{c}\cos\theta} \cong f\left(1 + \frac{u}{c}\cos\theta\right) \tag{8-20}$$

通常情况下$(u/c)^2 \leqslant 1$。式(8-20)是一个近似公式,而且当 θ 接近 $\pi/2$ 时不成立。(知道为什么吗?)当 T 向 R 移动时,$\theta = 0$,式(8-20)明确指出在 R 处接收到的频率比发射频率高。相反,当 T 远离 R 时($\theta = 180°$),接收频率比发射频率低。显然,如果 T 静止 R 运动,可得到类似的结果。

多普勒效应是多普勒雷达工作的基础,警察用多普勒雷达测量运动车辆的速度。运动车辆反射的接收波频移与车速成正比,用手持装置就能测出并显示(见习题 P. 8-3)。多普勒效应引起**红移**——天文学中后退的远距离恒星发出的光谱。由于恒星高速远离地球上的观察者,所以接收的频移向光谱的低频(红)端移动。

8.2.2 横电磁波

已经知道,由 $\boldsymbol{E} = \boldsymbol{a}_x E_x$ 描述的在 $+z$ 方向传播的均匀平面波具有与之相伴的磁场 $\boldsymbol{H} = \boldsymbol{a}_y H_y$。因此 $\boldsymbol{E}$ 和 $\boldsymbol{H}$ 是相互垂直的,且二者都位于与传播方向垂直的横向平面内。这是**横电磁波(TEM)**的一个特例。其场量的相量只是坐标分量 z 的函数。现在考虑传播方向不一定沿坐标轴方向,而是沿任意方向传播的均匀平面波。

沿 $+z$ 方向传播的均匀平面波的电场强度相量为

$$\boldsymbol{E}(z) = \boldsymbol{E}_0 \mathrm{e}^{-\mathrm{j}kz} \tag{8-21}$$

其中 $\boldsymbol{E}_0$ 是常矢量。式(8-21)的更一般的形式是

$$\boldsymbol{E}(x, y, z) = \boldsymbol{E}_0 \mathrm{e}^{-\mathrm{j}k_x x - \mathrm{j}k_y y - \mathrm{j}k_z z} \tag{8-22}$$

假设

$$k_x^2 + k_y^2 + k_z^2 = \omega^2 \mu\varepsilon \tag{8-23}$$

用直接替代法,可以很容易证明该式满足齐次亥姆霍兹方程。

如果定义**波数矢量**为

$$\boldsymbol{k} = \boldsymbol{a}_x k_x + \boldsymbol{a}_y k_y + \boldsymbol{a}_z k_z = k\boldsymbol{a}_n \tag{8-24}$$

且从原点出发的半径矢量为

$$\boldsymbol{R} = \boldsymbol{a}_x x + \boldsymbol{a}_y y + \boldsymbol{a}_z z \tag{8-25}$$

则式(8-22)可简写为

$$\boldsymbol{E}(\boldsymbol{R}) = \boldsymbol{E}_0 \mathrm{e}^{-\mathrm{j}\boldsymbol{k}\cdot\boldsymbol{R}} = \boldsymbol{E}_0 \mathrm{e}^{-\mathrm{j}k\boldsymbol{a}_n\cdot\boldsymbol{R}} \quad (\mathrm{V/m}) \tag{8-26}$$

其中 $\boldsymbol{a}_n$ 是沿传播方向的单位矢量。由式(8-24)显然有

$$k_x = \boldsymbol{k} \cdot \boldsymbol{a}_x = k\boldsymbol{a}_n \cdot \boldsymbol{a}_x \tag{8-27a}$$

$$k_y = \boldsymbol{k} \cdot \boldsymbol{a}_y = k\boldsymbol{a}_n \cdot \boldsymbol{a}_y \tag{8-27b}$$

$$k_z = \boldsymbol{k} \cdot \boldsymbol{a}_z = k\boldsymbol{a}_n \cdot \boldsymbol{a}_z \tag{8-27c}$$

而且 $\boldsymbol{a}_n \cdot \boldsymbol{a}_x$，$\boldsymbol{a}_n \cdot \boldsymbol{a}_y$ 和 $\boldsymbol{a}_n \cdot \boldsymbol{a}_z$ 是 $\boldsymbol{a}_n$ 的方向余弦。

$\boldsymbol{a}_n$ 和 $\boldsymbol{R}$ 的几何关系如图 8-4 所示，由图可见

$$\boldsymbol{a}_n \cdot \boldsymbol{R} = \overline{OP} \text{ 的长度(常数)}$$

是垂直于传播方向 $\boldsymbol{a}_n$ 的平面方程。正如式(8-21)所表示的波，z=常数表示一个相位恒定、幅值均匀的平面一样，对于式(8-26)所表示的波，$\boldsymbol{a}_n.\boldsymbol{R}$=常数也是一个相位恒定、幅值均匀的平面。在无源区域，$\nabla \cdot \boldsymbol{E}=0$，因此

$$\boldsymbol{E}_0 \cdot \nabla(\mathrm{e}^{-\mathrm{j}k\boldsymbol{a}_n \cdot \boldsymbol{R}}) = 0 \tag{8-28a}$$[①]

但是

$$\begin{aligned}\nabla(\mathrm{e}^{-\mathrm{j}k\boldsymbol{a}_n \cdot \boldsymbol{R}}) &= \left(\boldsymbol{a}_x \frac{\partial}{\partial x} + \boldsymbol{a}_y \frac{\partial}{\partial y} + \boldsymbol{a}_z \frac{\partial}{\partial z}\right)\mathrm{e}^{-\mathrm{j}(k_x x + k_y y + k_z z)} \\ &= -\mathrm{j}(\boldsymbol{a}_x k_x + \boldsymbol{a}_y k_y + \boldsymbol{a}_z k_z)\mathrm{e}^{-\mathrm{j}(k_x x + k_y y + k_z z)} \\ &= -\mathrm{j}k\boldsymbol{a}_n \mathrm{e}^{-\mathrm{j}k\boldsymbol{a}_n \cdot \boldsymbol{R}}\end{aligned}$$

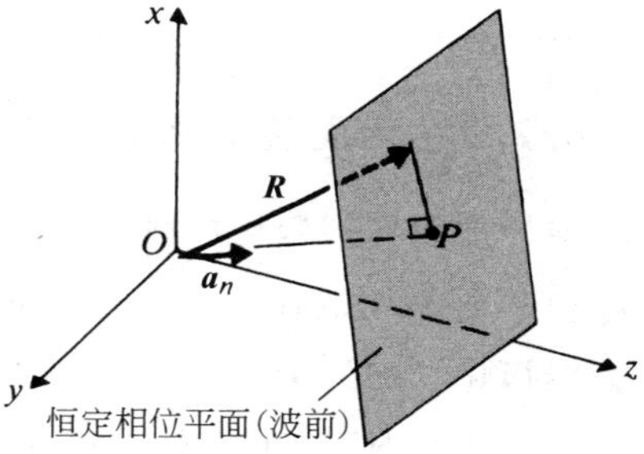

图 8-4 半径矢量和垂直于均匀平面波波前的波

因此，式(8-28a)可写成

$$-\mathrm{j}k(\boldsymbol{E}_0 \cdot \boldsymbol{a}_n)\mathrm{e}^{-\mathrm{j}k\boldsymbol{a}_n \cdot \boldsymbol{R}} = 0$$

它要求

$$\boldsymbol{a}_n \cdot \boldsymbol{E}_0 = 0 \tag{8-28b}$$

所以，式(8-26)中的平面波的解隐含着 $\boldsymbol{E}_0$ 与传播方向垂直。

与式(8-26)中 $\boldsymbol{E}(\boldsymbol{R})$ 相伴的磁场可由式(7-104a)得到

$$\boldsymbol{H}(\boldsymbol{R}) = -\frac{1}{\mathrm{j}\omega\mu}\nabla\times\boldsymbol{E}(\boldsymbol{R})$$

或

$$\boldsymbol{H}(\boldsymbol{R}) = \frac{1}{\eta}\boldsymbol{a}_n \times \boldsymbol{E}(\boldsymbol{R}) \quad (\mathrm{A/m}) \tag{8-29}$$

其中

$$\eta = \frac{\omega\mu}{k} = \sqrt{\frac{\mu}{\varepsilon}} \quad (\Omega) \tag{8-30}$$

是媒质的**本征阻抗**[②]。将式(8-26)代入式(8-29)得

$$\boldsymbol{H}(\boldsymbol{R}) = \frac{1}{\eta}(\boldsymbol{a}_n \times \boldsymbol{E}_0)\mathrm{e}^{-\mathrm{j}k\boldsymbol{a}_n \cdot \boldsymbol{R}} \quad (\mathrm{A/m}) \tag{8-31}$$

显然，沿任意方向 $\boldsymbol{a}_n$ 传播的均匀平面波是 TEM 波，且 $\boldsymbol{E}\perp\boldsymbol{H}$，而 $\boldsymbol{E}$ 和 $\boldsymbol{H}$ 都垂直于 $\boldsymbol{a}_n$。

例 8-2 如果已知 TEM 波的 $\boldsymbol{E}(\boldsymbol{R})$，如式(8-26)所示，则运用式(8-29)可求 $\boldsymbol{H}(\boldsymbol{R})$。得出由 $\boldsymbol{H}(\boldsymbol{R})$ 表示的 $\boldsymbol{E}(\boldsymbol{R})$ 的关系式。

解：假设 $\boldsymbol{H}(\boldsymbol{R})$ 的形式为

$$\boldsymbol{H}(\boldsymbol{R}) = \boldsymbol{H}_0\mathrm{e}^{-\mathrm{j}k\boldsymbol{a}_n \cdot \boldsymbol{R}} \tag{8-32}$$

---

① 这是因为 $\boldsymbol{E}_0.\nabla=0$，其中 $\boldsymbol{E}_0$ 是常矢量(见习题 P.2-28)。

② 又称波阻抗。

由式(7-104b)得

$$\boldsymbol{E}(\boldsymbol{R})=\frac{1}{\mathrm{j}\omega\varepsilon}\nabla\times\boldsymbol{H}(\boldsymbol{R})=\frac{1}{\mathrm{j}\omega\varepsilon}(-\mathrm{j}k)\boldsymbol{a}_n\times\boldsymbol{H}(\boldsymbol{R})$$

或

$$\boldsymbol{E}(\boldsymbol{R})=-\eta\boldsymbol{a}_n\times\boldsymbol{H}(\boldsymbol{R})\quad(\mathrm{V/m})\tag{8-33}$$

另一种方法,是将式(8-29)的两边同时叉乘 $\boldsymbol{a}_n$ 并使用式(2-20)中的 back-cab 法则可得到同样的结果。

8.2.3 平面波的极化

均匀平面波的**极化**描述了空间中给定点的电场强度矢量的时变特性。因为例 8-1 中平面波的 $\boldsymbol{E}$ 矢量固定在 x 方向($\boldsymbol{E}=\boldsymbol{a}_xE_x$,$E_x$ 可能为正也可能为负),这种平面波称为沿 x 方向**直线极化**。因为 $\boldsymbol{H}$ 的方向与 $\boldsymbol{E}$ 的方向直接相关,所以没必要单独描述磁场的特性。

在某些情况下,在给定点上平面波的电场 $\boldsymbol{E}$ 的方向会随时间变化。考虑两个线极化波的叠加:一个波在 x 方向极化,另一个波在 y 方向极化,且 y 方向极化波在时间上的相位比 x 方向极化波滞后 90°(或($\pi/2$)rad)。用相量符号,得

$$\boldsymbol{E}(z)=\boldsymbol{a}_xE_1(z)+\boldsymbol{a}_yE_2(z)=\boldsymbol{a}_xE_{10}\mathrm{e}^{-\mathrm{j}kz}-\boldsymbol{a}_y\mathrm{j}E_{20}\mathrm{e}^{-\mathrm{j}kz}\tag{8-34}$$

其中 E_{10} 和 E_{20} 是实数,表示两个直线极化波的振幅。

$\boldsymbol{E}$ 的瞬时表达式为

$$\begin{aligned}\boldsymbol{E}(z,t)&=\mathrm{Re}\{[\boldsymbol{a}_xE_1(z)+\boldsymbol{a}_yE_2(z)]\mathrm{e}^{\mathrm{j}\omega t}\}\\&=\boldsymbol{a}_xE_{10}\cos(\omega t-kz)+\boldsymbol{a}_yE_{20}\cos\left(\omega t-kz-\frac{\pi}{2}\right)\end{aligned}$$

在研究给定点上 $\boldsymbol{E}$ 的方向随 t 的变化情况时,令 $z=0$ 会很方便。则有

$$\begin{aligned}\boldsymbol{E}(0,t)&=\boldsymbol{a}_xE_1(0,t)+\boldsymbol{a}_yE_2(0,t)\\&=\boldsymbol{a}_xE_{10}\cos\omega t+\boldsymbol{a}_yE_{20}\sin\omega t\end{aligned}\tag{8-35}$$

当 ωt 从 0 增加至 $\frac{\pi}{2}$、π、$\frac{3\pi}{2}$,直到完整周期 2π 时,则矢量 $\boldsymbol{E}(0,t)$ 的端点按逆时针方向经过一个椭圆轨迹。经分析得

$$\cos\omega t=\frac{E_1(0,t)}{E_{10}}$$

和

$$\sin\omega t=\frac{E_2(0,t)}{E_{20}}=\sqrt{1-\cos^2\omega t}=\sqrt{1-\left[\frac{E_1(0,t)}{E_{10}}\right]^2}$$

由此导出下面的椭圆方程

$$\left[\frac{E_2(0,t)}{E_{20}}\right]^2+\left[\frac{E_1(0,t)}{E_{10}}\right]^2=1\tag{8-36}$$

因此,$\boldsymbol{E}$ 是空间上垂直、时间上相位差为 90°的两个直线极化波的和,如果 $E_{20}\neq E_{10}$,则 $\boldsymbol{E}$ 为**椭圆极化波**;如果 $E_{20}=E_{10}$,则 $\boldsymbol{E}$ 为**圆极化波**。典型的极化圆如图 8-5(a)所示。

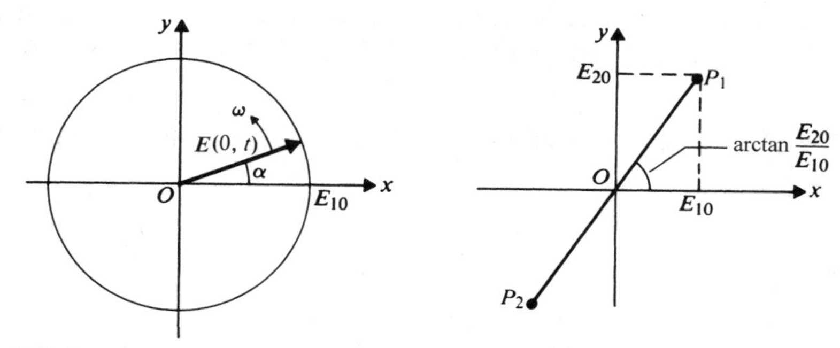

(a) 圆极化, $\boldsymbol{E}(0,t)=E_{10}(\boldsymbol{a}_x\cos\omega t+\boldsymbol{a}_y\sin\omega t)$　　(b) 直线极化, $\boldsymbol{E}(0,t)=(\boldsymbol{a}_xE_{10}+\boldsymbol{a}_yE_{20})\cos\omega$

图 8-5　在 $z=0$ 平面，两个空间垂直的直线极化波之和的极化图

当 $E_{20}=E_{10}$ 时，在 $z=0$ 平面内，$\boldsymbol{E}$ 与 x 轴夹角的瞬时值 α 为

$$\alpha=\arctan\frac{E_2(0,t)}{E_1(0,t)}=\omega t \tag{8-37}$$

该式表明：$\boldsymbol{E}$ 以角速度 ω 在逆时针方向上匀速旋转。当右手的手指指向 $\boldsymbol{E}$ 的旋转方向时，大拇指所指的方向就是波的传播方向。这就是**右旋圆极化波**或者**正圆极化波**。

如果从 $E_2(z)$ 开始，其在时间相位上超前 $E_1(z)$ 为 $90°\left(\frac{\pi}{2}\text{rad}\right)$，式(8-34)和式(8-35)将分别变为

$$\boldsymbol{E}(z)=\boldsymbol{a}_xE_{10}\mathrm{e}^{-\mathrm{j}kz}+\boldsymbol{a}_y\mathrm{j}E_{20}\mathrm{e}^{-\mathrm{j}kz} \tag{8-38}$$

和

$$\boldsymbol{E}(0,t)=\boldsymbol{a}_xE_{10}\cos\omega t-\boldsymbol{a}_yE_{20}\sin\omega t \tag{8-39}$$

将式(8-39)和式(8-35)比较，可见 $\boldsymbol{E}$ 仍将是椭圆极化波。如果 $E_{20}=E_{10}$，$\boldsymbol{E}$ 将是圆极化波，但在 $z=0$ 的平面，它与 x 轴的夹角将变为 $-\omega t$，这表明 $\boldsymbol{E}$ 将以角速度 ω 在顺时针方向旋转，这是**左旋圆极化波**或者是**负圆极化波**。

如果 $E_2(z)$ 和 $E_1(z)$ 在空间相互正交，而在时间上同相位，则它们的合成向量 $\boldsymbol{E}$ 将是沿着与 x 轴的夹角为 $\arctan(E_{20}/E_{10})$ 的方向上的直线极化波，如图 8-5(b)所示。当 $z=0$ 时，$\boldsymbol{E}$ 的瞬时表达式为

$$\boldsymbol{E}(0,t)=(\boldsymbol{a}_xE_{10}+\boldsymbol{a}_yE_{20})\cos\omega t \tag{8-40}$$

当 $\omega t=0$ 时，$\boldsymbol{E}(0,t)$ 的端点将在点 P_1 处。当 ωt 增加至 $\frac{\pi}{2}$ 时，其幅度将减少到 0。之后，$\boldsymbol{E}(0,t)$ 又开始朝着相反的方向增加，当 $\omega t=\pi$ 时到达点 P_2。

在一般情况下，空间正交的 $E_2(z)$ 和 $E_1(z)$ 可以有不同的振幅($E_{20}\neq E_{10}$)，而且它们的相位差可以为任意值$\left(\text{不为 0 或者是}\frac{\pi}{2}\text{的整数倍}\right)$。它们的合成向量 $\boldsymbol{E}$ 将是椭圆极化，而且极化椭圆的长轴与坐标轴不重合(见习题 P.8-7)。

注意：由 AM 广播站的天线塔发射的电磁波与垂直于地面的电场 $\boldsymbol{E}$ 构成线极化，为了最大限度的接收，接收天线应该与 $\boldsymbol{E}$ 场平行，即竖直放置。另一方面，电视信号在水平方向上是线极化的。这就是为什么屋顶上的电视接收天线是水平的。FM 广播站发射的波通常是圆极化的；因此 FM 接收天线的朝向不是很重要的，只要它们位于垂直于信号方向的平面内即可。

例 8-3 证明一个直线极化平面波可以分解为两个振幅相等的右旋圆极化波和左旋圆极化波。

解：考虑一个在$+z$方向传播的直线极化平面波，为不失一般性，假设$\boldsymbol{E}$在x方向上极化，用相量符号表示得

$$\boldsymbol{E}(z)=\boldsymbol{a}_x E_0 \mathrm{e}^{-\mathrm{j}kz}$$

但上式可写成

$$\boldsymbol{E}(z)=\boldsymbol{E}_{rc}(z)+\boldsymbol{E}_{lc}(z)$$

其中

$$\boldsymbol{E}_{rc}(z)=\frac{E_0}{2}(\boldsymbol{a}_x-\mathrm{j}\boldsymbol{a}_y)\mathrm{e}^{-\mathrm{j}kz} \tag{8-41a}$$

和

$$\boldsymbol{E}_{lc}(z)=\frac{E_0}{2}(\boldsymbol{a}_x+\mathrm{j}\boldsymbol{a}_y)\mathrm{e}^{-\mathrm{j}kz} \tag{8-41b}$$

由前面讨论可知，式(8-41a)中的$E_{rc}(z)$和式(8-41b)中的$E_{lc}(z)$分别代表振幅为$E_0/2$的右旋圆极化波和左旋圆极化波。因而命题得证。逆命题为两个振幅相等、旋向相反的圆极化波的合成是线极化波，当然这也是正确的。

8.3 损耗媒质中的平面波

在无源损耗媒质中，要求解的齐次矢量亥姆霍兹方程为

$$\nabla^2\boldsymbol{E}+k_c^2\boldsymbol{E}=0 \tag{8-42}$$

其中波数$k_c=\omega\sqrt{\mu\varepsilon_c}$是复数，见式(7-114)。在8.2节中关于无损耗媒质中平面波的推导和讨论可以应用于损耗媒质中波传播的情况，只需要用k_c替换k就可以了。然而，为了与传输线理论中的记号一致，习惯上定义一个传播常数γ，使得

$$\gamma=\mathrm{j}k_c=\mathrm{j}\omega\sqrt{\mu\varepsilon_c}\quad(\mathrm{m}^{-1}) \tag{8-43}$$

因为γ是复数，借助于式(7-110)得

$$\gamma=\alpha+\mathrm{j}\beta=\mathrm{j}\omega\sqrt{\mu\varepsilon}\left(1+\frac{\sigma}{\mathrm{j}\omega\varepsilon}\right)^{\frac{1}{2}} \tag{8-44}$$

或者，由式(2-114)

$$\gamma=\alpha+\mathrm{j}\beta=\mathrm{j}\omega\sqrt{\mu\varepsilon'}\left(1-\mathrm{j}\frac{\varepsilon''}{\varepsilon'}\right)^{\frac{1}{2}} \tag{8-45}$$

其中α和β分别是γ的实部和虚部。下面将解释它们的物理意义。对于无损耗媒质，$\sigma=0(\varepsilon''=0,\varepsilon=\varepsilon')$，$\alpha=0$，$\beta=k=\omega\sqrt{\mu\varepsilon}$。

式(8-42)的亥姆霍兹方程变为

$$\nabla^2\boldsymbol{E}-\gamma^2\boldsymbol{E}=0 \tag{8-46}$$

式(8-46)的解表示一个沿着$+z$方向传播的均匀平面波，为

$$\boldsymbol{E}=\boldsymbol{a}_x E_x=\boldsymbol{a}_x E_0\mathrm{e}^{-\gamma z} \tag{8-47}$$

其中假设波在x方向是线极化波。传播因子$\mathrm{e}^{-\gamma z}$可以写成两个因子的乘积

$$E_x = E_0 e^{-\alpha z} e^{-j\beta z}$$

将看到 α 和 β 是正数。第一个因子 $e^{-\alpha z}$ 随 z 的增加而减小，因此是衰减因子，α 称为**衰减常数**。衰减常数的国际单位制单位为奈培每米(Np/m)①。第二个因子 $e^{-j\beta z}$ 是相位因子，β 称为**相位常数**，单位为弧度每米(rad/m)。相位常数表示波传播一米时所产生的相移量。

用 ω 和媒质本征参数(ε、μ、σ)表示的 α 和 β 的一般表达式是相当复杂的(见习题 P.8-9)。在下面几节中，将研究低损耗电介质、良导体和电离气体中 α 和 β 的近似表达式。

8.3.1　低损耗电介质

低损耗电介质是一种良好的但非理想的绝缘体，其等效电导率不为 0，而是 $\varepsilon''\ll\varepsilon'$ 或 $\sigma/\omega\varepsilon\ll 1$。在此条件下，式(8-45)中的 γ 可使用二项式展开来近似

$$\gamma = \alpha + j\beta \cong j\omega\sqrt{\mu\varepsilon'}\left[1 - j\frac{\varepsilon''}{2\varepsilon'} + \frac{1}{8}\left(\frac{\varepsilon''}{\varepsilon'}\right)^2\right]$$

由此可得衰减常数

$$\alpha \cong \frac{\omega\varepsilon''}{2}\sqrt{\frac{\mu}{\varepsilon'}} \quad (\text{Np/m}) \tag{8-48}$$

和相位常数

$$\beta \cong \omega\sqrt{\mu\varepsilon'}\left[1 + \frac{1}{8}\left(\frac{\varepsilon''}{\varepsilon'}\right)^2\right] \quad (\text{rad/m}) \tag{8-49}$$

由式(8-48)可见，低损耗电介质的衰减常数是正数，且与频率近似成正比。式(8-49)的相位常数与理想(无损)电介质的 $\omega\sqrt{\mu\varepsilon}$ 值只有很小的差别。

低损耗电介质的本征阻抗是复数

$$\eta_c = \sqrt{\frac{\mu}{\varepsilon'}}\left(1 - j\frac{\varepsilon''}{\varepsilon'}\right)^{-\frac{1}{2}} \cong \sqrt{\frac{\mu}{\varepsilon'}}\left(1 + j\frac{\varepsilon''}{2\varepsilon'}\right) \quad (\Omega) \tag{8-50}$$

因为本征阻抗是均匀平面波的 E_x 和 H_x 的比值，所以在损耗电介质中，电场强度和磁场强度不同相，这与其在无损耗电介质中不同。

用类似于式(8-9)中的方式，由 ω/β 的比值求得相速 u_p。使用式(8-49)，可得

$$u_p = \frac{\omega}{\beta} \cong \frac{1}{\sqrt{\mu\varepsilon'}}\left[1 - \frac{1}{8}\left(\frac{\varepsilon''}{\varepsilon'}\right)^2\right] \quad (\text{m/s}) \tag{8-51}$$

8.3.2　良导体

良导体是指 $\sigma/\omega\varepsilon\gg 1$ 的媒质。在此条件下，式(8-44)中的 1 与 $\sigma/j\omega\varepsilon$ 相比，可以忽略。于是可将其改写为

$$\gamma \cong j\omega\sqrt{\mu\varepsilon}\sqrt{\frac{\sigma}{j\omega\varepsilon}} = \sqrt{j}\sqrt{\omega\mu\sigma} = \frac{1+j}{\sqrt{2}}\sqrt{\omega\mu\sigma}$$

或

---

① 奈培是一个无量纲量。如果 $\alpha = 1\text{Np/m}$，则波传播 1m 的距离时，其单位波振幅就衰减为 e^{-1}(=0.368)。1Np/m 的衰减等于 $20\log_{10}e = 8.69\text{dB/m}$。

$$\gamma = \alpha + j\beta \cong (1+j)\sqrt{\pi f \mu \sigma} \tag{8-52}$$

其中使用了关系式

$$\sqrt{j} = (e^{j\pi/2})^{1/2} = e^{j\pi/4} = (1+j)/\sqrt{2}$$

和$\omega=2\pi f$。式(8-52)表明,良导体的α和β是近似相等的,并且都随$\sqrt{f}$和$\sqrt{\sigma}$的增大而增大。对于良导体

$$\alpha = \beta = \sqrt{\pi f \mu \sigma} \tag{8-53}$$

良导体的本征阻抗为

$$\eta C = \sqrt{\frac{\mu}{\varepsilon_c}} \cong \sqrt{\frac{j\omega\mu}{\sigma}} = (1+j)\sqrt{\frac{\pi f \mu}{\sigma}} = (1+j)\frac{\alpha}{\sigma} \quad (\Omega) \tag{8-54}$$

上式的相位角为45°。因此,磁场强度的相位滞后电场强度45°。

良导体中的相速为

$$u_p = \frac{\omega}{\beta} \cong \sqrt{\frac{2\omega}{\mu\sigma}} \quad (\text{m/s}) \tag{8-55}$$

上式与$\sqrt{f}$和$1/\sqrt{\sigma}$成正比。以铜为例:$\sigma=5.8\times10^7\text{S/m}$,$\mu=4\pi\times10^{-7}\text{H/m}$。当频率为3MHz时,$u_p=720\text{m/s}$,它大约是空气中声速的两倍,比空气中光速要慢几个数量级。良导体中平面波波长是

$$\lambda = \frac{2\pi}{\beta} = \frac{u_p}{f} = 2\sqrt{\frac{\pi}{f\mu\sigma}} \quad (\text{m}) \tag{8-56}$$

3MHz的电磁波在铜中的波长$\lambda=0.24\text{mm}$。相比之下,3MHz电磁波在空气中的波长是100m。

由式(8-53)可知,甚高频下,良导体的衰减常数α变得很大。3MHz的电磁波在铜中,衰减因子

$$\begin{aligned}\alpha &= \sqrt{\pi(3\times10^6)(4\pi\times10^{-7})(5.80\times10^7)}\\ &= 2.62\times10^4 \quad (\text{Np/m})\end{aligned}$$

由于衰减因子为$e^{-\alpha z}$,所以当波传播的距离为$\delta=1/\alpha$后,振幅将以$e^{-1}=0.368$的因子衰减。对于铜,在3MHz时,这个距离为$(1/2.62)\times10^{-4}\text{m}$或0.0038mm,而在10GHz下,仅为$0.66\mu\text{m}$——这确实是个非常小的距离。因此,高频电磁波在良导体中传播时,衰减得非常快。一个平面波传播了距离δ后,振幅以e^{-1}或0.368的因子减少,这个距离δ称为导体的**趋肤深度**或**穿透深度**。

$$\delta = \frac{1}{\alpha} = \frac{1}{\sqrt{\pi f \mu \sigma}} \quad (\text{m}) \tag{8-57}$$

因为对于良导体,$\alpha=\beta$,则δ也可写成

$$\delta = \frac{1}{\beta} = \frac{\lambda}{2\pi} \quad (\text{m}) \tag{8-58}$$

微波频率下,良导体的趋肤深度或穿透深度太小,以致实际中可认为场和电流仅存在于导体表面很薄的层(即在皮肤层)。

表8-1列举了几种材料在不同频率下的趋肤深度。

表 8-1　各种材料的趋肤深度δ　　mm

材　　料	σ(S/m)	f=60(Hz)	1(MHz)	1(GHz)
银	6.17×10^7	8.27(mm)	0.064(mm)	0.0020(mm)
铜	5.80×10^7	8.53	0.066	0.0021
金	4.10×10^7	10.14	0.079	0.0025
铝	3.54×10^7	10.92	0.084	0.0027
钢($\mu_r\cong10^3$)	1.00×10^7	0.65	0.005	0.00016
海水	4	32(m)	0.25(m)	①

① 海水的ε大约为$72\varepsilon_0$。当f=1GHz，$\sigma/\omega\varepsilon\cong1$(不是$\gg1$)。在这些条件下，海水不是良导体，而式(8-57)不再适用。

例 8-4　一直线极化均匀平面波在海水中沿$+z$方向传播，在$z=0$处，其电场强度为$\boldsymbol{E}=\boldsymbol{a}_x100\cos(10^7\pi t)$V/m。海水的本构参数是$\varepsilon_r=72$，$\mu_r=1$，$\sigma=4$S/m。(1)求衰减常数、相位常数、本征阻抗、相速、波长和趋肤深度。(2)求$\boldsymbol{E}$的振幅是$z=0$处振幅值的1%时波的传播距离。(3)写出$\boldsymbol{E}(z,t)$和$\boldsymbol{H}(z,t)$在$z=0.8$m处关于t的函数表达式。

解：

$$\omega=10^7\pi\quad(\text{rad/s})$$

$$f=\frac{\omega}{2\pi}=5\times10^6\quad(\text{Hz})$$

$$\frac{\sigma}{\omega\varepsilon}=\frac{\sigma}{\omega\varepsilon_0\varepsilon_r}=\frac{4}{10^7\pi\left(\frac{1}{36\pi}\times10^{-9}\right)72}=200\gg1$$

因此，可以运用良导体的公式。

(1) 衰减常数

$$\alpha=\sqrt{\pi f\mu\sigma}=\sqrt{5\pi10^6(4\pi10^{-7})4}=8.89\quad(\text{Np/m})$$

相位常数

$$\beta=\sqrt{\pi f\mu\sigma}=8.89\quad(\text{rad/m})$$

本征阻抗

$$\eta_c=(1+\text{j})\sqrt{\frac{\pi f\mu}{\sigma}}=(1+\text{j})\sqrt{\frac{\pi(5\times10^6)(4\pi\times10^{-7})}{4}}=\pi e^{\text{j}\pi/4}\quad(\Omega)$$

相速

$$u_p=\frac{\omega}{\beta}=\frac{10^7\pi}{8.89}=3.53\times10^6\quad(\text{m/s})$$

波长

$$\lambda=\frac{2\pi}{\beta}=\frac{2\pi}{8.89}=0.707\quad(\text{m})$$

趋肤深度

$$\delta=\frac{1}{\alpha}=\frac{1}{8.89}=0.112\quad(\text{m})$$

(2) 在距离z_1位置上，波的振幅衰减为$z=0$时的1%

$$e^{-\alpha z_1}=0.01\quad\text{或}\quad e^{\alpha z_1}=\frac{1}{0.01}=100$$

$$z_1 = \frac{1}{\alpha}\ln 100 = \frac{4.605}{8.89} = 0.518 \quad (\text{m})$$

(3) 用相量符号

$$\boldsymbol{E}(z) = \boldsymbol{a}_x 100 \mathrm{e}^{-\alpha z} \mathrm{e}^{-\mathrm{j}\beta z}$$

$\boldsymbol{E}$ 的瞬时表达式为

$$\boldsymbol{E}(z,t) = \mathrm{Re}[\boldsymbol{E}(z)\mathrm{e}^{\mathrm{j}\omega t}] = \mathrm{Re}[\boldsymbol{a}_x 100\mathrm{e}^{-\alpha z}\mathrm{e}^{\mathrm{j}(\omega t-\beta z)}] = \boldsymbol{a}_x 100\mathrm{e}^{-\alpha z}\cos(\omega t - \beta z)$$

在 $z=0.8\text{m}$ 处,得

$$\begin{aligned}\boldsymbol{E}(0.8,t) &= \boldsymbol{a}_x 100\mathrm{e}^{-0.8z}\cos(10^7\pi t - 0.8\beta)\\ &= \boldsymbol{a}_x 0.082\cos(10^7\pi t - 7.11) \quad (\text{V/m})\end{aligned}$$

大家知道均匀平面波是 TEM 波,且 $\boldsymbol{E}\perp\boldsymbol{H}$,二者又都垂直于波的传播方向 $\boldsymbol{a}_z$。因此 $\boldsymbol{H}=\boldsymbol{a}_y H_y$。为了求 $\boldsymbol{H}(z,t)$,即关于 t 的函数 $\boldsymbol{H}$ 的瞬时表达式,不准错误写出 $H_y(z,t)=E_x(z,t)/\eta_c$,因为这将会把时间实函数 $E_x(z,t)$和 $H_z(z,t)$与复数 η_c 混淆。必须运用相量 $E_x(z)$和 $H_y(z)$,即

$$H_y(z) = \frac{E_x(z)}{\eta_c}$$

由此可得瞬时值之间的关系

$$H_y(z,t) = \mathrm{Re}\left[\frac{E_x(z)}{\eta_c}\mathrm{e}^{\mathrm{j}\omega t}\right]$$

对于本题,用相量形式

$$H_y(0.8) = \frac{100\mathrm{e}^{-0.8z}\mathrm{e}^{\mathrm{j}0.8\beta}}{\pi\mathrm{e}^{\mathrm{j}\pi/4}} = \frac{0.082\mathrm{e}^{-\mathrm{j}1.61}}{\pi\mathrm{e}^{\mathrm{j}\pi/4}} = 0.026\mathrm{e}^{-\mathrm{j}1.61}$$

注意两个角度在合并前必须是弧度的形式。于是在 $z=0.8\text{m}$ 处,$\boldsymbol{H}$ 的瞬时表达式为

$$\boldsymbol{H}(0.8,t) = \boldsymbol{a}_y 0.026\cos(10^7\pi t - 1.61) \quad (\text{A/m})$$

可见,5MHz 平面波在海水中衰减非常快,以致在距离波源非常近时已小到可忽略。甚至在非常低的频率下,水下潜艇的远距离无线通信还是很困难的。

8.3.3 电离气体

在地球大气上层,海拔约 50～500km 的高度区域,存在电离的气体层,称为**电离层**。电离层由自由电子和正离子组成,当太阳释放的紫外线被大气上层的原子和分子吸收后就产生自由电子和正离子。带电粒子会被地球磁场吸附。电离层的高度和特性取决于太阳辐射性质和大气层的构成。它们随着太阳黑子周期、季节、白天的时间以非常复杂的方式变化。每个电离层中的电子密度和离子密度基本相等。具有相等的电子密度和离子密度的电离气体叫做**等离子体**。

电离层在电磁波传播中发挥重要作用,并影响无线电通信。因为电子比正离子轻,所以电子更容易被电磁波的电场加速通过电离层。分析时,将忽略离子的运动,把电离层视为自由电子气。而且忽略电子与气体原子及分子的碰撞①。

一个电荷为 $-e$、质量为 m 的电子,在 x 方向的时谐电场 $\boldsymbol{E}$ 中以角频率 ω 运动,受到的

---

① 在电离层的最低区域,大气压很高,该假设不合适。

力为$-eE$，该力移走它使其与正离子相距$\boldsymbol{x}$，于是

$$-e\boldsymbol{E}=m\frac{\mathrm{d}^2\boldsymbol{x}}{\mathrm{d}t^2}=-m\omega^2\boldsymbol{x} \tag{8-59}$$

或

$$\boldsymbol{x}=\frac{e}{m\omega^2}\boldsymbol{E} \tag{8-60}$$

其中，$\boldsymbol{E}$和$\boldsymbol{x}$是相量。这样的位移产生电偶极矩

$$\boldsymbol{p}=-e\boldsymbol{x} \tag{8-61}$$

如果每单位体积有N个电子，则可得电偶极矩的体密度或极化矢量

$$\boldsymbol{P}=N\boldsymbol{p}=\frac{Ne^2}{m\omega^2}\boldsymbol{E} \tag{8-62}$$

式(8-62)中，暗中忽略了电子的感生偶极矩的相互作用。由式(3-97)和式(8-62)可得

$$\boldsymbol{D}=\varepsilon_0\boldsymbol{E}+\boldsymbol{P}=\varepsilon_0\left(1-\frac{Ne^2}{m\omega^2\varepsilon_0}\right)\boldsymbol{E}=\varepsilon_0\left(1-\frac{\omega_p^2}{\omega^2}\right)\boldsymbol{E} \tag{8-63}$$

其中

$$\omega_p=\sqrt{\frac{Ne^2}{m\varepsilon_0}} \tag{8-64}$$

称为**等离子体的角频率**，是电离媒质的特性。相应的**等离子体频率**为

$$f_p=\frac{\omega_p}{2\pi}=\frac{1}{2\pi}\sqrt{\frac{Ne^2}{m\varepsilon_0}} \tag{8-65}$$

因此电离层或等离子体的等效介电常数为

$$\varepsilon_p=\varepsilon_0\left(1-\frac{\omega_p^2}{\omega^2}\right)=\varepsilon_0\left(1-\frac{f_p^2}{f^2}\right) \tag{8-66}$$

根据式(8-66)，得传播常数为

$$\gamma=\mathrm{j}\omega\sqrt{\mu\varepsilon_0}\sqrt{1-\left(\frac{f_p}{f}\right)^2} \tag{8-67}$$

而本征阻抗为

$$\eta_p=\frac{\eta_0}{\sqrt{1-\left(\frac{f_p}{f}\right)^2}} \tag{8-68}$$

其中$\eta_0=\sqrt{\mu_0/\varepsilon_0}=120\pi\Omega$。

由式(8-66)可观察到一个特殊现象：当f趋近f_p时，ε趋近于0。当ε变为0时，即使此时电场强度$\boldsymbol{E}$(取决于自由电荷和极化电荷)不为0，电位移$\boldsymbol{D}$(只取决于自由电荷)也为0。在这种情况下，没有自由电荷，振荡的$\boldsymbol{E}$有可能存在于等离子体中，这就产生了所谓的**等离子体振荡**。

当$f<f_p$时，γ为纯实数，表明不传播时也存在衰减；同时，η_p为纯虚数，表示无功负载，没有功率的透射。因此，f_p也称为**截止频率**。本章后面还将讨论不同情况下波的反射和透射。当$f>f_p$时，γ是纯虚数，电磁波在等离子体中无衰减传播(假设碰撞损耗微小)。

如果把e，m和ε_0的值代入式(8-65)，可得一个简单的等离子体(截止)频率公式

$$f_p\cong 9\sqrt{N} \tag{8-69}$$

如前所述,在给定海拔高度下的 N 不是常数;它随白天的时间、季节和其他因素而变化。电离层电子密度的范围大约为从最低层的 $10^{10}/\mathrm{m}^3$ 到最高层的 $10^{12}/\mathrm{m}^3$。把这些值代入式(8-69)中的 N,可得 f_p 在 0.9~9MHz 之间变化。因此,要和电离层外的卫星或太空站通信,就必须用高于 9MHz 的频率,以确保波在任意入射角以最大 N 渗透通过电离层(见习题 P. 8-14)。频率低于 0.9MHz 的信号甚至不能渗透电离层的最低层,但有可能在电离层边界和地球表面经过多次反射绕地球传播非常远。介于 0.9~9MHz 的信号能部分渗透较低电离层,但当 N 很大时最终会返回。这里只给出了波在电离层传播的简单描述。个别层的恒定电子密度缺乏及地球磁场的存在,使得实际情况变得复杂。

例 8-5 当太空船重返地球大气层时,其速度和温度使周围原子和分子电离,并产生等离子。据估计电子密度约为 $2\times10^8/\mathrm{cm}^3$。讨论太空船与地面任务管理员之间无线通信时,等离子体对所用频率的影响。

解:对

$$N=2\times10^8/\mathrm{cm}^3=2\times10^{14}/\mathrm{m}^3$$

由式(8-69)得 $f_p=9\times\sqrt{2\times10^{14}}=1.27\times10^8\,\mathrm{Hz}$ 或 127MHz。因此,当频率低于 127MHz 时,不能建立无线通信。

8.4 群速

8.2 节已定义单一频率平面波的相速 u_p 是指等相位面的传播速度。u_p 与相位常数 β 的关系为

$$u_p=\frac{\omega}{\beta}\quad(\mathrm{m/s})\tag{8-70}$$

对于无损耗媒质的平面波,$\beta=\omega\sqrt{\mu\varepsilon}$ 是 ω 的线性函数。所以,相速 $u_p=1/\sqrt{\mu\varepsilon}$ 是与频率无关的常数。但是在有些情况下(例如前面讨论过的波在损耗电介质中的传播或后面章节将讨论的波沿传输线或波导的传播),相位常数就不是 ω 的线性函数;不同频率的波将以不同的相速传播。由于所有承载信息的信号由频带组成,各个频率分量波以不同的相速传播,从而引起信号波形失真,即信号"色散"。由于各频率的相速不同引起的信号失真现象称为**色散**。从式(8-51)和式(7-115)中可以得出:损耗电介质显然是**色散媒质**。

承载信息的信号通常在高频载波附近具有很小的频率扩展(边带),这种信号包含"一组"频率,并形成波包。**群速**是(一组不同频率的)波包的包络传播的速度。

讨论一种最简单的波包情况,它由振幅相同、角频率分别为 $\omega_0+\Delta\omega$ 和 $\omega_0-\Delta\omega$($\Delta\omega\ll\omega_0$)的两个行波组成。既然相位常数是频率的函数,两个行波频率不同相位常数也将略有不同。令对应于这两个频率的相位常数为 $\beta_0+\Delta\beta$ 和 $\beta_0-\Delta\beta$,可得

$$\begin{aligned}E(z,t)&=E_0\cos[(\omega_0+\Delta\omega)t-(\beta_0+\Delta\beta)z]+E_0\cos[(\omega_0-\Delta\omega)t-(\beta_0-\Delta\beta)z]\\&=2E_0\cos[(t\Delta\omega-z\Delta\beta)\cos(\omega_0t-\beta_0z)]\end{aligned}\tag{8-71}$$

由于 $\Delta\omega\ll\omega_0$,式(8-71)表示角频率为 ω_0 的快速振荡的波,其振幅随角频率 $\Delta\omega$ 缓慢变化,如图 8-6 所示。

包络内部的波以相速传播，这个相速可以通过令 $\omega_0 t-\beta_0 z$ 为常数求得

$$u_p=\frac{\mathrm{d}z}{\mathrm{d}t}=\frac{\omega_0}{\beta_0}$$

令式(8-71)的第一个余弦项的辐角等于常数就可以求包络的速度(**群速** u_g)

$$t\Delta\omega-z\Delta\beta=\text{常量}$$

由此得

$$u_g=\frac{\mathrm{d}z}{\mathrm{d}t}=\frac{\Delta\omega}{\Delta\beta}=\frac{1}{\Delta\beta/\Delta\omega}$$

在 $\Delta\omega\to 0$ 的极限情况下，可得出色散媒质中计算群速的公式

$$u_g=\frac{1}{\mathrm{d}\beta/\mathrm{d}\omega}\quad(\mathrm{m/s})\tag{8-72}$$

这是波包的包络上一个点的速度，如图 8-6 所示，而且是窄带信号的速度①。正如 8.3.3 节所示，β 是 ω 的函数。如果画 ω 相对于 β 的图，则可得一个 ω-β 曲线图。原点到曲线图上的点的斜率表示相速 ω/β，而曲线图在该点的切线的斜率为群速 $\mathrm{d}\beta/\mathrm{d}\omega$。

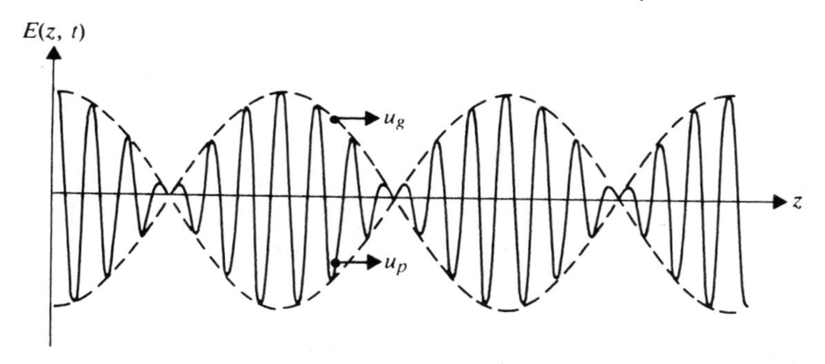

图 8-6　时刻 t 两个等幅度但频率稍微不同的时谐传播的波的叠加

图 8-7 中画出了电离媒质中波传播的 ω-β 曲线图，根据式(8-67)得

$$\beta=\omega\sqrt{\mu\varepsilon_0}\sqrt{1-\left(\frac{f_p}{f}\right)^2}=\frac{\omega}{c}\sqrt{1-\left(\frac{\omega_p}{\omega}\right)^2}\tag{8-73}$$

当 $\omega=\omega_p$(截止角频率)时，$\beta=0$。当 $\omega>\omega_p$，波的传播是可能的，且

$$u_p=\frac{\omega}{\beta}=\frac{c}{\sqrt{1-\left(\frac{\omega_p}{\omega}\right)^2}}\tag{8-74}$$

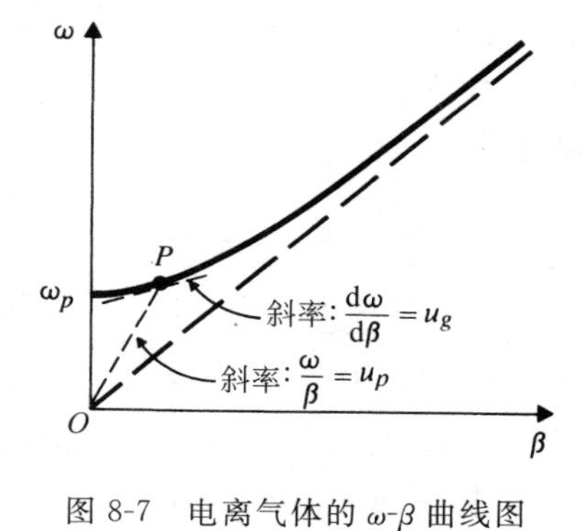

图 8-7　电离气体的 ω-β 曲线图

将式(8-73)代入式(8-72)中，得

$$u_g=c\sqrt{1-\left(\frac{\omega_p}{\omega}\right)^2}\tag{8-75}$$

① 群速的概念不适用于色散媒质中的宽带信号(见 10.3.2 节)。

注意：$u_p \geqslant c$ 和 $u_g \leqslant c$，且当波在电离媒质传播时，$u_p u_g = c^2$。类似的情况同样存在于波导中(10.2节)。

联立式(8-72)和式(8-70)可得群速与相速的一般关系。由式(8-70)得

$$\frac{\mathrm{d}\beta}{\mathrm{d}\omega} = \frac{\mathrm{d}}{\mathrm{d}\omega}\left(\frac{\omega}{u_p}\right) = \frac{1}{u_p} - \frac{\omega}{u_p^2}\frac{\mathrm{d}u_p}{\mathrm{d}\omega}$$

将上式代入式(8-72)得

$$u_g = \frac{u_p}{1 - \dfrac{\omega}{u_p}\dfrac{\mathrm{d}u_p}{\mathrm{d}\omega}} \tag{8-76}$$

由式(8-76)可得三种可能的情况：

(1) 无色散

$$\frac{\mathrm{d}u_p}{\mathrm{d}\omega} = 0 \quad (u_p \text{ 与 } \omega \text{ 无关}, \beta \text{ 是关于 } \omega \text{ 的线性函数})$$

$$u_g = u_p$$

(2) 正常色散

$$\frac{\mathrm{d}u_p}{\mathrm{d}\omega} < 0 \quad (u_p \text{ 随着 } \omega \text{ 递减})$$

$$u_g < u_p$$

(3) 反常色散

$$\frac{\mathrm{d}u_p}{\mathrm{d}\omega} > 0 \quad (u_p \text{ 随着 } \omega \text{ 递增})$$

$$u_g > u_p$$

例 8-6 一窄带信号在损耗电介质中传播，当信号的载频为550kHz时，电介质的损耗角正切为0.2。媒质的介电常数为2.5。(1)求 α 和 β。(2)求 u_p 和 u_g，该媒质是否色散？

解：(1) 由于损耗角正切 $\varepsilon''/\varepsilon' = 0.2$，同时 $\varepsilon''^2/8\varepsilon'^2 \ll 1$，利用式(8-48)和式(8-49)可分别求 α 和 β。但首先必须由损耗角正切求得 ε''

$$\varepsilon'' = 0.2\varepsilon' = 0.2 \times 2.5\varepsilon_0 = 4.42 \times 10^{-12} \quad (\mathrm{F/m})$$

因此

$$\alpha = \frac{\omega\varepsilon''}{2}\sqrt{\frac{\mu}{\varepsilon'}} = \pi(550 \times 10^3) \times (4.42 \times 10^{-12}) \times \frac{377}{\sqrt{2.5}} = 1.82 \times 10^{-3} \quad (\mathrm{Np/m})$$

$$\beta = \omega\sqrt{\mu\varepsilon'}\left[1 + \frac{1}{8}\left(\frac{\varepsilon''}{\varepsilon'}\right)^2\right] = 2\pi(550 \times 10^3)\frac{\sqrt{2.5}}{3 \times 10^8}\left[1 + \frac{1}{8}(0.2)^2\right]$$

$$= 0.0182 \times 1.005 = 0.0183 \quad (\mathrm{rad/m})$$

(2) 相速(由式8-51得)

$$u_p = \frac{\omega}{\beta} = \frac{1}{\sqrt{\mu\varepsilon'}\left[1 + \frac{1}{8}\left(\frac{\varepsilon''}{\varepsilon'}\right)^2\right]} \cong \frac{1}{\sqrt{\mu\varepsilon'}}\left[1 - \frac{1}{8}\left(\frac{\varepsilon''}{\varepsilon'}\right)^2\right]$$

$$= \frac{3 \times 10^8}{\sqrt{2.5}}\left[1 - \frac{1}{8}(0.2)^2\right] = 1.888 \times 10^8 \quad (\mathrm{m/s})$$

（3）群速（由式8-49得）

$$\frac{\mathrm{d}\beta}{\mathrm{d}\omega}=\sqrt{\mu\varepsilon'}\left[1+\frac{1}{8}\left(\frac{\varepsilon''}{\varepsilon'}\right)^2\right]$$

$$u_g=\frac{1}{(\mathrm{d}\beta/\mathrm{d}\omega)}\cong\frac{1}{\sqrt{\mu\varepsilon'}}\cong u_p$$

所以，低损耗电介质几乎无色散。这里已假设ε''与频率无关。对于高损耗电介质，ε''是ω的函数，其幅值与ε'相当。式(8-49)中的近似将不再成立，该媒质将是色散的。

8.5　电磁能流和坡印廷矢量

电磁波携带电磁能量，能量通过电磁波经空间传播到远处的接收点。现在将推导这种能量传递与行电磁波相伴的电场强度及磁场强度之间的比率关系。

由旋度方程着手

$$\nabla\times\boldsymbol{E}=-\frac{\partial\boldsymbol{B}}{\partial t}\tag{8-77}$$

$$\nabla\times\boldsymbol{H}=\boldsymbol{J}+\frac{\partial\boldsymbol{D}}{\partial t}\tag{8-78}$$

证明下面的矢量运算恒等式（见习题P.2-33）很简单

$$\nabla\cdot(\boldsymbol{E}\times\boldsymbol{H})=\boldsymbol{H}\cdot(\nabla\times\boldsymbol{E})-\boldsymbol{E}\cdot(\nabla\times\boldsymbol{H})\tag{8-79}$$

将式(8-77)和式(8-78)代入到式(8-79)中得

$$\nabla\cdot(\boldsymbol{E}\times\boldsymbol{H})=-\boldsymbol{H}\cdot\frac{\partial\boldsymbol{B}}{\partial t}-\boldsymbol{E}\cdot\frac{\partial\boldsymbol{D}}{\partial t}-\boldsymbol{E}\cdot\boldsymbol{J}\tag{8-80}$$

在简单的媒质中，其本构参数ε，μ和σ不随时间变化，得

$$\boldsymbol{H}\cdot\frac{\partial\boldsymbol{B}}{\partial t}=\boldsymbol{H}\cdot\frac{\partial(\mu\boldsymbol{H})}{\partial t}=\frac{1}{2}\frac{\partial(\mu\boldsymbol{H}\cdot\boldsymbol{H})}{\partial t}=\frac{\partial}{\partial t}\left(\frac{1}{2}\mu H^2\right)$$

$$\boldsymbol{E}\cdot\frac{\partial\boldsymbol{D}}{\partial t}=\boldsymbol{E}\cdot\frac{\partial(\varepsilon\boldsymbol{E})}{\partial t}=\frac{1}{2}\frac{\partial(\varepsilon\boldsymbol{E}\cdot\boldsymbol{E})}{\partial t}=\frac{\partial}{\partial t}\left(\frac{1}{2}\varepsilon E^2\right)$$

$$\boldsymbol{E}\cdot\boldsymbol{J}=\boldsymbol{E}\cdot(\sigma\boldsymbol{E})=\sigma E^2$$

于是式(8-80)可以写成

$$\nabla\cdot(\boldsymbol{E}\times\boldsymbol{H})=-\frac{\partial}{\partial t}\left(\frac{1}{2}\varepsilon E^2+\frac{1}{2}\mu H^2\right)-\sigma E^2\tag{8-81}$$

上式是点函数关系。在式(8-81)两边对所涉及的区域取体积分，可得到其对应的积分形式

$$\oint_S(\boldsymbol{E}\times\boldsymbol{H})\cdot\mathrm{d}\boldsymbol{s}=-\frac{\partial}{\partial t}\int_V\left(\frac{1}{2}\varepsilon E^2+\frac{1}{2}\mu H^2\right)\mathrm{d}v-\int_V\sigma E^2\,\mathrm{d}v\tag{8-82}$$

其中已应用散度定理把$\nabla\cdot(\boldsymbol{E}\times\boldsymbol{H})$的体积分转换成$(\boldsymbol{E}\times\boldsymbol{H})$的闭合面积分。

可见式(8-82)右边的第一项和第二项分别表示电场储能和磁场储能随时间的变化率（与式(3-176b)和式(6-172c)相比）。最后一项表示电场$\boldsymbol{E}$存在时，由于传导电流密度$\sigma\boldsymbol{E}$的流动而消耗的欧姆功率。因此可以将式(8-82)的右边解释为电场储能和磁场储能的递减率减去在体积V中以热量形式损耗的欧姆功率。为了与能量守恒定律一致，式(8-82)的右边必须等于从体积表面散发出的功率（能量的变化率）。所以$(\boldsymbol{E}\times\boldsymbol{H})$是一个表示穿过每单

位面积的能流矢量。定义为

$$\boldsymbol{P}=(\boldsymbol{E}\times\boldsymbol{H}) \tag{8-83}$$

量 $\boldsymbol{P}$ 称为**坡印廷矢量**,它是一个与电磁场有关的功率密度矢量。$\boldsymbol{P}$ 在闭合面上的面积分,如式(8-82)的左边给出,等于从这个闭合面所包围的体积散发出的功率,这就是**坡印廷定理**。该定理不仅仅限于平面波。

式(8-82)可以写成另外一种形式

$$-\oint_S \boldsymbol{P}\cdot\mathrm{d}\boldsymbol{s}=\frac{\partial}{\partial t}\int_V(w_e+w_m)\mathrm{d}v+\int_V p_\sigma\mathrm{d}v \tag{8-84}$$

其中

$$w_e=\frac{1}{2}\varepsilon E^2=\frac{1}{2}\varepsilon\boldsymbol{E}\cdot\boldsymbol{E}^*=\text{电场能量密度} \tag{8-85}$$

$$w_m=\frac{1}{2}\mu H^2=\frac{1}{2}\mu\boldsymbol{H}\cdot\boldsymbol{H}^*=\text{磁场能量密度} \tag{8-86}$$

$$p_\sigma=\sigma E^2=J^2/\sigma=\sigma\boldsymbol{E}\cdot\boldsymbol{E}^*=\boldsymbol{J}\cdot\boldsymbol{J}^*/\sigma=\text{欧姆功率密度} \tag{8-87}$$

用文字叙述,式(8-84)表明:在任意时刻流入闭合面的总功率,等于由这个闭合面所包围的体积内电场储能和磁场储能的增加率与损耗的欧姆功率之和。

关于坡印廷矢量有两点值得注意。首先,式(8-82)和式(8-84)中的功率关系与穿过闭合面的总功率流有关,这个总功率流可由($\boldsymbol{E}\times\boldsymbol{H}$)的面积分得到。式(8-83)中的坡印廷矢量定义为曲面上每一点的功率密度矢量,这是一个有用但又任意的概念。第二,坡印廷矢量 $\boldsymbol{P}$ 的方向垂直于 $\boldsymbol{E}$ 和 $\boldsymbol{H}$ 的方向。

如果关注的区域是无损的(即 $\sigma=0$),那么式(8-84)的最后一项为0,于是流入闭合面的总能量等于该封闭体积内电场储能和磁场储能的增加率。在静态情况下,式(8-84)右边前两项为0,流入闭合曲面的总能量等于封闭体积内损耗的欧姆功率。

例 8-7 求一载有直流电流 I 的长直导线(半径为 b,电导率为 σ)表面的坡印廷矢量,并证明坡印廷定理。

解:既然讨论直流的情况,那么导线中的电流是均匀分布在横截面上。假设导线的轴线与 z 轴重合,图8-8表示一段长为 l 的长直导线,得

$$\boldsymbol{J}=\boldsymbol{a}_z\frac{I}{\pi b^2}$$

和

$$\boldsymbol{E}=\frac{\boldsymbol{J}}{\sigma}=\boldsymbol{a}_z\frac{I}{\sigma\pi b^2}$$

在导线表面

$$\boldsymbol{H}=\boldsymbol{a}_\phi\frac{I}{2\pi b}$$

因此,导线表面的坡印廷矢量为

$$\boldsymbol{P}=\boldsymbol{E}\times\boldsymbol{H}=(\boldsymbol{a}_z\times\boldsymbol{a}_\phi)\frac{I^2}{2\sigma\pi^2b^3}=-\boldsymbol{a}_r\frac{I^2}{2\sigma\pi^2b^3}$$

其方向处处指向导线表面。

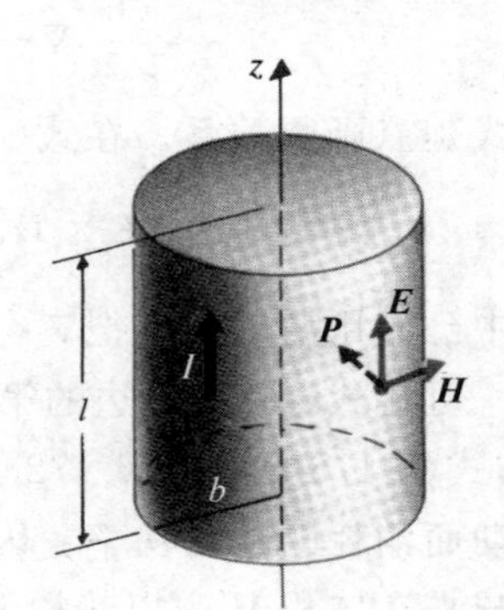

图 8-8 图解波印廷定理

为了证明坡印廷定理，沿图 8-8 所示导线线段的表面，对 $\boldsymbol{P}$ 进行积分

$$-\oint_S \boldsymbol{P}\cdot \mathrm{d}\boldsymbol{s} = -\oint_S \boldsymbol{P}\cdot \boldsymbol{a}_r \mathrm{d}s = \left(\frac{I^2}{2\sigma\pi^2 b^3}\right)2\pi bl = I^2\left(\frac{l}{\sigma\pi b^2}\right) = I^2 R$$

其中已运用了式(5-27)中的直导线的电阻公式 $R=l/\sigma S$。以上结果表明，坡印廷矢量的面积分的负值正好等于导线中的欧姆功率损耗(I^2R)，因此，坡印廷定理得证。

瞬时功率密度与平均功率密度

在讨论时谐电磁波时，已发现应用相量符号是很方便的。当以 $\cos(\omega t)$ 为参照，一个量的瞬时值就是相量与 $\mathrm{e}^{\mathrm{j}\omega t}$ 乘积的实部。例如，取相量

$$\boldsymbol{E}(z) = \boldsymbol{a}_x E_x(z) = \boldsymbol{a}_x E_0 \mathrm{e}^{-(\alpha+\mathrm{j}\beta)z} \tag{8-88}$$

其瞬时表达式为

$$\begin{aligned}\boldsymbol{E}(z,t) &= \mathrm{Re}[\boldsymbol{E}(z,t)\mathrm{e}^{\mathrm{j}\omega t}] = \boldsymbol{a}_x E_0 \mathrm{e}^{-\alpha z}\mathrm{Re}[\mathrm{e}^{\mathrm{j}(\omega t-\beta z)}]\\ &= \boldsymbol{a}_x E_0 \mathrm{e}^{-\alpha z}\cos(\omega t-\beta z)\end{aligned} \tag{8-89}$$

对于损耗媒质中沿 $+z$ 方向传播的均匀平面波，其相伴的磁场强度相量为

$$\boldsymbol{H}(z) = \boldsymbol{a}_y H_y(z) = \boldsymbol{a}_y \frac{E_0}{|\eta|}\mathrm{e}^{-\alpha z}\mathrm{e}^{-\mathrm{j}(\beta z+\theta_\eta)} \tag{8-90}$$

其中，θ_η 是媒质的本征阻抗 $\eta=|\eta|\mathrm{e}^{\mathrm{j}\theta_\eta}$ 的相位角。$\boldsymbol{H}(z)$ 对应的瞬时表达式为

$$\boldsymbol{H}(z,t) = \mathrm{Re}[\boldsymbol{H}(z,t)\mathrm{e}^{\mathrm{j}\omega t}] = \boldsymbol{a}_y \frac{E_0}{|\eta|}\mathrm{e}^{-\alpha z}\cos(\omega t-\beta z-\theta_\eta) \tag{8-91}$$

只要含有正弦曲线的时间量的运算和(或)方程是线性的，就允许使用以上步骤。如果将其应用于非线性运算，如两个正弦量的乘积(坡印廷矢量是 $\boldsymbol{E}$ 和 $\boldsymbol{H}$ 的叉积，属于此类)，得到的结果就是错误的。理由是

$$\mathrm{Re}[\boldsymbol{E}(z)\mathrm{e}^{\mathrm{j}\omega t}]\times\mathrm{Re}[\boldsymbol{H}(z)\mathrm{e}^{\mathrm{j}\omega t}] \neq \mathrm{Re}[\boldsymbol{E}(z)\times\boldsymbol{H}(z)\mathrm{e}^{\mathrm{j}\omega t}]$$

由式(8-88)和式(8-90)，可求得坡印廷矢量或功率密度矢量的瞬时表达式

$$\begin{aligned}\boldsymbol{P}(z,t) &= \boldsymbol{E}(z,t)\times\boldsymbol{H}(z,t) = \mathrm{Re}[\boldsymbol{E}(z)\mathrm{e}^{\mathrm{j}\omega t}]\times\mathrm{Re}[\boldsymbol{H}(z)\mathrm{e}^{\mathrm{j}\omega t}]\\ &= \boldsymbol{a}_z\frac{E_0^2}{|\eta|}\mathrm{e}^{-2\alpha z}\cos(\omega t-\beta z)\cos(\omega t-\beta z-\theta_\eta)\\ &= \boldsymbol{a}_z\frac{E_0^2}{|\eta|}\mathrm{e}^{-2\alpha z}[\cos\theta_\eta+\cos(2\omega t-2\beta z-\theta_\eta)]\end{aligned} \tag{8-92}$$
[①]

---

① 考虑两个一般的复矢量 $\boldsymbol{A}$ 和 $\boldsymbol{B}$，我们知道

$$\mathrm{Re}(\boldsymbol{A}) = \frac{1}{2}(\boldsymbol{A}+\boldsymbol{A}^*) \quad 且 \quad \mathrm{Re}(\boldsymbol{B}) = \frac{1}{2}(\boldsymbol{B}+\boldsymbol{B}^*)$$

其中 * 号表示“共轭”。因此

$$\begin{aligned}\mathrm{Re}(\boldsymbol{A})\times\mathrm{Re}(\boldsymbol{B}) &= \frac{1}{2}(\boldsymbol{A}+\boldsymbol{A}^*)\times\frac{1}{2}(\boldsymbol{B}+\boldsymbol{B}^*)\\ &= \frac{1}{4}[(\boldsymbol{A}\times\boldsymbol{B}^*)+(\boldsymbol{A}^*\times\boldsymbol{B})+(\boldsymbol{A}\times\boldsymbol{B}+\boldsymbol{A}^*\times\boldsymbol{B}^*)]\\ &= \frac{1}{2}\mathrm{Re}(\boldsymbol{A}\times\boldsymbol{B}^*+\boldsymbol{A}\times\boldsymbol{B})\end{aligned} \tag{8-93}$$

这种关系同样适用于矢量函数的点积或者两个复数标量函数的乘积。将式(8-93)中的 $\boldsymbol{A}$ 和 $\boldsymbol{B}$ 分别看作 $\boldsymbol{E}(z)\mathrm{e}^{\mathrm{j}\omega t}$ 和 $\boldsymbol{H}(z)\mathrm{e}^{\mathrm{j}\omega t}$，可很方便得式(8-92)的结果。

另一方面

$$\mathrm{Re}[\boldsymbol{E}(z)\times\boldsymbol{H}(z)\mathrm{e}^{\mathrm{j}\omega t}]=\boldsymbol{a}_z\frac{E_0^2}{|\eta|}\mathrm{e}^{-2\alpha z}\cos(\omega t-2\beta z-\theta_\eta)$$

这与式(8-92)明显不同。

就电磁波传输的功率而言,平均功率比瞬时功率更有意义。由式(8-92)可得时间平均坡印廷矢量 $\boldsymbol{P}_{av}(z)$

$$\boldsymbol{P}_{av}(z)=\frac{1}{T}\int_0^T\boldsymbol{P}(z,t)\mathrm{d}t=\boldsymbol{a}_z\frac{E_0^2}{2|\eta|}\mathrm{e}^{-2\alpha z}\cos\theta_\eta\quad(\mathrm{W/m^2})\tag{8-94}$$ ①

其中 $T=2\pi/\omega$ 是波的时间周期。式(8-92)右边的第二项是二倍频的余弦函数,该函数在一个周期的平均是0。

运用式(8-93),可以将式(8-92)中的瞬时坡印廷矢量表示为两项之和的实部,代替两个复矢量实部的乘积

$$\begin{aligned}\boldsymbol{P}(z,t)&=\mathrm{Re}[\boldsymbol{E}(z)\mathrm{e}^{\mathrm{j}\omega t}]\times\mathrm{Re}[\boldsymbol{H}(z)\mathrm{e}^{\mathrm{j}\omega t}]\\&=\frac{1}{2}\mathrm{Re}[\boldsymbol{E}(z)\times\boldsymbol{H}^*(z)+\boldsymbol{E}(z)\times\boldsymbol{H}(z)\mathrm{e}^{\mathrm{j}2\omega t}]\end{aligned}\tag{8-95}$$

对 $\boldsymbol{P}(z,t)$ 在一个周期 T 上取积分就可求得平均功率密度 $\boldsymbol{P}_{\mathrm{av}}(z)$。因为式(8-95)的最后一项(二次谐波)的平均值为0,则得

$$\boldsymbol{P}_{\mathrm{av}}=\frac{1}{2}\mathrm{Re}[\boldsymbol{E}(z)\times\boldsymbol{H}^*(z)]$$

通常情况下,可能不会涉及波沿 z 方向传播,可写为

$$\boldsymbol{P}_{\mathrm{av}}=\frac{1}{2}\mathrm{Re}[\boldsymbol{E}\times\boldsymbol{H}^*]\quad(\mathrm{W/m^2})\tag{8-96}$$ ②

上式是计算任意方向传播的电磁波的平均功率密度的一般公式。

例 8-8 在自由空间中,位于球坐标系原点处的垂直电流元 $I\mathrm{d}\boldsymbol{l}$ 的远场为

$$\boldsymbol{E}(R,\theta)=\boldsymbol{a}_\theta E_\theta(R,\theta)=\boldsymbol{a}_\theta\left(\mathrm{j}\frac{60\pi I\mathrm{d}l}{\lambda R}\sin\theta\right)\mathrm{e}^{-\mathrm{j}\beta R}\quad(\mathrm{V/m})$$

$$\boldsymbol{H}(R,\theta)=\boldsymbol{a}_\phi\frac{E_\theta(R,\theta)}{\eta_0}=\boldsymbol{a}_\phi\left(\mathrm{j}\frac{I\mathrm{d}l}{2\lambda R}\sin\theta\right)\mathrm{e}^{-\mathrm{j}\beta R}\quad(\mathrm{A/m})$$

---

① 式(8-94)与正弦电压 $v(t)=V_0\cos wt$ 加在阻抗 $\boldsymbol{Z}=|\boldsymbol{Z}|\mathrm{e}^{\mathrm{j}\theta_z}$ 的两端时,在 Z 中消耗的功率的计算公式极为相似,流过该阻抗的电流 $i(t)$ 的瞬时表达式为

$$i(t)=\frac{V_0}{|\boldsymbol{Z}|}\cos(wt-\theta_z)$$

从交流电路理论可以知道,$\boldsymbol{Z}$ 消耗的平均功率为

$$P_{av}=\frac{1}{T}\int_0^T v(t)i(t)\mathrm{d}t=\frac{V_0^2}{2|Z|}\cos\theta_z$$

其中,$\cos\theta_z$ 为负载阻抗的功率因子,式(8-94)中的 $\cos\theta_\eta$ 是媒质本征阻抗的功率因子。

② 由电路理论分析可知,如果电压 $v(t)=V_0\cos(wt+\phi)=\mathrm{Re}[V_0\mathrm{e}^{\mathrm{j}(wt+\phi)}]$ 加在阻抗上产生了电流 $i(t)=I_0\cos(wt+\phi-\theta_z)$,那么消耗的平均功率为 $P_{\mathrm{av}}=(V_0I_0/2)\cos\theta_z$,用相量表示可以得到 $V=\frac{1}{2}V_0\mathrm{e}^{\mathrm{j}\phi}$,$I=I_0\mathrm{e}^{\mathrm{j}(\phi-\theta_z)}$,并且

$$P_{\mathrm{av}}=(V_0I_0/2)\cos\theta_z=\frac{1}{2}\mathrm{Re}(VI^*)\quad(\mathrm{W})\tag{8-97}$$

此式与式(8-96)非常相似。

其中 $\lambda=2\pi/\beta$ 为波长。

(1) 写出波印廷矢量的瞬时表达式。

(2) 求电流元总的平均辐射功率。

解：(1) 注意到 $E_\theta/H_\phi=\eta_0=120\pi\Omega$，则瞬时坡印廷矢量为

$$\begin{aligned}\boldsymbol{P}(R,\theta;\ t) &= \mathrm{Re}[\boldsymbol{E}(R,\theta)\mathrm{e}^{\mathrm{j}\omega t}]\times\mathrm{Re}[\boldsymbol{H}(R,\theta)\mathrm{e}^{\mathrm{j}\omega t}]\\ &= (\boldsymbol{a}_\theta\times\boldsymbol{a}_\phi)30\pi\left(\frac{I\mathrm{d}l}{\lambda R}\right)^2\sin^2\theta\cos^2(\omega t-\beta R)\\ &= \boldsymbol{a}_R 15\pi\left(\frac{I\mathrm{d}l}{\lambda R}\right)^2\sin^2\theta[1-\cos2(\omega t-\beta R)]\quad(\mathrm{W/m^2})\end{aligned}$$

(2) 由式(8-96)可得平均功率密度矢量为

$$\boldsymbol{P}_{\mathrm{av}}(R,\theta)=\boldsymbol{a}_R 15\pi\left(\frac{I\mathrm{d}l}{\lambda R}\right)^2\sin^2\theta$$

上式就是本解答(1)问中求得的 $\boldsymbol{P}(R,\theta;\ t)$ 的时间平均值。对 $\boldsymbol{P}_{\mathrm{av}}(R,\theta)$ 在半径为 R 的球面上积分，可得总的平均辐射功率

$$\text{总 } P_{\mathrm{av}}=\oint_S\boldsymbol{P}_{\mathrm{av}}(R,\theta)\cdot\mathrm{d}\boldsymbol{s}=\int_0^{2\pi}\int_0^{\pi}\left[15\pi\left(\frac{I\mathrm{d}l}{\lambda R}\right)^2\sin^2\theta\right]R^2\sin\theta\mathrm{d}\theta\mathrm{d}\phi=40\pi^2\left(\frac{\mathrm{d}l}{\lambda}\right)^2 I^2\quad(\mathrm{W})$$

其中 I 为在 $\mathrm{d}l$ 上正弦电流的振幅($\sqrt{2}$ 倍的有效值)。

8.6 导体平面边界的垂直入射

到目前为止，已经讨论了均匀平面波在无界均匀媒质中的传播。实际上，波经常是在有界区域传播，其中存在几种本构参数不同的媒质。当一种媒质中传播的电磁波入射到另一种本征阻抗不同的媒质时，就会发生反射。在 8.6 节和 8.7 节中将研究平面波入射到导体平面边界时的特性，在 8.8 节、8.9 节和 8.10 节中将讨论波在两种电介质分界面上的特性。

为简单起见，假定入射波($\boldsymbol{E}_i,\boldsymbol{H}_i$)在无损耗媒质(媒质 1：$\sigma_1=0$)中传播，而边界是该媒质与理想导体的分界面(媒质 2：$\sigma_2=\infty$)。将考虑两种情况：垂直入射与斜入射。本节讨论均匀平面波垂直入射到导体平面边界时的场特性。

考虑图 8-9 的情况，其入射波沿着 $+z$ 方向传播，且边界面为 $z=0$ 的平面。入射的电场强度和磁场强度相量分别为

$$\boldsymbol{E}_i(z)=\boldsymbol{a}_x E_{i0}\mathrm{e}^{-\mathrm{j}\beta_1 z}\tag{8-98}$$

$$\boldsymbol{H}_i(z)=\boldsymbol{a}_y\frac{E_{i0}}{\eta_1}\mathrm{e}^{-\mathrm{j}\beta_1 z}\tag{8-99}$$

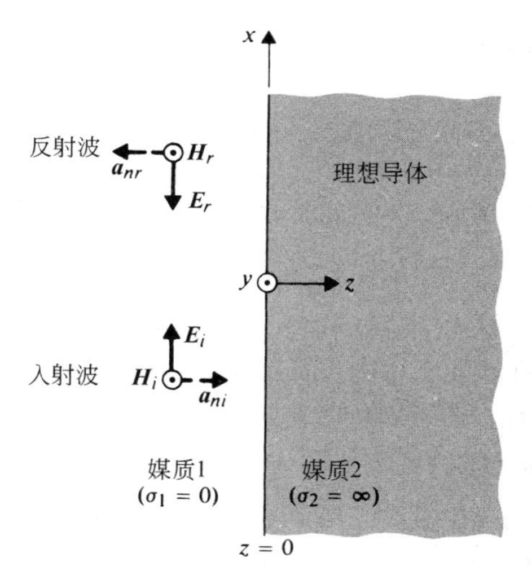

图 8-9 垂直入射到导体平面边界的平面波

其中 E_{i0} 为 $\boldsymbol{E}_i$ 在 $z=0$ 处的幅值，β_1 和 η_1 分别为媒质 1 的相位常数和本征阻抗。注意：入射波的坡印廷矢量 $\boldsymbol{P}_i(z)=\boldsymbol{E}_i(z)\times\boldsymbol{H}_i(z)$ 是沿 $\boldsymbol{a}_z$ 的方向，这是

能量传播的方向。变量 z 在媒质 1 中为负。

在媒质 2(理想导体)中,电场和磁场均为零,即 $\boldsymbol{E}_2=0,\boldsymbol{H}_2=0$;因此没有波通过边界传到 $z>0$ 区域。入射波被反射后,产生反射波($\boldsymbol{E}_r,\boldsymbol{H}_r$)。反射电场强度可写为

$$\boldsymbol{E}_r(z)=\boldsymbol{a}_x E_{r0}\mathrm{e}^{+\mathrm{j}\beta_1 z} \tag{8-100}$$

其中指数中的正号表示反射波沿 $-z$ 方向传播,如 8.2 节中所述。媒质 1 中的总电场强度为 $\boldsymbol{E}_i$ 与 $\boldsymbol{E}_r$ 之和

$$\boldsymbol{E}_1(z)=\boldsymbol{E}_i(z)+\boldsymbol{E}_r(z)=\boldsymbol{a}_x(E_{i0}\mathrm{e}^{-\mathrm{j}\beta_1 z}+E_{r0}\mathrm{e}^{+\mathrm{j}\beta_1 z}) \tag{8-101}$$

在边界 $z=0$ 处,$\boldsymbol{E}$ 场的切向分量的连续性要求

$$\boldsymbol{E}_1(0)=\boldsymbol{a}_x(E_{i0}+E_{r0})=\boldsymbol{E}_2(0)=0$$

从而得 $E_{r0}=-E_{i0}$。因此,式(8-101)就变成

$$\boldsymbol{E}_1(z)=\boldsymbol{a}_x E_{i0}(\mathrm{e}^{-\mathrm{j}\beta_1 z}-\mathrm{e}^{+\mathrm{j}\beta_1 z})=-\boldsymbol{a}_x\mathrm{j}2E_{i0}\sin\beta_1 z \tag{8-102}$$

由式(8-29)可得与 $\boldsymbol{E}_r$ 相伴的反射波的磁场强度 $\boldsymbol{H}_r$

$$\boldsymbol{H}_r(z)=\frac{1}{\eta_1}\boldsymbol{a}_{nr}\times\boldsymbol{E}_r(z)=\frac{1}{\eta_1}(-\boldsymbol{a}_z)\times\boldsymbol{E}_r(z)$$

$$=-\boldsymbol{a}_y\frac{1}{\eta_1}E_{r0}\mathrm{e}^{+\mathrm{j}\beta_1 z}=\boldsymbol{a}_y\frac{E_{i0}}{\eta_1}\mathrm{e}^{+\mathrm{j}\beta_1 z}$$

$\boldsymbol{H}_r(z)$ 与式(8-99)中的 $\boldsymbol{H}_i(z)$ 相加,得媒质 1 中的总磁场强度

$$\boldsymbol{H}_1(z)=\boldsymbol{H}_i(z)+\boldsymbol{H}_r(z)=\boldsymbol{a}_y 2\frac{E_{i0}}{\eta_1}\cos\beta_1 z \tag{8-103}$$

因为 $\boldsymbol{E}_1(z)$ 和 $\boldsymbol{H}_1(z)$ 的相位差为 90°,故由式(8-102)、式(8-103)和式(8-96)可知,媒质 1 中与总电磁波相伴的平均功率为零。

为了研究媒质 1 中总场的空时特性,先由式(8-102)和式(8-103),得出与电场强度相量和磁场强度相量对应的瞬时表达式

$$\boldsymbol{E}_1(z,t)=\mathrm{Re}[\boldsymbol{E}_1(z)\mathrm{e}^{\mathrm{j}\omega t}]=\boldsymbol{a}_x 2E_{i0}\sin\beta_1 z\sin\omega t \tag{8-104}$$

$$\boldsymbol{H}_1(z,t)=\mathrm{Re}[\boldsymbol{H}_1(z)\mathrm{e}^{\mathrm{j}\omega t}]=\boldsymbol{a}_y 2\frac{E_{i0}}{\eta_1}\cos\beta_1 z\cos\omega t \tag{8-105}$$

对于所有的 t,$\boldsymbol{E}_1(z,t)$ 和 $\boldsymbol{H}_1(z,t)$ 在距导体边界的某些固定距离处具有零和最大值,具体如下

$$\left.\begin{array}{l}\boldsymbol{E}_1(z,t)\text{ 的零值}\\ \boldsymbol{H}_1(z,t)\text{ 的最大值}\end{array}\right\}\text{发生在 }\beta_1 z=-n\pi\text{ 或 }z=-n\frac{\lambda}{2},\quad n=0,1,2,\cdots$$

$$\left.\begin{array}{l}\boldsymbol{E}_1(z,t)\text{ 的最大值}\\ \boldsymbol{H}_1(z,t)\text{ 的零值}\end{array}\right\}\text{发生在 }\beta_1 z=-(2n+1)\frac{\pi}{2}\text{ 或 }z=-(2n+1)\frac{\lambda}{4},\quad n=0,1,2,\cdots$$

在媒质 1 中的合成波不是行波,它是**驻波**,是两个沿相反方向传播的行波的叠加。对于特定的 t,$\boldsymbol{E}_1$ 和 $\boldsymbol{H}_1$ 随离边界面的距离呈正弦变化。当 ωt 为不同值时,$\boldsymbol{E}_1=\boldsymbol{a}_x E_1(z)$ 和 $\boldsymbol{H}_1=\boldsymbol{a}_y H_1$ 的驻波如图 8-10 所示。

注意以下三点:(1)在导体边界($E_{r0}=-E_{i0}$)或在距边界的距离为 $\lambda/2$ 的倍数的点时,$\boldsymbol{E}_1$ 为零;(2)在导体边界上 $\boldsymbol{H}_1$ 有最大值($H_{r0}=H_{i0}=E_{i0}/\eta_1$);(3)$\boldsymbol{E}_1$ 和 $\boldsymbol{H}_1$ 的驻波在时间上有 $\pi/2$ 的相移(相位差为 90°),在空间上二者又错开 $\lambda/4$。

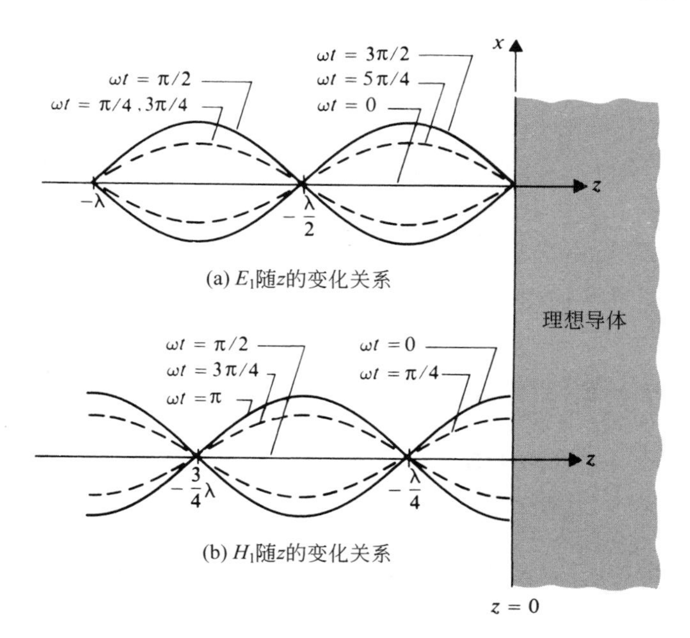

图 8-10　当 ωt 为不同值时，$\boldsymbol{E}_1=\boldsymbol{a}_xE_1(z)$ 和 $\boldsymbol{H}_1=\boldsymbol{a}_yH_1$ 的驻波

例 8-9　一频率为 100MHz 的 y 方向极化的均匀平面波($\boldsymbol{E}_i$，$\boldsymbol{H}_i$)在空气中沿 $+x$ 方向传播，并在 $x=0$ 处垂直入射到理想导体平面。假设 $\boldsymbol{E}_i$ 的振幅为 6mV/m，写出下面：(1)～(3)的相量表达式和瞬间表达式：(1)入射波的 $\boldsymbol{E}_1$ 和 $\boldsymbol{H}_1$；(2)反射波的 $\boldsymbol{E}_r$ 和 $\boldsymbol{H}_r$；(3)空气中合成波的 $\boldsymbol{E}_1$ 和 $\boldsymbol{H}_1$。(4)求距导体平面最近的 $E_1=0$ 的位置。

解：在给定频率 100MHz

$$\omega = 2\pi f = 2\pi \times 10^8 \quad (\text{rad/s})$$

$$\beta_1 = k_0 = \frac{\omega}{c} = \frac{2\pi \times 10^8}{3 \times 10^8} = \frac{2\pi}{3} \quad (\text{rad/m})$$

$$\eta_1 = \eta_0 = \sqrt{\frac{\mu_0}{\varepsilon_0}} = 120\pi \quad (\Omega)$$

(1) 对于入射波(行波)

① 相量表达式

$$\boldsymbol{E}_i(x) = \boldsymbol{a}_y 6 \times 10^{-3} \mathrm{e}^{-\mathrm{j}2\pi x/3} \quad (\text{V/m})$$

$$\boldsymbol{H}_i(x) = \frac{1}{\eta_1}\boldsymbol{a}_x \times \boldsymbol{E}_i(x) = \boldsymbol{a}_z \frac{10^{-4}}{2\pi}\mathrm{e}^{-\mathrm{j}2\pi x/3} \quad (\text{A/m})$$

② 瞬时表达式

$$\boldsymbol{E}_i(x,t) = \mathrm{Re}[\boldsymbol{E}_i(x)\mathrm{e}^{\mathrm{j}\omega t}] = \boldsymbol{a}_y 6 \times 10^{-3}\cos\left(2\pi \times 10^8 t - \frac{2\pi}{3}x\right) \quad (\text{V/m})$$

$$\boldsymbol{H}_i(x,t) = \boldsymbol{a}_z \frac{10^{-4}}{2\pi}\cos\left(2\pi \times 10^8 t - \frac{2\pi}{3}x\right) \quad (\text{A/m})$$

(2) 对于反射波(行波)

① 相量表达式

$$\boldsymbol{E}_r(x) = -\boldsymbol{a}_y 6 \times 10^{-3} \mathrm{e}^{\mathrm{j}2\pi x/3} \quad (\text{V/m})$$

$$\boldsymbol{H}_r(x) = \frac{1}{\eta_1}(-\boldsymbol{a}_x) \times \boldsymbol{E}_r(x) = \boldsymbol{a}_z \frac{10^{-4}}{2\pi} e^{j2\pi x/3} \quad (\text{A/m})$$

② 瞬时表达式

$$\boldsymbol{E}_r(x,t) = \text{Re}[\boldsymbol{E}_r(x) e^{j\omega t}] = -\boldsymbol{a}_y 6 \times 10^{-3} \cos\left(2\pi \times 10^8 t + \frac{2\pi}{3}x\right) \quad (\text{V/m})$$

$$\boldsymbol{H}_r(x,t) = \boldsymbol{a}_z \frac{10^{-4}}{2\pi} \cos\left(2\pi \times 10^8 t + \frac{2\pi}{3}x\right) \quad (\text{A/m})$$

(3) 对于合成波(驻波)

① 相量表达式

$$\boldsymbol{E}_1(x) = \boldsymbol{E}_i(x) + \boldsymbol{E}_r(x) = -\boldsymbol{a}_y j12 \times 10^{-3} \sin\left(\frac{2\pi}{3}x\right) \quad (\text{V/m})$$

$$\boldsymbol{H}_1(x) = \boldsymbol{H}_i(x) + \boldsymbol{H}_r(x) = \boldsymbol{a}_z \frac{10^{-4}}{\pi} \cos\left(\frac{2\pi}{3}x\right) \quad (\text{A/m})$$

② 瞬时表达式

$$\boldsymbol{E}_1(x,t) = \text{Re}[\boldsymbol{E}_1(x) e^{j\omega t}] = \boldsymbol{a}_y 12 \times 10^{-3} \sin\left(\frac{2\pi}{3}x\right) \sin(2\pi \times 10^8 t) \quad (\text{V/m})$$

$$\boldsymbol{H}_1(x,t) = \boldsymbol{a}_z \frac{10^{-4}}{\pi} \cos\left(\frac{2\pi}{3}x\right) \cos(2\pi \times 10^8 t) \quad (\text{A/m})$$

(4) 在导体平面的表面,即 $x=0$ 处,电场为零。在媒质1中,第一个零值出现在

$$x = -\frac{\lambda_1}{2} = -\frac{\pi}{\beta_1} = -\frac{3}{2} \quad (\text{m})$$

8.7 导体平面边界的斜入射

当均匀平面波斜入射到导体平面时,反射波的特性取决于入射波的极化。为了确定 $\boldsymbol{E}_i$ 的方向,将**入射面**定义为入射波传播方向的矢量与边界面的法线构成的平面。因为沿任意方向极化的 $\boldsymbol{E}_i$ 总可以分解成两个分量——一个分量垂直于入射面,另一个分量平行于入射面,将分别讨论这两种情况。这两种分量情况的叠加就得到了一般情况。

8.7.1 垂直极化①

在**垂直极化**情况下,$\boldsymbol{E}_i$ 垂直于入射面,如图8-11所示。注意

$$\boldsymbol{a}_{ni} = \boldsymbol{a}_x \sin\theta_i + \boldsymbol{a}_z \cos\theta_i \tag{8-106}$$

其中,θ_i 是入射线与边界面法线之间的**入射角**。运用式(8-26)和式(8-29),得到

$$\boldsymbol{E}_i(x,z) = \boldsymbol{a}_y E_{i0} e^{-j\beta_1 \boldsymbol{a}_{ni} \cdot \boldsymbol{R}} = \boldsymbol{a}_y E_{i0} e^{-j\beta_1 (x\sin\theta_i + z\cos\theta_i)} \tag{8-107}$$

$$\boldsymbol{H}_i(x,z) = \frac{1}{\eta_1}[\boldsymbol{a}_{ni} \times \boldsymbol{E}_i(x,z)] = \frac{E_{i0}}{\eta_1}(-\boldsymbol{a}_x \cos\theta_i + \boldsymbol{a}_z \sin\theta_i) e^{-j\beta_1 (x\sin\theta_i + z\cos\theta_i)} \tag{8-108}$$

对于反射波

$$\boldsymbol{a}_{nr} = \boldsymbol{a}_x \sin\theta_r - \boldsymbol{a}_z \cos\theta_r \tag{8-109}$$

① 也称为水平极化或 $\boldsymbol{E}$ 极化。

其中 θ_r 是**反射角**,得到

$$\boldsymbol{E}_r(x,z)=\boldsymbol{a}_y E_{r0}\mathrm{e}^{-\mathrm{j}\beta_1(x\sin\theta_r+z\cos\theta_r)} \tag{8-110}$$

在边界面 $z=0$ 上,总电场强度为零。因此

$$\begin{aligned}\boldsymbol{E}_1(x,0)&=\boldsymbol{E}_i(x,0)+\boldsymbol{E}_r(x,0)\\&=\boldsymbol{a}_y(E_{i0}\mathrm{e}^{-\mathrm{j}\beta_1 x\sin\theta_i}+E_{r0}\mathrm{e}^{-\mathrm{j}\beta_1 x\sin\theta_r})=0\end{aligned}$$

为使这一关系对所有的 x 值均成立,必须有 $E_{r0}=-E_{i0}$ 和匹配相位项,即 $\theta_r=\theta_i$。后一个关系式表明**反射角等于入射角**,这就是**斯涅尔反射定律**。因此,式(8-110)变为

$$\boldsymbol{E}_r(x,z)=-\boldsymbol{a}_y E_{i0}\mathrm{e}^{-\mathrm{j}\beta_1(x\sin\theta_i-z\cos\theta_i)} \tag{8-111}$$

相应的 $\boldsymbol{H}_r(x,z)$ 为

$$\begin{aligned}\boldsymbol{H}_r(x,z)&=\frac{1}{\eta_1}[\boldsymbol{a}_{nr}\times\boldsymbol{E}_r(x,z)]\\&=\frac{E_{i0}}{\eta_1}(-\boldsymbol{a}_x\cos\theta_i-\boldsymbol{a}_z\sin\theta_i)\mathrm{e}^{-\mathrm{j}\beta_1(x\sin\theta_i-z\cos\theta_i)}\end{aligned} \tag{8-112}$$

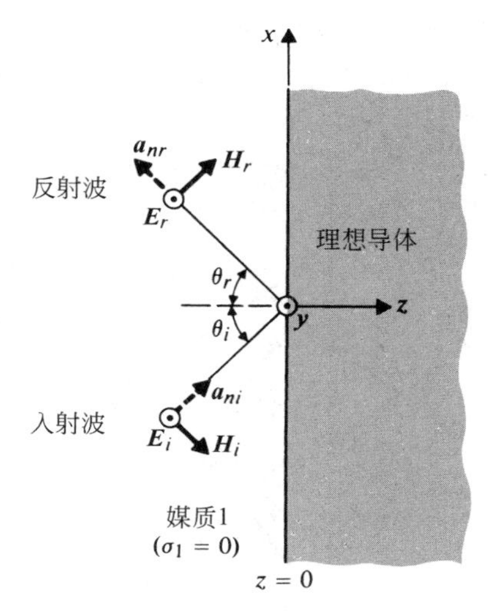

图 8-11　斜入射到导体平面边界的平面波(垂直极化)

将入射场与反射场相加就求得总场。由式(8-107)和式(8-111)得

$$\begin{aligned}\boldsymbol{E}_1(x,z)&=\boldsymbol{E}_i(x,z)+\boldsymbol{E}_r(x,z)=\boldsymbol{a}_y E_{i0}(\mathrm{e}^{-\mathrm{j}\beta_1 z\cos\theta_i}-\mathrm{e}^{\mathrm{j}\beta_1 z\cos\theta_i})\mathrm{e}^{-\mathrm{j}\beta_1 x\sin\theta_i}\\&=-\boldsymbol{a}_y\mathrm{j}2E_{i0}\sin(\beta_1 z\cos\theta_i)\mathrm{e}^{-\mathrm{j}\beta_1 x\sin\theta_i}\end{aligned} \tag{8-113}$$

把式(8-108)和式(8-112)的结果相加,得

$$\boldsymbol{H}_1(x,z)=-2\frac{E_{i0}}{\eta_1}[\boldsymbol{a}_x\cos\theta_i\cos(\beta_1 z\cos\theta_i)\mathrm{e}^{-\mathrm{j}\beta_1 x\sin\theta_i}+\boldsymbol{a}_z\mathrm{j}\sin\theta_i\sin(\beta_1 z\cos\theta_i)\mathrm{e}^{-\mathrm{j}\beta_1 x\sin\theta_i}] \tag{8-114}$$

虽然式(8-113)和式(8-114)的表达式相当复杂,但仍可得到垂直极化的均匀平面波斜入射到导体平面边界的以下结论:

(1) 在垂直于边界的方向(z 方向)上,E_{1y} 和 H_{1x} 分别为以 $\sin\beta_{1z}z$ 和 $\cos\beta_{1z}z$ 分布的驻波,其中 $\beta_{1z}=\beta_1\cos\theta_i$。因为 E_{1y} 和 H_{1x} 在时间上有 90°的相位差,所以在这个方向上没有传播平均功率。

(2) 在平行于边界的方向(x 方向)上,E_{1y} 和 H_{1x} 在时间及空间相位均相同,并以下述相速传播

$$\mu_{1x}=\frac{\omega}{\beta_{1x}}=\frac{\omega}{\beta_1\sin\theta_i}=\frac{\mu_1}{\sin\theta_i} \tag{8-115}$$

在该方向上的波长为

$$\lambda_{1x}=\frac{2\pi}{\beta_{1x}}=\frac{\lambda_1}{\sin\theta_i} \tag{8-116}$$

(3) 沿 x 方向传播的波的振幅随 z 的变化而变化,所以它为**非均匀平面波**。

(4) 当 $\sin(\beta_1 z\cos\theta_i)=0$ 或者 $\beta_1 z\cos\theta_i=\dfrac{2\pi}{\lambda_1}z\cos\theta_i=-m\pi, m=1,2,3\cdots$ 时,对于所有的 x,$E_1=0$,所以可将一导体板插入

$$z=-\frac{m\lambda_1}{2\cos\theta_i},\quad m=1,2,3\cdots \tag{8-117}$$

处，而不改变导体板与导体分界面 $z=0$ 之间的场图。**横电(TE)波**($E_{1x}=0$)会在两个导体平面间来回反射，并在 x 方向上传播。实际上，可以得到一个平行板波导。

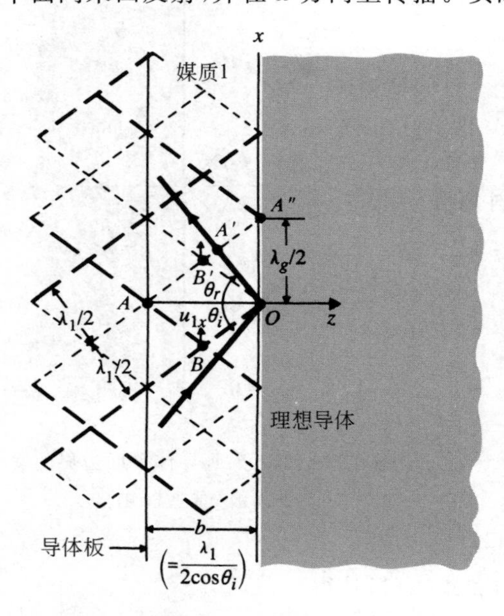

图 8-12 斜入射到导体平面边界的反射波和干涉图样说明(垂直极化)

图 8-12 给出了在 $z=-\lambda_1/2\cos\theta_i$ 处插入的导体板和 $z=0$ 处导体分界面之间的反射波和干涉图样。长的(粗)虚线表示平面波的波峰，其场矢量 $\boldsymbol{E}$ 垂直纸面向外。短的(细)虚线表示平面波的波谷，其场矢量 $\boldsymbol{E}$ 垂直纸面向里。导体表面反射的 $\boldsymbol{E}$ 矢量有 180°的相位变化，忽略入射的 $\boldsymbol{E}$ 矢量；因此长虚线与短虚线的交点（比如点 O,A 和 A'')的电场强度为 0。两条长虚线的交点（比如 B)是垂直纸面向外的方向上电场强度最大的点，两条短虚线的交点(比如 B')是垂直纸面向里的方向上的电场强度最大的点。两个平面波的交点(入射和反射)以式(8-115)给出的相速沿 x 方向传播。由图 8-12，可得

$$\overline{OA'}=\frac{\lambda_1}{2}=\frac{\pi}{\beta_1} \tag{8-118}$$

$$\overline{OA}=b=\frac{\lambda_1}{2\cos\theta_i} \tag{8-119}$$

平行板波导中行波的波导波长等于 $2\,\overline{OA''}$，或

$$\lambda_g=2\,\overline{OA''}=2\,\frac{\overline{OA'}}{\sin\theta_i}=\frac{\lambda_1}{\sin\theta_i}>\lambda_1 \tag{8-120}$$

在 $\theta_i=0$ 处，沿 x 轴方向没有波传播。平行板间的 **TE** 波的特性将在 10.3.2 节论述。

例 8-10 一角频率为 ω 的垂直极化均匀平面波($\boldsymbol{E}_i$,$\boldsymbol{H}_i$)从空气中以入射角 θ_i 入射到一个非常大的理想导电平板。求(1)板面上感应的电流；(2)媒质 1 中的时间平均坡印廷矢量。

解：(1) 本题正好是已讨论过的情况，因此可直接利用公式。令 $z=0$ 代表理想导体板平面，且让 $\boldsymbol{E}_i$ 为沿 y 方向极化，如图 8-11 所示。在 $z=0$ 处，$\boldsymbol{E}_1(x,0)=0$ 和 $\boldsymbol{H}_1(x,0)$ 可由式(8-114)求得

$$\boldsymbol{H}_1(x,0)=-\frac{E_{i0}}{\eta_0}(\boldsymbol{a}_x 2\cos\theta_i)\mathrm{e}^{-\mathrm{j}\beta_0 x\sin\theta_i} \tag{8-121}$$

在理想导体板内，$\boldsymbol{E}_2$ 和 $\boldsymbol{H}_2$ 均为 0。于是磁场不连续。其不连续量等于板面的面电流。由式(7-68b)可得

$$\boldsymbol{J}_s(x)=\boldsymbol{a}_{n2}\times\boldsymbol{H}_1(x,0)=(-\boldsymbol{a}_z)\times(-\boldsymbol{a}_x)\frac{E_{i0}}{\eta_0}(2\cos\theta_i)\mathrm{e}^{-\mathrm{j}\beta_0 x\sin\theta_i}=\boldsymbol{a}_y\frac{E_{i0}}{60\pi}(\cos\theta_i)\mathrm{e}^{-\mathrm{j}(\omega/c)x\sin\theta_i}$$

面电流的瞬时表达式为

$$\boldsymbol{J}_s(x,t)=\boldsymbol{a}_y\frac{E_{i0}}{60\pi}\cos\theta_i\cos\omega\left(t-\frac{x}{c}\sin\theta_i\right)\quad(\mathrm{A/m}) \tag{8-122}$$

上式正是板面上的感应电流，它在媒质 1 中产生反射波，并抵消了导体板中的入射波。

(2) 将式(8-113)和式(8-114)代入式(8-96)，可得媒质 1 中的时间平均坡印廷矢量。由

于 E_{1y} 和 H_{1x} 时间相位差为 90°，所以 $\boldsymbol{P}_{av}$ 只有非零的 x 分量，其由 E_{1y} 和 H_{1x} 产生

$$\boldsymbol{P}_{av_1} = \frac{1}{2}\mathrm{Re}[\boldsymbol{E}_1(x,z)\times\boldsymbol{H}_1^*(x,z)] = \boldsymbol{a}_x 2\frac{E_{i0}^2}{\eta_1}\sin\theta_i\sin^2\beta_{1z}z \tag{8-123}$$

其中 $\beta_{1z}=\beta_1\cos\theta_i$。当然，媒质2(理想导体)中的时间平均坡印廷矢量为0。

8.7.2 平行极化[①]

现在考虑当均匀平面波斜入射到一个理想导电平面边界时，$\boldsymbol{E}_i$ 在入射面内的情况，如图8-13所示。单位矢量 $\boldsymbol{a}_{ni}$ 和 $\boldsymbol{a}_{nr}$ 仍然与式(8-106)和式(8-109)给出的一样，分别表示入射波和反射波的传播方向。$\boldsymbol{E}_i$ 和 $\boldsymbol{E}_r$ 都具有 x 方向和 z 方向上的分量，而 $\boldsymbol{H}_i$ 和 $\boldsymbol{H}_r$ 只有 y 方向上的分量。对于入射波，可得

$$\boldsymbol{E}_i(x,z) = \boldsymbol{E}_{i0}(\boldsymbol{a}_x\cos\theta_i - \boldsymbol{a}_z\sin\theta_i)\mathrm{e}^{-\mathrm{j}\beta_1(x\sin\theta_i+z\cos\theta_i)} \tag{8-124}$$

$$\boldsymbol{H}_i(x,z) = \boldsymbol{a}_y\frac{E_{i0}}{\eta_1}\mathrm{e}^{-\mathrm{j}\beta_1(x\sin\theta_i+z\cos\theta_i)} \tag{8-125}$$

反射波($\boldsymbol{E}_r,\boldsymbol{H}_r$)有如下的相量表达式

$$\boldsymbol{E}_r(x,z) = E_{r0}(\boldsymbol{a}_x\cos\theta_r + \boldsymbol{a}_z\sin\theta_r)\mathrm{e}^{-\mathrm{j}\beta_1(x\sin\theta_r-z\cos\theta_r)} \tag{8-126}$$

$$\boldsymbol{H}_r(x,z) = -\boldsymbol{a}_y\frac{E_{r0}}{\eta_1}\mathrm{e}^{-\mathrm{j}\beta_1(x\sin\theta_r-z\cos\theta_r)} \tag{8-127}$$

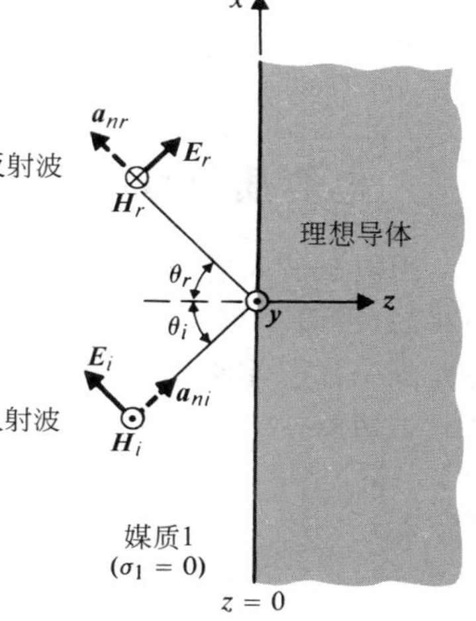

图 8-13 平面波斜入射到导体平面边界(平行极化)

在 $z=0$ 的理想导体的表面，对所有的 x，总电场强度的切向分量(x 分量)必须为零，或者 $E_{ix}(x,0)+E_{rx}(x,0)=0$。由式(8-124)和式(8-126)得

$$(E_{i0}\cos\theta_i)\mathrm{e}^{-\mathrm{j}\beta_1 x\sin\theta_i} + (E_{r0}\cos\theta_r)\mathrm{e}^{-\mathrm{j}\beta_1 x\sin\theta_r} = 0$$

其中要求 $E_{r0}=-E_{i0}$ 和 $\theta_r=\theta_i$。媒质1中的总电场强度为式(8-124)和式(8-126)的和

$$\begin{aligned}\boldsymbol{E}_1(x,z) &= \boldsymbol{E}_i(x,z) + \boldsymbol{E}_r(x,z)\\ &= \boldsymbol{a}_x E_{i0}\cos\theta_i(\mathrm{e}^{-\mathrm{j}\beta_1 z\cos\theta_i} - \mathrm{e}^{\mathrm{j}\beta_1 z\cos\theta_i})\mathrm{e}^{-\mathrm{j}\beta_1 x\sin\theta_i}\\ &\quad - \boldsymbol{a}_z E_{i0}\sin\theta_i(\mathrm{e}^{-\mathrm{j}\beta_1 z\cos\theta_i} + \mathrm{e}^{\mathrm{j}\beta_1 z\cos\theta_i})\mathrm{e}^{-\mathrm{j}\beta_1 x\sin\theta_i}\end{aligned}$$

或

$$\boldsymbol{E}_1(x,z) = -2E_{i0}[\boldsymbol{a}_x\mathrm{j}\cos\theta_i\sin(\beta_1 z\cos\theta_i) + \boldsymbol{a}_z\sin\theta_i\cos(\beta_1 z\cos\theta_i)]\mathrm{e}^{-\mathrm{j}\beta_1 x\sin\theta_i} \tag{8-128}$$

将式(8-125)和式(8-127)相加，得媒质1中的总磁场强度

$$\boldsymbol{H}_1(x,z) = \boldsymbol{H}_i(x,z) + \boldsymbol{H}_r(x,z) = \boldsymbol{a}_y 2\frac{E_{i0}}{\eta_1}\cos(\beta_1 z\cos\theta_i)\mathrm{e}^{-\mathrm{j}\beta_1 x\sin\theta_i} \tag{8-129}$$

式(8-128)和式(8-129)的解释与垂直极化情况下式(8-113)和式(8-114)相似，唯一不同的是 $\boldsymbol{E}_1(x,z)$ 存在 x 分量和 z 分量，而 $\boldsymbol{H}_1(x,z)$ 没有。所以作出如下结论：

(1) 在垂直于边界的方向(z 方向)上，E_{1x} 和 H_{1y} 分别为以 $\sin\beta_{1z}z$ 和 $\cos\beta_{1z}z$ 分布的驻

① 也称为**垂直极化**或 **H 极化**。

波,其中 $\beta_{1z}=\beta_1\cos\theta_i$。因为 E_{1x} 和 H_{1y} 在时间上相位差 90°,故在这个方向上没有传播平均功率。

(2) 在平行于边界的 x 方向,E_{1z} 和 H_{1y} 的时间相位和空间相位均相同,且以相速 $u_{1x}=u_1/\sin\theta_i$ 传播,其与垂直极化情况相同。

(3) 与垂直极化情况一样,沿 x 方向传播的波是非均匀平面波。

(4) 若在 $z=-m\lambda_1/2\cos\theta_i(m=1,2,3,\cdots)$ 处插入一个导体板,因为对于所有 x,$E_{1x}=0$,所以该板的插入不影响导体板和 $z=0$ 处的导体边界之间的场图。于是可得到平行波导。**横磁波(TM 波)**($H_{1x}=0$)将沿 x 方向传播。(平行板之间的 **TM** 波将在 10.3.1 节论述)

这里注意,式(8-113)、式(8-114)、式(8-128)和式(8-129)中斜入射的 $\boldsymbol{E}_1$ 和 $\boldsymbol{H}_1$ 的表达式为入射波的场和反射波的场之和。它们表示干涉图样。如果入射波仅限于窄波束,则反射波也为沿不同方向传播的窄波束。除了导体表面附近非常小的区域存在干涉以外,其他地方不存在干涉。因此,在微波中继塔上的反射镜接收、放大、重传原始的入射波,而不是干涉图样。

8.8 电介质平面边界上的垂直入射

当电磁波入射到电介质表面时,该电介质的本征阻抗与产生电磁波的媒质的本征阻抗不相同,因而一部分入射功率被反射,另一部分被透射。可将这种情况看作与电路中的阻抗不匹配一样。前两节已讨论波入射到理想导体边界的情况,就像是具有一定内阻的发电机的终端短路;功率没有传输到导体区域。

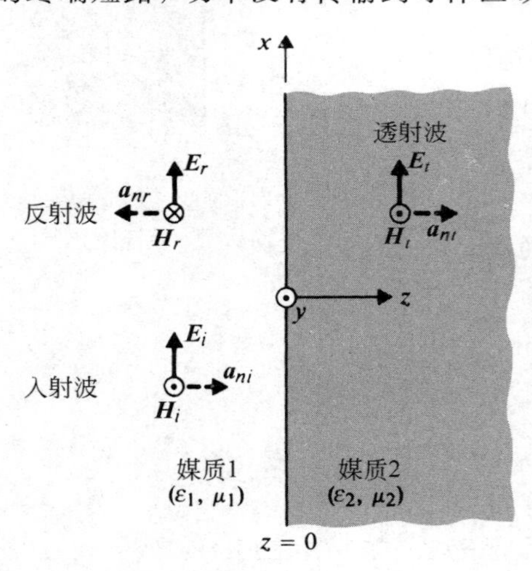

图 8-14 垂直入射到平面电介质边界的平面波

如前所述,将分别考虑均匀平面波垂直入射和斜入射到电介质平面上的两种情况,假设两种媒质都是无损耗的($\sigma_1=\sigma_2=0$)。本节将讨论波垂直入射时的特性,斜入射的情况将在第 8.9 节提出。

考虑图 8-14 的情况,其中入射波沿 $+z$ 方向传播,边界面为 $z=0$ 的平面。入射的电场强度相量和磁场强度相量为

$$\boldsymbol{E}_i(z)=\boldsymbol{a}_x E_{i0}\mathrm{e}^{-\mathrm{j}\beta_1 z} \tag{8-130}$$

$$\boldsymbol{H}_i(z)=\boldsymbol{a}_y \frac{E_{i0}}{\eta_1}\mathrm{e}^{-\mathrm{j}\beta_1 z} \tag{8-131}$$

它们与式(8-98)和式(8-99)有相同的表达式。注意,在媒质 1 中 z 为负值。

因为媒质在 $z=0$ 处不连续,所以入射波一部分反射回媒质 1,而另一部分透射入媒质 2。于是有:

(1) 对于反射波($\boldsymbol{E}_r$,$\boldsymbol{H}_r$)

$$\boldsymbol{E}_r(z)=\boldsymbol{a}_x E_{r0}\mathrm{e}^{\mathrm{j}\beta_1 z} \tag{8-132}$$

$$\boldsymbol{H}_r(z)=(-\boldsymbol{a}_z)\times\frac{1}{\eta_1}\boldsymbol{E}_r(z)=-\boldsymbol{a}_y\frac{E_{r0}}{\eta_1}\mathrm{e}^{\mathrm{j}\beta_1 z} \tag{8-133}$$

(2) 对于透射波($\boldsymbol{E}_t$,$\boldsymbol{H}_t$)

$$\boldsymbol{E}_t(z)=\boldsymbol{a}_x E_{t0}\mathrm{e}^{-\mathrm{j}\beta_2 z} \tag{8-134}$$

$$\boldsymbol{H}_t(z)=\boldsymbol{a}_z\times\frac{1}{\eta_2}\boldsymbol{E}_t(z)=\boldsymbol{a}_y\frac{E_{t0}}{\eta_2}\mathrm{e}^{-\mathrm{j}\beta_2 z} \tag{8-135}$$

其中 E_{t0} 为 $\boldsymbol{E}_t$ 在 $z=0$ 处的磁场强度的大小，β_2 和 η_2 分别为媒质 2 的相位常数和本征阻抗。注意，在图 8-14 中 $\boldsymbol{E}_r$ 和 $\boldsymbol{E}_t$ 的箭头方向是任意绘制的，因为 E_{r0} 和 E_{t0} 自身可能是正或负的。这取决于两种媒质的本构参数的相对大小。

求两个未知的振幅值需要两个方程。这些方程由边界条件而得，电场和磁场必须满足边界条件。在电介质的分界面 $z=0$ 上，电场强度和磁场强度的切向分量（x 分量）必须是连续的。有

$$\boldsymbol{E}_i(0)+\boldsymbol{E}_r(0)=\boldsymbol{E}_t(0)\quad 或\quad E_{i0}+E_{r0}=E_{t0} \tag{8-136}$$

和

$$\boldsymbol{H}_i(0)+\boldsymbol{H}_r(0)=\boldsymbol{H}_t(0)\quad 或\quad \frac{1}{\eta_1}(E_{i0}-E_{r0})=\frac{E_{t0}}{\eta_2} \tag{8-137}$$

解式(8-136)和式(8-137)，得

$$E_{r0}=\frac{\eta_2-\eta_1}{\eta_2+\eta_1}E_{i0} \tag{8-138}$$

$$E_{t0}=\frac{2\eta_2}{\eta_2+\eta_1}E_{i0} \tag{8-139}$$

比率 E_{r0}/E_{i0} 和 E_{t0}/E_{i0} 分别为**反射系数和透射系数**。用本征阻抗表示，它们是

$$\Gamma=\frac{E_{r0}}{E_{i0}}=\frac{\eta_2-\eta_1}{\eta_2+\eta_1}\quad（无量纲） \tag{8-140}$$

$$\tau=\frac{E_{t0}}{E_{i0}}=\frac{2\eta_2}{\eta_2+\eta_1}\quad（无量纲） \tag{8-141}$$

注意，式(8-140)中的反射系数 Γ 可正可负，这取决于 η_2 比 η_1 大还是小。透射系数 τ 始终为正。

即使电介质是有损耗的，也就是说 η_2 和 η_1 为复数时，式(8-140)和式(8-141)中关于 Γ 和 τ 的定义也适用。因此，在通常情况下 Γ(或 τ)可能都是复数。复数 Γ(或 τ)仅意味着在分界面上对反射(或透射)引入相移。反射系数和透射系数之间的关系如下

$$1+\Gamma=\tau\quad（无量纲） \tag{8-142}$$

如果媒质 2 为理想导体，即 $\eta_2=0$，由式(8-140)和式(8-141)可得 $\Gamma=-1$ 和 $\tau=0$。因此，$E_{r0}=-E_{i0}$，$E_{t0}=0$。这时入射波将会完全被反射，而且媒质 1 中将产生一个驻波。该驻波有 0 和最大值，如 8.6 节中所讨论。

如果媒质 2 不是理想导体，将会产生部分反射。媒质 1 中的总电场为

$$\begin{aligned}\boldsymbol{E}_1(z)&=\boldsymbol{E}_i(z)+\boldsymbol{E}_r(z)=\boldsymbol{a}_x E_{i0}(\mathrm{e}^{-\mathrm{j}\beta_1 z}+\Gamma\mathrm{e}^{\mathrm{j}\beta_1 z})\\&=\boldsymbol{a}_x E_{i0}[(1+\Gamma)\mathrm{e}^{-\mathrm{j}\beta_1 z}+\Gamma(\mathrm{e}^{\mathrm{j}\beta_1 z}-\mathrm{e}^{-\mathrm{j}\beta_1 z})]\\&=\boldsymbol{a}_x E_{i0}[(1+\Gamma)\mathrm{e}^{-\mathrm{j}\beta_1 z}+\Gamma(\mathrm{j}2\sin\beta_1 z)]\end{aligned}$$

或者，考虑式(8-142)后得

$$\boldsymbol{E}_1(z)=\boldsymbol{a}_x E_{i0}[\tau\mathrm{e}^{-\mathrm{j}\beta_1 z}+\Gamma(\mathrm{j}2\sin\beta_1 z)] \tag{8-143}$$

在式(8-143)中可见，$\boldsymbol{E}_1(z)$ 由两部分组成：振幅为 τE_{i0} 的行波和振幅为 $2\Gamma E_{i0}$ 的驻波。因为行波的存在，$\boldsymbol{E}_1(z)$ 在离分界面既定距离处并不趋于 0；它只有最大值和最小值的位置。

将 $\boldsymbol{E}_1(z)$ 改写为

$$\boldsymbol{E}_1(z)=\boldsymbol{a}_x E_{i0}\mathrm{e}^{-\mathrm{j}\beta_1 z}(1+\Gamma^{\mathrm{j}2\beta_1 z}) \tag{8-144}$$

很容易求$|\boldsymbol{E}_1(z)|$的最大值和最小值的位置。对于无损耗媒质，η_1 和 η_2 是实数，这使得 Γ 和 τ 也为实数。然而，Γ 可正可负。考虑下面两种情况：

1. $\boldsymbol{\Gamma>0(\eta_2>\eta_1)}$

$|\boldsymbol{E}_1(z)|$的最大值为 $E_{i0}(1-\Gamma)$，它发生在 $2\beta_1 z_{\max}=-2n\pi(n=0,1,2\cdots)$，或在

$$z_{\max}=-\frac{n\pi}{\beta_1}=-\frac{n\lambda_1}{2},n=0,1,2\cdots \tag{8-145}$$

$|\boldsymbol{E}_1(z)|$的最小值为 $E_{i0}(1+\Gamma)$，它发生在 $2\beta_1 z_{\min}=-(2n+1)\pi$，或在

$$z_{\min}=-\frac{(2n+1)\pi}{2\beta_1}=-\frac{(2n+1)\lambda_1}{4},n=0,1,2,\cdots \tag{8-146}$$

2. $\boldsymbol{\Gamma<0(\eta_2<\eta_1)}$

$|\boldsymbol{E}_1(z)|$的最大值为 $E_{i0}(1-\Gamma)$，它发生在式(8-146)给出的 $z_{\min}$处；$|\boldsymbol{E}_1(z)|$的最小值为 $E_{i0}(1+\Gamma)$，它发生在式(8-145)给出的 $z_{\max}$处。换句话说，当 $\Gamma>0$ 和 $\Gamma<0$ 时，$|\boldsymbol{E}_1(z)|_{\max}$和$|\boldsymbol{E}_1(z)|_{\min}$的位置正好互换。

驻波的电场强度的最大值和最小值的比值称为**驻波比(SWR)**S

$$S=\frac{|E|_{\max}}{|E|_{\min}}=\frac{1+|\Gamma|}{1-|\Gamma|}\quad(\text{无量纲}) \tag{8-147}$$

式(8-147)的逆关系为

$$|\Gamma|=\frac{S-1}{S+1}\quad(\text{无量纲}) \tag{8-148}$$

当 Γ 在 -1 和 $+1$ 之间取值时，S 的值从 1 变化到∞。通常将 S 表示成对数刻度。用分贝表示的驻波比为 $20\log_{10}S$。因此 $S=2$ 对应的驻波比为 $20\log_{10}2=6.02\mathrm{dB}$，且$|\Gamma|=(2-1)/(2+1)=\frac{1}{3}$。驻波比为 2dB 相当于 $S=1.26$ 和$|\Gamma|=0.115$。

将式(8-131)和式(8-133)中的 $\boldsymbol{H}_i(z)$和 $\boldsymbol{H}_r(z)$合并，可求得媒质 1 中的磁场强度

$$\boldsymbol{H}_1(z)=\boldsymbol{a}_y\frac{E_{i0}}{\eta_1}(\mathrm{e}^{-\mathrm{j}\beta_1 z}-\Gamma\mathrm{e}^{\mathrm{j}\beta_1 z})=\boldsymbol{a}_y\frac{E_{i0}}{\eta_1}\mathrm{e}^{-\mathrm{j}\beta_1 z}(1-\Gamma\mathrm{e}^{\mathrm{j}2\beta_1 z}) \tag{8-149}$$

上式应该与式(8-144)中的 $E_1(z)$比较。在无损耗媒质中，Γ 为实数；而且当$|\boldsymbol{E}_1(z)|$最大时$|\boldsymbol{H}_1(z)|$最小，反之亦然。

在媒质 2 中，$(\boldsymbol{E}_t,\boldsymbol{H}_t)$被视为沿$+z$ 方向传播的透射波。由式(8-134)和式(8-141)可得

$$\boldsymbol{E}_t(z)=\boldsymbol{a}_x\tau E_{i0}\mathrm{e}^{-\mathrm{j}\beta_2 z} \tag{8-150}$$

由式(8-135)得

$$\boldsymbol{H}_t(z)=\boldsymbol{a}_y\frac{\tau}{\eta_2}E_{i0}\mathrm{e}^{-\mathrm{j}\beta_2 z} \tag{8-151}$$

例 8-11 均匀平面波从本征阻抗为 η_1 的无损耗媒质，经过一平面边界垂直入射到另一个本征阻抗为 η_2 的无损耗媒质。求这两种媒质中功率密度的时间平均表达式。

解：式(8-96)提供了计算时间平均功率密度或时间平均坡印廷矢量的公式

$$\boldsymbol{P}_{\mathrm{av}}=\frac{1}{2}\mathrm{Re}(\boldsymbol{E}\times\boldsymbol{H}^*)$$

在媒质1中，利用式(8-144)和式(8-149)，得

$$\begin{aligned}(\boldsymbol{P}_{av})_1 &= \boldsymbol{a}_z \frac{E_{i0}^2}{2\eta_1}\mathrm{Re}[(1+\Gamma e^{j2\beta_1 z})(1-\Gamma e^{-j2\beta_1 z})] \\ &= \boldsymbol{a}_z \frac{E_{i0}^2}{2\eta_1}\mathrm{Re}[(1-\Gamma^2)+\Gamma(e^{j2\beta_1 z}-e^{-j2\beta_1 z})] \\ &= \boldsymbol{a}_z \frac{E_{i0}^2}{2\eta_1}\mathrm{Re}[(1-\Gamma^2)+j2\Gamma\sin 2\beta_1 z] \\ &= \boldsymbol{a}_z \frac{E_{i0}^2}{2\eta_1}(1-\Gamma^2)\end{aligned} \tag{8-152}$$

其中Γ为实数，因为两种媒质都是无损的。

在媒质2中，利用式(8-150)和式(8-151)可得

$$(\boldsymbol{P}_{av})_2 = \boldsymbol{a}_z \frac{E_{i0}^2}{2\eta_2}\tau^2 \tag{8-153}$$

因为讨论的媒质是无损耗的，所以媒质1中的能流一定等于媒质2中的能流，也就是

$$(\boldsymbol{P}_{av})_1 = (\boldsymbol{P}_{av})_2 \tag{8-154}$$

或者

$$1-\Gamma^2 = \frac{\eta_1}{\eta_2}\tau^2 \tag{8-155}$$

利用式(8-140)和式(8-141)可以很容易证明式(8-155)是正确的。

8.9　多层电介质分界面上的垂直入射

在某些实际情况中，波可能入射到由几种不同本构参数的电介质媒质构成的多层分界面上。在玻璃上涂一层电介质薄膜以减弱炫目的太阳光就是一个例子。另外一个例子是雷达天线罩，它是一个半圆形的覆盖物。它的这种设计不仅仅是用来保护雷达装置不受恶劣天气的影响，还使电磁波穿过覆盖物时，受到的反射尽可能小。在这两种情形下，一个很重要的问题是如何选取合适的介质材料及其厚度。

现在讨论图8-15中所描述的三个区域的情况，在媒质1 (ε_1,μ_1)中沿$+z$方向传播的均匀平面波垂直入射到媒质2(ε_2,μ_2)的平面边界$z=0$处。媒质2的厚度有限，且$z=d$处为媒质2和媒质3(ε_3,μ_3)的分界面。反射发生在$z=0$和$z=d$处。假设入射场是沿x方向极化，则在媒质1中总电场强度可写为入射分量$\boldsymbol{a}_x E_{i0}e^{-j\beta_1 z}$与反射分量$\boldsymbol{a}_x E_{r0}e^{j\beta_1 z}$之和

$$\boldsymbol{E}_1 = \boldsymbol{a}_x(E_{i0}e^{-j\beta_1 z}+E_{r0}e^{j\beta_1 z}) \tag{8-156}$$

然而，由于在$z=d$处第二次不连续，E_{r0}与E_{i0}之间不再有式(8-138)和式(8-140)之间的关系。在媒质2中，一部分波在两个边界面之间来回反弹，而另一部分透入媒质1和媒质3中。媒质1中的反射场是下述三个场的总和：(1)当入射波入射到$z=0$的边界时反射回的场；(2)经$z=d$边界第一次反射后，从媒质2传回媒质1的透射场；(3)经$z=d$边界第二次反射后，从媒质2传回媒质1的透射场，等等。事实上，总的反射波是第一次反射的波与媒质2中多次反射后传回媒质1的无限多个反射波的合成。因为上述所有波在媒质1中沿$-z$方向传播，而且包含传播因子$e^{j\beta_1 z}$，所以，它们可以结合成一个具有系数E_{r0}的单项，但如何求E_{r0}和E_{i0}之间的关系呢？

一种方法是写出三个区域的电场强度矢量和磁场强度矢量,并应用边界条件来求 E_{r0}。由式(8-131)和式(8-133)得,区域1中,与式(8-156)中 $\boldsymbol{E}_1$ 对应的 $\boldsymbol{H}_1$ 为

$$\boldsymbol{H}_1 = \boldsymbol{a}_y \frac{1}{\eta_1}(E_{i0}\mathrm{e}^{-\mathrm{j}\beta_1 z} - E_{r0}\mathrm{e}^{\mathrm{j}\beta_1 z}) \tag{8-157}$$

区域2中的电场和磁场强度也可以用正向波和反向波的合成来表示

$$\boldsymbol{E}_2 = \boldsymbol{a}_x(E_2^+\mathrm{e}^{-\mathrm{j}\beta_2 z} + E_2^-\mathrm{e}^{\mathrm{j}\beta_2 z}) \tag{8-158}$$

$$\boldsymbol{H}_2 = \boldsymbol{a}_y \frac{1}{\eta_2}(E_2^+\mathrm{e}^{-\mathrm{j}\beta_2 z} - E_2^-\mathrm{e}^{\mathrm{j}\beta_2 z}) \tag{8-159}$$

在区域3中,只存在沿 $+z$ 方向传播的正向波,因此

$$\boldsymbol{E}_3 = \boldsymbol{a}_x E_3^+\mathrm{e}^{-\mathrm{j}\beta_3 z} \tag{8-160}$$

$$\boldsymbol{H}_3 = \boldsymbol{a}_y \frac{E_3^+}{\eta_3}\mathrm{e}^{-\mathrm{j}\beta_3 z} \tag{8-161}$$

在式(8-156)至式(8-161)的右边,总共有四个未知的振幅:E_{r0}、E_2^+、E_2^-、E_3^+。由电场和磁场切向分量连续所满足的四个边界条件方程,可求之。

在 $z=0$ 处

$$\boldsymbol{E}_1(0) = \boldsymbol{E}_2(0) \tag{8-162}$$

$$\boldsymbol{H}_1(0) = \boldsymbol{H}_2(0) \tag{8-163}$$

在 $z=d$ 处

$$\boldsymbol{E}_2(d) = \boldsymbol{E}_3(d) \tag{8-164}$$

$$\boldsymbol{H}_2(d) = \boldsymbol{H}_3(d) \tag{8-165}$$

该求解过程非常简单而且是纯代数的(习题P.8-29)。接下来的几个小节中将介绍波阻抗的概念,并且利用它来研究垂直入射情况下的多重反射问题。

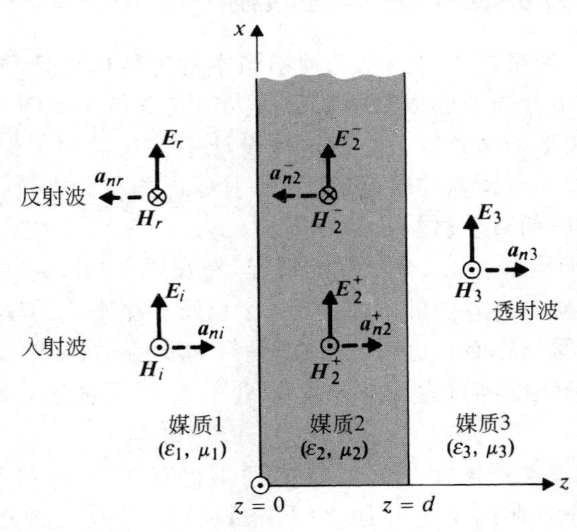

图8-15 垂直入射到多层电介质分界面

8.9.1 总场的波阻抗

总场的波阻抗定义为:在与平面边界平行的任何平面上,总电场强度与总磁场强度的比值。对于如图8-15所示与 z 相关的均匀平面波,通常写成

$$Z(z)=\frac{\text{总 }E_x(z)}{\text{总 }H_y(z)}\quad(\Omega) \tag{8-166}$$

对于在无界媒质中沿$+z$方向传播的单个波，它的波阻抗等于媒质的本征阻抗η；对于一个沿$-z$方向传播的单个波，对于所有的z来说波阻抗为$-\eta$。

当均匀平面波从媒质1垂直入射到无限大媒质2的平面边界上时，例如，如图8-14所示和8.8节中所讨论的一样，由式(8-144)和式(8-149)可得媒质1中总电场强度和磁场强度的大小为

$$E_{1x}(z)=E_{i0}(\mathrm{e}^{-\mathrm{j}\beta_1 z}+\Gamma\mathrm{e}^{\mathrm{j}\beta_1 z}) \tag{8-167}$$

$$H_{1y}(z)=\frac{E_{i0}}{\eta_1}(\mathrm{e}^{-\mathrm{j}\beta_1 z}-\Gamma\mathrm{e}^{\mathrm{j}\beta_1 z}) \tag{8-168}$$

它们的比值定义为媒质1中距平面边界为z处的总场的波阻抗

$$Z_1(z)=\frac{E_{1x}(z)}{H_{1y}(z)}=\eta_1\frac{\mathrm{e}^{-\mathrm{j}\beta_1 z}+\Gamma\mathrm{e}^{\mathrm{j}\beta_1 z}}{\mathrm{e}^{-\mathrm{j}\beta_1 z}-\Gamma\mathrm{e}^{\mathrm{j}\beta_1 z}} \tag{8-169}$$

这显然是一个关于z的函数。

在离平面边界左边距离为$z=-l$处

$$Z_1(-l)=\frac{E_{1x}(-l)}{H_{1y}(-l)}=\eta_1\frac{\mathrm{e}^{\mathrm{j}\beta_1 l}+\Gamma\mathrm{e}^{-\mathrm{j}\beta_1 l}}{\mathrm{e}^{\mathrm{j}\beta_1 l}-\Gamma\mathrm{e}^{-\mathrm{j}\beta_1 l}} \tag{8-170}$$

在式(8-170)中利用$\Gamma=(\eta_2-\eta_1)/(\eta_2+\eta_1)$的定义，可得

$$Z_1(-l)=\eta_1\frac{\eta_2\cos\beta_1 l+\mathrm{j}\eta_1\sin\beta_1 l}{\eta_1\cos\beta_1 l+\mathrm{j}\eta_2\sin\beta_1 l} \tag{8-171}$$

当$\eta_2=\eta_1$时，$Z_1(-l)$刚好简化为η_1。此时，函数在$z=0$处不存在媒质不连续现象；因此不存在反射波，总场波阻抗与媒质本征阻抗相等。

在第9章研究传输线时，可以知道式(8-170)和式(8-171)与长度为l、特征阻抗为η_1及终端接有阻抗η_2的传输线的输入阻抗公式相似。这是因为垂直入射时，均匀平面波传播特性与传输线的特性有许多相似之处。

如果平面边界是理想导体，即$\eta_2=0$且$\Gamma=-1$，则式(8-171)变为

$$Z_1(-l)=\mathrm{j}\eta_1\tan\beta_1 l \tag{8-172}$$

上式与长度为l、特征阻抗为η_1且终端短路的传输线的输入阻抗相同。

8.9.2　用多层电介质作阻抗变换

总场的波阻抗的概念在解决多层电介质分界面的反射问题时很有用，如图8-15所示。媒质2的总场是两个边界平面$z=0$和$z=d$之间多重反射的结果；但它可以分为沿$+z$方向传播和沿$-z$方向传播的波。在分界面$z=0$左边的媒质2中，总场的波阻抗可以从式(8-171)的右边用η_3、η_2、β_2、d分别替换η_2、η_1、β_1和l得到。因此

$$Z_2(0)=\eta_2\frac{\eta_3\cos\beta_2 d+\mathrm{j}\eta_2\sin\beta_2 d}{\eta_2\cos\beta_2 d+\mathrm{j}\eta_3\sin\beta_2 d} \tag{8-173}$$

媒质1中的波在$z=0$处遇到了媒质的不连续情况，间断点可以用一个本征阻抗为如式(8-173)所示，$Z_2(0)$的无限媒质表示。在媒质1中入射波在$z=0$处的有效反射系数为

$$\Gamma_0=\frac{E_{r0}}{E_{i0}}=-\frac{H_{r0}}{H_{i0}}=\frac{Z_2(0)-\eta_1}{Z_2(0)+\eta_1} \tag{8-174}$$

注意,只有当 η_2 被 $Z_2(0)$替换时 Γ_0 与 Γ 才不同。因此,将厚度为 d,本征阻抗为 η_2 的电介质层插在另一种本征阻抗为 η_3 的媒质 3 之前,其效果相当于将阻抗 η_3 转化为 $Z_2(0)$。给定 η_1 和 η_3,Γ_0 可以根据 η_2 和 d 作出适当的调整。

一旦由式(8-174)确定了 Γ_0,媒质 1 中反射波的 E_{r0} 就可计算得出:$E_{r0}=\Gamma_0 E_{i0}$。在许多应用中,只对 Γ_0 和 E_{r0} 感兴趣。因此,这种阻抗变换方法不仅概念上比较简单,并可直接得到所期望的效果。如果还需确定媒质 2 和 3 中的场 E_2^+,E_2^- 和 E_t,可以根据 $z=0$ 和 $z=d$ 的边界条件确定,如式(8-162)~式(8-165)所示。

例 8-12 一个厚度为 d、本征阻抗为 η_2 的电介质层置于本征阻抗分别为 η_1 和 η_3 的媒质 1 和媒质 3 之间。欲使均匀平面波从媒质 1 垂直入射到与媒质 2 相连的分界面时电磁波不会反射,求 d 和 η_2。

解:如图 8-15 所示,在媒质 1 和媒质 3 之间插入一个电介质层,在边界 $z=0$ 上不存在反射的条件为 $\Gamma_0=0$ 或 $Z_2(0)=\eta_1$。由式(8-173),可得

$$\eta_2(\eta_3\cos\beta_2 d+\mathrm{j}\eta_2\sin\beta_2 d)=\eta_1(\eta_2\cos\beta_2 d+\mathrm{j}\eta_3\sin\beta_2 d) \tag{8-175}$$

要使上式两边实部和虚部分别相等,则

$$\eta_3\cos\beta_2 d=\eta_1\cos\beta_2 d \tag{8-176}$$

和

$$\eta_2^2\sin\beta_2 d=\eta_1\eta_3\sin\beta_2 d \tag{8-177}$$

要式(8-176)成立,则

$$\eta_3=\eta_1 \tag{8-178}$$

或

$$\cos\beta_2 d=0 \tag{8-179}$$

这意味着

$$\beta_2 d=(2n+1)\frac{\pi}{2}$$

或

$$d=(2n+1)\frac{\lambda_2}{4},\quad n=0,1,2,\cdots \tag{8-180}$$

一方面,如果式(8-178)成立,则式(8-177)成立的条件是:(1)在完全无间断的普通的情况下,$\eta_2=\eta_3=\eta_1$;或(2)$\sin\beta_2 d=0$ 或 $d=n\lambda_2/2$。

另一方面,如果式(8-179)或式(8-180)成立,因为 $\sin\beta_2 d$ 不为 0,所以当 $\eta_2=\sqrt{\eta_3\eta_1}$ 时,式(8-177)成立。因此,对于无反射的条件有两种可能。

(1) 当 $\eta_3=\eta_1$ 时,要求

$$d=n\frac{\lambda_2}{2},\quad n=0,1,2,\cdots \tag{8-181}$$

也就是说,在给定的工作频率下,电介质层的厚度等于电介质的半波长的整数倍。这种电介质层称为**半波电介质窗**。由于 $\lambda_2=u_{p2}/f=1/f\sqrt{\mu_2\varepsilon_2}$,其中 f 为工作频率,所以半波电介质窗是一种窄频带器件。

（2）当 $\eta_3 \neq \eta_1$ 时，要求

$$\eta_2 = \sqrt{\eta_1 \eta_3} \tag{8-182a}$$

和

$$d = (2n+1)\frac{\lambda_2}{4}, \quad n = 0,1,2,\cdots \tag{8-182b}$$

当媒质 1 和媒质 3 不同时，η_2 等于 η_1 和 η_3 的几何平均数。为了消除反射，d 应是在工作频率下，电介质层的四分之一波长的奇数倍。在这些条件下，电介质层（媒质 2）的作用与**四分之一波长的阻抗变换器**一样。在第 9 章研究模拟传输线时会再次提及这个概念。

由上面讨论可知，如果天线罩在雷达装置附近搭建（$\eta_1 = \eta_3 = \eta_0$），它应该是一个半波窗，以减少反射；也就是说，它的厚度应该是为 $\lambda_2/2$（$=1/2f_2\sqrt{\mu_2\varepsilon_2}$）的倍数，其中工作频率为 f_2，μ_2 和 ε_2 分别是磁导率和介电常数。

8.10　电介质平面边界上的斜入射

现在讨论平面波以任意入射角度 θ_i 斜入射到两个电介质媒质之间的分界面的情况。假设媒质是无损的，本构参数分别为（ε_1，μ_1）和（ε_2，μ_2），如图 8-16 所示。由于媒质在分界面不连续，导致一部分入射波被反射，一部分将继续向前传播。线 AO，$O'A'$ 和 $O'B$ 分别是在入射面内入射波、反射波和透射波波前的横截线。由于入射波和反射波在媒质 1 中以相同的相速 u_{p1} 传播，所以距离 $\overline{OA'}$ 和 $\overline{AO'}$ 必然相等，因此

$$\overline{OO'}\sin\theta_r = \overline{OO'}\sin\theta_i$$

或

$$\theta_r = \theta_i \tag{8-183}$$

式（8-183）说明**反射角等于入射角**，这就是**斯涅尔定律**。

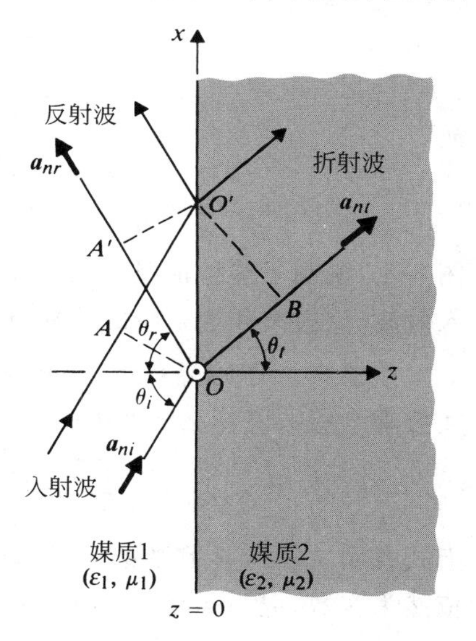

图 8-16　均匀平面波斜入射到平面电介质边界

在媒质 2 中，透射波从 O 传播到 B 的时间等于入射波从 A 传播到 O' 的时间。得到

$$\frac{\overline{OB}}{u_{p2}} = \frac{\overline{AO'}}{u_{p1}}$$

$$\frac{\overline{OB}}{\overline{AO'}} = \frac{\overline{OO'}\sin\theta_t}{\overline{OO'}\sin\theta_i} = \frac{u_{p2}}{u_{p1}}$$

从中得到

$$\frac{\sin\theta_t}{\sin\theta_i} = \frac{u_{p2}}{u_{p1}} = \frac{\beta_1}{\beta_2} = \frac{n_1}{n_2} \tag{8-184}$$

其中，n_1 和 n_2 分别是媒质 1 和媒质 2 的折射率。媒质的**折射率**是光（电磁波）在真空中的传播速度与光在媒质中的传播速度之比，也就是 $n=c/u_p$。式（8-184）中的关系式被称为**斯涅尔折射（透射）定律**。斯涅尔定律表明，**在两个电介质媒质的分界面，媒质 2 中折射角（或称透射角）的正弦值与媒质 1 中入射角的正弦值之比等于它们折射率的倒数**，即 n_1/n_2。

对于非磁性媒质，$\mu_1 = \mu_2 = \mu_0$，式（8-184）变为

$$\frac{\sin\theta_t}{\sin\theta_i}=\sqrt{\frac{\varepsilon_1}{\varepsilon_2}}=\sqrt{\frac{\varepsilon_{r1}}{\varepsilon_{r2}}}=\frac{n_1}{n_2}=\frac{\eta_2}{\eta_1} \tag{8-185}$$

其中,η_1 和 η_2 是媒质的本征阻抗。此外,如果媒质1是真空,那么 $\varepsilon_{r1}=1$,$n_1=1$,式(8-185)简化为

$$\frac{\sin\theta_t}{\sin\theta_i}=\frac{1}{\sqrt{\varepsilon_{r2}}}=\frac{1}{n_2}=\frac{\eta_2}{120\pi} \tag{8-186}$$

由于 $n_2\geqslant 1$,很明显,平面波斜入射到与稠密媒质的分界面时,射线会向法向方向弯曲。

分析光线的入射波、反射波和折射波的路径,可以得出斯涅尔反射定律和斯涅尔折射定律。因为没有提到波极化,因此斯涅尔定律与波极化无关。通过匹配在边界 $z=0$ 的各种传播的波的相位也可以得出这些定律,在8.10.2节和8.10.3节将讨论垂直极化和平行极化。

8.10.1 全反射

现在来研究当 $\varepsilon_1>\varepsilon_2$ 时,即当波的媒质1入射到密度较低的媒质2时,式(8-185)所表示的斯涅尔定律。在这种情况下,$\theta_t>\theta_i$。由于 θ_t 随 θ_i 增加而增加,于是当 $\theta_t=\pi/2$ 时,折射波会以角度 $\theta_t=\pi/2$ 沿分界面传播;当 θ_i 再变大时,将不会产生折射波,因此可以说入射波被完全反射。这时的入射角 θ_c(对应**全反射**阈值 $\theta_t=\pi/2$)被称为**临界角**。令式(8-185)中的 $\theta_t=\pi/2$,得到

$$\sin\theta_c=\sqrt{\frac{\varepsilon_2}{\varepsilon_1}} \tag{8-187}$$

或

$$\theta_c=\arcsin\sqrt{\frac{\varepsilon_2}{\varepsilon_1}}=\arcsin\left(\frac{n_2}{n_1}\right) \tag{8-188}$$

图8-17说明了这种情况,其中 $\boldsymbol{a}_{ni}$、$\boldsymbol{a}_{nr}$ 和 $\boldsymbol{a}_{nt}$ 分别表示入射波、反射波和透射波的传播方向的单位矢量。

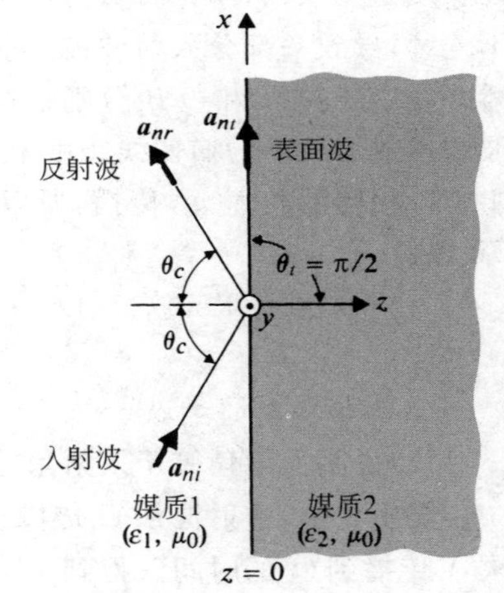

图8-17 平面波以临界角入射,$\varepsilon_1>\varepsilon_2$

如果 θ_i 大于临界角 θ_c($\sin\theta_i>\sin\theta_c=\sqrt{\varepsilon_2/\varepsilon_1}$),这在数学上意味着什么呢?由式(8-185),可以得到

$$\sin\theta_t=\sqrt{\frac{\varepsilon_1}{\varepsilon_2}}\sin\theta_i>1 \tag{8-189}$$

上式说明 θ_t 不存在实数解。尽管式(8-189)中的 $\sin\theta_t$ 依然为实数,但当 $\sin\theta_t>1$ 时,$\cos\theta_t$ 为虚数

$$\cos\theta_t=\sqrt{1-\sin^2\theta_i}=\pm\mathrm{j}\sqrt{\frac{\varepsilon_1}{\varepsilon_2}\sin^2\theta_i-1} \tag{8-190}$$

在媒质2中,如图8-16所示,在典型透射波(折射波)传播方向上的单位矢量 $\boldsymbol{a}_{nt}$ 为

$$\boldsymbol{a}_{nt}=\boldsymbol{a}_x\sin\theta_t+\boldsymbol{a}_z\cos\theta_t \tag{8-191}$$

$\boldsymbol{E}_t$ 和 $\boldsymbol{H}_t$ 都是随下列因子在空间中变化

$$\mathrm{e}^{-\mathrm{j}\beta_2\boldsymbol{a}_{nt}\cdot\boldsymbol{R}}=\mathrm{e}^{-\mathrm{j}\beta_2(x\sin\theta_t+z\cos\theta_t)}$$

若 $\theta_i>\theta_c$,当利用式(8-189)和式(8-190)后,则上式变为

$$\mathrm{e}^{-\alpha_2 z}\mathrm{e}^{-\mathrm{j}\beta_{2x}x} \tag{8-192}$$

其中

$$\alpha_2 = \beta_2 \sqrt{(\varepsilon_1/\varepsilon_2)\sin^2\theta_i - 1}$$

和

$$\beta_{2x} = \beta_2 \sqrt{(\varepsilon_1/\varepsilon_2)}\,\sin\theta_i$$

式(8-190)右边的"+"号意味着场随距离 z 的增大而增大，这与实际不符，所以已被遗弃。由式(8-192)可以得到，当 $\theta_i > \theta_c$，沿分界面(在 x 方向上)产生一个**瞬逝波**，这种波在媒质 2 的法向方向(z 方向)上呈指数(快速)衰减。这种波仅限于分界面，所以称为**表面波**。图 8-17 说明了这一点，很明显它是一个非均匀平面波。在这些条件下没有功率被传播到媒质 2 中。(见习题 P. 8-37)

例 8-13　水在光频段的介电常数为 $1.75\varepsilon_0$。在距水面 d 处的各向同性的光源产生了一个半径为 5m 的亮圆形区域。求 d。

解：水的折射率为 $n_w = \sqrt{1.75} = 1.32$。参考图 8-18，亮区域的半径 $O'P = 5\text{m}$，对应于临界角

$$\theta_c = \arcsin\left(\frac{1}{n_w}\right) = \arcsin\left(\frac{1}{1.32}\right) = 49.2^\circ$$

因此

$$d = \frac{\overline{O'P}}{\tan\theta_c} = \frac{5}{\tan 49.5^\circ} = 4.32 \quad (\text{m})$$

如图 8-18 所示，一条以 $\theta_i = \theta_c$ 的光线入射到 P 点会产生一条反射光线和一条切线方向的折射光线。对于 $\theta_i < \theta_c$ 的入射波部分反射回水中，部分被折射到空气中，而对于 $\theta_i > \theta_c$ 的波，它们只存在全反射(瞬逝的表面波并没有在图中画出)。

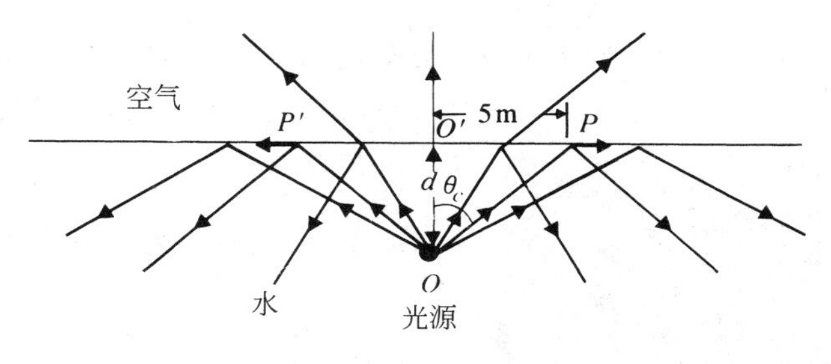

图 8-18　水下光源

例 8-14　电介质棒或透明材质的纤维可以在全内反射条件下用来传输光或电磁波。确定传导媒质的最小电介质常数，以使得在棒的一端以任意角度入射的波能被限制于棒中，并在棒的另一端被接收到。

解：参考图 8-19。对于全内反射而言，θ_1 必须大于或等于传导电介质媒质的临界角 θ_c；

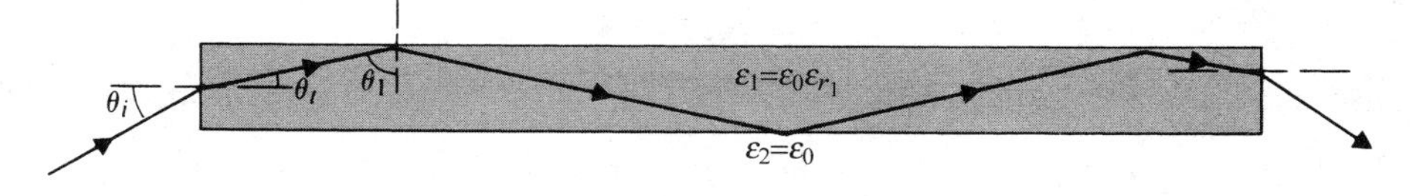

图 8-19　电磁波在电介质棒或光纤内全部靠反射传播

即

$$\sin\theta_1 \geqslant \sin\theta_c$$

或者,因为 $\theta_1=\pi/2-\theta_t$

$$\cos\theta_t \geqslant \sin\theta_c \tag{8-193}$$

由斯涅尔折射定律和式(8-186),可得

$$\sin\theta_t=\frac{1}{\sqrt{\varepsilon_{r1}}}\sin\theta_i \tag{8-194}$$

注意,为了与本节中符号一致,指定电介质媒质为媒质1(稠密媒质)。联合式(8-193),式(8-194)和式(8-187),可得

$$\sqrt{1-\frac{1}{\varepsilon_{r1}}\sin^2\theta_i} \geqslant \sqrt{\frac{\varepsilon_0}{\varepsilon_1}}=\frac{1}{\sqrt{\varepsilon_{r1}}}$$

这里要求

$$\varepsilon_{r1} \geqslant 1+\sin^2\theta_i \tag{8-195}$$

因为当 $\theta_i=\pi/2$ 时上式的右边取最大值,要求传导媒质的电介质常数大于等于2,相应的折射率为 $n_1=\sqrt{2}$。玻璃和石英满足上述要求。

由观察可知,式(8-185)中的斯涅尔折射定律和式(8-188)中全反射的临界角与入射电场的极化无关。然而,反射系数和透射系数与极化有关。在接下来的两节将分别讨论垂直极化和水平极化。

8.10.2 垂直极化

对于垂直极化的斜入射,参考图8-20。根据式(8-107)和式(8-108),媒质1中入射波的电场和磁场强度相量表达式为

$$\boldsymbol{E}_i(x,z)=\boldsymbol{a}_y E_{i0}\,\mathrm{e}^{-\mathrm{j}\beta_1(x\sin\theta_i+z\cos\theta_i)} \tag{8-196}$$

$$\boldsymbol{H}_i(x,z)=\frac{E_{i0}}{\eta_1}(-\boldsymbol{a}_x\cos\theta_i+\boldsymbol{a}_z\sin\theta_i)\,\mathrm{e}^{-\mathrm{j}\beta_1(x\sin\theta_i+z\cos\theta_i)} \tag{8-197}$$

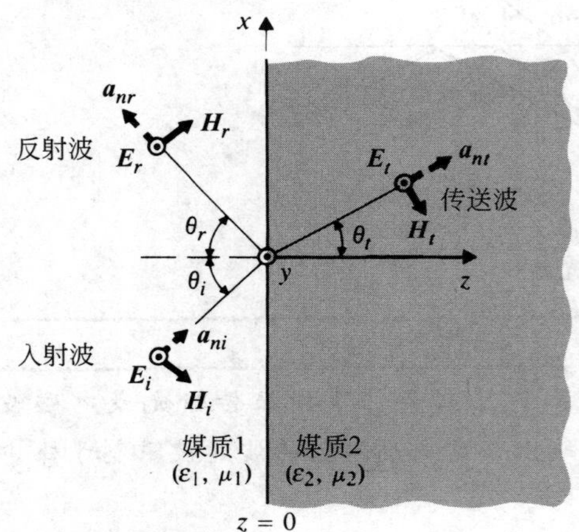

图8-20 平面波入射到一个电介质平面边界(垂直极化)

由式(8-110)和式(8-112)可以得到反射波的电场和磁场强度,但是记住 E_{r0} 不再等于 $-E_{i0}$

$$\boldsymbol{E}_r(x,z)=\boldsymbol{a}_y E_{r0}\,\mathrm{e}^{-\mathrm{j}\beta_1(x\sin\theta_r-z\cos\theta_r)} \tag{8-198}$$

$$\boldsymbol{H}_r(x,z)=\frac{E_{r0}}{\eta_1}(\boldsymbol{a}_x\cos\theta_r+\boldsymbol{a}_z\sin\theta_r)\,\mathrm{e}^{-\mathrm{j}\beta_1(x\sin\theta_r+z\cos\theta_r)} \tag{8-199}$$

媒质2中传输波的电场和磁场强度相量表达式为

$$\boldsymbol{E}_t(x,z)=\boldsymbol{a}_y E_{t0}\,\mathrm{e}^{-\mathrm{j}\beta_2(x\sin\theta_t+z\cos\theta_t)} \tag{8-200}$$

$$\boldsymbol{H}_t(x,z)=\frac{E_{t0}}{\eta_2}(-\boldsymbol{a}_x\cos\theta_t+\boldsymbol{a}_z\sin\theta_t)\,\mathrm{e}^{-\mathrm{j}\beta_2(x\sin\theta_t+z\cos\theta_t)} \tag{8-201}$$

式(8-196)～式(8-201)中有四个未知量 E_{r0}、E_{t0}、θ_r 和 θ_t,它们可借助 $\boldsymbol{E}$ 和 $\boldsymbol{H}$ 的正切分量在

边界 $z=0$ 处是连续的这一边界条件来求出。根据 $E_{iy}(x,0)+E_{ry}(x,0)=E_{ty}(x,0)$ 可得

$$E_{i0}\mathrm{e}^{-\mathrm{j}\beta_1 x\sin\theta_i}+E_{r0}\mathrm{e}^{-\mathrm{j}\beta_1 x\sin\theta_r}=E_{t0}\mathrm{e}^{-\mathrm{j}\beta_2 x\sin\theta_t} \tag{8-202}$$

同样，由 $H_{ix}(x,0)+H_{rx}(x,0)=H_{tx}(x,0)$ 可得

$$\frac{1}{\eta_1}(-E_{i0}\cos\theta_i\mathrm{e}^{-\mathrm{j}\beta_1 x\sin\theta_i}+E_{r0}\cos\theta_r\mathrm{e}^{-\mathrm{j}\beta_1 x\sin\theta_r})=-\frac{E_{t0}}{\eta_2}\cos\theta_t\mathrm{e}^{-\mathrm{j}\beta_2 x\sin\theta_t} \tag{8-203}$$

因为对所有的 x 均要满足式(8-202)和式(8-203)，三个指数因子(关于 x 的函数)必须相等("相位匹配")。所以

$$\beta_1 x\sin\theta_i=\beta_1 x\sin\theta_r=\beta_2 x\sin\theta_t$$

这将导出斯涅耳反射($\theta_r=\theta_i$)定律和斯涅耳折射定律($\sin\theta_t/\sin\theta_i=\beta_1/\beta_2=n_1/n_2$)。式(8-202)和式(8-203)可简写成

$$E_{i0}+E_{r0}=E_{t0} \tag{8-204}$$

$$\frac{1}{\eta_1}(E_{i0}-E_{r0})\cos\theta_i=\frac{E_{t0}}{\eta_2}\cos\theta_t \tag{8-205}$$

可以用 E_{i0} 表示 E_{r0} 和 E_{t0}，因此有

$$\Gamma_\perp=\frac{E_{r0}}{E_{i0}}=\frac{\eta_2\cos\theta_i-\eta_1\cos\theta_t}{\eta_2\cos\theta_i+\eta_1\cos\theta_t}=\frac{(\eta_2/\cos\theta_t)-(\eta_1/\cos\theta_i)}{(\eta_2/\cos\theta_t)+(\eta_1/\cos\theta_i)} \tag{8-206}$$ [①]

$$\tau_\perp=\frac{E_{t0}}{E_{i0}}=\frac{2\eta_2\cos\theta_i}{\eta_2\cos\theta_i+\eta_1\cos\theta_t}=\frac{2(\eta_2/\cos\theta_t)}{(\eta_2/\cos\theta_t)+(\eta_1/\cos\theta_i)} \tag{8-207}$$ [①]

将上面二式与垂直入射的反射系数和透射系数(即式(8-140)和式(8-141))比较，可以看出，如果将 η_1 和 η_2 分别转化为($\eta_1/\cos\theta_i$)和($\eta_2/\cos\theta_t$)，则可得到相同的式子。当 $\theta_i=0$ 时，令 $\theta_r=\theta_t=0$，上面的式子简化为垂直入射情况下的式子。而且 $\Gamma_\perp$ 和 $\tau_\perp$ 符合以下关系

$$1+\Gamma_\perp=\tau_\perp \tag{8-208}$$

此式与垂直入射时的式(8-142)相似。

如果媒质2为理想导体，即 $\eta_2=0$。可得 $\Gamma_\perp=-1(E_{r0}=-E_{i0})$ 和 $\tau_\perp=0(E_{t0}=0)$。正如在8.6节和8.7节中所讨论的，导体表面不存在 $\boldsymbol{E}$ 场的切向分量，因此没有能量穿过理想导体的边界。

注意，式(8-206)中的反射系数的分子是两项之差，那么 η_1、η_2 和 θ_i 之间满足什么关系时，能使 $\Gamma_\perp=0$，即不存在反射。设以 $\theta_{B\perp}$ 表示这个特殊情况时的 θ_i，为此要求

$$\eta_2\cos\theta_{B\perp}=\eta_1\cos\theta_t \tag{8-209}$$

运用斯涅耳折射定律有

$$\cos\theta_t=\sqrt{1-\sin^2\theta_t}=\sqrt{1-\frac{n_1^2}{n_2^2}\sin^2\theta_i} \tag{8-210}$$

由式(8-209)可得

$$\sin^2\theta_{B\perp}=\frac{1-\mu_1\varepsilon_2/\mu_2\varepsilon_1}{1-(\mu_1/\mu_2)^2} \tag{8-211}$$

角度 $\theta_{B\perp}$ 称为垂直极化时无反射的**布儒斯特角**。对于非磁性媒质，$\mu_1=\mu_2=\mu_0$，式(8-211)右

---

①② 这些公式有时称为**菲涅耳方程**。

边为无穷大，不存在 $\theta_{B\perp}$。当 $\varepsilon_1=\varepsilon_2$ 和 $\mu_1\neq\mu_2$ 时，式(8-211)简化为

$$\sin\theta_{B\perp} = \frac{1}{\sqrt{1+(\mu_1/\mu_2)}} \tag{8-212}$$

不论 μ_1/μ_2 是否大于或小于1，方程均有解。然而，两种相邻的媒质具有相同介电常数和不同磁导率的情况在电磁学领域还是比较少见的。

8.10.3　平行极化

当一个平行极化的均匀平面波斜入射到一个平面边界时(如图8-21所示)，由式(8-124)～式(8-127)可得媒质1中入射波和反射波的电场和磁场强度的相量为

$$\boldsymbol{E}_i(x,z) = E_{i0}(\boldsymbol{a}_x\cos\theta_i - \boldsymbol{a}_z\sin\theta_i)\mathrm{e}^{-\mathrm{j}\beta_1(x\sin\theta_i+z\cos\theta_i)} \tag{8-213}$$

$$\boldsymbol{H}_i(x,z) = \boldsymbol{a}_y\frac{E_{i0}}{\eta_1}\mathrm{e}^{-\mathrm{j}\beta_1(x\sin\theta_i+z\cos\theta_i)} \tag{8-214}$$

$$\boldsymbol{E}_r(x,z) = E_{r0}(\boldsymbol{a}_x\cos\theta_r + \boldsymbol{a}_z\sin\theta_r)\mathrm{e}^{-\mathrm{j}\beta_1(x\sin\theta_r-z\cos\theta_r)} \tag{8-215}$$

$$\boldsymbol{H}_r(x,z) = -\boldsymbol{a}_y\frac{E_{r0}}{\eta_1}\mathrm{e}^{-\mathrm{j}\beta_1(x\sin\theta_r-z\cos\theta_r)} \tag{8-216}$$

媒质2中传送的电场和磁场强度相量为

$$\boldsymbol{E}_t(x,t) = E_{t0}(\boldsymbol{a}_x\cos\theta_t - \boldsymbol{a}_z\sin\theta_t)\mathrm{e}^{-\mathrm{j}\beta_2(x\sin\theta_t+z\cos\theta_t)} \tag{8-217}$$

$$\boldsymbol{H}_t(x,t) = \boldsymbol{a}_y\frac{E_{t0}}{\eta_2}\mathrm{e}^{-\mathrm{j}\beta_2(x\sin\theta_t+z\cos\theta_t)} \tag{8-218}$$

由 $\boldsymbol{E}$ 和 $\boldsymbol{H}$ 的切向分量在 $z=0$ 处的连续性可推出斯涅耳反射和折射定律，也可推出下面两个关系式

$$(E_{i0}+E_{r0})\cos\theta_i = E_{t0}\cos\theta_t \tag{8-219}$$

$$\frac{1}{\eta_1} = (E_{i0}-E_{r0}) = \frac{1}{\eta_2}E_{t0} \tag{8-220}$$

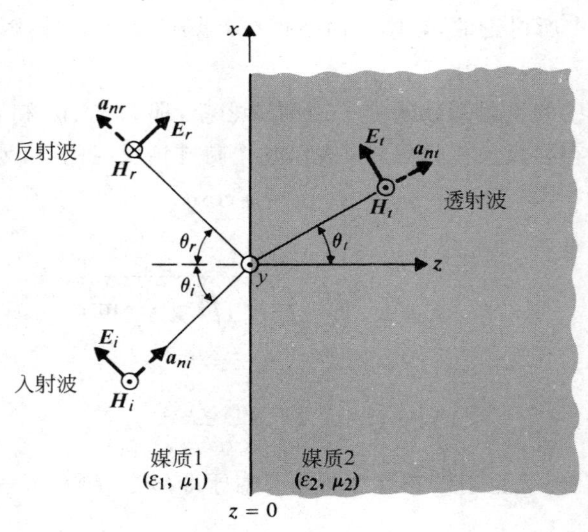

图 8-21　平面波斜入射到电介质平面边界(水平极化)

用 E_{i0} 表示 E_{r0} 和 E_{t0} 可解得

$$\Gamma_{\parallel} = \frac{E_{r0}}{E_{i0}} = \frac{\eta_2\cos\theta_t - \eta_1\cos\theta_i}{\eta_2\cos\theta_t + \eta_1\cos\theta_i} \tag{8-221}$$ ①

$$\tau_{\parallel} = \frac{E_{t0}}{E_{i0}} = \frac{2\eta_2\cos\theta_i}{\eta_2\cos\theta_t + \eta_1\cos\theta_i} \tag{8-222}$$ ②

很容易证明

$$1 + \Gamma_{\parallel} = \tau_{\parallel}\left(\frac{\cos\theta_t}{\cos\theta_i}\right) \tag{8-223}$$

除了当 $\theta_i=\theta_t=0$，即垂直入射情况以外，式(8-223)与垂直极化时的式(8-208)都不同。在垂直入射时，$\Gamma_{\parallel}$ 和 $\tau_{\parallel}$ 分别简化为式(8-140)和式(8-141)中的 Γ 和 τ，如 $\Gamma_{\perp}$ 和 $\tau_{\perp}$ 一样。

如果媒质 2 是理想导体($\eta_2=0$)，则式(8-221)和式(8-222)分别简化为 $\Gamma_{\parallel}=-1$ 和 $\tau_{\parallel}=0$，使导体表面的总 $\boldsymbol{E}$ 场正切分量消失，这是可以料想到的。注意，图 8-11、图 8-13、图 8-20 和图 8-21 中 $\boldsymbol{E}_r$ 和 $\boldsymbol{H}_r$ 的参考方向是任意选择的。由于 $E_{r0}=-E_{i0}$，图 8-11 和图 8-13 中 $\boldsymbol{E}_r$ 和 $\boldsymbol{H}_r$ 的实际方向与所选择的方向相反。图 8-20 和图 8-21 中 $\boldsymbol{E}_r$ 和 $\boldsymbol{H}_r$ 的实际方向是否与图中所画的一样，分别取决于式(8-206)中的 $\Gamma_{\perp}$ 和式(8-221)中的 $\Gamma_{\parallel}$ 的正负。

如果画出 $|\Gamma_{\perp}|^2$ 和 $|\Gamma_{\parallel}|^2$ 随 θ_i 变化的曲线图，可以发现除 $\theta_i=0$ 以外，前者总是比后者大。这意味着当非极化波入射到平面电介质表面时，反射波的垂直极化分量的功率比平行极化分量的功率多。这个性质的一个普遍应用是设计偏振片来减少阳光的直射。眼睛接收到的大部分太阳光来自于地球表面的反射。因为 $|\Gamma_{\perp}|^2>|\Gamma_{\parallel}|^2$，到达眼睛的光主要垂直于反射平面(和入射面相同)，因此电场平行于地球表面。偏振片的设计就是为了过滤掉这些成分。

当入射角 θ_i 等于 $\theta_{B\parallel}$ 时，$\Gamma_{\parallel}$ 为零，由式(8-221)得

$$\eta_2\cos\theta_t = \eta_1\cos\theta_{B\parallel} \tag{8-224}$$

它与式(8-210)一起要求

$$\sin^2\theta_{B\parallel} = \frac{1-\mu_2\varepsilon_1/\mu_1\varepsilon_2}{1-(\varepsilon_1/\varepsilon_2)^2} \quad (\mu_1=\mu_2) \tag{8-225}$$

角 $\theta_{B\parallel}$ 称为平行极化时无反射的**布儒斯特角**。对于两个相邻的非磁性媒质，式(8-225)的解总存在。因此，如果 $\mu_1=\mu_2$，当入射到媒质 1 中的入射角等于布儒斯特角 $\theta_{B\parallel}$ 时，就产生无反射现象，这时

$$\sin\theta_{B\parallel} = \frac{1}{\sqrt{1+\varepsilon_1/\varepsilon_2}} \quad (\mu_1=\mu_2) \tag{8-226}$$

式(8-226)的另一种表示形式为

$$\theta_{B\parallel} = \arctan\sqrt{\frac{\varepsilon_2}{\varepsilon_1}} = \arctan\left(\frac{n_2}{n_1}\right) \quad (\mu_1=\mu_2) \tag{8-227}$$

由于垂直极化和平行极化的布儒斯特角公式不同，所以从一个非极化波中分离出两种类型的极化波是有可能的。当一个非极化波比如任意的光，按式(8-225)给出的布儒斯特角 $\theta_{B\parallel}$ 入射到边界时，只有垂直极化分量会被反射。因此，布儒斯特角也称为**极化角**。装置在激光管终端的石英窗就是基于上述原理，可用来控制发射光束的极化。

---

①② 这些公式也称为菲涅耳方程。

例 8-15 纯净水的相对介电常数为80:

(1) 求平行极化波的布儒斯特角 $\theta_{B\parallel}$ 和相应的折射角。

(2) 当垂直极化平面波以 $\theta_i=\theta_{B\parallel}$ 的入射角从空气射入水中时,求反射系数和透射系数。

解:(1) 平行极化无反射的布儒斯特角可直接由式(8-226)得到

$$\theta_{B\parallel}=\arcsin\frac{1}{\sqrt{1+(1/\varepsilon_{r2})}}=\arcsin\frac{1}{\sqrt{1+(1+1/80)}}=81.0°$$

由式(8-186),相应的折射角为

$$\theta_t=\arcsin\left(\frac{\sin\theta_{B\parallel}}{\sqrt{\varepsilon_{r2}}}\right)=\arcsin\left(\frac{1}{\sqrt{\varepsilon_{r2}+1}}\right)=\arcsin\left(\frac{1}{\sqrt{81}}\right)=6.38°$$

(2) 对于垂直极化的平面入射波,利用式(8-206)和式(8-207)求当 $\theta_i=81.0°$ 和 $\theta_t=6.38°$ 时的,$\Gamma_\perp$ 和 $\tau_\perp$:

$$\eta_1=377(\Omega)\qquad \eta_1/\cos\theta_i=2410(\Omega)$$

$$\eta_2=\frac{377}{\sqrt{\varepsilon_{r2}}}=40.1(\Omega)\qquad \eta_2/\cos\theta_t=40.4(\Omega)$$

因此

$$\Gamma_\perp=\frac{40.4-2410}{40.4+2410}=-0.967$$

$$\tau_\perp=\frac{2\times 40.4}{40.4+2410}=0.033$$

注意:$\Gamma_\perp$ 和 $\tau_\perp$ 之间满足式(8-208)给出的关系。

复习题

R.8-1 试定义均匀平面波。

R.8-2 什么叫波前?

R.8-3 写出自由空间中 $\boldsymbol{E}$ 的齐次矢量亥姆霍兹方程。

R.8-4 试定义波数。波数与波长是什么关系?

R.8-5 试定义相速。

R.8-6 试定义媒质的本征阻抗。自由空间的本征阻抗值等于多少?

R.8-7 什么是多普勒效应?

R.8-8 什么是 **TEM** 波?

R.8-9 写出在 $+Z$ 方向上传播的 x 极化均匀平面波的电场和磁场强度矢量的相量表达式。

R.8-10 什么是波的极化?什么时候波是线极化的?什么时候波是圆极化的?

R.8-11 合并两个正交直线极化波。在什么情况下产生的将是(1)另一直线极化波;(2)圆极化波;(3)椭圆极化波。

R.8-12 AM广播电台的 $\boldsymbol{E}$ 场是怎样极化的?电视台的呢?FM广播电台的呢?

R.8-13 试定义(1)传播常数；(2)衰减常数；(3)相位常数。

R.8-14 什么是导体的趋肤深度，它与衰减常数有何关系？它如何取决于σ和f？

R.8-15 电离层的组成是什么？

R.8-16 什么是等离子体？

R.8-17 等离子体频率的重要性如何？

R.8-18 什么情况下电离层的等效介电常数为负？负介电常数在波的传播方面的意义如何？

R.8-19 何谓信号的色散？举一个色散媒质的例子。

R.8-20 试定义群速。群速与相速有何不同？

R.8-21 试定义坡印廷矢量。这个矢量的国际单位制单位是什么？

R.8-22 阐述坡印廷定理。

R.8-23 给定一时谐电磁场，写出用电场和磁场强度矢量表示(1)瞬时坡印廷矢量；(2)时间平均坡印廷矢量的表达式。

R.8-24 什么是驻波？

R.8-25 当波垂直入射到理想导体平面边界时，关于分界面上电场强度$\boldsymbol{E}$和磁感应强度$\boldsymbol{H}$的切向分量的大小，我们了解多少？

R.8-26 试定义入射面。

R.8-27 当提及入射波存在(1)垂直极化，(2)平行极化时，其含义是什么？

R.8-28 试定义反射系数和透射系数。它们之间有什么关系？

R.8-29 在什么条件下反射系数和透射系数为实数？

R.8-30 在理想导体边界的分界面上，反射系数和透射系数的值为多少？

R.8-31 一平面波由媒质1($\varepsilon_1,\mu_1=\mu_0,\sigma_1=0$)垂直入射到媒质2($\varepsilon_2\neq\varepsilon_1,\mu_2=\mu_0,\sigma_2=0$)的分界面上。在什么情况下分界面上的电场最大？什么情况下最小？

R.8-32 试定义驻波比。它与反射系数有什么关系？

R.8-33 什么是总场的波阻抗？什么情况下这个阻抗等于媒质的本征阻抗？

R.8-34 介质薄膜涂在光学仪器上可以减少强光刺激。什么因素决定了薄膜的厚度？

R.8-35 应该如何先定雷达设备中天线罩的厚度？

R.8-36 阐述斯涅耳反射定律。

R.8-37 阐述斯涅耳折射定律。

R.8-38 试定义临界角。它什么时候存在于两种非磁性媒质的分界面上？

R.8-39 试定义布儒斯特角。它什么时候存在于两种非磁性媒质的分界面上？

R.8-40 为什么布儒斯特角也叫极化角？

R.8-41 在什么条件下垂直极化的反射系数及透射系数和平行极化是一样的？

习题

P.8-1 求本构参数为ε,μ和σ的无源导体媒质中约束电场$\boldsymbol{E}$和磁场$\boldsymbol{H}$的波动方程。

P.8-2 证明在满足式(8-23)的条件下，式(8-22)表示的电场强度满足齐次亥姆霍兹方程。

P.8-3 多普勒雷达通过测量车辆反射回来的频移来计算车辆的行驶速度。

(1) 假设车辆的反射面可以看作理想导体平面,而且发送信号是垂直入射到反射表面频率为 f 的时谐均匀平面波,求频移 Δf 和车辆速度 u 之间的关系。

(2) 当 $\Delta f=2.33\text{kHz}$,$f=10.5\text{GHz}$ 时,计算两种单位(km/h)和(mile/h)下车辆的速度 u。

P.8-4 对于一个简单媒质中传播的均匀平面谐波,电场强度 $\boldsymbol{E}$ 和磁感应强度 $\boldsymbol{H}$ 根据式(8-26)表示的因子($\mathrm{e}^{-\mathrm{j}\boldsymbol{k}\cdot\boldsymbol{R}}$)变化。试证均匀平面波在无源区域的四个麦克斯韦方程可简化为

$$\boldsymbol{k}\times\boldsymbol{E}=\omega\mu\boldsymbol{H}$$
$$\boldsymbol{k}\times\boldsymbol{H}=-\omega\varepsilon\boldsymbol{E}$$
$$\boldsymbol{k}\cdot\boldsymbol{E}=0$$
$$\boldsymbol{k}\cdot\boldsymbol{H}=0$$

P.8-5 一个在空气中沿着$+y$方向传播的均匀平面波,其磁场强度的瞬时表达式为

$$\boldsymbol{H}=\boldsymbol{a}_z 4\times10^{-6}\cos\left(10^7\pi t-k_0 y+\frac{\pi}{4}\right)\quad(\text{A/m})$$

(1) 求 k_0 和当 $t=3\text{ms}$ 时 H_z 为零的位置。

(2) 写出电场强度 $\boldsymbol{E}$ 的瞬时表达式。

P.8-6 一个在电介质中传播的均匀平面波的 $\boldsymbol{E}$ 场为

$$\boldsymbol{E}(t,z)=\boldsymbol{a}_x 2\cos(10^8 t-z/\sqrt{3})-\boldsymbol{a}_y\sin(10^8 t-z/\sqrt{3})\quad(\text{V/m})$$

(1) 计算波的频率和波长。

(2) 媒质的介电常数是多少?

(3) 描述波的极化。

(4) 求相应的 $\boldsymbol{H}$ 场。

P.8-7 证明:电场强度的瞬时表达式为

$$\boldsymbol{E}(z,t)=\boldsymbol{a}_x E_{10}\sin(\omega t-kz)+\boldsymbol{a}_y E_{20}\sin(\omega t-kz+\psi)$$

的平面波是椭圆极化的。试求其极化椭圆。

P.8-8 证明:

(1) 一个椭圆极化平面波可以分解为一个右旋和一个左旋圆极化波。

(2) 一个圆极化平面波可由两个相反方向的椭圆极化波叠加得到。

P.8-9 试推导导电媒质的衰减常数和相位常数的一般表达式

$$\alpha=\omega\sqrt{\frac{\mu\varepsilon}{2}}\left[\sqrt{1+\left(\frac{\sigma}{\omega\varepsilon}\right)^2}-1\right]^{1/2}\quad(\text{Np/m})$$

$$\beta=\omega\sqrt{\frac{\mu\varepsilon}{2}}\left[\sqrt{1+\left(\frac{\sigma}{\omega\varepsilon}\right)^2}+1\right]^{1/2}\quad(\text{rad/m})$$

P.8-10 试计算并比较铜[$\sigma_{\text{cu}}=5.80\times10^7\text{S/m}$],银[$\sigma_{\text{ag}}=6.15\times10^7\text{S/m}$]和黄铜[$\sigma_{\text{br}}=1.59\times10^7\text{S/m}$]在以下频率:(1)60Hz,(2)1MHz,(3)1GHz 时的本征阻抗、衰减常数(用 Np/m 和 dB/m 两种单位表示)和趋肤深度。

P.8-11 一个 3GHz 的 y 方向极化的均匀平面波在相对介电常数为 2.5、损耗角正切为 10^{-2} 的非磁性媒质中沿$+x$方向传播。

(1) 计算波的振幅衰减一半时传播的距离。

(2) 计算媒质的本征阻抗,波的波长、相速以及群速。

(3) 假设在 $x=0$ 处 $\boldsymbol{E}=\boldsymbol{a}_y 50\sin(6\pi 10^9 t+\pi/3)\,\text{V/m}$,写出对所有 t 和 x 的 $\boldsymbol{H}$ 的瞬时表达式。

P.8-12 在海水[$\varepsilon_r=80,\mu_r=1,\sigma=4\text{S/m}$]中沿 $+y$ 方向传播的直线极化均匀平面波的磁场强度在 $y=0$ 处为

$$\boldsymbol{H}=\boldsymbol{a}_x 0.1\sin(10^{10}\pi t-\pi/3)\quad(\text{A/m})$$

(1) 求衰减常数、相位常数、本征阻抗、相速、波长和趋肤深度。

(2) 找出磁场强度大小为 0.01A/m 的位置。

(3) 当 $y=0.5\text{m}$ 时,写出函数 $\boldsymbol{E}(y,t)$ 和 $\boldsymbol{H}(y,t)$ 关于时间 t 的表达式。

P.8-13 已知在 100MHz 时,石墨的趋肤深度为 0.16mm,计算:

(1) 石墨的电导率;

(2) 1GHz 的波在石墨中磁场强度衰减 30dB 时的传播距离。

P.8-14 假设用一个等离子区域模拟电离层,这个等离子区域的电子密度随着高度的增加由下边界的低数值增加到最大值 $N_{\max}$,然后随着高度的增加又逐渐减小。平面电磁波以角度 θ_i 垂直入射下边界,计算反射回地面的电磁波的最高频率。(提示:假设电离层被分为连续减小的常介电常数的层,直到这个层包括 $N_{\max}$。所求的频率对应角度为 $\pi/2$ 的频率。)

P.8-15 证明在色散媒质中,群速 u_g 和相速 u_p 存在以下关系:

(1) $u_g=u_p+\beta\dfrac{\mathrm{d}u_p}{\mathrm{d}\beta}$;(2) $u_g=u_p-\lambda\dfrac{\mathrm{d}u_p}{\mathrm{d}\lambda}$

P.8-16 关于辐射对人体健康危害的讨论从未间断。以下计算将提供一个粗略的比较。

(1) 按美国的标准,微波环境中当功率密度小于 10mW/cm^2 时对人体是安全的,分别计算以电场强度和磁场强度表示的相应标准。

(2) 据估计,在晴天,地球接收到来自太阳的辐射能量大约为 1.3kW/m^2。假设阳光为单色平面波(阳光本身并不是),计算电场和磁场强度矢量的振幅值。

P.8-17 证明:在无损耗媒质中传播的圆极化平面波的瞬时坡印廷矢量,是一个与时间和距离都无关的常数。

P.8-18 假设天线系统的辐射电场强度为

$$\boldsymbol{E}=\boldsymbol{a}_\theta E_\theta+\boldsymbol{a}_\phi E_\phi$$

求从单位面积向外流出的平均功率。

P.8-19 从电磁学的角度来看,无损同轴电缆传输的功率可以用它在内外导体之间介质中的坡印廷矢量来描述。假设在同轴线内导体(半径为 a)和外导体(内半径为 b)之间加上直流电压 V_0,致使在导体中产生电流 I 流向负载电阻,验证坡印廷矢量在电介质截面上的积分等于传送到负载的功率 $V_0 I$。

P.8-20 在 $+z$ 轴(向下)方向传播的均匀平面电磁波,在 $z=0$ 处垂直入射到海平面上。在 $z=0$ 处的磁场为 $\boldsymbol{H}(0,t)=\boldsymbol{a}_y H_0\cos 10^4\tau\,\text{A/m}$:

(1) 计算趋肤深度(对于海平面:电导率为 σ,磁导率为 μ_0)。

(2) 求 $\boldsymbol{H}(z,t)$和 $\boldsymbol{E}(z,t)$的表达式。

(3) 求在海平面单位面积的功率损耗(用 H_0 表示)。

P.8-21 右旋圆极化平面波的相量表示为

$$\boldsymbol{E}(z) = E_0(\boldsymbol{a}_x - \mathrm{j}\boldsymbol{a}_y)\mathrm{e}^{-\mathrm{j}\beta z}$$

它垂直入射到 $z=0$ 处的理想导体壁上：

(1) 求反射波的极化。

(2) 求导体壁上的感应电流。

(3) 以余弦函数为参考,写出总电场强度的瞬时表达式。

P.8-22 有一正弦、均匀平面波由空间入射到 $z=0$ 处的理想导体平面上,其电场强度的相量表达式如下

$$\boldsymbol{E}_i(x,z) = \boldsymbol{a}_y 10\mathrm{e}^{-\mathrm{j}(6x+8z)} \quad (\mathrm{V/m})$$

(1) 求波的频率和波长。

(2) 以余弦函数为参考,写出 $\boldsymbol{E}_i(x,z,t)$和 $\boldsymbol{H}_i(x,z,t)$的瞬时表达式。

(3) 求入射角。

(4) 求反射波的 $\boldsymbol{E}_r(x,z)$和 $\boldsymbol{H}_r(x,z)$。

(5) 求总场的 $\boldsymbol{E}_1(x,z)$和 $\boldsymbol{H}_1(x,z)$。

P.8-23 若 $\boldsymbol{E}_i(y,z)=5(\boldsymbol{a}_x+\boldsymbol{a}_y\sqrt{3})\mathrm{e}^{\mathrm{j}6(\sqrt{3}y-z)}$ V/m,重复计算习题 P.8-22。

P.8-24 一个垂直极化的均匀平面波斜入射到理想导体的平面边界上,如图 8-11 所示,写出:(1)媒质 1 中的总场的 $\boldsymbol{E}_1(x,z,t)$和 $\boldsymbol{H}_1(x,z,t)$瞬时表达式(以余弦函数为参考);(2)时间平均坡印廷矢量的表达式。

P.8-25 一个平行极化的均匀平面波斜入射到理想导体的平面边界,如图 8-13 所示,写出:(1)媒质 1 中的总场的 $\boldsymbol{E}_1(x,z,t)$和 $\boldsymbol{H}_1(x,z,t)$的瞬时表达式(以正弦函数为参考);(2)时间平均坡印廷矢量的表达式。

P.8-26 在什么情况下,垂直入射到两种无损耗电介质媒质分界面上的均匀平面波的反射系数及透射系数的大小相等?此时驻波比为多少分贝?

P.8-27 一均匀平面波从空气中垂直入射到损耗媒质(相对介电常数为 2.5,损耗角正切为 0.5)的分界面($z=0$)上,它的电场强度 $\boldsymbol{E}_i(t)=\boldsymbol{a}_x 10\mathrm{e}^{-\mathrm{j}6z}$ V/m。求:

(1) $\boldsymbol{E}_r(z,t)$,$\boldsymbol{H}_r(z,t)$,$\boldsymbol{E}_t(z,t)$,$\boldsymbol{H}_t(z,t)$的瞬时表达式(以余弦函数为基准)。

(2) 在空气中和在损耗媒质中的时间平均坡印廷矢量。

P.8-28 一均匀平面波的 $\boldsymbol{E}_i(t)=\boldsymbol{a}_x E_0\exp(-\mathrm{j}\beta_0 z)$,从空气垂直入射到一良导体媒质表面($z=0$),其本构参数分别为 $\varepsilon_0,\mu,\sigma(\sigma/\omega\varepsilon_0\gg 1)$:

(1) 求反射系数。

(2) 导出导体媒质吸收的入射功率比例的表达式。

(3) 如果媒质为铁,在频率为 1MHz 时,求吸收的入射功率的比例值。

P.8-29 如图 8-15 所示,考虑从空气中垂直入射到一个厚度为 d 的无损耗介质板的情况,其中

$$\varepsilon_1 = \varepsilon_3 = \varepsilon_0 \quad 和 \quad \mu_1 = \mu_3 = \mu_0$$

(1) 求 E_{r0},E_2^+,E_2^-,E_{t0}(用 E_{i0},d,ε_2 和 μ_2 表示)。

(2) 如果 $d=\lambda_2/4$,则在分界面 $z=0$ 处有反射现象吗?如果 $d=\lambda_2/2$ 呢?请解释。

P. 8-30　把透明介质涂层涂在玻璃上($\epsilon_r=4,\mu_r=1$)以消除红光[$\lambda_0=0.75\mu m$]反射：

(1) 求所需涂层的介电常数和厚度。

(2) 如果紫光[$\lambda_0=0.42\mu m$]沿垂直方向照射到涂层玻璃，入射功率中有多大比例被反射？

P. 8-31　如图 8-15 描述了具有两个平行分界面的三种不同电介质。有一均匀平面波在媒质 1 中沿 $+z$ 方向传播。设 Γ_{12} 和 Γ_{23} 分别表示媒质 1 与媒质 2 之间、媒质 2 与媒质 3 之间的反射系数。试以 Γ_{12}，Γ_{23} 和 $\beta_2 d$ 表示入射波在 $z=0$ 处的有效反射系数 Γ_0 的表达式。

P. 8-32　有一均匀平面波的电场强度为

$$\boldsymbol{E}_i(z,t)=\boldsymbol{a}_x E_{i0}\cos\omega\left(t-\frac{z}{u_p}\right)$$

它从媒质 1(ϵ_1,μ_1)垂直入射到一块以理想导体平面为基底，厚度为 d 的无损耗电介质板(ϵ_2,μ_2)上，如图 8-22 所示。求

(1) $\boldsymbol{E}_x(z,t)$；(2) $\boldsymbol{E}_1(z,t)$；(3) $\boldsymbol{E}_2(z,t)$；(4) $(\boldsymbol{P}_{av})_1$；(5) $(\boldsymbol{P}_{av})_2$；(6) 欲使 $\boldsymbol{E}_1(z,t)$ 与电介质不存在时一样，则厚度 d 应为多少。

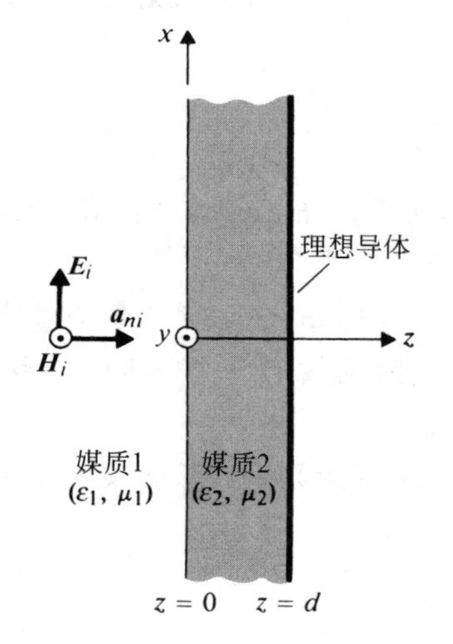

图 8-22　平面波垂直入射到一块以理想导体平面为基底的介质板上

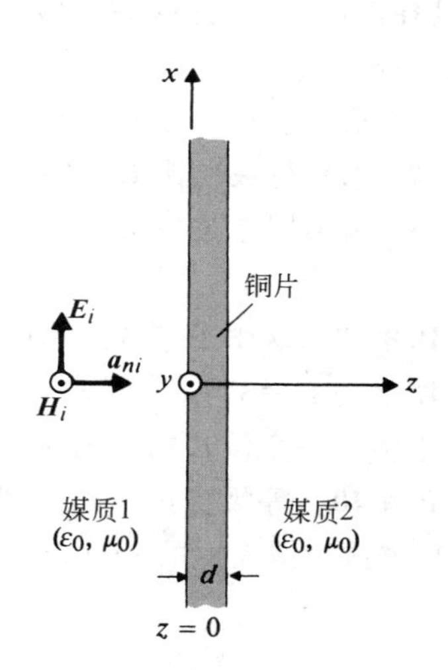

图 8-23　平面波通过一块薄铜片

P. 8-33　一均匀平面波在空气中传播，且垂直通过厚度为 d 的铜片，其 $\boldsymbol{E}_i(z)=\boldsymbol{a}_x E_{i0}e^{-j\beta_0 z}$，如图 8-23 所示。忽略铜片里的多次反射，求：

(1) E_2^+，H_2^+；(2) E_2^-，H_2^-；(3) E_{30}，H_{30}；(4) $(\boldsymbol{P}_{av})_3/(\boldsymbol{P}_{av})_i$。

d 为 10MHz 时的趋肤深度，计算 $(\boldsymbol{P}_{av})_3/(\boldsymbol{P}_{av})_i$。(注意，该值与薄铜片的屏蔽效应有关)

P. 8-34　均匀平面波入射到电离层的入射角为 $\theta_i=60°$。假设电子密度恒定，波的频率等于电离层等离子频率的一半，求：

(1) $\Gamma_\perp$ 和 $\tau_\perp$

(2) $\Gamma_\parallel$ 和 $\tau_\parallel$

说明这些复数的意义。

P. 8-35　一个 10kHz 的平行极化电磁波从空气中以入射角 $\theta_i=88°$ 斜射到海面上。海

水的 $\varepsilon_r=81$，$\mu_r=1$ 和 $\sigma=4\mathrm{S/m}$，求：(1)折射角 θ_t；(2)透射系数 $\tau_{\parallel}$；(3)$(\boldsymbol{P}_{\mathrm{av}})_t/(\boldsymbol{P}_{\mathrm{av}})_i$；(4)若场强减弱 30dB 时，波在海平面下传播了多少距离？

P.8-36　一束光线从空气中斜射进一块厚度为 d，折射率为 n 的透明板上，如图 8-24 所示。入射角为 θ_i，求：(1)θ_t；(2)光线从板穿出点的距离 l_1；(3)射线被折射后所产生的横向总偏移量 l_2。

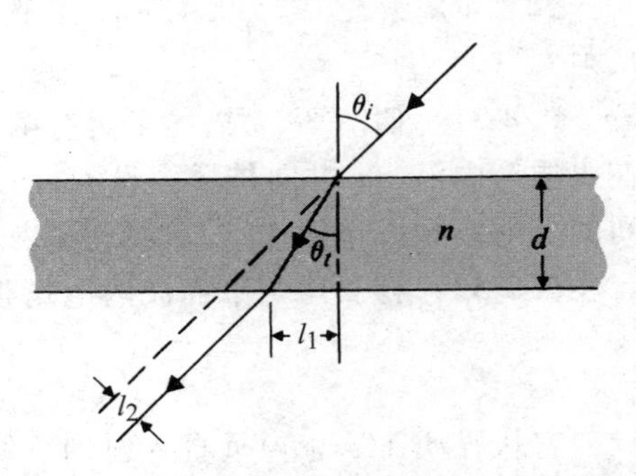

图 8-24　光线入射到折射率为 n 的透明板上

P.8-37　式(8-196)和式(8-197)表示垂直极化的均匀平面波入射到 $z=0$ 处的分界面，如图 8-16 所示。假设 $\varepsilon_2<\varepsilon_1$，且 $\theta_i>\theta_c$：(1)求透射场($\boldsymbol{E}_t$，$\boldsymbol{H}_t$)的相量表达式；(2)证明透射到媒质 2 的平均功率为零。

P.8-38　一个角频率为 ω 的均匀平面波在媒质 1 中的折射率为 n_1，入射到与媒质 2 的分界面 $z=0$ 处，其在媒质 2 中的折射率为 n_2($<n_1$)。令 E_{i0} 和 E_{t0} 分别表示为入射波和折射波的电场强度的振幅：

(1) 求垂直极化比 E_{t0}/E_{i0}。

(2) 求平行极化比 E_{t0}/E_{i0}。

(3) 写出用参数 ω，n_1，n_2，θ_i 和 E_{i0} 表示的垂直极化时 $\boldsymbol{E}_i(x,z,t)$ 和 $\boldsymbol{E}_t(x,z,t)$ 的瞬时表达式。

P.8-39　从水下信源发出的垂直极化电磁波以入射角 $\theta_i=20°$ 入射到水与空气的分界面。淡水的 $\varepsilon_r=81$，$\mu_r=1$，求：(1)临界角 θ_c；(2)反射系数 $\Gamma_{\perp}$；(3)透射系数 $\tau_{\perp}$；(4)波在空气中传播一个波长的距离时，以 dB 表示的衰减量。

P.8-40　等腰直角三角形玻璃棱镜(如图 8-25 所示)用于光学仪器中。假设玻璃的 $\varepsilon_r=4$，求被棱镜反射的入射光功率的百分比。

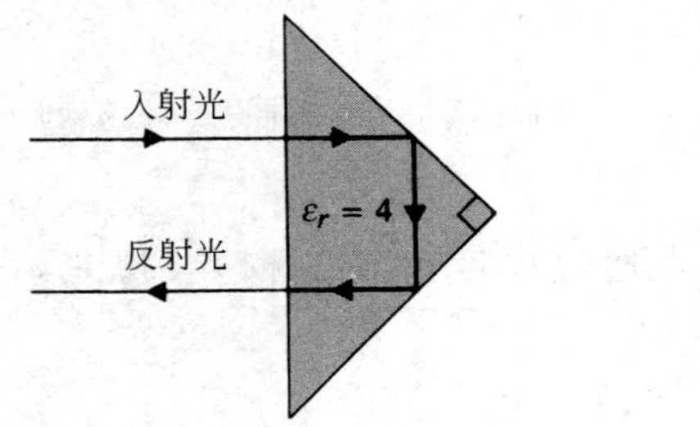

图 8-25　等腰直角三角形棱镜对光的反射

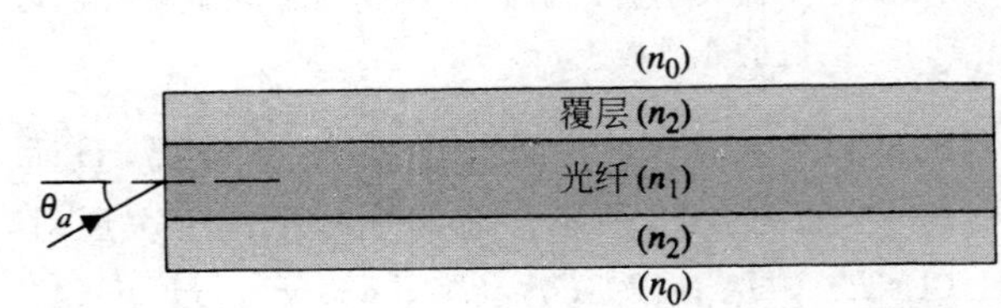

图 8-26　光纤的包层芯

P.8-41　为了防止波干扰附近光纤，也为了机械保护，单个光纤通常用较低折射率材料包上一层，如图 8-26 所示，其中 $n_2<n_1$：

(1) 当子午光线入射到纤芯末端表面，被圈内反射吸收时，用 n_0，n_1 和 n_2 表示最大入射角 θ_a(**子午光线**是通过光纤轴的光线，角度 θ_a 称为**接收角**，$\sin\theta_a$ 为光纤的**数值孔径(N.A)**)。

(2) 当 $n_1=2$，$n_2=1.74$，$n_0=1$ 时，求 θ_a 和 **N.A**。

P. 8-42　电磁波从电介质1(ε_1,μ_0)斜射到电介质2(ε_2,μ_0)的边界面。令θ_i和θ_t分别表示入射角与折射角，证明以下式子：

(1) 垂直极化时

$$\Gamma_{\perp}=\frac{\sin(\theta_t-\theta_i)}{\sin(\theta_t+\theta_i)},\quad \tau_{\perp}=\frac{2\sin\theta_t\cos\theta_i}{\sin(\theta_t+\theta_i)}$$

(2) 平行极化时

$$\Gamma_{\parallel}=\frac{\sin2\theta_t-\sin2\theta_i}{\sin2\theta_t+\sin2\theta_i},\quad \tau_{\parallel}=\frac{4\sin\theta_t\cos\theta_i}{\sin2\theta_t+\sin2\theta_i}$$

(这四个关系式称为**菲涅尔公式**。)

P. 8-43　证明：下述两种情形在分界面上无反射的条件是布儒斯特角与折射角之和为$\pi/2$：

(1) 垂直极化($\mu_1\neq\mu_2$)。

(2) 平行极化($\varepsilon_1\neq\varepsilon_2$)。

P. 8-44　对于一个平行极化入射波：

(1) 求非磁性媒质中临界角θ_c与布儒斯特角$\theta_{B\parallel}$之间的关系。

(2) 绘制θ_c、$\theta_{B\parallel}$随比率$\varepsilon_1/\varepsilon_2$变化的关系图。

P. 8-45　采用斯涅尔折射定律对垂直极化和平行极化两种情况：(1)用$\varepsilon_{r1},\varepsilon_{r2},\theta_i$表示$\Gamma$；(2)当$\varepsilon_{r1}/\varepsilon_{r2}=2.25$，绘制$\Gamma$、$t$与$\theta_i$关系图。

P. 8-46　在空气中频率为f的垂直极化均匀平面波，以入射角θ_i斜射到损耗媒质的平面边界。损耗媒质的复介电常数为$\varepsilon_2=\varepsilon'-j\varepsilon''$。令入射电场为

$$\boldsymbol{E}_i(x,t)=\boldsymbol{a}_yE_{i0}\mathrm{e}^{-jk_0(x\sin\theta_i-z\cos\theta_i)}$$

(1) 由已知的参数，求透射电场强度和磁场强度的相量表达式。

(2) 证明折射角是复数，且$\boldsymbol{H}_t$是椭圆极化。

P. 8-47　一些书将平行极化波的反射系数定义为反射波的$\boldsymbol{E}$场的切向分量的振幅与入射波的$\boldsymbol{E}$场的切向分量的振幅之比，将透射系数定义为透射的$\boldsymbol{E}$场的切向分量的振幅与入射的$\boldsymbol{E}$场的切向分量的振幅之比。用这种方式定义的系数分别标记为$\Gamma'_{\parallel}$和$\tau'_{\parallel}$。

(1) 求用η_1,η_2,θ_i和θ_t表示的$\Gamma'_{\parallel}$和$\tau'_{\parallel}$；并与式(8-221)和式(8-222)中的$\Gamma_{\parallel}$、$\tau_{\parallel}$比较。

(2) 求$\Gamma'_{\parallel}$和$\tau'_{\parallel}$之间的关系式，并与式(8-223)比较。

第 9 章　传输线理论及应用

9.1　引言

现在已研究了电磁模型，借此可分析由时变电荷和时变电流在远处引起的电磁效应。这些电磁效应可用电磁场和电磁波来解释。各向同性或全方向性的电磁源在向各个方向均匀辐射电磁波末。即使当电磁源通过强定向天线辐射时，其能量在远处也分布在较宽范围内。这种辐射能量未经引导，因而能量和信息从源传输到接收机的效率很低。特别是在较低频率下，低频定向天线的尺寸较大，因此成本会特别贵。例如，在一些调幅广播频率下，单根半波天线（指向性居中①）长度会超过一百米。在 60Hz 电源频率下，波长为 5 百万米或 5 兆米。

为了在点与点之间有效传送功率和信息，源产生的能量必须是有方向性或能被引导。本章研究传输线引导的横电磁波（TEM）的传播。在 TEM 模式中，$\boldsymbol{E}$ 和 $\boldsymbol{H}$ 互相垂直，且都垂直于沿引导线的传播方向。第 8 章已讨论了无引导的 TEM 平面波的传播特性。本章将证明：传输线引导的 TEM 波与在无边界电介质中传播的均匀平面波的许多特性相同。

三种最常用的承载 TEM 波的导波装置为：

（1）**平行板传输线**。这种传输线由两块平行导电板组成，其间被厚度均匀的电介电层隔开（见图 9-1(a)）。在微波频率下，采用印制电路技术，可廉价地将平行板传输线制作在电介质基片上。这就是通常所称的**带状线**。

（2）**双线传输线**。这种传输线由一对相隔均匀距离的平行导电线组成（见图 9-1(b)）。例如野外普遍存在的架空电力线和电话线以及从屋顶上的天线连接到电视接收机的扁平引入线。

（3）**同轴传输线**。它是由电介质隔开的内导体和同轴导电外壳组成（见图 9-1(c)）。这种结构最大的优点就是能把电场和磁场完全限制在电介质区域内。因此，同轴传输线不产生泄漏场，外部干扰很少耦合到线内。其例子有有线电话、电视电缆和高频精密测量仪器的输入电缆。

应该注意，当导体间的距离与工作波长之比大于一定值时，在这三种传输线上传播的可能还有比 TEM 模式更为复杂的其他波模式。那些其他传输模式将在第 10 章讨论。

本章将证明，对于图 9-1(a)中的平行板导波装置，麦克斯韦方程的 TEM 波的解可直接导出一对传输线方程。一般的传输线方程也可根据传输线单位长度的电阻、电感、电导及电容，由电路模型导出。从集总参数元件（分立电阻、电感和电容）网络到分布参数（沿传输线连续分布的 R,L,G,C）网络的变化，就实现了电路模型到电磁模型的过渡。从传输线方程

---

① 辐射系统的天线理论在第 11 章讨论。

可导出和研究沿给定传输线传播的波的所有特性。

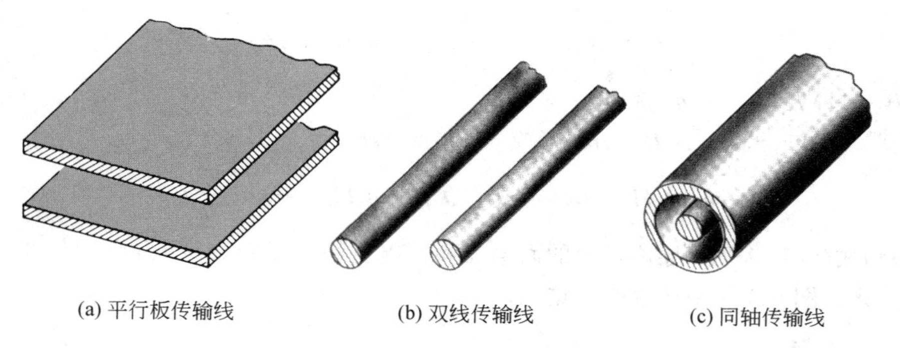

(a) 平行板传输线　　(b) 双线传输线　　(c) 同轴传输线

图 9-1　通常的传输线类型

在研究传输线的时谐稳态特性时，运用图解法尤为简便，这就避免了很多必需的复数量的重复计算。最著名并广泛使用的图就是**史密斯圆图**，下面将会讨论如何使用史密斯圆图求传输线的波特性和阻抗匹配。

9.2　沿平行板传输线的横电磁波

现在研究在 $+z$ 方向上沿均匀平行板传输线传播的 y 方向极化的 TEM 波。图 9-2 所示为传输线的横截面尺寸以及所选择的坐标系。对于时谐场，在无源电介质区域内满足的波动方程为齐次亥姆霍兹方程式(8-46)。在目前情况下，在 z 轴正方向上传播的波的适当的相量解为

$$\boldsymbol{E} = \boldsymbol{a}_y E_y = \boldsymbol{a}_y E_0 \mathrm{e}^{-\gamma z} \tag{9-1a}$$

由式(8-31)得与之相伴的 $\boldsymbol{H}$ 场为

$$\boldsymbol{H} = \boldsymbol{a}_x H_x = -\boldsymbol{a}_x \frac{E_0}{\eta} \mathrm{e}^{-\gamma z} \tag{9-1b}$$

其中 γ 和 η 分别为电介质的传播常数和本征阻抗。忽略板边缘上的边缘场。假设平行板为理想导体板且介质为无损电介质，由第 8 章可得

$$\gamma = \mathrm{j}\beta = \mathrm{j}\omega\sqrt{\mu\varepsilon} \tag{9-2}$$

和

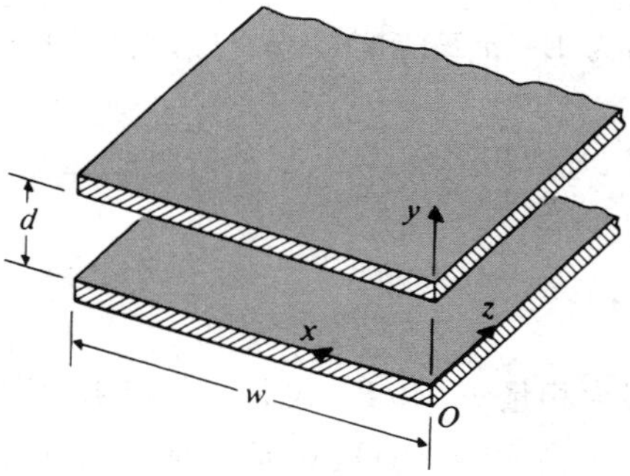

图 9-2　平行板传输线

$$\eta = \sqrt{\frac{\mu}{\varepsilon}} \tag{9-3}$$

由式(7-68a,b,c,d)，在电介质和理想导体板的分界面处所满足的边界条件如下：

在 $y=0$ 和 $y=d$ 处

$$E_t = 0 \tag{9-4}$$

和

$$H_n = 0 \tag{9-5}$$

显然满足上面两个式子，因为 $E_x = E_z = 0$ 和 $H_y = 0$。

在 $y=0$(下板)处，$\boldsymbol{a}_n = \boldsymbol{a}_y$，有

$$\boldsymbol{a}_y \cdot \boldsymbol{D} = \rho_{sl} \quad 或 \quad \rho_{sl} = \varepsilon E_y = \varepsilon E_0 \mathrm{e}^{-\mathrm{j}\beta z} \tag{9-6a}$$

$$\boldsymbol{a}_y \times \boldsymbol{H} = \boldsymbol{J}_{sl} \quad 或 \quad \boldsymbol{J}_{sl} = -\boldsymbol{a}_z H_x = \boldsymbol{a}_z \frac{E_0}{\eta} \mathrm{e}^{-\mathrm{j}\beta z} \tag{9-7a}$$

在 $y=d$(上板)处,$\boldsymbol{a}_n=-\boldsymbol{a}_y$,有

$$-\boldsymbol{a}_y \cdot \boldsymbol{D} = \rho_{su} \quad 或 \quad \rho_{su} = -\varepsilon E_y = -\varepsilon E_0 \mathrm{e}^{-\mathrm{j}\beta z} \tag{9-6b}$$

$$-\boldsymbol{a}_y \times H = \boldsymbol{J}_{su} \quad 或 \quad \boldsymbol{J}_{su} = \boldsymbol{a}_z H_x = -\boldsymbol{a}_z \frac{E_0}{\eta} \mathrm{e}^{-\mathrm{j}\beta z} \tag{9-7b}$$

式(9-6)和式(9-7)表明：导体板上的面电荷和面电流沿 z 呈正弦变化,E_y、H_x 也一样按正弦规律变化。图 9-3 简略地说明了这点。

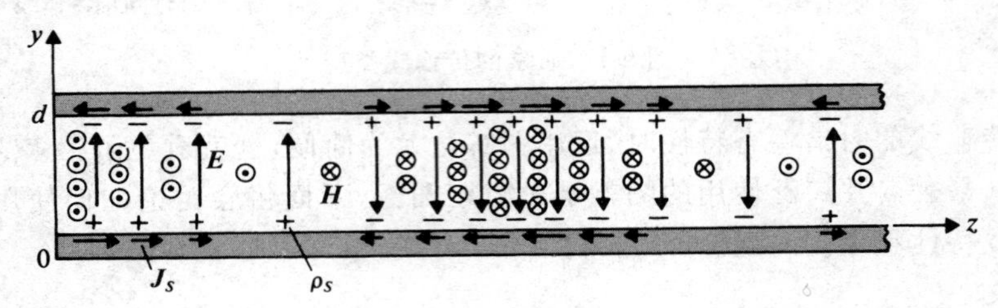

图 9-3　平行板传输线上的场分布、电荷分布及电流分布

式(9-1a)和式(9-1b)中的 $\boldsymbol{E}$ 和 $\boldsymbol{H}$ 场相量式满足麦克斯韦的两个旋度方程

$$\nabla \times \boldsymbol{E} = -\mathrm{j}\omega\mu \boldsymbol{H} \tag{9-8}$$

和

$$\nabla \times \boldsymbol{H} = \mathrm{j}\omega\varepsilon \boldsymbol{E} \tag{9-9}$$

因为 $\boldsymbol{E}=\boldsymbol{a}_y E_y$ 和 $\boldsymbol{H}=\boldsymbol{a}_x H_x$,则式(9-8)和式(9-9)变为

$$\frac{\mathrm{d}E_y}{\mathrm{d}z} = \mathrm{j}\omega\mu H_x \tag{9-10}$$

和

$$\frac{\mathrm{d}H_x}{\mathrm{d}z} = \mathrm{j}\omega\varepsilon E_y \tag{9-11}$$

因为相量 E_y 和 E_x 仅是 z 的函数,所以上式中只出现常微分。

将式(9-10)从 0 到 d 对 y 积分,得

$$\frac{\mathrm{d}}{\mathrm{d}z}\int_0^d E_y \mathrm{d}y = \mathrm{j}\omega\mu \int_0^d H_x \mathrm{d}y$$

或

$$-\frac{\mathrm{d}V(z)}{\mathrm{d}z} = \mathrm{j}\omega\mu J_{su}(z) d = \mathrm{j}\omega\left(\mu \frac{d}{w}\right)[J_{su}(z) w] = \mathrm{j}\omega L I(z) \tag{9-12}$$

其中

$$V(z) = -\int_0^d E_y \mathrm{d}y = -E_y(z) d$$

为上下两块平板间的电位差或电压；且

$$I(z) = J_{su}(z) w$$

为上板里沿 $+z$ 方向上流动的总电流(w=平板宽度)。而

$$L=\mu\frac{d}{w}\quad(\mathrm{H/m})\tag{9-13}$$

为平行板传输线每单位长度的电感。式(9-12)清晰地表明相量 $V(z)$ 和 $I(z)$ 取决于 z。

同理，将式(9-11)从0到 w 对 x 积分，可得

$$\frac{\mathrm{d}}{\mathrm{d}z}\int_0^w H_x\mathrm{d}x=\mathrm{j}\omega\varepsilon\int_0^w E_y\mathrm{d}x$$

或

$$-\frac{\mathrm{d}I(z)}{\mathrm{d}z}=-\mathrm{j}\omega\varepsilon E_y(z)w=\mathrm{j}\omega\left(\varepsilon\frac{w}{d}\right)[-E_y(z)d]=\mathrm{j}\omega CV(z)\tag{9-14}$$

其中

$$C=\varepsilon\frac{w}{d}\quad(\mathrm{F/m})\tag{9-15}$$

为平行板传输线每单位长度的电容。

式(9-12)和式(9-14)构成了一对关于相量 $V(z)$ 和 $I(z)$ 的**时谐传输线方程**，将它们组合可得相量 $V(z)$ 和 $I(z)$ 的二阶微分方程

$$\frac{\mathrm{d}^2V(z)}{\mathrm{d}z^2}=-\omega^2LCV(z)\tag{9-16a}$$

$$\frac{\mathrm{d}^2I(z)}{\mathrm{d}z^2}=-\omega^2LCI(z)\tag{9-16b}$$

对于沿 $+z$ 方向传播的波，式(9-16a)和式(9-16b)的解为

$$V(z)=V_0\mathrm{e}^{-\mathrm{j}\beta z}\tag{9-17a}$$

和

$$I(z)=I_0\mathrm{e}^{-\mathrm{j}\beta z}\tag{9-17b}$$

其中相位常数

$$\beta=\omega\sqrt{LC}=\omega\sqrt{\mu\varepsilon}\quad(\mathrm{rad/m})\tag{9-18}$$

与式(9-2)给出的一样。通过式(9-12)或式(9-14)可求出 V_0 和 I_0 之间的关系

$$Z_0=\frac{V(z)}{I(z)}=\frac{V_0}{I_0}=\sqrt{\frac{L}{C}}\quad(\Omega)\tag{9-19}$$

鉴于式(9-13)和式(9-15)的结果，上式变为

$$Z_0=\frac{d}{w}\sqrt{\frac{\mu}{\varepsilon}}=\frac{d}{w}\eta\quad(\Omega)\tag{9-20}$$

量 Z_0 为无限长(无反射)传输线上任意点朝线的延伸方向看进去的阻抗值，称为传输线的**特征阻抗**。在终端接有阻抗为 Z_0 的有限长传输线上任意点的 $V(z)$ 与 $I(z)$ 的比值为 $Z_0$①。两块宽度为 w 的理想导体板，被厚度为 d 的无损介质平板隔开，该平行板传输线的特征阻抗 Z_0 为本征阻抗 η 的 (d/w) 倍。波沿传输线的传播速度为

$$u_p=\frac{\omega}{\beta}=\frac{1}{\sqrt{LC}}=\frac{1}{\sqrt{\mu\varepsilon}}\quad(\mathrm{m/s})\tag{9-21}$$

与在电介质中传播的TEM平面波的相速相同。

---

① 这个叙述会在9.4节(见式(9-107))中证明。

9.2.1 有损平行板传输线

到目前为止,都是假设平行板传输线是无损耗的。在实际情况中,损耗由两个原因引起:首先,电介质的损耗正切可能不为零;其次,导体板的材料可能不是理想导体。为了描述这两方面的影响,定义两个新的参数:跨接在两个平板间每单位长度的电导 G 和两块导体板每单位长度的电阻 R。

假如两块导体板被介电常数为 ε 和电导率为 σ 的电介质隔开,当两导体板间的电容已知时,根据式(5-81),可很容易求出板间电导,得

$$G=\frac{\sigma}{\varepsilon}C \tag{9-22}$$

将式(9-15)代入后可得

$$G=\sigma\frac{w}{d}\quad (\mathrm{S/m}) \tag{9-23}$$

如果平行板导体的电导率 σ_c(千万不要将其与电介质的电导率 σ 混淆)非常大但是不为无穷,则在平板中将消耗欧姆功率。这使得在平板表面出现一个非零的轴向电场分量 $\boldsymbol{a}_zE_z$,使得平均坡印廷矢量

$$\boldsymbol{P}_{\mathrm{av}}=\boldsymbol{a}_yp_\sigma=\frac{1}{2}\mathrm{Re}(\boldsymbol{a}_zE_z\times\boldsymbol{a}_xH_x^*) \tag{9-24}$$

具有 y 分量,并且它等于每一导体板上单位面积消耗的平均功率(显然,$\boldsymbol{a}_yE_y$ 和 $\boldsymbol{a}_xH_x$ 的叉乘不会产生 y 方向的分量)。

考虑到上板上的电流密度为 $J_{su}=H_x$。则很方便将非理想导体的**表面阻抗** Z_s 定义为导体表面的电场切向分量与面电流密度之比

$$Z_s=\frac{E_t}{J_s}\quad (\Omega) \tag{9-25}$$

对于上板,有

$$Z_s=\frac{E_z}{J_{su}}=\frac{E_z}{H_x}=\eta_c \tag{9-26a}$$

其中 η_c 是导体板的本征阻抗。这里假设导体板的电导率 σ_c 和工作频率足够大,以致电流仅在非常薄的表面层流动,且用面电流密度 J_{su} 来表示。式(8-54)已给出了良导体的本征阻抗,因此

$$Z_s=R_s+\mathrm{j}X_s=(1+\mathrm{j})\sqrt{\frac{\pi f\mu_c}{\sigma_c}}\quad (\Omega) \tag{9-26b}$$

其中下标 c 用来表示导体属性。

把式(9-26a)代入式(9-24)中得

$$p_\sigma=\frac{1}{2}\mathrm{Re}(|J_{su}|^2Z_s)=\frac{1}{2}|J_{su}|^2R_s\quad (\mathrm{W/m^2}) \tag{9-27}$$

对于宽度为 w 的导体板,其每单位长度消耗的欧姆功率为 wp_σ,它可以用总面电流 $I=wJ_{su}$ 表示为

$$P_\sigma=wp_\sigma=\frac{1}{2}I^2\left(\frac{R_s}{w}\right)\quad (\mathrm{W/m}) \tag{9-28}$$

式(9-28)为幅值为 I 的正弦电流流过电阻 $\frac{R_s}{w}$ 时所消耗的功率。因此，宽度为 w 的平行板传输线的两个平板每单位长度的有效串联电阻为

$$R = 2\left(\frac{R_s}{w}\right) = \frac{2}{w}\sqrt{\frac{\pi f \mu_c}{\sigma_c}} \quad (\Omega/\text{m}) \tag{9-29}$$

表 9-1 列出了宽度为 w，间距为 d 的平行板传输线的四个分布参数(每单位长度的 R,L,G,C)的表达式。

表 9-1 平行板传输线(宽度 $=w$，间距 $=d$)的分布参数

参 数	公 式	单 位
R	$\frac{2}{w}\sqrt{\frac{\pi f\mu_c}{\sigma_c}}$	Ω/m
L	$\mu\frac{d}{w}$	H/m
G	$\sigma\frac{w}{d}$	S/m
C	$\varepsilon\frac{w}{d}$	F/m

由式(9-26b)得，表面阻抗 Z_s 具有数值上与 R_s 相等的正电抗项 X_s。如果考虑与单位长度平板相伴的总复功率(而不是它的实部，只考虑欧姆功率 p_σ)，则 X_s 将导出每单位长度**串联内电感** $L_i = X_s/\omega = R_s/\omega$。在高频时，$L_i$ 与外部电感 L 相比可以忽略。

注意：在计算电导率为有限值 σ_c 的平板导体的功率损耗时，必定存在非零的电场分量 $\boldsymbol{a}_z E_z$。正是由于轴向电场分量的存在，严格地说，使得沿着有损传输线传输的波不再是 TEM 波。然而，这个轴向电场分量与横向电场分量 E_y 相比是非常小的。它们的相对幅值可做如下估计

$$\frac{|E_z|}{|E_y|} = \frac{|\eta_c H_x|}{|\eta H_x|} = \sqrt{\frac{\varepsilon}{\mu}}\,|\eta_c| = \sqrt{\frac{\omega\varepsilon\mu_c}{\mu\sigma_c}} = \sqrt{\frac{\omega\varepsilon}{\sigma_c}}$$

其中使用了式(8-54)。在频率为 3GHz 时，对于空气[$\varepsilon = \varepsilon_0 = 10^{-9}/36\pi(\text{F/m})$]中的铜板[$\sigma_c = 5.80\times10^7(\text{S/m})$]

$$|E_z| \cong 5.3\times10^{-5}\,|E_y| \ll |E_y|$$

因此，我们保留 TEM 波及其全部结论。仅在计算 P_σ 和 R 时才引入很小的 E_z 作为微扰。

9.2.2 微带线

固态微波器件和系统的发展，使得一种被称为微带线或**带状线**的平行板传输线得到广泛应用。**带状线**通常由电介质基板、基板下方的接地导体平面及其基板上方的薄金属带构成，如图 9-4(a)所示。印刷电路技术的出现，使得电介质带状线可以很容易制造，并与其他电路元件结合在一起。然而，因为本节中推导的结果是基于两个宽导体板(忽略边缘效应)的宽度相同这一假设，所以上述结果在这里不适用。如果金属条的宽度远大于电介质基板厚度，近似值就比较靠近。

当基板的介电常数比较大时，发现近似为 TEM 是满意的。很难精确求出图 9-4(a)中

满足所有边界条件的带状线的解析解。不是所有的场都被限制在介质基板中；部分场会从上面金属条，偏离到金属条以外的区域，进而在邻近电路中产生干扰。为了得到更准确的计算结果，对分布参数和特征阻抗的公式的半实验性修改，是必要的[①]。所有这些量往往与频率相关，且带状线是色散的。

一种减少带状线漏磁场的方法，是在电介质基板的两面都放置一个接地导体面，并在中间放置薄的金属条，如图9-4(b)。这样的结构称为**三平板传输线**。可见，三平板传输线更难生产且更昂贵，三平板传输线的特征阻抗是相应带状线的一半。

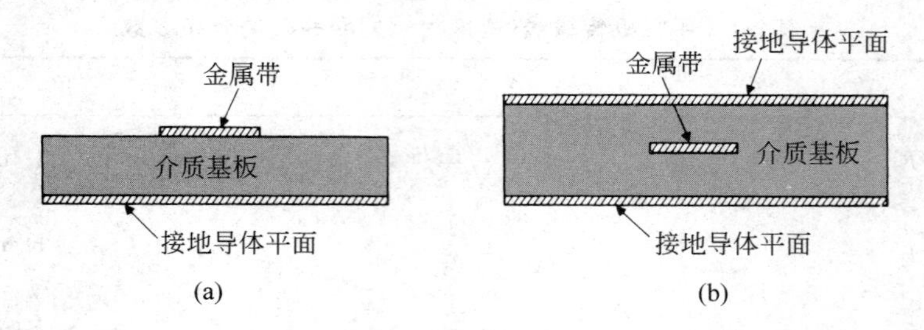

图 9-4 两种微带线

例 9-1 忽略损耗和边缘效应，假设带状线基板的厚度为0.4mm，相对介电常数为2.25，(1)如果带状线的特征阻抗为50Ω，求金属带所要求的宽度 w；(2)求带状线的 L 和 C；(3)求沿带状线的 u_p。(4)当带状线的特征阻抗为75Ω时，重复(1)、(2)和(3)。

解：(1) 直接使用式(9-20)求 w

$$w=\frac{d}{Z_0}\sqrt{\frac{\mu}{\varepsilon}}=\frac{0.4\times10^{-3}}{50}\frac{\eta_0}{\sqrt{\varepsilon_r}}=\frac{0.4\times10^{-3}\times377}{50\sqrt{2.25}}=2\times10^{-3}\quad(\text{m})\text{或}(2\text{mm})$$

(2) $L=\mu\dfrac{d}{w}=4\pi10^{-7}\times\dfrac{0.4}{2}=2.51\times10^{-7}\quad(\text{H/m})$或$0.251(\mu\text{H/m})$

$$C=\varepsilon_0\varepsilon_r\frac{w}{d}=\frac{10^{-9}}{36\pi}\times2.25\times\frac{2}{0.4}=99.5\times10^{-12}\quad(\text{F/m})\text{或}99.5(\text{pF/m})$$

(3) $u_p=\sqrt{\dfrac{1}{\mu\varepsilon}}=\dfrac{c}{\sqrt{\varepsilon_r}}=\dfrac{c}{\sqrt{2.25}}=\dfrac{c}{1.5}=2\times10^8\quad(\text{m/s})$

(4) 因 w 和 Z_0 成反比，对于 $Z_0'=75\Omega$ 有

$$w'=\left(\frac{Z_0}{Z_0'}\right)w=\frac{50}{75}\times2=1.33\quad(\text{mm})$$

$$L'=\left(\frac{w}{w'}\right)L=\frac{2}{1.33}\times0.251=0.377\quad(\mu\text{H/m})$$

$$C'=\left(\frac{w'}{w}\right)C=\frac{1.33}{2}\times99.5=66.2\quad(\text{pF/m})$$

$$u_p'=u_p=2\times10^8\quad(\text{m/s})$$

① 例如见：K. F. Sander 和 G. A. L. Reed，电磁波的传输和传播，第2版，6.5.6节，剑桥大学出版社，纽约，1986。

9.3　一般的传输线方程

现在将推导服从一般双导体的均匀传输线方程，这些均匀传输线包括平行板传输线、双线传输线、同轴线传输线。传输线与普通电网络有一个本质的区别。虽然电网络的物理尺寸远小于工作波长，但传输线的长度通常可与波长相比拟，甚至可能为波长的许多倍。因此，普通电网络的电路元件可以认为是分立的，并以集总参数来描述。假定流过集总电路元件的电流，不随元件空间位置变化，并且不存在驻波。另一方面，传输线是分布参数网路，这样必须使用分布于整个长度上的电路参数来描述。除了匹配情况以外，传输线中都存在驻波。

考虑传输线上的一段微分长度 Δz，它可用下面四个参数描述：

R，单位长度的电阻(两个导体)，Ω/m；

L，单位长度的电感(两个导体)，$\mathrm{H/m}$；

G，单位长度的电导，$\mathrm{S/m}$；

C，单位长度的电容，$\mathrm{F/m}$。

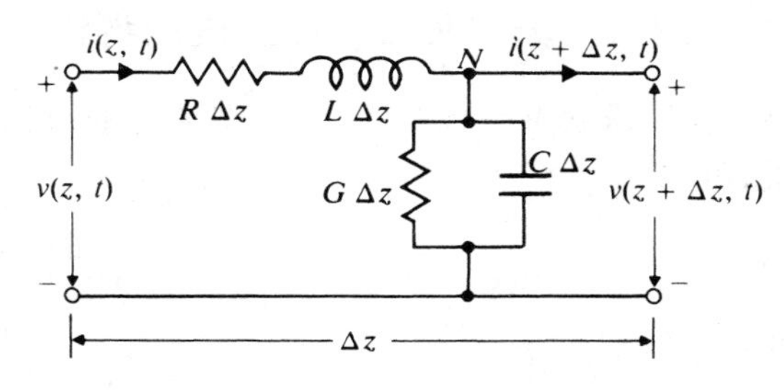

图 9-5　双导体传输线上一段微分长度 Δz 的等效电路

注意：R 和 L 为串联元件，G 和 C 为并联元件。图 9-5 为这样一段传输线的等效电路。量 $v(z,t)$ 和 $v(z+\Delta z,t)$ 分别表示在 z 和 $z+\Delta z$ 处的瞬时电压。类似地，$i(z,t)$ 和 $i(z+\Delta z,t)$ 分别表示在 z 和 $z+\Delta z$ 处的瞬时电流。运用基尔霍夫电压定律，得

$$v(z,t)-R\Delta z i(z,t)-L\Delta z\frac{\partial i(z,t)}{\partial t}-v(z+\Delta z,t)=0 \tag{9-30a}$$

由此导出

$$-\frac{v(z+\Delta z,t)-v(z,t)}{\Delta z}=Ri(z,t)+L\frac{\partial i(z,t)}{\partial t} \tag{9-30b}$$

在 Δz 趋近于 0 的极限情况下，式(9-30b)变为

$$-\frac{\partial v(z,t)}{\partial z}=Ri(z,t)+L\frac{\partial i(z,t)}{\partial t} \tag{9-31}$$

同理，对图 9-5 中的节点 N 运用基尔霍夫电流定理，得

$$i(z,t)-G\Delta z v(z+\Delta z,t)-C\Delta z\frac{\partial v(z+\Delta z,t)}{\partial t}-i(z+\Delta z,t)=0 \tag{9-32}$$

上式除以 Δz，并令 Δz 趋近于 0，式(9-32)变为

$$-\frac{\partial i(z,t)}{\partial z}=Gv(z,t)+C\frac{\partial v(z,t)}{\partial t} \tag{9-33}$$

式(9-31)和式(9-33)是关于函数 $v(z,t)$ 和 $i(z,t)$ 的一对一阶偏微分方程。它们就是**一般的传输线方程**①。

对于时谐相关，使用相量将上述传输线方程简化为常微分方程。若选取余弦函数作为参考，则有

① 有时也称为电报员方程或报务员方程。

$$v(z,t) = \mathrm{Re}[V(z)\mathrm{e}^{\mathrm{j}\omega t}] \tag{9-34a}$$

$$i(z,t) = \mathrm{Re}[I(z)\mathrm{e}^{\mathrm{j}\omega t}] \tag{9-34b}$$

其中 $V(z)$ 和 $I(z)$ 仅仅是空间坐标 z 的函数,并且两者都可以为复数。把式(9-34a)和式(9-34b)分别代入式(9-31)和式(9-33)中,得到下列关于相量 $V(z)$ 和 $I(z)$ 的常微分方程

$$-\frac{\mathrm{d}V(z)}{\mathrm{d}z} = (R + \mathrm{j}\omega L)I(z) \tag{9-35a}$$

$$-\frac{\mathrm{d}I(z)}{\mathrm{d}z} = (G + \mathrm{j}\omega C)V(z) \tag{9-35b}$$

式(9-35a)和式(9-35b)为**时谐传输线方程组**,在无损条件下($R=0,G=0$),这两个式子可简化为式(9-12)和式(9-14)。

9.3.1 无限长传输线上波的特性

为了求解 $V(z)$ 和 $I(z)$,可将耦合的时谐传输线方程式(9-35a)和式(9-35b)组合起来,得

$$\frac{\mathrm{d}^2 V(z)}{\mathrm{d}z^2} = \gamma^2 V(z) \tag{9-36a}$$

和

$$\frac{\mathrm{d}^2 I(z)}{\mathrm{d}z^2} = \gamma^2 I(z) \tag{9-36b}$$

其中

$$\gamma = \alpha + \mathrm{j}\beta = \sqrt{(R + \mathrm{j}\omega L)(G + \mathrm{j}\omega C)} \quad (\mathrm{m}^{-1}) \tag{9-37}$$

为**传播常数**,其实部 α 和虚部 β 分别为传输线的**衰减常数**(Np/m)和**相位常数**(rad/m)。这里所用的术语与8.3节中讨论平面波在导电介质里传播时所定义的相似。这些量不是真的常数,因为它们通常以复杂的方式与 w 相关。

式(9-36a)和式(9-36b)的解为

$$V(z) = V^+(z) + V^-(z) = V_0^+ \mathrm{e}^{-\gamma z} + V_0^- \mathrm{e}^{\gamma z} \tag{9-38a}$$

$$I(z) = I^+(z) + I^-(z) = I_0^+ \mathrm{e}^{-\gamma z} + I_0^- \mathrm{e}^{\gamma z} \tag{9-38b}$$

其中上标的正和负分别表明波是在 $+z$ 方向和 $-z$ 方向行进。波的振幅(V_0^+, I_0^+)和(V_0^-, I_0^-)与式(9-35a)和式(9-35b)有关,而且很容易证明(习题P.9-5)。

$$\frac{V_0^+}{I_0^+} = -\frac{V_0^-}{I_0^-} = \frac{R + \mathrm{j}\omega L}{\gamma} \tag{9-39}$$

对于无限长传输线(实际上是在左端接有电源的半无限长传输线),含有 $\mathrm{e}^{\gamma z}$ 的项必须为零。于是不存在反射波;只存在沿 $+z$ 方向上传播的波。得

$$V(z) = V^+(z) = V_0^+ \mathrm{e}^{-\gamma z} \tag{9-40a}$$

$$I(z) = I^+(z) = I_0^+ \mathrm{e}^{-\gamma z} \tag{9-40b}$$

对于无限长传输线,在任意 z 处的电压与电流之比与 z 无关,并称为传输线的**特征阻抗**

$$Z_0 = \frac{R + \mathrm{j}\omega L}{\gamma} = \frac{\gamma}{G + \mathrm{j}\omega C} = \sqrt{\frac{R + \mathrm{j}\omega L}{G + \mathrm{j}\omega C}} \quad (\Omega) \tag{9-41}$$

注意:不论传输线是否为无限长,γ 和 Z_0 都是表示传输线的典型特性的参数。它们取决于 R, L, G, C 和 ω,但与传输线的长度无关。无限长传输线仅仅意味着线上没有反射波。

传输线的一般约束方程及波特性，与有损媒质中均匀平面波的一般约束方程及波特性非常相似。这个相似点将在下面的例子中讨论。

例 9-2 阐述传输线上波特性与有损媒质中平面波的波特性之间的相似点。

解：在复介电常数 $\varepsilon_c=\varepsilon'-\mathrm{j}\varepsilon''$ 和复磁导率 $\mu=\mu'-\mathrm{j}\mu''$ 的有损媒质中，麦克斯韦旋度方程式(7-104a)和式(7-104b)变为

$$\nabla\times\boldsymbol{E}=-\mathrm{j}\omega(\mu'-\mathrm{j}\mu'')\boldsymbol{H} \tag{9-42a}$$

$$\nabla\times\boldsymbol{H}=\mathrm{j}\omega(\varepsilon'-\mathrm{j}\varepsilon'')\boldsymbol{E} \tag{9-42b}$$

如果假设由 E_x 描述的均匀平面波只随 z 变化，式(9-42a)简化为(见式(8-12b))

$$-\frac{\mathrm{d}E_x(z)}{\mathrm{d}z}=\mathrm{j}\omega(\mu'-\mathrm{j}\mu'')H_y=(\mathrm{j}\omega\mu'+\omega\mu'')H_y \tag{9-43a}$$

同理，由式(9-42b)得如下关系

$$-\frac{\mathrm{d}H_y(z)}{\mathrm{d}z}=(\omega\varepsilon''+\mathrm{j}\omega\varepsilon')E_x \tag{9-43b}$$

分别将式(9-43a)和式(9-43b)与式(9-35a)和式(9-35b)相比较，可以得到均匀平面波关于 E_x 和 $\boldsymbol{E}_y$ 的约束方程和传输线关于 $\boldsymbol{V}$ 和 $\boldsymbol{I}$ 的约束方程之间的相似点。

联合式(9-43a)和式(9-43b)可得

$$\frac{\mathrm{d}^2E_x(z)}{\mathrm{d}z^2}=\gamma^2E_x(z) \tag{9-44a}$$

和

$$\frac{\mathrm{d}^2H_y(z)}{\mathrm{d}z^2}=\gamma^2H_y(z) \tag{9-44b}$$

以上两个式子与式(9-36a)和式(9-36b)完全相似。均匀平面波的传播常数为

$$\gamma=\alpha+\mathrm{j}\beta=\sqrt{(\omega\mu''+\mathrm{j}\omega\mu')(\omega\varepsilon''+\mathrm{j}\omega\varepsilon')} \tag{9-45}$$

上式应与传输线的式(9-37)比较。有损媒质的本征阻抗(在 $+z$ 方向传播的平面波的波阻抗)为复数为(见式(8-30))

$$\eta_c=\sqrt{\frac{\mu''+\mathrm{j}\mu'}{\varepsilon''+\mathrm{j}\varepsilon'}} \tag{9-46}$$

这与式(9-41)中传输线的特征阻抗表达式相似。

因为上述几个式子的相似之处，均匀平面波在垂直入射时获得的许多结果，也适用于传输线问题，反之亦然。

式(9-41)的特征阻抗和式(9-37)的传播常数表达式一般相对复杂。下面三种极限情况具有特殊意义。

1. 无损耗传输线($R=0,G=0$)

(1) 传播常数

$$\gamma=\alpha+\mathrm{j}\beta=\mathrm{j}\omega\sqrt{LC} \tag{9-47}$$

$$\alpha=0 \tag{9-48}$$

$$\beta=\omega\sqrt{LC}\ (\text{是 }\omega\text{ 的线性函数}) \tag{9-49}$$

(2) 相速

$$u_p = \frac{\omega}{\beta} = \frac{1}{\sqrt{LC}}(\text{常数}) \tag{9-50}$$

(3) 特征阻抗

$$Z_0 = R_0 + jX_0 = \sqrt{\frac{L}{C}} \tag{9-51}$$

$$R_0 = \sqrt{\frac{L}{C}}\ (\text{常数}) \tag{9-52}$$

$$X_0 = 0 \tag{9-53}$$

2. 低损耗传输线($R \ll \omega L, G \ll \omega C$)

在甚高频下,低损耗条件更容易满足。

(1) 传播常数

$$\begin{aligned}\gamma &= \alpha + j\beta = j\omega\sqrt{LC}\left(1+\frac{R}{j\omega L}\right)^{1/2}\left(1+\frac{G}{j\omega C}\right)^{1/2} \\ &\cong j\omega\sqrt{LC}\left(1+\frac{R}{2j\omega L}\right)\left(1+\frac{G}{2j\omega C}\right) \\ &\cong j\omega\sqrt{LC}\left[1+\frac{1}{2j\omega}\left(\frac{R}{L}+\frac{G}{C}\right)\right]\end{aligned} \tag{9-54}$$

$$\alpha \cong \frac{1}{2}\left(R\sqrt{\frac{C}{L}} + G\sqrt{\frac{L}{C}}\right) \tag{9-55}$$

$$\beta \cong \omega\sqrt{LC}(\text{近似为 }\omega\text{ 的线性函数}) \tag{9-56}$$

(2) 相速

$$u_p = \frac{\omega}{\beta} \cong \frac{1}{\sqrt{LC}}(\text{近似为常数}) \tag{9-57}$$

(3) 特征阻抗

$$\begin{aligned}Z_0 &= R_0 + jX_0 = \sqrt{\frac{L}{C}}\left(1+\frac{R}{j\omega L}\right)^{1/2}\left(1+\frac{G}{j\omega C}\right)^{-1/2} \\ &\cong \sqrt{\frac{L}{C}}\left[1+\frac{1}{2j\omega}\left(\frac{R}{L}-\frac{G}{C}\right)\right]\end{aligned} \tag{9-58}$$

$$R_0 \cong \sqrt{\frac{L}{C}} \tag{9-59}$$

$$X_0 \cong -\sqrt{\frac{L}{C}}\,\frac{1}{2\omega}\left(\frac{R}{L}-\frac{G}{C}\right) \cong 0 \tag{9-60}$$

3. 无失真传输线($R/L = G/C$)

如果满足条件

$$R/L = G/C \tag{9-61}$$

则 γ 和 Z_0 的表达式可以简化。

(1) 传播常数

$$\gamma \cong \alpha + j\beta = \sqrt{(R+j\omega L)\left(\frac{RC}{L}+j\omega C\right)} = \sqrt{\frac{C}{L}}(R+j\omega L) \tag{9-62}$$

$$\alpha \cong R\sqrt{\frac{C}{L}} \tag{9-63}$$

$$\beta \cong \omega\sqrt{LC}\text{（为 }\omega\text{ 的线性函数）} \tag{9-64}$$

（2）相速

$$u_p = \frac{\omega}{\beta} \cong \frac{1}{\sqrt{LC}}\text{（常数）} \tag{9-65}$$

（3）特征阻抗

$$Z_0 = R_0 + \mathrm{j}X_0 = \sqrt{\frac{R+\mathrm{j}\omega L}{(RC/L)+\mathrm{j}\omega C}} = \sqrt{\frac{L}{C}} \tag{9-66}$$

$$R_0 \cong \sqrt{\frac{L}{C}}\text{（常数）} \tag{9-67}$$

$$X_0 = 0 \tag{9-68}$$

因此，无失真传输线除了衰减常数不为零以外，其他特征参数与无损耗传输线的特征参数均相同——即具有恒定的相速（$u_p=1/\sqrt{L/C}$）和恒定的实特征阻抗（$Z_0=R_0=\sqrt{L/C}$）。

相速为常数是由于 β 为 ω 的线性函数的缘故。因为信号通常由许多频率分量的频带组成，所以为了防止失真，必须让不同频率的分量以相同的速度沿传输线传播。无损耗传输线满足这个条件，且损耗非常低的传输线也近似满足这个条件。对于有损传输线，波的幅度会受到衰减，这时即使它们以相同的速度传播，由于不同频率分量的衰减不同，也会导致信号失真。式(9-61)中所述的条件使得 α 和 u_p 都为常数，因而称这种线为**无失真传输线**。

通过将式(9-37)中 γ 的表达式展开，可以求出有损传输线的相位常数。通常，相位常数不是 ω 的线性函数。因此会得到与频率有关的 u_p。由于信号的不同频率的分量以不同的速度沿传输线传播，所以信号产生了**色散**。因此，一般的有损传输线与有损媒质一样是色散的。

例 9-3 一根特征阻抗为 50Ω 的无失真传输线，其衰减常数为 0.01dB/m、单位长度电容为 0.1nF/m。试求：

（1）传输线单位长度的电阻、电感和电导。

（2）波的传播速度。

（3）当波传播 1km 和 5km 后，电压振幅减小到百分之几。

解：（1）对于无失真传输线

$$\frac{R}{L} = \frac{G}{C}$$

给定的量为

$$R_0 = \sqrt{\frac{L}{C}} = 50 \quad (\Omega)$$

$$\alpha = R\sqrt{\frac{C}{L}} = 0.01 \quad (\text{dB/m})$$

$$= \frac{0.01}{8.69}\text{Np/m} = 1.15\times10^{-3} \quad (\text{Np/m})$$

上面三个式子可解出以给定的 $C=10^{-10}$F/m 表达的三个未知量 R、L、G

$$R = \alpha R_0 = (1.15\times10^{-3})\times 50\Omega/\text{m} = 0.057 \quad (\Omega/\text{m})$$

$$L = CR_0^2 = 10^{-10}\times 50^2\mu\text{H/m} = 0.25 \quad (\mu\text{H/m})$$

$$G = \frac{RC}{L} = \frac{R}{R_0^2} = 22.8 \quad (\mu\text{S/m})$$

(2) 波沿无失真传输线传播的速度为式(9-65)给出的相速

$$u_p=\sqrt{\frac{1}{LC}}=\frac{1}{\sqrt{0.25\times10^{-6}\times10^{-10}}}=2\times10^8\quad(\mathrm{m/s})$$

(3) 沿传输线相距为 z 的两个电压的比值为

$$\frac{V_2}{V_1}=\mathrm{e}^{-\alpha z}$$

在1km以后,$(V_2/V_1)=\mathrm{e}^{-1000\alpha}=\mathrm{e}^{-1.15}=0.317$ 或 31.7%。

在5km以后,$(V_2/V_1)=\mathrm{e}^{-5000\alpha}=\mathrm{e}^{-5.75}=0.0032$ 或 0.32%。

9.3.2 传输线参数

传输线在给定频率下的电特性完全由四个分布参数 R、L、G、C 来表征。平行板传输线的这些参数如表9-1所示。现在将求双线传输线及同轴传输线的四个分布参数。

基本前提是传输线的导体电导率很高,以至于在计算传播常数时,可以忽略串联电阻的影响。于是,传输线上的波近似为TEM波。将式(9-37)中 R 去掉,写成

$$\gamma=\mathrm{j}\omega\sqrt{LC}\left(1+\frac{G}{\mathrm{j}\omega C}\right)^{1/2}\tag{9-69}$$

根据式(8-44)可知,在本构参数为(μ,ε,σ)的媒质中,TEM波的传播常数为

$$\gamma=\mathrm{j}\omega\sqrt{\mu\varepsilon}\left(1+\frac{\sigma}{\mathrm{j}\omega\varepsilon}\right)^{1/2}\tag{9-70}$$

但是,根据式(5-81),有

$$\frac{G}{C}=\frac{\sigma}{\varepsilon}\tag{9-71}$$

因此比较式(9-69)与式(9-70)可得

$$LC=\mu\varepsilon\tag{9-72}$$

式(9-72)是一个非常有用的关系式,因为对给定媒质的传输线,如果 L 已知,就可以求 C,反之亦然。已知 C,由式(9-71)可求出 G。通过引入轴向分量 E_z 作为对TEM波的微扰,并求出单位长度传输线上消耗的欧姆功率,从而求串联电阻 R,此方法与9.2.1小节相同。

当然,式(9-72)对于无损耗传输线仍然成立。因此,**波在无损耗传输线中的传播速度 $u_p=1/\sqrt{LC}$ 等于非导向平面波在传输线电介质中的传播速度 $1/\sqrt{\mu\varepsilon}$**。平行板传输线中的式(9-21)已指出了这种关系。

1. 双线传输线

半径为 a,距离为 D 的双线传输线,其单位长度的电容已在式(4-47)中求得。则有

$$C=\frac{\pi\varepsilon}{\operatorname{arcosh}(D/2a)}\quad(\mathrm{F/m})\tag{9-73}$$ ①

由式(9-72)和式(9-71)得

① 如果 $\left(\frac{D}{2a}\right)^2\gg1$,则 $\operatorname{arcosh}\left(\frac{D}{2a}\right)\cong\ln\left(\frac{D}{2a}\right)$。

$$L = \frac{\mu}{\pi}\operatorname{arcosh}\left(\frac{D}{2a}\right) \quad (\mathrm{H/m}) \tag{9-74}$$

和

$$G = \frac{\pi\sigma}{\operatorname{arcosh}(D/2a)} \quad (\mathrm{S/m}) \tag{9-75}$$

为了求 R，先回到式(9-28)，并用 P_σ 表示两根线每单位长度消耗的欧姆功率。假设电流 J_s(A/m)在非常薄的表面层流动，则每根导线中的电流为 $I=2\pi a J_s$，且

$$P_\sigma = 2\pi a p_\sigma = \frac{1}{2}I^2\left(\frac{R_s}{2\pi a}\right) \quad (\mathrm{W/m}) \tag{9-76}$$

因此双线的每单位长度的串联电阻为

$$R = 2\left(\frac{R_s}{2\pi a}\right) = \frac{1}{\pi a}\sqrt{\frac{\pi f \mu_C}{\sigma_C}} \quad (\Omega/\mathrm{m}) \tag{9-77}$$

在推导式(9-76)和式(9-77)时，已假设面电流 J_s 在两根线的周围是均匀的。这是一种近似，因为两根线的邻近效应将使得面电流分布不均匀。

2. 同轴传输线

内导体半径为 a 且外导体内半径为 b 的同轴传输线的单位长度外电感已由式(6-140)得出：

$$L = \frac{\mu}{2\pi}\ln\frac{b}{a} \quad (\mathrm{H/m}) \tag{9-78}$$

由式(9-72)得

$$C = \frac{2\pi\varepsilon}{\ln(b/a)} \quad (\mathrm{F/m}) \tag{9-79}$$

由式(9-71)得

$$G = \frac{2\pi\sigma}{\ln(b/a)} \quad (\mathrm{S/m}) \tag{9-80}$$

其中 σ 为有损电介质的等效电导率。如同式(7-112)一样，也可以用 $\omega\varepsilon''$ 代替 σ。

为了求得 R，又回到式(9-27)，这里内导体表面的 J_{si} 与外导体内表面的 J_{so} 不一样。但是，必定有

$$I = 2\pi a J_{si} = 2\pi b J_{so} \tag{9-81}$$

单位长度的内导体与外导体中消耗的功率分别为

$$P_{\sigma i} = 2\pi a p_{\sigma i} = \frac{1}{2}I^2\left(\frac{R_s}{2\pi a}\right) \tag{9-82}$$

$$P_{\sigma o} = 2\pi b p_{\sigma o} = \frac{1}{2}I^2\left(\frac{R_s}{2\pi b}\right) \tag{9-83}$$

表 9-2　双线传输线及同轴传输线的分布参数

常　数	双线传输线	同轴传输线	单　位
R	$\frac{R_s}{\pi a}$	$\frac{R_s}{2\pi}\left(\frac{1}{a}+\frac{1}{b}\right)$	Ω/m
L	$\frac{\mu}{\pi}\operatorname{arcosh}\left(\frac{D}{2a}\right)$	$\frac{\mu}{2\pi}\ln\frac{b}{a}$	H/m
G	$\frac{\pi\sigma}{\operatorname{arcosh}(D/2a)}$	$\frac{2\pi\sigma}{\ln(b/a)}$	S/m
C	$\frac{\pi\varepsilon}{\operatorname{arcosh}(D/2a)}$	$\frac{2\pi\varepsilon}{\ln(b/a)}$	F/m

注意：$R_s=\sqrt{\pi f\mu_c/\sigma_c}$；当 $(D/2a)^2 \gg 1$ 时，有 $\operatorname{arcosh}(D/2a) \cong \ln(D/a)$。不考虑内电感。

由式(9-82)和式(9-83),得单位长度的电阻为

$$R=\frac{R_s}{2\pi}\left(\frac{1}{a}+\frac{1}{b}\right)=\frac{1}{2\pi}\sqrt{\frac{\pi f\mu_c}{\sigma_c}}\left(\frac{1}{a}+\frac{1}{b}\right)\quad(\Omega/\mathrm{m})\tag{9-84}$$

双线传输线和同轴传输线的参数 R,L,G,C 如表 9-2 所示。

9.3.3 功率关系导出的衰减常数

传输线上行波的衰减常数是传播常数的实部;它可以由式(9-37)的基本定义求得

$$\alpha=\mathrm{Re}(\gamma)=\mathrm{Re}[\sqrt{(R+\mathrm{j}\omega L)(G+\mathrm{j}\omega C)}]\tag{9-85}$$

衰减常数也可以由功率关系求得。无线长传输线上(无反射),电压和电流分布的相量式可以分别写为(为了简便,省略了式(9-40a)和式(9-40b)的上角标“+”)

$$V(z)=V_0\mathrm{e}^{-(\alpha+\mathrm{j}\beta)z}\tag{9-86a}$$

$$I(z)=\frac{V_0}{Z_0}\mathrm{e}^{-(\alpha+\mathrm{j}\beta)z}\tag{9-86b}$$

在任意 z 处,沿传播线传播的时间平均功率为

$$P(z)=\frac{1}{2}\mathrm{Re}[V(z)I^*(z)]=\frac{V_0^2}{2|Z_0|^2}R_0\mathrm{e}^{-2\alpha z}\tag{9-87}$$

能量守恒定律要求 $P(z)$ 沿传输线随距离 z 的减少率等于单位长度时间平均功率损耗 P_L。所以有

$$-\frac{\partial P(z)}{\partial z}=P_L(z)=2\alpha P(z)$$

由此得到下面公式:

$$\alpha=\frac{P_L(z)}{2P(z)}\tag{9-88}$$

例 9-4 (1) 用式(9-88)求分布参数为 R,L,G,C 的有损传输线的衰减常数。

(2) 分析(1)的结果,求低损耗传输线和无失真传输线的衰减常数。

解:(1) 有损传输线单位长度时间平均功率损耗为

$$P_L(z)=\frac{1}{2}[|I(z)|^2R+|V(z)|^2G]$$

$$=\frac{V_0^2}{2|Z_0|^2}(R+G|Z_0|^2)\mathrm{e}^{-2\alpha z}\tag{9-89}$$

将式(9-87)和式(9-89)代入式(9-88),得

$$\alpha=\frac{1}{2R_0}(R+G|Z_0|^2)\quad(\mathrm{Np/m})\tag{9-90}$$

(2) 对于低损耗传输线,$Z_0\cong R_0=\sqrt{L/C}$,式(9-90)变为

$$\alpha\cong\frac{1}{2}\left(\frac{R}{R_0}+GR_0\right)=\frac{1}{2}\left(R\sqrt{\frac{C}{L}}+G\sqrt{\frac{L}{C}}\right)\tag{9-91}$$

它与式(9-55)相符。对于无失真传输线,$Z_0=R_0=\sqrt{L/C}$,则式(9-91)变为

$$\alpha=\frac{1}{2}R\sqrt{\frac{C}{L}}\left(1+\frac{G}{R}\frac{L}{C}\right)$$

鉴于式(9-61)的条件,上式简化为

$$\alpha = R\sqrt{\frac{C}{L}} \tag{9-92}$$

式(9-92)与式(9-63)是一样的。

9.4　有限长传输线上波的特性

在9.3.1节中，已经指出传输线的一维时谐亥姆霍兹方程式(9-36a)和式(9-36b)的通解为

$$V(z) = V_0^+ e^{-\gamma z} + V_0^- e^{\gamma z} \tag{9-93a}$$

$$I(z) = I_0^+ e^{-\gamma z} + I_0^- e^{\gamma z} \tag{9-93b}$$

其中

$$\frac{V_0^+}{I_0^+} = -\frac{V_0^-}{I_0^-} = Z_0 \tag{9-94}$$

对于无限长传输线上在 $z=0$ 处发出的波，只能沿 $+z$ 方向行进，式(9-93a)和式(9-93b)右边表示反射波的第二项就为零。这对终端接有特征阻抗的有限长传输线来说也是正确的，也就是说，那些线处于**匹配**状态。由电路理论可知，当负载阻抗等于源阻抗的复共轭时，即在"匹配条件"下，由给定的电压源输出到负载的功率达到最大值(见习题P.9-11)。用传输线术语表示为，**当负载阻抗等于传输线的特征阻抗(不是特征阻抗的复共轭)时，传输线就匹配了。**

现在考虑特征阻抗为 Z_0，终端接有任意负载阻抗 Z_L 的有限长传输线的一般情况，如图9-6所示。导线的长度是 l。一个内阻抗为 Z_g 的正弦电压源 $V_g\angle 0°$ 在 $z=0$ 处与传输线相接。在这种情况下

$$\left(\frac{V}{I}\right)_{z=l} = \frac{V_L}{I_L} = Z_L \tag{9-95}$$

显然，除非 $Z_L = Z_0$，否则若没有式(9-93a)和式(9-93b)右边的第二项就不能满足上式。所以在非匹配线上存在反射波。

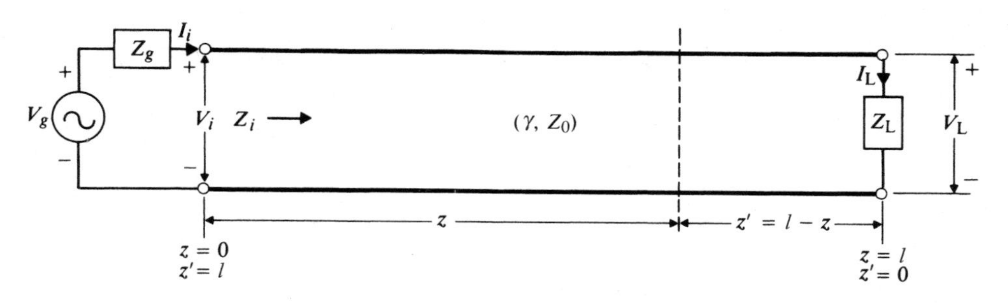

图9-6　终端接有负载阻抗 Z_L 的有限长传输线

如果给定传输线的特征参数 γ 和 Z_0 以及线长 l，那么式(9-93a)和式(9-93b)中就有四个未知量 $V_0^+, V_0^-, I_0^+, I_0^-$。这四个未知量并非全是独立的，因为它们受 $z=0$ 和 $z=l$ 处的关系所约束。$V(z)$ 和 $I(z)$ 两者既可以用输入端的 V_i 和 I_i 来表示(见习题P.9-12)，也可用负载端的条件来表示。现在考虑后一种情况。

设式(9-93a)和式(9-93b)中 $z=l$,则有

$$V_L = V_0^+ e^{-\gamma l} + V_0^- e^{\gamma l} \tag{9-96a}$$

$$I_L = \frac{V_0^+}{Z_0} e^{-\gamma l} - \frac{V_0^-}{Z_0} e^{\gamma l} \tag{9-96b}$$

从式(9-96a)和式(9-96b)中解出 V_0^+ 和 V_0^-,得

$$V_0^+ = \frac{1}{2}(V_L + I_L Z_0) e^{\gamma l} \tag{9-97a}$$

$$V_0^- = \frac{1}{2}(V_L - I_L Z_0) e^{-\gamma l} \tag{9-97b}$$

将式(9-95)代入式(9-97a)和式(9-97b)中,并利用式(9-93a)和式(9-93b)的结果,得

$$V(z) = \frac{I_L}{2}[(Z_L + Z_0) e^{\gamma(l-z)} + (Z_L - Z_0) e^{-\gamma(l-z)}] \tag{9-98a}$$

$$I(z) = \frac{I_L}{2Z_0}[(Z_L + Z_0) e^{\gamma(l-z)} - (Z_L - Z_0) e^{-\gamma(l-z)}] \tag{9-98b}$$

由于 l 和 z 同时出现在组合式 $(l-z)$ 中,因此很方便引入一个新的变量 $z'=(l-z)$,它表示从负载端向源端方向度量的距离。从而式(9-98a)和式(9-98b)变为

$$V(z') = \frac{I_L}{2}[(Z_L + Z_0) e^{\gamma z'} + (Z_L - Z_0) e^{-\gamma z'}] \tag{9-99a}$$

$$I(z') = \frac{I_L}{2Z_0}[(Z_L + Z_0) e^{\gamma z'} - (Z_L - Z_0) e^{-\gamma z'}] \tag{9-99b}$$

这里应该注意,虽然式(9-99a)和式(9-99b)中 V 和 I 的符号跟式(9-98a)和式(9-98b)一样,但 $V(z')$ 和 $I(z')$ 对 z' 的依赖关系,不同于 $V(z)$ 和 $I(z)$ 对 z 的依赖关系。

使用双曲函数简化上面的方程。回忆以下关系:

$$e^{\gamma z'} + e^{-\gamma z'} = 2\cosh\gamma z' \quad \text{和} \quad e^{\gamma z'} - e^{-\gamma z'} = 2\sinh\gamma z'$$

可以将式(9-99a)和式(9-99b)写成

$$V(z') = I_L(Z_L \cosh\gamma z' + Z_0 \sinh\gamma z') \tag{9-100a}$$

$$I(z') = \frac{I_L}{Z_0}(Z_L \sinh\gamma z' + Z_0 \cosh\gamma z') \tag{9-100b}$$

用它们可以求出传输线上任意点处由 I_L, Z_L, γ 和 Z_0 表示的电压和电流。

比值 $V(z')/I(z')$,是在离负载距离为 z' 处,朝传输线负载端看去的阻抗

$$Z(z') = \frac{V(z')}{I(z')} = Z_0 \frac{Z_L \cosh\gamma z' + Z_0 \sinh\gamma z'}{Z_L \sinh\gamma z' + Z_0 \cosh\gamma z'} \tag{9-101}$$

或

$$Z(z') = Z_0 \frac{Z_L + Z_0 \tanh\gamma z'}{Z_0 + Z_L \tanh\gamma z'} \quad (\Omega) \tag{9-102}$$

在传输线的源端 $z'=l$ 处,向传输线看进去的**输入阻抗** Z_i 为

$$Z_i = (Z)_{\substack{z=0\\ z'=l}} = Z_0 \frac{Z_L + Z_0 \tanh\gamma l}{Z_0 + Z_L \tanh\gamma l} \quad (\Omega) \tag{9-103}$$

就电源端的条件而言,接有负载的有限长传输线可以用 Z_i 来等效,如图 9-7 所示。输入电压 V_i 和输入电流 I_i 可以很容易从图 9-7 中的等效电路得到。它们是

$$V_i = \frac{Z_i}{Z_g + Z_i} V_g \tag{9-104a}$$

$$I_i = \frac{V_g}{Z_g + Z_i} \qquad (9\text{-}104b)$$

当然，传输线中其他位置的电压和电流并不能用图 9-7 中的等效电路来求。

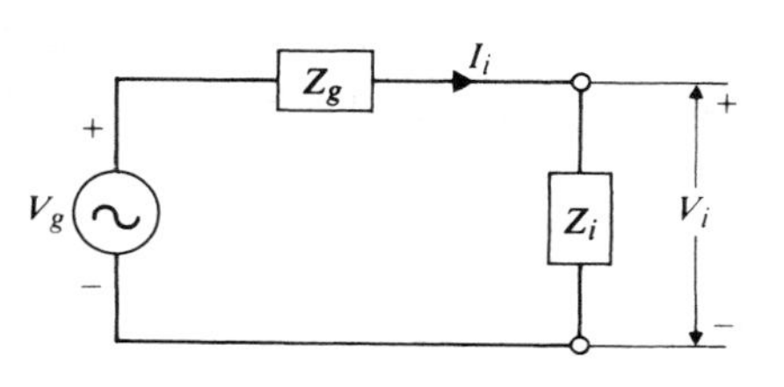

图 9-7　图 9-6 的有限长传输线在电源端的等效电路

由电压源输送到传输线输入端的平均功率是

$$(P_{av})_i = \frac{1}{2}\mathrm{Re}[V_i I_i^*]_{z=0,z'=l} \qquad (9\text{-}105)$$

输送到负载的平均功率为

$$(P_{av})_L = \frac{1}{2}\mathrm{Re}[V_L I_L^*]_{z=l,z'=0} = \frac{1}{2}\left|\frac{V_L}{Z_L}\right|^2 R_L = \frac{1}{2}|I_L|^2 R_L \qquad (9\text{-}106)$$

对于无损耗线，能量守恒要求$(P_{av})_i = (P_{av})_L$。

一个特别重要的特例是：当导线的终端接有等于特征阻抗的负载，即 $Z_L = Z_0$ 时，可以看出(9-103)中的输入阻抗 Z_i 等于 Z_0。实际上，由式(9-102)，在离负载为任意距离 z' 处朝负载看过去的传输线阻抗为

$$Z(z') = Z_0, \quad (\text{当 } Z_L = Z_0) \qquad (9\text{-}107)$$

式(9-98a)和式(9-98b)中的电压和电流方程简化为

$$V(z) = (I_L Z_0 e^{\gamma l})e^{-\gamma z} = V_i e^{-\gamma z} \qquad (9\text{-}108a)$$

$$I(z) = (I_L e^{\gamma l})e^{-\gamma z} = I_i e^{-\gamma z} \qquad (9\text{-}108b)$$

式(9-108a)和式(9-108b)是与式(9-40a)和式(9-40b)相对应的一对电压和电流方程，表示沿$+z$方向行进的波，并且无反射波。因此，**当有限长传输线终端接入等于它本身的特征阻抗的负载时(当有限长传输线匹配时)，有限长传输线上电压和电流分布与线延伸至无限远时的电压和电流分布是一样的。**

例 9-5　一个内阻为 1Ω，开路电压为 $v_g(t) = 0.3\cos 2\pi 10^8 t$V 的信号发生器连接着一根特征阻抗为 50Ω 的无损耗传输线。传输线长度为 4m，传输线上波的传播速率为 2.5×10^8m/s。在线的终端接有匹配负载时，求：(1)线上任意位置的电压和电流的瞬时表达式；(2)负载端的电压和电流的瞬时表达式；(3)传送到负载的平均功率。

解：(1) 为了求线上任意位置的电压和电流，首先必须求出它们在输入端 ($z=0, z'=l$)的电压和电流值。给定的量如下

$$V_g = 0.3\angle 0°\ \mathrm{V} \quad \cos\text{ 的相量形式}$$

$$Z_g = R_g = 1(\Omega)$$

$$Z_0 = R_0 = 50(\Omega)$$

$$\omega = 2\pi\times10^8(\mathrm{rad/s})$$

$$u_p = 2.5\times10^8(\mathrm{m/s})$$

$$l = 4(\mathrm{m})$$

由于该线终端接有匹配负载，$Z_i = Z_0 = 50\Omega$，因此输入端的电压和电流可以从图 9-7 的等效电路求得。从式(9-104a)和式(9-104b)，可得

$$V_i = \frac{50}{1+50}\times 0.3\angle 0°\mathrm{V} = 0.294\angle 0°(\mathrm{V})$$

$$I_i = \frac{0.3\angle 0°}{1+50}\mathrm{A} = 0.0059\angle 0°(\mathrm{A})$$

因为在匹配传输线中只存在正向波，因此可以用式(9-86a)和式(9-86b)分别求得在任意位置的电压和电流。对于给定的传输线，$\alpha=0$，且有

$$\beta=\frac{\omega}{u_p}=\frac{2\pi\times 10^8}{2.5\times 10^8}=0.8\pi\ (\mathrm{rad/m})$$

因此

$$V(z)=0.294\mathrm{e}^{-\mathrm{j}0.8\pi z}(\mathrm{V})$$

$$I(z)=0.0059\mathrm{e}^{-\mathrm{j}0.8\pi z}(\mathrm{A})$$

上述各式都是相量形式。再由式(9-34a)和式(9-34b)可以得到相应的瞬时表达式

$$v(z,t)=\mathrm{Re}[0.294\mathrm{e}^{\mathrm{j}(2\pi 10^8 t-0.8\pi z)}]=0.294\cos(2\pi 10^8 t-0.8\pi z)(\mathrm{V})$$

$$i(z,t)=\mathrm{Re}[0.0059\mathrm{e}^{\mathrm{j}(2\pi 10^8 t-0.8\pi z)}]=0.0059\cos(2\pi 10^8 t-0.8\pi z)(\mathrm{A})$$

(2) 在负载端，$z=l=4\mathrm{m}$，则

$$v(4,t)=0.294\cos(2\pi 10^8 t-3.2\pi)(\mathrm{V})$$

$$i(4,t)=0.0059\cos(2\pi 10^8 t-3.2\pi)(\mathrm{A})$$

(3) 在无损耗线上，传输线传到负载的平均功率等于传到输入端的平均功率

$$(P_{\mathrm{av}})_{\mathrm{L}}=(P_{\mathrm{av}})_i=\frac{1}{2}\mathrm{Re}[V(z)I^*(z)]$$

$$=\frac{1}{2}(0.294\times 0.0059)=8.7\times 10^{-4}\mathrm{W}=0.87(\mathrm{mW})$$

9.4.1 传输线用作电路元件

传输线不仅可用作导波装置，将功率和信息从一端传到另一端，而且在超高频——UHF频段：频率为300MHz～3GHz，波长为1～0.1m——传输线还可作为电路元件。在这些频率下，很难制造普通的集总电路元件，而杂散场就变得很重要。然而，利用传输线可设计成感性阻抗或容性阻抗，并用它来使任意负载与电压源的内阻抗匹配，以实现最大功率输出。在UHF频段范围内，如何选择用作电路元件的这类传输线所需的长度，成为很实际的问题。在远低于300MHz的频率，所需传输线通常太长；而高于3GHz的频率，实际尺寸变得很小、不方便，所以传输线用波导元件更好。

大多数情况下，传输线可被看做是无损耗的：$\gamma=\mathrm{j}\beta$，$Z_0=R_0$，且 $\tanh\gamma l=\tanh(\mathrm{j}\beta l)=\mathrm{j}\tan\beta l$。对于终端接有 Z_{L}，长度为 l 的无损耗传输线的输入阻抗 Z_i 的式(9-103)变为

$$Z_i=R_0\frac{Z_{\mathrm{L}}+\mathrm{j}R_0\tan\beta l}{R_0+\mathrm{j}Z_{\mathrm{L}}\tan\beta l}\quad(\Omega)\tag{9-109}$$

(无损耗传输线)

将式(9-109)和式(8-171)再次比较，证实了平面分界面上均匀平面波的垂直入射和沿终端传输线上波的传播存在相似之处。

现在考虑几种重要的特殊情况。

(1) 开路传输线($Z_{\mathrm{L}}\to\infty$)。从式(9-109)可得

$$Z_{i0}=\mathrm{j}X_{i0}=-\frac{\mathrm{j}R_0}{\tan\beta l}=-\mathrm{j}R_0\cot\beta l\tag{9-110}$$

式(9-110)表明无损耗开路传输线的输入阻抗是纯电抗。因为 $\cot\beta l$ 可正可负，所以该开路传

输线可以是容性的，也可以是感性的，具体取决于$\beta l(=2\pi l/\lambda)$的值。图 9-8 是 $X_{i0}=-R_0\cot\beta l$ 随 l 变化的示意图。可看到 X_{i0} 能取$-\infty$到$+\infty$之间的任意值。

当开路线长度远小于工作波长，即 $\beta l\ll 1$ 时，考虑到 $\tan\beta l\cong\beta l$，便可得出一个容抗的简单公式。由式(9-110)可得

$$Z_{i0}=\mathrm{j}X_{i0}\cong-\mathrm{j}\frac{R_0}{\beta l}=-\mathrm{j}\frac{\sqrt{L/C}}{\omega\sqrt{LC}\,l}=-\mathrm{j}\frac{1}{\omega Cl}\tag{9-111}$$

这是电容为 Cl 法拉的阻抗。

实际情况中，由于物体附近的耦合和开路端的辐射，在传输线的末端得到无限大负载阻抗不太可能，尤其是在高频率的情况下。

(2) 短路传输线($z_L=0$)。此情况下，式(9-109)简化为

$$Z_{is}=\mathrm{j}X_{is}=\mathrm{j}R_0\tan\beta l\tag{9-112}$$

因 $\tan\beta l$ 的取值范围为$(-\infty,+\infty)$，所以无损耗短路传输线的输入阻抗可以是纯电感性的，也可以是纯电容性的，具体取决于 βl 值。图 9-9 是 X_{is} 随 l 变化的示意图。注意：式(9-112)与式(8-172)——距离理想导体平面边界 l 处总场的波阻抗，有完全相同的形式。

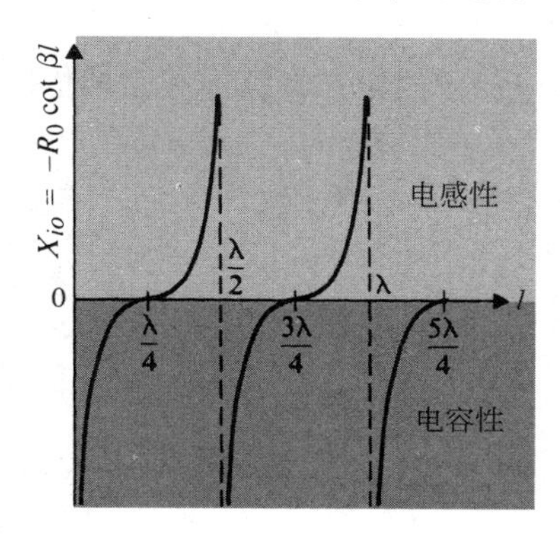

图 9-8　开路传输线的输入电抗

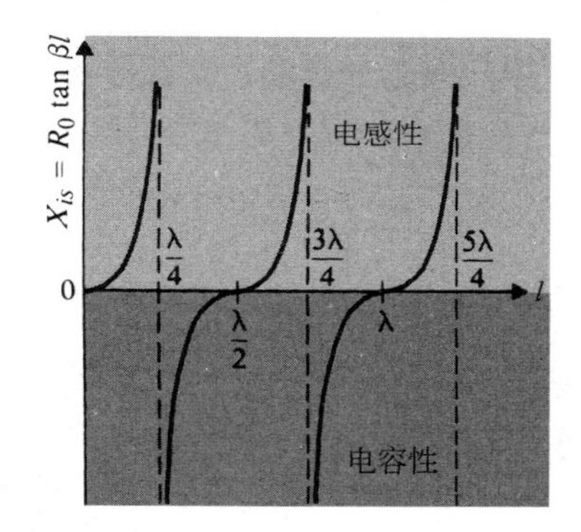

图 9-9　短路传输线的输入阻抗

图 9-8 和图 9-9 相比，可见在 X_{io} 是电容性的区域，X_{is} 是电感性，反之亦然。如果开路无损耗传输线和短路无损耗传输线的长度相差 $\lambda/4$ 的奇数倍，则二者的输入电抗是相同的。

当短路线的长度远小于波长时，$\beta l\ll 1$，式(9-112)近似为

$$Z_{is}=\mathrm{j}X_{is}\cong\mathrm{j}R_0\beta l=\mathrm{j}\sqrt{\frac{L}{C}}\omega\sqrt{LC}\,l=\mathrm{j}\omega Ll\tag{9-113}$$

这是电感为 Ll 亨利的阻抗。

(3) 四分之一波长线段($l=\lambda/4,\beta l=\pi/2$)。当线长为 $\lambda/4$ 的奇数倍时，$l=(2n-1)\lambda/4$，($n=1,2,3,\cdots$)

$$\beta l=\frac{2\pi}{\lambda}(2n-1)\frac{\lambda}{4}=(2n-1)\frac{\pi}{2}$$

$$\tan\beta l=\tan\left[(2n-1)\frac{\pi}{2}\right]\to\pm\infty$$

而式(9-109)变为

$$Z_i=\frac{R_0^2}{Z_L}\text{（四分之一波长线）}\tag{9-114}$$

因此,**负载阻抗经过四分之一波长无损耗线变换到输入端后,就等于它的倒数乘以特征阻抗平方的乘积**。四分之一波长无损耗线起着阻抗变换器的作用,也常称为**四分之一波长阻抗变换器**。一根四分之一波长的开路线在输入端呈现为短路,而一根四分之一波长的短路线在输入端呈现为开路。其实,如果不忽略线本身的串联阻抗,则四分之一波长的短路线在输入端呈现一个很高的阻抗,类似于一个并联谐振回路。将式(9-114)与多个电介质的四分之一波长阻抗变换公式(8-182a)作比较,会很有趣。

(4) 二分之一波长线段($l=\lambda/2,\beta l=\pi$)。当线长是 $\lambda/2$ 的整数倍时,$l=n\lambda/2(n=1,2,3,\cdots)$

$$\beta l = \frac{2\pi}{\lambda}\left(\frac{n\lambda}{2}\right) = n\pi$$

$$\tan\beta l = 0$$

而式(9-109)简化为

$$Z_i = Z_L \quad (\text{二分之一波长线}) \tag{9-115}$$

式(9-115)表明:**负载阻抗经过二分之一波长的无损耗传输线变换到输入端后,没有任何变化**。由式(9-103)可见,二分之一波长有损传输线没有此性质,除非 $Z_L=Z_0$。

将传输线终端开路和短路是很容易实现的。通过测量线段在开路和短路的情况下的输入阻抗,可求该线的特征阻抗和传播常数。由式(9-103)可直接得出下述关系

$$\text{开路传输线} \qquad Z_L \to \infty:\ Z_{io} = Z_0 \coth\gamma l \tag{9-116}$$

$$\text{短路传输线} \qquad Z_L = 0:\ Z_{is} = Z_0 \tanh\gamma l \tag{9-117}$$

由式(9-116)和式(9-117)得

$$Z_0 = \sqrt{Z_{io}Z_{is}} \quad (\Omega) \tag{9-118}$$

和

$$\gamma = \frac{1}{l}\operatorname{artanh}\sqrt{\frac{Z_{is}}{Z_{io}}} \quad (\mathrm{m}^{-1}) \tag{9-119}$$

不管线路是否有损耗,式(9-118)和式(9-119)均适用。

例 9-6 在 1.5m 长(小于四分之一波长)的无损耗传输线的输入端,测量到的开路和短路阻抗分别是 $-\mathrm{j}54.6\Omega$ 和 $\mathrm{j}103\Omega$。(1)求传输线的 Z_0 和 γ。(2)不改变工作频率,线长增加一倍后短路线的输入阻抗变为多少?(3)短路线为多长时,其输入端表现为开路?

解:已知量为

$$Z_{io} = -\mathrm{j}54.6,\quad Z_{is} = \mathrm{j}103,\quad l = 1.5$$

(1) 运用式(9-118)和式(9-119),得

$$Z_0 = \sqrt{-\mathrm{j}54.6(j103)} = 75\Omega$$

$$\gamma = \frac{1}{1.5}\operatorname{artanh}\sqrt{\frac{\mathrm{j}103}{-\mathrm{j}54.6}} = \frac{\mathrm{j}}{1.5}\arctan 1.373 = \mathrm{j}0.628\mathrm{rad/m}$$

(2) 对于两倍长的短路线,$l=3.0\mathrm{m}$

$$\gamma l = \mathrm{j}0.628 \times 3.0 = \mathrm{j}1.884 \quad \mathrm{rad}$$

由式(9-117)得出,输入阻抗为

$$Z_{is}=75\tanh(\mathrm{j}1.884)=\mathrm{j}75\tan108^\circ=\mathrm{j}75(-3.08)=-\mathrm{j}231\quad(\Omega)$$

注意：线长为3m的Z_{is}现在是容性电抗，而(1)中线长为1.5m的Z_{is}为感性电抗。由图9-9可以推断出$1.5\mathrm{m}<\lambda/4<3.0\mathrm{m}$。

(3) 为了使短路线在输入端表现为开路，其长度必须是四分之一波长的奇数倍

$$\lambda=\frac{2\pi}{\beta}=\frac{2\pi}{0.628}=10\quad(\mathrm{m})$$

因此所要求的传输线长度为

$$l=\frac{\lambda}{4}+(n-1)\frac{\lambda}{2}=2.5+5(n-1)\quad(\mathrm{m}),\quad n=1,2,3,\cdots$$

到目前为止，本节仅把开路和短路无损耗线看作电路元件。从图9-8和图9-9可知，开路或短路无损耗线的输入阻抗，可以是纯电感性的也可是纯电容性的，具体取决于线长。现在研究短路端有损传输线的输入阻抗。当线长是$\lambda/2$的倍数时，输入阻抗不为零，如图9-9所示。相反，由式(9-117)得

$$Z_{is}=Z_0\tanh\gamma l=Z_0\frac{\sinh(\alpha+\mathrm{j}\beta)l}{\cosh(\alpha+\mathrm{j}\beta)l}=Z_0\frac{\sinh\alpha l\cos\beta l+\mathrm{j}\cosh\alpha l\sin\beta l}{\cosh\alpha l\cos\beta l+\mathrm{j}\sinh\alpha l\sin\beta l}\tag{9-120}$$

由于$l=n\lambda/2$，$\beta l=n\pi$，$\sin\beta l=0$，则式(9-120)简化为

$$Z_{is}=Z_0\tanh\alpha l\cong Z_0(\alpha l)\tag{9-121}$$

这里，已经假设了低损耗线：$\alpha l\ll1$，且$\tan\alpha l\cong\alpha l$。式(9-121)中的量$Z_{is}$很小但不为0。当$l=n\lambda/2$，就形成了串联谐振电路条件。

当一根短路有损耗线的长度是$\lambda/4$的奇数倍时，输入阻抗将不像图9-9所示的趋向无穷大。当$l=n\lambda/4$，$\beta l=n\pi/2$(n=奇数)，$\cos\beta l=0$时，则式(9-120)变为

$$Z_{is}=\frac{Z_0}{\tanh\alpha l}\cong\frac{Z_0}{\alpha l}\tag{9-122}$$

其值很大，但不是无穷大。于是得到并联谐振电路的条件。这是一个频率选择性电路，首先求此电路的**半功率带宽**或简称**带宽**，从而求该电路的**品质因数**Q。并联谐振电路的带宽就是谐振频率f_0周围的频率范围$\Delta f=f_2-f_1$，其中$f_2=f_0+\Delta f/2$和$f_1=f_0-\Delta f/2$是半功率频率，这些频率下加在并联谐振电路的端电压是f_0处取电压最大值的$1/\sqrt{2}$或70.7%(假设是恒流源)。因此，相伴的功率和$|Z_{is}|^2$成正比，在f_0处取最大值，在f_1和f_2处是最大值的一半。

令$f=f_0+\delta f$，其中δf是偏离谐振频率一个小的频率。从而有

$$\beta l=\frac{2\pi f}{u_p}l=\frac{2\pi(f_0+\delta f)}{u_p}l=\frac{n\pi}{2}+\frac{n\pi}{2}\left(\frac{\delta f}{f_0}\right),\quad n=\text{奇数}\tag{9-123}$$

$$\cos\beta l=-\sin\left[\frac{n\pi}{2}\left(\frac{\delta f}{f_0}\right)\right]\cong-\frac{n\pi}{2}\left(\frac{\delta f}{f_0}\right)\tag{9-124}$$

$$\sin\beta l=\cos\left[\frac{n\pi}{2}\left(\frac{\delta f}{f_0}\right)\right]\cong1\tag{9-125}$$

其中，已假设$(n\pi/2)(\delta f/f_0)\ll1$。将式(9-123)、式(9-124)和式(9-125)代入式(9-120)，注意$\alpha l\ll1$，只保留一阶小项，得

$$Z_{is}=\frac{Z_0}{\alpha l+\mathrm{j}\frac{n\pi}{2}\left(\frac{\delta f}{f_0}\right)}\tag{9-126}$$

和

$$|Z_{is}|^2=\frac{|Z_0|^2}{(\alpha l)^2+\left[\frac{n\pi}{2}\left(\frac{\delta f}{f_0}\right)\right]^2} \tag{9-127}$$

在 $f=f_0$,$\delta f=0$ 时,$|Z_{is}|^2$ 是最大值,等于 $|Z_{is}|^2_{\max}=|Z_0|^2/(\alpha l)^2$。因此

$$\frac{|Z_{is}|^2}{|Z_{is}|^2_{\max}}=\frac{1}{1+\left[\frac{n\pi}{2\alpha l}\left(\frac{\delta f}{f_0}\right)\right]^2} \tag{9-128}$$

当 $\delta f=\pm\Delta f/2$,就有半功率频率 f_2 和 f_1,在此频率下,式(9-128)中的比等于 $\frac{1}{2}$,或是

$$\frac{n\pi}{2\alpha l}\left(\frac{\Delta f}{2f_0}\right)=\frac{\beta}{2\alpha}\left(\frac{\Delta f}{f_0}\right)=1,\quad n=\text{奇数} \tag{9-129}$$

因此,并联谐振电路(短路损耗线长度是 $\lambda/4$ 的奇数倍)的 Q 为

$$Q=\frac{f_0}{\Delta f}=\frac{\beta}{2\alpha} \tag{9-130}$$

采用式(9-55)和式(9-56)中的低损耗线 α 和 β 的表达式,得到

$$Q=\frac{\omega L}{R+GL/C}=\frac{1}{[(R/\omega L)+(G/\omega C)]} \tag{9-131}$$

对于绝缘良好的线,$GL/C\ll R$,而式(9-131)简化成熟悉的并联谐振电路 Q 的表达式

$$Q=\frac{\omega L}{R} \tag{9-132}$$

对于长度是 $\lambda/4$ 的奇数倍(串联谐振)或是 $\lambda/2$ 的倍数(并联谐振)的开路低损耗传输线的谐振特性,可以用同样的方法分析。(见习题 P. 9-21)

例 9-7 测得空气介质同轴传输线在 400MHz 时的衰减为 0.01dB/m。求 Q 及终端短路的四分之一波长线段传输线的半功率带宽。

解:在 $f=4\times10^8$ Hz 处

$$\lambda=\frac{c}{f}=\frac{3\times10^8}{4\times10^8}=0.75\quad(\text{m})$$

$$\beta=\frac{2\pi}{\lambda}=\frac{2\pi}{0.75}=8.38\quad(\text{rad/m})$$

$$\alpha=0.01\text{dB/m}=\frac{0.01}{8.69}\quad(\text{Np/m})$$

因此

$$Q=\frac{\beta}{2\alpha}=\frac{8.38\times8.69}{2\times0.01}=3641$$

这比集总元件并联谐振电路在 400MHz 得到的 Q 高很多。半功率带宽是

$$\Delta f=\frac{f_0}{Q}=\frac{4\times10^8}{3641}=0.11\times10^6\quad(\text{Hz})$$

$$=0.11\quad(\text{MHz})\text{ 或 }110\quad(\text{kHz})$$

9.4.2　电阻性终端的传输线

当传输线终端所接的负载阻抗 Z_L 不等于特征阻抗 Z_0 时，入射波（来自电源）和反射波（来自负载）都存在。式(9-99a)给出了离负载端任意距离 $z'=l-z$ 处的电压相量表达式。注意在式(9-99a)中，含有 $e^{\gamma z'}$ 的项表示电压入射波，而含有 $e^{-\gamma z'}$ 的项表示电压反射波。可写出

$$\begin{aligned}V(z') &= \frac{I_L}{2}(Z_L+Z_0)e^{\gamma z'}\left[1+\frac{Z_L-Z_0}{Z_L+Z_0}e^{-2\gamma z'}\right]\\ &= \frac{I_L}{2}(Z_L+Z_0)e^{\gamma z'}\left[1+\Gamma e^{-2\gamma z'}\right]\end{aligned} \tag{9-133a}$$

其中

$$\Gamma=\frac{Z_L-Z_0}{Z_L+Z_0}=|\Gamma|e^{j\theta_\Gamma}\quad（无量纲） \tag{9-134}$$

是电压的反射波和入射波在负载($z'=0$)处的复振幅之比，也叫做负载阻抗 Z_L 的**电压反射系数**。这和前面讨论平面波垂直入射到两种电介质的平面分界面时由式(8-140)所定义的反射系数形式一样。通常它是一个幅度 $|\Gamma|\leqslant 1$ 的复数。从式(9-99b)可知，与式(9-133a)中 $V(z')$ 相对应的电流公式为

$$I(z')=\frac{I_L}{2Z_0}(Z_L+Z_0)e^{\gamma z'}\left[1-\Gamma e^{-2\gamma z'}\right] \tag{9-133b}$$

电流反射系数定义为电流反射波与入射波的复振幅之比 I_0^-/I_0^+，与电压反射系数不同。事实上，从式(9-94)中可清楚看出，$I_0^-/I_0^+=-V_0^-/V_0^+$，前者的负值等于后者。下面只分析电压反射系数。

对于无损耗传输线，$\gamma=j\beta$，式(9-133a)和式(9-133b)变为

$$\begin{aligned}V(z') &= \frac{I_L}{2}(Z_L+R_0)e^{j\beta z'}\left[1+\Gamma e^{-j2\beta z'}\right]\\ &= \frac{I_L}{2}(Z_L+R_0)e^{j\beta z'}\left[1+|\Gamma|e^{j(\theta_\Gamma-2\beta z')}\right]\end{aligned} \tag{9-135a}$$

且

$$I(z')=\frac{I_L}{2R_0}(Z_L+R_0)e^{j\beta z'}\left[1-|\Gamma|e^{j(\theta_\Gamma-2\beta z')}\right] \tag{9-135b}$$

设 $\gamma=j\beta$，$V_L=I_LZ_L$，从式(9-100a)和式(9-100b)很容易求出无损耗传输线上的电压和电流相量。注意 $\cosh j\theta=\cos\theta$，$\sinh j\theta=j\sin\theta$，可得

$$V(z')=V_L\cos\beta z'+jI_LR_0\sin\beta z' \tag{9-136a}$$

$$I(z')=I_L\cos\beta z'+j\frac{V_L}{R_0}\sin\beta z' \tag{9-136b}$$

（无损耗传输线）

如果终端阻抗是纯电阻，$Z_L=R_L$，$V_L=I_LR_L$，则电压和电流幅值如下

$$|V(z')|=V_L\sqrt{\cos^2\beta z'+(R_0/R_L)^2\sin^2\beta z'} \tag{9-137a}$$

$$|I(z')|=I_L\sqrt{\cos^2\beta z'+(R_L/R_0)^2\sin^2\beta z'} \tag{9-137b}$$

其中 $R_0=\sqrt{L/C}$。关于 z' 的函数 $|V(z')|$ 和 $|I(z')|$ 绘出的曲线是驻波，在传输线的固定位

置有最大值和最小值。

与式(8-147)的平面波相似,把有限长、有载传输线上的最大电压与最小电压之比定义为**驻波比(SWR)**S

$$S=\frac{|V_{\max}|}{|V_{\min}|}=\frac{1+|\Gamma|}{1-|\Gamma|}\quad(\text{无量纲})\tag{9-138}$$

式(9-138)的逆关系为

$$|\Gamma|=\frac{S-1}{S+1}\quad(\text{无量纲})\tag{9-139}$$

由式(9-138)和式(9-139)明显得知,在无损耗传输线上:当 $Z_L=Z_0$ 时(匹配负载),$\Gamma=0$,$S=1$;当 $Z_L=0$(短路)时,$\Gamma=-1$,$S\to\infty$;当 $Z_L\to\infty$时(开路)时,$\Gamma=+1$,$S\to\infty$。由于 S 取值范围广,所以习惯上用对数刻度表示:$20\log_{10}S$dB。若以$|I_{\max}|/|I_{\min}|$比值定义驻波比 S,其形式和式(9-138)中根据$|V_{\max}|/|V_{\min}|$定义的驻波比 S 的表达式是一样的。因为高驻波比会导致大量能量损失,所以传输线上不期望有高驻波比。

对式(9-135a)和式(9-135b)分析发现$|V_{\max}|$和$|I_{\min}|$同时发生在

$$\theta_\Gamma-2\beta Z'_m=-2n\pi,\quad n=0,1,2,\cdots\tag{9-140}$$

另一方面,$|V_{\min}|$和$|I_{\max}|$也同时发生在

$$\theta_\Gamma-2\beta Z'_m=-(2n+1)\pi,\quad n=0,1,2,\cdots\tag{9-141}$$

对于无损耗线的电阻性终端,$Z_L=R_L$,$Z_0=R_0$,式(9-134)简化为

$$\Gamma=\frac{R_L-R_0}{R_L+R_0}\quad(\text{电阻性负载})\tag{9-142}$$

因此电压反射系数是纯实数,有两种可能的情况:

(1) $R_L>R_0$。此情况下,Γ 是正实数,$\theta_\Gamma=0$。在终端 $z'=0$ 处,式(9-140)的条件满足(因 $n=0$)。这意味着电压最大值(电流最小值)将出现在终端电阻上,其他的电压驻波最大值(电流驻波最小值)将位于离负载 $2\beta z'=2n\pi$ 或 $z'=n\lambda/2(n=1,2,\cdots)$处。

(2) $R_L<R_0$。式(9-142)显示 Γ 是负实数,$\theta_\Gamma=-\pi$。在终端 $z'=0$ 处,式(9-141)的条件满足(因 $n=0$)。电压最小值(电流最大值)将出现在终端电阻上。其中的电压驻波最小值(电流驻波最大值)将位于离负载 $z'=n\lambda/2(n=1,2,\cdots)$处。电压驻波和电流驻波的分布规律正好与 $R_L>R_0$ 的情况互换。

图 9-10 说明电阻性终端的无损耗线的典型驻波。

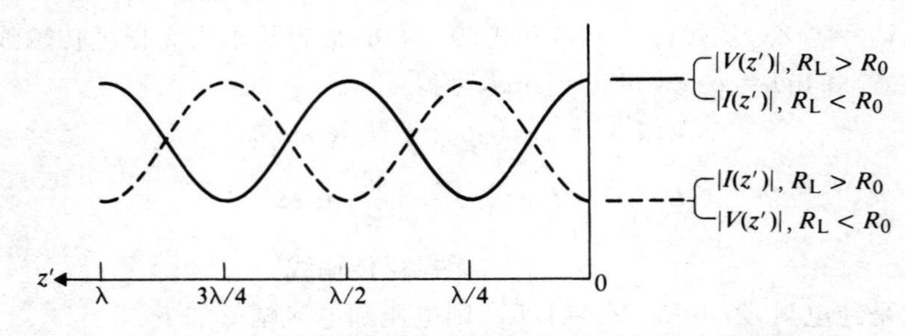

图 9-10 在电阻性终端的无损耗线上的电压及电流驻波

除了$|V(z')|$和$|I(z')|$曲线是距离负载为 z'处的正弦函数幅值处,开路线上的驻波和电阻性终端($R_L>R_0$)的线上驻波相似。令 $R_L\to\infty$,这正如从式(9-137a)和式(9-137b)看

到的那样。当然 $I_L=0$，但 V_L 是有限值，则有

$$|V(z')|=V_L|\cos\beta z'| \tag{9-143a}$$

$$|I(z')|=\frac{V_L}{R_0}|\sin\beta z'| \tag{9-143b}$$

所有最小值变为0。对于开路线，$\Gamma=1, S\to\infty$。

另一方面，短路线上的驻波与电阻性终端($R_L<R_0$)线上的驻波相似。这里 $R_L=0$，$V_L=0$，但 I_L 是有限值。式(9-137a)和式(9-137b)可简化为

$$|V(z')|=I_LR_0|\sin\beta z'| \tag{9-144a}$$

$$|I(z')|=I_L|\cos\beta z'| \tag{9-144b}$$

无损耗开路和短路线上的典型驻波如图9-11所示。

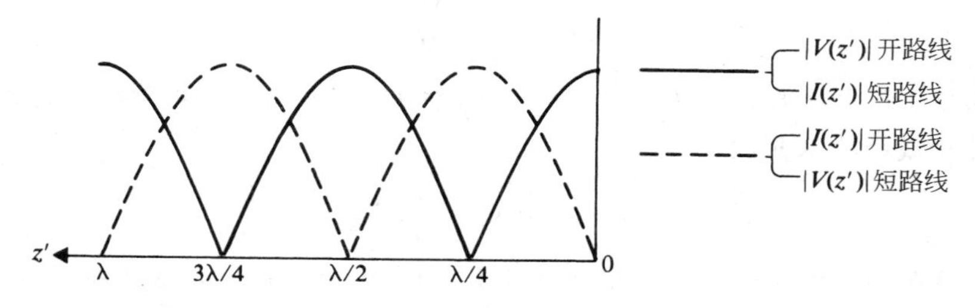

图9-11 在无损耗开路和短路线上的电压和电流驻波

例9-8 传输线的驻波比 S 是一个容易测量的量。(1)怎样由 S 的测量值求特征阻抗为 R_0 的无损耗传输线的终端电阻值。(2)在离负载端为四分之一波长处朝负载方向看去的阻抗为多少？

解：(1) 因为终端阻抗是纯电阻，$Z_L=R_L$，可确定 R_L 大于 R_0(如果在 $z'=0, \lambda/2, \lambda$ 等处，有电压最大值)，或 R_L 小于 R_0(如果在 $z'=0, \lambda/2, \lambda$ 等处，有电压最小值)。这可很容易通过测量确定。

首先，如果 $R_L>R_0$，则 $\theta_\Gamma=0$。$|V_{max}|$ 和 $|I_{min}|$ 在 $\beta z'=0$ 处都出现。$|V_{min}|$ 和 $|I_{max}|$ 在 $\beta z'=\pi/2$ 处都出现。由式(9-136a)和式(9-136b)得

$$|V_{max}|=V_L, \quad |V_{min}|=V_L\frac{R_0}{R_L}$$

$$|I_{min}|=I_L, \quad |I_{max}|=I_L\frac{R_L}{R_0}$$

因此

$$\frac{|V_{max}|}{|V_{min}|}=\frac{|I_{max}|}{|I_{min}|}=S=\frac{R_L}{R_0}$$

或

$$R_L=SR_0 \tag{9-145}$$

其次，如果 $R_L<R_0$，则 $\theta_\Gamma=-\pi$。$|V_{min}|$ 和 $|I_{max}|$ 在 $\beta z'=0$ 处都出现。$|V_{max}|$ 和 $|I_{min}|$ 在 $\beta z'=\pi/2$ 处都出现。得

$$|V_{min}|=V_L, \quad |V_{max}|=V_L\frac{R_0}{R_L}$$

$$|I_{max}| = I_L, \quad |I_{min}| = I_L \frac{R_L}{R_0}$$

因此

$$\frac{|V_{max}|}{|V_{min}|} = \frac{|I_{max}|}{|I_{min}|} = S = \frac{R_0}{R_L}$$

或

$$R_L = \frac{R_0}{S} \tag{9-146}$$

(2) 工作波长λ可从相邻两电压(电流)最大值点或最小值点之间的距离的两倍来求。在$z'=\lambda/4, \beta z'=\pi/2, \cos\beta z'=0$和$\sin\beta z'=1$,式(9-136a)和式(9-136b)成为

$$V(\lambda/4) = jI_L R_0$$

$$I(\lambda/4) = j\frac{V_L}{R_0}$$

(问题:在这些方程中,j的含义是什么?)$V(\lambda/4)$和$I(\lambda/4)$之比是四分之一波长、电阻性终端,无损耗传输线的输入阻抗

$$Z_i(z'=\lambda/4) = R_i = \frac{V(\lambda/4)}{I(\lambda/4)} = \frac{R_0^2}{R_L}$$

由于式(9-114)中给出四分之一波长线的阻抗变换特性,故得出上述结果在预料之中。

9.4.3 任意终端的传输线

由上一小节可知,在电阻性终端的无损耗线上的驻波是这样的情况:在$z'=0$处,如果存在$R_L>R_0$,终端有最大电压值(最小电流),如果$R_L<R_0$,终端有最小电压值(最大电流)。如果终端阻抗不是纯电阻会怎么样呢?从直观上可以预料:电压的最大点或最小点将不再发生在终端,两者将会偏离终端。本节将证明:利用这个偏移量的大小及方向的信息可确定终端阻抗的性质。

设终端(或负载)阻抗为$Z_L=R_L+jX_L$,且假设传输线上的电压驻波图形如图9-12所示,注意到最大电压或最小电压并不出现在$z'=0$的负载处。如果令驻波连续,比如再经过额外距离l_m,驻波就会达到最小值。如果终端用纯电阻为$R_m<R_0$、长为l_m的线段取代原有的终端阻抗Z_L,最小电压值就会出现在R_m处。l_m取代Z_L的情况下,实际终端左侧的传输线上$z'>0$的部分的电压分布不变。

从式(9-109)可知,借助于终端接有电阻性负载的无损耗传输线的输入阻抗,可得任意数值的复阻抗。用R_m替代Z_L,l_m替代l,得到

$$R_i + jX_i = R_0 \frac{R_m + jR_0\tan\beta l_m}{R_0 + jR_m\tan\beta l_m} \tag{9-147}$$

式(9-147)的实部与虚部分别构成两个方程,由此可解得两个未知数R_m和l_m(见习题P.9-28)。

通过实验测量驻波比S和距离z_m'(见图9-12),可求负载阻抗Z_L(记住$l_m+z_m'=\lambda/2$)步骤如下:

(1) 从S中求出$|\Gamma|$。运用式(9-139)中的$|\Gamma|=\frac{S-1}{S+1}$。

(2) 从z_m'中求出θ_Γ。运用式(9-141)中,$n=0$时的$\theta_\Gamma=2\beta z_m'-\pi$。

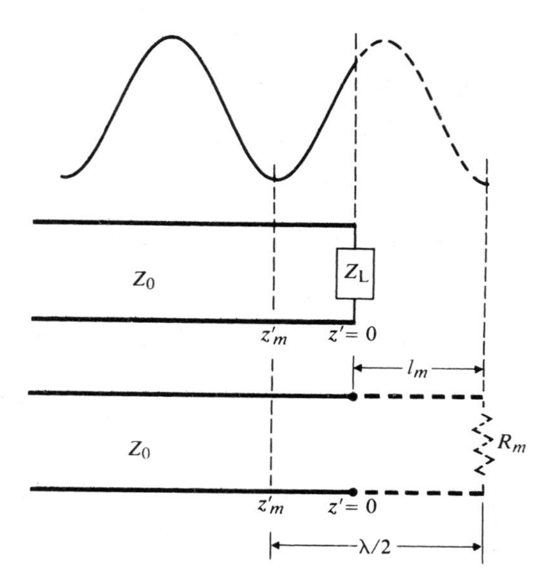

图 9-12　终端接有任意阻抗的传输线的电压驻波和接有纯电阻负载的等效线段

(3) 求出 Z_L，它是 $z'=0$ 时式(9-135a)和式(9-135b)的比值

$$Z_L = R_L + jX_L = R_0 \frac{1+|\Gamma| e^{j\theta_\Gamma}}{1-|\Gamma| e^{j\theta_\Gamma}} \tag{9-148}$$

如果一根长度为 l_m，终端接有 R_m 的传输线，其输入阻抗等于 Z_L，那么 R_m 值能很容易地从式(9-147)得出。已知 $R_m<R_0$，则 $R_m=R_0/S$。

由测量值 S 和 z'_m(从终端到第一个最小电压的距离)，利用式(9-148)的步骤便可求出 Z_L。当然，终端到第一个最大电压的距离 z'_M 可用 z'_m 替代。这种情况下，在上述步骤(2)中，使用式(9-140)就可以求出 θ_Γ。

例 9-9　终端接有一个未知负载阻抗、特征阻抗为 50Ω 的无损耗传输线上的驻波比为 3.0。相邻两个电压最小值之间的距离为 20cm，第一个最小值距负载为 5cm。求(1)反射系数 Γ，(2)负载阻抗 Z_L。另外，求(3)传输线的等效长度和终端电阻，以使得输入阻抗等于 Z_L。

解：(1) 相邻两个电压最小点之间的距离等于半波长，即

$$\lambda = 2\times 0.2 = 0.4 \quad (\text{m}),\quad \beta = \frac{2\pi}{\lambda} = \frac{2\pi}{0.4} = 5\pi \quad (\text{rad/m})$$

步骤 1：当驻波比 $S=3$ 时，求反射系数 Γ 的幅度

$$|\Gamma| = \frac{S-1}{S+1} = \frac{3-1}{3+1} = 0.5$$

步骤 2：求反射系数相角 θ_Γ

$$\theta_\Gamma = 2\beta z'_m - \pi = 2\times 5\pi \times 0.05 - \pi = -0.5\pi \quad (\text{rad})$$

$$\Gamma = |\Gamma| e^{j\theta_\Gamma} = 0.5e^{-j0.5\pi} = -j0.5$$

(2) 由式(9-148)可求负载阻抗 Z_L

$$Z_L = 50\left(\frac{1-j0.5}{1+j0.5}\right) = 50(0.60 - j0.80) = 30 - j40 \quad (\Omega)$$

(3) 此时,求出图 9-12 中的 R_m 和 l_m。可运用式(9-147)

$$30 - \text{j}40 = 50\left(\frac{R_m + \text{j}50\tan\beta l_m}{50 + \text{j}R_m\tan\beta l_m}\right)$$

然后,求解分别由上式的实部和虚部组成的联立方程,解出 R_m 和 βl_m。事实上,知道 $l_m + z'_m = \lambda/2$,$R_m = R_0/S$。因此[①]

$$l_m = \frac{\lambda}{2} - z'_m = 0.2 - 0.05 = 0.15 \quad (\text{m})$$

且

$$R_m = \frac{50}{3} = 16.7 \quad (\Omega)$$

9.4.4 传输线电路

到目前为止,对传输线性质的研究,主要限于负载对输入阻抗的影响和对电压波及电流波特性的影响,而对"另一端"的发生器即波源的情况并未加以考虑。就如在负载端($z=l$, $z'=0$)存在着电压 V_L 和电流 I_L 所必定满足的制约条件(边界条件)$V_L = I_L Z_L$ 那样,在电源端 $z=0$,$z'=l$,也存在另一个制约。用含内阻抗 Z_g 的电压源 V_g 表示波源,该波源与终端接有负载阻抗 Z_L 且长度为 l 的有限传输线相连,如图 9-6 所示。当 $z=0$ 时额外的约束条件能使得传输线上任意位置的电压和电流,可用源参数(V_g,Z_g)、传输线参数(γ,Z_0,l)和负载阻抗(Z_L)表示。

在 $z=0$ 处的约束条件是

$$V_i = V_g - I_i Z_g \tag{9-149}$$

但是,由式(9-133a)和式(9-133b)有

$$V_i = \frac{I_L}{2}(Z_L + Z_0)\text{e}^{\gamma l}[1 + \Gamma \text{e}^{-2\gamma l}] \tag{9-150a}$$

和

$$I_i = \frac{I_L}{2Z_0}(Z_L + Z_0)\text{e}^{\gamma l}[1 - \Gamma \text{e}^{-2\gamma l}] \tag{9-150b}$$

把式(9-150a)和式(9-150b)代入式(9-149),得

$$\frac{I_L}{2}(Z_L + Z_0)\text{e}^{\gamma l} = \frac{Z_0 V_g}{Z_0 + Z_g}\,\frac{1}{[1 - \Gamma_g \Gamma \text{e}^{-2\gamma l}]} \tag{9-151}$$

其中

$$\Gamma_g = \frac{Z_g - Z_0}{Z_g + Z_0} \tag{9-152}$$

是电源端的**电压反射系数**。将式(9-151)代入式(9-133a)和式(9-133b),可得

$$V(z') = \frac{Z_0 V_g}{Z_g + Z_0}\text{e}^{-\gamma z}\left(\frac{1 + \Gamma \text{e}^{-2\gamma z'}}{1 - \Gamma_g \Gamma \text{e}^{-2\gamma l}}\right) \tag{9-153a}$$

同样

$$I(z') = \frac{V_g}{Z_g + Z_0}\text{e}^{-\gamma z}\left(\frac{1 - \Gamma \text{e}^{-2\gamma z'}}{1 - \Gamma_g \Gamma \text{e}^{-2\gamma l}}\right) \tag{9-153b}$$

---

① 对于(3)部分,另一个解就是 $l'_m = l_m - \lambda/4 = 0.05$(m)和 $R'_m = SR_0 = 150(\Omega)$,能看出来为什么吗?

式(9-153a)和式(9-153b)是正弦电压源 V_g 馈电的有限传输线上任意电压和电流相量的解析表达式。虽然它们的形式比较复杂，但是其物理意义仍可以用下述方式予以说明。将注意力集中在式(9-153a)的电压方程，很明显，对电流公式(9-153b)的分析也很类似。将式(9-153a)展开如下：

$$
\begin{aligned}
V(z') &= \frac{Z_0 V_g}{Z_g + Z_0} e^{-\gamma z}(1 + \Gamma e^{-2\gamma z'})(1 - \Gamma_g \Gamma e^{-2\gamma l})^{-1} \\
&= \frac{Z_0 V_g}{Z_g + Z_0} e^{-\gamma z}(1 + \Gamma e^{-2\gamma z'})(1 + \Gamma_g \Gamma e^{-2\gamma l} + \Gamma_g^2 \Gamma^2 e^{-4\gamma l} + \cdots) \\
&= \frac{Z_0 V_g}{Z_g + Z_0}[e^{-\gamma z} + (\Gamma e^{-\gamma l}) e^{-\gamma z'} + \Gamma_g (\Gamma e^{-2\gamma l}) e^{-\gamma z} + \cdots] \\
&= V_1^+ + V_1^- + V_2^+ + V_2^- + \cdots
\end{aligned} \tag{9-154}
$$

其中

$$V_1^+ = \frac{V_g Z_0}{Z_g + Z_0} e^{-\gamma z} = V_M e^{-\gamma z} \tag{9-154a}$$

$$V_1^- = \Gamma (V_M e^{-\gamma l}) e^{-\gamma z'} \tag{9-154b}$$

$$V_2^+ = \Gamma_g (\Gamma V_M e^{-2\gamma l}) e^{-\gamma z} \tag{9-154c}$$

$$\vdots$$

量

$$V_M = \frac{Z_0 V_g}{Z_g + Z_0} \tag{9-155}$$

是最初从电源发送到传输线的电压波的复振幅，可直接从图 9-13(a)的简单电路得到。式(9-154b)的相量 V_1^+ 代表沿 $+z$ 方向的行进初始波。在初始波到达负载阻抗 Z_L 之前，终端所接的负载可以看作传输线的 Z_0，传输线似乎无限长。

当初始波 $V_1^+ = V_M e^{-\gamma z}$ 到达位于 $z=l$ 的 Z_L 处，因不匹配而被反射，产生了沿 $-z$ 方向行进、复振幅为 $\Gamma(V_M e^{-\gamma l})$ 的波 V_1^-。当波 V_1^- 返回位于 $z=0$ 的电源端，由于 $Z_g \neq Z_0$ 而使波再次被反射，产生第二个沿 $+z$ 方向行进、复振幅为 $\Gamma_g(\Gamma V_M e^{-2\gamma l})$ 的波 V_2^+。此过程将无限持续下去，波就这样在两端之间被来回反射。所有沿这两个方向传导的波叠加使形成了驻波 $V(z')$。图 9-13(b)形象地描述了这一过程。实际上，$\gamma = \alpha + j\beta$ 包含了一个实部，因此，每当波沿整个传输线传播一次，反射波的振幅就减小 $e^{-\alpha l}$。

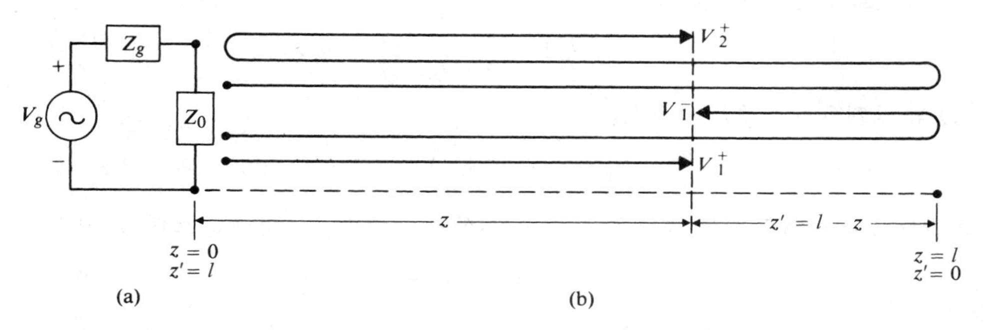

图 9-13　传输线电路和行波

当线的终端接有匹配负载时，$Z_L=Z_0$，$\Gamma=0$，则只有 V_1^+ 存在，并且当它行进到匹配负载处就停止，无反射产生。如果 $Z_L\neq Z_0$，但 $Z_g=Z_0$(若电源的内部阻抗与线匹配)，则 $\Gamma\neq 0$ 和 $\Gamma_g=0$。因此，V_1^+ 和 V_1^- 两者均存在，但是 V_2^+、V_2^- 和所有更高阶的反射波都消失了。

例 9-10 一个电压为 $V_g=10\angle 0°$V、内阻为 50Ω、频率为 100MHz 的电源与一根长度为 3.6m、终端接有负载为 25+j50Ω 的 50Ω 无损耗空气传输线相连，试求：(1)距电源为 z 处的 $V(z)$；(2)输入端的 V_i 和负载端的 V_L；(3)传输线上的电压驻波比；(4)输送到负载的平均功率。

解：如图 9-6 所示，已知量为

$$V_g = 10\angle 0° \quad (\text{V}), \quad Z_g = 50 \quad (\Omega), \quad f = 10^8 \quad (\text{Hz})$$

$$R_0 = 50 \quad (\Omega), \quad Z_L = 25 + \text{j}25 = 35.36\angle 45° \quad (\Omega), \quad l = 3.6 \quad (\text{m})$$

因此

$$\beta = \frac{\omega}{c} = \frac{2\pi 10^8}{3\times 10^8} = \frac{2\pi}{3} \quad (\text{rad/m}), \quad \beta l = 2.4\pi \quad (\text{rad})$$

$$\Gamma = \frac{Z_L - Z_0}{Z_L + Z_0} = \frac{(25+\text{j}25)-50}{(25+\text{j}25)+50} = \frac{-25+\text{j}25}{75+\text{j}25} = \frac{35.36\angle 135°}{79.1\angle 18.4°}$$

$$= 0.447\angle 116.6° = 0.447\angle 0.648\pi$$

$$\Gamma_g = 0$$

(1) 由式(9-153a)可得

$$V(z) = \frac{V_g Z_0}{Z_g + Z_0}\text{e}^{-\text{j}\beta z}\left[1 + \Gamma \text{e}^{-\text{j}2\beta(l-z)}\right]$$

$$= \frac{50(10)}{100}\text{e}^{-\text{j}2\pi z/3}\left[1 + 0.447\text{e}^{\text{j}(0.648-4.8)\pi}\text{e}^{\text{j}4\pi z/3}\right]$$

$$= 5\left[\text{e}^{-\text{j}2\pi z/3} + 0.447\text{e}^{\text{j}(2z/3-0.152)\pi}\right] \quad (\text{V})$$

因 $\Gamma_g=0$，如式(9-154)定义的那样，$V(z)$ 仅是两个行波 V_1^+ 和 V_1^- 的叠加。

(2) 在输入端

$$V_i = V(0) = 5(1 + 0.447\text{e}^{-\text{j}0.152\pi}) = 5(1.396 - \text{j}0.207) = 7.06\angle -8.43° \quad (\text{V})$$

在负载处

$$V_L = V(3.6) = 5(\text{e}^{-\text{j}0.4\pi} + 0.447\text{e}^{\text{j}0.248\pi}) = 5(0.627 - \text{j}0.637) = 4.47\angle -45.5° \quad (\text{V})$$

(3) 电压驻波比(VSWR)为

$$S = \frac{1+|\Gamma|}{1-|\Gamma|} = \frac{1+0.447}{1-0.447} = 2.62$$

(4) 输送到负载的平均功率是

$$P_{av} = \frac{1}{2}\left|\frac{V_L}{Z_L}\right|^2 R_L = \frac{1}{2}\left(\frac{4.47}{35.36}\right)^2 \times 25 = 0.200 \quad (\text{W})$$

若把这些结果和匹配负载 $Z_L=Z_0=50+\text{j}0(\Omega)$ 的结果相比会很有趣。此时，$\Gamma=0$

$$|V_L| = |V_i| = \frac{V_g}{2} = 5 \quad (\text{V})$$

且输送到负载的平均功率最大值为

$$\text{最大 } P_{av} = \frac{V_L^2}{2R_L} = \frac{5^2}{2\times 50} = 0.25 \quad (\text{W})$$

它比(4)中不匹配负载时计算的 P_{av} 大，并大致等于反射功率，$|\Gamma|^2\times0.25=0.05\text{W}$。

9.5　传输线的瞬态

前一节对传输线的波的特征进行的讨论，是基于稳态的、单频率的时谐电源和信号。处理的是电压和电流矢量。在瞬变情况下，一些量如电抗(X)、波长(λ)、波数(k)和相位常数(β)都会失去意义。但是，有些实际情况，电源和信号不是时谐的，且也不是稳态。如计算机网络的数字(脉冲)信号、电源线和电话线的突发脉冲。本节将考虑无损耗传输线的瞬态特性。对于这样的传输线($R=0,G=0$)，特征阻抗变成特征电阻 $R_0=1/\sqrt{LC}$，电压波和电流波沿传输线以 $u=1/\sqrt{LC}$ 的速度传导。

最简单的例子如图 9-14(a)所示，其中直流电压源 V_0 通过一个串联(内)电阻 R_g 在 $t=0$ 时刻加到无损耗线的输入端，无损耗线末端接有特性电阻 R_0。因为朝终端线看进去的阻抗为 R_0，则幅值是

$$V_1^+=\frac{R_0}{R_0+R_g}V_0 \tag{9-156}$$

电压波沿 $+z$ 方向以 $u=1/\sqrt{LC}$ 速度在传输线行进。相应的电流波幅值 I_1^+ 是

$$I_1^+=\frac{V_1^+}{R_0}=\frac{V_0}{R_0+R_g} \tag{9-157}$$

如果绘制经过传输线($z=z_1$)处的电压随时间变化的函数，那么在 $t=z_1/u$ 时刻，将得到一个延迟的阶跃函数，如图 9-14(b)。在 $z=z_1$ 处，传输线电流与式(9-157)中的幅值 I_1^+ 有同样的波形。当电压波和电流波到达终端 $z=l$ 处，由于 $\Gamma=0$，所以没有反射波。稳态被建立，整条线都等于 V_1^+ 的电压。

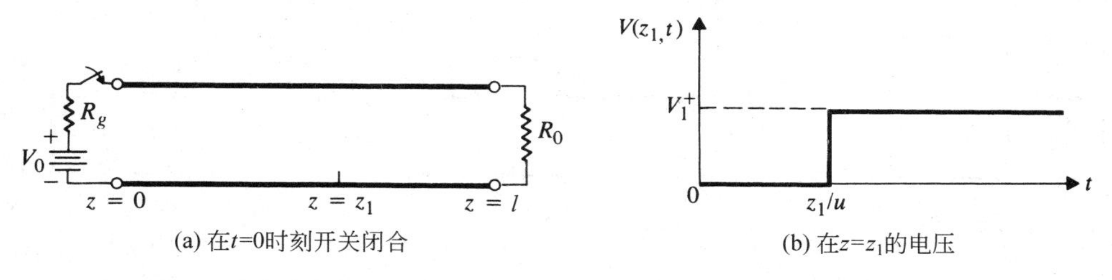

(a) 在 t=0时刻开关闭合　　(b) 在 $z=z_1$ 的电压

图 9-14　直流电源通过串联电阻 R_g 加到传输线，终端接一特征电阻 R_0

如果串联电阻 R_g 和负载电阻 R_L 都不等于 R_0，如图 9-15，情况会更加复杂。当 $t=0$ 时，开关闭合，直流电压源送一个幅值，其大小是

$$V_1^+=\frac{R_0}{R_0+R_g}V_0 \tag{9-158}$$

图 9-15　在 $t=0$ 时，直流电源加在终端无损耗传输线(一般情况)

沿 $+z$ 方向像前面一样有速度为 $u=1/\sqrt{LC}$ 的电压波，因为 V_1^+ 波不知道传输线的长度，或者另一端的负载特性；它将继续行进就如同传输

线是无穷长一样。在 $t=T=l/u$ 的时刻,这个波到达了负载的尾端 $z=l$ 处。因为 $R_L \neq R_0$,一个反射波将会沿 $-z$ 方向上传播,其幅值为

$$V_1^- = \Gamma_L V_1^+ \tag{9-159}$$

其中

$$\Gamma_L = \frac{R_L - R_0}{R_L + R_0} \tag{9-160}$$

是负载电阻 R_L 的反射系数。该反射波在 $t=2T$ 时到达输入端,由于 $R_g \neq R_0$,波被反射。一个幅值为 V_2^+ 的新电压波,然后在传输线上行进。其中

$$V_2^+ = \Gamma_g V_1^- = \Gamma_g \Gamma_L V_1^+ \tag{9-161}$$

在式(9-161)中

$$\Gamma_g = \frac{R_g - R_0}{R_g + R_0} \tag{9-162}$$

是串联电阻 R_g 的反射系数。这个过程将会无限继续下去,波会来回行进,并在每个 $t=nT$ $(n=1,2,3\cdots)$时刻在每个端点被反射。

在这里,有两点值得注意。第一,有些在两个方向上任一方向行进的波可能会有负的振幅,因为 Γ_L 或 Γ_g(或者两者)可能是负的。第二,除了开路或者短路,Γ_L 和 Γ_g 都是小于1的。因此,连续反射波的振幅变得越来越小,形成了收敛过程。当 $R_L=3R_0\left(\Gamma_L=\frac{1}{2}\right)$ 和 $R_g=2R_0\left(\Gamma_g=\frac{1}{3}\right)$ 时,在图9-15中的无损线上,瞬变电压波的行进在图9-16(a)、图9-16(b)、图9-16(c)中用三个不同时间间隔加以说明。相应的电流波在图9-16(d)、图9-16(e)、图9-16(f)中给出,是不需要加以说明的。在任何一个特定的时间间隔,线上特定位置的电压和电流分别是代数和$(V_1^+ + V_1^- + V_2^+ + V_2^- + \cdots)$和$(I_1^+ + I_1^- + I_2^+ + I_2^- + \cdots)$。

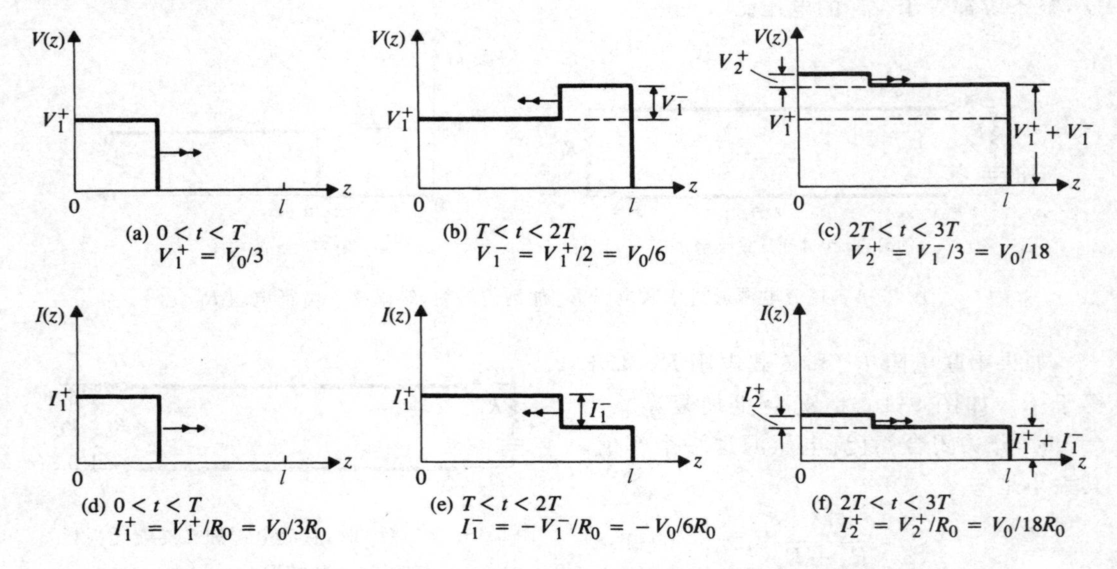

图9-16 图9-15中当 $R_L=3R_0$,$R_g=2R_0$ 时,传输线上的瞬变电压和电流波

当 t 无限增大时,确定负载上的电压 $V_L=V(l)$ 最终大小是很有趣的。则有

$$
\begin{aligned}
V_{\mathrm{L}} &= V_1^+ + V_1^- + V_2^+ + V_2^- + V_3^+ + V_3^- + \cdots \\
&= V_1^+(1 + \Gamma_{\mathrm{L}} + \Gamma_g\Gamma_{\mathrm{L}} + \Gamma_g\Gamma_{\mathrm{L}}^2 + \Gamma_g^2\Gamma_{\mathrm{L}}^2 + \Gamma_g^2\Gamma_{\mathrm{L}}^3 + \cdots) \\
&= V_1^+[(1 + \Gamma_g\Gamma_{\mathrm{L}} + \Gamma_g^2\Gamma_{\mathrm{L}}^2 + \cdots) + \Gamma_{\mathrm{L}}(1 + \Gamma_g\Gamma_{\mathrm{L}} + \Gamma_g^2\Gamma_{\mathrm{L}}^2 + \cdots)] \\
&= V_1^+\left[\left(\frac{1}{1-\Gamma_g\Gamma_{\mathrm{L}}}\right) + \left(\frac{\Gamma_{\mathrm{L}}}{1-\Gamma_g\Gamma_{\mathrm{L}}}\right)\right] \\
&= V_1^+\left(\frac{1+\Gamma_{\mathrm{L}}}{1-\Gamma_g\Gamma_{\mathrm{L}}}\right)
\end{aligned}
\tag{9-163a}
$$

而在目前情况下，$V_1^+ = \frac{V_0}{3}$，$\Gamma_{\mathrm{L}} = \frac{1}{2}$，$\Gamma_g = \frac{1}{3}$，式(9-163a)给出

$$
V_{\mathrm{L}} = \frac{9}{5}V_1^+ = \frac{3}{5}V_0 \tag{9-163b}
$$

当 $t \to \infty$，这个结果明显是正确的，因为，在稳态时，V_0 在 R_{L} 和 R_g 之间按比例 3 比 2 划分，类似可得

$$
I_{\mathrm{L}} = \left(\frac{1-\Gamma_{\mathrm{L}}}{1-\Gamma_g\Gamma_{\mathrm{L}}}\right)\frac{V_1^+}{R_0}
$$

$$
I_{\mathrm{L}} = \frac{3}{5}\left(\frac{V_1^+}{R_0}\right) = \frac{V_0}{5R_0} \tag{9-164}
$$

如预期一样。

9.5.1　反射图

前面一步一步的关于传输线上在某一特定的时间和位置，在任意的终端电阻上的电压和电流的建立与计算过程，变得很难，而且很难想象必须考虑各种反射波时的情形。在这种情况下，构建一个反射图是很有帮助的。首先构建**电压反射图**。**反射图**描绘了在电路条件变化后，逝去的时间随距离源端的距离 z 的变化关系。图 9-15 中的传输线电路的电压反射图如图 9-17 所示。在 $t=0$ 时刻，它开始以波 V_1^+ 出现，并以速度 $u=1/\sqrt{LC}$ 从电源端($z=0$)沿 $+z$ 方向行进，这个波是通过定向线来表示的，由原点出发标记为 V_1^+，这条直线的斜率为 $1/u$。当这个 V_1^+ 的波在 $z=l$ 处到达负载时，如果 $R_{\mathrm{L}} \neq R_0$，就会产生一个反射波 $V_1^- = \Gamma_{\mathrm{L}}V_1^+$。这个 V_1^- 波沿着 $-z$ 的方向运动，而它用带方向的直线表示，标记为 $\Gamma_{\mathrm{L}}V_1^+$，其斜率为 $-1/u$。

在 $t=2T$ 时，波 V_1^- 返回到源端，而且产生了一个反射波 $V_2^+ = \Gamma_g V_1^- = \Gamma_g\Gamma_{\mathrm{L}}V_1^+$，它代表第二条有向直线的正的斜率。这个过程反复地进行着。电压反射图，可以很方便地用来确定在给定时间内的传输线上的电压分布，以及传输线上在任意点电压随时间的变化。

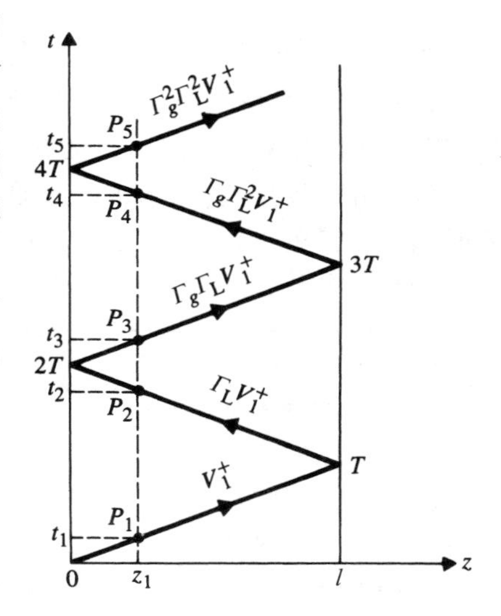

图 9-17　图 9-15 中的电路传输线的电压反射图

假定希望知道，在 $t=t_4(3T<t_4<4T)$ 时刻，传输线上的电压的分布，处理步骤如下：

(1) 在电压反射图的垂直轴(t 轴)上标记 t_4。

(2) 从 t_4 画一根水平线,与一个标记为 $\Gamma_g\Gamma_L V_1^+$ 的有向线于点 P_4(在 P_4 点上方的所有有向线与问题不相关,因为它们属于 $t>t_4$)。

(3) 通过 P_4 画一条垂线,与水平 z 轴相交于点 z_1。z_1 在范围 $0<z<z_1$ 内(在垂线的左边),电压值等于 $V_1^+ + V_1^- + V_2^+ = V_1^+(1+\Gamma_L+\Gamma_g\Gamma_L)$,在 $z_1<z<l$ 的范围内(在垂线的右边),电压是 $V_1^+ + V_1^- + V_2^+ + V_2^- = V_1^+(1+\Gamma_L+\Gamma_g\Gamma_L+\Gamma_g\Gamma_L^2)$,这是一个在 $z=z_1$ 处有一个等于 $\Gamma_g\Gamma_L^2 V_1^+$ 的电压间断点。

(4) 在 $t=t_4$ 时,传输线上的电压分布 $V(z,t_4)$ 如图 9-18(a)所示。分布在 $R_L=3R_0\left(\Gamma_L=\dfrac{1}{2}\right)$ 和 $R_g=2R_0\left(\Gamma_g=\dfrac{1}{3}\right)$ 的情况。

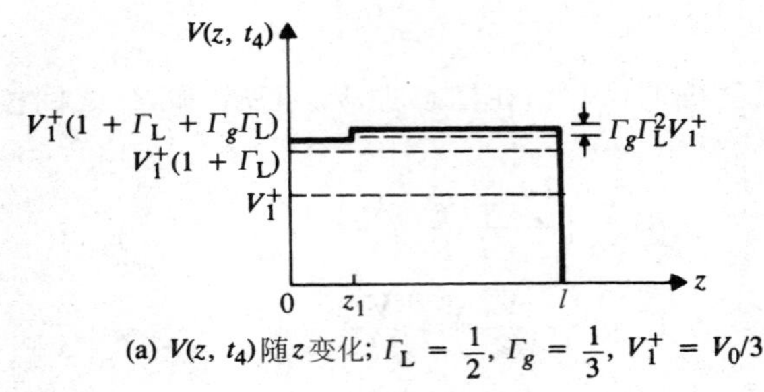

(a) $V(z,t_4)$ 随 z 变化; $\Gamma_L=\dfrac{1}{2}$, $\Gamma_g=\dfrac{1}{3}$, $V_1^+=V_0/3$

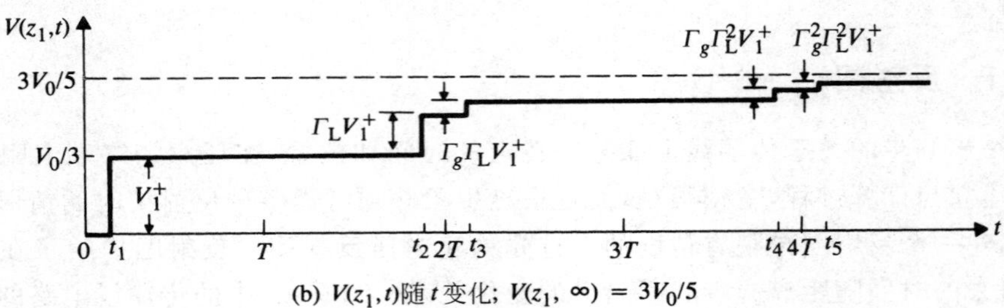

(b) $V(z_1,t)$ 随 t 变化; $V(z_1,\infty)=3V_0/5$

图 9-18 $R_L=3R_0$ 和 $R_g=2R_0$ 时无损耗传输线的瞬时电压

接下来,求传输线上 $z=z_1$ 的点上电压随时间变化关系。运用以下步骤:

(1) 在 z_1 处画一个垂线。与有向线交于 P_1,P_2,P_3,P_4,P_5 等点上(如果 $R_L\neq R_0$ 和 $R_g\neq R_0$,将会有无穷个这样的交点,如果 $\Gamma_L\neq 0$ 和 $\Gamma_g\neq 0$,则有无穷条有向线一样)。

(2) 由这些交点,画水平线与垂直的 t 轴交于 t_1,t_2,t_3,t_4,t_5 等点,这些是瞬时点,在这些时刻一个新的电压波到达而且在 $z=z_1$ 处突变。

(3) 在 $z=z_1$ 处的电压是 t 的函数,可以从电压反射图中读出,如下表所示。

时间范围	电压	电压不连续性
$0\leqslant t<t_1\ (t_1=z_1/u)$	0	0
$t_1\leqslant t<t_2\ (t_2=2T-t_1)$	V_1^+	V_1^+(在 t_1 时刻)
$t_2\leqslant t<t_3\ (t_3=2T+t_1)$	$V_1^+(1+\Gamma_L)$	$\Gamma_L V_1^+$(在 t_2 时刻)
$t_3\leqslant t<t_4\ (t_4=4T-t_1)$	$V_1^+(1+\Gamma_L+\Gamma_g\Gamma_L)$	$\Gamma_g\Gamma_L V_1^+$(在 t_3 时刻)
$t_4\leqslant t<t_5\ (t_5=4T+t_1)$	$V_1^+(1+\Gamma_L+\Gamma_g\Gamma_L+\Gamma_g\Gamma_L^2)$	$\Gamma_g\Gamma_L^2 V_1^+$(在 t_4 时刻)
⋮	⋮	⋮

(4) 图 9-18(b)画出了当 $\Gamma_L=\frac{1}{2}$ 和 $\Gamma_g=\frac{1}{3}$ 时 $V(z_1,t)$ 的图。当 t 无限增加时，z_1 点(以及无损耗传输线上其他点)的电压为 $3V_0/5$，式(9-163b)已给出。

与图 9-17 中的电压反射图类似，同样可以画出图 9-15 的传输线电路的**电流反射图**，如图 9-19。图中的有向线代表电流波。由于式(9-94)，电压反射图与电流反射图的主要区别在于在 $-z$ 方向行进的电流波取员号。按照前面介绍过的电压，电流反射图可用作确定给定时间传输线上的电流分布，也可求传输线上某个特定点的电流随时间的变化。例如，可以在图 9-19 中，画一条经过 z_1 的垂直线，与有向线交于 P_1、P_2、P_3、P_4、P_5 等，找到相应的时刻 t_1、t_2、t_3、t_4、t_5，这样就可以求 $z=z_1$ 处的电流。图 9-20 画出了与图 9-18(b)$V(z_1,t)$对应的$I(z_1,t)$随 t 变化的图。可以看出，二者完全不同。传输线的电流，在稳态值$V_0/5R_0$附近振荡(见式 9-164)，并在 t_1、t_2、t_3、t_4、t_5 等时刻，呈现出接连变小的不连续跳变。

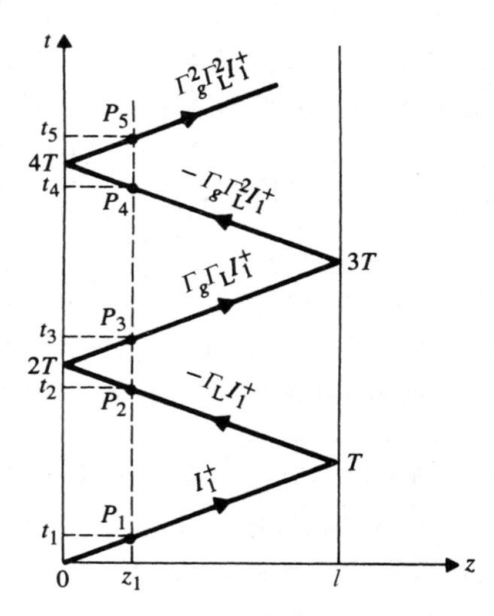

图 9-19　图 9-15 中的传输电路的电流反射图

这里讨论两种特殊情形：

(1) 当 $R_L=R_0$(匹配负载，$\Gamma_L=0$)，电压与电流反射图每个都只有一根有向线，此有向线的区间为 $0<t<T$，不考虑 R_g 是多少。

(2) 当 $R_g=R_0$(匹配电源，$\Gamma_g=0$)和 $R_L\neq R_0$，电压与电流反射图每个都只有两根有向线，此有向线的区间为 $0<t<T$ 和 $T<t<2T$。

在以上两种情况中，传输线的瞬时行为的确定非常简单。

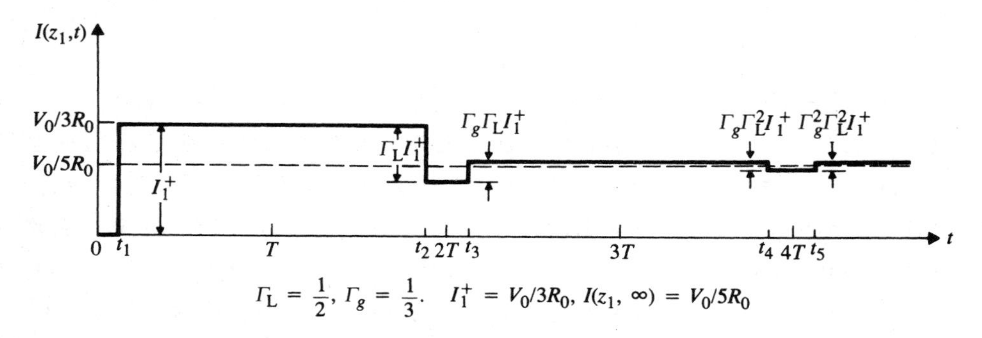

图 9-20　$R_L=3R_0$ 和 $R_g=2R_0$ 时无损耗传输线的瞬时电流

9.5.2　脉冲激励

到目前为止，我们已经讨论了当电源为阶跃函数形式的电压脉冲时，无损耗传输线的瞬时特性。即为

$$v_g(t)=V_0U(t) \tag{9-165}$$

其中 $U(t)$表示单位阶跃函数

$$U(t) = \begin{cases} 0, & t < 0 \\ 1, & t > 0 \end{cases} \tag{9-166a}$$

在许多情况下,比如在计算机网络和脉冲调制系统中,激励的形式可能是脉冲。然而,当脉冲激励时,对传输线瞬时特性的分析不会很难,因为矩形脉冲可以分解为两个阶跃函数。例如,如图 9-21 所示,持续时间为 $t=0$ 到 $t=T_0$,幅度为 V_0 的脉冲可写为

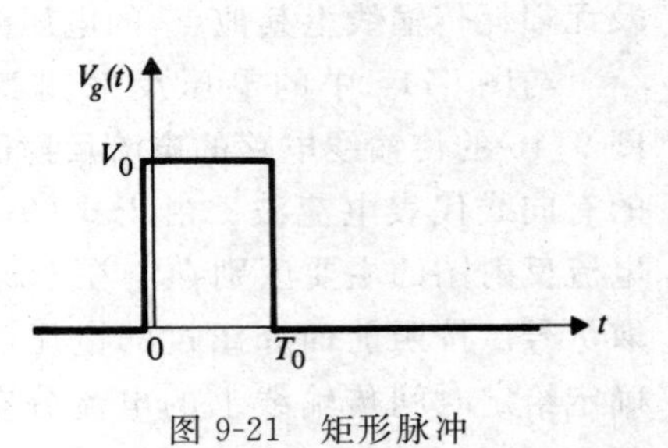

图 9-21　矩形脉冲

$$v_g(t) = V_0[U(t) - U(t - T_0)] \tag{9-166a}$$

如果将式(9-166b)中的 $v_g(t)$ 施加在传输线上,瞬时响应是在 $t=0$ 时刻施加的直流电压 V_0 得到的结果与在 $t=T_0$ 时刻施加的直流电压 $-V_0$ 得到的结果的叠加。下面举一个例子。

例 9-11　将周期为 $1\mu s$,幅度为 15V 的矩形脉冲,串联一个 25Ω 的电阻施加到一个阻抗为 50Ω 无损耗同轴传输线的输入端。线长为 400m,远端是短路的。求传输线中点处的电压响应随时间的变化函数,时间达 $8\mu s$。电缆中的绝缘材料的介电常数为 2.25。

解:图 9-22 给出了一种情况,这里 $R_g=25\Omega$,$R_L=0$

$$\Gamma_L = -1,\quad \Gamma_g = \frac{25-50}{25+50} = -\frac{1}{3}$$

$$v_g(t) = 10[U(t) - U(t-10^{-6})]$$

$$u = \frac{c}{\sqrt{\varepsilon_r}} = \frac{3\times 10^8}{\sqrt{2.25}} = 2\times 10^8 \quad (\text{m/s})$$

$$T = \frac{l}{u} = \frac{400}{2\times 10^8} = 2\times 10^{-6}(\text{S}) = 2 \quad (\mu\text{s})$$

$$V_1^+ = \frac{15R_0}{R_0+R_g} = \frac{15\times 50}{50+25} = 10 \quad (\text{V})$$

对于这个问题,图 9-23 构造了电压反射图。图中有两种方向线:实线代表在 $t=0$ 时施加 +15V 电压,虚线表示在 $t=1\mu s$ 时施加 −15V 电压。每条线上都标明了波相对于 $V_1^+=10\text{V}$ 的归一化幅度。施加 $-15U(t-10^{-6})$ 时,标记用括号括起以便容易参考。为得到线的中点在区间 $0<t\leqslant 8(\mu s)$ 上的电压变化,在 $z=200\text{m}$ 处画一垂线,在 $t=8\mu s$ 画一条水平线。$15U(t)$ 的电压函数,可以由垂线和实的方向线的交点得到,即图 9-24(a)的 v_a。同样,加 $-15U(t-10^{-6})$ 的电压函数,可以由垂线和虚的方向线的交点得到,即图 9-24(b)的 v_b。所求的 $0<t\leqslant 8(\mu s)$ 上的响应 $v(200,t)$ 为两响应之和,即 v_a+v_b,如图 9-24(c)。

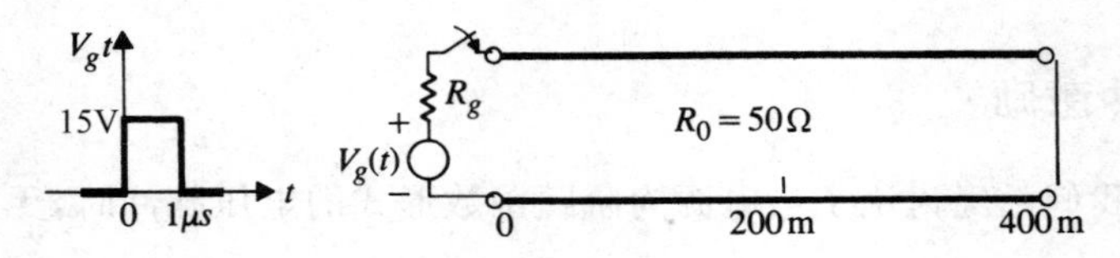

图 9-22　施加到短路的传输线上的脉冲

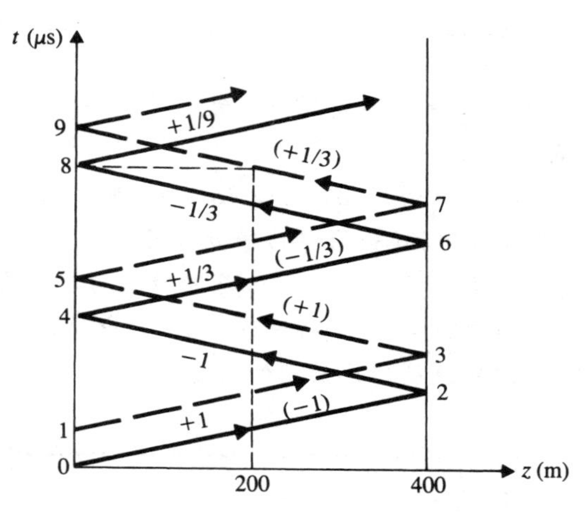

图 9-23　例 9-11 中的电压反射图

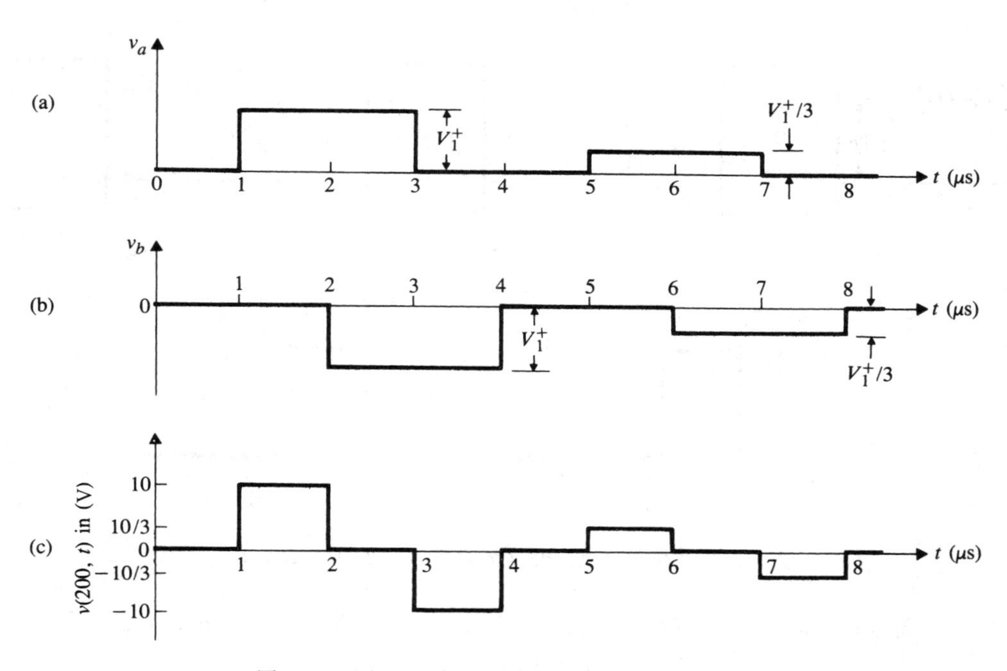

图 9-24　图 9-22 中的短路传输线中点的电压响应

9.5.3　初始充电传输线

在讨论传输线的瞬态过程中，当加上外部电源时，假定传输线本身没有初始的电压或电流。实际上，如果存在初始电压或者电流，在不加外部电源的情况下，传输线电路上任何的干扰或改变，都会沿着传输线产生瞬态现象。在本节将讨论涉及初始已充电传输线的情况，并且提出一种分析方法。

考虑下面这个例子。

例 9-12 一个无损耗、空气电介质、开路传输线的特征电阻为 R_0，长度为 l。初始时，传输线加上电压 V_0。在 $t=0$ 时传输线连接到一个大小为 R 的电阻。求 R 两端的电压和电流的时间函数，假设 $R=R_0$。

解：如图 9-25(a)，可以观察图 9-25(b)、图 9-25(c)和图 9-25(d)中的电路，来分析这个问题。图 9-25(b)中的电路与图 9-25(a)的电路等效。开关闭合后，图 9-25(b)中的条件与图 9-25(c)和图 9-25(d)中的条件的叠加相同。但是因为反向电压的存在，图 9-25(c)不会引起瞬变。因此，使用图 9-25(d)中的电路，来研究图 9-25(a)中原始电路的瞬变行为。图 9-25(d)的电路的传输线未充电，问题就简化为熟悉的问题了。

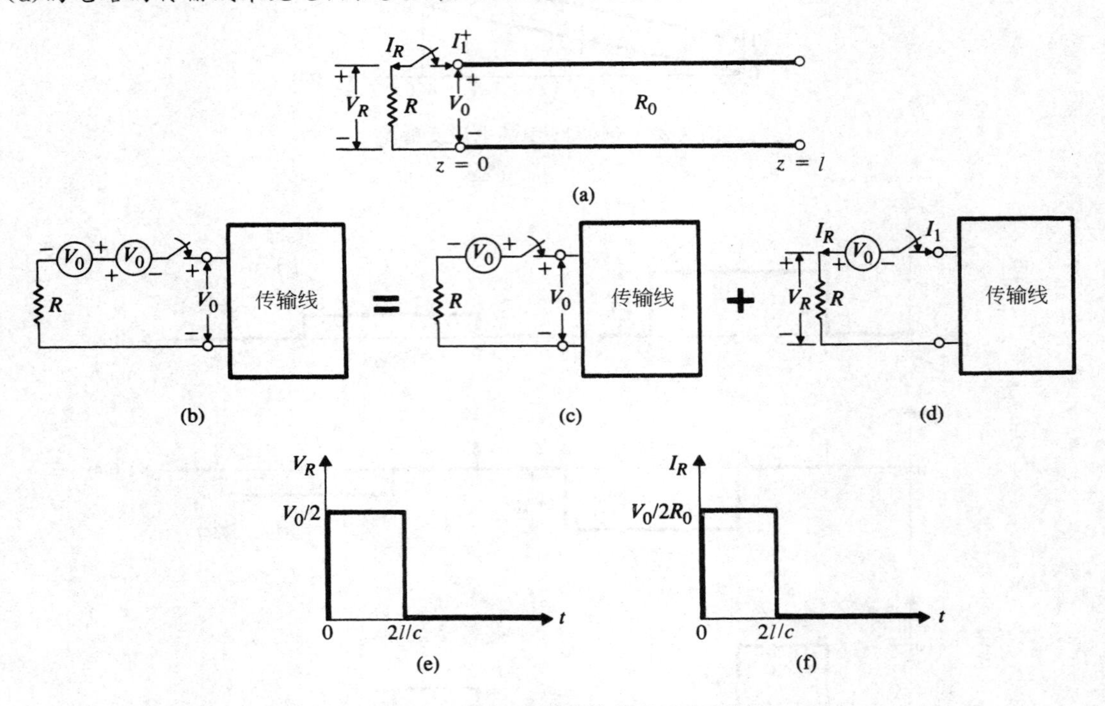

图 9-25 初始已充电的开路传输线的瞬变问题，$R=R_0$

当开关闭合时，幅度为 V_1^+ 的电压波形将会沿着 $+z$ 方向传送至传输线，这里

$$V_1^+=-\frac{R_0}{R+R_0}V_0=-\frac{V_0}{2}$$

在 $t=l/c$ 时刻，V_1^+ 波到达开口端，电压从 V_0 减少到 $V_0/2$。在开口端，$\Gamma=1$，反射波 V_1^- 沿 $-z$ 方向传回，$V_1^-=V_1^+=-V_0/2$。在 $t=2l/c$ 时刻，反射波返回到发送端，传输线上的电压衰减为 0。

由图 9-25(d)得

$$I_R=-I_1$$

其中

$$I_1=I_1^+=\frac{V_1^+}{R_0}=-\frac{V_0}{2R_0},\quad 0\leqslant t\leqslant 2l/c$$

在 $t=l/c$ 时刻，I_1^+ 到达开口端，而反射的 I_1^- 必须使得总电流为零，因此

$$I_1^- = -I_1^+ = V_0/2R_0$$

在 $t=2l/c$ 时刻，到达发送端，使得 I_1 和 I_R 减小为 0。由于 $R=R_0$，所以没有进一步的反射，瞬变状态结束。如图 9-25(e)和图 9-25(f)所示，V_R 和 I_R 都是周期为 $2l/c$ 的脉冲。可以通过使充电的开路传输线放电来产生脉冲，改变 l 可以调整脉冲的宽度。

9.5.4 电抗负载传输线

当传输线的末端连着一个与特征电阻不同的电阻，入射的电压或电流波将会产生一个具有相同时间依赖性的反射波。反射波和入射波的幅度的比为一个常数，定义为反射系数。然而，如果终端为电抗元件例如电感或电容，反射波将不再具有与入射波相同的时间依赖性(不再为相同的形状)。在这种情况下，使用常反射系数是不可行的，为了研究瞬变行为必须在终端解微分方程。在本节将分别考虑电感终端和电容终端的反射波的效果。

图 9-26(a)画出了特征电阻为 R_0 的无损耗传输线，在末端 $z=l$ 处接上电感 L_L。大小为 V_0 的直流电压通过一个串联电阻 R_0 加在传输线 $z=0$ 处。当 $t=0$ 时开关闭合，幅值为

$$V_1^+ = V_0/2 \tag{9-167}$$

的电压波向负载行进。在 $t=l/u=T$ 时刻到达负载时，因为不匹配而产生一个反射波 $V_1^-(t)$。这就是我们想要知道的 V_1^+ 和 $V_1^-(t)$间的关系。在 $z=l$ 处对于所有的 $t\geqslant T$，下列关系都成立

$$v_L(t) = V_1^+ + V_1^-(t) \tag{9-168}$$

$$i_L(t) = \frac{1}{R_0}[V_1^+ - V_1^-(t)] \tag{9-169}$$

$$v_L(t) = L_L\frac{di_L(t)}{dt} \tag{9-170}$$

由式(9-168)和式(9-169)消去 $V_1^-(t)$，可得

$$v_L(t) = 2V_1^+ - R_0 i_L(t) \tag{9-171}$$

可以看出，式(9-171)描述了基尔霍夫电压定律对图 9-26(b)的电路的应用，图 9-26(b)的电路是 $t\geqslant T$ 的负载端的等效电路。考虑式(9-170)，式(9-171)得到一个常系数的一阶微分方程

$$L_L\frac{di_L(t)}{dt} + R_0 i_L(t) = 2V_1^+, \quad t\geqslant T \tag{9-172}$$

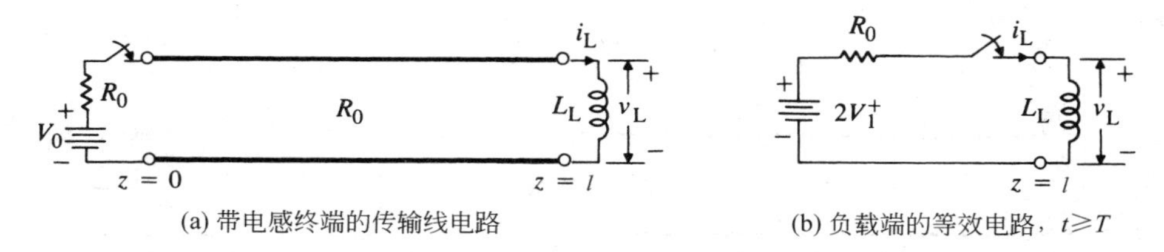

(a) 带电感终端的传输线电路　(b) 负载端的等效电路，$t\geqslant T$

图 9-26　电感终端无损耗传输线的瞬变计算

式(9-172)的解为

$$i_L(t) = \frac{2V_1^+}{R_0}[1 - e^{-(t-T)R_0/L_L}], \quad t\geqslant T \tag{9-173}$$

上式正确地给出了 $i_L(T)=0$ 和 $i_L(\infty)=2V^+/R_0$,跨接的电感负载上的端电压为

$$v_L(t)=L_L\frac{di_L(t)}{dt}=2V_1^+e^{-(t-T)R_0/L_L},\quad t\geqslant T \tag{9-174}$$

由式(9-168)可得反射波的振幅 $V_1^-(t)$

$$V_1^-(t)=v_L(t)-V_1^+=2V_1^+\left[e^{-(t-T)R_0/L_L}-\frac{1}{2}\right],\quad t>T \tag{9-175}$$

这个反射波沿 $-z$ 方向行进。在来自负载端的反射波到达传输线上的任意点 $z=z_1$ 之前,$(t-T)<(l-z_1)/u$,这个点上的电压为 V_1^+,而当反射波到达这个点之后,此电压等于$V_1^++V_1^-(t-T)$。

在图 9-27(a)、图 9-27 (b)、图 9-27 (c)中,运用式(9-173)、式(9-174)、式(9-175)画出了 $z=l$ 处的 $i_L(t)$,$v_L(t)$和 $V_1^-(t)$。图 9-27(d)为 $T<t_1<2T$ 区间上,传输线上的电压分布。显然,电抗终端传输线上的瞬变行为,比电阻终端传输线上的瞬变行为更复杂。

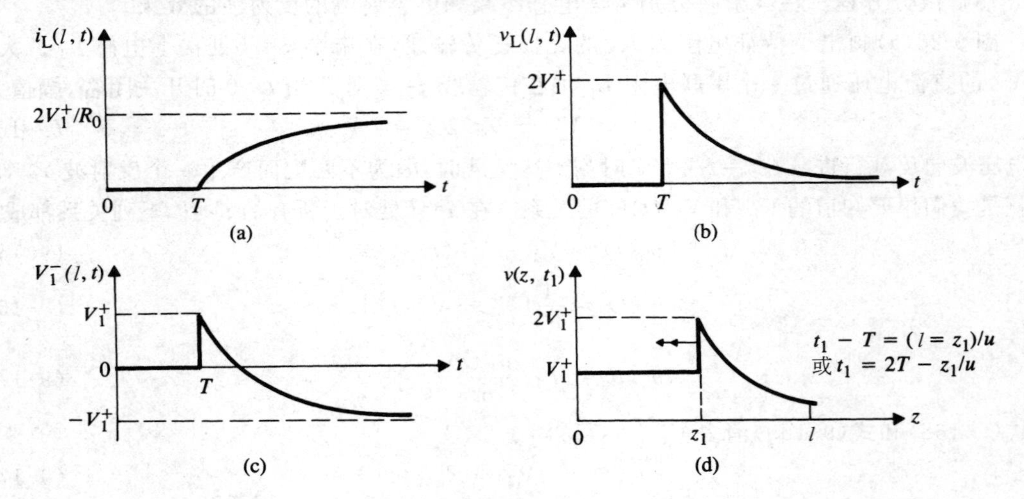

图 9-27 电感终端无损耗传输线的瞬态响应

采用类似的步骤,讨论电容终端无损耗传输线的瞬态行为,如图 9-28(a)。在 $z=l$ 处,式(9-167)、式(9-168)、式(9-169)、式(9-171)同样适用,但与负载电流 $i_L(t)$和负载电压 $v_L(t)$相关的式(9-170)变为

$$i_L(t)=C_L\frac{dv_L(t)}{dt} \tag{9-176}$$①

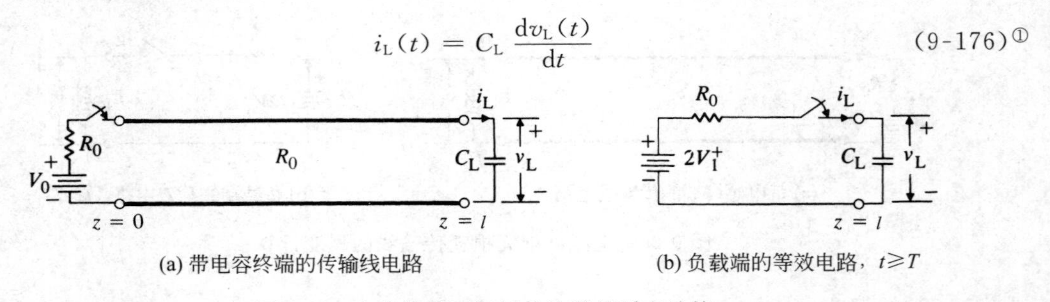

(a) 带电容终端的传输线电路　(b) 负载端的等效电路,$t\geqslant T$

图 9-28 电容终端无损耗传输线的瞬变计算

① 下标罗马字母 L 表示负载,和电感无关。

将式(9-176)代入式(9-171)，在负载端解微分方程

$$C_L \frac{dv_L(t)}{dt} + \frac{1}{R} v_L(t) = \frac{2}{R_0} V_1^+, \quad t \geqslant T \tag{9-177}$$

其中，$V_1^+ = V_0/2$，见式(9-167)。式(9-177)的解为

$$v_L(t) = 2V_1^+ [1 - e^{-(t-T)/R_0 C_L}], \quad t \geqslant T \tag{9-178}$$

由式(9-176)可得负载电容的电流：

$$i_L(t) = \frac{2V_1}{R_0} e^{-(t-T)/R_0 C_L}, \quad t \geqslant T \tag{9-179}$$

将式(9-178)代入式(9-168)，求得反射波的振幅是 t 的函数

$$V_1^-(t) = 2V_1^+ [1/2 - e^{-(t-T)/R_0 C_L}], \quad t \geqslant T \tag{9-180}$$

在图 9-29(a)、图 9-29 (b)、图 9-29(c)中运用式(9-178)、式(9-179)、式(9-180)分别画出了 $z=l$ 处的 $v_L(t)$、$i_L(t)$、$V_1^-(t)$。传输线上 $T<t_1<2T$ 区间的电压分布如图 9-29(d)所示。

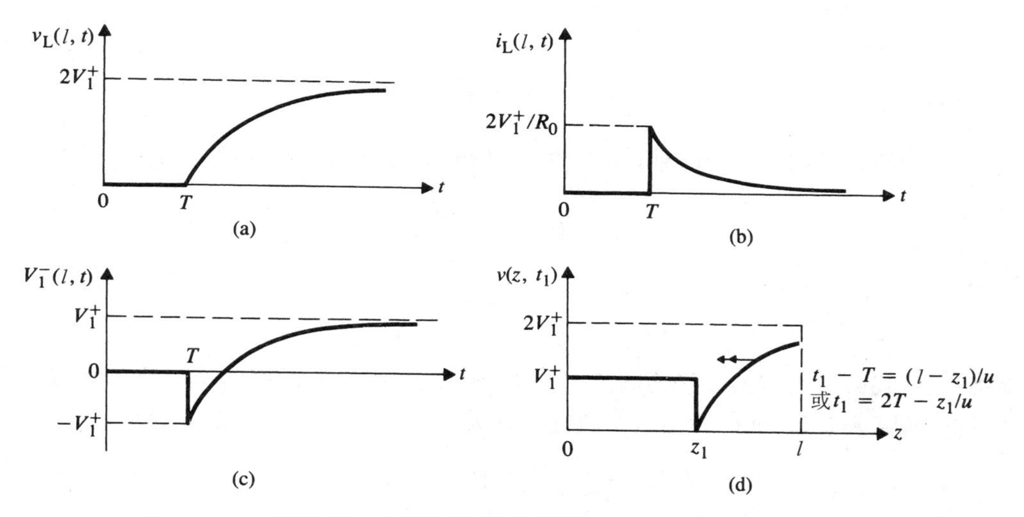

图 9-29　电容终端无损耗传输线的瞬变响应

在本节中，只讨论了无损耗传输线的瞬态特性。对于有损传输线，在两个方向中任一个方向上行进的电压波和电流波，都会随着它们的行进而减弱。这种情况引入更加复杂的数值计算，但基本概念仍相同。

9.6　史密斯圆图

有关传输线计算，比如运用式(9-109)求输入阻抗，由式(9-134)求反射系数，由式(9-148)求负载阻抗，经常都会引入复数操作。使用图解的方法，可以减少这些繁琐。目前运用最广、最知名的图解是由 P H Smith① 设计的**史密斯圆图**。简单地说，史密斯圆图是一张在反射系数平面上标绘了归一化电阻和阻抗函数的图。

① P H Smith"传输线计算器"，电子，Vol. 12，P. 29，1939 年 1 月和"一个改善的传输线计算器"，电子，Vol. 17，P. 130，1944 年 1 月。

为了了解如何构建无损耗传输线的史密斯圆图的,先看式(9-134)中定义的负载阻抗的电压反射系数

$$\Gamma=\frac{Z_{\mathrm{L}}-R_0}{Z_{\mathrm{L}}+R_0}=|\Gamma|\mathrm{e}^{\mathrm{j}\theta_\Gamma} \tag{9-181}$$

使负载阻抗 Z_{L} 对特征阻抗 $R_0=\sqrt{L/C}$ 归一化,有

$$z_{\mathrm{L}}=\frac{Z_{\mathrm{L}}}{R_0}=\frac{R_{\mathrm{L}}}{R_0}+\mathrm{j}\frac{X_{\mathrm{L}}}{R_0}=r+\mathrm{j}x \quad (\text{无量纲}) \tag{9-182}$$

其中 r 和 x 分别为归一化电阻和归一化电抗。式(9-181)可改写为

$$\Gamma=\Gamma_r+\mathrm{j}\Gamma_i=\frac{z_{\mathrm{L}}-1}{z_{\mathrm{L}}+1} \tag{9-183}$$

其中,Γ_r 和 Γ_i 分别为电压反射系数 Γ 的实部和虚部。式(9-183)的逆关系为

$$z_{\mathrm{L}}=\frac{1+\Gamma}{1-\Gamma}=\frac{1+|\Gamma|\mathrm{e}^{\mathrm{j}\theta_\Gamma}}{1-|\Gamma|\mathrm{e}^{\mathrm{j}\theta_\Gamma}} \tag{9-184}$$

或

$$r+\mathrm{j}x=\frac{(1+\Gamma_r)+\mathrm{j}\Gamma_i}{(1-\Gamma_r)-\mathrm{j}\Gamma_i} \tag{9-185}$$

式(9-185)中的分子和分母同时乘以分母的复共轭,并分离实部和虚部,得到

$$r=\frac{1-\Gamma_r^2-\Gamma_i^2}{(1-\Gamma_r)^2+\Gamma_i^2} \tag{9-186}$$

和

$$x=\frac{2\Gamma_i}{(1-\Gamma_r)^2+\Gamma_i^2} \tag{9-187}$$

如果将式(9-186)对给定的 r 值绘制于 $\Gamma_r-\Gamma_i$ 平面上,所得的曲线是该 r 值的轨迹。当将式(9-186)重新整理后,便能找出这个轨迹方程为

$$\left(\Gamma_r-\frac{r}{1+r}\right)^2+\Gamma_i^2=\left(\frac{1}{1+r}\right)^2 \tag{9-188}$$

这是一个圆心位于 $\Gamma_r=r/(1+r)$ 和 $\Gamma_i=0$,半径为 $1/(1+r)$ 的圆的方程。不同的 r 值,圆的半径和圆心在 Γ_r 轴上的位置也不同。在图 9-30 中,以实线表示了一簇 r 圆。因为无损传输线的 $|\Gamma\leqslant 1|$,所以在 $\Gamma_r-\Gamma_i$ 平面上,只有在单位圆内的部分才有意义,圆外部分可忽略。

r 圆的几个重要性质如下:

(1) 所有 r 圆的圆心都在 Γ_r 轴上。

(2) 半径为 1,圆心在原点的 $r=0$ 的圆是最大圆。

(3) 随着 r 从 0 增加到 ∞,r 圆逐渐变小,直至退化为开路时的点($\Gamma_r=1,\Gamma_i=0$)。

(4) 所有 r 圆均经过($\Gamma_r=1,\Gamma_i=0$)的点。

同理,式(9-187)可重新整理成

$$(\Gamma_r-1)^2+\left(\Gamma_i-\frac{1}{x}\right)^2=\left(\frac{1}{x}\right)^2 \tag{9-189}$$

这是一个半径为 $1/|x|$,圆心在 $\Gamma_r=1$ 和 $\Gamma_i=1/x$ 的圆的方程。x 值不同,则 x 圆的半径和在 $\Gamma_r=1$ 直线上的圆心位置都不同。如图 9-30 中,虚线表示了在 $|\Gamma|=1$ 边界内的部分 x 圆族。以下是 x 圆的几个重要的特性:

(1) 所有 x 圆的圆心位于 $\Gamma_r=1$ 的直线上;当 $x>0$(感抗)时,x 圆位于 Γ_r 轴上方,当

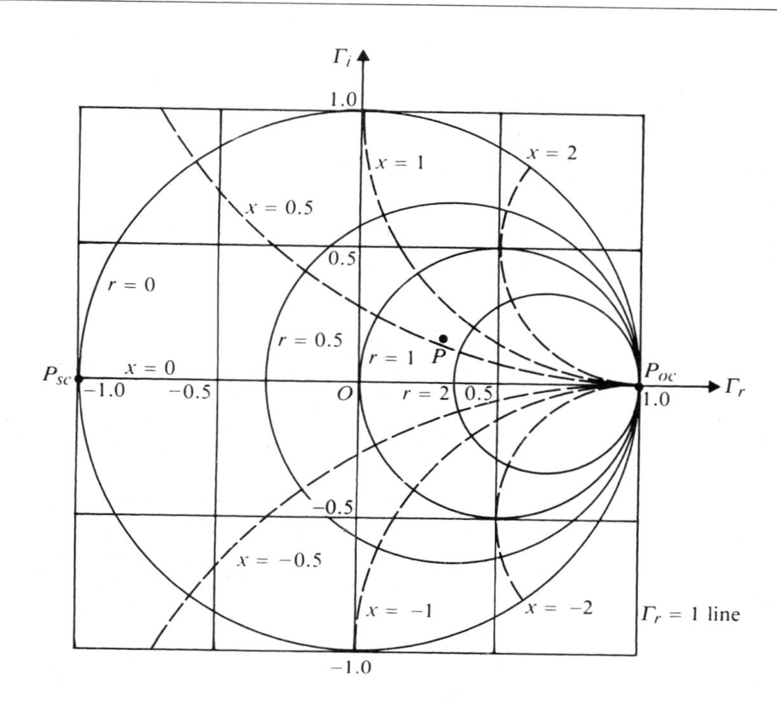

图 9-30 直角坐标系中的史密斯圆图

$x<0$(容抗)时,圆位于 Γ_r 轴下方。

(2) 当 $x=0$ 时,圆变成了 Γ_r 轴。

(3) 随着$|x|$从 0 增加到∞,x 圆逐渐变得越来越小,直至退化为开路时的点($\Gamma_r=1$,$\Gamma_i=0$)。

(4) 所有的 x 圆的经过点($\Gamma_r=1,\Gamma_i=0$)。

史密斯圆图是 $\Gamma_r-\Gamma_i$ 平面上对应于$|\Gamma|\leqslant 1$ 的 r 圆和 x 圆的曲线族。可以证明 r 圆和 x 圆处处正交。r 圆和 x 圆的交点,代表归一化负载阻抗 $z_L=r+jx$。真实的负载阻抗为 $z_L=R_0(r+jx)$。由于史密斯圆图是以归一化阻抗来标绘的,所以它可用来计算有关任意特征阻抗(电阻)的无损耗传输线问题。

例如,图 9-30 中的点 P 为圆 $r=1.7$ 和圆 $x=0.6$ 的交点。因此,它表示 $z_L=1.7+j0.6$。而位于($\Gamma_r=-1,\Gamma_i=0$)的 P_{sc}点对应 $r=0$ 和 $x=0$,因此它表示短路状态。在($\Gamma_r=1,\Gamma_i=0$)的 P_{oc}点对应一个无限大阻抗,它表示开路状态。

图 9-30 的史密斯圆图是用 Γ_r 和 Γ_i 的直角坐标绘制的。史密斯圆相同的图也可以用极坐标绘制,这样 Γ 平面上每一个点由模$|\Gamma|$和相角 θ_Γ 确定。如图 9-31 所示,虚线表示几个$|\Gamma|$圆,θ_Γ 角标记于圆$|\Gamma|=1$ 的圆周上。一般商用的史密斯圆图上是不绘出$|\Gamma|$圆的。但是一旦代表某一阻抗 $z_L=r+jx$ 的点的位置确定后,就很容易画出圆心在原点并经过这个点的圆。从圆心到这个点的分数距离等于负载反射系数的模$|\Gamma|$,而圆心到该点的连线与实轴之间的夹角为 θ_Γ。该图的构成完全符合用式(9-183)计算 Γ 的需要。

每个$|\Gamma|$圆与实轴交于两点。在图 9-31 中,指定位于正实轴(OP_{oc})上的点为 P_M,位于负实轴(OP_{sc})上点为 P_m。由于在实轴上 $x=0$,P_M 和 P_m 都代表纯电阻负载 $Z_L=R_L$ 的位置。很明显,在 $r>1$ 的 P_M 点,$R_L>R_0$;而在 $r<1$ 的 P_m 点,$R_L<R_0$。在式(9-145)中,当

$R_L>R_0$ 时,$S=R_L/R_0=r$。这个关系式说明不需要使用式(9-138),经过正实轴上点 P_M 的 r 圆的值等于驻波比的量值。同样地,由式(9-146)可知,经过负实轴上点 P_m 的 r 圆的值等于 $1/S$。对于点 $z_L=1.7+j0.6$,即图 9-31 的点 P,可得 $|\Gamma|=1/3$ 和 $\theta_\Gamma=28°$。在点 P_M 处,$r=S=2.0$。这些结果可以通过解析的结果加以验证。

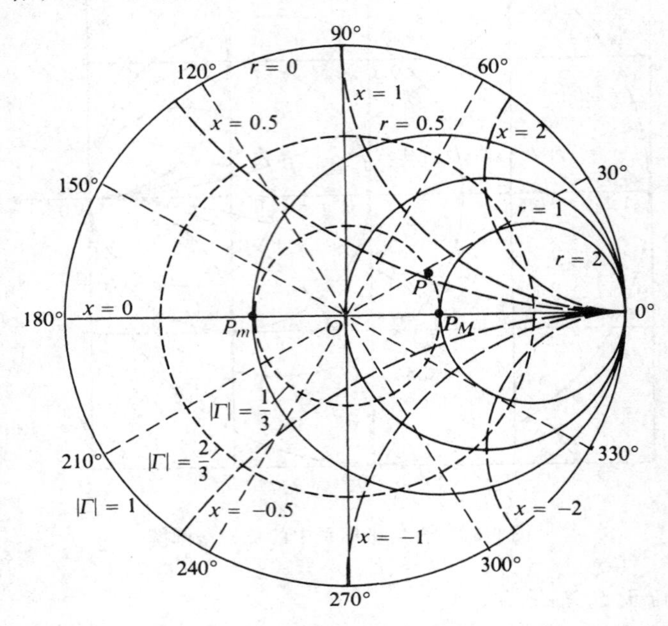

图 9-31 极坐标的史密斯圆图

综上所述,归纳如下:

(1) 所有 $|\Gamma|$ 圆的圆心在原点,其半径由 0 均匀变化到 1。

(2) 连接坐标原点和表示 z_L 点的直线与正实轴之间的夹角等于 θ_Γ。

(3) 经过 $|\Gamma|$ 圆与正实轴的交点的 r 圆值等于驻波比 S。

到目前为止,从负载阻抗的电压反射系数的定义(见式(9-134))出发构造了史密斯圆图。在距负载 z' 的地方,向负载端看进去的输入阻抗为 $V(z')$ 和 $I(z')$ 的比值。对于无损耗传输线,γ 可用 $j\beta$ 代替,由式(9-133a)和(9-133b)可得

$$Z_i(z')=\frac{V(z')}{I(z')}=Z_0\left[\frac{1+\Gamma e^{-j2\beta z'}}{1-\Gamma e^{-j2\beta z'}}\right] \tag{9-190}$$

归一化输入阻抗为

$$z_i=\frac{Z_i}{Z_0}=\frac{1+\Gamma e^{-j2\beta z'}}{1-\Gamma e^{-j2\beta z'}}=\frac{1+|\Gamma|e^{j\phi}}{1-|\Gamma|e^{j\phi}} \tag{9-191}$$

其中

$$\phi=\theta_\Gamma-2\beta z' \tag{9-192}$$

注意,式(9-191)中 z_i 与 $\Gamma e^{-j2\beta z'}=|\Gamma|e^{j\phi}$ 之间的关系与式(9-184)中 z_L 与 $\Gamma=|\Gamma|e^{j\theta_\Gamma}$ 的关系完全相似。事实上,后者是前者在 $z'=0(\phi=\theta_r)$ 时的特殊情况。反射系数的模 $|\Gamma|$ 和驻波比 S,是不随线的长度 z' 变化的。正像在负载端对于给定的 z_L 可用史密斯圆图求 $|\Gamma|$ 和 θ_Γ 一样,可以保持 $|\Gamma|$ 不变,从中减去一个大小为 $2\beta z'=4\pi z'/\lambda$ 角度。这将确定一个相应于

$|\Gamma|e^{j\phi}$点的位置，其特征阻抗为 R_0、长度为 z'、终端接有归一化负载阻抗 z_L 的无损耗传输线的归一化输入阻抗 z_i。为了更容易地观察因传输线长度 $\Delta z'$ 变化时相应的相位变化量 $2\beta(\Delta z')$，通常在 $|\Gamma|=1$ 的圆周上给出了两个以 $\Delta z'/\lambda$ 表示的附加刻度，外圈的刻度在顺时针方向(随 z'增加)标注“指向电源的波长数”；内圈的刻度在逆时针方向(随 z'减少)标注“指向负载的波长数”。图 9-32 为典型的已经商用的史密斯圆图①。表面上看起来很复杂，但它仅仅由等 γ 圆和等 x 圆组成。值得注意的是，传输线长度变化半个波长($\Delta z'=\lambda/2$)，对应的 ϕ 改变了 $2\beta(\Delta z')=2\pi$。绕着 $|\Gamma|$ 圆旋转一周又回到原来的点，结果阻抗不变，这与式(9-115)的结论是一样的。

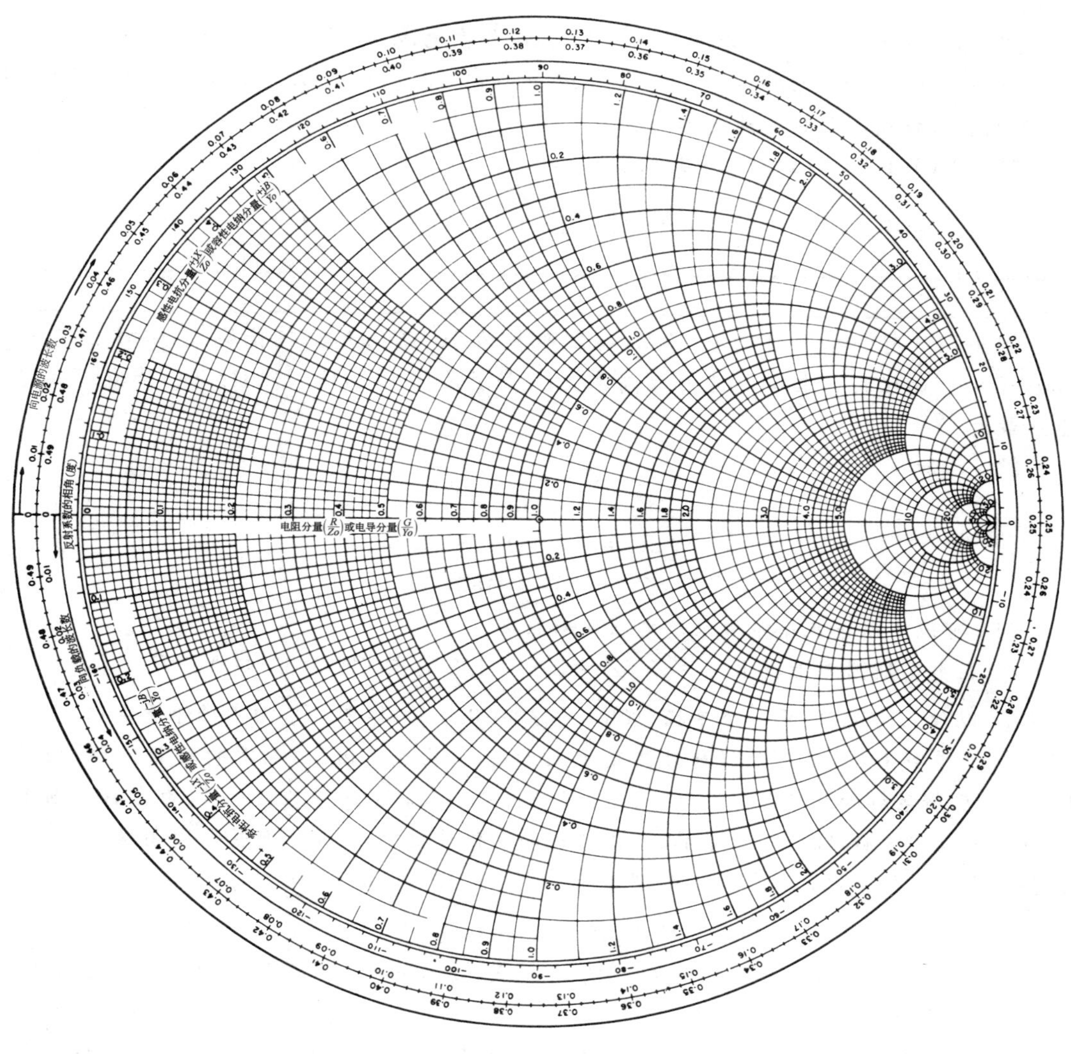

图 9-32　史密斯圆图

下面将举几个例子来说明如何利用史密斯圆图求解一些典型的传输线问题。

① 这本书中所有的史密斯图的重印都得到了新泽西 Emeloid 工厂的许可。

例 9-13 利用史密斯圆图,求一段长度为0.1个波长、终端短路的50Ω无损耗传输线的输入阻抗。

解:已知

$$z_L = 0$$
$$R_0 = 50(\Omega)$$
$$z' = 0.1\lambda$$

(1) 在史密斯圆图上找出$r=0$与$x=0$的交点(见图9-33,这点就是在图的最左边的端点P_{sc})。

(2) 将此点沿$|\Gamma|=1$圆以顺时针方向转过"指向电源的波长数"0.1至P_1点。

(3) 在P_1点,读出$r=0$,$x\cong 0.725$或$z_i=\mathrm{j}0.725$。因此$Z_i=R_0 z_i=50(\mathrm{j}0.725)=\mathrm{j}36.3(\Omega)$。(该输入阻抗为纯电感。)

利用式(9-112),可以很容易地检验该结果:

$$Z_i = \mathrm{j}R_0\tan\beta l = \mathrm{j}50\tan\left(\frac{2\pi}{\lambda}\right)0.1\lambda = \mathrm{j}50\tan 36^\circ = \mathrm{j}36.3 \quad (\Omega)$$

例 9-14 有一根长度为0.434λ,特征阻抗为100Ω的无损耗传输线,终端接有一个260+j180Ω的阻抗。求:(1)电压反射系数;(2)驻波比;(3)输入阻抗;(4)传输线上何处电压最大。

解:已知

$$z' = 0.434\lambda$$
$$R_0 = 100(\Omega)$$
$$Z_L = 260 + \mathrm{j}180(\Omega)$$

(1) 可以用以下几个步骤来求电压反射系数。

① 在史密斯圆图上找出$z_L=Z_L/Z_0=2.6+\mathrm{j}1.8$的点(图9-33中的点$P_2$)。

② 以原点为圆心、画一个半径为$\overline{OP_2}=|\Gamma|=0.6$的圆(图$\overline{OP_{sc}}$的半径等于单位1)。

③ 作直线OP_2,其延长线与外圆交于点P_2'。在此点读出"向电源的波长数"的刻度为0.220。反射系数的相角是$(0.250-0.220)\times 4\pi=0.12\pi$(rad)或21°。(因为史密斯圆图上的角度是以$2\beta z'$或$4\pi z'/\lambda$度量的,所以波长的变化量要乘以$4\pi$。史密斯圆图转一周,线长就会发生半波长变化)。于是(1)的解答为

$$\Gamma = |\Gamma| \mathrm{e}^{\mathrm{j}\theta_\Gamma} = 0.60\underline{/21^\circ}$$

(2) 从$|\Gamma|=0.60$的圆和正实轴OP_{oc}的交点,读出$r=s=4$。因此,电压驻波比为4。

(3) 求输入阻抗的步骤如下:

① 将0.220处的点P_2'转过"向电源的波长数"0.434,其中先经过0.500(即相当于0.000),然后移至0.154处[(0.500—0.220)+0.154]的P_3'点。

② 用一条直线把O和P_3'连接,该直线与$|\Gamma|=0.60$圆相交于P_3点。

③ 在P_3点读出$r=0.69$和$x=1.2$。因此

$$Z_i = R_0 z_i = 100(0.69 + \mathrm{j}1.2) = 69 + \mathrm{j}120 \quad (\Omega)$$

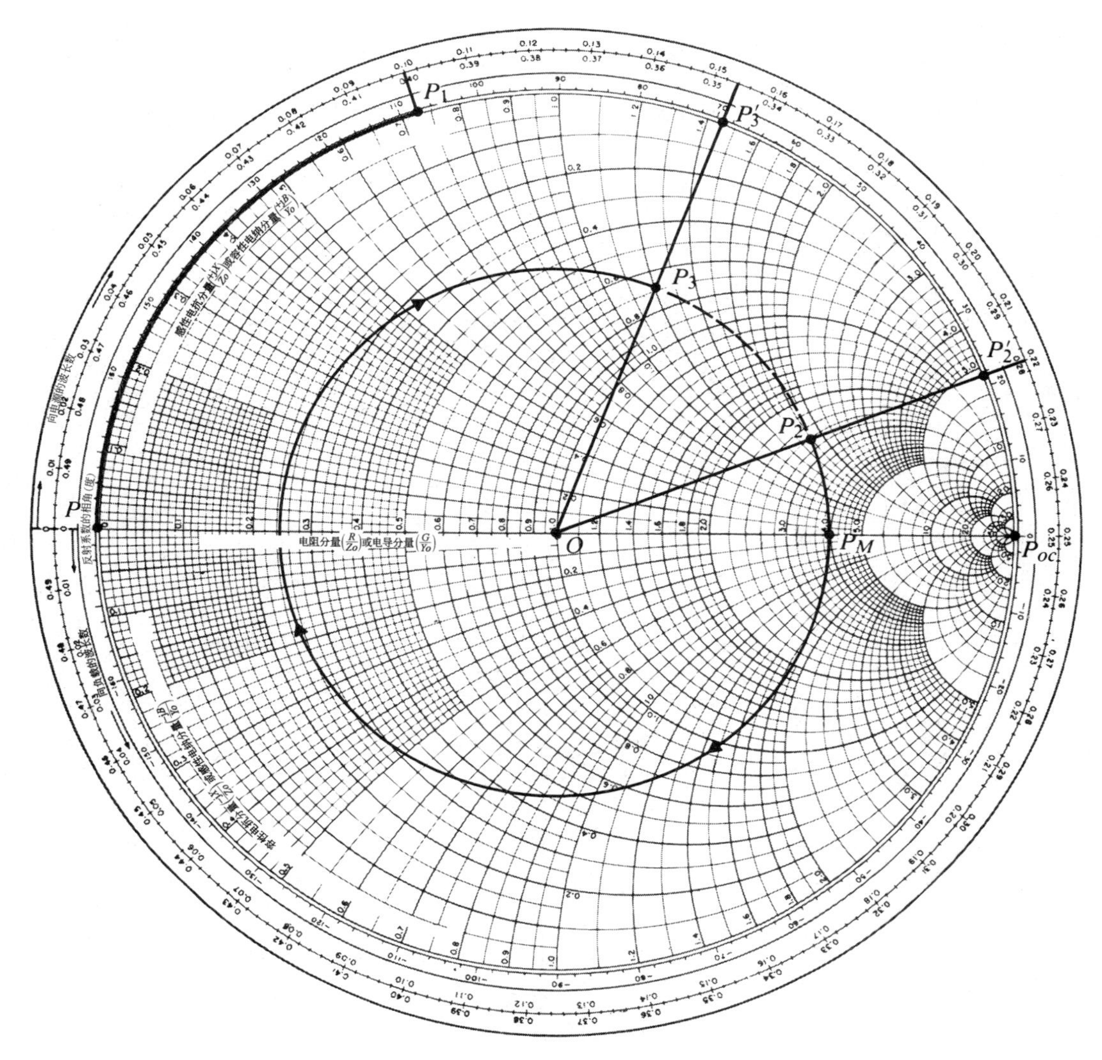

图 9-33 例 9-13 和例 9-14 的史密斯圆图的计算

(4) 从 P_2 转至 P_3 的途中，得到 $|\Gamma|=0.60$ 的圆和正实轴 OP_{oc} 的交点为 P_M 点，P_M 处有电压最大值。因此，在距离负载 $(0.250-0.220)\lambda$ 或 0.030λ 处有电压最大值。

例 9-15 运用史密斯圆图求解例 9-9。已知 $R_0=50\Omega$，$S=3.0$，$\lambda=2\times0.2=0.4\text{m}$，在 $z_m'=0.05\text{m}$ 处，出现第一个电压最小值。求：(1)Γ；(2)Z_L；(3)l_m 和 R_m（见图 9-12）。

解：(1) 在正实轴 OP_{oc} 上，标出位于 $r=S=3.0$ 的点 P_M（见图 9-34）。且 $\overline{OP_M}=|\Gamma|=0.5(\overline{OP_{oc}}=1)$。只有找出代表归一化负载阻抗的点，才能确定 θ_r。

(2) 用以下步骤求史密斯圆图上的负载阻抗点：

① 以原点为圆心，画一个半径为 $\overline{OP_M}$ 的圆，与负实轴 $\overline{OP_{sc}}$ 相交于 P_m 点，在 P_m 处有最小电压值。

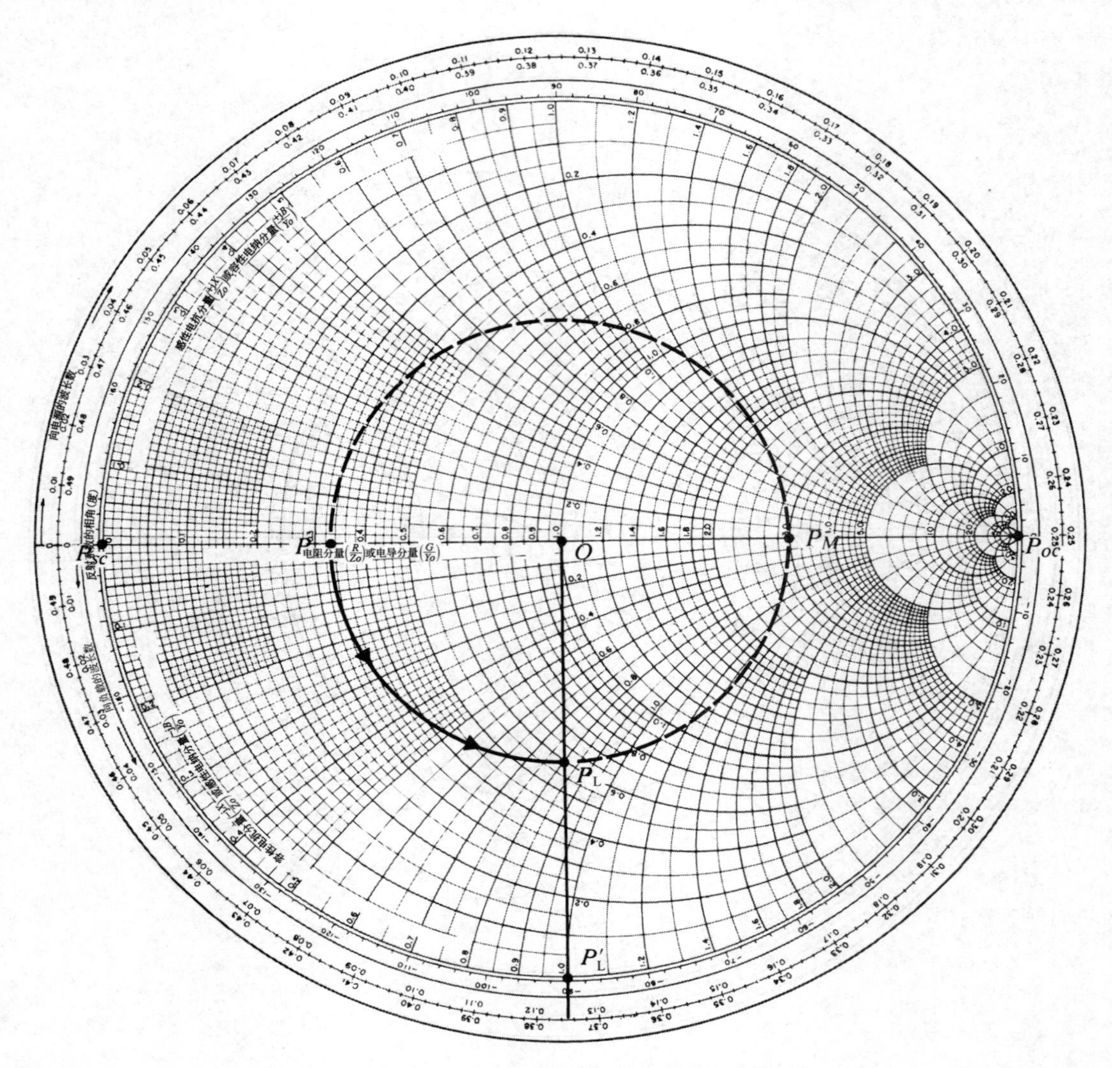

图 9-34 例 9-15 中的史密斯圆图的计算

② 由于 $z'_m/\lambda=0.05/0.4=0.125$，所以需将点 P_{sc} 以逆时针方向转过“向负载的波长数”0.125 至 P'_L点。

③ 用一条直线把 O 和 P'_L相连，与$|\Gamma|=0.5$ 圆相交于 P_L 点。相交点是代表归一化负载阻抗的点。

④ 读出角度$\angle P_{oc}OP'_L=90°=\pi/2(\mathrm{rad})$。因为$\angle P_{oc}OP'_L=4\pi(0.250-0.125)=\pi/2$，故没有必要使用量角器。因此 $\theta_\Gamma=-\pi/2\mathrm{rad}$，或 $\Gamma=0.5\angle-90°=-\mathrm{j}0.5$。

⑤ 在 P_L 点，读出 $z_L=0.60-\mathrm{j}0.80$，由此得

$$Z_L=50(0.60-\mathrm{j}0.80)=30-\mathrm{j}40\quad(\Omega)$$

(3) 很容易求等效线长度和终端电阻：

$$l_m=\frac{\lambda}{2}-z'_m=0.2-0.05=0.15\quad(\mathrm{m})$$

$$R_m = \frac{R_0}{S} = \frac{50}{3} = 16.7 \quad (\Omega)$$

上述所有结果与例 9-9 得到的结果一样，但使用史密斯圆图就不需要进行复数计算。

有损耗线的史密斯圆图计算

在讨论使用史密斯圆图计算传输线时，假设传输线是无损耗的。由于通常我们接触的是一小段低损耗线，所以这种情况是令人满意的近似。由传输线是无损耗的假设可知，根据式(9-191)，$\Gamma e^{-j2\alpha z'}$的模不会随线长 z'变化而变化。通过沿着$|\Gamma|$圆转过等于 $2\beta z'$的角度，我们就能从 z_L 求 z_i，反之亦然。

当有损耗线的长度 l 足够长，以致 $2\alpha l$ 与 1 相比已不能忽略时，式(9-191) 必须改为

$$z_i = \frac{1 + \Gamma e^{-2\alpha z'} e^{-j2\beta z'}}{1 - \Gamma e^{-2\alpha z'} e^{-j2\beta z'}} = \frac{1 + |\Gamma| e^{-2\alpha z'} e^{j\phi}}{1 - |\Gamma| e^{-2\alpha z'} e^{j\phi}}, \quad \phi = \theta_\Gamma - 2\beta z' \tag{9-193}$$

因此，要从 z_L 求 z_i，不能简单地沿$|\Gamma|$圆移动，必须进行一些辅助计算来说明 $e^{-2\alpha z'}$因子。以下例子说明了应该怎么做。

例 9-16　长度为 2m，特征阻抗为 75Ω(近似实数)的有损耗短路传输线，其输入阻抗是 45+j225Ω：(1)求线的 α 和 β；(2)如果用负载阻抗 Z_L=67.5−j45Ω 代替短路负载，求输入阻抗。

解：(1) 短路负载相当于史密斯阻抗图最左边的点 P_{sc}。

① 在圆图上找出表示 z_{i1}=(45+j225)/75=0.60+j3.0 的点 P_1(图 9-35)。

② 从原点画一条穿过 P_1 至 P_1'的直线。

③ 测得$\overline{OP_1}/\overline{OP_1'}=0.89=e^{-2\alpha l}$，有

$$\alpha = \frac{1}{2l}\ln\left(\frac{1}{0.89}\right) = \frac{1}{4}\ln 1.124 = 0.029 \quad (\text{Np/m})$$

④ 记下弧 $P_{sc}P_1'$的“向电源的波长数”是 0.20。则有 $l/\lambda=0.20$ 且 $2\beta l = 4\pi l/\lambda = 0.8\pi$，因此

$$\beta = \frac{0.8\pi}{2l} = \frac{0.8\pi}{4} = 0.2\pi \quad (\text{rad/m})$$

(2) 当 Z_L=67.5−j45Ω 时，求输入阻抗。

① 在史密斯圆图上找出 $z_L = Z_L/Z_0$=(67.5−j45)/75=0.9−j0.6 的点 P_2。

② 从 O 画一条通过 P_2 至 P_2'的直线，在点 P_2'处“向电源的波长数”的读数为 0.364。

③ 在 O 处画一个半径为$\overline{OP_2}$的$|\Gamma|$圆。

④ 沿圆周把 P_2'转过“向电源的波长数”0.20 至 0.364+0.20 =0.564 或 0.064 处的 P_3'。

⑤ 用一条直线把 P_3'和 O 相连，在 P_3 处与$|\Gamma|$圆相交。

⑥ 在线 OP_3 标记点 P_i 使得$\overline{OP_i}/\overline{OP_3}=e^{-2\alpha l}=0.89$。

⑦ 在点 P_i 读出 z_i=0.64+j0.27。因此

$$Z_i = 75(0.64 + j0.27) = 48.0 + j20.3 \quad (\Omega)$$

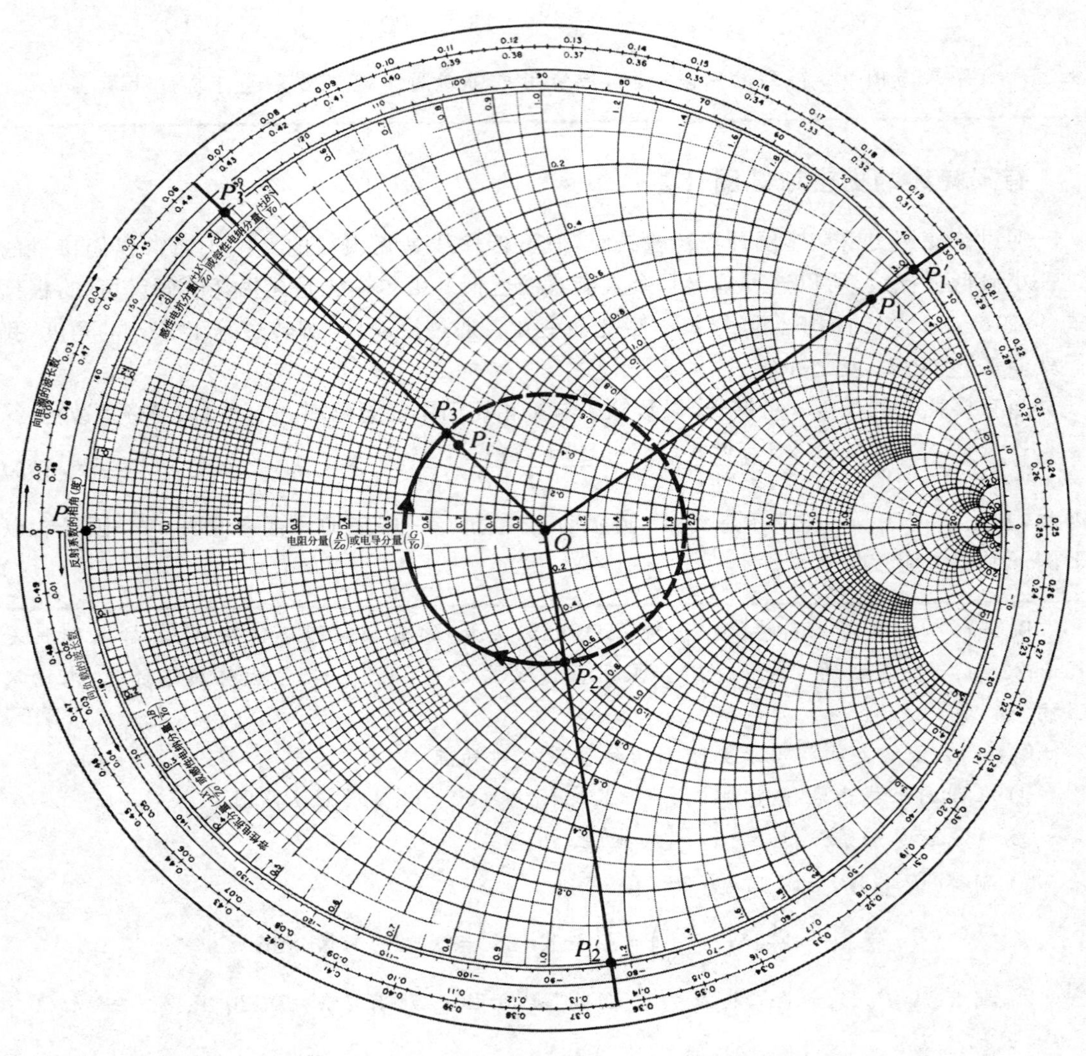

图 9-35 有损耗传输线的史密斯圆图计算

9.7 传输线阻抗匹配

传输线用于功率和信息的传输。对于无线电频功率传输,将尽可能多的功率从电源传到负载,尽量地减少损失,这是人们非常期望的。这就需要用线路的特征阻抗匹配负载,从而使线上驻波比能够尽量接近1。对于信息传输,线路匹配是非常重要的,因为来自失配负载和连接处的反射,会导致回声,还会使携带信息的信号失真。本节将讨论几种无损线阻抗匹配的方法。顺便提一下,设计的下述方法对于60Hz的电力线作用不大,因为这些线路虽然和5Mm波长相比非常短但其损耗已大得不可忽略。所以通常分析60Hz的电力线电路,还是采用等效的集总参数电网络。

9.7.1　四分之一波长变换器作阻抗匹配

将纯电阻负载 R_L 与无损耗线的特征阻抗 R_0 相匹配的一种简单方法，就是在负载与无损耗线之间插入一个特征阻抗为 R_0' 的四分之一波长变换器，使得

$$R_0' = \sqrt{R_0 R_L} \tag{9-194}$$

因四分之一波长线的长度取决于波长，所以这种匹配方法对频率十分敏感，所有要讨论的其他方法也一样。

例 9-17　信号发生器通过一根特征阻抗为50Ω的无损耗空气传输线，以相等功率馈送给两个分别为64Ω及25Ω的电阻性负载。用四分之一波长变换器来实现负载与50Ω传输线匹配，如图9-36所示：(1)求四分之一波长线所具有的特征阻抗。(2)求在匹配线上的驻波比。

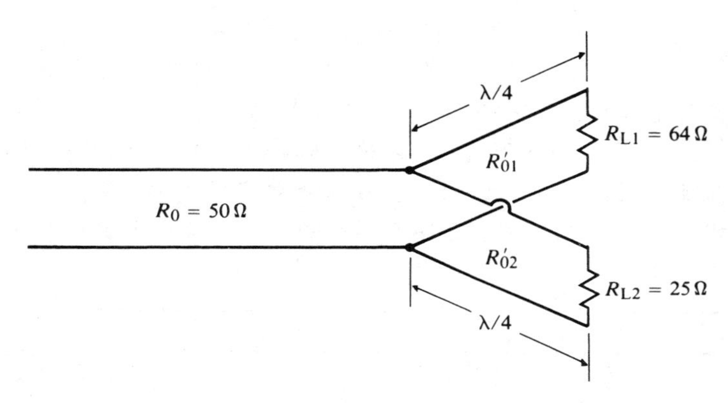

图 9-36　用四分之一波长线作阻抗匹配

解：(1) 为了使得馈送给两个负载上的功率相同，在接头处由主传输线向每个负载看进去的输入电阻都必须等于 $2R_0$。$R_{i1}=R_{i2}=2R_0=100(\Omega)$，且

$$R'_{01} = \sqrt{R_{i1}R_{L1}} = \sqrt{100\times 64} = 80 \quad (\Omega)$$

$$R'_{02} = \sqrt{R_{i2}R_{L2}} = \sqrt{100\times 25} = 50 \quad (\Omega)$$

(2) 在匹配条件下，主传输线上不存在驻波($S=1$)。两个匹配传输线段上的驻波比如下：

匹配线段 1

$$\Gamma_1 = \frac{R_{L1}-R'_{01}}{R_{L1}+R'_{01}} = \frac{64-80}{64+80} = -0.11$$

$$S_1 = \frac{1+|\Gamma_1|}{1-|\Gamma_1|} = \frac{1+0.11}{1-0.11} = 1.25$$

匹配段段 2

$$\Gamma_2 = \frac{R_{L2}-R'_{02}}{R_{L2}+R'_{02}} = \frac{25-50}{25+50} = -0.33$$

$$S_2 = \frac{1+\Gamma_2}{1-\Gamma_2} = \frac{1+0.33}{1-0.33} = 1.99$$

一般来说,主传输线和匹配传输线段本质上是无损耗的。此时 R_0 和 R_0' 为纯电阻,如果 R_L 被复阻抗 Z_L 代替,则式(9-194)无解。因此四分之一波长阻抗变换器,对匹配一个复负载阻抗和低损传输线是无用的。

将在下面的小节讨论一种可以使任意负载阻抗与传输线匹配的方法,这时只需在距离负载的适当位置处接入一段与主传输线并联的单独的开路或短路传输线段(单短截线)。由于对于并联问题来说,使用导纳比使用阻抗计算更方便,所以首先研究如何使用史密斯圆图来计算导纳。

令 $Y_L=1/Z_L$ 表示负载导纳。归一化负载阻抗为

$$z_L=\frac{Z_L}{R_0}=\frac{1}{R_0Y_L}=\frac{1}{y_L} \tag{9-195}$$

其中

$$\begin{aligned} y_L &= Y_L/Y_0 = Y_L/G_0 \\ &= R_0Y_L = g+\mathrm{j}b \quad (\text{无量纲}) \end{aligned} \tag{9-196}$$

为归一化的负载导纳,它的实部和虚部分别为归一化的电导 g 和归一化的电纳 b。式(9-195)表明,具有单位归一化特征阻抗的四分之一波长线可以将 z_L 变换为 y_L,反之亦然。在史密斯圆图上表示 z_L 的点沿着 $|\Gamma|$ 圆转过四分之一波长后,就可以得到代表 y_L 的点。由于传输线长度改变 $\lambda/4(\Delta z'/\lambda=1/4)$,对应着史密斯圆图上变化了 π 弧度($2\beta\Delta z'=\pi$),所以**表示 $\boldsymbol{z_L}$ 和 $\boldsymbol{y_L}$ 的点在 $|\boldsymbol{\Gamma}|$ 圆上是中心对称的**。这使得在史密斯圆图上,由 y_L 求 z_L 和由 z_L 求 y_L,变得非常简单。

例 9-18 已知 $Z_L=95+\mathrm{j}20\Omega$,求 Y_L。

解:这个问题与传输线无关。为了运用史密斯圆图,可以选取一个任意归一化常数。例如 $R_0=50\Omega$,因此

$$z_L=\frac{1}{50}(95+\mathrm{j}20)=1.9+\mathrm{j}0.4$$

在史密斯圆图(图 9-37)上找出表示 z_L 的点 P_1。在 $\overline{P_1O}$ 直线的延长线上取 $\overline{OP_2}=\overline{OP_1}$,点 P_2 代表 y_L 点

$$\begin{aligned} Y_L &= \frac{1}{R_0}y_L \\ &= \frac{1}{50}(0.5-\mathrm{j}0.1) \\ &= 10-\mathrm{j}2 \quad (\mathrm{mS}) \end{aligned}$$

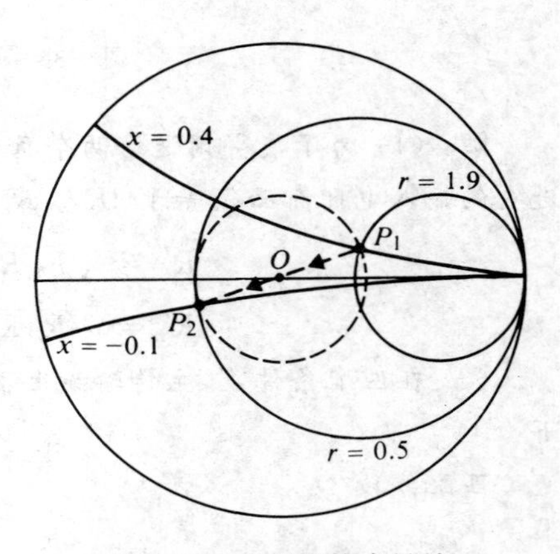

图 9-37 根据阻抗求导纳

例 9-19 求特征阻抗为 300Ω、长度为 0.04λ 的开路传输线的输入导纳。

解:(1) 对于开路传输线,从阻抗史密斯圆图最右边的点 P_{oc} 入手,如图 9-38,P_{oc} 位于 0.25 处。

(2) 沿着图的圆周转过"向电源的波长数"0.04 至 P_3(位于 0.29)。

(3) 从 P_3 点开始画一条直线经过 O 点，在另外一端交于点 P_3'。

(4) 在 P_3'点读出

$$y_i = 0 + j0.26$$

因此

$$Y_i = \frac{1}{300}(0 + j0.26) = j0.87 \quad (\text{mS})$$

在前面的两个例子中，通过将史密斯圆图当作阻抗图来进行导纳计算。由此可见，史密斯圆图也可当作导纳图，在这种情况下，r 圆和 x 圆就相当于 g 圆和 b 圆。表示开路和短路的点分别在导纳图的最左边和最右边的端点。如例 9-19，可以从图最左边的点(位于图 9-38 中的 0.00 处)开始，直接转过"向电源的波长数"0.04 至 P_3'。

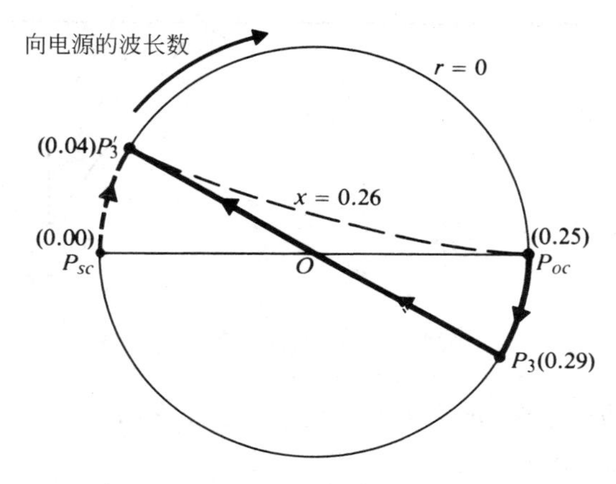

图 9-38　求开路传输线的输入导纳

9.7.2　单短截线匹配

下面讨论，通过放置一个与传输线并联的单短截线，来实现一个负载阻抗 Z_L 与一个特征阻抗为 R_0 的无损耗传输线相匹配的问题，如图 9-39 所示。这种方法被称为阻抗匹配的**单短截线法**。为使得并联到 $B—B'$右边的阻抗等于 R_0，需要求短截线的长度 l 以及距负载的距离 d。相对于开路短截线，优先使用短路短截线，因为开口端的辐射和与周围物体的耦合效应，使得终端无限大的阻抗实现起来比零终端阻抗难。而且，长度可调和特征电阻恒定的短路短截线，构造起来比开路短截线容易。当然，开路短截线要求的长度与短路短截线要求的长度相差四分之一波长的奇数倍。

终端接有 Z_L 的传输线与单短截线在图 9-39 中和 $B—B'$点呈并联组合，这告诉我们用导纳来分析匹配的必要条件能更为方便。基本条件为

$$\begin{aligned} Y_i &= Y_B + Y_s \\ &= Y_0 = \frac{1}{R_0} \end{aligned} \tag{9-197}$$

以归一化导纳表示，式(9-197)变为

$$1 = y_B + y_s \tag{9-198}$$

其中 $y_B = R_0 Y_B$ 为负载段的归一化输入导纳，$y_s = R_0 Y_s$ 为短截线的归一化输入导纳。然而，

由于短截线的输入导纳为纯电纳,所以 y_s 为纯虚数。因此要使式(9-198)成立,只有当

$$y_B = 1 + \mathrm{j}b_B \tag{9-199}$$

和

$$y_s = -\mathrm{j}b_B \tag{9-200}$$

其中 b_B 可正可负。目的是找出长度 d,以便从 B—B'端朝右边看去的负载段的导纳 y_B 的实部为1,同时找出能够抵消虚部的短截线长度 l_B。

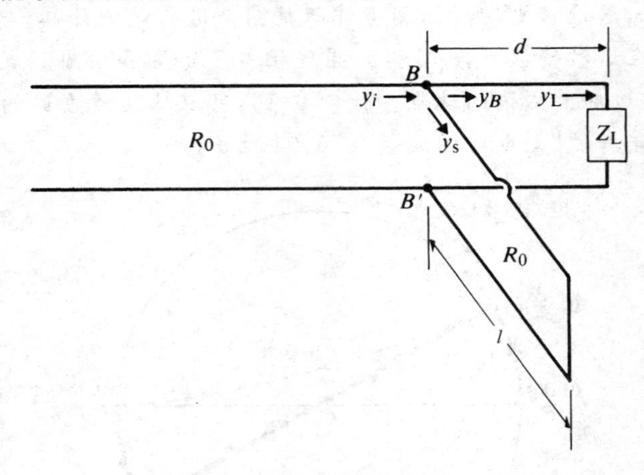

图 9-39 用单短截线法作阻抗匹配

将史密斯圆图作为导纳图,求解单短截线匹配的步骤如下:

(1) 在圆图上找出表示归一化负载导纳 y_L 的点。

(2) 画出对应于 y_L 的$|\Gamma|$圆,交 $g=1$ 的圆于两点,分别为 $y_{B1}=1+\mathrm{j}b_{B1}$ 和 $y_{B2}=1+\mathrm{j}b_{B2}$。它们均为可能的解。

(3) 根据表示 y_L 的点与表示 y_{B1} 和 y_{B2} 点之间的夹角,求负载段的长度 d_1 和 d_2。

(4) 根据图上最右边的短路点与表示$-\mathrm{j}b_{B1}$和$-\mathrm{j}b_{B2}$的点之间的夹角,求短截线长度 l_{B1} 和 l_{B2}。

下面的例子将说明上述步骤。

例 9-20 一个 50Ω 的传输线终端接有一个负载阻抗 $Z_L=35-\mathrm{j}47.5\Omega$。求出匹配情况下短截线的位置和长度。

解: 已知

$$R_0 = 50 \quad \Omega$$
$$Z_L = 35 - \mathrm{j}47.5 \quad \Omega$$
$$z_L = Z_L/R_0 = 0.70 - \mathrm{j}0.95$$

(1) 在史密斯圆图上找出表示 z_L 的点为 P_1(如图 9-40)。

(2) 以 O 为圆心,$\overline{OP_1}$为半径,画出$|\Gamma|$圆。

(3) 做一直线由 P_1 经过点 O 直至外圆周上的 P_2'点,并交$|\Gamma|$圆于 P_2 点,点 P_2 代表 y_L。记录在"向电源的波长数"刻度上 P_2'点位于 0.109 处。

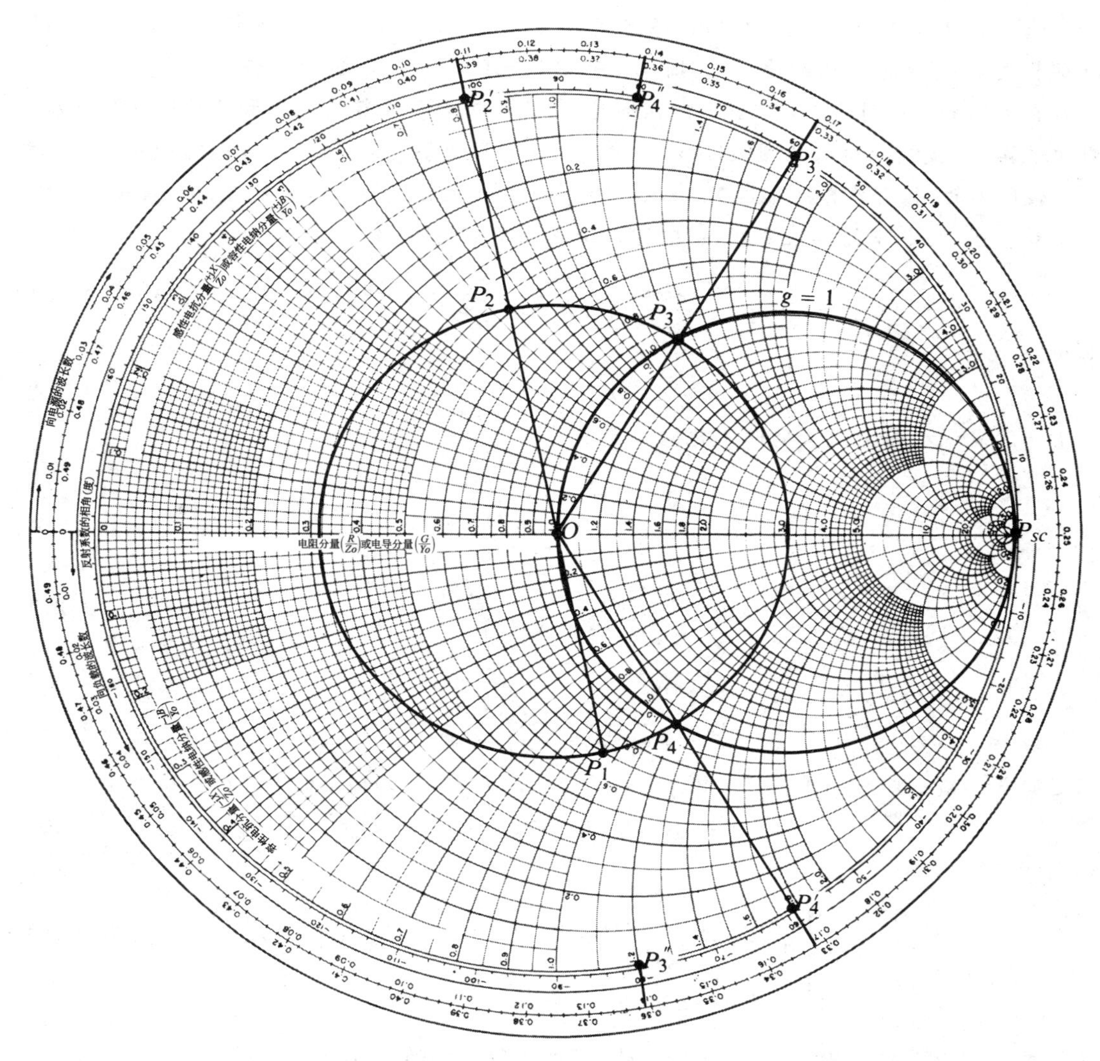

图 9-40　史密斯圆图上的单短截线的构造

(4) 标注$|\Gamma|$圆和 $g=1$ 圆的两个交点为

在 P_3 点　　　　　$y_{B1}=1+\mathrm{j}1.2=1+\mathrm{j}b_{B1}$

在 P_4 点　　　　　$y_{B2}=1-\mathrm{j}1.2=1+\mathrm{j}b_{B2}$

(5) 对于短截线的位置的解为：

对于 P_3(从 P_2' 到 P_3')　　　　$d_1=(0.168-0.109)\lambda=0.059\lambda$

对于 P_4(从 P_2'到 P_4')　　　　$d_2=(0.332-0.109)\lambda=0.223\lambda$

(6) 对于给定的 $y_s=-\mathrm{j}b_B$，短截线的长度的解为

对于 P_3(从圆图最右边的 P_{sc} 到 P_3''点，这点表示$-\mathrm{j}b_{B1}=-\mathrm{j}1.2$)

$$l_{B1}=(0.361-0.250)\lambda=0.111\lambda$$

对于 P_4(从 P_{sc} 到 P_4''点，这点表示$-\mathrm{j}b_{B2}=\mathrm{j}1.2$)

$$l_{B2}=(0.139+0.250)\lambda=0.389\lambda$$

通常都喜欢选择长度更短的解,除非有某些特殊的限制。在实际匹配过程中,短截线的准确长度 l_B 可能需要精细地调节,因此称短路匹配线段为**短截线调谐器**。

在使用史密斯圆图求解阻抗匹配问题时,避免了对大量复数的处理和正切以及反正切函数的运算;但是需要进行作图,图解法的精确度也有限。事实上,阻抗匹配问题的解析解是相对比较简单的,利用计算机计算可以减小对史密斯圆图的依赖,同时,可以得到更精确的结果。

对于图 9-39 中的单短截线匹配问题,由式(9-109)得

$$z_B = \frac{(r_L + jx_L) + jt}{1 + j(r_L + jx_L)t} \tag{9-201}$$

其中

$$t = \tan\beta d \tag{9-202}$$

从 $B-B'$ 点向右端看过去的归一化输入导纳为

$$y_B = \frac{1}{z_B} = g_B + jb_B \tag{9-203}$$

其中

$$g_B = \frac{r_L(1 - x_L t) + r_L t(x_L + t)}{r_L^2 + (x_L + t)^2} \tag{9-204}$$

且

$$b_B = \frac{r_L^2 t - (1 - x_L t)(x_L + t)}{r_L + (x_L + t)^2} \tag{9-205}$$

理想的匹配要求同时满足式(9-199)和式(9-200),令式(9-204)中的 g_B 等于 1,可得

$$(r_L - 1)t^2 - 2x_L t + (r_L - r_L^2 - x_L^2) = 0 \tag{9-206}$$

解式(9-206),得

$$t = \begin{cases} \dfrac{1}{r_L - 1}\{x_L \pm \sqrt{r_L[(1 - r_L)^2 + x_L^2]}\}, \quad r_L \neq 1 & \text{(9-207a)} \\ -\dfrac{x_L}{2}, \quad r_L = 1 & \text{(9-207b)} \end{cases}$$

通过式(9-202),式(9-207a)和式(9-207b)可求出所需要的长度 d:

$$\frac{d}{\lambda} = \begin{cases} \dfrac{1}{2\pi}\arctan t, \quad t \geqslant 0 & \text{(9-208a)} \\ \dfrac{1}{2\pi}(\pi + \arctan t), \quad t < 0 & \text{(9-208b)} \end{cases}$$

同理,由式(9-200)和式(9-205),可得

$$\frac{l}{\lambda} = \begin{cases} \dfrac{1}{2\pi}\arctan\left(\dfrac{1}{b_B}\right), \quad b_B \geqslant 0 & \text{(9-209a)} \\ \dfrac{1}{2\pi}\left[\pi + \arctan\left(\dfrac{1}{b_B}\right)\right], \quad b_B < 0 & \text{(9-209b)} \end{cases}$$

对于一个给定的负载阻抗,用科学计算器很容易求 d/λ 和 l/λ。即使写出单短截线匹配问题的计算程序也并不复杂。例 9-20($r_L = 0.70$ 和 $x_L = -0.95$)中的问题的更精确的答案为

$$d_1 = 0.05894469\lambda, \qquad l_{B1} = 0.11117792\lambda$$

$$d_2 = 0.22347730\lambda, \qquad l_{B2} = 0.38882208\lambda$$

当然，在实际问题中不需要如此高的精度。但是这些答案在不使用史密斯圆图情况下也可以很容易得到。

9.7.3 双短截线匹配

利用上一小节中描述的单短截线的阻抗匹配方法，可使任何非零、有限负载阻抗和传输线的特征阻抗相匹配。然而，单短截线法要求短截线连接到主传输线上某个特定的点，点的位置随负载阻抗或工作频率的改变而改变。可是从力学的角度看，特定的连接点可能出现在不希望出现的地方，所以这个需求可能经常带来不便。而且，构建长度可变、特征阻抗为常数的同轴线非常困难。对于这种情况，另一种阻抗匹配的方法，是使用两根短截线连接到主传输线的固定位置上，如图 9-41 所示。这里 d_0 是可任意选择（例如 $\lambda/16$，$\lambda/8$，$3\lambda/16$，$3\lambda/8$等）的固定距离，调整两个短截线调谐器的长度，使得给定的负载电阻 Z_L 和主传输线相匹配。这种方案称为阻抗匹配的**双短截线法**。

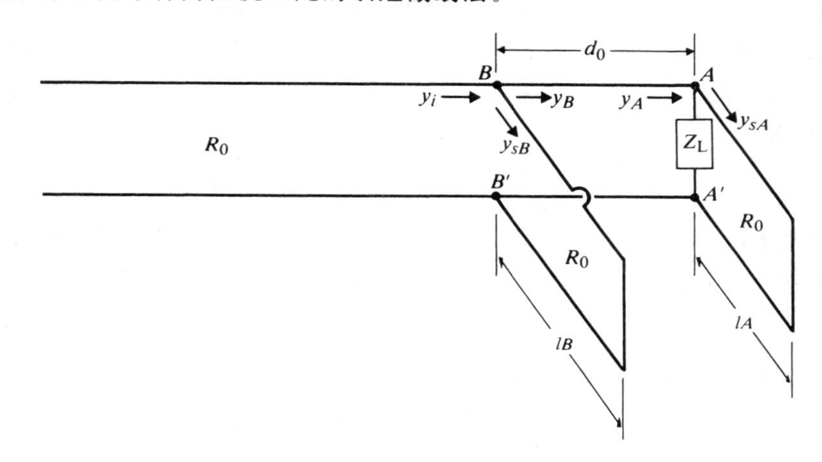

图 9-41 用双短截线法作阻抗匹配

如图 9-41 中的布局，第一根长度为 l_A 的短截线在 $A—A'$端直接与负载阻抗 Z_L 并联，长度为 l_B 的第二根短截线连接到距 $A—A'$为 d_0 处的 $B—B'$。为了使得特征阻抗为 R_0 的主传输线阻抗匹配，要求在 $B—B'$端朝负载方向看去的总输入导纳等于传输线的特征电导，即

$$Y_i = Y_B + Y_{sB} = Y_0 = \frac{1}{R_0} \tag{9-210}$$

若以归一化导纳表示，式(9-210)变为

$$1 = y_B + y_{sB} \tag{9-211}$$

现在，由于短截线的输入导纳 y_{sB} 是纯电纳，因此只有

$$y_B = 1 + \mathrm{j}b_B \tag{9-212}$$

$$Y_{sB} = -\mathrm{j}b_B \tag{9-213}$$

才能满足式(9-211)。值得注意的是，这些条件与单短截线匹配时的条件完全一致。

在史密斯导纳图上，表示 y_B 的点必须在 $g=1$ 圆上。这需要“向负载的波长数”为 d_0/λ

的距离来解释这一条件。也就是说，$A—A'$端处的 y_A 应该位于沿逆时针方向转过了 $4\pi d_0/\lambda$ 的角度后的 $g=1$ 圆上。同样，由于短路短截线的输入导纳 y_{sA} 是纯电纳，归一化负载导纳的实部 g_L 是影响 y_A 实部的唯一因素。双短截线匹配方案由 g_L 圆与旋转后的 $g=1$ 圆的交点决定。基于史密斯导纳图，解决双短截线匹配问题的步骤如下：

(1) 画出 $g=1$ 圆，表示 y_B 的点应该处的位置。

(2) 将 $g=1$ 圆绕逆时针方向旋转 d_0/λ 的"向负载的波长数"。这就是表示 y_A 的点应该处的位置。

(3) 在圆上找出 $y_L=g_L+jb_L$ 的点。

(4) 画出 $g=g_L$ 圆，交旋转后的 $g=1$ 圆于一个或两个点。在该点 $y_A=g_L+jb_A$。

(5) 在 $g=1$ 圆上标出相应于 y_B 的点：$y_B=1+jb_B$。

(6) 根据表示 y_A 的点与表示 y_L 的点之间的夹角，求短截线长度 l_A。

(7) 根据最右边的点 P_{sc} 与 $-jb_B$ 的点之间的夹角，求短截线长度 l_B。

例 9-21　一根 50Ω 的传输线终端接有负载阻抗 $Z_L=60+j80\Omega$。将一个间距为八分之一波长的双短截线调谐器匹配到此传输线，如图 9-41 所示。求出所需的短路短截线的长度。

解：已知 $R_0=50\Omega$ 和 $Z_L=60+j80\Omega$，很容易计算出

$$y_L=\frac{1}{z_L}=\frac{R_0}{Z_L}=\frac{50}{60+j80}=0.30-j0.40$$

(可以通过定位与 $z_L=(60+j80)/50=1.20+j1.60$)直接相反的点，来求出史密斯圆图上的 y_L，但是这会使图显得杂乱。)借助于史密斯导纳图，遵循上面提出的步骤：

(1) 画出 $g=1$ 圆(图 9-42)。

(2) 将此 $g=1$ 的圆绕逆时针方向旋转 $\frac{1}{8}$"向负载的波长数"。旋转角度为 $4\pi/8$rad 或 90°。

(3) 在圆上找出表示 $y_L=0.30-j0.40$ 的点 P_L。

(4) 画出 $g_L=0.30$ 圆与旋转后的 $g=1$ 圆的两个交点 P_{A1} 和 P_{A2}：

在 P_{A1} 点　　　　$y_{A1}=0.30+j0.29$

在 P_{A2} 点　　　　$y_{A2}=0.30+j1.75$

(5) 利用圆规以原点 O 为圆心，在 $g=1$ 圆上分别标出与点 P_{A1} 和 P_{A2} 一一对应的点 P_{B1} 和 P_{B2}：

在 P_{B1} 点　　　　$y_{B1}=1+j1.38$

在 P_{B2} 点　　　　$y_{B2}=1-j3.5$

(6) 求所需的短截线长度 l_{A1} 和 l_{A2}：

$(y_{sA})_1=y_{A1}-y_L=j0.69$　$l_{A1}=(0.096+0.250)\lambda=0.346\lambda$(点 A_1)

$(y_{sA})_2=y_{A2}-y_L=j2.15$　$l_{A2}=(0.181+0.250)\lambda=0.431\lambda$(点 A_2)

(7) 求所需的短截线长度 l_{B1} 和 l_{B2}：

$(y_{sB})_1=-j1.38$　$l_{B1}=(0.350-0.250)\lambda=0.100\lambda$(点 B_1)

$(y_{sB})_2=j3.5$　$l_{B2}=(0.206+0.250)\lambda=0.456\lambda$(点 B_1)

观察图 9-42 中的结构可以看出，如果表示归一化的负载导纳 $y_L=g_L+jb_L$ 的点 P_L

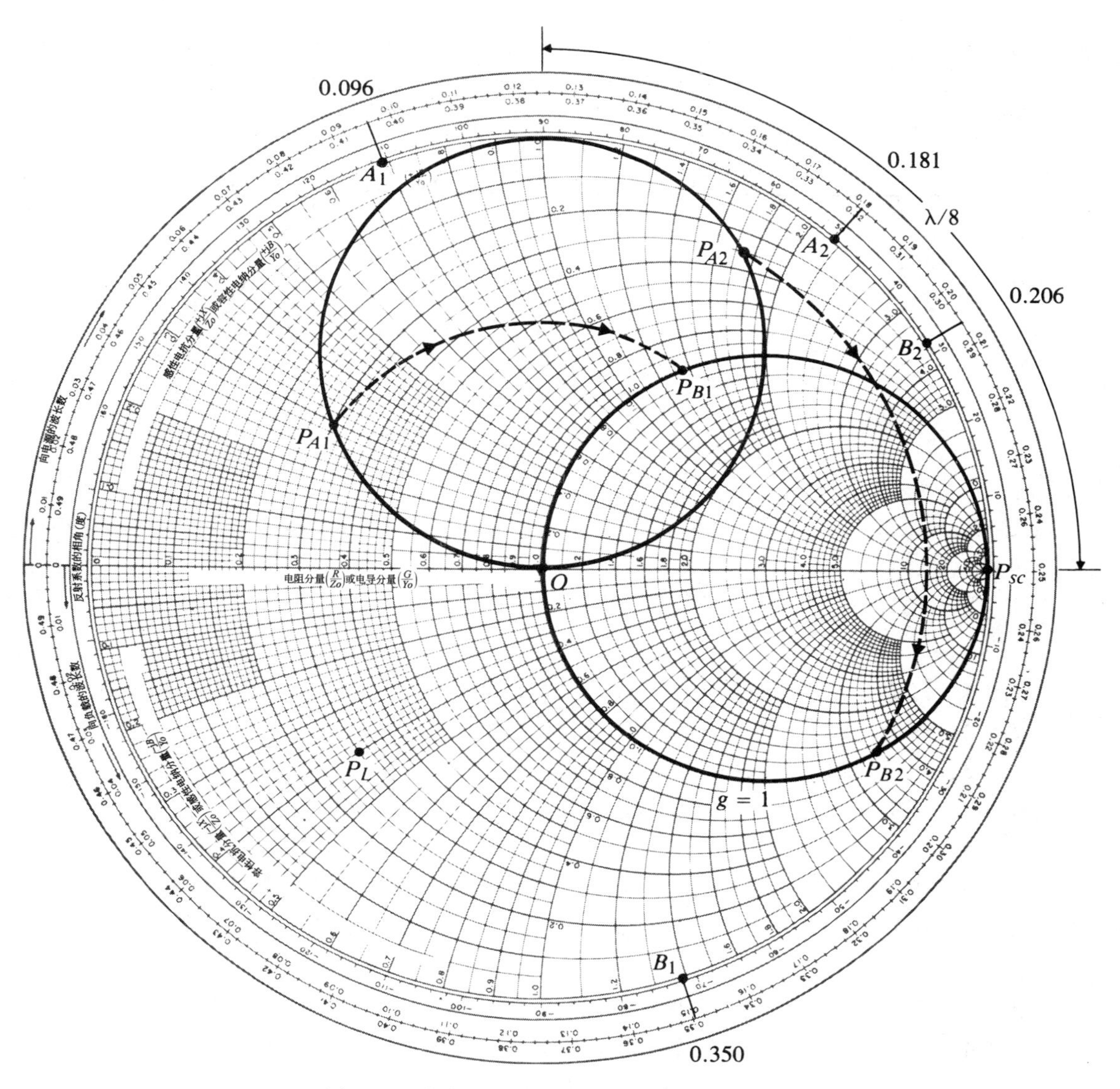

图 9-42　史密斯导纳图上双短截线的匹配结构

位于 $g=2$ 圆上(如果 $g_L>2$)，那么 $g=g_L$ 圆与旋转后的 $g=1$ 圆不相交，于是对于 $d_0=\lambda/8$ 的双短截线匹配问题无解。这个无解的区域随选择的两根短截线之间的距离 d_0 而变化(习题 P.9-52)。在这种情况下，双短截线的阻抗匹配，可以通过在 Z_L 与 $A-A'$ 之间增加一段合适的线段来完成，如图 9-43 所示(习题 P.9-51)。

当然，虽然双短截线阻抗匹配问题的分析方法比在前一小节中讨论的单短截线问题复杂，但它的解析解还是存在的。感兴趣的读者可能会希望求出这样一个解析解，并写出计算机程序，来求用 z_L 和 d_0/λ[①] 表示的 $d_L/\lambda, l_A/\lambda, l_B/\lambda$。

① D. K. Cheng 和 C. H. Liang，“双枝阻抗匹配问题的计算机解”，IEEE 教育学报，1982 年 11 月，120～123 页。

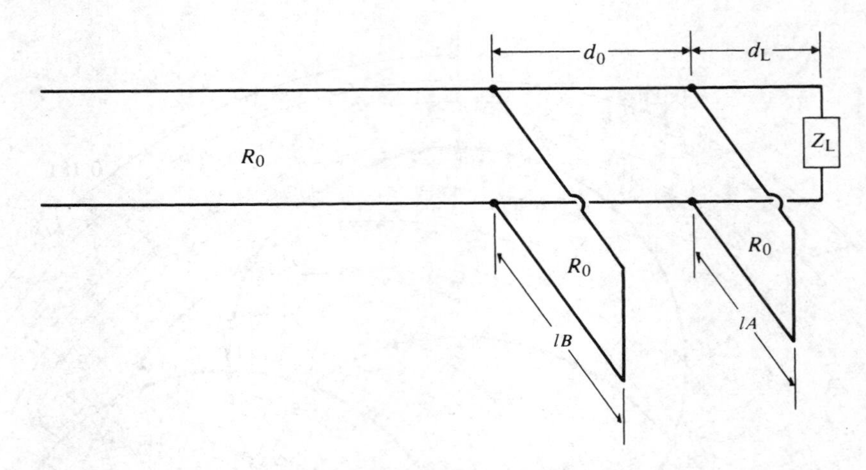

图 9-43 增加负载线段后的双短截线阻抗匹配

复习题

R.9-1 讨论无界媒质中的均匀平面波和沿传输线传播的 TEM 波的相同点与不同点。

R.9-2 支承 TEM 波的最常见的导波装置有哪三种?

R.9-3 比较同轴与双线传输线的优缺点。

R.9-4 写出支承 TEM 波的无损平行板传输线的传输线方程。

R.9-5 什么是带状线?

R.9-6 描述平行板传输线的特征阻抗是如何取决于板宽和电介质厚度的。

R.9-7 比较 TEM 波沿平行板传输线传播速度与在无界媒质中的传播速度。

R.9-8 表面阻抗的定义是什么?表面阻抗与导体板中消耗的功率的关系如何?

R.9-9 阐述表面电阻与平行板传输线的单位长度的电阻之间的不同点。

R.9-10 传输线与普通的电网络的本质区别是什么。

R.9-11 解释为什么沿有损传输线的波不能是纯 TEM。

R.9-12 什么是三平板传输线?怎样比较三平板传输线的特征阻抗与电介质带状线的特征阻抗。解释之。

R.9-13 写出关于与时间任意相关和与时间时谐相关的一般传输线方程。

R.9-14 传输线的传播常数和特征阻抗的定义是什么?写出它们在时谐激励时,用 R,L,G,C 表示的一般表达式。

R.9-15 在无限长传输线上的电压与电流波的相位关系是什么?

R.9-16 “无失真传输线”是什么意思?“无失真传输线”的分布参数应该满足什么样的关系?

R.9-17 无失真传输线是无损的吗?有损传输线是色散的吗?

R.9-18 写出计算传输线的分布参数的步骤。

R.9-19 说明如何根据传输功率和传输线上单位长度的损耗功率来求传输线的衰减

常数。

R.9-20　“匹配传输线”的含义是什么？

R.9-21　传输线的输入阻抗取决于什么因素？

R.9-22　如果开路无损耗传输线的长度分别为(1)$\lambda/4$,(2)$\lambda/2$,(3)$3\lambda/4$时，求传输线的输入阻抗。

R.9-23　如果短路无损耗传输线的长度分别为(1)$\lambda/4$,(2)$\lambda/2$,(3)$3\lambda/4$时，求传输线的输入阻抗。

R.9-24　如果长度为$\lambda/8$的传输线是：(1)开路线；(2)短路线。其输入电抗是感性的还是容性的？

R.9-25　长度为l的传输线的特征阻抗、传输常数与它的开路输入阻抗、短路输入阻抗之间的关系是什么？

R.9-26　什么是“四分之一波长变换器”？为什么它不能用来使复负载阻抗与低损耗传输线相匹配？

R.9-27　一根长度为l、终端接有负载阻抗Z_L的无损耗传输线，当(1)$l=\lambda/2$,(2)$l=\lambda$时，其输入阻抗各是多少？

R.9-28　讨论如何将开路或短路低损耗传输线的一部分，用来产生一个并联谐振电路？

R.9-29　并联谐振电路的带宽和品质因子Q的定义是什么。

R.9-30　电压反射系数的定义是什么？此系数与电流反射系数相同吗？解释之。

R.9-31　驻波比的定义是什么？它与电压和电流反射系数的关系是怎样的？

R.9-32　终端开路传输线的Γ和S等于多少？终端短路的传输线呢？

R.9-33　当(1)$R_L>R_0$,(2)$R_L<R_0$时，电阻性终端的无损耗传输线上的电压驻波最小值点出现在哪里？

R.9-34　说明如何通过测量无损耗传输线的驻波比来求终端电阻的值？

R.9-35　说明如何通过测量传输线的驻波比来求无损耗传输线上任意终端阻抗的值？

R.9-36　一个内阻为Z_g的电压源，在$t=0$时，连接到一个长度为l的无损耗传输线输入终端。此传输线的特征阻抗为Z_0，其终端连接一个负载阻抗Z_L。(1)$Z_g=Z_0$,$Z_L=Z_0$；(2)$Z_L=Z_0$,$Z_g\neq Z_0$；(3)$Z_g=Z_0$,$Z_L\neq Z_0$；(4)$Z_g\neq Z_0$,$Z_L\neq Z_0$，则在什么时刻线上达到稳态？

R.9-37　将电压为V_0，串联电阻为R_g的电池，连接到一个无损耗传输线输入终端，这个传输线的特征阻抗为R_0，并且在其远端连接一个负载电阻R_L。从电池向负载行进的第一个瞬时电压波的幅度为多少？第一个从负载反射回电池的反射电压波幅度为多少？

R.9-38　在复习题R.9-37中，从电池向负载行进的第一个电流波的幅度为多少？第一个从负载反射回电池的反射电流波幅度为多少？

R.9-39　传输线的反射图是什么？使用它们的目的是什么？

R.9-40　接有负载的传输线的电压和电流反射图有什么区别？

R.9-41　将直流电压加在无损耗传输线上。在什么样的情况下，传输线上的瞬时电压和电流分布的波形不同？在什么样的情况下，它们的波形相同？

R.9-42　为什么在分析带电抗的负载传输线瞬时特性时，反射系数的概念没有用？

R.9-43　什么是史密斯圆图？为什么在做传输线计算时很有用？

R.9-44　在史密斯圆图上，表示匹配负载的点在哪儿？

R. 9-45　特征阻抗为 Z_0 的无损耗传输线连接一个 Z_L 的负载阻抗,如何运用史密斯圆图求(1)反射系数,(2)驻波比?

R. 9-46　为什么传输线长度变化半个波长,相应于在史密斯圆图上旋转了整整一周?

R. 9-47　已知阻抗 $Z=R+\mathrm{j}X$,在史密斯圆图上求导纳 $Y=1/Z$ 的步骤是什么?

R. 9-48　已知导纳 $Y=G+\mathrm{j}B$,怎样运用史密斯圆图来求其阻抗 $Z=1/Y$?

R. 9-49　史密斯导纳图上代表短路的点在哪?

R. 9-50　当传输线有损耗时,传输线的驻波比是常数吗?为什么?

R. 9-51　可以运用史密斯圆图计算有损传输线的阻抗吗?

R. 9-52　为什么解决阻抗匹配问题时,把史密斯圆图当作导纳图,比当作阻抗图更方便?

R. 9-53　为什么传输线要进行阻抗匹配?

R. 9-54　阐述传输线上的单短截线阻抗匹配方法。

R. 9-55　阐述传输线上的双短截线阻抗匹配方法。

R. 9-56　比较单短截线与双短截线阻抗匹配方法的优缺点。

R. 9-57　为什么在阻抗匹配时,经常使用短路型的短截线,而不是开路型的?

习题

P. 9-1　忽略边缘电场,用解析法证明:一个沿平行板传输线 $+z$ 方向传播的 y 方向极化的 TEM 波具有如下性质:$\partial E_y/\partial x=0$ 和 $\partial H_x/\partial y=0$。

P. 9-2　一个沿传输线 $+z$ 方向行进的 TEM 波的电场和磁场都具有 x 和 y 分量,且这些分量都是横向坐标的函数:

(1) 求出 $E_x(x,y)$,$E_y(x,y)$,$H_x(x,y)$ 和 $H_y(x,y)$ 之间的关系。

(2) 证明(1)中所有的四个场分量均满足静态场的二维拉普拉斯方程。

P. 9-3　考虑由给定的特征阻抗设计无损带状线的问题:

(1) 对于给定的平板宽度 w,如果相对介电常数变为原来 ε_r 的两倍,介质厚度 d 应该怎样变化?

(2) 对于给定的 d,如果相对介电常数变为原来 ε_r 的两倍,w 应该怎样变化?

(3) 对于给定的 ε_r,如果 d 变为原来的两倍,w 应该怎样变化?

(4) 根据(1)、(2)、(3)中的变化后,波的传播速度与原来的传输线上的还相同吗?解释之。

P. 9-4　考虑由两根宽度为 20(mm)的平行的黄铜带($\sigma_c=1.6\times10^7\mathrm{S/m}$)组成的传输线,两黄铜带间被一个厚度为 2.5(mm)有损电介质厚板($\mu=\mu_0$,$\varepsilon_r=3$,$\sigma=10^{-3}\mathrm{S/m}$)隔开。工作频率为 500MHz。

(1) 计算单位长度的 R,L,G 和 C。

(2) 比较电场轴向分量和横向分量的大小。

(3) 求 γ 和 Z_0。

P. 9-5　证明式(9-39)。

P. 9-6　传输线由介电常数为 $\varepsilon=\varepsilon'-\mathrm{j}\varepsilon''$ 的有损电介质隔开的理想导体所构成,证明其衰减常数和相位常数分别为

$$\alpha = \omega\sqrt{\frac{\mu\varepsilon'}{2}}\left[\sqrt{1+\left(\frac{\varepsilon''}{\varepsilon'}\right)^2}-1\right]^{\frac{1}{2}} \quad (\text{Np/m}) \tag{9-214}$$

$$\beta = \omega\sqrt{\frac{\mu\varepsilon'}{2}}\left[\sqrt{1+\left(\frac{\varepsilon''}{\varepsilon'}\right)^2}+1\right]^{\frac{1}{2}} \quad (\text{rad/m}) \tag{9-215}$$

P.9-7 9.3.1 节对低损耗线的 γ 和 Z_0 近似公式推算时，略去了比 1 小很多的含有(R/wL)和(G/wC)二阶和高次项。在低频率下，要求有比式(9-54)和式(9-58)中更好的近似值。求出低损耗线 γ 和 Z_0 的新公式，低损线保留 $(R/\omega L)^2$ 项和 $(G/\omega C)^2$ 项。并求出相速度相应的表达式。

P.9-8 在极低频率下，求有损传输线的 γ 和 Z_0 近似表达式，满足 $\omega L \ll R$ 和 $\omega C \ll G$。

P.9-9 100MHz 时，以下特征参数在有损线上已被测得

$$Z_0 = 50 + j0 \quad (\Omega)$$
$$\alpha = 0.01 \quad (\text{dB/m})$$
$$\beta = 0.8\pi \quad (\text{rad/m})$$

求该线的 R, L, G 和 C。

P.9-10 以聚乙烯($\varepsilon_r = 2.25$)作为电介质来构造均匀传输线。假设损耗微小，(1)求 300Ω 的双线传输线的间距，已知导线半径是 0.6mm；(2)求 75Ω 同轴线的外导体的内半径，同轴线里的中心导体半径是 0.6mm。

P.9-11 证明：内阻为 Z_g 的电压源经过无损耗传输线传送到负载阻抗 Z_L 的功率为最大的条件是 $Z_i = Z_g^*$；Z_i 是向带负载的传输线看进去的阻抗。最大功率传输效率多少？

P.9-12 运用传输线输入端的电压 V_i 和电流 I_i 以及传输线的 γ 和 Z_0 表示 $V(z)$ 和 $I(z)$，(1)用指数形式，(2)用双曲函数形式。

P.9-13 如图 9-44(a)所示，考虑一对终端 1—1′和 2—2′间的长度为 l 的均匀传输线的一段，其特性阻抗为 Z_0，传播常数为 γ。令 (V_1, I_1) 和 (V_2, I_2) 分别为终端 1—1′和 2—2′的矢量电压和电流：

(1) 运用式(9-100a)和式(9-100b)，以下述形式写出将 (V_1, I_1) 和 (V_2, I_2) 联系起来的方程

$$\begin{bmatrix} V_1 \\ I_1 \end{bmatrix} = \begin{bmatrix} A & B \\ C & D \end{bmatrix}\begin{bmatrix} V_2 \\ I_2 \end{bmatrix} \tag{9-216}$$

求 A, B, C 和 D，并注意以下关系

$$A = D \tag{9-217}$$

且

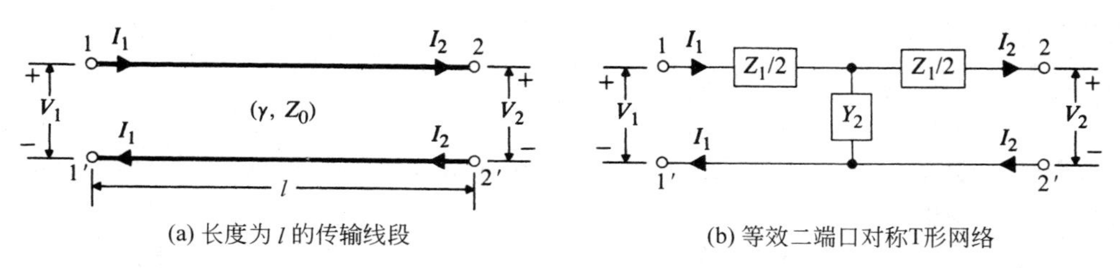

(a) 长度为 l 的传输线段　　(b) 等效二端口对称T形网络

图 9-44 传输线段和对称二端口网络的等效

$$AD - BC = 1 \tag{9-218}$$

(2) 因为式(9-216)、式(9-217)和式(9-218),所以图 9-44(a)中的传输线段可以被图 9-44(b)的等效二端口对称 T 形网络取代,证明

$$Z_1 = \frac{2}{C}(A-1) = 2Z_0 \tanh\frac{\gamma l}{2} \tag{9-219}$$

且

$$Y_2 = C = \frac{1}{Z_0}\sinh\gamma l \tag{9-220}$$

P. 9-14 电压为 V_g 且内阻为 R_g 的直流电源,与一单位长度电阻为 R,单位长度电导为 G 的有损传输线相连。

(1) 写出电压和电流的传输线约束方程;

(2) 求 $V(z)$ 和 $I(z)$ 的通解;

(3) 根据(2)的解,求无限长传输线的特解;

(4) 根据(2)的解,求长度为 l、终端负载电阻为 R_L 的有限长传输线的特解。

P. 9-15 一个开路电压为 $v_g(t)=10\sin 8000\pi t$V、内阻为 $Z_g=40+\mathrm{j}30\Omega$ 的电源与一根 50Ω 的无失真线相连。该线的电阻为 0.5Ω/m,线间有损电介质的损耗正切为 0.18%。此线长为 50m,终端有匹配负载。求:(1)线上任意位置处电压和电流的瞬时表达式;(2)负载电压和电流的瞬时表达式;(3)传输到负载的平均功率。

P. 9-16 开路或短路有损传输线的输入阻抗有电阻和电抗两分量。证明:长度为 l 的一小段微损线中($\alpha l \ll 1$ 且 $\beta l \ll 1$)的输入阻抗近似为

(1) $Z_{in}=(R+\mathrm{j}\omega L)l$,对于短路线;

(2) $Z_{in}=(G-\mathrm{j}\omega C)/[G^2+(\omega C)^2]l$,对于开路线。

P. 9-17 求低损耗的四分之一波长线($\alpha\lambda \ll 1$)的输入阻抗:

(1) 终端是短路;

(2) 终端是开路。

P. 9-18 长度为 2m,特征阻抗为 50Ω 的无损空气介质传输线,工作于 200MHz 频率,终端接有阻抗 $40+\mathrm{j}30\Omega$。求输入阻抗。

P. 9-19 在 4m 长空气介质传输线的输入端,测量其开路和短路时的输入阻抗分别为 $250\angle{-50^\circ}\Omega$、$360\angle{20^\circ}\Omega$。

(1) 求线的 Z_0,α 和 β;

(2) 求 R, L, G 和 C。

P. 9-20 0.6m 长无损同轴电缆在 100kHz 开路时测量到的电容量为 54pF,短路时测量到的电感为 0.30μH:

(1) 求 Z_0 和绝缘介质的介电常数;

(2) 计算 10MHz 下的 X_{io} 和 X_{is}。

P. 9-21 通过式(9-116)中开路的传输线的输入阻抗,求当 $l=n\lambda/2$ 时低损耗传输线的半功率带宽和 Q 值的表达式。

P. 9-22 一根特征阻抗为 R_0 的四分之一波长无损耗线,终端接入一个电感性的负载阻抗 $Z_L=R_L+\mathrm{j}X_L$。

(1) 证明其输入阻抗可以等效为一个电阻 R_i 和一个容抗 X_i 的并联。求以 R_0、R_L 和 X_L 表示的 R_i 和 X_i。

(2) 求以 R_0 和 Z_L 表示的输入端和负载端的电压幅值比($|V_{in}|/|V_L|$,电压传输比)。

P.9-23 一根 75Ω 的无损耗线,终端接有负载阻抗 $Z_L=R_L+jX_L$:

(1) 要使线上的电压驻波比为 3,R_L 和 X_L 应该有怎样的关系?

(2) 如果 $R_L=150\Omega$,求 X_L。

(3) 求在(2)的情况下,距负载最近的电压最小值点。

P.9-24 考察一根无损耗的传输线。

(1) 求当负载阻抗为 $40+j30\Omega$,特征阻抗为多少时线上的驻波比最小。

(2) 求出最小的驻波比以及相应的电压反射系数。

(3) 找到距负载最近的电压最小值位置。

P.9-25 一根有损耗的传输线,特征阻抗为 Z_0,其终端接任意的负载阻抗 Z_L。

(1) 求出用 Z_0 和 Z_L 表示的驻波比 S 的表达式。

(2) 求出用 S 和 Z_0 表示的在电压最大的位置朝负载端看去的阻抗。

(3) 求出在电压最小的位置朝负载端看去的阻抗。

P.9-26 一根特性阻抗为 $R_0=50\Omega$ 的传输线通过另一根特征阻抗为 R_0',长度为 l' 的传输线与负载阻抗 $Z_L=40+j10\Omega$ 实现匹配。试求匹配所需的 l' 和 R_0'。

P.9-27 已知 300Ω 的无损耗传输线终端连接一未知负载阻抗,其驻波比为 2.0,最靠近负载的电压最小值点距离负载 0.3λ,试求:

(1) 负载的电压反射系数 Γ;

(2) 未知的负载阻抗 Z_L;

(3) 输入阻抗等于 Z_L 的等效传输线的长度及其终端电阻。

P.9-28 一根特征阻抗为 R_0 而输入阻抗等于 $Z_i=R_i+jX_i$ 的无损耗传输线,试由式(9-147)导出传输线的长度 l_m 和终端电阻 R_m 的公式。

P.9-29 一根特征阻抗为 Z_0 且负载阻抗为 Z_L 的传输线,依据驻波比 S 和距离负载最近的电压最小值的点 z_m'/λ,试导出 Z_L 的解析式。

P.9-30 一电压为 $V_g=0.1\angle 0°\text{V}$ 且内阻为 $Z_g=R_0$ 的正弦电压源与一根特征阻抗为 50Ω 的无损耗传输线相连。传输线长度为 l(单位 m),终端接有负载电阻 $R_L=25\Omega$。求:

(1) V_i,I_i,V_L 和 I_L;

(2) 传输线的驻波比;

(3) 传输给负载的平均功率。

将(3)的结果与 $R_L=50\Omega$ 的条件下的结果相比较。

P.9-31 考虑特征阻抗为 R_0 的无损耗传输线。振幅为 V_g、内阻 $R_g=R_0$ 的时谐电压源与传输线的输入终端相连,传输线末端接有负载阻抗 $Z_L=R_L+jX_L$。令 P_{inc} 为沿 $+z$ 方向行进波有关的平均入射功率。

(1) 求 V_g 和 R_0 表示的 P_{inc} 表达式;

(2) 求 V_g 和反射系数 Γ 表示的传输负载平均功率 P_L 表达式;

(3) 用驻波比 S 表示 P_L/P_{inc} 的比;

(4) 当 $V_g=100\text{V}$,$R_g=R_0=50\Omega$,$Z_L=50-j25\Omega$,求 P_{inc},Γ,S,P_L,$|V_L|$ 和 $|I_L|$。

P.9-32　电压为 $V_g = 110\sin\omega t$ V 和内阻抗为 $Z_g = 50\Omega$ 的正弦电压源与特征阻抗为 $R_0 = 50\Omega$ 的四分之一波长无损线相连，终端接有 $Z_L = j50\Omega$ 的纯电抗负载：

(1) 求电压和电流的相量表达式 $V(z')$ 和 $l(z')$；

(2) 写出瞬时电压和电流表达式 $v(z',t)$ 和 $i(z',t)$；

(3) 得出输送到负载的瞬时功率和平均功率。

P.9-33　当 $t=0$ 时，直流电压 V_0 直接加到长度为 l 的开路无损耗传输线的输入端，如图 9-45 所示。绘制下列时间间隔内传输线的电压波和电流波(以图 9-16 的方式)：

(1) $0<t<T(=l/u)$；

(2) $T<t<2T$；

(3) $2T<t<3T$；

(4) $3T<t<4T$。

当 $t=4T$ 时会出现什么情况？

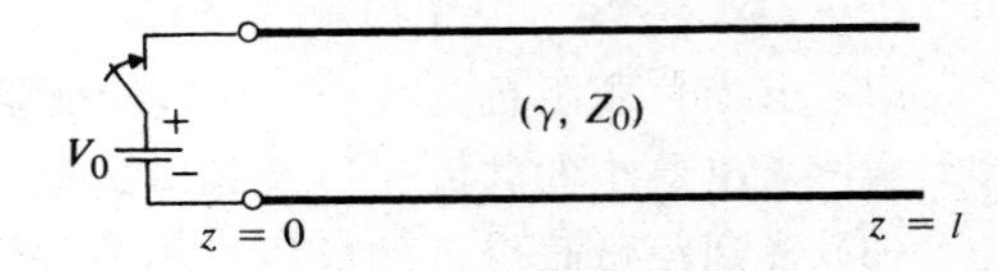

图 9-45　直流电压加到开路传输线

P.9-34　当 $t=0$ 时，100V 直流电压通过一个内阻为 $R_g = R_{01}$ 加到无损耗同轴电缆($R_{01} = 50\Omega$，绝缘体相对介电常数 $\varepsilon_{r1} = 2.25$)的输入端。电缆长 200m，与无损双线传输线($R_{02} = 200\Omega$，$\varepsilon_{r2} = 1$)相连，双线传输线长 400m，终端接有特征阻抗：

(1) 描述系统的瞬变特征，求所有反射和传输的电压和电流波的振幅。

(2) 绘制在同轴电缆中点电压和电流随 t 变化的函数。

(3) 在双线传输线中点重复(2)部分。

P.9-35　当 $t=0$ 时，直流电压 V_0 通过一阻值为 $R_0/2$ 的串联电阻，加到长度为 l 的空气电介质开路传输线的输入端，R_0 是传输线的特征阻抗：

(1) 画电压和电流的反射图。

(2) 绘制 $V(0,t)$ 和 $I(0,t)$。

(3) 绘制 $V(l/2,t)$ 和 $I(l/2,t)$。

P.9-36　当 $t=0$ 时，直流电压 V_0 加到长度为 l、无损耗空气介质传输线的输入端。线特征阻抗为 R_0，末端接有 $R_L = 2R_0$ 的负载电阻：

(1) 画电压和电流反射图。

(2) 绘制 $V(l,t)$ 和 $I(l,t)$。

(3) 绘制 $Z(z,2.5T)$ 和 $I(z,2.5T)$，其中 $T=l/u$。

P.9-37　对于例 9-11 的问题，求出并绘制 $i(200,t)$。

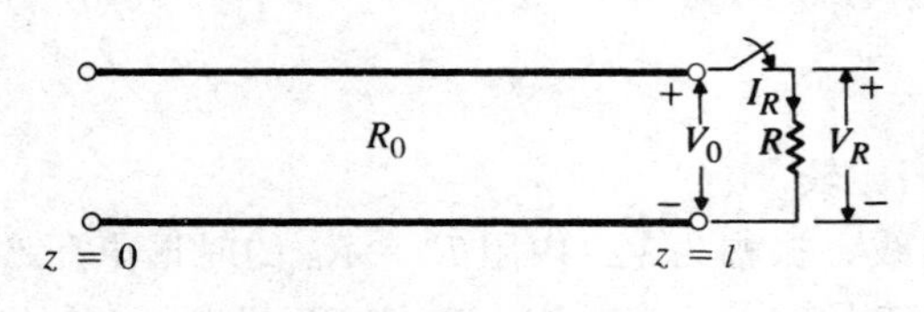

图 9-46　与电阻相连的最初带电线路

P.9-38　首先把电压 V_0 加到长度为 l、特征阻抗为 R_0 的无损空气电介质开路传输线。当 $t=0$ 时，传输线与电阻 R 相连，如图 9-46 所示。当 $0<t<5l/c$ 时，求 $V_R(t)$ 和 $I_R(t)$：

(1) 如果 $R=2R_0$；

(2) 如果 $R=R_0/2$。

P.9-39　参看图 9-26(a)，但把负载从纯电感变为 $R_L = 10\Omega$ 和 $L_L = 48\mu$H 的串联组合。假设 $V_0 = 100$V，$R_0 = 50\Omega$，$l = 900$m，$u=c$：

(1) 求出流经负载的电流和加在负载的电压随 t 变化的表达式。

(2) 绘制 $t_1 = 4\mu$s 时，传输线上的电流和电压分布图。

P. 9-40 参看图 9-28(a)，但把负载从纯电容变为 $C_L = 14\text{nF}$ 和 $R_L = 1000\Omega$ 的并联。假设 $V_0 = 100\text{V}$，$R_0 = 50\Omega$，$l = 900\text{m}$，$u = c$：

(1) 求流经负载的电流和加在负载的电压随 t 变化的表达式。

(2) 绘制 $t_1 = 4\mu\text{s}$ 时，传输线上的电流和电压分布图。

P. 9-41 因为 $|\Gamma| \leqslant 1$，所以基于无损耗传输线式(9-188)和式(9-189)，构建的史密斯圆图限制在单位圆内。在有损传输线情况下，Z_0 是复数，所以一般来说，归一化负载阻抗为 $z_L = Z_L / Z_0$。

(1) 证明 z_L，θ_L 的相角处于 $\pm 3\pi/4$ 之间。

(2) 证明 $|\Gamma|$ 可能大于 1。

(3) 证明最大的 $|\Gamma| = 2.414$。

P. 9-42 已知无损耗传输线的特征阻抗为 75Ω，工作频率为 200MHz，运用史密斯圆图求出：(1)1m 长和终端开路的输入阻抗；(2)0.8m 长和终端短路的输入阻抗；(3)求(1)和(2)部分里，线路的相应输入导纳。

P. 9-43 一个 $30 + \text{j}10\Omega$ 的负载阻抗与无损耗传输线相连，传输线长 0.101λ，特征阻抗为 50Ω。运用史密斯圆图求出：(1)驻波比；(2)电压反射系数；(3)输入阻抗；(4)输入导纳；(5)最小电压在线路中所处的位置。

P. 9-44 当负载阻抗改为 $30 - \text{j}10\Omega$ 时，重复习题 P. 9-43。

P. 9-45 在实验中对终端连有未知大小负载的 50Ω 无损耗传输线进行测量，测得驻波比为 2.0。第一个电压最小值距负载 5cm，连续的电压最小值距相距 25cm。求：(1)负载阻抗；(2)负载反射系数；(3)如果终端改为短路，第一个电压最小值会在什么位置？

P. 9-46 1.5m(小于 $\lambda/2$)长的有损短路传输线，其特征阻抗为 100Ω(近似实际值)，输入阻抗为 $40 - \text{j}280\Omega$：

(1) 求出线的 α 和 β。

(2) 如果短路的终端被负载阻抗 $Z_L = 50 + \text{j}50\Omega$ 替代，求输入阻抗。

(3) 当线路长为 0.15λ，求出短路线的输入阻抗。

P. 9-47 通过 300Ω 双线传输线，把 200MHz 源加到输入阻抗为 73Ω 的偶极天线上。设计一根四分之一波长的双线传输线，线间为空气，其间隔为 2cm，使天线和 300Ω 线路匹配。

P. 9-48 用单短截线方法，使负载阻抗 $25 + \text{j}25\Omega$ 与 50Ω 传输线匹配：

(1) 若短截线也是相同的 50Ω，求出短截线所需长度和位置。

(2) 重做(1)部分，假设短路短截线由线路的一段制成，线路的特征阻抗为 75Ω。

P. 9-49 负载阻抗与传输线的匹配，也可以通过在传输线的适当位置上接入一根与负载串联的单短截线来实现，如图 9-47 所示。假设 $Z_L = 25 + \text{j}25\Omega$，$R_0 = 50\Omega$，$R_0' = 35\Omega$，求匹配所需的 d 和 l。

P. 9-50 用双短截线法，使负载阻抗 $100 + \text{j}100\Omega$ 与特征阻抗为 300Ω 的无损耗传输线匹配。短截线间隔为 $3\lambda/8$，其中一根短截线直接和负载并联。在以下条件下，求短截线的长度：(1)如果短线调谐器都是短路；(2)如果短线调谐器都是开路。

P. 9-51 如果习题 P. 9-50 中的负载阻抗变为 $100 + \text{j}50\Omega$，发现当 $d_0 = 3\lambda/8$ 时，再用一根直接与负载并联的双短截线法是无法实现理想的匹配的。但是，可改用其他结构(如

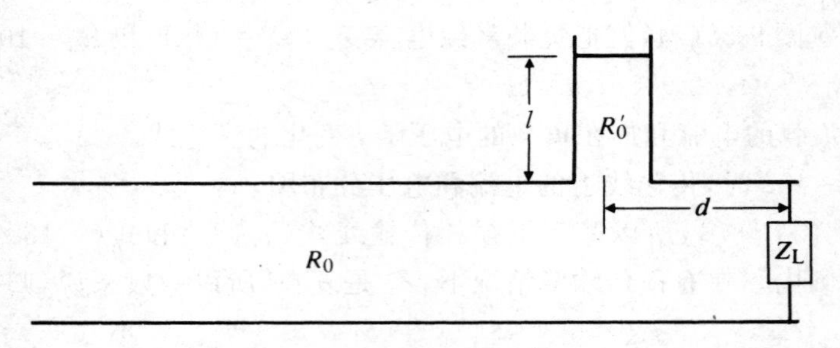

图 9-47 串联短截线匹配的阻抗

图 9-43 所示)给线路匹配负载:

(1) 求出所要求另一根线长的最小值 d_L。

(2) 用 (1)中的最小值 d_L,求所需短截线调谐器的长度。

P.9-52 图 9-41 所示的双短截线法,不能用来使某些负载与已给定特征阻抗的传输线匹配。试求在史密斯导纳图上,当 $d_0=\lambda/16$、$\lambda/4$、$3\lambda/8$、$7\lambda/16$ 时,不能用图 9-41 的双短截线装置进行匹配的负载导纳的范围。

第 10 章　波导和谐振腔

10.1　引言

第 9 章研究了由传输线引导的横电磁(TEM)波的主要特性。横电磁波的导波模式为：波的电场和磁场是相互正交的，并且二者在沿引导线传播的方向是横向的。阻抗可忽略的导线传导的 TEM 波的一个显著特点为：任意频率的波的传播速度都与它在无界媒质中的传播速度相同。由式(9-21)可得这一特性，式(9-72)再次证明了这一点。

然而，TEM 波并不是在传输线上传播的唯一导波模式，也不是只存在 9.1 节所提到的三种导波结构(平行板，双线和同轴线)。事实上，我们从式(9-55)和式(9-63)可以看出，由于传输线的有限电导率产生的衰减常数随着 R 的增加而增加(R 为每单位长度传输线的电阻)。根据表 9-1 和表 9-2，R 与$\sqrt{f}$成正比。因此，TEM 波的衰减常数往往随频率升高而单调递增。在微波频段，衰减系数就会非常大，以至于波无法传播。

本章首先介绍沿均匀导波装置传播的波的特性的一般分析方法。导波结构也叫做**波导**，第 9 章讨论的三种传输线型式都可以看作它的特殊情况。这里将研究基本的支配方程，从中可以看出除了在传播方向没有场分量的**横电磁(TEM)波**外；还有一种在传播方向没有磁场分量，但有电场分量的**横磁(TM)波**和另一种在传播方向无电场分量，但有磁场分量的**横电(TE)波**。TM 和 TE 模式都有特定的**截止频率**。频率低于特定模式的截止频率的波是不能传播的，只有在频率高于截止频率的情况下，才有可能传输功率和信号。因此，工作在 TM 和 TE 模式下的波导类似于高通滤波器。

在本章中，我们也将讨论平行板传输线，特别是 TM 和 TE 模式下的场和波的特性，同时说明 TM 波的横向场分量可以用 $\boldsymbol{E}_z$ 来表示(z 方向为波的传播方向)，TE 波的横向场分量可以用 H_z 来表示。由非理想导体壁产生的衰减常数将由 TM 和 TE 波决定，因此，在复杂的情况下，我们就会发现，衰减常数不仅取决于频率，也取决于波的传播模式。对于某些模式，衰减会随着频率的增加而增加；而在其他模式，在频率超过截止频率达到某一特定值时，衰减可能达到最小值。

电磁波可以通过任意截面的空心金属管进行传播。如果没有电磁理论知识，是很难解释空心波导的传播特性的。我们将看到，单一导体的导波结构不能传输 TEM 波。我们将详细地讨论场、电流和电荷分布，也将讨论矩形和圆柱波导的传播和衰减特性。最后将讨论 TM 和 TE 两种模式。

电磁波也可通过开放的介质板波导来传导。场基本被约束在介质区域内，而离开介质板表面的场将在横向平面内迅速衰减。由于这个原因，介质板波导传播的波又称为**表面波**，TM 和 TE 模都可以是表面波。我们将讨论表面波的场特性和截止频率，同时，也将讨论圆柱形光波导。

在微波波段,用集总参数来处理导线连接的电路元件(如电感和电容)的方法已经不再适用——这是因为元件的尺寸必须非常小,线路的电阻由于趋肤效应变得很大,同时存在辐射。我们也将简单讨论膜片和销钉作为波导电抗元件的情况。合适尺寸的空心导体盒可以用作谐振器。由于盒壁能提供较大面积的电流流通,电流损耗非常小,因此,封闭导体盒可以构成高 Q 值的谐振器。这样的盒子实质上是一段两端封闭的波导管,称为谐振腔。后面将讨论矩形和圆柱形谐振腔内部的不同模式的场结构。

10.2　波沿均匀波导的一般传输特性

在这一节中,我们将讨论波沿均匀截面的直行波导的一般传输特性。假设波沿 $+z$ 方向传播,传播常数为 $\gamma=\alpha+\mathrm{j}\beta$。对于角频率为 ω 的时谐电磁波,可以用式(10-1)的指数因子来描述所有场分量与 z、t 的关系

$$\mathrm{e}^{-\gamma z}\mathrm{e}^{\mathrm{j}\omega t}=\mathrm{e}^{(\mathrm{j}\omega t-\gamma z)}=\mathrm{e}^{-\alpha z}\mathrm{e}^{\mathrm{j}(\omega t-\beta z)} \tag{10-1}$$

例如,以余弦函数作参考,在笛卡儿坐标中,$\boldsymbol{E}$ 场的瞬时表达式可写成

$$\boldsymbol{E}(x,y,z;t)=\mathrm{Re}[\boldsymbol{E}^0(x,y)\mathrm{e}^{(\mathrm{j}\omega t-\gamma z)}] \tag{10-2}$$

其中 $\boldsymbol{E}^0(x,y)$ 是一个与横截面坐标相关的二维矢量。$\boldsymbol{H}$ 场的瞬时表达式可以用相似的方法来表示。因此,在等式中用矢量表示相关的场分量时,可以分别用($\mathrm{j}\omega$)和($-\gamma$)来代替对 t 和 z 的偏导,同时省略掉 $\mathrm{e}^{(\mathrm{j}\omega t-\gamma z)}$ 因子。

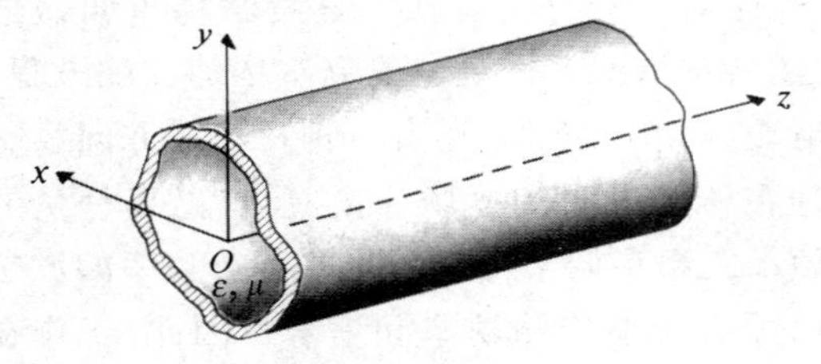

图 10-1　任意横截面的均匀波导

对于如图 10-1 所示的沿 z 轴方向放置的介质填充金属管直波导,其金属管为任意形状截面。根据式(7-105)和式(7-106),在无电荷的介质区域中的电场和磁场强度满足下面的齐次矢量亥姆霍兹方程

$$\nabla^2\boldsymbol{E}+k^2\boldsymbol{E}=0 \tag{10-3}$$

和

$$\nabla^2\boldsymbol{H}+k^2\boldsymbol{H}=0 \tag{10-4}$$

其中,$\boldsymbol{E}$ 和 $\boldsymbol{H}$ 是三维矢量相量,k 是波数

$$k=\omega\sqrt{\mu\varepsilon} \tag{10-5}$$

三维拉普拉斯算子 ∇^2 可以分成两部分：与横截面坐标相关的 $\nabla^2_{u_1u_2}$ 和与纵坐标相关的 ∇^2_z。对矩形截面的波导,可用笛卡儿坐标,则有

$$\nabla^2\boldsymbol{E}=(\nabla^2_{xy}+\nabla^2_z)\boldsymbol{E}=\left(\nabla^2_{xy}+\frac{\partial^2}{\partial z^2}\right)\boldsymbol{E}=\nabla^2_{xy}\boldsymbol{E}+\gamma^2\boldsymbol{E} \tag{10-6}$$

把式(10-3)和式(10-6)联系起来,就可得到

$$\nabla^2_{xy}\boldsymbol{E}+(\gamma^2+k^2)\boldsymbol{E}=0 \tag{10-7}$$

同样,由式(10-4)有

$$\nabla^2_{xy}\boldsymbol{H}+(\gamma^2+k^2)\boldsymbol{H}=0 \tag{10-8}$$

我们注意到,式(10-7)和式(10-8)的每一个方程实际上是三个二阶偏微分方程,其中每一方程分别对应 $\boldsymbol{E}$ 和 $\boldsymbol{H}$ 的每一个分量。这些场分量方程的精确解依赖于截面的几何形状和场分量在导体和介质分界面上必须满足的边界条件。进一步注意到,把横向算子 ∇^2_{xy} 改写成

$\nabla_{r\phi}^2$，式(10-7)和式(10-8)就变成圆波导的约束方程。

当然，$\boldsymbol{E}$ 和 $\boldsymbol{H}$ 的各个分量并不是相互独立的，因此为了得到 $\boldsymbol{E}$ 和 $\boldsymbol{H}$ 的六个场分量，并不必要求解出六个二阶偏微分方程。可以通过将两个无源的旋度方程(式(7-104a)和式(7-104b))展开来研究在笛卡儿坐标系中这六个场分量的相互关系。

由 $\nabla\times\boldsymbol{E}=-\mathrm{j}\omega\mu\boldsymbol{H}$		由 $\nabla\times\boldsymbol{H}=\mathrm{j}\omega\varepsilon\boldsymbol{E}$	
$\dfrac{\partial E_z^0}{\partial y}+\gamma E_y^0=-\mathrm{j}\omega\mu H_x^0$	(10-9a)	$\dfrac{\partial H_z^0}{\partial y}+\gamma H_y^0=\mathrm{j}\omega\varepsilon E_x^0$	(10-10a)
$-\gamma E_x^0-\dfrac{\partial E_z^0}{\partial x}=-\mathrm{j}\omega\mu H_y^0$	(10-9b)	$-\gamma H_x^0-\dfrac{\partial H_z^0}{\partial x}=\mathrm{j}\omega\varepsilon E_y^0$	(10-10b)
$\dfrac{\partial E_y^0}{\partial x}-\dfrac{\partial E_x^0}{\partial y}=-\mathrm{j}\omega\mu H_z^0$	(10-9c)	$\dfrac{\partial H_y^0}{\partial x}-\dfrac{\partial H_x^0}{\partial y}=\mathrm{j}\omega\varepsilon E_z^0$	(10-10c)

注意，式中已经用乘以$(-\gamma)$来代替对 z 的偏导。上述方程中所有的场量都是只与 x 和 y 相关的相量，与 z 相关的共同因子 $\mathrm{e}^{-\gamma z}$ 被省略。对这些方程进行运算，我们可以用两个纵向场分量 E_z^0 和 H_z^0 来表示横向场分量 H_x^0、H_y^0、E_x^0 和 E_y^0。例如，联合式(10-9a)和式(10-10b)，可消去 E_y^0，同时得出用 E_z^0 和 H_z^0 表示的 H_x^0。于是有

$$H_x^0=-\frac{1}{h^2}\left(\gamma\frac{\partial H_z^0}{\partial x}-\mathrm{j}\omega\varepsilon\frac{\partial E_z^0}{\partial y}\right)\tag{10-11}$$

$$H_y^0=-\frac{1}{h^2}\left(\gamma\frac{\partial H_z^0}{\partial y}+\mathrm{j}\omega\varepsilon\frac{\partial E_z^0}{\partial x}\right)\tag{10-12}$$

$$E_x^0=-\frac{1}{h^2}\left(\gamma\frac{\partial E_z^0}{\partial x}+\mathrm{j}\omega\mu\frac{\partial H_z^0}{\partial y}\right)\tag{10-13}$$

$$E_y^0=-\frac{1}{h^2}\left(\gamma\frac{\partial E_z^0}{\partial y}-\mathrm{j}\omega\mu\frac{\partial H_z^0}{\partial x}\right)\tag{10-14}$$

其中

$$h^2=\gamma^2+k^2\tag{10-15}$$

波导内波的特性可采用如下方法进行分析，即根据要求的边界条件，通过解方程式(10-7)和式(10-8)来分别求出纵向场分量 E_z^0 和 H_z^0，然后运用式(10-11)～式(10-14)得到其他场分量。

根据场分量 E_z 或 H_z 是否存在，很容易把在均匀波导中传播的波分为 3 种类型。

(1) 横电磁(TEM)波。这种波既没有 E_z 分量，也没有 H_z 分量。在第 8 章和第 9 章都提及过 TEM 波。

(2) 横磁(TM)波。这种波包含有一个非 0 的 E_z 分量，但 $H_z=0$。

(3) 横电(TE)波。这种波包含有一个非 0 的 H_z 分量，但 $E_z=0$。

各种类型的波的传播特性是不同的；这将在下面各节中进行讨论。

10.2.1　横电磁波

对于波导中的 TEM 波，由于 $E_z=0$ 和 $H_z=0$，所以看出除非分母 h^2 为 0，否则式(10-11)～式(10-14)将会构成一组平凡解所有场分量均为零。换句话说，只有当

$$\gamma_{\mathrm{TEM}}^2+k^2=0\tag{10-16}$$

或

$$\gamma_{\text{TEM}} = \text{j}k = \text{j}\omega\sqrt{\mu\varepsilon} \tag{10-17}$$

时,TEM波才存在。γ_{TEM}与在本构参数为ε和μ的无界媒质中传播的均匀平面波的传播常数表达式完全一样。回顾式(10-17)同样适用于无损耗传输线上的TEM波。由此得TEM波的传播速度(相速)是

$$u_{p(\text{TEM})} = \frac{\omega}{k} = \frac{1}{\sqrt{\mu\varepsilon}} \quad (\text{m/s}) \tag{10-18}$$

由式(10-9b)和式(10-10a),通过令E_z和H_z为0,可得到E_x^0与E_y^0两者之间的比值。这个比值称为**波阻抗**。则有

$$Z_{\text{TEM}} = \frac{E_x^0}{H_y^0} = \frac{\text{j}\omega\mu}{\gamma_{\text{TEM}}} = \frac{\gamma_{\text{TEM}}}{\text{j}\omega\varepsilon} \tag{10-19}$$

考虑到式(10-17),上式变成

$$Z_{\text{TEM}} = \sqrt{\frac{\mu}{\varepsilon}} = \eta \quad (\Omega) \tag{10-20}$$

注意:Z_{TEM}与由式(8-30)表示的介质的本征阻抗是相同的。由式(10-18)和式(10-20)可以断定,**TEM波的相速和波阻抗都与波的频率无关。**

令式(10-9a)中$E_z^0=0$,式(10-10b)中$H_z^0=0$,则得到

$$\frac{E_y^0}{H_x^0} = -Z_{\text{TEM}} = -\sqrt{\frac{\mu}{\varepsilon}} \tag{10-21}$$

将式(10-19)和式(10-21)组合,可以得到下列沿$+z$方向传播的TEM波的表达式:

$$\boldsymbol{H} = \frac{1}{Z_{\text{TEM}}}\boldsymbol{a}_z \times \boldsymbol{E} \quad (\text{A/m}) \tag{10-22}$$

这再次表明,在无界媒质中均匀平面波也有类似的关系(见式(8-29))。

单一导体波导是不能支承TEM波的。在6.2节中,已指出,磁通线总是封闭的。因此,如果TEM波在波导中存在,则$\boldsymbol{B}$和$\boldsymbol{H}$的场线将在横向形成一个封闭的回路。但是,根据广义的安培环路定律(式(7-54b)),要求磁场在横向平面内沿任意一封闭回路的线积分必须等于穿过回路的纵向传导电流和位移电流之和。如果没有内部导体的存在,波导中就不可能有纵向传导电流。由定义可知,TEM波没有E_z分量;因此,就不可能有纵向位移电流。波导内部没有纵向电流,就不可能有横向的封闭磁场存在。因此,我们可以推断出:**TEM波不可能存在于任意形状的单一导体的空心(或介质填充)波导中**。另一方面,有一个内部导体(假定为理想导体)的同轴传输线就能够支承TEM波;有两个导体的带状线和双线传输线也能支承TEM波。正如9.2节所提到的,当导体有损耗时,沿传输线传播的波,就不再是严格意义上的TEM波。

10.2.2 横磁波

横磁(TM)波在传播方向上没有磁场分量,$H_z=0$。TM波的特性可根据波导的边界条件,通过求解式(10-7)得到E_z,然后运用式(10-11)~式(10-14)得到其他场分量来进行分析。将式(10-7)写成E_z的方程,有

$$\nabla_{xy}^2 E_z^0 + (\gamma^2 + k^2)E_z^0 = 0 \tag{10-23}$$

或

$$\nabla_{xy}^2 E_z^0 + h^2 E_z^0 = 0 \tag{10-24}$$

式(10-24)是一个二阶偏微分方程，从中可以解出 E_z^0。在本节中，只讨论各种波类型的一般特性。式(10-24)的实际解将在后面分析特定波导时再给出。

对于 TM 波，令式(10-11)～式(10-14)中的 $H_z=0$，以便得到

$$H_x^0 = \frac{\mathrm{j}\omega\varepsilon}{h^2}\frac{\partial E_z^0}{\partial y} \tag{10-25}$$

$$H_y^0 = -\frac{\mathrm{j}\omega\varepsilon}{h^2}\frac{\partial E_z^0}{\partial x} \tag{10-26}$$

$$E_x^0 = -\frac{\gamma}{h^2}\frac{\partial E_z^0}{\partial x} \tag{10-27}$$

$$E_y^0 = -\frac{\gamma}{h^2}\frac{\partial E_z^0}{\partial y} \tag{10-28}$$

很方便将式(10-27)与式(10-28)合并后得到

$$(\boldsymbol{E}_T^0)_{\mathrm{TM}} = \boldsymbol{a}_x E_x^0 + \boldsymbol{a}_y E_y^0 = -\frac{\gamma}{h^2}\nabla_T E_z^0 \quad (\mathrm{V/m}) \tag{10-29}$$

其中

$$\nabla_T E_z^0 = \left(\boldsymbol{a}_x\frac{\partial}{\partial x} + \boldsymbol{a}_y\frac{\partial}{\partial y}\right)E_z^0 \tag{10-30}$$

表示 E_z^0 在横向平面内的梯度。式(10-29)是一个从 E_z^0 计算出 E_x^0 和 E_y^0 的简洁公式。

磁场强度的横分量 H_x^0 和 H_y^0，可以简单地由 E_x^0、E_y^0 与 TM 模式的波阻抗关系确定。通过式(10-25)～式(10-28)，得到

$$Z_{\mathrm{TM}} = \frac{E_x^0}{H_y^0} = -\frac{E_y^0}{H_x^0} = \frac{\gamma}{\mathrm{j}\omega\varepsilon} \quad (\Omega) \tag{10-31}$$

需要注意的是 Z_{TM} 不等于 $\mathrm{j}\omega\mu/\gamma$，因为跟 γ_{TEM} 不一样，TM 波的 γ 不等于 $\mathrm{j}\omega\sqrt{\mu\varepsilon}$。同时对 TM 波，电场和磁场强度满足下面的关系式

$$\boldsymbol{H} = \frac{1}{Z_{\mathrm{TM}}}(\boldsymbol{a}_z \times \boldsymbol{E}) \quad (\mathrm{A/m}) \tag{10-32}$$

可以看到，式(10-32)与 TEM 波中式(10-22)的形式相同。

当求解给定波导边界条件下的二维齐次亥姆霍兹方程式(10-24)时，会发现只有当 h 取某些离散值时，解才有可能存在。可以存在无限多个离散值，但并不是对所有的 h 值解都存在。当式(10-24)的解存在时，其对应的 h 值称为边界问题的**特征值**或**本征值**。每个特征值决定了给定波导的一个特定 TM 模的特性。

在后面的章节中，还也将发现，各种波导问题的特征值都是实数。由式(10-15)则有

$$\gamma = \sqrt{h^2 - k^2} = \sqrt{h^2 - \omega^2\mu\varepsilon} \tag{10-33}$$

应当注意传播常数 γ 存在两个截然不同的取值区域，其分界点为 $\gamma=0$，即

$$\omega_c^2\mu\varepsilon = h^2 \tag{10-34}$$

或

$$f_c = \frac{h}{2\pi\sqrt{\mu\varepsilon}} \quad (\mathrm{Hz}) \tag{10-35}$$

使 $\gamma=0$ 时的频率 f_c 称为**截止频率**。在波导中特定模式下 f_c 的值取决于该模式的特征值。运用式(10-35)，可以把式(10-33)写成

$$\gamma = h\sqrt{1-\left(\frac{f}{f_c}\right)^2} \tag{10-36}$$

可以通过比值$(f/f_c)^2$与1相比较来定义γ的两个不同取值区域：

(1) $\left(\frac{f}{f_c}\right)^2>1$或$f>f_c$。在这个区域内，$\omega^2\mu\varepsilon>h^2$且$\gamma$是虚数。由式(10-33)得到

$$\gamma = \mathrm{j}\beta = \mathrm{j}k\sqrt{1-\left(\frac{h}{k}\right)^2} = \mathrm{j}k\sqrt{1-\left(\frac{f_c}{f}\right)^2} \tag{10-37}$$

这是相位常数为β的传播模式

$$\beta = k\sqrt{1-\left(\frac{f_c}{f}\right)^2} \quad (\mathrm{rad/m}) \tag{10-38}$$

波导中相应的波长为

$$\lambda_g = \frac{2\pi}{\beta} = \frac{\lambda}{\sqrt{1-(f_c/f)^2}} > \lambda \tag{10-39}$$

其中

$$\lambda = \frac{2\pi}{k} = \frac{1}{f\sqrt{\mu\varepsilon}} = \frac{u}{f} \tag{10-40}$$

是无界媒质中频率为f的平面波的波长，该无界媒质的特性由μ和ε来表征，且$u=1/\sqrt{\mu\varepsilon}$是在这媒质中的光速。将式(10-39)进行整理，可以得到一个与λ、波导波长λ_g和截止波长$\lambda_c=u/f_c$有关的简单关系式

$$\frac{1}{\lambda^2} = \frac{1}{\lambda_g^2} + \frac{1}{\lambda_c^2} \tag{10-41}$$

波导中波传播的相速为

$$u_p = \frac{\omega}{\beta} = \frac{u}{\sqrt{1-(f_c/f)^2}} = \frac{\lambda_g}{\lambda}u > u \tag{10-42}$$

从式(10-42)可以看出，波在波导中的相速总是比无界媒质中的相速要高，且与频率有关。因此，尽管无界无损耗电介质是无色散的，但**单一导体的波导是色散传输系统**。波导中波的传播群速可以由式(8-72)确定

$$u_g = \frac{1}{\mathrm{d}\beta/\mathrm{d}\omega} = u\sqrt{1-\left(\frac{f_c}{f}\right)^2} = \frac{\lambda}{\lambda_g}u < u \tag{10-43}$$

因此

$$u_g u_p = u^2 \tag{10-44}$$

对空气介质，$u=c$，式(10-44)变成$u_g u_p=c^2$。在无损耗波导中，信号传播的速度(能量传输的速度)等于群速。具体解释见10.3.3节。

把式(10-37)代入式(10-31)，得到

$$Z_{\mathrm{TM}} = \eta\sqrt{1-\left(\frac{f_c}{f}\right)^2} \quad (\Omega) \tag{10-45}$$

对无耗介质填充的波导，TM模传播的波阻抗是纯电阻，且总是小于电介媒质的本征阻抗。图10-2中描述了在$f>f_c$时，Z_{TM}相对于f/f_c的变化情况。

(2) $\left(\frac{f}{f_c}\right)^2<1$，或$f<f_c$，当工作频率低于截止频率时，$\gamma$是实数且式(10-36)可以写成

$$\gamma = \alpha = h\sqrt{1-\left(\frac{f}{f_c}\right)^2},\quad f < f_c \tag{10-46}$$

事实上，这是一个衰减常数。由于所有场分量都包含传播因子 $e^{-\gamma z}=e^{-\alpha z}$，波随着 z 迅速减小而衰减。因此，波导具有**高通滤波器的特性**。对一个给定的模式，只有频率高于该模式截止频率的波才能在波导中传播。

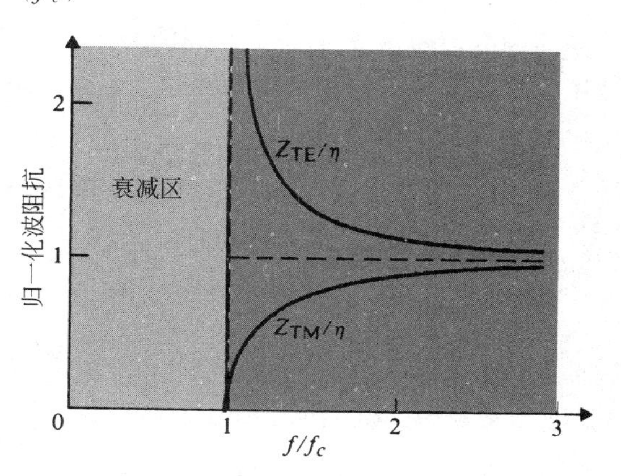

图 10-2　TM 和 TE 波传播的归一化波阻抗

将式(10-46)代入式(10-31)，可以得到，当 $f<f_c$ 时，TM 模式的波阻抗为

$$Z_{TM} = -\mathrm{j}\,\frac{h}{\omega\varepsilon}\sqrt{1-\left(\frac{f}{f_c}\right)^2},\quad f < f_c \tag{10-47}$$

因此，在频率低于截止频率时，衰减的 TM 波的波阻抗是纯电抗性的，这表明，功率流与衰减波相伴。

10.2.3　横电波

横电(TE)波在传播方向上没有电场分量，即 $E_z=0$。首先通过解关于 H_z 的式(10-8)来分析 TE 波的特性：

$$\nabla_{xy}^2 H_z + h^2 H_z = 0 \tag{10-48}$$

在波导壁上必须满足适当的边界条件。令 $E_z=0$，将式(10-11)～式(10-14)进行化简，并把 H_z 代入，就可以得到横向场分量。则有

$$H_x^0 = -\frac{\gamma}{h^2}\frac{\partial H_z^0}{\partial x} \tag{10-49}$$

$$H_y^0 = -\frac{\gamma}{h^2}\frac{\partial H_z^0}{\partial y} \tag{10-50}$$

$$E_x^0 = -\frac{\mathrm{j}\omega\mu}{h^2}\frac{\partial H_z^0}{\partial y} \tag{10-51}$$

$$E_y^0 = \frac{\mathrm{j}\omega\mu}{h^2}\frac{\partial H_z^0}{\partial x} \tag{10-52}$$

将式(10-49)和式(10-50)组合，得

$$(\boldsymbol{H}_T^0)_{TE} = \boldsymbol{a}_x H_x^0 + \boldsymbol{a}_y H_y^0 = -\frac{\gamma}{h^2}\nabla_T H_z^0\quad (\mathrm{A/m}) \tag{10-53}$$

注意：式(10-53)与 TM 模式中的式(10-29)完全相似。

电场强度的横向分量 E_x^0 和 E_y^0 与磁场强度的横向分量联系，可通过波阻抗来描述。由式(10-49)～式(10-52)可得

$$Z_{TE} = \frac{E_x^0}{H_y^0} = -\frac{E_y^0}{H_x^0} = \frac{\mathrm{j}\omega\mu}{\gamma}\quad (\Omega) \tag{10-54}$$

注意，式(10-54)中的 Z_{TE} 与式(10-31)中的 Z_{TM} 完全不同，原因是 TE 波的 γ 与 γ_{TEM} 不一样，它不再等于 $\mathrm{j}\omega\sqrt{\mu\varepsilon}$。现在，把式(10-51)、式(10-52)和式(10-54)联合起来就可得到下面的矢量

公式

$$\boldsymbol{E} = -Z_{TE}(\boldsymbol{a}_z \times \boldsymbol{H}) \quad (V/m) \tag{10-55}$$

因为并没有改变γ与h之间的关系,所以与TM波相关的式(10-33)~式(10-44)同样适用于TE波。根据工作频率是高于还是低于由式(10-35)给出的截止频率f_c,γ也存在两个截然不同的取值区域:

(1) $\left(\frac{f}{f_c}\right)^2 > 1$或$f > f_c$。在这个区域,$\gamma$是虚数,则得到传播模式。$\gamma$的表达式与式(10-37)是相同的,即

$$\gamma = j\beta = jk\sqrt{1-\left(\frac{f_c}{f}\right)^2} \tag{10-56}$$

因此,式(10-38)、式(10-39)、式(10-42)和式(10-43)中β、λ_g、u_p和u_g的表达式也适用于TE波。将式(10-56)代入式(10-54),得

$$Z_{TE} = \frac{\eta}{\sqrt{1-(f_c/f)^2}} \quad (\Omega) \tag{10-57}$$

这与式(10-45)中Z_{TM}表达式完全不同。式(10-57)表明,**无损介质填充的波导中,传播TE模的波阻抗是纯电阻性的,且总是大于电介媒质中的本征阻抗**。在$f > f_c$时,Z_{TE}随f/f_c的变化曲线如图10-2所示。

(2) $\left(\frac{f}{f_c}\right)^2 < 1$或$f < f_c$。在这种情况下,$\gamma$是实数,则得到衰减模式或非传播模式

$$\gamma = \alpha = h\sqrt{1-\left(\frac{f}{f_c}\right)^2}, \quad f < f_c \tag{10-58}$$

把式(10-58)代入式(10-54),就得到在$f < f_c$时的TE模的波阻抗

$$Z_{TE} = j\frac{\omega\mu}{h\sqrt{1-(f/f_c)^2}}, \quad f < f_c \tag{10-59}$$

它是纯电抗性的,再次表明在$f < f_c$时,衰减波中不存在功率流。

例10-1 (1)当波的频率等于截止频率的两倍时,试确定波导中TM模和TE模的波阻抗和波导波长。(2)当频率等于截止频率的一半时,重复(1)的计算;(3)在TEM模式下,波阻抗和波导波长是多少?

解:(1) 在$f=2f_c$时,它高于截止频率,得到传播模式。近似的表达式是式(10-45)、式(10-57)和式(10-39)。

当$f=2f_c$时,$(f_c/f)^2=\frac{1}{4}$,$\sqrt{1-(f_c/f)^2}=\sqrt{3}/2=0.866$,所以

$$Z_{TM} = 0.866\eta < \eta, \quad \lambda_{TM} = 1.155\lambda > \lambda$$

$$Z_{TE} = 1.155\eta > \eta, \quad \lambda_{TE} = 1.155\lambda > \lambda$$

其中,η是波导媒质的本征阻抗。这些结果列于表10-1中。

(2) 在$f=f_c/2<f_c$时,波导模式是衰减模式,因而波导波长也就没有意义。现在有

$$Z_{TM} = -j\frac{h}{\omega\varepsilon}\sqrt{1-\left(\frac{f}{f_c}\right)^2} = -j0.276h/f_c\varepsilon$$

$$Z_{TE} = j\frac{\omega\mu}{h\sqrt{1-(f/f_c)^2}} = j3.63f_c\mu/h$$

注意：在 $f<f_c$ 时，衰减模式的 $Z_{\rm TM}$ 和 $Z_{\rm TE}$ 变成了纯电抗；$Z_{\rm TM}$ 和 $Z_{\rm TE}$ 值的大小依赖于表示特定 TM 或 TE 模特征的特征值 h。

表 10-1　$f>f_c$ 时的波阻抗和波导波长

模　　式	波阻抗 Z	波导波长 λ_g
TEM	$\eta=\sqrt{\dfrac{\mu}{\varepsilon}}$	$\lambda=\dfrac{1}{f\sqrt{\mu\varepsilon}}$
TM	$\eta\sqrt{1-\left(\dfrac{f_c}{f}\right)^2}$	$\dfrac{\lambda}{\sqrt{1-(f_c/f)^2}}$
TE	$\dfrac{\eta}{\sqrt{1-(f_c/f)^2}}$	$\dfrac{\lambda}{\sqrt{1-(f_c/f)^2}}$

(3) TEM 模式不具有截止特性且 $h=0$。波阻抗和波导波长与频率无关。由式(10-20)和式(10-18)则有

$$Z_{\rm TEM}=\eta$$

和

$$\lambda_{\rm TEM}=\lambda$$

对于传播模式，$\gamma=\mathrm{j}\beta$ 以及 β 随频率的变化关系，决定了波沿波导传播的特性。ω 对 β 的关系[①]可用图 10-3 来表示，虚线表示 TEM 模式下 ω 对 β 的关系。该直线的恒定斜率为 $\omega/\beta=u=1/\sqrt{\mu\varepsilon}$，它与本构参数的 u 和 ε 的无界媒质中的光速是相等的。

虚线上面的实曲线描述了 TM 或 TE 传播模式下典型的 $\omega-\beta$ 关系，其关系见式(10-38)。可以写成

$$\omega=\frac{\beta u}{\sqrt{1-(\omega_c/\omega)^2}} \tag{10-60}$$

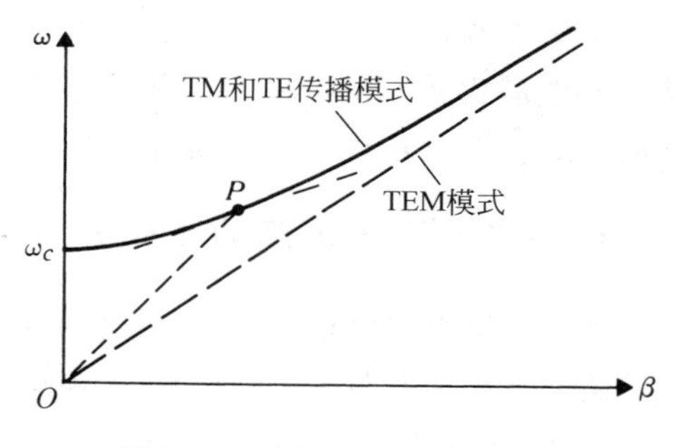

图 10-3　波导的 ω-β 的关系图

ω-β 曲线与 ω 轴($\beta=0$)在点 $\omega=\omega_c$ 处相交。连接原点与曲线上任一点的斜率(如曲线上的 P 点)，等于特定模式下波的相速 u_p(其截止频率为 f_c，工作在特定频率下)。ω-β 曲线上，P 点的局部斜率是群速 u_g。从图可以看出，在波导中传播的 TM 和 TE 波：$u_p>u$，$u_g<u$ 且式(10-44)成立。当工作频率增大到远远大于截止频率时，u_p 和 u_g 就会渐渐接近 u。对于给定截面尺寸的波导中传输的 TM 或 TE 模式，ω_c 的准确值取决于式(10-35)中的特征值 h。确定 h 的方法将结合不同类型的波导进行讨论。比较图 8-7 与图 10-3 发现，波在电离介质中传播的 ω-β 图与波在波导中传播的 ω-β 图(图 10-3)非常相似。

例 10-2　试用一个图来说明波导中渐衰减模式下衰减常数 α 与工作频率 f 之间的关系。

解：对于衰减的 TM 或 TE 模式，$f<f_c$，且式(10-46)或式(10-58)适用，则有

① 该图也称布里渊图。

$$\left(\frac{f_c}{h}\alpha\right)^2 + f^2 = f_c^2 \tag{10-61}$$

因此，$(f_c\alpha/h)$相对于f所绘出的曲线是一个圆心在原点、半径为f_c的圆。如图10-4所示，从图上的四分之一圆就可以找到任何满足$f<f_c$时的α值。

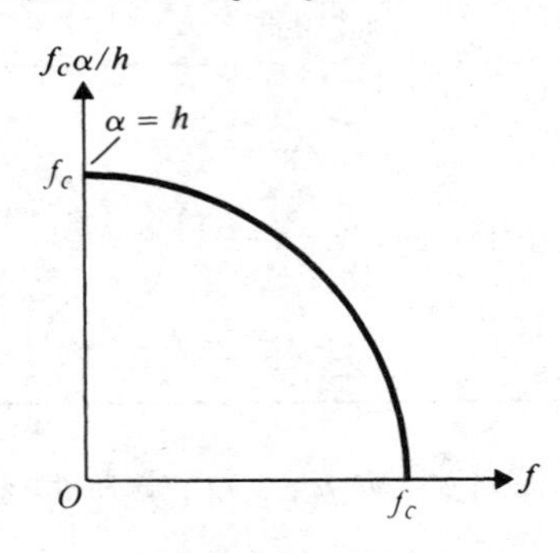

图10-4　衰减模式下的衰减常数与工作频率之间的关系

10.3　平行板波导

在9.2节中，讨论了TEM波沿平行板传输线传播的特性。接着曾指出，并在10.2.1节又再次强调，TEM模式的场特性与无界电介媒质中均匀平面波的场特性十分相似。但是，TEM模式并不是唯一一种能沿电介质分隔的平行板传播的模式。平行板波导也可以支承TM波和TE波。下面研究这些波的特征。

10.3.1　平行板间的TM波

考虑两块由理想导体板的平行板波导，中间填充本构参数为ε和μ的介质，如图10-5所示。假定板在x方向是无限长的，这相当于假设场沿x方向不变化，且边界效应可忽略。假设TM波($H_z=0$)沿$+z$方向传播。对于时谐相关，使用已略去公共因子$e^{(j\omega t-\gamma z)}$的场量方程是很方便的，把相量$E_z(y,z)$写成$E_z^0(y)e^{-\gamma z}$。式(10-24)就变成

$$\frac{d^2E_z^0(y)}{dy^2} + h^2E_z^0(y) = 0 \tag{10-62}$$

式(10-62)的解必须满足边界条件

$$E_z^0(y) = 0\text{，在 } y=0 \text{ 及 } y=b \text{ 时}$$

从4.5节可得出结论：$E_z^0(y)$必须具有如下形式($h=n\pi/b$)：

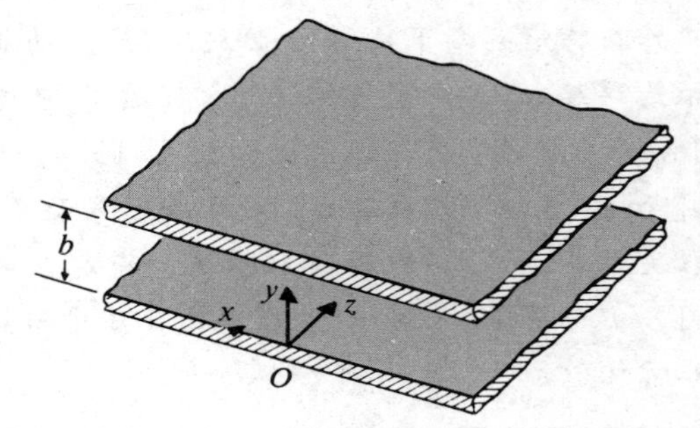

图10-5　无限大平行板波导

$$E_z^0(y) = A_n\sin\left(\frac{n\pi y}{b}\right) \tag{10-63}$$

其中，振幅A_n取决于特定TM波的激励强度。其他唯一的非零场分量可由式(10-25)～式(10-28)获得。因$\partial E_z/\partial x=0$，并忽略$e^{-\gamma z}$因子，有

$$H_x^0(y)=\frac{\mathrm{j}\omega\varepsilon}{h}A_n\cos\left(\frac{n\pi y}{b}\right) \tag{10-64}$$

$$E_y^0(y)=-\frac{\gamma}{h}A_n\cos\left(\frac{n\pi y}{b}\right) \tag{10-65}$$

式(10-65)中的 γ 是传播常数，它可以通过式(10-33)求得

$$\gamma=\sqrt{\left(\frac{n\pi}{b}\right)^2-\omega^2\mu\varepsilon} \tag{10-66}$$

截止频率是使 $\gamma=0$ 时的频率。则有

$$f_c=\frac{n}{2b\sqrt{\mu\varepsilon}}\quad(\mathrm{Hz}) \tag{10-67}$$

当然，上式是与式(10-35)一致的。当 $f>f_c$ 时，波以式(10-38)给出的相位常数 β 进行传播；当 $f\leqslant f_c$ 时，波是衰减的。

根据 n 值的不同，存在与不同的特征值 h 相对应的不同 TM 模(特征模)。因此，就有截止频率为 $(f_c)_1=\dfrac{1}{2b\sqrt{\mu\varepsilon}}$ 的 TM_1 模($n=1$)；截止频率为 $(f_c)_2=\dfrac{1}{b\sqrt{\mu\varepsilon}}$ 的 TM_2 模($n=2$)，等等。每一模式都有它们自身的相移常数、波导波长、相速、群速和波阻抗；它们可分别由式(10-38)、式(10-39)、式(10-42)、式(10-43)和式(10-45)得到。当 $n=0, E_z=0$ 时，只有横向分量 H_x 和 E_y 存在。因此，TM_0 就是 TEM 模，其 $f_c=0$。具有最小截止频率的模式称为波导的**主模**。**平行板波导的主模是 TEM** 模。

例 10-3　(1)写出平行板波导中，TM_1 模式下瞬时场表达式。(2) 画出在 yz 平面内的电场线和磁场线。

解：(1) 由式(10-63)、式(10-64)和式(10-65)的相量表达式乘以 $\mathrm{e}^{\mathrm{j}(\omega t-\beta z)}$，然后取该乘积的实部，即可得 TM_1 模式下瞬时场表达式。当 $n=1$ 时，有

$$E_z(y,z;\,t)=A_1\sin\left(\frac{\pi y}{b}\right)\cos(\omega t-\beta z) \tag{10-68}$$

$$E_y(y,z;\,t)=\frac{\beta b}{\pi}A_1\cos\left(\frac{\pi y}{b}\right)\sin(\omega t-\beta z) \tag{10-69}$$

$$H_x(y,z;\,t)=-\frac{\omega\varepsilon b}{\pi}A_1\cos\left(\frac{\pi y}{b}\right)\sin(\omega t-\beta z) \tag{10-70}$$

其中

$$\beta=\sqrt{\omega^2\mu\varepsilon-\left(\frac{\pi}{b}\right)^2} \tag{10-71}$$

(2) 在 yz 平面，$\boldsymbol{E}$ 有 y 和 z 两个分量，在给定 t 时刻的电场线方程可从下述关系得到

$$\frac{\mathrm{d}y}{E_y}=\frac{\mathrm{d}z}{E_z} \tag{10-72}$$

例如，在 $t=0$ 时，式(10-72)可以写成

$$\frac{\mathrm{d}y}{\mathrm{d}z}=\frac{E_y(y,z;\,0)}{E_z(y,x;\,0)}=-\frac{\beta b}{\pi}\cot\left(\frac{\pi y}{b}\right)\tan\beta z \tag{10-73}$$

上式给出了电场线的斜率。对式(10-73)积分后可得

$$\cos\left(\frac{\pi y}{b}\right)\cos\beta z = 常数, 0 \leqslant y \leqslant b \tag{10-74}$$[①]

在图 10-6 中,画出了几根这样的电场线。每当 βz 变化 2πrad,场线就会重复一次;每当 βz 变化 πrad 时,场线的方向就会颠倒。

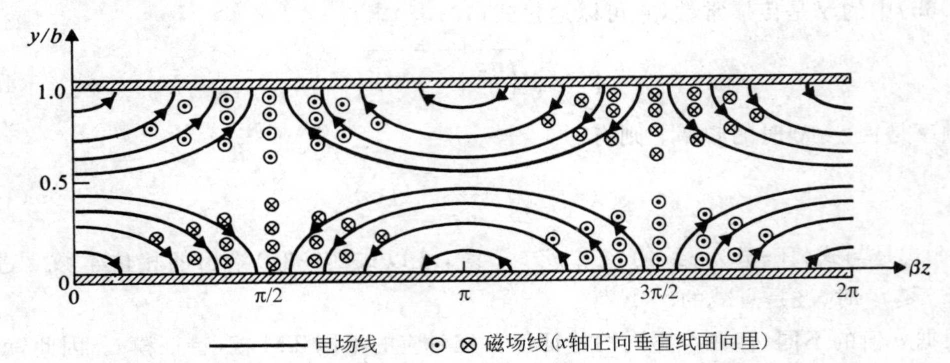

图 10-6 在平行板波导中 TM_1 模的场线

由于 $\boldsymbol{H}$ 只有 x 分量,所以磁场线处处都垂直于 yz 平面。对于在 $t=0$ 时的 TM_1 模,式(10-70)变为

$$H_x(y,z;0) = \frac{\omega\varepsilon b}{\pi}A_1\cos\left(\frac{\pi y}{b}\right)\sin\beta z \tag{10-75}$$

H_x 线的密度在 y 方向按 $\cos(\pi y/b)$ 变化,而在 z 方向按 $\sin\beta z$ 变化。这也绘于图 10-6 中。在导体板上($y=0$ 和 $y=b$),由于切线方向磁场的不连续形成了面电流,而电场强度法向分量的存在产生了面电荷(习题 P.10-4)。

例 10-4 证明:平行板波导中传播的 TM_1 波的场解,可以看成是在两个平行导体板间倾斜地来回反射的两个平面波的叠加。

解:由式(10-63),写出 $n=1$ 时 $E_z^0(y)$ 的相量表达式,并还原因子 $e^{-j\beta z}$,很容易得到

$$E_z(y,z) = A_1\sin\left(\frac{\pi y}{b}\right)e^{-j\beta z} = \frac{A_1}{2j}(e^{j\pi y/b} - e^{-j\pi y/b})e^{-j\beta z}$$

$$= \frac{A_1}{2j}\left[e^{-j(\beta z-\pi y/b)} - e^{-j(\beta z+\pi y/b)}\right] \tag{10-76}$$

从第 8 章可以识别出式(10-76)右边第一项表示一个平面波分别以相位常数 β 和 π/b,在 $+z$ 方向和 $-y$ 方向倾斜传播。同样,第二项表示另一个平面波分别以相同相位常数 β 和 π/b 在 $+z$ 方向和 $+y$ 方向倾斜传播。因此,在平行板波导中传播的 TM_1 波可以看作是两个平面波的叠加,如图 10-7 所示描绘。

在 8.7.2 节中,讨论了斜入射到导体边界面的平行极化(TM)平面波的反射,从中得到总场 $\boldsymbol{E}_1$ 的纵向分量的表达式,它是入射场 $\boldsymbol{E}_i$ 和反射场 $\boldsymbol{E}_r$ 二者纵向分量之和。为了使图 8-13

---

① 式(10-73)可重新整理为

$$\frac{dy}{dz} = -\left(\frac{\beta b}{\pi}\right)\frac{\cos(\pi y/b)\sin\beta z}{\sin(\pi y/b)\cos\beta z} \text{ 或 } \frac{(\pi/b)\sin(\pi y/b)\,dy}{\cos(\pi y/b)} = \frac{-\beta\sin\beta z\,dz}{\cos\beta z} \text{ 或 } -\frac{d[\cos(\pi y/b)]}{\cos(\pi y/b)} = \frac{d(\cos\beta z)}{\cos\beta z}$$

积分得 $-\ln[\cos(\pi y/b)] = \ln(\cos\beta z) + c_1$ 或 $\cos(\pi y/b)\cos\beta z = c_2$,它就是式(10-74),$c_1$ 和 c_2 是常数。

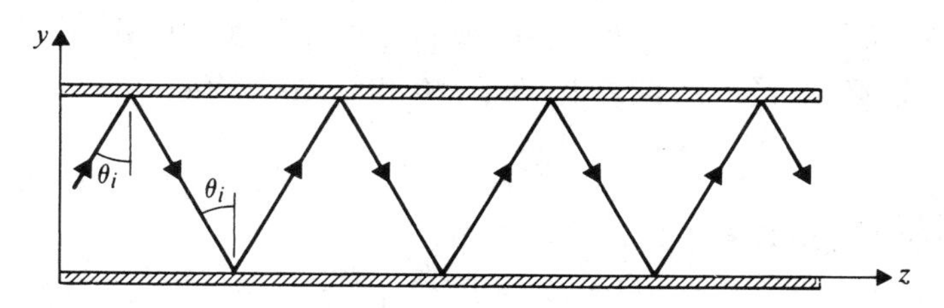

图 10-7　在平行板波导中传播的波看作两个平面波的叠加

的坐标标记适用于图 10-5 的坐标，则 x 和 z 必须分别变成 z 和 $-y$。式(8-128)的 E_x 改写为

$$E_z(y,z) = E_{i0}\cos\theta_i(\mathrm{e}^{\mathrm{j}\beta_1 y\cos\theta_i} - \mathrm{e}^{-\mathrm{j}\beta_1 y\cos\theta_i})\mathrm{e}^{-\mathrm{j}\beta_1 z\sin\theta_i}$$

将该方程的各指数项与式(10-76)比较，可得两个方程：

$$\beta_1\sin\theta_i = \beta \tag{10-77}$$

$$\beta_1\cos\theta_i = \frac{\pi}{b} \tag{10-78}$$

(在目前的考虑中，这些方程中包含的场的振幅并不重要)。对式(10-77)和式(10-78)求解得

$$\beta = \sqrt{\beta_1^2 - \left(\frac{\pi}{b}\right)^2} = \sqrt{\omega^2\mu\varepsilon - \left(\frac{\pi}{b}\right)^2}$$

它与式(10-71)是一样的，且

$$\cos\theta_i = \frac{\pi}{\beta_1 b} = \frac{\lambda}{2b} \tag{10-79}$$

其中 $\lambda=2\pi/\beta_1$ 是无界电介媒质中的波长。

观察到，仅当 $\frac{\lambda}{2b}\leqslant 1$ 时，式(10-79)关于 θ_i 的解才存在。在 $\frac{\lambda}{2b}=1$ 或 $f=\frac{u}{\lambda}=\frac{1}{2b\sqrt{\mu\varepsilon}}$，即式(10-67)中对应于 $n=1$ 的截止频率时，则有，$\cos\theta_i=1$ 且 $\theta_i=0$。这相当于波沿垂直于平行板的方向即 y 方向来回反射，而不沿在 z 方向($\beta=\beta_1\sin\theta_i=0$)传播。仅当 $\lambda<\lambda_c=2b$ 或 $f>f_c$ 时，TM_1 模才可能传播。$\cos\theta_i$ 和 $\sin\theta_i$ 都可用截止频率 f_c 表示。由式(10-79)和式(10-77)得

$$\cos\theta_i = \frac{\lambda}{\lambda_c} = \frac{f_c}{f} \tag{10-80}$$

和

$$\sin\theta_i = \frac{\lambda}{\lambda_g} = \frac{u}{u_p} = \sqrt{1 - \left(\frac{f_c}{f}\right)^2} \tag{10-81}$$

式(10-81)跟式(10-39)以及式(10-42)是一致的。

在平行板波导中，在图 8-12 的基础上，我们以平面波为例研究了行波。注意到，式(10-79)和式(10-81)分别与式(8-119)和(8-120)是相一致的，它也适用于垂直和平行极化波。

10.3.2　平行板间的 TE 波

对于横电波，$E_z=0$，求解下面关于 $H_z^0(y)$ 的方程，它是不依赖 x 的式(10-48)的简化形式

$$\frac{\mathrm{d}^2 H_z^0(y)}{\mathrm{d}y^2} + h^2 H_z^0(y) = 0 \tag{10-82}$$

注意到，$H_z(y,z)=H_z^0(y)\mathrm{e}^{-\gamma z}$。$H_z^0(y)$所必须满足边界条件可由式(10-51)得到。因为在导体板的表面上 E_x 必定为零，所以要求，在 $y=0$ 和 $y=b$ 处有：

$$\frac{\mathrm{d}H_z^0(y)}{\mathrm{d}y}=0$$

因此，式(10-82)的正确解具有下述形式：

$$H_z^0(y)=B_n\cos\left(\frac{n\pi y}{b}\right) \tag{10-83}$$

B_n 的振度取决于特定 TE 波的激励强度。由式(10-50)和式(10-51)可以得到其他唯一的非零场分量，考虑到$\partial H_z/\partial x=0$，则有

$$H_y^0(y)=\frac{\gamma}{h}B_n\sin\left(\frac{n\pi y}{b}\right) \tag{10-84}$$

$$E_x^0(y)=\frac{\mathrm{j}\omega\mu}{h}B_n\sin\left(\frac{n\pi y}{b}\right) \tag{10-85}$$

式(10-84)中的传播常数 γ 与式(10-66)给出的 TM 波的传播常数是一样的。因为截止频率是使 $\gamma=0$ 时的频率，**平行板波导中 TE_n 模式的截止频率与式(10-67)给出的 TM_n 中模的截止频率完全相同**。当 $n=0$ 时，H_y 和 E_x 均为零；因此，在平行板波导中不存在 TE_0 模。

例 10-5　(1) 写出 TE_1 模在平行板波导中的瞬时场表达式。(2)在 yz 平面内画出电场线和磁场线。

解：(1) TE_1 模的瞬时场表达式可由式(10-83)、式(10-84)和式(10-85)乘以 $\mathrm{e}^{\mathrm{j}(\omega t-\beta z)}$，然后对结果取实部即可得到。当 $n=1$ 时有

$$H_z(y,z;\ t)=B_1\cos\left(\frac{\pi y}{b}\right)\cos(\omega t-\beta z) \tag{10-86}$$

$$H_y(y,z;\ t)=-\frac{\beta b}{\pi}B_1\sin\left(\frac{\pi y}{b}\right)\sin(\omega t-\beta z) \tag{10-87}$$

$$E_x(y,z;\ t)=-\frac{\omega\mu b}{\pi}B_1\sin\left(\frac{\pi y}{b}\right)\sin(\omega t-\beta z) \tag{10-88}$$

其中，相位常数 β 由式(10-71)给出，与 TM_1 模的 β 相同。

(2) 在 yz 平面内，电场只有 x 分量。在 $t=0$，式(10-88)变成

$$E_x(y,z;\ 0)=\frac{\omega\mu b}{\pi}B_1\sin\left(\frac{\pi y}{b}\right)\sin\beta z \tag{10-89}$$

因此，E_x 线的密度在 y 方向上按 $\sin(\pi y/b)$ 变化，在 z 轴方向上按 $\sin\beta z$ 变化；E_x 线在图 10-8中用点和叉来描绘。

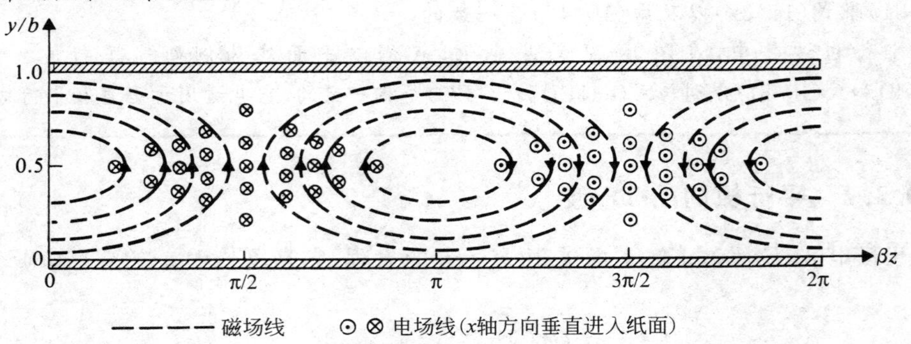

图 10-8　平行板波导中 TE_1 模的场线

磁场有 y 和 z 的两个分量。磁场线方程(在 $t=0$ 时)可由下面关系得到

$$\frac{\mathrm{d}y}{\mathrm{d}z}=\frac{H_y(y,z;0)}{H_z(y,z;0)}=\frac{\beta b}{\pi}\tan\left(\frac{\pi y}{b}\right)\tan\beta z \tag{10-90}$$

使用例 10-3 所示的步骤,对式(10-90)积分得

$$\sin\left(\frac{\pi y}{b}\right)\cos\beta z=\text{常数},\quad 0\leqslant y\leqslant b \tag{10-91}$$

上式是在 $t=0$ 时,磁场线在 yz 平面的方程式。式(10-91)中的常数取值在 -1 到 $+1$ 之间。根据式(10-86),H_z 的磁力线密度随着 $|\cos(\pi y/b)|$ 变化而变化。图 10-8 画出了一些磁场线。磁场线的变化以 2πrad 为周期重复出现。

10.3.3　能量传输速度

在 10.2.2 节和 10.2.3 节中,我们注意到,频率高于截止频率的信号以相速 u_p 和群速 u_g 在波导中传播,相速由式(10-42)给出,群速度由式(10-43)给出。在 8.4 节引入的群速概念,定义为窄带信号包络的速度。对于宽频谱信号,如脉冲持续时间短的信号,群速就会失去其意义,因为低频成分可能低于截止频率(因此不能传播),并且高频分量可能以不同的速度传播。那么这些宽带信号就会失真,也就没有唯一的群速来表示信号传播速度。在这种情况下,研究能量沿波导传播的速度或**能量传输速度**。

对无损耗波导的信号传输,定义能量传输速度 u_{en} 为时间平均传播功率与单位波导长度中时间平均存储功率的比值:

$$u_{en}=\frac{(P_z)_{\mathrm{av}}}{W'_{\mathrm{av}}}\quad(\mathrm{m/s}) \tag{10-92}$$

时间平均功率 $(P_z)_{\mathrm{av}}$ 等于时间平均坡印廷矢量 P_{av} 在波导截面上的积分

$$(P_z)_{\mathrm{av}}=\int_s \boldsymbol{P}_{\mathrm{av}}\cdot\mathrm{d}\boldsymbol{s} \tag{10-93}$$

而单位长度上的时间平均存储功率 W'_{av} 是时间平均存储电能密度 $(w_e)_{\mathrm{av}}$ 和时间平均存储磁能密度 $(w_m)_{\mathrm{av}}$ 之和沿波导截面的积分

$$W'_{\mathrm{av}}=\int_s[(w_e)_{\mathrm{av}}+(w_m)_{\mathrm{av}}]\mathrm{d}s \tag{10-94}$$

对波导中的一种特定传播模式,用式(10-93)和式(10-94)分别来计算 $(P_z)_{\mathrm{av}}$ 和 W'_{av},并把 $(P_z)_{\mathrm{av}}$ 和 W'_{av} 代入式(10-92)得到能量传输速度。

例 10-6　求 TM_n 模在无损耗平行板波导中的能量传输速度。

解:首先运用式(8-96)、式(10-63)、式(10-64)和式(10-65)得到时间平均坡印廷矢量

$$\boldsymbol{P}_{\mathrm{av}}=\frac{1}{2}\mathrm{Re}(\boldsymbol{E}\times\boldsymbol{H}^*)=\frac{1}{2}\mathrm{Re}(-\boldsymbol{a}_zE_y^0H_x^{0*}+\boldsymbol{a}_yE_z^0H_x^{0*}) \tag{10-95}$$

因此,

$$\boldsymbol{P}_{\mathrm{av}}\cdot\boldsymbol{a}_z=-\frac{1}{2}\mathrm{Re}(E_y^0H_x^{0*})=\frac{\omega\varepsilon\beta}{2h^2}A_n^2\cos^2\left(\frac{n\pi y}{b}\right) \tag{10-96}$$

其中,用 $\mathrm{j}\beta$ 来替换 γ。对单位宽度的平行板波导,把式(10-96)代入式(10-93)得

$$(P_z)_{\mathrm{av}}=\int_0^b\boldsymbol{P}_{\mathrm{av}}\cdot\boldsymbol{a}_z\mathrm{d}y=\frac{\omega\varepsilon\beta b}{4h^2}A_n^2 \tag{10-97}$$

按照由式(8-83)推导出式(8-96)的步骤，很容易用式(8-85)和式(8-86)证明

$$(w_e)_{\mathrm{av}} = \frac{\varepsilon}{4}\mathrm{Re}(\boldsymbol{E}\cdot\boldsymbol{E}^*) \tag{10-98}$$

和

$$(w_m)_{\mathrm{av}} = \frac{\mu}{4}\mathrm{Re}(\boldsymbol{H}\cdot\boldsymbol{H}^*) \tag{10-99}$$

将式(10-63)和式(10-65)代入式(10-98)，有

$$(w_e)_{\mathrm{av}} = \frac{\varepsilon}{4}A_n^2\left[\sin^2\left(\frac{n\pi y}{b}\right)+\frac{\beta^2}{h^2}\cos^2\left(\frac{n\pi y}{b}\right)\right] \tag{10-100}$$

和

$$\int_0^b (w_e)_{\mathrm{av}}\mathrm{d}y = \frac{\varepsilon b}{8}A_n^2\left[1+\frac{\beta^2}{h^2}\right] = \frac{\varepsilon b}{8h^2}k^2A_n^2 \tag{10-101}$$

其中，为了用 k^2 来替换 β^2+h^2 已使用式(10-15)。同样，把式(10-64)代入式(10-99)，得

$$(w_m)_{\mathrm{av}} = \frac{\mu}{4}\left(\frac{\omega^2\varepsilon^2}{h^2}\right)A_n^2\cos^2\left(\frac{n\pi y}{b}\right) \tag{10-102}$$

和

$$\int_0^b (w_m)_{\mathrm{av}}\mathrm{d}y = \frac{\mu b}{8h^2}(\omega^2\varepsilon^2)A_n^2 = \frac{\varepsilon b}{8h^2}k^2A_n^2 \tag{10-103}$$

可见它等于由式(10-101)得到的每单位波导宽度所储存的时间平均电能。

现在准备由式(10-92)求 u_{en}，通过将式(10-97)除以式(10-101)和式(10-103)的储存能量之和，得

$$u_{en} = \frac{\omega\beta}{k^2} = \frac{\omega}{k}\left(\frac{\beta}{k}\right) = u\sqrt{1-\left(\frac{f_c}{f}\right)^2} \tag{10-104}$$

其中利用了式(10-5)和式(10-38)。可见式(10-104)中的能量传输速度等于式(10-43)中的群速。

10.3.4 平行板波导中的衰减

任何波导中的衰减(不仅仅是平行板波导)都由两方面形成：有损耗介质的损耗和非理想导体壁的损耗。这些损耗改变了波导中的电场和磁场，这样就很难获得准确解。然而，在实际的波导中，损耗通常是很小的，因此假设传播模式的横向场图没有受到损耗的影响。现在传播常数的实部表现为衰减常数，它说明了功率损耗的原因。衰减常数由两部分组成

$$\alpha = \alpha_d + \alpha_c \tag{10-105}$$

其中，α_d 是由于介质损耗产生的衰减常数；α_c 是由于非理想导体壁中的欧姆功率损耗产生的衰减常数。

现在将分别讨论 TEM、TM 和 TE 模中的衰减常数。

TEM 模 在 9.3.4 节已经讨论了 TEM 模在平行板传输线上的衰减常数。由式(9-90)和表 9-1，可近似得出

$$\alpha_d = \frac{G}{2}R_0 = \frac{\sigma}{2}\sqrt{\frac{\mu}{\varepsilon}} = \frac{\sigma}{2}\eta \quad (\mathrm{Np/m}) \tag{10-106}$$

其中 ε、μ 和 σ 分别是电介媒质的介电常数、磁导率和电导率。式(10-106)中，$\eta=\sqrt{\mu/\varepsilon}$ 是无损介质的本征阻抗。如果介质损耗可以用式(7-111)中复介电常数的虚部 $-\varepsilon''$ 来表示，就可以用 $\omega\varepsilon''$ 来代替 σ，并将式(10-106)写成另一种形式：

$$\alpha_d \cong \frac{\omega\varepsilon''}{2}\eta \quad (\text{Np/m}) \tag{10-107}$$

同样由式(9-90)和表 9-1，有

$$\alpha_c = \frac{R}{2R_0} = \frac{1}{b}\sqrt{\frac{\pi f\varepsilon}{\sigma_c}} \quad (\text{Np/m}) \tag{10-108}$$

其中，σ_c 是金属板的电导率。注意到，对 TEM 模式，σ_d 是与频率无关的，而 σ_c 与 $\sqrt{f}$ 成正比。进一步注意到当 $\sigma\to 0$ 时，$\alpha_d\to 0$；而当 $\sigma_c\to\infty$ 时 $\alpha_c\to 0$。

TM 模　在频率高于 f_c 时，由于介质损耗产生的衰减常数可以由式(10-66)得到——用 $\varepsilon_d=\varepsilon+(\sigma/\mathrm{j}\omega)$ 代替式中的 ε，将会得到

$$\begin{aligned}\gamma &= \mathrm{j}\left[\omega^2\mu\varepsilon\left(1-\frac{\mathrm{j}\sigma}{\omega\varepsilon}\right)-\left(\frac{n\pi}{b}\right)^2\right]^{1/2}\\ &= \mathrm{j}\sqrt{\omega^2\mu\varepsilon-\left(\frac{n\pi}{b}\right)^2}\left\{1-\mathrm{j}\omega\mu\sigma\left[\omega^2\mu\varepsilon-\left(\frac{n\pi}{b}\right)^2\right]^{-1}\right\}^{1/2}\\ &\cong \mathrm{j}\sqrt{\omega^2\mu\varepsilon-\left(\frac{n\pi}{b}\right)^2}\left\{1-\frac{\mathrm{j}\omega\mu\sigma}{2}\left[\omega^2\mu\varepsilon-\left(\frac{n\pi}{b}\right)^2\right]^{-1}\right\}\end{aligned} \tag{10-109}$$

其中，假设

$$\omega\mu\sigma \ll \omega^2\mu\varepsilon-\left(\frac{n\pi}{b}\right)^2$$

并将式(10-109)的第二行表达式用二项式展开，然后保留前两项便可得到第三行的表达式。由式(10-67)可知

$$\frac{n\pi}{b} = 2\pi f_c\sqrt{\mu\varepsilon}$$

也可写成

$$\sqrt{\omega^2\mu\varepsilon-\left(\frac{n\pi}{b}\right)^2} = \omega\sqrt{\mu\varepsilon}\sqrt{1-(\omega_c/\omega)^2} = \omega\sqrt{\mu\varepsilon}\sqrt{1-(f_c/f)^2}$$

由上面的关系，式(10-109)变成

$$\gamma = \alpha_d+\mathrm{j}\beta = \frac{\sigma}{2}\sqrt{\frac{\mu}{\varepsilon}}\frac{1}{\sqrt{1-(f_c/f)^2}}+\mathrm{j}\omega\sqrt{\mu\varepsilon}\sqrt{1-(f_c/f)^2}$$

由上式可得到

$$\alpha_d = \frac{\sigma\eta}{2\sqrt{1-(f_c/f)^2}} \quad (\text{Np/m}) \tag{10-110}$$

和

$$\beta = \omega\sqrt{\mu\varepsilon}\sqrt{1-(f_c/f)^2} \quad (\text{rad/m}) \tag{10-111}$$

因此，对 TM 模，α_d 随着频率的增加而减小。

利用从能量守恒定律中推导出的式(9-88)来得到非理想导体板损耗产生的衰减常数。因此

$$\alpha_c = \frac{P_L(z)}{2P(z)} \tag{10-112}$$

其中，$P(z)$ 是穿过波导一个截面的时均功率流，$P_L(z)$ 是两块板中每单位长度的时间平均功

率损耗。对 TM 模,利用式(10-64)和式(10-65):

$$P(z)=w\int_0^b -\frac{1}{2}(E_y^0)(H_x^0)^* \mathrm{d}y=\frac{w\omega\varepsilon\beta}{2}\left(\frac{bA_n}{n\pi}\right)^2\int_0^b\cos^2\left(\frac{n\pi y}{b}\right)\mathrm{d}y$$

$$=w\omega\varepsilon\beta b\left(\frac{bA_n}{2n\pi}\right)^2 \tag{10-113}$$

在顶板和底板上,面电流密度的幅值相同。在底板,因 $y=0$,有

$$|J_{SZ}^0|=|H_x^0(y=0)|=\frac{\omega\varepsilon bA_n}{n\pi}$$

在宽度为 w 的两板上,单位长度上的总功率损耗为

$$P_L(z)=2w\left(\frac{1}{2}|J_{sz}^0|^2R_s\right)=w\left(\frac{\omega\varepsilon bA_n}{n\pi}\right)^2R_s \tag{10-114}$$

将式(10-113)和式(10-114)代入式(10-112)得

$$\alpha_c=\frac{2\omega\varepsilon R_s}{\beta b}=\frac{2R_s}{\eta b\sqrt{1-(f_c/f)^2}}\quad(\mathrm{Np/m}) \tag{10-115}$$

其中,由式(9-26b)得

$$R_s=\sqrt{\frac{\pi f\mu_c}{\sigma_c}}\quad(\Omega) \tag{10-116}$$

将式(10-116)代入式(10-115)中,得 TM 模的 α_c 对 f 的直接依赖关系

$$\alpha_c=\frac{2}{\eta b}\sqrt{\frac{\pi\mu_c f_c}{\sigma_c}}\frac{1}{\sqrt{(f_c/f)[1-(f_c/f)^2]}} \tag{10-117}$$

图 10-9 画出了归一化的 α_c 曲线。图表明 TM 模时,归一化 α_c 存在一个最小值。

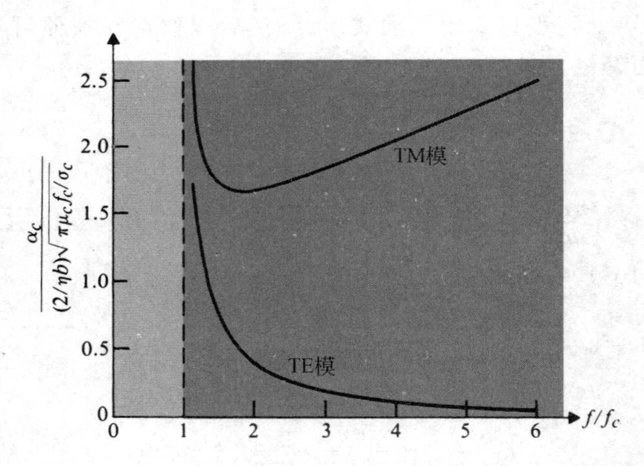

图 10-9 平行板波导中,板的电导率为有限值时的归一化衰减常数

TE 模 在 10.3.2 节中,已经指出,TE 波在平行板间的传播常数表达式与 TM 波的传播常数表达式是相同的。由此得出式(10-110)中 α_d 的公式也同样适用于 TE 模。

为了确定非理想导体板损耗产生的衰减常数 α_c,再次利用式(10-112)。当然,现在必须使用 TE 模的式(10-83)、式(10-84)和式(10-85)中的场表达式。于是得到

$$P(z)=w\int_0^b \frac{1}{2}(E_x^0)(H_y^0)^* \mathrm{d}y=\frac{w\omega\mu\beta}{2}\left(\frac{bB_n}{n\pi}\right)^2\int_0^b\sin^2\left(\frac{n\pi y}{b}\right)\mathrm{d}y$$

$$= w\omega\mu\beta b\left(\frac{bB_n}{2n\pi}\right)^2 \tag{10-118}$$

和

$$P_{\mathrm{L}}(z) = 2w\left(\frac{1}{2}\mid J_{sx}^0\mid^2 R_s\right) = w\mid H_z^0(y=0)\mid^2 R_s = wB_n^2 R_s \tag{10-119}$$

因此

$$\alpha_c = \frac{P_{\mathrm{L}}(z)}{2P(z)} = \frac{2R_s}{\omega\mu\beta b}\left(\frac{n\pi}{b}\right)^2 = \frac{2R_s f_c^2}{\eta b f^2\sqrt{1-(f_c/f)^2}} \tag{10-120}$$

图 10-9 同时给出了基于式(10-120)的归一化 α_c 曲线。与 TM 模式中 α_c 不同，TE 模式下的 α_c 没有最小值，但随着 f 的增加单调递减。

10.4　矩形波导

在 10.3 节中分析平行板波导时，假设在横向(x 方向)上平行板是无限长的；也就是说，场不会随着 x 而变化。实际中，这些平行板宽度总是有限的，且边缘上存在边缘场。电磁能在通过波导侧面时会泄露，且会对其他电路和系统产生不希望有的寄生耦合。因此，实际的波导通常是具有各种封闭的均匀截面结构。其中，最简单的截面是矩形和圆形，且这种截面易于分析和制造。本节我们将分析空心矩形波导中的波特性。10.5 节将讨论圆形波导。在实际中，矩形波导比圆形波导更为常见。

接下来的讨论中，10.2 节中关于波沿均匀波导传播的一般特性的材料，将会被用到。仍然考虑传播常数为 γ、沿 $+z$ 方向传播的时谐波。将分别讨论 TM 和 TE 波。正如前面所提到的，在空心或由介质填充的单一导体波导中不存在 TEM 波。

10.4.1　矩形波导中的 TM 波

考虑图 10-10 所示的波导，波导的矩形截面的边为 a 和 b。假设封闭电介媒质的本构参数为 ϵ 和 μ。对 TM 模式，$H_z=0$ 且 E_z 可由式(10-24)解得。将 $E_z(x,y,z)$写成

$$E_z(x,y,z) = E_z^0(x,y)\mathrm{e}^{-\gamma z} \tag{10-121}$$

求解下列二阶偏微分方程

$$\left(\frac{\partial^2}{\partial x^2}+\frac{\partial^2}{\partial y^2}+h^2\right)E_z^0(x,y) = 0 \tag{10-122}$$

这里利用 4.5 节讨论的分离变量法，令

$$E_z^0(x,y) = X(x)Y(y) \tag{10-123}$$

将式(10-123)代入式(10-122)然后把得到的方程两边各除以 $X(x)Y(y)$，则有

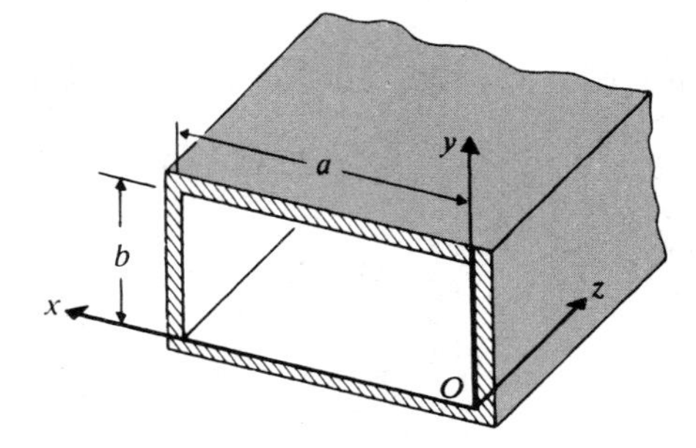

图 10-10　矩形波导

$$-\frac{1}{X(x)}\frac{\mathrm{d}^2X(x)}{\mathrm{d}x^2} = \frac{1}{Y(y)}\frac{\mathrm{d}^2Y(y)}{\mathrm{d}y^2}+h^2 \tag{10-124}$$

现在来证明，由于式(10-124)的左边仅是 x 的函数，而右边仅是 y 的函数，为了使上述方程可以取所有的 x 和 y 值，等式两边必须等于一个常数。把这个常数叫做 k_x^2，则得到两个独立的常微分方程：

$$\frac{\mathrm{d}^2 X(x)}{\mathrm{d}x^2} + k_x^2 X(x) = 0 \tag{10-125}$$

$$\frac{\mathrm{d}^2 Y(y)}{\mathrm{d}y^2} + k_y^2 Y(y) = 0 \tag{10-126}$$

其中

$$k_y^2 = h^2 - k_x^2 \tag{10-127}$$

表4-1列出了式(10-125)和式(10-126)的可能解。所选择的特解必须满足下述边界条件便。

1. 沿 *x* 方向

$$E_z^0(0,y) = 0 \tag{10-128}$$

$$E_z^0(a,y) = 0 \tag{10-129}$$

2. 沿 *y* 方向

$$E_z^0(x,0) = 0 \tag{10-130}$$

$$E_z^0(x,b) = 0 \tag{10-131}$$

显然,必须选择:

$X(x)$是 $\sin k_x x$ 的形式:

$$k_x = \frac{m\pi}{a}, \quad m = 1,2,3\cdots$$

$Y(y)$是 $\sin k_y y$ 的形式:

$$k_y = \frac{n\pi}{b}, \quad n = 1,2,3\cdots$$

且 $E_z^0(x,y)$的正确解为

$$E_z^0(x,y) = E_0 \sin\left(\frac{m\pi}{a}x\right)\sin\left(\frac{n\pi}{b}y\right) \quad (\mathrm{V/m}) \tag{10-132}$$

由式(10-127),有

$$h^2 = \left(\frac{m\pi}{a}\right)^2 + \left(\frac{n\pi}{b}\right)^2 \tag{10-133}$$

由式(10-25)～式(10-28)可以得到其他场分量:

$$E_x^0(x,y) = -\frac{\gamma}{h^2}\left(\frac{m\pi}{a}\right)E_0\cos\left(\frac{m\pi}{a}x\right)\sin\left(\frac{n\pi}{b}y\right) \tag{10-134}$$

$$E_y^0(x,y) = -\frac{\gamma}{h^2}\left(\frac{n\pi}{b}\right)E_0\sin\left(\frac{m\pi}{a}x\right)\cos\left(\frac{n\pi}{b}y\right) \tag{10-135}$$

$$H_x^0(x,y) = \frac{\mathrm{j}\omega\varepsilon}{h^2}\left(\frac{n\pi}{b}\right)E_0\sin\left(\frac{m\pi}{a}x\right)\cos\left(\frac{n\pi}{b}y\right) \tag{10-136}$$

$$H_y^0(x,y) = -\frac{\mathrm{j}\omega\varepsilon}{h^2}\left(\frac{m\pi}{a}\right)E_0\cos\left(\frac{m\pi}{a}x\right)\sin\left(\frac{n\pi}{b}y\right) \tag{10-137}$$

其中

$$\gamma = \mathrm{j}\beta = \mathrm{j}\sqrt{\omega^2\mu\varepsilon - \left(\frac{m\pi}{a}\right)^2 - \left(\frac{n\pi}{b}\right)^2} \tag{10-138}$$

整数 m 和 n 的每一种组合可定义为 TM_{mn} 模的一种可能模式;因此存在无限多对 TM 模。第一个下标 m 表示 x 方向场的半周变化数,第二个下标 n 表示 y 方向上场的半周变化数。一个特定模式的截止条件是使传播常数 $\gamma=0$。对于 TM_{mn} 模,截止频率为

$$(f_c)_{mn} = \frac{1}{2\sqrt{\mu\epsilon}}\sqrt{\left(\frac{m}{a}\right)^2 + \left(\frac{n}{b}\right)^2} \quad (\text{Hz}) \tag{10-139}$$

这与式(10-35)相符，也可写成

$$(\lambda_c)_{mn} \frac{2}{\sqrt{\left(\frac{m}{a}\right)^2 + \left(\frac{n}{b}\right)^2}} \quad (\text{m}) \tag{10-140}$$

其中，λ_c 是**截止波长**。

对矩形波导中的 TM 模，m 和 n 都不能为 0（想想为什么）。因此，在矩形波导中，TM_{11} 在所有 TM 模式中，截止频率最小。式(10-38)和式(10-45)中分别为传播模式的相位常数 β 和波阻抗 Z_{TM} 的表达式，这里可直接使用。

例 10-7　(1)写出边长为 a 和 b 的矩形波导中 TM_{11} 模式的瞬时场表达式。(2)在典型 xy 平面和 yz 平面内，画出电场线和磁场线。

解：(1) 将式(10-132)和式(10-134)～式(10-137)的相量表达式乘以 $e^{j(\omega t-\beta z)}$，然后对所得结果取实部，即可得到 TM_{11} 模式的瞬时场表达式。在 $m=n=1$ 时，有

$$E_x(x,y,z;\ t) = \frac{\beta}{h^2}\left(\frac{\pi}{a}\right)E_0\cos\left(\frac{\pi}{a}x\right)\sin\left(\frac{\pi}{b}y\right)\sin(\omega t - \beta z) \tag{10-141}$$

$$E_y(x,y,z;\ t) = \frac{\beta}{h^2}\left(\frac{\pi}{b}\right)E_0\sin\left(\frac{\pi}{a}x\right)\cos\left(\frac{\pi}{b}y\right)\sin(\omega t - \beta z) \tag{10-142}$$

$$E_z(x,y,z;\ t) = E_0\sin\left(\frac{\pi}{a}x\right)\sin\left(\frac{\pi}{b}y\right)\cos(\omega t - \beta z) \tag{10-143}$$

$$H_x(x,y,z;\ t) = -\frac{\omega\epsilon}{h^2}\left(\frac{\pi}{b}\right)E_0\sin\left(\frac{\pi}{a}x\right)\cos\left(\frac{\pi}{b}y\right)\sin(\omega t - \beta z) \tag{10-144}$$

$$H_y(x,y,z;\ t) = \frac{\omega\epsilon}{h^2}\left(\frac{\pi}{a}\right)E_0\cos\left(\frac{\pi}{a}x\right)\sin\left(\frac{\pi}{b}y\right)\sin(\omega t - \beta z) \tag{10-145}$$

$$H_z(x,y,z;\ t) = 0 \tag{10-146}$$

其中

$$\beta = \sqrt{k^2 - h^2} = \sqrt{\omega^2\mu\epsilon - \left(\frac{\pi}{a}\right)^2 - \left(\frac{\pi}{b}\right)^2} \tag{10-147}$$

(2) 在典型的 xy 平面，电场线和磁场线的斜率为

$$\left(\frac{dy}{dx}\right)_E = \frac{a}{b}\tan\left(\frac{\pi}{a}x\right)\cot\left(\frac{\pi}{b}y\right) \tag{10-148}$$

$$\left(\frac{dy}{dx}\right)_H = -\frac{b}{a}\cot\left(\frac{\pi}{a}x\right)\tan\left(\frac{\pi}{b}y\right) \tag{10-149}$$

这些方程与式(10-73)非常相似，并可用于画如图 10-11(a)所示的 $\boldsymbol{E}$ 线和 $\boldsymbol{H}$ 线。注意：由式(10-148)和式(10-149)有

$$\left(\frac{dy}{dx}\right)_E\left(\frac{dy}{dx}\right)_H = -1 \tag{10-150}$$

这表明 $\boldsymbol{E}$ 线和 $\boldsymbol{H}$ 线处处相互正交。同时，$\boldsymbol{E}$ 线垂直于波导壁，而 $\boldsymbol{H}$ 线平行于波导壁。

同样地，在典型的 yz 平面，当 $x=a/2$ 或 $\sin(\pi x/a)=1$ 且 $\cos(\pi x/a)=0$ 时，有

$$\left(\frac{dy}{dz}\right)_E = \frac{\beta}{h^2}\left(\frac{\pi}{b}\right)\cot\left(\frac{\pi}{b}y\right)\tan(\omega t - \beta z) \tag{10-151}$$

H 仅有 x 分量。图 10-11(b)画出了 $t=0$ 时的一些典型 **E** 线和 **H** 线。

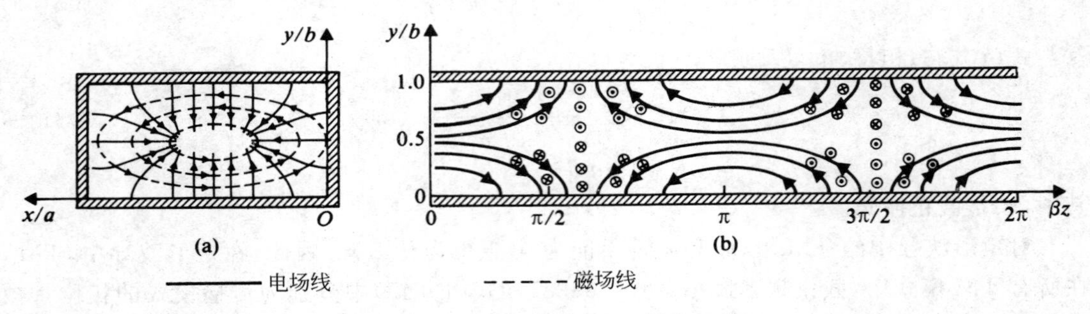

图 10-11 矩形波导中 TM_{11} 模的场线

10.4.2 矩形波导中的 TE 波

对于横电波,$E_z=0$,求解关于 H_z 的方程式(10-48),可得

$$H_z(x,y,z)=H_z^0(x,y)e^{-\gamma z} \tag{10-152}$$

其中 $H_z^0(x,z)$满足下面二阶偏微分方程

$$\left(\frac{\partial^2}{\partial x^2}+\frac{\partial^2}{\partial y^2}+h^2\right)H_z^0(x,y)=0 \tag{10-153}$$

可看出,方程式(10-153)与式(10-122)是完全相同的。对 $H_z^0(x,z)$的解必须满足下面边界条件。

1. 沿 x 方向

$$\frac{\partial H_z^0}{\partial x}=0 \quad (E_y=0),\quad 在\ x=0\ 处 \tag{10-154}$$

$$\frac{\partial H_z^0}{\partial x}=0 \quad (E_y=0),\quad 在\ x=a\ 处 \tag{10-155}$$

2. 沿 y 方向

$$\frac{\partial H_z^0}{\partial y}=0 \quad (E_x=0),\quad 在\ y=0\ 处 \tag{10-156}$$

$$\frac{\partial H_z^0}{\partial y}=0 \quad (E_x=0),\quad 在\ y=b\ 处 \tag{10-157}$$

很容易证明 $H_z^0(x,y)$的正确解为

$$H_z^0(x,y)=H_0\cos\left(\frac{m\pi}{a}x\right)\cos\left(\frac{n\pi}{b}y\right) \quad (A/m) \tag{10-158}$$

特征值 h 与$(m\pi/a)$及$(n\pi/b)$之间的关系与在 TM 模式下式(10-133)给出的关系是相同的。

其他场分量可由式(10-49)至式(10-52)得到

$$E_x^0(x,y)=\frac{j\omega\mu}{h^2}\left(\frac{n\pi}{b}\right)H_0\cos\left(\frac{m\pi}{a}x\right)\sin\left(\frac{n\pi}{b}y\right) \tag{10-159}$$

$$E_y^0(x,y)=-\frac{j\omega\mu}{h^2}\left(\frac{m\pi}{a}\right)H_0\sin\left(\frac{m\pi}{a}x\right)\cos\left(\frac{n\pi}{b}y\right) \tag{10-160}$$

$$H_x^0(x,y)=\frac{\gamma}{h^2}\left(\frac{m\pi}{a}\right)H_0\sin\left(\frac{m\pi}{a}x\right)\cos\left(\frac{n\pi}{b}y\right) \tag{10-161}$$

$$H_y^0(x,y)=\frac{\gamma}{h^2}\left(\frac{n\pi}{b}\right)H_0\cos\left(\frac{m\pi}{a}x\right)\sin\left(\frac{n\pi}{b}y\right) \tag{10-162}$$

其中,γ 的表达式与 TM 模式(10-138)给出的表达式是一样的。

截止频率的表达式(式(10-139))在这里同样适用。对 TE 模式,m 或 n 可以为 0(但不能同时为 0)。如果 $a>b$,当 $m=1$ 和 $n=0$ 时,截止频率为最低。

$$(f_c)_{TE_{10}}=\frac{1}{2a\sqrt{\mu\varepsilon}}=\frac{u}{2a}\quad(\text{Hz})\tag{10-163}$$

对应的截止波长为

$$(\lambda_c)_{TE_{10}}=2a\quad(\text{m})\tag{10-164}$$

因此,**TE_{10} 模是矩形波导在 $a>b$ 时的主模**。因为 TE_{10} 模在矩形波导中的所有模式中衰减最小,且其电场处处都沿着一个方向极化,所以它在实际中相当重要(见 10.4.3 小节)。

例 10-8　(1)写出在边长为 a 和 b 的矩形波导中 TE_{10} 模的瞬时场表达式。(2)画出在典型的 xy、yz 和 xz 平面上电场线和磁场线。(3)画出波导壁上的表面电流。

解:(1) 将式(10-158)～式(10-162)的相量表达式乘以 $e^{j(\omega t-\beta z)}$,然后对结果取实部,即可得主模 TE_{10} 模的瞬时场表达式。当 $m=1$ 且 $n=0$ 时,有

$$E_x(x,y,z;\ t)=0\tag{10-165}$$

$$E_y(x,y,z;\ t)=\frac{\omega\mu}{h^2}\left(\frac{\pi}{a}\right)H_0\sin\left(\frac{\pi}{a}x\right)\sin(\omega t-\beta z)\tag{10-166}$$

$$E_z(x,y,z;\ t)=0\tag{10-167}$$

$$H_x(x,y,z;\ t)=-\frac{\beta}{h^2}\left(\frac{\pi}{a}\right)H_0\sin\left(\frac{\pi}{a}x\right)\sin(\omega t-\beta z)\tag{10-168}$$

$$H_y(x,y,z;\ t)=0\tag{10-169}$$

$$H_z(x,y,z;\ t)=H_0\cos\left(\frac{\pi}{a}x\right)\cos(\omega t-\beta z)\tag{10-170}$$

其中

$$\beta=\sqrt{k^2-h^2}=\sqrt{\omega^2\mu\varepsilon-\left(\frac{\pi}{a}\right)^2}\tag{10-171}$$

(2) 从方程式(10-165)～式(10-170)可看出 TE_{10} 模式只有三个非零场分量,即 E_y、H_x 和 H_z。在典型的 xy 平面内,比如说,当 $\sin(\omega t-\beta z)=1$ 时,E_y 和 H_x 都随 $\sin(\pi x/a)$的变化而变化,且与 y 无关,如图 10-12(a)所示。

在 yz 平面内,例如在 $x=a/2$ 或者 $\sin(\pi x/a)=1$ 和 $\cos(\pi x/a)=0$ 时,只有 E_y 和 H_x 两个场分量随着 βz 作正弦变化。E_y 和 H_x 在 $t=0$ 时的示意图如图 10-12(b)所示。

在 xz 平面的场分布图中,可以看到三个非零场分量 E_y、H_x 和 H_z。在 $t=0$ 时,$\boldsymbol{H}$ 线的斜率是由以下方程所决定的,即

$$\left(\frac{dx}{dz}\right)_{\boldsymbol{H}}=\frac{\beta}{h^2}\left(\frac{\pi}{a}\right)\tan\left(\frac{\pi}{a}x\right)\tan\beta z\tag{10-172}$$

由该方程可以画出 $\boldsymbol{H}$ 线,如图 10-12(c)所示。这些线与 y 无关。

(3) 由式(7-66b)可知,在波导壁上的面电流密度 $\boldsymbol{J}_s$ 与磁场强度相关联

$$\boldsymbol{J}_s=\boldsymbol{a}_n\times\boldsymbol{H}\tag{10-173}$$

其中,$\boldsymbol{a}_n$ 是波导壁面的外法线方向,$\boldsymbol{H}$ 是波导壁上的磁场强度。在 $t=0$ 时,有

$$\boldsymbol{J}_s(x=0)=-\boldsymbol{a}_yH_z(0,y,z;\ 0)=-\boldsymbol{a}_yH_0\cos\beta z\tag{10-174}$$

$$\boldsymbol{J}_s(x=a)=\boldsymbol{a}_yH_z(a,y,z;\ 0)=\boldsymbol{J}_s(x=0)\tag{10-175}$$

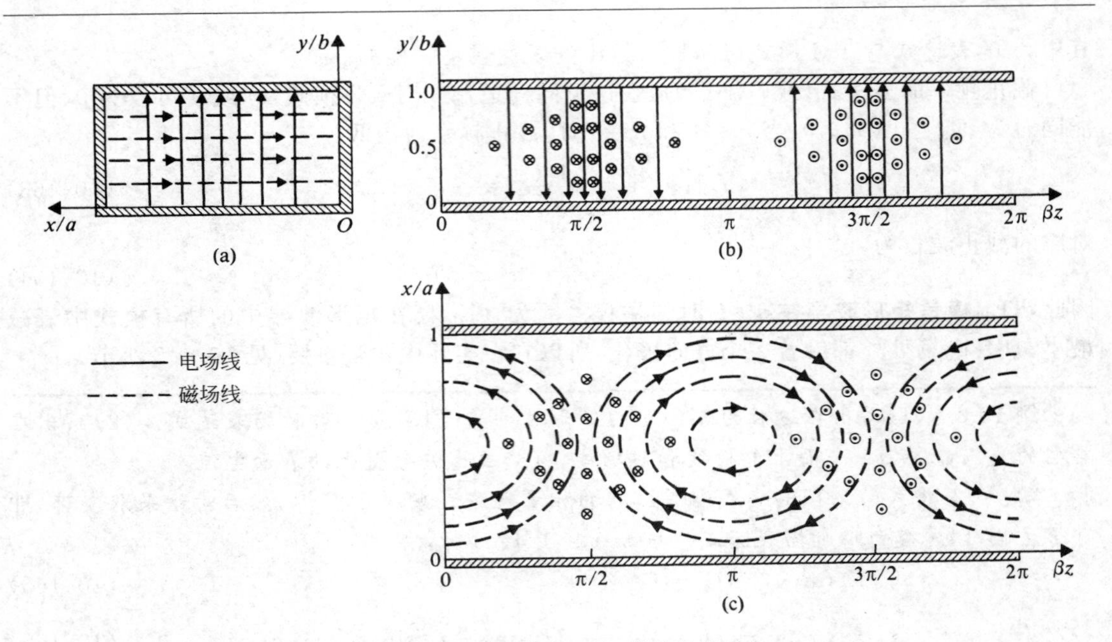

图 10-12 矩形波导中 TE_{10} 模的场线分布

$$\boldsymbol{J}_s(y=0)=\boldsymbol{a}_x H_z(x,0,z;0)-\boldsymbol{a}_y H_x(x,0,z;0)$$

$$=\boldsymbol{a}_x H_0\cos\left(\frac{\pi}{a}x\right)\cos\beta z-\boldsymbol{a}_z\frac{\beta}{h^2}\left(\frac{\pi}{a}\right)H_0\sin\left(\frac{\pi}{a}x\right)\sin\beta z \tag{10-176}$$

$$\boldsymbol{J}_s(y=b)=-\boldsymbol{J}_s(y=0) \tag{10-177}$$

在 $x=0$ 和 $y=b$ 时,波导内壁的面电流如图 10-13 所示。

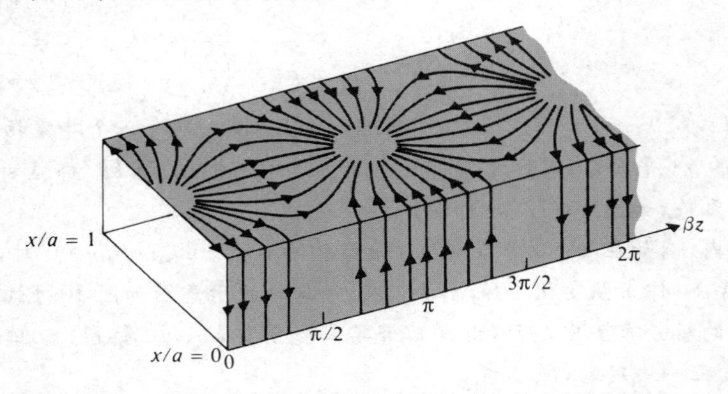

图 10-13 矩形波导中 TE_{10} 模式的波导壁上的表面电流分布

例 10-9 对于 7.7.4 节列出的雷达波段,已设计出标准的空气填充波导。WG-16 的型号适合于 X 波段应用。波导的尺寸是:$a=2.29\text{cm}(0.9\text{in})$,$b=1.02\text{cm}(0.4\text{in})$。如果期望 WG-16 波导只工作在主模 TE_{10} 模式,且工作频率至少比截止频率高 25%,但不超过下一相邻模式的截止频率的 95%,那么该波导允许的工作频率范围是多少?

解:当 $a=2.29\times10^{-2}\,\text{m}$,$b=1.02\times10^{-2}\,\text{m}$ 时,具有最低截止频率的两种模式是 TE_{10}

TE_{20}。利用式(10-139)，可得

$$(f_c)_{10} = \frac{c}{2a} = \frac{3\times10^8}{2\times2.29\times10^{-2}} = 6.55\times10^9 \quad (\text{Hz})$$

$$(f_c)_{20} = \frac{c}{a} = 13.10\times10^9 \quad (\text{Hz})$$ ①

因此，在特定的条件下，所允许的工作频率范围是

$$1.25(f_c)_{TE_{10}} \leqslant f \leqslant 0.95(f_c)_{TE_{20}}$$

或

$$8.19(\text{GHz}) \leqslant f \leqslant 12.45(\text{GHz})$$

10.4.3　矩形波导中的衰减

波在介质中的损耗和非理想波导壁里的损耗，都会导致传播模式的衰减。由于这些损耗通常是很小的，所以与在平行板波导的情况一样，仍然假设横向场基本不受损耗的影响。由介质损耗产生的衰减常数，可以通过把式(10-138)中的 ε 以 $\varepsilon_d=\varepsilon+(\sigma/\mathrm{j}\omega)$ 来代替得到。其结果与式(10-110)完全相同，现重写如下

$$\alpha_d = \frac{\sigma\eta}{2\sqrt{1-(f_c/f)^2}} \tag{10-178}$$

其中 σ 和 η 分别是电介质的电导率(见式(7-112))和本征阻抗，而 f_c 由式(10-139)给出。从式(10-178)容易看出，当波传播的频率从截止频率逐步增大时，由于电介质损耗产生的波传播的衰减常数从一个无限大的值单调递减到 $\sigma\eta/2$。

可使用式(10-112)来求波导壁损耗所产生的衰减常数。推导一般的 TM_{mn} 和 TE_{mn} 模式的 α_c 公式是冗长复杂的。下面只讨论 TE_{10} 主模的情况，因为它在矩形波导的所有传播模式中是最为重要的。

对于 TE_{10} 模，只有 E_y、H_x 和 H_z 三个非零场分量。令式(10-160)和式(10-161)中的 $m=1,n=0,h=(\pi/a)$，便可计算出流经波导横截面的时间平均功率：

$$P(z) = \int_0^b\int_0^a -\frac{1}{2}(E_y^0)(H_x^0)^*\,\mathrm{d}x\mathrm{d}y = \frac{1}{2}\omega\mu\beta\left(\frac{a}{\pi}\right)^2 H_0^2\int_0^b\int_0^a \sin^2\left(\frac{\pi}{a}x\right)\mathrm{d}x\mathrm{d}y$$
$$= \omega\mu\beta ab\left(\frac{aH_0}{2\pi}\right)^2 \tag{10-179}$$

为了计算单位长度导体壁的时间平均损耗功率，必须考虑波导所有的四个壁。从式(10-173)，式(10-158)和式(10-161)，看出

$$\boldsymbol{J}_s^0(x=0) = \boldsymbol{J}_s^0(x=a) = -\boldsymbol{a}_y H_z^0(x=0) = -\boldsymbol{a}_y H_0 \tag{10-180}$$

和

$$\boldsymbol{J}_s^0(y=0) = -\boldsymbol{J}_s^0(y=b) = \boldsymbol{a}_x H_z^0(y=0) - \boldsymbol{a}_z H_x^0(y=0)$$
$$= \boldsymbol{a}_x H_0\cos\left(\frac{\pi}{a}x\right) - \boldsymbol{a}_z\frac{\beta a}{\pi}H_0\sin\left(\frac{\pi}{a}x\right) \tag{10-181}$$

总的功率损耗是 $x=0$ 和 $y=0$ 的壁上损耗功率总和的两倍，有

① 注意：$(f_c)_{01}=(c/2b)>(f_c)_{20}$ 和 $(f_c)_{11}=(c/2a)\sqrt{1+(a/b)^2}>(f_c)_{20}$

$$P_{\mathrm{L}}(z)=2[P_{L}(z)]_{x=0}+2[P_{L}(z)]_{y=0} \tag{10-182}$$

其中

$$[P_{\mathrm{L}}(z)]_{x=0}=\int_{0}^{b}\frac{1}{2}|J_{s}^{0}(x=0)|^{2}R_{s}\mathrm{d}y=\frac{b}{2}H_{0}^{2}R_{s} \tag{10-183}$$

且

$$[P_{\mathrm{L}}(z)]_{y=0}=\int_{0}^{a}\frac{1}{2}[|J_{sx}^{0}(y=0)|^{2}+|J_{sz}^{0}(y=0)|^{2}]R_{s}\mathrm{d}x=\frac{a}{4}\left[1+\left(\frac{\beta\alpha}{\pi}\right)^{2}\right]H_{0}^{2}R_{s} \tag{10-184}$$

把式(10-183)和式(10-184)代入式(10-182)得到

$$P_{\mathrm{L}}(z)=\left\{b+\frac{a}{2}\left[1+\left(\frac{\beta\alpha}{\pi}\right)^{2}\right]\right\}H_{0}^{2}R_{s}=\left[b+\frac{a}{2}\left(\frac{f}{f_{c}}\right)^{2}\right]H_{0}^{2}R_{s} \tag{10-185}$$

上述表达式是由下面方程得到的结果

$$\beta=\sqrt{\omega^{2}\mu\varepsilon-\left(\frac{\pi}{a}\right)^{2}}=\omega\sqrt{\mu\varepsilon}\sqrt{1-\left(\frac{f_{c}}{f}\right)^{2}} \tag{10-186}$$

把式(10-179)和式(10-185)代入式(10-112),得到

$$(\alpha_{c})_{\mathrm{TE}_{10}}=\frac{R_{s}[1+(2b/a)(f_{c}/f)^{2}]}{\eta b\sqrt{1-(f_{c}/f)^{2}}}=\frac{1}{\eta b}\sqrt{\frac{\pi f\mu_{c}}{\sigma_{c}[1-(f_{c}/f)^{2}]}}\left[1+\frac{2b}{a}\left(\frac{f_{c}}{f}\right)^{2}\right]\quad(\mathrm{Np/m}) \tag{10-187}$$

式(10-187)表明,$(\alpha_{c})_{\mathrm{TE}_{10}}$与$(f_{c}/f)$的相关性很复杂。当$f$接近截止频率时,$(\alpha_{c})_{\mathrm{TE}_{10}}$趋向于无穷大;当$f$增大时,$(\alpha_{c})_{\mathrm{TE}_{10}}$一开始会逐步减小到最小值,但当$f$继续增大时,$(\alpha_{c})_{\mathrm{TE}_{10}}$会再次逐渐增大。

对于给定的宽度为a的波导,当b增大时,衰减就减小。然而,b的增大会导致下一个更高次模式TE_{11}(或TM_{11})的截止频率减小,这样主模TE_{10}模式的可用带宽(在这个频率范围内,TE_{10}模是唯一可能传播的模式)就会减少。一般的折中方案是选择b/a的比值在1/2附近。

如果遵循类似于导出式(10-187)的步骤,就能导出由波导壁引起的TM模式的衰减常数。对于TM_{11}模式,得

$$(\alpha_{c})_{\mathrm{TM}_{11}}=\frac{2R_{s}(b/a^{2}+a/b^{2})}{\eta ab\sqrt{1-(f_{c}/f)^{2}(1/a^{2}+1/b^{2})}} \tag{10-188}$$

图10-14画出了当$a=2.29\mathrm{cm}$,$b=1.02\mathrm{cm}$时,一个标准的空气填充的WR-16型矩形铜波

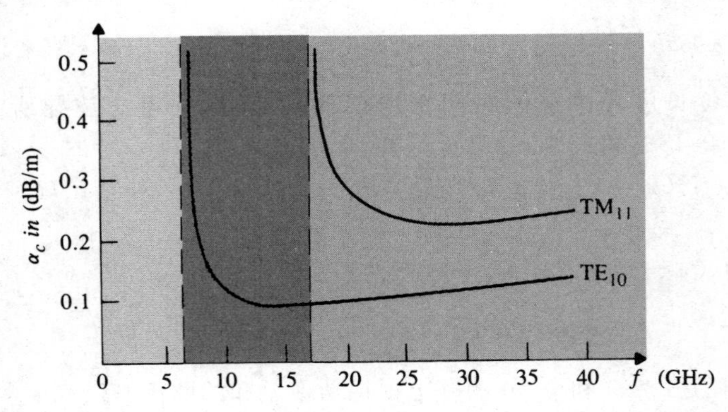

图10-14 TE_{10}和TM_{11}模式中由矩形铜波导中的波导壁产生的衰减
其中$a=2.29\mathrm{cm}$,$b=1.02\mathrm{cm}$

导$(\alpha_c)_{TE_{10}}$ 和 $(\alpha_c)_{TM_{11}}$ 的曲线图。由式(10-139)，可得 $(f_c)_{10}=6.55\text{GHz}$ 和 $(f_c)_{11}=16.10\text{GHz}$。这些曲线说明，当工作频率接近截止频率时，衰减常数迅速趋于无限大。在工作频率范围内($f>f_c$)，两条曲线具有很宽的最小值。TE_{10} 模式下的衰减常数总是比在 TM_{11} 模式下要小。这些结果与工作模式和频率的选择有着直接的联系。

例 10-10　一个频率为 10GHz 的 TE_{10} 波在 $\sigma_c=1.57\times10^7\text{S/m}$ 的矩形铜波导中传播，波导的内部尺寸为 $a=1.5\text{cm}$，$b=0.6\text{cm}$，将波导中填充 $\varepsilon_r=2.25$，$\mu_r=1$，损耗正切为 4×10^{-4} 的聚乙烯。求：(1)相位常数，(2)波导波长，(3)相速，(4)波阻抗，(5)由介质损耗产生的衰减常数，(6)由波导壁损耗产生的衰减常数。

解：在频率 $f=10^{10}\text{Hz}$ 时，波在无界聚乙烯中的波长为

$$\lambda=\frac{\mu}{f}=\frac{3\times10^8}{\sqrt{2.25}\times10^{10}}=\frac{2\times10^8}{10^{10}}=0.02\quad(\text{m})$$

由式(10-163)可知，TE_{10} 模的截止频率为

$$f_c=\frac{\mu}{2a}=\frac{2\times10^8}{2\times(1.5\times10^{-2})}=0.667\times10^{10}\quad(\text{Hz})$$

(1) 相位常数可由式(10-186)得

$$\beta=\frac{\omega}{u}\sqrt{1-\left(\frac{f_c}{f}\right)^2}=\frac{2\pi10^{10}}{2\times10^8}\sqrt{1-0.667^2}=74.5\pi=234\quad(\text{rad/m})$$

(2) 波导波长可由式(10-39)得

$$\lambda_g=\frac{\lambda}{\sqrt{1-(f_c/f)^2}}=\frac{0.02}{0.745}=0.0268\quad(\text{m})$$

(3) 相速，由式(10-42)得

$$u_p=\frac{u}{\sqrt{1-(f_c/f)^2}}=\frac{2\times10^8}{0.745}=2.68\times10^8\quad(\text{m/s})$$

(4) 波阻抗，由式(10-57)得

$$(Z_{TE})_{10}=\frac{\sqrt{\mu/\varepsilon}}{\sqrt{1-(f_c/f)^2}}=\frac{377/\sqrt{2.25}}{0.745}=337.4\quad(\Omega)$$

(5) 由电介质的损耗所产生的衰减常数可由式(10-178)求出。利用式(7-115)可从给定的损耗正切来求出聚乙烯在频率为 10GHz 时的有效电导率

$$\sigma=4\times10^{-4}\omega\varepsilon=4\times10^{-4}\times(2\pi\times10^{10})\times\left(\frac{2.25}{36\pi}\times10^{-9}\right)=5\times10^{-4}\quad(\text{S/m})$$

因此

$$\alpha_d=\frac{\sigma}{2}Z_{TE}=\frac{5\times10^{-4}}{2}\times337.4=0.084\quad(\text{Np/m})=0.73\quad(\text{dB/m})$$

(6) 由式(10-187)可求出由波导壁损耗所产生的衰减常数。根据式(9-26b)有

$$R_s=\sqrt{\frac{\pi f\mu_c}{\sigma_c}}=\sqrt{\frac{\pi10^{10}(4\pi10^{-7})}{1.57\times10^7}}=0.0501\quad(\Omega)$$

$$\alpha_c=\frac{R_s[1+(2b/a)(f_c/f)^2]}{\eta b\sqrt{1-(f_c/f)^2}}=\frac{0.0501[1+(1.2/1.5)(0.667)^2]}{251\times0.006\times0.745}=0.0605\quad(\text{Np/m})$$

$$=0.526\quad(\text{dB/m})$$

10.4.4 矩形波导中的不连续性

与传输线中的情形一样,波在波导中传播时期望实现阻抗匹配以便获得最大功率传输和减少由高驻波比引起的本地功率损失。所以有必要介绍沿波导方向适当点上的并联电纳。这些并联电纳常如图10-15(a)和图10-15(b)所示的薄金属膜片的形式。当波导口面放置如图所示的金属膜片时,电场和磁场必须满足金属表面的附加边界条件。如果波导工作在主 TE_{10} 模式下,附加的边界条件则要求所有的高次模都存在,且实际情形要复杂得多。但是,波导都被设计成只能传播主模。所有高次模都是截止模;它们都是衰减波且只在膜片附近存在。膜片的有效并联电纳的分析计算,必须通过求解复杂的电磁问题来得到。对于如图10-15(a)和图10-15(b)所示的膜片的电纳,在这里只给出定性的讨论以及它的近似计算公式。[①]

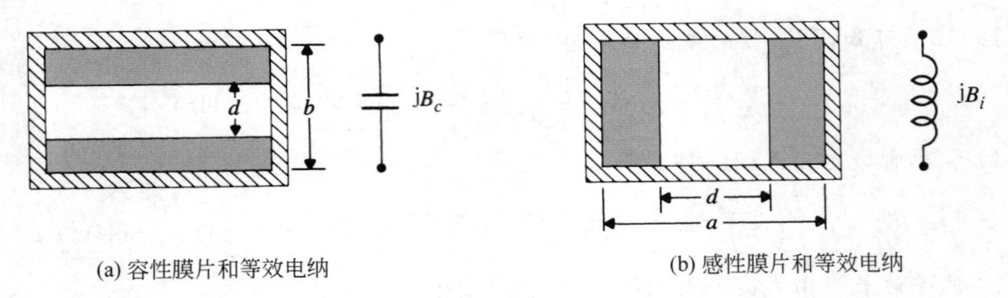

(a) 容性膜片和等效电纳　　(b) 感性膜片和等效电纳

图10-15　波导中作为电纳的膜片

图10-15(a)中的膜片由薄导体隔膜从波导的一个窄边延伸到另一窄边。正如图10-12(a)所示,横截面中主模 TE_{10} 的电场线沿 y 轴方向,穿过狭窄的范围缩小膜片的口径尺寸,即从 b 到 d,可能有望增强电场并使本地电能得以存储。因此,等效的并联电纳有望是容性的。归一化的容性电纳可近似表示为

$$b_c = \frac{B_c}{Y_{10}} = \frac{4b}{\lambda_g}\ln\left[\csc\left(\frac{\pi d}{2b}\right)\right] \tag{10-189}$$

其中 Y_{10} 是式(10-57)中 $Z_{TE_{10}}$ 的倒数,λ_g 是式(10-39)中的波导波长。正如前面提到的,由于膜片附近存在衰减的高次模,实际情形要复杂得多。更精确的分析表明,b_c 与 b/λ_g 并不严格成正比。在工作频率的正常范围内,近似式(10-189)的计算精度在5%以内。

图10-15(b)中的膜片,由于在 y 方向上通过导体隔膜提供了一个额外的电流回路,造成在膜片开口处形成一个新的纵向磁场,增加了存储的磁场能量。因此,等效并联电纳有望看作是电感性的。膜片的归一化感性电纳可以近似表示为

$$b_i = \frac{B_i}{Y_{10}} = -\frac{\lambda_g}{a}\cot^2\left(\frac{\pi d}{2a}\right) \tag{10-190}$$

另一种类型的不连续性如图10-16(a)所示,在波导的宽边的内表面上连接一个突出的导体柱,如果柱体长 d 很小,并联电纳是容性的。当 d 变为可观的 b 时,电流就能通过该导体柱流过,因此引起电感效应。当 d 约为(3/4)b 时,就会产生谐振。同样,更长的 d 将会导

① 更详细内容见 R. E. Collin, *Field Theory of Guided Waves*, McGraw-Hill, New York, 1960, 第8章; C. C. Johnson, *Field and Wave Electrodynamics*, McGraw-Hill, New York, 1965, 第5章

致感性电纳。在实际运用中，导体柱通常采取如图 10-16(b)所示的螺钉的形式出现。螺钉可以插在波导宽面中心的轴向开孔上。在波导中，中心开孔不会对电磁场有太大的影响。调整螺钉在波导中的长度 d，可以给波导提供一个匹配的负载。该技术与 9.7.2 节中讨论的单短截线匹配方法很相似。

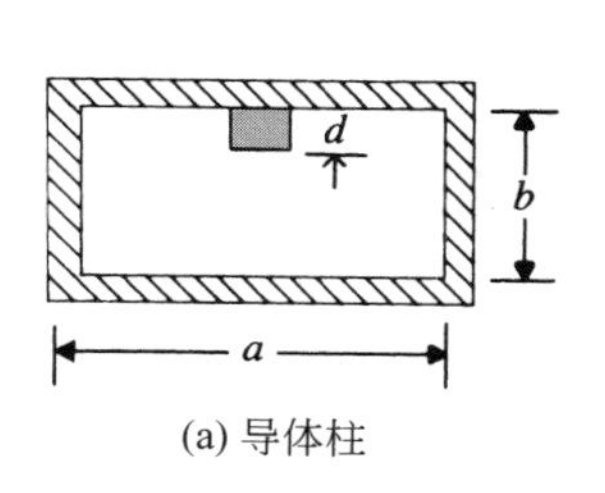

(a) 导体柱

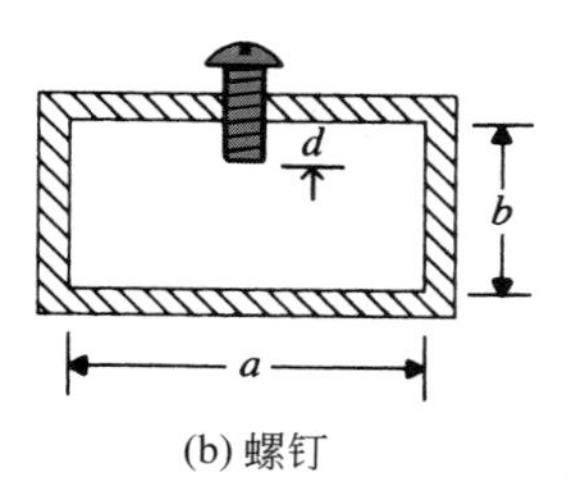

(b) 螺钉

图 10-16　波导中的导体柱或螺钉

例 10-11　用 WG-10 S 波段波导($a=7.21\text{cm}, b=3.40\text{cm}$)给一个喇叭天线馈入能量。测量表明，在 3GHz 工作频率，驻波比(SWR)为 2.00。离喇叭颈 12cm 的地方，电场最大。现利用感性对称膜片对波导进行匹配，找出模片放置的位置和膜片尺寸。假设波导是无损耗的。

解：由于 $a=7.21\times10^{-2}\text{m}, b=3.40\times10^{-2}\text{m}$，则主 TE_{10} 模式的截止频率为

$$f_c=\frac{c}{2a}=\frac{3\times10^8}{2\times7.21\times10^{-2}}=2.08\times10^9\quad(\text{Hz})$$

由式(10-39)可得波导波长

$$\lambda_g=\frac{\lambda}{\sqrt{1-(f_c/f)^2}}=\frac{c}{\sqrt{f^2-f_c^2}}=\frac{3\times10^8}{10^9\sqrt{3^2-2.08^2}}=0.139(\text{m})=13.9\quad(\text{cm})$$

因此，测量的最大电场值在离喇叭颈距离为 $12/13.9=0.863\lambda_g$ 的位置。在那个位置，归一化有效负载电阻为(见式(9-145))

$$r_L=\frac{R_L}{R_0}=S$$

相应的归一化导纳为

$$g_L=\frac{Y_L}{Y_0}=\frac{1}{S}=\frac{1}{2.00}=0.50$$

剩下的问题就是 9.7.2 节中讨论的单短截线匹配问题。用史密斯导纳圆图表示，步骤如下(参考图 10-17)：

(1) 在史密斯导纳圆图中，找到横轴上表示 $g_L=0.50$ 的导纳圆的点 P_M(最大电场处)。

(2) 画一个以 O 点为圆心，$\overline{OP_M}$ 为半径的等 $|\Gamma|$ 圆，与 $g=1$ 的圆在 P_1 和 P_2 两点上相交。读取

在 P_1 点：$y_1=1+\text{j}0.70$

在 P_2 点：$y_2=1-\text{j}0.70$

由于 P_2 要求有一个容性的(正的)电纳来达到匹配，因此该点是没有用的。

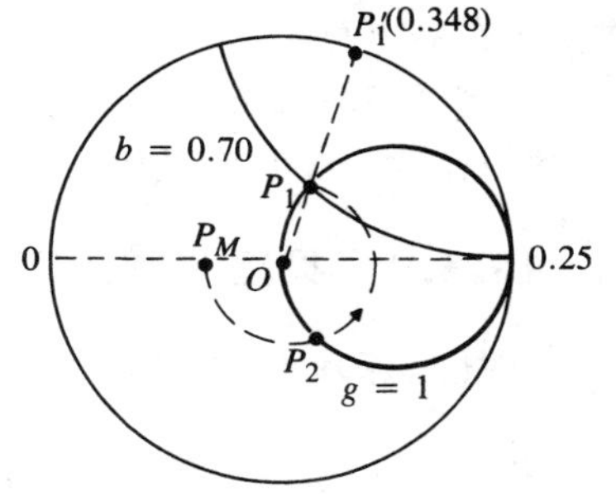

图 10-17　史密斯导纳圆图结构

(3) 从 O 点经 P_1 到边界上点 P_1' 画一直线，P_1' 点的读

数(在向负载的波长数刻度上)为0.348。也就是离喇叭颈的距离为$(0.863-0.348)\lambda_g=7.16$(cm),同时也是归一化电纳为$-0.70$的感性膜片应该放置的地方。

(4) 运用式(10-190),可以求所需感性膜片在图10-15(b)中所示的距离d:

$$-0.70=-\frac{13.9}{7.21}\cot^2\left(\frac{\pi d}{2\times 7.21}\right)$$

由上式可以得到$d=4.72$cm。

10.5 圆波导

电磁波也可在圆形金属波导管中传播。在这一节中,将研究圆波导的特性——金属波导管的横截面是均匀圆形且里面填充介质。

在波导的无源介质区域中,时谐电场强度和磁场强度满足式(10-3)和式(10-4)的基本方程,现重写如下

$$\nabla^2 \boldsymbol{E}+k^2\boldsymbol{E}=0 \tag{10-191}$$

和

$$\nabla^2 \boldsymbol{H}+k^2\boldsymbol{H}=0 \tag{10-192}$$

对于一个具有均匀圆截面且以z方向为轴线的直波导,可以把三维拉普拉斯算子∇^2分解成两部分:横向坐标的$\nabla^2_{r\phi}$,纵向z分量的∇^2_z。同样,矢量$\boldsymbol{E}$和$\boldsymbol{H}$都可分成横向分量和轴向分量之和的形式

$$\boldsymbol{E}=\boldsymbol{E}_T+\boldsymbol{a}_zE_z \tag{10-193}$$

和

$$\boldsymbol{H}=\boldsymbol{H}_T+\boldsymbol{a}_zH_z \tag{10-194}$$

其中,下标T表示二维的横向分量。由10.2.1小节可知,没有内导体的空心波导中不存在TEM波。与矩形波导一样,这种传输波可以分为两类:横磁波(TM)和横电波(TE)。对TM波,$H_z=0$,$E_z\neq0$,且所有的场分量都可用$E_z=E_z^0\mathrm{e}^{-\gamma z}$来表示,其中$E_z^0$满足齐次亥姆霍兹方程

$$\nabla^2_{r\phi}E_z^0+(\gamma^2+k^2)E_z^0=0 \tag{10-195}$$

或

$$\nabla^2_{r\phi}E_z^0+h^2E_z^0=0 \tag{10-196}$$

对TE波,$E_z=0$,$H_z\neq0$,且所有的场分量都可用$H_z=H_z^0\mathrm{e}^{-\gamma z}$,其中$H_z^0$完全满足同样的齐次亥姆霍兹方程。

尽管式(10-196)在形式上与式(10-24)相似,但它们的解完全不相同。在下面的小节中,将讨论式(10-196)的解。

10.5.1 贝塞尔微分方程和贝塞尔函数

在柱坐标系中,式(10-196)的展开式为(见式(4-8))

$$\frac{1}{r}\frac{\partial}{\partial r}\left(r\frac{\partial E_z^0}{\partial r}\right)+\frac{1}{r^2}\frac{\partial^2E_z^0}{\partial \phi^2}+h^2E_z^0=0 \tag{10-197}$$

为了求解式(10-197),运用分离变量法,假定

$$E_z^0(r,\phi)=R(r)\Phi(\phi) \tag{10-198}$$

其中，$R(r)$ 和 $\Phi(\phi)$ 分别表示 r 和 ϕ 的函数，把式(10-198)代入式(10-197)并除以乘积 $R(r)\Phi(\phi)$，得到

$$\frac{r}{R(r)}\frac{\mathrm{d}}{\mathrm{d}r}\left[r\frac{\mathrm{d}R(r)}{\mathrm{d}r}\right]+h^2r^2=-\frac{1}{\Phi(\phi)}\frac{\mathrm{d}^2\Phi(\phi)}{\mathrm{d}\phi^2} \tag{10-199}$$

现在，式(10-199)的左边仅是 r 的函数，而右边仅是 ϕ 的函数。由于式(10-199)适用于所有 r 和 ϕ 的值，方程的两边一定等于同一个常数。令该常数(分离常数)为 n^2。把式(10-199)分解成两个常微分方程

$$\frac{\mathrm{d}^2\Phi(\phi)}{\mathrm{d}\phi^2}+n^2\Phi(\phi)=0 \tag{10-200}$$

和

$$\frac{r}{R(r)}\frac{\mathrm{d}}{\mathrm{d}r}\left[r\frac{\mathrm{d}R(r)}{\mathrm{d}r}\right]+h^2r^2=n^2$$

或

$$\frac{\mathrm{d}^2R(r)}{\mathrm{d}r^2}+\frac{1}{r}\frac{\mathrm{d}R(r)}{\mathrm{d}r}+\left(h^2-\frac{n^2}{r^2}\right)R(r)=0 \tag{10-201}$$

式(10-201)称为**贝塞尔微分方程**。

假定 $R(r)$ 是一个带有未知系数的 r 的幂级数，可得式(10-201)的一个解

$$R(r)=\sum_{p=0}^{\infty}C_p(hr)^p \tag{10-202}$$

把上式代入方程，那么可得 r 的各次幂的系数之和为 0。实际的计算很复杂①，此处直接给出结果为

$$R(r)=C_nJ_n(hr) \tag{10-203}$$

其中，C_n 是一个任意常数，且

$$J_n(hr)=\sum_{m=0}^{\infty}\frac{(-1)^m(hr)^{n+2m}}{m!(n+m)!2^{n+2m}} \tag{10-204}$$

称为以 hr 为变量的**第一类 n 阶贝塞尔函数**。式(10-204)要求变量 n 为整数值。对前面几个较低阶的 x，图 10-18 画出了 $J_n(x)$ 的曲线。需要注意几点：第一，对所有的 n($n=0$ 除外)，$J_n(0)=0$；对 0 阶，$J_0(0)=1$。第二，$J_n(x)$ 是一个幅值逐渐衰减的交变函数，且零值点

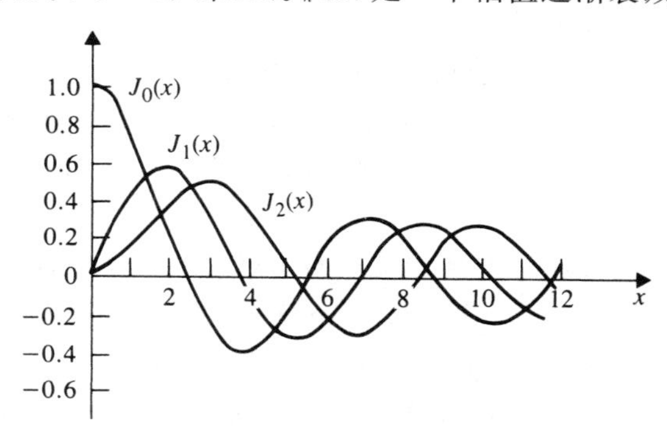

图 10-18　第一类贝塞尔函数

① N. W. Malach Lam. 工程师用的贝塞尔函数. 第 2 版. 纽约：牛津大学出版社，1946.

的间距逐渐减小。随着 x 变大时,所有 $J_n(x)$ 接近正弦曲线。表 10-2 列出了前几个 x_{np} 的值,其表示 $J_n(x)$ 的第 p 个零点:$J_n(x_{np})=0$。在下一小节将会发现,x_{np} 的值决定圆波导中 TM 模式的特征值。另一方面,TE 模的特征值与第一类贝塞尔函数导数的零点有关,也就是取决于使 $J_n'(x_{np}')=0$ 的 x_{np}' 的值(见 10.5.3 节)。前面几个 x_{np}' 列于表 10-3 中。

表 10-2 $J_n(x)$ 为零时,x_{np} 的部分取值

p \ n	$n=0$	$n=1$	$n=2$
1	2.405	3.832	5.136
2	5.520	7.016	8.417

表 10-3 $J_n'(x)$ 为零时,x_{np}' 的部分取值

p \ n	$n=0$	$n=1$	$n=2$
1	3.832	1.841	3.054
2	7.016	5.331	6.706

到目前为止,我们已得到贝塞尔微分方程式(10-201)的一个解,即第一类贝塞尔函数 $J_n(hr)$。但贝塞尔方程是一个二阶方程;因此每个 n 值都应该有两个线性无关解。也就是说,应该有另一与 $J_n(hr)$ 线性无关的解。这个解存在,称为**第二类贝塞尔函数**(**诺伊曼函数**),通常记为 $N_n(hr)$,即

$$N_n(hr)=\frac{(\cos n\pi)J_n(hr)-J_{-n}(hr)}{\sin n\pi} \tag{10-205}$$

式(10-201)的通解可以写成

$$R(r)=C_nJ_n(hr)+D_nN_n(hr) \tag{10-206}$$

其中,C_n 和 D_n 是由边界条件决定的任意常数。

所有的第二类贝塞尔函数一个显著特点是:当自变量为 0 时,它的值为无穷大。当研究圆波导中的波传播时,感兴趣的区域包括 $r=0$ 处的轴。因为无穷大的场在实际中是不可能的,所以式(10-206)的解中没有 $N_n(hr)$ 项。这意味着,对所有的 n,系数 D_n 必须为零。因此,对圆形波导内的波模式问题,不必涉及 $N_n(hr)$。

如果在圆柱坐标系中,关注的区域不包括 $r=0$ 的轴线区域(如带有内导体的同轴线波导),式(10-206)的径向解 $R(r)$ 必定由 $J_n(hr)$ 和 $N_n(hr)$ 两项组成,系数 C_n 和 D_n 由边界条件确定。此外,如果求解不涉及整个 ϕ 的 2π 范围内(如一个楔形波导的问题)时,式(10-200)中的常数 n 将不是整数。将该常数用 v 表示,贝塞尔差分方程的解可写成

$$R(r)=CJ_v(hr)+DN_v(hr) \tag{10-207}$$

在某些波的问题上,可以很方便地定义贝塞尔函数的线性组合

$$H_v^{(1)}(hr)=J_v(hr)+\mathrm{j}N_v(hr) \tag{10-208}$$

$$H_v^{(2)}(hr)=J_v(hr)-\mathrm{j}N_v(hr) \tag{10-209}$$

其中,$H_v^{(1)}$ 和 $H_v^{(2)}$ 分别称为第一类和第二类 **Hankel 函数**。如果自变量 hr 非常大,那么 $H_v^{(1)}$ 和 $H_v^{(2)}$ 的渐近表达式为

$$H_v^{(1)}(hr)\rightarrow\sqrt{\frac{2}{\pi hr}}\,\mathrm{e}^{\mathrm{j}(hr-\pi/4-v\pi/2)} \tag{10-210}$$

$$H_v^{(2)}(hr) \to \sqrt{\frac{2}{\pi hr}}\,\mathrm{e}^{-\mathrm{j}(hr-\pi/4-v\pi/2)} \tag{10-211}$$

这些指数为虚数且幅度递减的表达式，说明了 Hankel 函数的波特性。它们对于处理辐射问题非常有用。

当 h^2 为负数时($h=\mathrm{j}\zeta$)，与 J_v 和 $H_v^{(1)}$ 分别相关的另外两个函数 $I_v(\zeta)$和 $K_v(\zeta)$定义为

$$I_v(\zeta r) = \mathrm{j}^{-v}J_v(\mathrm{j}\zeta r) \tag{10-212}$$

$$K_v(\zeta r) = \frac{\pi}{2}\mathrm{j}^{v+1}H_v^{(1)}(\mathrm{j}\zeta r) \tag{10-213}$$

I_v 和 K_v 分别称为第一类和第二类**修正贝塞尔函数**。对于自变量较大的情况，存在如下的渐近表达式

$$I_v(\zeta r) \to \sqrt{\frac{1}{2\pi\zeta r}}\,\mathrm{e}^{\zeta r} \tag{10-214}$$

$$K_v(\zeta r) \to \sqrt{\frac{\pi}{2\zeta r}}\,\mathrm{e}^{-\zeta r} \tag{10-215}$$

可以看出，在 r 的值比较大时，函数 $K_v(\zeta r)$随距离呈指数衰减，这是衰减波的特性。这在处理表面波问题时非常有用，如介质波导和光纤。贝塞尔微分方程的合适解的选择，取决于问题的类型和便利性。

10.5.2　圆波导中的 TM 波

图 10-19 表示半径为 a 的圆波导。它是一个以 z 轴为中心的圆形金属管。假定填充介质的本构参数为 ε 和 μ。对于 TM 波，$H_z=0$，有

$$E_z(r,\phi,z) = E_z^0(r,\phi)\mathrm{e}^{-\gamma z} \tag{10-216}$$

其中，$E_z^0(r,\phi)$ 满足式(10-196)。其解写成式(10-198)形式，且

$$R(r) = C_n J_n(hr) \tag{10-217}$$

而 $\Phi(\phi)$是方程(10-200)的解。由于所有场分量关于ϕ呈周期性(周期是 2π)，式(10-200)的唯一可行解是 $\sin n\phi$ 或 $\cos n\phi$，或 $\sin n\phi$ 和 $\cos n\phi$ 的线性组合(见表 4-1)。由于存在周期性，要求 n 为整数。如前所述，无论解是 $\sin n\phi$ 或者$\cos n\phi$ 并不重要，它们仅仅改变$\phi=0$ 参考角度的位置。TM 模的 $E_z^0(r,\phi)$通常写成

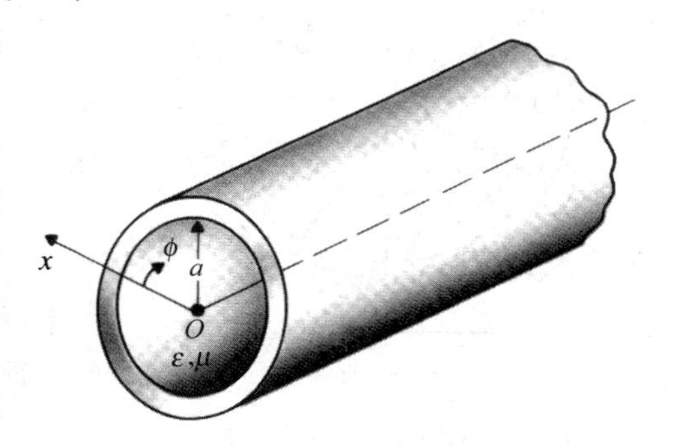

图 10-19　圆波导

$$E_z^0 = C_n J_n(hr)\cos n\phi \quad (\text{TM 模}) \tag{10-218}$$

把式(10-29)变化到横截面的极坐标中，即可得到横向分量 E_r^0 和 E_ϕ^0(习题 P.10-26)

$$(\boldsymbol{E}_T^0)_{\mathrm{TM}} = \boldsymbol{a}_r E_r^0 + \boldsymbol{a}_\phi E_\phi^0 = -\frac{\gamma}{h^2}\nabla_T E_z^0 \tag{10-219}$$

其中

$$\nabla_T E_z^0 = \left(\boldsymbol{a}_r\frac{\partial}{\partial r} + \boldsymbol{a}_\phi\frac{\partial}{r\partial\phi}\right)E_z^0 \tag{10-220}$$

那么磁场分量可由式(10-32)得到。

除了式(10-218)的E_z^0,对TM模式还有

$$E_r^0 = -\frac{j\beta}{h}C_n J'_n(hr)\cos n\phi \tag{10-221}$$

$$E_\phi^0 = \frac{j\beta n}{h^2 r}C_n J_n(hr)\sin n\phi \tag{10-222}$$

$$H_r^0 = -\frac{j\omega\varepsilon n}{h^2 r}C_n J_n(hr)\sin n\phi \tag{10-223}$$

$$H_\phi^0 = -\frac{j\omega\varepsilon}{h}C_n J'_n(hr)\cos n\phi \tag{10-224}$$

$$H_z^0 = 0 \tag{10-225}$$

其中,γ已用jβ代替,J'_n是J_n关于其自变量(hr)的导数,系数C_n取决于励磁场强度。

TM模式的特征值(h的允许值)由边界条件E_z^0在$r=a$处为0决定。也就是说

$$J_n(ha) = 0 \quad (\text{TM模}) \tag{10-226}$$

$J_n(x)$有无限个零点,前几个零点在表10-2已列出。截止频率由式(10-35)给出。所以对应于$J_0(x)$的第一零点($x_{01}=2.405$)的TM_{01}模式的特征值是

$$(h)_{\text{TM}_{01}} = \frac{2.405}{a} \tag{10-227}$$

上式可求得TM模的最小截止频率

$$(f_c)_{\text{TM}_{01}} = \frac{(h)_{\text{TM}_{01}}}{2\pi\sqrt{\mu\varepsilon}} = \frac{0.383}{a\sqrt{\mu\varepsilon}} \tag{10-228}$$

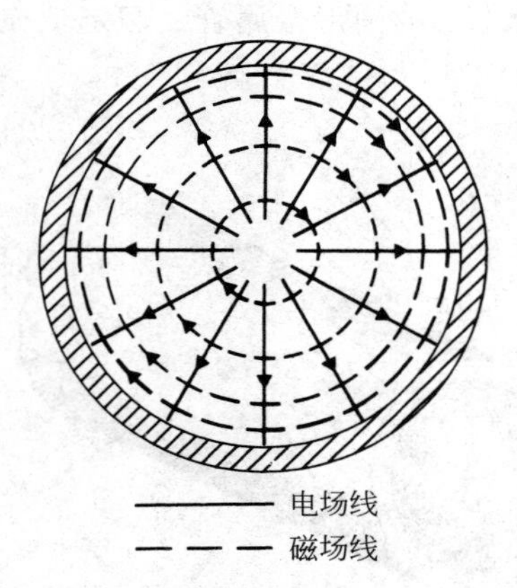

图10-20　圆形波导在TM_{01}模式下的场线横截面图

相移常数β和波导波长λ_g分别由式(10-38)和式(10-39)计算得到。

对于TM_{01}模($n=0$),E_z^0,E_γ^0和H_ϕ^0是唯一非零场分量。图10-20画出了一个典型横截面的电场和磁场线。由式(10-224)知,H_ϕ^0随r变化,就像$J'_0(hr)$随r变化一样,$J'_0(hr)=-J_1(hr)$。所以当$r=0$变化到$r=a$时,磁场线的密度逐渐增加。

注意:矩形波导中,模式脚标的第一数字和第二个数字分别表示xy平面上的x和y方向上半波场变化的个数。习惯上,圆波导模式脚标的第一个数字表示在ϕ方向上的半波场变化的个数,第二个数字表示在r方向上半波场变化的个数。因此,圆波导TM_{01}模的横向场图与矩形波导中的TM_{11}模的横向场图相似(不是TM_{01}模,因为TM_{01}不存在横向场方向图)。

10.5.3　圆波导中的TE波

对于TE模式,$E_z=0$且

$$H_z(r,\phi,z) = H_z^0(r,\phi)e^{-\gamma z} \tag{10-229}$$

其中,H_z^0满足齐次亥姆霍兹方程

$$\nabla_{r\phi}^2 H_z^0 + h^2 H_z^0 = 0 \tag{10-230}$$

与 TM 模式类似，其解可写成

$$H_z^0 = C'_n J_n(hr)\cos n\phi \quad (\text{TE 模}) \tag{10-231}$$

运用式(10-53)，从 H_z^0 可解出横向磁场分量 H_γ^0 和 H_ϕ^0。同样，应用式(10-55)可解出横向电场分量 E_γ^0 和 E_ϕ^0，其解与式(10-219)相似。

除了式(10-229)中的 H_z^0，对 TE 模式还有

$$H_r^0 = -\frac{\mathrm{j}\beta}{h} C'_n J'_n(hr)\cos n\phi \tag{10-232}$$

$$H_\phi^0 = \frac{\mathrm{j}\beta n}{h^2 r} C'_n J_n(hr)\sin n\phi \tag{10-233}$$

$$E_r^0 = \frac{\mathrm{j}\omega\mu n}{h^2 r} C'_n J_n(hr)\sin n\phi \tag{10-234}$$

$$E_\phi^0 = \frac{\mathrm{j}\omega\mu}{h} C'_n J'_n(hr)\cos n\phi \tag{10-235}$$

$$E_z^0 = 0 \tag{10-236}$$

TE 波所需的边界条件是：H_z^0 的法向导数，在 $r=a$ 处必为零，即

$$J'_n(ha) = 0 \quad (\text{TE 模}) \tag{10-237}$$

$J_n'(x)$的前面几个零点列于表 10-3 中，由表可见最小的 x'_{np} 为 $x'_{11}=1.841$。对应的最小特征值

$$(h)_{\mathrm{TE}_{11}} = \frac{1.841}{a} \tag{10-238}$$

和最低截止频率

$$(f_c)_{\mathrm{TE}_{11}} = \frac{h_{\mathrm{TE}_{11}}}{2\pi\sqrt{\mu\varepsilon}} = \frac{0.293}{a\sqrt{\mu\varepsilon}} \quad (\mathrm{Hz}) \tag{10-239}$$

其大小低于式(10-228)给出的$(f_c)_{\mathrm{TM}_{01}}$。所以 **TE_{11} 模式是圆波导的主模式**。在一个半径为 a，空气填充的圆波导中，主模的截止波长为

$$(\lambda_c)_{\mathrm{TE}_{11}} = \frac{a}{0.293} = 3.41a \quad (\mathrm{m}) \tag{10-240}$$

将式(10-240)与矩形波导中的式(10-164)进行一下比较是很有趣的。典型圆波导横截面上TE_{11}模的电场和磁场线如图 10-21 所示。

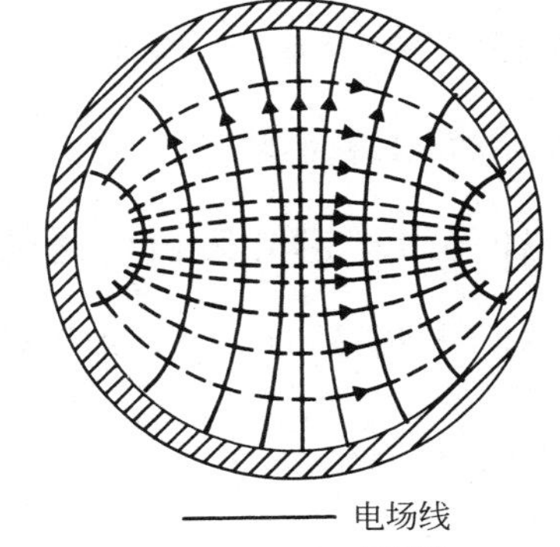

图 10-21　圆波导中，TE_{11} 模在横截面上的场线图

由圆波导非理想导体壁损耗引起的衰减常数的计算方法，与 10.4.3 节中使用的矩形波导衰减常数的计算方法相同。然而，贝塞尔函数的积分将是很复杂的，本书对这方面不再做深入讨论。对尺寸相当的圆形和矩形波导，以主模工作时，具有相同数量级的衰减。圆波导比较特别的一点是，TE_{0p} 波的衰减常数随频率单调减小(在 $\alpha_c \sim f$ 曲线上无最低点)。圆波导或矩形波导中的其他波没有这个特点。

例 10-12　(1) 现用一个空心的圆波导管来传输一个 10GHz 的信号。试求波导管的内径，使最低截止频率比这个信号频率低 20%。(2)如果波导管内传输 15GHz 的信号，哪种模式的波可以在波导管中传播?

解：(1) 运用式(10-239)，一个半径为 a 的圆波导中，主模截止频率为

$$(f_c)_{TE_{11}} = \frac{0.293c}{a} = \frac{0.879}{a} \times 10^8 (\text{Hz}) = \frac{0.0879}{a} \quad (\text{GHz})$$

该截止频率应该等于 $0.80 \times 10 = 8(\text{GHz})$。因此，所需的波导管的内径为

$$2a = 2 \times (0.0879/8) = 0.022(\text{m}) \text{ 或 } 2.2(\text{cm})$$

(2) 从表10-1和表10-2可知，对内半径为 $a = 0.011\text{m}$ 的中空圆波导管，截止频率均低于15GHz的波导模式是

$$(f_c)_{TE_{11}} = 8 \quad (\text{GHz})$$

$$(f_c)_{TM_{01}} = 8 \times \left(\frac{x_{01}}{x'_{11}}\right) = 8 \times \left(\frac{2.405}{1.841}\right) = 10.45 \quad (\text{GHz})$$

$$(f_c)_{TE_{21}} = 8 \times \left(\frac{x'_{21}}{x'_{11}}\right) = 8 \times \left(\frac{3.045}{1.841}\right) = 13.27 \quad (\text{GHz})$$

其他所有模式的 f_c 均比15GHz高。因此，只有 TE_{11}，TM_{01} 和 TE_{21} 模能在波导中传播。

10.6 介质波导

10.5节讨论了电磁波沿波导导体壁传播的特性。现在将说明没有导体壁的电介质板或介质棒同样能支承导波模，并将该模式约束在电介媒质中。

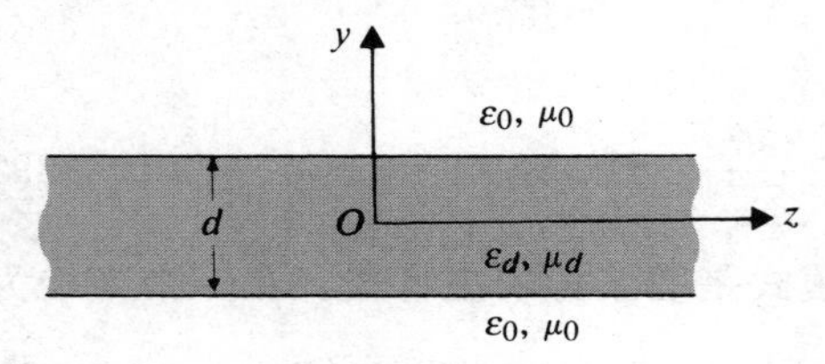

图10-22 介质板波导的纵向切面

图10-22给出了一个厚度为 d 的介质平板波导的一个纵截面。为简化起见，考虑不依赖 x 坐标的情形。令 ε_d 和 μ_d 分别表示介质板的介电常数和磁导率，介质板置于自由空间(ε_0, μ_0)中。假设介质是无损耗的，且波沿 $+z$ 方向传播。下面将分别分析TM和TE模的特性。

10.6.1 沿介质板传播的TM波

对于横磁波，$H_z = 0$。由于场量沿 x 无变化，运用式(10-62)，有

$$\frac{\mathrm{d}^2 E_z^0(y)}{\mathrm{d}y^2} + h^2 E_z^0(y) = 0 \tag{10-241}$$

其中

$$h^2 = \gamma^2 + \omega^2 \mu\varepsilon \tag{10-242}$$

式(10-241)的解必须同时考虑平板和自由空间区域，且必定是边界匹配的。

在平板区域，假设波在 $+z$ 方向传播而没衰减(无损介质)，也就是假设

$$\gamma = \mathrm{j}\beta \tag{10-243}$$

在电介质板中，式(10-241)的解可以同时包含正弦项和余弦项，它们分别是 y 的奇函数和偶函数

$$E_z^0(y) = E_0 \sin k_y y + E_e \cos k_y y, \quad |y| \leqslant \frac{d}{2} \tag{10-244}$$

其中

$$k_y^2 = \omega^2 \mu_d \varepsilon_d - \beta^2 = h_d^2 \tag{10-245}$$

在自由空间区域($y>d/2$ 和 $y<-d/2$),波必须是指数衰减,这样波才能沿介质板传播而不远离板向外辐射。因此有

$$E_z^0(y) = \begin{cases} C_u \mathrm{e}^{-\alpha(y-d/2)}, & y \geqslant \dfrac{d}{2} \quad (10\text{-}246\text{a}) \\ C_l \mathrm{e}^{\alpha(y+d/2)}, & y \leqslant -\dfrac{d}{2} \quad (10\text{-}246\text{b}) \end{cases}$$

其中

$$\alpha^2 = \beta^2 - \omega^2 \mu_0 \varepsilon_0 = -h_0^2 \tag{10-247}$$

由于式(10-245)和式(10-247)说明了相位常数 β 是 ω 的非线性函数,因此式(10-245)和式(10-247)称为**色散关系式**。

到这一步,尚未确定出 k_y 和 α 的值,也没有找出振幅 E_0, E_e, C_u 和 C_l 之间的关系。下面,我们将分别考虑 TM 的奇模和偶模。

1. 奇 TM 模

对于奇 TM 模,$E_z^0(y)$是用一个正弦函数来表述的,其与 $y=0$ 平面呈反对称。仅有的其他场分量 $E_y^0(y)$和 $H_x^0(y)$,可分别从式(10-28)和式(10-25)得到。

(1) 在介质区域,$|y| \leqslant d/2$

$$E_z^0(y) = E_0 \sin k_y y \tag{10-248}$$

$$E_y^0(y) = -\frac{\mathrm{j}\beta}{k_y} E_0 \cos k_y y \tag{10-249}$$

$$H_x^0(y) = \frac{\mathrm{j}\omega\varepsilon_d}{k_y} E_0 \cos k_y y \tag{10-250}$$

(2) 在上方的自由空间区域, $y \geqslant d/2$

$$E_z^0(y) = \left(E_0 \sin \frac{k_y d}{2}\right) \mathrm{e}^{-\alpha(y-d/2)} \tag{10-251}$$

$$E_y^0(y) = -\frac{\mathrm{j}\beta}{\alpha} \left(E_0 \sin \frac{k_y d}{2}\right) \mathrm{e}^{-\alpha(y-d/2)} \tag{10-252}$$

$$H_x^0(y) = \frac{\mathrm{j}\omega\varepsilon_0}{\alpha} \left(E_0 \sin \frac{k_y d}{2}\right) \mathrm{e}^{-\alpha(y-d/2)} \tag{10-253}$$

其中,令式(10-246a)中的 C_u 等于 $E_0 \sin(k_y d/2)$,它是式(10-248)中 $E_z^0(y)$在上界面 $y=d/2$ 的值。

(3) 在下方的自由空间区域,$y \leqslant -d/2$

$$E_z^0(y) = -\left(E_0 \sin \frac{k_y d}{2}\right) \mathrm{e}^{\alpha(y+d/2)} \tag{10-254}$$

$$E_y^0(y) = -\frac{\mathrm{j}\beta}{\alpha} \left(E_0 \sin \frac{k_y d}{2}\right) \mathrm{e}^{\alpha(y+d/2)} \tag{10-255}$$

$$H_x^0(y) = \frac{\mathrm{j}\omega\varepsilon_0}{\alpha} \left(E_0 \sin \frac{k_y d}{2}\right) \mathrm{e}^{\alpha(y+d/2)} \tag{10-256}$$

其中,已令式(10-246b)中的 C_l 等于 $-E_0 \sin(k_y d/2)$,它是式(10-248)中 $E_z^0(y)$在下界面 $y=-d/2$ 处的值。

现在,必须根据已知的激励角频率 ω 来确定 k_y 和 α 值。H_x 在介质表面的连续性要求

由式(10-250)和式(10-253)计算出来的 $H_x^0(d/2)$必须相同。因此有

$$\frac{\alpha}{k_y}=\frac{\varepsilon_0}{\varepsilon_d}\tan\frac{k_y d}{2}\quad (\text{奇 TM 模}) \tag{10-257}$$

由色散关系式(10-245)和式(10-247)相加,得到

$$\alpha^2+k_y^2=\omega^2(\mu_d\varepsilon_d-\mu_0\varepsilon_0) \tag{10-258}$$

或

$$\alpha=[\omega^2(\mu_d\varepsilon_d-\mu_0\varepsilon_0)-k_y^2]^{1/2} \tag{10-259}$$

将式(10-257)和式(10-259)组合,得一个如下表达式:

$$[\omega^2(\mu_d\varepsilon_d-\mu_0\varepsilon_0)-k_y^2]^{1/2}=\frac{\varepsilon_0}{\varepsilon_d}k_y\tan\frac{k_y d}{2} \tag{10-260}$$

其中,k_y 是唯一的未知项。

遗憾的是无法得到该超越方程式(10-260)的解析解。但是,根据已知的 ω 及给定的介质板的 ε_d、μ_d 和 d,可以将式(10-260)的左、右两边分别画出关于 k_y 的两条曲线。对于奇 TM 模,由两个曲线的交点可以求出 k_y 的值。然而,只存在有限个 k_y 的值。这表明,只有有限个可能的模。这与具有导体壁的波导可能存在无限多种模式不同。

由式(10-248)可知,当 $y=0$ 时,$E_z^0=0$。因此可以引入一个理想导体平面与 $y=0$ 平面重合而不影响已有的场。奇 TM 模沿厚度为 d 的介质板波导传播的特性与沿理想导体板为基底、厚度为 $d/2$ 的介质板中传播的相应 TM 模的特性相同。

从介质板表面上方朝下看去,表面阻抗是

$$Z_s=-\frac{E_z^0}{H_x^0}=\mathrm{j}\frac{\alpha}{\omega\varepsilon_0}\quad (\text{TM 模}) \tag{10-261}$$

上式为感性电抗。因此,TM 表面波可由感性的介质表面所支承。

2. 偶 TM 模

对于偶 TM 模,$E_z^0(y)$可用一个余弦函数表示,且关于 $y=0$ 平面对称

$$E_z^0(y)=E_e\cos k_y y,\quad |y|\leqslant\frac{d}{2} \tag{10-262}$$

介质板内、外的其他非零场分量 E_y^0 和 H_x^0 的求解与奇 TM 模下的情形相同(见习题 P.10-33)。k_y 和 α 之间的特征关系不再是式(10-257),而变成

$$\frac{\alpha}{k_y}=-\frac{\varepsilon_0}{\varepsilon_d}\cot\frac{k_y d}{2}\quad (\text{偶 TM 模}) \tag{10-263}$$

上式与式(10-259)一起可确定横向波数 k_y 和横向衰减常数 α。在厚度为 d 的介质平板波导中,可能存在着与几个偶 TM 模相对应的几个解。在这种情况下,在 $y=0$ 的位置不能放置一个导体平面,因为它会破坏整个场结构。

从式(10-245)和式(10-247)很容易地看到,传播 TM 波的相位常数 β 介于自由空间中的特征相移常数 $k_0=\omega\sqrt{\mu_0\varepsilon_0}$ 和该介质中的特征相位常数 $k_d=\omega\sqrt{\mu_d\varepsilon_d}$ 之间,即

$$\omega\sqrt{\mu_0\varepsilon_0}<\beta<\omega\sqrt{\mu_d\varepsilon_d}$$

当 β 趋近于 $\omega\sqrt{\mu_0\varepsilon_0}$ 值时,式(10-247)表明 α 将趋近于零。没有衰减意味着波不再受板的约束。在此条件下,极限频率称为介质波导的**截止频率**。由式(10-245)得,在截止时有

$$k_y=\omega_c\sqrt{\mu_d\varepsilon_d-\mu_0\varepsilon_0}$$

将它代入式（10-257）和式（10-263），并令 $\alpha=0$，即得出 TM 模的如下列的关系式（截止时）：

奇 TM 模式	偶 TM 模式
$\tan\left(\frac{\omega_{co}d}{2}\sqrt{\mu_d\varepsilon_d-\mu_0\varepsilon_0}\right)=0$	$\cot\left(\frac{\omega_{ce}d}{2}\sqrt{\mu_d\varepsilon_d-\mu_0\varepsilon_0}\right)=0$
$\pi f_{co}d\sqrt{\mu_d\varepsilon_d-\mu_0\varepsilon_0}=(n-1)\pi \quad n=1,2,3,\cdots$	$\pi f_{ce}d\sqrt{\mu_d\varepsilon_d-\mu_0\varepsilon_0}=\left(n-\frac{1}{2}\right)\pi \quad n=1,2,3,\cdots$
$f_{co}=\frac{(n-1)}{d\sqrt{\mu_d\varepsilon_d-\mu_0\varepsilon_0}}$　　(10-264)	$f_{ce}=\frac{\left(n-\frac{1}{2}\right)}{d\sqrt{\mu_d\varepsilon_d-\mu_0\varepsilon_0}}$　　(10-265)

由此可见，当 $n=1$ 时，$f_{co}=0$。这意味着不管介质板的厚度如何，最低阶的奇 TM 模均可以沿着介质板波导传播。当给定的 TM 波频率增大到超过对应的截止频率时，α 也增大且波更贴近介质板传播。

10.6.2　沿介质板传播的 TE 波

对于横电波，$E_z=0$，运用式（10-82），得

$$\frac{\mathrm{d}^2H_z^0(y)}{\mathrm{d}y^2}+h^2H_z^0(y)=0 \tag{10-266}$$

其中，h^2 已由式（10-242）给出。$H_z^0(y)$ 的解也可以同时包含正弦和余弦两项

$$H_y^0(y)=H_0\sin k_yy+H_e\cos k_yy,\quad |y|\leqslant\frac{d}{2} \tag{10-267}$$

其中，k_y 在式（10-245）中已定义。在自由空间区域（$y>d/2$ 和 $y<-d/2$）波必须呈指数衰减。记作

$$H_z^0(y)=\begin{cases}C_u'\mathrm{e}^{-\alpha(y-d/2)}, & y\geqslant\dfrac{d}{2} \quad (10\text{-}268\text{a})\\ C_l'\mathrm{e}^{\alpha(y+d/2)}, & y\leqslant-\dfrac{d}{2} \quad (10\text{-}268\text{b})\end{cases}$$

其中，α 由式（10-247）给出。与 TM 波采用的步骤相同，分别考虑 TE 奇模和偶模，除了 $H_z^0(y)$，其他场分量 $H_y^0(y)$ 和 $E_x^0(y)$ 可分别由式（10-50）和式（10-51）解得。

1. 奇 TE 模

（1）在介质区域，$|y|\leqslant d/2$

$$H_z^0(y)=H_0\sin k_yy \tag{10-269}$$

$$H_y^0(y)=-\frac{\mathrm{j}\beta}{k_y}H_0\cos k_yy \tag{10-270}$$

$$E_x^0(y)=-\frac{\mathrm{j}\omega\mu_d}{k_y}H_0\cos k_yy \tag{10-271}$$

（2）在上方的自由空间区域，$y\geqslant d/2$

$$H_z^0(y)=\left(H_0\sin\frac{k_yd}{2}\right)\mathrm{e}^{-\alpha(y-d/2)} \tag{10-272}$$

$$H_y^0(y)=-\frac{\mathrm{j}\beta}{\alpha}\left(H_0\sin\frac{k_yd}{2}\right)\mathrm{e}^{-\alpha(y-d/2)} \tag{10-273}$$

$$E_x^0(y)=-\frac{j\omega\mu_0}{\alpha}\left(H_0\sin\frac{k_yd}{2}\right)e^{-\alpha(y-d/2)} \tag{10-274}$$

(3) 在下方的自由空间区域，$y\leqslant -d/2$

$$H_z^0(y)=-\left(H_0\sin\frac{k_yd}{2}\right)e^{\alpha(y+d/2)} \tag{10-275}$$

$$H_y^0(y)=-\frac{j\beta}{\alpha}\left(H_0\sin\frac{k_yd}{2}\right)e^{\alpha(y+d/2)} \tag{10-276}$$

$$E_x^0(y)=-\frac{j\omega\mu_0}{\alpha}\left(H_0\sin\frac{k_yd}{2}\right)e^{\alpha(y+d/2)} \tag{10-277}$$

k_y 和 α 之间的关系式，可以通过在 $y=d/2$ 时，让式(10-271)和式(10-274)给出的 $E_x^0(y)$相等求得。因此

$$\frac{\alpha}{k_y}=\frac{\mu_0}{\mu_d}\tan\frac{k_yd}{2}\quad(\text{奇 TE 模}) \tag{10-278}$$

上式非常类似于奇 TM 模的特征方程式(10-257)。将式(10-259)和式(10-278)组合后，也可得到类似于式(10-260)的方程，然后用图解法可以确定 k_y 的值。再运用式(10-259)，由 k_y 可求得α。

从介质板表面上方朝下看，介质平板的表面阻抗为

$$Z_s=\frac{E_x^0}{H_z^0}=-\frac{j\omega\mu_0}{\alpha}\quad(\text{TE 模}) \tag{10-279}$$

这是容性电抗。因此，TE 表面波可由容性的介质表面所支承。

2. 偶 TE 模

对于偶 TE 模，$H_z^0(y)$用余弦函数表示，其关于 $y=0$ 平面对称

$$H_z^0(y)=H_e\cos k_yy\quad |y|\leqslant d/2 \tag{10-280}$$

用与奇 TE 模相同的方法，可求得介质板内和板外的其他非零场分量 H_y^0 和 E_x^0(见习题 P.10-35)。k_y 和α 之间的特征关系也与式(10-263)所给的偶 TM 模十分类似

$$\frac{\alpha}{k_y}=-\frac{\mu_0}{\mu_d}\cot\frac{k_yd}{2}\quad(\text{偶 TE 模}) \tag{10-281}$$

显然，式(10-264)和式(10-265)给出的截止频率表达式也适用于 TE 模，与最低阶($n=1$)的 TM 模类似，最低阶的奇 TE 模也没有截止频率。表 10-4 列出了所有传输模式沿厚度为 d 的介质板波导的特征关系。

表 10-4 介质板波导的特征关系

模式		特征关系	截止频率
TM	奇	$(\alpha/k_y)=(\varepsilon_0/\varepsilon_d)\tan(k_yd/2)$	$f_{co}=(n-1)/d\sqrt{\mu_d\varepsilon_d-\mu_0\varepsilon_0}$
	偶	$(\alpha/k_y)=-(\varepsilon_0/\varepsilon_d)\cot(k_yd/2)$	$f_{ce}=\left(n-\frac{1}{2}\right)/d\sqrt{\mu_d\varepsilon_d-\mu_0\varepsilon_0}$
TE	奇	$(\alpha/k_y)=(\mu_0/\mu_d)\tan(k_yd/2)$	$f_{co}=(n-1)/d\sqrt{\mu_d\varepsilon_d-\mu_0\varepsilon_0}$
	偶	$(\alpha/k_y)=-(\mu_0/\mu_d)\cot(k_yd/2)$	$f_{ce}=\left(n-\frac{1}{2}\right)/d\sqrt{\mu_d\varepsilon_d-\mu_0\varepsilon_0}$

例 10-13　位于自由空间中的一介质板波导，其本构参数 $\mu_d=\mu_0$ 和 $\varepsilon_d=2.50\varepsilon_0$。为使一个频率为 20GHz 的 TM 或者 TE 波的偶模能沿波导传播，试确定平板的最小厚度。

解：在介质板波导中 TM 和 TE 波的最低偶模具有相同的截止频率

$$f_c=\frac{n-\frac{1}{2}}{d\sqrt{\mu_d\varepsilon_d-\mu_0\varepsilon_0}}$$

令 $n=1$，得

$$f_c=\frac{c}{2d\sqrt{\frac{\mu_d\varepsilon_d}{\mu_0\varepsilon_0}-1}}$$

因此

$$d_{\min}=\frac{c}{2f_c\sqrt{\frac{\mu_d\varepsilon_d}{\mu_0\varepsilon_0}-1}}=\frac{3\times10^8}{2\times20\times10^9\sqrt{2.5-1}}=6.12\times10^{-3}\quad(\text{m})\quad 或\quad 6.12\quad(\text{mm})$$

例 10-14　(1)有一个非常薄的介质板波导，试求其外面的主模 TM 表面波的衰减常数的近似表达式。(2)求波沿波导传输时，单位平板宽度的时间平均功率。(3)横向传输的时时平均功率是多少？

解：(1) TM 表面波主模，是在 $n=1$，截止频率为 $f_{co}=0$ 的奇模，它与平板厚度无关(见表 10-4)。相对于工作波长，平板厚度较小

$$\frac{k_yd}{2}\ll1,\tan\left(\frac{k_yd}{2}\right)\cong\frac{k_yd}{2}$$

式(10-257)可写成

$$\alpha\cong\frac{\varepsilon_0}{2\varepsilon_d}k_y^2d\tag{10-282}$$

运用式(10-258)，式(10-282)可近似写成

$$\alpha\cong\frac{\varepsilon_0}{2\varepsilon_d}\omega^2(\mu_d\varepsilon_d-\mu_0\varepsilon_0)d\quad(\text{Np/m})\tag{10-283}$$

在式(10-283)中，假设$\frac{\alpha d}{2}\ll\frac{\varepsilon_d}{\varepsilon_0}$。

(2) 在介质板中，沿 $+z$ 方向的时间平均坡印廷矢量为

$$\boldsymbol{P}_{\text{av}}=\frac{1}{2}\text{Re}(-\boldsymbol{a}_yE_y\times\boldsymbol{a}_xH_x)$$

使用式(10-249)和式(10-250)，得到 $\boldsymbol{P}_{\text{av}}=\boldsymbol{a}_zP_{\text{av}}$ 且

$$\begin{aligned}P_{\text{av}}&=2\int_0^{d/2}P_{\text{av}}dy=\frac{\omega\varepsilon_d\beta}{k_y^2}E_o^2\int_0^{d/2}\cos^2(k_yy)\text{d}y\\&=\frac{\omega\varepsilon_d\beta}{4k_y^2}E_o^2\left[d+\frac{1}{k_y}\sin(k_yd)\right]\quad(\text{W/m})\end{aligned}\tag{10-284a}$$

其中

$$k_y\cong\omega\sqrt{\mu_d\varepsilon_d-\mu_0\varepsilon_0}\tag{10-284b}$$

且

$$\beta \cong \omega\sqrt{\mu_0\varepsilon_0} \tag{10-284c}$$

(3) 由下式可求得横向时间平均坡印廷矢量

$$\boldsymbol{P}_{\mathrm{av}} = \frac{1}{2}\mathrm{Re}(\boldsymbol{a}_z E_z \times \boldsymbol{a}_x H_x)$$

从10.6.1节可知 E_z^0 和 H_x^0 的表达式在时间相位差90°。它们的乘积没有实部，$\boldsymbol{P}_{\mathrm{av}}$ 为0。因此在垂直于无功表面的横向不存在平均功率的传输。

10.6.3 关于介质波导的补充信息

在前面的小节中，运用麦克斯韦方程和相关的边界条件，研究了由介质平板引导的电磁波特性。从8.10节讨论的平面波全反射理论也能得到一些实际认识。

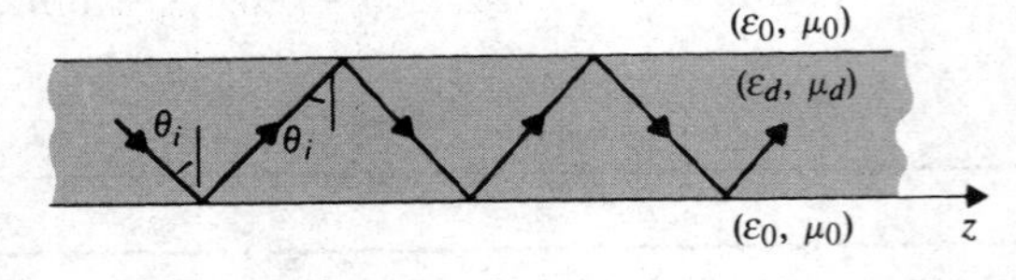

图 10-23 波在介质波导中的传播

考虑到图10-23所示的介质平板，从8.10节知道，如果平面波在介电常数为 $\varepsilon_d > \varepsilon_0$ 的介质平板中，以入射角 θ_i 斜入射到平板的下边界，入射角大于临界角(见式(8-188))，临界角为

$$\theta_c = \arcsin\sqrt{\frac{\varepsilon_0}{\varepsilon_d}} \tag{10-285}$$

它将全部反射到上边界上。而且，沿着交界面(在 z 方向)存在衰减波，在边界外的横向方向波呈指数衰减。来自下边界的反射波将以同样的入射角 $\theta_i > \theta_c$ 入射到上边界，类似于全反射。这个过程持续下去，就会出现两列反射波的叠加，一列从上边界到下边界，另外一列从下边界到上边界。相同的波阵面上的点在相同条件下有相同相位，每列反射波都形成了一个单一均匀的平面波。这样就有两列相干均匀平面波，形成了一个干涉图，这是传播的电磁波模式图。很明显，在两个反射边界上的相位条件取决于入射角 θ_i，因为 θ_i 决定内部全反射产生的相移。分析表明，要求的相位条件与前面得到的色散和传播特性间的关系完全一致①。因此基于麦克斯韦方程和边界条件的结果，可用介质板内的反射波进行解释。

到目前为止，主要研究的是介质平板波导的波特性。对于圆介质棒波导，也可用类似分析方法。特别是，可以用它们来研究沿石英或者玻璃纤维传输的光波，这就形成了光波导(光纤)。光纤波导作为通信或者控制系统的传输媒介是非常有用的，因为它们具有低损耗和宽频带特性。它们也非常的轻巧和柔韧。研究圆介质波导有必要使用圆柱坐标系，这样就可以得到贝塞尔差分方程和贝塞尔函数。研究发现：只有当场是关于圆对称时，也就是说，如果场与角度坐标 ϕ 无关，纯TM或TE模式才有可能出现。当场与 ϕ 有关时，不可能把TM和TE模式分开，同时假设 E_z 分量和 H_z 分量同时存在，来研究所谓的**混合模式**是很必要的。

举一个简单的例子，对于一个半径为 α、介电常数为 ε_d 的圆介质棒，置于空气中，我们来分析它关于圆对称的TM模式。介质棒中($r \leqslant \alpha$)，电场强度 E_z^0 轴向分量的横向分布可由式(10-218)(令 $n=0$)得到

$$E_{zi}^0 = C_0 J_0(hr), \quad r \leqslant \alpha \tag{10-286}$$

---

① S. R. Seshadri. 传输线和电磁场基础. Addison-Wesley, 1971.

其中

$$h^2 = \gamma^2 + k_d^2 = \omega^2 \mu_0 \varepsilon_d - \beta^2 \tag{10-287}$$

相应的 $H_{\phi i}^0$，由式(10-224)得

$$H_{\phi i}^0 = -\frac{j\omega\varepsilon_d}{h} C_0 J_0'(hr), \quad r \leqslant \alpha \tag{10-288}$$

在介质棒的外面，要求电磁场是衰减的并且随着距离呈指数衰减。E_{zo}^0 的一个近似解是修正的第二类零阶贝塞尔函数 $K_0(\zeta r)$，其自变量很大时的渐近展开式由式(10-215)给出。可写成

$$E_{zo}^0 = D_0 K_0(\zeta r), \quad r \geqslant \alpha \tag{10-289}$$

其中

$$\zeta^2 = \beta^2 - k_0^2 = \beta^2 - \omega^2 \mu_0 \varepsilon_0 \tag{10-290}$$

D_0 是一个常数。相应的 $H_{\phi 0}^0$ 是

$$H_{\phi 0}^0 = \frac{j\omega\varepsilon_0}{\zeta} D_0 K_0'(\zeta r), \quad r \geqslant a \tag{10-291a}$$

场分量 E_z^0 和 H_ϕ^0 在 $r=a$ 必须是连续的，要求

$$C_0 J_0(ha) = D_0 K_0(\zeta a) \tag{10-291b}$$

且

$$\frac{\varepsilon_d}{h} C_0 J_0'(ha) = -\frac{\varepsilon_0}{\zeta} D_0 K_0'(\zeta a) \tag{10-292}$$

合并式(10-291b)和式(10-292)，得到以下圆对称的TM模式的特征方程：

$$\frac{J_0(ha)}{J_0'(ha)} = -\frac{\varepsilon_d \zeta K_0(\zeta a)}{\varepsilon_0 h K_0'(\zeta a)} \tag{10-293}$$

其中，ζ 和 h 是通过式(10-287)和式(10-290)联系起来的

$$h^2 + \zeta^2 = \omega^2 \mu_0 (\varepsilon_d - \varepsilon_0) \tag{10-294}$$

可以用图形或者计算机计算的方法来得到式(10-293)和式(10-294)中的 ζ 和 h。一旦求出了特征值，对应的圆对称的TM模式的截止频率和其他特征值就可以确定。

在以上的例子中，只讨论了圆对称TM模式在均匀光纤中的分析步骤。在实际中，商业上存在的光纤主要有两种：中心为均匀介质、外层为低折射率材料的突变型光纤和中心为非均匀折射率的渐变折射率型光纤。对这些类型光纤的研究并不在本书的范围之内。[①]

10.7 谐振腔

前文已经指出，在UHF(300MHz～3GHz)和更高的频率，很难制造普通集总电路元件，比如 R、L 和 C，这样杂散场就变得不容忽略。由于电路的几何尺寸已可与工作波长相比拟，而使其成为一个辐射器，并会干扰其他的电路和系统。而且，由于辐射导致能量损失和趋肤效应的结果，传统的导线电路的有效电阻值很高。为了提供一种适用于UHF及更高频率的谐振回路，想到了由导体壁完全封闭的空腔(谐振腔)。这种屏蔽腔，把电磁场限制在其内部，且整个大面积的金属表面为电流提供了通路，因此清除了辐射和高阻效应。这些

① 例如，见D. Marcuse. 介质波导的理论. 学术出版社. 纽约，1974.
A. W. Snyder，J. D. Love. 光波导理论. Methuem公司. 纽约，1984.

封闭腔体具有固有的谐振频率和一个非常高的Q值(品质因数),因而被称为**谐振腔**。本节将研究矩形和圆柱形谐振腔的特性。

10.7.1 矩形谐振腔

考虑一个两端都被导体壁封闭的矩形波导。这个腔的内部尺寸为a、b和d,如图10-24所示。我们暂时忽略该图的探针激励源。由于矩形波导中存在TM和TE模,所以可以预料矩形谐振腔中也存在TM和TE模式。但是,腔中TM和TE模的名称并不唯一,这是因为可以自由选择x、y或z作为"传输方向",也就是说,没有唯一的"纵向"。例如,关于z轴的TE模,关于y轴就是TM模。

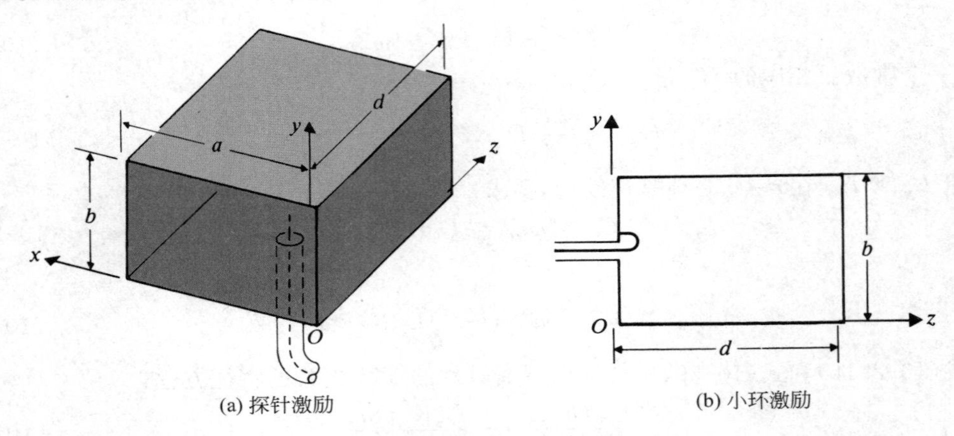

图10-24 谐振模式下同轴线激励

选择z轴作为参考"传播方向"。实际上,由于在$z=0$和$z=d$处导体端壁的存在,导致了波的多次反射并产生驻波;所以在空腔内不可能有波的传播。在谐振腔中,需要用三个下标(***mnp***)来表示谐振腔内的TM或TE驻波图形。

TM_{mnp}模式:式(10-132)以及式(10-134)~式(10-137)给出了波导中的TM_{mnp}模场分量的横向变量表达式。需要注意的是,波沿$+z$方向传播的变量是用$\mathrm{e}^{-\gamma z}$或者$\mathrm{e}^{-\mathrm{j}\beta z}$表示的,如式(10-121)所示。这个波被位于$z=d$的端壁反射,然后反射波沿$-z$传播,并用$\mathrm{e}^{\mathrm{j}\beta z}$因子表示。含有$\mathrm{e}^{-\mathrm{j}\beta z}$的项和另一项相同振幅含有$\mathrm{e}^{\mathrm{j}\beta z}$的项叠加就产生$\sin\beta z$或者$\cos\beta z$类型的驻波①。它到底是哪种类型取决于特定的场分量。

先来考虑横向分量$E_y(x,y,z)$。导体表面的边界条件要求在$z=0$和$z=d$处$E_y(x,y,z)$为零。这说明:(1)它与z的关系呈$\sin\beta z$;(2)$\beta=p\pi/d$。同样的论证可应用于另一个横向电场分量$E_x(x,y,z)$。

回顾在式(10-132)和式(10-134)中出现的$(-\gamma)$因子,是由于对z求微分而引入的。从而可以断定,其他场分量$E_z(x,y,z)$、$H_x(x,y,z)$和$H_y(x,y,z)$(不包含$(-\gamma)$因子)必定随$\cos\beta z$变化。那么,由式(10-132),式(10-134)~式(10-137)可以得出矩形谐振腔内TM_{mnp}模场分量下述相量表达式:

① 在理想导体中的反射系数为-1。

$$E_z(x,y,z)=E_0\sin\left(\frac{m\pi}{a}x\right)\sin\left(\frac{n\pi}{b}y\right)\cos\left(\frac{p\pi}{d}z\right) \tag{10-295}$$

$$E_x(x,y,z)=-\left(\frac{1}{h^2}\right)\left(\frac{m\pi}{a}\right)\left(\frac{p\pi}{d}\right)E_0\cos\left(\frac{m\pi}{a}x\right)\sin\left(\frac{n\pi}{b}y\right)\sin\left(\frac{p\pi}{d}z\right) \tag{10-296}$$

$$E_y(x,y,z)=-\left(\frac{1}{h^2}\right)\left(\frac{n\pi}{b}\right)\left(\frac{p\pi}{d}\right)E_0\sin\left(\frac{m\pi}{a}x\right)\cos\left(\frac{n\pi}{b}y\right)\sin\left(\frac{p\pi}{d}z\right) \tag{10-297}$$

$$H_x(x,y,z)=\frac{\mathrm{j}\omega\varepsilon}{h^2}\left(\frac{n\pi}{b}\right)E_0\sin\left(\frac{m\pi}{a}x\right)\cos\left(\frac{n\pi}{b}y\right)\cos\left(\frac{p\pi}{d}z\right) \tag{10-298}$$

$$H_y(x,y,z)=-\frac{\mathrm{j}\omega\varepsilon}{h^2}\left(\frac{m\pi}{a}\right)E_0\cos\left(\frac{m\pi}{a}x\right)\sin\left(\frac{n\pi}{b}y\right)\cos\left(\frac{p\pi}{d}z\right) \tag{10-299}$$

其中

$$h^2=\left(\frac{m\pi}{a}\right)^2+\left(\frac{n\pi}{b}\right)^2 \tag{10-300}$$

显然,整数 m、n 和 p 分别表示在 x、y 和 z 方向的半波数。

从式(10-138)可以得到如下的谐振频率表达式

$$\omega_{mnp}=\frac{1}{\sqrt{\mu\varepsilon}}\sqrt{\left(\frac{m\pi}{a}\right)^2+\left(\frac{n\pi}{b}\right)+\left(\frac{p\pi}{d}\right)^2}$$

或

$$f_{mnp}=\frac{\mu}{2}\sqrt{(m/a)^2+(n/b)^2+(p/d)^2}\ (\mathrm{Hz}) \tag{10-301}$$

式(10-301)表明,谐振频率随着模式次数增加而增加。

TE_{mnp} 模式：对于 TE_{mnp} 模式($E_z=0$)来说,驻波场分量的相量表达式可以由式(10-158)、式(10-159)～式(10-162)得出。使用 TM_{mnp} 模式的相同规则,即(1)横向(正切的)电场分量在 $z=0$ 和 $z=d$ 处为零,(2)γ 因子表示对 z 的偏微分为负值。第一条规则要求 $E_x(x,y,z)$、$E_y(x,y,z)$ 和 $H_z(x,y,z)$ 有 $\sin(p\pi z/d)$ 项；第二条规则说明 $H_x(x,y,z)$ 和 $H_y(x,y,z)$ 有 $\cos(p\pi z/d)$ 项,且用 $-(p\pi/d)$ 代替 γ。因而

$$H_z(x,y,z)=H_0\cos\left(\frac{m\pi}{a}x\right)\cos\left(\frac{n\pi}{b}y\right)\sin\left(\frac{p\pi}{d}z\right) \tag{10-302}$$

$$E_x(x,y,z)=\frac{\mathrm{j}\omega\mu}{h^2}\left(\frac{n\pi}{b}\right)H_0\cos\left(\frac{m\pi}{a}x\right)\sin\left(\frac{n\pi}{b}y\right)\sin\left(\frac{p\pi}{d}z\right) \tag{10-303}$$

$$E_y(x,y,z)=-\frac{\mathrm{j}\omega\mu}{h^2}\left(\frac{m\pi}{a}\right)H_0\sin\left(\frac{m\pi}{a}x\right)\cos\left(\frac{n\pi}{b}y\right)\sin\left(\frac{p\pi}{d}z\right) \tag{10-304}$$

$$H_x(x,y,z)=-\frac{1}{h^2}\left(\frac{m\pi}{a}\right)\left(\frac{p\pi}{d}\right)H_0\sin\left(\frac{m\pi}{a}x\right)\cos\left(\frac{n\pi}{b}y\right)\cos\left(\frac{p\pi}{d}z\right) \tag{10-305}$$

$$H_y(x,y,z)=-\frac{1}{h^2}\left(\frac{n\pi}{b}\right)\left(\frac{p\pi}{d}\right)H_0\cos\left(\frac{m\pi}{a}x\right)\sin\left(\frac{n\pi}{b}y\right)\cos\left(\frac{p\pi}{d}z\right) \tag{10-306}$$

其中,h^2 的值由式(10-300)给出。f_{mnp} 的谐振频率表达式与式(10-301)中的 TM_{mnp} 模式下 f_{mnp} 相同。有相同的谐振频率的不同模式称为**简并模**。因此,如果没有一个模式的指数为 0,则 TM_{mnp} 模式和 TE_{mnp} 模式都是简并的。对一给定谐振腔,具有最低谐振频率的模式称为**主模**(见例 10-15)。

对谐振腔的 TM 模式,通过观察其方程式(10-295)～式(10-299)场的表达式,发现

其纵向和横向电场分量在时间上相互一致且与磁场分量具有时间正交性。因此,无损腔中,任何方向上的时间平均坡印廷矢量和时间平均功率传播都为0。这与式(10-132),式(10-134)~式(10-137)中给出的波导中TM场分量不同,TM场横向电场分量和横向磁场分量在时间上同步,导致了在波的传播方向上存在时间平均功率流。谐振腔TE模式中(方程式(10-302)~式(10-306))以及波导中(方程式(10-158)~式(10-162))的电场分量和磁场分量两者的相位关系完全相反。

在谐振腔(或者波导)中,可通过以同轴线制成的小的探针或者天线环激励出特定模式。图10-24(a)中,探针是同轴线的内导体延伸一小段,插入谐振腔的某个位置上,使得该位置上电场是所期望的模式的最大电场强度值。实际上,探针是一根天线,它将电磁能量耦合到谐振腔中。另外,在连接小环的期望模的磁通量最大处引入一小环,激励谐振腔。图10-24(b)画出了这种装置。当然,来自同轴线的频率源必须要和谐振腔内所期望激励的模式的谐振频率相同。

例如,对一个$a\times b\times d$的矩形谐振腔的TE_{101}模,只有三个非零场分量

$$E_y = -\frac{j\omega\mu a}{\pi}H_0\sin\left(\frac{\pi x}{a}\right)\sin\left(\frac{\pi z}{d}\right) \tag{10-307}$$

$$H_x = -\frac{a}{d}H_0\sin\left(\frac{\pi x}{a}\right)\cos\left(\frac{\pi z}{d}\right) \tag{10-308}$$

$$H_z = H_0\cos\left(\frac{\pi x}{a}\right)\sin\left(\frac{\pi z}{d}\right) \tag{10-309}$$

这种模式可以通过插入顶面或底面中央处(即E_y最大值处)的探针进行激励,如图10-24(a)所示;或者通过在位于前、后壁内部放置的天线环进行耦合,使那里的H_x达到最大,如图10-24(b)所示。由于谐振腔是微波电路的一个组成部分,所以探针或者小环的最佳位置还应根据电路中的阻抗匹配要求而定。

把能量从波导耦合到谐振腔常用的方法是:在腔壁合适的位置开一个孔或者放入一膜片,波导内的场在孔处必须有一个便于在谐振腔内激励所需要模式的分量。

例10-15 试确定以下情形空气填充的矩形谐振腔的主模以及频率,(1)$a>b>d$;(2)$a>d>b$;(3)$a=b=d$。其中,a、b和d分别为谐振腔在x,y,z轴方向的尺寸。

解:以z轴作为参考"传播方向"。首先,对于TM_{mnp}模,从式(10-295)~式(10-299)可知m或n都不为0,但是p可以为0;其次,对于TE_{mnp}模,从式(10-302)~式(10-306)可知m或n(非同时)可为0,但是p不可为0。所以,最低阶的模为

$$TM_{110},\quad TE_{011}\quad 和\ TE_{101}$$

TM和TE模的谐振频率由式(10-301)给出。

(1) $a>b>d$时,最低谐振频率为

$$f_{110} = \frac{c}{2}\sqrt{\frac{1}{a^2}+\frac{1}{b^2}} \tag{10-310}$$

其中,c为自由空间的光速。所以TM_{110}是主模。

(2) $a>d>b$时,最低谐振频率为

$$f_{101} = \frac{c}{2}\sqrt{\frac{1}{a^2}+\frac{1}{d^2}} \tag{10-311}$$

TE_{101} 为主模。

(3) $a=b=d$ 时，三个最低阶的模(即 TM_{110}，TE_{011} 和 TE_{101})有相同的场结构图，这些简并模的谐振频率为

$$f_{110}=\frac{c}{\sqrt{2}a} \tag{10-312}$$

10.7.2　谐振腔的品质因数

在任何一种特定模式下，谐振腔以电场和磁场形式储存能量。实际中，任何腔壁的电导率都是有限的，即有非零的表面电阻。这会带来功率的损失，从而造成谐振腔中储存能量的衰减。谐振腔的**品质因数** Q，跟任何谐振电路一样，是对谐振腔带宽的一种量度，定义为

$$Q=2\pi\,\frac{\text{谐振频率时，储存能量的时间平均}}{\text{上述频率下，一个周期内的能量损耗}} \tag{10-313}$$

设 W 表示谐振腔总时间平均能量，写成

$$W=W_e+W_m \tag{10-314}$$

其中，W_e 和 W_m 分别表示电场和磁场所储存的能量。假设 P_L 是谐振腔损耗的时间平均功率，那么一个周期内损失的能量为 P_L 除以频率得到，式(10-313)可以写成

$$Q=\frac{\omega W}{P_L}\quad\text{(无量纲)} \tag{10-315}$$

在确定谐振腔在谐振频率的 Q 值时，通常假设损失足够小，可以运用无损耗时场图。

现在求解尺寸为 $a\times b\times d$ 的谐振腔，在 TE_{101} 模工作时的 Q 值。TE_{101} 模有三个非零场分量，可由式(10-307)、式(10-308)和式(10-309)中给出。储存时间平均电能为

$$\begin{aligned}W_e&=\frac{\varepsilon_0}{4}\int|E_y|^2\mathrm{d}v=\frac{\varepsilon_0\omega^2\mu_0^2\pi^2}{4h^4a^2}H_0^2\int_0^d\int_0^b\int_0^a\sin^2\left(\frac{\pi x}{a}\right)\sin^2\left(\frac{\pi z}{d}\right)\mathrm{d}x\mathrm{d}y\mathrm{d}z\\&=\frac{\varepsilon_0\omega_{101}^2\mu_0^2a^2}{4\pi^2}H_0^2\left(\frac{a}{2}\right)b\left(\frac{d}{2}\right)=\frac{1}{4}\varepsilon_0\mu_0^2a^3bdf_{101}^2H_0^2\end{aligned} \tag{10-316}$$

其中，运用了式(10-300)中的 $h^2=\left(\frac{\pi}{a}\right)^2$。所储存的总时均磁能为

$$\begin{aligned}W_m&=\frac{\mu_0}{4}\int\{|H_x|^2+|H_y|^2\}\mathrm{d}v\\&=\frac{\mu_0}{4}H_0^2\int_0^d\int_0^b\int_0^a\left\{\frac{\pi^4}{h^4a^2d^2}\sin^2\left(\frac{\pi}{a}x\right)\cos^2\left(\frac{\pi}{d}z\right)\right.\\&\qquad\left.+\cos^2\left(\frac{\pi}{a}x\right)\sin^2\left(\frac{\pi}{a}z\right)\right\}\mathrm{d}x\mathrm{d}y\mathrm{d}z\\&=\frac{\mu_0}{4}H_0^2\left\{\frac{a^2}{d^2}\left(\frac{a}{2}\right)b\left(\frac{d}{2}\right)+\left(\frac{a}{2}\right)b\left(\frac{d}{2}\right)\right\}=\frac{\mu_0}{16}abd\left(\frac{a^2}{d^2}+1\right)H_0^2\end{aligned} \tag{10-317}$$

从式(10-311)，可得 TE_{101} 模式的谐振频率为

$$f_{101}=\frac{1}{2\sqrt{\mu_0\varepsilon_0}}\sqrt{\frac{1}{a^2}+\frac{1}{d^2}} \tag{10-318}$$

把式(10-318)中的 f_{101} 代入式(10-316)，可证明，在谐振频率下，$W_e=W_m$。因此

$$W = 2W_e = 2W_m = \frac{\mu_0 H_0^2}{8}abd\left(\frac{a^2}{d^2}+1\right) \tag{10-319}$$

为得到 P_{L}，注意到每单位面积的功率损失为

$$P_{\mathrm{av}} = \frac{1}{2}|J_s|^2 R_s = \frac{1}{2}|H_t|^2 R_s \tag{10-320}$$

其中，$|H_t|$表示腔壁上磁场切向分量的幅值，在 $z=d$(后)壁上的功率损耗和 $z=0$(前)壁上的功率损耗相同。同样地，腔壁 $x=a$(左)壁上的功率损耗和 $x=0$(右)壁上的功率损耗也相同，腔壁 $y=b$(上)壁上的功率损耗和 $y=0$(下)壁上的功率损耗也相同。因此有

$$\begin{aligned}P_{\mathrm{L}} &= \oint P_{\mathrm{av}}\mathrm{d}s = R_s\left\{\int_0^b\int_0^a |H_x(z=0)|^2\mathrm{d}x\mathrm{d}y + \int_0^d\int_0^b |H_z(x=0)|^2\mathrm{d}y\mathrm{d}z\right.\\&\qquad\left.+\int_0^d\int_0^a |H_x|^2\mathrm{d}x\mathrm{d}z + \int_0^d\int_0^a |H_z|^2\mathrm{d}x\mathrm{d}z\right\}\\&= \frac{R_s H_0^2 a}{2}\left\{\frac{a^2}{d}\left(\frac{b}{d}+\frac{1}{2}\right)+d\left(\frac{b}{a}+\frac{1}{2}\right)\right\}\end{aligned} \tag{10-321}$$

把式(10-319)和式(10-321)代入式(10-315)，得到

$$Q_{101} = \frac{\pi f_{101}\mu_0 abd(a^2+d^2)}{R_s[2b(a^3+d^3)+ad(a^2+d^2)]}\quad(\mathrm{TE}_{101}\text{ 模}) \tag{10-322}$$

其中，f_{101}已由式(10-318)得出。

例 10-16　(1)为了让一个铜质的立方体空心谐振腔的主模谐振频率为10GHz，谐振腔的尺寸应该多大？(2)求出该谐振频率时的Q值。

解：(1) 对于立方体谐振腔，$a=b=d$，从例 10-15 可知 TM_{110}、TE_{011}和 TE_{101}是具有相同场结构的简并主模，并且

$$f_{101} = \frac{3\times 10^8}{\sqrt{2}a} = 10^{10}\quad(\mathrm{Hz})$$

因此

$$a = \frac{3\times 10^8}{\sqrt{2}\times 10^{10}} = 2.12\times 10^{-2}(\mathrm{m}) = 21.2\quad(\mathrm{mm})$$

(2) 由式(10-323)可得立方体谐振腔的品质因数Q的表达式为

$$Q_{101} = \frac{\pi f_{101}\mu_0 a}{3R_s} = \frac{a}{3}\sqrt{\pi f_{101}\mu_0\sigma} \tag{10-323}$$

对于铜，有 $\sigma=5.80\times 10^7\mathrm{S/m}$，则有

$$Q_{101} = \left(\frac{2.12}{3}\times 10^{-2}\right)\sqrt{\pi 10^{10}(4\pi 10^{-7})(5.80\times 10^7)} = 10700$$

因此，集总的LC谐振电路得到的Q值相比，谐振腔的Q值是非常大的。在实际中，由于馈电连接处和表面不规则引起的损耗，上面的计算值会稍小一些。

10.7.3　圆形谐振腔

与采用矩形波导来构造矩形谐振腔的方法类似，将圆波导两端封闭起来，就构成一个圆柱谐振腔。为简单起见，考虑半径为 a 的圆波导的 TM_{01}模，在 z 轴方向上不用做任何改变。

波导两端由导体板短接，导体板间距为 $d(<2a)$，这样就形成一个圆柱腔。回顾式(10-227)，令 $n=0$，由式(10-218)和式(10-224)可得腔内部的场分量

$$E_z = C_0 J_0(hr) = C_0 J_0\left(\frac{2.405}{a}r\right) \tag{10-324}$$

$$H_\phi = -\frac{\mathrm{j}C_0}{\eta_0}J_0'(hr) = \frac{\mathrm{j}C_0}{\eta_0}J_1\left(\frac{2.405}{a}r\right) \tag{10-325}$$

其中，运用 $J_0'(hr)=-J_1(hr)$。图 10-25 画出了圆形腔中横截面和纵截面下 TM_{010} 模的电场与磁场结构图。式(10-324)和式(10-325)再次表明，电场和磁场在时间上正交，这样腔壁内无能量损耗。

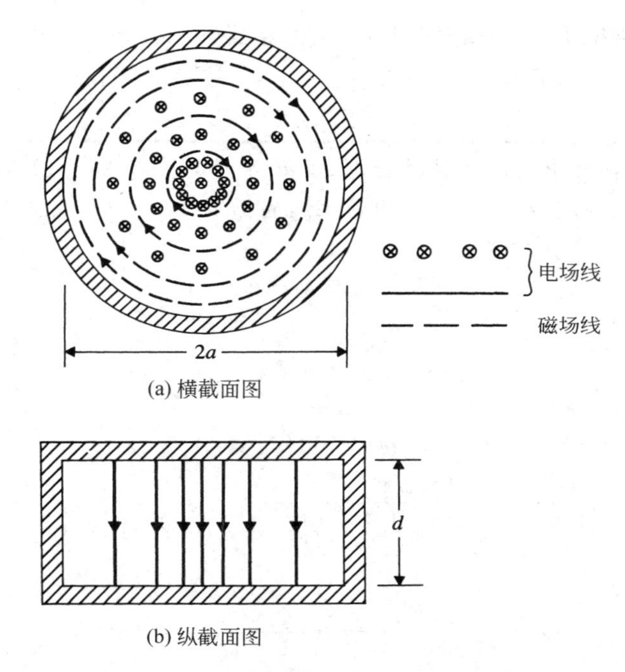

图 10-25　圆柱形谐振腔中 TM_{010} 模的场结构图

事实上，腔壁电导率有限，且表面电阻不为 0。因此腔壁会有能量损耗，并且腔的品质因素 Q 不是无穷大。为了计算腔的 Q 值，根据式(10-316)及前小节计算矩形谐振腔 Q 值相同的步骤。假设在一个低损耗腔内，场强与无损腔中的场强相等。

我们来计算半径为 a，长为 d 的圆柱腔 TM_{010} 模式下的 Q 值。由式(10-324)和式(10-325)中给出的场分量。时间平均储存能量为

$$\begin{aligned}W = 2W_e &= \frac{\varepsilon_0}{2}\int_V |E_z|^2 \mathrm{d}v = \frac{\varepsilon_0 C_0}{2}(2\pi d)\int_0^a J_0^2\left(\frac{2.405}{a}r\right)r\,\mathrm{d}r \\ &= (\pi\varepsilon_0 d)C_0^2\left[\frac{a^2}{2}J_1^2(2.405)\right]\end{aligned} \tag{10-326}$$

单位面积上平均功率损耗可由式(10-320)给出。这里 $H_t=H_\phi$，同时在谐振腔的端面存在径向表面电流 $\boldsymbol{J}_r$，在圆柱壁内存在纵向表面电流 $\boldsymbol{J}_z$。因此有

$$P_{\mathrm{L}} = \frac{R_s}{2}\left\{2\int_0^a |J_r|^2 2\pi r\mathrm{d}r + (2\pi a d)|J_z|^2\right\}$$

$$= \pi R_s \left\{ 2\int_0^a |H_\phi|^2 r\mathrm{d}r + (ad)|H_\phi(r=a)|^2 \right\}$$

$$= \frac{\pi R_s C_0^2}{\eta_0^2}\left\{ 2\int_0^a r J_1^2\left(\frac{2.405}{a}r\right)\mathrm{d}r + (ad)J_1^2(2.405) \right\}$$

$$= \frac{\pi a R_s C_0^2}{\eta_0^2}(a+d)J_1^2(2.405) \quad (10\text{-}327)^{①}$$

把式(10-326)和式(10-327)代入式(10-315),可得

$$Q = \left(\frac{\eta_0}{R_s}\right)\frac{2.405}{2(1+a/d)} \quad (\mathrm{TM}_{010}\text{ 模}) \quad (10\text{-}328)$$

其中,$R_s=\sqrt{\pi f\mu_0/\sigma}$在 TM_{010}模的谐振频率下求得。由式(10-227)和式(10-228)得谐振频率为

$$(f)_{\mathrm{TM}_{010}} = \frac{2.405}{2\pi a\sqrt{\mu_0\varepsilon_0}} = \frac{0.115}{a} \quad (\mathrm{GHz}) \quad (10\text{-}329)$$

例 10-17　一个铜质中空圆柱谐振腔,长度 d 等于其直径 $2a$。(1)确定 TM_{010}模式时,谐振频率为 10GHz 下的 a 和 d。(2)求出谐振腔的 Q 值。

解:(1) 由式(10-329)可得

$$\frac{0.115}{a} = 10$$

或

$$a = 1.15\times10^{-2}(\mathrm{m}) = 1.15 \quad (\mathrm{cm})$$

从而

$$d = 2a = 2.30 \quad (\mathrm{cm})$$

(2)

$$R_s = \sqrt{\frac{\pi f\mu_0}{\sigma}} = \sqrt{\frac{\pi\times10^{10}\times(4\pi10^{-7})}{5.80\times10^7}} = 2.61\times10^{-2} \quad (\Omega)$$

由式(10-328)得到

$$Q = \left(\frac{377}{2.61\times10^{-2}}\right)\frac{2.405}{2(1+1/2)} = 11580$$

把该例得到的结果与相同谐振频率下,可比拟的尺寸的例 10-16 矩形谐振腔得到的结果进行比较,结果如下:

	圆形谐振腔	矩形谐振腔
谐振频率下的模式	TM_{010} 10GHz	TM_{101} 10GHz
尺寸	直径　$2a=2.30\mathrm{cm}$ 长度　$d=2.30\mathrm{cm}$	$a=b=d=2.12\mathrm{cm}$
体积	$\pi a^2 d=9.56\mathrm{cm}^3$	$a\times b\times d=9.53\mathrm{cm}^3$
总面积	$2(\pi a^2)+(2\pi ad)=24.93\mathrm{cm}^2$	$6a^2=26.97\mathrm{cm}^2$
Q	11580	10700

① 已使用下列关系:

$$\int J_n^2(hr)r\mathrm{d}r = \frac{r^2}{2}[J'^2_n(hr)+J_n^2(hr)],\quad J'_1(hr)=J_0(hr)-\frac{1}{hr}J_1(hr),\quad J_0(ha)=0$$

可以看出，两种腔的体积近似相等，但矩形腔总表面积比圆柱腔大约8.2%。表面积越大能量损耗越高，而Q值越低。圆柱腔的Q值比矩形腔大约高8.2%。

复习题

R.10-1　为什么几种常用的传输线都不能用TEM模远距离传输微波信号？

R.10-2　波导截止频率是指什么？

R.10-3　为什么由导线连接的集总参数元件在微波频率时不能用作微波谐振电路？

R.10-4　对于介质填充、截面均匀的直波导，电场强度和磁场强度相量的约束方程是什么？

R.10-5　均匀波导中传输的波的三种基本类型是什么？

R.10-6　定义波阻抗。

R.10-7　解释为什么单导体空心波导或介质填充波导不能传输TEM波。

R.10-8　讨论波导中TM波的传输特性的分析方法。

R.10-9　讨论波导中TE波的传输特性的分析方法。

R.10-10　什么是边值问题的特征值？

R.10-11　一个波导能有多个截止频率吗？波导的截止频率受哪些因素影响？

R.10-12　什么是衰减模？

R.10-13　波在波导中的波导波长与波在相应的无界媒质中的波长相比，是长还是短？

R.10-14　波导波阻抗跟频率的依赖关系是什么？

(1) 对于传播的TEM波。

(2) 对于传播的TM波。

(3) 对于传播的TE波。

R.10-15　波阻抗为一个纯电抗的含义是什么？

R.10-16　是否可以从ω-β图判断波导中某一传播模式是色散的？解释之。

R.10-17　解释如何从ω-β图中确定一个传播模式的相速和群速。

R.10-18　解释特征模的含义。

R.10-19　哪些因素决定了平行板波导的截止频率？

R.10-20　什么是波导的主模？平行板波导的主模是什么？

R.10-21　一个波长3cm的TM或TE波可以在板间距为1cm或2cm的平行板波导中传播吗？解释之。

R.10-22　比较在平行板波导中TM_0，TM_n，TM_m($m>n$)和TE_n的截止频率。

R.10-23　什么是能量传输速度？

R.10-24　对于平行板波导中的TM和TE波，由于介质损耗引起的衰减常数，是随着频率增加还是减少？

R.10-25　试说明平行板波导中，由于导体板有限电导率导致的TEM、TM和TE模衰减的频率特性有什么本质的不同。

R.10-26　对矩形波导中的TM波，陈述E_z满足的边界条件。

R.10-27 对于一个矩形波导,在所有的 TM 模式中,哪种模式的截止频率最低?

R.10-28 试述矩形波导中,TE 波的 H_z 满足的边界条件。

R.10-29 以下条件中,哪个模式将是矩形波导中的主模?(1)$a>b$,(2)$a<b$,(3)$a=b$。

R.10-30 矩形波导中,TE_{10}模式的截止波长是多少?

R.10-31 矩形波导中,TE_{10}模式的非零场分量有哪几个?

R.10-32 讨论波导中,介质损耗带来的衰减常数与频率的依赖关系。

R.10-33 对矩形波导中的 TE_{10}模式,讨论由于波导壁损耗带来的衰减特性与频率之间的关系。

R.10-34 对矩形波导中的 TM_{11}模式,讨论由于波导壁损耗带来的衰减特性与频率之间的关系。

R.10-35 讨论矩形波导横截面尺寸 a 和 b 选择的影响因素。

R.10-36 波导中,膜片怎样连接或放置可以提供并联的容性电纳?又怎么样提供并联感性电纳?解释之。

R.10-37 什么情况下会出现贝塞尔差分方程?

R.10-38 描述第一类贝塞尔函数的一般性质。

R.10-39 为什么第二类贝塞尔函数不适用于分析空心圆波导中波的传播?

R.10-40 圆波导的主模是什么?

R.10-41 在圆波导中,给定频率的 TE_{11} 波传播时所需的波导直径,只有相同频率下 TM_{01} 波传输时所需圆波导直径的 76.5%。解释之。

R.10-42 什么是圆波导中 TE_{0n} 波衰减常数的独特特性?

R.10-43 为什么要求在介质波导中介质板的介电常数必须比周围媒质的介电常数大?

R.10-44 什么是色散关系式?

R.10-45 一个介质板波导能支持无限个 TM 和 TE 模式的传输吗?请解释。

R.10-46 哪种表面可以支承 TM 表面波?对 TE 表面波呢?

R.10-47 什么是介质板波导的主模?它的截止频率是多少?

R.10-48 介质板波导中,介质板外面的波的衰减会随着板厚度的增加而增大或者板厚的减小而减小吗?

R.10-49 介质波导中,横向传输的时间平均功率与波导中的传输模式是怎样的依赖关系?

R.10-50 哪种贝塞尔函数适用于分析光纤中和光纤周围的波特性?请解释。

R.10-51 什么是谐振腔?它们具备的主要特性是什么?

R.10-52 谐振腔中的场是行波还是驻波?与波导中有什么不同?

R.10-53 结合场分布图,TM_{110} 模表示了什么?TE_{123} 模呢?

R.10-54 对尺寸为 $a\times b\times d$ 的矩形谐振腔,TM_{mnp} 模式下,谐振频率的表达式是什么?TE_{mnp} 呢?

R.10-55 什么是简并模式?

R.10-56 什么是矩形谐振腔的最低阶模式?

R.10-57 请定义谐振腔的品质因素 Q。

R.10-58 在推导谐振腔 Q 的公式时,进行了哪些基本假设?

R. 10-59　工作在 TM_{010} 模式下的圆柱谐振腔存在什么场分量?

R. 10-60　圆柱谐振腔的 Q 值会随着它的高度变化吗?请从物理上进行解释。

R. 10-61　解释为什么实际测出的谐振腔的 Q 值会比计算值低。

习题

P. 10-1　对任意横截面的均匀直波导,在研究其波特性时,希望找到根据纵向场分量来获得横向场分量的通用表达式。可以写成

$$\boldsymbol{E} = \boldsymbol{E}_T + \boldsymbol{a}_z\boldsymbol{E}_z$$

$$\boldsymbol{H} = \boldsymbol{H}_T + \boldsymbol{a}_z\boldsymbol{H}_z$$

$$\nabla = \nabla_T + \boldsymbol{a}_z \frac{\partial}{\partial z}$$

其中下标 T 表示的是"横向",证明下面时谐激励的关系:

$$\boldsymbol{E}_T = -\frac{1}{h^2}(\gamma \nabla_T E_z - \boldsymbol{a}_z \mathrm{j}\omega\mu \times \nabla_T H_z) \tag{10-331}$$

$$\boldsymbol{H}_T = -\frac{1}{h^2}(\gamma \nabla_T H_z + \boldsymbol{a}_z \mathrm{j}\omega\varepsilon \times \nabla_T E_z) \tag{10-332}$$

其中 h^2 由式(10-15)给出。

P. 10-2　对矩形波导,使用 10.2 节近似的关系式:

(1) 画出 u_g/u 和 β/k 对 f_c/f 的曲线图;

(2) 画出 u/u_p,β/k 和 λ_g/λ 对 f/f_c 变化的图形;

(3) 求出在 $f=1.25f_c$ 时,u_p/u,u_g/u,β/k 和 λ_g/λ 的值。

P. 10-3　画出平行板波导在 TM_1,TM_2 和 TM_3 模式下的 ω-β 图。其中,平行板间的介质厚度为 b,介质本构参数为(ε,u)。讨论:

(1) b 和本构参数如何影响该图?

(2) 相同的曲线是否可以应用到 TE 模式?

P. 10-4　在平行板波导的导体板上,导出 TM_n 模的面电荷密度和面电流密度的表示式。在两板上电流的方向是相同还是相反?

P. 10-5　在平行板波导的导体板上,导出 TE_n 模的面电荷密度和面电流密度的表示式。在两板上电流的方向是相同还是相反?

P. 10-6　画出平行板波导中,TM_2 和 TE_2 模式下的电场线和磁场线。

P. 10-7　在无损平行板波导中,请根据 TE_n 模式的截止频率,求该模式的能量传输速度。

P. 10-8　由两块铜板($\sigma_c=5.80\times10^7$ S/m)组成的波导,板间填充厚度为 5cm 的有损介质,参数为:$\varepsilon_r=2.25$,$\mu_r=1$,$\sigma=10^{-10}$ S/m。若工作频率为 10GHz,求出以下模式时的 β,α_d,α_c,μ_p,μ_g 和 λ_g。(1)TEM 模式,(2)TM_1 模式,(3)TM_2 模式。

P. 10-9　重做习题 P. 10-8,(1) TE_1 模式,(2)TE_2 模式。

P. 10-10　对平行板波导

(1) 求在导体板损耗造成的衰减常数为最小值时,TM_n 模的频率(用截止频率 f_c 表示)。

(2) 求最小衰减常数的表达式。

(3) 如果平行板由相隔 5cm 的铜板组成,板间填充空气,计算 TM_1 模式下 α_c 的最小值。

P.10-11 由两个无穷大理想导体板组成的平行板波导,两板间隔为 3cm,中间充有空气,工作在 10GHz。求出下面三种模式下最大时均功率(即在没有电压击穿的情况下,波导的单位宽上可以传播的最大时均功率):

(1) TEM 模式 (2) TM_1 模式 (3) TE_1 模式

P.10-12 不推导任何新公式,在典型的 xy 平面上,大致画出矩形波导在下列情况下的电场线和磁场线:

(1) 依据图 10-11(a),画出 TM_{21} 的场线分布。

(2) 依据图 10-12(a),画出 TE_{11} 的场线分布。

场线的密度应能说明正弦或余弦的变化情况。

P.10-13 工作在 TM_{11} 模式的 $a\times b$ 矩形波导:

(1) 推导出导体壁上面电流密度的表达式;

(2) 画出在导体壁上 $x=0, y=b$ 处的面电流分布图。

P.10-14 一个标准的空气填充的 S 波段矩形波导,其大小为 $a=7.21$cm,$b=3.40$cm。当传输的电磁波波长为下列值时,能使用哪种模式来传输电磁波?

(1) $\lambda=10$cm (2) $\lambda=5$cm

P.10-15 在一个无损的 $a\times b$ 矩形波导中,试根据截止频率来求其 TE_{10} 模式的能量传输速率。

P.10-16 对一个 $a\times b$ 的矩形波导,若(1)$a=2b$,(2)$a=b$,试计算并按升序排列在传输模式为 TE_{01},TE_{10},TE_{11},TE_{02},TE_{20},TM_{11},TM_{12},TM_{22} 时的截止频率(以主模的截止频率表示)。

P.10-17 构建一个空气填充的 $a\times b$ 的矩形波导,工作在主模式,其频率为 3GHz。要求其工作频率比主模式下的截止频率至少要大 20%,且比下一较高阶模式的截止频率至少小 20%。

(1) 给出 a、b 的典型设计尺寸。

(2) 在工作频率下,计算所设计的矩形波导的 β,u_p,λ_g 和波阻抗。

P.10-18 工作频率为 7.5GHz,2.5cm×1.5cm 的矩形波导,计算如下两种情况下的 β,u_p,u_g,λ_g 和 $Z_{TE_{10}}$ 值,并进行比较。

(1) 如果波导是中空的。

(2) 如果波导由介质填充,参数为 $\varepsilon_r=2$,$\mu_r=1$ 和 $\sigma=0$。

P.10-19 一个空气填充的矩形铜波导,横截面大小为 $a=7.20$cm,$b=3.40$cm,工作在主模式下,其频率为 3GHz。求出(1)f_c,(2)λ_g,(3)α_c 和(4)当传输波的场密度衰减到 50% 时,波传输的距离。

P.10-20 一个空气填充的矩形铜波导长 1m,口面尺寸为 $a=2.25$cm,$b=1.00$cm,在频率 10GHz 时,让它工作在 TE_{10} 模将 1kW 平均功率馈送到天线上。求

(1) 壁损耗带来的衰减常数;

(2) 在波导内,电场和磁场强度的最大值;

(3) 导体壁上，面电流密度的最大值；

(4) 波导中，总平均功率损耗。

P.10-21　一个空气填充的矩形波导：$a=2.25\text{cm}$，$b=1.00\text{cm}$，工作在 TE_{10} 主模，工作频率为 10GHz 且不被击穿的情况下，求该波导可以传输的平均最大功率值。

P.10-22　尺寸为 $a\times b$ 的矩形波导，TE_{10} 模式工作，当导体损耗造成的衰减最小时，试求 f/f_c 的值。在 2cm×1cm 波导内最小可达到的 α_c 是多少？在什么频率下？

P.10-23　推导式(10-188)，即 TM_{11} 模式下 $a\times b$ 矩形波导由于导体损耗造成的衰减公式。在衰减常数为最小值时，确定 f/f_c 的值。

P.10-24　一个在 X 波段工作的空气填充矩形波导($a=2.29\text{cm}$，$b=1.02\text{cm}$)连接到一个未知负载。工作在 10GHz 时的测量表明：它离载荷 6cm 远处存在最小的电场值，驻波比(SWR)为1.80。求运用一个对称容性膜片使 SWR 减小到 1 时的位置和大小。

P.10-25　贝赛尔微分方程的解

$$\frac{\mathrm{d}^2 R(r)}{\mathrm{d}r^2}+\frac{1}{r}\frac{\mathrm{d}R(r)}{\mathrm{d}r}+R(r)=0 \tag{10-333}$$

可以这样得到：假定 $R(r)$ 是一个在 r 处的能量级数，如式(10-202)，把它代入方程，使每个 r 处能量系数之和等于 0。求出该结果。并验证该结果与式(10-204)给出的结果的一致性。

P.10-26　从简单媒质中的麦克斯韦旋度方程出发，验证圆波导中，TM 模式的公式(10-219)。

P.10-27　不用推导任何新方程，大概画出以下两种模的圆波导的典型横截面的电场线线和磁场线。

(1) 由图 10-20 扩充的 TM_{11} 模式；

(2) TE_{01} 模式场；

(3) 一个空气填充的圆波导，半径为 a，求它在 TM_{11} 和 TE_{01} 模式下的截止频率。

P.10-28　中空圆形波导，半径为 a，画出它在 TE_{11} 和 TM_{01} 模式下的 ω-β 图。讨论在下列条件下，图形将有何变化：

(1) 如果 a 加倍；

(2) 如果波导是由一个非磁性媒质填充，其绝缘常数为 ϵ_r。

P.10-29　对一个半圆截面直线波导，如 10-26 所示：

(1) 写出 TM 模式下 E_z^0 的合适表达式。

(2) 写出 TE 模式下 H_z^0 的合适表达式。

(3) 解释怎样确定相应模式下的特征值。

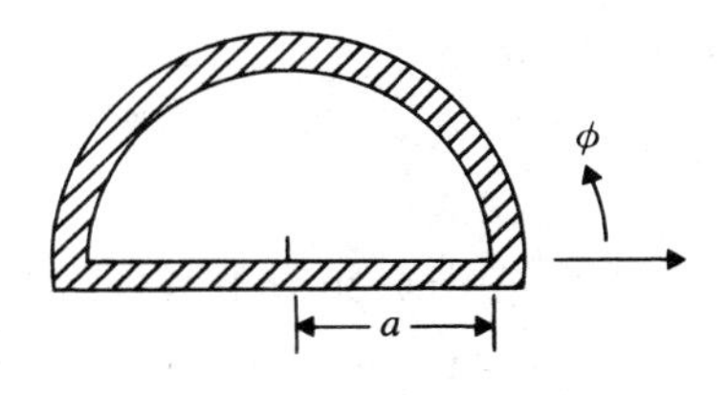

图 10-26　半圆波导截面

P.10-30　证明沿介质波导传播的电磁波速度介于在电介媒质和在波导外的媒质中的平面波传播速度之间。

P.10-31　介质板波导的 $d=1\text{cm}$、$\epsilon_r=3.25$。如果(1) $f=200\text{MHz}$，(2) $f=500\text{MHz}$，试通过画出方程式(10-257)和式(10-258)中 $\alpha d/2$ 对 $k_y d/2$ 的变化曲线图，来求 k_y 的式(10-260)的解，并求两种频率下最低阶奇 TM 模的 β 和 α。

P.10-32　对于最低阶偶 TM 模，运用式(10-263)，重做习题 P.10-31。

P.10-33　对一个厚度为 d 的无限长介质平板波导，置于空气中，分别求出在平板内、上部自由空间和下部自由空间中偶 TM 模式的所有非 0 场分量的瞬时表达式。

P. 10-34 当介质板波导的板厚度和工作波长相比非常小时,场强离开板表面后的衰减就非常缓慢,而传播常数近似等于周围媒质中的传播常数。

(1) 如果 $k_y d \ll 1$,证明主模式下的下面关系式近似保持不变:

$$\beta \cong k_0$$

$$\alpha \cong \frac{\mu_0 d}{2\mu_d}(k_d^2 - k_0^2)$$

其中 $k_d = \omega\sqrt{\mu_d \varepsilon_d}$ 和 $k_0 = \omega\sqrt{\mu_0 \varepsilon_0}$。

(2) 若板厚度为 5mm,相对介电常数为 3,自由空间中的介质板,工作频率为 300MHz,当场强衰减到板面场强的 36.8%时,计算离板面的距离。

P. 10-35 厚度为 d 的无限大介质板波导置于自由空间中,试推导出 TE 模式在下列情况下的所有非 0 场分量的瞬时表达式:(1)平板内;(2)板上部自由空间区域;(3)板下部自由空间区域。推导式(10-281)。

P. 10-36 一波导由厚度为 d 的无限大介质板(ε_d, μ_d)放置在一块理想导体板上构成。

(1) 传播模式是什么?它们的截止频率是多少?

(2) 导出在导体基底上传输模式的面电流和面电荷密度的相量表达式。

P. 10-37 一个半径为 a,介电常数为 ε_1 且磁导率为 μ_1 的环形介质棒波导,被介电常数为 ε_2 且磁导率为 μ_2 的均匀介质包围。

(1) 写出圆对称 TE 模式的所有场量幅值表达式。

(2) 求这些模式的特征方程。

P. 10-38 已知一个空气填充的无损矩形谐振腔,大小为 8cm×6cm×5cm,找出最前面的 12 个最低阶模式和它们的谐振频率。

P. 10-39 一个空气填充的腔壁为铜的矩形谐振腔,相应参数为 ε_0、μ_0、$\sigma = 1.57\times10^7$ S/m,波导尺寸为 a=4cm,b=3cm 和 d=5cm。

(1) 确定该谐振腔的主模式和谐振频率。

(2) 计算 Q 值和在谐振频率所储存的时均电磁能量,假定 H_0 为 0.1A/m。

P. 10-40 如果习题 P. 10-39 中的矩形谐振腔是由无损介质材料填充,材料的介电常数为 2.5。求出

(1) 主模式下的谐振频率;

(2) Q 值;

(3) 在谐振频率下,电场和磁场的时均储能,假定 H_0 为 0.1A/m。

P. 10-41 一个矩形谐振腔长为 d,由一个 $a\times b$ 矩形波导构成,工作在 TE_{101} 模式下。

(1) 对固定的 b,腔 Q 为最大值时,a 和 d 相应的幅值。

(2) 根据上面条件,得出 Q 关于 a/b 函数的表达式。

P. 10-42 对一个空气填充的矩形铜谐振腔。

(1) 假如 $a=d=1.8b=3.6$cm,计算 TE_{101} 模式下的 Q 值。

(2) 要使 Q 增大 20%,b 应当增加多少。

P. 10-43 推导一空气填充的 $a\times b\times d$ 矩形腔工作在 TE_{101} 模式下的 Q 表达式。

P. 10-44 对一个空气填充的圆柱形谐振腔,半径为 a,长度为 d:

(1) 写出 TM_{mnp} 和 TE_{mnp} 模式下，相应谐振频率和波长的表达式。

(2) 当 $d=a$ 时，列出具有有最低谐振频率的前 7 个模式。

P. 10-45　在一些微波应用中，经常用到如图 10-27 所示的中间部分很窄的哑铃状谐振腔。图中 d 相对于谐振腔的波长非常小。假设该谐振腔可以看做由一个电容(中心很窄部分)和电感(其余部分)的并联组合来表示，求出：

(1) 谐振频率的近似表达式；

(2) 谐振波长的近似表达式。

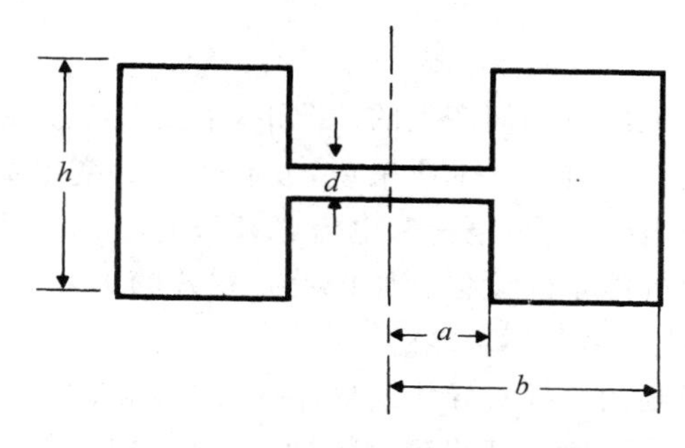

图 10-27　中间狭窄的哑铃状谐振腔

第11章　天线和辐射系统

11.1　引言

第8章研究了不考虑电磁波如何产生的情况下,平面电磁波在无源媒质中的传播特性。当然,电磁波必定起始于源,用电磁学术语来说,波起源于时变电荷和时变电流。为了能在规定的方向上有效地辐射电磁能量,电荷和电流必须以特定的方式分布。天线就是设计成以规定方式有效地辐射电磁能量的设备。如果没有有效的天线,那么电磁能量只能固定于某区域,信息经远距离无线传输是不可能的。

天线可以是电压源激励的单根直导线或导体环、波导末端的孔径,或是这些辐射单元有序排列而成的复杂阵列。为了增强某些辐射特性,可以使用反射镜和透镜。天线辐射的重要特性包括场方向图、方向性系数、阻抗和带宽。在本章研究各种具体天线时,将分别讨论这些参数。

为了研究电磁辐射,必须运用已有的麦克斯韦方程组和有关时变电荷和时变电流分布的电场和磁场方面的知识。该任务的主要难点在于:在天线结构中由给定的激励产生的电荷和电流分布,通常是未知的且很难确定的。实际上,几何形状简单、由电压源中心馈电的直导线[①](直线天线)许多年来就是广泛研究的话题。甚至当假设导线是理想导体时,有限半径的导线上的电荷和电流的精确分布也非常复杂。幸运的是,这种天线的辐射场对其电流分布的微小偏差不太敏感,因此,从一种确实合理的导线的近似电流分布中便可导出很多实际有用的结论。下面将研究具有假定的电流分布的直线天线的辐射特性。

结合麦克斯韦方程,可以导出 $\boldsymbol{E}$ 和 $\boldsymbol{H}$ 的非齐次波动方程(见习题P.11-1)。但是,这些方程往往以复杂的方式,涉及电荷密度和电流密度。通常比较简单的方法是:先求解出辅助电位函数 $\boldsymbol{A}$ 和 V,然后运用式(7-55)和式(7-57)中的 $\boldsymbol{A}$ 和 V,就可以求得 $\boldsymbol{H}$ 和 $\boldsymbol{E}$。对于简单媒质中的时谐变化,有

$$\boldsymbol{H}=\frac{1}{\mu}\nabla\times\boldsymbol{A} \tag{11-1}$$

$$\boldsymbol{E}=-\nabla V-\mathrm{j}\omega\boldsymbol{A} \tag{11-2}$$

位函数 $\boldsymbol{A}$ 和 V 本身是非齐次波动方程式(7-63)和式(7-65)的解,且这些解已分别由式(7-78)和式(7-77)给出。对于时谐相关,由式(7-100)和式(7-99)得相量滞后位为

$$\boldsymbol{A}=\frac{\mu}{4\pi}\int_{V'}\frac{\boldsymbol{J}\mathrm{e}^{-\mathrm{j}kR}}{R}\mathrm{d}v' \tag{11-3}$$

$$V=\frac{1}{4\pi\epsilon}\int_{V'}\frac{\rho\mathrm{e}^{-\mathrm{j}kR}}{R}\mathrm{d}v' \tag{11-4}$$

---

① 这种结构也叫偶极子天线。

其中，$k=\omega\sqrt{\mu\varepsilon}=2\pi/\lambda$ 是波数。当然，$\boldsymbol{A}$ 与 V 之间还满足式(7-98)的洛伦兹条件，正如 $\boldsymbol{J}$ 和 ρ 与连续性方程式(7-48)相联系，或

$$\nabla\cdot\boldsymbol{J}=-\mathrm{j}\omega\rho \tag{11-5}$$

因此，不必对式(11-3)和式(11-4)求积分。实际上，式(7-104b)已将 $\boldsymbol{E}$ 和 $\boldsymbol{H}$ 之间相关联：

$$\boldsymbol{E}=\frac{1}{\mathrm{j}\omega\varepsilon}\nabla\times\boldsymbol{H} \tag{11-6}$$

由天线的电流分布求电磁场遵循三个步骤：(1)利用式(11-3)由 $\boldsymbol{J}$ 求 $\boldsymbol{A}$；(2)利用式(11-1)由 $\boldsymbol{A}$ 求 $\boldsymbol{H}$；(3)利用式(11-6)由 $\boldsymbol{H}$ 求 $\boldsymbol{E}$。注意，只有第(1)步需要积分，而第(2)步和第(3)步只包含简单的微分。也将用此过程来求天线的辐射方向图。

首先研究基本的电偶极子和电流小环(或磁偶极子)的辐射场及其特性。然后考虑有限长的细直线天线，其中一个重要的特例是半波偶极子。直线天线的辐射特性主要由其长度和激励方式来确定。为了得到较强的方向性和其他期望的特性，可将许多同类天线排列在一起，形成**天线阵**。天线阵的几何结构、阵元间距以及阵元激励的相对幅度和相位都会影响阵列的场方向图。本章将讨论一些简单阵列的基本特性。

当天线用作接收设备时，其功能就是收集传来的电磁波能量，并将其传送给接收机。任何天线既可用于发射，又可用于接收。下面将用互易定理来证明天线在用作发射和接收时的方向图、方向性系数、输入阻抗、有效高度及有效孔径都是相同的。同时，也将定义散射截面，并研究雷达方程和近地面波传播的效应。最后，将讨论像行波天线、八木天线、螺旋天线、宽带天线、阵列以及孔径天线等天线形式。

11.2　基本偶极子的辐射场

本节研究所有辐射系统中最简单的形式——也就是单元振荡电偶极子和磁偶极子的辐射场。我们将会发现，电偶极子场和磁偶极子场的辐射场的解呈对偶关系。因此，根据其中一个偶极子的辐射特性，就可以很容易地推出另一个偶极子的辐射特性，而不需再计算。

11.2.1　基本电偶极子

考虑如图 11-1 所示的单元振荡电偶极子(在真空中)，它由一根长度为 $\mathrm{d}l$、终端接有两个导体球或圆盘(电容性负载)的短导线组成。假设导线上的电流均匀，且随着时间作正弦变化

$$i(t)=I\cos\omega t=\mathrm{Re}[I\mathrm{e}^{\mathrm{j}\omega t}] \tag{11-7}$$

由于在导线的两端电流为零，所以电荷必定聚集在该处。电流和电荷之间的关系为

$$i(t)=\pm\frac{\mathrm{d}q(t)}{\mathrm{d}t} \tag{11-8}$$

写成相量形式 $q(t)=\mathrm{Re}[Q\mathrm{e}^{\mathrm{j}\omega t}]$，有

$$I=\pm\mathrm{j}\omega Q \tag{11-9}$$

或

$$Q=\pm\frac{I}{\mathrm{j}\omega} \tag{11-10}$$

其中,电流方向如图11-1,正电荷位于导线上端,负电荷位于导线下端。相隔很短距离的一对等量异号电荷便有效地构成了电偶极子,其电偶极矩矢量的相量为

$$\boldsymbol{p}=\boldsymbol{a}_z Q\mathrm{d}l \quad (\mathrm{C}\cdot\mathrm{m}) \tag{11-11}$$

这种振荡偶极子又称为**赫兹偶极子**。

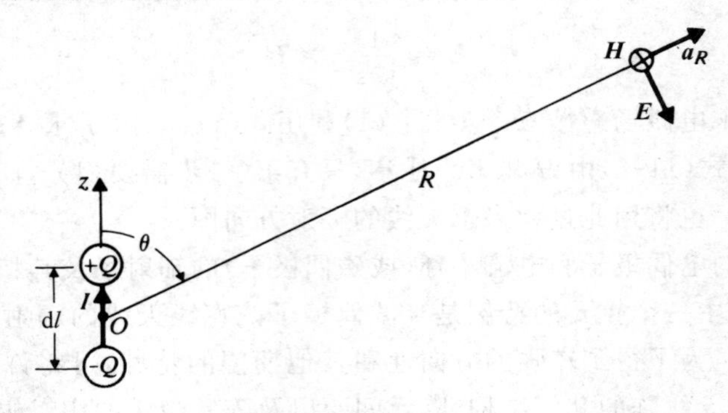

图11-1 赫兹偶极子

按照11.1节中介绍的三个步骤来确定赫兹偶极子的电磁场。由式(11-3)可得矢量滞后位的相量表达式为

$$\boldsymbol{A}=\boldsymbol{a}_z\frac{\mu_0 I\mathrm{d}l}{4\pi}\left(\frac{\mathrm{e}^{-\mathrm{j}\beta R}}{R}\right) \tag{11-12}$$

其中,$\beta=k_0=\omega/c=2\pi/\lambda$。由于

$$\boldsymbol{a}_z=\boldsymbol{a}_R\cos\theta-\boldsymbol{a}_\theta\sin\theta \tag{11-13}$$

故$\boldsymbol{A}=\boldsymbol{a}_R A_R+\boldsymbol{a}_\theta A_\theta+\boldsymbol{a}_\phi A_\phi$的球面坐标分量为

$$A_R=A_z\cos\theta=\frac{\mu_0 I\mathrm{d}l}{4\pi}\left(\frac{\mathrm{e}^{-\mathrm{j}\beta R}}{R}\right)\cos\theta \tag{11-14a}$$

$$A_\theta=-A_z\sin\theta=-\frac{\mu_0 I\mathrm{d}l}{4\pi}\left(\frac{\mathrm{e}^{-\mathrm{j}\beta R}}{R}\right)\sin\theta \tag{11-14b}$$

$$A_\phi=0 \tag{11-14c}$$

从图11-1的几何结构可知$\boldsymbol{A}$不随坐标ϕ变化,由式(2-139)得

$$\begin{aligned}\boldsymbol{H}&=\frac{1}{\mu_0}\nabla\times\boldsymbol{A}=\boldsymbol{a}_\phi\frac{1}{\mu_0 R}\left[\frac{\partial}{\partial R}(RA_0)-\frac{\partial A_R}{\partial\theta}\right]\\&=-\boldsymbol{a}_\phi\frac{I\mathrm{d}l}{4\pi}\beta^2\sin\theta\left[\frac{1}{\mathrm{j}\beta R}+\frac{1}{(\mathrm{j}\beta R)^2}\right]\mathrm{e}^{-\mathrm{j}\beta R}\end{aligned} \tag{11-15}$$

由式(11-6)得电场强度

$$\boldsymbol{E}=\frac{1}{\mathrm{j}\omega\varepsilon_0}\nabla\times\boldsymbol{H}=\frac{1}{\mathrm{j}\omega\varepsilon_0}\left[\boldsymbol{a}_R\frac{1}{R\sin\theta}\frac{\partial}{\partial\theta}(H_\phi\sin\theta)-\boldsymbol{a}_\theta\frac{1}{R}\frac{\partial}{\partial R}(RH_\phi)\right] \tag{11-16a}$$

从上式可得

$$E_R=-\frac{I\mathrm{d}l}{4\pi}\eta_0\beta^2 2\cos\theta\left[\frac{1}{(\mathrm{j}\beta R)^2}+\frac{1}{(\mathrm{j}\beta R)^3}\right]\mathrm{e}^{-\mathrm{j}\beta R} \tag{11-16b}$$

$$E_\theta=-\frac{I\mathrm{d}l}{4\pi}\eta_0\beta^2\sin\theta\left[\frac{1}{\mathrm{j}\beta R}+\frac{1}{(\mathrm{j}\beta R)^2}+\frac{1}{(\mathrm{j}\beta R)^3}\right]\mathrm{e}^{-\mathrm{j}\beta R} \tag{11-16c}$$

$$E_\phi=0 \tag{11-16d}$$

其中，$\eta_0=\sqrt{\mu_0/\varepsilon_0}\cong 120\pi(\Omega)$。

式(11-15)和式(11-16a)组成了赫兹偶极子的电磁场。注意，在导出这些表达式时，只使用偶极子中的电流求矢量位 $\mathbf{A}$，而偶极子两端的电荷并没参与计算。然而，也可使用另一种方法，通过 Idl 来计算 $\mathbf{A}$，正如式(11-12)，并使用式(11-4)中的一对等量异种电荷来计算标量位 V。那么电场强度可以由式(11-2)而不是式(11-6)来求得。这样得出的结果和上述方法的结果完全相同(见习题 P. 11-2)。

式(11-15)和式(11-16a)中的整个场的表达式相当复杂。而将两式单独用来研究靠近偶极子区域和远离偶极子区域的场的特性却很有用。

近场 靠近赫兹偶极子的区域(**近区场**)，$\beta R=2\pi R/\lambda\ll 1$，式(11-15)的主要项为

$$H_\phi=\frac{Idl}{4\pi R^2}\sin\theta \tag{11-17}$$

其中，因子 $e^{-j\beta R}=1-j\beta R-(\beta R)^2/2+\cdots$ 已近似为 1。式(11-17)与静磁学中用毕奥-萨伐尔定律计算电流元 Idl 所得的磁场强度式(6-33b)完全相同。

由式(11-16b)和式(11-16c)得到近场区电场强度的主要项为

$$E_R=\frac{p}{4\pi\varepsilon_0 R^3}2\cos\theta \tag{11-18a}$$

及

$$E_\theta=\frac{p}{4\pi\varepsilon_0 R^3}\sin\theta \tag{11-18b}$$

其中，已使用相量关系式(11-10)和式(11-11)。这些表达式与用静电学定律计算沿 z 向放置、电偶极矩为 p 的基本电偶极子的电场强度所得的式(3-31)是相同的。因此振荡的时变偶极子的近区场称为**准静态场**。

远场 $\beta R=2\pi R/\lambda\gg 1$ 的区域称为**远区场**。远场区中式(11-15)和式(11-16a)的主要项为

$$H_\phi=j\frac{Idl}{4\pi}\left(\frac{e^{-j\beta R}}{R}\right)\beta\sin\theta \tag{11-19a}$$

$$E_\theta=j\frac{Idl}{4\pi}\left(\frac{e^{-j\beta R}}{R}\right)\eta_0\beta\sin\theta \tag{11-19b}$$

远场区中，可得到几个重要的结论。第一，E_θ 和 H_ϕ 在空间上正交且在时间上同相位。第二，比值 $E_\theta/H_\phi=\eta_0$ 是常数，等于媒质的本征阻抗(在这里即是真空)。因此，远区场有与平面波的相同特性。这并不意外，因为在离偶极子很远的地方，球面波波前可近似为平面波波前。

由式(11-19a,b)可得第三个结论：远区场的幅度随与源的距离成反比变化。E_θ 和 H_ϕ 的相位都是 R 的周期函数，其周期即为波长：

$$\lambda=\frac{2\pi}{\beta}=\frac{c}{f} \tag{11-20}$$

注意，远区场中的条件 $\beta R\gg 1$ 相当于 $R\gg\lambda/2\pi$；因此，若在低频时仍要满足远区的条件，则离开偶极子的距离也必须较远(第 11.3 节将讨论远区场的其他特性)。

11.2.2 基本磁偶极子

下面讨论一个半径为 b、载有均匀时谐电流 $i(t)=I\cos\omega t$ 的细小的圆环，如图 11-2 所

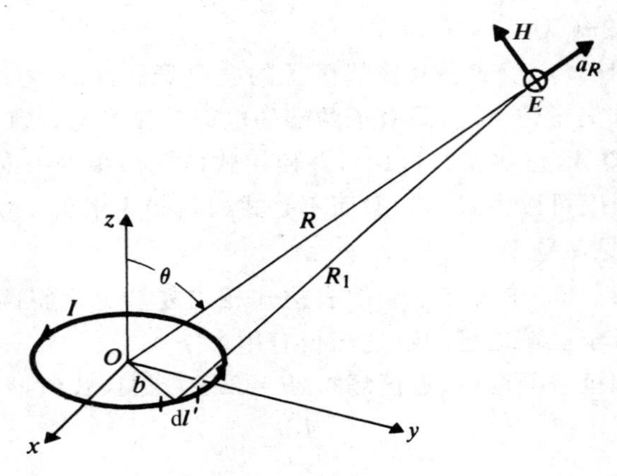

图 11-2 磁偶极子

示。这是一个基本磁偶极子,其磁矩矢量的相量为

$$\boldsymbol{m} = \boldsymbol{a}_z I \pi b^2 = \boldsymbol{a}_z m \quad (\mathrm{A \cdot m^2}) \tag{11-21}$$

为了求磁偶极子的电磁场,首先要求出矢量位。除了要考虑电流的时变特性外,其计算步骤与6.5节的步骤相同。不是从式(6-39)而是从下式开始

$$\boldsymbol{A} = \frac{\mu_0 I}{4\pi}\oint \frac{\mathrm{e}^{-\mathrm{j}\beta R_1}}{R_1}\mathrm{d}\boldsymbol{l}' \tag{11-22}$$

由于 R_1 随着环上 $\mathrm{d}\boldsymbol{l}'$ 的变化而变化,所以精确计算式(11-22)中的积分非常困难。对于小圆环,分子中的指数因子可写为

$$\mathrm{e}^{-\mathrm{j}\beta R_1} = \mathrm{e}^{-\mathrm{j}\beta R}\mathrm{e}^{-\mathrm{j}\beta(R_1 - R)} \cong \mathrm{e}^{-\mathrm{j}\beta R}[1 - \mathrm{j}\beta(R_1 - R)] \tag{11-23}$$

把式(11-23)代入式(11-22),近似得

$$\boldsymbol{A} = \frac{\mu_0 I}{4\pi}\mathrm{e}^{-\mathrm{j}\beta R}\left[(1 + \mathrm{j}\beta R)\oint \frac{\mathrm{d}\boldsymbol{l}'}{R_1} - \mathrm{j}\beta\oint \mathrm{d}\boldsymbol{l}'\right] \tag{11-24}$$

式(11-24)的第二项积分为零。第一个积分式除乘法因子 $(1+\mathrm{j}\beta R)\mathrm{e}^{-\mathrm{j}\beta R}$ 外,其他与式(6-39)中的相同。根据式(6-43)的结果,可得

$$\boldsymbol{A} = \boldsymbol{a}_\phi \frac{\mu_0 m}{4\pi R^2}(1 + \mathrm{j}\beta R)\mathrm{e}^{-\mathrm{j}\beta R}\sin\theta \tag{11-25}$$

再分别利用式(11-6)和式(11-1),通过简单的微分可得电场强度和磁场强度为

$$E_\phi = \frac{\mathrm{j}\omega\mu_0 m}{4\pi}\beta^2\sin\theta\left[\frac{1}{\mathrm{j}\beta R} + \frac{1}{(\mathrm{j}\beta R)^2}\right]\mathrm{e}^{-\mathrm{j}\beta R} \tag{11-26a}$$

$$H_R = -\frac{\mathrm{j}\omega\mu_0 m}{4\pi\eta_0}\beta^2 2\cos\theta\left[\frac{1}{(\mathrm{j}\beta R)^2} + \frac{1}{(\mathrm{j}\beta R)^3}\right]\mathrm{e}^{-\mathrm{j}\beta R} \tag{11-26b}$$

$$H_\theta = -\frac{\mathrm{j}\omega\mu_0 m}{4\pi\eta_0}\beta^2\sin\theta\left[\frac{1}{\mathrm{j}\beta R} + \frac{1}{(\mathrm{j}\beta R)^2} + \frac{1}{(\mathrm{j}\beta R)^3}\right]\mathrm{e}^{-\mathrm{j}\beta R} \tag{11-26c}$$

将式(11-26a,b,c)与式(11-15)和式(11-16b,c)进行对比,即可发现电偶极子和磁偶极子的电磁场具有对偶性。

令 $(\boldsymbol{E}_e, \boldsymbol{H}_e)$ 表示电偶极子的电场和磁场,$(\boldsymbol{E}_m, \boldsymbol{H}_m)$ 表示磁偶极子的电场和磁场。则有

$$\boldsymbol{E}_e = \eta_0 \boldsymbol{H}_m \tag{11-27}$$

及

$$\boldsymbol{H}_e = -\frac{\boldsymbol{E}_m}{\eta_0} \tag{11-28}$$

如果电偶极距和磁偶极矩的关系如下

$$I\mathrm{d}l = \mathrm{j}\beta m \tag{11-29}$$

其中，$\beta=\omega\mu_0/\eta_0=\omega\sqrt{\mu_0\varepsilon_0}$。式(11-27)和式(11-28)符合对偶原理(见例 7-7)。因此，赫兹电偶极子和基本磁偶极子是对偶器件，且它们的电磁场是无源麦克斯韦方程的两个解。正是由于这种对偶性，关于电偶极子的近场、远场特性的讨论，同样适用于磁偶极子的对偶场量。尤其是磁偶极子的远区场($\beta R\gg1$)为

$$E_\phi = \frac{\omega\mu_0 m}{4\pi}\left(\frac{\mathrm{e}^{-\mathrm{j}\beta R}}{R}\right)\beta\sin\theta \tag{11-30a}$$

$$H_\theta = -\frac{\omega\mu_0 m}{4\pi\eta_0}\left(\frac{\mathrm{e}^{-\mathrm{j}\beta R}}{R}\right)\beta\sin\theta \tag{11-30b}$$

可以得出，远场强度与 R 成反比，且 E_ϕ/H_θ 的比值等于真空的本征阻抗 η_0。

分析式(11-19b)中电偶极子的远场 E_θ 与式(11-30a)中磁偶极子的 E_ϕ 发现，两者有相同的方向图函数 $|\sin\theta|$，且在空间相互正交，时间相位差为 90°。所以，把电偶极子和磁偶极子组合后，可构成一个能产生圆极化波的天线(见习题 P. 11-4)。

11.3　天线方向图和天线参数

在天线问题中，主要关注的是天线的远区场，又称**辐射场**。实际中不存在向空间各个方向均匀辐射的天线。在远离天线一定距离处，描述天线相对远场强度随方向变化的曲线图，称为天线的**辐射方向图**，或简称**天线方向图**。一般来说，天线方向图是三维的，在球面坐标系中场强随 θ 和 ϕ 变化。绘制这种三维立体图的困难可通过下述方式(常用方式)来避免：分别画出当 ϕ 为常数时归一化场强的幅度(相对于峰值)随 θ 变化的曲线(E 面方向图)和当 $\theta=\pi/2$ 时归一化场强的幅度随 ϕ 变化的曲线(H 面方向图)。

例 11-1　分别画出赫兹偶极子 E 面和 H 面的辐射方向图。

解：由于远区场的 E_θ 和 H_ϕ 相互成正比，所以只需考虑 E_θ 的归一化幅度。

(1) E 面方向图。在给定的 R 处，E_θ 与 ϕ 无关，由式(11-19b)可得 E_θ 的归一化幅度为

$$\text{归一化的 } |E_\theta| = |\sin\theta| \tag{11-31}$$

上式是赫兹偶极子的 E 面**方向图函数**。对任一给定的 ϕ 值，式(11-31)表示一对圆，如图 11-3(a)所示。

(2) H 面方向图。在给定的 R 处，且 $\theta=\pi/2$ 时，E_θ 的归一化幅度为 $|\sin\theta|=1$。那么，H 面方向图就是一个半径为 1、圆心位于 z 向的偶极子上的圆，如图 11-3(b)所示。

实际天线的辐射方向图通常要比图 11-3 所示的辐射方向图复杂得多。典型的 H 面方向图如图 11-4(a)所示，这是极坐标中归一化的 $|E_\theta|$ 随 ϕ 变化的曲线。它通常有一个主要的最大值和若干个次要的最大值。头两个零点之间的最大辐射区域为**主瓣**，其他次要的最大值区域为**旁瓣**。

有时，在直角坐标系中画天线的方向图比较方便。图 11-4(a)中的极坐标图画成如图 11-4(b)所示的直角坐标系图。由于主瓣方向的场强与旁瓣方向的场强相差许多个数量

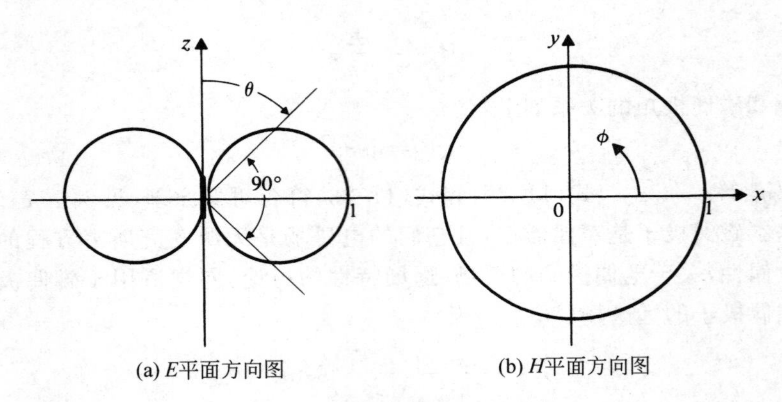

(a) E平面方向图 (b) H平面方向图

图 11-3 赫兹偶极子的辐射方向图

级，所以天线方向图通常用对数刻度来描绘，该刻度用低于主瓣电平的分贝数来度量。将图 11-4(b)中的方向图转换成分贝刻度后就如图 11-4(c)所示的形状了。

在比较各种天线的方向图时，下述特征参数很重要：(1)主瓣宽度，(2)旁瓣电平，(3)方向性系数。

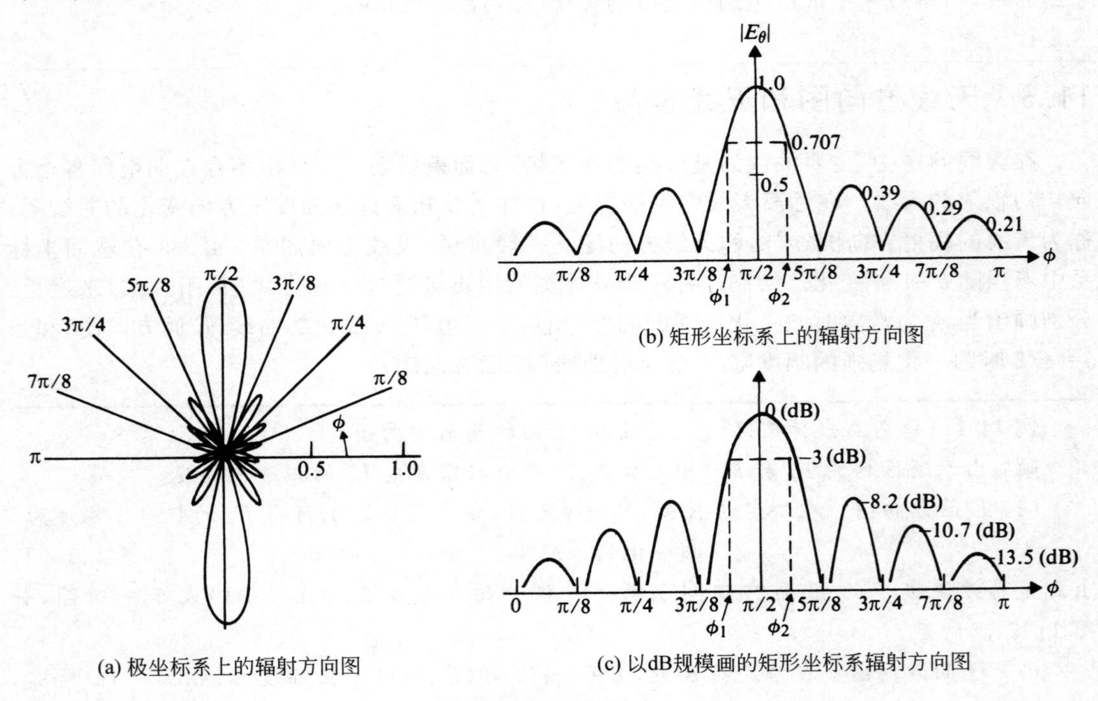

(a) 极坐标系上的辐射方向图 (b) 矩形坐标系上的辐射方向图 (c) 以dB规模画的矩形坐标系辐射方向图

图 11-4 典型的 H 平面辐射方向图

这些参数的意义解释如下：

(1) 主瓣宽度(或简称**瓣宽**)。主瓣宽度描述主辐射区域的尖锐程度。它通常取方向图主瓣的两个半功率点间或−3dB 的角度表示。在电场强度方向图中，它通常用 $1/\sqrt{2}$ 或 0.707 倍最大强度点间的角度表示。因此，图 11-4 中 H 面方向图的 3dB 波束宽度等于 $(\phi_2-\phi_1)$，而图 11-3(a)中的赫兹偶极子的 E 面方向图的 3dB 波束宽度为 90°。此外，

-10dB 点之间或头两个零点间的主波束角宽度也很重要。当然，主波束必须指向所设计天线的最大辐射方向。

(2) 旁瓣电平。定向(非全向)方向图的旁瓣是指不需要辐射的区域，所以，其电平应尽可能地低。通常，离主瓣远的旁瓣电平比离主瓣近的旁瓣电平低。因此，当提及天线方向图的旁瓣电平时，通常指的是第一(离主瓣最近和电平最高的)旁瓣的旁瓣电平。在现代雷达应用中，要求旁瓣电平是 -40dB 或更低些。在实际应用中，旁瓣的位置也很重要。

(3) 方向性系数。天线方向图的主瓣宽度描述了主瓣的尖锐程度，但它不能提供有关方向图其他特性的任何信息。例如，旁瓣可能较高——不期望的形状。通常用来全面衡量天线朝给定方向辐射功率的能力的一个参数是**方向性增益**，其可用辐射强度来定义。**辐射强度**表示每单位立方角的时间平均功率，辐射强度的国际单位制单位为瓦特每球面度(W/sr)。由于每单位立体角含有 R^2 平方米的球面积，所以辐射强度 U 等于每单位面积的时间平均功率的 R^2 倍，或等于时间平均坡印廷矢量幅度 P_{av} 的 R^2 倍

$$U = R^2 P_{av} \tag{11-32}$$

总的时间平均辐射功率为

$$P_r = \oint \boldsymbol{P}_{av} \cdot \mathrm{d}\boldsymbol{s} = \oint U \mathrm{d}\Omega \tag{11-33}$$

其中，$\mathrm{d}\Omega$ 是微分立方角，$\mathrm{d}\Omega = \sin\theta \mathrm{d}\theta \mathrm{d}\phi$。

天线方向图的**方向性增益** $G_D(\theta,\phi)$ 等于方向 (θ,ϕ) 上的辐射强度与平均辐射强度之比，即

$$G_D(\theta,\phi) = \frac{U(\theta,\phi)}{P_r/4\pi} = \frac{4\pi U(\theta,\phi)}{\oint U \mathrm{d}\Omega} \tag{11-34}$$

显然，各向同性或全向天线(天线在各个方向均匀辐射)的方向性增益为 1。然而，各向同性天线实际上是不存在的。

天线的最大方向性增益，称为天线的**方向性系数**，其表示最大辐射强度与平均辐射强度之比，常记为 D

$$D = \frac{U_{max}}{U_{av}} = 4\frac{\pi U_{max}}{P_r} \quad (无量纲) \tag{11-35}$$

D 可以用电场强度表示为

$$D = \frac{4\pi |E_{max}|^2}{\int_0^{2\pi}\int_0^{\pi} |E(\theta,\phi)|^2 \sin\theta \mathrm{d}\theta \mathrm{d}\phi} \quad (无量纲) \tag{11-36}$$

方向性系数通常用分贝来表示，并以 1 为基准。

例 11-2　求赫兹偶极子的方向性增益和方向性系数。

解：赫兹偶极子的时间平均坡印廷矢量幅度为

$$P_{av} = \frac{1}{2}\mathrm{Re}|\boldsymbol{E}\times\boldsymbol{H}^*| = \frac{1}{2}|E_\theta||H_\phi| \tag{11-37}$$

因此，由式(11-19a,b)和式(11-32)可得

$$U = \frac{(Idl)^2}{32\pi^2}\eta_0\beta^2\sin^2\theta \tag{11-38}$$

由式(11-34)可得方向性增益为

$$G_D(\theta,\phi)=\frac{4\pi\sin^2\theta}{\int_0^{2\pi}\int_0^{\pi}(\sin^2\theta)\sin\theta\mathrm{d}\theta\mathrm{d}\phi}=\frac{3}{2}\sin^2\theta$$

方向性系数是 $G_D(\theta,\phi)$ 的最大值

$$D=G_D\left(\frac{\pi}{2},\phi\right)=1.5$$

其对应的分贝值为 $10\log_{10}1.5$ 或者 1.76dB。

注意，天线的方向图参数有主瓣宽度、旁瓣电平和方向性增益；这些参数并没有反映出天线的效率或输入阻抗方面的信息。衡量天线效率的一个参数是功率增益。天线的**功率增益**(简称**增益**)G_p 表示在相同的输入功率情况下，天线的最大辐射强度与无损耗、各向同性源的辐射强度的比值。式(11-34)定义的方向性增益是基于辐射功率 P_r 的。由于天线本身以及邻近的有损耗结构(包括地面)上存在欧姆功率损耗 P_l，所以 P_r 必定小于总输入功率 P_i。也就是

$$P_i=P_r+P_l \tag{11-39}$$

那么，天线的功率增益为

$$G_P=\frac{4\pi U_{\max}}{P_i} \tag{11-40}$$

天线的增益与方向性系数之比为**辐射效率** η_r，即

$$\eta_r=\frac{G_P}{D}=\frac{P_r}{P_i} \tag{11-41}$$

一般情况下，理想结构的天线辐射效率可达100%。

衡量天线辐射功率大小的一个很重要的指标是辐射电阻。天线的**辐射电阻**是一个假想的电阻值，当该电阻中的电流等于天线的最大电流时，其消耗掉的功率等于辐射功率 P_r。显然，高辐射电阻是天线所期望的一个特性。

例 11-3　求赫兹偶极子的辐射电阻。

解：假设无欧姆损耗，赫兹偶极子输入时谐电流幅度为 I，其辐射的时间平均功率为

$$P_r=\frac{1}{2}\int_0^{2\pi}\int_0^{\pi}E_\theta H_\phi^* R^2\sin\theta\mathrm{d}\phi \tag{11-42}$$

运用式(11-19a,b)远区场，可得

$$P_r=\frac{I^2(\mathrm{d}l)^2}{32\pi^2}\eta_0\beta^2\int_0^{2\pi}\int_0^{\pi}\sin^3\theta\mathrm{d}\theta\mathrm{d}\phi=\frac{I^2(\mathrm{d}l)^2}{12\pi}\eta_0\beta^2=\frac{I^2}{2}\left[80\pi^2\left(\frac{\mathrm{d}l}{\lambda}\right)^2\right] \tag{11-43}$$

在上述最后的表达式中利用了真空的本征阻抗 $\eta_0=120\pi$ 和 $\beta=2\pi/\lambda$。

由于短的赫兹偶极子中的电流呈均匀分布，于是把辐射电阻 R_r 中消耗的功率以 I 为参考。令 $I^2R_r/2$ 等于 P_r，可得

$$R_r=80\pi^2\left(\frac{\mathrm{d}l}{\lambda}\right)^2\quad(\Omega) \tag{11-44}$$

例如，若 $\mathrm{d}l=0.01\lambda$，R_r 约为 0.08Ω，这是一个非常小的值。因此，短偶极子天线是电磁功率的弱辐射器。然而，假如不加限制条件就认为偶极子天线的辐射电阻随其长度的平方

而增加，那将是错误的，这是因为式(11-44)只有当 $dl \ll \lambda$ 时才成立。

辐射电阻可能与输入阻抗的实部完全不同，因为后者还包括了天线结构本身的欧姆损耗及大地中的损耗。短偶极子天线的输入阻抗含有很大的容抗，这使得天线很难匹配，因此也难以将功率有效地馈送到天线上。

例 11-4　试求半径为 a、长度为 d、电导率为 σ 的金属导线制成的孤立赫兹偶极子的辐射效率。

解： 令 I 表示金属偶极子的电流幅值，其损耗电阻为 R_l。则消耗的欧姆功率为

$$P_l = \frac{1}{2} I^2 R_l \tag{11-45}$$

用辐射电阻 R_r 表示辐射功率，为

$$P_r = \frac{1}{2} I^2 R_r \tag{11-46}$$

由式(11-39)和式(11-44)可以得到

$$\eta_r = \frac{P_r}{P_r + P_l} = \frac{R_r}{R_r + R_l} = \frac{1}{1 + (R_l/R_r)} \tag{11-47}$$

其中，在式(11-44)已求得 R_r。金属导线的损耗电阻 R_l 用表面电阻 R_s 表示为

$$R_l = R_s\left(\frac{dl}{2\pi a}\right) \tag{11-48}$$

其中

$$R_s = \sqrt{\frac{\pi f \mu_0}{\sigma}} \tag{11-49}$$

与式(9-26b)得出的结果相同。把式(11-44)和式(11-48)代入式(11-47)，得到孤立赫兹偶极子的辐射效率

$$\eta_r = \frac{1}{1 + \frac{R_s}{160\pi^3}\left(\frac{\lambda}{a}\right)\left(\frac{\lambda}{dl}\right)} \tag{11-50}$$

假设 $a=1.8\text{mm}$，$dl=2\text{m}$，工作频率 $f=1.5\text{MHz}$ 且 σ(铜)$=5.80\times10^7\text{S/m}$。可以得到

$$\lambda = \left(\frac{c}{f}\right) = \frac{3\times10^8}{1.5\times10^6} = 200 \quad (\text{m})$$

$$R_s = \sqrt{\frac{\pi\times(1.5\times10^6)\times(4\pi\times10^{-7})}{5.80\times10^7}} = 3.20\times10^{-4} \quad (\Omega)$$

$$R_l = 3.20\times10^{-4}\times\frac{2}{2\pi\times1.8\times10^{-3}} = 0.057 \quad (\Omega)$$

$$R_r = 80\pi^2\left(\frac{2}{200}\right)^2 = 0.079 \quad (\Omega)$$

且

$$\eta_r = \frac{0.079}{0.079+0.057} = 58\%$$

上式辐射效率很低。式(11-50)表明，(a/λ)和(dl/λ)的值越小，辐射效率就越低。

11.4 细直线天线

由11.3节可知,由于短偶极子天线的辐射电阻和辐射效率都比较低,所以它并不是良好的电磁功率辐射器。现在研究中心馈电、天线长度与波长相比拟的细直线天线的辐射特性,如图11-5所示。这种天线称为**直线偶极子天线**。如果已知天线的电流分布,则通过沿整个天线长度对各单元偶极子所产生的辐射场积分,就可以求出整个线天线的辐射场。但是,即使假设导线是理想导体,在看似简单的几何图形(半径为有限值的直导线)上,要求出其精确的电流分布也是很难的边值问题。在天线的两端,电荷的积聚使电流必定为零,而在天线表面的每一点上,由所有的电荷和电流所产生的电场切向分量必定为零。问题的解析计算可推出一个积分式,而积分式中天线的电流分布在积分时未知。尝试了各种近似方法,积分式的精确解并不存在。随着高速数字计算机的出现,可以求出特定长度和厚度的直线天线的电流分布及其输入阻抗的数值解。在馈电处的电压与电流之比称为输入阻抗。由于整个求解过程和数值结果都是相当复杂,所以本书不作深入研究。就我们学习而言,了解直线天线上精确的电流分布并不是很重要,输入阻抗的精确估计值,就能提供给我们很多有关天线辐射特性的有用信息。假设非常细的直偶极子上的电流分布为正弦函数,这样的电流分布在偶极子上构成驻波,并表示一种很好的近似。

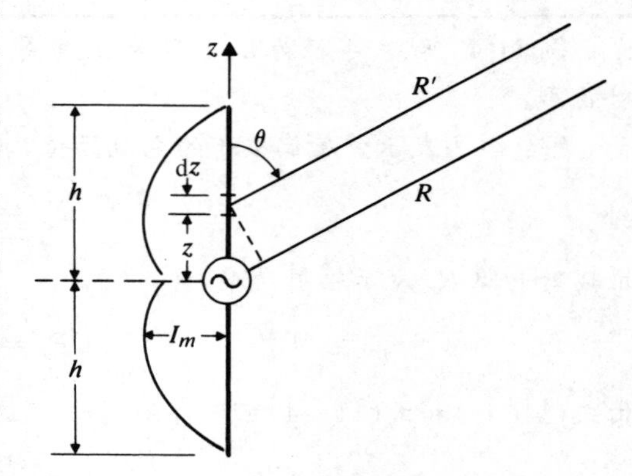

图11-5 正弦电流分布的中馈直线偶极子

由于偶极子是中心馈电的,所以其两臂上的电流分布对称,且在两端电流趋近于零。电流相量形式记为

$$I(z)=I_m\sin\beta(h-|z|)=\begin{cases}I_m\sin\beta(h-z), & z>0\\ I_m\sin\beta(h+z), & z<0\end{cases} \tag{11-51}$$

现在只讨论远区场。由式(11-19a,b)可知,微分电流元 $I\mathrm{d}z$ 对远场的贡献为

$$\mathrm{d}E_\theta=\eta_0\,\mathrm{d}H_\phi=\mathrm{j}\,\frac{I\mathrm{d}z}{4\pi}\left(\frac{\mathrm{e}^{-\mathrm{j}\beta R'}}{R'}\right)\eta_0\beta\sin\theta \tag{11-52}$$

式(11-52)中的 R' 与球面坐标原点测量得到的 R 稍微有些不同,球坐标原点与偶极子中心重合。在远区,$R\gg h$

$$R'=(R^2+z^2-2Rz\cos\theta)^{1/2}\cong R-z\cos\theta \tag{11-53}$$

$1/R'$ 与 $1/R$ 之间的幅度差异并不明显,但是,在相位项中必须保留式(11-53)中的近似关系。把式(11-51)和式(11-53)代入式(11-52)并积分得

$$E_\theta=\eta_0 H_\phi=\mathrm{j}\,\frac{I_m\eta_0\beta\sin\theta}{4\pi R}\mathrm{e}^{-\mathrm{j}\beta R}\int_{-h}^{h}\sin\beta(h-|z|)\,\mathrm{e}^{\mathrm{j}\beta z\cos\theta}\mathrm{d}z \tag{11-54}$$

式(11-54)的被积函数中包含了 z 的偶函数 $\sin\beta(h-|z|)$ 和

$$\mathrm{e}^{\mathrm{j}\beta z\cos\theta}=\cos(\beta z\cos\theta)+\mathrm{j}\sin(\beta z\cos\theta)$$

的乘积，其中，$\sin(\beta z\cos\theta)$是 z 的奇函数。在对称积分限$-h$ 和 h 之间求积分，可知，唯有包含因子 $\sin\beta(h-|z|)\cos(\beta z\cos\theta)$的被积函数部分不为零。因此，式(11-54)简化为

$$E_\theta = \eta_0 H_\phi = \mathrm{j}\,\frac{I_m\eta_0\beta\sin\theta}{2\pi R}\mathrm{e}^{-\mathrm{j}\beta R}\int_0^h \sin\beta(h-z)\cos(\beta z\cos\theta)\,\mathrm{d}z = \frac{\mathrm{j}60I_m}{R}\mathrm{e}^{-\mathrm{j}\beta R}F(\theta) \quad (11\text{-}55)$$

其中

$$F(\theta) = \frac{\cos(\beta h\cos\theta) - \cos\beta h}{\sin\theta} \quad (11\text{-}56)$$

因子$|F(\theta)|$是直线偶极子天线的 E 面**方向图函数**。其描述了辐射方向图或归一化远场$|E_\theta|$随 θ 的变化情况。式(11-56)中的$|F(\theta)|$表示的辐射方向图的确切形状取决于 $\beta h=2\pi h/\lambda$ 的值，且随天线长度的不同而形状可能有所不同。但是，辐射方向图总是关于 $\theta=\pi/2$ 平面对称。图 11-6 画出了四种不同长度(以波长度量)：$2h/\lambda=\frac{1}{2}$，1，$\frac{3}{2}$和 2 的偶极子天线的 E 面方向图。而由于$|F(\theta)|$与ϕ无关，所以 H 面的方向图是个圆。从图 11-6 中的方向图可以看出，当偶极子天线的长度接近 $3\lambda/2$ 时，其最大辐射方向将偏离 $\theta=90°$的平面；而当 $2h=2\lambda$ 时，$\theta=90°$平面内就无辐射了。

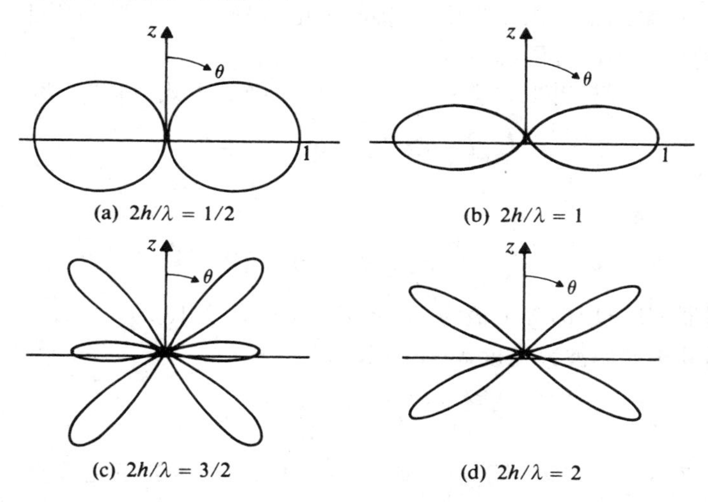

图 11-6　中心馈电偶极子天线的 E 面辐射方向图

11.4.1　半波偶极子

长度为 $2h=\lambda/2$ 的半波偶极子具有特别重要的实用价值，由于其具有期望的方向图和阻抗特性。接下来详细地分析其特性。

对于半波偶极子，$\beta h=2\pi h/\lambda=\pi/2$，式(11-56)中的方向图函数变成

$$F(\theta) = \frac{\cos[(\pi/2)\cos\theta]}{\sin\theta} \quad (11\text{-}57)$$

该函数在 $\theta=90°$处有最大值，其值为 1，而在 $\theta=0°$和 180°处时，函数值为零。图 11-6(a)画出了其对应的 E 面辐射方向图。由式(11-55)得远区场的相量为

$$E_\theta = \frac{\mathrm{j}60I_m}{R}\mathrm{e}^{-\mathrm{j}\beta R}\left\{\frac{\cos[(\pi/2)\cos\theta]}{\sin\theta}\right\} \quad (11\text{-}58)$$

及

$$H_{\phi}=\frac{\mathrm{j}I_m}{2\pi R}\mathrm{e}^{-\mathrm{j}\beta R}\left\{\frac{\cos[(\pi/2)\cos\theta]}{\sin\theta}\right\} \tag{11-59}$$

时间平均坡印廷矢量的幅值为

$$P_{\mathrm{av}}=\frac{1}{2}E_{\theta}H_{\phi}^{*}=\frac{15I_m^2}{\pi R^2}\left\{\frac{\cos[(\pi/2)\cos\theta]}{\sin\theta}\right\}^2 \tag{11-60}$$

沿球体表面对 P_{av} 积分,得到半波偶极子辐射的总功率为

$$P_r=\int_0^{2\pi}\int_0^{\pi}P_{\mathrm{av}}R^2\sin\theta\mathrm{d}\theta\mathrm{d}\phi=30I_m^2\int_0^{\pi}\frac{\cos^2[(\pi/2)\cos\theta]}{\sin\theta}\mathrm{d}\theta \tag{11-61}$$

式(11-61)中的积分值可算出为1.218。因此

$$P_r=36.54I_m^2\quad(\mathrm{W}) \tag{11-62}$$

从中可以得到驻波半波偶极子的辐射电阻为

$$R_r=\frac{2P_r}{I_m^2}=73.1\quad(\Omega) \tag{11-63}$$

若忽略细半波偶极子的损耗,则可得其输入电阻等于73.1Ω,其输入电抗是一个很小的正数值,当偶极子长度调整到稍微比 $\lambda/2$ 短时,则输入电抗变为零(如前面所述,实际计算输入阻抗是繁琐的,已超出本书的范围)。

运用式(11-35)可计算出半波偶极子的方向性系数。由式(11-32)和式(11-60)可得

$$U_{\max}=R^2P_{\mathrm{av}}(90^{\circ})=\frac{15}{\pi}I_m^2 \tag{11-64}$$

及

$$D=\frac{4\pi U_{\max}}{P_r}=\frac{60}{36.54}=1.64 \tag{11-65}$$

相对于全向辐射器,其对应的分贝值为 $10\log_{10}1.64$ 或者 2.15dB。

辐射方向图的半功率波束宽度等于下列方程

$$\frac{\cos[(\pi/2)\cos\theta]}{\sin\theta}=\frac{1}{\sqrt{2}}\quad 0<\theta<\pi$$

的两个解之间的夹角。上式运用数值法或图形法求解,可得波束宽度为78°。因此半波偶极子的方向性只比短赫兹偶极子的方向性稍强一些,短赫兹偶极子的方向性系数为1.76dB,波束宽度为90°。

例 11-5 有一根四分之一波长的细垂直天线放置在理想导电地面上,天线底部由一个正弦电压源激励。求其辐射方向图、辐射电阻和方向性系数。

解: 既然电流是运动的电荷,那么可以利用4.4节中介绍的镜像法,用垂直天线的镜像来代替导电地面。稍作思考,可以把垂直天线的镜像看做是另外一根载有电流 I 的垂直天线。镜像天线与原天线具有相同的长度、相同的离地高度且载有方向相同的相等电流。因此,图11-7(a)中的四分之一波长的垂直天线在上半空间产生的电磁场与图11-7(b)中的半波天线的电磁场相同。应用式(11-57)中的方向图函数应用到这里,适用范围为 $0\leqslant\theta\leqslant\pi/2$,而图7-11(b)中以虚线画的辐射方向图就是图11-6(a)中上半部分的辐射方向图。

式(11-60)中的时间平均坡印廷矢量幅值 P_{av},在 $0\leqslant\theta\leqslant\pi/2$ 范围内也成立。因为四分之一波长天线(单极子天线)只在上半空间内辐射,所以其辐射的总功率只是式(11-62)的

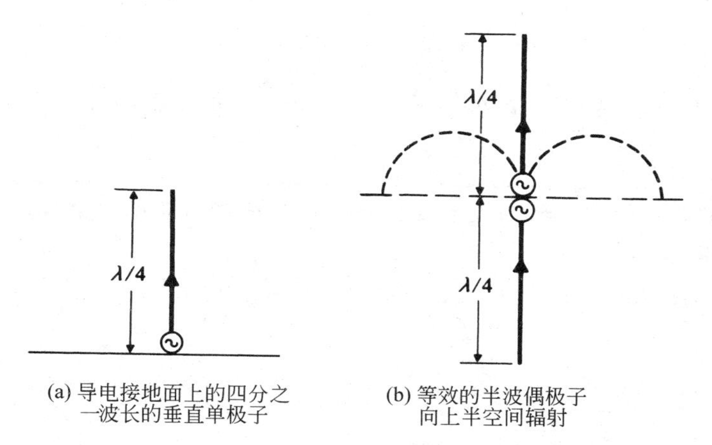

图 11-7　导电接地面上的四分之一波长单极子及其等效的半波偶极子

一半

$$P_r = 18.27 I_m^2 \quad (\text{W})$$

因此，辐射电阻为

$$R_r = \frac{2P_r}{I_m^2} = 36.54 \quad (\Omega) \tag{11-66}$$

上式是真空中的半波偶极子天线的辐射电阻的一半。

为了计算方向性系数时，注意到尽管最大辐射强度 $U_{\max}$ 仍保持与式(11-64)中的相同，但是此时的平均辐射强度已是 $P_r/2\pi$。所以

$$D = \frac{U_{\max}}{U_{\text{av}}} = \frac{U_{\max}}{P_r/2\pi} = 1.64 \tag{11-67}$$

这与半波偶极子天线的方向性系数是相同的。

11.4.2　有效天线长度

对给定电流分布的细直线天线，有时定义一个称为**有效长度**的量是很方便的，远区场与有效长度成正比。参照图 11-5 中的偶极子天线，并假设常用的相电流分布为 $I(z)$。则由式(11-54)得远区场为

$$E_\theta = \eta_0 H_\phi = \frac{\text{j}30}{R}\beta \text{e}^{-\text{j}\beta R}\left\{\sin\theta \int_{-h}^{h} I(z)\text{e}^{\text{j}\beta z\cos\theta}\text{d}z\right\} \tag{11-68}$$

在天线的馈电处，令 $I(0)$ 表示输入电流。式(11-68)写成

$$E_\theta = \eta_0 H_\phi = \frac{\text{j}30 I(0)}{R}\beta \text{e}^{-\text{j}\beta R} l_e(\theta) \tag{11-69}$$

其中

$$l_e(\theta) = \frac{\sin\theta}{I(0)}\int_{-h}^{h} I(z)\text{e}^{\text{j}\beta z\cos\theta}\text{d}z \tag{11-70}$$

表示发送天线的有效长度（稍后将介绍接收天线的有效长度）。由式(11-69)可知，l_e 衡量天线的效率，且对于给定的电流分布时，远区场与 l_e 成正比，其中 l_e 包括了天线的方向特性的所有信息。在最实用的位置的有效长度有价值的值是在 $\theta = \pi/2$ 处，其中

$$l_e = \frac{1}{I(0)}\int_{-h}^{h} I(z)\mathrm{d}z \quad (\mathrm{m}) \tag{11-71}$$

式(11-71)表明,l_e 是均匀电流为 $I(0)$ 的等效的直线天线的长度,使该天线在 $\theta=\pi/2$ 平面辐射相同的远场。

例 11-6 假定中心馈电的细直半波偶极子载有分布为正弦的电流。试求天线的有效长度,其最大值是多少?

解:对假定的正弦,使用式(11-51)来求 $I(z)$,并把它代入式(11-70),其中,$I(0)=I_m$ 且 $h=\lambda/4$。有

$$l_e(\theta) = \sin\theta\int_{-\lambda/4}^{\lambda/4} \sin\beta\left(\frac{\lambda}{4}-|z|\right)\mathrm{e}^{\mathrm{j}\beta z\cos\theta}\mathrm{d}z \tag{11-72}$$

上式积分已经在式(11-56)中求得。因此

$$l_e(\theta) = \frac{2}{\beta}\left[\frac{\cos\left(\frac{\pi}{2}\cos\theta\right)}{\sin\theta}\right] \tag{11-73}$$

当 $\theta=\pi/2$ 时,$l_e(\theta)$ 取得最大值,其中有效长度为

$$l_e\left(\frac{\pi}{2}\right) = \frac{2}{\beta} = \frac{\lambda}{\pi} \tag{11-74}$$

注意由式(11-74)可知,半波偶极子的最大有效长度比其实际长度 $\lambda/2$ 要小。

仔细分析式(11-71)可知,分母中 $I(0)$ 的电位异常。当偶极子的半波长大于 $\lambda/4$ 且不断趋近于 $\lambda/2$ 时,$I(0)$ 就会逐渐小于 I_m,在 $z=0$ 处趋于零。那么会使得 l_e 比 $2h$ 大很多。所以,式(11-70)和式(11-71)所定义的有效长度只适用于相对较短的天线,且天线馈电处有最大电流。

接收直线天线的有效长度定义为,天线末端感应的开路电压 V_{oc} 与天线的电场强度 $E_i=|\boldsymbol{E}_i|$ 的比值

$$l_e(\theta) = -\frac{V_{oc}}{E_i} \tag{11-75}$$

其中,负号与电位在电场的反方向增加的习惯相符,如图 11-8 所示。假设 $\boldsymbol{E}_i$ 位于入射平面,由于垂直于天线的 $\boldsymbol{E}_i$ 的分量,在天线末端不会感应电压。显然,开路电压以复杂的方式 V_{oc} 取决于 E_i、θ 和 βh。使用互易定理可以证明**天线用作接收时的有效长度与用作发射时的有效长度是一样的**[14]①。11.6 节将证明孤立天线在接收模式时的阻抗和方向图与其在发送模式的阻抗和方向图是相同的。也可以得出,工作在这两种模式下天线的有效长度也相等。

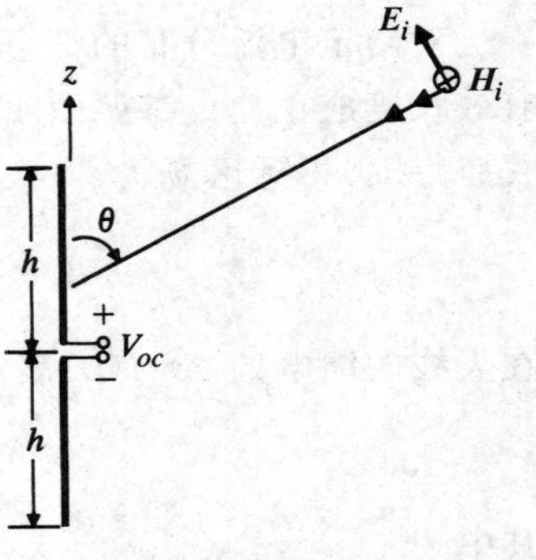

图 11-8 接收模式的直线天线

如果到达的电场 $\boldsymbol{E}_i$ 与偶极子不平行,则存在极化失配且开路电压的幅值将是

$$|V_{oc}| = |\boldsymbol{l}_e \cdot \boldsymbol{E}_i| \tag{11-76}$$

① 括号中的数字表示本节最后的参考文献索引编号。

其中，l_e 表示有效长度矢量。显然，当 $\boldsymbol{E}_i$ 与偶极子平行时，$|V_{oc}|$ 将取最大值，而如果 $\boldsymbol{E}_i$ 与偶极子垂直，则 $|V_{oc}|$ 将为零。

11.5 天线阵

天线阵是按各种形状(直线、圆、三角形等)排列的相同天线的组合，其中各天线上电流的幅度与相位符合适当的关系以得到某种期望的辐射特性。通常，重要的辐射特性是主波束方向和宽度、旁瓣电平和(或)方向性系数。本节将研究直线天线阵列(辐射阵元沿直线排列)的基本理论和特性。天线阵的电磁场是各个天线阵元产生的场的矢量叠加。首先考虑最简单的二元阵的情况。在掌握一些有关天线阵的分析规律后，再考虑由许多相同阵元组成的均匀直线阵的基本特性。

11.5.1 二元阵

最简单的天线阵是由两个相隔一段距离的相同辐射元(天线)组成的，如图 11-9 所示。为了简便起见，假设各个天线远区的电场位于 θ 方向，且两个天线沿 x 轴方向排成直线。两个天线的激励电流相同，但天线 1 的相位比天线 0 的相位超前 ξ 度。有

$$E_0 = E_m F(\theta,\phi)\frac{\mathrm{e}^{-\mathrm{j}\beta R_0}}{R_0} \tag{11-77}$$

$$E_1 = E_m F(\theta,\phi)\frac{\mathrm{e}^{\mathrm{j}\xi}\mathrm{e}^{-\mathrm{j}\beta R_1}}{R_1} \tag{11-78}$$

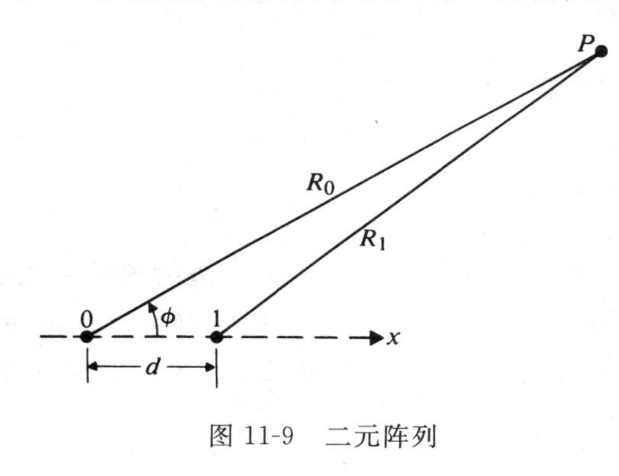

图 11-9　二元阵列

其中，$F(\theta,\phi)$ 是各个天线元的方向图函数，E_m 是幅度函数。因此，二元天线阵的电场是 E_0 与 E_1 之和。因此，有

$$E = E_0 + E_1 = E_m F(\theta,\phi)\left[\frac{\mathrm{e}^{-\mathrm{j}\beta R_0}}{R_0} + \frac{\mathrm{e}^{\mathrm{j}\xi}\mathrm{e}^{-\mathrm{j}\beta R_1}}{R_1}\right] \tag{11-79}$$

在远区中，$R_0 \gg d/2$，那么幅度中的因子 $1/R_1$ 可以用 $1/R_0$ 近似代替。但是，在指数部分中 R_1 和 R_0 的微小差别却可能导致相位的明显不同，所以必须采用较好的近似。由于连接场点 P 与两个天线的直线几乎平行，所以可记为

$$R_1 \cong R_0 - d\sin\theta\cos\phi \tag{11-80}$$

将式(11-80)代入式(11-79)得

$$\begin{aligned} E &= E_m \frac{F(\theta,\phi)}{R_0}\mathrm{e}^{-\mathrm{j}\beta R_0}\left[1 + \mathrm{e}^{\mathrm{j}\beta d\sin\theta\cos\phi}\mathrm{e}^{\mathrm{j}\xi}\right] \\ &= E_m \frac{F(\theta,\phi)}{R_0}\mathrm{e}^{-\mathrm{j}\beta R_0}\mathrm{e}^{\mathrm{j}\psi/2}\left(2\cos\frac{\psi}{2}\right) \end{aligned} \tag{11-81}$$

其中

$$\psi = \beta d\sin\theta\cos\phi + \xi \tag{11-82}$$

天线阵的电场幅值为

$$|E| = \frac{2E_m}{R_0} |F(\theta,\phi)| \left|\cos\frac{\psi}{2}\right| \tag{11-83}$$

其中，$|F(\theta,\phi)|$称为**阵元因子**，$|\cos(\psi/2)|$是归一化**阵因子**。阵元因子表示单个辐射元的方向图函数的幅度，而阵因子取决于天线阵的几何形状及阵元上激励电流的相对振幅和相位(特殊情况下，激励振幅相等)。阵因子表示各向同性阵元组成的天线阵的方向特性，阵元的方向性可由阵元因子来描述。由式(11-83)可以得出结论：**相同阵元组成的天线阵的方向图函数等于阵元因子与阵因子的乘积**。该特性称为**方向图乘法原理**。

由两个平行于z轴放置的半波偶极子组成的天线阵，其总电场的幅值可由式(11-57)和式(11-83)得出

$$|E| = \frac{2E_m}{R_0}\left|\frac{\cos[(\pi/2)\cos\theta]}{\sin\theta}\right|\left|\cos\frac{\psi}{2}\right| \tag{11-84}$$

由于ψ也是θ的函数，所以E面的方向图与单个偶极子的方向图不同，$\phi=\pm\pi/2$时例外。在H面上，$\theta=\pi/2$，方向图完全由阵因子$|\cos(\psi/2)|$确定。

例 11-7 画出两个平行偶极子在以下两种情况中的H面辐射方向图：(1)$d=\lambda/2,\xi=0$；(2)$d=\lambda/4,\xi=-\pi/2$。

解：令两个偶极子平行于z轴放置且沿x轴排列，如图11-9所示。在H面($\theta=\pi/2$)上，每个偶极子是全向的，且归一化方向图函数等于归一化阵因子$|A(\phi)|$。因此

$$|A(\phi)| = \left|\cos\frac{\psi}{2}\right| = \left|\cos\frac{1}{2}(\beta d\cos\phi+\xi)\right|$$

(1) $d=\lambda/2(\beta d=\pi),\xi=0$

$$|A(\phi)| = \left|\cos\left(\frac{\pi}{2}\cos\phi\right)\right| \tag{11-85a}$$

该方向图在$\phi_0=\pm\pi/2$处取最大值，也就是说，在边射方向有最大值。这是**边射阵**的类型。图11-10(a)画出了这个边射阵的方向图。由于两个偶极子的激励相位相同，所以在边射方向$\phi_0=\pm\pi/2$处，其电场同相叠加；而在$\phi=0$和π方向上，由于阵元间距所引入的相位差为$180°$，致使两个偶极子的电场相互抵消。

(2) $d=\lambda/4(\beta d=\pi/4),\xi=-\pi/2$

$$|A(\phi)| = \left|\cos\frac{\pi}{4}(\cos\phi-1)\right| \tag{11-85b}$$

上式在$\phi_0=0$处取最大值，而在$\phi=\pi$处为零。此时方向图在沿天线阵的轴线方向有最大值，那么两个偶极子就构成了一个**端射阵**。图11-10(b)给出了端射阵的方向图。在这种情况下，右边的偶极子相位滞后$\pi/2$，它在$\phi=0$方向的电场又比左边偶极子天线在时间上超前四分之一周期，于是，电流的相位滞后正好被阵元间距所引入的相位超前所补偿，结果使得在这方向上电场同相相

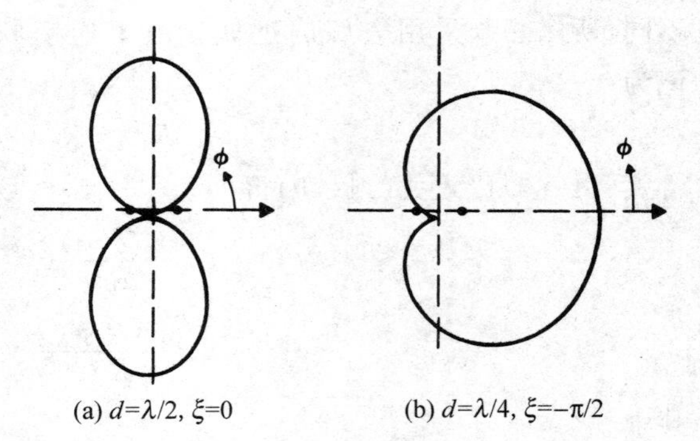

图 11-10 两元平行偶极子阵列的H平面辐射方向图

加。而在 $\phi=\pi$ 方向上，右边的偶极子相位滞后 $\pi/2$，再加上四分之一周期的延迟，致使场完全被抵消。

例 11-8　讨论由三个间距为 $\lambda/2$ 的各向同性辐射源组成的直线阵的辐射方向图。各辐射源激励的相位相同，振幅之比为 1∶2∶1。

解：三个源的天线阵等效为图 11-11 中所描述的两个错开 $\lambda/2$ 的二元阵。每个二元阵看成一个辐射源，二元阵的阵元因子和阵因子都由式(11-85a)给出。运用方向图乘法原理，可得

$$|E|=\frac{4E_m}{R_0}\left|\cos\left(\frac{\pi}{2}\cos\phi\right)\right|^2 \tag{11-86}$$

由方向图函数 $|\cos[(\pi/2)\cos\phi]|^2$ 所表示的辐射方向图，如图 11-12 所示。把该图与图 11-10(a)中的均匀二元阵列的方向图作比较，可得三元边射阵的方向图更尖锐(更有方向性)。两者的方向图都无旁瓣。

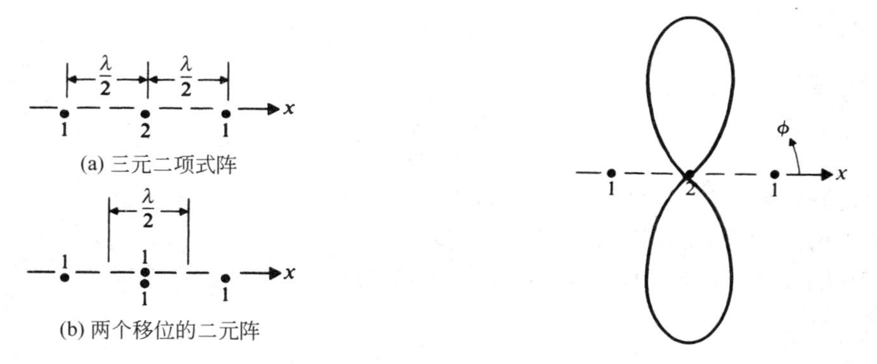

图 11-11　三元阵及其等效的两个移位的二元阵　　图 11-12　三元边射二项式阵的辐射方向图

三元边射阵是旁瓣阵中的特殊情形，称为**二项式阵**。在一个 N 元二项式阵中，激励振幅按照二项式展开的系数 $\binom{N-1}{n}$ 变化，其中 $n=0,1,2,\cdots,N-1$。当 $N=3$ 时，其相应激励振幅为 $\binom{2}{0}=1$、$\binom{2}{1}=2$ 和 $\binom{2}{2}=1$，这就是例 11-8 中的情形。为了得到一个没有旁瓣的定向方向图，二项式阵中的 d 通常限定为 $\lambda/2$。与相同数量阵元的均匀阵相比，二项式阵的天线阵方向图中的无旁瓣特性还伴随着较宽的波束宽度和较低的方向性系数。

11.5.2　一般的均匀直线阵

现在考虑相同类型天线沿直线等间距排列而成的天线阵。各天线馈电电流幅值相等，且相位沿直线均匀地递增或递减。这种天线阵列称为**均匀直线阵**。如图 11-13 所示，其中，N 个天元线沿 x 轴排列。由于天线阵元相同，所以天线阵的方向图函数等于阵元因子与阵因子的乘积。本节的重点是分析阵因子如何取决于参数 $\beta d(=2\pi d/\lambda)$ 和相邻阵元之间的递变相位差 ξ。在 xy 平面上的归一化阵因子为

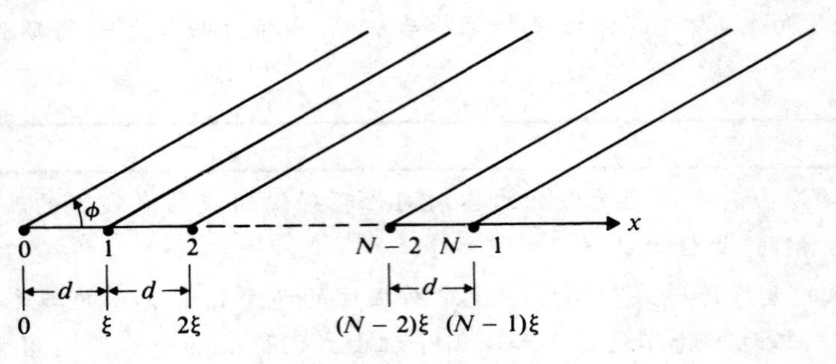

图 11-13 一般的均匀直线阵

$$|A(\psi)| = \frac{1}{N}|1 + e^{j\psi} + e^{j2\psi} + \cdots + e^{j(N-1)\psi}| \tag{11-87}$$

其中

$$\psi = \beta d\cos\phi + \xi \tag{11-88}$$

式(11-87)右边多项式是一个几何级数,可以写成闭式求和:

$$|A(\psi)| = \frac{1}{N}\left|\frac{1 - e^{jN\psi}}{1 - e^{j\psi}}\right|$$

或

$$|A(\psi)| = \frac{1}{N}\left|\frac{\sin(N\psi/2)}{\sin(\psi/2)}\right| \quad (无量纲) \tag{11-89}$$

上式是均匀直线阵的归一化阵因子的一般表达式。图 11-14 描绘的是五元阵的归一化阵因子图。关于ϕ的函数的实际方向图,取决于βd和ξ的值(见习题 P. 11-17)。当ϕ从 0 变到 2π 时,ψ值从$\beta d + \xi$变到$-\beta d + \xi$,覆盖了 $2\beta d$ 或 $4\pi d/\lambda$ 的范围。这就定义了辐射方向图的**可视范围**。

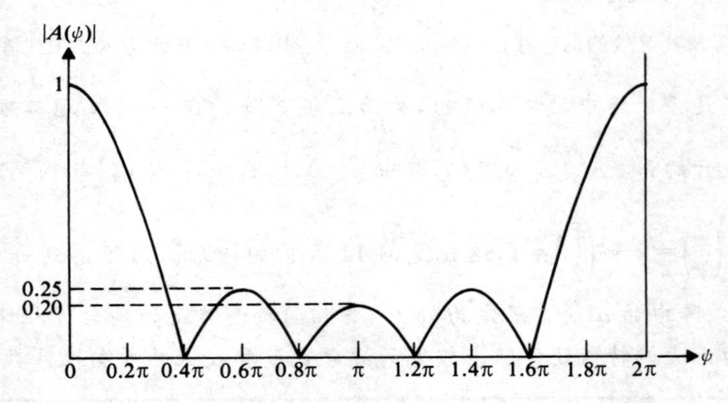

图 11-14 五元阵的均匀直线阵的归一化阵因子

由式(11-89)给出的$|A(\psi)|$,可以推导出几个重要的特性。

(1) 主瓣方向。最大值出现在$\psi=0$时,或

$$\beta d\cos\phi_0 + \xi = 0$$

时,从上式可得

$$\cos\phi_0 = -\frac{\xi}{\beta d} \tag{11-90}$$

下面两种特殊情形尤其重要：

① 边射阵。对于边射阵，最大辐射方向发生在与阵轴线相垂直的方向上，即$\phi_0=\pm\pi/2$。但这要求$\xi=0$，这意味着，直线边射阵所有阵元都需同相激励，例 11-7(1)就是这种情况。

② 端射阵。对于端射阵，最大辐射方向发生在$\phi_0=0$处。式(11-90)给出

$$\xi=-\beta d\cos\phi_0=-\beta d$$

注意，例 11-7(2)中的二元阵满足上述条件。

(2) 零点位置。天线阵方向图的零点发生在$|A(\phi)|=0$或

$$\frac{N\psi}{2}=\pm k\pi,\quad k=1,2,3\cdots \tag{11-91}$$

时。显然，对于边射阵和端射阵来说，相应的零点方位(以ϕ表示)是不同的，这是因为ψ处ξ的值不同。

(3) 主瓣宽度。当N很大时，头两个零点之间的主瓣角宽可近似求得。令ψ_{01}表示第一零点处ψ的值

$$\frac{N\psi_{01}}{2}=\pm\pi\quad 或\quad \psi_{01}=\pm\frac{2\pi}{N}$$

为了确定ψ_{01}如何转换成头两个零点间的角度(用ϕ表示)，必须知道主瓣的方向。

① 边射阵($\xi=0,\phi_0=\pi/2$)。在边射阵中，$\psi=\beta d\cos\phi$。如果在ϕ_{01}处有第一个零点，那么头两个零点之间的主瓣的宽度为$2\Delta\phi=2(\phi_{01}-\phi_0)$，在$\phi_{01}$有

$$\cos\phi_{01}=\cos(\phi_0+\Delta\phi)=\frac{\psi_{01}}{\beta d}$$

当$\phi_0=\pi/2$时，由上式得

$$\cos\left(\frac{\pi}{2}+\Delta\phi\right)=-\sin\Delta\phi=-\frac{2\pi}{N\beta d}$$

或

$$\Delta\phi=\arcsin\left(\frac{\lambda}{Nd}\right)\cong\frac{\lambda}{Nd} \tag{11-92}$$

当$Nd\geqslant\lambda$时，可得上式最后的一个近似式。式(11-92)得出一个有用的经验法则：均匀边射阵的主瓣宽度(用弧度表示)近似为以波长度量的阵长度的倒数的两倍。

② 端射阵($\xi=-\beta d,\phi_0=0$)。对于端射阵，$\psi=\beta d(\cos\phi-1)$，且

$$\cos\phi_{01}-1=\frac{\psi_{01}}{\beta d}=-\frac{2\pi}{N\beta d}=-\frac{\lambda}{Nd}$$

但是，对于较小的$\Delta\phi$，有$\cos\phi_{01}=\cos\Delta\phi\cong 1-(\Delta\phi)^2/2$。因此

$$\frac{(\Delta\phi)^2}{2}\cong\frac{\lambda}{Nd}$$

或

$$\Delta\phi\cong\sqrt{\frac{2\lambda}{Nd}} \tag{11-93}$$

比较式(11-93)与式(11-92)可得：均匀端射阵的主瓣宽度大于同样长度的均匀边射阵的主瓣宽度(由于$Nd>\lambda/2$)。

(4) 旁瓣位置。旁瓣是次要的最大值，其大约发生在式(11-89)右边的分子为最大值时，即当$|\sin(N\psi/2)|=1$时或当

$$\frac{N\psi}{2}=\pm(2m+1)\frac{\pi}{2},\quad m=1,2,3,\cdots \tag{11-94}$$

第一旁瓣出现在

$$\frac{N\psi}{2}=\pm\frac{3}{2}\pi,\quad m=1 \tag{11-95}$$

注意 $N\psi/2=\pm\pi/2(m=0)$并不表示旁瓣的位置,因为它仍然还在主瓣的区域之内。

(5) 第一旁瓣电平。天线阵辐射方向图的一个重要特征就是与主瓣相比的第一旁瓣电平,因为它在所有旁瓣电平中通常是最高的。为了使大部分的辐射能量都集中在主瓣方向而不分散到旁瓣区域内,应使所有旁瓣电平都尽可能的低。把式(11-95)代入到式(11-89)中,即可得当 N 很大时,第一旁瓣的振幅为

$$\frac{1}{N}\left|\frac{1}{\sin(3\pi/2N)}\right|\cong\frac{1}{N}\left|\frac{1}{3\pi/2N}\right|=\frac{2}{3\pi}=0.212$$

若用对数表示,多阵元的均匀直线阵的第一旁瓣对数值比主瓣最大值低 $20\log_{10}(1/0.212)$ 或13.5dB。当 N 很大时,第一旁瓣对数值几乎与 N 无关。

降低直线阵辐射方向图旁瓣电平的一种方法是:使阵元上电流按锥形分布,也就是说,使天线阵中心部分的阵元激励振幅要比两端的阵元的激励高。下面的例题将说明这种方法。

例 11-9 5 元边射阵的阵元间距为 $\lambda/2$,其上激励振幅之比为 1∶2∶3∶2∶1。试确定其阵因子,并画出归一化辐射方向图。并把该阵元的第一旁瓣电平与五阵元均匀直线阵的第一旁瓣电平作比较。

解:五元锥形阵的归一化阵因子为

$$\begin{aligned}|A(\psi)|&=\frac{1}{9}\left|1+2e^{j\psi}+3e^{j2\psi}+2e^{j3\psi}+e^{j4\psi}\right|\\&=\frac{1}{9}\left|e^{j2\psi}[3+2(e^{j\psi}+e^{-j\psi})+(e^{j2\psi}+e^{-j2\psi})]\right|\\&=\frac{1}{9}\left|3+4\cos\psi+2\cos2\psi\right|\end{aligned} \tag{11-96}$$

图 11-15(a)画出了$|A(\psi)|$随 ψ 变化的曲线图。注意,该图适用于一般的 $\psi=\beta d\cos\phi+\xi$;对 βd 和 ξ 的值没有做规定。

为了画出所期望的辐射方向图,可应用下述辅助条件

$$\text{边射阵}\quad \zeta=0,\quad \psi=\beta d\cos\phi$$

$$\text{阵元间距}\quad d=\frac{\lambda}{2},\quad \psi=\pi\cos\phi$$

根据下式可画出归一化辐射方向图

$$|A(\phi)|=\frac{1}{9}\left|3+4\cos(\pi\cos\phi)+2\cos(2\pi\cos\phi)\right|$$

但是,在计算并画出了$|A(\psi)|$以后,并不需要再计算是ϕ 的函数的阵因子,这个转换可借助于下面的图解法来解决(见图 11-15):

(1) 向下延伸阵因子图的垂直轴,并使之与水平线相交(表示$\phi=0$ 和$\phi=\pi$ 的两条线)。交点就是$\xi=0$ 的点。

(2) 确定水平线上 P_0 点的位置,根据ξ是正值还是负值,P_0 将位于在离水平线交点左

边或右边为 ξ 弧度的位置(在目前情况下,$\xi=0$,且 P_0 处在交点位置)。

(3) 以 P_0 为中心,画一个半径为 βd 的圆。

(4) 对于任意角 ϕ_1,画出径向矢量 P_0P_1(其投影 P_0P_1' 等于 $\psi_1=\beta d\cos\phi_1$)。

(5) 在 ψ_1 处,测得 $|A(\psi_1)|$ 的幅值,在径向矢量 P_0P_1 上记为 P_2 点(P_2 是在归一化辐射方向图上的一点)。

重复上述过程,直至将整个辐射方向图全部画出为止。

图 11-15(b)画出的是锥形激励的五阵元边射阵的归一化辐射方向图。由图可知,第一旁瓣电平比主瓣电平低 0.11 或 $20\log_{10}(1/0.11)=19.2\text{dB}$。图 11-14 中的 5 阵元均匀边射阵的第一旁瓣电平比主瓣电平低 0.25 或 12dB。

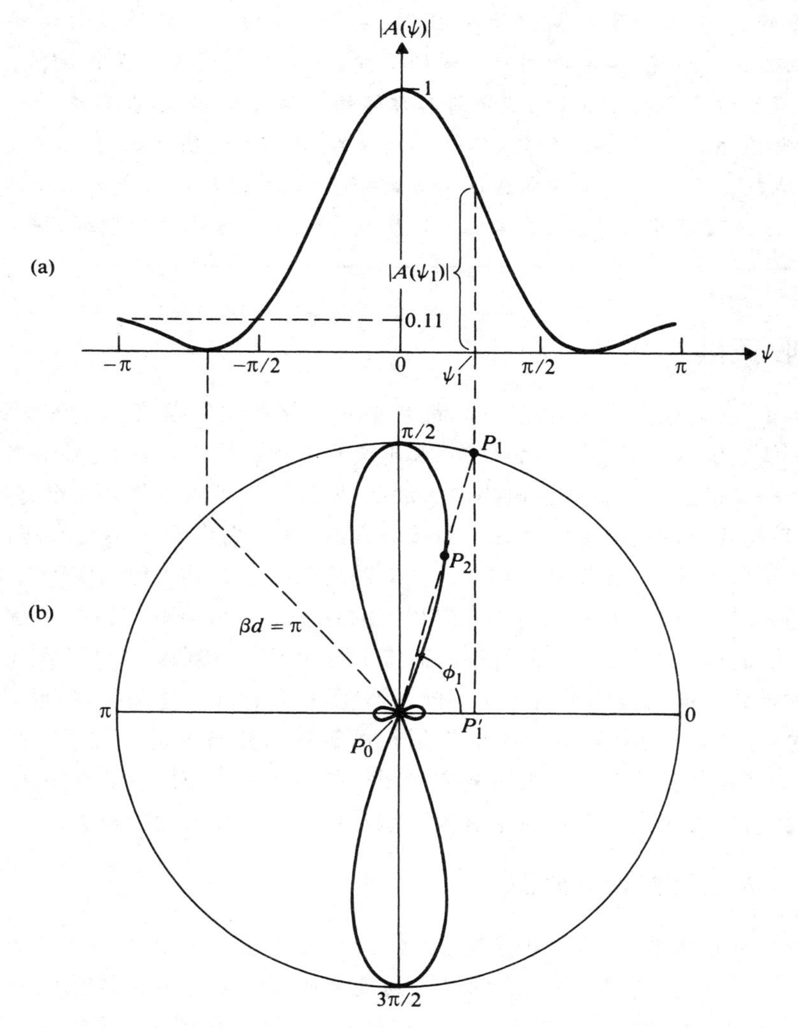

图 11-15　(a)是 ψ 的函数的归一化阵因子图;(b)五阵元边射阵的归一化极坐标辐射方向图,阵元间距 d 为 $\lambda/2$,锥形激励振幅比值为 1∶2∶3∶2∶1

在讨论均匀直线阵时,从阵元具有等间距、等激励,且相移以恒定值递增的假设出发。之所以作以上假设,主要是为了简化对辐射特性的数学分析。上例表明:阵元的振幅以非均匀分布,就会得到所期望的降低旁瓣电平减少的结果。同理,相邻阵元之间的距离可以是不相等的[1~4],相位差也可以不是恒定的[5]。在二维天线阵中,阵元可以不按矩形网格状的形式排列[6,7]。那么,就需要调整很多附加的参数来得到期望的结果。然而,调整这些参数却破坏了分析的简单性。天线阵综合技术能近似地逼近特定的辐射方向图。本书不可能分析所有可能的天线阵设计,但这些天线阵确实存在,并已作为一项有趣的研究课题出现了[8~12]。

现在把直线阵的讨论扩展到二维的矩形阵。应用方向图乘积原理,可将矩形阵作为直线阵来研究。从式(11-90)可知,简单地改变递变的相移ξ值,均匀直线阵的主瓣方向就会发生改变。实际上,辐射方向图可由边射($\xi=0$)变化成端射($\xi=-\beta d$)或者介于两者之间。通过简单的改变ξ,有可能实现主瓣的扫描,在实践中借助于电调移相器便可实现上述方案。装有移相器的天线阵,能电子调节主瓣的方向,这样的天线阵称为**相控阵**。在θ(仰角)和ϕ(方位角)两个方向进行扫描,也可得到二维阵的主瓣。实际上,在雷达和天文观测工作中,扫描移相阵有着非常重要的作用,雷达和天文观测中的天线系统可能有成千上万的阵元,快速可靠地改变天线阵波束方向也很困难,但可以采用时延电路来为不同阵元提供所需要的相移。通过改变频率,时延也就转化为改变相移。这种方法称为**频率扫描**。

11.6 接收天线

到目前为止,在讨论天线和天线阵时,都是指其工作在发射模式下。在发射模式下,电压源施加于天线的输入端,天线建构上建立起电流和电荷。接着,时变电流和电荷就在天线周围辐射携带一定的能量或信息的电磁波。因此,发射天线可以看作是一个将来自源端(发射机)的能量转换成电磁波能量的器件。而接收天线,从入射电磁波中提取能量,并将其传送给负载。在接收模式下,激起电流和电荷流动的外部电磁波是入射在整个天线结构上的,并不仅仅在输入端,因此与电磁波到达方向相关的感生电流和电荷将产生电磁能量的二次辐射及散射,从而使得情况变得十分复杂。有充分理由预料:接收模式下天线上的电流和电荷分布与发射模式下的电流和电荷分布不同。然而,尽管存在这些差异,根据互易原理可以得出以下结论:(1)天线在接收模式下的发射机的等效阻抗与发射模式下天线的输入阻抗相等。(2)天线在用作接收时和发射时的方向图相同。本节将使用等效网络表示法,来证明上面两个重要结论,也将在本节中讨论有效面积和反向散射横截面的概念。

11.6.1 内部阻抗和方向图

假设发射机通过天线A辐射电磁能,在远处有一接收机通过天线B来摄取能量。天线B以恒定的距离r[①]绕天线A运动,直到接收到最大功率的方位为止,如图11-16所示。两个耦合天线和两者之间的距离可以表示成二端口的T-网络,如图11-17所示。天线A和天线B的端口特性(V_1,I_1)和(V_2,I_2)分别存在下面的线性关系

$$V_1 = Z_{11}I_1 + Z_{12}I_2 \tag{11-97}$$

① 符号r,不是R,这里是表示距离,为避免与本章后面使用的电阻符号相混淆。

$$V_2 = Z_{21} I_1 + Z_{22} I_2 \tag{11-98}$$

其中，Z_{11}、Z_{12}、Z_{21}和 Z_{22}是开路的阻抗系数。

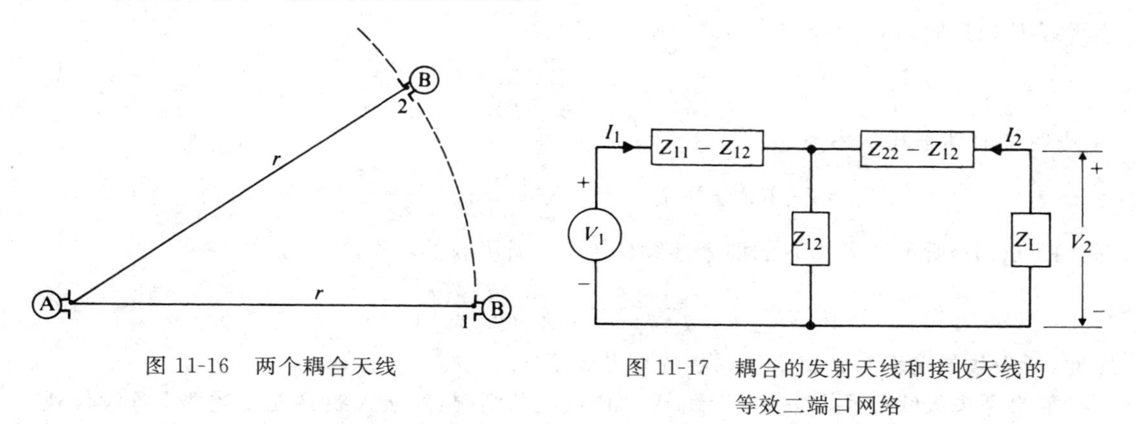

图 11-16　两个耦合天线

图 11-17　耦合的发射天线和接收天线的等效二端口网络

当天线 A 和天线 B 之间的传输路径上的媒质是双向时，这就使互易关系成立，转移阻抗或耦合阻抗 Z_{12}与 Z_{21}相等①。通常情况下，发射天线与接收天线相距很远，以至反映接收天线的散射效应对发射天线反作用的耦合阻抗小到可忽略不计。当 $r\to\infty$的极限情况下

$$\lim_{r\to\infty} Z_{12} = 0 \tag{11-99}$$

图 11-17 中的 T-网络中的并联臂几乎是短路的，因而阻抗系数 Z_{11}和 Z_{22}分别近似等于孤立天线 A 和 B 在发射模式下各自的输入阻抗 Z_A 和 Z_B。式(11-97)可近似写成

$$V_1 \cong Z_{11} I_1 \cong Z_A I_1 \tag{11-100}$$

图 11-18(a)画出了式(11-100)表示的等效电路。

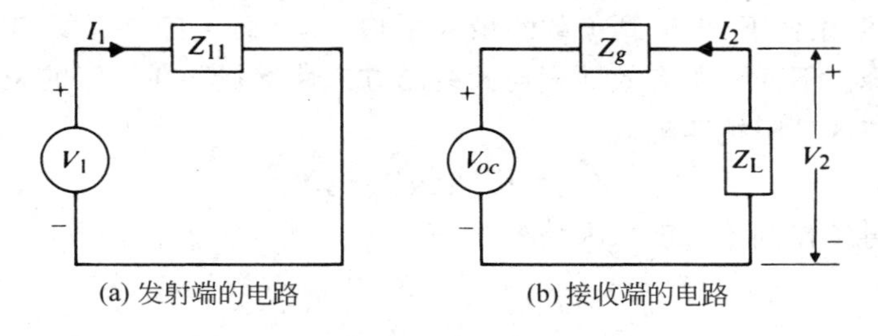

(a) 发射端的电路　(b) 接收端的电路

图 11-18　弱耦合天线的近似等效电路

但是，不可忽略发射天线对接收天线耦合，因为正是通过这种耦合，接收天线才能从发射天线辐射的电磁波中摄取能量。将戴维南定理应用于图 11-17 网络中的负载阻抗 Z_L 的左边，便可求出开路电压 V_{oc}和内部阻抗 Z_g。接收端的等效电路如图 11-18(b)所示。则有

$$V_{oc} = \frac{Z_{12}}{Z_{11}} V_1 \tag{11-101}$$

$$Z_g = (Z_{22} - Z_{12}) + \frac{Z_{12}}{Z_{11}}(Z_{11} - Z_{12}) = Z_{22} - \frac{Z_{12}^2}{Z_{11}} \tag{11-102}$$

由于耦合很弱，可得出结论：接收模式下天线 B 的等效发射机内部阻抗 Z_g 近似等于其在发

① 对 $Z_{12}\neq Z_{21}$的非双向媒质的一个实例是受地面磁场影响的电离层。

射模式下的输入阻抗；即

$$Z_g \cong Z_{22} \cong Z_{\rm B} \tag{11-103}$$

当天线B在接收时，$V_2=-I_2Z_{\rm L}$，式(11-98)变成

$$I_2=-\frac{Z_{21}}{Z_{22}+Z_{\rm L}}I_1 \tag{11-104}$$

$Z_{\rm L}$ 吸收的时间平均功率为

$$P_{\rm L}=\frac{1}{2}{\rm Re}[-V_2I_2^*]=\frac{|I_1|^2}{2}\left|\frac{Z_{21}}{Z_{22}+Z_{\rm L}}\right|^2{\rm Re}(Z_{\rm L}) \tag{11-105}$$

对如图11-16所示的天线B的两个连续位置，$Z_{\rm L}$ 所吸收的功率之比为

$$\frac{P_{\rm L}(\theta_1,\phi_1)}{P_{\rm L}(\theta_2,\phi_2)}=\left|\frac{Z_{21}(\theta_1,\phi_1)}{Z_{21}(\theta_2,\phi_2)}\right|^2 \tag{11-106}$$

因此，所吸收的功率与转移阻抗系数的平方成正比。

如果考虑天线B用作发射，天线A用作接收的情况，对于天线B在上述两个连续位置，连接天线A的 $Z_{\rm L}$ 所吸收的功率的比值仍与式(11-106)相同，除了用 Z_{12} 替换 Z_{21} 以外。由于互易关系 $Z_{12}=Z_{21}$，故得出下面的结论：**天线用作接收时的方向图与其用作发射时的方向图完全相同。**

11.6.2 有效面积

在讨论接收天线时，定义一个称为**有效面积**①的量是很方便的。接收天线的有效面积 A_e 等于传递到匹配负载的平均功率与接收天线入射电磁波的时间平均功率密度(时间平均坡印廷矢量)之比。写成

$$P_{\rm L}=A_e p_{\rm av} \tag{11-107}$$

其中，$P_{\rm L}$ 表示(匹配条件下)传输到负载的最大平均功率，而且接收天线的方位根据入射波的极化方向来选择。下面证明有效面积与天线的方向性增益存在一定的关系。

当负载阻抗与内部阻抗匹配时

$$Z_{\rm L}=Z_g^*\cong R_{\rm B}-{\rm j}X_{\rm B} \tag{11-108}$$

由式(11-105)可得传输到负载的最大功率为

$$P_{\rm L}=\frac{|I_1Z_{21}|^2}{8R_{\rm B}} \tag{11-109}$$

令 $R_{\rm A}$ 是发射天线A的输入阻抗，那么其发射功率为

$$P_t=\frac{1}{2}|I_1|^2R_{\rm A} \tag{11-110}$$

联合式(11-109)和式(11-110)，有

$$\frac{P_{\rm L}}{P_t}=\frac{|Z_{21}|^2}{4R_{\rm A}R_{\rm B}} \tag{11-111}$$

当天线B用作接收时，天线B上的时间平均功率密度取决于发射天线A在该方向上的方向性增益

$$P_{\rm av}=\frac{P_t}{4\pi r^2}G_{\rm DA} \tag{11-112}$$

---

① 又称为有效孔径或接收横截面。

把式(11-112)代入式(11-107),得

$$\frac{P_{\mathrm{L}}}{P_t}=\frac{A_{e\mathrm{B}}G_{D\mathrm{A}}}{4\pi r^2} \tag{11-113}$$

将式(11-111)和式(11-113)比较可得

$$|Z_{21}|^2=\frac{R_{\mathrm{A}}R_{\mathrm{B}}A_{e\mathrm{B}}G_{D\mathrm{A}}}{\pi r^2} \tag{11-114}$$

如果天线 B 在发射,而天线 A 在接收时,同样导出

$$|Z_{12}|^2=\frac{R_{\mathrm{B}}R_{\mathrm{A}}A_{e\mathrm{A}}G_{D\mathrm{B}}}{\pi r^2} \tag{11-115}$$

由于 $Z_{12}=Z_{21}$,由式(11-114)和式(11-115)可导出下述重要关系

$$\frac{G_{D\mathrm{A}}}{A_{e\mathrm{A}}}=\frac{G_{D\mathrm{B}}}{A_{e\mathrm{B}}} \tag{11-116}$$

在推导式(11-116)时,没有限定发射和接收天线的类型,因此可得出如下结论:**天线的方向性增益与有效面积之比为通用常数**。求出任何天线的方向增益和有效面积后,就可确定这个常数——例如,下例给出了一个基本电偶极子天线的示例。

例 11-10　长为 $\mathrm{d}l(\ll\lambda)$ 的基本电偶极子天线用来接收如图 11-8 所示的极化入射平面电磁波,电磁波波长为 λ,求该天线的有效面积 $A_e(\theta)$。

解:令 E_i 表示长为 $\mathrm{d}l$ 的基本电偶极子天线的电场强度的幅值。那么时间平均功率密度为

$$P_{\mathrm{av}}=\frac{E_i^2}{2\eta_0} \tag{11-117}$$

传输到匹配负载 $Z_{\mathrm{L}}=Z_g^*$ 的平均功率为

$$P_{\mathrm{L}}=\frac{1}{2}\left|\frac{E_i\mathrm{d}l\sin\theta}{Z_g+Z_g^*}\right|^2R_r=\frac{(E_i\mathrm{d}l)^2\sin^2\theta}{8R_r} \tag{11-118}$$

其中,式(11-44)计算出了 $R_r=80(\pi\mathrm{d}l/\lambda)^2$。比值 $P_{\mathrm{L}}/P_{\mathrm{av}}$ 给出了基本电偶极子天线的有效面积

$$A_e(\theta)=\frac{P_{\mathrm{L}}}{P_{\mathrm{av}}}=\frac{\eta_0}{4R_r}(\mathrm{d}l)^2\sin^2\theta=\frac{3}{8\pi}(\lambda\sin\theta)^2\quad(\mathrm{m}^2) \tag{11-119}$$

注意,基本电偶极子天线的有效面积与其长度无关。

由例 11-2 可得,基本电偶极子天线的 $G_D(\theta)=\frac{3}{2}\sin^2\theta$,因此

$$G_D(\theta)=\frac{3}{2}\sin^2\theta=\frac{4\pi}{\lambda^2}\frac{3}{8\pi}(\lambda\sin\theta)^2=\frac{4\pi}{\lambda^2}A_e(\theta) \tag{11-120}$$

上式说明式(11-116)中的通用常数为 $4\pi/\lambda^2$,因此对匹配阻抗条件下的天线,可写出下述关系式

$$G_D(\theta,\phi)=\frac{4\pi}{\lambda^2}A_e(\theta,\phi)\quad(\text{无量纲}) \tag{11-121}$$

对较细的直线天线而言,有效面积的概念就有些绝对。但是,在计算特定天线的可用功率时非常有用。当然,可以认为有效面积 $A_e(\theta)$ 与有效长度 $l_e(\theta)$ 有关。在匹配负载条件下,天线的可用功率为

$$P_{\mathrm{L}}=\frac{V_{oc}^2}{8R_r}=\frac{(-l_eE_i)^2}{8R_r} \tag{11-122}$$

其中,使用了式(11-75)的关系式。把式(11-117)和式(11-122)代入式(11-107)得到

$$A_e(\theta) = \frac{30\pi}{R_r} l_e^2(\theta) \tag{11-123}$$

11.6.3 反向散射横截面

由11.6.2节可知,有效面积指的是接收天线在入射功率密度已知的条件下,匹配负载中的可用功率。假使入射波作用在一个无源物体上时,无源物体不摄取入射波中的能量,而是产生散射场,这种情况定义一个称为**反向散射横截面**或者**雷达横截面**的量比较恰当。物体的反向散射横截面是指等效面积,如果物体在各个方向均匀(各向同性)散射,那么该面积会拦截一定量的入射功率,以便在接收端得到相同的散射功率密度。令

P_i=物体上的时间平均入射功率密度 (W/m^2);

P_s=接收端的时间平均散射功率密度 (W/m^2);

σ_{bs}=反向散射横截面 (m^2);

r=散射体和接收机之间的距离(m)。

那么

$$\frac{\sigma_{bs} P_i}{4\pi r^2} = P_s$$

或

$$\sigma_{bs} = 4\pi r^2 \frac{P_s}{P_i} \quad (\mathrm{m}) \tag{11-124}$$

注意,当 r 较大时 P_s 与 r^2 成反比,且 σ_{bs} 不随 r 变化而变化。

反向散射横截面是雷达(无线电探测和测距)探测物体(目标)的物理量,因此有雷达横截面这一术语。它是合成量,与物体的几何结构、方向及结构参数有关,同时也以复杂方式与入射波的频率和极化特性有关。

例 11-11 电场强度为 $\boldsymbol{E}_i = \boldsymbol{a}_z E_i$ 的均匀平面波入射到半径为 $b(\ll\lambda)$、相对介电常数为 ε_r 的小介电球上,如图11-19所示。假设球中产生的极化与均匀静电场 $\boldsymbol{E}_i$ 产生的极化相同,且极化由下式给出(见习题P.4-29)

$$\boldsymbol{P} = \varepsilon_0(\varepsilon_r - 1)\boldsymbol{E} = \boldsymbol{a}_z 3\varepsilon_0 \left(\frac{\varepsilon_r - 1}{\varepsilon_r + 2}\right) E_i \quad (\mathrm{C/m^2}) \tag{11-125}$$

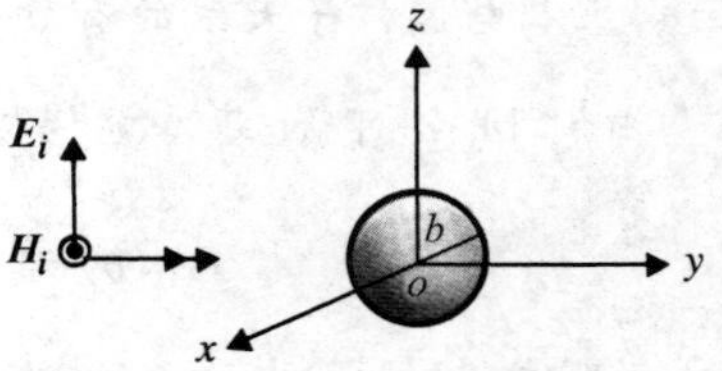

(1) 计算反向散射横截面 σ_{bs}。

(2) 假设在15GHz频率下水的相对介电常数为55,求直径为3mm的球形雨点的 σ_{bs}。

图 11-19 一个小媒质球上的平面入射波

解:(1) 由于在介电球内,感应的极化矢量(电偶极矩的体密度)$\boldsymbol{P}$ 是常量,则在半径为 $b(\ll\lambda)$ 的球中感应的总电偶极矩是

$$\boldsymbol{p} = \frac{4}{3}\pi b^3 \boldsymbol{P} = \boldsymbol{a}_z 4\pi b^3 \varepsilon_0 \left(\frac{\varepsilon_r - 1}{\varepsilon_r + 2}\right) E_i \quad (\mathrm{C \cdot m}) \tag{11-126}$$

因此,介电球所起的电磁作用与式(11-126)中给出的极矩为 $\boldsymbol{p}$ 的基本电偶极子的作用相同。由式(11-19b)、式(11-10)和式(11-11)可得远区的散射电场强度为

$$\boldsymbol{E}_s=\boldsymbol{a}_\theta E_s=-\boldsymbol{a}_\theta\frac{\omega p}{4\pi}\left(\frac{\mathrm{e}^{-\mathrm{j}\beta r}}{r}\right)\eta_0\beta\sin\theta$$

$$=-\boldsymbol{a}_\theta\beta^2b^3\left(\frac{\mathrm{e}^{-\mathrm{j}\beta r}}{r}\right)\left(\frac{\varepsilon_r-1}{\varepsilon_r+2}\right)E_i\sin\theta\quad(\mathrm{V/m})\tag{11-127}$$

时间平均反向散射功率密度为

$$P_s=\frac{1}{2\eta_0}\left|E_s\right|^2_{\theta=\pi/2}=\frac{b^2(\beta b)^4}{2\eta_0r^2}\left(\frac{\varepsilon_r-1}{\varepsilon_r+2}\right)^2E_i^2\quad(\mathrm{W/m^2})\tag{11-128}$$

时间平均入射功率密度为

$$P_i=\frac{1}{2\eta_0}E_i^2\quad(\mathrm{W/m^2})\tag{11-129}$$

把式(11-128)和式(11-129)代入式(11-124)，可得反向散射横截面

$$\sigma_{bs}=4\pi b^2(\beta b)^4\left(\frac{\varepsilon_r-1}{\varepsilon_r+2}\right)^2\quad(\mathrm{m^2})\tag{11-130}$$

(2) 对于 $f=15\mathrm{GHz}$，$\lambda=20\mathrm{mm}$，雨点的半径 $b=\frac{3}{2}\mathrm{mm}\ll\lambda$。有

$$\sigma_{bs}=1.25\times10^{-6}(\mathrm{m^2})=1.25\quad(\mathrm{mm^2})$$

上式表示球体几何横截面 πb^2 的一部分

$$\frac{\sigma_{bs}}{\pi b^2}=\frac{1.25}{1.5^2\pi}=0.177$$

当然，雨点并不是单独存在的，严格来说，形状也不是球状。精确计算雨点的反向散射，需要知道降雨速度和雨点大小分布，且这两者相互独立。只要雨滴的大小比其波长小很多，把非球形的小雨滴看成等效的球形雨滴也是合理的。估计由于雨滴介电常数的虚部引起的电磁波在雨中传播所受的衰减和计算降雨量的反向散射横截面是同样重要的。有兴趣的读者可以详细参考其他文献资料[13]。

11.7　发送-接收系统

在 11.6 节中，讨论了接收天线的有效面积和散射体的反向散射横截面的概念。本节将分析发送与接收天线之间的功率传输关系。在系统中，采用相同的天线发射辐射的短脉冲，并接收受到目标反射(散射)的短脉冲，这样的发射-接收系统，称为**雷达**，这是雷达系统的一种特殊情形。测量发送脉冲和接收脉冲之间的时间 Δt，就可以通过关系式 $\Delta t=2r/c$ 来确定目标和天线间的距离 r，其中 c 为光速。

如果发送天线和接收天线之间的传输路径接近地面的话，则必须考虑地面导体的影响。本节也将讨论平地上的发送-接收范围。

11.7.1　佛利斯传输定理和雷达方程

考虑站点 1 和站点 2 之间的通信线路天线的有效面积分别为 A_{e1} 和 A_{e2}。天线间距为 r。下面来求解发射功率和接收功率间的关系。

令 P_L 和 P_t 分别表示接收功率和发射功率。联合式(11-113)和式(11-121)，得到

$$\frac{P_L}{P_t}=\left(\frac{A_{e2}}{4\pi r^2}\right)G_{D1}=\left(\frac{A_{e2}}{4\pi r^2}\right)\left(\frac{4\pi A_{e1}}{\lambda^2}\right)$$

或

$$\frac{P_L}{P_t}=\frac{A_{e1}A_{e2}}{r^2\lambda^2} \tag{11-131}$$

式(11-131)中所述就是**佛利斯传输公式**。当给定发射功率时,接收功率与发射及接收天线的有效面积之积成正比,而与天线间距和波长的乘积的平方成反比。

注意式(11-121),也可以把佛利斯传输公式写成另一种形式

$$\frac{P_L}{P_t}=\frac{G_{D1}A_{D2}\lambda^2}{(4\pi r)^2} \tag{11-132}$$

假设式(11-131)和式(11-132)中的接收功率 P_L 是在匹配的条件下,且忽略天线自身所消耗的功率损耗的值。由式(11-131)可知,当给定发射功率时,接收功率随其工作频率的平方的增加而增加(随波长的反比平方减少)。但是逐渐增加频率时,P_t 就会受到现有技术的限制,且覆盖电磁噪声的最小可检测的功率也在增加。由式(11-132)得出 P_L 随波长平方的增加而增加的说法是不正确的,这是因为方向性增益通常随波长的增加而减小。

现在考虑这样一个雷达系统:使用相同的天线,发射时谐辐射短脉冲,接收经目标散射回来的能量。当发送功率为 P_t 时,距离发射天线为 r 目标处的功率密度为(见式(11-112))

$$P_T=\frac{P_t}{4\pi r^2}G_D(\theta,\phi) \tag{11-133}$$

其中,$G_D(\theta,\phi)$表示目标方向上天线的方向性增益。如果 σ_{bs} 表示目标的反向散射横截面或雷达的横截面,那么全向散射的等效功率为 $\sigma_{bs}P_T$,进而可得天线的功率密度为 $\sigma_{bs}P_T/4\pi r^2$。令 A_e 表示天线的有效面积。接收功率的表达式为

$$P_L=A_e\sigma_{bs}\frac{P_T}{4\pi r^2}=A_e\sigma_{bs}\frac{P_t}{(4\pi r^2)^2}G_D(\theta,\phi) \tag{11-134}$$

运用式(11-121),则式(11-134)变为

$$\frac{P_L}{P_t}=\frac{\sigma_{bs}\lambda^2}{(4\pi)^3r^4}G_D^2(\theta,\phi) \tag{11-135}$$

上式称为**雷达方程**。用天线的有效面积 A_e 代替方向性增益 $G_D(\theta,\phi)$,雷达方程可以写成

$$\frac{P_L}{P_t}=\frac{\sigma_{bs}}{4\pi}\left(\frac{A_e}{\lambda r^2}\right)^2 \tag{11-136}$$

由于雷达信号必须从天线发出经过目标再返回天线走往返程,所以接收功率与天线和目标间距 r 的四次方成反比。

例 11-12 假设工作频率为 3GHz 的雷达系统中,馈入天线的功率为 50kW。天线的有效面积为 $4m^2$,辐射效率为 90%。最小可检测的信号功率(覆盖接收系统自身和来自环境的噪声)是 1.5pW,天线接收时的功率反射系数是 0.05。当反向散射横截面为 $1m^2$ 时,求雷达探测目标最大适用范围。

解:当 $f=3\times10^9$ Hz 时,$\lambda=0.1$m,有

$$A_e=4\quad(m^2)$$

$$P_t=0.90\times5\times10^4=4.5\times10^4\quad(W)$$

$$P_L = 1.5 \times 10^{-12}\left(\frac{1}{1-0.05}\right) = 1.58 \times 10^{-12} \quad (\mathrm{W})$$

$$\sigma_{bs} = 1 \quad (\mathrm{m}^2)$$

由式(11-136)得

$$r^4 = \frac{\sigma_{bs} A_e^2}{4\pi\lambda^2}\left(\frac{P_t}{P_L}\right)$$

和

$$r = 4.36 \times 10^4(\mathrm{m}) = 43.6 \quad (\mathrm{km})$$

在卫星通信系统中，卫星沿地球赤道面上的轨道运行。卫星的运行速度和其轨道半径是这样的，卫星绕地球旋转的周期与地球的周期相等。因此，相对于地球表面来说，卫星是静止的，所以称地球同步卫星。同步卫星的轨道半径是 42300km。地球半径是 6380km，卫星距地球表面的距离约为 36000km。

地面站的高增益天线发射信号到卫星，卫星接收信号并经过放大，然后以不同频率发回给地面站。地球同步轨道附近三个等间距的卫星，几乎覆盖了两极除外的整个地球表面(见习题 P.11-27)。定量分析卫星通信链路的功率与天线增益之间的关系，需要两次使用佛利斯传输公式，一次用于上行链路(地面站到卫星)，另一次是下行链路(卫星到地面站)。

11.7.2　近地面的波传播

假定在平地上，发射天线 A 的高度为 h_1，接收天线 B 的高度为 h_2，两天线之间的距离为 d，如图 11-20 所示。如果天线 A 是基本电偶极子，那么 B 点处的电场强度等于来自 A 的直接贡献 $\boldsymbol{E}_{\theta 1}$ 和在 C 点反射后的间接贡献 $\boldsymbol{E}_{\theta 2}$ 的两者之和。有

$$\boldsymbol{E} = \boldsymbol{E}_{\theta 1} + \boldsymbol{E}_{\theta 2} \tag{11-137a}$$

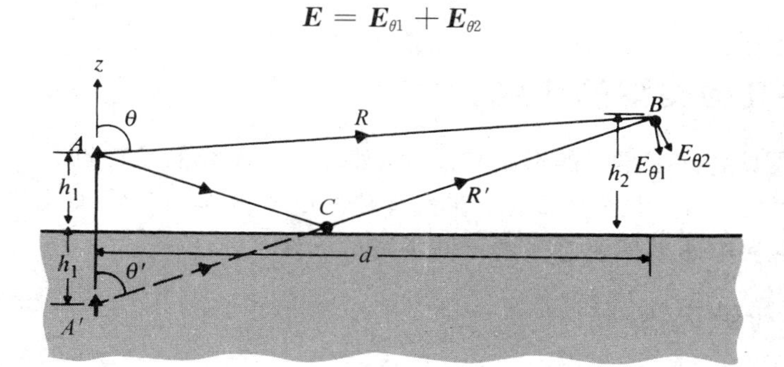

图 11-20　接近地球表面的发射-接收系统

其 $\boldsymbol{E}_{\theta 1}$ 和 $\boldsymbol{E}_{\theta 2}$ 的幅值是

$$E_{\theta 1} = K\left(\frac{\mathrm{e}^{-\mathrm{j}\beta R}}{R}\right)\sin\theta \tag{11-137b}$$

$$E_{\theta 2} = K\left(\frac{\mathrm{e}^{-\mathrm{j}\beta R'}}{R'}\right)\sin\theta' \tag{11-137c}$$

常数 K 等于 $\mathrm{j}Idl\eta_0\beta/4\pi$(见式(11-19b))，距离 $R' = \overline{AC} + \overline{CB} = \overline{A'B}$。理想导体(假设)地面的作用，可以用 A' 点处的镜像天线来替代。一般情况下，$\boldsymbol{E}_{\theta 1}$ 和 $\boldsymbol{E}_{\theta 2}$ 不平行，但如果 $d \gg h_1$，

h_2，则有 $\theta \cong \theta'$，联合式(11-137b)和式(11-137c)可得

$$\boldsymbol{E}_\theta \cong \boldsymbol{a}_\theta K\left(\frac{\mathrm{e}^{-\mathrm{j}\beta R}}{R}\right)(\sin\theta)F \tag{11-138}$$

其中

$$F = 1 + \mathrm{e}^{-\mathrm{j}\beta(R'-R)} \tag{11-139}$$

距离

$$R = [d^2 + (h_2 - h_1)^2]^{1/2} = d\left[1 + \frac{(h_2 - h_1)^2}{d^2}\right]^{1/2}$$

$$\cong d + \frac{(h_2 - h_1)^2}{2d} \tag{11-140a}$$

及

$$R' = [d^2 + (h_2 + h_1)^2]^{1/2} \cong d + \frac{(h_2 + h_1)^2}{2d} \tag{11-140b}$$

近似为

$$R' - R \cong \frac{(h_2 + h_1)^2}{2d} - \frac{(h_2 - h_1)^2}{2d} = \frac{2h_1 h_2}{d} \tag{11-141}$$

将式(11-141)代入式(11-139)得到

$$|F| = |1 + \mathrm{e}^{-\mathrm{j}\beta 2h_1 h_2/d}| \tag{11-142}$$

上式与二阵元阵列的阵列因子相似。

式(11-142)可以写成

$$|F| = |\mathrm{e}^{-\mathrm{j}\beta h_1 h_2/d}(\mathrm{e}^{\mathrm{j}\beta h_1 h_2/d} + \mathrm{e}^{-\mathrm{j}\beta h_1 h_2/d})| = 2\left|\cos\left(\frac{2\pi h_1 h_2}{\lambda d}\right)\right| \tag{11-143}$$

式(11-143)说明对于固定值 h_1 和 λ，随着 h_2/d 比值的变化，接收端 B 处的电场强度 E_θ 将有零点和最大值。量 $|F|$ 在 0～2 间变化，称为路径增益因子。计算球面的路径增益因子非常繁琐。

11.8　一些其他类型的天线

实际的天线具有许多不同的形状和尺寸，而每一种天线的设计都是为了满足所需要的性能指标。到目前为止，注意力都集中在具有驻波电流分布的直线天线的辐射特性上。本节将讨论其他几种有重要实用意义的不同类型的天线。

11.8.1　行波天线

在 11.4 节中分析细直线天线时，曾假设中心馈电的偶极子天线的终端不接负载，那么激励电流在两端发生反射，就得到了如式(11-51)所给的驻波分布。如果天线的长度是几个波长，且有适当的终端负载，如图 11-21 所示，那么会出现与传输线终端负载等于其特征阻抗相类似的情况。由于不存在反射的结果，沿天线的电流分布呈行波状态

$$I(z) = I_0 \mathrm{e}^{-\mathrm{j}\beta z} \tag{11-144}$$

忽略附近地面的影响，把式(11-144)代入式(11-19b)并积分，就可得到孤立天线的远区电场为

$$E_\theta = \frac{\mathrm{j}\eta_0 \beta \sin\theta}{4\pi r}\mathrm{e}^{-\mathrm{j}\beta R}\int_0^L I(z)\mathrm{e}^{\mathrm{j}\beta z\cos\theta}\mathrm{d}z = \frac{\mathrm{j}\eta_0 \beta I_0 \sin\theta}{4\pi R}\mathrm{e}^{-\mathrm{j}\beta R}\int_0^L \mathrm{e}^{-\mathrm{j}\beta z(1-\cos\theta)}\mathrm{d}z$$

$$= \frac{\mathrm{j}60 I_0}{R}\mathrm{e}^{-\mathrm{j}\beta[R+(L/2)(1-\cos\theta)]}F(\theta) \tag{11-145}$$

其中

$$F(\theta)=\frac{\sin\theta\sin[\beta L(1-\cos\theta)/2]}{1-\cos\theta} \tag{11-146}$$

是长度为 L 的孤立行波天线的方向图函数。比较式(11-146)和式(11-56)可得行波天线的方向图函数与驻波天线的方向图函数具有完全不同的特性。一个显著的区别是，式(11-146)表示的方向图不再关于 $\theta=\pi/2$ 的平面对称。

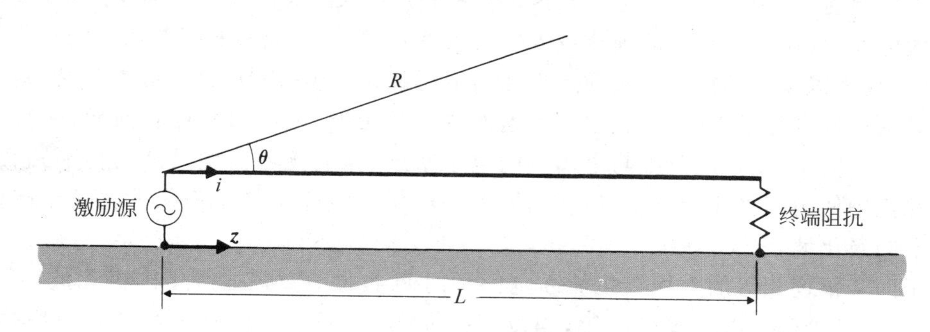

图 11-21　带负载的行波天线

长度为几个波长的孤立行波天线的典型辐射方向图如图 11-22 所示。一般来说，主瓣朝行波电流的方向倾斜：天线越长，倾斜角就越大。通常，旁瓣仅比主瓣低几个分贝。

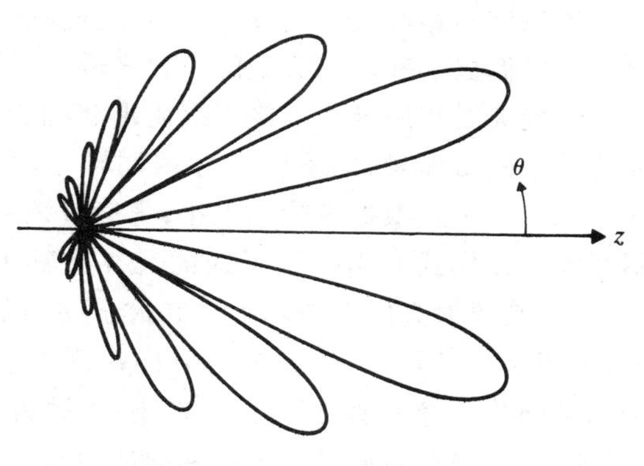

图 11-22　一个行波天线的典型辐射方向图

可以应用镜像法来分析地面的影响。平坦的理想导电地面可以用一个载有与式(11-144)所给的大小相同、方向相反的电流 $I(z)$ 的镜像天线来代替，如图 11-23 所示。实际上得到了相距 $2h$、载有等值反向电流的两个行波天线组成的天线阵。根据方向图乘积原理，合成的方向图函数等于式(11-146)中的$F(\theta)$与式(11-83)所给的二元阵的阵因子 $|\cos(\psi/2)|$ 的乘积。此时，$d=2h$ 且 $\xi=\pi$。有

$$\left|\cos\frac{\psi}{2}\right|=\left|\cos\left(\beta h\sin\theta\cos\phi+\frac{\pi}{2}\right)\right|=|\sin(\beta h\sin\theta\cos\phi)| \tag{11-147}$$

由逐渐增加的电流所激励的长线天线只是许多行波天线中的一种。

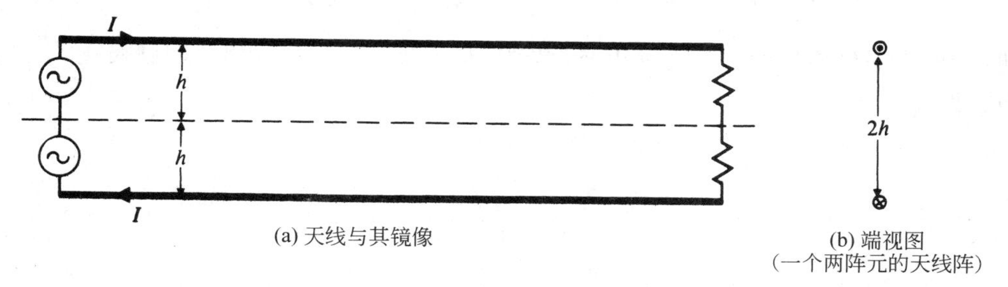

图 11-23　镜像法用于理想导体地面上的行波天线法

11.8.2 螺旋天线

由前面知识可知，直线天线和小圆环天线产生的远区的电磁场是直线极化的；也就是说，在给定位置上的电场方向固定且不随时间变化。例如，垂直偶极子远区的电场为$\boldsymbol{E}=\boldsymbol{a}_\theta E_\theta$，而水平圆环远区的电场为$\boldsymbol{E}=\boldsymbol{a}_\phi E_\phi$。放置在电场方向上的直线天线可以有效地接收这些天线辐射的信号。但是，会存在这样一种情况：入射波的极化方向未知，或接收天线的方向发生变化(比如卫星上的天线或太空飞行器)。当接收天线刚好与信号的极化方向垂直时，则天线将接收不到信号。实际上地面与卫星和太空飞行器的通信非常复杂，地面辐射电磁波必须通过电离层来传播，其中受到地面磁场的影响，电离层变得各向异性，且其电场方向也发生了变化，变化的范围与电离层的电子密度、地面磁场强度及波的传播路径有关。在这种环境中使用圆极化天线很有优势，因为圆极化天线能够拦截任何不垂直于圆极化平面方向上的极化波。

由于两个幅度相等的直线极化波在空间和时间上的正交叠加产生圆极化波(见8.2.3节)，显然，通过给两个电流幅度相等，相位相差90°相互垂直的偶极子馈电，就可得到辐射(或接收)圆极化波的天线。这种组合而成的交叉偶极子排列称为**绕杆式天线**。如果天线中的电流幅度不相等，那么就可得到辐射椭圆极化波的天线。圆极化波或椭圆极化波的天线也可由电偶极子和磁偶极子的组合来得到(见习题P.11-4)。

螺旋天线是用导线缠绕成螺旋形状的天线。通常，安装在平的接地导体地面上，并由同轴传输线馈电，如图11-24所示。根据螺旋的大小，螺旋天线有两种完全不同的工作模式。当螺旋天线的尺寸比其工作波长小很多时，其辐射方向图与基本电偶极子的辐射方向图相似，如图11-3所示。最大辐射方向出现在垂直于螺旋轴的平面上。这种螺旋天线工作模式称为**法向模式**。分析螺旋天线在法向模式下的辐射时，可以做如下两种假设：第一，假设螺旋可以由基本电偶极子和磁偶极子的组合来替代，如图11-25(a)所示。第二，假设沿螺旋的电流幅度和相位均匀(那么某种顶部加载馈电的螺旋天线将是必要的)。那么，N匝螺旋天线的远区电场是式(11-19b)和式(11-30a)的叠加

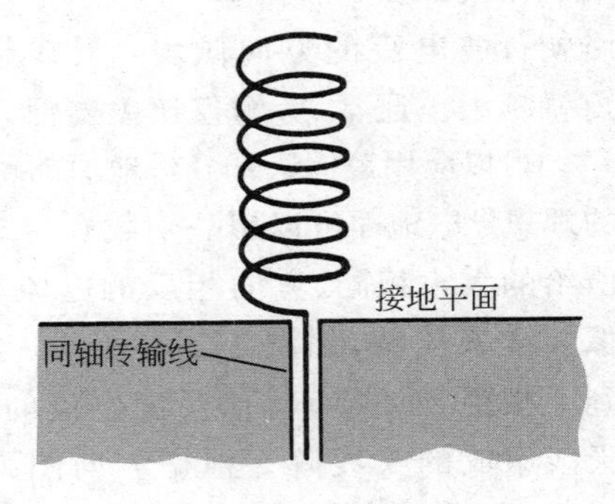

图11-24 螺旋天线

$$\boldsymbol{E}=\boldsymbol{a}_\theta E_\theta+\boldsymbol{a}_\phi E_\phi=\frac{N\omega\mu_0 I}{4\pi}\left(\frac{\mathrm{e}^{-\mathrm{j}\beta R}}{R}\right)[\boldsymbol{a}_\theta \mathrm{j}s+\boldsymbol{a}_\phi\beta\pi b^2]\sin\theta \tag{11-148a}$$

因此，θ和ϕ分量在空间和时间上都正交，得到了椭圆极化——如果要得到圆极化，必须满足下面条件

$$s=\beta\pi b^2 \tag{11-148b}$$

或

$$b=\frac{1}{\pi}\sqrt{\frac{s\lambda}{2}} \tag{11-148c}$$

最大辐射方向在边射方向，且辐射方向图是内径为零的圆环状。图11-25(b)画出的只是E面的一部分。由于法向模式下的螺旋天线辐射效率和方向性增益都较小，实际中很少使用。

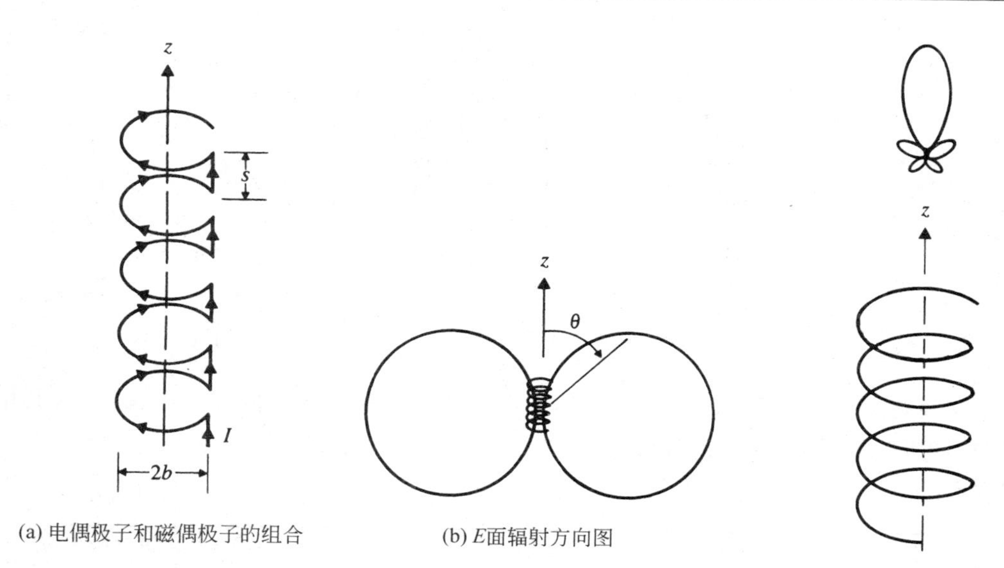

(a) 电偶极子和磁偶极子的组合　　(b) E面辐射方向图

图 11-25　法向模式螺旋天线的分析

图 11-26　轴向模式螺旋天线和辐射方向图

当螺旋中的匝的周长和匝与匝之间的间距都与波长可比拟时，天线表现出的特性就完全不同。辐射的主瓣方向将在端射方向，工作在**轴向模式**下。由于螺旋天线的几何结构，理论分析其轴向模式下的特性非常困难。在有限的情况下，只能用数值方法来确定螺旋中的电流分布的边界值。常用的方法是，对于假设的行波电流，利用实验观察的一些结果，进而求出其辐射方向图[14]。可以简单地推断出，轴向模式下螺旋天线的辐射方向图的主瓣在端射方向，且有一些旁瓣，如图 11-26。主瓣的辐射是椭圆极化，椭圆极化的轴比取决于频率和螺旋的尺寸。在通信卫星、太空飞行器和地面站中已经安装了轴向模式下工作的螺旋天线。螺旋天线阵也已经应用于无线电望远镜观测站。

11.8.3　八木天线

一种在实际中有非常有价值的天线就是到处可见的八木天线[15,16]，在许多家庭的屋顶上，用来接收电视信号的天线就是这种天线。发射模式下的**八木天线**是一个平行的直线天线阵，其中，只有一个阵元有激励源，其余阵元都是寄生的(不直接与激励源相连)。在接收模式下，虽然电磁波入射到天线阵的所有阵元上，但是，也只有一个“有源阵元”收集接收信号。八木天线比其他直线阵的主要优越之处就在于馈电结构十分简单。

图 11-27 描绘的是典型的八木天线，实际上是一个天线阵。阵元 2 是激励元或有源阵元，通常其长度近似为(略低于)二分之一波长，以调谐到谐振。其他所有阵元都是寄生的。阵元 1 是**反射器**，通常比激励阵元稍长一点，而阵元 3 到阵元 N 都是**引向器**，比激励阵元要短。由于所有阵元都是**相互耦合**的，所以每个阵元上的电流分布取决于其自身长度和它与其他阵元之间的间距。因此，分析多阵元的八木天线也很困难。

实验表明使用的反射器数目多于一个并不能改善天线的性能，但通过增加引向器的数目，可以改善天线的方向性。八木天线是一个端射天线，在沿反射器到引向器的方向上有最大辐射。一个好的八木天线应该有强的方向性、窄的波束宽度、低的旁瓣和高的前后比。假

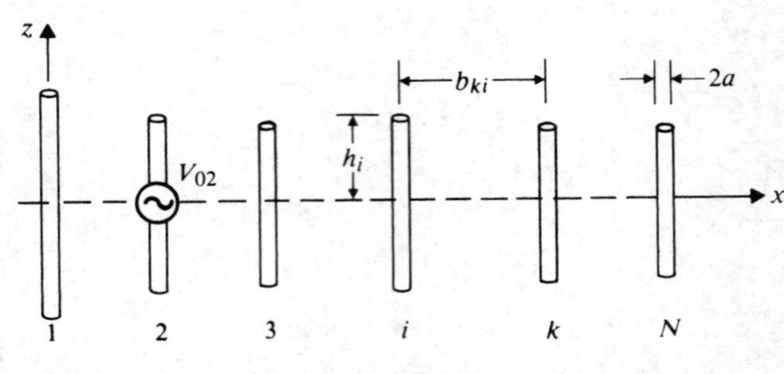

图 11-27　典型的八木天线

设偶极子半径为 $a=0.003369\lambda(\ln\lambda/2a=5)$，下面就是设计优良的六阵元八木天线阵，其中四个引向器的长度相同、间距相等，其数据如下：

天线尺寸

阵元长度	$2h_1$ 0.510λ	$2h_2$ 0.490λ	$2h_3=2h_4=2h_5=2h_6$ 0.430λ
阵元空间	b_{12} 0.250λ		$b_{23}=b_{34}=b_{45}=b_{56}$ 0.310λ

方向图特性

方向性(适用于 $\lambda/2$ 偶极子)	半功率带宽	第一个旁瓣	前后比
7.54(8.77dB)	45°	−7.2dB	9.52dB

半波长偶极子的方向性是 1.64 或 2.15dB，见式(11-65)。

已经发现，等长、等间距的引向器不能得到最优八木天线阵。通过调整阵元间的间距和所有阵元的长度，可以使八木天线的方向性系数达到最大值，这种解析法已研究成功[17,18]。其中已考虑阵元半径的有限性和阵元之间互耦的影响。把上述方法应用到前面讲述的六阵元天线阵中，可得到下列最优化的八木天线阵数据(偶极子半径为 $a=0.003369\lambda$)：

天线尺寸

阵元长度	$2h_1$ 0.476λ	$2h_2$ 0.452λ	$2h_3$ 0.436λ	$2h_4$ 0.430λ	$2h_5$ 0.434λ	$2h_6$ 0.430λ
阵元空间	b_{12} 0.250λ	b_{23} 0.289λ	b_{34} 0.406λ	b_{45} 0.323λ	b_{56} 0.422λ	

方向图特性

方向性(适用于 $\lambda/2$ 偶极子)	半功率带宽	第一个旁瓣	前后比
13.36(12.58dB)	37°	−10.9dB	10.04dB

最优化天线阵的方向图特性在各方面都优于引向器等长且等间距的天线阵。最优化天线阵在沿激励元和引向器阵元中，偶极子上的电流振幅平滑地减小，而相位依次滞后，从这

个意义上说，在最优化天线阵保持占优势的行波。

11.8.4　宽带天线

为了满足天线的灵活性和通用性，常常要求天线以令人满意的方向图、阻抗和极化特性工作在较宽的频率范围内。用常规术语很难定义天线的可用带宽，因为随着用途不同，对天线带宽的要求也不一样。通常大家所指的辐射方向图特性，即方向性、主瓣宽度和(或)旁瓣电平。然而，对于比波长小很多的天线而言，其阻抗特性变得非常重要。对于圆极化天线，其极化特性可能限制了可用带宽。直线偶极子的带宽非常窄。增加偶极子的厚度可以稍微改善带宽，但是，所增加的带宽很少能超过所设计中心频率的百分之几。本节首先简单介绍两种类型的宽带天线，分别称为**非频变天线**和**对数周期天线**。然后介绍对数周期偶极子天线阵的设计概念。

非频变天线的概念起源于下述观察结果：天线的方向图和阻抗特性主要取决于以波长度量的天线尺寸。分析式(11-56)中的方向图函数和图 11-6 中的辐射方向图，可证明这一观察结果①。如果天线的频率改变时，而天线尺寸与其波长的比值不变(也就是说，如果天线尺寸能与波长成比例地调节)，那么具有相似几何结构的天线将保持相同的辐射特性。通过观察可得出下面的推论：如果天线结构可以完全用角度来描述，而没有指定任何长度尺寸特性，那么其方向图和阻抗特性也将与频率无关[19]。由下面式子

$$r = r_0 e^{a(\phi-\delta)} \tag{11-149a}$$

定义的就属于这种结构。在式(11-149a)中，r 和 ϕ 是普通的极坐标(对于 z 为常数的圆柱坐标系)；r_0、a 和 δ 是设计常数。由于在这螺旋线的所有各点上，径向矢量与螺旋线之间具有恒定的夹角，从这种意义上讲，螺旋是等角的。

式(11-149a)所定义的结构也称为**对数螺旋**，因为角度的变化与 $\ln(r/r_0)$成正比

$$\phi - \delta = \frac{1}{a}\ln\left(\frac{r}{r_0}\right) \tag{11-149b}$$

式(11-149a)和式(11-149b)中的三个常数 r_0、a 和 δ 分别确定终端区域的大小、螺旋率的倒数和臂宽。图 11-28 表示由两个对称臂组成的平面等角螺旋天线。两个螺旋的四个边由关系式 $r=r_0\exp(a\phi)$、$r=r_0\exp[a(\phi-\delta)]$、$r=r_0\exp[a(\phi-\pi)]$ 和 $r=r_0\exp[a(\phi-\pi-\delta)]$定义。

用电压源对天线终端激励，引起流动的电流。一种观点是电流沿着螺旋臂向外流动，直至到达大部分辐射所出现的区域。另外一种观点是螺旋臂之间的电场矢量向外行进直至螺旋臂之间的间隔约为其工作频率的半波长区域。于是在这个区域内，将会出现谐振并发出强辐射。超出这区域外，电流和电场将迅速降低，将无限长的螺旋线截成具有有限边界的结构，对天线特性影响不大。增加或降低工作频率，只是相当于天线上的辐射区简单地沿着螺旋向里或向外移动，而用波长表示的有效辐射孔径不会改变。因此，形成了一个按频率比例自动调节的过程，而方向图和阻抗特性仍然几乎与频率无关[20]。双臂等角螺旋天线是圆极化的。随着频率的改变，辐射方向图围绕着垂直于螺旋的轴旋转。严格地说，要真正实现频

① 暂时还未研究计算天线输入阻抗的方法。天线的阻抗特性取决于天线中的电流分布，反过来，天线的电流分布主要由以波长度量的天线尺寸决定。

率无关的话,螺旋必须扩展到无限长。

图 11-28 中的平面等角螺旋天线是双向辐射的,因为其在平面的两侧都辐射一个边射主瓣,但是有时并不希望如此。假如在旋转圆锥面上,绕制一个均衡的双臂等角螺旋,就可以得到单向辐射方向图,此时在圆锥顶方向有一个主瓣。这种方向图仍保持宽频带和圆极化的特性。平面式和圆锥形的等角螺旋天线的频率范围均可以设计到 30 ∶ 1 或者更大。

可以用直线(而不是圆)极化天线来设计宽带天线吗?为了得到这个答案,发现了另一种完全不同类型的宽带直线极化天线,称为**对数周期天线**[21,22]。基本的对数周期天线是用金属板刻出锯齿状结构,如图 11-29 所示。锯齿的不连续性,有助于集中最大辐射区域,并使电流超出这区域后,立刻衰减得很快。锯齿的长度(齿顶与三角形支撑截面之间的距离)由原点发出的两根直线之间夹角确定。最强辐射区域是锯齿长度近似为四分之一波长处。

图 11-28　平板式两臂等角螺旋天线

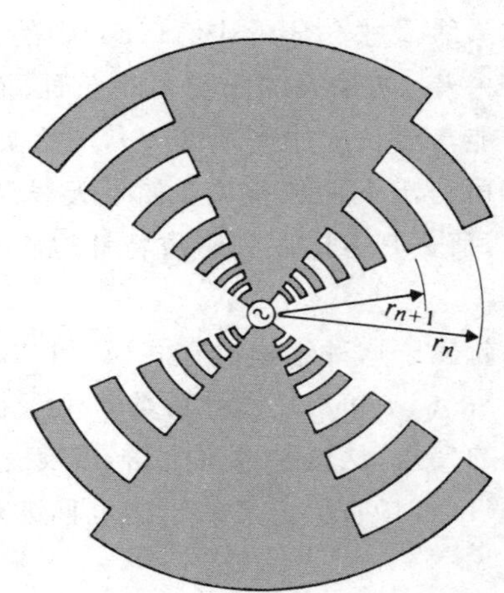

图 11-29　平板式对数周期天线

两个连续的锯齿边缘之间的间距遵循“等角螺旋中约束相邻导体之间的距离的规律”。由式(11-149a)得

$$\frac{r_n+1}{r_n}=\frac{r_0\,\mathrm{e}^{a(\phi-\delta)}}{r_0\,\mathrm{e}^{a(\phi+2\pi-\delta)}}=\mathrm{e}^{-2\pi a}=\tau(\text{常数}) \tag{11-150}$$

这个恒定的比值是对数周期天线采用的设计参数。改变工作频率就改变了锯齿,其齿长与波长比值也随着变化。上述调整实际上是用波长表示的,波长并不取决于锯齿尺寸的规格。这就是这些天线具有宽带特性的依据。

无限长的天线结构,其特性在一些离散的频率点上是相同的,这些频率与参数 τ 有关

$$f_n=\tau f_{n+1} \tag{11-151a}$$

或

$$\ln(f_{n+1})=\ln(f_n)+\ln\frac{1}{\tau} \tag{11-151b}$$

天线特性在离散序列 f_n 和 f_{n+1} 之间会有些不同,但得出的特性曲线随频率的对数作周期性变化,其周期为 $\ln(1/\tau)$。因此称这种天线为**对数周期天线**。

已经发现，对数周期天线也可用导线或管构成，其外形尺寸与上述金属片状结构相同，但不用基本的金属片状结构。从理论上将讲，根据式(11-150)，金属片的厚度和导线的线径应当随着离馈电点的距离增加而线性增加。当对带宽要求很高时，上述的因素就变得很重要。对数周期天线的频带范围可做到 30∶1 或更大。

与平面等角螺旋天线相同，图 11-29 中的平面对数周期天线也是双向辐射的。如果天线的两半折叠形成楔形结构，就可得到单向辐射天线，主瓣指向偏离楔顶的方向。注意，图 11-29 中的平面对数周期天线没有锯齿时，就变成了蝴蝶结天线，其完全可由顶点角来描述，因此可预知其有宽带特性。这在有限程度上是正确的，且可以把蝴蝶结天线的出现解释成商业上可用 UHF 电视天线的一种形式，由于其有限的长度，且缺乏明显的共振区，所以就限制了它的宽带。

宽带特性也可由一类直线偶极子天线阵得到，称为**对数周期偶极子天线阵**[23,24]，示例如图 11-30 所示。根据下述关系式，可知偶极子长度不相等，且间距也不等

$$\frac{l_{n+1}}{l_n}=\frac{r_{n+1}}{r_n}=\tau \tag{11-152}$$

与式(11-150)相同，其中 τ 是一个设计参数。由于阵元间距与到镜像顶点 O 的距离有关

$$d_n=r_n-r_{n+1}=r_n(1-\tau) \tag{11-153}$$

同时有

$$\frac{d_{n+1}}{d_n}=\tau \tag{11-154}$$

除 τ 外，仅需要另外的一个设计参数，可以是角度 α 或者间距因子 κ

$$\kappa=\frac{d_n}{2l_n} \tag{11-155}$$

τ、α 和 κ 之间的关系如下

$$\tan\frac{\alpha}{2}=\frac{l_n}{2r_n}=\frac{l_n(1-\tau)}{2d_n}=\frac{1-\tau}{4\kappa} \tag{11-156}$$

因此，三个参数中只有两个是独立的。根据式(11-152)和式(11-154)的比例关系，只有当偶极子的长度比波长①小时，工作频率的变化，才会使该偶极子发生变化。应用式(11-150)、式(11-151a)和式(11-151b)，就可得对数周期偶极子天线阵。

通常天线阵都是有源的，且源端与传输线相连。馈电时必须注意，相邻阵元的馈电电流相位必须相反。这可通过将传输线的两根导线交替接到另一偶极子来实现，如图 11-30 所示。

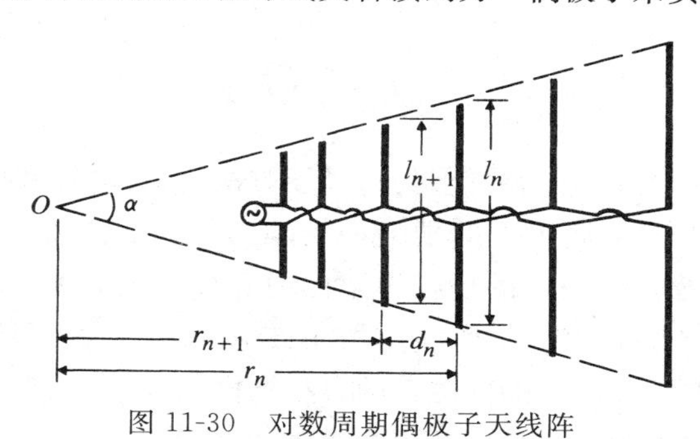

图 11-30　对数周期偶极子天线阵

① 严格来说，根据 $a_{n+1}/a_n=\tau$，测量偶极子的半径 a_n 也是必要的。

在工作频率上，天线阵的活跃区域主要包括这样几个偶极子：它们的长度近似为半波长且其电流足够大。在天线阵的活跃区域外，偶极子电流相对来说非常小。这种天线阵工作在端射模式，其辐射方向图的主瓣指向短偶极子方向。

11.9　口径辐射器

通常从天线结构上的电流分布着手来分析天线的辐射特性。根据电流分布，运用式(11-3)就可计算出矢量滞后位。然后，根据式(11-1)和式(11-6)，就可分别求得磁场强度和电场强度。在多数情况下，电磁辐射可以通过导体闭合面上的空隙或口径来实现。可以肯定的是，辐射源总是可用某处的某种时变电流来描述，但该电流的分布往往是未知的，且很难确定或近似。由于这种辐射系统与偶极子天线完全不同，所以该辐射系统必须采用不同的方法来分析。这种辐射系统称口径辐射器或者口径天线。例如图 11-31 所示的缝隙、喇叭、反射镜和透镜。

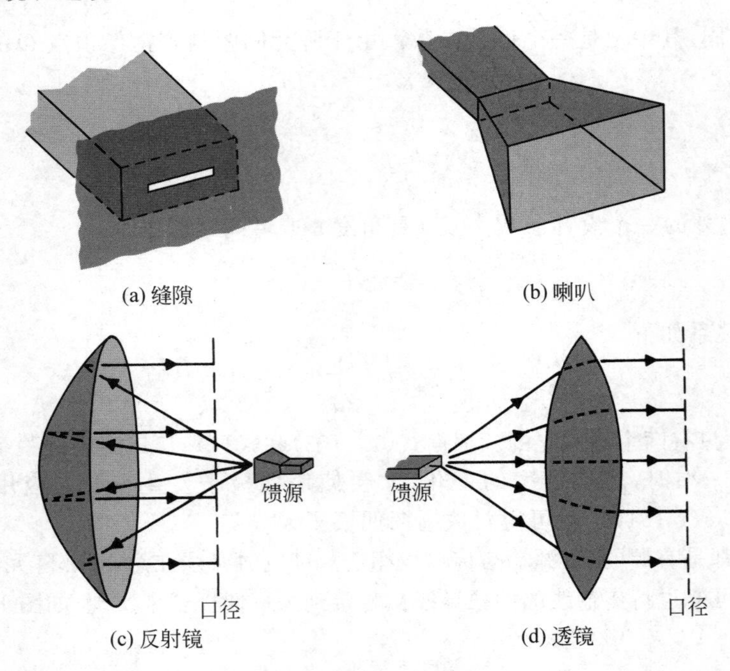

图 11-31　口径天线

对口径天线的分析，常使用一种近似的口径场方法，假设电场和磁场只存在于口径区面上，而包含口径的无限大的金属屏上的别处的场均为零。如图 11-31(a)所示的缝隙辐射器，通常假设由 TE_{01} 主模式所激励的场在缝隙的中心处有最大值，而在缝隙边缘处逐渐减小到零。对于图 11-31(b)的喇叭，其口径场由传播到无限长喇叭的波导模式所激励。图 11-31(c)的反射镜和图 11-31(d)的透镜的口径场由初级辐射器所发出，并经反射面或透镜的反射和绕射后形成的，这可借助于几何光学方法来确定。

对 TE_{01} 模激励在平面口径中的场近似为直线极化，且与几何光学法得到的结果相差不大。考虑到在口径上相位近乎均匀，则远区场等于口径中场分布的二维傅里叶积分。

令如图 11-32 所示的口径中的电场分布是直线极化的，那么就说电场在 x 方向，且相位不变：

$$\boldsymbol{E}_a = \boldsymbol{a}_x E_a \tag{11-157}$$

如果口径尺寸比其工作波长大，那么辐射场中几乎所有能量都包含在 z 轴周围的一个小的角度区域内，而远处点 $P(R_0,\theta,\phi)$ 处的远区场可以写成 $\boldsymbol{E}_P=\boldsymbol{a}_x E_P$，其中[13,25]

$$E_P = \frac{\mathrm{j}}{\lambda R_0}\iint_{\text{口径}} E_a(x',y')\mathrm{e}^{-\mathrm{j}\beta R}\,\mathrm{d}x'\mathrm{d}y' \tag{11-158}$$

对于 $\beta R \gg 1$，有

$$\begin{aligned} R &\cong R_0 - (\boldsymbol{a}_x x' + \boldsymbol{a}_y y')\cdot(\boldsymbol{a}_x \sin\theta\cos\phi + \boldsymbol{a}_y \sin\theta\sin\phi) \\ &= R_0 - (x'\sin\theta\cos\phi + y'\sin\theta\sin\phi) \end{aligned} \tag{11-159}$$

把式(11-159)代入式(11-158)中，得

$$E_P = \frac{\mathrm{j}}{\lambda R_0}\mathrm{e}^{-\mathrm{j}\beta R_0}F(\theta,\phi) \tag{11-160}$$

其中

$$F(\theta,\phi) = \iint_{\text{口径}} E_a(x',y')\mathrm{e}^{\mathrm{j}\beta\sin\theta(x'\cos\phi+y'\sin\phi)}\,\mathrm{d}x'\mathrm{d}y' \tag{11-161}$$

是口孔径天线的方向图函数。式(11-161)表示口径分布与方向图函数之间非常简单的关系，也就是它们之间呈傅里叶变换。利用上述的逆关系，即用 $F(\theta,\phi)$ 表示 $E_a(x',y')$，就能求所需的方向图函数的口径场。这是一个综合问题。

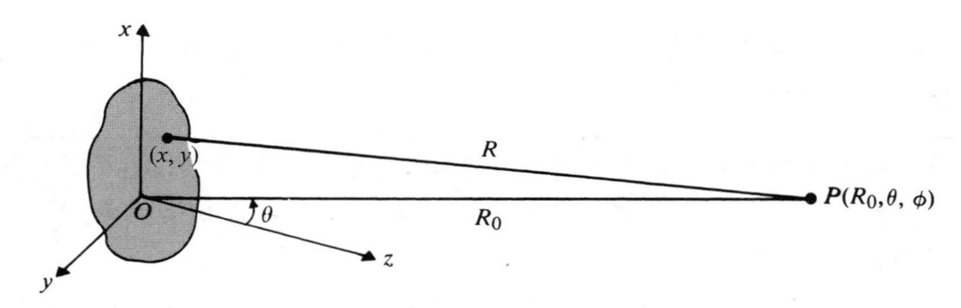

图 11-32 由口径场分布计算方向图

对于尺寸为 $a\times b$ 的矩形口径，口径场分布可分离为

$$E_a(x',y') = f_1(x')f_2(y') \tag{11-162}$$

式(11-161)中的方向图函数也可分离为

$$F(\theta,\phi) = \int_{-a/2}^{a/2} f_1(x')\mathrm{e}^{\mathrm{j}\beta x'\sin\theta\cos\phi}\,\mathrm{d}x'\int_{-b/2}^{b/2} f_2(y')\mathrm{e}^{\mathrm{j}\beta y'\sin\theta\sin\phi}\,\mathrm{d}y' \tag{11-163}$$

如果只关注主平面里的方向图，式(11-163)可以进一步简化。

(1) 在 xz 平面，$\phi=0$

$$\begin{aligned} F_{xz}(\theta) &= \left[\int_{-b/2}^{b/2} f_2(y')\,\mathrm{d}y'\right]\int_{-a/2}^{a/2} f_1(x')\mathrm{e}^{\mathrm{j}\beta x'\sin\theta}\,\mathrm{d}x' \\ &= C_1\int_{-a/2}^{a/2} f_1(x')\mathrm{e}^{\mathrm{j}\beta x'\sin\theta}\,\mathrm{d}x' \end{aligned} \tag{11-164}$$

其中，C_1 是常数。由上式可知，xz 平面的辐射方向图只与 x' 方向的口径场分布有关。

(2) 在 yz 平面，$\phi=\pi/2$

$$F_{yz}(\theta)=\left[\int_{-a/2}^{a/2}f_1(x')\mathrm{d}x'\right]\int_{-b/2}^{b/2}f_2(y')\mathrm{e}^{\mathrm{j}\beta y'\sin\theta}\mathrm{d}y'$$

$$=C_2\int_{-b/2}^{b/2}f_2(y')\mathrm{e}^{\mathrm{j}\beta y'\sin\theta}\mathrm{d}y' \qquad (11\text{-}165)$$

其中，C_2 是常数。yz 平面的辐射方向图仅与 y' 方向的口径场分布有关。

由式(11-35)可得口径辐射器的方向性系数，为方便起见将其重复如下

$$D=\frac{4\pi U_{\max}}{P_r} \qquad (11\text{-}166)$$

其中

$$U_{\max}=\frac{1}{2\eta_0}R_0^2\mid E_P\mid_{\max}^2=\frac{1}{2\eta_0\lambda^2}\left|\iint_{\text{口径}}E_a(x',y')\mathrm{d}x'\mathrm{d}y'\right|^2 \qquad (11\text{-}167)$$

和

$$P_r=\text{总辐射功率}=\frac{1}{2\eta_0}\iint_{\text{口径}}\mid E_a(x',y')\mid^2\mathrm{d}x'\mathrm{d}y' \qquad (11\text{-}168)$$

结合式(11-166)、式(11-167)和式(11-168)，有

$$D=\frac{4\pi}{\lambda^2}\frac{\left|\iint_{\text{口径}}E_a(x',y')\mathrm{d}x'\mathrm{d}y'\right|^2}{\iint_{\text{口径}}\mid E_a(x',y')\mid^2\mathrm{d}x'\mathrm{d}y'}\quad(\text{无量纲}) \qquad (11\text{-}169)$$

注意，当 $E_a(x',y')=$ 常数(口径场呈均匀分布)时，D 取最大值，且等于口径面积的 $4\pi/\lambda^2$ 倍。这与式(11-121)一致。

例 11-13 对于一个具有均匀场分布的矩形口径，其尺寸为 $a\times b$，求：(1)主平面的方向图函数；(2)半功率波束宽度；(3)第一个零点的位置；(4)第一旁瓣的电平。

解：为简单起见，令 $E_a(x',y')=1$。

(1) 由式(11-164)或式(11-165)可得主平面的方向图函数。在 xz 平面($\phi=0$)，由式(11-164)有

$$F_{xz}(\theta)=b\int_{-a/2}^{a/2}\mathrm{e}^{\mathrm{j}\beta x'\sin\theta}\mathrm{d}x'=ab\left(\frac{\sin\psi}{\psi}\right) \qquad (11\text{-}170)$$

其中

$$\psi=\frac{\pi a}{\lambda}\sin\theta \qquad (11\text{-}171)$$

对于另一主平面($\phi=\pi/2$)的 $F_{yz}(\theta)$，可得到完全相同的方向图函数，除了用 b 替代式(11-171)中的 a 外。注意，当 ψ 很小时，式(11-170)中的方向图函数与式(11-89)给出的均匀直线阵的阵因子很相似。

(2) 通过令

$$\frac{\sin\psi_{1/2}}{\psi_{1/2}}=\frac{1}{\sqrt{2}}$$

便可求半功率点，由此可得

$$\psi_{1/2}=\frac{\pi a}{\lambda}\sin\theta_{1/2}=1.39$$

或

$$\sin\theta_{1/2}=0.442\frac{\lambda}{a} \tag{11-172}$$

当口径足够大时，$\sin\theta_{1/2}$ 近似等于 $\theta_{1/2}$[①]，那么半功率波束宽度近似为

$$2\theta_{1/2}\cong 0.88\frac{\lambda}{a}=50\frac{\lambda}{a}\quad(\text{rad})$$

（3）第一个零点出现在

$$\psi_{n1}=\frac{\pi a}{\lambda}\sin\theta_{n1}=\pi$$

或

$$\theta_{n1}\cong\sin\theta_{n1}=\frac{\lambda}{a}\quad(\text{rad}) \tag{11-173}$$

（4）第一旁瓣的位置可通过令

$$\frac{\partial}{\partial\psi}\left(\frac{\sin\psi}{\psi}\right)=0$$

来求得。这就要求 $\tan\psi_1=\psi_1$ 或 $\psi_1=\pm 1.43\pi$。因此

$$\left|\frac{\sin\psi_1}{\psi_1}\right|=\left|\frac{\sin 1.43\pi}{1.43\pi}\right|=0.217$$

当 $\psi=0$ 时上式等于 1，便可得第一旁瓣在最大辐射电平以下 $20\log_{10}(1/0.217)=13.3\text{dB}$ 处。

例 11-14　在 $z=0$ 的导体面上，放置一个半径为 b 的圆形口径，口径处有一直线极化的均匀电场 $\boldsymbol{E}_a=\boldsymbol{a}_xE_0$。假设 b 比其波长大，(1)求远区电场的表达式；(2)计算第一零点间的主瓣宽度。

解：(1) 对于圆形口径，利用极坐标 $x'=\rho'\cos\phi'$、$y'=\rho'\sin\phi'$ 和 $x'\cos\phi+y'\sin\phi=\rho'(\cos\phi\cos\phi'+\sin\phi\sin\phi')=\rho'(\cos(\phi-\phi'))$。式(11-161)中被积函数沿圆口径积分。有

$$\begin{aligned}F(\theta,\phi)&=E_0\int_0^b\int_0^{2\pi}e^{j\beta\rho'\sin\theta\cos(\phi-\phi')}\rho'\,d\phi'\,d\rho'=E_0\int_0^b 2\pi J_0(\beta\rho'\sin\theta)\rho'\,d\rho'\\&=E_0 2\pi b^2\left[\frac{J_1(\beta b\sin\theta)}{\beta b\sin\theta}\right]\end{aligned} \tag{11-174}$$[②]

其中，$J_1(u)$是第一类一阶贝塞尔函数。那么，由式(11-160)可得远区电场

$$\boldsymbol{E}_p=\boldsymbol{a}_x jE_0\frac{2\pi b^2}{\lambda R_0}e^{-j\beta R_0}\left[\frac{J_1(u)}{u}\right] \tag{11-175}$$

其中

$$u=\beta b\sin\theta=\frac{2\pi b}{\lambda}\sin\theta \tag{11-176}$$

（2）辐射方向图的第一零点出现在 $J_1(u)$ 中 u_{11} 的第一零点位置。由表 10-2 可得 $u_{11}=$

---

① 例如，当 $a=5\lambda$ 时，$\sin\theta_{1/2}=0.442/5=0.0884$，$\theta_{1/2}=\arcsin(0.0884)=0.0885$，存在 0.11%的误差。主瓣的窄波束宽度证明了前一节的一个结论：天线辐射的几乎所有能量都聚集在 z 轴周围的一个小角度区域内。

② 使用了下面两个积分关系式：$\int_0^{2\pi}e^{j\omega\cos\phi'}d\phi'=2\pi J_0(\omega)$ 和 $\int\omega J_0(\omega)d\omega=\omega J_1(\omega)$。

3.832,其对应的角度为

$$\theta_1 = \arcsin\left(\frac{3.832\lambda}{2\pi b}\right) \cong \frac{3.832\lambda}{2\pi b} = 1.22\,\frac{\lambda}{D}(\text{rad}) \tag{11-177}$$

其中,$D=2b$ 是圆形口径的直径。所以在第一零点之间的主瓣宽度为 $2\theta_1=2.44\lambda/D$。把式(11-177)中的 θ_1 与式(11-173)中的 θ_{n1} 进行比较,当矩形口径的宽度 a 等于圆形口径的直径 D 时,圆形口径的主瓣比矩形的宽。另外,圆形口径的第一旁瓣电平为 0.13,在最大辐射电平以下低 $20\log_{10}(1/0.13)=1.77$dB 处,比宽为 $a=D$ 的矩形口径的第一旁瓣电平13.3dB 低。

本节讨论了导体面上相对简单的矩形和圆形口径天线的辐射特性。分析其他类型的口径天线如喇叭形天线、反射镜天线和透镜天线要更困难,且要求使用更高深的概念。波导壁上切面处中断的电流会产生辐射。波导壁切面经过适当排列,可形成类似于偶极子阵的天线阵。这些和其他的一些辐射问题都是非常热门的话题,可参考其他专业天线书籍[9,11~13]。

参考文献

[1] H. Unz, "Linear arrays with arbitrarily distributed elements," *IRE Transactions on Antennas and Propagation*, vol. AP-8, pp. 222–223, March 1960.

[2] R. F. Harrington, "Sidelobe reduction by nonuniform element spacing," *IRE Transactions on Antennas and Propagation*, vol. AP-9, pp. 187–192, March 1961.

[3] A. Ishimaru and Y. S. Chen, "Thinning and broadbanding antenna arrays by unequal spacings," *IEEE Transactions on Antennas and Propagation*, vol. AP-13, pp. 34–42, January 1965.

[4] F. I. Tseng and D. K. Cheng, "Spacing perturbation techniques for array optimization," *Radio Science*, vol. 3 (New Series), pp. 451–457, May 1968.

[5] D. K. Cheng and P. D. Raymond, Jr., "Optimization of array directivity by phase adjustments," *Electronics Letters*, vol. 7, pp. 552–553, September 9, 1971.

[6] E. D. Sharp, "A triangular arrangement of planar array elements that reduces the number needed," *IRE Transactions on Antennas and Propagation*, vol. AP-9, pp. 126–129, March 1961.

[7] N. Goto, "Pattern synthesis of hexagonal planar array," *IEEE Transactions on Antennas and Propagation*, vol. AP-20, pp. 104–106, January 1972.

[8] D. K. Cheng, "Optimization techniques for antenna arrays," *Proceedings of the IEEE*, vol. 59, pp. 1664–1674, December 1971.

[9] E. C. Jordan and K. G. Balmain, *Electromagnetic Waves and Radiating Systems*, Prentice-Hall, Englewood Cliffs, N.J., 1968.

[10] M. T. Ma, *Theory and Application of Antenna Arrays*, Wiley, New York, 1974.

[11] R. S. Elliott, *Antenna Theory and Design*, Prentice-Hall, Englewood Cliffs, N.J., 1981.

[12] W. L. Stutzman and G. A. Thiele, *Antenna Theory and Design*, Wiley, New York, 1981.

[13] R. E. Collin, *Antennas and Radiowave Propagation*, McGraw-Hill, New York, 1985.

[14] K. F. Lee, *Principles of Antenna Theory*, Wiley, New York, 1984.

[15] H. Yagi, "Beam transmission of ultra short waves," *Proceedings of the IEEE*, vol. 16, pp. 715–741, June 1928.

[16] S. Uda and Y. Mushiaki, *Yagi-Uda Antenna*, Maruzan, Tokyo, 1954.

[17] D. K. Cheng and C. A. Chen, "Optimum element spacings for Yagi-Uda arrays," *IEEE Transactions on Antennas and Propagation*, vol. AP-21, pp. 615–623, September 1973.

[18] C. A. Chen and D. K. Cheng, "Optimum element lengths for Yagi-Uda arrays," *IEEE Transactions on Antennas and Propagation*, vol. AP-23, pp. 8–15, January 1975.

[19] V. H. Rumsey, *Frequency-Independent Antennas*, Academic Press, New York, 1966.

[20] J. D. Dyson, "The equiangular spiral," *IRE Transactions on Antennas and Propagation*, vol. AP-7, pp. 181–187, April 1959.

[22] R. H. DuHamel and F. R. Ore, "Logarithmically periodic antenna design," *IRE National Convention Record*, Part I, pp. 139–151, 1958.
[23] R. Carrel, "The design of log-periodic dipole antennas," *IRE International Convention Record*, Part I, pp. 61–75, 1961.
[24] E. C. Jordan et al., "Developments in broadband antennas," *IEEE Spectrum*, vol. 1, pp. 58–71, April 1964.
[25] S. Silver (ed.), *Microwave Antenna Theory and Design*, M.I.T. Radiation Laboratory Series, vol. 12, Chapters 5 and 6, McGraw-Hill, New York, 1949.

复习题

R.11-1　试给出天线的一般定义。

R.11-2　为什么天线在远距离的无线通信中如此重要？

R.11-3　根据假定的天线结构中的时谐电流分布，描述求电磁场的过程。

R.11-4　什么是赫兹偶极子？

R.11-5　什么构成基本磁偶极子？

R.11-6　试述天线近区和远区的定义。

R.11-7　为什么近区场又称为准静态场？

R.11-8　试述远区场的辐值是如何随距离变化的。

R.11-9　磁偶极子辐射的电磁场与赫兹偶极子辐射的电磁场，有哪些方面不同？

R.11-10　什么是辐射场？

R.11-11　试述天线辐射方向图的定义。

R.11-12　描述赫兹偶极子的 E 面和 H 面方向图。

R.11-13　试述天线方向图的波束宽度的定义。

R.11-14　试述天线方向图的旁瓣电平的定义。

R.11-15　试述辐射强度的定义。

R.11-16　试述天线的方向性增益和方向性系数的定义。

R.11-17　试述天线的功率增益和辐射效率的定义。

R.11-18　试述天线的辐射电阻的定义。

R.11-19　讨论赫兹偶极子天线的比值(a/λ)和(dl/λ)是如何影响其辐射电阻和辐射效率的。

R.11-20　描述半波偶极子天线的辐射方向图。

R.11-21　半波偶极子天线的辐射电阻和方向性系数是多少？

R.11-22　在导体地面上赫兹偶极子的镜像是什么？

R.11-23　在导体地面上，四分之一波长的垂直单极子的辐射电阻和方向系数是多少？

R.11-24　试述用于发射的直线天线的有效长度的定义。其取决于哪些因子？

R.11-25　试述用于接收的直线天线的有效长度的定义。

R.11-26　天线阵的归一化阵因子是指什么？与单个天线的方向图函数有什么区别？

R.11-27　描述方向图乘积原理。

R.11-28　描述边射阵与端射阵的区别。

R.11-29　什么是二项式天线阵？六阵元的二项式天线阵的相对激励幅度是多少？

R. 11-30 是否所有直线二项式天线阵的辐射方向图都没有旁瓣？如何解释？

R. 11-31 在多阵元的均匀直线天线阵的辐射方向图中，第一旁瓣比主瓣最大值低多少分贝？

R. 11-32 怎样才能使等间距的直线阵的旁瓣低于均匀直线阵的旁瓣？

R. 11-33 什么是相控阵？

R. 11-34 什么是频率扫描阵？

R. 11-35 天线工作在传输和接收模式时，互易关系的重要结论是什么？

R. 11-36 试述天线的有效面积的定义。

R. 11-37 天线的方向性增益与有效面积的比值这一通用常数是什么？

R. 11-38 定义物体的反射散射横截面。

R. 11-39 解释雷达原理。

R. 11-40 弗林斯传输公式指的是什么？

R. 11-41 定义波在地球表面传播的路径增益因子。

R. 11-42 长的行波天线的方向图与无限长的偶极子天线的方向图本质区别是什么？

R. 11-43 螺旋天线辐射特性与偶极子天线辐射特性本质区别是什么？

R. 11-44 螺旋天线两种不同的工作模式是什么？试解释？

R. 11-45 什么是八木天线？

R. 11-46 试比较八木天线中的反射器和引向器阵元的长度与激励元的长度。

R. 11-47 非频变天线的原理是什么？

R. 11-48 什么是等角螺线？为什么它具有宽带特性？

R. 11-49 什么是对数周期天线？

R. 11-50 解释对数周期偶极子天线阵的工作原理。

R. 11-51 给出三个口径辐射器的例子。

R. 11-52 对于相同相位的直线极化口径场，口径的场分布与方向图函数的关系是什么？

R. 11-53 面积为 A 的口径的方向性系数是多少？频率为 f 的直线极化均匀场分布是多少？

R. 11-54 描述均匀场分布的矩形口径的主平面的波束宽度与其尺寸的关系。

R. 11-55 假设宽为 b 的矩形口径和直径 $D=b$ 的圆形口径中，存在直线极化恒定激励场，比较它们辐射方向图中的主瓣波束宽度和第一旁瓣电平。

习题

P. 11-1 从麦克斯韦方程入手，推导简单媒质中：(1)关于 $\boldsymbol{E}$ 和(2)关于 $\boldsymbol{H}$ 的非齐次波动方程。

P. 11-2 通过利用式(11-2)计算 $\boldsymbol{A}$ 和 V，求赫兹偶极子的电场强度。利用式(11-16a,b,c)检查结果的正确性。

P. 11-3 尺寸为 L_x 和 L_y 的细丝矩形小环，放置在 xy 平面，环的中心在原点，其边与 x 轴和 y 轴平行，环中的电流为 $i(t)=I_0\cos\omega t$，假设 L_x 和 L_y 比波长小很多，求远区中某点处，下面的几个量的瞬时表达式：

(1) 矢量磁位 $\boldsymbol{A}$；

(2) 电场强度 $\boldsymbol{E}$；

(3) 磁场强度 $\boldsymbol{H}$。

将(2)和(3)中的结果分别与式(11-30a)和式(11-30b)比较。

P.11-4　组合的天线由放置在 z 轴、长度为 L 的基本赫兹电偶极子和放置在 xy 平面、面积为 S 的磁偶极子组成。假如相同的时谐电流流过这两个极偶子，其电流振幅和角频率分别为 I_0 和 ω。

(1) 验证组合的天线远区场是椭圆极化的。

(2) 确定圆极化的条件。

P.11-5　假设沿 z 轴放置一个中心馈电的细的半波偶极子，其电流的空间分布为 $I_0\cos\beta z$，其中 $\beta=\omega/c=2\pi/\lambda$，求：(1)偶极子的电荷分布；(2)重复(1)，此时假设偶极子的电流分布是如下的三角函数

$$I(z)=I_0\left(1-\frac{4}{\lambda}\mid z\mid\right)$$

P.11-6　在长为 15m 的垂直天线中，流过 1MHz 的均匀电流，该天线是一根半径为 2cm、中心激励的铜杆。求：

(1) 辐射电阻。

(2) 辐射效率。

(3) 如果天线辐射功率为 1.6kW，在距离天线 20km 处的最大电场强度。

P.11-7　长度为 $2h(h\ll\lambda)$，中心馈电的短偶极子天线中，其时谐电流分布的幅度近似表示为以下的三角函数：

$$I(z)=I_0\left(1-\frac{\mid z\mid}{h}\right)$$

求(1)远区的电场和磁场强度；(2)辐射电阻；(3)方向性系数。

P.11-8　无线导航系统中的发射天线是一根垂直的金属杆，离地面高度为 40m。180kHz 激励源发送幅度为 100A 的电流到杆底部。假定天线上电流振幅线性递减，在杆的顶部天线中电流振幅减为 0，同时假定地面是理想的导体平面，求：

(1) 天线的有效长度。

(2) 距天线距离为 160km 处的最大场强度。

(3) 时间平均辐射功率。

(4) 辐射电阻。

P.11-9　半径为 $b(\ll\lambda)$ 圆环，放置在 xy 平面上，其通过的时谐均匀电流为 $I_0\cos\omega t$。

(1) 求磁偶极子的辐射电阻 R_r。

(2) 如果圆环由半径为 a 的铜质导线构成，求其辐射效率 η_r 的表达式。

(3) 计算 R_r 和 η_r 的表达式，已知 $f=1\text{MHz}$，$b=50\text{cm}$，$a=3\text{mm}$。

(4) 如果圆环由 10 匝彼此绝缘的铜线构成，重复(3)。

P.11-10　对于边长为 L_x 和 L_y 的矩形圆环，重复习题 P.11-9 中的(1)和(2)。已知 $f=1\text{MHz}$，$L_x=L_y=2b=1\text{m}$，$a=3\text{mm}$，重复习题 P.11-9 中的(3)，并比较其结果。

P. 11-11 使用式(11-15)和式(11-16)的总场表达式,求赫兹偶极子辐射的时间平均功率,并把计算出的结果与式(11-43)中的只使用远场结果比较。

P. 11-12 总长为 $2h=1.25\lambda$ 细偶极子天线,画出其相对于 θ 变化的极坐标方向图。求第一零点间的主瓣宽度。

P. 11-13 假设中心馈电的 $\lambda/6$ 偶极子($h=\lambda/12$)中,其电流分布为三角函数,求有效长度的表达式。其最大值为多少?

P. 11-14 1.5MHz 的均匀平面波,其峰值电场强度 E_0 以角度 θ 入射到半波偶极子上。

(1) 求偶极子末端处的开路电压 V_{∞} 的表达式。

(2) 如果该偶极子接一个匹配负载,求传输到负载的最大功率 P_L 为多少。

(3) 当 $E_0=50\text{mV/m}$,$\theta=\pi/2$ 和 $\theta=\pi/4$ 时,分别计算 V_{∞} 和 P_L。

P. 11-15 两个基本偶极子的天线,每个的长度都为 $2h\ll\lambda$,沿 z 轴排列成直线,其中心间距为 $d(d>2h)$。两天线的激励幅度和相位都相同。

(1) 写出二阵元的共线阵的远区电场的一般表达式。

(2) 当 $d=\lambda/2$ 时,画出 E 面的归一化方向图。

(3) 当 $d=\lambda$,重复(2)。

P. 11-16 长度为 $\mathrm{d}l$ 的水平基本电偶极子,载有振幅为 I_0,沿 $+y$ 方向的时谐电流,并放置在距离理想导体地面上方距离为 d 的位置。求其方向图函数:(1)在 xy 平面;(2)在 xz 平面;(3)在 yz 平面;(4)当 $d=\lambda/4$ 时,画出(1)、(2)和(3)中的方向图。

P. 11-17 画出两平行偶极子的 H 面极坐标辐射方向图,当

(1) $d=\lambda/4,\xi=\pi/2$;(2) $d=3\lambda/4,\xi=\pi/2$。

P. 11-18 对于一个五阵元边射二项式天线阵:

(1) 求阵元中的相对激励振幅。

(2) 画出 $d=\lambda/2$ 时的阵因子。

(3) 求半功率波束宽度,并将其与间距相等的五阵元均匀直线阵的半功率波束宽度进行比较。

P. 11-19 对于间距为 $\lambda/2$ 的十二阵元的均匀直线阵:

(1) 按式(11-89)画出相对于 ψ 的归一化天线阵方向图 $|A(\psi)|$。

(2) 找出天线阵工作在边射模式时在两个零点与两个半功率之间的主瓣宽度。

(3) 当天线阵工作在端射模式时,重做(2)的计算。

P. 11-20 对于由许多阵元组成的均匀直线阵,在接近于主波束的区域内,式(11-98)中的分子 $\sin(\psi/2)$ 相对于归一化阵因子的很大的分母来说是非常小的,于是可近似为$(\psi/2)$。利用该近似值,求具有磁场强度 $\boldsymbol{H}$ 的多元均匀直线阵的方向性系数。

P. 11-21 利用间距为 $d=\lambda/2$ 和电流振幅比为 1∶2∶3∶2∶1 的五阵元边射直线阵的归一化阵因子图 11-15(a),画出对于 $d=\lambda/4$ 和 $\xi=-\pi/2$ 时的极坐标辐射方向图。

P. 11-22 令 $\xi=\exp(\mathrm{j}\psi)$,并把等间距天线阵的阵因子写成用 ψ 表示的多项式 $A(\psi)$ 形式,天线阵方向图的很多特性可以通过研究天线阵多项式在单位圆上的零点分布来分析。一般来说,N 阵元的直线阵在单位圆上有 $N-1$ 个零点,$\psi_{0m}(m=1,2,\cdots,N-1)$。求下述直线阵的 $A(\psi)$ 和单位圆上所有的 ψ_{0m} 位置:

(1) 二阵元阵列;

(2) 三阵元二项式天线阵；

(3) 五阵元均匀天线阵；

(4) 振幅比为 1∶2∶3∶2∶1 的五阵元天线阵(如例题 11-9)。

(5) 根据(3)和(4)中的两个天线阵的 ψ_{0m} 的位置，解释为什么(4)中的天线阵方向图具有更小的旁瓣和更宽的波束宽度。

P. 11-23　求均匀激励的 $N_1 \times N_2$ 元平行半波偶极子的矩形阵的方向图函数。假设偶极子与 z 轴平行，它们的中心分别沿 x 轴和 y 轴的距离为 d_1 和 d_2。

P. 11-24　假设直线极化平面电磁波入射到一个半波偶极子上，如图 11-8 所示。

(1) 求有效面积 $A_e(\theta)$ 的表达式。

(2) 当电磁波的频率为 100MHz 时，计算 A_e 的最大值。

P. 11-25　电场强度为 $\boldsymbol{E}_i = \boldsymbol{a}_z E_i$ 的均匀平面波，射入一个半径为 $b(\ll\lambda)$ 小介质球上，其介电常数为 ϵ_r。

(1) 求球面散射的总时间平均功率。

(2) 求总散射横截面 σ_s 的表达式，其为总散射功率与入射功率密度之比。将 σ_s 与反向散射截面 σ_{bs} 进行比较。

P. 11-26　在相距为 1.5km 的两个站之间进行通信，工作频率 300MHz。每个站都装有一个半波偶极子天线。

(1) 若一个站发送 100W 的功率，那么另一个站的匹配负载接收到的功率是多少？

(2) 假设两个站都使用赫兹偶极子天线进行通信，重做(1)的计算。

P. 11-27　(1)三个等间距的卫星，在赤道平面上的地球同步轨道上飞行，证明这三个卫星几乎覆盖了整个地球表面。并解释为什么没有覆盖两极的区域。(2)假设卫星天线的辐射方向图的主瓣率呈圆锥形，刚好覆盖了地面，求天线的主瓣波束宽度与方向性增益之间的关系。

P. 11-28　卫星通信链路中的地面站天线，在 14GHz 时的增益为 55dB，天线向距离地球 36500km 的同步卫星发送信息。假设卫星天线的增益为 35dB，向地面站发回一个工作频率为 12GHz 的信号。最小可用信号为 8pW。

(1) 忽略天线的欧姆损耗和失配损耗，求卫星天线发射时需要的最小功率。

(2) 假设卫星的反向散射横截面(包含其太阳能电池板)为 25m^2，最小可检测的返回脉冲功率为 0.5pW。为检测出卫星是一个无源物体，地面站所需的峰值发射脉冲功率是多少？

P. 11-29　距离地面 60m 的垂直半波偶极子在 100MHz 时辐射 400W 的功率。假设地面是理想导体。

(1) 计算离地面高度为 30m 处、距离发射天线 50km 的垂直半波接收天线上的可得到的功率。

(2) 离发射天线 50km 处什么高度会有零值场？

P. 11-30　一根长度为 L 及有负载的孤立行波天线上的电流为

$$I(z) = I_0 \mathrm{e}^{-\mathrm{j}\beta z}$$

(1) 求远区矢量位 $\boldsymbol{A}(R,\theta)$。

(2) 根据 $\boldsymbol{A}(R,\theta)$ 求 $\boldsymbol{H}(R,\theta)$ 和 $\boldsymbol{E}(R,\theta)$。

(3) 当 $L=\lambda/2$ 时,画出辐射方向图。

P.11-31 绕杆式天线由两个相互垂直的半波偶极子组成,其中一个(天线A)沿 x 轴放置,另一个(天线B)沿 y 轴放置。天线B的输出,延迟 90° 相位之后,与天线A结合。右旋椭圆极化平面波 $\boldsymbol{E}_i=E_0(\boldsymbol{a}_x+\boldsymbol{a}_y\mathrm{j}p)\exp(\mathrm{j}kz)$ 入射到天线上。

(1) 求绕杆式天线在输出终端处的开路电压。如果 $p=1$,则其值是多少?

(2) 对于左旋椭圆极化入射波 $\boldsymbol{E}_i=E_0(\boldsymbol{a}_x-\boldsymbol{a}_y\mathrm{j}p)\exp(\mathrm{j}kz)$,重复(1)的计算。

(3) 对于直线极化入射波 $\boldsymbol{E}_i=\boldsymbol{a}_xE_0\exp(\mathrm{j}kz)$,重复(1)的计算。

P.11-32 匝数为 N、匝间间距为 s、直径为 $2b$ 的螺旋天线工作在法向模式。相对于 λ/N 来说,$2b$ 和 s 都非常小,并调整 $2b$ 和 s 使螺旋天线辐射圆极化波。求:

(1) 天线的方向性增益和方向性系数。

(2) 天线的辐射电阻。

P.11-33 根据例题11-13,写出位于 z 轴($\cos\theta\cong1$)附近,但不在两个主平面上的点 $P(\theta,\phi)$ 处的远区电场 $\boldsymbol{E}_p(\theta,\phi)$ 的表达式。

P.11-34 假设 xy 平面有一 $a\times b$ 矩形口径,口径内的场沿 y 方向直线极化,并以均匀的相位和如下三角形的振幅分布给予激励

$$f(x)=1-\left|\frac{2}{a}x\right|,\quad |x|\leqslant\frac{a}{2}$$

求:(1)xz 平面内的方向图函数;(2)半功率波束宽度;(3)第一个零点的位置;(4)第一旁瓣的电平。把这些结果与例11-13中的均匀场分布的结果作比较。

P.11-35 若口径内的场为均匀相位,但振幅为余弦分布 $f(x)=\cos\left(\frac{\pi x}{a}\right)$,$|x|\leqslant\frac{a}{2}$,重做习题P.11-34,并把计算出的结果与例11-13中均匀场分布的结果作比较。

附录 A　符号和单位

A.1　基本的国际单位制(或有理制 MKSA)单位[①]

量	符号	单位	单位缩写
长度	l	米	m
质量	m	千克	kg
时间	t	秒	s
电流	I,i	安培	A

① 除了有关长度、质量、时间和电流的 MKSA 单位制外,国际度量衡委员会所采用的 SI 还包括其他两个基本单位。它们分别是热力学温度的开尔文度(K)和发光强度坎德拉(cd)。

A.2　导出单位

量	符号	单位	单位缩写
导纳	Y	西门子	S
角频率	ω	弧度/秒	rad/s
衰减常数	α	奈培/米	Np/m
电容	C	法拉	F
电荷	Q,q	库仑	C
电荷密度(线)	ρ_l	库仑/米	C/m
电荷密度(面)	ρ_s	库仑/平方米	C/m^2
电荷密度(体)	ρ	库仑/立方米	C/m^3
电导	G	西门子	S
电导率	σ	西门子/米	S/m
电流密度(面)	$\boldsymbol{J}_s$	安培/米	A/m
电流密度(体)	$\boldsymbol{J}$	安培/平方米	A/m^2
介电常数(相对介电常数)	ε_r	(无量纲)	—
方向性系数	D	(无量纲)	—
电偶极矩	$\boldsymbol{p}$	库仑-米	C·m
电位移(电通量密度)	$\boldsymbol{D}$	库仑/平方米	C/m^2
电场强度	$\boldsymbol{E}$	伏特/米	V/m
电位	V	伏特	V
电极化率	χ_e	(无量纲)	—

续表

量	符号	单位	单位缩写
电动势	$\mathcal{V}$	伏特	V
能量(功)	$\boldsymbol{W}$	焦耳	J
能量密度	w	焦耳/立方米	$\mathrm{J/m^3}$
力	$\boldsymbol{F}$	牛顿	N
频率	f	赫兹	Hz
阻抗	Z,η	欧姆	Ω
电感	L	亨利	H
磁偶极矩	$\boldsymbol{m}$	安培-平方米	$\mathrm{A\cdot m^2}$
磁场强度	$\boldsymbol{H}$	安培/米	A/m
磁通量	Φ	韦伯	Wb
磁通密度	$\boldsymbol{B}$	特斯拉	T
磁位(矢量)	$\boldsymbol{A}$	韦伯/米	Wb/m
磁化率	χ_m	(无量纲)	—
磁化强度	$\boldsymbol{M}$	安培/米	A/m
磁动势	$\mathcal{V}_m$	安培	A
磁导率	μ,μ_0	亨利/米	H/m
介电常数	$\varepsilon,\varepsilon_0$	法拉/米	F/m
相位	Φ	弧度	rad
相位常数	β	弧度/米	rad/m
极化矢量	$\boldsymbol{P}$	库仑/平方米	$\mathrm{C/m^2}$
功率	P	瓦特	W
坡印廷矢量(功率密度)	$\boldsymbol{p}$	瓦特/平方米	$\mathrm{Wb/m^2}$
传播常量	γ	米$^{-1}$	$\mathrm{m^{-1}}$
辐射强度	U	瓦特/球面度	W/sr
电抗	X	欧姆	Ω
相对磁导率	μ_r	(无量纲)	—
相对介电常数	ε_r	(无量纲)	—
磁阻	$\mathcal{R}$	亨利$^{-1}$	$\mathrm{H^{-1}}$
电阻	R	欧姆	Ω
电纳	B	西门子	S
力矩	T	牛顿-米	$\mathrm{N\cdot m}$
速度	u	米/秒	m/s
电压	V	伏特	V
波长	λ	米	m
波数	k	弧度/米	rad/m
功(能量)	W	焦耳	J

A.3 单位的倍数和约数

单位乘以因素	前 缀	符号
1 000 000 000 000 000 000 $=10^{18}$	艾克萨(exa)	E
1 000 000 000 000 000 $=10^{15}$	皮塔(peta)	P
1 000 000 000 000 $=10^{12}$	太拉(tera)	T
1 000 000 000 $=10^{9}$	吉咖(giga)	G
1 000 000 $=10^{6}$	兆(mega)	M
1000 $=10^{3}$	千(kilo)	k
100 $=10^{2}$	百(hecto)①	h
10 $=10^{1}$	十(deka)①	da
0.1 $=10^{-1}$	分(deci)①	d
0.01 $=10^{-2}$	厘(centi)①	c
0.001 $=10^{-3}$	毫(milli)	m
0.000 001 $=10^{-6}$	微(micro)	μ
0.000 000 001 $=10^{-9}$	纳诺(nano)	n
0.000 000 000 001 $=10^{-12}$	皮可(pico)	p
0.000 000 000 000 001 $=10^{-15}$	飞母托(femto)	f
0.000 000 000 000 000 001 $=10^{-18}$	阿托(atto)	a

① 除了度量长度、面积和体积外,这些前缀通常是不用的。

附录B 一些有用材料的常数

B.1 真空中的常数

常数	符号	数值
光速	c	$\sim 3\times10^{8}$(m/s)
介电常数	ε_0	$\sim \frac{1}{36\pi}\times10^{-9}$(F/m)
磁导率	μ_0	$4\pi\times10^{-7}$(H/m)
本征阻抗	η_0	$\sim 120\pi$ 或 377(Ω)

B.2 电子和质子的物理常数

常　　数	符号	数　　值
电子的静止质量	m_e	9.107×10^{-31}(kg)
电子的电荷	$-e$	-1.602×10^{-19}(C)
电子荷质比	$-e/m_e$	-1.759×10^{11}(C/kg)
电子的半径	R_e	2.81×10^{-15}(m)
质子的静止质量	m_p	1.673×10^{-27}(kg)

B.3 相对介电常数

材　　料	相对介电常数,ε_r	材　　料	相对介电常数,ε_r
空气	1.0	聚乙烯	2.3
胶木	5.0	聚苯乙烯	2.6
玻璃	4～10	瓷	5.7
云母	6.0	橡胶	2.3～4.0
油	2.3	土壤(干)	3～4
纸	2～4	聚四氟乙烯	2.1
粗石蜡	2.2	水(蒸馏)	80
有机玻璃	3.4	海水	72

B.4　电导率①

材　　料	电导率,σ(S/m)	材　　料	电导率,σ(S/m)
银	6.17×10^{7}	淡水	10^{-3}
铜	5.80×10^{7}	蒸馏水	2×10^{-4}
金	4.10×10^{7}	干土	10^{-5}
铝	3.54×10^{7}	变压器油	10^{-11}
黄铜	1.57×10^{7}	玻璃	10^{-12}
青铜	10^{7}	瓷	2×10^{-13}
铁	10^{7}	橡胶	10^{-15}
海水	4	熔凝石英	10^{-17}

B.5　相对磁导率②

材　料	相对磁导率,μ_r
铁磁性(非线性)	
镍	250
钴	600
铁(纯)	4000
高导磁率合金	100000
顺磁性	
铝	1.000021
镁	1.000012
钯	1.00082
钛	1.00018
反磁性	
铋	0.99983
金	0.99996
银	0.99998
铜	0.99999

① 一些材料的本构参数与频率和温度有关。上表所列出的常量是在室温时的低频平均值。
② 有一些材料的本构参数与频率和温度有关,表中所列的常数是在室温时的低频平均值。

附录C 表格索引

精选习题答案

第 2 章

P. 2-1 (1) $(\boldsymbol{a}_x+\boldsymbol{a}_y2-\boldsymbol{a}_z3)/\sqrt{14}$； (2) $\sqrt{53}$； (3) -11； (4) $135.5°$；

(5) $11/\sqrt{29}$； (6) $-(\boldsymbol{a}_x4+\boldsymbol{a}_y13+\boldsymbol{a}_z10)$； (7) -42；

(8) $\boldsymbol{a}_x2-\boldsymbol{a}_y40+\boldsymbol{a}_z5$ 和 $\boldsymbol{a}_x55-\boldsymbol{a}_y44-\boldsymbol{a}_z11$。

P. 2-5 $\boldsymbol{X}=(p\boldsymbol{A}+\boldsymbol{B}\times\boldsymbol{A})/A^2$。

P. 2-9 (1) $\cos(\alpha-\beta)=\cos\alpha\cos\beta+\sin\alpha\sin\beta$。

P. 2-15 1.12。

P. 2-17 (1) $|\boldsymbol{E}|=1/2, E_x=-0.212$； (2) $\theta=154°$。

P. 2-21 (1) 14 ； (2) 14。

P. 2-23 (1) $(\nabla V)_p=-(\boldsymbol{a}_y0.026+\boldsymbol{a}_z0.043)$； (2) 0.0485。

P. 2-25 $l=0, m=p=1/\sqrt{2}$；$\int_s \boldsymbol{F}\cdot d\boldsymbol{s}=20$。

P. 2-29 $\oint_s \boldsymbol{A}\cdot d\boldsymbol{s}=\int_v \nabla\cdot\boldsymbol{A}dv=1200\pi$。

P. 2-31 见式(2-114)。

P. 2-35 $\dfrac{1}{R\sin\theta}\left[\dfrac{\partial}{\partial\theta}(A_\phi\sin\theta)-\dfrac{\partial A_\theta}{\partial\phi}\right]$。

P. 2-39 (1) $c_1=1, c_2=0, c_3=-3$； (2) $c_4=-1$； (3) $V=-\dfrac{x^2}{2}-xz+3yz+\dfrac{z^2}{2}$。

第 3 章

P. 3-1 (1) $\alpha=\arctan(mu_0^2/ewE_d)$； (2) $L/w=10.5$。

P. 3-5 (1) $Q_1/Q_2=-3/4\sqrt{2}$； (2) $Q_1/Q_2=1/2\sqrt{2}$。

P. 3-7 $|\boldsymbol{F}|=Q\rho_l bh/2\varepsilon(b^2+h^2)^{3/2}$。

P. 3-9 $\boldsymbol{a}_y3\rho_{l1}/4\pi\varepsilon_0L$。

P. 3-11 (1) $0\leqslant R\leqslant b$：$E_{R1}=\dfrac{\rho_0R}{\varepsilon_0}\left(\dfrac{1}{3}-\dfrac{R^2}{5b^2}\right)$；

(2) $b\leqslant R<R_i$：$E_{R2}=\dfrac{2\rho_0b^3}{15\varepsilon_0R^2}$；

(3) $R_i<R<R_0$：$E_{R3}=0$；

(4) $R>R_0$：$E_{R4}=\dfrac{2\rho_0b^3}{15\varepsilon_0R^2}$。

P. 3-13 (1) 28(μJ)； (2) 28(μJ)。

P.3-15 (1) $V=\dfrac{qd^2}{16\pi\varepsilon_0R^3}(3\cos^2\theta-1)$,$\boldsymbol{E}=\dfrac{3qd^2}{16\pi\varepsilon_0R^4}[\boldsymbol{a}_R(3\cos^2\theta-1)+\boldsymbol{a}_\theta\sin2\theta]$;

(2) $R^3=C_V(3\cos^2\theta-1)$;

(3) $R^2=C_E\sin^2\theta\cos\theta$。

P.3-17 $V_p=\dfrac{\rho_l}{4\pi\varepsilon}\left[\text{arsinh}\left(\dfrac{L-x}{b}\right)+\text{arsinh}\left(\dfrac{x}{b}\right)\right]$。

P.3-19 如果选择圆管底部的中心为原点:

(1) $z\geqslant h,V_0=\dfrac{b\rho_s}{2\varepsilon_0}\ln\dfrac{z+\sqrt{b^2+z^2}}{(z-h)+\sqrt{b^2+(z-h)^2}}$;

(2) $z\leqslant h,V_i=\dfrac{b\rho_s}{2\varepsilon_0}\ln\dfrac{1}{b^2}(z+\sqrt{b^2+z^2})[(h-z)+\sqrt{b^2+(h-z)^2}]$

其中 $\rho_s=Q/2\pi bh$。

P.3-21 $r_0=\dfrac{4\pi\varepsilon_0b^3}{N_e}E_0$

P.3-23 $P/3\varepsilon_0$。

P.3-25 $\boldsymbol{E}_2(z=0)=\boldsymbol{a}_x2y-\boldsymbol{a}_y3x+\boldsymbol{a}_z(10/3)$。

P.3-29 (1) 19.3(kV); (2) 1.82(kV)。

P.3-31 (1) $\boldsymbol{E}(a)=\boldsymbol{a}_r\dfrac{V_0}{a\ln(b/a)}$; (2) $b/a=e=2.718$;

(3) $\min E(a)=eV_0/b$; (4) $C=2\pi\varepsilon(\text{F/m})$。

P.3-33 $C=\dfrac{\pi\varepsilon_0(\varepsilon_{r1}+\varepsilon_{r2})L}{\ln(r_0/r_i)}$。

P.3-35 (1) 0.708(mF); (2)1.35×10^{10}(C)。

P.3-37 (1) $\mathbf{D}=\begin{cases}\boldsymbol{a}_R\dfrac{\varepsilon_0\varepsilon_rV}{R^2\left(\dfrac{1}{R_i}-\dfrac{1}{2b}-\dfrac{1}{2R_o}\right)}, & R_i<R<R_o\\ 0, & R<R_i \text{ 且 } R>R_o\end{cases}$

(2) $C=\dfrac{4\pi\varepsilon_0\varepsilon_r}{\dfrac{1}{R_i}-\dfrac{1}{2b}-\dfrac{1}{2R_o}}$。

P.3-39 指定导线为导体0、1、2,并且线1在中间。

$C_{10}=C_{12}=3.36(\text{pF/m})$,$C_{20}=2.35(\text{pF/m})$。

P.3-41 1.69×10^{-15}(m)。

P.3-47 $F_l=\dfrac{\pi\varepsilon_0V_0^2}{2D[\ln(D/b)]^2}$。

第 4 章

P.4-1 (1) $V_d=\dfrac{5yV_0}{(4+\varepsilon_r)d}$,$\boldsymbol{E}_d=-\boldsymbol{a}_y\dfrac{5V_0}{(4+\varepsilon_r)d}$;

(2) $V_a=\dfrac{5\varepsilon_ry-4(\varepsilon_r-1)d}{(4+\varepsilon_r)d}V_0$,$\boldsymbol{E}_a=-\boldsymbol{a}_y\dfrac{5\varepsilon_rV_0}{(4+\varepsilon_r)d}$;

(3) $(\boldsymbol{\rho}_s)_{y=d} = \dfrac{5\varepsilon_0\varepsilon_r V_0}{(4+\varepsilon_r)d} = -(\boldsymbol{\rho}_s)_{y=0}$。

P.4-7 (1) $\rho_s = -\dfrac{Qd}{2\pi(d^2+r^2)^{3/2}}$； (2) $-Q$。

P.4-11 $C = \dfrac{\pi\varepsilon_0}{\ln\{d/[a\sqrt{1+(d/2h)^2}]\}}$。

P.4-13 $C = \dfrac{2\pi\varepsilon_0}{\ln\left[\dfrac{1}{2}\left(\dfrac{D^2}{a_1a_2}-\dfrac{a_1}{a_2}-\dfrac{a_2}{a_1}\right)-\sqrt{\dfrac{1}{4}\left(\dfrac{D^2}{a_1a_2}-\dfrac{a_1}{a_2}-\dfrac{a_2}{a_1}\right)^2-1}\right]}$

$= \dfrac{2\pi\varepsilon_0}{\operatorname{arcosh}\left[\dfrac{1}{2}\left(\dfrac{D^2}{a_1a_2}-\dfrac{a_1}{a_2}-\dfrac{a_2}{a_1}\right)\right]}$。

P.4-15 (2) $\rho_s = -\dfrac{Q(b^2-d^2)}{4\pi b(b^2+d^2-2bd\cos\theta)^{3/2}}$。

P.4-17 $Q_1 = Q_2 = \dfrac{\varepsilon_2-\varepsilon_1}{\varepsilon_2+\varepsilon_1}Q$。

P.4-19 $V_n(x,y) = C_n\cosh\dfrac{n\pi}{b}(x-a)\cos\dfrac{n\pi}{b}y$。

P.4-21 $V_n(x,y) = \sin\dfrac{n\pi}{a}x\left(A_n\sinh\dfrac{n\pi}{a}y + B_n\cosh\dfrac{n\pi}{a}y\right)$。

P.4-23 (1) $V(\phi) = \dfrac{V_0}{\alpha}\phi$； (2) $V(\phi) = \dfrac{V_0}{2\pi-\alpha}(2\pi-\phi)$。

P.4-25 $V(r,\phi) = -E_0 r\left(1-\dfrac{b^2}{r^2}\right)\cos\phi$；

$\mathbf{E}(r,\phi) = \mathbf{a}_r E_0\left(1+\dfrac{b^2}{r^2}\right)\cos\phi - \mathbf{a}_\phi E_0\left(1-\dfrac{b^2}{r^2}\right)\sin\phi$。

P.4-27 (1) $V(\theta) = V_0\dfrac{\ln\left(\tan\dfrac{\theta}{2}\right)}{\ln\left(\tan\dfrac{\alpha}{2}\right)}$；

(2) $\mathbf{E}(\theta) = -\mathbf{a}_\theta\dfrac{V_0}{R\ln[\tan(\alpha/2)]\sin\theta}$。

P.4-29 $V_i(R,\theta) = -\dfrac{3E_0}{\varepsilon_r+2}R\cos\theta$, $V_0(R,\theta) = -\left[R-\dfrac{(\varepsilon_r-1)b^3}{(\varepsilon_r+2)R^2}\right]E_0\cos\theta$；

$\mathbf{E}_i(R,\theta) = (\mathbf{a}_R\cos\theta - \mathbf{a}_\theta\sin\theta)\dfrac{3E_0}{\varepsilon_r+2} = \mathbf{a}_z\dfrac{3E_0}{\varepsilon_r+2}$；

$\mathbf{E}_0(R,\theta) = \mathbf{a}_R\left[1+\dfrac{2(\varepsilon_r-1)b^3}{(\varepsilon_r+2)R^3}\right]E_0\cos\theta - \mathbf{a}_\theta\left[1-\dfrac{(\varepsilon_r-1)b^3}{(\varepsilon_r+2)R^3}\right]E_0\sin\theta$。

第 5 章

P.5-1 (1) $V(y) = V_0(y/d)^{4/3}$, $E(y) = -(4V_0/3d)(y/d)^{1/3}$；

(2) $Q = -(4V_0/3d)\varepsilon_0 S$；

(3) 阴极电荷 $=0$，阳极电荷 $=-Q$；

(4) 3.58(ns)。

P.5-3 (1) $2.32a$； (2) $E_1 = E_2 = \dfrac{I}{2\pi a^2\sigma}$。

P.5-5 $I_1 = 0.7(\text{A})$，$P_{R1} = 0.163(\text{W})$；$I_2 = 0.140(\text{A})$，$P_{R2} = 0.392(\text{W})$；
$I_3 = 0.093(\text{A})$，$P_{R3} = 0.261(\text{W})$；$I_4 = 0.233(\text{A})$，$P_{R4} = 0.436(\text{W})$；
$I_5 = 0.467(\text{A})$，$P_{R5} = 2.178(\text{W})$。

P.5-7 (1) 4.88(ps)； (2) $\boldsymbol{W}_i/(\boldsymbol{W}_i)_0 = 10^{-4}$，热损失；
(3) $\boldsymbol{W}_0 = 45(\text{kJ})$。

P.5-9 (1) $E_2 = \left[\sin^2\alpha_1 + \left(\dfrac{\sigma_1}{\sigma_2}\cos\alpha_1\right)^2\right]^{1/2}$，$\alpha_2 = \arctan\left[\dfrac{\sigma_1}{\sigma_2}\tan\alpha_1\right]$；

(2) $\rho_s = \left(\dfrac{\sigma_1}{\sigma_2}\varepsilon_2 - \varepsilon_1\right)E_1\sin\alpha_1$。

P.5-11 (2) $P = v^2 S\sigma_1\sigma_2/(\sigma_1 d_2 + \sigma_2 d_1)$。

P.5-13 (1) $J = \dfrac{\sigma_1\sigma_2 V_0}{r[\sigma_1\ln(b/c) + \sigma_2\ln(c/a)]}$；

(2) $\rho_{sa} = \dfrac{\varepsilon_1\sigma_2 V_0}{a[\sigma_1\ln(b/c) + \sigma_2\ln(c/a)]}$，$\rho_{sb} = -\dfrac{\varepsilon_2\sigma_1 V_0}{b[\sigma_1\ln(b/c) + \sigma_2\ln(c/a)]}$，

$\rho_{sc} = \dfrac{(\varepsilon_2\sigma_1 - \varepsilon_1\sigma_2)V_0}{c[\sigma_1\ln(b/c) + \sigma_2\ln(c/a)]}$。

P.5-15 $\dfrac{1}{4\pi\sigma}\left(\dfrac{1}{R_1} - \dfrac{1}{R_2}\right)$。

P.5-17 $\dfrac{R_2 - R_1}{2\pi\sigma R_1 R_2(1-\cos\theta_0)}$。

P.5-19 $\dfrac{1}{4\pi\sigma}\left(\dfrac{1}{b_1} + \dfrac{1}{b_2} - \dfrac{2}{d}\right)$。

P.5-21 6.36(MΩ)。

P.5-23 $\boldsymbol{J} = \boldsymbol{a}_x J_0 - \dfrac{J_0 b^2}{r^2}(\boldsymbol{a}_r\cos\phi + \boldsymbol{a}_\phi\sin\phi)$。

第 6 章

P.6-1 $y^2 + \left(z + \dfrac{u_0}{\omega_0}\right)^2 = \left(\dfrac{u_0}{\omega_0}\right)^2$，$\omega_0 = \dfrac{qB_0}{m}$ 电荷 q 在磁场中的运动轨迹为半圆。

P.6-3 $B_\phi = \dfrac{\mu_0 Ir}{2\pi a^2}$，$r \leqslant a$；$B_\phi = \dfrac{\mu_0 I}{2\pi r}$，$a \leqslant r \leqslant b$；

$B_\phi = \dfrac{\mu_0 I(c^2 - r^2)}{2\pi(c^2 - b^2)r}$，$b \leqslant r \leqslant c$；$B_\phi = 0$，$r \geqslant c$。

P.6-5 $\boldsymbol{a}_z 1.38I/w$。

P.6-7 $B = \dfrac{\mu_0 NI}{2L}\left[\dfrac{L-z}{\sqrt{(L-z)^2 + b^2}} + \dfrac{z}{\sqrt{z^2 + b^2}}\right]$。

P.6-9 $\boldsymbol{F}_{12} = \dfrac{\mu_0 q_1 q_2}{4\pi R^2}\boldsymbol{u}_2 \times (\boldsymbol{u}_1 \times \boldsymbol{a}_{12})$。

P.6-11 $\dfrac{\mu_0 I}{2b}\left(\dfrac{1}{\pi} + \dfrac{1}{2}\right)$。

P. 6-15 $\boldsymbol{a}_z\mu_0 Jd/2$。

P. 6-17 $\boldsymbol{A}_1=\boldsymbol{a}_z\left[-\frac{\mu_0 I}{4\pi}\left(\frac{r_1}{b}\right)^2+c\right], r_1\leqslant b$; $\boldsymbol{A}_2=\boldsymbol{a}_z\left\{-\frac{\mu_0 I}{4\pi}\left[\ln\left(\frac{r_2}{b}\right)^2+1\right]+c\right\}, r_2\leqslant b$。

P. 6-21 (1) $\boldsymbol{a}_z\mu_0 H_0/\mu$; (2) $\boldsymbol{a}_z(H_0-M_i)$。

P. 6-27 (1) $R_g=1.21\times10^6(H^{-1}), R_c=6.75\times10^4(H^{-1})$;

(2) $\boldsymbol{B}_g=\boldsymbol{B}_c=\boldsymbol{a}_\phi 5.09\times10^{-3}(\mathrm{T})$,

$\boldsymbol{H}_g=\boldsymbol{a}_\phi 4.05\times10^3(\mathrm{A/m}), \boldsymbol{H}_c=\boldsymbol{a}_\phi 1.35(\mathrm{A/m})$;

(3) $I=25.6(\mathrm{mA})$。

P. 6-33 (2) $$\boldsymbol{B}=-\boldsymbol{a}_x\frac{\mu_0 I}{2\pi}\left[\frac{y-d}{(y-d)^2+x^2}+\frac{y+d}{(y+d)^2+x^2}\right]+\boldsymbol{a}_y\frac{\mu_0 I}{2\pi}x\left[\frac{1}{(y-d)^2+x^2}+\frac{1}{(y+d)^2+x^2}\right]$$

P. 6-35 $L=\mu_0 N^2(r_0-\sqrt{r_0^2-b^2})$。

P. 6-37 $L'_{AA'/BB'}=\frac{\mu_0}{2\pi}\ln\left(1+\frac{d^2}{D^2}\right)$。

P. 6-39 $L_{12}=\mu_0(d-\sqrt{d^2-b^2})$。

P. 6-41 $I_1/I_2=-M/L_1$。

P. 6-43 $\boldsymbol{f}=\boldsymbol{a}_x\frac{\mu_0 I^2}{\pi w}\arctan\left(\frac{w}{2D}\right)$。

P. 6-45 $\boldsymbol{F}=\boldsymbol{a}_x\mu_0 I_1 I_2\left[\frac{1}{\sqrt{1-(b/d)^2}}-1\right]$,互斥的。

P. 6-47 $\boldsymbol{T}=-\boldsymbol{a}_x 0.1(\mathrm{N\cdot m})$。

P. 6-51 最大值为南偏北55.8°。

P. 6-53 $\boldsymbol{F}=\boldsymbol{a}_x\frac{\mu_0}{2}(\mu_r-1)n^2 I^2 S$。

第 7 章

P. 7-3 (1) $i_2(t)=-\frac{L_{12}}{L}I_1 \mathrm{e}^{-(R/L)t}, 0<t<T$; $L_{12}=\frac{\mu_0 h}{2\pi}\ln\left(1+\frac{\omega}{d}\right)$;

$i_2(t)=\frac{L_{12}}{L}I_1[\mathrm{e}^{-(R/L)(t-T)}-\mathrm{e}^{-(R/L)T}, t>T$。

P. 7-5 (1) 0.234(A); (2) 48.2°。

P. 7-7 (1) $0.0472\mu_0 I\omega b$; (2) $0.0469\mu_0 I\omega b$。

P. 7-13 (1) $V'=V-\frac{\partial\psi}{\partial t}$; (2) $\nabla^2\psi-\mu\varepsilon\frac{\partial^2\psi}{\partial t^2}=0$。

P. 7-23 $E_0=0.068, \theta=-72.8°$。

P. 7-25 $\beta=54.4(\mathrm{rad/m})$。

$$\boldsymbol{H}(x,z;t)=-\boldsymbol{a}_x 2.30\times10^{-4}\sin(10\pi x)\cos(6\pi\,10^9 t-54.4z)-\boldsymbol{a}_z 1.33\times10^{-4}\cos(10\pi x)\sin(6\pi\,10^9 t-54.4z)(\mathrm{A/m})。$$

P. 7-27 $k=\omega\sqrt{\mu_0\varepsilon_0}$, $\boldsymbol{H}=\boldsymbol{a}_\phi\frac{E_0}{R}\sqrt{\frac{\varepsilon_0}{\mu_0}}\sin\theta\cos\omega(t-\sqrt{\mu_0\varepsilon_0}R)$。

第 8 章

P. 8-3 (1) 假设车辆的运动方向与入射波的方向一样,则 $\Delta f = -(2u/c)f$;

(2) 120(km/hr) 或 74.6(miles/hr)。

P. 8-5 (1) $k_0 = 0.1047(\text{rad/m})$, $y = 22.5 \pm n\lambda/2(\text{m})$;

(2) $\boldsymbol{E}(y,t) = -\boldsymbol{a}_x 1.508 \times 10^{-3} \cos\left(10^7 \pi t - \frac{\pi}{30} y + \frac{\pi}{4}\right)(\text{V/m})$。

P. 8-7 $\left(\frac{E_x}{E_{20}\sin\psi}\right)^2 + \left(\frac{E_y}{E_{10}\sin\psi}\right)^2 - 2\frac{E_x E_y \cos\psi}{E_{10}E_{20}\sin^2\psi} = 1$,

其中 $E_x = E_{10}\sin(\omega t - kz)$ 和 $E_y = E_{20}\sin(\omega t - kz + \psi)$。

P. 8-11 (1) 1.395(m);

(2) $\eta_c = 238(1 + \text{j}0.005)(\Omega)$, $\lambda = 6.3(\text{cm})$, $u_p = 1.8973 \times 10^8(\text{m/s})$,

$u_g = 1.8975 \times 10^8(\text{m/s})$;

(3) $\boldsymbol{H} = \boldsymbol{a}_x 0.21\text{e}^{-0.497x}\sin(6\pi\, 10^9 t - 31.6\pi x + 1.042)(\text{A/m})$。

P. 8-13 (1) $0.99 \times 10^5(\text{S/m})$; (2) 0.175(mm)。

P. 8-21 (1) 沿着 $-z$ 方向的左旋圆极化波;

(2) $\frac{2E_0}{\eta_0}(\boldsymbol{a}_x - \text{j}\boldsymbol{a}_y)$; (3) $2E_0 \sin\beta z(\boldsymbol{a}_x \sin\omega t - \boldsymbol{a}_y \cos\omega t)$。

P. 8-23 (1) $f = 5.73(\text{MHz})$, $\lambda = 0.524(\text{m})$;

(2) $\boldsymbol{E}_i(y,z;\, t) = 5(\boldsymbol{a}_y + \boldsymbol{a}_z\sqrt{3})\cos(3.6 \times 10^9 t + 6\sqrt{3}y - 6z)(\text{V/m})$,

$\boldsymbol{H}_i(y,z;\, t) = -\boldsymbol{a}_x \frac{1}{12\pi}\cos(3.6 \times 10^9 t + 6\sqrt{3}y - 6z)(\text{A/m})$;

(3) $\theta_i = 60°$;

(4) $\boldsymbol{E}_r(y,z) = 5(-\boldsymbol{a}_y + \boldsymbol{a}_z\sqrt{3})\text{e}^{\text{j}6(\sqrt{3}y+z)}(\text{V/m})$,

$\boldsymbol{H}_r(y,z) = -\boldsymbol{a}_x \frac{1}{12\pi}\text{e}^{\text{j}6(\sqrt{3}y+z)}(\text{A/m})$;

(5) $\boldsymbol{E}_1(y,z) = (-\boldsymbol{a}_y \text{j}10\sin 6z + \boldsymbol{a}_z 10\sqrt{3}\cos 6z)\text{e}^{\text{j}6\sqrt{3}y}(\text{V/m})$,

$\boldsymbol{H}_1(y,z) = -\boldsymbol{a}_x \frac{1}{6\pi}(\cos 6z)\text{e}^{\text{j}6\sqrt{3}y}(\text{A/m})$。

P. 8-25 $\boldsymbol{H}_1(x,z;\, t) = \boldsymbol{a}_y \frac{2E_{i0}}{\eta_1}\cos(\beta_1 z\cos\theta_i)\sin(\omega t - \beta_1 x\sin\theta_i)$,

$\boldsymbol{P}_{av} = \boldsymbol{a}_x \frac{2E_{i0}^2}{\eta_1}\sin\theta_i \sin^2(\beta_1 z\cos\theta_i)$。

P. 8-27 (1) $\boldsymbol{E}_r(z,t) = \boldsymbol{a}_x 2.77\cos(1.8 \times 10^9 t + 6z + 157°)(\text{V/m})$,

$\boldsymbol{E}_t(z,t) = \boldsymbol{a}_x 7.53\text{e}^{-2.3z}\cos(1.8 \times 10^9 t - 9.76z - 172°)(\text{V/m})$;

(2) $\boldsymbol{P}_{av} = \boldsymbol{a}_z 0.122\text{e}^{-4.61z}(\text{W/m}^2)$。

P. 8-29 (1) $E_{r0} = -\frac{\text{j}(\eta_0^2 - \eta_2^2)\tan\beta_2 d}{\eta_0\eta_2 + \text{j}(\eta_0^2 + \eta_2^2)\tan\beta_2 d}E_{i0}$,

$E_2^+ = \frac{\eta_2(\eta_0 + \eta_2)\text{e}^{\text{j}\beta_2 d}}{\eta_0\eta_2\cos\beta_2 d + \text{j}(\eta_0^2 + \eta_2^2)\sin\beta_2 d}E_{i0}$,

$$E_2^- = \frac{\eta_2(\eta_0 - \eta_2)e^{-j\beta_2 d}}{\eta_0\eta_2\cos\beta_2 d + j(\eta_0^2 + \eta_2^2)\sin\beta_2 d}E_{i0},$$

$$E_{t0} = \frac{2\eta_0\eta_2 e^{j\beta_0 d}}{\eta_0\eta_2\cos\beta_2 d + j(\eta_0^2 + \eta_2^2)\sin\beta_2 d}E_{i0}。$$

P. 8-31 $\Gamma_0 = \dfrac{(\Gamma_{12} + \Gamma_{23}) + j(\Gamma_{12} - \Gamma_{23})\tan\beta_2 d}{(1 + \Gamma_{12}\Gamma_{23}) + j(1 - \Gamma_{12}\Gamma_{23})\tan\beta_2 d}$。

P. 8-33 设 $|\eta_2| << \eta_0$：

(1) $E_2^+ = -j\left(\dfrac{\eta_2}{\eta_0}\right)\dfrac{e^{\alpha_2 d}e^{j\beta_2 d}}{\sin(\beta_2 - j\alpha_2)d}$； (2) $E_2^- = -j\left(\dfrac{\eta_2}{\eta_0}\right)\dfrac{e^{-\alpha_2 d}e^{-j\beta_2 d}E_{i0}}{\sin(\beta_2 - j\alpha_2)d}$；

(3) $E_{30} = -j\left(\dfrac{\eta_2}{\eta_0}\right)\dfrac{2e^{j\beta_0 d}E_{i0}}{\sin(\beta_2 - j\alpha_2)d}$； (4) $(\boldsymbol{P}_{av})_3/(\boldsymbol{P}_{av})_i = 1.839\times10^{-11}$。

P. 8-35 (1) $\theta_t = 0.03°$； (2) $\Gamma_{\parallel} = 0.0214e^{j\pi/4}$；

(3) $(\boldsymbol{P}_{av})_t/(\boldsymbol{P}_{av})_i = 1.054\times10^{-3}e^{-0.795z}$； (4) 8.69(m)。

P. 8-37 (1) $\boldsymbol{E}_t(x,z) = \boldsymbol{a}_y E_{t0}e^{-\alpha_2 z}e^{-j\beta_{2x}x}$，

$$\boldsymbol{H}_t(x,z) = \frac{E_{t0}}{\eta_2}\left(\boldsymbol{a}_x j\alpha_2 + \boldsymbol{a}_z\sqrt{\frac{\varepsilon_1}{\varepsilon_2}}\sin\theta_i\right)e^{-\alpha_2 z}e^{-j\beta_{2x}x},$$

其中 $\beta_{2x} = \beta_2\sqrt{\dfrac{\varepsilon_1}{\varepsilon_2}}\sin\theta_i$，$\alpha_2 = \beta_2\sqrt{\left(\dfrac{\varepsilon_1}{\varepsilon_2}\right)\sin^2\theta_i - 1}$，

且 $E_{t0} = \dfrac{2\eta_2\cos\theta_i E_{i0}}{\eta_2\cos\theta_i - j\eta_1\sqrt{\left(\dfrac{\varepsilon_1}{\varepsilon_2}\right)\sin^2\theta_i - 1}}$。

P. 8-39 (1) 6.38°； (2) $e^{j0.66}$； (3) $1.89e^{j0.33}$； (4) 159(dB)。

P. 8-41 (1) $\theta_a = \arcsin\left(\dfrac{1}{n_0}\sqrt{n_1^2 - n_2^2}\right)$； (2) 80.4°。

P. 8-45 (1) $\Gamma_{\perp} = \dfrac{1.5\cos\theta_i - \sqrt{1-(1.5\sin\theta_i)^2}}{1.5\cos\theta_i + \sqrt{1-(1.5\sin\theta_i)^2}}$，

$$\Gamma_{\parallel} = \frac{1.5\sqrt{1-(1.5\sin\theta_i)^2} - \cos\theta_i}{1.5\sqrt{1-(1.5\sin\theta_i)^2} + \cos\theta_i}。$$

P. 8-47 (1) $\Gamma'_{\parallel} = \dfrac{\eta_2\cos\theta_t - \eta_1\cos\theta_i}{\eta_2\cos\theta_t + \eta_1\cos\theta_i} = \Gamma_{\parallel}$；

(2) $\tau'_{\parallel} = \dfrac{2\eta_2\cos\theta_t}{\eta_2\cos\theta_t + \eta_1\cos\theta_i} = \tau_{\parallel}\left(\dfrac{\cos\theta_t}{\cos\theta_i}\right)$。

第 9 章

P. 9-3 (1) $d' = \sqrt{2}d$，$\mu'_p = \mu_p/\sqrt{2}$。

P. 9-7 $\alpha = \sqrt{\dfrac{LC}{2}}\left(\dfrac{R}{L}+\dfrac{G}{C}\right)\left[1-\dfrac{1}{8\omega^2}\left(\dfrac{R}{L}-\dfrac{G}{C}\right)^2\right]$，$\beta = \omega\sqrt{LC}\left[1+\dfrac{1}{8\omega^2}\left(\dfrac{R}{L}-\dfrac{G}{C}\right)^2\right]$，

$$R_0 = \sqrt{\frac{L}{C}}\left[1+\frac{1}{8\omega^2}\left(\frac{R}{L}-\frac{G}{C}\right)\left(\frac{R}{L}+\frac{3G}{C}\right)\right], X_0 = -\frac{1}{2\omega}\sqrt{\frac{L}{C}}\left(\frac{R}{L}-\frac{G}{C}\right)。$$

P. 9-9 $R = 0.058(\Omega/\text{m})$，$L = 0.20(\mu\text{H/m})$，$C = 80(\text{pF/m})$，$G = 24(\mu\text{S/m})$。

P. 9-11 最大功率传输效率 = 50%。

P. 9-13 (1) $A = D = \frac{1}{Z_0}\cosh\gamma l$,

$B = Z_0 \sinh\gamma l, C = \frac{1}{Z_0}\sinh\gamma l$。

P. 9-15 (1) $V(z,t) = 5.27e^{-0.01z}\sin(8000\pi t - 5.55z - 0.322)(\text{V})$;

(2) $V(50,t) = 3.20\sin(8000\pi t - 0.432\pi)(\text{V})$;

(3) 0.102(W)。

P. 9-17 (1) $4Z_0/\alpha\lambda$; (2) $Z_0\alpha\lambda/4$。

P. 9-19 (1) $Z_0 = 289.8 - \text{j}77.6(\Omega)$, $\alpha = 0.139(\text{Np/m})$, $\beta = 0.235(\text{rad/m})$;

(2) $R = 58.6(\Omega/\text{m})$, $L = 0.812(\mu\text{H/m})$, $G = 0.246(\text{mS/m})$,

$C = 12.4(\text{pF/m})$。

P. 9-21 $\Delta f = \frac{\alpha}{\pi\sqrt{LC}} = \frac{1}{2\pi}\left(\frac{R}{L} + \frac{G}{C}\right), Q = \frac{\beta}{2\alpha} = \frac{1}{[(R/\omega L) + (G/\omega C)]}$。

P. 9-27 (1) $\Gamma = \frac{1}{3}e^{\text{j}0.2\pi}$; (2) $Z_L = 466 + \text{j}206(\Omega)$; (3) $R_m = 150(\Omega)$, $l_m = 0.2\lambda$。

P. 9-29 $Z_L = Z_0\left[\frac{1 - \text{j}S\tan(2\pi z'_m/\lambda)}{S - \text{j}\tan(2\pi z'_m/\lambda)}\right]$。

P. 9-31 (1) $P_{inc} = V_g^2/8R_0$; (2) $P_L = \frac{V_g^2}{8R_0}(1 - |\Gamma|^2)$; (3) $\frac{P_L}{P_{inc}} = \frac{4S}{(S+1)^2}$;

(4) $P_{inc} = 25(\text{W})$, $\Gamma = 0.243\angle -76°$, $S = 1.64$,

$P_L = 23.5(\text{W})$, $|V_L| = 54.2(\text{V})$, $|I_L| = 0.97(\text{A})$。

P. 9-33 在 $t = 4T$ 时，沿传输线的电压和电流分布回复到 $t = 0$ 条件，如此循环往复。

P. 9-35 $\Gamma_g = -1/3$; $\Gamma_L = 1$。

P. 9-43 (1) $S = 1.77$; (2) $\Gamma = 0.28e^{\text{j}146°}$; (3) $Z_i = 50 + \text{j}29(\Omega)$;

(4) $Y_i = 0.015 - \text{j}0.009(\text{S})$。

P. 9-45 (1) $Z_L = 33.75 - \text{j}23.75(\Omega)$; (2) $\Gamma = \frac{1}{3}e^{\text{j}252.5°}$; (3) $z'_m = 25(\text{cm})$。

P. 9-47 线长 = 0.375(m)，导线半径 = 5.4(mm)

P. 9-49 $d_1/\lambda = 0.074$, $l_1/\lambda = 0.347$; $d_2/\lambda = 0.250$, $l_2/\lambda = 0.153$。

P. 9-51 (1) $d_L/\lambda = 0.0113$; (2) $l_A/\lambda = 0.304$; $l_B/\lambda = 0.125$。

第 10 章

P. 10-5 由式(10-83a,b,c)：$\boldsymbol{J}_{sl} = \boldsymbol{a}_x B_n$ $\boldsymbol{J}_{su} = \boldsymbol{a}_x(-1)^{n+1}B_n$。

P. 10-7 $u_{en} = \frac{1}{\sqrt{u\varepsilon}}\sqrt{1 - (f_c/f)^2}$。

P. 10-9 (1) $\beta = 308(\text{rad/m})$, $\alpha_d = 1.28\times 10^{-8}(\text{Nq/m})$, $\alpha_c = 1.69\times 10^{-4}(\text{Nq/m})$

$u_p = 2.04\times 10^8(\text{m/s})$, $u_g = 1.96\times 10^8(\text{m/s})$, $\lambda_g = 2.04(\text{cm})$;

(2) $\beta = 288(\text{rad/m})$, $\alpha_d = 1.37\times 10^{-8}(\text{Nq/m})$, $\alpha_c = 7.25\times 10^{-4}(\text{Nq/m})$,

$u_p = 2.18\times 10^8(\text{m/s})$, $u_g = 1.83\times 10^8(\text{m/s})$, $\lambda_g = 2.18(\text{cm})$。

P. 10-11 (1) 358(MW/m); (2) 207(MW/m); (3) 155(MW/m)。

P. 10-13　(1) $\boldsymbol{J}_s(y=0)=-\boldsymbol{a}_z\frac{\mathrm{j}\omega\varepsilon}{h^2}\left(\frac{\pi}{b}\right)E_0\sin\left(\frac{\pi x}{a}\right)\mathrm{e}^{-\mathrm{j}\beta_{11}z}=\boldsymbol{J}_s(y=b)$；

(2) $\boldsymbol{J}_s(x=0)=-\boldsymbol{a}_z\frac{\mathrm{j}\omega\varepsilon}{h^2}\left(\frac{\pi}{a}\right)E_0\sin\left(\frac{\pi y}{b}\right)\mathrm{e}^{-\mathrm{j}\beta_{11}z}=\boldsymbol{J}_s(x=a)$。

P. 10-15　$u_{en}=u\sqrt{1-(u/2af)^2}, u=1/\sqrt{\mu\varepsilon}$。

P. 10-17　(1) $a>6(\mathrm{cm}), b<4(\mathrm{cm})$，选 $a=6.5(\mathrm{cm})$ 且 $b=3.5(\mathrm{cm})$；

(2) $\beta=40.1(\mathrm{rad/m}), u_p=4.70\times10^8(\mathrm{m/s}), \lambda_g=15.7(\mathrm{cm})$，$(Z_{\mathrm{TE}})_{10}=590(\Omega)$。

P. 10-19　(1) $f_c=2.08\times10^9(\mathrm{Hz})$；　(2) $\lambda_g=0.139(\mathrm{m})$；

(3) $\alpha_c=2.26\times10^{-3}(\mathrm{Np/m})$；　(4) 307(m)。

P. 10-21　1(MW)。

P. 10-23　$\alpha_c=\frac{2R_s(b/a^2+a/b^2)}{\eta ab\sqrt{1-(f_c/f)^2}(1/a^2+1/b^2)}$。

P. 10-29　(1) $E_z^0=C_nJ_n(hr)\sin n\phi$；

(3) TM 模式的特征值由 $J_n(ha)=0$ 确定；最低 TM 模式是TM_{11}。

P. 10-31　(1) $\alpha=0.061(\mathrm{Np/m}), \beta=4.19(\mathrm{rad/m})$；

(2) $\alpha=0.380(\mathrm{Np/m}), \beta=10.48(\mathrm{rad/m})$。

P. 10-33　平板上的 TM 模式：$E_z(y,z;t)=E_e\cos k_yy\cos(\omega t-\beta z)$，

$E_y(y,z;t)=-\frac{\beta}{k_y}E_e\sin k_yy\sin(\omega t-\beta z)$，

$H_x(y,z;t)=\frac{\omega\varepsilon_d}{k_y}E_e\sin k_yy\sin(\omega t-\beta z)$。

P. 10-37　(1) $H_{zi}^0=C_0J_0(hr), r\leqslant a$；$H_{zo}^0=D_0K_0(\zeta r), r\leqslant a$；

(2) $\frac{J_0(ha)}{J_0'(ha)}=-\frac{\mu_1\zeta}{\mu_2h}\frac{K_0(\zeta a)}{K_0'(\zeta a)}$。

P. 10-39　(1) 主模：TE_{101}. $f_{101}=4.802(\mathrm{GHz})$；

(2) $Q=6869$. $W_e=W_m=0.07728(\mathrm{pJ})$。

P. 10-41　(1) $a=d$；(2) $1.11\eta/R_s(1+a/2b)$。

P. 10-43　$Q_{110}=\frac{\sqrt{\pi f_{110}\mu_0\sigma}abd(a^2+b^2)}{2d(a^3+b^3)+ab(a^2+b^2)}$。

P. 10-45　$f=\frac{1}{\pi a\sqrt{\frac{2h}{d}\mu\varepsilon\ln\left(\frac{b}{a}\right)}}$。

第　11　章

P. 11-1　$\nabla^2\boldsymbol{E}-\mu\varepsilon\frac{\partial^2\boldsymbol{E}}{\partial t^2}=\frac{1}{\varepsilon}\nabla\rho+\mu\frac{\partial\boldsymbol{J}}{\partial t}$。

P. 11-3　(1) $\boldsymbol{A}=\boldsymbol{a}_\phi\frac{\mu_0m}{4\pi R^2}\mathrm{e}^{-\mathrm{j}\beta R}(1+\mathrm{j}\beta R)\sin\theta$。

P. 11-5　(1) $\rho_l=-\mathrm{j}(I_0/c)\sin\beta z$；　(2) $\rho_l=\begin{cases}-\mathrm{j}2I_0/\pi c, & 0<z\leqslant\lambda/4\\+\mathrm{j}2I_0/\pi c, & -\lambda/4<z\leqslant0\end{cases}$。

P. 11-7 (1) $\boldsymbol{E}=\boldsymbol{a}_{\theta}\frac{\mathrm{j}30\beta h}{R}I_0\mathrm{e}^{-\mathrm{j}\beta R}\sin\theta$; (2) $R_r=20\pi^2\left(\frac{2h}{\lambda}\right)^2$; (3) 1.76(dB)。

P. 11-9 (1) $R_r=320\pi^6\,(b/\lambda)^4$; (2) $\eta_r=\frac{R_r}{R_r+(bR_s/a)}$。

P. 11-13 (1) $l_e(\theta)=\frac{2\sin\theta[1-\cos(\beta h\cos\theta)]}{\beta^2 h\cos\theta}$; (2) 最大 $l_e=h=\frac{\lambda}{12}$。

P. 11-15 (1) $E_{\theta}=\frac{\mathrm{j}120I\beta h}{R}\mathrm{e}^{-\mathrm{j}\beta\left(R-\frac{d}{2}\cos\theta\right)}F(\theta)$, 其中 $F(\theta)=\sin\theta\cos\left(\frac{\beta d}{2}\cos\theta\right)$。

P. 11-19 (2) $(2\Delta\phi)_{1/2}=4.23(\lambda/d)$(度); (3) $(2\Delta\phi)_0=46.8\sqrt{\lambda/d}$(度)。

P. 11-23
$$|F(\theta,\phi)|=\frac{1}{N_1N_2}\left|\left[\frac{\cos\left(\frac{\pi}{2}\cos\theta\right)}{\sin\theta}\right]\frac{\sin\left(\frac{N_1\psi_x}{2}\right)\sin\left(\frac{N_2\psi_y}{2}\right)}{\sin\left(\frac{\psi_x}{2}\right)\sin\left(\frac{\psi_y}{2}\right)}\right|,$$

其中 $\psi_x=\frac{\beta d_1}{2}\sin\theta\cos\phi$, $\psi_y=\frac{\beta d_2}{2}\sin\theta\cos\phi$。

P. 11-25 (1) $W_s=\frac{8\pi}{3}\beta^4b^6\left(\frac{\varepsilon_r-1}{\varepsilon_r+2}\right)^2\left(\frac{E_i^2}{2\eta_0}\right)$; (2) $\sigma_s=1.5\sigma_{bs}$。

P. 11-27 (2) 主瓣波束宽度 $=4/\sqrt{G_D}$。

P. 11-29 (1) 0.55(nW); (2) 1.25n(km), $n=1,2\cdots$。

P. 11-31 (1) 如果 $p=1$, $|V_{\infty}|=2\lambda E_0/\pi$; (2) 如果 $p=1$, $V_{\infty}=0$;
(3) $|V_{\infty}|=\lambda E_0/\pi$。

P. 11-33
$$\boldsymbol{E}_P(\theta,\phi)=\frac{\mathrm{j}ab}{\lambda R_0}\mathrm{e}^{-\mathrm{j}\beta R_0}\left[\left(\frac{\sin u}{u}\right)\left(\frac{\sin v}{v}\right)\right](\boldsymbol{a}_{\theta}\cos\phi-\boldsymbol{a}_{\phi}\sin\phi),$$

$u=\left(\frac{\pi a}{\lambda}\right)\sin\theta\cos\phi$, $v=\left(\frac{\pi b}{\lambda}\right)\sin\theta\sin\phi$。

P. 11-35 (1) $F_{xz}(\theta)=\frac{(\pi/2)^2\cos\psi}{(\pi/2)^2-\psi^2}$, $\psi=\frac{\beta a}{2}\sin\theta$;
(2) $68\lambda/a$(度); (3) $86\lambda/a$(度); (4) -23.5(dB)。

术　　语

Ampere 安培，unit of current 电流单位
Ampere's circuital law 安培环路定律
Ampere's law of force 安培力定律
Angle 角
  Brewster 布儒斯特
  critical 临界
  of incidence 入射
  polarizing 极化
  of reflection 反射
  of refraction 折射
Anisotropic medium 各向异性介质
Antenna array 天线阵
  binomial 二项式
  broadside 边射
  endfire 端射
  frequency-scanning 频率扫描
  log-periodic dipole 对数周期偶极子
  phased 相控
  two-element 二元
  uniform linear 均匀直线
Antenna gain. 见 Gain of antenna 天线增益
Antenna pattern. 也见 Radiation pattern 天线辐射图
Antennas 天线
  aperture 孔径
  broadband 宽带
  equiangular spiral 等角螺线
  frequency-independent 非频变
  helical 螺旋形
  linear dipole 直线偶极子
  log-periodic 对数周期
  logarithmic spiral 对数螺旋
  receiving 接收
  traveling-wave 行波
  turnstile 绕杆式
  Yagi-uda 八木-宇田
Aperture antennas 孔径天线
Arfken，G 阿凡克
Array factor 阵因子
  of uniform linear array 均匀直线阵的
Attenuation constant 衰减常数
  of good conductor 良导体的
  of low-loss dielectric 低损耗电介质的
  in parallel-plate waveguide 平行板波导中的
  from power relations 由功率关系导出的
  in rectangular waveguide 矩形波导的
  of transmission line 传输线的
Axiomatic approach. 见 deductive approach 演绎法

Bac-cab rule　Bac-cab 准则
Backscatter cross section 反向散射截面
Balmain，K. G. 巴尔曼
Band designations 频带标记
  for microwave frequency ranges 微波频率范围的
Bandwidth 带宽
  of parallel resonant circuit 并联谐振电路的
Base vectors 基矢量
  for cartesian coordinates 笛卡儿坐标的
  for cylindrical coordinates 柱面坐标的
  for spherical coordinates 球面坐标的
Beamwidth 波束宽度
  o half-wave dipole 半波偶极子的
  of hertzian dipole 赫兹偶极子的
Bessel functions 贝塞尔函数
  of the first kind 第一类
  of the second kind 第二类
Bessel's differential equation 贝塞尔微分方程
Biaxial medium 双轴介质
Binomial array 二项式天线阵
Biot-Savart law 毕奥-萨伐定律
Boundary conditions 边界条件
  for current density 电流密度的
  between a dielectric and a perfect conductor 电介质与理想导体之间的
  for electromagnetic fields 电磁场的
  for electrostatic fields 静电场的
  between two lossless media 两种无损耗媒质间的

一些常用矢量恒等式

$$\boldsymbol{A}\cdot\boldsymbol{B}\times\boldsymbol{C}=\boldsymbol{B}\cdot\boldsymbol{C}\times\boldsymbol{A}=\boldsymbol{C}\cdot\boldsymbol{A}\times\boldsymbol{B}$$

$$\boldsymbol{A}\times(\boldsymbol{B}\times\boldsymbol{C})=\boldsymbol{B}(\boldsymbol{A}\cdot\boldsymbol{C})-\boldsymbol{C}(\boldsymbol{A}\cdot\boldsymbol{B})$$

$$\nabla(\psi V)=\psi\,\nabla V+V\,\nabla\psi$$

$$\nabla\cdot(\psi\boldsymbol{A})=\psi\,\nabla\cdot\boldsymbol{A}+\boldsymbol{A}\cdot\nabla\psi$$

$$\nabla\times(\psi\boldsymbol{A})=\psi\,\nabla\times\boldsymbol{A}+\nabla\psi\times\boldsymbol{A}$$

$$\nabla\cdot(\boldsymbol{A}\times\boldsymbol{B})=\boldsymbol{B}\cdot(\nabla\times\boldsymbol{A})-\boldsymbol{A}\cdot(\nabla\times\boldsymbol{B})$$

$$\nabla\cdot\nabla V=\nabla^2 V$$

$$\nabla\times\nabla\times\boldsymbol{A}=\nabla(\nabla\cdot\boldsymbol{A})-\nabla^2\boldsymbol{A}$$

$$\nabla\times\nabla V=0$$

$$\nabla\cdot(\nabla\times A)=0$$

$$\int_V \nabla\cdot\boldsymbol{A}\,\mathrm{d}v=\oint_S \boldsymbol{A}\cdot\mathrm{d}\boldsymbol{s}$$ （散度定理）

$$\int_S \nabla\times\boldsymbol{A}\cdot\mathrm{d}\boldsymbol{s}=\oint_C \boldsymbol{A}\cdot\mathrm{d}\boldsymbol{l}$$ （斯托克斯定理）

梯度、散度、旋度以及拉普拉斯运算

直角坐标(x, y, z)

$$\nabla V=\boldsymbol{a}_x \frac{\partial V}{\partial x}+\boldsymbol{a}_y \frac{\partial V}{\partial y}+\boldsymbol{a}_z \frac{\partial V}{\partial z}$$

$$\nabla \cdot \boldsymbol{A}=\frac{\partial A_x}{\partial x}+\frac{\partial A_y}{\partial y}+\frac{\partial A_z}{\partial z}$$

$$\nabla \times \boldsymbol{A}=\left|\begin{array}{ccc}\boldsymbol{a}_x & \boldsymbol{a}_y & \boldsymbol{a}_z \\ \dfrac{\partial}{\partial x} & \dfrac{\partial}{\partial y} & \dfrac{\partial}{\partial z} \\ A_x & A_y & A_z\end{array}\right|=\boldsymbol{a}_x\left(\frac{\partial A_z}{\partial y}-\frac{\partial A_y}{\partial z}\right)+\boldsymbol{a}_y\left(\frac{\partial A_x}{\partial z}-\frac{\partial A_z}{\partial x}\right)+\boldsymbol{a}_z\left(\frac{\partial A_y}{\partial x}-\frac{\partial A_x}{\partial y}\right)$$

$$\nabla^2 V=\frac{\partial^2 V}{\partial x^2}+\frac{\partial^2 V}{\partial y^2}+\frac{\partial^2 V}{\partial z^2}$$

柱坐标(r ,Φ ,z)

$$\nabla V=\boldsymbol{a}_r\frac{\partial V}{\partial r}+\boldsymbol{a}_\phi\frac{\partial V}{r\partial\phi}+\boldsymbol{a}_z\frac{\partial V}{\partial z}$$

$$\nabla\cdot\boldsymbol{A}=\frac{1}{r}\frac{\partial}{\partial r}(rA_r)+\frac{\partial A_\phi}{r\partial\phi}+\frac{\partial A_z}{\partial z}$$

$$\nabla\times\boldsymbol{A}=\frac{1}{r}\begin{vmatrix}\boldsymbol{a}_r & \boldsymbol{a}_\phi r & \boldsymbol{a}_z\\ \frac{\partial}{\partial r} & \frac{\partial}{\partial\phi} & \frac{\partial}{\partial z}\\ A_r & rA_\phi & A_z\end{vmatrix}=\boldsymbol{a}_r\left(\frac{\partial A_z}{r\partial\phi}-\frac{\partial A_\phi}{\partial z}\right)+\boldsymbol{a}_\phi\left(\frac{\partial A_r}{\partial z}-\frac{\partial A_z}{\partial r}\right)+\boldsymbol{a}_z\frac{1}{r}\left[\frac{\partial}{\partial r}(rA_\phi)-\frac{\partial A_r}{\partial\phi}\right]$$

$$\nabla^2V=\frac{1}{r}\frac{\partial}{\partial r}\left(r\frac{\partial V}{\partial r}\right)+\frac{1}{r^2}\frac{\partial^2V}{\partial\phi^2}+\frac{\partial^2V}{\partial z^2}$$

球坐标($\boldsymbol{R},\boldsymbol{\theta},\boldsymbol{\Phi}$)

$$\nabla V=\boldsymbol{a}_R\frac{\partial V}{\partial R}+\boldsymbol{a}_\theta\frac{\partial V}{R\partial\theta}+\boldsymbol{a}_\phi\frac{1}{R\sin\theta}\frac{\partial V}{\partial\phi}$$

$$\nabla\cdot\boldsymbol{A}=\frac{1}{R^2}\frac{\partial}{\partial R}(R^2A_R)+\frac{1}{R\sin\theta}\frac{\partial}{\partial\theta}(A_\theta\sin\theta)+\frac{1}{R\sin\theta}\frac{\partial A_\phi}{\partial\phi}$$

$$\nabla\times\boldsymbol{A}=\frac{1}{R^2\sin\theta}\begin{vmatrix}\boldsymbol{a}_R & \boldsymbol{a}_\theta R & \boldsymbol{a}_\phi R\sin\theta\\ \dfrac{\partial}{\partial R} & \dfrac{\partial}{\partial\theta} & \dfrac{\partial}{\partial\phi}\\ A_R & RA_\theta & (R\sin\theta)A_\phi\end{vmatrix}=\boldsymbol{a}_R\frac{1}{R\sin\theta}\left[\frac{\partial}{\partial\theta}(A_\phi\sin\theta)-\frac{\partial A_\theta}{\partial\phi}\right]$$

$$+\boldsymbol{a}_\theta\frac{1}{R}\left[\frac{1}{\sin\theta}\frac{\partial A_R}{\partial\phi}-\frac{\partial}{\partial R}(RA_\phi)\right]$$

$$+\boldsymbol{a}_\phi\frac{1}{R}\left[\frac{\partial}{\partial R}(RA_\theta)-\frac{\partial A_R}{\partial\theta}\right]$$

$$\nabla^2V=\frac{1}{R^2}\frac{\partial}{\partial R}\left(R^2\frac{\partial V}{\partial R}\right)+\frac{1}{R^2\sin\theta}\frac{\partial}{\partial\theta}\left(\sin\theta\frac{\partial V}{\partial\theta}\right)+\frac{1}{R^2\sin^2\theta}\frac{\partial^2V}{\partial\phi^2}$$

总的参考文献

[1] In addition to the references included in the footnotes throughout the book and at the end of Chapter 11, the following books on electromagnetic fields and waves at a comparable level have been found to be useful.

[2] Bewley, L. V., *Two Dimensional Fields in Electrical Engineering*, Dover Publications, New York, 1963.

[3] Collin, R. E., *Antennas and Radiowave Propagation*, McGraw-Hill, New York, 1985.

[4] Crowley, J. M., *Fundamentals of Applied Electrostatics*, Wiley, New York, 1986.

[5] Feynman, R. P.; Leighton, R. O.; and Sands, M., *Lectures on Physics*, vol. 2, Addison-Wesley, Reading, Mass., 1964.

[6] Javid, M., and Brown, P. M., *Field Analysis and Electromagnetics*, McGraw-Hill, New York, 1963.

[7] Jordan, E. C., and Balmain, K. G., *Electromagnetic Waves and Radiating Systems*, 2nd ed., Prentice-Hall, Englewood Cliffs, N.J., 1968.

[8] Kraus, J. D., *Electromagnetics*, 3rd ed., McGraw-Hill, New York, 1984.

[9] Lorrain, P., and Corson, D., *Electromagnetic Fields and Waves*, 2nd ed., Freeman, San Franscisco, Calif., 1970.

[10] Paris, D. T., and Hurd, F. K., *Basic Electromagnetic Theory*, McGraw-Hill, New York, 1969.

[11] Parton, J. E.; Owen, S. J. T.; and Raven, M. S., *Applied Electromagnetics*, 2nd ed., Macmillan, London, 1986.

[12] Plonsey, R., and Collin, R. E., *Principles and Applications of Electromagnetic Fields*, 2nd ed., McGraw-Hill, New York, 1982.

[13] Popović B. D. *Introductory Engineering Electromagnetics*, Addison-Wesley, Reading, Mass., 1971.

[14] Ramo, S.; Whinnery, J. R.; and Van Duzer, T., *Fields and Waves in Communication Electronics*, 2nd ed., Wiley, New York, 1984.

[15] Sander K. F., and Reed, G. A. L., *Transmission and Propagation of Electromagnetic Waves*, 2nd ed., Cambridge University Press, Cambridge, England, 1986.

[16] Seshadri, S. R., *Fundamentals of Transmission Lines and Electromagnetic Fields*, Addison-Wesley, Reading, Mass., 1971.

[17] Shen, L. C., and Kong, J. A., *Applied Electromagnetism*, 2nd ed., PWS Engineering, Boston, Mass., 1987.

[18] Zahn, M., *Electromagnetic Field Theory*, Wiley, New York, 1979.